滇版精品出版工程专项资金资助项目

云南树木图志

西南林业大学
云南省林业和草原局 编著

云南出版集团

云南科技出版社

·昆 明·

图书在版编目（CIP）数据

云南树木图志：上、中、下 / 西南林业大学, 云南省林业和草原局编著. -- 昆明 : 云南科技出版社, 2023.10
ISBN 978-7-5587-3409-0

Ⅰ.①云… Ⅱ.①西… ②云… Ⅲ.①树木—植物志—云南—图集 Ⅳ.①S717.274-64

中国版本图书馆CIP数据核字(2021)第031787号

云南树木图志（中）
YUNNAN SHUMU TUZHI（ZHONG）

西南林业大学　云南省林业和草原局　编著

出　版　人：温　翔
策　　　划：李　非
责任编辑：李凌雁　杨志能　杨梦月　陈桂华
封面设计：长策文化
责任校对：秦永红
责任印制：蒋丽芬

书　　　号：ISBN 978-7-5587-3409-0
印　　　刷：昆明瑆煜印务有限公司
开　　　本：787mm×1092mm　1/16
印　　　张：217.75
字　　　数：5500千字
版　　　次：2023年10月第1版
印　　　次：2023年10月第1次印刷
定　　　价：960.00元（上、中、下）

出版发行：云南出版集团　云南科技出版社
地　　　址：昆明市环城西路609号
电　　　话：0871-64190973

编写领导小组

组　长　王春林　吴广勋

副组长　徐永椿　伍聚奎

成　员（按姓氏笔画排序）

李文政　李廷辉　张宗福　陈　介　周宝康

薛纪如

编写委员会

主　编　徐永椿

副主编（按姓氏笔画排序）

毛品一　伍聚奎　吴广勋　陈　介

编　委（按姓氏笔画排序）

王春林　李文政　李廷辉

何丕绪　张宗福　周宝康

本册整编人员（按姓氏笔画排序）

毛品一　李乡旺　李文政　徐永椿

编写办公室主任　李文政

编写办公室成员　毛品一　李乡旺　薛嘉榕　孙茂盛

审稿校订　曾觉民　邓莉兰　杜　凡　孙茂盛　李文政

李双智　柴　勇　马长乐　石　明

编写说明

云南处于东亚植物区系与喜马拉雅植物区系的交汇地区，又是泛北极植物区系与古热带植物区系的交错地带，生态环境极为复杂，是全球罕见的众多植物区系的荟萃之地。全国木本植物8000余种，云南就有5300余种，组成云南森林的乔木种类多达800余种，云南特有的珍稀树种数量在全国亦居首位，素有"植物王国"之称。如此丰富的木本植物资源，在整治国土、繁荣经济、振兴中华、改善生态环境等方面，有开发利用的广阔前景。

一、本图志记载云南野生和栽培有成效的乔木树种，经济价值较大的灌木和藤本植物适当列入。

中册收集双子叶植物43科，200属，827种，1亚种，54变种，2变型。

二、本书裸子植物的科号顺序采用郑万钧系统，被子植物则采用哈钦松系统；各科按原系统科号，后来另立的科并为我们采用的，均列于原科之后，其科号后加a、b、c……表示。但各册收载的科未按系统顺序连续排列。

三、属和种的检索表采用定距（二歧）式检索表。检索特征明确，简单易懂，便于查阅。

四、形态术语采用《中国高等植物图鉴》的术语。特殊的术语，均加注解。

五、科、属名称不列别名、异名。种的名称仅列重要的别名。拉丁学名有发表年代。

六、门、纲、目等分类等级不列，不描述；族、亚属、组等不列，不描述。

本图志荟萃省内外同行专家、学者编写。编入的种类除有形态描述、地理分布外，还有生境简介、繁殖方法、材性用途等。除单种属外，均有分属、分种检索表。本图志每种均配有线描图，图文并茂，易于识别、鉴定。可作为林业教育、科学研究、生产建设等方面的参考书及工具书。后附有拉丁学名及中文索引，便于查阅。

本书在编写过程中，承蒙中国科学院昆明植物研究所、中国科学院西双版纳热带植物园、云南省林业和草原科学院的支持和帮助，西南林业大学木材科学研究室、森林培育研究室提供了资料和帮助，谨此致谢！

《云南树木图志》编委会

云·南·树·木·图·志

目 录

绘图人员： 王红兵　方云斌　刘　泗　吴锡林　李　楠　李锡畴　肖　榕

范国才　胡冬梅　曾孝濂　蔡淑琴　王佩林

85.五桠果科 DILLENIACEAE

乔木、灌木或木质藤本，稀草本。单叶互生，稀对生，全缘或有锯齿，稀羽状分裂，侧脉多而密，直伸而显著；托叶翅状与叶柄合生，或无托叶。花两性或单性，辐射对称，稀两侧对称，单生、簇生或为总状、圆锥或聚伞花序；萼片5，覆瓦状排列；花瓣5，或少于5，覆瓦状排列；雄蕊多数，稀少数，离生或联合成束，常宿存；心皮通常多数，分离或联合，稀1心皮；胚珠一至多数，基生胎座；花柱分离。果实为聚合蓇葖果或蓇葖果，或为聚合浆果。种子一至多个，常有假种皮，胚乳丰富，胚细小。

本科约16属400余种，产热带、亚热带地区。我国2属5种，产于云南、广西、广东、海南等地。云南2属5种均产。本志记载1属3种。

五桠果属 Dillenia Linn.

常绿或落叶乔木，稀灌木。叶形大，长达50厘米，侧脉直而密，常上下两面均隆起，全缘或有锯齿；叶柄粗大，基部常有宽窄不一的翅。花单生、簇生或成总状花序，花梗粗壮；苞片小，早落或无；萼片5，宿存，厚革质或硬肉质；花瓣5，白色或黄色，早落；雄蕊多数，离生，排成两轮，花药线形，底着药，纵裂或近顶孔开裂，内轮雄蕊花丝较长，直立，花药内向，外轮雄蕊花丝较短，弯曲，外向，有时不育；心皮4—20，着生于隆起的花托上，离生或部分结合，花柱线形，常向外弯曲或成散射状，胚珠常多数。聚合果球形，肉质，为宿存的肥厚萼片所包被；种子有假种皮或无。

本属约60种，分布于亚洲热带地区及大洋洲。我国4种，产云南、广西、广东和海南等地。云南4种均产。

分 种 检 索 表

1.花单生；叶长椭圆形，侧脉25—50对；果实直径10—13厘米 ·············· 1.五桠果 D.indica
1.花簇生或为总状花序；果实直径小于5厘米。
  2.叶倒卵形，侧脉15—25对，下面被毛，花蕾直径4—5厘米，心皮8—9 ·····················
  ··· 2.大花五桠果 D.turbinata
  2.叶长圆形，侧脉32—60对，下面近无毛；花蕾直径小于2厘米，心皮5—6 ·············
  ··· 3.小花五桠果 D. pentagyna

1.五桠果　第伦桃　图1

Dillenia indica Linn.（1753）

常绿乔木，高达30米；树皮平滑，红褐色，成大块薄片状剥落。幼枝粗壮被毛，老枝无毛，叶痕明显。叶革质，长椭圆形或长倒卵形，长15—40厘米，宽6—14厘米，先端渐尖、急尖或钝，基部楔形，边缘有锯齿；初时上下两面均有柔毛，后变秃净，仅脉上有硬毛；侧脉20—56对，两面隆起；叶柄长3—7厘米，有窄翅，多少被毛。花单生于近枝顶的叶腋，花蕾球形，径5—10厘米；花梗粗壮，被毛；萼片肥厚，淡黄绿色，长4—6厘米；花瓣白色，但有绿色脉纹，倒卵形，长7—9厘米；雄蕊外轮数目较多，长约1.5厘米，内轮数目较少，但比外轮长，花药长于花丝，顶孔开裂；心皮16—20，胚珠多数。果球形，径8—15厘米，宿存之花萼肉革质，肥厚，包被果实。种子扁，边缘有毛。

产西双版纳及沧源等地，多生于海拔150—1000米的山谷或水沟边，在其分布区可见到楹树、八宝树、云南蕈树、刺栲、红木荷、截果石栎、重阳木、毛麻楝以及樟科的一些树种；广西南部也产，广东省广州有栽培。印度、中南半岛及印度尼西亚均有分布。

喜温暖潮湿的环境。用种子或插条繁殖。幼苗生长期间应注意遮阴。

木材为散孔材，灰褐色，年轮明显，径面有较密的深色带形花纹，具银色光泽，甚美观。心材和边材无差别。纹理直，结构细，材质略重，不耐腐，可作美术工艺材、建筑及家具等用材。果多汁而带酸味，可食；花大且香，适宜观赏；抗风力强，适宜在热带海岸地区作行道树。

2.大花五桠果　毛五桠果、大花第伦桃

Dillenia turbinata Finet et Gagnep.（1906）

产西双版纳及麻栗坡等地，海拔1000米左右，广西南部、海南岛及越南也有分布。

3.小花五桠果　小花第伦桃　图2

Dillenia pentagyna Roxb.（1795）

Dillenia hainanensis Merr.（1934）

落叶乔木，高达20米。树皮灰褐色，较平滑，裂成薄片状脱落；嫩枝粗壮，无毛。叶薄革质，长圆形或长倒卵形，长20—60厘米，宽10—25厘米，先端钝形或短尖，基部楔形下延，叶缘有浅波状锯齿，齿尖突出，幼叶上下两面均有毛，但老叶片无毛，侧脉30—60对；叶柄长1.5—5厘米，基部有窄翅。花小，2—7簇生，先叶开放，苞片被毛，小苞片早落；萼片椭圆形，绿色，长0.8—1.2厘米；外轮雄蕊较多，长2.5—4毫米，内轮雄蕊较少，长6—9毫米，花药较花丝短，丝裂；心皮5—6，胚珠5—20。果扁球形，橙红色，径1.5—2厘米。种子椭圆形，黑色，无假种皮。

产景洪等地，海拔约600米，伴生树种有麻栎、枫香、余甘子、黄杞等。海南岛及东南亚等地亦有分布。

极喜光。适于气温较高而干湿季明显的气候及深厚肥沃的土壤条件。深根性，抗风力强。用种子繁殖，天然更新也容易成活。人工造林采用育苗或直播造林均可。

木材为散孔材，暗红棕色，纹理扭曲，结构较粗，材质坚重，不易加工，但干燥后不易开裂和变形，能耐腐。可作桩木、枕木、矿柱等一般用材。树皮含单宁8%—10%，叶含单宁5%—9%，可供提制栲胶。果熟时橙红色，稍香甜，可食，亦可制咖喱，果浆有止咳作用。可作观赏树种。

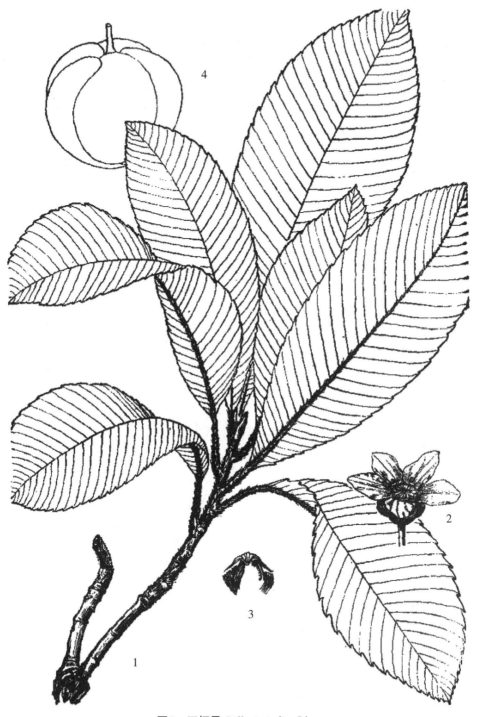

图1 五桠果 *Dillenia indica* Linn.

1.枝叶　2.花　3.雌、雄蕊群纵剖　4.果

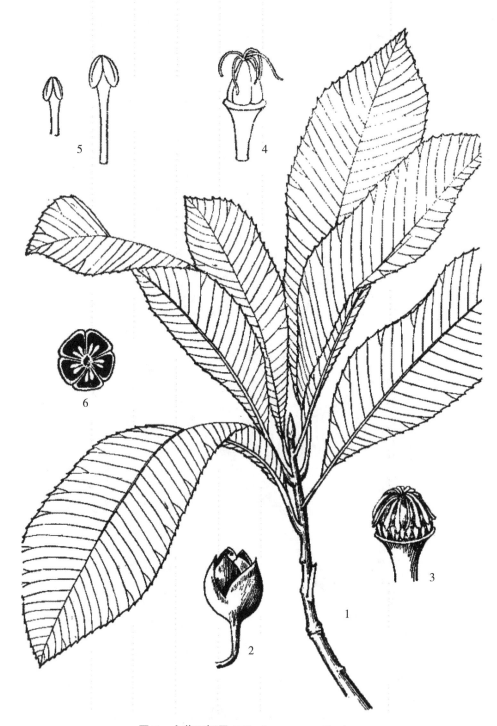

图2　小花五桠果 *Dillenia pentagyna* Roxb.
1.叶枝　2.花　3.雌雄蕊群　4.雌蕊　5.雄蕊　6.子房横剖

91.红木科 BIXACEAE

常绿灌木或小乔木。单叶互生。花两性，白色或粉红色，辐射对称，圆锥花序顶生；花瓣4—5，芽时覆瓦状排列；萼片4—5，覆瓦状排列；雄蕊多数；子房上位，1室或侧膜胎座伸入中部而成假数室；胚珠多数，蒴果具软刺，2瓣裂。

本科1属1种，原产美洲热带地区。我国台湾、广东、云南有栽培。

红木属 Bixa Linn.

形态特征与科同。

1.红木 胭脂木（金平）图3

Bixa orellana Linn.

小乔木，高达7米。小枝和花序有短腺毛。叶卵形，无毛，长8—20厘米，宽5—13厘米，基出脉5；叶柄长2.5—7.5厘米。顶生圆锥花序，长5—10厘米；花粉红色，直径4—5厘米；萼片5，卵状圆形，长约1厘米；花瓣5，长约2厘米；花药顶孔开裂；子房1室具2个侧膜胎座。蒴果近球形或卵形，长2.5—4厘米。种子红色。

栽培于景洪、勐海、勐腊、耿马、金平等地；台湾及华南也有栽培。原产热带美洲。

喜光喜热，喜湿润气候，喜深厚肥沃土地。种子繁殖。蒴果开裂前及时采集果实，摊于通风干燥室内，待果实开裂后取出种子。随采随播。营养袋育苗。造林地选择光照好、湿度大的沟谷及半阳坡。

重要经济植物，围绕种子的红色果瓤可制红色染料，用于糖果、糕点和纺织品；树皮可制绳索；种子药用，为收敛退热剂。

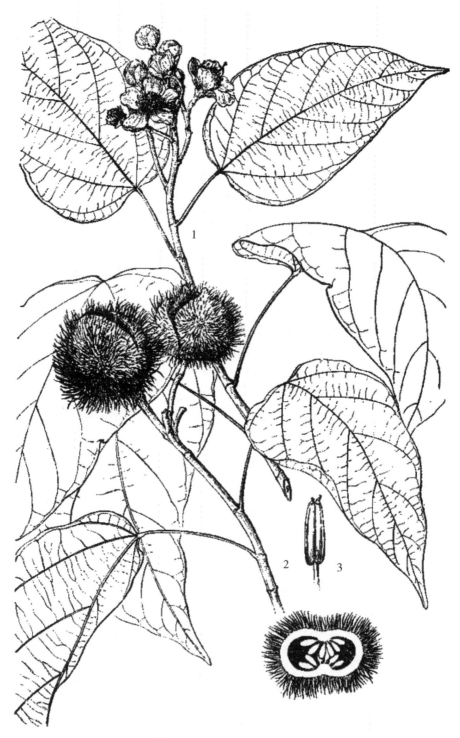

图3 红木 *Bixa orellana* Linn.

1.花枝　2.果枝　3.雄蕊　4.果之剖面

93.大风子科 FLACOURTIACEAE

乔木或灌木，有时具腋生刺或在老枝和树干上具分枝刺。单叶常绿，有时为落叶性，互生或排成2列，有时在枝条顶端成簇生状，平行脉或掌状基出脉，全缘或具腺齿，有时具1对基生腺体；叶柄常肿大和在基部或顶端具皱褶；托叶早落，稀缺。花序顶生或腋生，有时生于老茎上成穗状，总状，圆锥，伞房或短聚伞花序，稀紧缩成簇状或团伞花序，甚至减化为单生花；苞片和小苞片小，鳞片状；花辐射对称，两性或单性，单性时多为雌雄异株，有时杂性；花梗常具节；萼片3—6，稀更多，常多数宿存，有时增大，覆瓦状排列，离生或在基部合生成一花萼筒；花瓣3—8，稀更多，离生，覆瓦状排列，多数与萼片互生，早落，有时宿存或膨大，常成下位或周位，或无花瓣；花托在中央下陷，多数具附属体；雄蕊外或内具花盘，花盘裂片或为雄蕊之间的腺体或为生于花瓣之间的退化雄蕊状鳞片或为短硬毛的真正退化雄蕊；雄蕊一至多数，下位，有时周位，有时成对生于具互生腺体的花瓣之间，离生或稀花丝联合成一管；花药2室，常纵裂，球形或线形，药隔有时具腺体；子房上位，稀半下位，1室，稀为不完全2—9室，具2—9侧膜胎座；每一侧膜胎座上具2至多数胚珠，常倒生；花柱1至多枚，离生或联合，有时分叉；柱头小至相当大，2—5裂。果实肉质至干而不裂的浆果，核果状，部分或完全开裂的蒴果。种子1至多数，常压扁具假种皮或外面肉质，有时具翅；胚乳肉质，丰富；胚直生，子叶多数宽或圆叶状。

本科约86属850余种，主要分布于热带和亚热带，极少数延伸至温带。中国产12属43种5变种，主产于西南、华南，尤以云南最多，少数延伸至秦岭南坡和淮河以南；另引进2属3种。云南产11属26种。本志记载25种5变种。

分 属 检 索 表

1.花具花瓣。
  2.子房上位。
    3.花瓣的数目和萼片相等或为其倍数，基部具鳞片状附属物（Ⅰ.大风子族Pangieae）
    4.花萼杯状，萼裂片3—5，不相等，雄蕊多数，离生，胚珠多数；具老茎生花现象
    ·· **1.野沙梨属 Gynocardia**
    4.萼片离生，4—5枚，覆瓦状排列，雄蕊5至多数；胚珠1枚以上；无老茎生花现象
    ·· **2.大风子属 Hydnocarpus**
    3.花瓣数目与萼片相等，基部不具鳞片状附属物（Ⅱ.箣柊族Scolopieac）果实较小，径常为0.8—1.5厘米，最大可达2.5厘米，花柱1，宿存·················**3.箣柊属 Scolopia**
  2.子房半下位（Ⅲ.天料木族Homalieae）
    雄蕊单生或成束与花瓣对生，花瓣基部具鳞片状附属物，花萼，花瓣均宿存···········
    ·· **4.天料木属 Homalium**
1.花无花瓣。
  5.子房上位。

6.果为浆果或核果状，种子无翅，花序腋生或顶生，花密集（Ⅳ刺篱木族Flacourtieae）

　　7.果为核果状，较大，径1厘米以上；子房2—6室，萼片5—4；常具腋生刺或在老枝或树干上具分枝刺 ·· **5.刺篱木属 Flacourtia**

　　7.果为浆果，较小，径约9毫米。

　　　　8.花序不为圆锥花序，或成极短圆锥花序状，子房1室，花柱单生或仅在上部分叉或柱头无柄；植株常具刺 ······························· **6.柞木属 Xylosma**

　　　　8.花组成大圆锥花序，全株无刺。

　　　　　9.子房3室，花柱3或基部分叉，萼片3；叶具平行脉，稀3出脉，叶柄无明显腺体 ··· **7.山桂花属 Bennettiodendron**

　　　　　9.子房1室，花柱单生或仅在上部分叉或柱头无柄，萼片常为5，稀3—6；叶为掌状三出脉，叶柄在基部或中部具腺体 ······················· **8.山桐子属 Idesia**

6.果为蒴果，种子具翅，花序常顶生，极少腋生，少花，稀多花，排列较疏（Ⅴ山拐枣族 Poliothyrseae）

　　　　10.柱头具柄，3—4枚，先端3裂；心皮3—4；蒴果中型，长2—6厘米，径0.5—1.5厘米，种子一端具翅；叶具基出三脉 ·············· **9.山羊角属 Carrierea**

　　　　10.柱头无柄，不规则甚至多分裂；果大型，长8厘米以上，径3厘米以上；种子周围具翅；叶为平行脉 ···························· **10.伊桐属 Itoa**

5.子房半下位（Ⅳ嘉赐木族Casearieae）花簇生，两性；蒴果；叶常具透明的腺点或腺线 ··· **11.嘉赐木属 Casearia**

1.野沙梨属 Gynocardia R. Br.

乔木。叶革质，互生，长圆形至椭圆状披针形。花雌雄异株，花萼杯状，具5齿或裂成3—5片；花瓣5，在基部具鳞片状附属物；雌花丛生于树干或大枝的节上，退化雄蕊10—15，胎座5，具多数胚珠；雄花雄蕊多数，花药线形，基着。浆果大，球形，径达12厘米，果皮厚而硬，粗糙。种子倒卵状，埋于果瓤内。

本属1种，产我国西南部，印度、缅甸也有。

1.野沙梨（屏边）　阿比坦（墨脱）、马蛋果（植物分类学报）图4

Gynocardia odorata R. Br.（1819）

常绿乔木，高达30米，胸径可达40厘米，全株无毛；树皮4—7毫米厚，浅褐色或灰黄色，密被"+"或"丫"形皮孔。叶片长圆形至椭圆状披针形，基部楔形或近圆形，着生在1—1.5厘米的叶柄上，先端渐突尖，边缘全缘，微反卷，长11—15厘米，宽4—6厘米，侧脉7—9对，上面平坦，下面与中脉一同显著隆起，网脉不明显。花浅黄色，径3—4厘米，花序梗长3—4厘米；雌花有香味，丛生于树干和大分枝的节上，退化雄蕊羽状分裂；雄花雄蕊多数，花丝具棉毛。浆果大，球形，径10厘米左右，生于树干或大树枝上，果梗长2—4厘米，粗壮，外果皮厚而坚硬。种子多数，藏于果肉中。

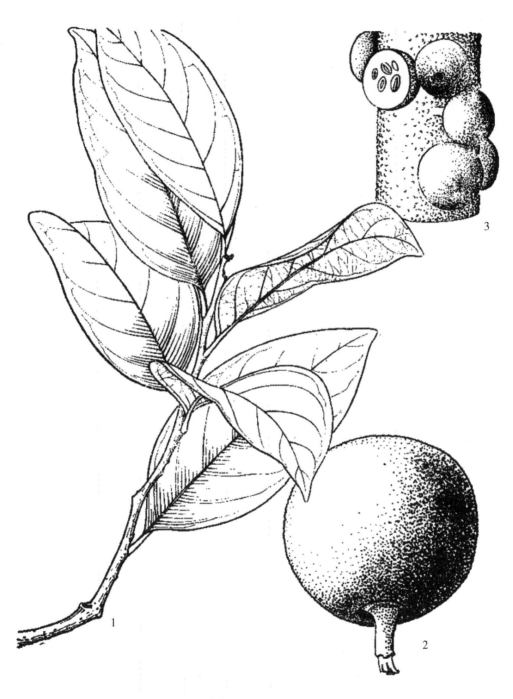

图4 野沙梨 *Gynocardia odorata* R. Br.
1.枝叶　2.果实　3.果实着生于树干及果实剖面

产屏边，生于海拔1000—1100米的山地或沟谷常绿阔叶林中；西藏墨脱亦产，印度和缅甸也有。常与含笑类、杜英类、红毛琼楠、青冈类、榕树类、桑树、垂穗金刀木、红毛棋子豆等混生。

喜温暖气候，要求雨量充沛，热量充足，适生于湿润土壤，常生于湿润的山坡中、下部沟谷或溪流两岸，天然更新不良，使本种濒于灭绝。

种子繁殖。取成熟浆果去肉洗净种子阴干后即可播种，点播育苗，1年生苗可上山造林。

木材浅黄色，心边材区别不明显，有光泽，结实，坚重，纹理略斜，是高级家具、细木工器具的好材料。种子含有大风子油是治疗疥癣、癞病及梅毒之有效药；果肉可食。树形美观，常年青绿，果实生于树干上，是适生地区优良的观赏树种。

2. 大风子属 Hydnocarpus Gaertn.

乔木，稀灌木。叶互生，具短柄，全缘或微具锯齿，平行脉；托叶早落，花雌雄异株；萼片4—5，稀7—11，离生，有时基部稍合生，覆瓦状排列，脱落或宿存，花后反折；花瓣4—5，稀达14，离生，基部有时稍合生，后脱落，基部具鳞片，鳞片扁平或为不膨大的肉质状、被毛；雄花雄蕊五至多数，花丝离生，有时极短，花药基着，2室，长圆形至线形，沿两侧纵裂，退化子房有或近无，稀无；雌花退化雄蕊五至多数，常比雄花的更短，子房上位，1室，侧膜胎座3—6，胚珠倒生2—3或多数，花柱极短至不明显，柱头3—5，联合成盾状或分离，膨大，辐射状，2裂，常垂直反折。浆果，球形至卵形，外果皮常木质，柱头在顶部多少有些宿存。种子少数至多数。

本属约45种，主要分布于东南亚和马来西亚。我国有3种，产海南、广西、云南，常生于低海拔常绿阔叶林中。云南3种全产，另引入栽培1种。

分 种 检 索 表

1.萼片4，花瓣4或8，雄蕊（12）15—30（35）（Ⅰ海南大风子亚属Subgen. I.Taraktogenos）
  2.花瓣8，花少，2—3朵；叶柄具毛，至少幼时被毛 ………1.广西大风子 H. annamensis
  2.花瓣4，雄花序多花；叶柄无毛 ………………………2.海南大风子 H. hainanensis
1.萼片5，花瓣5，雄蕊5（Ⅱ大风子亚属Subgen. Ⅱ. Hydnocarpus）果大，直径8—12厘米，具极小多皱的斑点，外果皮木质，厚1.5—2.0毫米；子房被短绒毛，具5棱，花丝锥状，基部膨大 …………………………………………………3.泰国大风子 H. anthelminthica

1.广西大风子（广西植物名录）　梅氏大风子（植物分类学报）图5

Hydnocapus annamensis（Gagnep.）Lescot et Sleumer（1970）

Taraktogenos annamensis Gagnep.（1939）

Hydnocarpus merrillianus Li（1943）

Taraktogenos merrilliana（Li）C.Y, Wu（1957）

常绿乔木，高达10米，小枝具红棕色绒毛。叶革质，倒卵形至披针状长圆形，长17—

35厘米，宽7—12厘米，上面光亮无毛，下面较暗，微被毛或无，基部宽楔形，多少偏斜，先端突尖，全缘或边缘波状，侧脉5—7对，疏松，网脉密，极明显。花腋生，单花或2—3花组成聚伞花序，长1.5—2厘米，具浅黄褐色毛；萼片4，卵状圆形，外面密被铁锈色绒毛，内面无毛，边缘具睫毛；花瓣8，近圆形，外面的较大，内面的较小，无毛，边缘多少流苏状，鳞片肉质，圆形，径3—3.5毫米，顶端被毛。雄花雄蕊25，花丝长4—5毫米，被毛，花药卵形或近心形，顶端稍尖；雌花退化雄蕊8，子房卵圆形，微有8棱，密生短柔毛，几无花柱，柱头4—5。果近球形，径达6厘米，具短红棕色毛，宿存柱头4—5；种子多数。

产勐腊、金平、河口、屏边，生于海拔180—1000米的山地常绿阔叶林中，常与榕树类、木莲类、樟类、杜英类等混生。广西有分布，越南也产。

喜温暖湿润气候，要求有机质较多的肥沃土壤，种子繁殖。

边材黄白色，心材黄褐色，心边材区别略明显，有光泽，强度大，耐腐性能好，是房屋、家具、细木工器具、工农具柄的好材料。种子含有大风子油，可治疗麻风病；也是适生地区的观赏树种。

2.海南大风子（海南植物志）图6

Hydnocar pus hainanensis（Merr.）Sleumer（1938）

Taraktogenos hainenensis Merr.（1923）.

常绿乔木，高达15米。小枝无毛。叶革质，长圆形，长9—18厘米，宽3—6厘米，上面光亮，下面暗淡，无毛，基部尖至微钝，多少不对称，先端渐尖，边缘具波状圆齿或疏锯齿，侧脉7—8对，弯拱向上，两面凸起，在边缘汇合，网脉极疏；叶柄长1.0—1.5厘米，顶部膨大，无毛。花序腋生或近顶生，伞形，长1.5—2.5厘米，花序柄短，具15—20花；花梗长8—15毫米；萼片4，膜质，圆形，无毛或极少毛，仅边缘具睫毛；花瓣4，薄膜质，仅边缘具睫毛；鳞片4，肉质，先端具毛，流苏状。雄花雄蕊10—12，花丝长1.5毫米，具柔毛，花药长圆形；雌花退化雄蕊15，子房卵状椭圆形，被红棕色毛，柱头3，肉质，2裂，辐射伸展，浆果球形，径4—5厘米，幼时灰棕色，具绒毛，果梗粗，外果皮纤维质。种子20粒左右，卵形。

产屏边，生于海拔1000米的常绿阔叶林中，常与青冈、榕树、含笑、嘉赐木混生；分布于广西、海南，越南也产。

喜温暖、湿润气候，要求雨量充沛，热量丰富；适生于腐殖质较厚的森林土。

种子繁殖，人工造林，生长良好。

木材边材黄白色，心材黄褐色，心边材区别略明显，散孔材，有光泽，强度大，耐腐能力强，可用为桥梁、码头，房屋建筑等用材，也是家具、车辆等的良好材料。种子含大风子油，可治皮癣、麻风等病症，树形美观，可为庭园绿化树种。

图5 广西大风子 *Hydnocarpus annamensis* Lescot et Sleumer

1.花枝 2.果实 3.萼片背面观 4.花瓣及内鳞片

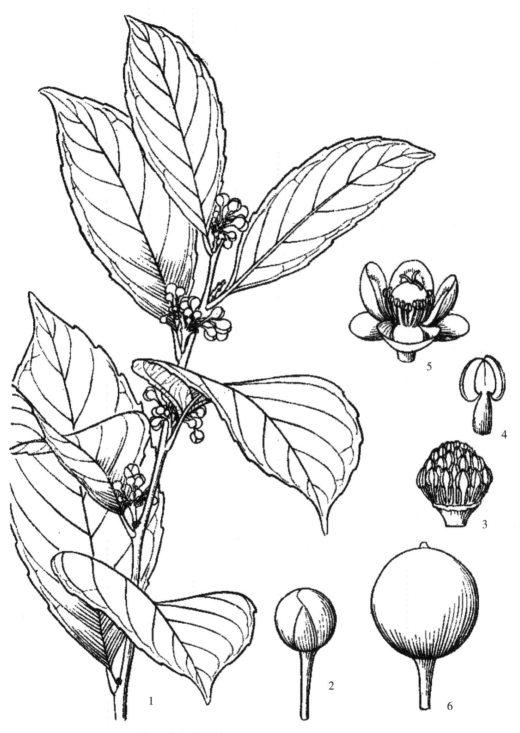

图6 海南大风子 *Hydnocarpus hainanensis* Sleumer
1.花枝　2.花蕾　3.雄花（除去花萼与花冠）　4.雄蕊　5.雌花　6.果实

3.泰国大风子（西双版纳植物名录）图7

Hydnocarpus anthelminthica Pierre ex Lanessan（1866）

常绿大乔木，高达30米。叶革质，卵状披针形或卵状长圆形，长10—30厘米，宽3—7厘米，全缘，无毛，侧脉8—10对，基部圆钝，稀宽楔形，两侧常不等，先端钝；叶柄长1.2—1.5厘米。花序腋生；花单性或杂性，花萼5，在基部合生，覆瓦状排列，卵形，两面具毛；花瓣5，基部几不联合，覆瓦状排列，卵状长圆形，长1.2—1.5厘米；鳞片离生，线形，几与花瓣等长，外面无毛或后变无毛，边缘具睫毛。雄花排成假聚伞花序或2—3花的总状花序，长3—4厘米；雄蕊5，花丝在基部增粗，顶端渐狭，花药长圆形，药室被膨大的药隔分开；退化雄蕊圆柱形，多毛。雌花单生或2朵生于一起，退化雄蕊5，纺锤形，无花药，子房卵形或倒卵形，具绒毛，胎座5，胚珠10—15，无毛或有毛，花柱沿顶端被毛，极短收缩，柱头5，辐射开展，几与中裂片垂直反折。浆果、球形，径8—12厘米，具绒毛，铁锈色或棕色，上面具小瘤点。种子多数，不规则卵状扁圆形。

产盈江，生于海拔600—1300米的常绿阔叶林中。分布于广西，海南和云南西双版纳有栽培；越南、柬埔寨、泰国也产。

喜温暖湿润气候，适生于土壤肥沃、有机质丰富的森林土。

种子繁殖，人工种植，效果良好。

木材黄色至淡红色，致密，坚重，易燃，耐腐性强，是各种木工器具、车辆、家具的好材料。种子含有大风子油，可用于治疗麻风病或其他皮肤病，抗结核和驱虫，果皮煎汤对小便失禁具有明显疗效。果肉可食，但不宜过量。也可作庭园观赏树种。

3.箣柊属 Scolopia Schreb.

乔木或灌木，树干或枝干上常具刺。叶互生，具叶柄，常绿，稀脱落，全缘或有锯齿，无毛，幼时淡红色或淡紫色，平行脉或掌状脉，有时在叶片基部或叶柄的顶部具2个明显的腺体；托叶小，早落。花小，通常两性，极稀为雌蕊退化的雄花；总状花序腋生，多为单生，有时多数生于一起，稀减化成少花的花束或单花；萼片（3）4—6（10），覆瓦状或镊合状排列，在基部多少合生，花前伸长；花瓣与萼片同数互生，在形状上相似或微窄，常宿存，稀早落；花托扁平，有时在子房基部和花丝基部之间具毛；雄蕊外花盘，如存在，则由一排离生、短而厚的腺体组成，雄蕊无定数，多轮，在芽中不弯曲，花时超出花瓣，花丝近等长，花药背着，药隔减化成一个短尖头，无毛或有时具毛状附属体；子房无柄，具2—4胎座，胚珠少数，花柱极长；柱头全缘或稍具 2—3（5）裂。浆果，常具2—3种子，多少肉质，在基部具凋存的花萼、花瓣和雄蕊；花柱多少宿存。种子具一硬质外种皮，胚乳丰富；子叶叶状。

本属37种；产热带和亚热带非洲、马尔加什、科摩罗、马斯卡林、印度、斯里兰卡、东南亚、马来西亚，东到新爱尔兰岛、澳大利亚东北部和东部。我国有5种，主产广东、海南、广西、湖南。云南产1种。

1.广东箣柊（海南植物志） 白皮（广西植物名录）图8

Scolopia saeva（Hance）Hance（1862）

Phoberos saevus Hance（1852）

常绿小乔木，量高可达10米。树干具单生或分枝刺，长达11厘米；小枝无刺；树皮锈色，皮孔圆形。叶近革质，椭圆形，倒卵形或披针状椭圆形，长6—10厘米，宽3—6厘米，近全缘或具向外弯的疏圆齿，近基部侧脉2对，向上弯拱，上部短脉2—3对，基部楔形，先端钝；叶柄长3—8毫米。总状花序腋生或近顶生，疏花，长3—4.5厘米，具灰色微柔毛，后变无毛，花轴细长；花梗长4—6毫米，花淡绿色，4或5数；萼片卵形，近无毛，边缘具睫毛，长1.5—2毫米；花瓣长圆形，与萼片相似；花托具毛；花盘腺体相当少，4—5（10）；雄蕊40—50，药隔伸长，无毛；子房无毛；花柱线形，长3—5毫米；柱头极短，3裂。浆果，卵状椭圆形，橙色，熟时红色，长6—7毫米，具1—2种子。

产普洱，生于较低海拔的干燥平地或山地常绿阔叶林中。分布于广西、广东、海南、福建等地，越南也产。

种子繁殖。浆果成熟后堆放腐烂，取出种子后洗净阴干。种子不耐久藏，注意随采随播。

木材红色，硬度大，耐腐性能好，可作舢板的水工器具和细木工家具。

4.天料木属 Homalium Jacq.

乔木或灌木。单叶互生，极稀对生或轮生（中国不产），多具锯齿或圆齿，有时全缘，平行脉，具叶柄；托叶侧生，较小，早落或无。花两性，排成顶生或腋生的总状花序或圆锥花序，数花簇生在花序轴上，很少单生；花梗在中部左右具关节；萼管陀螺形，与子房的基部合生，裂片（4）5—8（12），宿存，线形或倒卵匙形；花瓣与萼片同数，着生在萼管的喉部；花丝线形，花药小，背着，2室，外向，纵裂；子房半下位，1室，2—6（8）侧膜胎座，具（1）3—7胚珠；花柱2—5（7），离生，线形，或在基部合生；柱头头状。浆果，顶部2—5（6）瓣裂，革质，有少数种子。种子具棱，长椭圆形，种皮坚而脆，有丰富的胚乳；子叶叶状。

本属约200种，产热带。我国有10种1变种，主产华南和西南。云南有1种1变种。

1.斯里兰卡天料木 光叶老挝天料木（植物分类学报）图9

Homalium ceylanicum（Gardn.）Benth.（1859）

Blackellia zeylanica Gardn.（1847）

Homalium laoticum Gagnep. var. *glabratum* C. Y. Wu（1957）

常绿乔木，高达30米。枝近圆柱形，无毛。叶薄革质，椭圆形，长11—18厘米，宽5—8厘米，两面无毛，侧脉6—10对，在叶缘处弯拱而消失，网脉明显，先端短渐尖，基部近圆形或楔形，边缘具锯齿；叶柄长8—10毫米，无毛。总状花序腋生，长可达30厘米，被毛；花4—6数，长2.5毫米，稍被毛；花梗短；萼管被毛，裂片线形或线状倒披针形，长约

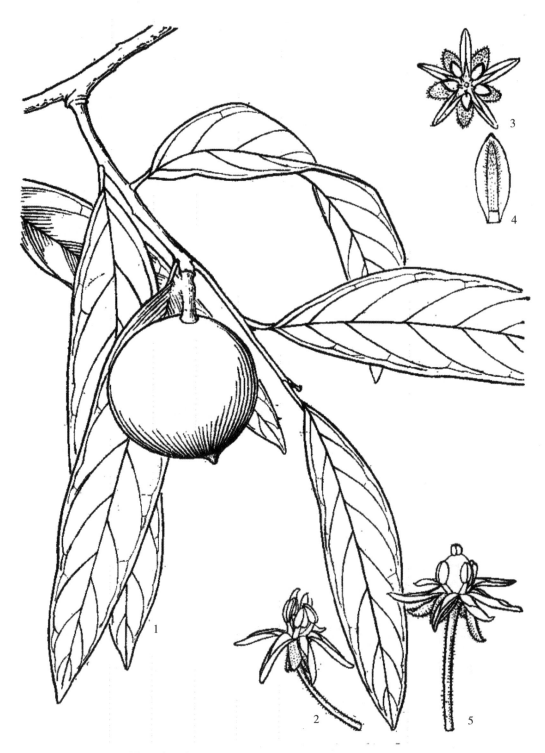

图7 泰国大风子 *Hydnocarpus anthelminthica* Lanessan
1.果枝 2.雄花 3.雄花俯视 4.花瓣及内鳞片 5.雌花

图8 广东箣柊 *Scolopia saeva* Hance
1.果枝　2.花　3.雄蕊　4.叶背面基部　5.果实

图9　斯里兰卡天料木 *Homalium ceylanicum* Benth.
1.花枝　2.花　3.花瓣腹面　4.花瓣背面　5.去掉花冠的花

1.5毫米，被毛，边缘有睫毛；花瓣倒卵状披针形或匙形，长可达2毫米，宽0.6毫米左右，外被疏柔毛，边缘有睫毛；雄蕊4—6，花丝无毛，花药圆形；花盘腺体7—10，1—2着生在萼片的基部，边缘有睫毛；花柱4—5，超出萼片和花瓣。

产勐腊、景洪、景谷、元江，生于海拔500—1100米的沟谷雨林或常绿阔叶林中，常与嘉赐木类、刺篱木、榕树、葱臭木等混生。西藏墨脱亦产；斯里兰卡、印度、泰国亦有分布。

喜温暖湿润气候，适生于土壤肥沃、有机质层厚的森林土壤。种子繁殖。

边材灰黄褐色或黄褐色，心材红褐至暗红褐色，心边材区别略明显至不明显，木材有光泽，强度大，耐腐性能好，是桥梁、码头建筑、枕木、车辆、房屋建筑等用材。

1a. 老挝天料木（植物分类学报）

var. laoticum（gagnep.）G. S. Fan

Hamalium laoticum Gagnep.（1916）

本变种与原种的区别，在于其叶背，至少沿叶脉及叶柄被毛。

产勐腊、景洪、耿马、新平，生于海拔600—1200米的雨林、沟谷雨林或常绿阔叶林中。老挝亦有分布。

5. 刺篱木属 Flacourtia L'Herit.

常绿乔木或灌木，常具刺。单叶互生，常具锯齿，平行脉，稀3—5基出脉，多少革质；具短叶柄；托叶小，早落。总状花序或团伞花序，或形成圆锥花序；苞片和小苞片较小；花单性，稀杂性，小型；萼片4—6（7），在基部稍合生，覆瓦状排列，边缘具睫毛，有时宿存；花瓣缺；花盘圆形，由与花萼对生的腺体组成。雄花雄蕊多数，花丝离生，线形，花药圆形，背部着生，2室，外向，纵裂，退化雌蕊无或极端退化。雌花无退化雄蕊，或有时具一个退化雄蕊，子房上位，2—6（10）被假隔膜分成不完全的室，多胚珠，花柱与子房室数相等，基部合生，有时无，柱头膨大，常2裂，反折或反卷。果为核果状。种子稍压扁，胚乳肉质。

本属约15种，产热带亚洲和热带非洲。我国有5种，分布于云南、广西、广东、海南。云南4种。

分 种 检 索 表

1.花柱合生，至少在基部合生，果实具棱（Ⅰ.合柱刺篱木组Sect. Ⅰ. Connatistylatac）花柱合生成一个圆柱形，柱头辐射伸展，多少扁平，极短，圆钝；叶长7—11厘米，宽约3.5厘米 ……………………………………………………………………………… 1.云南刺篱木 F. jangomas

1.花柱离生，在果实顶部排成一环；果实圆球形，不具棱（Ⅰ.刺篱木组Sect. Ⅱ. Flacourtia）

2.叶片、叶柄密被黄色毛；果较大，径可达3厘米 …………………… 2.山刺子 F. montana

2.叶片、叶柄无毛，或几乎无毛；果较小，径在1.5厘米以下。

3.侧脉5—11对，叶基部圆或钝，叶面不发亮 ………………… 3.大叶刺篱木 F.rukam

3.侧脉3—5对，叶基部多楔形，叶面发亮 ························· **4.刺篱木 F. ramontchi**

1.云南刺篱木　图10

Flacourtia jangomas（Lour）Rauschel（1797）

Stigmarota jangomas Lour（1790）

落叶小乔木，高可达8米。老树枝，干常无刺。幼树常具单生或分枝的刺。叶纸质，窄卵形至卵状椭圆形，稀卵状披针形，长7—11厘米，宽3—3.5厘米，无毛，先端钝渐尖，基部宽楔形至圆形；叶柄长6—8毫米。总状花序近于伞房花序状，少花，无毛，长1—1.5（3）厘米；花梗细长；萼片4（5），卵形，两面具柔毛；花盘肉质，全缘或微缺。雄花雄蕊多数，花丝无毛。雌花子房瓶形至近球形，4—6花柱联合成一圆柱，每一花柱具一外弯柱头。果实淡棕红色或紫色，具棱，径1—2厘米，顶端有宿存短花柱，小柱头点4—6。种子4—5。

产景洪，生于海拔500—800米的常绿阔叶林中。老挝、越南、马来西亚也产。

种子繁殖。育苗造林，种子宜随采随播。

幼根和果可食，果多汁，可做果酱和罐头；种子含油，为著名的滋补、健胃良药。

2.山刺子（云南种子植物名录）图11

Flacourtia montana Grah.（1893）

常绿乔木，树干和分枝具刺。叶革质，卵形或椭圆状披针形，长5—9（12）厘米，宽3—4厘米，侧脉5—7对，下面至少沿中脉密被黄色绒毛，先端渐尖或钝突渐尖，边缘具圆齿；叶柄长3毫米左右，密被黄色绒毛。花小，排成短而密的总状花序，或簇生于叶腋。雄花萼片具绒毛，雄蕊花丝长约2毫米。雌花萼片被锈色绒毛，子房壶形，无毛，花柱5，离生，反折，柱头具铁刻。果实较大，径在2.5厘米以上，红色或紫色。果梗极短。种子6，木质坚硬。

产勐海，生于海拔500—800米的沟谷常绿阔叶林中。印度也有分布。

木材亮黄色，可为家具等用材。果实多汁，可食，是制作果酱和罐头的好原料。

3.大叶刺篱木（海南植物志）图12

Flacourtia rukam Zoll. et Mor.（1846）

常绿乔木，高达15米。幼枝被短柔毛，皮孔圆形，显著。叶革质，卵状长圆形，椭圆形至长圆状披针形，长6—14厘米，宽4—6厘米，先端渐尖，基部近圆形或钝形，边缘有圆钝齿，侧脉5—11对，在下面明显，小脉相互平行；叶柄长6—8毫米，被毛或无毛。总状花序腋生，被短柔毛；萼片4—5，卵形，基部稍连合，两面均被极短的小柔毛。雄花雄蕊约25，花丝丝状，生于肉质的花盘内，花盘8裂。雌花花盘肉质，8裂，子房球形，不完全6室，每侧膜胎座上有胚珠2，花柱6，分离。果球形，不具棱，径1—1.5厘米，花柱宿存。

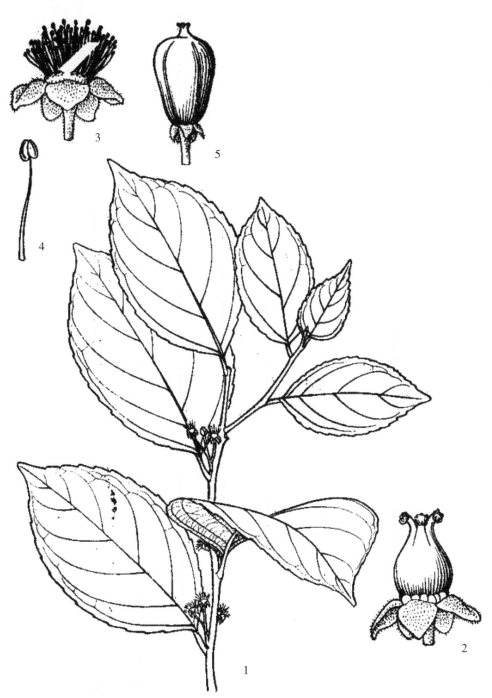

图10　云南刺篱木 *Flacourtia jangomas* Rauschel
1.花枝　2.雌花　3.雄花　4.雄蕊　5.果实

图11 山刺子 *Flacourtia montana* Grah.
1.花枝 2.雄花 3.雄蕊 4.果实 5.果横切面 6.叶背面（示毛被）

图12 大叶刺篱木 *Flacourtia rukam* Zoll. et Mor.
1.雌花枝 2.雄花枝 3.雌花 4.雌花纵剖 5.果实 6.果实（示顶部）

产西畴，生于海拔2000米以下的疏林中。分布于广西、广东、海南，越南、泰国、马来西亚也有分布。

边材淡黄褐色，心材暗黄褐色至暗褐色，心边材区别略明显，耐腐性能好，适于作家具、农具等用材。果具酸味，宜作果酱和罐头。幼根可食，幼果汁治腹泻、痢疾。叶片贴于眼睛上可治炎症。

4.刺篱木（海南植物志）图13

Flacourtia ramontchi L' Herit.（1784）

常绿乔木，高达20米，发育枝或徒长枝常具刺。叶革质，上面油质光亮，叶形在宽椭圆形，椭圆形，椭圆状倒卵形和椭圆状披针形之间变化，但不为倒卵形或倒心形。长4—10厘米，宽2.5—6厘米，侧脉4—6对，先端钝圆至锐尖，稀具凹缺，边缘具细锯齿，基部宽楔形或微圆形。总状花序多花，微具短柔毛；萼片5—6。雄花雄蕊多数，花盘由多数圆齿状腺体组成。雌花花盘全缘或具圆齿，子房球形，花柱6—11，各有2浅裂的柱头。果中型，径1.5—2.5厘米，球形、不具棱。

产孟连、澜沧、景洪、勐腊、勐海、金平、河口、新平、西畴、富宁，生于海拔500—1700米灌丛，或以壳斗科为主的常绿阔叶林中。热带亚洲和热带非洲也产。

边材深黄褐色至浅红褐色，心边材区别略明显，心材浅栗褐或灰红褐色。木材有光泽，纹理斜，结构细，均匀，坚重；干缩大，干燥时可能产生开裂，不翘曲；切削容易，切面光滑，油漆后光亮性能好；容易胶黏；握钉力颇大，耐腐损。适于车旋，可制玩具，雕刻及其他工艺美术品。农村用于作篱柱、工农具柄及其他农具。果可食，枝叶可作饲料。

6.柞木属 Xylosma G. Forst.

常绿灌木或乔木。枝条或树干上具腋生刺。单叶互生，具短叶柄，无托叶。总状花序或聚伞花序腋生，短，少花；苞片较小，多少宿存；花单性，有时杂性，小形，花梗具关节；萼片4—6（8），基部稍合生，覆瓦状排列，常具睫毛；花瓣无；花盘围绕着雄蕊和子房，由4—8个明显的腺体组成。雄花雄蕊极多数，花丝离生，花药内向，基着，近球形，纵裂。雌花退化雄蕊有时存在，子房上位，无柄，1室，具2（3—6）侧膜胎座，花柱单生，圆柱形。肉质浆果。种子多数，倒卵形，胚乳丰富胚大。

本属约100种，分布于泛热带地区。我国有3种，1变种，产西南、华南、华东地区。云南全产。

分 种 检 索 表

1.叶宽卵形，卵形至椭圆状卵形，长4—8厘米，宽2.5—4厘米 ……… **1.柞木** X. congestum
1.叶长圆形，长圆状披针形，披针形至椭圆形，但不为卵形，长5—15厘米，宽2—7厘米。

图13　刺篱木 *Flacourtia ramontchi* L'Herit.
1.果枝　2.花枝　3.雄花　4.雌花　5.果实

2.疏生圆锥花序或总状花序圆锥状，长1.5—3厘米，常被黄色短柔毛；萼片果时脱落，内面被毛，叶椭圆形至长圆形，侧脉5—6对 ·· **2.南岭柞木 X. controversum**

2.总状花序密，极短或簇生，长0.5—2厘米，通常无毛或被微柔毛，萼片果时宿存，内面无毛；叶长圆状披针形，披针形，侧脉8—11对 ·············· **3.长叶柞木 X. longifolium**

1.柞木　图14

Xylosma congestum（Lour）Merr.（1919）

Croton congestum Lour（1790）

Xylosma racemosum Miq.（1865）

常绿乔木或灌木，高达9米。幼枝有时有腋生刺或无刺，无毛。叶宽卵形，卵形至椭圆状卵形，长4—8厘米，宽2.5—4厘米，先端渐尖，基部圆或圆截形，侧脉通常4—6；叶柄无毛。花雌雄异株，总状花序腋生，长1—2厘米，花梗极短，萼片4—6；无花瓣。雄花具多数雄蕊，花盘由多数腺体组成，位于雄蕊外围。雌花花盘圆盘状，边缘稍成浅波状，子房1室，具2侧膜胎座，花柱短，柱头2浅裂。浆果球形，顶端有宿存花柱，2—3种子。

产西双版纳、滇中、滇东北、低海拔至较高海拔地区，常与壳斗科、山茶科、樟科等植物混生。分布于秦岭、淮河以南，在日本、朝鲜也有分布。

种子繁殖。果实由绿色变为暗褐色后即可采集。去肉洗净阴干即可播种。宜高床育苗，条播。

木材黄褐色，心边材区别不明显或略明显，有光泽；纹理斜，结构甚细，均匀，坚重，耐腐，切削较难，但切面光滑，易胶黏；握钉力强。适于做工农具柄、房柱、篱柱、车轴、木梳、秤杆。树皮含单宁，果实可提炼染料。叶入药，能散瘀消肿，治跌打扭伤等。

1a. 柔毛柞木　蒙子树（秦岭植物志）

var. pubescens（Rehd. et Wils.）Chun（1934）

产通海、新平、广南、富宁、砚山，生于海拔1200—2000米地区。分布于陕西、贵州、广西、广东、湖北、江西。

2.南岭柞木（海南植物志）图15

Xylosma controversum Clos（1857）

常绿乔木。叶薄革质或革质，椭圆形至长圆状椭圆形，长6—15（20）厘米，宽3—8厘米，两面无毛，侧脉5—7对，网脉明显，基部楔形或近圆形，先端长渐尖，边缘具规则齿；叶柄长3—5毫米，鲜时红色，无毛。圆锥花序或总状花序圆锥状，长1—3（5）厘米，具绒毛；花暗绿色，花梗短，长2—4毫米；萼片4，卵状圆形，不等，内面2枚较大，长2—3毫米，外面具微柔毛或后变无毛，内面具绒毛，边缘具睫毛；花盘具小腺体，紧靠在雄蕊和子房的周围。雄花雄蕊花丝长约4毫米，花药椭圆形。雄花子房瓶状，高2—3毫米，侧膜胎座2，花柱长1毫米，柱头不明显分裂。果球形，较小，径0.5厘米左右。种子多数。

产镇康、双江、勐海、西畴、麻栗坡、富宁、广南，生于海拔300—1600米的山地常绿阔叶林中。也分布于四川、贵州、广西、广东、湖南、江西，中印半岛和印度也产。

木材红褐色，结构细，略硬重，致密，是雕刻、工农具柄、细木工器具和家具的良好用材。树皮富含鞣质。

3.长叶柞木（海南植物志）图16

Xylosma longifolium Clos（1857）

常绿乔木，高可达15米，常具粗壮刺。叶革质，披针形或长圆形，长4—9（15）厘米，宽2—5厘米，两面无毛，侧脉7—10对，基部楔形，先端钝渐尖，边缘具锯齿状圆齿；叶柄长5—10毫米，无毛。花序腋生，密总状花序极短或簇生，花序梗长0.5—2厘米，后变无毛；花梗长5—12毫米，细长，无毛；在雄花序中，苞片凹下，近圆形，在雌花序中披针形，长约0.5毫米，两面无毛，边缘蚀状；花盘具腺体，着生于雄蕊的周围，成一环而包围子房。雄花雄蕊花丝线形，长3.5—4毫米，花药圆形。雌花子房球形，径2—3毫米，2—3胎座，每胎座具2—3胚珠，花柱短，长0.5毫米，柱头微2—3裂。果球形，径0.5厘米左右。种子4—5。

产宜良、易门、云县、新平、镇沅、景东、景谷、盈江、沧源、孟连、普洱、勐腊、麻栗坡，生于海拔1500米以下的常绿阔叶林中。也分布于广西、广东、海南，中印半岛也产。

木材红色，坚硬，致密，可为房柱、农具、家具等用材。树皮富含鞣料。

7. 山桂花属 Bennettiodendron Merr.

小乔木或灌木。幼枝顶部具一个芽鳞的芽，芽鳞苞片宿存。单叶互生于枝顶成簇生状，有时近对生，羽状脉，或多或少具粗腺齿，稀全缘；叶柄多数伸长，稀较短，大多数具明显的腋芽；托叶缺。圆锥花序腋生或顶生，常多分枝。花小，大多数在花序梗的顶端呈伞形状；苞片小，披针形，早落，萼片3（4—5），小，覆瓦状排列，具缘毛，早落；花瓣缺。雄花雄蕊多数，在雄蕊之间具多数、短、肉质、无毛的盘状腺体，花丝线形，中部具毛，花药极小，背着，子房残基小，具3短花柱。雌花退化雄蕊象雄蕊群，多数，花丝比雄花的短一半，基部密被柔毛，盘状腺体多数，子房不完全3室，花柱3，分叉，早落，柱头短2裂。浆果小，球形，常1，稀2—4种子，外果皮薄。种子淡黑色，具光泽。

本属4种，产东亚南部、东南亚、马来西亚和印度。我国有4种，分布于云南、贵州、广西、湖南、广东、海南。云南有3种。

分 种 检 索 表

1.叶干时黑褐色，叶片较大，老枝之叶披针形或长圆形，徒长枝和发育枝之叶椭圆形，叶柄较长，2.5厘米以上，无毛，成后变无毛；果实干时黑褐色，较大，径约0.8厘米 ………
……………………………………………………………… 1.山桂花B. leprosipes

图14　柞木 *Xylosma congestum*（Lour）Merr.
1.果枝　2.果实　3.果横剖面　4.枝叶及刺　5.雄花

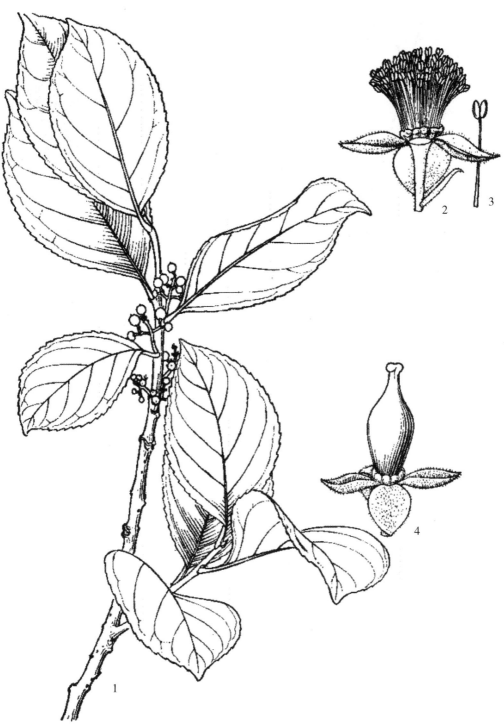

图15　南岭柞木 *Xylosma controversum* Clos
1.果枝　2.雄花　3.雄蕊　4.雌花

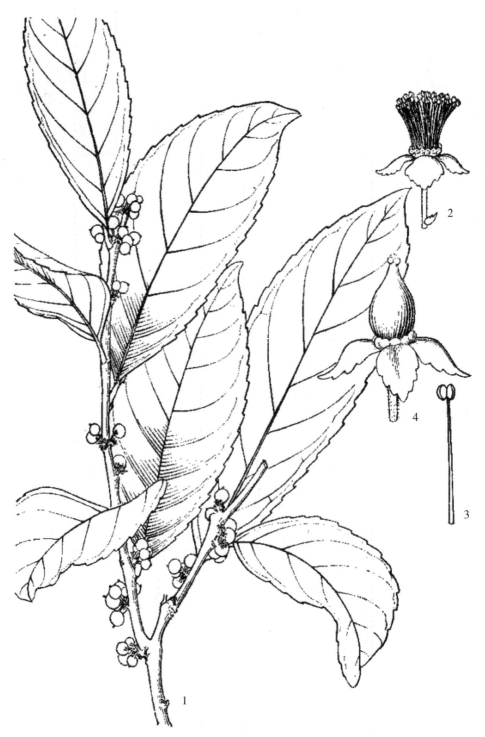

图16　长叶柞木 *Xylosma longifolium* Clos

1.果枝　2.雄花　3.雄蕊　4.雌花

1.叶干时灰褐色，叶片较小，倒卵状披针形，叶柄较短，长2厘米以下，稀达4厘米，被毛；果实干时灰褐色，较小，径0.5厘米以下 …………………………… **2.短柄山桂花 B. brevipes**

1.山桂花　图17

Bennettiodendron leprosipes（Clos）Merr.（1927）

Bennettia leprosipes Clos（1857）

Bennettia longipes Oliv.（1887）

Bennettiodendron longipes（Oliv.）Merr.（1927）

落叶乔木或灌木，高可达8米。树皮灰色；叶互生，在枝顶簇生或假轮生，老枝之叶披针形、倒卵状长圆形或长圆形，较厚；徒长枝或发育枝之叶椭圆形或倒卵状椭圆形，较薄；长12—25厘米，宽4—7.5厘米，干时暗褐色，顶端钝渐尖，基部渐狭，边缘具疏齿，3或近4基出脉，侧脉5—10对，在下面凸起；叶柄通常长4厘米以上，稀2.5厘米左右，有时顶端具2小腺体。圆锥花序具柔毛，后变无毛，长10—20厘米，花污白色或淡黄绿色；花梗长3—4毫米，果时膨大。雄花萼片卵状圆形，内面密被毛，雄蕊多数，花盘裂片紫色；雌花萼片和退化雄蕊约为雄花的一半长；子房三角形，无毛，花柱3。浆果球形，熟时红色至淡红色，具光泽，干后暗褐色，径0.8厘米左右。种子多数，淡黑色。

产宜良、金平、马关、西畴、麻栗坡，常生于海拔150—1500米的常绿阔叶林或荫蔽的山沟中，常与榨树类、木莲类、青冈类等混生。广西、广东有分布，马来西亚、印度也产。

种子繁殖。去果肉洗净阴干的种子即可播种。苗圃应适当遮阴。造林地应选择在较阴湿的山谷中。

2.短柄山桂花　图18

Bennettiodendron brevipes Merr.（1927）

Bennettiodendron lanceolatum Li（1944）

Bennettiodendron subracemosum C. Y. Wu（1957）

落叶小乔木，高达6米。幼枝具褐色或黑褐色柔毛，后变无毛，分枝圆柱形，无毛。叶纸质至薄革质，长圆状倒披针形或倒卵状披针形，干时灰褐色，长5—12厘米，宽5厘米以下，先端渐尖，基部锐尖或楔形，边缘具钝锯齿，侧脉7—9对，稍明显；叶柄长2厘米以下，稀达4厘米，密被黄色或污黄色毛。圆锥花序顶生，具柔毛，长6—12厘米、宽可达4.5厘米，多花。雄花萼片3，雄蕊多数。雄花萼片3，椭圆状卵形，钝，长3—3.5毫米，微具睫毛，腺体多数，无毛，子房无毛，卵形，胚珠少，花柱3或4，柱头微2裂。浆果圆球形，径3—4毫米。

产耿马、沧源、勐腊、景洪，常生于海拔500—1300米的常绿阔叶林中；贵州、广西、湖南、广东、海南也有分布。

图17 山桂花 *Bennettiodendron leprosipes*（Clos）Merr.

1.果枝　2.花（除去花萼的纵切面）　3.雄蕊　4.花蕾　5.萼片　6.果实

图18 短柄山桂花 *Bennettiodendron brevipes* Merr.
1.果枝 2.果实

8. 山桐子属 Idesia Maxim.

落叶乔木。叶互生，卵状圆形，基部近心形，基出5脉，在基部或叶柄上具2腺体，边缘具圆齿状锯齿；叶柄极长。圆锥花序顶生或生于上部叶腋中，极大。花雌雄异株，萼片5（3—6），具绒毛，覆瓦状排列，果时脱落；花瓣缺。雄花雄蕊多数，着生在小花盘上，花丝被长柔毛，花药短纵裂，退化子房很不明显。雌花退化雄蕊多数，缩短，不具花药，子房无毛，侧膜胎座5（3—6），突出，胚珠多数，花柱5（3—6），开展，柱头5（3—6），浆果具多数种子。种皮壳质，子叶圆形。

本属1种1变种，产日本和中国，云南有分布。

1. 山桐子（高等植物图鉴）图19

Idesia polycarpa Maxim.（1866）

Idesia polycarpa Maxim var. *latifolia* Diels（1900）

Idesia polycarpa Maxim var. *intermedia* Pamp.（1910）

落叶乔木，高达15米；树皮平滑，灰白色。叶宽卵形，卵状三角形或卵状心形，长7—21厘米，宽5—20厘米，下面粉白色，边缘疏生锯齿，先端钝尖至短渐尖，基部常为心形，掌状基出脉5—7，脉腋密生柔毛；叶柄几与叶片等长。顶端或中间具2枚突起的腺体。圆锥花序顶生或腋生，长12—20厘米，下垂；花黄绿色；萼片通常为5；无花瓣。雄花雄蕊多数。雌花退化雄蕊多数，子房球形，1室，有3—6侧膜胎座，胚珠多数。浆果球形，红色，具多数种子。

产龙陵、贡山、禄劝，多生于海拔500—3500米的向阳山坡或丛林中。也分布于四川、贵州、广西、广东、湖南、江西、浙江、福建、台湾、湖北、河南等省（区），日本也产。

种子繁殖。浆果去肉洗净收藏。春季育苗，条播。造林地可选择阳坡。

木材黄褐或黄白色，心边材区别不明显，光泽弱，纹理直，结构甚细，均匀；材质轻软，干缩小，强度弱至中，易干燥，不耐腐，切削容易，切面光滑，油漆后光亮性差，易胶黏，握钉力强。可为包装箱、火柴杆、牙签、锅盖、风箱以及纸浆原料。秋天红果累累，可作庭园观赏树种。

1a. 毛叶山桐子（江西植物志）

var. vestita Diels（1900）

本变种与原种的区别，在于叶背密被短柔毛。

产镇雄、彝良、大关，生于海拔1000—2000米的山地；陕西、四川、贵州、湖南、江西、湖北、浙江也产。

图19 山桐子 *Idesia polycarpa* Maxim.
1.果枝 2.叶片及腺点 3.果实横剖面 4.种子 5.雌花 6.萼片

9. 山羊角属 Carrierea Franch.

落叶乔木。小枝圆柱形，无毛。叶互生，近革质，椭圆形至倒卵形，基出3脉；叶柄无毛，伸长。花雌雄异株，排成顶生的圆锥花序，少花至较多花；花梗上具叶状苞片2枚；萼片5，包住雄蕊或雌蕊，花蕾时，具5棱；花瓣缺。雄花雄蕊多数，着生在花托上，花药卵形，纵向开裂。雌花子房倒卵状长圆形，花柱3—4，反折，侧膜胎座3—4，有多数胚珠。蒴果纺锤形，3裂，木质，外果皮具毛，长2—6厘米，径0.5—1.5厘米。种子一端具翅。

本属2种，我国特产，主要分布于西南地区，华南也有。云南2种全有。

分 种 检 索 表

1. 蒴果较大，长3厘米，宽0.8厘米以上，顶端具一长渐尖头；花序少花，萼片基部心形；花药2室；叶较宽，5—10厘米 ·················· 1.山羊角树 C. calycina
1. 蒴果较小，长2厘米，宽0.5厘米以下，顶端无长渐尖头；花序花较多，萼片基部不为心形，花药1室；叶较窄，宽3—6厘米 ·················· 2.贵州山羊角树 C. dunniana

1. 山羊角树（高等植物图鉴）图20

Carrierea calycina Franch.（1896）

乔木，高达15米。小枝灰色，无毛。叶互生，长圆状卵形，倒卵状椭圆形至长圆形，长8—16厘米、宽5—10厘米，先端锐尖，基部圆形，边缘有粗锯齿，基出脉3；叶柄长5—9厘米。圆锥花序顶生，少花，通常3—5，稀达10；花梗长2—3厘米，近中部有2叶状苞片；花雌雄异株，萼片5，基部心形，雄花雄蕊多数，着生于稍凸起的花托上，花药2室。雌花子房长圆状卵形，1室，有3—4侧膜胎座，胚珠多数，花柱3—4，短面向外反曲，柱头3浅裂。蒴果纺锤形，长3—5厘米，稍弯曲，两端渐尖，顶端具长尖头；外果皮革质，3瓣裂而脱落，有毡状毛；内果皮木质，自顶端向下至中部3瓣裂开，各裂瓣自基部向上至中部沿中央侧膜胎座分裂为二。种子多数，一端显著具翅。

产屏边、西畴，生于海拔1000—2000米的山地；也分布于四川、贵州、湖南、湖北。

种子繁殖。果实采集后可摊于室内，开裂后取出种子去翅收藏。育苗造林。播后覆薄草一层于覆土上，出苗时分次揭去覆草。苗圃管理如常规。

2. 贵州山羊角树　贵州嘉丽树（云南种子植物名录）图21

Carrierea dunniana Level.（1911）

乔木。分枝粗，径2—3毫米，无毛。叶卵形，长7—12厘米，宽3—5.5厘米，无毛，先端渐尖，基部圆形，边缘具锯齿；基出脉3，中间一条上部具平行侧脉5对，弯拱，在边缘不明显地汇合，小脉微明显，成网状；叶柄细，长1—3厘米，无毛。花序顶生，圆锥形，长达10厘米，多花；花白色，长1厘米；花梗长15—18毫米；苞片叶状，2枚，对生，椭圆形，长5毫米；萼片5，卵状椭圆形，两面具绒毛，顶端近啮蚀状，长10毫米，宽5毫米。雄

图20 山羊角 *Carrierea calycina* Franch.
1.花枝 2.花 3.雌蕊 4.花纵剖 5.雄蕊 6.蒴果

图21 贵州山羊角 *Carrierea dunniana* Level.
1.花枝 2.雄花 3.雌花 4.苞片 5.果枝

花雄蕊5束与萼片互生，花药长圆形，药隔卵形，密被毛。雌花花柱3，反转，2裂；侧膜胎座3，多胚珠。蒴果纺锤形，长约2厘米，径约5毫米，3瓣裂。种子木质，一端具翅。

产景东、文山，生于海拔600—1800米的山地，也分布于贵州、广西、广东。

10. 伊桐属 Itoa Hemsl.

常绿乔木。叶常互生，有时近对生，单叶具锯齿，平行脉，长圆形至卵形，大型，具长叶柄；托叶无。雄花组成圆锥花序，顶生，具短花序梗，雌花腋生，单花。萼片3—4，几乎分离，镊合状排列，卵状三角形；花瓣缺。雄花雄蕊多数，花丝细，花药基著，小形，纵裂。退化雌蕊存在，雌花未见。蒴果卵形至长圆形，两端渐狭，裂瓣6—8或与胎座同数，花柱宿存，短而厚，柱头6—8裂，内果皮革质。种子多数，小形，压扁，周围具膜质翅，胚乳丰富。

本属2种1变种，分布于马来西亚、越南，以及中国南部和西南部。我国1种1变种，产西南、华南。云南1种1变种。

1.伊桐（中国树木分类学）图22

Itoa orientalis Hemsl.（1901）

乔木，高达20米，径20—25厘米。幼枝被毛，后变无毛，具白色圆形至卵形皮孔。叶常互生，有时近对生，或在枝顶成簇生状，椭圆形，长15—30厘米，宽5—8厘米，上面光亮无毛，下面暗淡，具黄色柔毛，基部圆或心形，顶端细尖，边缘具粗糙齿，中脉明显，三级侧脉成疏网状；叶柄长2—6厘米，被柔毛。雄花组成直立圆锥花序，长达15厘米，顶生；雌花单朵生。雄花萼片3—4，卵状三角形，长10—12毫米，被毛，雄蕊花丝细长，花药背着，退化雌蕊具硬毛。蒴果卵形，1室，长约8厘米，径6厘米以上，具褐黄色绒毛，后变无毛，果柄被柔毛。种子压扁，周围具一膜质翅。

产新平、沧源、金平、绿春、屏边、文山、富宁，生于海拔500—1600米的常绿阔叶林中。也分布于四川、贵州、广西、广东、海南，越南也有。

种子繁殖。蒴果开裂前采集并摊晾于通风干燥室内，开裂后取出种子去杂收藏。播种前温水浸种。

1a. 光叶伊桐

var. glabrescens C. Y. Wu ex G. S. Fan

本变种与原种的区别，在于小枝、叶柄、叶背均无毛。

产景东，生于海拔500—700米的常绿阔叶林中；贵州、广西有分布。

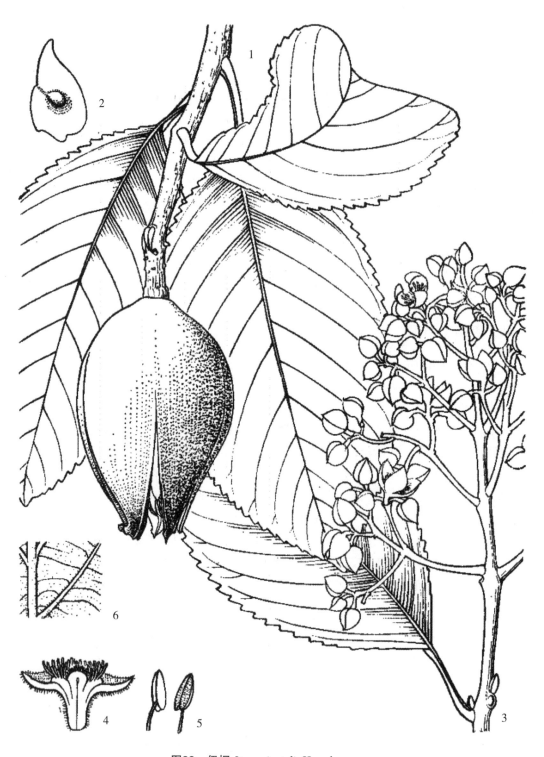

图22 伊桐 _Itoa orientalis_ Hemsl.
1.果枝　2.种翅　3.雄花序　4.雄花纵切面　5.雄蕊　6.叶背（放大示毛被）

11.嘉赐木属 Casearia Jacq.

小乔木或灌木。单叶互生，常排成二列，全绿或具圆齿状锯齿，羽状脉，常具密生的透明腺点或腺条，具叶柄；托叶小，披针形或肾形，多少宿存或早落，花序腋生，簇生状或团状，有时减化为一花。花两性，稀单性，小形，萼片在基部合生成管，覆瓦状排列，宿存；花瓣缺，雄蕊（5）8—10（12）与退化雄蕊同数而互生，花药基着，2室，内向，纵裂；子房上位，卵形或圆柱形，1室，侧膜胎座2—3，胚珠多数，稀1—2，花柱单生，极短。蒴果长圆状球形，角质，稀革质或坚硬，从基部纵向开裂，成（2）3（4）果瓣。种子多数，有时1，压扁被一层有色假种皮所包，种皮坚硬；胚乳肉质，丰富；子叶叶状。

本属约200种，分布于热带。我国有7种1变种，产西南部和南部，云南有6种1变种。

分 种 检 索 表

1.在小枝上部的托叶近宿存，线状披针形，具柔毛，长2—4毫米；叶薄纸质，具疏锯齿，叶下面被毛 ······ 1.云南嘉赐木 C. flexuosa
1.托叶早落；叶质地较前者厚。
  2.小枝、叶下面、叶柄无毛。
    3.叶革质至厚革质；果实近肉质 ······ 2.石生嘉赐木 C. tardieuae
    3.叶纸质至薄革质；蒴果3瓣裂。
      4.侧脉10—14对，密，几平行；雄蕊8 ······ 3.香味嘉赐木 C. graveolens
      4.侧脉5—8对，弯拱向上；雄蕊10—18 ······ 4.膜叶嘉赐木 C. membranacea
  2.小枝，叶下面，叶柄被毛。
    5.叶长圆状披针形或阔披针形，上面中脉或侧脉凸起或微凸起，边缘具圆齿，叶面光亮；果柄长1.2厘米 ······ 5.滇南嘉赐木 C.kurzii
    5.叶椭圆状长圆形，或椭圆形，上面中脉凹下或平坦，边缘具细腺齿；叶面略暗，果柄较短，长0.5—0.7厘米 ······ 6.毛叶嘉赐木 C.velutina

1.云南嘉赐木（植物学报）图23

Casearia flexuosa Craib（1911）

Casearia yunnanensis How et Ko（1959）

灌木或小乔木，高达6米。小枝细长，圆柱形，被淡黄色短柔毛。叶长圆形或长圆状披针形，有时椭圆状长圆形，长3.5—13（15）厘米，宽1—5厘米，薄纸质，两面初时具淡黄色毛，后上面变无毛，或沿脉有毛，侧脉5—8对，弯拱向上，网脉不显，先端渐尖，基部渐狭成柄；叶柄被毛，长3—5毫米；托叶线状披针形，近宿存，长2—4毫米。花淡绿色，排成腋生的团伞花序，少花，各部初时被毛，后变无毛；花梗长1毫米左右；苞片卵形，长2毫米；萼片4—5，倒卵状长圆形，具睫毛，长2—3毫米，雄蕊（7）8（10），花丝被毛，花药锐尖；花盘裂片长圆形，被毛；子房圆锥形，具柔毛；花柱粗，柱头头状。蒴果椭圆形。

产屏边、河口，生于海拔100—700米常绿或半常绿阔叶林中。也分布于广西，老挝、越南、泰国也产。

种子繁殖。蒴果成熟后开裂前采集。随采随播。圃地应近水源，高床育苗，注意除草、松土及病虫害防治。

2.石生嘉赐木（云南植物研究）图24

Casearia tardieuae Lescot et Sleumer（1970）

Casearia calciphyla C. Y. Wu et Y. C. Huang ex S. Y. Bao（1983）

乔木，高达12米。小枝无毛，叶革质至厚革质，无毛，卵状长圆形或长圆形，长8—13厘米，宽3.5—5.5厘米，顶端短渐尖，基部楔形，边缘具波状齿，侧脉6—8对，三级脉网状；叶柄长8—13毫米。团伞花序腋生，少花，无毛；花梗长3毫米，无毛或后变无毛；苞片卵形，长0.8毫米，外面后变无毛，内面无毛；萼片5，卵形，长3—5毫米，宽3毫米，两面无毛，边缘具不明显睫毛；雄蕊8，长约2毫米，花丝基部稍与退化雄蕊合生，无毛或后变无毛，花药长圆形，长0.8毫米；退化雄蕊长圆形，上部有散生毛；子房圆锥形，被毛，长约2毫米，侧胎膜座3，胚珠少数，花柱近无，柱头头状。果近肉质、椭圆形。

产凤庆、景东、西畴，生于海拔1200—1600米的山地；越南也产。

3.香味嘉赐木（云南植物研究）图25

Casearia graveolens Dalz.（1852）

Casearia graveolens Dalz. var. lingtsangensis S. Y. Bao（1983）

乔木，高达10米。枝条嫩时具棱和柔毛，老时圆柱形，无毛。叶宽椭圆形至长圆状椭圆形，长6.5—9（16）厘米，宽4—6厘米，侧脉（8）10—14对，几乎平行，网脉或小脉密，在两面或主要在下面明显，先端短渐尖或狭，有时钝，基部不等侧，宽渐狭至圆形或近心形，纸质，老时微革质，透明腺点或腺线稍密，边缘具圆齿或波状；叶柄细长，无毛，长2—4毫米，早落。花淡绿色，团伞花序，花较密；花梗粗壮，具柔毛或后变无毛；苞片多数，三角状卵形，被毛，长1.5—2毫米，外面被柔毛，后变无毛；雄蕊8，花丝被疏生柔毛，退化雄蕊具粗毛；子房长圆形，顶端被疏柔毛，花柱极短，柱头头状。蒴果长圆状椭球形，微3棱，3瓣裂，无毛，长1.5厘米，宽1.0厘米。种子多数。

产昌宁、澜沧、景洪、勐腊、金平，生于海拔500—1800米山地；越南、老挝、柬埔寨、泰国、印度也有。

4.膜叶嘉赐木（植物学报）图26

Casearia membranacea Hance（1868）

Casearia merrillii Hayata（1913）

Casearia aequilateralis Merr.（1945）

乔木，高达18米。幼枝具棱，老枝圆柱形，无毛。叶纸质至薄革质，无毛，密具透明

图23　云南嘉赐木 *Casearia flexuosa* Craib
1.花枝　2.托叶　3.花背面　4.雄蕊及退化雄蕊　5.果实　6.叶下面放大示毛被

图24 石生嘉赐木 *Casearia tardieuae* Lescot et Sleumer
1. 花枝 2. 花 3. 子房 4. 雄蕊 5. 退化雄蕊 6. 鳞片

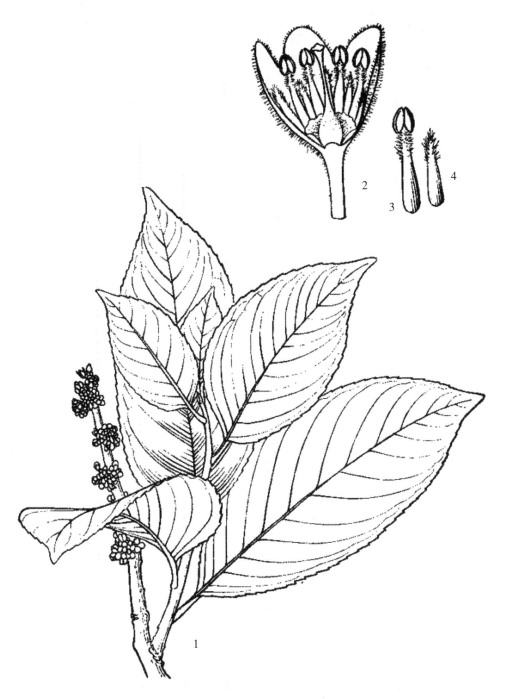

图25 香味嘉赐木 *Casearia graveolens* Dalz.
1.花枝 2.花纵剖 3.雄蕊 4.退化雄蕊

图26　膜叶嘉赐木 *Casearia membranacea* Hance
1.花枝　2.果枝　3.花　4.雄蕊　5.退化雄蕊　6.花纵剖面

腺线，披针状长圆形，长5—9（12）厘米，宽2.5—4厘米，侧脉5—6对，拱形，小脉网状，先端短渐尖而钝，边缘具波状齿，基部楔形，不对称或有时等侧；托叶三角形，长1毫米，无毛，早落。团伞花序腋生、短、多花、无毛；花白色，有香味；苞片三角形，长2毫米，萼片4—5，基部合生，倒卵形或倒卵状长圆形，长约2.5毫米，宽约2毫米，无毛；雄蕊10—18，常与退化雄蕊合生；花丝长4—5毫米，后变无毛，花药卵状长圆形，退化雄蕊长圆形，顶端被毛，子房长圆状卵形，无毛，侧膜胎座3，胚珠多数；花柱短，柱头头状。蒴果革质，长1.5—1.7厘米，宽1厘米，3瓣裂。种子多数。

产沧源、麻栗坡，生于海拔100—1200米的常绿阔叶林中。广西、广东、海南有分布，越南也产。

木材黄白至浅黄褐色，心边材区别不明显，光泽弱，纹理直或略斜，结构甚细，均匀，坚重而硬，握钉力中等，可为地板、车厢板、工农具、家具等用材。

5.滇南嘉赐木　印度嘉赐木（云南植物研究）图27

Casearia kurzii C. B. Clarke（1879）

小乔木，高达10米。小枝微被毛。叶纸质，披针形或长圆状披针形，长8—18厘米，宽4—6厘米，上面无毛，下面被黄色柔毛，基部宽楔形或圆形，边缘具圆齿或近全缘，先端钝尖，侧脉8—11对，弯拱，在上面略突起；叶柄长0.5—1.5厘米，被黄色小粗毛。团伞花序腋生；花淡绿色，花梗长0.5—0.8厘米，被柔毛；苞片卵形，长0.5—0.7毫米，被毛；萼片5，卵形，长3—5毫米，微被毛；雄蕊7，花丝被毛，花药长圆形，退化雄蕊长圆形，具柔毛，常在基部与能育雄蕊连合；子房圆锥形，长约2毫米，侧膜胎座3，胚珠少数。蒴果椭圆形，较大，长1.3—1.6厘米，径0.6—1.0厘米；果柄长0.8—1.2厘米，被毛。

产耿马、澜沧、勐腊、景东，生于海拔400—1300米的常绿阔叶林中；缅甸北部也产。

5a. 细柄露赐木（云南植物研究）

var. gracilis S. Y. Bao（1983）

产景东、西双版纳，生于海拔700—1500米的常绿阔叶林中。

6.毛叶嘉赐木（植物学报）图28

Casearia velutina Bl.（1850）

Casearia balansae Gagnep.（1916）

Casearia balansae Gagnep var. *cuneifolia* Gagnep.（1916）

Casearia balansae Gagnep var *subgrabra* S. Y. Bao（1983）

Caseariavillimba Merr.（1923）

乔木，高达10米。小枝密被短毛，后变无毛。叶椭圆形或椭圆状长圆形，稀卵形，长7—20厘米，宽4—8厘米，嫩时纸质，老时近革质，干时紫褐色，上面仅沿主脉有极疏毛或无毛，下面被淡黄紫色毛或渐脱落，在中脉或侧脉上毛宿存，侧脉8—12对，弯拱向上，上面平坦，下面凸起，顶端短尖，基部圆，多少不等侧，微具腺齿；叶柄短，长0.5—1.0厘米；托叶厚，三角形，外面被毛，长2毫米，早落。花白色至淡绿色，团伞花序，少花至多花，腋生，苞片小，被毛；花梗细长，长2—4毫米，萼片5，卵形，外面被疏至密毛，内面后变无毛，长2—3毫米；雄蕊（5）8，花丝被短柔毛，退化雄蕊线状长圆形，顶端具粗毛；子房圆锥形，被疏毛，花柱长1.5毫米，柱头头状。蒴果长圆状椭圆形，肉质，无毛，2瓣裂，长1.5—2厘米，宽1.2—1.5厘米，种子多数。

产沧源、景洪、勐海、金平、屏边、麻栗坡、富宁，生于海拔150—1800米常绿阔叶林中。也分布于贵州、广西、广东、福建，爪哇、苏门答腊、马来半岛、泰国、越南、老挝也产。

木材淡黄褐至黄褐色，散孔材，纹理直或略斜，结构细，均匀，可为家具、地板等用材。

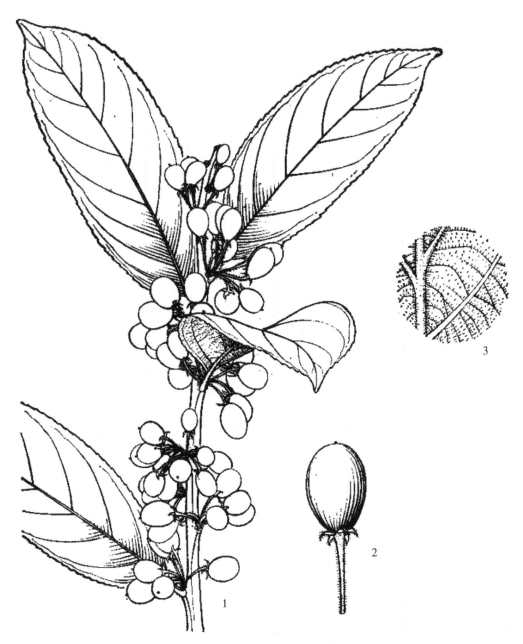

图27　滇南嘉赐木 *Casearia Kurzii* C. B. Clarke
1.果枝　2.果实　3.叶背毛被

图28　毛叶嘉赐木 *Casearia velutina* Bl.
1.果枝　2.果实　3.花蕾　4.子房　5.萼片背腹面　6.托叶
7.雄蕊及退化雄蕊　8.叶背部（示毛）　9.花枝　10.叶片

98.柽柳科 TAMARICACEAE

亚灌木或小乔木。叶鳞片状，互生，无托叶。花辐射对称，两性，单生或排成总状花序或圆锥花序；萼片和花瓣4—5；雄蕊4—10或多数，分离或基部连合，着生于花盘上；子房上位，1室，胚珠2至多数，生于基生的侧膜胎座上，花柱3—5。果为一蒴果。种子有束毛或翅。

本科45属，120种，广布于温带和亚热带地区。我国4属，27种，产西南部，西北部，中部和北部。云南有2属5种。本志记载1属1种。

柽柳属 Tamarix Linn.

落叶灌木或小乔木。小枝纤细，圆柱状。叶鳞片状，抱茎。花小，无梗或具短梗，排成侧生或顶生的穗状花序或总状花序，白色或淡红色；萼片和花瓣5，很少4；雄蕊4—10，离生；子房1室，基部为多少分裂的花盘所围绕，花柱2—5，顶端扩大，胚珠多数。果为蒴果，3—5瓣裂。种子多数，微小，顶部有束毛。

本属约54种，分布于欧洲西部，地中海地区至印度。我国约16种，全国均有分布或栽培，云南2种。

1.柽柳　图29

Tamarix chinensis Lour.（1790）

落叶小乔木或灌木，高可达7米。枝细长，红紫色、暗红色或淡棕色，嫩枝纤细，下垂。叶钻形或卵状披针形，长1—3毫米，先端急尖或略钝，下面有隆起的脊。总状花序集生为顶生圆锥花序；苞片线状凿形，基部膨大较花梗长；萼片5；花瓣紫红色；花盘10裂或5裂；柱头3，棍棒状。蒴果长3.5毫米。夏秋开花，果期10月。

昆明、丽江栽培。分布于华北至长江中下游各省。华南及西南各地有栽培。

喜光树种，不耐庇荫。对气候条件的适应性广泛，对高温、低温均有一定的适应能力。对土壤要求不严，耐干旱、水湿及盐碱。种子、扦插或萌蘖繁殖。种子10月成熟，需及时采集，并经晒、选后干藏。春季播种育苗或扦插育苗，一年生苗可出圃造林。

对盐碱地改良及防风固沙作用显著。萌条坚韧而有弹性，可用于编织，皮含鞣质，可提制栲胶。嫩枝叶入药，有解表利尿，祛风去湿等功效，又为优良的固沙植物及庭园观赏树种。

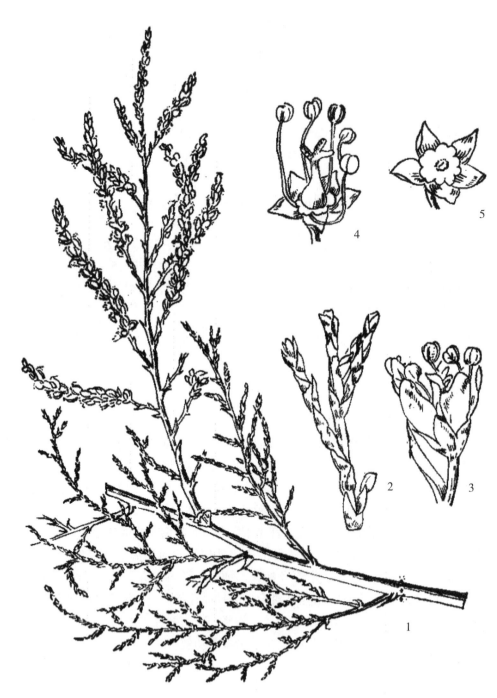

图29 柽柳 *Tamarix chinensis* Lour.
1.花枝 2.小枝放大 3.花 4.雄蕊和雌蕊 5.花盘和花萼

106.番木瓜科 CARICACEAE

小乔木或灌木，具乳汁，通常不分枝。叶具长柄，聚生于茎顶；叶片常掌状分裂，少全缘；无托叶。花单性或两性，同株或异株，雄花通常组成下垂的总状花序或圆锥花序；雌花单生于叶腋或数朵组成伞房花序；花萼小；雄花具细长的花冠管，雄蕊10；雌花具极短的花冠管，花瓣5；子房上位，1室或由假隔膜分成5室，侧膜胎座，胚珠多数；花柱5，柱头多分枝；两性花的花冠管极短或长；雄蕊5—10。果实为肉质浆果。

本科约4属55种，分布于热带的美洲及非洲。我国引入栽培1属1种。

番木瓜属 Carica Linn.

小乔木。干直立。叶大，掌状深裂。花两性或单性异株；花萼小，下部联合，上部5裂；雄花冠长管状，雄蕊10或5（两性花），近基部合生；雌花具5花瓣；子房上位，1室，有多数胚珠生于侧膜胎座上。果实为浆果。

本属约45种，分布于美洲热带和亚热带地区，我国仅引种番木瓜一种，广植于我国南部及西南部的热带和亚热带地区。

1.番木瓜　图30

Carica papaya L. (1753)

软木质小乔木，高可达8米，具乳汁；通常不分枝有螺旋状排列的粗大叶痕。叶大，聚生于干顶；叶柄较长，常超过60厘米，中空；叶片近圆形，直径约60厘米，7—9掌状深裂。花乳黄白色，单性，雌雄异株；雄花为下垂的圆锥花序，长可达1米，花冠下部合生成筒状；雌花单生或数朵集成伞房花序，花瓣5，分离，柱头流苏状。浆果矩圆形，长可达30厘米，熟时橙黄色；果肉厚，黄红色，内壁着生多数的黑色种子。花果期为全年。

栽培于滇西南、滇南的热带和亚热带地区，海拔高80—1500米的村寨附近，田边地角和房前屋后；广东、广西、福建、台湾等地也有种植。

性喜炎热，不耐寒，遇霜即凋，根系较浅，忌大风，更忌积水。对土壤适应性较强，但以肥沃、疏松的沙壤土或壤土生长最好。种子繁殖，育苗移栽。播种前，用温水浸种24小时，再撒播在苗床上，每亩用种量约1.5千克。出苗后，培育50—80天，即可出圃移栽。春秋移栽为好，三角形定植，株行距2米×2.5米为宜。应多选节间密、主干基部粗大、侧根发达、叶片较厚和缺刻较小的雌株。

果实可以生食或熟食，也可加工制成木瓜糖、果酱、果脯及罐头。青果的乳汁富含番木瓜酶，有消化蛋白质的功能。在医药上、有消食健胃、舒筋通络的作用，可治疗脾胃虚弱、食欲不振、乳汁缺少、关节疼痛、头晕、头痛、肢体麻木等病症。

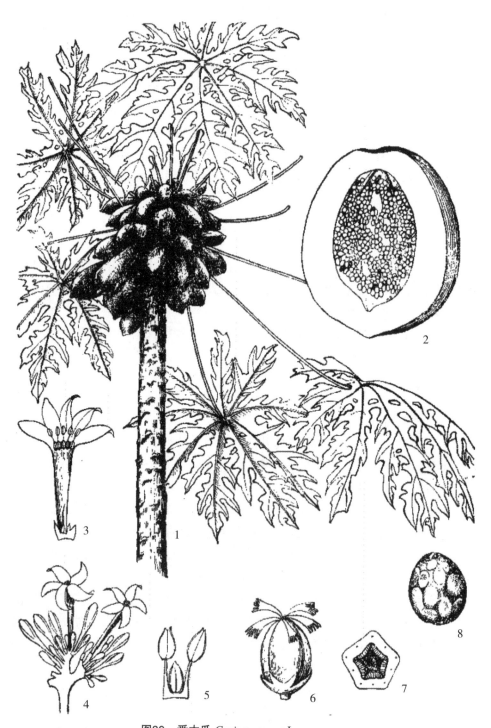

图30　番木瓜 *Carica papaya* L.
1.果枝　2.果实纵剖面　3.花纵剖面　4.雌花序　5.两性花（部分）
6.子房　7.子房横断面　8.种子

116.龙脑香科 DIPTEROCARPACEAE

常绿乔木。木质部有树脂，植物体常具星状毛或盾状鳞。单叶，互生，常全缘，羽状脉；托叶早落。花两性，芳香，辐射对称，排成腋生的圆锥花序；萼管长或短，与子房离生或合生，裂片5，宿存，覆瓦状或镊合状排列，结果时通常2枚或2枚以上增大成翅；花瓣5，旋转状排列，分离或稍合生，常被毛；雄蕊通常多数，药隔延伸；子房上位，3室，每室2胚珠，中轴胎座。果为坚果，稀蒴果，常为增大的宿萼所围绕。通常种子1，无胚乳。

本科约15属580种，分布世界热带地区，北半球为主产区，东南亚为分布中心，主要分布在印度尼西亚，马来半岛。南半球仅一属一种，分布于圭亚那。我国产5属13种，引种2属13种，产广东、广西及云南，为本科分布的北缘。云南产5属7种1变种，引种栽培2属11种。本志连同栽培种记载5属7种1变种。

分 属 检 索 表

1.萼片呈杯状或钟状；小枝具环状的托叶痕 ………………………… **1.龙脑香属** Dipterocarpus
1.萼片不为杯状或钟状，小枝常无环状托叶痕。
  2.萼片覆瓦状排列；药隔附属体芒状。
    3.萼片2枚发育增大为长翅，或均不发育为翅；具明显的花柱基 …… **2.坡垒属** Hopea
    3.萼片发育成3长2短的翅或几相等的翅，无花柱基。
      4.果翅基部扩大包围果实，雄蕊通常15（20—60），花粉囊近等长 …………………… ………………………………………………………………… **3.娑罗双属** Shorea
      4.果翅基部狭窄不包围果实；雄蕊15（12），内面花粉囊短于外面的 ……………… ………………………………………………………………… **4.柳安属** Parashorea
  2.萼片镊合状排列；药隔附属体短突尖；…………………………………**5.青梅属** Vatica

1.龙脑香属 Dipterocarpus Gaertn. f.

大乔木。叶革质，侧脉直伸至叶缘，全缘或波状齿；托叶大，包藏顶芽，脱落后在小枝上留有环状托叶痕。花大，白色或红色，排成总状花序；花萼钟状，5裂；花瓣5，被短绒毛；雄蕊多数，花药线形，药隔伸长而渐尖；子房具肥大的花柱基，3室，每室2胚珠。坚果为宿存的萼筒所包被，其中有2萼片增大为长翅。种子与果皮的基部连合；子叶不出土。

本属76种，分布于印度、马来西亚、印度尼西亚巴厘岛。我国产2种，引进5种，云南均有。

分 种 检 索 表

1.北越龙脑香　东京龙脑香　图31

Dipterocarpus retusus Bl.（1828）

Dipterocarpus tonkinnensis A. Chev.（1918）

乔木，高达40米；树皮灰白色，不裂。小枝粗壮，无毛，具环状托叶痕。托叶长约9厘米，具多数纵脉，包被芽外。叶椭圆形或宽椭圆形，长19—30厘米，先端圆具突尖，基部楔形，圆形成微心形，全缘具波状圆齿，侧脉14—20对；叶柄长达4.5厘米。果球形，径达3.5厘米，暗褐色，无毛；2萼翅褐黄色，长20—22厘米，宽达3厘米，先端圆，具3条凸起的纵脉，密被油疣点，其余的萼片均为卵圆形，长达1.5厘米。

产河口、屏边、马关和金平，生于海拔900—1000米的热带雨林中，海拔800米以下有零星分布；越南也产。

喜暖热气候，耐阴，深根性，耐瘠薄。种子繁殖。树下多幼苗，天然更新良好。

木材坚硬、耐腐，富含油脂，可作建筑、造船、家具等用材；油供油漆和点灯用。

2.油树　龙脑香　哥麦曼勇、埋拿曼养（勐腊傣语）图32

Dipterocarpus turbinatus Gaertn. f.（1805）

常绿大乔木，高达50米；树皮灰白色，不裂，老树下部灰褐色，浅纵裂，皮孔显著；嫩枝、芽、叶柄和托叶密被浅黄白色平伏细绒毛。叶卵状椭圆形，宽椭圆形或披针状长圆形，长12—25厘米，宽6—13厘米，先端短钝尖，尾尖或渐尖，基部圆形或宽楔形，上面中脉微凹，下面脉上多少被细毛，侧脉15—20对；叶柄长3—5厘米，花序腋生，长3—7厘米，花2—5；萼管长1.3—1.6厘米；花瓣白色或浅黄色，中间深红色，长约5厘米；雄蕊多达35；雌蕊密被细毛，坚果狭椭圆形，长2厘米，宿存萼片2增大发育为长翅，长12—15厘米，基出3纵脉，仅中间一条达翅端，花期4月，果熟期5月中旬至7月上旬。

产勐腊、景洪、盈江等地。印度、缅甸、泰国、柬埔寨、新加坡均有分布。

喜高温多湿，地势平缓，土层深厚肥沃的沙壤土。种子繁殖。天然更新良好。种植15年后便可大量开花结果，种子发芽率高。

木材暗灰褐色，边材、心材不明显，材质比重中等，结构均匀，加工性能好，不被虫蛀，耐腐；气干后，抗震性强。为防震、耐腐的优良用材，树脂可供香料及药用。

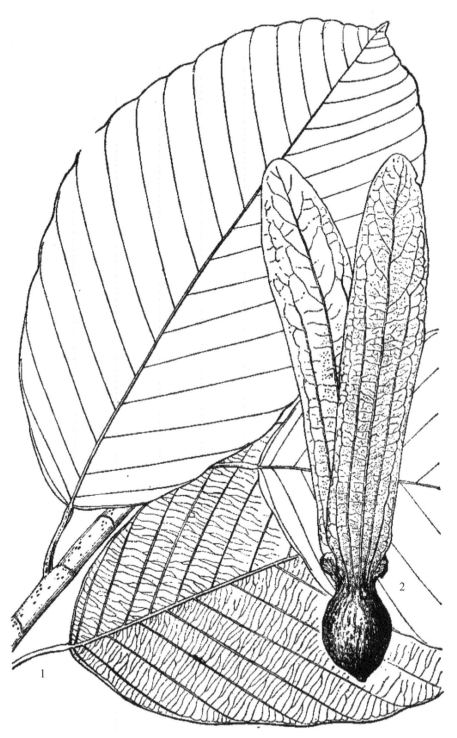

图31　北越龙脑香 *Dipterocarpus retusus* Bl.
1.枝叶　2.果

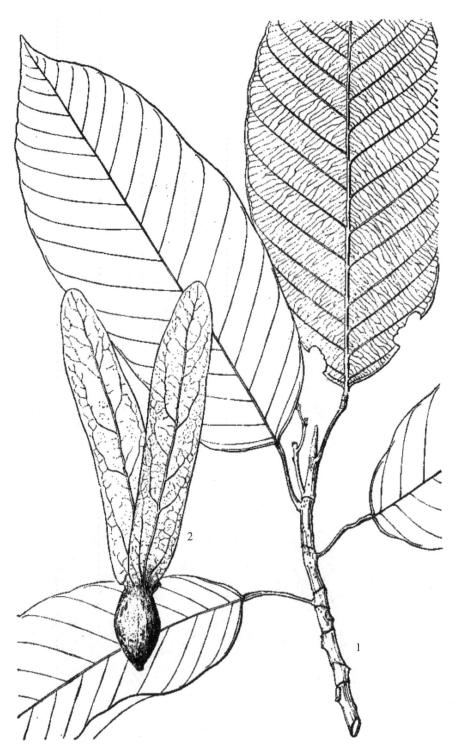

图32　油树 *Dipterocarpus tubinatus* Gaertn. f.

1.枝叶　2.果

2. 坡垒属 Hopea Roxb.

乔木，有树脂。叶革质，全缘，羽状脉；托叶小，早落或不明显。花具短柄或近无柄，圆锥花序；萼管极短，裂片5，覆瓦状排列，无毛；花瓣5；雄蕊15，分两轮排列，药隔顶部附属体钻形或丝状，花柱甚短，子房3室，每室2胚珠。坚果具宿存萼裂片，其中2枚常特别增大成翅状，稀有增大成翅状。具1种子，为增大的萼裂片基部所围绕。种子无胚乳，子叶富淀粉及油脂。

本属约102种，主要分布在印度、马来西亚及中南半岛。我国有4种，产云南、广西、广东、海南；云南2种。

分 种 检 索 表

1. 叶长圆形或卵状长圆形；小枝、叶柄及花序均密生星状绒毛，不脱落；果翅椭圆形至披针形，长宽比一般不超过2（5.5）：1，不呈镰状弯曲…………… **1. 多毛坡垒 H. mollissima**
1. 叶长椭圆形；小枝、叶柄，叶下面多被绒毛，平落；果翅条形，长宽比一般为7.5（10）：1，呈镰状弯曲 ……………………………………………… **2. 毽树 H. jianshu**

1. 多毛坡垒　图33

Hopea mollissima C. Y. Wu ex C. Y. Wu et W. T. Wang（1957）

乔木，高达35米，胸径60厘米。小枝，叶柄和叶下面密被星状绒毛。叶革质，长椭圆形或椭圆状卵形，长16—21厘米，宽5—7厘米，先端尖或短渐尖，基部圆，稍不对称；叶柄长约1.5厘米。腋生圆锥花序，有时生于老枝上，长5—12厘米，密被黄色绒毛或星状毛；每分枝上有花2—4，花梗长约1毫米；萼裂片5，卵形或卵状椭圆形，长2—4.5毫米，覆瓦状排列，外面的2枚较内面的3枚大，均被黄色绒毛；花瓣5，粉红色，长8—10毫米，不等大；雄蕊10—15，长1—1.8毫米，排成两轮，花药基部着生，纵裂，药隔芒状；子房上位近卵形，5（3）室，每室2胚珠；花柱基部膨大，短小，柱头略增大。果椭圆形，宿存萼裂片仅2枚增大成翅，长5—13厘米，形状变化较大，8—13条纵脉。花期8月，翌年4月果熟。

产屏边，海拔860—1050米沟谷雨林，越南北部也产。

种子繁殖。天然更新良好。

木材结构细至中等，纹理稍斜，材质坚重耐腐，抗虫性甚强，加工较易，可作造船、桥梁、建筑、家具、箱盒、胶合板、室内装修等用材。

2. 毽树　图34

Hopea jianshu Y. K. Yang，S. Z. Yang et D. M. Wang（1981）

乔木，高达25米，胸径30米。小枝具细小的圆形皮孔，被灰黄色绒毛，隔年生枝褐色，毛逐渐脱净。叶革质，长椭圆形，长8—22厘米，宽3—7.7厘米，先端渐尖至尾尖，基

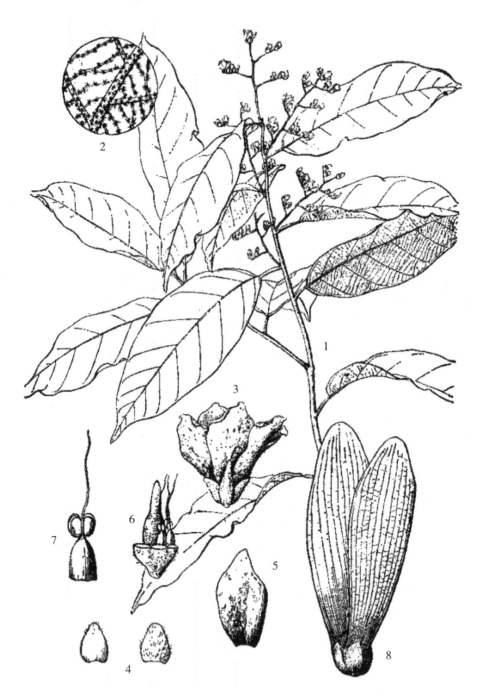

图33 多毛坡垒 *Hopea mollissima* C. Y. Wu.
1.花枝　2.叶背（示星状毛）　3.花　4.小萼裂片背、腹面
5.花瓣　6.雌蕊、雄蕊　7.雄蕊　8.果

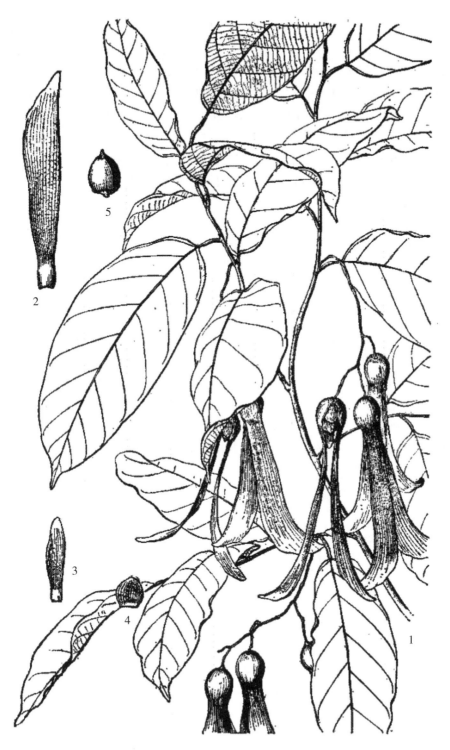

图34 梭树 *Hopea jianshu* Y. K. Yang，S. Z. Yang et D. M. Wang
1.果枝 2—4.果翅 5.去翅的果

部圆形，下面被绒毛及星状芒毛，脉上较多，老时逐渐脱落，侧脉9—11对，近边缘处内弯；三次脉近平行，纤细，脉序于下面凸起；叶柄较粗壮，长0.8—1.6厘米，径2—3毫米，被绒毛。果序腋生，长7—17厘米，褐色，无毛；果宿存萼片一般两个发育成条形长翅，长8—12.5厘米，宽1—1.6厘米，呈镰状弯曲，成熟时淡绿色，半透明，具平行纵脉12—13，网脉明显，有光泽。第3和第4萼片常发育为长2—3.2厘米，宽0.2—0.5厘米的短翅，不发育成翅者，钝圆，长1厘米左右。果为坚果，球形或卵状圆形，直径0.7—1.3厘米，干后茶褐色，具树脂。

产屏边，海拔650米，生于大围山基岩露头的峡谷岩隙石缝中，伴生树种有云南龙脑香、大叶白颜树、小叶红光树、滇南风吹楠、柄果木、厚鳞石栎等。

种子繁殖。天然更新良好。

木材结构细至中，材质坚重，易加工，可为船舶、建筑、家具等用材。

3. 婆罗双属 Shorea Roxb.

乔木，富含油脂。单叶互生，革质，全缘或微波状，羽状脉；托叶较大，宿存或早落。聚伞圆锥花序顶生或腋生，苞片宿存，早落或缺失；萼管短，分裂至基部，裂片5，覆瓦状排列，常3枚在外，2枚在内；花瓣5，花芽时旋转状，开放时辐射对称而旋转；雄蕊常15或20—60，花药近椭圆形，药隔呈刺芒状尖或钻状，花丝下部膨大；子房3室，每室2胚珠，花柱不具或具花柱基，柱头较小，全缘或3裂。果开裂为3瓣或坚硬不裂，常具1种子，有时2—6；宿存萼裂片常发育为2短3长的翅或不发育的翅，基部扩大包围果实。

本属约190种，广泛分布于东南亚热带。我国2种，分布于云南西南部或西藏南部。云南产1种。

1. 云南婆罗双   图35

Shorea assamica Dyer（1874）

大乔木，高达45米，胸径40—160厘米；树干通直，树皮纵裂或条块状剥落。小枝微被细毛，有皮孔，白色。叶长圆形或椭圆形，稀近琴形，长9.5—14.5厘米，宽4—7.4厘米，先端短尾尖或渐尖，基部圆，稀浅心形，上面有光泽，中脉微被黄褐色细毛，微凹，侧脉18—21对，下面被浅棕色细柔毛或丛生鳞片状毛，脉上的毛更密，小脉较整齐；叶柄长0.7—1.3厘米，密被绒毛，上面膨大；托叶长10—25毫米，有纵脉4—10。花序长17—28厘米，被细绒毛，苞片早落；花白色带黄，花梗长1—2毫米，被细毛，径2.4—2.8厘米；萼裂片披针形，3长2短，长7—8毫米；花瓣长椭圆形，长10—13毫米，被细柔毛，雄蕊15，排成两轮，外轮花丝基部与内轮连生，药隔伸出星芒状，长1.8毫米；雌蕊长约7毫米，密被细绒毛，柱头3浅裂。幼果卵形或椭圆形，长0.7—1.2厘米，宿存萼翅3长2短，长翅长6—71厘米，有纵脉11—14，短翅长2.5—3.2厘米。

产盈江县大盈江下游，中缅国境线一带有小面积分布，生于海拔600米以下湿润低地和沟谷地带。喜马拉雅山南坡不丹、尼泊尔、印度北部直至中南半岛都有分布。

种子繁殖。天然更新良好。也可育苗造林。

树干通直高大，其枝下高可达25米。木材具径向树脂管，材质轻柔及略硬重，易加工，材色深，木材花纹美观耐用，可作枕木、房屋门窗、建筑、家具、造船等用材。为热带重要珍稀树种，应加强保护，注意人工繁殖，保存这一稀有森林物种资源。

4.柳安属 Parashorea Kurz

乔木至大乔木，树干通直。托叶条形至戟形，或早落；叶互生，叶片多为卵状长圆形，侧脉多数，直伸，接近叶缘附近向前弯拱。通常总状花序；花萼5裂，芽时的裂片近镊合状排列，花时稍覆瓦状；花瓣5，脱离的时候基部是分裂的；雄蕊常15，芽期远比子房长，花丝短，花药顶短尖，无刺毛，药室不等大；子房小，无明显花柱基，大致与花柱等长。坚果大，近球形。

本属约12种，分布于东南亚至马来西亚的西部。我国1种1变种，产云南、广西。云南1种1变种。

1.望天树　麦浪昂、麦撑伞（傣语）图36

Parashorea chinensis Wang IIsie（1978）

大乔木，高达80米，通常40—60米，胸径达3米（通常60—150厘米）。树冠伞形，树干通直圆满，板根高达0.8—4.5米，树皮褐色或棕褐色，树干下部树皮呈块状或不规则剥落，树干上部浅纵裂。叶多为长椭圆形，卵状或披针状椭圆形，长6—20.7厘米，宽2.7—8厘米，先端尾状急尖或渐尖，基部圆形，稀宽楔形，侧脉14—17对，明显，细斜脉近平行而整齐；叶柄长0.8—3厘米，密被宿存鳞片状毛和细毛，上部膨大呈关节状；托叶卵形，全缘，宿存。花序腋生和顶生，穗状、总状和圆锥状，顶生花序长5—12厘米，径3—5厘米；花芳香，萼片5，浅绿色，呈覆瓦状排列；花瓣5，椭圆形或近卵形，黄白色；雄蕊12—15，长3—4.5毫米，两轮排列，药隔伸出呈突尖，花丝上部收缩，下部呈基座状的瓢形，被细毛；子房圆锥状卵形，约与花柱等长或略短，3室，分离，每室2胚珠。果卵状椭圆形，萼片宿存，发育成5翅，3长2短。花期5—6月。

产勐腊，生于海拔700—1100米的河谷地区。

种子繁殖。林冠下天然更新能力强。人工种植时宜随采随播，由子幼苗主根粗长，须根细少，故移植成活率较低（30%—40%），可用营养袋播种育苗。

散孔材。心边材明显或不甚清晰，边材较窄，心材约占80%；生材时，边材白色，心材淡红褐色，生长轮明晰，结构较细，纹理直或略斜。管孔大、多、明显。导管射线略粗，呈小沟状；木薄壁组织发达，含树胶；木纤维胞壁甚厚；加工性能良好，锯刨切削不难，切面光滑；人工及天然干燥速度中等。翘曲变形较小；望天树干通直圆满，径级大，出材率很高；硬度中等，可为胶合板、造船、建筑家具、车厢与房屋装修、箱盆及各种细木工用材。

1a. 擎天树 （变种）

var. Kwangsiensis Lin chi（1977）

本变种与原种的区别主要是叶下面的星状毛较少，柔毛更少，或近于无毛；花柱较长，为子房长度的1.5倍；果较大，果翅较长，较窄。

产马关、河口，生于海拔470—540米阔叶林中；广西也有。

5. 青梅属 Vatica Linn.

常绿乔木，有树脂，枝叶各部常有星状毛。托叶小，早落，叶之侧脉弧曲，先端不达边缘。复总状花序，萼筒5裂、极短，萼片初时为覆瓦状，张开时为镊合状，结果时宿存。花瓣5，雄蕊15，花丝不等长。子房3室，每室胚珠2。蒴果革质，有种子1—2，宿存萼片常全部增大成翅状，长短不等。

约50种，分布于亚洲南部，我国有2种。

1.青梅　青皮、海梅

Vatica astrotricha Hance（1876）

西双版纳勐仑植物园有栽培；普遍分布海南天然林中；中南半岛也有。

2.版纳青梅

Vatica fleuryana Tard.-Blot

产西双版纳、勐腊、低山沟谷雨林中。

图35 云南娑罗双 *Shorea assamica* Dyer.
1.叶枝　2.叶背部（放大）　3.果

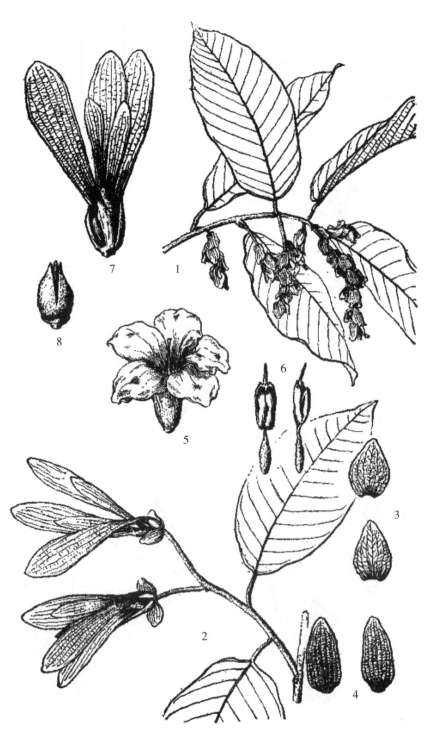

图36 望天树 *Parashorea chinensis* Wang Hsie
1.花枝　2.幼果枝　3.托叶背腹面　4.苞片背腹面
5.花　6.雄蕊　7.果　8.去翅之果

118.桃金娘科 MYRTACEAE

常绿灌木或乔木。单叶对生或互生、轮生，全缘，常有腺点，羽状脉或基出3—5脉；无托叶。花两性，有时杂性，辐射对称，单生于叶腋内或排成各式花序；萼管与子房合生，裂片4—5或更多，宿存，有时黏合成帽状体；花瓣4—5，罕为6或缺，分离或合生，或与萼片连成帽状体，有时不存在；雄蕊多数，稀为定数，插生花盘边缘，与花瓣对生，花丝分离或多少合生成短管或合生成束，花药2室，背着或基生，纵裂或顶裂，药隔末端常有1腺体；子房下位或半下位，心皮2至多个，1室或多室，每室有胚珠1至多颗，中轴胎座，很少的侧膜胎座；花柱单生，柱头不分裂或有时2裂。果为蒴果、浆果、核果或坚果或具分核，顶端常有凸起的萼檐。种子无胚乳或有薄胚乳，胚直立或弯曲成马蹄形或螺旋形，种皮坚硬或薄膜状。

本科约100属，3000种，分布于美洲热带、大洋洲及亚洲热带。我国原产及驯化的有9属，126种，8变种，主要产于广东、广西及云南等靠近热带的地区。云南原产3属，30余种。本志连同引入种共记载5属29种。

分 属 检 索 表

1.果为蒴果；叶互生，异型；花萼和花冠合生成帽状体，盖状脱落 ………………………………………………………………………………………… 1.桉属 Eucalyptus
1.果为核果或浆果；叶对生，单一型。
　2.萼片分生，或开花前连合，但开花时分开。
　　3.果实有种子多个，种皮坚硬，骨质或木质，胚弯曲，子叶不包住胚轴。
　　　4.叶有明显腺点；花小；果实较小，直径约1厘米 ………… 2.子楝属 Decaspermum
　　　4.叶无明显腺点；花大，果实较大，直径2厘米以上 …………… 3.番石榴属Psidium
　　3.果实有种子1—2个，种皮薄膜状，胚直，子叶包住胚轴 ………… 4.蒲桃属 Syzygium
　2.萼片连合成帽状体，开花时帽状体整块脱落 ……………………… 5.水翁属 Cleistocalyx

1.桉属 Eucalyptus L' Her

乔木或灌木，常有含鞣质的树脂。叶常为革质，多型性，幼叶与成年叶截然不同，幼年叶常为对生，水平排列，有时有毛或白粉；成年叶互生，常呈镰刀状，油点明显或不明显，侧脉多数，在叶缘处汇合成一边脉，两面均有气孔。聚伞花序、伞房花序或伞形花序，稀退化为单花，腋生或多枝集成顶生或腋生圆锥花序；花通常白色；稀有红或金黄色；有花梗或缺；萼管钟状、倒圆锥形、壶形或近圆柱状，基部（罕为顶部）与子房合生，顶部截平，具中肋或罕为4微齿裂；帽状体将雄蕊包藏，雄蕊伸展后萼管顶部即呈环状开裂而脱落，帽状体常为1层（稀2层），肉质或木质化；雄蕊多数，成2轮或多数不规则的轮裂，分离或稀为基部连合成4束，花药丁字着生或连生，药室平行或略叉开，但在顶部汇合，纵裂，侧方或顶孔开裂；子房下位，顶部平坦，隆起或圆锥状，2—7室，每室有胚珠多数，胚珠排成2—4列，中轴胎座，花柱单生，钻形，柱头头状；花盘宿存，结果时即成果缘，蒴果内陷时，则花盘薄而贴于萼管的口部；蒴果较萼管略短或更长时，则花盘内陷，平生、隆起或圆锥形突起，而在口部多少紧缩。蒴果木质。种子大部不发育，发育的每室1至数颗，1颗时常呈卵圆形或扁平的圆形，多颗时则形状各式或有角，种皮黑色、深褐色或稀为灰白色，光滑，有油点，种脐位于腹面，侧生或顶生，有胚乳，子叶折叠。

本属约600种，集中分布于澳大利亚及附近岛屿。世界各地热带及亚热带地区广泛引种栽培，少数种类引种至温带。我国引种桉属近90年历史，种类80多种。云南引种的种类也不少，除蓝桉、直干桉、赤桉和大叶桉有成片人工林外，其余为零星栽培。

分 种 检 索 表

1.树皮薄，光滑，条状或片状逐年脱落。

  2.花大，直径可达4厘米，常单生或有时2—3聚生叶腋；花蕾表面有小瘤 ……………………………………………………………… 1.蓝桉 E. globulus

  2.花小，直径1—1.5厘米；伞形花序；花蕾表面平滑。

    3.果缘突出萼管口外；帽状体长度为萼管的1—3倍 ………… 2.赤桉 E. camaldulensis

    3.果缘不突出萼管口外；帽状体与萼管等长或较短 ……………… 3.直杆蓝桉 E.maideni

1.树皮厚，粗糙，有不规则槽纹，不脱落；伞形花序；蒴果大，卵状壶形，果瓣内藏 …………………………………………………………… 4.大叶桉 E. robusta

1.蓝桉　图 37

Eucalyptus globulus Labill.（1800）

大乔木。树皮灰蓝色，片状剥落；嫩枝略有棱。幼态叶卵形，基部心形，无柄，被白粉；成长叶革质，披针形，镰状，长12—30厘米，宽2—3厘米，有明显腺点，侧脉不明显；叶柄长1.5—3厘米，稍扁。花大，直径达4厘米，单生或2—3聚生于叶腋内；花梗极短或无；萼管倒圆锥形，长1厘米，宽1.5厘米，表面有4突起棱角和小瘤体，被白粉；帽状体稍扁平，中部为圆锥状突起，比萼管短，2层，外层平滑，早落，内层粗厚，有小瘤体；雄蕊长8—13毫米，多列，花丝纤细，花药椭圆形；花柱长7—8毫米，粗大。蒴果杯状，直径2—2.5厘米，有4棱及不明显瘤体或沟纹，果缘厚，果瓣4，与果缘等高。花期4—5及10—12月，果期10月至次年2月。

滇中地区普遍栽培，广西、四川也有栽培。原产澳大利亚。

适于冬春有轻霜至重霜，夏秋温暖的气候；幼苗能忍受短暂-5℃的低温，但较长期的低温也能造成为害，是我国引种成功的一种较抗寒的桉树。种子繁殖，容器育苗效果较好，一百天苗可出圃造林。

木材略扭曲，抗腐力强，适用于造船及码头用材；叶及小枝可提芳香油，供药用，有消炎、杀菌、健胃、祛痰及祛风等功效。

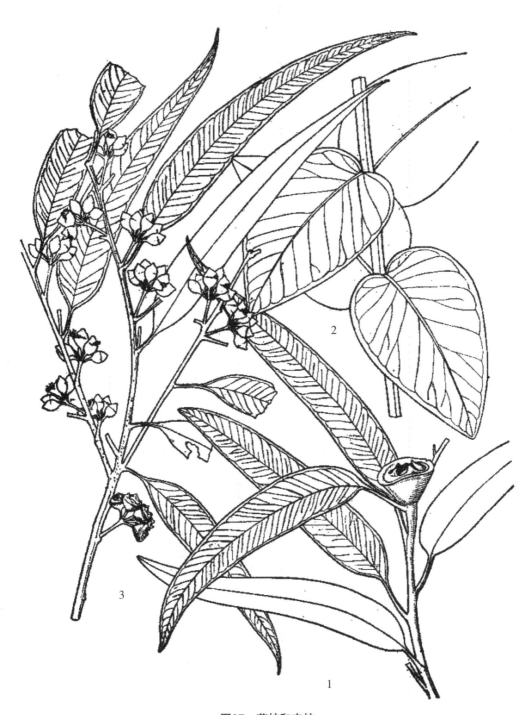

图37 蓝桉和赤桉

1—2.蓝桉*Eucalyptus globulus* Labill. 1.果枝 2.幼态叶

3.赤桉 *Eucalyptus camaldulensis* Dehnh. 花枝

2.赤桉　图37

Eucalyptus camaldulensis Dehnh.（1832）

大乔木，高18—25米；树皮暗灰色、平滑、片状脱落，近基部宿存而成厚鳞片或槽纹。幼苗和小枝的皮淡红色；嫩枝圆柱形或稍具棱。幼态叶宽披针形，长6—9厘米，宽2.5—4厘米；成长叶狭披针形至披针形，稍镰刀状，长8—20厘米，宽1—2厘米，生于下部的有时卵形成卵状披针形，较宽，侧脉多数，斜举，边脉稍离边缘；叶柄长1.5—2.5厘米，纤细。伞形花序腋生，有花4—9，花序梗圆柱形，长5—10毫米；花直径1—1.5厘米，萼管半球形，长3—4毫米，帽状体长6毫米，基部近半球形，顶端骤狭成喙，有时无喙；雄蕊长5—7毫米，花药椭圆形，纵裂。蒴果近球形，直径5—6毫米，果缘宽而隆起，果瓣4，突出。花期12—3月，果期3—4月。

云南省从低海拔的红河州、普洱地区至高海拔的丽江、昭通地区都有栽培，以低海拔的湿热地区生长较好；广东、广西、福建、四川也有栽培。原产澳大利亚。

适应能力较强，能生长于较寒冷地区，也能生长在比较炎热和干旱的地区，喜碱性土，也能忍受酸性土，在下层黏质的肥沃土上生长最好，冲积土或深厚疏松的黏土也能生长，但高温湿润，土层深厚肥沃是其速生的最好环境。

木材淡红至深红色，纹理细密，易于打磨，较耐腐，可作建筑、枕木、坑木和农具等用材。

3.直杆蓝桉　图38

Eucalyptus maideni F. V. Muell.（1890）

大乔木，树皮光滑。幼树皮灰白带红褐色，常有灰白色块状斑；大树皮灰褐色，呈片状脱落，脱净后树干呈淡黄色。主干通直，枝下高常为全株的1/2以上；小枝有棱，红褐色。幼态叶卵形至圆形，长4—12厘米，宽4—12厘米，基部心形，无柄或抱茎，被蜡粉；成长叶薄革质，镰状披针形，长8—18厘米，宽2—3厘米，侧脉纤细，以60°开角斜行，边脉离叶缘0.5毫米；叶柄扁平，长1—2毫米。花白色，3—7组成伞形花序，腋生或顶生，序梗扁平，长1—1.5厘米；花梗长约2毫米，花蕾椭圆形，长1—1.2厘米，宽7—8毫米，两端尖；萼管倒圆锥形，长5—6毫米，有棱；帽状体卵状圆锥形，与萼管近等长；雄蕊长8—10毫米，花药倒卵形，纵裂。蒴果近陀螺形，长8—10毫米，宽10—12毫米，果缘较宽，果瓣3—5，先端突出萼管外。花期7—8月，果期10月至翌年3月。

云南大部分地区有栽培；四川也有栽培。原产澳大利亚东南部沿海600—900米的山地。

本种对气候条件和水土的要求与蓝桉相似，但其耐热性和幼苗的耐寒性均比蓝桉强。只要立地条件适宜，抚育管理得当，一般15—20年即可砍伐更新。因树干挺直，材质好，是川滇地区造林的理想树种。

材质硬重，纹理直，结构细，耐腐性强。边材易受虫害，心材能抗虫害，干燥较难，室干前先行部分气干，则效果较佳。切削较难，切面光滑。油漆及胶黏性较好。力学强度中至强，是较好的工业用材。可作枕木、电杆、矿柱、造船及一般建筑用材。叶含芳香油，主要为柠檬醛，可供医药及香料工业用。

4.大叶桉　图38

Eucalyptus robusta Smith（1793）

乔木，高20米；树皮不剥落，暗褐色，厚2厘米，有不规则槽纹。嫩枝有棱；幼态叶卵形，长10—11厘米，宽3—7厘米；成年叶厚革质，卵状披针形至宽披针形，长10—18厘米，宽4—8厘米，先端长渐尖，侧脉多数而细，较明显，与中脉近成直角，边脉离边缘1—1.5毫米；叶柄长1.5—2.5厘米。伞形花序粗大，腋生或侧生，有花5—10，花序梗粗而扁，长2—3厘米；花梗粗而扁，长不过4毫米，有时较长；花直径1.5—2厘米；萼管半球形或倒圆锥形，长6—8毫米，宽5—7毫米；帽状体尖锥状，有喙，与萼管等长；雄蕊长1—1.2厘米，花药椭圆形，丁字着生。蒴果卵状壶形，长1—1.5厘米，宽1—1.2厘米，上半部略收缩，蒴果口稍扩大，果瓣3—4，内陷于萼管内。花期11月至翌年3月，果期3—5月。

滇中及其以南地区多有栽培，我国南部及西南部也有栽培。原产澳大利亚。

一般生长在酸性至微酸性土壤上，在疏松肥沃，水分充足的土壤上生长良好，但又忌积水。

木材深红色，纹理直，但较粗较轻，不易干燥，耐腐，可作桥梁、枕木、坑木与码头建筑等用材。叶与小枝含芳香油，主要成分为蒎烯，为工业及医药原料。

2.子楝树属 Decaspermum J. R. et G. Forst.

灌木或乔木。叶对生，全缘，具羽状脉，有短柄。花小，两性，有时杂性，组成聚伞花序或腋生的总状花序，或由多个聚伞花序组成腋生或顶生的圆锥花序，或1至数花簇生叶腋；萼管倒圆锥形，裂片4—5，宿存；花瓣4—5，扩展；雄蕊极多数，数轮排列，分离，花丝丝状，花药小，2室，纵裂；子房下位，4—5室，每室有胚珠2至多个，有时出现假隔膜将1个心皮分为假2室；花柱丝状，柱头盾状。浆果球形，顶端有宿存萼片。种子4—10，肾形或近球形，种皮硬骨质，胚马蹄形或圆柱状，有长的胚根和线形子叶。

本属40余种，分布于亚洲热带、西南太平洋及大洋洲各岛屿。我国有7种，分布于广东、广西、云南、贵州。云南有1种。

五瓣子楝　碎米树　图39

Decaspermum fruticosum J. R. et G. Forst.（1776）

小乔木，高3—7米。幼枝圆柱形，被灰白色柔毛。叶披针形或长圆状披针形，长4—9厘米，宽2—4厘米，先端渐尖，基部宽楔形，初时两面被灰色柔毛，后变无毛，干后上面黑褐色，发亮，下面褐色，两面密布黑色腺点，中脉上面微凹，下面凸出，侧脉12—15

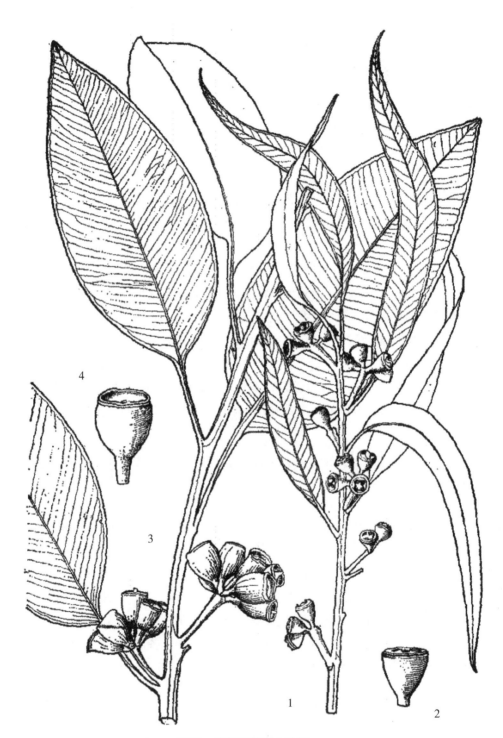

图38 直杆蓝桉和大叶桉

1—2.直杆蓝桉 *Eucalyptus maideni* F. V. Muell. 1.果枝 2.蒴果

3—4.大叶桉 *Eucalyptus robusta* Smith 3.果枝 4.蒴果

图39 五瓣子楝和水翁

1—2.五瓣子楝 *Decaspermum fruticosum* J. R. et G. Forst. 1.果枝 2.花

3.水翁 *Cleistocalyx operculatus*（Roxb.）Merr. et Perry 果枝

对，两面均不明显；叶柄长5—7厘米，被白色柔毛。聚伞花序常排成圆锥花序，生于枝顶叶腋内，长3—7厘米，被灰色柔毛；花梗长6—10毫米；苞片线状披针形，小苞片细小；萼管倒锥形，被灰色柔毛，裂片5，宽卵形，长不及1毫米；花瓣5，白色，卵形，长约3毫米，有睫毛；雄蕊多数，花丝无毛，长短不一；花柱与雄蕊约等长。浆果球形，直径3—4毫米，有种子4—5。花期5—6月，果期7—9月。

产景洪、勐海、澜沧、双江、耿马、临沧、凤庆、景东、新平等地，生于海拔1100—2300米的山坡及河边林内或灌丛中；广东、广西、贵州有分布。

种子繁殖。浆果采集后去肉洗净阴干即可播种。

3. 番石榴属 Psidium Linn.

乔木，树皮平滑，灰色。嫩枝有毛。叶对生，全缘，羽状脉；有柄。花较大，通常1—3，花腋生或侧生；萼管钟形或梨状，花蕾时萼片连结而闭合，开花时不规则4—5裂；花瓣4—5，白色，扩展；雄蕊多数，离生，数轮排列，着生花盘上；花药椭圆形，近基部着生，药室平行，纵裂；子房下位，与萼管合生，2—7室，通常4—5室，每室有胚珠多数，花柱线形，柱头扩大。浆果球形或梨形，顶端有宿存萼片。种子多数，种皮坚硬，胚弯曲，胚根长，子叶短。

本属约150种，产美洲热带。我国引入栽培的有2种。其中1种逸为野生。云南2种全有。

番石榴　图40

Psidium guajava L.（1753）

乔木，高10米左右；树皮平滑，灰色，鳞片状脱落。幼枝四棱形，被柔毛。叶对生，革质，长圆形至椭圆形，长7—12厘米，宽3—6厘米，先端急尖或钝，基部近圆形，全缘，上面粗糙被微柔毛或无毛，下面密被微柔毛，侧脉12—15对，上面凹入，下面凸起，网脉明显；叶柄长3—5毫米，被微柔毛。花白色，芳香，直径约2.5厘米，单生或2—3花排成聚伞花序；萼绿色，厚，长1—1.5厘米，被微柔毛，萼管钟形，长约5毫米，萼帽近圆形，长7—8毫米，不规则开裂；花瓣薄，长圆形或倒卵形，长1.5—2厘米，宽约1.3厘米；雄蕊多数，约与花瓣等长，花等长圆形；花柱线形，柱头盘状。浆果球形、卵圆形或梨形，长2.5—8厘米，顶端有宿存萼片，果肉白色及黄色，胎座肥大，淡红色。种子多数。

滇南有栽培，间有逸为野生；在四川西南部的安宁河河谷可成群落，华南各地有栽培。原产南美洲。

种子繁殖，可育苗造林。也有天然更新。

果味甜，可生食或酿酒；树皮及未熟果含单宁，可提制栲胶；叶含挥发油及鞣质等，可供药用，有止痢、止血、健胃等功效。

图40 番石榴 *Psidium guajava* L.

1.花枝　2.果实

4. 蒲桃属 Syzygium Gaertn.

常绿乔木或灌木。叶对生，革质，有透明腺点，羽状脉，有柄，少数无柄。花3至数朵组成聚伞花序，单生，或有时数个聚伞花序组成圆锥花序顶生或腋生；苞片小，早落；萼管倒圆锥形，有时棒状，顶部截平或短的4齿裂，稀5齿裂，脱落或宿存；花瓣4—5，稀更多，分离或连合成帽状，早落；雄蕊多数，分离，偶有基部稍联合，着生于花盘外围，在花芽时卷曲，花丝丝状，花药小，丁字着生，药室2，平行，纵裂；子房下位，2室，稀3室，每室有胚珠多颗，花柱线形，柱头极小。果为核果状浆果，顶部有残存的环状萼檐。种子通常1—2，种皮与果皮多少黏合，胚直，子叶不黏合。

本属约500种，主要分布于亚洲热带地区，少数在大洋洲和非洲。我国有72种，多见于广东、广西和云南。云南有30种。

分 种 检 索 表

1.花径2厘米以上，萼齿肉质，长3—10毫米，宿存。
  2.花序顶生。
    3.聚伞花序，有花3—6。
      4.叶基部圆形或微心形，叶柄不明显 ………………………………1.阔叶蒲桃 S. latilimbum
      4.叶基部楔形，叶柄明显。
        5.叶披针形或长圆形，宽3—4.5厘米 …………………… 2.蒲桃 S. jambos
        5.叶狭披针形，宽不超过2厘米 …………3.假多瓣蒲桃 S. polypetaloideum
    3.圆锥花序，有花多于10，长4—5厘米 …………4.短药蒲桃 S. bracyantherum
  2.花序腋生；叶狭长圆形，宽3—4.5厘米 …………5.华夏蒲桃 S. cathayense
1.花径不超过2厘米，萼齿不明显，长不过2毫米，花后脱落。
  6.花蕾棒形，长于1厘米 …………6.纤花蒲桃 S. leptanthum
  6.花蕾倒圆锥形或稀为短棒形，长不超过7毫米。
    7.圆锥花序多枝丛生，侧脉疏远。
      8.圆锥花序顶生或近顶生。
        9.幼枝及叶下面有毛 …………7.毛脉蒲桃 S. vestitum
        9.幼枝及叶下面无毛 …………8.云南蒲桃 S. yunnanense
      8.圆锥花序腋生或生于无叶老枝上。
        10.幼枝四棱形 …………9.四角蒲桃 S. tetragonum
        10.幼枝圆柱形 …………10.香胶蒲桃 S.balsameum
    7.圆锥花序常单生，侧脉密。
      11.小枝有棱。
        12.花瓣连成帽状体，花序腋生 …………11.怒江蒲桃 S. salwinense
        12.花瓣离生。

13.花序腋生，长3—8厘米 ················ **12.滇边蒲桃** S. forrestii

13.花序顶生，有时兼有腋生。

　14.叶柄长1—2毫米，叶基部圆形或微心形 ······· **13.文山蒲桃** S. wenshanense

　14.叶柄长3—10毫米。

　　15.花序长5—10厘米，花蕾长8—9毫米 ············· **14.滇西蒲桃** S. rockii

　　15.花序长1.5—2厘米，花蕾长3.5毫米 ············ **15.思茅蒲桃** S. szemaoense

11.小枝圆柱形，无棱。

　16.花瓣连成帽状体 ··················· **16.假乌墨** S. angustini

　16.花瓣离生。

　　17.花序腋生。

　　　18.花序长达11厘米，花有短梗，萼管长4毫米 ········ **17.乌墨** S. cumini

　　　18.花序长4—7厘米，花无梗，萼管长2—2.5毫米······· **18.簇花蒲桃** S. fruticosum

　　17.花序顶生。

　　　19.花序长不超过3.5厘米。

　　　　20.叶狭长圆形，长14—20厘米，侧脉相隔4—6毫米；果实被白粉 ··········· **19.黑长叶蒲桃** S.melanophyllum

　　　　20.叶椭圆形，长8—12厘米，侧脉相隔1—2毫米；果实无白粉 ··········· **20.短序蒲桃** S. brachythyrsum

　　　19.花序长4—10厘米。

　　　　21.叶卵状椭圆形，干后黑色，侧脉相距3—6毫米 ····· **21.黑叶蒲桃** S. thumra

　　　　21.叶椭圆形或长椭圆形，干后灰褐色，侧脉相距2—3毫米 ··········· **22.高檐蒲桃** S. oblatum

1.阔叶蒲桃　图41

Syzygium latilimbum（Merr.）Merr. et Perry（1938）

乔木，高达15米。小枝粗，稍扁。叶革质，长圆状椭圆形或近长圆形，长12—30厘米，宽8—13厘米，先端短渐尖，基部圆形至浅心形，上面深绿色，下面浅绿色，中脉上面凹陷，下面凸起，侧脉15—22对，在距边缘6—10毫米处汇合成一边脉；叶柄粗，长约1毫米。聚伞花序顶生，有花2—6，花序梗极短；花大，白色，直径4—5厘米，花梗长6—8毫米；萼管倒圆锥形，长1.5—2厘米，萼齿4，圆形，长6—7毫米，宽8—9毫米，宿存；花瓣4，圆形，长1.2—2厘米，逐片脱落；雄蕊多数，长2—3厘米；花柱长约4厘米。果卵状球形，直径4—5厘米。花期5—6月，果期7—10月。

产屏边、马关、景洪、勐海、双江、沧源等地，常生于海拔620—1150米的河边混交林中；广东、广西有分布。泰国、越南也有。

种子繁殖。果实变紫黑色时可采集，及时洗去果肉摊于室内阴干。宜随采随播，1 年生苗可出圃造林。

散孔材。木材重而硬，干缩及强度中，耐腐，结构细，可作造船、桥梁、建筑等用材。树皮含鞣质，可提取栲胶。宜作园林观赏树种。

2.蒲桃　图41

Syzygium jambos（L.）Alston（1931）

乔木，高8—12米；主干短，分枝广。小枝圆形或稍压扁。叶革质，披针形至长圆状披针形，长10—25厘米，宽2.5—6.5厘米，先端长渐尖，基部宽楔形，全缘，上面亮绿色，具透明细腺点，下面灰绿色，中脉上面凹陷，下面凸起，侧脉10—18对，下面明显；至近边缘处汇合成1边脉；叶柄粗厚，长5—10毫米。聚伞花序顶生，有数花，花序梗长1—1.5厘米；花梗长1—2厘米，花直径3—4厘米；萼管倒圆锥形，长约1厘米，裂片4，半圆形，长5—7毫米，宽6—8毫米，宿存；花瓣白色，分离，宽卵形，长12—14毫米；雄蕊多数，长2—2.8厘米，花药椭圆状长圆形，长约1.5毫米；花柱与雄蕊等长，子房凹陷。果实球形，直径2.5—4厘米，成熟时黄色，内有种子1—2。花期3—4月，果期5—6月。

产屏边、景洪、勐海、耿马、盈江等地，生于海拔200—1450米河边及河谷湿地；台湾、福建、广东、广西、贵州均有。中印半岛、马来西亚、印度尼西亚也有分布。

营林技术同阔叶蒲桃。

果生食或作蜜饯，根、皮、叶、果实入药，有凉血、消肿、杀虫、收敛的功效。为良好的防风固沙植物。

3.假多瓣蒲桃　图42

Syzygium polypetaloideum Merr. et Perry（1938）

小乔木，高3—8米。幼枝近圆形，淡棕色。叶狭披针形，长6—13厘米，宽1.5—2厘米，先端渐尖或略尖，基部狭楔形，上面亮绿色，下面灰绿色，两面均有不明显的腺点，侧脉10—19对，在上面不明显，下面稍凸起，近叶缘处汇合，脉间相距7—10毫米，网脉明显；叶柄长5—7毫米。聚伞花序通常顶生，有时腋生，长6—8厘米，花序梗长约1厘米；花白色，径约3厘米；萼管宽倒圆锥形，长约8毫米，宽1厘米，萼齿4，半圆形，长3毫米，宽7—8毫米；花瓣4，圆形，直径约8毫米；雄蕊长约2厘米，花药椭圆状长圆形，长1毫米。果近球形，直径约1.7厘米。种子3—4。花期4—6月，果期7—10月。

产麻栗坡、河口、勐腊等地，生于海拔300—1000米的山坡或河边疏林中；广西百色有分布。

4.短药蒲桃　图42

Syzygium brachyantherum Merr. et Perry（1938）

乔木，高达15米。小枝圆形或稍压扁。叶革质，长椭圆形或倒披针形，长8—19厘米，宽2.5—7.5厘米，先端急尖，基部钝或楔形，全缘，两面无毛，具腺点，侧脉12—19对，两

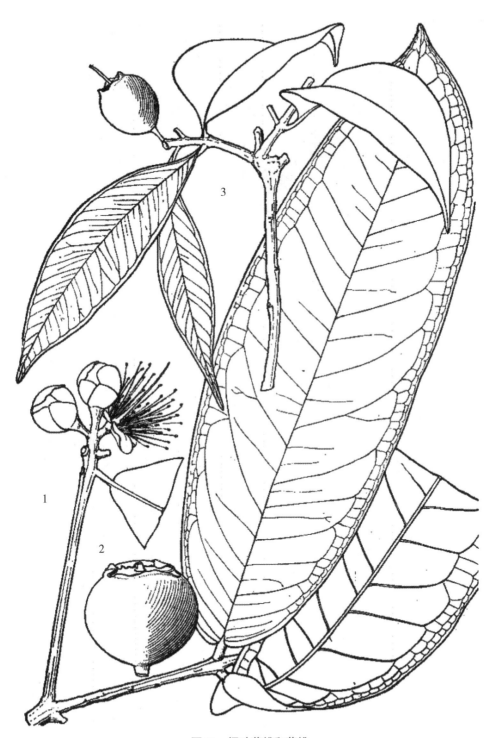

图41 阔叶蒲桃和蒲桃

1—2.阔叶蒲桃*Syzygium latilimbum*（Merr.）Merr. et Perry　1.花枝　2.果

3.蒲桃*Syzygium jambos*（L.）Alston 果枝

图42　假多瓣蒲桃和短药蒲桃

1—2.假多瓣蒲桃*Syxygium polypetaloideum* Merr. et Perry　1.果枝　2.花蕾

3—4.短药蒲桃*Syzygium brachyantherum* Merr. et Perry　3.花枝　4.花蕾

面稍凸出，脉间相距6—8毫米，离边缘约1.5毫米处相结合成边脉，网脉明显；叶柄长1—1.5厘米。圆锥花序顶生，长4—5厘米；花梗长5—20毫米；花蕾倒卵形，长1—1.4厘米，顶部宽约1厘米；花开放时直径约2厘米，白色；萼齿4，三角状卵形，长约5毫米，宽6毫米；花瓣分离，宽卵形，长8—10毫米，雄蕊长约2厘米，花药短，宽椭圆形，长约1毫米；花柱长1.3—1.7厘米。果近球形，直径约2厘米。花期5—8月，果期9—10月。

产屏边、绿春、普洱、景洪、勐海等地。生于海拔1200—1950米山谷密林；广东、海南、广西有分布。

种子繁殖。宜随采随播。

散孔材。木材浅栗褐色，心边材区别不明显、有光泽，纹理斜而交错，结构细而均匀，质硬，重，干缩及强度大，耐腐。可作建筑、家具等用材。

5.华夏蒲桃　图43

Syzygium cathayense Merr. et Perry（1938）

小乔木，高达6米。小枝四棱形，干后灰褐色。叶革质，狭长圆形，长10—15厘米，宽3—4.5厘米，先端略尖，基部楔形，上面干后黑色，略有光泽，下面浅褐色，侧脉8—11对，脉间相距8—10毫米，与网脉在下面明显，边脉离边缘2—3毫米；叶柄长7—10毫米。圆锥花序腋生，多花，长3—5厘米，花序梗圆柱形，长约1厘米；花梗短，长约2.5毫米；萼管长5毫米，萼齿4，短三角形，长1.5—2毫米；花瓣白色，分离，卵圆形，长5—7毫米；雄蕊长1—1.5厘米，花药细小，顶端有1腺体；花柱长约1.5厘米。花期1—2月。

产勐腊，生于海拔500—700米河边次生林中；广西防城也有分布。

6.纤花蒲桃　图43

Syzygium leptanthum（Wight）Niedenzu（1893）

乔木，高达15米。幼枝圆形，稍压扁，干后灰白色。叶薄革质，长圆形状披针形，长8—13厘米，宽3—5厘米，先端渐尖，基部楔形，上面干后黄绿色，具多数下陷小腺点，下面较淡，侧脉多而密，脉间相距1—2毫米，缓斜向边缘，离边缘约1毫米处汇合成边脉；叶柄长5—8毫米。聚伞花序腋生，长2.5厘米，有花5—9；花梗长2—3毫米；萼管棒状，长8—11毫米，下部狭长，上部扩大，萼齿浅波状；花瓣4，分离，卵圆形，长3毫米；雄蕊长4—6毫米。果长圆形，长1—1.3厘米，基部收缩。花期2—3月，果期4—6月。

产普洱、景洪、勐腊、瑞丽等地，生于海拔600—1200米山坡密林或疏林中；也分布于广东、海南。印度至澳大利亚昆士兰也有。

营林技术、材性及经济用途与短药蒲桃略同。

7.毛脉蒲桃　图44

Syzygium vestitum Merr. et Perry（1938）

小乔木，高达7米。小枝圆柱形，被柔毛。叶革质，椭圆形，长12—22厘米，宽4—7厘米，先端急尖，基部阔楔形，上面干后黑色，下面褐色，有细腺点，沿中脉及侧脉上有柔毛，侧脉约20对，脉间相距1—1.5厘米，边脉离边缘5—6毫米；叶柄长7—9毫米。圆锥花序顶生，长10—14厘米，多分枝，花序轴压扁，被红褐色腺毛；花蕾无梗，长倒锥形，长4—5毫米，上部宽2—3毫米；萼管有微柔毛，萼片圆形，长约1毫米；花瓣分离；花药有腺状小突起。果实球形，直径1—1.5厘米。花期5—7月，果期8—10月。

产麻栗坡、屏边、元阳等地，生于海拔800—1600米山坡、河边常绿林中。越南有分布。

8.云南蒲桃　图44

Syzygium yunnanense Merr. et Perry（1938）

乔木，高达15米。小枝稍压扁，白色或灰白色。叶革质，宽披针形至椭圆形，长9—20厘米，宽2.5—6厘米，先端渐尖，基部楔形，上面干后褐绿色，无光泽，下面绿白色，多腺点，侧脉10—13对，脉间相距8—12毫米，离边缘约3毫米处互相连结成边脉，网脉明显；叶稍长1—1.5厘米。圆锥花序顶生，有时生于无叶老枝上，常2—4枝丛生，长3—6厘米，花序梗圆柱形，长2—4厘米；花无梗；萼管倒圆锥形，长2.5毫米，上部扩大，萼齿不明显；花瓣分离，近圆形，长3毫米；雄蕊极短，长1—1.5毫米；花柱长约2毫米，果近球形。花期4—6月，果期6月以后。

产景洪、勐腊，生于海拔650—1200米疏林中。

营林技术、材性及经济用途略同于阔叶蒲桃。

9.四角蒲桃　图45

Syzygium tetragonum Wall. ex Walp.（1831）

乔木，高达15米。幼枝四棱形。叶革质，椭圆形至长圆状倒卵形，长10—16厘米，宽5—7厘米，先端急尖，基部宽楔形或近圆形，上面干时橄榄绿色，无光泽，下面稍浅，中脉上面凹陷，下面凸出，侧脉10—15对，脉间相距7—10毫米，于上面平坦，下面凸起，在距离边缘2—3毫米处汇合成一明显的边脉；叶柄粗壮，长1—1.5厘米。圆锥花序，生于无叶枝上，长3—6厘米，序轴四棱形；花无梗；花蕾倒卵形，长5—7毫米，直径3—3.5毫米；萼管短，倒圆锥形，萼齿钝而短；花瓣连合成帽状体；雄蕊长2—3毫米。果实球形，直径约1厘米。花期8—9月，果期10—12月。

产麻栗坡、屏边、绿春、普洱、景东、景洪、勐海、凤庆、镇康、耿马、龙陵、腾冲、盈江等地，生于海拔800—2000米山坡或河边杂木林中；广东、海南、广西有分布。印度、不丹也有。

种子繁殖。宜随采随播。

散孔材。木材灰褐色，心边材区别略明显，生长轮明显，木射线多，极细至细。纹理不规则，结构细，质硬、重，可作造船、建筑等用材。根药用治风湿、跌打。

图43 华夏蒲桃和纤花蒲桃

1—2.华夏蒲桃*Syzygium cathayense* Merr. et Perry　1.花枝　2.花（花瓣雄蕊脱落后）

3—4.纤花蒲桃*Syzygium leptanthum*（Wight）Niedenzu　3.果枝　4.花（花瓣雄蕊脱落后）

图44 毛脉蒲桃和云南蒲桃

1—2.毛脉蒲桃*Syzygium vestitum* Merr. et Perry 1.花枝 2.花蕾

3—4.云南蒲桃*Syzygium yunnanense* Merr. et Perry 3.花枝 4.花蕾

图45 四角蒲桃和香胶蒲桃
1.四角蒲桃*Syzygium tetragonum* Wall. ex Walp. 果枝
2.香胶蒲桃*Syzygium balsameum* Wall. ex Walp. 花枝

10. 香胶蒲桃 图45

Syzygium balsameum Wall. ex Walp.（1831）

小乔木，高达10米。幼枝稍压扁，干后灰白色。叶革质，椭圆形或狭长圆形，长10—18厘米，宽3.5—8厘米，先端尖，有时略钝，基部宽楔形，上面干后浅褐色，无光泽，多微细腺点，下面灰褐色，有明显腺点，侧脉11—13对，下面凸起，脉间相距8—12毫米，网脉明显，边脉离边缘约3毫米；叶柄长1—1.5厘米。圆锥花序腋生及生于无叶老枝上，长3—7厘米；花梗短，长约2毫米；花径3—4毫米；萼管倒圆锥形，长2.5毫米，先端近平截，萼齿不明显；花瓣连合成帽状体；雄蕊长2—3毫米；花柱与雄蕊约等长。果实红色，球形，直径5—6毫米。种子1。花期12月至翌年2月，果期2—3月。

产普洱、景洪、勐腊等地，生于山谷及河边密林或疏林中；西藏的墨脱有分布。印度、中南半岛也有。

营林技术与阔叶蒲桃略同。

散孔材，管孔略大，干时易翘裂。可作用具、器皿、工具柄、机械构件等用材。

11. 怒江蒲桃 图46

Syzygium salwinense Merr. et Perry（1938）

乔木，高达15米。小枝四棱形，灰色。叶狭椭圆形，长4—7.5厘米，宽1.5—3厘米，先端渐尖，基部楔形，上面干时橄榄绿色，下面较浅，两面均有腺点，中脉在上面下陷，下面凸起，侧脉20—25对，在近叶缘约2毫米处汇合成边脉，叶柄长4—10毫米。圆锥花序腋生，或生枝顶叶腋，长2—4厘米；花无梗；花蕾长约5毫米，上部宽3毫米；萼管梨形，萼齿长0.5毫米，宽1.5毫米；花瓣连合成帽状体；雄蕊长约6毫米，花药长0.5毫米，顶端有腺状凸起。果实球状壶形，直径约1厘米。花期6—7月，果期8—10月。

产泸水、腾冲、瑞丽、景东等地，生于海拔1200—2000米山坡或箐沟常绿林内；广西也有分布。

12. 滇边蒲桃 图46

Syzygium forrestii Merr. et Perry（1938）

乔木，高达20米。小枝压扁或具不明显的四棱，深褐色。叶革质，椭圆形，长5—12厘米，宽2—4厘米，先端渐尖，尖头长1—2.5厘米，基部楔形，上面深绿色，有稀疏腺点，下面色浅，有密集腺点，中脉上面凹陷，下面凸起，侧脉多而密，下面略凸起，离边缘0.5—1毫米处结合成边脉；叶柄长12—18毫米。圆锥花序腋生，或生于枝顶叶腋，长3—8厘米；花蕾倒卵形，萼管卵状锥形，长5毫米，宽3.5毫米，基部急剧收缩成极短而厚的柄，萼齿不明显或有微4齿；花瓣4，分离，宽卵形，长2毫米，宽3毫米；雄蕊多数，长6毫米，花药椭圆形，长0.6毫米，顶端有腺状突起。果实椭圆状卵形，长8—10毫米，宽5—6毫米，成熟时黑紫色。花期10—11月，果期12月至翌年3月。

产泸水、盈江、瑞丽、澜沧、勐海、普洱、景东、双柏，生于海拔800—1600米的山坡或河边常绿阔叶林中。

13. 文山蒲桃　图47

Syzygium wenshanense Chang et Miau（1982）

小乔木，高达10米。小枝四棱形，灰色。叶革质，卵形，长4—5.5厘米，宽2.5—3.5厘米，先端急尖，尖头钝，基部圆形或微心形，上面干后黄绿色，不光亮，下面具凹陷小腺点，中脉上面凹陷，下面凸出，侧脉多数，彼此相距1—1.5毫米，于上面可见，下面凸出；叶柄长约1毫米。果序圆锥状，顶生，长1—1.5厘米；果实近无梗，球形，直径8—10毫米，成熟时黑褐色。

产麻栗坡，生于海拔约1200米的山坡疏林中。

14. 滇西蒲桃　图47

Syzygium rockii Merr. et Perry（1938）

乔木，高达15米。小枝四棱形，黑褐色。叶革质，椭圆形，长8—10厘米，宽2.5—3.5厘米，先端渐尖，尖头长约1厘米，基部宽楔形，上面橄榄绿色，光亮，下面稍浅，有明显小腺点，中脉上面凹陷，下面凸出，侧脉多而密，彼此相距2—3毫米，至边缘约1毫米处汇合成一边脉，在两面均明显，网脉明显；叶柄长约1厘米。圆锥花序顶生及近顶部腋生，长5—10厘米；花无梗；萼管倒锥状棒形，微皱，苍白，长6—8毫米，萼齿4，三角形，长约1毫米，宽1.5毫米；花瓣早落；雄蕊多数，微弯曲，长约3毫米，花药宽卵形；花柱长约3毫米。花期3—4月。

产普洱、勐海，生于海拔700—1100米的山坡密林及疏林中。

15. 思茅蒲桃　图48

Syzygium szemaoense Merr. et Perry（1938）

小乔木，高达8米。小枝四棱形，干后灰褐色，老枝圆柱形，褐色。叶革质，椭圆形或狭椭圆形，长4—10厘米，宽2—4厘米，先端渐尖，基部楔形，上面干后黑褐色，无光泽，有多数凹陷小腺点，下面深褐色，有多数凸起腺点，中脉上面微凹陷，下面凸出，侧脉多而密，彼此相距2—3毫米，斜伸边缘约1毫米处结合成边脉，在上面不明显，下面稍凸出；叶柄长3—5毫米。圆锥花序顶生，长1.5—2厘米，花序梗长2—5毫米；花梗短，长约2毫米或几无梗；花蕾倒卵形，长3.5毫米；萼管倒锥形，长2—3毫米，萼齿不明显或微三角形；花瓣分离，半圆形，长约2毫米，宽3毫米；雄蕊长4毫米。果实椭圆状卵形，长1—1.5厘米，直径8—10毫米，成熟时紫黑色。种子1。花期7—8月，果期9—11月。

产富宁、西畴、屏边、景东、景洪、勐海、双江、镇康，生于海拔650—1300米山坡密林中；广西有分布。

16. 假乌墨　图48

Syzygium angustini Merr. et Perry（1938）

图46 怒江蒲桃和滇边蒲桃

1—2.怒江蒲桃*Syzygium salwinense* Merr. et Perry 1.花枝 2.花蕾

3—4.滇边蒲桃*Syzygium forrestii* Merr. et Perry 3.果枝 4.花外形（已去花瓣）

图47 文山蒲桃和滇西蒲桃

1—2.文山蒲桃 *Syzygium wenshanense* Chang et Miau 1.果枝 2.叶

3—4.滇西蒲桃 *Syzygium rockii* Merr. et Perry 3.花枝 4.花

图48 思茅蒲桃和假乌墨

1—2.思茅蒲桃 *Syzygium szemaoense* Merr. et Perry 1.果枝 2.果

3—4.假乌墨*Syzygium angustinii* Merr. et Perry 3.花枝 4.花（去花瓣）

乔木，高达10米。小枝压扁或具沟槽，灰色，无毛，老枝红褐色。叶革质，椭圆形，长9—12厘米，宽3.5—6厘米，先端渐尖，基部楔形，上面绿色，下面稍浅，中脉上面凹陷，下面凸出，侧脉极多，纤细，平行，彼此相距1毫米，离边缘约1毫米处汇合成边脉；叶柄纤细，长7—12毫米。圆锥花序顶生，长3—9厘米；花近无梗；萼管宽倒圆锥形，长达5毫米，基部骤变窄，先端宽约5毫米，萼齿长1.5—2毫米，宽2毫米，先端圆形；花瓣连合成帽状体，脱落；雄蕊多数，比花瓣长，花药椭圆形，长0.8毫米；花柱长10毫米。果椭圆状卵形，长1—1.5厘米，成熟时紫黑色。花期9—11月，果期11月至翌年4月。

产双柏、景东、普洱，生于海拔1400—2300米的河谷或山谷常绿阔叶林中。

17. 乌墨　图49

Syzygium cumini（L.）Skeels（1912）

乔木，高达20米，小枝圆形或稍压扁。叶革质，宽椭圆形至长圆状椭圆形，长5—13厘米，宽（2）3—7（9）厘米，先端骤狭成渐尖或钝，基部楔形，上面橄榄绿色，光亮，下面稍浅，暗晦，两面多细小腺点，侧脉纤细，多而密，脉间相距1—2毫米，于两面凸起或仅下面凸起，在距边缘1—2毫米处汇合成一边脉；叶柄长1—2厘米。圆锥花序腋生或偶有顶生，长8—11厘米；花蕾倒卵形，长约5毫米；花无梗，3—5花生于花序小枝顶部；萼管陀螺状，长约5毫米，顶端截平或不明显的4齿裂；花瓣白色，分离，覆瓦状排列，圆形，直径2—2.5毫米；雄蕊多数，花丝长4—5毫米。果实卵圆形或壶形，长1—2厘米，宽5—10毫米，成熟时紫黑色。种子1。花期4—5月，果期6—9月。

产富宁、屏边、河口、新平、景东、普洱、景洪、澜沧、沧源等地，生于海拔500—1200米的山坡密林或疏林中；广西、广东、福建、台湾有分布。中南半岛、马来西亚、印度、印度尼西亚、澳大利亚也有。

木材白色，密致坚实，树皮含褐色染料和深红色树脂。果实、树皮入药。果实味甘酸，性平，有收敛定喘，健脾胃利尿的功效，用于腹泻、哮喘、肺结核、气管炎。树皮味苦涩，性凉，有收敛的功效，用于肠炎、腹泻、痢疾。

18. 簇花蒲桃　图49

Syzygium fruticosum DC.（1828）

乔木，高达15米。幼枝压扁或有沟槽，干后暗褐色，老枝灰白色。叶薄革质，狭椭圆形至椭圆形，长8—13厘米，宽3—5.5厘米，先端渐尖，基部楔形或宽楔形，上面干后褐色，光亮，下面红褐色，两面均多腺点，中脉上面微平坦，下面凸出，侧脉多而密，相距2—3毫米，斜伸边缘，在近1毫米处汇合成边脉；叶柄长1—1.5厘米。圆锥花序生于无叶老枝上，长4—7厘米；花无梗，常5—7簇生第三级花序梗上；萼管倒圆锥形，长2—2.5毫米，萼齿不明显；花瓣4，分离，圆形，径1—1.5毫米；雄蕊长1.5—2.5毫米；花柱与雄蕊等长。果实球形，直径5—7毫米，成熟时红色。种子1。花期5—6月，果期7—9月。

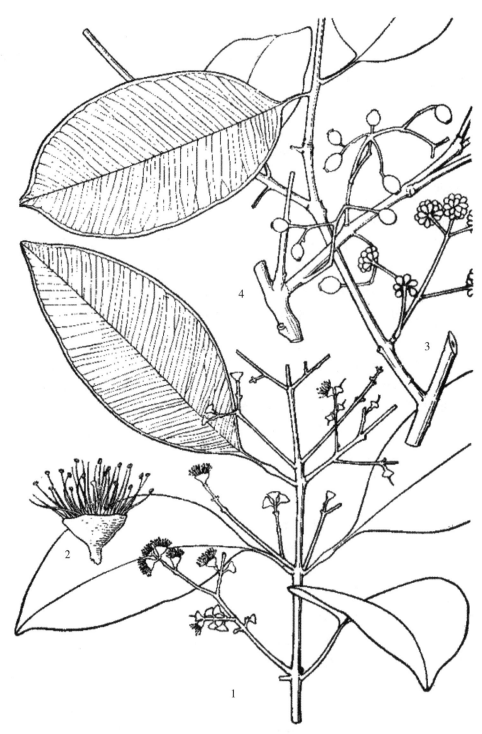

图49 乌墨和簇花蒲桃

1—2.乌墨*Syzygium* cumini（L.）Skeels 1.花枝 2.花

3—4.簇花蒲桃*Syzygium fruticosum* DC. 3.花枝 4.果序

产河口、建水、元阳、景洪、勐海、双江、镇康，生于海拔540—1480米山坡密林或疏林中；广西、贵州有分布。中南半岛、印度等地也有。

19. 黑长叶蒲桃　图50

Syzygium melanophyllum Chang et Miau（1982）

乔木，高达16米。小枝圆柱形，干时深褐色。叶革质，狭长圆形或披针形，长14—20厘米，宽4—5.5厘米，先端渐尖，尖头钝，基部楔形，上面干后黑色，光亮，下面深褐色，中脉上面微凹，下面凸出，侧脉23—32对，横生，彼此相距5—6毫米，自中脉成55度角伸出，于近叶缘1.5—2毫米处汇合成边脉，两面明显，网脉可见；叶柄长1—2厘米。果序圆锥状，顶生，长约7厘米，序梗长1—1.5厘米，果梗长6—8毫米，果实球形，直径约2厘米（未成熟），有白粉，果皮厚，肉质，果期4—5月。

产勐腊县，生于海拔1420米的山坡次生林中。

20. 短序蒲桃　图51

Syzygium brachythyrsum Merr. et Perry（1938）

乔木，高达12米。小枝纤细，圆柱状或稍压扁，暗黄色或淡褐色。叶厚纸质，椭圆形或椭圆状卵形，长6—12厘米，宽2.5—5厘米，先端尾状渐尖，尖头长达1.5厘米，基部楔形，上面干后暗褐色，下面黄褐色，侧脉多数，平行，彼此间相距2—3毫米，缓斜向上，贴近边缘结合成边脉，在上面明显能见，下面凸起，小脉疏网状；叶柄长约1厘米，纤细。聚伞花序顶生，有花5—8，长1—1.5厘米；花蕾长约6毫米，顶部宽4.5毫米，无梗或具短梗；萼管倒圆锥形，萼齿4，半圆形，长为1—1.5毫米，宽1.5—2毫米。果球形，直径1.2—1.5厘米。花期6—7月，果期8—10月。

产麻栗坡、景洪等地，生于海拔1900—2000米山地密林中。

21. 黑叶蒲桃　图50

Syzygium thumra（Roxb.）Merr. et Perry（1938）

乔木，高达12米。幼枝圆形或稍压扁，干后褐色。叶卵状椭圆形，长9—14厘米，宽4.5—7厘米，先端渐尖，基部宽楔形，上面干后黑色，有光泽，下面黑褐色，中脉上曲平坦或微凹，下面凸出，侧脉23—25对，彼此相距3—6毫米，两面凸起，与中脉呈80度角，在离叶缘约2毫米处结合成边脉，侧脉间的网脉明显；叶柄长6—8毫米，圆锥花序顶生，长7—10厘米，花序梗圆柱形；花常3朵簇生，花梗长2—3毫米；花蕾倒卵形，长4—5毫米，宽3—4毫米；萼管倒圆锥形，长约3毫米，萼齿4，半圆形，长1毫米，宽2.5毫米；花瓣4，分离，宽卵形，长2.5毫米；雄蕊长3—4毫米；花柱与雄蕊等长。果实球形，直径1—1.2厘米，干后黑色。花期4—5月，果期6—8月。

产景洪、勐海，生于海拔630—950米山坡或沟谷密林中。缅甸、马来西亚有分布。

图50 黑长叶蒲桃和黑叶蒲桃

1.黑长叶蒲桃*Syzygium melanophyllum* Chang et Miau 果枝

2.黑叶蒲桃*Syzygium thumra*（Roxb.）Merr. et Perry 花枝

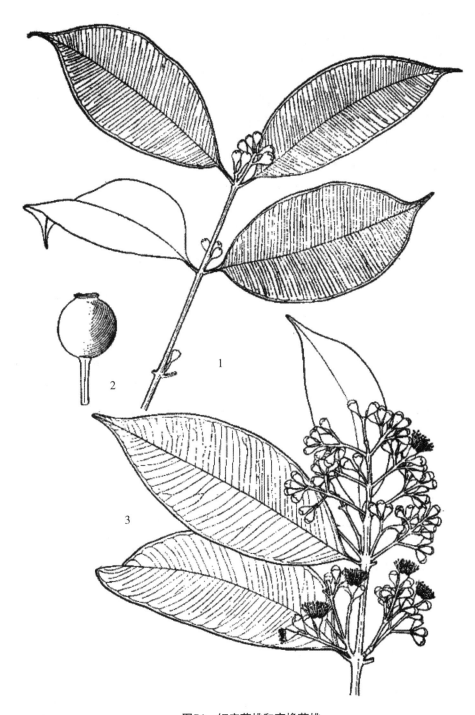

图51 短序蒲桃和高檐蒲桃

1—2.短序蒲桃*Syzygium brachythyrsum* Merr. et Perry 1.花枝 2.果实

3.高檐蒲桃*Syzygium oblatum*（Roxb.）Wall. ex Cowan et Cowan 花枝

22. 高榄蒲桃 图51

Syzygium oblatum (Roxb.) Wall. (1929)

乔木，高达10米。小枝圆柱形，干后暗褐色。叶椭圆形或长椭圆形，长9—12厘米，宽4—6厘米，先端渐尖，基部宽楔形或近圆形，上面干后灰褐色，暗晦或有光泽，腺点不明显，下面稍浅，有多数小腺点，中脉上面下陷，下面凸出，侧脉多数，彼此相距2—3毫米，近于平行，在靠近边缘约1毫米处汇合成边脉，在两面均明显可见；叶柄长7—8毫米。圆锥花序顶生，少数腋生，长4—7厘米；花梗长约1毫米；萼管倒圆锥形，长4—5毫米，萼齿4，有时为5，短三角形，长1—1.5毫米，宽2—3毫米；花瓣4，卵形，长约5毫米；雄蕊长7—9毫米；花柱与雄蕊约等长。果实球形，直径1—1.5厘米。种子1。花期4—5月，果期6—8月。

产西畴、景洪、勐腊，生于海拔500—1500米沟边或山坡密林或疏林中。马来西亚、中南半岛、印度有分布。

5. 水翁属 Cleistocalyx Bl.

乔木。叶对生，有明显的腺点，羽状脉，具叶柄。圆锥花序由多数聚伞花序组成；苞片小，早落；萼管倒圆锥形，萼片合生成一帽状体，开花时整个脱落；花瓣4—5，分离，覆瓦状排列，常附于帽状萼檐上一并脱落；雄蕊多数，分离，排成多列，花药卵形，背着，纵裂；花柱比雄蕊短，柱头稍扩大，子房下位，通常2室，胚珠少数。果为浆果，顶端有残存环状的萼檐。种子1，子叶厚，种皮薄，胚直。

本属20余种，分布于亚洲热带地区及大洋洲。我国有2种，产广东、广西、云南。云南有1种。

1. 水翁 图39

Cleistocalyx operculatus（Roxb.）Merr. et Perry（1937）

乔木，高可达15米；树皮灰褐色，厚，树干多分枝。小枝压扁，有沟。叶革质，长回形至椭圆形，长7—17厘米，宽4—6厘米，先端急尖或渐尖，基部宽楔形或略圆，全缘，两面多有透明腺点，侧脉8—12对，纤细，脉间相距8—9毫米，网脉明显，边脉离边缘约2毫米；叶柄长1—2厘米。圆锥花序由多数聚伞花序组成，常生于枝条叶痕的腋间，稀生于叶腋或顶生，长6—12厘米，花序轴和分枝均呈四棱形，花绿白色，直径8—10毫米，近无梗；萼管钟状，长约3毫米，顶端近截形，裂片合生成帽状体，顶端尖呈喙状，有腺点，整个脱落；花瓣4，早落；雄蕊多数，长5—8毫米；花柱长3—5毫米。浆果宽卵圆形，长10—12毫米，直径10—14毫米，成熟时紫黑色。花期5—6月，果期7—9月。

产河口等地，生于海拔200—700米的水边；广东、广西有分布。中南半岛、印度、马来西亚、印度尼西亚及大洋洲均有。

种子繁殖。浆果需及时处理去肉阴干后播种。

果熟时可食，花蕾、树皮及叶入药，有清热解表、杀虫止痒、消滞的功效。喜生水边，可作固堤植物。

119a.玉蕊科 LECYTHIDACEAE

　　常绿乔木或灌木。叶螺旋状排列，通常聚生枝条顶端，稀对生，全缘或有锯齿，羽状脉。花两性，辐射对称和左右对称，单生，簇生，组成穗状花序，总状花序或圆锥花序，顶生，腋生或着生在老枝、老茎上；花上位和周位；萼筒与子房贴生，萼裂片2—6（8）或在花蕾时合生，花开放时开裂或在近基部环裂而整块脱落，裂片镊合状或近覆瓦状排列；花瓣通常4—6，稀无花瓣，分离和基部合生，覆瓦状排列，基部通常与雄蕊管合生；雄蕊多数，数轮，最内轮常为退化雄蕊，外轮常不发育或有时呈副花冠状，花丝基部多少合生，花药基着或背着，纵裂，稀孔裂；花盘整齐或偏于一边，有时分裂；子房下位或半下位，2—6室，稀多室，每室有1至多数胚珠，中轴胎座，果实浆果状，核果状或蒴果，通常大，常有棱角或翅，顶端冠以宿萼，果皮通常厚，纤维质，海绵质或近木质。种子1至多数，有翅或无翅，胚直或弯，无胚乳。

　　本科约20属380种，广布于全世界的热带和亚热带。我国有1属3种，云南有1种。

玉蕊属 Barringtonia J. R. et Forst.

　　乔木或灌木，有时具板状根，树皮开裂。小枝粗壮，有明显的叶痕。叶纸质或近革质，全缘或有锯齿，有柄或无柄；托叶小，三角形，急尖，早落。总状花序或穗状花序，顶生或侧生于小枝及老茎上，通常长而悬垂，稀短而直立，序梗基部有一丛苞叶；苞片和小苞片小，早落；花蕾环形；萼筒倒圆锥形，常有4棱或翅，2—5裂，或花蕾时合生，封闭状，至花开放时撕裂或环裂，裂片纸质，具平行脉；花瓣4，稀3或6，匙形，覆瓦状排列，基部与雄蕊管合生，且一起脱落；雄蕊多数，基部合生成一短管，排成3—8轮，最内的一轮退化为仅存花丝，很少种类有第二轮至第三轮退化雄蕊出现，花丝在花蕾时折叠状，花药基着，通常在花蕾时已开裂；花盘环状；花柱单生，线状，宿存，子房下位，2—4室，每室有胚珠2—6，悬垂在中轴的近顶部。果大，外果皮稍肉质，中果皮多纤维或具少量纤维的海绵质，内果皮薄。种子1，纺锤形，卵形或椭圆形，种皮淡褐色，膜质，胚大，无胚乳。

　　本属约40种，分布于非洲、亚洲和大洋洲的热带和亚热带地区。我国有3种，云南产1种。

1.梭果玉蕊（植物分类学报）　金刀木（云南种子植物名录）、埋耗尚（西双版纳傣语）图52

Barringtonia fusicarpa Hu（1963）

B.yunnanensis Hu（1963）

　　常绿乔木，高达25米，胸径可达1米。小枝圆柱形，有纵条纹，灰色，几无毛。叶通常聚生小枝近顶部，坚纸质，倒卵状椭圆形，椭圆形至狭椭圆形，长15—40（45）厘米，宽5—13（15）厘米，先端急尖至短渐尖，有时浑圆或微凹，基部楔形，下延，全缘或具明显的锯齿，上面淡绿色，干燥后偶有白霜，两面无毛，中脉在下面凸起，侧脉14—15对，近边缘处网结，网脉在两面明显隆起；叶柄扁平，长2—4厘米。穗状花序顶生或在老枝上侧生，长达110厘米，下垂；花梗极短或无梗，萼筒陀螺状，长2.5—3毫米，裂片在花蕾时完全合生，花开放时始撕裂为2—4裂片，裂片椭圆形至近圆形，长1—1.5厘米，花瓣4，椭圆形至近圆，长1.5—3厘米，白色或带粉红色；雄蕊管长约2.5毫米，花丝长约3厘米，粉红色；花柱丝状，长4.5厘米，子房3—4室，每室有胚珠2—4，稀5。果梭形或近椭圆形，长达14厘米，中部直径达6厘米，褐色，无棱角，果皮厚7—10毫米，内果皮多纤维。种子1。花期4—6月，果期7—9月。

产西双版纳、河口、金平、屏边、马关等地，生于海拔（120）580—800（1200）米的低山沟谷密林中，为污谷雨林中重要的建群树种。

种子繁殖，种子不耐久藏，应及时播种，播后适当遮阴。

花期可供观赏，木材供一般建筑用。

图52 梭果玉蕊 *Barringtonia fusicarpa* Hu
1.花枝 2—3.果实 4.子房横切面

121.使君子科 COMBRETACEAE

乔木、灌木或木质藤本。单叶对生或互生，稀轮生，全缘；无托叶。花两性，或杂性同株，辐射对称，稀左右对称，排成头状、穗状、总状或圆锥状花序；萼筒与子房合生，上部延伸成一管，先端4—5（8）裂；花瓣4—5或缺，稀多数，覆瓦状或镊合状排列；雄蕊通常着生于萼管上，与萼片同数或加倍，花丝在芽中内弯，花药丁字着，药室纵裂；花盘通常存在；子房下位，稀半下位，1室，胚珠2—6，倒生，自子房室顶端悬垂，珠柄合生或分离，花柱单一，柱头头状或不明显。果革质或核果状，具2—5棱，棱上有时具翅。种子无胚乳，胚具旋卷，折叠成扭曲的子叶。

本科约18属480种，分布于两半球热带至亚热带。我国有5属，约25种，主产云南和海南。云南产4属19种。本志记载2属6种1变种。

分 属 检 索 表

1.花两性，排成腋生或顶生的头状花序；花萼在子房顶部延伸成管，宿存；叶柄无腺体 …………………………………………………………………… 1.榆绿木属 Anogeissus
1.花两性或单性，排成穗状或总状花序；花萼钟状，早落；叶柄通常具腺体 ……………………………………………………………………………… 2.榄仁树属 Terminalia

1. 榆绿木属 Anogeissus Wall. ex Guill. et Perr.

乔木或灌木。叶互生或近对生，全缘。花两性，排成腋生或顶生头状花序；花萼在子房之上延伸成一细长萼管，上部扩大，呈钟状或壶状，先端5裂，宿存；花瓣缺；雄蕊10，排成2轮，花药先端突尖；花盘浅裂；子房下位，两侧具翅，胚珠2，花柱劲直，柱头锥尖。翅果状假瘦果集生成头状，具2—5翅或棱突。种子1，子叶旋卷。

本属约11种，分布于热带非洲、阿拉伯、印度和亚洲东南部。我国仅云南产1变种。

1.渐尖榆绿木

Anogeissus acuminata（Roxb. ex DC.）Guill. et Perr.（1832）
云南仅产下列变种。

1a. 榆绿木（小勐养）（变种）图53

var. lanceolata Wall. ex Clarke（1878）

乔木，高达20米，直径约1米。嫩枝纤细，被金黄色丝质柔毛，老枝变无毛。叶厚纸质，卵状披针形至卵状椭圆形，长5—8厘米，宽2—3厘米，先端渐尖，基部楔形或圆钝，上面近无毛，下面被疏柔毛，脉腋毛稍密，侧脉5—7对；叶柄长2—6毫米，被丝质柔毛。

图53 榆绿木和银叶诃子

1—6.榆绿木*Anogeissus acuminata*（Roxb. ex DC.）Guill.

et Perr. var. lanceolata Wall. ex Clarke

1—2.花枝　3.花的纵剖面　4.果　5.萼管　6.苞片

7—8.银叶诃子*Terminalia argyrophylla* Pottinger et Prain　7.枝叶　8.果

头状花序单生叶腋或顶生，花序梗长约1厘米，密被锈褐色绒毛，无花柄；苞片叶状，长2厘米，宽1厘米，小苞片线形，长约5毫米，早落；萼管长2—2.5毫米，外面被黄褐色柔毛，顶端呈杯状，具5枚三角状齿裂；雄蕊伸出萼外，花丝长3—4毫米；花盘被长柔毛；子房被绒毛，花柱长2—3毫米。翅果长约4毫米，连翅直径约5毫米，翅近方形，上部具喙，被锈褐色柔毛。种子长圆形。

产西双版纳（勐养），生于海拔700米左右的石灰岩地区。分布于缅甸、泰国、老挝、柬埔寨和越南。

喜碱性土壤，喜光耐旱。可用于南部石灰岩山地造林。种子繁殖。

木材坚重细密，经久耐用，适于建筑及室内装修用材。木材浸水易腐，需作防腐处理。

2. 榄仁树属 Terminalia Linn.

大乔木，具板状根，稀为小乔木或灌木。叶互生至近对生，全缘，稀有锯齿；叶柄或叶基部通常具2枚以上腺体，稀缺如。花两性或单性，组成疏散的穗状或总状花序，有时排成圆锥状花序；花萼杯状，高脚碟状或壶状，先端5齿裂，稀4齿裂，齿短三角形，早落；花瓣缺；雄蕊10或8，2轮排列；子房下位，1室，具2—3胚珠，花柱单一，柱头不膨大。核果扁平，具棱或2—5翅。种子1，子叶旋卷。

本属约250种，广布于两半球热带地区。我国产8种，分布于西南部至台湾。云南产6种4变种，引种栽培6种。

分 种 检 索 表

1.果无翅，具棱突。
 2.叶对生或近对生，在枝上排成2列。
  3.幼枝及叶两面密被银色短柔毛或伏毛，老时宿存；穗状花序顶生；萼筒壶形，长约1.2毫米 ······················· 1.银叶诃子T.argyrophylla
  3.幼枝初被绒毛，后变无毛；叶无毛；穗状花序组成圆锥状花序；萼筒杯状，长约3.5毫米 ······················· 2.诃子 T. chebula
 2.叶互生，螺旋状集生于枝顶。
  4.叶宽卵形至倒卵形，基部楔形或圆钝，侧脉5—8对；叶柄长3—9厘米；果具5棱，被毛 ······················· 3.毗梨勒T. bellirica
  4.叶倒卵形，基部狭心形，侧脉10—12对；叶柄长1—1.5厘米；果具2棱，稍压扁，无毛 ······················· 4.榄仁树T.catappa
1.果具明显膜质翅。
 5.果翅等大；叶互生，侧脉8—15对；腺体扁平无柄 ················· 5.滇榄仁 T. franchetii
 5.果翅不等大；叶对生或近对生，侧脉18—25对；腺体具柄 ··· 6.千果榄仁 T. myriocarpa

1.银叶诃子　图53

小诃子（耿马）　曼蜡（傣语）

Terminalia argyrophylla Pottinger et Prain（1896）

乔木，高达20余米，直径约60厘米。嫩枝密被银色短伏毛，至老时不脱，老枝上皮孔明显；幼芽铜色。叶对生或近对生，卵状椭圆形至长圆状披针形，长10—17厘米，宽4.5—6.5厘米，先端渐尖或钝，基部楔形或钝圆，两面密被银色伏毛，长2.2—3.1厘米，上部离叶基部约4毫米处具2腺体。穗状花序顶生，长约2厘米；小苞片匙状披针形，被褐色毛，长约2毫米，每小苞片内有1花；花小，近无柄；萼筒壶形，长约1.2毫米，外面无毛，花丝短。果长卵形，干后有皱纹，长2.6—2.9厘米，直径约1.4厘米，先端渐尖。花期5—6月，果期7—8月。

产耿马，生于海拔500米次生竹林中。缅甸有分布。

木材坚硬，可作建筑、家具及农具用材。果可代诃子用。

2.诃子　图54

Terminalia chebula Retz.（1789）

Myrobalanus chebula Gaertn.（1791）

乔木，高达30米，直径约1米；树皮灰黑色至灰白色。嫩枝黄褐色，被绒毛，老枝无毛，皮孔细长，明显，白色或淡黄色。叶互生或近对生，近革质，卵形或椭圆形至长椭圆形，长7—16厘米，宽3—8厘米，先端短尖，基部钝圆或楔形，偏斜，两面无毛，密被细瘤点，或幼时下面微被毛，侧脉6—10对；叶柄粗壮，长1.5—3厘米，多少被锈色短柔毛，顶端具2—4腺体。穗状花序组成圆锥状花序，长5.5—10厘米；花两性，细小，无梗；萼筒杯状，长2—3.5毫米，顶端5齿裂，外面被毛，内面被棕色长柔毛；雄蕊10，伸出萼筒；子房初被毛，后变秃净，花柱粗壮，柱头不膨大。果椭圆形或卵形，两端微尖，长2.5—4厘米，直径1.9—2.3厘米，表面粗糙，无毛，通常有5条钝棱。花期5—6月，果期7—9月。

产景东、凤庆、永德、双江、耿马、镇康、龙陵、芒市、瑞丽等地，生于海拔800—1500米疏林中；广东、广西有栽培。分布于尼泊尔、印度、缅甸、印度支那及马来半岛。

木材坚实、质优，可为建筑、家具及农具用材。果皮及树皮富含单宁，为一种极有价值的鞣料，也可提制黑色和黄色染料。果实供药用，治喉症、哮喘、肠结核、肠出血及慢性痢疾等。

3.毗梨勒　（唐本草）图54

Terminalia bellirica（Gaertn.）Roxb.（1798）

Myrobalanus bellirica Gaertn.（1790）

乔木，高达35米，胸径达1米。小枝灰色，具纵纹及明显螺旋上升叶痕，初被锈色绒毛，后变秃净。叶螺旋状集生枝顶，宽卵形或倒卵形，纸质，长18—26厘米，宽6—12厘

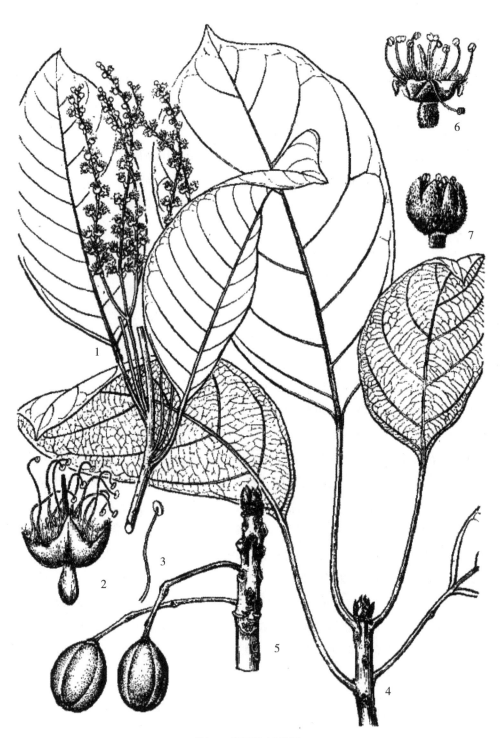

图54 诃子和毗梨勒

1—3.诃子 *Terminalia chebula* Retz. 1.花枝 2.花 3.雄蕊

4—7.毗梨勒 *Terminalia bellirica*（Gaertn.）Roxb.

4.叶枝 5.果枝 6.两性花 7.雄花

米，先端钝或短尖，基部渐狭或钝圆，两面无毛，疏生白色细瘤点，具光泽，侧脉5—8对，下面网脉细密，瘤点较少；叶柄长3—9厘米，无毛，常于中上部具2腺体。穗状花序腋生，常集生呈伞房状，长5—12厘米，密被红褐色丝状柔毛，上部为雄花，基部为两性花；花淡黄色，无柄；萼筒杯状，长3.5毫米，5齿裂，被绒毛；雄蕊10，伸出萼筒；两性花具花盘，花盘10裂，被红褐色柔毛，雄花缺花盘；子房被毛，花柱棒状，长约5毫米，下部粗壮，上部纤细，微弯。果卵形，密被锈色柔毛，长2—3厘米，直径1.8—2.5厘米，具明显5棱。花期3—4月，果期5—7月。

产西双版纳、金平等地，生于海拔540—1350米山坡阳处或疏林中，为沟谷及低丘季节性雨林的上层树种之一。分布于印度中部、中南半岛至马来西亚。

木材供材用及薪炭用，浸水后变坚硬。果皮富含单宁，用于鞣革、制黑色染料。果实药用，主治风湿热气，幼果通便，成熟果为收敛剂，治水肿、赤白痢等。

4.榄仁树

Terminalia catappa Linn.（1767）

红河州、文山州、西双版纳州等地引种栽培；广东、台湾等省也有栽培。原产马来西亚。

种子含油丰富，供食用或入药；树皮及幼叶为染料。木材赤褐色，光泽美丽、耐腐力强，纹理细致，为建筑、车辆、造船、细木工等优良用材。

5.滇榄仁　图55

黄心树（禄劝）

Terininalia franchetii Gagn.（1919）

小乔木，高达10米。小枝纤细，被金黄色短绒毛，老枝具纵纹。叶互生，纸质，卵形、宽卵形至卵状椭圆形，长5—6.5厘米，宽2.5—4.5厘米，边缘全缘，先端骤尖或渐尖，稀微凹，基部钝圆或楔形，上面被绒毛，下面密被黄色丝状伏毛，侧脉8—15对，较明显；叶柄长1—1.5厘米，密被棕黄色绒毛，顶端具2—4腺体。穗状花序腋生或顶生，被绒毛，长4—8厘米；萼筒杯状，长约4毫米，外面下部密被黄色长柔毛，上部较少，内面被长柔毛，先端5齿裂；雄蕊10，伸出萼外，花丝长约5毫米；子房密被黄色丝状长柔毛，花柱圆柱形，长约3毫米，柱头不膨大。果具3枚大小相等的翅，倒卵形，被黄色长柔毛，长5—8毫米，宽3—5毫米，先端平截，基部渐狭，横切面为正三角形。花期4月，果期5—8月。

产丽江、宁蒗、永仁、禄劝等地，生于海拔1400—2600米干燥灌丛及杂木林中；四川南部也产。

耐干旱瘠薄，喜光，可选作干热河谷地区荒山造林先锋树种。

树皮含鞣质，可提制栲胶。木材可用于制家具、农具及建筑等。

6.千果榄仁　图55

大马缨子花（普洱）　大红花树（勐腊）

埋哈（傣语）

Terminalia myriocarpa Huerck et. M. -A.（1870）

Myrobalanus myriocarpa O. Ktze.（1891）

常绿或半常绿乔木，高达40余米，胸径约2米，具板状根。小枝圆柱状，被褐色短绒毛，后变无毛。叶对生或近对生，排成2列，长椭圆形或椭圆状卵形，长10—23厘米，宽4—9厘米，全缘或具波状细齿，先端渐尖，略偏斜，基部宽楔形或圆钝，侧脉15—25对，显著，近平行上升，至近边缘弯曲；叶柄粗壮，长5—15毫米，顶端靠叶基部两侧各有1具柄腺体。总状花序排成大型圆锥花序，顶生或腋生，花序梗密被黄色绒毛；花细小，黄白色；小苞片三角形，宿存；萼筒杯状，5齿裂；雄蕊10；子房被绒毛，花柱伸长，柱头几乎不膨大。瘦果细小，具3翅，翅2大1小，长约3毫米，连翅直径约2毫米，鲜时红色，干后变黄。花期8—9月，果期10—12月。

产泸水、临沧、景东、屏边等地，生于海拔500—1700米；广西南部及西藏东部也有。分布于印度、缅甸、印度支那和马来西亚。

幼苗喜光，林冠下天然更新较差。种子繁殖以条播为好。播种前种子用水浸泡24小时，晾干后播种，覆土以大部分果翅外露为准，然后盖上一层草。苗木长到10厘米左右，可分床移植，第二年春苗木可用于造林。云南南部低山丘陵，土壤较湿润的地方均可选择造林。

木材白色，坚硬，有光泽和花纹，易于加工，切面光滑，可为建筑、家具、造船、车辆以及室内装修用材，也可作胶合板材。

图55 滇榄仁和千果榄仁

1—2.滇榄仁.*Terminalia franchetii* Gagn. 1.果枝 2.果

3—6.千果榄仁*Terminalia myriocarpa* Huerck et M.–A. 3.花枝 4.花 5.雌蕊 6.果

122.红树科 RHIZOPHORACEAE

常绿乔木或灌木，小枝对生，稀互生，节常膨大。单叶，对生有托叶或互生无托叶。花两性，单生或丛生或组成聚伞花序，生于叶腋或叶痕；萼管与子房合生或分离，萼片3—16，镶合状排列，宿存；花瓣分离，与萼片同数，稀为其倍数，全缘或撕裂状；雄蕊与花瓣同数或为其2倍或多数，着生于花盘边缘；子房下位，半下位，稀上位2—10室，稀1室，每室胚珠2至多数，果革质或肉质，不开裂；种子有胚乳或无胚乳。

本科约16属，120种，分布于热带海岸和内陆，主产东半球热带地区。我国有6属13种，产西南至台湾，大都分布于南部海岸。

云南有2属3种。

分 属 检 索 表

1.小枝实心；叶卵形，卵状长圆形或椭圆形叶下面通常具小斑点；萼基部有苞片；托叶披针形；果有1—3种子 ·· 1.竹节树属Carallia
1.小枝空心；叶披针形或倒披针形，叶背无斑点；萼基部无小苞片；托叶卵形或卵状三角形，果有多数种子 ·· 2.山红树属Pellacalyx

1.竹节树属 Carallia Roxb.

乔木或灌木，小枝实心。叶卵形，卵状长圆形或椭圆形，下面通常具小斑点；托叶披针形，早落。花小，4—8基数，无梗，为腋生的聚伞花序；花萼漏斗状钟形，萼片直立，不反卷；花瓣与萼片互生，雄蕊为花瓣的2倍，着生于波状花盘的边缘，花药2室，纵裂；子房下位，4—8室，每室有胚珠2，通常仅1室和1胚珠发育。果球形或近椭圆形，革质，萼宿存，1室，不开裂，有1—3种子。种子有胚乳。

本属约16种，分布于东亚热带地区及大洋洲。我国有2种，分布于广东、广西、云南；云南有2种。

分 种 检 索 表

1.叶革质或近革质，全缘或具不明显的细齿 ·························· 1.竹节树C. brachiata
1.叶坚纸质，叶缘具蓖状小锯齿或细锯齿 ··············· 2.锯叶竹节树C. lanceaefolia

1.竹节树 鹅肾木、气管木 图56

Carallia brachiata（Lour.）Merr.（1919）

Diatoma brachiata Lour.（1790）

乔木，高达13米，胸径30厘米。叶近革质至革质，倒卵形，倒卵状长圆形至椭圆形，长6—15（18）厘米，宽3—9（10）厘米，先端短渐尖，有钝头，基部楔形，全缘或中部以上具不明显的细齿；叶柄长6—10毫米。聚伞花序腋生，花序梗长1—2厘米，径1—1.5毫米；小苞片生于萼筒下方；花绿白色；花萼钟形，宿存，长3—4毫米，通常顶端（4）6—8裂，萼片三角形；花瓣（4）6—8，先端2裂或撕裂状，边缘皱缩具不整齐的小齿，有时全缘；雄蕊数为花瓣数的2倍；子房4室。果球形，直径0.5—1厘米，1室。种子1，肾形。花期2—4月，果期11月至次年3月。

产凤庆、景东、普洱、西双版纳等地，生于海拔500—1900米的常绿阔叶林中；广东、广西也产。马达加斯加、印度、缅甸、越南、马来西亚、澳大利亚都有分布。

种子繁殖。随采随播，直播或育苗植树造林。

木材坚固，有光泽，纹理细致，易加工，是装饰雕刻和小型建筑物的良好用材。树皮药用，可治疟疾。

2.锯叶竹节树　图57

Carallia lanceaefolia Roxb.（1814）

Carallia diplopetala Hand.–Mazz.（1931）

乔木或小乔木，高达10米。小枝有皮孔，无毛。叶坚纸质长圆形或长圆状披针形，稀椭圆形，长7—16厘米，宽4—6厘米，先端渐尖，基部楔形，边缘均具梳状细锯齿，齿端有腺体，无毛；叶柄长5—9毫米。聚伞花序腋生，花序梗长7—13毫米；花2—3生于花序分枝顶端，花萼近球形；萼片6—7，卵状三角形；花瓣通常6—7，白色或淡红色，卵形，边缘有小齿，有柄；雄蕊12—14；子房4—5室。果球形。直径6—7毫米，1室。种子1。花期12月至翌年2月，果期6—7月。

产屏边、金平、富宁、麻栗坡、丘北等地，海拔500—1400米密林中或山谷湿润处。

种子繁殖。采种后，晾干，湿沙贮藏，翌年早春播种育苗。

全株药用，有通经活络的功效，可用于接骨；叶治外伤出血；根治妇科血崩。

2. 山红树属　Pellacalyx Korth.

乔木，有时具板状根。叶对生。花单生，丛生或呈聚伞花序，花萼管状，萼片4—5，很少3或6，常反卷；花瓣与萼片同数，先端撕裂状；雄蕊为花瓣的2倍，常与花瓣对生，着生于花盘边缘；子房半下位，5—10室，每室有胚珠多数。果肉质，近球形，萼宿存。

本属约8种，分布于缅甸、马来群岛、马来西亚、加里曼丹、菲律宾至苏拉威西岛。我国有1种，产云南。

1.山红树　图58

Pellacalyx yunnanensis Hu（1940）

乔木，高达15米，胸径达30厘米。叶膜质或坚纸质，倒卵状披针形至椭圆形，长13—20厘米，宽4.5—6.5厘米，先端短渐尖，基部楔形，边缘具微齿，下面中脉及侧脉隆起；叶柄长1—2厘米。雄蕊约为萼片长的1/2，基部与萼管贴生；子房上部被星状毛及柔毛。果单生，球形，直径约1.5厘米，无毛；果梗长约2厘米，宿存萼片6—7，披针形，长约1厘米。种子多数，圆柱形。花期未详，果期约11月。

产勐腊，生于海拔约850米的密林中。

种子繁殖。随采随播，直播或育苗植树造林。

在热带，可作园林观赏树种。

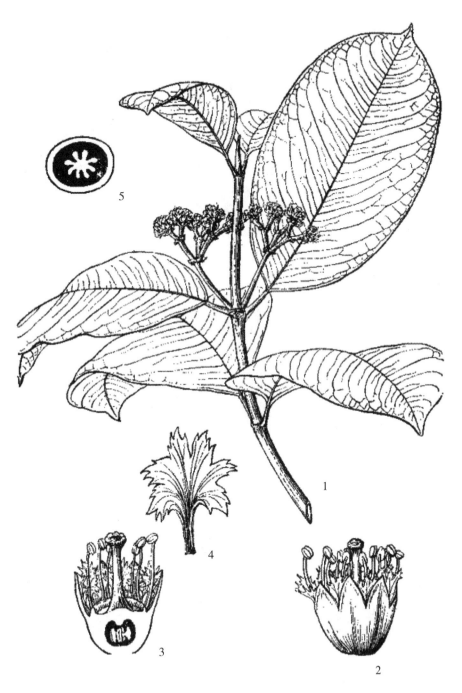

图56 竹节树 *Carallia brachiata* (Lour.) Merr.
1.花枝　2.花　3.花纵切面　4.花瓣　5.子房横切面

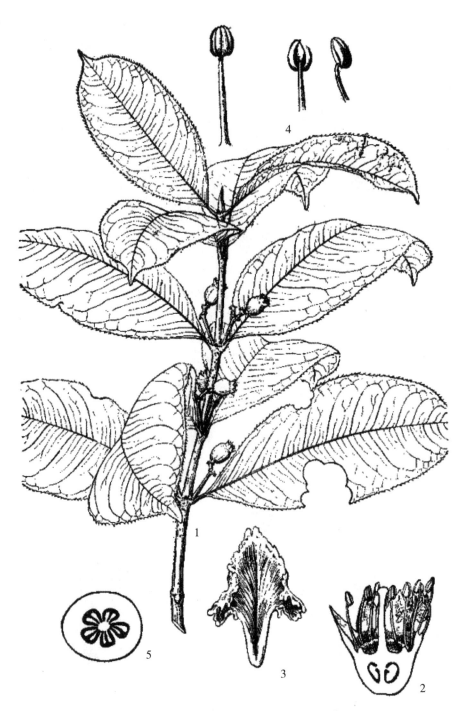

图57 锯叶竹节树 *Carallia diphopetala* Hand.–Mazz.
1.幼果枝 2.花纵剖面 3.花瓣 4.雄蕊 5.子房横切面

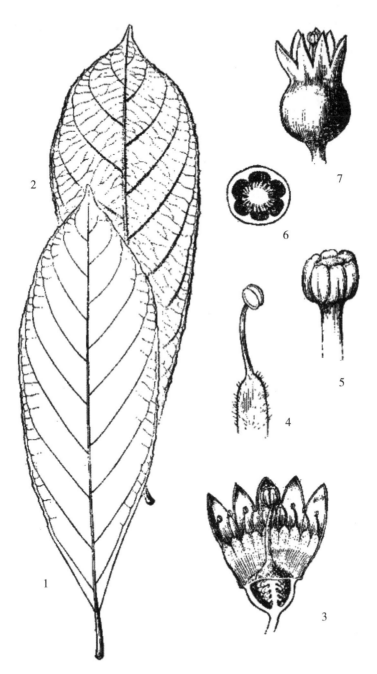

图58 山红树 *Pellacalyx yunnanensis* Hu
1.叶上面　2.叶下面　3.花纵切面　4.雄蕊
5.柱头　6.子房横切面　7.果

128.椴树科 TILIACEAE

乔木或灌木，稀草本。单叶互生，全缘、具齿或掌状3—7裂；托叶存在，稀缺。花两性，稀单性或杂性，辐射对称，5数，稀4数；聚伞花序，稀单生，具苞片；萼片离生或基部合生；花瓣与萼片同数，离生，稀缺；雄蕊多数，稀5～10，分离或基部略合生成束，花药2室，室间合生或基部分叉，稀完全分离，药室纵裂，稀孔裂；子房上位，2—5室，有时具假隔膜呈多室，花柱单生，稀离生，中轴胎座，胚珠2—多数。小坚果、核果、蒴果、稀浆果。种子具丰富胚乳或缺。

本科约55属，750种。世界热带与亚热带分布，少数属种分布到北温带。我国有11属，约70种，全国大部分省（区）均产，尤以西南及华南最盛。云南有8属39种。本志记载5属12种。

分 属 检 索 表

1.花瓣存在，通常具腺体，有香味；叶具显著基出脉；托叶存在。
  2.花瓣基部无腺体；雌雄蕊柄缺；子房每室2胚珠，柱头非钻形。
    3.退化雄蕊花瓣状；花药球形，背着；花柱单生；花序具翅状苞片；果不开裂，无翅 ……………………………………………………………………1.椴属 Tilia
    3.退化雄蕊线形，或缺，花药条形，基着；花柱5；花序无翅状苞片；蒴果具翅，室间开裂 ……………………………………… 2.蚬木属 Burretiodendron
  2.花瓣基部具腺体；雌雄蕊柄存在，子房每室2—6胚珠，柱头钻形。
    4.核果；子房3室 …………………………………… 3.破布叶属 Microcos
    4.具翅蒴果；子房3—5室 …………………………………… 4.一担柴属 Colona
1.花瓣缺，腺体不存在，退化雄蕊10，花瓣状；蒴果具翅，室背开裂；叶无明显基出脉；托叶缺 …………………………………………………… 5.滇桐属 Craigia

1.椴属 Tilia Linn.

落叶乔木；顶芽不发育，呈合轴分枝式。叶卵形至卵圆形或心形，基部通常歪斜；托叶舌状，早落。聚伞花序腋生，花序梗长，部分与一长圆形翅状苞片结合；花两性；萼片长卵形，离生；花瓣淡黄白色，与萼片近等长；雄蕊多数，较花瓣短，花丝基部略连生成5束，先端通常分叉，花药背着，药室易分离，纵裂；退化雄蕊5，花瓣状，或缺；子房5室，每室2胚珠，花柱细长，单生，柱头常5裂。小坚果，稀浆果，果皮革质至木质，常具5棱或瘤状小突起。种子倒卵形，具肉质胚乳；胚大，具叶状子叶，子叶5—7裂。

本属约45种，分布于北半球温带至亚热带地区。我国约25种，大部分省（区）均产。云南产8种4变种。

分 种 检 索 表

1.果壁木质；苞片无柄或近无柄。
  2.果具显著5棱，无明显痛点；叶宽卵形至卵状圆形，基部通常心形。
    3.花序有花7—15；叶下面网脉显著，仅叶脉腋部具簇毛 ………… **1.大叶椴** T. nobilis
    3.花序通常有花3，稀多达6；叶下被毡毛状绒毛，网脉不明显 …… **2.华椴** T. chinensis
  2.果具明显瘤点，无棱，叶通常卵形，基部斜截形至半心形 ………………… **3.椴** T. tuan
1.果壁革质，无棱或瘤点；苞片明显具柄；叶三角状卵形 …………**4.少脉椴** T. paucicostata

1.大叶椴 （中国经济植物志） 大椴树（中国树木分类学）图59

Tilia nobilis Reld. et Wils.（1916）

乔木，高达20米。小枝绿色，无毛或疏被长柔毛；冬芽大，顶端疏被柔毛。叶纸质，卵状圆形至宽卵形，长10—17厘米，宽10—15厘米，先端急尖，基部半心形至心形，略偏斜至整正，边缘具细锯齿，上面深绿色，无毛，下面淡绿色，仅侧脉及小脉腋部具簇毛，基出脉6，侧脉6—7对，下面网脉明显；叶柄长3.5—7厘米，无毛。聚伞花序2—3歧，有花7—15，花序梗长7—9厘米，具棱，无毛，花梗长约1厘米；苞片长圆形，长8—10厘米，宽1.8—2.2厘米，先端舌状渐尖，基部宽楔形至圆形，近等侧，上面无毛，下面仅中脉上疏被星状毛，两面网脉明显，下半部与花序梗合生，基部近无柄；萼片长卵形，外面近无毛，内面基部具簇毛；花瓣椭圆形，先端啮蚀形；退化雄蕊倒卵形，具柄；雄蕊约40，花丝长3—4毫米；子房被微柔毛，花柱无毛，柱头略膨大。果近球形，长约1厘米，直径7—8毫米，被淡黄色绒毛，具显著5棱，果壁木质。花期7—8月，果期9—10月。

产大关，生于海拔2000—2200米阔叶林中；四川南部也有。

喜温凉湿润气候，多见于背风坡及山谷，常混生于石栎属、栲属树种为主组成的常绿阔叶林中。

种子有休眠现象，播种前需进行低温层积法处理。树桩萌发力极强，可用分根、分蘖等方法繁殖，适于滇东北多雾山区造林。

木材质软，可供制胶合板、火柴杆等用。花入药，有发汗、镇静及解热之功效，茎皮纤维拉力强，可制绳索，织麻袋。

2.华椴（中国经济植物志） 华椴树（中国植物图谱）、叶下花（滇西北），山拐枣（东川）图60

Tilia chinensis Maxim.（1890）

T. yunnanensis Hu（1937）

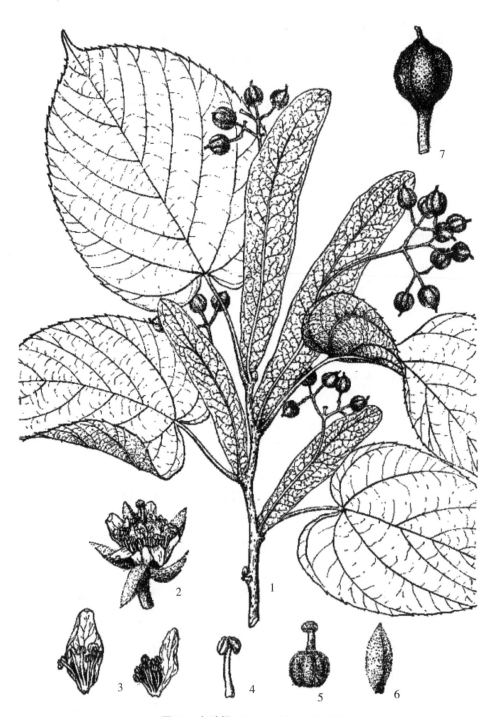

图59　大叶椴 *Tilia nobilis* Reld.et Wils.

1.果枝　2.花　3.花瓣及雄蕊　4.雄蕊　5.雌蕊　6.萼片　7.果实

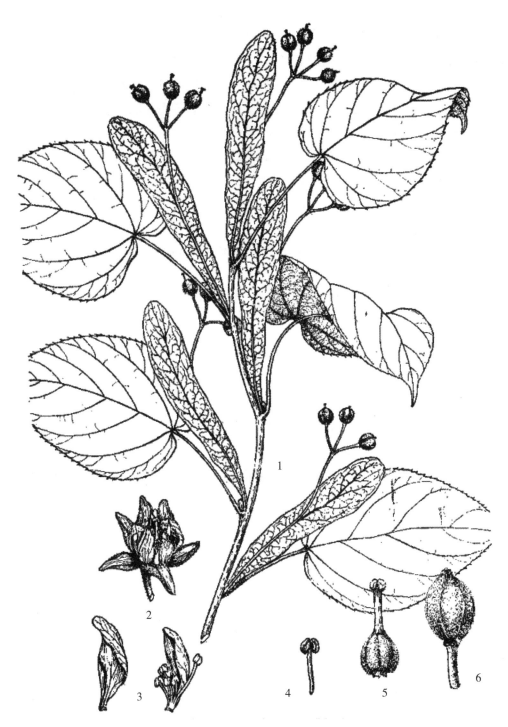

图60 华椴 *Tilia chinensis* Maxim.
1.果枝 2.花 3.花瓣及雄蕊 4.雄蕊 5.雌蕊 6.果实

乔木，高达15米。嫩枝无毛或微被毛；芽无毛。叶纸质，宽卵形，长6—12厘米，宽5—10厘米，先端尾尖，尖长1—1.5厘米，基部斜心形或斜截形，边缘具整齐细锯齿，上面无毛，下面密被灰色星状绒毛，基出脉5，侧脉7—8对；叶柄长3—8厘米，被星状灰绒毛。聚伞花序1—2歧，有花3—6，花序梗长4—5厘米，花梗长1—1.5厘米，无明显棱；苞片长圆形，长4—8厘米，两面疏被星状毛，下面略密，下半部与花序梗合生，基部无柄或几乎无柄；萼片长卵形，长约7毫米，两面均被绒毛，内面基部具簇毛；花瓣长6—7毫米；退化雄蕊近匙形，具柄长约1毫米；雄蕊30—45，花丝顶端常分叉，药室分离；子房密被绒毛，花柱无毛，柱头略膨大，3裂。果椭圆形，长1厘米，直径约8毫米，密被灰褐色绒毛，具明显5棱；果壁厚，木质。花期6—7月，果期8—9月。

产德钦、贡山、香格里拉、丽江、维西、剑川、宾川，生于海拔2500—3900米杂木林中；甘肃、陕西、河南、四川、湖北也有。

喜湿耐寒。营养繁殖或种子繁殖。种子需用低温层积法处理。适于在亚高山区作针阔混交造林树种。

木材轻软，易于加工，作胶合板，火柴杆及造纸等用材。茎皮纤维代麻用。

3.椴（中国高等植物图鉴） 椴树（中国树木分类学）、千层皮（滇东北）、桐麻（镇雄）图61

Tilia tuan Szyszyl.（1890）

T. kweichouensis Hu（1963）

T. austro-yunnanica H. T. chang（1985）

乔木，高达25米。小枝被微绒毛，后变秃净；芽有时微被毛。叶薄革质，斜卵形至卵状圆形，长8—15厘米，宽6—9厘米，先端短渐尖，基部斜截形至半心形，边缘通常仅上半部具疏细齿，上面无毛，下面密被毡毛状灰白绒毛或疏被星状绒毛，基出脉5，侧脉6—7对，下面小横脉不明显；叶柄长3—4厘米，被绒毛或无毛。聚伞花序多歧，有15—20花，花序梗长6—10厘米；花梗长7—9毫米，无棱，几乎无毛；苞片长圆形至长圆状倒披针形，长8—12厘米，宽1.5—2厘米，先端舌状，基部楔形，等侧或不等侧，上面无毛，下面疏被星状毛，下半部与花序梗合生，基部无柄；萼片长卵形，长5毫米，外面被绒毛，内面基部具长柔毛；花瓣卵状圆形，长5—6毫米；退化雄蕊近匙形；雄蕊约40，花丝先端常分叉，药室分离；子房被毛，花柱无毛，柱头略膨大。果近球形，长8—10毫米，直径7—9毫米，无棱，具小瘤点，被星状绒毛，果壁厚，木质。花期7—8月，果期9—10月。

产永仁、易门、大关、昭通、彝良、镇雄、玉溪、文山、麻栗坡，生于海拔1700—2200米山地阔叶林中；四川、湖北、湖南、贵州、广西、江西也有。越南北部有分布。

喜肥沃土壤，抗风力较强，耐阴。根系萌发力强，可人工促进天然更新；种子繁殖需沙藏处理。适于作温凉湿润山地造林树种。

材质略硬，可制家具。花可提取芳香油，为优良蜜源；叶可作饲料；茎皮纤维代麻用，可制人造棉。

4.少脉椴 （云南种子植物名录） 简果椴树（中国树木分类学）图62

Tilia paucicostata Maxim.（1890）

乔木，高达15米。嫩枝纤细，无毛；芽小，无毛。叶纸质，卵状圆形至三角状卵形，长5—10厘米，宽4—8厘米，先端长尾尖，尾长1—1.5厘米，基部斜心形至斜截形，边缘具细锯齿，上面略具光泽，无毛，下面仅脉腋具簇毛，余秃净，基出脉4—5，侧脉6—7对，下面小横脉明显；叶柄长1.5—5厘米，无毛。聚伞花序3—4歧，有花6—15，花序梗长3—6厘米；花梗长1—1.5厘米，具棱，无毛；苞片长圆形至倒卵状披针形，长5—9厘米，宽1.5—2厘米，先端舌状渐尖，基部窄楔形，不等侧，两面无毛，下半部与花序梗合生，基部具柄长2—15毫米；萼片窄长卵形，长5毫米，外面无毛，内面有长柔毛；花瓣倒卵形，长5—6毫米，先端啮蚀状，基部收缩成短柄；退化雄蕊匙形，具柄长2—2.5毫米，先端啮蚀状；雄蕊40—50，药室易分离；子房被灰白平伏毛，花柱微被毛，柱头几不增大。果倒卵形或圆形，直径4—6毫米，无瘤点或棱，被平伏毛，果壁革质。花期7—8月，果期9月。

产德钦、香格里拉、丽江、维西、宾川、东川、富民，生于海拔2400—2600米山地杂林中；陕西、甘肃、河南、四川、湖北、湖南也有。

耐寒喜湿，抗风力较强。种子繁殖，也可分根、分蘖繁殖。适于作亚高山营造针阔混交林树种。

木材富有弹性，可作建筑、器具用材。花可提取芳香油，也可供药用。茎皮纤维代麻用。

2.蚬木属 Burretiodendron Rehd.

常绿或落叶乔木；植物体被星状毛或秃净。单叶互生，掌状脉；托叶早落。花单性或杂性，同株或异株，排成腋生聚伞花序、总状花序或圆锥状花序，稀单生；苞片2—3，紧抱花蕾，通常早落，在花梗上形成环痕；雄花：萼片5，分离，腹面基部有时具腺体，花瓣5，分离，通常具爪，雄蕊多数，花丝线形，基部略合生成5束，花药长圆形，基着，2室，纵裂，退化雄蕊缺，稀存在，子房微小、不发育，具5条线状离生花柱；雌花及两性花：子房具5棱，5室，每室2胚珠，花柱5，棒状。蒴果具5纵翅，室间开裂成5片，每果片通常仅发育1种子。种子无胚乳，子叶宽大折叠。

本属6种，分布于马来半岛北部至我国南部。我国有4种，产云南、贵州、广西。云南产3种。

分 种 检 索 表

1.植物体通常无毛；圆锥状或总状花序，或单生；苞片3；子房无梗。

　2.叶革质，脉腋具腺囊，基出脉3—5；萼片基部有时具腺体；退化雄蕊缺 …………………………………………………………………………… 1.蚬木 B. hsienmu

　2.叶坚纸质，下面密被亮黄色粉末，基出脉7—9；萼片基部无腺体；退化雄蕊存在 …………………………………………………………… 2.元江蚬木 B. kydiifolium

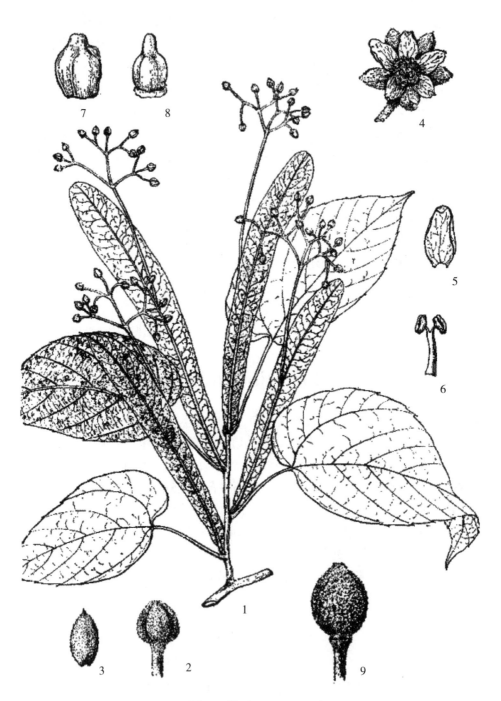

图61 椴 *Tilia tuan* Szyszyl.
1.花枝 2.花蕾 3.萼片 4.花 5.花瓣 6.雄蕊
7.花瓣联合状 8.雌蕊 9.果实

图62 少脉椴 *Tilia paucicostata* Maxim.
1.花枝　2.果序及苞片　3.花蕾　4.花　5.花萼
6.花瓣　7.雄蕊　8.雌蕊　9.果实

1.蚬木 （植物分类学报）雷木、饨刀木（麻栗坡）、钢筋木（河口）图63

Burretiodendron hsienmu Chun et How（1956）

Burretiodendron tonkinense Kosterm.（1960）

Excentrodendron tonkinensc（Kosterm.）H. T. Chang et R. H. Miau（1978）

常绿大乔木，为达40米。嫩枝无毛。叶革质，卵形、卵侧形或近菱形，长10—18厘米，宽7—12厘米，先端长断尖，基部圆形至楔形，或微心形，边缘全缘，两面几乎无毛，仅下面脉腋具少量族毛及囊状腺体，基出脉3，显著，通常还有2条不明显边脉，侧脉4—5对；叶柄长3.5—8厘米。花单性；雄花约6—12排成圆锥状花序；雌花约2—3，总状或二歧式排列；苞片3，紧抱花蕾，早落；萼片卵状长圆形，基部腹面有时具腺体；花瓣倒卵圆形，具短爪，先端啮蚀状；雄蕊25—35，花药长3毫米；子房无梗。蒴果长3—4厘米，先端略尖。花期4—5月，果期6月。

产麻栗坡、马关、河口、金平，生于海拔150—650米季雨林中。广西有分布；越南北部也有。

喜偏碱性土壤，也生于玄武岩发育的中性或微碱性土壤。天然更新良好，耐阴，喜湿，为石灰岩季雨林的建群树种之一。种子繁殖，种子宜现采现播，最多不要超过1个月，两个月后种子将完全丧失发芽力。选择苗圃地以向阳坡地为好，酸性土壤需加石灰改良。伐根萌芽力强，可人工促进天然更新。适于石灰岩地区低山或山的下半部造林。

材质坚硬，纹理细致，木材耐磨、耐腐，抗压、抗剪强度高，韧性大，防虫性好，可塑性、透水性低，为优良造船，建筑、车轴、机械垫木、家具用材。

2.元江蚬木 硬木、蛤蟆树（元江）图64

Burretiodendron kydiifolium Hsu et Zhugc sp. nov,

半常绿乔木，高达10余米。嫩枝灰色，被极短绒毛，不久变秃净。叶整正，坚纸质，近圆形，长7—15厘米，宽7—13厘米，先端宽急尖头，基部广心形，边缘全缘或上部两侧具三角状小裂片，上面无毛，下面初被微绒毛，后变秃净，被亮黄色粉末，基出脉7—9，侧脉3对；叶柄长3.5—10厘米，纤细。花单性，雌雄异株或同株；雄花3—7，排成腋生总状或圆锥状花序，苞片3，卵形，两面被星状绒毛，紧抱花蕾，花期脱落，萼片窄椭圆形，长6—8毫米，宽2—2.5毫米，外面密被星状柔毛，内面无毛，无腺体，花瓣宽倒卵形或扇形，先端啮蚀状，基部楔形，长约6毫米，宽5毫米，无明显爪，雄蕊25—30，花药长约2毫米，退化雄蕊5，线形，较可育雄蕊长；雌花单生成2—3朵呈总状或二歧式排列，子房密被亮黄色粉末，无梗，具5棱。蒴果椭圆形，长3—4厘米，直径1.5—2.5厘米，先端钝尖。花期4月，果期5—6月。

产元江、红河，生于海拔450—850米干热河谷疏林中。模式标本采自元江。

喜热耐旱，多见于河谷土壤深厚之地。种子繁殖，有较强的萌蘖能力。为干热河谷地区优良造林树种。

木材致密坚重，虫不蛀，耐腐蚀，为建筑、工艺、造船等优良用材。

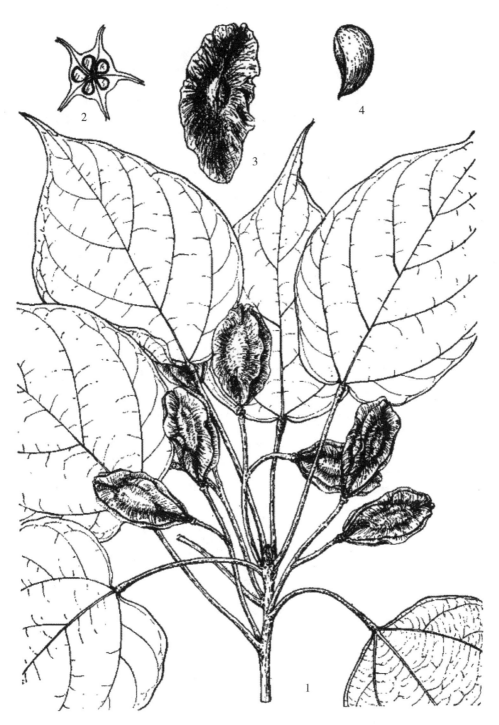

图63 蚬木 *Burretiodendron hsienmu* Chun ct How
1.果枝 2.果横切面 3.果瓣 4.种子

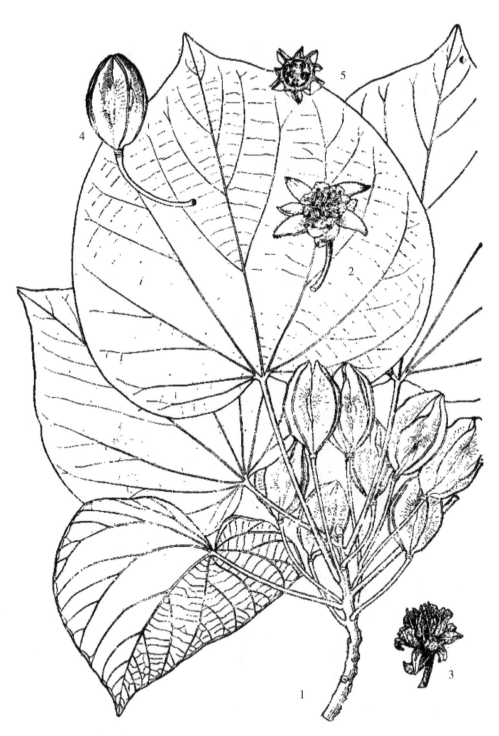

图64 元江蚬木 *Burretiodendron kydiifolium* Hsu et Zhuge
1.果枝 2.雄花 3.雌花 4.果实 5.果横剖面

3.心叶蚬木（植物分类学报） 柄翅果（中山大学学报）、火果木（云南）
图65

Burretiodendron esquirolii Reid.（1936）

Pentace esquirolii Levl.（1911）

Burretiodendron longistipitatum R. H. Miau（1978）

落叶乔木，高达20米。嫩枝被灰褐色星状柔毛。叶纸质，稍偏斜，宽卵形至近圆形，长10—25厘米，宽8—20厘米，先端急短尖，某部两侧耳形交叠或心形，边缘有时具疏锯齿，通常上部具数枚小齿突，上面被星状短柔毛，下面密被灰褐色星状柔毛，基出脉5—7，侧脉4—5对；叶柄长3—9厘米，密被柔毛。花杂性同株，雄花和两性花同序，3—11花排成腋生聚伞花序；苞片2，外面密被星状柔毛，内面无毛，紧抱花蕾，花期脱落；萼片卵状椭圆形，长8—9毫米，宽约3毫米，外面密被短柔毛，内面无毛，腹面基部具隆起腺体；花瓣宽匙形，长1—1.2厘米，先端啮蚀状，基部具柄，长2—3毫米，雄蕊约30，花药长2—2.5毫米；发育子房具梗，无毛。蒴果长圆形，长4—5厘米，直径1.5—2厘米，顶端圆钝。花期6—7月，果期8—9月。

产弥勒、元江、石屏、金平，生于海拔500—1300米疏林中；贵州、广西也有。

耐干旱瘠薄土壤，在沟谷肥沃土壤上可长成高大乔木。种子繁殖，天然更新良好，适于干热河谷地区造林。

木材较疏松，用于制一般的农器具及家具。

3.破布叶属 Microcos Linn.

灌木或乔木。单叶互生，全缘或上部浅裂，基出脉3—7。聚伞花序组成顶生或腋生圆锥花序；花小，两性，3花并生，外抱数枚小苞片，小苞片通常分裂；萼片5，分离，镊合状排列，花瓣5，或缺，内面基部具腺体；雄蕊多数，或5，着生于雌雄蕊柄上，花丝分离，花药近球形，背着，药室2；子房通常3室，每室（2）4—6（8）胚珠，排成2列，胚珠倒生，花柱单一，钻形，柱头锐尖，有时微裂。核果近球形或倒卵形，无沟，中果皮富含纤维，肉质，内果皮骨质或革质。种子具胚乳。

本属约70种，分布于热带亚洲、新几内亚岛和非洲。我国有2种，云南均产。

分 种 检 索 表

1.叶卵形至长卵形；子房无毛；果倒卵形至近球形；圆锥花序顶生 ……………………………………………………………………………… 1.破布叶 M. paniculata
1.叶长圆形至长圆状披针形；圆锥花序腋生或顶生；子房密被长柔毛；果梨形 ………………………………………………………………………… 2.梨果破布叶 M. chungii

图65 心叶蚬木 *Burretiodendron esquirolii* Reld.
1.果枝 2.花外形 3.果横切面 4.种子

1.破布叶（广州植物志） 布渣叶（西双版纳植物名录）解宝叶（中国树木分类学）、郭埋烘、郭麻贯（西双版纳傣语）图66

Microcos paniculata Linn.（1753）

乔木，高达25米。嫩枝密被黄褐色茸毛，老枝变秃净。叶薄革质，卵形至长卵形，长8—18厘米，宽4—8厘米，先端尾状渐尖，基部圆形至微心形，边缘有细锯齿，上面仅中脉被疏柔毛，下面被星状柔毛或近无毛，基出脉的两边脉上行不及叶片的1/2；叶柄长6—10毫米，被柔毛；托叶披针形，长5—7毫米。圆锥花序顶生，密被黄色茸毛；苞片披针形，长约8毫米；萼片长圆形，长约7毫米，两面均被毛；花瓣条形，长2—3毫米，先端截平形，啮蚀状，下半部内面具1扁圆形腺体，腺体周缘被柔毛；雄蕊约60，花丝长3—4毫米，花药球形；子房无毛，花柱长达5毫米，柱头钻形。核果倒卵形至近球形，长约1厘米。花期5—7月，果期9—11月。

产西双版纳及富宁，生于海拔500—1370米林中；广西、广东、海南岛也有。也分布于印度、斯里兰卡、巴基斯坦、中南半岛至马来西亚。

喜光耐肥，可长成大乔木。种子繁殖，播种前可用浓硫酸浸泡法软化果壁，促进萌发。适于热带低山区荒山造林。

茎皮纤维细长，柔软，拉力强，可作人造棉，或代麻用。叶入药，为清热解毒、消炎、止泻剂；根消食，镇咳；果可食；种子可榨油。

2.梨果破布叶 海南破布叶（海南植物志）图67

Microcos chungii（Merr.）Chun（1940）

Grewia chungii Merr.（1940）

Grewia bulot Gagnep.（1943）

乔木，高达17米，嫩枝密被灰黄色星状绒毛，老枝秃净。叶近革质，长圆形至长圆状披针形，长16—20厘米，宽5—7厘米，先端渐尖或尾状急尖，基部圆形，略偏斜，边缘全缘，或仅近先端具数枚小锯齿，干时两面紫褐色，仅下面脉上被星状毛，或秃净，基出脉的两边脉上升过半，侧脉4—5对，小横脉近平行，在下面明显或不明显；叶柄长1—1.5厘米，被灰黄色绒毛。圆锥花序少花，腋生或近顶生，花序梗及花梗粗壮，密被灰黄色绒毛；花淡黄色；萼片5，倒披针形，长8—10毫米，两面均被星状毛，外面较密；花瓣狭长圆形，长3—4毫米，外面疏被毛，下半部腹面具扁圆形腺体，腺体周缘被柔毛，雄蕊约30，子房密被长柔毛，柱头钻形。核果梨形，长1.2—3厘米，直径1—2厘米，幼时密被灰白色毛，熟时变为棕褐色。花期5—6月，果期10月。

产西双版纳，生于海拔1300米次生林中。海南岛也有；越南北部有分布。

造林技术及木材用途参照破布叶。

4. 一担柴属 Colona Cav.

落叶乔木和灌木。植物体被星状毛。单叶互生，边缘具锯齿，基出脉3—7米；托叶叶状，宿存。小聚伞花序组成顶生大圆锥花序；花小，两性；萼片5，分离，镊合状排列；花瓣5，与萼片近等长，内面基部具腺体；雄蕊多数，分离，着生于雌雄蕊柄上，花药2室，近球形，纵裂；子房3—5室，每室2—4胚珠，花柱单一；柱头钻形。果3—5翅，室间开裂，呈3—5果瓣，或不分裂。种子具胚乳。

本属约30种，主产热带亚洲。我国有2种，均产于云南南部。

分 种 检 索 表

1.果具3—5翅；叶具5掌状脉 ……………………………………… 1.一担柴 C, floribunda
1.果具3翅；叶具2与中脉近平行的基出脉 ……………………… 2.狭叶一担柴 C. thorelii

1.一担柴（中国高等植物图鉴补编）　大泡火绳（中国高等植物图鉴）、柯榔木（中国经济植物志）、野火绳（西双版纳植物名录）、大毛叶子火绳（屏边）、梅艾（傣语）即剥蒲（景颇语）图68

Coiona floribunda（Kurz）Craib（1925）

Columbia floribunda Kurz（1873）

乔木，高达20米。嫩枝密被星状柔毛。叶纸质，宽卵状圆形至倒卵状圆形，长14—24厘米，宽10—20厘米，先端急尖或渐尖，基部微心形，上部有时3—5浅裂，两面被粗绒毛，下面较密，基出脉5—7，下面网脉突起；叶柄长2.5—10厘米，圆锥花序顶生；萼片长圆形，长约5毫米，外面被星状短茸毛；花瓣匙形，与萼片近等长；子房3—5室，花柱尖细，有毛，每室2—4胚珠。蒴果直径约1—1.5厘米，具3—5翅。花期8—9月，果期10—11月。

产普洱地区及西双版纳，生于海拔340—1800米次生林或疏林中。也分布于印度至中南半岛。

种子繁殖或分根繁殖。种子宜随采随播。适于公路边植树或荒山造林。

木材质轫，可做一般农具。茎皮纤维代麻用。

2.狭叶一担柴（中国高等植物图鉴补编）　华一担柴（云南种子植物名录）、中华野火绳（西双版纳植物名录）图69

Colona thorelii（Gagnep.）Burret（1926）

Columbia thorelii Gagnep（1910）

Colona sinica Hu（1940）

乔木，高达25米。嫩枝纤细，密被灰褐色星状柔毛。叶薄革质，卵状披针形至长圆状披针形，长10—15厘米，宽3—5.5厘米，先端渐尖，基部斜圆形，边缘具微小齿刻，下部近全缘，上面被极短疏星毛，下面密被灰色星状绒毛，两条基出脉几乎与中脉平行伸至叶

图66　破布叶 *Microcos paniculata* L.

1.花枝　2.去花萼花瓣示雌蕊及雄蕊　3.雄蕊　4.花萼
5.花瓣　6.苞片　7.果实

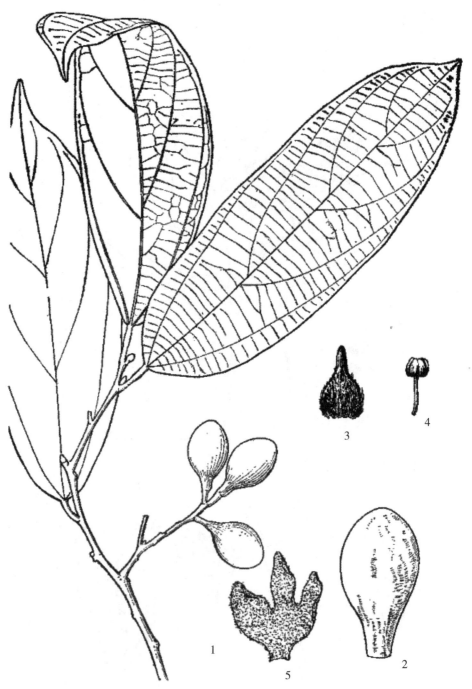

图67　梨果破布叶 *Microcos chungii*（Merr.）Chun
1.果枝　2.果实　3.雌蕊　4.雄蕊　5.苞片

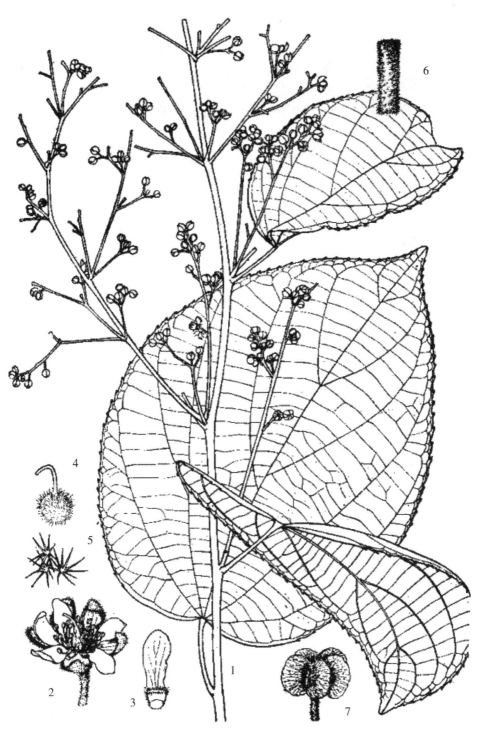

图68　一担柴 *Colona floribunda*（Kurz）Craib
1.花枝　2.花　3.花瓣　4.雌蕊　5.星状毛（放大）
6.茎（放大示毛被）　7.具翅蒴果

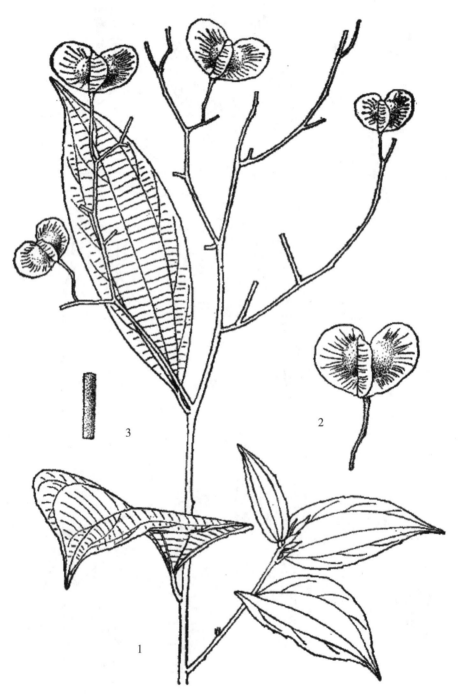

图69 狭叶一担柴 *Colona thorelii*（Gagnep.）Burret

1.果枝　2.具翅蒴果　3.茎（放大示毛被）

先端，中上部侧脉2—3对；叶柄长4—6毫米；托叶三角形，圆锥花序顶生和腋生；苞片三角状披针形，长约5毫米；萼片狭披针形，长6—7毫米，外面被灰绒毛，内面无毛；花瓣长5—6毫米；雄蕊约与花瓣等长；子房有毛，3室，花柱长5毫米，柱头2浅裂。蒴果具3翅，直径达2—3.5厘米，长1.5—2厘米。花期9—10月，果期11—12月。

产屏边、勐腊，生于海拔220—800米河谷林中，中南半岛也有分布。

造林技术及木材用途略同一担柴。

5. 滇桐属 Craigia W. W. Smith et W. E. Evans

落叶乔木。单叶互生，基出脉不明显，无托叶。花两性，排成腋生小聚伞花序，花芽外抱两枚苞片，苞片早落，花序梗及花梗上有环状脱落痕；萼片5，分离，镊合状排列；花瓣缺失；无雌雄蕊柄；雄蕊20，分成5束；退化雄蕊10，花瓣状，成对着生，每对合抱4枚可育雄蕊；可育雄蕊花丝短，部分贴生于内轮退化雄蕊上，花药2室，背着；子房5室，每室有6胚珠，生于中轴胎座上，花柱5，线状。蒴果具5翅，翅膜质，网脉显著，果室背开裂，每室通常发育1种子。种子长圆形，富含胚乳。

本属2种，分布于云南、贵州、广西。云南产1种，分布于滇东南及滇西。

1.滇桐　图70

Craigia yunnanensis W. W. Smith et W. E. Evans（1921）

Burretiodendron combretiodes Chun et How（1956）

B. yunnanense（Smith et Evans）Kosterm.（1962）

乔木，高达25米。嫩枝淡绿色，初密被灰黄色柔毛，后变秃净；顶芽圆形，被灰白色微柔毛，略被锈褐色鳞秕。叶纸质，卵形，长8—13.5厘米，宽4.5—9厘米，先端短尖头，基部微心形，边缘浅波状或具疏细腺齿，上面深绿色，无毛，下面淡绿色，疏被星状毛，基出脉3，不明显，侧脉7对，叶柄长1.5—3.5厘米，密被灰黄色柔毛。聚伞花序单生叶腋，具2至数花；萼片长圆形，长约1厘米，外面被毛；花瓣状退化雄蕊较萼片略短；子房被灰白色微绒毛。蒴果近圆形，直径2.5—3厘米。花期7—9月，果翌年2月成熟。

产泸水、瑞丽、盈江、陇川、蒙自、西畴、麻栗坡，生于海拔1000—1600米；分布于贵州、广西；越南北部也有。模式采自泸水。

木材加工性能良好，可供建筑、家具及农器具用。

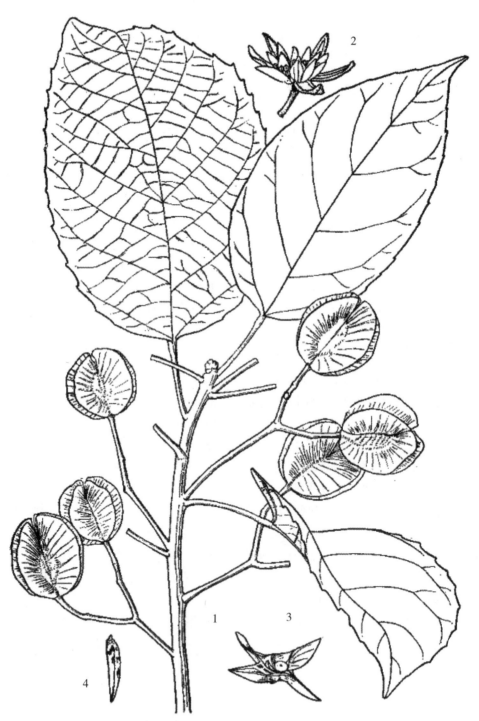

图70 滇桐 *Craigia yunnanensis* W. W. Smith et W. E. Evans
1.果枝 2.花外形 3.蒴果横切 4.种子

128a. 杜英科 ELAEOCARPACEAE

乔木或灌木。单叶，互生，边缘通常有锯齿，羽状脉。总状花序或聚伞花序，腋生或顶生，有时成束或单生；花辐射对称，两性或有时杂性；花萼分离，镊合状排列，常5，有时4或6；花瓣分离，镊合状或内向镊合状排列，常5，有时4或6，上半部撕裂、分裂或具缺刻，稀近全缘；雄蕊8至多数，着生于花盘与子房之间或花盘上，花药顶着，2室，顶孔开裂，花丝一般较花药短；花盘分裂成球状腺体或不分裂而呈垫状，常在果实基部宿存；子房上位，2—7心皮，2—7室，每室胚珠2至多数，中轴胎座，花柱单一，钻状，柱头不明显。果实为核果或蒴果。种子1至多数，胚乳丰富。

本科8—10属，400—450种，分布于除非洲大陆以外的热带和亚热带地区。中国2属近50种，分布于西南、华南，少数可到华东、华中。云南2属40种6变种，本志记载了2属37种4变种。

分 属 检 索 表

1.核果，无刺；总状花序，雄蕊着生于花盘与子房之间，花盘分裂成球状腺体 ……………
…………………………………………………………………… 1.杜英属 Elaeocarpus
1.蒴果，有刺；花成束或单生，雄蕊着生于花盘上，花盘不分裂，垫状 ………………………
……………………………………………………………………………… 2.猴欢喜属 Sloanea

1.杜英属 Elaeocarpus Linn.

乔木或灌木。常有板根，顶芽常有毛。单叶，互生，叶缘常有锯齿，齿尖有胼胝质，羽状脉；叶柄两端通常膨大。花两性或有时杂性，总状花序，生于叶腋或落叶的叶痕腋，少花至多花；萼片常5；花瓣常5，上部撕裂或具缺刻，有毛或无毛；具花盘，常分裂成球状腺体，5—10裂，有毛或无毛，花盘通常在果实基部宿存，并形成环状；雄蕊8至多数，着生于花盘与子房之间，花药2室，顶孔开裂，先端有芒、有毛丛或无芒无毛丛，花丝比花药短；子房上位，卵状，被毛或有时无毛，2—5（7）室，每室2—12胚珠，中轴胎座，花柱钻形，上半部常无毛，柱头不明显。果实为核果，较小型果实外果皮常光亮，大型果实外果皮常不光亮，多为长椭圆形，外果皮薄，中果皮肉质，常有纤维，内果皮骨质，表面常有各种美观的雕纹和瘤状突起或近平滑。种子通常1，稀2，子叶扁平，胚直或弯曲。

本属250—300种或更多。广泛分布于热带亚洲至热带大洋洲。大部分种类分布在新几内亚、菲律宾、加里曼丹，苏门答腊及邻近地区，不见于美洲及非洲大陆。中国约36种6变种，分布于长江流域以南。云南有30种5变种。

分 种 检 索 表

1.子房及果5室 ……………………………………………………… 1.圆果杜英 E.sphaericus
1.子房2—3室；果多1室发育。
  2.花药先端具芒，外果皮光亮。
    3.叶狭披针形，在枝顶聚生；果实纺锤形 ………………… 2.水石榕 E. hainanensis
    3.叶不为狭披针形；果实不为纺锤形。
      4.顶芽具明显树胶，节上有时有树胶。
        5.侧脉12—14，近于平行；子房密被绒毛，花盘5裂，被毛 ……………………
        …………………………………………………………3.滇印杜英 E. varunua
        5.侧脉7—8；子房无毛，花盘10裂，无毛 ………… 4.长柄杜英 E.petiolatus
      4.顶芽被毛或仅具不明显树胶。
        6.嫩枝无毛。
          7.叶披针形，基部楔形 ……………………………5.少花杜英 E.bachmaensis
          7.叶椭圆形，基部急尖或圆 ………………… 6.假樱叶杜英 E. prunifolioides
        6.嫩枝被毛。
          8.侧脉16—18；果经2厘米以上 ……………………………7.毛果杜英 E. rugosus
          8.侧脉10—12；果径1.5厘米以下。
            9.叶倒披针形，自中部向下渐狭，叶下面脉腋不具腺体 …………………
            ……………………………………………… 8.老挝社英 E. laoticus
            9.叶椭圆状倒披针形，基部楔形，叶下面脉腋具腺体 ……………………
            ……………………………………… 9.屏边杜英 E. subpetiolatus
2.花药先端无芒；外果皮不光亮或光亮。
  10.花两性；外果皮不光亮。
    11.果径1.5厘米以下。
      12.叶柄不超过5毫米；花瓣无毛，嫩枝无毛。
        13.叶柄长达5毫米，叶长6—10厘米；雄蕊20—30 …………………………
        ……………………………………………… 10.秃瓣杜英 E. glabripetalus
        13.叶近无柄，叶长10—20厘米，雄蕊约15 …………………………………
        ………………………………10a.棱枝杜英 E. glabripetalus alatus var.
      12.叶柄长1.5厘米；花瓣里面被疏毛；嫩枝常被疏柔毛 …… 11.山杜英 E. sylvestris
    11.果径1.5厘米以上。
      14.嫩枝密被黄褐色绒毛。
        15.叶基圆形，急尖或心形。
          16.叶基心形；小枝有宿存苞片 ………………… 12.大叶杜英 E.stipulaceus
          16.叶基圆形或急尖；小枝无宿存苞片。

17.花基部具篦齿状小苞片 ·················· 13.滇藏杜英 E.braceanus
17.花基部无宿存小苞片。
  18.叶下面具极密的银灰色伏毛 ·················· 14.灰毛杜英 E.limitaneus
  18.叶下面具褐色或黄色疏绒毛。
    19.内果皮平滑 ·················· 15.阔叶圆果杜英 E. sphaerocarpus
    19.内果皮具瘤状突起。
      20.叶基圆形，叶宽于6厘米，长于14厘米，侧脉11—12 ·················
      ·················· 16.锈毛杜英 E.howii
      20.叶基宽楔形至急尖，叶宽不到6厘米，长不到14厘米，侧脉7—8 ···
      ·················· 17.多沟杜英 E.lacunosus
15.叶基自中部向下渐狭，叶宽4—6厘米，膜质 ··········· 18.肿柄杜英 E.harmandii
14.嫩枝无毛或具短柔毛。
  21.叶基自中部向下渐狭。
    22.内果皮瘤状突起不明显；叶宽于5.5厘米，叶柄长2—4.5厘米，顶端显著膨大 ···
    ·················· 19.锡金杜英 E. sikkimensis
    22.内果皮具明显的瘤状突起；叶宽2.5—4厘米，叶柄长1.5—2厘米，顶端常不膨大
    ·················· 20.杜英 E.decipiens
  21.叶基楔形至圆形。
    23.叶下面具腺体，叶长条状披针形 ············· 21.长圆叶杜英 E. oblongilimbus
    23.叶下面不具腺体。
      24.内果皮平滑，叶下面常有极密的褐红色毛斑 ·················
      ·················· 22.滇南杜英 E. austro-yunnanensis
      24.内果皮具明显的瘤状突起；叶下面无毛 ····· 23.披针叶杜英 E.lanceaefollus
10.花杂性，外果皮光亮。
  25.老叶有毛。
    26.叶下面密被发亮绢毛，上面仅沿脉有毛，无腺体 ······24.绢毛杜英 E. nitentifolius
    26.叶下面不具发亮绢毛，至少在脉腋具腺体。
      27.叶下面仅脉腋具腺体，上面被平伏金黄色伏毛 ····· 25.金毛杜英 E.auricomus
      27.叶下面脉腋及侧脉分枝处具腺体，叶下面被毛 ·················
      ·················· 26.短穗杜英 E. brachystachyus
  25.老叶无毛。
    28.叶披针形。
      29.嫩枝无毛；叶面细网脉明显突起 ············· 27.缘瓣杜英 E.decandrus
      29.嫩枝有柔毛；叶面细网脉不明显 ·················
      ·················28a.澜沧杜英 E. japonicus var. lantsangensis
    28.叶椭圆形或长圆形。

1.圆果杜英　图71

Elaeocarpus sphaericus（Gaertn）K. Scbum.（1895）.

Ganitrus sphacricus Gaertn（1791）

Elaeocarpus ganitrus Roxb. ex G. Don（1831）.

乔木，高达30米，径达1.7米；树皮暗灰色，近光滑。嫩枝被毛，具不明显的棱。叶长圆状披针形，先端短渐尖，基部宽楔形，边缘具疏浅齿，长13—17厘米，宽4—5厘米；侧脉10—13，上面不明显，下面稍突起，网脉不明显；叶柄长1—1.2厘米，初有柔毛，后变无毛。总状花序生于叶腋或落叶的叶痕腋，花序梗被毛，花梗被疏毛；萼片5，两面有毛；花瓣5，与萼片近等长，上部撕裂至中部；小裂片15—25，仅外面基部边缘被毛，雄蕊约25，先端有疏毛丛；子房5室，每室4胚珠，密被绒毛。果球形，径1.7—2厘米，5室，每室1种子，内果皮具美观的沟纹及突起，有5条缝。

产景洪，生于海拔700—1000米的常绿阔叶林中。海南岛有分布；东喜马拉雅、中南半岛、马来西亚、印度尼西亚至斐济、澳大利亚也有。

营林技术略同于大叶杜英。

果实可制作工艺品，木材淡灰白色，软，纹理直，细致，可供家具、细木工等用材。

2.水石榕　水杨柳（河口）图72

Elaeocarpus hainanensis Oliv，（1896）.

灌木或小乔木，高达5米。嫩枝无毛或几乎无毛。叶聚生枝顶，革质，狭披针形，先端渐尖，基部下延，边缘具细锯齿，齿端具针状尖头，长8—14厘米，宽1.5—3厘米，侧脉多达20，纤细，上面可见，下面突起，近边缘分枝网结；叶上面无毛或仅沿中脉被毛，下面被柔毛，脉上更密。总状花序生于叶腋；花3—5生于花序上部，花梗长达2.5厘米，花序梗上有卵形或椭圆形叶状苞片，两面被柔毛，边缘具细锯齿，长达1.6厘米，宽达1厘米，有柄或无柄抱梗；萼片5，长1—2厘米，外面被短柔毛；里面仅沿中肋和上部被毛；花瓣5，与萼片近等长，两面被毛，先端撕裂小裂片约46；雄蕊共63—75，花药先端具长芒，芒长为花药的1.5—2倍；子房仅沿纵向被毛，花柱无毛；花盘分裂不明显，被绒毛。果纺锤形，先端尖，基部狭，长3—4厘米，径3—10毫米，外果皮光亮。花期4—5月，果期7—8月。

产金平、河口、西畴、麻栗坡，生于海拔200—500米的沟边乔灌林中。海南岛有分布，中南半岛也有。

营林技术、材性及经济用途与大叶杜英略同。

图71 圆果杜英 *Elaeocarpus sphaericus*（Gaertn）K. Schum. 果枝

图72　水石榕 *Elaeocarpus hainanensis* Oliv.

1.花枝　2.花瓣　3.子房及花盘　4.雄蕊　5.果枝

3.滇印杜英　　大白柴、香菌树（屏边）图73

Elaeocarpus varunua Buch.-Ham. ex Mast.（1874）.

Elaeocarpus decurvatus Diels（1931）.

乔木，高达30米，径达60厘米。嫩枝粗壮，无毛或具极短柔毛，顶芽具明显树胶。叶椭圆形、长圆形，先端短尾状渐尖，基部圆形或钝，边缘具浅钝齿或锯齿，幼叶两面被银白色绢毛，老叶两面无毛，长13—20（25）厘米，宽6—9（12）厘米；侧脉12—14，平行，两面明显，近边缘分枝网结，网脉密，两面明显，有时脉腋及侧脉分枝处具腺体；叶柄长3.5—6（9）厘米，细长，顶端膨大。总状花序生于脱落的叶痕或叶腋。长达12厘米，花序梗被灰白色绒毛，花芽披针形，长1厘米，外被灰白色绒毛，花梗长0.7—1厘米，被灰白色绒毛；萼片5，披针形，长9—10毫米，外面被绒毛，里面无毛；花瓣5，两面被绒毛，边缘具睫毛，先端小裂片约16；雄蕊30—40，花药先端具长芒；子房密被毛，3室，每室胚珠多数，花盘5裂，被稀疏短毛。核果椭圆形，先端钝圆，长约1.7厘米，径约8毫米，仅1室发育，外果皮光亮，内果皮近平滑。花期3月

产独龙江、沧源、景洪、勐腊、蒙自、金平、屏边、河口、西畴，生于海拔350—1400米的沟谷等湿润常绿阔叶林中。广西、广东、西藏有分布；尼泊尔、印度、马鲁古、中南半岛也有。

营林技术、材性及经济用途略同于大叶杜英。

4.长柄杜英　　图74

Elaeocarpus petiolatus（Jack）Wall. ex Kurz（1877）.

Monocera petiolata Jack（1820）

乔木，高达12米。嫩枝光滑无毛，顶芽及小枝节上有透明树胶。叶长圆形，先端渐尖，基部宽楔形或圆形，边缘具疏齿，长12—18厘米，宽4.8—8厘米，两面光滑无毛，侧脉7—8，近边缘网结，与中脉在下面显著隆起，网脉两面明显；叶柄长4—6厘米，无毛，顶端膨大。萼片5，外面被柔毛；花瓣5，被丝质长柔毛，小裂片9—14；雄蕊20—30，花药被短柔毛，先端有长芒，花丝被短柔毛，花盘10裂，无毛；子房无毛，2室，花柱无毛。果实长椭圆形，两端圆钝，长1.5—1.8厘米，径8—10毫米，外果皮光亮，内果皮有细点状突起。

产勐腊，生于海拔800米左右的常绿阔叶林中。广西、广东有分布；印度、中南半岛、马来半岛及印度尼西亚也有。

营林技术、材性与经济用途略同于大叶杜英。

5.少花杜英

Elaeocarpus bachmaensis Gagnep.（1943）.

产富宁。越南有分布。

6.假樱叶杜英　　图75

Elaeocarpus prunifolioides Hu（1940）.

图73 滇印杜英 *Elaeocarpus varunua* Buch.-Ham. ex Mast.

1.果枝　2.花枝　3.花瓣　4.花

图74　长柄杜英 *Elaeocarpus petiolatus*（Jack）Wall. ex Kurz
1.花枝　2.花　3.萼片里面　4.子房　5.雄蕊　6.部分果枝

图75　假樱叶杜英 *Elaeocaspus prunifolioides* Hu
果枝

乔木。嫩枝无毛，顶芽有树胶。叶窄长圆形、椭圆形、长圆形，先端渐尖、短渐尖或有时急尖，基部宽楔形或近圆形，边缘近全缘或有钝锯齿，长8—14厘米，宽3—6.5厘米，侧脉8—10，远离边缘分枝，下面显著突起，细网脉两面微突起；叶柄长1—5厘米，无毛，顶端膨大。总状花序生于脱落的叶痕腋或叶腋，长4—6厘米；花芽长圆形，长6—7毫米；萼片5，外面疏被短柔毛，里面仅沿肋上被毛；花瓣5，两面被绒毛，小裂片8—10；雄蕊20—30，花药先端具短尖头，子房3室，每室3胚珠，密被绒毛，花柱被绒毛；花盘10裂，被疏毛。核果椭圆形，两端钝，长1.4—1.9厘米，粗7—11毫米，外果皮光亮。

产瑞丽、龙陵、景东、沧源、普洱、澜沧、西双版纳，多生于海拔1600—1700米的山坡密林中。泰国有分布。

营林技术、材性及经济用途与大叶杜英略同。

7.毛果杜英　图76

Elaeocarpus rugosus Roxb.（1832）.

乔木，高达30米。小枝粗壮，圆柱形，被锈褐色短绒毛。叶聚生枝顶，革质，倒卵状披针形，倒卵形至倒卵椭圆形，长（14）18—30（45）厘米，宽6—11（16）厘米，先端突尖、圆形或微凹，基部楔形，边缘具疏齿，两面仅沿中脉被柔毛，侧脉16—18，在下面隆起；叶柄顶端屈膝状，长1—2.6厘米，初被锈黄色毛，后变无毛。总状花序生于脱落的叶痕或叶腋，密集，长4—12厘米，密被锈色绒毛；花芽长圆形，先端急尖，长10—14毫米；萼片5—6，外面被毛，里面无毛，花瓣5—6，两面被毛，小裂片15—20；雄蕊45—51，花药有长芒；子房密被绒毛，2室，每室胚珠多数，花柱上部无毛，比雄蕊稍长；花盘5裂，每个又2裂，小，被毛。核果椭圆形，外面被毛，长3.5厘米，径2—2.5厘米，仅1室发育，核扁，具两条明显的棱，内果皮具明显的瘤状突起。花期3月，果期5—8月。

产景洪、勐腊、金平，生于海拔500米左右的沟谷、箐沟密林中。海南岛有分布；印度、缅甸、泰国、马来半岛也有。

营林技术、材性及经济用途与大叶杜英略同。

8.老挝杜英　图77

Elaeocarpus laoticus Gagnep.（1943）

乔木，高达25米，径达40厘米。小枝细，幼时被银灰色伏毛，后脱落。叶倒披针形，先端短渐尖，基部楔形，稍下延，边缘具钝锯齿，长6.5—11厘米，宽2.5—3.4厘米，侧脉12左右，网脉两面显著；叶柄长0.8—1.5厘米，初被毛，后脱落，顶端膨大。总状花序长达7厘米；萼片5，外面被短柔毛，里面无毛；花瓣5，先端撕裂小裂片约20，两面被绒毛，里面较长；雄蕊24—28，花药先端具长芒，子房3室，每室4—5胚珠，密被绒毛；花柱下半部被毛；花盘10裂，被疏毛。果椭圆形，长1.2—1.4厘米，径6毫米，外果皮光亮，无毛，内果皮具细点状突起。花期5月，果期2月。

产河口、麻栗坡，生于潮湿的箐沟或河边常绿阔叶林中。老挝有分布。

营林技术、材性及经济用途略同于大叶杜英。

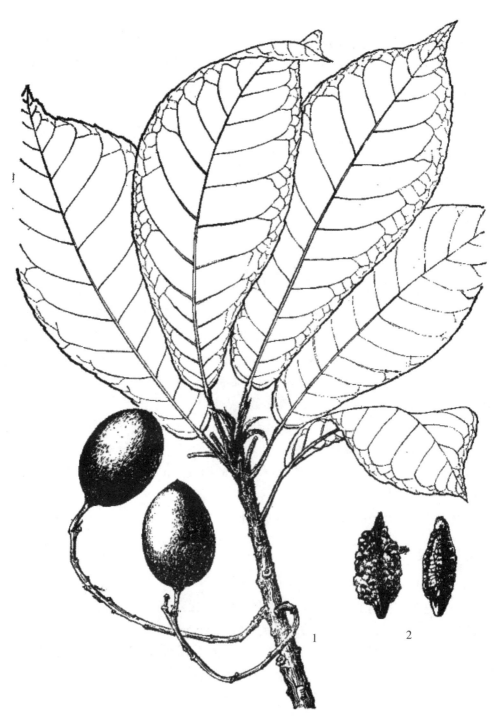

图76 毛果杜英 *Elaeocarpus rugosus* Roxb.
1.果枝 2.除去外、中果皮的果核

图77 老挝杜英 *Elaeocaypus laoticus* Gagnep.
1.果枝 2.花枝 3.花放大

9.屏边杜英　肖长柄杜英　图78

Elaeocarpus subpetiolatus H. T. Chang（1979）

乔木。嫩枝被平伏毛，后脱落。叶椭圆状倒披针形或长圆形，先端渐尖，基部楔形，边缘浅锯齿，两面沿中脉被疏毛，长8—13厘米，宽3—3.5厘米，侧脉10—12，网脉密，两面突起，在脉腋及侧脉分枝处具腺体；叶柄长1.5—2厘米，两端膨大，无毛。总状花序短，长2—4厘米；花芽卵状长圆形，萼片5，外面被疏毛；花瓣5，外面被毛，小裂片约12；雄蕊30，花药顶端有短尖头，花盘10裂；子房被毛，3室。

产屏边，生于常绿阔叶林中。

营林技术、材性与经济用途与大叶杜英略同。

10. 秃瓣杜英　图79

Elaeocarpus glabripetalus Merr.（1922）.

Elaeocarpus glabripetalus var. teres H. T. Chang（1979）.

乔木，高达15米。嫩枝有棱，秃净无毛，干后常枣红色；顶芽有毛。叶倒披针形或倒卵状披针形至倒卵形，先端渐尖，基部楔形，下延，边缘钝锯齿，长6—10厘米，宽2.5—3.5厘米，侧脉7—9；叶柄长5毫米，总状花序生于落叶的叶痕腋，长达8厘米；花芽长圆形，长3—4毫米；萼片5，外面有疏毛；花瓣5，无毛，先端撕裂，小裂片14—18；雄蕊20—30，花药顶端无芒，有毛丛；子房密被毛，3室，花柱有毛；花盘5裂，有毛。核果椭圆形，长1—1.5厘米，外果皮不光亮，内果皮有细瘤状突起。

产沧源、勐海、景谷，生于海拔700—1500米的沟谷密林中；广东、广西、湖南、贵州、浙江、福建、江西等也有分布。

营林技术、材性及经济用途略同于大叶杜英。

10a. 棱枝杜英（变种）　苦桃树果、大白柴（屏边）图80

var. alatus（Knuth）H. T. Chang（1979）.

乔木，高达15米。小枝无毛，褐红色，有明显棱。叶倒卵状披针形，先端渐尖，基部楔形，边缘浅波状锯齿，干后黄绿色，两面无毛，长10—20厘米，宽3—4厘米，侧脉8—10；叶柄长3毫米或近无柄。总状花序生于落叶的叶痕腋；萼片5，外面无毛，里面被短柔毛，花瓣里面基部被毛，先端撕裂，小裂片9—12；雄蕊15，花药无芒无毛丛；子房被毛，3室；花盘5裂。果椭圆形，长达2厘米，外果皮不光亮，内果皮具沟纹。

产勐海、景洪、屏边、河口、文山、马关、西畴、麻栗坡、富宁，生于海拔1200—1650米的山坡润湿常绿阔叶林内；湖北、广西、贵州也有分布。

11. 山杜英　香菌树（屏边）图81

Elaeocarpus sylvestris（Lour.）Poir.（1811）.

Adenodus sylvestris Lour.（1780）

乔木，嫩枝细，无毛或被极短柔毛，有条纹。叶倒卵形，有时倒卵状长圆形或椭圆

图78 屏边杜英和长圆叶杜英

1.屏边杜英 *Elaeocarpus subpetiolatus* H. T. Chang 嫩枝

2.长圆叶杜英 *Elaeocarpus oblongilimbus* H. T. Chang 果枝

图79　秃瓣杜英 *Elaeocarpus glabripetalus* Merr.

1.果枝　2.果实放大　3.花（放大）　4.花瓣（放大）　5.雄蕊

图80　棱枝杜英 *Elaeocarpus glabripetalus* var. *alatus*（Knuth）H. T. Chang
1.嫩枝　2.嫩枝放大　3.花　4.花瓣　5.花瓣
6.雄蕊　7.除去外中果皮之果核

图81 山杜英 *Elaeocarpus sylvestris*（Lour.）Poir.
1.果枝　2.花枝　3.花放大　4.花瓣（放大）

形，先端短渐尖，尖头钝，基部下延，在叶柄上成狭翅，边缘具钝锯齿，干后褐色，长6—12厘米，宽2.5—7厘米，侧脉4—8，多为4—5，下面突起，网脉疏，上面明显，叶两面无毛，有时在脉液有腺体；叶柄长1.5厘米，稀短至0.5厘米，初被疏毛，后脱落。总状花序生于脱落的叶痕腋及叶腋，长4—7厘米；萼片5，两面有疏毛；花瓣5，外面无毛，里面疏被柔毛，上部撕裂为10—12小裂片；雄蕊15，花药先端无芒无毛丛；子房密被绒毛，2—3室，花柱下半部被绒毛；花盘5裂，密被绒毛。核果椭圆形，无毛，长1—1.5厘米，径7毫米，外果皮不光亮，内果皮近平滑。

产澜沧、勐海、勐腊、金平、屏边、河口、文山、西畴、马关、麻栗坡、富宁，生于海拔600—1550米的常绿阔叶林中。广东、广西、福建、湖南、贵州、四川、浙江有分布；越南也有。

营林技术与大叶杜英略同。

散孔材。外皮薄，棕色，皮孔灰白，排成小纵裂；内皮棕红，硬质细胞不见，木材微黄白。年轮可见，射线细而可见；10倍镜下大小近似；薄壁组织不见。纹理直，结构细，材质中。可供房屋装修、建筑、胶合板、家具等用材。

12. 大叶杜英　图82

Elaeocarpus stipulaceus Gagnep.（1943）.

乔木，高达15米。嫩枝密被锈褐色绒毛，有常成对的叶状苞片，半圆形，长达2厘米。叶椭圆形，纸质，先端渐尖，基部心形，边缘具浅波齿，上面沿脉被毛，其余无毛或被疏毛，背面被长绒毛，有时很密，侧脉11—14，网脉明显，叶长21—32厘米，宽11—19厘米；叶柄长6—11厘米，密被锈褐色绒毛，后脱落，脱落后露出密的细疣点，总状花序着生于小枝或叶腋，长8—11厘米。密被锈褐色绒毛；萼片5，外面有毛，里面无毛，花瓣5，外面近无毛，里面有疏毛，边缘有睫毛，上部撕裂，小裂片16—20；雄蕊33—35，花约顶端有毛丛；子房密被绒毛，3室，每室2胚珠，花柱被毛；花盘5裂，被毛。核果纺锤形，两端尖，长4厘米，径1.5—2厘米，外果皮有时被毛，不光亮。

产金平、河口、马关，生于海拔150—1100米的山坡疏林中。越南有分布。

种了繁殖。随采随播或春季育苗，如为春季育苗可沙藏种子，播前凉水泡2—3天，每天换水一次。开沟点播。1年生苗可出圃造林。

散孔材。硬质细胞可见，细砂状密布，树皮软。木材淡赭。径切面导管线明显，年轮线不见，射线淡赭；弦切面导管线明显，射线不明。薄壁组织不见。纹理直。结构细，材质轻。可供家具、建筑等用。

13. 滇藏杜英　橄榄（绿春）图83

Elaeocarpus braceanus Watt. ex C. B. Clarke（1889）.

Elaeocarpus shunningensis Hu（1940）.

乔木，高达15米。嫩枝密被锈褐色绒毛，后脱落，有白色皮孔。叶椭圆形、长圆形、倒卵状长圆形，倒卵状宽披针形，先端渐尖、短渐尖或急尖，基部圆形成宽楔形，边缘疏浅细齿、波状齿锯或锯齿，长（7）12—15（19）厘米，宽（2.5）4—6（7.5）厘米，侧脉11—12，在叶下面隆起，叶上面除中脉被毛外无毛，下面被锈色绒毛，叶柄长1—3厘米，密被褐色绒毛。总状花序生于小枝下部落叶的叶痕腋，多花，长达15厘米，密被锈色绒毛，有时花果同时；花芽卵球形，长4—5毫米；每一花梗上有篦齿状小苞片2—3，常宿存；萼片5，两面被毛；花瓣5，两面被毛，上部撕裂成30—40小裂片，雄蕊33—48，花药先端无芒无毛丛；子房密被绒毛，3室，每室2胚珠，花柱比花药短，下半部被毛，花盘5裂，密被绒毛。果椭圆形，长达4厘米，径达2.5厘米，被锈色绒毛或有时无毛，内果皮有深的纵条纹。

产盈江、腾冲、龙陵、芒市、昌宁、凤庆、景东、瑞丽、永德、双江、景谷、沧源、普洱、元江、绿春、西双版纳，生于海拔800—2400米的沟谷，山坡常绿阔叶林中。西藏有分布；印度、缅甸、泰国也有。

营林技术、材性及经济用途略同于大叶杜英。

14. 灰毛杜英　毛叶杜英（海南）、姊妹罗水（屏边）图84

Elaeocarpus limitaneus Hand.-Mazz.（1933）.

乔木，高达20米。嫩枝粗壮，密被赤褐色绒毛。叶椭圆形、长圆形、倒卵形，先端渐尖或急尖，基部下延，边缘具锯齿，稍反卷，长9—16厘米，宽4.5—8厘米，上面除中脉被毛外无毛，下面被极密银灰色伏毛，侧脉8—14；叶柄长2.5—4厘米，密被赤褐色毛，后变无毛。总状花序长达8厘米，密被赤褐色绒毛；花芽卵状长圆形，长5毫米；萼片5，外而被毛，里面被疏毛；花瓣5，外面几乎无毛，里面基部被毛，边缘具睫毛，上半部撕裂成11—12小裂片；子房密被绒毛，3室，每室2胚珠，花柱上半部无毛；花盘5裂，密被绒毛，果近球形或椭圆形，顶端有突尖头，长2.7—3.2厘米，径2—2.2厘米，外果皮不光亮，内果皮有瘤状突起。花期5—7月，果期10—4月。

产金平、屏边、河口、马关、麻栗坡，生于海拔1500—1700米的山坡、沟边常绿阔叶林内。广东、广西、福建有分布；越南也有。

营林技术略同于大叶杜英。

散孔材。材色赤褐，心边材区别不明显。木射线多，细。管孔数较多，略小，分布较密。木材纹理较直，结构不甚均匀，材质硬度中等，刨削加工容易，不耐腐。可作房建、家具及包装用材。

15. 阔叶圆果杜英　图85

Elaeocarpus sphaeroccrpus H. T. Chang（1979）.

乔木，高达15米。嫩枝细，被淡黄褐色绒毛，后脱落，疏具皮孔。叶卵状宽披针形、卵形、长圆形或椭圆形，先端渐尖，短渐尖，基部宽楔形，有时圆形，边缘具细浅齿，干时上面褐色，下面被淡黄色毛，脉上更密，长8.5—15厘米，宽5—6厘米，侧脉9—10；叶炳被淡黄色绒毛，长1.5—3.4厘米，总状花序多生于脱落的叶痕腋部，长10—12厘米；花芽卵状球形或近球形；萼片5，两面被短柔毛，外面及里面肋上更密，花瓣5，外面无毛，里面基部被毛，边缘被睫毛，先端撕裂成25—30小裂片；雄蕊30，花药无芒，先端有稀疏毛

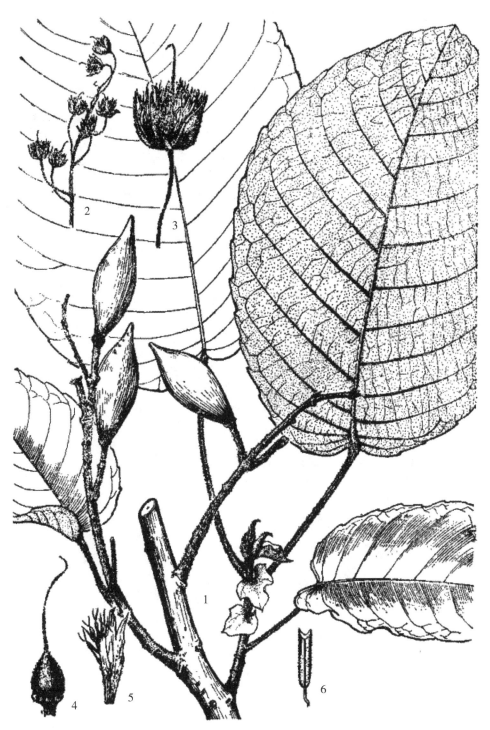

图82　大叶杜英 *Elaeocarpus stipulaceus* Gagnep.
1.果枝　2.部分花序　3.花　4.子房　5.花瓣　6.雄蕊

图83　滇藏杜英 *Elaeocarpus braceanus* Watt. ex C. B. Clarke
1.花果枝　2.花放大（示小苞片）　3.子房　4.花瓣　5.雄蕊

图84　灰毛杜英 *Elaeocarpus limitaneus* Hand.-Mazz.
1.果枝　2.花枝　3.花放大

图85 阔叶圆果杜英 *Elaeocarpus sphaerocarpus* H. T. Chang
1.花枝 2.花放大 3.果枝 4.果（横剖面）

丛；子房密被绒毛，3室，每室2胚珠，花柱比雄蕊短，下半部被毛；花盘5裂，密被绒毛。核果椭圆形，长2—3厘米，径1.8厘米，两端钝圆，被淡黄色绒毛，内果皮光滑，厚4毫米。花期4—5月，果期8—9月。

产西双版纳，生于海拔600—1700米的密林中。

营林技术、材性及经济用途与大叶杜英略同。

16. 锈毛杜英　图86

Elaeocarpus howii Merr. ct Chun（1940）.

乔木，高达15米，径达30厘米。嫩枝密被褐色绒毛，二年生枝上有淡白色皮孔。叶椭圆形、长圆形，先端短渐尖，基部多近圆形，边缘几全缘或具疏浅齿，稍反卷，长14—20厘米，宽5.5—10厘米，上面初被疏毛，沿脉较密，后变无毛，下面被褐色绒毛，脉上较密，侧脉11—12，网脉下面突起；叶柄粗壮，密被锈色绒毛，两端膨大，长2—5厘米，总状花序腋生，长5—8厘米，密被锈色绒毛；萼片5，两面被毛，花瓣5，无毛，先端撕裂成20小裂片；雄蕊约30；花盘密被粗毛，5裂，果椭圆形，先端有一突尖头，长3—4厘米，径2厘米，外果皮不起皱，被锈色绒毛，内果皮具粗的瘤状突起。

产屏边、麻栗坡，生于海拔1100—2200米的常绿阔叶林中。海南有分布。

营林技术与大叶杜英略同。

散孔材。心边材区别不明显，木材灰褐色。孔管小，大小一致，均匀分布。木射线细至中。木材纹理直，结构细，均匀，材质中，干缩不大。可供房建，家具用材。

17. 多沟杜英　图86

Elaeocarpus lacunosus Wall. ex Kurz（1877）.

Elaeocarpus boreali-yunnanensis H. T. Chang（1979）.

乔木，高达15米。嫩枝被淡黄色绒毛，后脱落，二年生枝被淡白色或淡黄白色皮孔。叶近膜质，长圆状倒披针形、长圆形或椭圆形，先端渐尖或短渐尖，基部宽楔形或钝，边缘具锯齿或钝锯齿，长9—14（18）厘米，宽2.5—6（7.5）厘米，侧脉7—8，网脉两面明显，叶幼时沿中脉被毛，下面被毛，脉上更密；叶柄长0.7—2厘米，被黄褐色或褐色绒毛。总状花序长5—10厘米，被褐色绒毛；花芽卵形，长5毫米；萼片5；两面被毛；花瓣5，外面无毛，里面基部有毛，边缘具睫毛，上半部撕裂成22—25小裂片；雄蕊30—40，花药先端有稀疏毛丛；子房密被绒毛，3室；花盘5裂，每裂中间凹，密被绒毛，花柱上半部无毛。核果椭圆形或近球形，长3—5厘米，径2.5—3厘米，两端圆钝，顶端具小突尖头，外果皮无光泽，内果皮具深的沟槽及瘤状突起，1室。

产贡山、福贡、泸水、凤庆、临沧、腾冲、龙陵，生于海拔1450—2600米的沟谷常绿阔叶林中。缅甸也有分布。

营林技术、材性及经济用途与大叶杜英略同。

18. 肿柄杜英　图87

Elaeocarpus harmandii Pierre（1889）.

乔木，高达10米，径达30厘米。嫩枝被黄褐色短柔毛，很快变无毛，顶芽被黄褐色绒毛。叶倒卵状宽披针形，先端渐尖，基部楔形或钝，边缘有钝齿，长12—19厘米，宽4—6厘米，两面仅沿中脉被毛，侧脉6—7，网脉两面均不明显；叶柄长1—2厘米，被短柔毛，后变无毛，两端膨大。总状花序腋生，长8厘米；花芽圆锥形，长5毫米；萼片5，外面有毛，里面无毛；花瓣5，上半部撕裂为30小裂片，无毛；雄蕊34—35，花药先端有毛；子房被毛，3室，每室2胚珠；花盘5裂，基部微凹。果椭圆形，长3.5厘米，径2厘米，外果皮不光亮，内果皮具瘤状突起。果期9—10月。

产贡山，生于海拔1500—1800米的疏林中。越南有分布。

营林技术、材性及经济用途与大叶杜英略同。

19. 锡金杜英　大果杜英　图88

Elaeocarpus sikkimensis Mast.（1874）.

乔木，高达22米。嫩枝较粗壮，有棱，有短柔毛，二年生枝上有淡白色皮孔。叶长圆状倒宽披针形，先端钝渐尖，基部宽楔形或钝，下延，边缘具浅的钝锯齿，长14—23厘米，宽5.5—8厘米，侧脉8—7，两面明显，叶两面有细疣点，明显或隐约可见，无毛或有时上面沿脉被毛；叶柄长2—4.5厘米，顶端显著膨大，初被短柔毛，后脱落。总状花序短，长约4厘米；花芽长圆形，先端钝，长5—7毫米；花梗长达8毫米；萼片5，外面被短柔毛，里面仅基部肋上被毛，边缘有睫毛；花瓣5，外面基部被绒毛，里面基部，边缘被长绒毛，上部撕裂成25—35小裂片；雄蕊30—32，花药先端无芒，有疏毛丛；子房密被绒毛，3室，每室2胚珠，花柱下半部被绒毛，花盘5裂，被绒毛。果椭圆形，长4.5—5厘米，径2.5—3厘米，先端有小突尖，外果皮暗，有细瘤突，内果皮有不明显的瘤状突起。

产盈江、镇康、永德、临沧、勐海，生于海拔1500—2100米的山坡密林中。印度也有分布。

营林技术、材性及经济用途略同于大叶杜英。

20. 杜英　图89

Elaeocarpus decipiens Hemsl.（1886）.

乔木。嫩枝被短柔毛，顶芽被毛，叶倒披针形，革质，先端渐尖，基部楔形，下延，在叶柄上成窄翅，边缘有锯齿，长9—13.5厘米，宽2.5—4厘米，侧脉7—9，下面隆起，网脉疏，下面较明显，叶无毛或仅幼时上面沿中脉有短柔毛；叶柄初时被短柔毛，后变光，长1.5—2厘米，总状花序生于落叶的叶痕腋；花芽卵形，长4—5毫米；萼片5，外面被短疏毛，里面被柔毛，边缘被绒毛；花瓣5，外面无毛，里面下半部有毛，边缘具睫毛，上半部撕裂成10—13条小裂片，雄蕊31—32，花药先端无芒无毛丛；子房密被绒毛，3室，每室2胚珠，花柱比雄蕊短；花盘5裂，被绒毛。核果椭圆形，长2.5—3.5（4）厘米，径2厘米，外果皮不光亮，内果皮有瘤状突起及深的沟纹。

图86 锈毛杜英和多沟杜英

1—2.锈毛杜英 *Elaeocarpus howii* Merr. et Chun 1.果枝 2.果横剖面

3—5.多沟社英 *Elaeocarpus lacunosus* Wall. ex Kurz 3.果枝 4.叶片 5.果横剖面

图87　肿柄杜英和披针叶杜英

1.肿柄杜英 *Elaeocarpus harmandii* Pierre 果枝

2—3.披针叶杜英 *Elaeocarpus lanceaefolius* Roxb. 2.果枝　3.果横剖面

图88 锡金杜英 *Elaeocarpus sikkimensis* Mast.
1.花枝　2.花　3.花瓣　4.果实

图89 杜英 *Elaeocarpus decipiens* Hemsl.
1.果枝 2.花序 3.花瓣 4.雄蕊 5.子房及花盘

产景洪、耿马、金平、屏边、西畴、广南，生于海拔1600—2400米的山坡密林中；广西、广东、贵州、四川、浙江、湖南、台湾等有分布；日本也有。

营林技术、材性及经济用途与大叶杜英略同。

21. 长圆叶杜英　图78

Elaeocar pus oblongilimbus H. T. Chang（1979）.

乔木，嫩枝无毛。嫩叶密被绢毛。老叶薄革质，条状长圆形或长圆状披针形，先端渐尖，基部圆形或宽楔形，边缘具浅、疏钝齿，微反卷，长13—19厘米，宽4.5—6厘米，两面无毛，侧脉8—9，下面隆起，脉腋及侧脉分叉处具腺体，下面网脉稍明显。果椭圆形，长2.5厘米，径1.7厘米，外果皮无毛，内果皮表面多沟。

产金平。

营林技术、材性及经济用途与大叶杜英略同。

22. 滇南杜英　图90

Elaeocarpus austro-yunnanensis Hu（1940）.

Elaeocarpus floribundioidcs H. T. Chang（1979）.

乔木，高达15米，径达60厘米。嫩枝无毛，顶芽有绒毛。叶革质，椭圆形、长圆形、长圆状披针形，先端渐尖，基部宽楔形或圆形，边缘具粗锯齿，长（9.5）13—21厘米，宽（5）7—9厘米，两面有疣点，上面无毛，有时有光泽，下面有时有很厚的锈色绒毛毛斑，侧脉8—10；叶柄长（2）3—5（6）厘米，无毛，具疣点，顶端膨大。总状花序多着生于落叶的叶痕腋，长达20厘米；花芽卵形；萼片5，两面被短柔毛，花瓣5，仅边缘和基部被毛，上半部撕裂成30—35小裂片；雄蕊40—46，花药顶端具稀疏毛丛；子房密被绒毛，3室，每室2胚珠，花柱上半部无毛；花盘5裂，被毛。核果椭圆形或纺锤形，长3.5—4厘米，径2厘米，外果皮不光亮，内果皮近平滑。

产盈江、沧源、普洱、孟连、西双版纳、金平、屏边，生于海拔360—1400米的山坡、山沟密林、疏林中。

营林技术、材性及经济用途与大叶杜英略同。

23. 披针叶杜英　小克里闹（沧源）、米苏果、克地老（腾冲）、苦利罗（凤庆）、白果、大白柴、野桃子（屏边）图87

Elaeocarpus lanceaefolius Roxb.（1814）.

乔木，高10米。二年生枝被淡黄白色皮孔，嫩枝光滑无毛，顶芽有黄褐色绒毛。叶长圆形或宽披针形，椭圆形，先端渐尖，基部宽楔形，下延，边缘有浅钝齿，长9.5—15厘米，宽3.5—4.5厘米，两面光滑无毛，侧脉7—8，网脉较疏，两面隐约可见；叶柄长1—2厘米，无毛，先端膨大或不膨大。果椭圆形，基部可见5个宿存腺体，长3—4厘米，径2厘米，外果皮无光泽，内果皮具美观的雕纹。

产贡山、腾冲、凤庆、景东、沧源、龙陵、屏边、文山、西畴、麻栗坡、马关、广南、广西、广东、福建有分布；印度、不丹、爪哇也有。

营林技术、材性及经济用途与大叶杜英略同。

24. 绢毛杜英　图91

Elaeocarpus nitentifolius Merr. et Chun（1935）.

乔木，高达12米。嫩枝被锈褐色毛，顶芽有毛。叶长圆状披针形至倒披针形，椭圆形，先端长渐尖或近尾尖，基部宽楔形，边缘有小锯齿，长8—11.5厘米，宽（2.5）3.5—5厘米，上面仅沿脉被毛，以后脱落，下面被银白色发亮伏毛，侧脉7—8，上面明显，下面突起，网脉两面明显；叶柄长2—4厘米，初被银白色毛，以后脱落。总状花序腋生，长达4.5厘米；花芽卵形；花杂性，萼片5（4），外面被稀疏毛，里面近无毛；花瓣与萼片同数，两面无毛，先端不规则4—5齿裂；雄蕊12—14，花药先端无芒；子房顶端被疏毛，2室；花盘被长柔毛。核果椭球形，长达1.5厘米，径0.7厘米，外果皮光亮，内果皮有点状突起，2室。

产屏边，生于海拔1400米的常绿阔叶林中。广东、广西、香港有分布。

营林技术、材性及经济用途与大叶杜英略同。

25. 金毛杜英　图92

Elaeocarpus auricomus C. Y. Wu ex H. T. Chang（1979）.

乔木。小枝较粗，圆形，嫩枝有黄褐色绒毛，顶芽有少数树胶，叶在枝顶近聚生，纸质，长圆形至椭圆形，先端渐尖，基部楔形，边缘细锯齿，叶面被平伏金黄色绢毛，最后脱落，干后叶上面淡褐色或暗绿色，光亮，下面暗棕红色，叶长（6）9—16厘米，宽（2.6）4—6（7）厘米，侧脉9—10，网脉下面明显，侧脉脉腋有腺体；叶柄细长，先端膨大，长2—6厘米，初被绢毛，后脱落，总状花序长3—4厘米，密被金黄色绒毛；萼片5，外面被毛；花瓣5，先端5齿刻；雄蕊10—12，花药顶端无芒；子房被毛，3室；花盘5裂，被疏毛。核果椭圆形，长1.6厘米，径7毫米，外果皮光亮，内果皮薄，有细点状突起。

产屏边、河口、马关，生于海拔1100—1500米的湿润常绿阔叶林中。广东海南岛有分布；越南也有。

营林技术、材性及经济用途与大叶杜英略同。

26. 短穗杜英　图93

Elaeocarpus brachystachyus H. T. Chang（1979）.

乔木，高达17米。嫩枝纤细，被灰黄色或浅灰白色茸毛，后脱落；顶芽被锈黄色或灰白色茸毛。叶薄革质，狭窄长圆形，长圆状披针形或披针形，先端长渐尖，基部宽楔形至圆形，边缘有细锯齿，下面有短柔毛，后脱落，有黑色细腺点，长10—14厘米，宽3—4.5厘米，侧脉7—9，脉腋及侧脉分枝处均有腺体，网脉两面明显；叶柄2—3.5厘米，有茸毛，后脱落，顶端膨大。果序短，长1—3厘米，有茸毛；核果椭圆形，长达2厘米，径约1厘米，外果皮光亮，内果皮表面有浅的雕纹，有纤维状物质。

产贡山，生于海拔1300—2300米的江边常绿阔叶林中。

营林技术与大叶杜英略同。

图90　滇南杜英 *Elaeocarpus austro-yunnanensis* Hu
果枝

图91 绢毛杜英 *Elaeocarpus nitentifolius* Merr. et Chun

1.果枝 2.花枝 3.花放大

图92 金毛杜英*Elaeocarpus auricomus* C. Y. Wu ex H. T. Chang
1.果枝 2.叶面毛放大

图93 短穗杜英*Elaeocarpus brachystachyus* H. T. Chang

1.果枝　2.嫩枝放大　3.示叶脉基部的腺体

散孔材。树皮有瘤状突起，灰褐略带红色，端面锯口不平；管孔小，分布不均，径列；木材黄褐色，各切面上均间有赤褐色络纹及斑痕。木材纹理略斜，结构细不均匀，材质中，强度弱，易干燥。可作包装箱，火柴杆、文具、房建等用材。

27. 缘瓣杜英　香菌树（河口）图94

Elaeocarpus decandrus Merr.（1951）.

乔木，高达20米。小枝细，无毛，顶芽被毛，有少量树胶。叶革质，披针形，稍弯，先端长渐尖，尖头钝，基部宽楔形或近圆形，稍不对称，边缘具皱波状钝锯齿，反卷，除极嫩叶外，两面无毛，长（4）6.5—10厘米，宽（1）2—3.5厘米，上面光亮，被稀疏腺体，下面密被大小不等的腺体，中脉上面凹陷，下面显著隆起，侧脉6—7，两面突起，细网脉在上面凸起，下面微隆起，脉窝具腺体，明显或不明显；叶柄无毛，顶端膨大，长1—3.5厘米。总状花序长2—4.5厘米，生于脱落的叶痕或叶腋，花单性或杂性；萼片5，外面被柔毛，里面近秃净；花瓣5，两面被毛，顶端全缘或具1—2个浅缺刻；雄蕊10，花药被极短疏毛，顶端无芒无毛丛，

产河口、西畴、文山，生于海拔1250—2100米的山坡常绿阔叶林中；老挝也有分布。
营林技术、材性及经济用途与大叶杜英略同。

28a. 澜沧杜英

var. lantsangensis（Hu）H. T. Chang（1979）.

产贡山、福贡、澜沧、金平，生于海拔1400—2800米的山坡常绿阔叶林中；湖南、贵州、福建有分布。

28. 薯豆　图95

Elaeocarpus japomicus Sieb. et Zucc.（1845）.

乔木，高达25米，径达50厘米。小枝粗壮，具条纹，秃净，顶芽有毛。叶革质，长圆形，椭圆形或倒卵椭圆形，先端渐尖，基部宽楔形或圆形，边缘具浅锯齿，长6—12厘米，3—6厘米宽，嫩叶上下两面密被银白色绢毛，很快变无毛，侧脉6—8，网脉上面比下面明显；叶柄无毛，长2.5—6厘米。总状花序长3—6厘米，生于叶腋；花杂性或单性，萼片5，外面被疏毛，里面近秃净，边缘具绒毛；花瓣5，两面密被绒毛，先端具3—5缺刻或近全缘；雄蕊9—14，花药先端有少数短毛。核果近球形，长1.2厘米，径约8毫米，外果皮光亮。

产贡山、福贡、永善、富宁，生于海拔1250—2300米的湿润常绿阔叶林中；长江以南各省（区）有分布；越南、日本也有。

散孔材。木材浅黄，有白色斑痕或褐色斑痕，心边材区别不显；管孔小，分布不均匀，木射线多，极细至中；木材纹理直，结构细而均匀，重量轻，强度中，可作一般建筑、家具包装、器具等用材。

图94 缘瓣杜英 *Elaeocarpus decandrus* Merr.
1.花枝 2.花（放大） 3.花瓣 4.花萼

图95　薯豆 *Elaeocarpus japonicus* Sieb.et Zucc.
1.果枝　2.果实　3.花　4.花瓣

图96 腺叶杜英 *Elaeocarpus japonicus* var. *yunnanensis* C. Cnen et Y. Tang

1.果枝 2.花枝部分 3.花 4.花瓣 5.雄蕊

28b. 腺叶杜英 图96

var. yunnanensis（Brand.）C. Chen et Y. Tang（1988）

Elaeocarpus yunnanensis Brand. ex Tutcn.（1915）

乔木高达12米，嫩枝秃净无毛，有细条纹。叶纸质至薄革质，长圆形至长圆状披针形，先端渐尖，基部圆钝，边缘钝锯齿，长10—16厘米，宽4.5—7厘米，两面无毛，侧脉5—6，在脉腋及沿侧脉具腺体；叶柄长3—4.5厘米，两端膨大，无毛。总状花序生于叶腋，萼片5，两面有毛；花瓣5，两面有毛，顶端缺刻状，雄蕊15—17，先端无芒。核果近球形，外果皮光亮，径约1厘米。

与原变种区别在于原变种沿侧脉不具腺体。

产蒙自、屏边、河口、文山、西畴、马关、麻栗坡、金平，生于海拔1200—1700米的山坡，山沟湿润常绿阔叶林中。

营林技术、材性及经济用途与大叶杜英略同。

2. 猴欢喜属 Sloanea Linn.

乔木或稀灌木，常具板根。顶芽常有毛。单叶，互生或在小枝上部近聚生，边缘常有锯齿，羽状脉，具叶柄，两端常膨大。花两性，单生，聚生或成聚伞花序，腋生或近顶生；萼片4—5，镊合状排列；花瓣4—5，先端具齿状缺刻，常具纵脉；花盘扁平，垫状，圆形，不分枝，常在果实基部宿存；雄蕊多数，着生于花盘表面，脱落后在花盘表面上留有蜂窝状小点，花药2室，顶孔开孔，先端具芒，花丝比花药短，或有时与花药等长；子房被毛，3—5室，每室胚珠多数，花柱钻状，有时分离，上半部常扭曲，柱头不明显。果实为蒴果，木质，3—5瓣裂，外面密被刺或无刺（中国不产），刺宿存或脱落，钻形或线形。种子多数，常有肉质假种皮；子叶宽，扁平。

本属100种，分布于热带亚洲、热带大洋洲至热带美洲。亚洲分布于印度、中南半岛，马来西亚及中国。中国约12种，多分布于西南、华南，有2种可分布到华中、华东，云南10种1变种。

分 种 检 索 表

1.果上的刺短于7毫米，刚毛状，极密。

  2.嫩枝无毛；叶两面无毛。

    3.叶圆形，厚革质，宽于12厘米 ……………………………… 1.心叶猴欢喜 S. cordifolia

    3.叶倒卵形，膜质或纸质，宽8厘米以下 ……………………2.毛果猴欢喜 S. dasycarpa

  2.嫩枝有绒毛；叶至少幼时下面有毛。

    4.叶披针形，倒披针形，常自中部向下渐狭，叶下面常变无毛 …………………

    …………………………………………………………………3.薄果猴欢喜 S.leptocarpa

    4.叶椭圆形，不自中部向下渐狭，叶下面具宿存毛 …………………………

    …………………………………………………………………4.绒毛猴欢喜 S. tomentosa

1.果上的刺长于7毫米，粗壮，钻形或线形。
　　5.嫩枝被毛；叶下面至少沿脉被毛。
　　　　6.叶中部以上最宽，常自中部以下渐狭 ·················· 5.苹婆猴欢喜 S.sterculiacea
　　　　6.叶中部以下最宽，不自中部向下渐狭 ··················6.滇越猴欢喜 S. mollis
　　5.嫩枝无毛；叶下面秃净，仅脉腋具簇毛。
　　7.叶基急尖或近圆形，叶椭圆形或长圆形。
　　　　8.侧脉疏，基部一对强劲，近三出，下面显著突起 ·········· 7.樟叶猴欢喜 S. changii
　　　　8.侧脉羽状，斜出近于平行 ····················· 8.斜脉猴欢喜 S. sigun
　　7.叶常自中部向下渐狭，叶为倒卵披针形或窄椭圆形。
　　　　9.叶倒卵状披针形，长17厘米以上，叶柄长2.5厘米以上··························
　　　　·····················5a.长叶猴欢喜 S.sterviliacea var. assamica
　　　　9.叶倒披针形，窄椭圆形，长多17厘米以下，叶柄长1.5厘米以下·····················
　　　　································ 9.仿栗 S. hemsleyana

1.心叶猴欢喜　　图97

Sloanea cordifolia K. M. Feng ex H. T. Chang（1979）.

乔木，高达15米。嫩枝粗壮，被微柔毛。叶厚革质，近圆形或宽椭圆形，先端尾状短渐尖，基部微心形或圆形，边缘全缘，反卷，两面无毛，侧脉8—10，粗壮，以较大角度斜出，上面凹陷，下面显著隆起，二级侧脉近梯形，上面稍下陷，下面突起，细网脉下面明显，长叶16—24厘米，宽12—17厘米；叶柄粗壮，圆形，无毛，长2.5—5厘米。蒴果4瓣裂，木质，裂瓣长3.5—4厘米，里面红褐色，蒴果外面的刺长4毫米，基部不增大，顶端稍增大，被刚毛丛。

产麻栗坡，生于海拔1400—1600米的常绿阔叶林中。

营林技术、材性及经济用途与毛果猴欢喜略同。

2.毛果猴欢喜　　膜叶猴欢喜　　图98

Sloanea dasycarpa（Benth.）Hemsl.（1900）.

Echinocarpus dasycarpus Benth.（1861）.

乔木，高达20米，嫩枝初被微柔毛，很快变秃净。叶纸质，倒卵形、倒卵状长圆形、长圆形，先端短尾状渐尖、短渐尖，基部钝圆或楔形，边缘近全缘或具浅的疏齿，上面无毛，下面仅脉腋有绒毛或无毛，侧脉5—6，上面平坦，下面明显，网脉下面明显，叶长（8）10—17厘米，宽4—8厘米；叶柄无毛，长1—3（6）厘米。花数朵呈伞形状聚伞花序生于叶腋，花序近无梗，花梗长达4.5厘米；萼片4，外面密被短柔毛，里面被疏毛；花瓣4，先端撕裂状，小裂片条形，两面疏被短毛；雄蕊多数，被毛，花药先端具突尖，花丝细长，几为花药长的1.5倍；子房被绒毛，4室；花盘垫状。蒴果近球形，径约2—2.5厘米，基部具宿存花盘，3—4瓣裂，裂瓣里面褐红色，外面的刺长2毫米，基部不增大，被疏毛，顶端被刚毛丛。种子近球形，径约7毫米，有一半包有橘黄色假种皮。

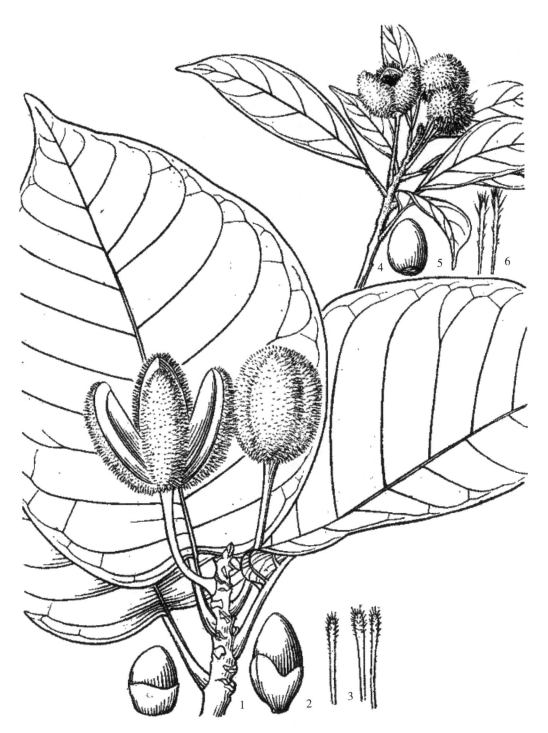

图97 心叶猴欢喜和薄果猴欢喜

1—3.心叶猴欢喜 *Sloanea cordifolia* K. M. Feng ex H. T. Chang

1.果枝 2.种子 3.果刺放大

4—6.薄果猴欢喜 *Sloanea leptocarpus* Diels 4.果枝 5.种子 6.果刺（放大）

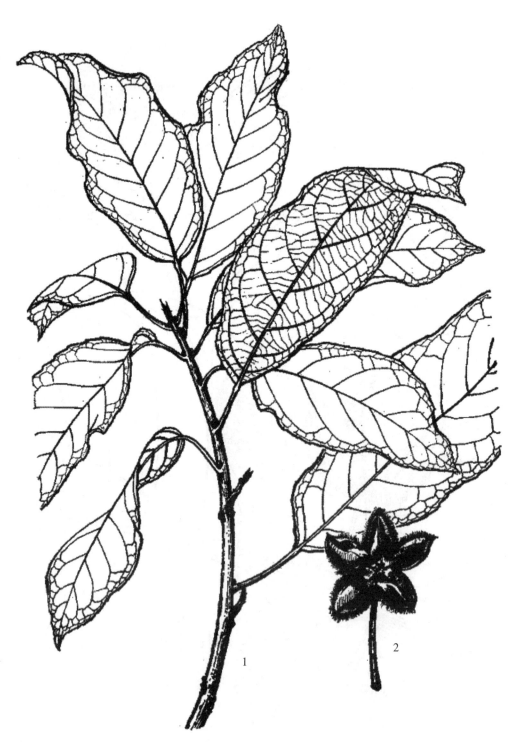

图98 毛果猴欢喜 *Sloanea dasycarpa*（Benth.）Hemsl.
1.嫩枝 2.开裂蒴果

产腾冲、盈江、勐腊、麻栗坡，生于海拔1400—2100米的沟谷密林中；西藏、福建、台湾有分布；尼泊尔、不丹、印度、越南、缅甸也有。

种子繁殖。果实开裂前采种，晾干后取出种子袋藏于通风干燥处或沙藏。高床育苗，点播。1年生苗可上山造林。

散孔材。外皮薄，灰而杂以蓝色小点，小纵裂；内皮灰棕，厚4—5毫米，硬质细胞明显，近外皮处薄片密布，余为小粒分布。木材微黄灰，年轮不见，导管细、密。射线细而明显，10倍镜下大小不均，薄壁组织不见。纹理直，结构细，材质中。可供包装箱、家具、建筑等用材。

3.薄果猴欢喜　秀丽猴欢喜、广东猴欢喜、缙云猴欢喜、红果猴欢喜　图97

Sloanea leptocarpus Diels（1931）.

常绿乔木，高达27米，粗达60厘米。嫩枝被黄褐色绒毛或有时仅被疏柔毛。叶纸质或薄革质，倒披针形、披针形或窄椭圆形，先端渐尖，基部渐狭，或钝，边缘近全缘，多呈皱波状，侧脉5—6，上面微凹，下面隆起，网脉疏，下面明显，叶长7—11厘米，宽2—3厘米；叶柄长1—2厘米，初被绒毛，后变秃净，先端膨大。花单生或数朵簇生，多生于小枝上部叶腋或节间，花梗被绒毛，长1—2厘米；萼片4—5，两面被毛，里面较疏较短；花瓣4—5，大小变化较大，长达6—8毫米，先端齿状撕裂，3至多数裂片，两面被毛；雄蕊多数，花药先端有芒尖；子房密被绒毛，花柱钻形，3，有时不分离，通常扭曲，上部无毛；花盘垫状。果单生或簇生于小枝上部的叶腋或节间，近球形，径1.5—2厘米，3—4瓣裂，外面刺极密，长约2毫米，顶端被刚毛丛。种子黑褐色，长8—10毫米，下半部包被有橘黄色假种皮。

产芒市、金平、西畴、麻栗坡、富宁，生于海拔700—1800米的沟谷林中。广东、广西、四川、贵州、湖南、福建有分布。

营林技术、材性及经济用途略同于毛果猴欢喜。

4.绒毛猴欢喜　思茅猴欢喜、毛猴欢喜　图99

Sloanea tomentosa（Benth.）Rehd. et Wils.（1916）.

Echinocarpus tomentosus Benth（1861）.

乔木，高达26米，径达120厘米。老枝近无毛，嫩枝密被锈褐色绒毛。叶椭圆形、倒卵状椭圆形，先端短渐尖，基部圆形，边缘近全缘或具波状浅齿，上面仅沿脉被毛，下面被淡锈褐色绒毛，脉上更密，侧脉9—11，上面稍下陷，下面隆起，网脉近梯形，上面不明显，下面突起，叶长16—30厘米，宽10—18厘米；叶柄长2—10厘米，密被锈褐色绒毛。蒴果长圆状球形，长5厘米，径4.5厘米，5瓣裂，外面的刺长3毫米，基部稍增大，钻状，被毛，先端针状。

产镇康、普洱、勐腊，生于海拔1300—1600米的沟谷、山坡密林中。尼泊尔、不丹、印度、缅甸、泰国均有分布。

营林技术、材性及经济用途略同于毛果猴欢喜。

5.苹婆猴欢喜　贡山猴欢喜　图100

Sloamea sterculiacea (Benth.) Rehd. et Wils. (1916).

Echinocarpus sterculiceus Benth. (1861).

Sloanea ferrestii W. W. Smith (1921)

Sloanea rotundifolia H. T. Chang (1979).

乔木，高达20米。老枝无毛，嫩枝被绒毛，通常较快脱落。叶通常倒卵形、倒卵状长圆形、倒卵状披针形，有时椭圆形，先端渐尖、短尾状渐尖或短渐尖，通常自中部向下渐狭，基部近圆形、微心形或楔形，边缘通常具疏的短锯齿，上面无毛，下面被绒毛，或有时变无毛，沿脉上较密，侧脉6—9，在上面下陷，下面隆起，网脉上面稍下陷，下面突起，叶长（10）12—22厘米，宽5—10厘米；叶柄1.5—3.6（6）厘米，被绒毛，较快脱落而变无毛。花单生叶腋和节间上；子房密被绒毛；花柱钻形。蒴果近球形，连刺直径达5厘米，3—4瓣裂，刺长1.5—2厘米，线形或钻形，被刚毛，先端被刚毛丛。

产贡山、福贡、泸水、云龙、腾冲、保山、凤庆、景东，生于海拔1400—2500米的河边及山坡密林中。东喜马拉雅、印度、缅甸有分布。

营林技术、材性及经济用途略同于毛果猴欢喜。

5a. 长叶猴欢喜

var. assamica (Benth.) Coode (1983).

Echinocarpus assamicus Benth. (1861).

Sloanea assamica (Benth.) Rehd. et Wils. (1916).

产保山，景东、马关，生于海拔1800—2400米的南亚热带山坡常绿阔叶林中。印度、不丹、缅甸有分布。

6.滇越猴欢喜　图101

Sloanea mollis Gagnep. (1910).

乔木，高达25米，径达100厘米。老枝无毛，嫩枝密被黄褐色、淡黄褐色或褐色绒毛，叶椭圆形、卵状长圆形或长圆形，先端渐尖或短尾状渐尖，基部圆形或心形，边缘具细疏锯齿，幼叶上面沿脉被毛，老叶上面无毛，光亮，下面密被黄褐色柔软长绒毛，脉上更密，中脉和侧脉在上面凹陷，下面隆起，侧脉6—8，网脉在下面明显，叶长10—24厘米，宽5—13厘米；叶柄长2—7厘米，密被黄褐色柔软长绒毛。花单生叶腋，子房密被绒毛（未见完整花）。蒴果3—4瓣裂，裂瓣长2—2.5厘米，外面密被刺，刺长1—1.5厘米，被短刚毛，先端被刚毛丛，或有时无刚毛丛。种子黑色，下半部包有淡黄色假种皮。

产屏边、河口、西畴、广南、富宁等地，生于海拔1300—1500米的山坡常绿阔叶林中。越南有分布。

营林技术、材性及经济用途与毛果猴欢再略同。

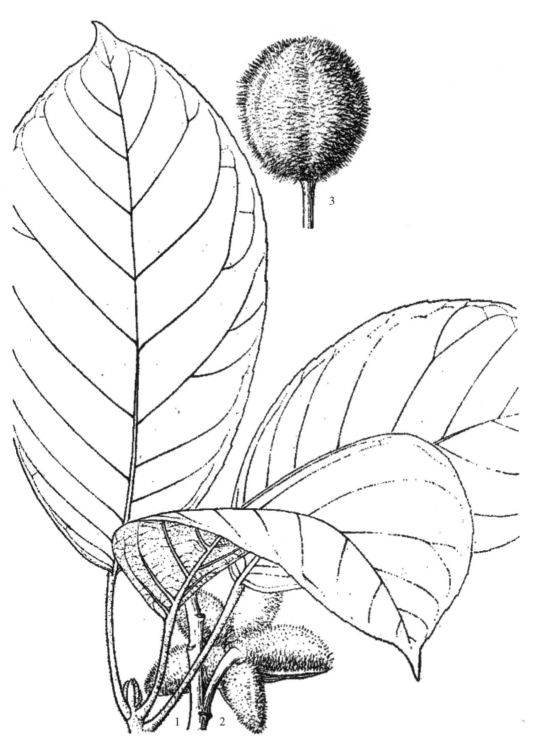

图99 绒毛猴欢喜 *Sloanea tomentosa*（Benth.）Rehd. et Wils.

1.枝叶 2.果枝 3.果实

图100 苹婆叶猴欢喜和斜脉猴欢喜

1—2.苹婆叶猴欢喜 *Sloanea sterculiacea*（Benth.）Rehd. et Wils. 1.果枝 2.种子

3—4.斜脉猴欢喜 *Sloanea sigun*（Bl.）K. Schun. 3.果枝 4.果刺（放大）

图101 滇越猴欢喜 *Sloanea mollis* Gagnep.
1.嫩枝　2.开裂蒴果

图102 樟叶猴欢喜 *Sloanea changii* Coode
1.幼果枝 2.开裂蒴果 3.蒴果裂瓣 4.种子

7.樟叶猴欢喜　图102

Sloanea changii Coode（1983）.

Sloanea laurifolia H. T. Chang（1979）.

乔木，高达28米，径达60厘米。嫩枝无毛，淡灰白色。叶革质，长圆状宽披针形、长圆形，先端渐尖，基部宽楔形或圆形，边缘全缘，两面无毛，侧脉5—6，上面凹陷，下面显著隆起，细网脉密，两面明显，叶长10—17厘米，宽3—7厘米；叶柄长2—6.5厘米，无毛。花单生或几朵成聚伞花序生于叶腋；花盘大，表面有密的蜂窝状的雄蕊着生痕迹；子房近四棱形（未见完整花）。蒴果近球形，径约2.5厘米，4—5瓣裂，通常完全裂开成十字形，外面密被刺，刺长7—10毫米，疏被刚毛，顶端肿大，裂瓣里面褐红色。

产西畴、麻栗坡，生于1000—1600米的石灰岩常绿阔叶林中。广西有分布。

营林技术、材性及经济用途与毛果猴欢喜略同。

8.斜脉猴欢喜　图100

Sloanea sigun（Bl.）K. Schum.（1895）.

Echinocarpus sigun Bl.（1877）.

乔木，高达30米，径40厘米。嫩枝无毛。叶纸质，椭圆形、倒卵形，先端渐尖，基部钝或宽楔形，边缘具浅锯齿，长12.5—14厘米，宽5—6厘米，上面无毛，下面仅在脉腋有毛簇，侧脉5—6，与中脉成约30°角斜出，上部的角度较大，弯曲，近边缘网结，上面明显，下面隆起，网脉下面明显；叶柄纤细，长2—2.5厘米，两端膨大，无毛。蒴果近球形，连刺径达6厘米，4瓣裂，裂瓣木质，外面密被刺，钻形，长达1.5厘米，被疏的短刚毛，宿存。

产沧源，生于海拔800米左右的沟谷密林中。

营林技术、材性及经济用途与毛果猴欢喜略同。

9.仿栗　猴欢喜、野板栗（绿春）、毛板栗（广南）图103

Sloanea hemsleyana（Ito）Rehd, et Wils.（1916）.

Echinocarpus hemsleyanus Ito（1899）.

乔木，高达30米，径达80厘米。嫩枝无毛，顶芽被密毛。叶倒卵状披针形、倒卵状长圆形，有时窄椭圆形，常纸质，先端渐尖，常自中部向下渐狭，基部钝，或有时近圆形，边缘近全缘或有浅锯齿，长（8）10—20（22）厘米，宽3—6（8）厘米，侧脉约8，两面突起，网脉两面可见；叶柄长1—3厘米，通常1—1.5厘米，无毛。花在枝顶聚生，花梗密被短绒毛，长3—5厘米；萼片4，外面密被绒毛，里面上半部密被绒毛，下半部较疏；花瓣4，两面被绒毛，顶端5齿裂；雄蕊多数，花药先端具芒尖；子房密被绒毛，花柱钻形，有时旋扭；花盘垫状。蒴果近球形，径达5厘米，4—6瓣裂，外面密被刺。刺多钻形，长1—2厘米，被短刚毛。种子椭圆形，长达1.5厘米，下半部包有橘黄色肉质假种皮。花期7—8月，果期10—2月。

产绥江、漾濞、富民、景东、元江、安宁、峨山、建水、绿春、屏边、马关、广南、砚山、文山，生于海拔1300—2400米的沟谷常绿阔叶林中；湖南、湖北、四川、贵州、广西、江西、陕西、甘肃等地有分布。

营林技术、材性及经济用途与毛果猴欢喜略同。

图103 仿栗 *Sloanea hemsleyana*（Ito）Rehd. et Wils.

1.花枝　2.子房及花盘　3.雄蕊　4.开裂蒴果

130.梧桐科 STERCULIACEAE

乔木或灌木，稀为藤本和草本。皮层含丰富纤维，并常有黏液；幼枝通常有星状毛。叶互生，单叶，少数为掌状复叶，全缘或有齿，有时深裂；托叶往往早落。花序为聚伞花序、圆锥花序、总状花序或伞房花序，稀为单生或簇生花，腋生或顶生，稀与叶对生；花单性、两性或杂性；萼片5，稀为3—4，或多或少合生，稀完全离生；花瓣5，离生，或无花瓣；雄蕊的花丝常合生成管状，花药2室，纵裂，退化雄蕊舌状或线状，与萼片同数而对生，或无退化雄蕊；雌蕊由2—5心皮组成，稀为1或10—12心皮组成，花柱1或与心皮同数，胚珠每心皮1至多数，插生于心皮内角，子房上位，室与心皮同数。果通常为蒴果或菁葖果，开裂或不开裂，极少为浆果或核果。种子有或无胚乳，胚直立或弯生；子叶叶状，通常心形。

本科约有68属1100余种，主产东、西两半球的热带和亚热带地区。我国约有19属80余种，云南约有17属近60种。本志记载11属，36种，1变种。

分 属 检 索 表

1.花无花瓣，单性或杂性。
  2.果开裂，无翅；叶下面无鳞秕。
  3.果革质或木质，成熟时开裂 …………………………………… 1.苹婆属 Sterculia
  3.果膜质或纸质，成熟前开裂。
    4.花叶后开放，萼5深裂，无明显的萼筒 ………………… 2.梧桐属 Firmiana
    4.花叶前开放，萼5浅裂，有明显的萼筒 ………………… 3.火桐属 Erythropsis
  2.果不开裂，顶端有翅；叶下面有鳞秕 …………………………..4.银叶树属 Heritiera
1.花有花瓣，两性。
  5.无退化雄蕊。
    6.雄蕊15，子房有梗，梗长约为子房的2倍；种子翅指向果的基部 ………………………………………………………………… 5.梭罗树属 Reevesia
    6.雄蕊40—50，子房无梗；种子翅指向果的顶端 ………………………………………………………………… 5.火绳树属 Eriolaena
  5.有退化雄蕊。
    7.花序生于树干或老枝上；核果，不开裂；种子无翅 …………… 7.可可属 Theobroma
    7.花序生于小枝上；蒴果，开裂。
      8.雄蕊10—20，通常15，果无软刺状硬毛。
      9.退化雄蕊线形；种子有翅 ………………………… 8.翅子树属 Pterospermum
      9.退化雄蕊非线形；种子无翅。
      10.退化雄蕊舌状，无毛；蒴果无翅 ………………… 9.平当树属 Paradombeya

10.退化雄蕊片状近匙形，有毛；蓇葖果有5侧翅 ················· 10.昂天莲属 Ambroma

8.雄蕊5；果有软刺状硬毛 ······························ 11.山麻树属Commersonia

1.苹婆属 Sterculia Linn.

乔木或灌木。单叶，稀掌状复叶，全缘或掌状分裂。圆锥花序或总状花序通常腋生于小枝顶部；花单性或杂性；萼5浅裂或深裂，无花瓣；雄花的花药生于雄蕊柄顶端，包围着退化雌蕊；雌花的雌蕊柄顶端有轮生的不育花药和发育的雌蕊，雌蕊由5（稀3）心皮组成，每心皮有2胚珠，或更多。蓇葖革质或木质，1—5聚生，成熟时开裂，每蓇葖有1或多粒种子。种子通常卵形，有胚乳；子叶薄，心形。

本属约有300种，产于热带和亚热带地区。我国约有23种1变种，产福建、台湾、广东、广西、四川、贵州和云南。云南约有18种1变种。

分 种 检 索 表

1.掌状复叶 ··· 1.家麻树 S. Pexa
1.单叶。
　2.叶掌状深裂，两面被黄褐色星状绒毛 ··················· 2.绒毛苹婆 S. villosa
　2.叶全缘。
　　3.叶脉在上面明显凹陷，干时紫红色 ·············· 3.凹脉苹婆 S. impressinervis
　　3.叶脉在上面平坦，不明显凹陷，干时非紫红色。
　　　4.萼有明显的萼筒，裂片与萼筒等长或稍长。
　　　　5.萼长约10毫米，裂片与萼筒等长 ················· 4.苹婆 S. nobilis
　　　　5.萼长约6毫米，裂片稍长于萼筒。
　　　　　6.叶长7—14厘米，侧脉约12对；萼白色 ······· 5.小花苹婆 S. micrantha
　　　　　6叶长15—28厘米，侧脉约17对；萼红色··· ······6.大叶苹婆 S.kingtungensis
　　　4.萼无明显的萼筒，裂片分裂儿达基部或长于萼筒2倍以上。
　　　　7.叶下面有星状绒毛。
　　　　　8.萼片分裂儿达基部；叶柄长4—6厘米 ············· 7.粉苹婆 S.euosma
　　　　　8.萼片长于萼筒2倍以上；叶柄长1—2厘米 ·························
　　　　　　······································ 8.北越苹婆 S. tonkinensis
　　　　7.叶下面无毛或几乎无毛。
　　　　　9.萼片长1—2厘米，先端互相黏合 ············· 9.蒙自苹婆 S. henryi
　　　　　9.萼片长8毫米以内，先端不互相黏合
　　　　　　10.叶集生于小枝顶部，叶柄长0.5—1.2厘米 ········ 10.短柄苹婆 S. brevissima
　　　　　　10.叶散生于小枝上，叶柄长于2厘米。
　　　　　　　11.圆锥花序，密集，分枝多 ············· 11.假苹婆 S.lanceolata
　　　　　　　11.总状花序，稀为有少数短枝的圆锥花序 ··· 12.西蜀苹婆 S. lanceaefolia

1.家麻树 （中国植物志） 九层皮（云南经济植物）图104

Sterculia pexa Pierre（1888）

S.yunnanensis Hu（1937）

乔木，高达20米。小枝粗状，有明显的叶痕和托叶痕。掌状复叶，小叶7—9，倒卵状披针形或长椭圆形，长9—23厘米，宽4—6厘米，先端渐尖，基部楔形，有短柄，上面几乎无毛，下面疏被星状短柔毛，侧脉22—40对，平行，近边缘处弓形；叶柄长12—25厘米，有时达40厘米；托叶三角状披针形，密被星状绒毛。总状花序或圆锥花序，集生于小枝顶部各叶腋，长10—25厘米，幼时被灰白色星状毛，后无毛；萼钟形，白色，外面密被灰白色星状绒毛，裂片5，三角形，与萼筒等长，先端渐尖，互相黏合；雄花的雄蕊柄线状，无毛，花药10—20集生成头状；雌花的子房球形，5室，密被短绒毛，花柱短，柱头5裂，不育花药着生于子房下部。蓇葖果红褐色，椭圆状长圆形，略呈镰刀弯，长4—9厘米，径2—4厘米，顶端钝，外面被绒毛或硬毛，内面被柔毛，沿裂缝边缘有长硬毛，每蓇葖约具3种子。种子长圆形，黑色，长约1.5厘米。花期10—11月，果期翌年2—3月。

产双江、耿马、沧源、景东、景洪、勐腊、金平、河口、个旧等地，生于海拔300—1200米的疏林中。分布于广西；越南、泰国、缅甸均有。

喜温热潮湿的气候环境。种子繁殖。

木材纹理直，为建筑、家具用材。皮层纤维丰富，质地优良，坚韧耐腐，产区用作犁耙绳索，又为麻的代用品。种子煮熟后可食。

2.绒毛苹婆（植物分类学报） 白槲皮（耿马）图104

Sterculia villosa Roxb.（1814）

S.lantsangensis Hu（1934）

乔木，高达12米。小枝粗壮，当年生枝被褐色星状短柔毛，二年生枝无毛，有明显的叶痕。叶圆形或近肾形，长15—25厘米，宽20—30厘米，掌状3—7浅裂，基部深心形，上面初被稀疏星状柔毛，后近无毛，下面被淡黄色星状绒毛；叶柄通常长于叶片或近等长，被星状短绒毛。圆锥花序腋生于小枝上部，被锈色星状短绒毛；萼宽钟形，黄白色，长约1厘米，外面被短柔毛，内面无毛，裂片5，披针形，稍长于萼筒，向外开展；雄花的雄蕊柄弯曲，无毛，花药10；雌花的子房球形，被绒毛。蓇葖果长圆形，长3—5厘米，两面均被锈色绒毛，每蓇葖具3—5种子。种子长圆形，黑色。花期2月，果期4—5月。

产沧源、澜沧、景谷、普洱、盈江、景洪等地，生于500—1500米的杂木林中。印度北部也有。

喜暖热湿润的气候，但也耐干旱。种子繁殖。

木材纹理直，结构粗，易加工，适于家具用材。树皮纤维可制绳索和造纸等用，作为麻类代用品。其树胶称为梧桐胶，广泛用于食品、纺织、医药、化妆品、香烟等工业。

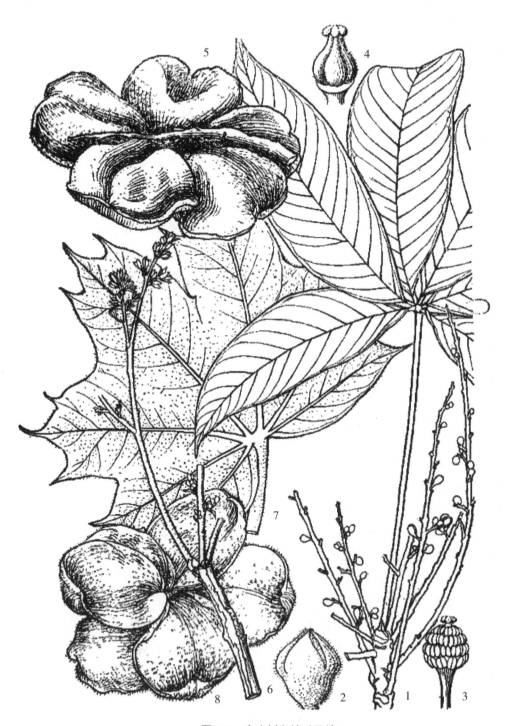

图104　家麻树和绒毛平婆

1—5.家麻树*Sterculia Pexa* Pierre　1.花枝　2.花（示萼片先端互相黏合）

3.雄蕊群（示雄蕊柄无毛）　4.雌蕊（示子房有毛）　5.蓇葖果

6—8.绒毛苹婆 *Sterculia villosa* Roxb.　6.花枝　7.叶片　8.开裂蓇葖果（示两面均被短绒毛）

3.凹脉苹婆（植物分类学报）

Sterculia impressinervis Hsue（1977）

产麻栗坡。

4.苹婆（海南植物志） 凤眼果（植物名实图考）图105

Sterculia nobilis Smith（1816）

乔木，高可达15米，胸径达50厘米。小枝幼时疏被星状柔毛，后渐脱落。叶薄革质，长圆形或椭圆形，长8—25厘米，宽5—15厘米，先端急尖，稀钝，基部圆或钝，两面无毛，侧脉9—12对；叶柄长2—4厘米，托叶早落。圆锥花序腋生于小枝顶部；萼钟形，初时白色，后转淡红色，外面有星状短柔毛，内面无毛；裂片5，三角状渐尖，先端向内弯曲，互相黏合与萼筒等长；雄花的雄蕊柄弯曲，无毛，花药宽大，黄色，药室卵形；雌花的子房球形，密被毛，花柱弯曲，与子房近等长，柱头5浅裂。果具2—5蓇葖，厚革质，鲜红色，长圆状卵形，长3—7厘米，径2—3厘米，顶端有喙，每蓇葖具1—4种子。种子黑褐色，长圆形或椭圆形，径约1.5厘米。花期3—4月（但也有9—11月开花者），果期7—8月。

产芒市、金平、河口、宜良、新平、个旧、富宁等地，生于海拔300—1700米的杂木林中或栽培于村旁。福建、台湾、广东、广西均产；越南、印度尼西亚、印度也有。

喜湿热气候，耐荫蔽。种子或扦插繁殖。

木材可做一般家具和小农具用。种子食用，煮熟后味如栗子，为热带名贵果品之一。树形美观，叶常绿，是一种很好的行道树和庭园树。

5.小花苹婆 （植物分类学报）图105

Sterculia micrantha Chun et Hsue（1947）

乔木，高可达10米。小枝粗壮，具大的叶痕。叶长圆形或长圆状卵形，长7—14厘米，宽3—7厘米，先端钝或短尖，基部宽楔形或钝，上面几无毛，下面沿脉有疏散的星状柔毛，侧脉约12对；叶柄长3—8厘米，有稀疏的星状毛。圆锥花序腋生于小枝顶部，长约26厘米；花梗长3—4毫米，有关节；萼钟形，白色，长5—6毫米，裂片5，三角状披针形，与萼筒约等长，外面略有短柔毛，内面除近裂片处有毛外，余被乳头状突起，边缘具密毛；雄花的雄蕊柄细弱，略长于萼筒，无毛，雌花的子房近球形，被柔毛。花族10月。

产景东，生于海拔1400米上下的疏林中。

喜湿热气候及排水良好的土壤。种子繁殖。

木材轻软，纹理直，可做家具和玩具。

6.大叶苹婆 （植物分类学报）图106

Sterculia kingtungensis Hsue（1977）

S. megaphylla Tsai et Mao（1964）

Non Bur. et Poiss. ex Guillaumin（1911）

乔木，高可达10米。小枝圆柱形，几乎无毛，有叶痕。叶纸质，集生于小枝顶部，椭圆状长圆形，长15—28厘米，有时可达40厘米，宽8—14厘米，先端突然短渐尖，基部圆或近楔形，两面无毛，或下面有疏毛，侧脉13—17对；叶柄长3—7厘米，几无毛；托叶条形，长约1厘米，无毛。圆锥花序密集，腋生于小枝顶部，长10—12厘米，有锈色小柔毛；花梗纤细，有关节；萼钟形，红色，裂片5，披针形，稍长于萼筒，向内弯曲，先端互相黏合，外面被微柔毛，内面无毛，有乳头状突起，边缘具缘毛；雄花的雄蕊柄细弱、弯曲、无毛，约与萼筒等长，花药10。花期4月。

产景东，生于海拔1600米左右的河谷杂木林中。

种子繁殖，育苗造林及直播造林均可。

7.粉苹婆 （中国树木分类学）图106

Sterculia euosma W. W. Smith（1917）

乔木，高达8米。小枝有叶痕和托叶痕，幼时密被黄褐色星状绒毛，后渐脱落。叶革质，椭圆形或卵状椭圆形，长12—25厘米，宽7—15厘米，先端短渐尖或钝圆具短尖头，基部圆或略为斜心形，上面无毛，下面被淡黄褐色星状绒毛，侧脉约13对，有5基生脉，最下一对较细小，叶柄长4—6厘米。总状花序集生于小枝上部各叶腋，略被淡黄色绒毛；萼暗红色，长约1厘米，裂片5，条状披针形，分裂几达基部，外面被短柔毛，内面几无毛；雄花的雄蕊柄长约2毫米；雌花的子房卵状球形，被绒毛，花柱弯曲，有柔毛。蓇葖果红色，长圆形或长圆状卵形，长6—10厘米，径3—4厘米，顶端渐尖成喙状，外面被星状短绒毛，内面无毛，约具4种子。种子卵形，黑色，长约2厘米。

产腾冲，生于海拔2000米上下的杂木林中；西藏和广西也有。

种子繁殖。

8.北越苹婆 （植物分类学报）图107

Sterculia tonkinensis A. DC.（1903）

小乔木，高可达5米。小枝幼时有褐色星状绒毛，后渐脱落变无毛。叶近革质，椭圆形，长7—21厘米，宽3—10厘米，先端短渐尖或钝，基部钝圆或宽楔形，上面无毛，下面被黄褐色星状绒毛，侧脉约9对，向上弯拱，近边缘处连接；叶柄长1—2厘米，有时可达4厘米，两端膨大，有疏毛；托叶三角形，长5—10毫米，早落。圆锥花序腋生于小枝顶部，长6—9厘米，有毛；花梗细弱，长约1厘米；小苞片三角形，长1—3毫米；萼淡红色，长约1厘米，外面被星状短柔毛，内面无毛，有斑点，裂片5，披针形，长约8毫米，星状开展；雄花的雄蕊柄无毛，花药在顶端排成数列；雌花的子房小球形，有密毛，花柱反曲，比子房短，有毛，柱头5裂，每心皮有6胚珠。果具3—5蓇葖，蓇葖纺锤形，红色，长约6厘米，径约1.5厘米，外面被黄褐色短绒毛，内面无毛，具1—6种子。种子椭圆形，稍压扁，长1厘米。花期12月，果期翌年4月。

产河口，生于海拔200米上下的次生林中。越南也有。

种子繁殖。

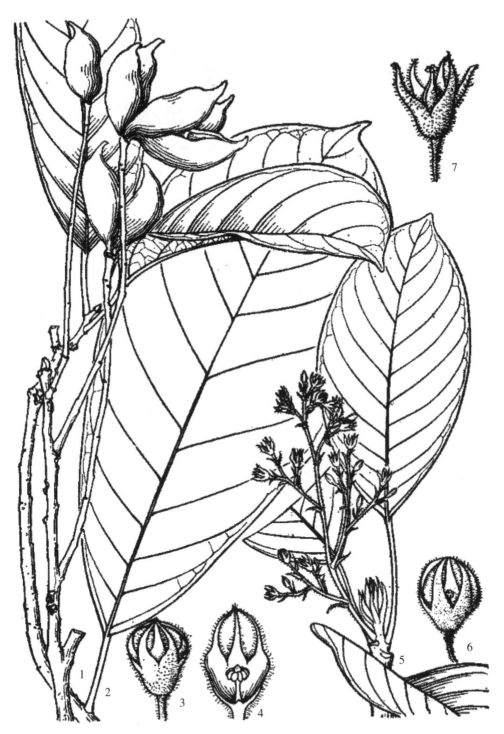

图105 苹婆和小花苹婆

1—4.苹婆 *Sterculia nobilis* Smith 1.果枝 2.叶枝 3.花 4.雄花纵切面

5—7.小花苹婆 *Sterculia micrantha* Chun et Hsue 5.花枝 6.雄花 7.雌花

图106 大叶苹婆和粉苹婆

1—2.大叶苹婆 *Sterculia kingtungensis* Hsue 1.花枝 2.花

3—4.粉苹婆 *Sterculia euosma* W.W. Smith 3.果枝 4.叶下面（部分放大）

图107 北越苹婆和短柄苹婆

1—3.北越苹婆 *Sterculia tonkinensis* A. DC. 1.花枝 2.雄花 3.雌花
4—6.短柄苹婆 *Sterculia brevissima* Hsue 4.花枝 5.花 6.蓇葖果

9.蒙自苹婆 （植物分类学报）图108

Sterculia henryi Hemsl.（1908）

灌木或小乔木，高可达6米。小枝幼时密被黄褐色星状毛，后渐脱落。叶纸质，长圆形或披针状长圆形，长10—25厘米，宽3—9厘米，先端渐尖，基部圆形，两面无毛，或下面幼时有疏毛，侧脉约15对，向上弯拱，在近边缘处连结，细脉在上面平不明显，在下面凸起极明显；叶柄长2—5厘米，两端稍膨大，无毛。总状花序腋生，长5—15厘米，有稀疏黄褐色星状毛；小苞片条状披针形，长5—10毫米，与花梗近等长；萼橘红色，长1—2厘米，外面被黄褐色星状毛，内面无毛，裂片5，分裂几达基部，先端互相黏合；雄花的雄蕊柄无毛；雌花的子房卵形，被密毛，花柱有毛。蓇葖果红褐色，长5—7厘米，顶端有喙，基部渐狭，具3—4种子。花期3月，果期6月。

产景洪、屏边、麻栗坡、富宁、蒙自等地，生于海拔1000—1600米的常绿阔叶林中。越南也有。

种子繁殖，植苗或直播造林均可。

9a. 大围山苹婆（植物分类学报）

var. cuneata Chun et Hsue（1947）

产金平、屏边等地，生于海拔500—1300米的山坡疏林或沟谷密林中。

10. 短柄苹婆（植物分类学报）图107

Sterculia brevissima Hsue（1977）

S. brevipetiolata Tsai et Mao（1964），non Merr.（1905）

小乔木或灌木，高可达10米。小枝幼时有黄褐色星状绒毛，后渐脱落变无毛。叶集于小枝顶部，纸质，倒披针形或倒披针状狭椭圆形，长15—30厘米，宽4—7厘米，先端渐尖，基部逐渐变狭，两面无毛，侧脉约17对，在近边缘处连接；叶柄长5—12毫米或近无柄，被黄褐色星状毛。总状花序或圆锥花序细弱，腋生于小枝顶部，长5—10厘米，疏被黄褐色星状毛；小苞片长约7毫米，与花梗近等长；萼钟形，白色微带红色，中部以下紫色，被稀疏星状毛，裂片5，椭圆状披针形，长约8毫米，为萼筒长的3倍以上；雄花的雄蕊柄细弱，长约4.5毫米，无毛；雌花的子房小球形，被绒毛，花柱反曲。果通常2蓇葖，蓇葖椭圆形，红褐色，两端渐狭，顶端呈喙状，长5—8厘米，径1.5—2厘米，外面密被星状绒毛，每蓇葖具4—5种子。种子球形，黑褐色，直径约1厘米。花期7—9月，果期10—12月。

产盈江、景洪、勐海、勐腊等地，生于海拔500—1300米的沟谷或山坡常绿阔叶林中。种子繁殖，也可扦插育苗造林。

11. 假苹婆（中国植物志）图109

Sterculia lanceolata Cav.（1788）

小乔木，高达7米。小枝幼时被红褐色星状毛，后无毛。叶椭圆形、披针形或椭圆状披针形，长9—20厘米，宽3—8厘米，先端急尖，基部钝圆或宽楔形，上面无毛，下面几无毛，侧脉7—9对，在近边缘处不明显连接；叶柄长2—4厘米，疏被黄褐色星状柔毛。圆锥花序腋生，长4—10厘米，被黄褐色星状柔毛，萼淡红色，长约5毫米，裂片5，长圆状披针形或三角形，分裂几乎达基部，星状开展，外面被密毛，内面被疏毛，边缘有缘毛；雄花的雄蕊柄无毛，花药10；雌花的子房球形，有密毛，花柱弯曲，柱头不明显5裂。果具3—5蓇葖，鲜红色，长卵形或长椭圆形，长5—9厘米，径2—2.5厘米，顶端有喙，基部渐狭，外而密被红褐色星状短绒毛，内面无毛，每蓇葖具2—7种子。种子黑褐色，椭圆状卵形，长约1厘米。花期3—5月，果期5—7月。

产耿马、临沧、景洪、河口、麻栗坡、富宁等地，生于海拔200—1100米的常绿阔叶林缘或疏林中；广东、广西、四川、贵州均有。越南、老挝、泰国、缅甸也产。

喜湿热气候。种子繁殖。

木材为家具用材。茎皮纤维用于织麻袋或为造纸原料。种子可食。

12. 西蜀苹婆（中国树木分类学）图109

Sterculia lanceaefolia Roxb.（1814）

小乔木，高可达8米。小枝幼时有淡黄褐色星状毛，后无毛。叶披针形，长椭圆状披针形或椭圆形，长10—23厘米，宽2.5—8厘米，先端钝渐尖，基部圆或钝，上面无毛，下面幼时有稀疏星状毛，后渐脱落，侧脉约10对，在近边缘处明显连接；叶柄长2—3.5厘米，两端膨大，有稀疏星状毛。总状花序或有少数分枝的圆锥花序，腋生，长5—7厘米，被稀疏星状短柔毛；萼钟形，红色，外面被灰褐色星状毛，内面无毛，裂片5，分裂几达基部，长圆披针形，长约5—6毫米或更长，星状开展；雄花的雄蕊柄无毛；雌花的子房小球形，被短绒毛。蓇葖果长圆形，长7—10厘米，顶端有喙，外面有毛，内面无毛，具4—8种子。种子卵形、黑色。

产耿马、沧源、景洪、金平、屏边、河口、普洱等地，生于海拔200—1600米的阔叶林中；四川也有；印度、孟加拉国均产。

种子繁殖。

2. 梧桐属 Firmiana Marsili

乔木或灌木。单叶，掌状分裂或全缘，圆锥花序或总状花序，腋生或顶生；花单性或杂性；萼片5，稀4，分离几达基部，向外卷曲，无花瓣；雄花的花药10—15，聚生于雄蕊柄的顶端成头状，有退化雌蕊；雌花的子房基部围绕着不育花药，5室，每室有2或多数胚珠，花柱基部合生，柱头5。蓇葖果膜质，成熟前开裂成叶状，每蓇葖有1或更多种子。种子球形，着生于果皮裂缝的内缘，有胚乳，子叶扁平。

本属约有15种，产亚洲和非洲东部。我国有3种，产广东、广西和云南，云南有2种。

图108 蒙自苹婆 *Sterculia henryi* Hemsl.
1.花枝　2.雄花　3.雌花　4.蓇葖果

图109 假苹婆和西蜀苹婆

1—3. 假苹婆 *Sterculia lanceolata* Cav. 1.果枝 2.雌花 3.雄花
4—7. 西蜀苹婆 *Sterculia lanceaefolia* Roxb. 4.花枝 5.蓇葖果 6.雄花 7.雌花

分 种 检 索 表

1.树皮青绿色；叶3—7深裂，裂片卵形，中裂片两侧与相邻裂片的一侧重叠……………
……………………………………………………………… 1.梧桐 F. platanifolia
1.树皮灰黑色；叶3浅裂，裂片三角形，中裂片两侧与相邻裂片的一侧远离 ……………
…………………………………………………………… 2.云南梧桐F. major

1.梧桐（诗经）图110

Firmiana platanifolia（L. f.）Marsili（1786）

Sterculia platanifolia L. f.（1781）

Firmiana simplex（L.）F. W. Wight（1909）

落叶乔木，高达16米。树皮青绿色，平滑。小枝粗壮，有明显叶痕。叶掌状3—7裂。长10—20厘米，宽12—25厘米，幼树上的长可达40厘米，宽达60厘米，基部心形，裂片卵形或卵状三角形，中裂片两侧与相邻裂片的一侧重叠，上面无毛，下面幼时有灰白色星状毛，基生脉5—7，叶柄稍长于叶，有时可达68厘米。圆锥花序生于小枝顶部，长20—50厘米，被淡黄色星状毛，萼淡黄绿色，稀淡紫红色，裂片5，条形分裂几达基部，向外卷曲，长7—9毫米，外面被毛，内面除基部外无毛；雄花的雄蕊柄与萼等长，无毛，花药15，聚生于雄蕊柄顶端；雌花的子房球形，被密毛。果由3—5膜质蓇葖组成，蓇葖长6—11厘米，外面被淡黄色绒毛，内面无毛，有2—4种子。种子球形，经约7毫米。花期6月，果期10月。

栽培于昆明、楚雄、禄丰、元谋、大理、文山等地，海拔1300—2000米地带。我国南北各省均有；日本也有。

适应性强。种子繁殖，育苗造林。苗高1米左右出圃定植为宜。

木材轻软，纹理直，为乐器和家具良材。树皮纤维可制绳索和造纸。种子食用或榨油。茎、叶、花入药，有清热解毒的功效。

2.云南梧桐（中国树木分类学）图110

Firmiana major（W. W. Smith）Hand.-Mazz.（1923）

Stercuia platanifolia var. *major* W. W. Smith（1915）

落叶乔木，高达18米，胸径50厘米。树皮灰褐色，小枝粗壮，灰绿色，幼时被星状毛，后脱落。叶宽心形，长10—30厘米，宽12—40厘米，先端掌状3浅裂，裂片三角形，相互远离，基部心形，上面几无毛，下面密被星状短绒毛，基生脉5—7；叶柄长10—45厘米，初被短绒毛，后渐脱落。圆锥花序腋生于小枝顶部；萼红褐色，裂片5，条形或长圆状条形，长约12毫米，外面有毛，内面无毛；雄花的雄蕊柄无毛，花药聚生于雄蕊柄顶端，雌花的子房被绒毛。蓇葖果膜质，长7—10厘米，开裂后宽约4.5厘米，两面有星状短柔毛，或成熟后近无毛，具2—4种子。种子球形，黄褐色，径约8毫米。花期5—6月，果期9—10月。

图110　云南梧桐和梧桐

1—8.云南梧桐 *Firmiana major*（W. W. Smith）Hand.–Mazz.

1.叶枝　2.花枝　3.雌花　4.雄花　5.子房及退化雄蕊　6.头状雄蕊群　7.果　8.种子

9.梧桐 *Firmiana platanifolia*（Linn. f.）Marsili 叶

产昆明、大理、镇康、凤庆等地，生于海拔1300—2000米的山坡林缘，多栽培于村旁和寺庙；四川渡口也有。

喜光树种。种子繁殖，3—4年生苗上山造林为宜。

木材白色，质地轻软，纹理直，为家具、乐器等的优良用材。树皮纤维可制绳索和造纸。种子可榨油。

3. 火桐属 Erythropsis Lindl. ex Schott et Endl.

落叶乔木。叶全缘，浅裂或深裂，具掌状脉，有长叶柄。总状花序、圆锥花序或聚金状圆锥花序生于未萌叶的小枝顶部的叶痕腋；萼橙红色或金黄色，漏斗形或圆筒形，稀近钟形，顶端5齿裂，裂片三角形或卵状三角形，两面有毛；无花瓣；雄花的花药10—20，聚生于雄蕊柄的顶端成头状；雌花的子房5室，每室有2或多数胚珠，柱头5。蓇葖果膜质，有柄，成熟前开裂成叶状。种子球形，着生于裂缝的内缘、有胚孔，子叶扁平。

本属约8种，产亚洲和非洲热带。我国有3种，产广东、广西和云南。云南有1种。

1. 火桐（云南植物志） 彩色梧桐（植物分类学报）图111

Erythropsis colorata（Roxb.）Burkill（1931）

Sterculia colorata Roxb.（1795）

Firmiana colorata（Roxb.）R. Brown（1844）

乔木，高达20米。小枝粗壮，幼时略被浅黄褐色星状毛，后无毛。叶近革质，宽心形，长11—25厘米，宽10—20厘米，先端3—5浅裂或不裂，基部心形或圆形，幼时两面被稀疏淡黄色星状短柔毛，老时脱落，基生脉5—7；叶柄长5—18厘米，初被毛，后无毛，上面有沟槽。聚伞状圆锥花序生于未萌叶小枝顶部的叶痕腋，长5—7厘米，被橙红色星状绒毛；萼漏斗形，橙红色，长约2厘米，被橙红色星状毛，先端5齿裂，裂片卵状三角形，长约4毫米；雄花的雄蕊柄有毛；雌花的子房无毛，5室，花柱短，柱头5，向外弯曲。果由2—5蓇葖组成，蓇葖膜质，长5—10厘米，无毛，有明显的脉纹，成熟前开裂，成熟时红色或带紫红色，具1—4种子。种子球形，黑色，经约6毫米。花期3月，果期5月（可在树上宿存至10月）。

产耿马、景谷、墨江、景洪、勐腊、双江等地，生于海拔550—950米的山坡疏林或沟谷密林中，越南、老挝、柬埔寨、泰国、缅甸、斯里兰卡、印度也有。

种子繁殖，育苗造林。播前温水浸种24小时，播后覆土1—2厘米。1年生苗可上山造林。

4. 银叶树属 Heritiera Dryand.

乔木。单叶全缘或掌状复叶，下面通常有鳞秕。圆锥花序腋生于小枝顶部，被柔毛或鳞秕；花单性或杂性；萼钟形或坛形，4—6浅裂，无花瓣；雄花的雄蕊柄顶端有4—15环状排列的花药，药室椭圆形，平行纵裂，有不育雌蕊；雌花具3—5互相黏合的心皮，每心皮有1或2胚珠，花柱短，柱头小，与心皮同数；子房基部有不育花药。果木质或革质，有龙骨状突起或翅，不开裂。种子单生，着生于大的种脐上，无胚乳，子叶厚。

本属约有35种，产亚洲、非洲和大洋洲的热带地区。我国有3种，产台湾、广东、广西和云南。云南有1种。

1.长柄银叶树（海南植物志）图111

Heritiera ongustata Pierre（1889）

常绿乔木，高达12米。树皮灰色，小枝幼时有疏毛和鳞秕。叶革质，长圆状披针形，长10—30厘米，宽5—15厘米，先端渐尖或有尾状短尖头，有时钝，基部楔形，钝尖或近心形，有时微盾状，上面无毛，下面有银白色鳞秕，侧脉10—15对，在上面略凹陷，下面凸起，具1对直升基脉；叶柄长2—9厘米或更长；托叶条状披针形，早落。圆锥花序生于小枝顶部；萼坛状，红色，长约6毫米，裂片4—6，三角形，两面被星状短柔毛；雄花的雄蕊柄长2—3毫米，顶端有花药8—12，排成2轮；雌花的子房球形，略有5棱，被短柔毛，花柱短，柱头5，基部有不育花药4—10。果为核果状，椭圆形，顶端有翅，连翅长2.5—3.5厘米，翅短于果或近等长。种子卵圆形。花果期3—11月。

产景洪，生于海拔1000米上下的阔叶林中；海南也有；越南、柬埔寨、缅甸、印度均产。

种子繁殖。

5.梭罗树属 Reevesia Lindl.

乔木或灌木。单叶，通常全缘，稀具疏齿。聚伞状伞房花序或圆锥花序；花两性；萼钟形或漏斗形，3—5不规则齿裂；花瓣5，具爪，雄蕊15；花丝合生成管状，细长外伸，顶端5裂，每裂片具3花药，无退化雄蕊；子房有5棱，5室，每室有2倒生胚珠，花柱短，柱头5裂。蒴果木质，室背开裂为5瓣，每室有1—2种子。种子下垂，有翅，翅指向果梗，具胚乳，子叶叶状。

本属约有18种，产喜马拉雅山东部和我国。我国约有14种，产江西、福建、台湾，湖南、广东、广西、四川、贵州、云南。云南约有4种1变种。

分 种 检 索 表

1.叶无毛 ·························· 1.两广梭罗 R.thyrsoidea
1.叶有毛。
  2.叶圆形，稀卵形或倒卵形，长宽几乎相等，具5基生脉 ·············
····················· 2.圆叶梭罗 R. orbicularifolia
  2.叶椭圆形或长圆形，长大于宽，具3—5基生脉。

图111　火桐和长柄银叶树

1—4.火桐 *Erythropsis colorata*（Roxb.）Burkill　1.花枝　2.叶片　3.雌花　4.果

5—8.长柄银叶树 *Heritiera angustata* Pierre　5.花枝　6.花　7.雌蕊　8.果

3.叶下面被红褐色星状毛，主豚和侧脉呈红色；蒴果椭圆形 ……………………
…………………………………………………… 3.红脉梭罗 R. rubronervia

3.叶下面被黄褐色星状毛，主脉和侧脉不呈红色；蒴果倒卵形 ………………
…………………………………………………… 4.梭罗树 R. pubescens

1.两广梭罗（中国树木分类学）图112

Reevesia thyrsoidea Lindl.（1827）

乔木，高达10米。小核幼时略被稀疏星状短柔毛，很快变无毛。叶革质，长圆形、椭圆形或长圆椭圆形，长5—7（12）厘米，宽2.5—3（6）厘米，先端急尖或渐尖，基部圆或钝，两面无毛；叶柄长1—3厘米，两端稍膨大，无毛。聚伞状伞房花序顶生，有疏毛；萼钟形，后约6毫米，裂片5，长约2毫米，先端急尖，外面被星状短柔毛，内面仅上端有毛；花瓣5，白色、匙形，长约1厘米；雄蕊的花丝合生成管状，长约2厘米，无毛，顶端约有花药15；子房球形，有毛，5室。蒴果长圆状倒卵形，有5棱，长约3厘米，被星状短绒毛。种子连翅长约2厘米。花果期3—11月。

产屏边、文山、麻栗坡等地，生于海拔500—1500米的山坡疏林中或沟谷溪旁。广东、广西也产；越南、柬埔寨均有。

种子繁殖。采种后层积沙藏。条播。

2.圆叶罗梭（植物分类学报）图113

Reevesia orbicularifolia Hsue（1977）

乔木，高达10米，胸径30厘米。树皮灰褐色，小枝幼时疏被星状毛，后无毛。叶革质，圆形、长圆形或尖卵形，长6—18厘米，宽5—16厘米，先端急尖或钝而具短尖头，稀渐尖，基部圆形或截形，有时浅心形，上面无毛，或有稀疏星状毛，下面密被黄褐色星状绒毛，基生脉5，在上面平或凹陷，在下面凸起；叶柄长3—7厘米，无毛或略被稀疏星状短柔毛。聚伞果序顶生，有星状毛。蒴果椭圆状倒卵形，长2—3厘米，径1.5—2厘米，具5棱，有稀疏的淡黄褐色星状短柔毛及鳞秕。种子有翅，连翅长1.2—2.2厘米，翅膜质，先端钝，略呈镰刀形。果期9—12月。

产西畴、麻栗坡等地，生于海拔1000—1800米的石灰岩山地次生林中。

种子繁殖。育苗技术与两广梭罗略同。

3.红脉梭罗（植物分类学报）图113

Reevesia rubronervia Hsue（1975）

乔木，高为8米。小枝幼时密被红褐色星状绒毛，后渐脱落。叶纸质，椭圆形或长圆形，长7—14厘米，宽4—6厘米，先端钝，基部钝或近圆形，上面无毛或沿主脉和侧脉有红褐色星状绒毛，下面被黄褐色星状绒毛，沿主脉和侧脉被红褐色星状绒毛，侧脉7—9对；叶柄长1.5—3.5厘米，有毛。聚伞状伞房花序顶生、长约4厘米，密被红褐色星状短绒毛；萼钟形，长约9毫米，裂片4—5，三角形，长约2毫米，外面被星状绒毛，内面几无毛；花瓣5，白色，匙形，长约1.5厘米，先端圆形，中部两侧突出呈耳状，被稀疏星状短柔毛；雌雄蕊柄长1.5—3厘米，无毛，顶端具15集生花药，包围着雌蕊；子房球形，被淡黄色星状短绒毛，花柱短，不明显。蒴果长椭圆形，有5棱，长2.5—3厘米，顶端钝或圆形，被黄褐色星状短柔毛。种子有翅，连翅长1.5—1.7厘米。

产勐海、富宁等地，生于海拔1000米上下的山坡疏林中。

种子繁殖。采种后层积沙藏，育苗条播。

4.梭罗树（中国高等植物图鉴）图114

Reevesia pubescens Mast.（1874）

R. membrancea Hsue（1963）

乔木，高达16米。树皮灰褐色，有纵裂纹，小枝幼时被星状短柔毛，后渐脱落。叶椭圆状卵形，长圆状卵形或椭圆形，长7—12厘米，宽4—6（8）厘米，先端渐尖或急尖，基部钝圆或浅心形，上面无毛或有疏毛，下面密被淡黄褐色星状绒毛，侧脉6—8对；叶柄长2—4厘米，被黄褐色星状绒毛。聚伞状伞房花序顶生，长约7厘米，有毛；萼倒圆锥形，长约8毫米，裂片5，宽卵形，先端急尖；花瓣5，白色或淡红色，条状匙形，长1—1.5厘米，外面被星状短柔毛，内面无毛；雌雄蕊柄长2—3.5厘米，无毛；子房有毛。蒴果倒卵形或长圆状倒卵形，长3—5厘米，有5棱，被淡褐色星状绒毛。种子有翅，连翅长约2.5厘米。花期4—5（6）月，果期9—10（12）月。

产安宁、维西、鹤庆、凤庆、景东、景谷、玉溪、贡山、泸水、景洪、勐海、文山等地，生于海拔550—2500米的山坡疏林或沟谷密林中；广西、四川、贵州也产；越南、老挝、缅甸、印度，不丹均产。

适应性强。种子繁殖。

皮层纤维用作绳索和造纸。

4a. 泰梭罗（云南植物志）

var. siamensis（Craib）Anthony（1926）

R. siamensis Craib（1924）

产凤庆、屏边、景洪；泰国也有。

6.火绳树属 Eriolaena DC.

乔木或灌木。叶心形，稀长圆形，有齿或掌状浅裂，稀全缘，下面被星状柔毛，稀无毛；托叶条形，早落。花序有长梗，腋生，稀顶生，具1—2或3—7花，稀为具多花的总状花序；小苞片3—5，有锯齿或条裂，稀全缘；萼在芽时尖卵形，开放时5裂几乎达基部，裂片条形，镊合状排列，外面密被短柔毛，内面仅下部毛较密；花瓣5，中间收缩，下部扁平，外面无毛，内面有绒毛；雄蕊多数，花丝下部连合成管，上部分离，无毛，花药线状长圆形，药室2，平行，无退化雄蕊；子房无梗，包被在雄蕊管内，有密毛，5—10室，每室有多数胚珠，花柱线形，长于雄蕊，下部有毛，柱头5—10，线形。蒴果木质或近木质，卵形或长卵形。种子有翅，翅指向果的顶端，胚乳薄，子叶有皱褶。

图112　两广梭罗 *Reevesia thyrsoidea* Lindl.
1.花枝　2.花纵剖面　3.果　4.种子

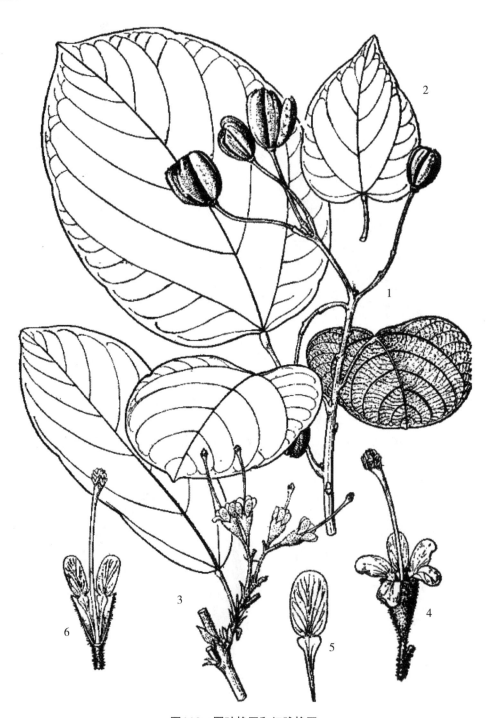

图113 圆叶梭罗和红脉梭罗

1—2.圆叶梭罗 *Reevesia orbicularifolia* Hsue 1.果枝 2.尖卵形叶

3—6.红脉梭罗 *Reevesia rubronervia* Hsue 3.花枝 4.花 5.花瓣 6.花纵剖面

本属约有17种，产亚洲热带和亚热带。我国约有5种，产广西、四川、贵州、云南。云南5种均有。

分 种 检 索 表

1.叶无毛或几无毛 ……………………………………………… 1.光叶火绳 E. glabrescens
1.叶有毛。
　2.苞片全缘或近全缘。
　　3.苞片条形；蒴果卵形，有瘤状凸起和棱脊 ………………… 2.火绳树 E. spectabilis
　　3.苞片卵形或椭圆状卵形；蒴果长椭圆形，无瘤状凸起和棱脊 ……………………
　　　………………………………………………… 3.五室火绳 E. quinquelocularis
　2.苞片边缘齿裂或羽裂。
　　4.叶纸质，先端常3裂，被灰白色毛 ………………………… 4.南火绳 E. candollei
　　4.叶革质，先端不裂，被黄褐色毛 ………………………… 5.桂火绳 E. kwangsiensis

1.光叶火绳（植物分类学报）图114

Eriolaena glabrescens A. DC.（1903）

E. glabrescens Hu（1924）

乔木，高达10米。小枝略被星状毛或几乎无毛。叶卵形或近圆形，长7—10厘米，宽6—10厘米，先端急尖或短渐尖，基部心形，幼时略被稀疏星状毛，后无毛或下面叶脉上略有星状，鳞片状毛，边缘有钝齿或锯齿基生脉7；叶柄长2—7厘米，无毛或略有鳞片状、星状毛。伞房状花序腋生和顶生，具3—7花，有星状和鳞片状毛；小苞片长10—14毫米，宽3—5毫米，羽状浅裂或深裂，两面被红褐色星状短绒短；萼片5，条状披针形，长约2厘米，宽约4毫米，外面密被鳞片状和星状绒毛，内面被短柔毛；花瓣5，长圆状匙形，黄色，长约2.5厘米，宽约8毫米，中部稍收缩，下部厚、扁平，呈柄状，外面无毛，内面有密绒毛；雄蕊多数，花丝下部连合成管，上部分离；子房卵形，被短绒毛，花柱伸长，超出雄蕊，有鳞片状和星状毛，柱头8；蒴果卵形或卵状椭圆形，被黄褐色星状短绒毛，先端尖或延长呈喙状。种子每室多数，连翅长约2厘米。花期8—9月，果期11—12月。

产耿马、沧源、双江、景东、普洱等地，生于海拔600—1400米的疏林中。越南也有。造林技术见泡火绳。

2.火绳树（中国高等植物图鉴）图115

Eriolaena spectabilis（DC.）Planchon ex Mast.（1874）

Wallichia spectabilis DC.（1823）

Eriolaena malvacea（Lévl.）Hand.-Mazz.（1933）

乔木，高可达8米。小枝幼时被星状柔毛，后无毛。叶厚纸质，卵形或宽卵形，长8—

14厘米，宽6—13厘米，先端短渐尖，基部心形，上面略被稀疏星状毛，下面密被黄褐色或灰白色星状绒毛，边缘有不规则浅齿，基生脉5—7；叶柄长2—5厘米，有星状绒毛。聚伞花序腋生，密被星状绒毛；小苞片条状披针形，长约4毫米，全缘，稀浅裂；萼片5，条状披针形，长约2.5厘米，外面密被星状绒毛，内面仅先端和基部有毛；花瓣5，倒卵状匙形，与萼片近等长，下部厚、扁平，呈柄状，内面有毛，外面无毛；雄蕊多数，花丝下部连合成管，上部分离，无毛；子房卵形，被星状短绒毛，花柱细长，下部有毛，柱头8。蒴果木质，卵形或卵状椭圆形，长3—5厘米，具瘤状凸起和棱脊，顶端钝或喙状。花期4—7月，果期8—11月。

产宜良、景东、普洱、景洪、勐海、金平、河口、富宁、绿春、蒙自等地，生于海拔500—1300米的山坡灌丛或疏林中；广西、四川、贵州均产；印度也有。

种子繁殖，播前用沸水浸种3次，营养袋育苗。造林地应选择阳光充足的河谷至半山区，荫蔽条件下生长不好。

3.五室火绳（植物分类学报）图115

Eriolaena quinquelocularis（Wight et Arnott）Wight（1840）

Microchlaena quinquelocularis Wight et Arnott（1834）

乔木，高达10米。树皮灰白色，小枝幼时略被星状短柔毛，后脱落变无毛。叶宽卵形或近圆形，长7—11厘米，宽6—9厘米，先端急尖或钝，基部心形，上面被稀疏星状短柔毛，下面被青白色星状绒毛，边缘有钝齿，基生脉5—7（9），叶柄长1.5—4厘米，被星状毛。聚伞花序顶生或腋生，长达9厘米，被星状毛，通常具3花；小苞片卵形或椭圆状卵形，全缘；萼片5，条状披针形，长约2厘米，外面被黄褐色星状短绒毛，内面毛较长并在基部有腺体；花瓣5，淡黄色，与萼片等长，先端钝，下部宽扁，呈柄状；雄蕊的花丝连合部分与花瓣近等长；柱头6—8。蒴果木质，长椭圆形，长3—4.5厘米，径约2.5厘米，顶端短尖，无瘤状凸起，外面被黄褐色星状短柔毛及鳞秕，内面靠中轴下半部有白色长毛。种子每室8，连翅长约2.5厘米。花期4月，果期6月。

产普洱、景洪、富宁等地，生于海拔800—1700米的疏林或灌丛中。印度也有。

造林技术参见泡火绳。

4.南火绳（植物分类学报）

Eriolaena candollei Wall.（1829）

产勐腊，生于海拔800—1300米的山坡疏林中；广西也有；越南、老挝、缅甸、泰国、不丹、印度均产。

造林技术与泡火绳略同。

5.桂火绳（植物分类学报）图116

Eriolaena kwangsiensis Hand.-Mazz.（1933）

E. ceratocarpa Hu（1940）

乔木，高达11米。树皮灰色，小枝幼时被淡黄褐色星状毛，后渐脱落。叶近革质，卵

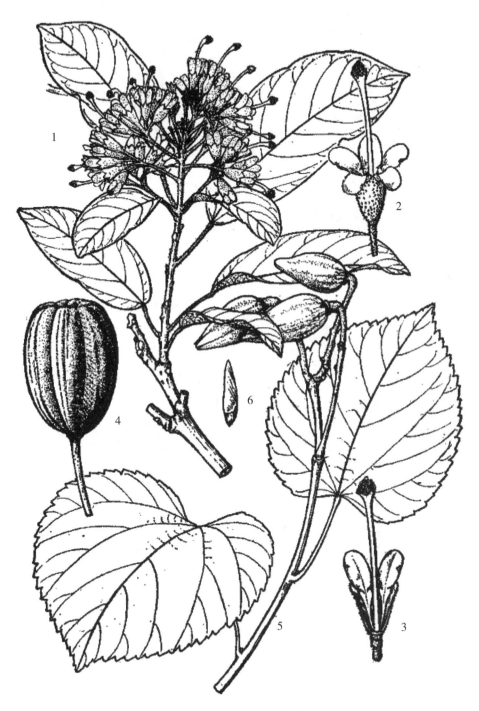

图114 梭罗树和光叶火绳

1—4.梭罗树 *Reevesia pubescens* Mast. 1.花枝 2.花 3.花纵剖面 4.果

5—6.光叶火绳 *Eriolaena glabrescens* A. DC. 5.果枝 6.种子

图115　火绳树和五室火绳

1—2.火绳树 Eriolaena spectabilis（DC.）Planchon ex Mast.　1.果枝　2.花

3—5.五室火绳 Eriolaena quinquelocularis（Wight et Arontt）Wight

3.果枝　4.部分果瓣（示瓣片内面靠中轴一边的下半部有长毛）　5.星状毛

图116　桂火绳和可可

1—6.桂火绳 Eriolaena kwangsrensis Hand.—Mazz.

1.果枝　2.花　3.花瓣　4.花纵剖面　5.叶上面毛被　6.叶下面毛被

7—8.可可 Theobroma cacao Linn.　7.叶枝　8.果

形或宽心形，长6—15厘米，宽5—13厘米，先端短尖或尾状短渐尖，上面有星状疏柔毛，下面被星状密柔毛，边缘有钝齿，基生脉5—9；叶柄长2—6厘米，被星状短绒毛。聚伞状总状花序腋生；小苞片匙状舌形，长1—1.5厘米，有明显的深锯齿；萼片5，稀4，条状披针形，长2—2.5厘米，外面被黄褐色星状绒毛，内面被星状柔毛；花瓣5，稀4，白色，倒卵状匙形，长约2.5厘米，下部扁厚的柄状部分外面无毛，内面有毛；雄蕊管无毛；子房有星状绒毛。蒴果长椭圆形，长3.5—5厘米，先端渐尖，呈喙状，无瘤状凸起，棱脊不明显。种子连翅长1.5—2厘米。

产双江、澜沧、景东、景洪等地，生于海拔800—1500米的山坡疏林或灌丛中；广西也有。

造林技术见泡火绳。

7. 可可属 Theobroma Linn.

乔木。叶为单叶，互生，全缘。花两性，单生或排成聚伞花序生于树干或老枝上；萼5深裂，近于分离；花瓣5，上部匙形，中部变窄，下部凹陷成盔状；雄蕊的花丝基部合生成管状，上部分离，1—3聚生成组，退化雄蕊5，与雄蕊组互生；子房无梗，5室，每室有多数胚珠，中轴胎座，柱头5。果为核果。

本属约有30余种，产美洲热带。我国引种栽培1种。云南栽培1种。

可可（海南植物志）图116

Theobroma cacao Linn.（1753）

常绿乔木，高可达12米。树皮厚，暗灰褐色，小枝幼时被黄褐色星状短柔毛。叶长椭圆形或倒卵长椭圆形，长20—30厘米，宽7—10厘米，先端突然渐尖，基部钝圆或近心形，有时宽楔形，两面无毛或脉上略有星状短柔毛，侧脉约12对；叶柄长1.5—3厘米，有星状短柔毛；托叶条状披针形，早落。聚伞花序生于树干或主枝上，花梗长约12毫米；萼片5，粉红色，长披针形，宿存，边缘有毛；花瓣5，淡黄色，稍长于萼；发育雄蕊与花瓣对生，退化雄蕊线状；子房倒卵形，稍有5棱，每室有14—16胚珠，花柱圆柱形。核果椭圆形或长椭圆形，长51—20厘米，径约7厘米，成熟时深黄色或近于红色，干后具5明显棱脊，每室有12—14种子。种子卵形，稍呈压扁状，长2.5厘米，宽1.5厘米，无胚乳，子叶肥厚。花果期几全年。

栽培于景洪、河口，生长良好；台湾、广东也有栽培。

喜温热湿润气候。种子繁殖。

种子为世界三大饮料之一，又是制造巧克力糖的重要原料。

8. 翅子树属 Pterospermum Schreber

乔木或灌木，有星状绒毛或鳞秕。单叶，革质，通常偏斜不对称，全缘或有锯齿，常不规则分裂，基出脉掌状；托叶早落。花腋生，单花或数花成聚伞花序，两性；小苞片通常3，全缘，条裂或掌裂；萼片5，有时分裂几达基部；花瓣5；雄蕊15，花丝下部连合成管状，上部分离，无毛，每3枚集生成群，花药2室，药隔有突尖，退化雄蕊5，线形，与雄蕊群互生；子房有短柔毛，5室，每室有多数倒生胚珠，中轴胎座，花柱棒状或线状，柱头有5浅沟。蒴果木质或革质，圆柱形或卵形，有或无棱脊，室背开裂为5果瓣。种子有翅，翅长圆形，有薄的胚乳；子叶叶状。

本属约有40种，产亚洲热带和亚热带。我国约有9种，产台湾、广东、广西和云南。云南约有7种。

分 种 检 索 表

1.果小，长不超过4厘米，凹陷面不明显；幼树及萌枝叶掌状深裂，裂片条形，基部盾状，成年树及老枝叶倒梯形，基部微心形 ……………………………… **1.云南翅子树 P.yunnanense**
1.果大，长超过5厘米。
  2.退化雄蕊无毛。
    3.小苞片全缘；果凹陷面不明显。
      4.叶椭圆形或长圆披针形，先端渐尖，基部斜圆形；果长约7厘米 …………………
      ……………………………………………… **2.勐仑翅子树 P. menglunense**
      4.叶倒梯形，先端3—5浅裂，基部近截形；果长约9厘米 …………………………
      ……………………………………………… **3.景东翅子树 P.kingtungense**
    3.小苞片条裂；果凹陷面明显，长约12厘米；幼树叶掌状浅裂，基部盾形，成年树叶长圆状倒梯形，先端3—5裂，基部浅心形 …………… **4.截裂翅子树 P. truncatolobatum**
  2.退化雄蕊有毛。
    5.小苞片全缘；果凹陷面明显，叶长圆状倒梯形或近圆形，基部浅心形或盾形，不规则浅裂或掌状深裂的裂片琴形 …………………………… **5.变叶翅子树 P.proteum**
    5.小苞片条裂；果凹陷面不明显。
      6.叶长圆披针形或披针形，基部常偏斜；果长约5厘米 …………………………
      ……………………………………………… **6.窄叶半枫荷 P.lanceaefolium**
      6.叶近圆形或长圆形或盾形，基部心形；幼树及萌枝叶常盾形，或有不规则浅裂 …
      ……………………………………………………… **7.翅子树 P.acerifolium**

1.云南翅子树（植物分类学报）图117

Pterospermum yunnanense Hsue（1977）

小乔木或灌木，高达5米。小枝初被灰白色星状短柔毛，后无毛。叶革质，生于幼树和萌枝上的盾形，长8—16厘米，掌状深裂，裂片近条形，长5—12厘米，先端渐尖，叶柄长9—14厘米，或更长；生于成年树上的倒梯形，长6.5—8.5厘米，先端截形，有钝短尖，基部心形或斜心形，上面无毛，下面密被黄褐色短柔毛，侧脉5—6对，叶柄长1—1.5厘米。蒴果卵状椭圆形，长约4厘米，凹陷面不明显，先端钝，基部收缩变细，被褐色星状绒毛。种子连翅长约2.8厘米。

产勐腊，生于海拔1000—1500米的石灰岩山坡上。

种子繁殖，营养袋育苗。

2.勐仑翅子树（植物分类学报）图117

Pterospermum menglunense Hsue（1977）

乔木，高12米。小枝初被星状绵毛，后渐脱落。叶厚纸质，披针形或椭圆状披针形，长4.5—15厘米，宽1.5—5厘米，先端长渐尖或尾状渐尖，基部斜圆形，上面近无毛，下面被黄褐色或红褐色星状绒毛，侧脉约7对；叶柄长3—5毫米；托叶条状披针形，长约1厘米，全缘，早落，仅存于生长中的幼枝先端。花单生于小枝上部的叶腋，小苞片长锥状，长约6毫米，全缘；萼片5，条形，长3.5—3.8厘米，外面被黄褐色星状绒毛，内面无毛；花瓣5，白色，倒卵形，长约3厘米，无毛；雄蕊柄无毛，发育雄蕊3枚一束，与退化雄蕊互生，退化雄蕊5，长于发育雄蕊；子房卵形，被黄褐绒毛。蒴果椭圆形，长约7厘米，顶端急尖，基部变细，被黄褐色星状绒毛，果梗长1—2厘米。种子连翅长约3.5厘米。花期4月，果期6月。

产沧源、镇康、勐腊等地，生于海拔600—1000米的沟谷密林或山坡疏林中。

种子繁殖，营养袋育苗。

3.景东翅子树（植物分类学报）图118

Pterospermum kingtunense C. Y. Wu ex Hsue（1977）

乔木，高达12米。小枝初被褐色绒毛，后无毛。叶革质，倒梯形或长圆状倒梯形，长8—13.5厘米，宽3.5—6厘米，先端通常2—5不规则浅裂，基部斜圆形，近截形或浅心形，上面无毛，下面被黄白色星状绒毛，侧脉约10对；叶柄长约1厘米，被淡褐色星状绒毛；托叶卵形，长2—4毫米，全缘，早落。花单生于叶腋，小苞片卵形，全缘；萼片5，分裂几达基都，条状狭披针形，长约4.5厘米，宽约1.1厘米，两面被星状绒毛；花瓣5，白色，斜倒卵形，长约5厘米，先端近圆形，基部渐狭并有星状绒毛；雄蕊的花丝无毛，花药二室，药隔顶端突出如尾状，退化雄蕊条状棒形，无毛，上部有瘤状突起；子房卵形，被黄褐色星状绒毛，花柱有毛，柱头分离，但扭合在一起。蒴果长椭圆形，长约9厘米，径约3厘米，先端钝，基部收缩成圆柱状，棱脊和凹陷面均不显著，果梗粗于小枝，长约1.5厘米。种子连翅长约4厘米。果期9月。

产景东，生于海拔1400米左右的山坡草地或疏林中。

种子繁殖，植苗造林。

4.截裂翅子树（植物分类学报）图118

Pterospermum truncatolobatum Gagnep.（1909）

乔木，高达16米。树皮黑褐色，有纵裂纹，小枝初被黄褐色星状绒毛，后无毛。叶革质，生于幼树和萌枝上的盾形，掌状浅裂，基生脉7—9，叶柄长约10厘米；生于成年树老枝上的长圆状倒梯形，长8—16厘米，宽3—11厘米，先端截状3—5浅裂，基部浅心形或斜心形，上面无毛，下面被黄褐色星状绒毛，基生脉5—7；叶柄长4—12厘米；托叶掌状条

图117 云南翅子树和勐仑翅子树

1—4.云南翅子树 *Pterospermum yunnanense* Hsue 1.幼树枝 2.果 3.种子 4.老枝叶

5—7.勐仑翅子树 *Pterospermum menglunense* Hsue 5.花枝 6.果枝 7.花瓣

图118 景东翅子树和截裂翅子树

1—3.景东翅子树 *Pterospermum kingtungense* C. Y. Wu ex Hsue

1.花枝 2.花瓣 3.萼片

4—7.截裂翅子树 *Pierospermum truncatolobatum* Gagnep.

4.果 5.种子 6.成年树叶 7.幼树叶

裂，早落。花单生叶腋；小苞片条裂；萼片5，条形，几全部分离，长4.5—6.5厘米，宽约4毫米，外面被黄褐色星状绒毛，内面被银白色柔毛；花瓣5，条状镰刀形，长3—6厘米，宽4—5毫米，基部渐狭，无毛；雄蕊15，每3枚一束，与退化雄蕊互生，退化雄蕊5，线形，无毛；子房卵形，被锈色绒色，具5棱。蒴果木质，卵状长圆形，长约12厘米，径约7厘米，棱脊隆起，凹陷面显著，基部2—3厘米突然收缩成柱状，外面被褐色星状绒毛。种子连翅长4—5.5厘米。果期7—8月。

产金平、河口等地，生于海拔300—500米的疏林或密林中；分布于广西。越南也有。

种子繁殖，育苗造林。

5.变叶翅干树（中国植物志）图119

Pterospermum proteum Burkill（1901）

小乔木或灌木，高可达6米。小枝初被黄褐色略带白色星状绒毛，后无毛。叶形多变，幼树和萌枝叶盾形，掌状深裂，裂片琴状；叶柄长8—12厘米，成年树老枝叶近圆形、长圆形或长圆状倒梯形，长5—11厘米，宽2—5.5厘米，先端渐尖、截形、心形或钝，基部斜心形或盾形，全缘或不规则浅裂，裂片钝或粗齿状，上面近无毛，下面被红褐色或灰白色星状绒毛；叶柄长1—2.5厘米。花1—4朵腋生；小苞片线形，长约2毫米，全缘；萼片5，条形，长约1.5厘米，宽约1.5毫米，外面被星状短绒毛；花瓣5，狭条形，长1—1.2厘米，边缘绉缩；雄蕊比花瓣略短，花丝几分离，退化雄蕊上部有毛；子房卵形，被星状绒毛。蒴果卵状长圆形或卵形，长约5厘米，径约2厘米。棱脊和凸陷面明显，外面被红褐色星状绒毛，顶端有长3—5毫米的尖喙，基部5—7毫米突然收缩成柱状。种子连翅长约3厘米。

产元江、个旧、蒙自、勐腊等地，生于海拔700—1000米的山坡草地或疏林中。

种子繁殖，育苗造林。

6.窄叶半枫荷（云南植物志）图119

Pterospermum lanceaefolium Roxb.（1814）

乔木，高达25米。树皮褐色或灰色，纵裂，小枝初被黄褐色绒毛，后无毛。叶长圆披针形或披针形，长5—9厘米，宽2—3厘米，先端渐尖或急尖，基部偏斜或钝，全缘或在先端有数个粗齿，上面几无毛，下面被黄褐色或黄白色星状绒毛，侧脉约6对；叶柄长5—7毫米；托叶长6—9毫米，上半部2—5条裂。花白色，芳香，单生于叶腋；花梗细长；小苞片生于花梗中部的关节处，长约8毫米，上部3—5条裂；萼片5，条形，长约2厘米，宽约3毫米，外面被深黄褐色绒毛，内面被浅褐色长柔毛；花瓣5，披针形，约与萼等长；雄蕊15，退化雄蕊线形，长于雄蕊；子房有毛。蒴果木质，长圆状卵形，长约5厘米，径约2厘米，先端钝，基部渐狭，被黄褐色星状绒毛；果梗长3—6厘米。种子连翅长2—2.5厘米。花果期全年。

产澜沧、孟连、勐腊、金平、河口、麻栗坡等地，生于海拔300—1000米的山坡疏林或沟谷密林中。分布于广东、广西；越南、缅甸、印度也有。

种子繁殖。

图119 变叶翅子树和窄叶半枫荷

1—2.变叶翅子树 *Pterospermum proteum* Burkill 1.果枝 2.种子

3—4.窄叶半枫荷 *Pterospermum lanceaefolium* Roxb. 3.果枝 4.小苞片

7.翅子树（中国树木分类学）图120

Pterospermum acerifolium Willd.（1800）

乔木，高可达25米，胸径可达1米。树皮灰色，平滑；小枝初被深黄褐色绒毛，后渐稀疏而色淡。叶革质，近圆形或长圆形，长15—30厘米，宽10—15厘米，先端渐尖或突尖，有时近圆形或截形，基部盾形或深心形，全缘或不规则浅裂，上面几无毛，下面被黄褐色或灰褐色星状绒毛，基生脉7—12；叶柄长4—8厘米。花白色，芳香，1—3生于叶腋，萼片5，长圆披针形，长约9厘米，宽约7毫米，外面被黄褐色星状绒毛，内面被白色长柔毛；花瓣5，条状长圆形，稍短于裂片，无毛；雄蕊15，每3枚一束，退化雄蕊棒状，有毛，与雄蕊束互生；子房长圆形，5室，每室有多数胚珠。蒴果长圆状椭圆形，长10—15厘米，径5—6厘米，凹陷面不明显，被红褐色星状绒毛，顶端钝或略尖，基部渐狭；果梗长约2厘米。种子连翅长3—4.5厘米。花果期3—11月。

产宜良、勐海、勐腊等地，生于海拔1200—1500米的山坡疏林中。老挝、泰国、缅甸、印度也有。

种子繁殖，育苗造林。

9.平当树属 Paradombeya Stapf

小乔木或灌木。叶互生，边缘有锯齿；托叶线型。花黄色，簇生于叶腋；花梗有关节；小苞片2—3轮生于关节上；萼片5，镊合状排列，无毛；花瓣5，宽倒卵形，果时宿存，雄蕊15，每3枚一束，与舌状退化雄蕊互生；子房无梗，被星状短柔毛，2—5室，每室具2胚珠，花柱伸长，柱头小。蒴果近球形，被星状短柔毛，果瓣易分离，每果瓣具1种子。

本属有2种，1种产泰国、缅甸。1种产我国的四川、云南。

1.平当树（植物分类学报）图120

Paradombeya sinensis Dunn（1902）

P. szcchuensis Hu（1936—1937）

P. rehderiana Hu（1940）

小乔木或灌木，高可达5米。小枝初被稀疏星状短柔毛，后无毛。叶纸质，卵状披针形或椭圆状倒披针形，长5—13厘米，宽1.5—5厘米，先端长渐尖，基部圆形或近浅心形，上面无毛，下面被稀疏星状柔毛或几乎无毛，侧脉约10对，叶柄长3—5毫米。花黄色，簇生于叶腋；花梗细弱，长1—2厘米，小苞片披针形，早落；萼片5，卵状披针形，长约4毫米，基部略粘连；花瓣5，宽倒卵形，长约5毫米，略偏斜，宿存于果上；雄蕊15，每3枚一束，退化雄蕊5，略短于花瓣，与雄蕊束互生；子房球形，被星状绒毛，2室。蒴果近球形，长约2.5毫米，每果瓣具1种子。种子长圆状卵形，长约1.5毫米，深褐色。花期8—9月，果期11—12月。

产永善、巧家、会泽、东川、禄劝、泸水、石屏等地，生于海拔1200—1400米的草坡和稀树灌丛中。

图120　翅子树和平当树

1—2.翅子树 *Pterospermm acerifolium* Walld. 1.果枝 2.种

3—6.平当树 *Paradombeya sinensis* Dunn 3.幼果枝 4.花 5.花瓣 6.萼片

种子繁殖，育苗造林。

10. 昂天莲属 Ambroma Linn. f.

小乔木或灌木。叶心形或卵状椭圆形，全缘或有锯齿，有时掌状浅裂。花序与叶对生和顶生，具少数花；花两性；萼片5，近基部合生；花瓣5，中部以下突然收缩，下部凹陷，上部延长成匙形；雄蕊的花丝合生成管状，包围着雌蕊，花药15，3枚一束，着生于雄蕊管顶端边缘的外侧，退化雄蕊5，片状，着生于雄蕊管顶端，与花药束互生；子房无梗，具5棱，5室，每室有多数胚珠，花柱约与子房等长，柱头5裂，裂片三角形。蒴果具5纵窄翅，顶端截形。种子每室多数，有胚乳，子叶扁平，心形。

本属1或2种，产亚洲热带至大洋洲。我国1种，云南也产。

昂天莲（中国高等植物图鉴）图121

Ambroma augusta（Linn.）Linn. f.（1781）

Theobroma augusta Linn.（1767）

小乔木或灌木，高可达8米，胸径可达20厘米。小枝初被星状绒毛，后无毛。叶卵形或心形，有时分裂，长10—22厘米，宽9—18厘米，先端渐尖或急尖，基部心形或斜浅心形，上面无毛，下面有星状毛，基生脉3—7；叶柄长1—10厘米；托叶条形，长5—10毫米，早落。聚伞花序生于小枝上部，与叶对生或顶生，具1—5花；花红紫色，径约5厘米；萼片5，披针形，基部稍连合，长15—18毫米，两面有毛；花瓣5，在下部1/3处突然收缩变狭，上部匙形，下部舌状，具硬缘毛；雄蕊的花丝与退化雄蕊的花丝连合成管状，花药3枚一束，着生于管顶的外侧，退化雄蕊5，片状匙形，着生于管的顶端，有硬缘毛，与花药束互生；子房包藏于雄蕊和退化雄蕊连成的管中，长圆形，有5棱，略被毛，花柱约与子房等长，柱头5裂，裂片三角形。蒴果倒圆锥形，长约4厘米，径约3厘米，具5纵翅，幼时被淡黄褐色星状刺毛，顶端截形，基部具宿存萼片；果梗长4—5厘米。种子卵形或长圆形，长约2毫米，黑色。花果期3—11月。

产勐腊、金平、河口、西畴、麻栗坡、富宁等地，生于海拔200—1200米的沟谷、林缘或开阔草地。广东、广西、贵州均产；越南、泰国、马来西亚、印度尼西亚、菲律宾、印度也有。

种子繁殖。

皮层纤维洁白，质地坚韧可为丝织物代用品。根入药，可通经。

11. 山麻树属 Commersonia J. R. et G. Forst.

乔木或灌木。叶为单叶，常偏斜，有锯齿或深裂。聚伞状圆锥花序，生于小枝上部叶腋或顶生；花两性；萼片5，与花瓣互生；花瓣5，上部伸长呈带状；雄蕊5，与花瓣对生，花药近球形，2室，药室分歧，退化雄蕊5，披针形，与萼片对生；子房无梗，5室，每室有2—6胚珠，花柱基部连合或分离。蒴果被长硬毛，室背开裂。种子有胚乳，子叶扁平。

本属约有9种，产亚洲热带和大洋洲。我国有1种，云南也产。

山麻树（中国高等植物图鉴）图121

Commersonia bartramia（Linn.）Merr.（1917）

Muntingia bratramia Linn.（1759）

乔木，高达15米。小枝初被黄褐色星状短柔毛，后无毛。叶卵状椭圆形或卵状被针形，长9—24厘米，宽5—14厘米，先端渐尖或急尖，基部斜心形或仅微凹近圆形，边缘有不规则的小齿，上面被稀疏淡黄色星状柔毛，下面被灰白色星状绒毛，侧脉约8对；叶柄长6—18毫米，被黄褐色星状绒毛；托叶掌状条裂。复聚伞花序腋生或顶生，长3—21厘米，有绒毛；花白色，直径约5毫米；萼片5，尖卵形，基部微粘连，长3—4毫米，两面有毛，花瓣5，与萼片近等长或稍长，内面有毛，上部带状，基部宽展而内凹；雄蕊5，长约0.5毫米，藏于花瓣基部凹陷处，退化雄蕊5，披针形，长约1.5毫米，两面被短柔毛；子房5室，每室有2胚珠。蒴果球形，径约2厘米，被长硬毛，成熟时顶端星状开裂。种子椭圆形或卵形，长2—4毫米，有种脐。

产河口等地，生于海拔100—400米的沟谷疏林或山坡杂木林中；广东、广西也有；越南、马来西亚、菲律宾、印度均产。

种子繁殖，育苗造林。

图121 昂天莲和山麻树

1—4.昂天莲 *Ambroma ougusta*（Linn.）Linn. f. 1.花枝 2.花 3.花瓣 4.果

5—8.山麻树 *Commersonia bartramia*（Linn.）Merr. 5.花果枝 6.花 7.花瓣 8.退化雄蕊

131.木棉科 BOMBACACEAE

乔木，主干基部常有板状根。叶互生，单叶或为掌状复叶；托叶早落。花两性，单生或簇生；花萼杯状，顶端截平或为不规则的3—5裂；花瓣5；覆瓦状排列，有时基部与雄蕊管合生，有时无花瓣；雄蕊5至多数，退化雄蕊常存在，花丝分离或合生成雄蕊管，花药肾形线形，1或2室；子房上位，2—5室，每室有倒生胚珠2至多数，中轴胎座；花柱不裂或2—5裂。蒴果，室背开裂或不裂，种子常为内果皮的丝状绵毛所包围。

本科约20属，180余种，产热带地区，以美洲最多。我国原产的仅有1属2种，引种栽培5属5种。本志记载4属5种。

分 属 检 索 表

1.单叶，具掌状脉，边缘全部有齿 ……………………………………… 1.轻木属 Ochroma
1.掌状复叶，边缘无齿或近先端有疏齿。
  2.花丝在40以上.小叶全缘。
    3.雄蕊在雄蕊管上分为多束，每束再分为7—10，花萼顶端截平，内面无毛；种子长达
      2.5厘米…………………………………………………………… 2.瓜栗属 Pachira
    3.雄蕊在雄蕊管上分为5束或散生，花萼具齿，内面被毛；种子长不及5毫米………
      ………………………………………………………… 3.木棉属 Bombax Linn.
  2.花丝3—15，小叶有时近先端有疏齿 …………………………… 4.吉贝属 Ceiba Mill.

1.轻木属 Ochroma Swartz.

乔木，树干无刺。单叶，螺旋状排列，掌状浅裂或全缘，叶脉掌状，下而被星柔毛；托叶大，脱落。花大形，单生叶腋；具梗；花萼管状或漏斗状，5裂，质厚，裂片卵状三角形；花瓣匙形，初时直立，后渐外卷，白色；雄蕊管长，上部扭转，无分离的花丝，花药5—10；子房上位，5室，每室具多数胚珠；花柱粗壮，柱头相互扭转成纺锤形，有螺状沟纹。蒴果狭长，室背5瓣裂为，里面密被褐色丝状绵毛。种子多数，藏于绵毛内，有假种皮，股乳肉质。

本属仅1种，原产热带美洲。我国热带地区引进栽培。

轻木（云南植物志）图122

Ochroma lagopus Swartz（1788）

常绿乔木，10—12年生的树高可达16—18米，胸径可达15—18厘米；树皮棕褐色，光滑。叶心状卵圆形，掌状浅裂或不裂，下面疏被星状柔毛，长约15—30厘米，宽12—20厘

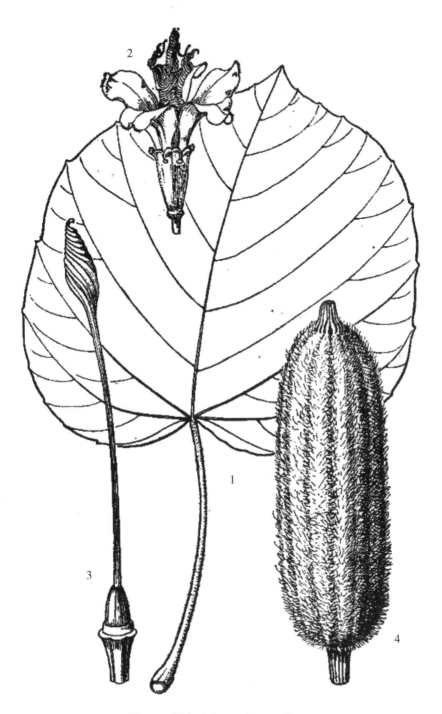

图122　轻木 *Ochroma lagopus* Swartz
1.叶形　2.花外形　3.雌蕊　4.果实

米，基出脉7，中脉两侧的羽状脉5—6对，网脉显著；叶柄长5—20厘米，粗壮，密被褐色星状柔毛；托叶明显，早落，花萼筒厚革质，长3.5厘米，5裂，裂片长约1厘米，其中3片阔卵形，边缘具缘毛，另2片锐三角形，边缘无毛；花瓣匙形，白色，长8—9厘米，宽1.5—1.8厘米；雄蕊管长约9厘米，下部细圆筒形，无毛，上部扭转成漏斗状，花柱圆柱形，长约4.5厘米，有纵沟，藏于雄蕊管内，柱头5，相互扭转成螺旋状纺锤形，长2.5厘米，伸出花药之上。蒴果圆柱形，长12—17厘米，室背5瓣裂，内面有绵状簇毛，成熟时果瓣脱落。种子多数，淡红色或咖啡色，疏被灰褐色丝状绵毛。花期3—4月，果期7—8月。

原产热带美洲低海拔地区。栽培于西双版纳地区；广西、台湾也有栽培。

性喜高温、高湿气候和深厚、肥沃、排水良好的土壤条件。

种子繁殖。选5年生以上的健壮无病虫害的母树，于蒴果开裂前采摘果实，晾晒至开裂后去杂，保存于通风干燥处。播前用50—60℃温水浸泡一天后用湿纱布加盖放置玻皿内，每日温水清洗一次。待种子萌芽便可播入营养袋内。造林地应选热区静风、阳光充足、土壤深厚、无寒害处。株行距为4×4米。

材质均匀，极易加工，可用作轻型结构物的原料；因其导热系数低，也是一种很好的绝热材料，可用作某些耐高温的特殊结构，还可制隔音设备、救生器材和水上浮标等。

2. 瓜栗属 Pachira Aubl.

乔木。叶互生，掌状复叶，小叶5—11，全缘。花单生于叶腋，具梗；苞片2—3枚；花萼杯状，短，顶端平截或具不明显的浅齿，内面无毛，果期宿存，花瓣长圆形或线形，白色或淡红色，外面常被茸毛，雄蕊基部合生成管，基部以上分离为多束，每束再分离为多数花丝，花药肾形，子房5室，每室具多数胚珠；花柱伸长，柱头5浅裂。果近长圆形，木质或革质，室背开裂为5瓣，内面具长绵毛。种子大形，无毛；种皮脆壳质，光滑；子叶肉质，内卷。

本属有2种，产热带美洲。我国引进栽培1种。

瓜栗（云南植物志）图123

Pachira macrocarpa（Cham. et Schlecht.）Walp.（1842）

小乔木，高4—5米。幼枝栗褐色，无毛。掌状复叶；叶柄长11—15厘米；小叶5—11，长圆形至卵状长圆形，中间小叶长13—24厘米，宽4.5—8厘米，两侧较小，顶端渐尖，基部楔形，全缘，上面无毛，下面被锈色星状绒毛，侧脉16—20对，网脉细密，下面显著隆起；具短柄或近无柄。花单生于枝顶叶腋；花梗粗壮，长约2厘米，被黄色星状绒毛，易脱落；花萼杯状，近革质，直径约1.3厘米，外面疏被星状柔毛，内面无毛，顶端平截或具3—6不明显的浅齿，基部有2—3圆形腺体；花瓣淡黄绿色，狭披针形至线形，长达15厘米，上部反卷；雄蕊管长13—15厘米，下部黄色，向上变红色；花药狭线形，长2—3毫米，横生；花柱长于雄蕊，深红色，柱头小，5浅裂。蒴果近倒卵形，长9—10厘米，直径4—6厘

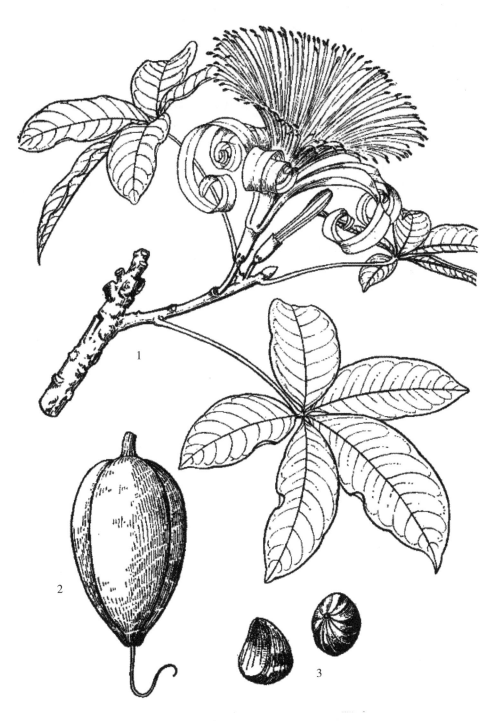

图123　瓜栗 *Pachira macrocarpa* Walp.
1.花枝　2.果实　3.种子

米，果皮厚，木质，黄褐色，外面无毛，内面密被长绵毛。种子多数，呈不规则的梯状楔形，长约2.5厘米；宽1—1.5厘米；种皮暗褐色，有白色螺纹。花果期5—11月。

原产中美洲墨西哥至哥斯达黎加。栽培于西双版纳，台湾也有栽培。

未成熟的果皮可食；种子可炒食，也可榨油，可作热带地区木本油料推广。

3. 木棉属 Bombax Linn.

落叶大乔木；幼枝、树干通常具有圆锥状的粗刺。叶为掌状复叶。花单生，大形，先叶开放，通常红色，有时为橙红色或黄白色，无苞片；花萼革质，杯状，顶端平截或具短齿，花后基部周裂，连同花瓣和雄蕊一起脱落；花瓣5枚，倒卵形或倒卵状披针形；雄蕊多数，合生成管，花丝排成若干轮，最外轮集生成5束，各束与花瓣对生；花药1室，肾形；子房5室，每室具多数胚珠，花柱细棒状，长于雄蕊；柱头5裂。蒴果室背开裂为5瓣，果瓣革质，内有丝状绵毛。种子小，黑色，藏于绵毛内。

本属约有50余种，主要产于热带美洲，少数种类产于亚洲热带、非洲和大洋洲。中国有2种，云南2种均有。

分 种 检 索 表

1.花萼长2—3（4.5）厘米，里面被短绢毛，花丝基部粗壮，上部较细；果长10—15厘米………………………………………………………………………… 1.木棉 B. malabaricam
1.花萼长3.8—5厘米，里面密被丝状毛，花丝线形，上下等粗，果长达30厘米 ……………………………………………………………………………………… 2.长果木棉B. insigne

1.木棉（本草纲目）　攀枝花（云南）图124

Bombax malabaricum DC.（1824）

落叶大乔木，高达25米；树皮灰白色。幼树枝干通常有圆锥状的粗刺。掌状复叶；小叶5—7，长圆形至长圆状披针形，长10—16厘米，宽3.5—5.5厘米，顶端渐尖，基部阔或渐狭，全缘，两面无毛，侧脉15—17对，网脉极细密；叶柄长10—20厘米，小叶柄长1.5—4厘米。花单生，通常红色，有时为橙红色，直径约10厘米；花萼杯状，顶端3—5裂，长2—3厘米，外面无毛，里面密被淡黄色短绢毛；花瓣肉质，倒卵状长圆形，长8—10厘米，宽3—4厘米，被星状柔毛，里面稀疏；雄蕊管短，花丝基部粗壮，向上渐细，内轮部分花丝上部分叉，中间10枚雄蕊较短，不分叉；外轮雄蕊多数，集成5束，每束花丝10以上；花柱长于雄蕊。蒴果长圆形，长10—15厘米，直径4—5厘米，密被灰白色长柔毛和星状柔毛；种子多数，倒卵形，光滑。花期3—4月，果实夏季成熟。

产全省低热地区，生于海拔1400—1700米以下的干热河谷及稀疏草原或河谷季雨林边；也有栽培作行道树的；江西、广东、广西、福建、台湾、四川、贵州也产；印度、斯里兰卡、印度尼西亚、菲律宾、澳大利亚均有。

木棉是一种耐高温、干旱的强阳性树种，对土壤要求不苛。蒴果成熟尚未开裂前采下，曝晒至开裂后，用棍于拍打使种子从绵毛中抖落。贮藏时间不宜过长，否则易失去发芽率。宜条播。播后覆土1—1.5厘米，土表盖草保持湿润。一年生苗可达80厘米。因根系发达，取苗时应深挖以防伤根。

木材轻软，可制作蒸笼、箱板、造纸等用材。花入药可清热除湿、治菌痢，肠炎、胃痛；根皮也可祛风湿、治疗跌打，也作滋补药；果内绵毛可作枕、褥、救生圈的填充料；种子可榨油，用于润滑剂、制皂。花大面色艳，且树姿优美，可作庭园观赏树或行道树。

2.长果木棉（云南植物志）图125

Bombax insigne Wall.（1830）

落叶大乔木，高达20米；树干无刺。幼枝具刺或缺。掌状复叶；叶柄长于叶片；小叶5—9，近革质，倒卵形或倒披针形，顶端短渐尖，基部渐窄，长10—15厘米，宽4—5厘米，背面沿中脉和侧脉具长柔毛；小叶柄长1.2—1.6厘米。花单生于落叶枝的近顶端；花梗长约2厘米，粗壮；花萼厚革质，长3—5厘米，坛状球形，分裂不显著，外面近无毛，里面被稠密的丝状毛；花瓣肉质，长圆形或线状长圆形，长10—15厘米，宽约3厘米，红色、橙色或黄色；里面无毛，外面被短绢毛；雄蕊多数，雄蕊管长约1.2厘米，花丝线形，集成5束，短于花瓣；子房5室；花柱生于花丝。蒴果栗褐色，长筒形，无毛，长25—30厘米，直径3—5厘米，具5棱，成熟后，沿棱脊开裂。花期3月，果期4—5月。

产盈江、镇康、普洱、勐腊，生于海拔500—1000米的石灰岩山林内。老挝、缅甸、越南也有分布。

营林技术、材性、经济用途与木棉略同。

4. 吉贝属 Ceiba Mill.

落叶乔木，树干有刺或缺。掌状复叶；具短柄；小叶3—9，无毛，背面苍白色，全缘。花先叶开放，单生或2—15簇生于落叶的节上，通常辐射对称；花萼钟形，不规则的3—12裂，宿存；花瓣淡红色或黄白色，基部合生并贴生于雄蕊管上，与雄蕊和花柱一起脱落；雄蕊管短；花丝3—15，分离或集成5束，每束花丝顶端有1—3扭曲的1室花药；子房5室，每室具多数胚珠；花柱线形。蒴果木质或革质，长圆形或近倒卵形，室背开裂为5瓣，果瓣里面密被绵毛。种子多数，藏于绵毛内，具假种皮。

本属约有10种，主要产于热带美洲。我国引进栽培1种。

1.吉贝（云南植物志）图126

Ceiba pentandra（Linn.）Gaertn.（1791）

Bombax pentandrum Linn.（1753）

落叶大乔木，高达30米。板状根小或不存在，侧枝轮生，幼枝有刺。掌状复叶，具柄，长7—14厘米；小叶5—9，长圆状披针形，长5—16厘米，宽1.5—4.5厘米，顶端短渐尖，基部楔形，全缘或近顶端有稀疏细齿，两面无毛，下面有白霜；小叶柄长3—4毫米。花先叶或与叶同时开放，多数簇生于上部叶腋间，花梗长2.5—5厘米，无总梗，有时单生；

花萼长1—2厘米，内面无毛，花瓣卵状长圆形，长2.5—4米，外面密被白色长柔毛；雄蕊管上部花丝不等高分离，不等长，花药肾形；子房无毛；花柱长2.5—3.5厘米，柱头棒状，5浅裂。蒴果长圆形，向上渐窄，长7—15厘米，直径3—5厘米，5裂，果瓣里面密生状绵毛；种子圆形，种皮革质，平滑。花期3—4月。

原产热带美洲。栽培于西双版纳至元江一带；广东、广西热带地区也有栽培。

营林技术与木棉略同。

果内绵毛是救生器材、床垫、枕头的优良填充物，也可作防冷、隔音的绝缘材料。种子可榨油制皂。

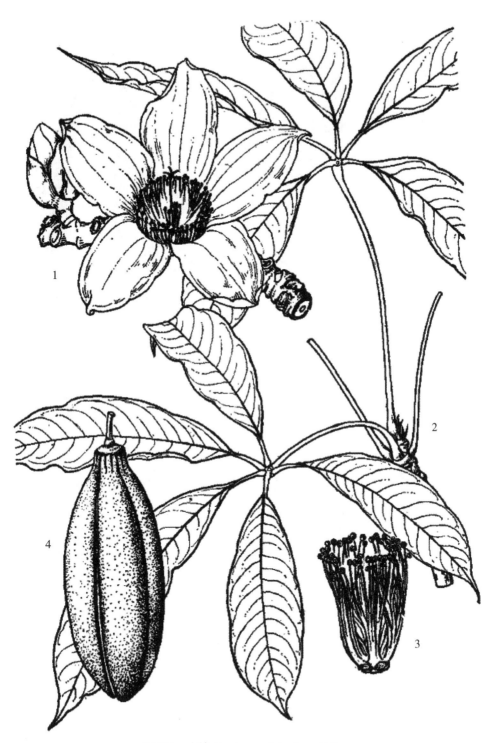

图124 木棉 *Bombax malabaricum* DC.
1.花枝 2.叶枝 3.雄蕊束 4.果实

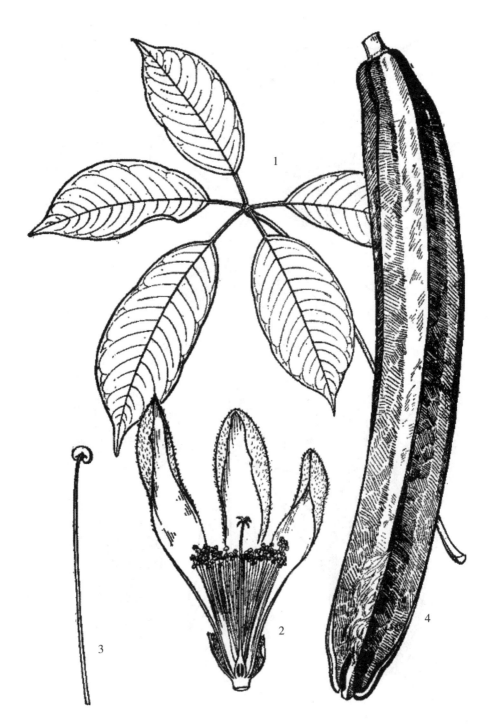

图125 长果木棉 *Bombax insigne* Wall.
1.叶形 2.花(纵剖面) 3.雄蕊 4.果实

图126 吉贝 *Ceiba pentandra* (Linn.) Gaertn.
1.花枝 2.花外形 3.雄蕊管 4.雌蕊 5.果实

132.锦葵科 MALVACEAE

草本、灌木或乔木。叶互生，单叶或分裂，叶脉通常为掌状，有托叶。花顶生或腋生，单花或簇生，聚伞花序至圆锥花序；花两性，辐射对称；萼片3—5，分离或合生，具副萼，3至多数；花瓣5，离生，但与雄蕊基部合生；雄蕊多数，连合成一管状雄蕊柱，花药1室；子房上位，2至多室，通常以5室为多，由2—5或较多的心皮环绕中轴而成，花柱上部分枝或为棒状，每室有1至多数胚珠，花柱与心皮同数或为其2倍。蒴果，瓣裂，很少为浆果状。种子肾形成倒卵形，被毛或无毛，有胚乳；子叶扁平，折叠状或回旋状。

本科约有50属，1000余种，产热带至温带地区。我国有16属，100余种、变种和变型，全国各地均产，以热带和亚热带地区种类较多。云南有13属，56种，14变种与4变型。本志记载2属10种1变种。

分 属 检 索 表

1.子房由分离心皮组成；果为开裂的分果；花杂性，单生或圆锥花序；叶脉掌状及分裂，乔木 ··· 1.翅果麻属 Kydia

1.子房由合生心皮组成，果为蒴果；花两性，单生少有聚伞花序；叶三出脉或掌状脉，不分裂或多少掌状分裂；乔木、灌木或草本 ·························· 2.木槿属 Hibiscus

1. 翅果麻属 Kydia Roxb.

乔木，高达20米。叶互生，叶脉掌状，常分裂。花杂性，单生或排列成圆锥花序；小苞片4—6，叶状，基部合生，果时扩大，被星状毛；萼片5，三角形，花瓣5，倒心形，基部合生而有髯毛，顶端有腺状流苏；雄花的雄蕊柱圆筒形，5—6裂至中部，每裂具有3—5无柄、肾形的花药；不发育子房球形，不孕性花柱内藏；雌花的雄蕊柱5裂，上有不孕性花药，花柱顶端3裂，柱头盾状，具乳突，子房2—3室，稀为4室，每室有胚球2。蒴果近球形，室背3瓣裂。种子肾形，有槽。

本属有4种，产印度、不丹、缅甸、柬埔寨、越南和中国。云南有3种1变种。

分 种 检 索 表

1.花序圆锥形；果直径4—5毫米。

　　2.叶下面密被星状绵毛；宿存小苞片倒卵形，长10—12毫米，密被屋状绒毛 ············ ··· 1.翅果麻 K. calycina

　　2.叶下面无毛或疏被星状柔毛；宿存小苞片倒披针形，长15—20毫米，无毛或近无毛 ··· 2.光叶翅果麻 K. glabrescens

1.花单生；果直径约8毫米 ····························· 3.枣叶翅果麻 K.jujubifolia

1.翅果麻（云南植物志）图127

Kydia calycina Roxb.（1814）

乔木，高达20米。小枝圆柱形，密被淡褐色星状柔毛。叶近圆形，常3—5浅裂，长6—14厘米，宽5—11厘米，先端短尖或钝，基部圆形至心形，边缘具疏细齿，上面疏被星状柔毛，下面密被灰色星状绵毛；叶柄长2—4厘米，被星状柔毛。圆锥花序顶生或腋生、花柄、小苞片和花萼均密被灰色星状短柔毛；小苞片4，稀为6，长圆形，长约4毫米；花直径约16毫米；花萼浅杯状，中部以下合生，5裂，裂片三角形，与小苞片近等长；花瓣淡红色，倒心形，先端具腺状流苏。蒴果球形，直径约5毫米，宿存小苞片倒卵状长圆形，长1—1.5厘米，宽5—9毫米，两面被星状柔毛。种子肾形，无毛，具腺脉纹，花期9—11月。

产双江、芒市、德宏、红河、西双版纳、普洱、临沧、屏边，生于海拔500—1800米的山谷疏林中。越南、缅甸、老挝和印度也产。

种子繁殖。育苗造林。喜光耐旱，不抗寒。散孔材，管孔中等大小，散布。木材浅黄白色，心边材区别不明显。木射线有宽窄两型。木材纹理直，结构略粗，材质略硬重，不耐腐。可作一般建筑、家具、包装等用材。树皮含丰富纤维，可制绳索，也是紫胶虫寄主植物。

2.光叶翅果麻（云南植物志）图127

Kydia glabrescens Masters.（1874）

乔木，高达10米。小枝圆柱形，被星状毛。叶近圆形、卵形或倒卵形，长7—16厘米，宽5—12厘米，先端钝圆或浅3裂，基部圆形至楔形，边缘具不整齐齿，上面疏被星状短柔毛，下面无毛，主脉5—7；叶柄长2—4厘米，疏被星状柔毛。圆锥花序顶生或腋生；小苞片长圆状椭圆形，长约5毫米，无毛。花直径达13毫米；花萼杯状，5裂，中部以下合生；花瓣淡紫色。蒴果球形，直径约4毫米，宿存小苞片倒披针形，长1.5—2厘米，无毛或近无毛。花期8—10月。

产双江、普洱、西双版纳、屏边，生于海拔900—1500米山谷疏林中。广西也有。

营林技术、材性及经济用途与翅果麻略同。

2a. 毛叶翅果麻（云南植物志）（变种）

var. intermedia S. Y. Hu（1955）

产西双版纳，生于海拔760—1100米山谷疏林中。

3.枣叶翅果麻（云南植物志）图128

Kydia jujubifolia Griff.（1854）

Dicellostyles jujubifolia（Griff.）Benth.（1862）

乔木，高5—7米。小枝密被星状短绒毛。叶薄革质，卵形，长5—12厘米，宽4—8厘米，先端渐尖，基部圆形，全缘，上面散生星状细柔毛，下面密被灰色星状短绒毛，主脉

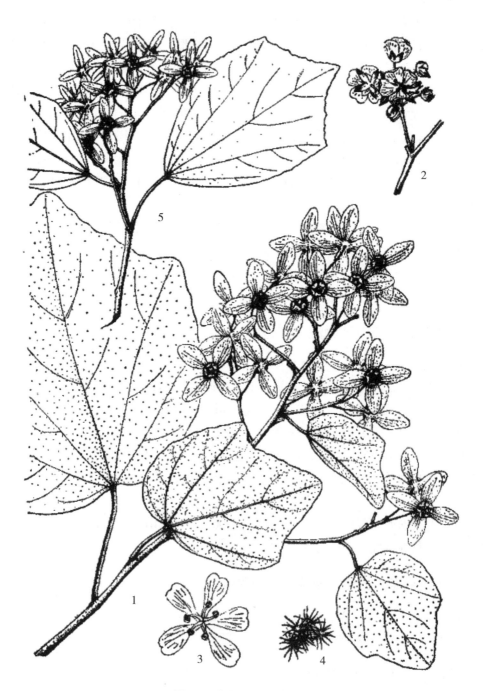

图127　翅果麻和光叶翅果麻

1—4. 翅果麻 Kydia calycina Roxb.

1.果枝　2.花枝　3.雄花（放大）　4.叶被星状毛（放大）

5.光叶翅果麻 Kydia glabrescens Masters 果枝

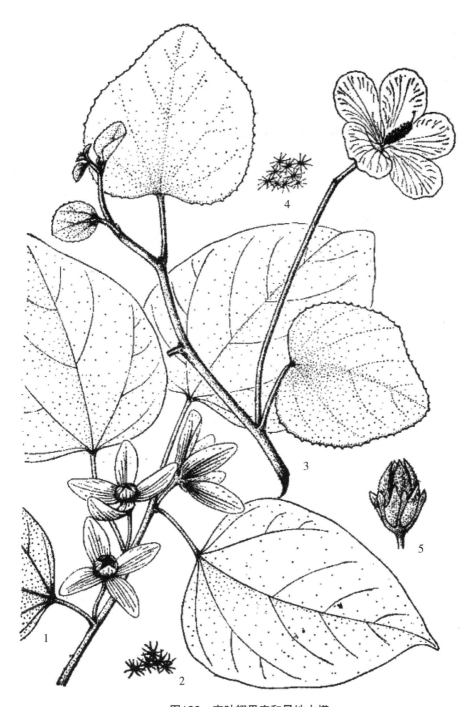

图128 枣叶翅果麻和旱地木槿

1—2. 枣叶翅果麻 *Kydia jujubifolia* Griff.　1.果枝　2.叶被星状毛（放大）

3—5. 旱地木槿 *Hibiscus aridicola* Anthony　3.花枝　4.植株被星状毛（放大）　5.蒴果（放大）

5；叶柄长1—3厘米，被星状毛。花未见。果单生（稀2）；果梗长1.5厘米，被星状毛；小苞片4，稀为5或6，长圆形，长2.5厘米，宽8—12毫米，先端钝，具明显脉纹，被毛；果萼长约8毫米，紧包蒴果，中部以下合生，裂片三角形，被星状短柔毛；蒴果近球形，直径约8毫米，被粗长毛和绵毛，3瓣裂。种子肾形，无毛，具乳突。

产镇康，生于海拔1600米的阔叶林中。印度、不丹也产。

营林技术、材性与经济用途与翅果麻略同。

2. 木槿属 Hibiscus Linn.

草本、灌木或乔木。叶互生，掌状分裂或不分裂，具5—11掌状叶脉，有托叶。花两性，单生于叶腋，5数；小苞片5或多数，分离或基部合生；萼钟状，稀为浅杯状或管状，5齿裂，宿存；花瓣5，基部与雄蕊柱合生，雄蕊柱顶端截平或5齿裂，花药多数；花柱5裂，通常柱头头状。蒴果，室背开裂成5果瓣。种子肾形，被毛或为腺状乳突。

本属约有200余种，产热带和亚热带地区。我国有24种，16变种和变型（包括引种栽培种），全国均产，云南有14种，7变种和变型。

分 种 检 索 表

1. 叶大形，长在20厘米以上，全缘或近全缘；总苞杯状，有10—12小苞片，全株密被褐色丝状长毛 ·· 1. 大叶木槿 H. macrophyllus
1. 叶较小，长在20厘米以下，边缘有锯齿或牙齿。
  2. 小苞片匙形，先端圆形；叶革质，密被黄色星状茸毛 ············ 2. 旱地木槿 H. aridicola
  2. 小苞片线形或卵形，先端钝或锐尖；叶坚纸质。
    3. 叶卵形或卵状椭圆形，不分裂；花下垂，花梗无毛，雄蕊柱长，伸出花外。
      4. 花瓣深裂成流苏状，反折；萼管状 ······················· 3. 吊灯扶桑 H. schizopetalus
      4. 花瓣不分裂或微具缺刻；萼钟状 ······················· 4. 朱槿 H. rosa-sinensis
    3. 叶卵形或心形，常分裂；花直立，花梗被星状毛或长硬毛；雄蕊柱不伸出花外。
      5. 叶基部心形、截形或圆形，叶掌状5—11；花柱枝具毛。
        6. 小苞片4—5，卵形，宽8—12毫米 ······················· 5. 美丽芙蓉 H. indicus
        6. 小苞片8，线形或线状披针形，宽1.5—5毫米 ············· 6. 木芙蓉 H. mutabilis
      5. 叶基部楔形至宽楔形，叶脉3—5；花柱枝无毛；小苞片6—7 ······ 7. 木槿 H. syriacus

1. 大叶木槿（中国植物志）图129

Hibiscus macrophyllus Roxb. ex Hornem（1814）

乔木，高6—9米，树干直立，胸径可达30厘米，树皮灰白色。小枝，芽、叶、叶柄、托叶和小苞片以及花序密被褐色丝状簇生毛。叶近圆心形，直径20—36厘米，全缘或有锯

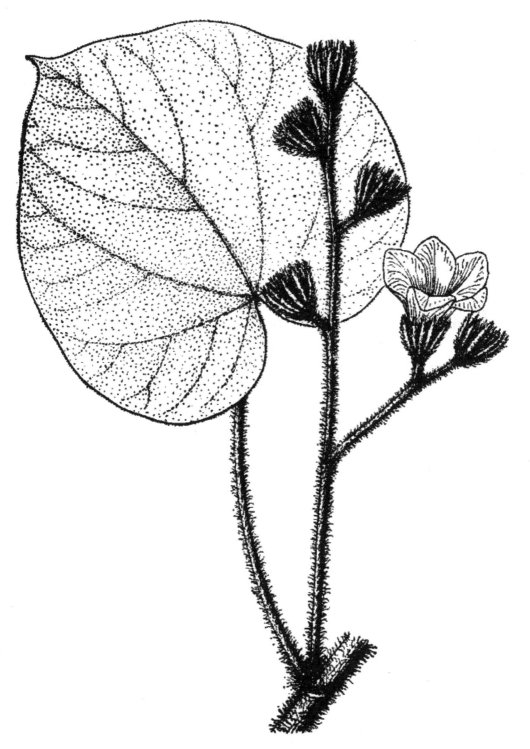

图129 大叶木槿 *Hibiscus macrophyllus* Roxb. ex Hornem
花枝

齿，先端渐尖，主脉7—9，侧脉与网脉明显；叶柄长15—30厘米；托叶大，叶状，长圆形，早落。聚伞花序顶生，长达30厘米，花梗长2.5—3厘米，基部具大型焰苞状的苞片，早落；小苞片10—12，线形，长约2.5厘米，与萼片近等长；萼钟状，5裂，裂片披针形；花大形，黄色，内面基部紫色，直径约6厘米，花瓣外部被绒毛；雄蕊柱长3厘米，具多数雄蕊；子房被毛，花柱5裂，具腺和毛，柱头头状。蒴果长圆形，长2.5—3厘米，密被粗硬毛。种子肾形，密被黄色长毛。花期3—5月。

产西双版纳，生于海拔460—1000米的常绿阔叶林中或栽培于傣族村寨旁。越南、柬埔寨、缅甸、巴基斯坦、印度和印度尼西亚也有分布。

属速生树种，萌蘖力强，砍伐更新二年后，新树干直径可达10—15厘米。树皮富含纤维，可作制绳索的原料，是值得在无霜地区推广种植的树种。

2.木芙蓉 （本草纲目）地芙蓉、木莲（本草纲目）、芙蓉花（滇南本草）图130

Hibiscus mutabilis Linn.（1753）

落叶灌木或小乔木，高2—5米。小枝、叶柄、花柄和花萼均密被星状毛与直毛相混杂的细绵毛。叶阔卵形、卵圆形或心形，直径10—15厘米，常5—7裂，裂片三角形，先端渐尖，边缘具钝圆齿，上面疏被星状毛，下面密被星状细茸毛，主脉7—11；叶柄长5—20厘米；托叶披针形，早落。花单生于枝条顶端叶腋，花梗长5—8厘米，近端具节，小苞片8，线形；萼钟形，长2.5—3厘米，5裂，裂片卵形，渐尖；花冠初时为白色或淡红色，后变深红色，直径约8厘米；花瓣近圆形，外面被毛，基部具髯毛；雄蕊柱长2.5—3厘米，无毛；花柱枝5，被稀疏柔毛。蒴果扁球形，直径约2.5厘米，被淡黄色刚毛和绵毛，果瓣5。种子肾形，具长柔毛。花期8—10月。

栽培于昆明、玉溪、楚雄、大理、丽江、保山、临沧、普洱、文山等地。我国长江南北各省（区）均有栽培。

花、叶、根入药，性凉，味微辛，具有清热解毒、消肿排脓、止血的作用。花、叶可治肺热咳嗽、月经过多、外敷痈肿疮疖、烧烫伤、毒蛇咬伤、跌打损伤等。根治火眼症、痈疽，鲜根治红白痢疾。花大而色艳，为我国具有悠久栽培历史的庭园观赏植物。

3.木槿 （日华本草）椴木槿、榇木槿（尔雅）、藩篱草、朝开暮落花（本草纲目）图130

Hibiscus syriacus Linn.（1753）

落叶灌木，高约2—4米。小枝密被星状茸毛。叶菱形至三角状卵形，长3—10厘米，宽2—4厘米，常3裂或不裂，先端钝，基部楔形，边缘具不整齐齿，下面沿叶脉被毛或近无毛；叶柄长5—25毫米，被星状柔毛；托叶线形，长约6毫米；小苞片6—8，线形，长6—15毫米，被星状毛；花萼钟形，长14—20毫米，密被星状短茸毛，5裂，裂片三角形；花冠钟形，淡紫色，直径5—6厘米，花瓣倒卵形，长3.5—4.5厘米，外面疏被纤毛和星状长柔毛；雄蕊柱长约3厘米；花柱枝无毛。蒴果卵圆形，直径约12毫米，密被黄色星状茸毛。种子肾形，背部被黄白色长柔毛。花期7—10月。

图130　木芙蓉和木槿

1—2. 木芙蓉 *Hibiscus mutabilis* Linn.　1.花枝　2.蒴果

3—5. 木槿 *Hibiscus syriacus* Linn.　3.花枝　4.花解剖　5.蒴果

栽培于昆明、玉溪、东川、丽江、怒江、红河等地；在我国中部地区及长江南北各省常见栽培。

扦插繁殖或种子繁殖。扦插繁殖取粗壮的1—2年生休眠枝。插穗长12—15厘米，入土2/3，插后踏实，充分浇水。注意追肥。种子繁殖也用苗圃育苗。种子千粒重21克，每千克约45000粒。苗期应及时除草、松土、施肥。一年生苗可移植。

木槿有蚜虫，黄斑芫菁等危害。蚜虫用乐果乳剂1500倍防治，黄斑芫菁用敌百虫800倍液喷杀。

花、根皮、茎皮、种子均可入药。花性平味甘，具清热、解毒消肿之功效，主治痢疾、痔疮出血、白带，外数疮疖痈肿、烫伤。茎皮或根皮（称川槿皮），性微寒味苦，具清热利湿、杀虫止痒的功能。种子（称朝天子）性平、味甘，具清肺化痰、解毒止痛之功效，主治咳嗽、神经性头痛，外用治黄水疮。花大美丽，可作庭园观赏植物；茎皮含纤维，可作造纸原料。

4.旱地木槿　图128

Hibiscus aridicola Anthony（1927）

产丽江，生于海拔1300—1400米的干旱河谷灌丛中。四川盐边也有分布。

5.朱槿　扶桑、赤槿、状元红

Hibiscus rosa-sinensis Linn.（1753）

昆明以南，建水、普洱、保山、西双版纳等地广泛栽培。

根、叶、花均入药，性寒味苦，具有清肺、化痰，解毒之功效。为较好的观赏植物。

6.吊灯扶桑　灯笼花

Hibiscus schizopetalus（Masters）Hook f.（1880）

H. rosa-sinensis Linn. var. *schizopetalus* Master（1879）

栽培地区与用途与朱槿相同。

7.美丽芙蓉　野芙蓉

Hibiscus indicus（Burm. f.）Hochtr.（1949）

Alcea indica Burm. f.（1768）

产昆明、楚雄、大理、保山、临沧、普洱、红河、文山、西双版纳等地，生于海拔1700—2000米的山谷灌丛中。四川、广西、广东均产；印度、越南、老挝、柬埔寨、印度尼西亚也有分布。

本种茎皮纤维坚韧，可供绳索原料。花大美丽粉红色，可作园林观赏植物。

135.古柯科 ERYTHROXYLACEAE

乔木或灌木。单叶互生，稀对生，全缘；托叶通常早落。花两性，稀单性，辐射对称；萼钟状，5裂，宿存，覆瓦状排列；花瓣5，分离，脱落，覆瓦状排列；雄蕊10，两轮排列，花药2室，纵裂；雌蕊由3心皮组成，花柱3，果为核果。

本科2属，约250余种，分布于热带或亚热带地区，尤以美洲最多。我国产1属，2种，分布于东南部至西南部；云南产1种。

古柯属 Erythroxylum P. Br.

灌木或小乔木，常无毛。叶互生，近2列；托叶生于叶柄内侧。花小，单生或簇生于叶腋，白色或黄绿色；花萼裂片通常基部宽；花瓣里面有舌状附属体；花丝基部合生；子房3室，稀4室，仅1室发育，有胚珠1（2），花柱分离或合生。核果1室。种子1，有或无胚乳。

本属250种，产热带、亚热带地区，主产美洲及马达加斯加。我国有2种。云南有1种。

东方古柯　木豇豆（屏边）图131

Erythroxylum kunthianum（Wall.）Kurz（1872）

灌木至小乔木，高达6米；小枝无毛。叶膜质，长圆状椭圆形或披针形，长4—10厘米宽1.5—3厘米，先端急尖或短渐尖，基部宽楔形，干时下面稍粉白色，侧脉不明显；叶柄长2—8毫米；托叶长1—2毫米。花1—3朵簇生于叶腋；花梗长5—9毫米；萼分裂深达3/4；花瓣卵状长圆形，里面舌状附属体2；子房长圆形，花柱合生。核果锐三棱状长圆形，稍弯，长10—14毫米，顶端纯，花期5—6月，果期6—10月。

产屏边、金平、文山、富宁、西畴、马关、麻栗坡、贡山、腾冲、普洱等地，生于海拔1300—2200米的山地疏林和密林中。浙江、江西、福建、广东、广西、贵州均有；缅甸、越南和印度也产。

种子繁殖。可随采随播，或者将果实采摘后，在水中浸泡2—3天，除去果皮，洗净阴干混沙贮藏，翌年早春育苗或直播。

图131 东方古柯 *Erythroxylum kunthianum*（Wall.）Kurz

1.花枝 2.短花柱花 3.去花瓣的长花柱花 4.花瓣 5.子房横切面 6.果

136.大戟科 EUPHORBIACEAE

乔木、灌木或草本，有时有白色乳汁。叶互生，稀对生，单叶，稀3数复叶或掌状分裂；叶柄顶端常具腺体1对，常具托叶。花单性，雌雄同株或异株，同序或异序，萼片镊合状或覆瓦状排列，稀不存，具花瓣，稀不存；雄蕊1至多数，分离或合生，花药2或4室，直裂，具退化雌蕊，稀不存；子房（1）3（15）室，花柱分离或基部合生，胚珠每室1—2，花盘常存在，环状或分离为腺体，蒴果、浆果或核果。种子常有显著的种阜。

本科约280属，8000种以上，广布全球。我国有66属，约364种，云南有51属，195种，8变种。本志记载33属，78种2变种。

属 检 索 表

1.子房每室有2胚珠。
  2. 叶为3出复叶；无化瓣，无花盘；果浆果状，球形，不开裂 ……………………………
………………………………………………………………… 1. 重阳木属 Bischofia
  2.叶为单叶。
    3.雌花有花瓣，有花盘。
      4.子房2室；核果；花盘盘状 …………………………… 2.土密树属 Bridelia
      4.子房3室；蒴果；花盘筒状，包被子房全部或一部 ………… 3.闭花属 Cleistanthus
    3.雌花无花瓣。
      5.雌花有花盘。
        6.子房一室，花柱2—3；肉质核果小，扁压，干后常有网状小窝孔 ………………
…………………………………………………………4.五月茶属 Antidesma
        6.子房3室，花柱3—4；蒴果，浆果状或肉质核果状，干后平滑 ……………………
………………………………………………………… 5.叶下珠属 Phyllanthus
      5.雌花无花盘。
        7.叶2列。
          8.雌雄同株；子房3—15室，花柱合生呈核状或球状，蒴果开裂为3—15个2裂的分果瓣 …………………………………………… 6.算盘子属 Glochidion
          8.雌雄异株；子房2室，花柱2，柱头2裂，雄蕊2—3（5），花丝分离；蒴果核果状 ………………………………………………………… 7.银柴属 Aporusa
        7.叶非2列。雌花序长总状，着生于老干上，雄花序生于小枝先端；外果皮肉质 …
………………………………………………………… 8.木奶果属 Baccaurea
1.子房每室有1胚珠.

9.叶为3出复叶；高大乔木，有乳状液汁 ……………………………… 9.橡胶树属 Hevea
9.叶为单叶。

  10.雌花有花瓣。

    11.基出脉3—7。

      12.雄花花托伸长或圆柱状；核果状不裂。

        13.叶常绿，幼枝、叶被褐色星状毛；花小，径约8毫米，子房2室 …………

        ………………………………………………………… 10.石栗属 Aleurites

        13.叶脱落，幼枝、叶无星状毛；花大，径1.8—2.5厘米，子房3—5（8）室 ……

        ………………………………………………………… 11.油桐属 Vernicia

      12.雄花花托不伸长；蒴果。

        14.雄蕊（8）25—40，花丝基部合生或外轮的分离；叶缘具腺齿；雄花序圆锥状，

        雌花序总状 ……………………………………… 12.叶轮木属 Ostodes

        14.雄蕊10以下。

          15.叶不分裂，基出脉3；雄蕊7，内轮2枚花丝连合达中部 …………………

          …………………………………………… 13.东京桐属 Deutzianthus

          15.叶通常3—5浅裂，基出脉5—7；雄蕊10，内轮5花丝合生成柱状 …………

          ……………………………………………… 14.麻疯树属 Jatropha

    11.羽状脉。

      16.子房2室，无花盘；雄蕊5或10，花丝分离；核果；多花丛生叶腋 …………

      ………………………………………………… 15.小盘木属 Microdesmis

      16.子房3室，有花盘；雄蕊2—3（5），花丝合生呈柱状；蒴果，顶生圆锥花序 ……

      ……………………………………………… 16.三宝木属 Trigonostemon

10.雌花无花瓣（巴豆属有时有退化成丝状的花瓣）。

  17.雌花有花盘。

    18.叶掌状3—11深裂，无毛；蒴果有6狭而波状的棱 ……………… 17.木薯属 Manihot
    18.叶不分裂。

      19.植株有星状毛。

        20.雌雄异株，雄花序圆锥状，雌花序总状；子房2（3）室，花柱常呈盘状；叶基

        部及侧脉顶端有时具淡黄色球形隆起腺体2—4 …… 18.赏桐属 Endospermum

        20.雌雄同株、同序。

          21.雄花萼片覆瓦状排列，雄蕊10—20 ……………………… 19.巴豆属 Croton

          21.雄花萼片镊合状排列，雄蕊12—45 ……………20.狭瓣木属 Sumbaviopsis

      19.植株无星状毛。

        22.雄花萼片镊合状排列；雄花腋生穗状花序，雌花腋生总状花序 ………………

        ………………………………………………… 21.白桐树属 Claoxylon

        22.雄花萼片覆瓦状排列。

23.叶有透明细腺点；雄蕊约40，花丝离生；蒴果无刺硬毛 ………………
…………………………………………………………… 22.白树属 Suregada

23.叶无透明腺点；雄蕊8，花丝基部合生；蒴果有硬刺毛 …………………
……………………………………………………23.刺果树属 Chaetocarpus

17.雌花无花盘。

24.叶盾形，掌状5—11裂；雄蕊多数，花丝分枝，多束，子房3室，密生刺状鳞片或
平滑 ……………………………………………… 24. 蓖麻属 Ricinus

24.叶非盾形。

25.花丝分枝，雄蕊多数；雌雄同株 …………………… 25.轮叶戟属 Lasiococca

25.花丝不分枝。

26.花药4室。

27.蒴果；退化雌蕊不存在。

28.药隔顶端突出；雌雄同株 …………………… 26.棒柄花属 Cleidion

28.药隔顶端不突出；雌雄异株 …………………… 27.血桐属 Macaranga

27.核果；退化雌蕊存在，萼宿存增大，子房2室，常1室发育 …………
……………………………………………………28.蝴蝶果属 Cleidiocarpon

26.花药2室。

29.植株有星状毛。

30.雌雄异株，雄蕊16以上；叶互生或对生 …………… 29.野桐属 Mallotus

30.雌雄同株，雄蕊4，叶丛生枝顶 ……………… 30.风轮桐属 Epiprinus

29.植株无星状毛。

31.雌雄异株。

32.雄蕊60—95；果肉质，核果状不开裂；叶对生 … 31.滑桃树属 Trewia

32.雄蕊8；蒴果开裂，叶互生 …………………… 32.山麻杆属 Alchornea

31.雌雄同株，花萼3，雄蕊2—3，子房2—3室；蒴果，稀浆果状…………
………………………………………………………… 33. 乌桕属 Sapium

1. 重阳木属 Bischofia Bl.

乔木。叶互生，3出复叶，有长柄。花雌雄异株，无花瓣，无花盘，腋生疏散的圆锥花序；雄花的萼片5，雄蕊5，花丝短，分离，花药直裂，退化雌蕊盘状具柄；雌花的萼片5，子房3室，每室2胚珠，花柱3，细长，柱头不分裂。果球形，浆果状，不分裂，外果皮肉质。种子1—3，长圆形。

1种，产东南亚各地及太平洋诸岛。

1.重阳木（海南植物志）图132

Bischofia javanica Bl.（1825）

乔木，高达40米。叶互生，3出复叶，小叶卵形，倒卵形或椭圆形，长7—13厘米，宽3—8厘米，先端短尾状渐尖或短尖，基部宽楔形或钝圆，侧脉5—8对，边缘具浅圆钝齿；小叶柄长1—3厘米，叶轴长8—20厘米。雄花为腋生及顶生圆锥花序，长8—13厘米，花绿色，小，疏散，花梗长1—2毫米，萼片圆卵形，内凹呈半球形，长约1毫米，雄蕊与萼片对生，花丝长约0.2毫米；雌花为顶生及腋生总状圆锥花序，花梗长3—5毫米，萼片卵形，先端渐尖，长约1毫米，子房球形，光滑无毛，花柱3，分离，细长，长约6—8毫米，被极细柔毛。果球形，肉质，径6—10毫米。种子椭圆形，长4—5毫米。花期3—4月，果期6—8月。

产临沧、景洪、金平、个旧等地，生长于海拔50—1500（1900）米的疏林或密林中。分布于长江以南及台湾等广大地区；东南亚各地、日本、澳大利亚也有。

阳性树种。种子繁殖。采集成熟果实堆放至果肉腐烂，洗净阴干后播种育苗。

木材为散孔材，红色，坚重，纹理交错，结构细致，加工容易，干燥后少开裂，但会变形，耐朽耐湿，可代紫檀木用，为建筑、桥梁、床板、枕木等用材。叶、树皮、根入药，治疮疡、小儿疳积、肝炎；叶可作绿肥；树皮可提红色染料；果实可食，果肉可以酿酒；种子含油量30%，属不干性油，有香味，可食用，也可作润滑油；适作防堤树、行道树及风景树种。

2. 土密树属 Bridelia Willd.

灌木或小乔木，稀藤本，叶互生，羽状脉，细网脉常平行，全缘；具叶柄及托叶。花雌雄同株或异株，花5—10丛生叶腋，无柄或具极短的柄；萼片5，镊合状排列，花瓣5，较萼片小得多；花盘圆盘状或坛状；雄花的雄蕊5，花丝基部连合呈柱状，花药2室，直裂，具退化雌蕊；雌花的子房2室，每室2胚珠，花柱2，分离或基部合生，柱头2裂或全缘。核果，具肉质外果皮，1—2室，种子1—2。

本属约60种，分布于热带亚洲及非洲。我国产5种，云南5种均有。

分 种 检 索 表

1.核果1室，种子具1深槽。
 2.核果球形，熟时红色；萼红色，小枝光滑无毛 ……………………………………………………………… 1.大叶逼迫子 B. balansae
 2.核果椭圆形，熟时黑色，萼绿色；小枝被褐色开展短柔毛 … 2.毛土密树 B. pubescens
1.核果2室，种子背凸 ………………………………………… 3.土密树 B. tomentosa

1.大叶逼迫子（云南种子植物名录）　禾串树（中国经济植物志）图133

Bridelia balansae Tutch.（1905）

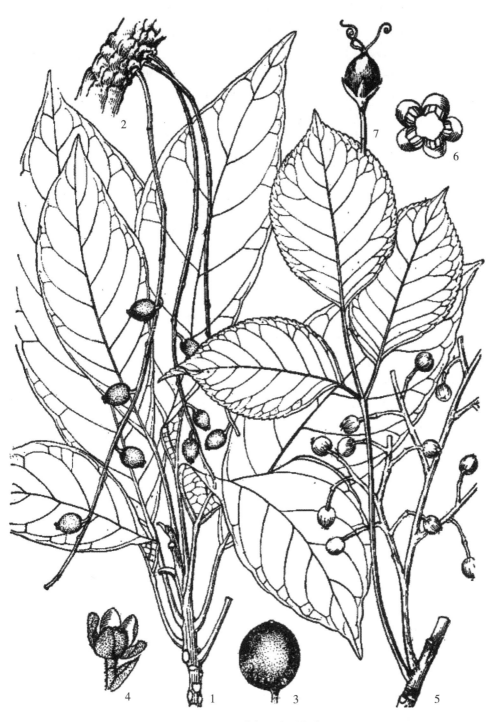

图132　木奶果和重阳木

1—4.木奶果 *Baccaurea ramiflora* Lour.　1.叶枝　2.幼果序（老茎生）　3.果放大　4.雌花放大

5—7.重阳木 *Bischofia javanica* Bl.　5.果枝　6.雄花放大　7.雌花放大

小乔木或灌木，高达15米。小枝无毛。叶椭圆形或椭圆状披针形，薄革质，长5—13厘米，宽1.5—6厘米，先端突渐尖或渐尖，多少呈尾状，基部宽楔形，两面无毛或仅下面密被极细疏柔毛，侧脉5—9对；叶柄长4—10毫米；托叶披针形，早落。雄花的花梗长0—1毫米，萼片三角形，外面被细柔毛，长约2毫米，花瓣卵状圆形，长约0.2毫米，与萼片互生，花盘圆盘状，雄蕊5；雌花的花梗、萼片及花瓣同雄花，子房卵状圆形，无毛，全部被花盘所包被，花柱2，分离。核果球形，径9—10毫米。种子1，具1深槽。花期5—7月，果期10—11月。

产蒙自、元江、弥勒、河口、屏边、金平、马关、西畴、富宁、麻栗坡、普洱、景洪、勐海、勐腊、澜沧、双江、镇康、景东、芒市，生长于海拔500—1700（2400）米的山谷灌丛中或密林中；也分布于广东、海南、广西、贵州。越南也有。

木材为散孔材，纹理略通直，结构细致，材质稍硬，轻，加工容易，干燥后不开裂，不变形，耐腐，可作建筑、家具、车辆等用材；树皮含单宁17.3%，可提制栲胶。

2.毛土密树（云南种子植物名录）图133

Bridelia pubescens Kurz（1873）

小乔木或灌木，高达15米。幼枝、花序、叶下面被褐色开展短柔毛。叶纸质，卵状长圆形，长7—20厘米，宽2—11厘米，先端渐尖或急尖，基部宽楔形，稀近圆形，侧脉10—12对，斜生；叶柄长3—5毫米，被毛，托叶披针形，长约3毫米，被毛，早落。花雌雄同株，丛生叶腋；花梗长0—1毫米；萼片三角形，长约1毫米；花瓣卵圆形，长约0.2毫米。核果椭圆形，长8—12毫米，1室、1种子。花期5—6月，果期11—12月。

产普洱、红河、勐腊，生长于海拔500米的山坡密林中。分布于台湾以及喜马拉雅山东部地区；泰国也有。

营林技术、材性及经济用途与土密树略同。

3.土密树（台湾）图134

Bridelia tomentosa Bl.（1825）

灌木或小乔木，高2—5（12）米。幼枝及叶下面密被极细锈色柔毛。叶纸质，长圆形或椭圆状披针形，长3—9（12）厘米，宽1.5—3.5厘米，先端钝，基部楔形，上面无毛，下面多少被毛，侧脉8—12对；叶柄长3—5毫米，托叶早落。花雌雄同株或异株，5—10花丛生叶腋，花小，径约5毫米，萼片三角形，长约1毫米，花瓣长约0.3毫米。核果径约4—5毫米，2室，2种子。种子背凸。花期9—10月，果期11—12月。

产新平、景洪、勐腊，生长于海拔550—1500米山坡疏林中。广东、广西、台湾有分布；印度、马来西亚、澳大利亚也有。

种子繁殖。核果采集后阴干收藏于通风干燥处，最好随采随播。播前温水浸种24小时。

散孔材，材身平滑，心材大，棕，边材灰。径切面导管线明显，年轮线不见。纹理直，结构细，材质重，可作家具、雕刻、工艺品、细木工用材。

图133　大叶逼迫子和毛土密树

1—3.大叶逼迫子 *Bridelia balansae* Tutch.　1.花枝　2.雌花正面　3.雌花侧面

4.毛土密树 *B.pubescens* Kurz 幼果枝

图134 土密树和刺果树

1—2.土密树 *Bridelia tomentosa* Bl. 1.果枝 2.果

3—5.刺果树 *Chaetocarpus castanocarpus* Thw. 3.果枝 4.果外形 5.种子

3. 闭花属 Cleistanthus Hook. f.

灌木或小乔木。叶互生，羽状脉，全缘，具柄，托叶早落。花小，雌雄同株或异株，腋生穗状花序密集；雄花的萼片4—6，花瓣5，与萼片互生，雄蕊5，花丝中部以下连合成柱状，着生于花盘中央，花盘浅杯状，退化雌蕊与花纹柱合生，顶端尖塔状或3裂；雌花的萼片与花瓣同雄花，子房3室，每室2胚珠，花柱3，柱头2裂，花盘杯状或圆锥状，包被子房一部或全部，蒴果球形，开裂为3个2裂的分果瓣，内果皮与外果皮分离，中轴宿存。种子每分果瓣1—2。

本属约140种，分布于东半球热带。我国产2种，云南均有。

1.尾叶木（云南种子植物名录）图151

Cleistanthus sumatranus（Miq.）M.-A.（1866）

Leiopyxis sumatrana Miq.（1860）

灌木或小乔木，高达10米；全植株光滑无毛。叶薄革质，卵状披针形，长3—10厘米，宽2—5厘米，先端尾状渐尖，基部阔楔形至近圆形，侧脉5—7对，全缘；叶柄长2—5（7）毫米，托叶三角形，长约1毫米，早落。花雌雄同株或异株，单生或丛生叶腋，或着生退化叶的腋内；雄花的萼片5，卵状披针形，花瓣5，倒心形；雌花的萼片卵状披针形，花瓣倒卵形，花盘筒状，将子房全部包围。蒴果卵形，长约1厘米，3裂。种子球形，径约6毫米。果期7月。

产勐腊，生长于海拔600—700米石灰岩山季雨林中。也分布于广东、海南、广西，泰国、马来西亚、菲律宾、越南、印度尼西亚也有。

种子繁殖，育苗造林。木材为散孔材，纹理显著交错，结构很细致，硬而稍重，耐腐，加工稍难，干燥后少开裂，不变形，是工业良材，可作建筑、家具用材。种子出油率35%，为不干性油，油可点灯、制皂；树皮可制栲胶。

4. 五月茶属 Antidesma Linn.

小乔木或灌木，叶互生，全缘，托叶2。花无花瓣，雌雄异株，顶生或腋生的穗状花序、总状花序或圆锥花序，雄花的花萼杯状，（2）3—5裂，雄蕊（2）3—5，花丝分离，退化雌蕊细小；雌花的花萼与雄花同，子房1室，有2胚珠，花柱2—3，柱头2裂。肉质核果，压扁，干后常有网状小窝孔。种子1。

本属约160种，广布东半球热带地区，我国约产16种，云南有12种。

分 种 检 索 表

1.柱头侧生，全植株密被锈色细柔毛；叶宽椭圆形，先端突渐尖 …… **1.黄毛五月茶** A. fordii
1.柱头顶生。

2.子房被毛。

  3.雄蕊插生于分离的洞穴状腺体之中；叶长圆形或长圆状倒披针形，两端渐狭 ··········
··· 2.渐光五月茶 A. calvescens

  3.雄蕊插生于肉质盘状腺体之上；叶长圆形或倒卵形，两端均近圆形 ··················
··· 3. 田边木 A. ghaesembilla

2.子房无毛。

  4.雄蕊3—5。

    5.雄花有梗；叶披针形或长圆状披针形 ·······················4.细五月茶 A. japonicum

    5.雄花无梗。

      6.叶线状披针形，长2—8厘米，宽7—10毫米 ······· 5.小叶五月茶 A. microphyllum

      6.叶长圆形或倒卵状长圆形，长8—16厘米，宽3—7厘米 ········ 6.五月茶 A. bunius

  4.雄蕊2；叶倒卵形或倒披针形；穗状花序 ·············· 7.二药五月茶 A. acidum

1.黄毛五月茶（海南植物志）图135

Antidesma fordii Hemsl.（1894）

灌木或小乔木，高达7米，全植株密被锈色极细柔毛。叶长圆形或宽椭圆形，长7—17厘米，宽3—8厘米，先端突渐尖，基部宽楔形或近圆形，上面仅脉上微被细柔毛，下面密被锈色细柔毛，侧脉7—11对；叶柄长1—12毫米，被毛；托叶较大，卵形，长达13毫米，宽达10毫米，顶端渐尖。雄花序为穗状花序组成的圆锥花序，长达6厘米，雄蕊3—5；雌花为顶生或腋生的总状花序，不分枝或多分枝，长8—13厘米，花梗长约1毫米，花柱无毛。核果扁纺锤形，长5—7毫米。花期4—5月，果期6—9月。

产普洱、蒙自、河口、金平、勐海、双江，生长于海拔140—1100米湿润雨林或季雨林中及阴湿处；也分布于广东、海南、广西、福建；越南也有。

叶可洗疮。

2.渐光五月茶（云南种子植物名录）图136

Antidesma calvescens Pax et Hoffm.（1922）

小乔木，高达10米。幼枝、花序、子房、叶下面脉上密被细柔毛，老则渐无毛。叶长圆形或长圆状倒披针形，纸质，长12—18厘米，宽3—6厘米，先端突渐尖，基部宽楔形，上面有光泽，主脉微被柔毛或无毛，侧脉7—10对，全缘；叶柄长3—6毫米，微被毛；托叶披针形，长达1厘米。雄花为穗状花序组成的圆锥花序，长5—10厘米，花萼4—5，卵状圆形，无毛，雄蕊3—5，插生于分离的洞穴状腺体之中；雌花为总状花序分枝或不分枝，长8—10厘米，花梗长约1毫米。核果扁纺锤形，长约7—8毫米，无毛。花期4—5月，果期7—8月。

产普洱、普洱、景洪、勐海、勐腊、沧源、金平、麻栗坡，生长于海拔1000—1500米的山谷林下或灌丛中。

图135　黄毛五月茶和三稔蒟

1—2.黄毛五月茶 *Antidesma fordii* Hemsl.　1.雌花枝　2.雌花放大

3—4.三稔蒟 *Alchornea rugosa*（Lour.）Muell.-Arg.　3.雌花枝　4.雌花放大

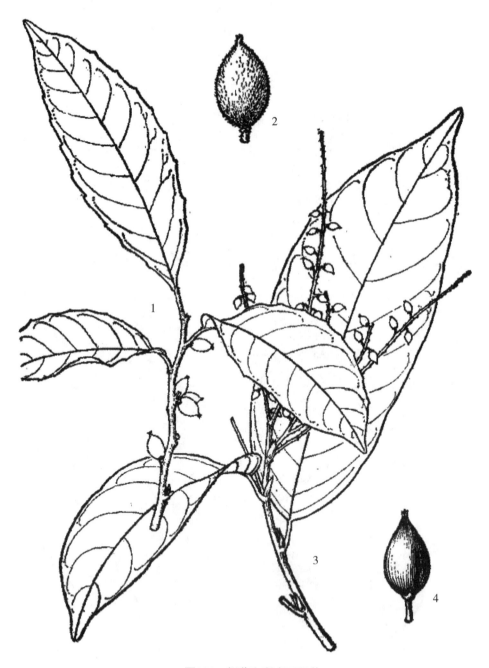

图136 银柴和渐光五月茶

1—2.银柴 *Aporusa dioica*（Roxb.）M.-A. 1.果枝 2.果（放大）

3—4.渐光五月茶 *Antidesma Calvescens* Pax et Haffm. 3.果枝 4.果（放大）

营林枝木、材性及经济用途与五月茶略同。

3.田边木（云南种子植物名录）图137

Antidesma ghaesembilla Gaertn.（1788）

灌木或小乔木，高达8米。嫩枝、嫩叶、叶柄、花序、花萼密被锈色细柔毛，老则脱落。叶长圆形或倒卵形，纸质，长3—10厘米，宽2—7厘米，两端均近圆形，有时先端尖或微凹，两面脉上被毛，侧脉5—7对；叶柄长5—10毫米；托叶细小，早落。雄花为顶生穗状花序组成多分枝的圆锥花序，长8—10厘米，雄蕊3—4；雌花为顶生圆锥花序，密集，花梗长0—1毫米，子房被毛及白粉。核果扁球形，径4—5毫米。花期5—6月，果期7—8月。

产勐腊、富宁，生长于海拔220—860米干热河谷疏林下。分布于广东、海南、广西；印度、越南、马来西亚、菲律宾、斯里兰卡、澳大利亚也有。

营林技术、材性及经济用途同五月茶。

4.细五月茶（云南种子植物名录）

Antidesma japonicum Sieb. et Zucc.（1846）

产屏边、绿春、富宁、普文、大勐龙、沧源、盈江，生长于海拔1500—1700米的山谷疏林或密林中。分布于四川、贵州、广西、广东、台湾、福建、浙江、江西、湖南、西藏；日本、越南、马来西亚、泰国也有。

5.小叶五月茶（云南种子植物名录）

Antidesma microphyllum Hemsl.（1894）

产红河、元阳、个旧、金平、河口、富宁、麻栗坡、景洪、勐腊、双江、彝良、盐津，生长于海拔160—1200米的灌丛或疏林下。分布于广西、贵州、四川；越南、老挝也有。

6.五月茶（海南植物志）图138

Antidesma bunius（Linn.）Spreng.（1825）
Stilago bunius Linn.（1767）

灌木或小乔木，高达10米。嫩枝及叶下面脉上被细柔毛，老则脱落。叶长圆形或倒卵状长圆形，长8—16厘米，宽3—7厘米，纸质，先端突渐尖，基部楔形，侧脉5—8（11）对；叶柄长3—10（15）毫米；托叶披针形，长达10毫米，早落。雄花为顶生或腋生的穗状花序；雌花为顶生或腋生的总状花序，分枝2—3，长5—12厘米，花序轴微被细柔毛，花梗长约1毫米，花萼及子房均无毛。核果扁球形，径约8毫米，果柄长约5毫米。花期4—5月，果期8—10月。

产屏边、富宁、麻栗坡、勐腊，生长于海拔1200—1500（2200）米山坡灌丛或疏林中；分布于广西、广东、海南。印度、缅甸、斯里兰卡、泰国、马来西亚、菲律宾、印度尼西亚也有。

图137　二药五月茶和田边木

1—2.二药五月茶 Antidesma acidum Retz.　1.雄花枝　2.雄花放大

3—4.田边木 A.ghaesembilla Gaerta.　3.雄花枝　4.雄花放大

图138 银柴和五月茶

1—3.银柴 Aporusa octandra（Buch.–Ham. ex D. Don）A. R. Vickery
1.果枝 2.子房 3.雄花
4—5.五月茶 Antidesma bunius（L.）Spreng 4.果枝 5.雄花

种子繁殖。随采随播可提高成活率。

散孔材。材身具稀疏的小棱条，木材淡棕红；切面线、导管线可见，年轮线可见，射线不见；导管细，管径与射线宽度近似至略大；射线细而明显；木材纹理直至斜，结构细，材质重，可作家具、建筑用材。叶入药，治小儿头疮。

7.二药五月茶（云南种子植物名录） "宋闷"（云南傣语）图137

Antidesma acidum Retz.（1789）

灌木或小乔木，高达8米。小枝、花序、叶下面光滑无毛或有时密被细柔毛。叶倒卵形或倒披针形，长3—19厘米，宽3—8厘米，纸质，顶端短尖，基部楔形，侧脉4—6对；叶柄长2—5（10）毫米；托叶披针形，细小，长1—2毫米，早落。雌雄花序均为顶生或腋生的穗状花序，单花序或1—3分枝，多花疏散，长3—8厘米；雄花的花梗长0—0.5毫米，花萼浅杯状，光滑，雄蕊2；雌花的花梗长约0.5毫米，花萼同雄花，子房无毛。核果扁卵状圆形，径4—5毫米，幼果被白粉，老则脱落，果梗长2—3毫米。花期4—5月，果期7—11月。

产泸水、临沧、景洪、河口、个旧、文山等地，生长于海拔140—1500米的山坡灌丛或疏林下。也分布于缅甸、越南、印度尼西亚。

营林技术、材性及经济价值与五月茶略同。

5.叶下珠属 Phyllanthus Linn.

草本或灌木。叶互生，全缘，2列，宛如羽状复叶；有柄或无柄，托叶2枚，花雌雄同株，无花瓣，花小，为腋生的花束；雄花的萼片4—6，雄蕊2—5，花丝分离或基部合生，花药2室，直裂，无退化雌蕊；雌花的花被与雄花相似，子房3（4）室，胚珠每室2，花柱与子房同数，柱头2裂。蒴果，浆果状或肉质核果状，常扁球形。种子3棱形。

本属约500种，分布全世界热带及温带地区。我国产33种，云南有18种。

1.余甘子（植物名实图考） 橄榄树（文山）、"木波"（傣语）、"七察哀喜"（哈尼语）、"噜公膘"（瑶语）图139

Phyllanthus emblica Linn.（1753）

灌木，高达3米。全植株无毛。叶在小枝上呈羽状排列，线状长圆形，长8—20毫米，宽2—6毫米，先端微尖或圆钝，基部圆形，边缘略反卷，全缘，侧脉不明显；叶柄长1毫米以下，托叶钻状，长约1毫米。团伞花序着生小枝中下部叶腋，具多数雄花和1雌花，或全为雄花；雄花的花梗长0—2毫米，萼片5—6，雄蕊3，花丝合生呈柱状，花药直裂，药隔伸出；雌花的花梗更短，萼片与雄花相似，子房卵形，3室，花柱3，基部连合，顶端2裂，柱头2裂。果肉质核果状，径10—15毫米，干时开裂呈3个骨质2裂的分果瓣。花期4—5月，果期8—11月。

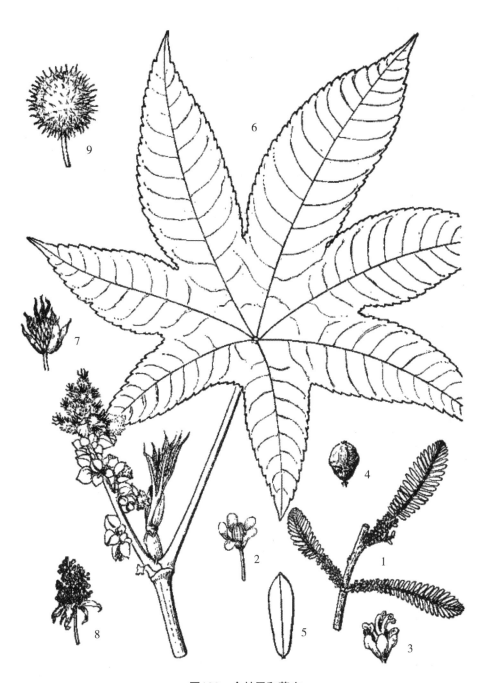

图139　余甘子和蓖麻

1—5.余甘子 *Phyllanthus emblica* L.　1.花枝　2.雄花　3.雌花　4.果　5.叶片放大

6—9.蓖麻 *Ricinus communis* L.　6.花枝　7.雌花　8.雄花　9.果

产禄劝、芒市、临沧、普洱、景洪、文山，生长于海拔300—2250米的山坡灌丛中。分布于四川、贵州、广东、广西、台湾、福建。

阳性树种，耐旱耐瘠薄土壤。

种子繁殖，育苗植树造林。选健壮母树采成熟大粒种子，播前温水浸种48小时，营养袋育苗，每袋播种8粒。

种子可榨油；果可食，能止渴化痰；树皮及叶可提取栲胶；根有收敛止泻的作用；叶还可药用治皮炎。树皮入药，治外伤出血；果入药，消食健胃，清热泻火，治肠炎腹泻、咽喉炎；果含维生素，抗坏血酸等，可食；树皮含鞣酸22.4%—29.36%，嫩叶含23%—28%。也是绿化荒山的优良先锋树种。

6. 算盘子属 Glochidion Forst.

灌木或小乔木。叶互生，羽状脉，全缘，具柄，托叶宿存。花雌雄同株，稀异株，丛生叶腋或呈短小聚伞花序，无花瓣，无花盘；雄花具纤细花梗，萼片6，雄蕊3—8，花丝合生呈圆柱状，无退化雌蕊；雌花的萼片同雄花，子房3—15室，每室2胚珠，花柱合生呈圆柱状或球状。蒴果扁球形，具明显或不明显的纵沟，花柱有时宿存，成熟后分裂为3—15个2裂的分果瓣。

本属约280种，主产亚洲热带、美洲、大洋洲，非洲也有少数种类。我国产25种，云南产12种，2变种。

分 种 检 索 表

1.幼枝及叶无毛成近无毛。
  2.蒴果3—4室，扁球形，径6—8毫米，平滑，室间不凹下 ……… 1.白背算盘子 G. wrightii
  2.蒴果非3—4室，果8—12裂。
    3.蒴果无毛，径7—8毫米；花柱扁球形；叶狭披针形，长8—14.5厘米，宽2—4厘米…
    …………………………………………………… 2.圆果算盘子 G. sphaerogynum
    3.蒴果多少被毛，径14—18毫米；花柱圆锥形；叶卵状披针形或长圆形，长6—16厘米，宽3—7厘米 ………………………………………… 3.艾胶算盘子 G. lanceolarium
1.幼枝及叶下面多少被毛。
  4.雌花序通常有序梗；蒴果不明显开裂，径达11毫米，密被黄色细柔毛；雄蕊5—8，子房5—6室；叶椭圆形或卵状长圆形，革质，基部心形或圆形，长7—15厘米，宽4—7厘米 ……………………………………………… 4.厚叶算盘子 G.hirsutum
  4.雌花近无梗。
    5.蒴果不开裂，径达7毫米；花柱圆柱形 …………………5.白毛算盘子 G. arborescens
    5.蒴果明显开裂；花柱短。
      6.叶下面灰白色，叶披针形或狭椭圆状披针形，两端渐尖 ………………………
      …………………………………………………6.渐尖算盘子 G. acuminatum

6.叶下面非灰白色。

  7.花柱与子房等长，伸出，叶卵形或狭卵形 ······················ **7.毛果算盘子** G. eriocarpum

  7.花柱合生呈环状，极短；叶长圆状披针形 ······················ **8.算盘子** G. puberum

1.白背算盘子（海南植物志）图140

Glochidion wrightii Benth.（1861）

灌木或小乔木，高达8米。全植株无毛。叶纸质，卵形或卵状披针形，长2.5—5.5厘米，宽1.5—2.5厘米，先端渐尖，基部宽楔形，偏斜，下面淡绿色，侧脉5—6对；叶柄长3—5毫米。花数朵丛生叶腋；雄花的花梗长2—4厘米，萼片卵形，雄蕊3；雌花的花梗长0—2毫米，子房卵圆形，3—4室，无毛，花柱短，圆柱形，长不到1毫米。蒴果扁球形，径6—8毫米，平滑，室间不凹下。花期12月，果期3—4月。

产河口、屏边、金平、西畴、耿马，生长于海拔240—1000米的林下。也分布于广东、海南、广西、福建。

树皮可制栲胶；种子油供工业用。

2.圆果算盘子（中国经济植物志）图141

Glochidion sphaerogynum（Mucll.-Arg.）Kurz（1877）

Phyllanthus sphaerogynum Muell.-Arg.（1865）

灌木或小乔木，高2—8米。全植株无毛。叶革质，狭披针形，长8—15厘米，宽2—4厘米，先端长渐尖或渐尖，基部宽楔形或近圆形，侧脉7—10对，全缘；叶柄长3—5毫米。10—25花丛生叶腋；雄花的花梗长5—10毫米，雄蕊3，萼片卵形，先端钝，长约1毫米；雌花的花梗长0—5毫米，萼片同雄花，子房扁球形，花柱扁球形，与子房近等大。蒴果扁球形，径7—8毫米，8—12深裂，顶端平伏着明显的圆形花柱。花期5—6月，果期9—10月。

产河口、红河、绿春、富宁、麻栗坡、普洱、景洪、勐海、临沧、沧源、瑞丽、梁河、盈江，生长于海拔128—1600米的山坡林边。也分布于印度、缅甸、越南、泰国。

3.艾胶算盘子（海南植物志）图142

Glochidion lanceolarium（Roxb.）Voigt（1845）

*Bradlcia lanceolari*a Roxb.（1832）

灌木或小乔木，高1—3（7）米。全植株光滑无毛。叶革质，长圆形，卵状披针形或长圆状披针形，长6—16厘米，宽3—7厘米，先端短尖，基部宽楔形，侧脉5—7条，全缘；叶柄长3—5毫米。花丛生叶腋，雄花的花梗长8—10毫米，雄蕊5—6；雌花的花梗长2—4毫米，子房7—10室，花柱圆锥状，长不及1毫米。蒴果大，扁球形，径10—18毫米，8—12裂，外果皮薄壳质，极薄，开裂后伸直。种子卵状圆形，灰色，径约5毫米。果期3—4月。

图140　白背算盘子和三叶橡胶树

1—5.白背算盘子 *Glochidion wrighlii* Benth.

1.果枝　2.雄花放大　3.雄蕊放大　4.雌花放大　5.子房横切面（放大）

6—10.三叶橡胶树　*Hevea brasiliensis*（HBK.）Muell.–Arg.

6.叶　7.花序（部分）　8.雄花放大　9.去花被的雄花　10.子房放大

图141 算盘子和圆果算盘子

1—2.算盘子 *Glochidion puberum*（L.）Hutch. 1.果枝 2.雌花放大

3.圆果算盘子 *Glochidion sphaerogynum* Kurz 果枝

图142　厚叶算盘子和艾胶算盘子

1—4.厚叶算盘子 *Glochidion hirsutum*（Roxb.）Boigt.

1.幼果枝　2.幼果（放大）　3.果（放大）　4.种子（放大）

5—7.艾胶算盘子 *G. lanceolarium*（Roxb.）Voigt.

5.果枝　6.果（放大）　7.种子（放大）

产景洪、勐腊、保山、麻栗坡，生长于海拔540—900（1200）米的阳坡灌丛中。也分布于广东、海南、广西；印度、越南、泰国也有。

4.厚叶算盘子（云南种子植物名录）"丹药良"（傣语）图142

Glochidion hirsutum（Roxb.）Voigt（1845）

Bradleia hirsutum Roxb.（1832）

灌木或小乔木，高1—5（10）米。幼枝、叶下面、花序、果密被黄色细柔毛。叶革质，椭圆形或卵状长圆形，长3—5（7—15）厘米，宽1.5—3.5（4—7）厘米，先端钝，基部圆形或微心形，上面仅脉上微被毛，侧脉6—7对，全缘；叶柄长5—7毫米，腋生聚伞花序，序梗长0—10毫米；雄花的花梗长5—10毫米，雄蕊5—8；雌花的花梗长2—6毫米，有序梗，萼片卵形，子房5—6室，花柱圆锥状。蒴果扁球形，径8—11毫米。花期4—6月，果期10—12月。

产普洱、景洪、勐腊、勐海、孟连、双江、耿马、梁河、盈江、陇川、文山、富宁、麻栗坡、景洪、双柏，生长于海拔120—1570米山坡灌丛中或溪边疏林下；也分布于广东、海南、广西、台湾；印度、泰国也有。

种子繁殖。育苗植树造林或随采随播。

根、叶入药，消炎、解毒、止咳、收敛；茎皮含鞣质7.45%，可制栲胶。

5.白毛算盘子（云南种子植物名录）图143

Glochidion arborescens Bl（1825）

灌木或小乔木，高达8米。小枝、叶下面、花序、果密被细柔毛。叶革质，卵形，长5—10厘米，宽2—5厘米，先端渐尖，基部宽楔形，侧脉6—9对，向上斜生，全缘；叶柄长2—3毫米。雄花多数丛生叶腋，花梗纤细，长5—10毫米，萼片6，卵形，先端尖，长约2毫米；雌花近无梗，子房密被柔毛，花柱圆柱形。蒴果扁球形，径约7毫米，果梗长1—3毫米。花期4—5月，果期8—10月。

产新平、双柏、元江、屏边、绿春、景洪、孟连、景东、临沧、双江、泸水、龙陵、陇川，生长于海拔830—2000米的山坡疏林或密林中，也分布于印度、泰国、马来西亚、印度尼西亚。

6.渐尖算盘子（云南种子植物名录）图143

Glochidion acuminatum Muell.-Arg.（1863）

灌木或小乔木，高达6米。小枝、叶下面、花序、果密被细柔毛。叶纸质，披针形，长10—15厘米，宽2—3厘米，两端渐尖，下面干时灰白色，侧脉9—11对，向上斜生，下面网脉明显，全缘；叶柄长2—3毫米，托叶钻状，长约1毫米，早落。雄花多数丛生叶腋，花梗纤细，长2—4毫米。蒴果扁球形，径6—8毫米，梗粗短，长约5毫米。种子红色，卵形。花期4—5月，果期9—10月。

产峨山、师宗、砚山、绿春、孟连、沧源、景东、保山、腾冲、泸水，生长于海拔

图143 渐尖算盘子和白毛算盘子

1—3.渐尖算盘子*Glochidion acuminatum* Muell.–Arg. 1.果枝 2.果放大 3.种子放大

4—6.白毛算盘子 *G. arborescens* Bl. 4.雄花枝 5.雄花放大 6.果放大

1600—2600米山坡灌丛中或疏林下；也分布于四川、贵州、广西、湖南；印度、喜马拉雅山东部也有。

7.毛果算盘子（海南植物志）

Glochidion eriocarpum Champ. ex Benth.（1854）

灌木，高1—3米。幼枝、叶、花、果密被锈色长柔毛。叶纸质，卵形或狭卵形，长4—5（7）厘米，宽1.5—3.5厘米，顶端突渐尖或钝，基部圆形或截平，两面被毛，下面较密，侧脉4—5对，全缘；叶柄长1—3毫米，托叶钻状，早落。花多数丛生叶腋；雄花的花梗细长，长4—6毫米，萼片椭圆形，雄蕊3；雌花的花梗长0—2毫米，萼片三角形，子房4—5室，被毛，花柱圆柱形，与子房等长，伸出。蒴果扁球形，径8—10毫米。花期4—5月，果期8—11月。

产元江、建水、河口、屏边、金平、元阳、绿春、西畴、富宁、砚山、普洱、景洪、勐海、澜沧、孟连、勐腊、景东、泸水、耿马、沧源、瑞丽、梁河、腾冲，生长于海拔130—1600米的灌丛中或疏林下。分布于广东、海南、广西、贵州、台湾、福建；缅甸、越南、泰国也有。

8.算盘子（海南植物志）图141

Glochidion puberum（Linn.）Hutch.（1916）

Agyneia pubera Linn.（1771）

灌木，高1—5米。幼枝、叶下面、花、果密被细柔毛。叶纸质，长圆状披针形，长3—5（8）厘米，宽1—2.5厘米，两端渐尖，上面仅沿脉微被毛，侧脉5—7对，全缘；叶柄长1—3毫米。多花丛生叶腋；雄花的花梗长4—8毫米，萼片长圆形，雄蕊3；雌花的花梗长约1毫米，萼片椭圆形，外面被毛，子房8—10室，球形，密被细柔毛，花柱合生呈环状。蒴果扁球形，径8—12毫米，具8—10纵沟，顶端具环状宿存花柱。种子卵状圆形，红黄色，长约5毫米。花期7—8月，果期8—9月。

产罗平、镇雄、永善、威信，生长于海拔1500—2200米山坡灌丛中。分布于广东、广西、贵州。

种子繁殖。采集成熟种子晾晒数日后收藏于通风干燥处。1年生苗可上山造林。

全株入药，清热解毒，消滞；种子含油20%，可制皂；叶可作绿肥；枝叶可作农药，杀螟虫、蚜虫、菜虫。

7.银柴属 Aporusa Bl.

灌木或小乔木。叶互生，具柄，叶柄顶端有不明显的细腺体2，羽状脉；托叶早落。花雌雄异株，有苞片，无花瓣，无花盘；雄花的穗状花序为柔荑状，单生或2—3丛生叶腋，花萼3—6，雄蕊2—3（5），花丝分离，无退化雌蕊；雌花为腋生的花束或穗状花序，较雄花序短，花萼同雄花，子房2室，每室2胚珠，花柱2—3，柱头2裂。蒴果核果状，有种子1—2。

本属约75种，分布于东南亚各地，我国产3种，云南均有。

分 种 检 索 表

1.子房和蒴果被绒毛或稀疏的短柔毛，雄蕊2—4，雌花萼片3—6。

  2.叶下面面仅沿脉有稀疏的短柔毛；种子半卵形 ················· 1.银柴 A. octandra

  2.叶下面面密被锈色细柔毛；种子椭圆形 ················· 2.毛银柴 A.villosa

1.子房、蒴果及叶光滑无毛，雄蕊2；雌花萼片3 ················· 3.滇银柴 A. yunnanensis

1.银柴（海南植物志）图138

Aporusa octandra（Buch. -Ham. ex D. Don）A. R. Vickery（1982）

Myrica octandra Buch. -Ham.ex D. Don（1825）

灌木或小乔木，高达6米。嫩枝、叶下面、叶柄密被细柔毛，老则脱落。叶椭圆形，宽椭圆形或倒卵状长椭圆形，纸质或薄革质，长6—12厘米，宽3—6厘米，先端突尖或钝，基部宽楔形，侧脉6—7对，全缘；叶柄长5—10毫米；托叶披针形，早落。雄花序穗状，花密集，长1—2.5厘米，苞片披针形，长约1毫米，被毛，雄蕊2—4；雌花序穗状，3—12花，密集，长4—10毫米，萼片三角形，膜质，长约0.5毫米，无毛，子房卵形，密被贴伏短柔毛。蒴果卵形，长约10—13毫米，密被贴伏短柔毛。种子2，半卵形。花期4—5月，果期6—11月。

产河口、绿春、建水、富宁、景东、瑞丽，生长于海拔400—1200米山坡林下。也分布于广东、海南、广西；印度、缅甸、越南、马来西亚、泰国也有。

种子繁殖。宜随采随播。

2.毛银柴（海南植物志）图144

Aporusa villosa（Lindl.）Baill.（1858）

Scepa villosa Lindl.（1836）

灌木或小乔木，高达10米。嫩枝、嫩叶两面及叶柄均密被锈色细柔毛。叶宽椭圆形或长圆形，长8—13厘米，宽4—8厘米，革质，老叶上面近光滑无毛，下面密被细柔毛或近无毛，先端突尖或钝，基部宽楔形，侧脉7—8对，全缘；叶柄长1—2厘米；托叶早落。雄花序穗状，长1—3厘米，苞片半圆形，膜质，长宽约2—3毫米，无毛，雄蕊2—4；雌花序短穗状，长2—7毫米，10余花丛生叶腋，萼片膜质，卵形，长约0.5毫米，先端钝，无毛，子房密被细柔毛。蒴果卵形，长约1厘米，多少被细柔毛，顶端短尖，具1—2种子。种子椭圆形。花期3—4月，果期4—6月。

产普洱、景洪、勐海、勐腊、孟连、河口、金平、屏边、建水、元江、富宁、景东、镇康、景谷、澜沧、龙陵、瑞丽，生长于海拔130—1500（2100）米山坡，疏林或密林中；也分布于广东、海南、广西；缅甸、越南也有，

3.滇银柴（云南种子植物名录）图144

Aporusa yunnanensis（Pax et Hoffm.）Metc.（1931）

A. wallichii Hook. f. var. *yunnanensis* Pax et Hoffm.（1922）

灌木或小乔木，高达8米。幼枝偶或有短硬毛；子房、蒴果及叶无毛。叶椭圆形或披针形，长8—17厘米，宽3—4厘米，先端尾状渐尖或短尖，基部宽楔形或钝，边缘具不明显的疏腺齿，侧脉5—7对；叶柄长10—13毫米，两端微粗壮，雄花序穗状，单生或2—4丛生叶腋，长1—2厘米，苞片半圆形，长宽约1毫米，膜质，无毛，雄蕊2；雌花序穗状，长约3毫米，5—10花密集，子房卵形，花柱2，柱头2裂。蒴果球形，长8—10毫米。种子1，椭圆形，黑褐色。花期1—3月，果期4—6月。

产普洱、景洪、勐海、勐腊、景东、耿马、河口、金平、富宁，生长于海拔130—1100（2200米）疏林或密林中；也分布于广东、海南、广西；印度、缅甸、越南也有。

8.木奶果属 Baccaurea Lour.

小乔木或灌木。叶互生，全缘，具稀疏不明显钝齿，羽状脉；具柄。花雌雄异株，无花瓣；雄花为总状花序，单枝或由多枝组成圆锥花序，着生于小枝先端，萼片4—5，雄蕊4—8，花丝分离，花盘分裂为腺体，退化雌蕊被毛；雌花为长总状花序，着生于老干上，花萼同雄花，子房2—3（5）室，每室2胚珠，花柱2—5。蒴果球形，通常3瓣裂，外果皮肉质，假种皮白色，最后开裂。

本属约70种，主要分布于东南亚各地。我国产2种，云南有1种。

1.木奶果（云南种子植物名录）"木符埃"（傣语）、黄果树（景洪）、树葡萄（金平）、蒜瓣果、算盘果（屏边）图132

Baccaurea ramiflora Lour.（1790）

小乔木，高6—20米。全植株近无毛。叶薄革质，倒卵状长圆形或倒披针形，长1—15厘米，宽4—3.5厘米，先端突渐尖或钝，基部楔形，侧脉5—7对，全缘或具不明显波状小腺齿；叶柄两端微粗壮，长3—5厘米。雄花为总状圆锥花序，长5—7厘米，生于小枝先端叶腋，苞片披针形，长2—3毫米，被毛，萼片卵圆形，外面被细毛；雌花为总状花序，长10—35厘米，生于老干上，苞片披针形，长3—4毫米，被毛，萼片长圆形，长5—6毫米，外面被毛，子房球形，密被细柔毛，花柱极短，长约0.5毫米。蒴果球形，径1.5—2厘米，幼果黄红色，成熟时紫红色，假种皮白色，外果皮肉质，通常3瓣裂。种子3。花期3—4月，果期5—8月。

产景洪、勐腊、勐海、澜沧、金平、屏边、绿春，生长于海拔130—1300米雨林或季雨林中；也分布于广东、海南、广西；印度、缅甸、越南、马来西亚也有。

种子繁殖。宜随采随播。

散孔材。木材微棕赭；年轮明显；导管略细，薄壁组织环管、网状；纹理直，结构细；材质中，可作家具及细木工用材。果酸甜可口，可作热区水果。

图144 滇银柴和毛银柴

1—2.滇银柴 *Aporusa yunnanensis*（Pax et Hoffm.）Metc. 1.果枝 2.果

3—5.毛银柴 A. *villosa*（Lindl.）Baili. 3.叶形 4.果序 5.果

9. 橡胶树属 Hevea Aubl.

常绿大乔木，有乳状腋汁。三出复叶互生，全缘；叶柄长，顶端有腺体。花雌雄同株，同序，无花瓣，大圆锥花序，花序中央的为雌花，其余为雄花；雄的花萼钟状，5裂，雄蕊5—10，花丝合生呈柱状，雌花的花萼同雄花，子房3室，每室有1胚珠，柱头盘状，无花柱。蒴果球形，分裂为3个2裂的分果瓣。种子长椭圆形。

本属约20种，分布于热带美洲。我国引入栽培1种。

1. 三叶橡胶树（云南种子植物名录）图140

Hevea brasiliensis（HBK.）Mucll. -Arg.（1865）

Siphonia brasiliensis HBK.

乔木，高达30米；全植株有白色乳汁。三出复叶，小叶椭圆形，长10—25厘米，宽4—10厘米，先端突尖或渐尖，基部阔楔形，两面无毛，侧脉12—22对，网脉明显；小叶柄长1—2厘米。圆锥花序长达30厘米，径达20厘米；花萼及子房密被细柔毛；雄花的萼片披针形，雄蕊10，花药2室，直裂；雌花的子房球形，柱头盘状。蒴果球形，径5—6厘米，外果皮薄，内果皮木质。种子长椭圆形，长约3厘米，径1—1.5厘米，光滑，具斑纹。花期5—6月。

栽培于芒市、景洪、河口等地；海南、广西也有栽培。

喜高温、高湿、静风及肥沃土壤，适生年平均温度为26—27℃。日均温低于18℃时生长减慢，15℃以下组织分化基本停止；绝对低温小于10℃时，幼嫩组织会轻微寒害，小于5℃时出现爆皮流胶，黑斑和梢枯，低于0℃时则严重受害。种子繁殖或嫁接繁殖。种子宜随采随播，圃地宜避重病区和低凹易凝霜地。沙床催芽，精心管理幼苗，勤浇水，施肥宜少量多次。嫁接繁殖时以芽接为宜。主要病虫害有白粉病、炭疽病、条溃疡病、麻点病、大头蟋蟀、蛴螬、小蠹虫等，应注意防治。

散孔材。木材浅黄褐色，心边材区别不明显，光泽弱，生长轮明显。木材纹理斜，结构细至中，较轻软，不开裂，不耐腐，易干燥，可作普通家具、室内装修用材。主产物橡胶是国防工业和民用工业的重要原料，供制轮胎、机械配件、绝缘材料、胶鞋、雨衣等，产品达4万种以上。种子含油量达48.4%，油供制皂及固化油，还可制尼龙。

10. 石栗属 Aleurites Forst.

乔木。幼枝和叶下面被褐色星状柔毛。叶互生，全缘，顶端有时3—5裂；叶柄顶端有2红色无柄腺体。顶生疏散的圆锥花序，花小，雌雄同株；雄花的花萼2—3裂，花瓣5、雄蕊15—20，花丝分离；雌花的花被与雄花同，子房球形，密被星状短柔毛，2室，每室1胚珠，花柱2裂。果大，核果状，不开裂，外果皮平滑无纵棱。

本属约2种，分布于亚洲东部及太平洋各岛屿。我国产1种，云南也有。

1.石栗（中国经济植物志）　铁果（文山）、烛果树、水火树　图145

Aleurites moluccana（Linn.）Willd.（1805）

Jatropha moluccana Linn.（1753）

常绿乔木，高达15米。幼枝被褐色星状柔毛。叶薄革质，长卵圆形，长14—20厘米，宽7—17厘米，先端渐尖，有时3—5裂，基部钝或截平，叶幼时被毛，老则脱落，基出脉3—5，侧脉5—6对，全缘；叶柄长6—12厘米。花白色，径6—8毫米，圆锥花序长10—15厘米；子房2室，花柱2裂。核果肉质，球形，径5—6厘米，具1—2种子，花期9—12月，果期12—3月。

产蒙自、文山、西畴、富宁、麻栗坡、景洪、勐腊，生长于海拔120—1200米的干热河谷；也分布于广东、海南、广西；印度、泰国、斯里兰卡也有。

种子繁殖。点播育苗。

散孔材。木材黄白或浅黄褐色，心边材区别不明显，髓心大；木材纹理直，结构细而均匀，质软，易干燥，干缩小，强度弱，不翘裂，易呈蓝和红变色，可作绝缘材料、纤维原料、一般家具、建筑和室内装修用材，种子含油68.5%，油供制造各种油漆、油墨的主要原料，也供塑料工业、人造橡胶、人造汽油、印刷工业、制造肥皂等用。在医药上叶可作止血药，树皮含鞣质约18.3%，可提取栲胶。在热区可作庭园树和行道树。

11. 油桐属 Vernicia Lour.

落叶乔木，幼枝和叶一般无毛，若被毛则为单毛而非星状毛，叶互生，全缘或1—3裂，基出脉3—7；叶柄顶端具2有柄或无柄腺体。花直径约1.8—2.5厘米，雌雄同株，为顶生疏散的圆锥花序；雄花的花萼2—3裂，花瓣5，雄蕊8—20；雌花的花被与雄花同，子房3—5（8）室，每室有胚珠1，花柱2—4。果核果状，不开裂，外果皮平滑或具明显的3—4纵棱。

本属3种，分布于亚洲东部及太平洋诸岛。我国产2种，云南也有。

分 种 检 索 表

1.叶柄顶端腺体扁平，无柄；果平滑无纵棱 ·· 1.油桐 V. fordii
1.叶柄顶端腺体杯状，具柄；果具明显的3—4棱 ·······························2.山桐 V.montana

1.油桐（中国经济植物志）　罂子桐（植物名实图考）图145

Vernicia fordii（Hemsl.）Airy Shaw（1966）

Aleurites fordii Hemsl.（1906）

落叶小乔木，高3—9米。叶革质，卵状圆形，长10—18厘米，宽8—17厘米，先端渐尖，基部截平或浅心形，幼时被细柔毛，老则无毛，基出脉5—7，侧脉5—6对，全缘，稀1—3浅裂；叶柄顶端具2扁平腺体，无柄，暗红色，叶柄略短于叶片，花白色，内面橙黄色，有淡红色条纹，直径约3厘米；萼片卵形，长约1厘米，膜质，花瓣倒卵形，覆瓦状排

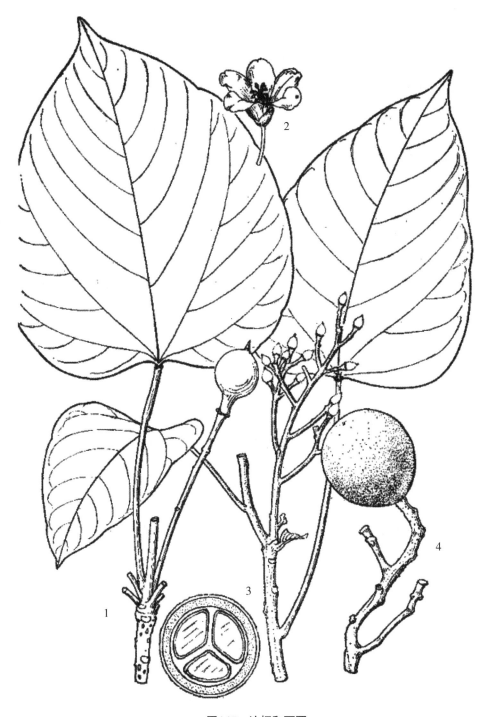

图145 油桐和石栗

1—2.油桐 *Vernicia fordii*（Hemsl.）Airy Shaw 1.幼果枝 2.雄花

3—5.石栗 *Aleurites moluccana*（L.）Willd. 3.幼果枝 4.果 5.果横剖

列，长2—3厘米，宽1—1.5厘米，先端钝圆，基部狭，爪状；雌花的子房3—4（8）室，花柱4，柱头2裂，核果球形，径4—6厘米，平滑，顶端细尖。种子3—4（8）。花期3—4月，果期5—10月。

产嵩明、易门、禄丰、腾冲、开远、金平、河口、西畴、文山等地，生于海拔200—1900米地区；长江流域以南各省（区）均有栽培；越南也有。

种子繁殖。栽植要大穴整地，造林穴可挖长、宽、高各1米；选择良种；桐粮间作；选用壮苗。

油桐为我国重要的油料树神之一，全干种仁含油率52%—64%，为优良干性油，具有干燥快、比重小、有光泽、不导电、耐热、耐酸耐碱、防水等特性。在工业上用途很广。供制漆、塑料工业、电器工业，人造皮革，人造汽油、人造橡胶和医药制品等用。大量用于建筑、机械、武器、车船、飞机、渔具等防水、防腐、防锈的涂料，桐油也是我国传统的出口商品。油枯是优度的速效肥料；果壳可制造活性炭和提取桐碱；树皮可提取栲胶；根、叶、花、果入药，治消肿、杀虫，治食积饱胀、湿气水肿，花治烫火伤；桐油可治疥癣。

2.山桐（云南种子植物名录） 木油树（中国经济植物志）图169

Vernicia montana Lour.（1790）

Aleurites montana（Lour.）Wils.（1913）

落叶小乔木，高达8米。叶革质，宽卵形，长8—20厘米，宽6—18厘米，先端渐尖，基部心形或截平，两面幼时被细柔毛，后变无毛，基出脉5，侧脉5—10对，全缘，有时先端3深裂，裂片底部常有杯状腺体；叶柄长7—17厘米，顶端的腺体杯状，具柄。花白色，基部带红色，径2.5厘米左右；花萼管状，萼片2—3，披针形，长约1厘米；花瓣倒卵状披针形，长2—3厘米，宽约1厘米，基部狭、爪状；雄花的雄蕊8—10；雌花的子房3室，花柱3。核果卵圆形，径3—5厘米，具明显的3—4棱，并有网状皱纹，老时3裂。花期3—5月，果期5—12月。

产西畴、河口、金平、屏边、景洪，生于海拔200—1550米的林边。分布于长江流域以南各省（区）；越南、泰国也有。

种子含油30%，可制皂、油漆；树皮含鞣质，可制栲胶，果壳可制活性炭；果实、叶可杀鼠及防治农作物病虫害；根、种子入药，外治疥癣、疮毒。

12.叶轮木属 Ostodes Bl.

灌木或小乔木。叶互生，羽状脉，边缘具腺齿，基部具2腺体，托叶早落。花雌雄异株；雄花为圆锥花序，花萼5裂，花瓣5，雄蕊8—40，花丝基部合生或外轮分离，花药2室，直裂，无退化雌蕊；雌花为总状花序，花被与雄花相同，子房3室，每室1胚珠，花柱3，基部微连合，柱头2深裂。蒴果大，分裂为3个2裂的分果瓣，外果皮壳质，内果皮木质。种子扁球形。

本属约12种，分布于亚洲热带地区。我国产3种，云南有2种。

1.云南叶轮木（植物分类学报）图146

Ostodes katharinae Pax ex Pax ct Hoffm.（1911）

小乔木，高达20米。花序梗及花萼密被极细黄褐色短绒毛。叶纸质，卵状椭圆形，椭圆状披纤形或宽椭圆形，长10—24厘米，宽5—10厘米，叶近无毛，先端长渐尖或突尾状渐尖，基部宽楔形或近圆形，基出脉3，侧脉7—9对，边缘具粗腺齿或细腺齿，基部具2不明显的腺点；叶柄长3—11厘米，无毛、托叶钻状，早落。花雌雄异株，腋生；雄花为圆锥花序，长7—23厘米，径11厘米以上，花径3—5毫米，花梗长1—5毫米，花萼浅杯状，萼片卵形，长3—4（5）毫米，花瓣卵形，长5（8）毫米，雄蕊20以上；雌花的花径约15毫米，总状花序，少花，疏散，长2—8（11）厘米，花梗长达12毫米，花被同雄花，子房球形，密被细长柔毛，花柱3，柱头2裂，呈不规则扇状。蒴果大，淡黄色或绿色，扁球形，径20—25毫米；外果皮薄壳质，内果皮木质，种子扁球形，径约12毫米，栗褐色，具不规则斑纹，平滑光亮，果柄粗壮。花期3—5月，果期5—11月。

产普洱、景洪、澜沧、临沧、耿马、双江、云县、沧源、龙陵、腾冲、建水、金平、景东、大理、双柏，生长于海拔600—2000米的疏林或密林中，也分布于西藏东南部。

13. 东京桐属 Deutzianthus Gagnep.

小乔木。叶互生，基出脉3，具柄，叶柄顶端具2圆盘状腹体，花雌雄异株，顶生伞房状圆锥花序；雄花的花萼钟状，萼片5，镊合状，花瓣5，镊合状排列，雄蕊7，外轮5与花瓣对生，分离，中央2枚花丝连合达中部，花药基着，直裂，无退化雌蕊；雌花的花萼钟状，萼片5，花瓣5，花盘盘状，5裂，子房圆柱形，3室，每室有1胚珠，花柱3，柱头2裂。果球形；外果皮厚壳质。种子椭圆形，平凸。

本属仅1种，产云南、广西。越南也有。

1.东京桐（植物分类学报）图147

Deutzianthus tonkinensis Gagnep.（1924）

小乔木，高达12米。叶薄革质，菱状椭圆形，长10—22厘米，宽7—13厘米，先端突短尖，基部宽楔形至钝，两面无毛，侧脉5—7对，网脉平行，全缘；叶柄长6—11厘米，顶端具2圆盘状小腺体。雄花的花序长达15厘米，密被白色柔毛，苞片线形，长10—15毫米，宿存，花萼钟状，长约2毫米，径约4毫米，萼片三角形，花瓣椭圆形，长约10毫米，两面被毛，雄蕊7，花丝长2—10毫米，药隔较宽；雌花的花序长3—4厘米，萼片钻状三角形，长约2毫米，苞片及花瓣同雄花，子房圆柱形。果宽球形，切面钝三角形，顶具短尖，基部心形，高及宽达4厘米；外果皮厚，硬壳质，被灰色短硬绒毛，内果皮木质，暗褐色。种子椭圆形，平凸，长约2.5厘米，宽约1.8厘米，种皮平滑，硬壳质，褐色，有光泽，胚乳白色。花期5—6月，果期7—8月。

产河口、马关，生长于海拔220—740米的疏林中。也分布于广西；越南也有。

种子繁殖。

图146　小盘木和云南叶轮木

1—4.小盘木*Microdesmis caseariaefolia* Planch. f. sinensis Pax
1.雄花枝　2.雄花（放大）　3.去花瓣的雄花　4.果
5—6.云南叶轮木 *Ostodes kotharinae* Pax ex Pax et Hoffm.　5.雌花枝　6.幼果

图147 巴豆和东京桐

1—5.巴豆*Croton tiglium* L. 1.花枝 2.雄花（放大） 3.雌花（放大） 4.果 5.种子

6—8.东京桐 *Deutzianthus* tonkinensis Gagnep. 6.果枝 7.雄花（放大） 8.雌花（放大）

14.麻疯树属 Jatropha Linn.

灌木。叶互生，全缘或掌状3裂，掌状脉，具长柄。花雌雄同株或异株，三歧聚伞花序，顶生或腹生；雄花的萼片5，花瓣5，雄蕊10，排成2轮，各5，外轮花丝分离，内轮花丝基部合生，花药2室，直裂，无退化雌蕊；雌花的花萼、花瓣同雄花，子房3室，每室1胚珠，花柱3，基部合生。蒴果球形，3瓣裂开。种子长圆形。

本属约200种，分布全世界热带地区。我国栽培3种，云南栽培1种。

1.膏桐（云南种子植物名录）　亮桐、桐油树（江川、新平）、臭梧桐（元江）、"吗洪罕"（傣语）图148

Jatropha curcas Linn.（1753）

灌木，高达5米。小枝嫩绿色，肥壮，茎中空。叶卵圆形，全缘或3裂，长宽约7—16厘米，先端尖，基部心形，两面无毛，基出掌状脉5—7，侧脉3—6对；叶柄长 6—18厘米。聚伞花序长6—10厘米；雄花白色，花梗长2—3毫米，萼片长圆形，长3—5毫米，花瓣宽椭圆形，长约6毫米，花药长圆形；雌花的花梗长约5毫米，萼片及花瓣同雄花，子房卵状圆形，无毛，3室，每室1胚珠。蒴果球形，径2—3厘米，室背开裂。种子长椭圆形，黑色，长约15毫米。花期5—6月，果期9—10月。

产禄劝、江川、新平、元江、建水、勐海、澜沧、凤庆、文山、马关、富宁、麻栗坡、丽江、鹤庆，生长于海拔200—1600（2200）米的村旁，常栽培作绿篱用。分布于四川、广东、海南、广西。原产美洲热带，现全世界热带地区均有栽培。

种子繁殖或扦插繁殖。种子含油34.07%，出油率25%，不干性油，有毒，可制皂、香发油等；油麸含蛋白质，可作农药或肥料；根、叶入药，消炎杀菌，散瘀消肿，止血，治跌打骨折、疥疮、癣、顽疮。

15.小盘木属 Microdesmis Hook. f.

灌木或小乔木。叶互生，羽状脉，具短柄，托叶小，早落。花雌雄异株，多花丛生叶腋；雄花的花萼5裂，花瓣5，雄蕊5或10，2轮，花药2室，直裂，花丝分离，有退化雌蕊；雌花的花萼、花瓣与雄花同，子房2室，每室1胚珠，花柱2，叉开。核果小，内果皮骨质，外面粗糙。

本属约3种，产非洲和亚洲热带，我国产1种。云南也有。

1.小盘木（变型）（海南植物志）图146

Microdesmis casearifolia Planch. f. sinensis Pax（1911）

灌木或小乔木，高达8米，全植株无毛。叶薄革质，倒卵状披针形，长6—16厘米，宽2.5—5厘米，先端突尾状渐尖，基部楔形，两面细网脉明显，侧脉4—6对，近边缘处互相

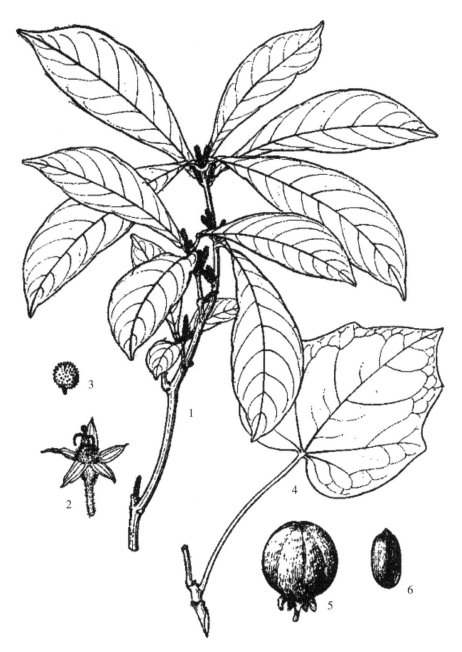

图148 轮叶戟和膏桐

1—3.轮叶戟 *Lasiococca camberi* Haines var. *pseudoverticillata*
（Merr.）H. S. Kiu 1.雄花枝 2.雌花 3.果
4—6.膏桐 *Jatropha curcas* L. 4.叶枝 5.果 6.种子

联结，全缘具不明显的细齿；叶柄长3—6毫米，托叶钻状，长约1毫米，早落。花黄色，丛生叶腋；雄花的花梗长1—3毫米，花萼浅杯状，5深裂，长约1毫米，花瓣椭圆形，长约2毫米，雄蕊10，药隔突出呈小尾状，花丝短，长约1毫米，退化雌蕊肉质，柱状；雌花的子房2室，花柱2。核果球形，红色，径约5毫米，外面粗糙；果梗长1—2毫米。花、果期4—6月。

产河口，生长于海拔120—600米的疏林下。分布于广东、广西；缅甸、越南、马来西亚、印度尼西亚、菲律宾也有。

种子繁殖。营林技术可参阅乌桕。

树汁入药，治牙齿痛。

16. 三宝木属 Trigonostemon Bl.

灌木或小乔木。叶互生，羽状脉，有疏腺齿，具柄；托叶小，早落。花雌雄同株或异株，顶生或腋生圆锥花序，穗状花序，总状花序；雄花的萼片5，花瓣5，雄蕊2—3（5），花丝合生呈柱状，无退化雌蕊；雌花的花被同雄花，子房3室，每室1胚珠，外面密被乳突状疣体，花柱3，离生或基部合生，柱头2裂。蒴果球形，分裂为3个2裂的分果瓣。

本属约50种，分布于东南亚各地。我国有6种，云南有1种。

1. 锥花三宝木（云南种子植物名录）图149

Trigonostemon thyrsoideus Stapf（1909）

小乔木，高达10米；全植株近无毛。叶倒卵状椭圆形或椭圆形，纸质，长10—24厘米，宽6—10厘米，先端突渐尖，基部宽楔形或近圆形，侧脉10—14对，斜生，至近边缘处互相连接，具疏腺齿；叶柄长2—11厘米。顶生圆锥花序，长20—30厘米；雄花的花序被细柔毛，花梗长1—3毫米，萼片绿色，卵形，长约1毫米，先端钝圆，花瓣金黄色，椭圆形，长3—4毫米，雄蕊2，花丝合生；雌花为顶生圆锥花序，长约20厘米，花梗长1—2厘米，顶端渐粗壮，子房球形，密被乳突状疣体，花柱3，柱头2裂。蒴果球形，绿色，径约15毫米，分裂为3个2裂的分果瓣，果皮密被乳突状疣体，果梗长20—25毫米。种子球形，光滑；具栗褐色斑纹，径5—7毫米。花期4—6月，果期7—8月。

产普洱、景洪、勐海、澜沧、凤庆、河口、金平、西畴，生于海拔（600）1100—1700米的密林中；也分布于广西；越南、泰国也有。

种子繁殖。营林技术可参阅乌桕。

17. 木薯属 Manihot Adans.

灌木，有乳状腋汁，有肉质块根。叶互生，常3—11裂；具柄，托叶小，早落。花大，雌雄同株，无花瓣，顶生或腋生圆锥花序；雄花的花萼钟状，有色彩，5裂，雄蕊10，2轮，花丝纤细，分离，花药丁字形着生，药室直裂；雌花的花萼5裂，花梗较长，子房3

图149 锥花三宝木和滑桃树

1—2.锥花三宝木 *Trigonostemon thyrsoideus* Stapf　1.雄花序　2.果

3—5.滑桃树 *Trewia nudiflora* L.　3.幼果枝　4.雄花　5.雌花

室，每室1胚珠，花柱基部合生，柱头3裂，开展。蒴果，开裂为3个2裂的分果瓣。种子球形。

本属约150种，主产美洲热带地区。我国栽培2种，云南栽培1种。

1.木薯（海南植物志）"树薯改伞""商""蛮六"（傣语）图157

Manihot esculenta Crantz.（1766）

灌木，高达3米。全植株近无毛。叶纸质，掌状深裂几乎达基部，裂片3—7，披针形或倒披针形，长10—20厘米，宽1.5—4.5厘米，先端渐尖，基部截平，羽状脉，侧脉9—15对；叶柄细长，长8—22厘米；叶柄、托叶、花序轴均微带紫红色。顶生或腋生圆锥花序，长5—8厘米；雄花的花梗长3—8毫米，花萼长约7毫米，淡黄色，微带紫红色，萼片卵状三角形，长3—4毫米，边缘微向内卷，内而具细柔毛，花丝长6—7毫米；雌花的花梗较长，长1.5—2厘米，萼片长圆形，长8—10毫米，子房卵形，具6纵棱，微被白粉，柱头折扇状。蒴果椭圆形，长15—18毫米，具6狭而波状的纵棱。种子长圆形，3棱。花期10月。

原产巴西。栽培于河口、金平、普洱、勐腊、临沧等地；广东、广西、贵州也有栽培。

可扦插繁殖。肉质块根富含淀粉，为淀粉工业重要原料，可食，因含氰酸毒素，须经削皮，充分浸泡，煮熟后方可食用。

18.黄桐属 Endospermum Benth.

乔木。叶互生，宽卵形，基部具2圆形隆起腺体；具长柄。花雌雄异株，无花瓣；雄花为顶生穗状圆锥花序，雌花为总状花序；雄花的花萼钟状，3—4浅裂，雄蕊6—10，着生于凸起的花托上，花丝分离，花药2室；雌花的子房2（3）室，每室1胚珠，花柱极短，常呈盘状。果球形，稍肉质，分离成2个不开裂的分果瓣，无中轴。

本属约12种，分布于东南亚各地。我国产1种，云南也有。

1.黄桐（海南植物志）图150

Endospermum chinense Benth.（1861）

乔木，高达20米。嫩枝、嫩叶、托叶、花序、果均密被黄色星状毛。叶纸质或薄革质，宽卵形，长8—13（20）厘米，宽4—9（10）厘米，先端短渐尖或钝，基部截平或宽楔形，老时两面无毛，下面基部具2黄色圆形凸起腺体，径约2毫米，基出脉5，侧脉5—6（7）对，有时侧脉先端具黄色圆形较小腺体2—4；叶柄长4—6（9）厘米。雄花序长16—20厘米，腋生于小枝近顶端，萼杯状，雄蕊5—8（10），雌花序长6—10厘米，子房被毛。果球形，长约1厘米，径约7毫米。

产屏边，生在于海拔840米的山谷中疏林下。分布于广东、海南、广西；印度、缅甸、越南也有。

图150 风轮桐和黄桐

1—4.风轮桐 *Epiprinus silhetianus*（Baill.）Crciz. 1.花枝 2.雄花放大 3.雌花放大 4.果

5—6.黄桐 *Endos permum chinense* Benth. 5.幼果枝 6.幼果放大

种子繁殖。木材为散孔材，纹理通直，结构细致，易加工，旋刨性能也佳，干燥后稍开裂，不变形，不耐腐，适作家具、建筑用材；树皮入药，治疟疾。

19. 巴豆属 Croton Linn.

灌木或小乔木；全植株常被星状鳞片或星状细柔毛。叶互生，羽状脉或3—5掌状脉；具柄，叶柄顶端常有2腺体。花雌雄同株，稀异株；顶生或腋生总状花序或穗状花序；雄花的萼片5，花瓣5，花盘分裂成5腺体，雄蕊10—20，花丝分离；雌花的萼片5，花瓣丝状或不存，子房3室，每室有1胚珠，花柱3，分离，柱头2—4裂。蒴果，开裂为3个2裂的分果瓣。

本属约1000种，分布全世界热带和亚热带地区。我国产19种，云南有8种。

分 种 检 索 表

1.叶下面被银白色或褐色鳞片；穗状花序，花柱2 ······················**1.越南巴豆** C. kongensis
1.叶下面被密或稀疏的星状柔毛或无毛；总状花序，花柱3。
  2.叶纸质，卵状圆形或椭圆形，基出脉3—5，叶两面密被细小疣状突起 ·····················
  ··· **2.巴豆** C. tiglium
  2.叶厚纸质，较大较宽。
    3.叶宽卵状心形，长10—13厘米，宽8—10厘米，先端有时3裂，下面密被疏散的星状细长柔毛 ··· **3.宽叶巴豆** C. euryphyllus
    3.叶非宽卵状心形。
      4.叶倒卵状披针形；子房密被星状柔毛，蒴果椭圆形，长2.5—3.5厘米，密被绒球状星状毛 ·· **4.长果巴豆** C. joufra
      4.叶长圆形；子房被稀疏灰白色星状鳞片；蒴果球形，径9—12毫米，疏被星状鳞片
      ·· **5.光叶巴豆** C. laevigatus

1.越南巴豆（云南种子植物名录）

Croton kongensis Gagnep.（1922）

小灌木，高2—4米。幼枝、叶、花序密被银白色及褐色星状鳞片。叶纸质，卵状披针形，长5—9厘米，宽1—3厘米，先端长渐尖，基部宽楔形或钝，上面干时变黑色，鳞片较大而全缘，基出脉3，侧脉3—5对；叶柄长5—30毫米，顶端2腺体圆形，在叶柄两侧突出。顶生穗状花序，长2—7厘米；雄花的雄蕊12；雄花的子房球形，花柱2。蒴果球形，径4—5毫米。种子卵形，长约3毫米，平滑，果序长20—24厘米，中轴宿存。花期4—5月，果期7—8月。

产普洱、景洪、勐海、勐腊、孟连、澜沧、镇康、沧源、耿马，生长于海拔600—1200（2000）米常绿阔叶林或山坡灌丛中，也分布于广东；越南也有。

2.巴豆（植物名实图考）图147

Croton tiglium Linn.（1753）

灌木或小乔木，高达5米。叶纸质，卵状圆形，长5—12厘米，宽3—7厘米，先端渐尖，基部楔形或近圆形，幼时有毛，后无毛，密被极细小疣状突起，侧脉2—3对，基出脉3，边缘具不明显疏腺齿，叶基部边缘具一对明显的盘状腺体，淡黄色，径约0.5毫米；叶柄长2.5—5厘米，总状花序顶生，长8—20厘米，雄花较多；雄花的花梗长3—4毫米，纤细，萼片卵形，花瓣长圆形，边缘具细柔毛，雄蕊约17；雌花梗长2—3毫米，粗壮，被星状毛，萼片三角形，被毛，无花瓣，子房卵形，密被星状粗毛，花柱3，柱头2深裂，无毛。蒴果卵形，3棱，长约2厘米。花期4—5月，果期5—7月。

产会泽、河口、建水、金平、元江、马关、景洪、勐海、瑞丽，生长于海拔140—1600（1800）米的山坡阳处或疏林下。分布于我国南部各省（区）；印度、越南、菲律宾、斯里兰卡、马来西亚、印度尼西亚、日本也有。

营林技术略同光叶巴豆。

全株有毒；种子去油质后为峻泻剂，稀浸液可杀血吸虫寄生钉螺；包裹，治跌打损伤、风湿；茎、叶、种子为良好的农药，可杀玉米螟、蚜虫、孑孓，也可毒鱼。

3.宽叶巴豆（云南种子植物名录）图151

Croton euryphyllus W. W. Smith（1921）

小乔木，高达8米。叶厚纸质，宽卵状心形，长10—13厘米，宽8—10厘米，先端短渐尖，有时3裂，基部心形，基出脉5，侧脉3—5对，上面光滑无毛，下面密被疏散的星状细长柔毛，易脱落，基部具2盘状腺体，淡黄色，明显，径约1毫米；叶柄长3—5厘米，托叶线形，长约15毫米，早落。顶生总状花序，长达22厘米，粗壮；雄花着生在花序中上部，极多，密集；雌花着生基部，极少，在10花以下；雄花的花梗纤细，长2—3毫米，微被毛，萼片卵形，无毛，膜质，花瓣与萼片相似，雄蕊10—12，花丝基部混生有丝状长柔毛；雌花的花梗粗壮，长3—4毫米，密被星状柔毛，萼片椭圆形，无毛，子房球形，密被长柔毛，花柱3，柱头2深裂，下弯，与子房等长，无毛。花期11月。

产大姚、丽江、蒙自、芒市、泸水，生长于海拔1500—2300（2700）米常绿阔叶林或针阔叶混交林中，也分布于贵州、广西。

营林技术、材性及经济用途与巴豆略同。

4.长果巴豆（云南种子植物名录）图151

Croton joufra Roxb.（1832）

小乔木，高达10（15）米。叶纸质，倒卵状披针形，长椭圆形或线形，长13—25厘米，宽3.5—8厘米，先端渐尖或钝，基部渐狭；幼叶下面密被星状毛，老叶光滑无毛，侧脉9—10对，边缘具细钝齿；叶柄长1.5—6厘米。顶生总状花序，长10—25厘米；雄花的花梗长1—2毫米，被星状毛，雄蕊11—12；雌花的花梗长3—5毫米，粗壮，被星状毛，子房卵形，密被星状柔毛，花柱3，柱头2裂，无毛。蒴果椭圆形，密被绒球状星状毛，长2.5—3.5

图151　宽叶巴豆和长果巴豆

1—3.宽叶巴豆 *Croton euryphyllus* W. W. Smith　1.花枝　2.雌花（放大）　3.雄花（放大）

4—5.长果巴豆 *C. joufra* Roxb.　4.幼果枝　5.雌花（放大）

图152 光叶巴豆和尾叶木

1—4.光叶巴豆 *Croton laevigatus* Vahl 1.雄花枝 2.雄花（放大） 3.雌花（放大） 4.果

5—7.尾叶木 *Cleistanthus sumatranus*（Miq.）Muell.-Arg. 5.叶枝 6.果 7.种子

厘米。种子长圆形，长约2厘米。花期4—5月，果期7—8月。

产金平、临沧，生长于海拔400—560米疏林下。也分布于印度、缅甸、越南、泰国。

营林技术、材性及经济用途略同巴豆。

5.光叶巴豆（海南植物志）图152

Croton laevigatus Vahl（1791）

小乔木，高达10米。幼枝、幼叶、叶柄、花序、果均被稀疏的灰白色星状鳞片。叶长圆形，薄革质，长12—30厘米，宽4—10厘米，上面绿色，下面淡绿色，老叶光滑无鳞片，先端钝，基部渐狭或钝，边缘具钝齿；叶柄长12—60毫米，叶基腺体扁圆形，淡黄色。总状花序丛生于枝顶，长15—30厘米；雄花的花梗长2—5毫米，萼片卵状圆形，长约2毫米，外面被鳞片，花瓣卵形，长约2毫米，边缘及外面被微柔毛，雄蕊12—15，花丝长2—4毫米，药隔较宽；雌花的花梗粗壮，长约5毫米，萼片同雄花，子房球形，密被鳞片，花柱3，柱头2深裂，无毛。蒴果球形，径9—12毫米。花期3—4月，果期4—5月。

产景洪、景谷、耿马、凤庆，生长于海拔700—1500米的灌丛中；也分布于海南。

种子繁殖或插条繁殖。育苗造林。育苗时勤除草松土，1年生苗出圃造林。

木材为散孔材，纹理交错，结构细致，材质稍软，稍重，加工容易，干燥后稍开裂，稍变形，可作建筑、家具用材。种子可榨油，供点灯。叶外敷，治跌打损伤、骨折，根内服，治疟疾、胃病。又为紫胶虫寄主树。

20. 狭瓣木属 Sumbaviopsis J. J. Sm.

乔木，具星状毛。叶互生，狭盾状，基出脉3，全缘，具长柄。顶生或腋生总状花序，雌雄同株，同序，雄花着生花序上部，无梗，雌花着生花序基部，具长柄；雄花的花萼镊合状开裂，花瓣4—5，雄蕊多数，着生于凸起的花托上，花丝分离，花药背着，药室分离，无退化雌蕊；雌花的花萼5裂，覆瓦状排列，花瓣小或不存，子房2—3室，每室1胚珠，花柱弯曲。蒴果并裂为2—3个2裂的分果瓣。种子球形。

本属约3种，分布于印度、缅甸、马来西亚、泰国。我国（云南）产1种。

1.狭瓣木　图153

Sumbaviopsis albicans（Bl.）J. J. Smith（1910）

Adisca albicans Bl.（1825）

灌木或小乔木。幼枝、叶下面密被白色星状薄绒毛；花序、花萼、子房、果密被棕黄色星状薄绒毛。叶大，卵形，革质，狭盾状，长15—35厘米，宽7—15厘米，先端突尾状渐尖或钝，基部宽楔形或圆形，基出脉9—10，侧脉11—12对，上面无毛，干时叶脉下凹，下面网脉明显凸起并平行；叶柄着生于离基3—5毫米处，长3—8厘米。顶生或腋生总状花序，长达21厘米，疏散；雄花无梗，有花瓣，花瓣绿色，花药黄色；雌花的花梗长1—2厘米，无花瓣，萼片5，卵形，长约1毫米，子房球形，2室，花柱2，分离，向外弯曲。蒴果扁球形，径25—35毫米，高约15毫米，2室孪生，开裂为2个2裂的分果瓣；外果皮厚革质，

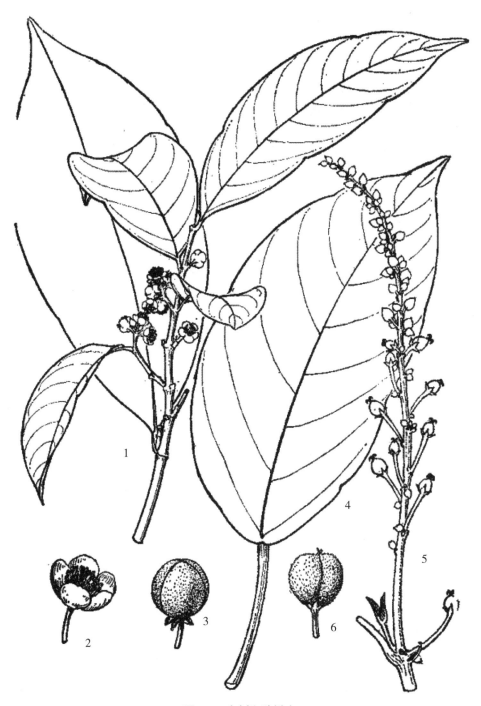

图153 白树和狭瓣木

1—3.白树 *Suregada glomerulata*（Bl.）Baill. 1.雄花枝 2.雄花 3.果
4—6.狭瓣木 *Sumbaviopsis albicans*（Bl.）J. J. Smith 4.叶形 5.花序 6.果

密被棕黄色球形星状毛。种子灰黑色或灰白色，球形，径15毫米，平滑，无斑纹。花、果期4—6月。

产景洪、勐腊、沧源、绿春，生于海拔600—900米的疏林或密林中。也分布于印度、缅甸、越南、泰国、马来西亚。

种子繁殖。造林技术可参阅乌桕。

21. 白桐树属 Claoxylon Juss.

小乔木或灌木。叶大，互生，羽状脉；具长叶柄；托叶小，早落。花雌雄异株，无花瓣，具花盘；雄花为腋生穗状花序，细长，花萼3—4，雄蕊10—30（50），花丝分离，花盘分裂为腺体；雌花为腋生总状花序，萼片3—4，花盘浅杯状，子房2—3室，每室1胚珠，花柱分离或仅基部连合。蒴果有2—3分果瓣，室背开裂。

本属约80种，分布于东半球热带地区。我国产5种，云南有3种。

分 种 检 索 表

1.植株通常被短柔毛，叶背常带紫色；蒴果具明显棱脊，种子卵状圆形，密被下凹窝穴 ……………………………………………………………………… 1.咸鱼头C.indicum
1.植株通常无毛，或被不明显的疏柔毛，蒴果平滑无棱脊。
  2.雄花序长2.5—7.5厘米；蒴果径约12毫米；叶长卵形 ……… 2.喀西咸鱼头C.khasianum
  2.雄花序长10—16（19）厘米；蒴果径约16毫米；叶长椭圆形 …………………………
  …………………………………………………………… 3.长叶咸鱼头 C. longifolium

1.咸鱼头（海南） 白桐树（中国高等植物图鉴）图154

Claoxylon indicum（Rcinw. ex Bl.）Hassk.（1844）
Erythrochilus indicus Reinw. ex Bl.（1825）

灌木或小乔木，高达9米；植株通常被短柔毛。叶长卵形，卵状椭圆形或宽卵形，纸质，长10—20厘米，宽5—12厘米，先端钝或急尖，基部楔形，圆形或近心形，老叶无毛，边缘有不规则的牙齿；叶柄长5—14厘米。雄花序穗状，长10—30厘米；雌花序总状腋生，长5—8（12）厘米，花梗长约1毫米，被毛，花萼3裂，裂片卵状圆形，长约1毫米，外面被毛，子房卵形，密被细柔毛，花柱3，分离，花盘浅杯状。蒴果球形，径6—8毫米，密被灰色细柔毛，3裂，具明显棱脊。种子卵状圆形，黑褐色，径3—4毫米，密被下凹窝穴。花期5—6月，果期7—8月。

产普洱、勐腊、元阳、金平，生长于海拔400—1500米山坡灌丛或疏林中。分布于广东、广西；印度、马来西亚、菲律宾也有。

种子繁盛。圃地应经常松土除草。1年生苗可出圃造林。

根，叶入药，治风湿性关节炎，腰腿痛，脚气水肿。

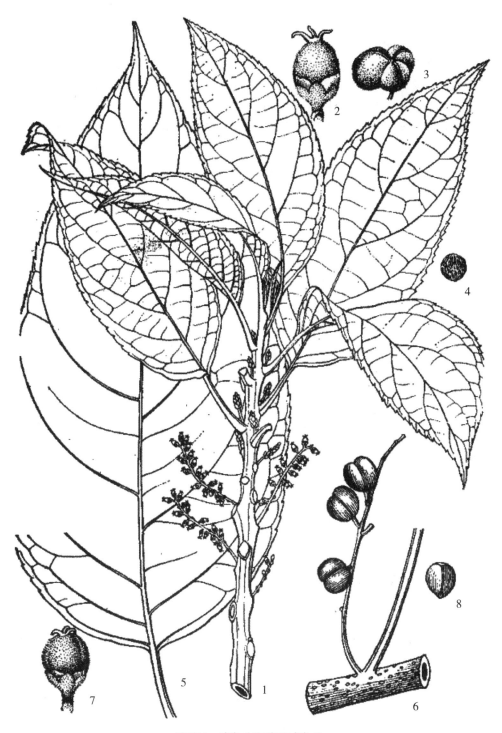

图154　咸鱼头和喀西咸鱼头

1—4.咸鱼头 *Claoxylon indicum*（Reinw. ex Bl.）Hassk.

1.雌花枝　2.雌花（放大）　3.果（放大）　4.种子（放大）

5—8.喀西咸鱼头*C. khasianum* Hook. f.　5.叶　6.果序　7.雌花（放大）　8.种子（放大）

2.喀西咸鱼头（云南种子植物名录）图154

Claoxylon khasianum Hook. f.（1887）

灌木或小乔木，高达10米；全植株近无毛。叶长卵形，卵状披针形或宽卵形，纸质，长10—30厘米，宽5—11厘米，先端渐尖或短尖，基部宽楔形或圆形，侧脉8—10对，斜生，全缘或具不明显细齿；叶柄长8—20厘米。雄花为穗状花序，长2.5—7.5厘米，花小，雄蕊约50；雌花为总状花序腋生，被毛，长8—10厘米，花梗长约1毫米，萼片三角形，长约1毫米，花盘浅杯状，膜质，子房卵圆形，被毛，花柱3，分离。蒴果球形，径约12毫米，2—3裂，平滑无棱脊。种子球形，平滑，径约6毫米。花期3—4月，果期6—10月。

产河口、屏边、金平、绿春、景洪、景东、马关、富宁，生长于海拔150—1700米山谷密林下。也分布于印度、越南。

3.长叶咸鱼头（云南种子植物名录）图155

Claoxylon longifolium（Bl.）Endl. ex Hassk.（1844）

Erythrochilus longifolius Bl（1825）

灌木或小乔木，高达6（8）米；全植株无毛。叶长椭圆形或椭圆状披针形，长7.5—15（22）厘米，宽6—10厘米，纸质，先端渐尖或短尖，基部圆形或宽楔形，侧脉8—10对，边缘具不明显疏钝齿；叶柄长5—12厘米。雄花为穗状花序，长10—16（29）厘米，雄蕊40—50，混以具长柔毛的鳞片。总状果序腋生，长达20厘米，果梗长2—3毫米；蒴果球形，径约16毫米，平滑无棱脊，2—3室。种子2—3，球形，径约6毫米，平滑。花期5—6月，果期9—10月。

产元阳、景东、景洪、勐海、沧源，生长于海拔1420—1500米常绿阔叶林下。也分布于印度、越南、印度尼西亚、马来西亚。

22. 白树属 Suregada Rottl.

灌木或小乔木。叶互生，羽状脉，全缘，托叶早落，有托叶痕。花单性，雌雄异株，无花瓣，团伞花序；雄花的萼片5，雄蕊10—60，花丝分离，花药2室，直裂，无退化雌蕊，雌花的萼片5，子房3室，每室1胚珠，花柱3，分离，2深裂，柱头顶端再2裂，开展。蒴果球形，开裂较迟，萼片宿存。

本属约40种，分布于亚洲和非洲热带地区。我国产1种，云南也有。

白树（海南植物志）图153

Suregada glomerulata（Bl.）Baill.（1858）

Erythrocarpus glomerulatus Bl.（1825）

灌木或小乔木，高达15米，全株光滑无毛。叶长椭圆形，革质，长5—12厘米，宽3—6厘米，先端急尖或钝，基部宽楔形，侧脉5—10对，侧脉及网脉在两面明显，密生透明细腺点；叶柄长3—10毫米，托叶早落，托叶环明显。团伞花序与叶对生；雄花3—9，白色，有

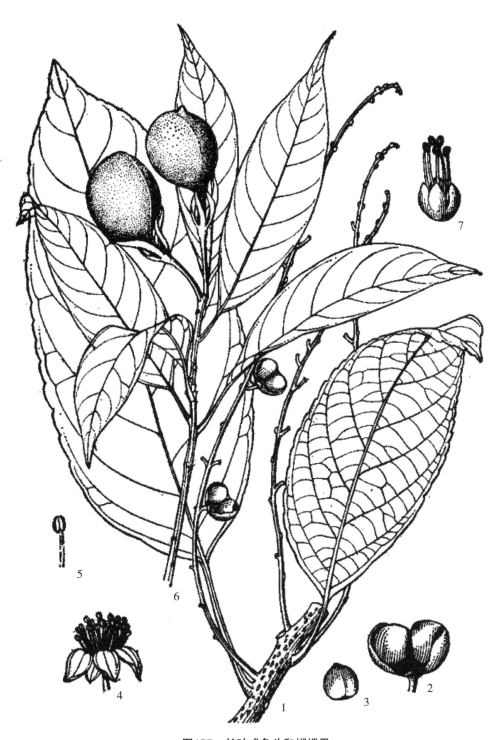

图155　长叶咸鱼头和蝴蝶果

1—5.长叶咸鱼头 *Claoxylon longifolium*（Bl.）Endl. ex Hassk.

1.果枝　2.果　3.种子　4.雄花　5.雄蕊

6—7.蝴蝶果 *Cleidiocar poncavaleriei*（Lèvl.）Airy—Shaw　6.果枝　7.雄花

清香味，序梗长2—6毫米，花梗纤细，与序梗近等长，萼片卵形，长约4毫米，先端钝圆，雄蕊多数，着生于凸起的花托上，花丝纤细，长约5毫米，花药椭圆形，基着；雌花的花序梗长2—3毫米，花梗长3—5毫米，萼片倒卵形，子房绿色，球形，3室，花柱3，分离，2深裂，柱头顶端再2裂。蒴果球形，径10—15毫米，开裂较迟，具宿存萼。种子1—2。花、果期4—6月。

产景洪、勐腊，生于海拔250—650米的疏林或密林中；分布于我国南部各省（区）。马来西亚、澳大利亚也有。

种子繁殖。随采随播或育苗植树造林。

23. 刺果树属 Chaetocarpus Thw.

小乔木。单叶互生，羽状脉，全缘，具柄。花雌雄异株，腋生团伞花序；雄花无花瓣，萼片4—5，覆瓦状排列，雄蕊5—20，花丝基部合生呈柱状，退化雌蕊被毛；雌花的萼片4—8，子房3室，每室1胚珠，花柱3，2深裂。蒴果球形，密被刚毛，成熟后开裂为3个2裂的分果瓣。内果皮木质，坚硬。种子球形，黑色有光泽。

本属约10种，分布于亚洲、非洲和美洲热带地区。我国有1种，1变种，产云南。

1. 刺果树（中国种子植物科属词典）图134

Chaetocarpus castanocarpus Thw.（1854）

小乔木，高达10米。全植株无毛。叶卵状长圆形，薄革质，长10—15厘米，宽3—6厘米，先端长渐尖，基部近圆形或宽楔形，侧脉8—10对，网脉在两面均不明显，全缘；叶柄长约5毫米。蒴果淡黄绿色，球形，1—2着生于小枝叶腋，径10—15毫米，密被刚毛，内果皮骨质，坚硬，厚1—2毫米。种子球形，黑色有光泽，果梗纤细，长约5毫米。果期1—2月。

产勐腊，生长于海拔600米的常绿阔叶林中。分布于印度、马来西亚、斯里兰卡。

1a. 毛刺果树

var. pubescens Thw.（1854）
产勐腊，生于干燥疏林中。

24. 蓖麻属 Ricinus Linn.

灌木或草本。叶互生，盾状，掌状5—11裂；具柄，顶端有1腺体，托叶合生，早落。花雌雄同株，同序，顶生或与叶对生的圆锥花序；雄花在花序轴下部，雌花在上部，无花瓣；雄花的萼片3—5，雄蕊极多数，花丝分枝，多束，花药2室，直裂；雌花的萼片5，子房3室，每室有1胚珠，密生刺状鳞片或平滑，花柱3（6）。蒴果球形，具软刺毛或平滑。

本属1种，原产非洲，现全世界热带地区均有栽培。我国南北各省（区）均有栽培。

蓖麻（海南植物志）　红蓖麻、红大麻子（文山）、天麻子果（临沧）
图139

Ricinus communis Linn.（1753）

灌木，高达5米，全植株无毛，幼枝中空，被白粉。叶大，盾形，薄纸质，长宽约20—30（90）厘米，掌状深裂，裂片卵状披针形，先端渐尖，侧脉明显，边缘有细锯齿；叶柄与叶片等长或较短，托叶薄膜质，长圆形，长1—2厘米，宽约1厘米，早落。花序粗壮，长5—15（30）厘米；雄的花药球形，花丝多分枝，萼片宽卵形，长约1厘米，宽约5毫米；雌花的萼片披针形，长约8毫米，宽2—3毫米，先端渐尖，子房球形，绿色，密被刺状鳞片或平滑，花柱3—6，红色，分离。蒴果球形，径1.5—2.5厘米，具软刺毛或平滑。种子球形，长约1.5厘米，平滑，有斑纹。花期4—10月，果期4—12月。

滇南及滇中各地常有栽培；生长于海拔130—2340米地带。全国各省均有栽培。

种子繁殖，直播。种子收藏于通风干燥处。雨季前整穴播。

种仁含油80%，是很好的工业用润滑油；叶及种壳可作土农药，茎皮含纤维51.6%；种子有毒，未经处理，不可内服，外敷治口眼歪斜，淋巴结核；根、叶入药，消炎，杀菌，拔脓。

25. 轮叶戟属 Lasiococca Hook. f.

小乔木或灌木。叶互生或在小枝顶端近轮生，无鳞片。花雌雄同株，雄花排成总状花序，雌花单生或3—6排成近伞房花序；雄花的雄蕊多数，花丝基部合生成多束；雌花的萼片5—7，花后稍增大，宿存。蒴果，外果皮密被刚毛状小疣或鳞片。

本属约3种，分布于印度、马来西亚、越南。我国产1变种，云南也有。

轮叶戟（变种）（植物分类学报）　假轮生水柳（海南植物志）图148

Lasiococca comberi Haines var. pseudoverticillata（Merr.）H. S. Kiu（1982）

Mallotus pseudoverticillatus Mcrr.（1935）

小乔木，高达20米。嫩枝密被疏柔毛。叶革质，倒卵状披针形，在小枝顶端的近轮生或近对生，长6—17厘米，宽2—5厘米，先端突尖，基部渐狭，微呈耳状，两面无毛，侧脉13—15对，全缘；叶柄短，长2—8毫米。雄花为总状花序，生2—3厘米；雌花单生叶腋或小枝顶端，花梗长2.5—5厘米，具关节，被短柔毛，萼片5，子房球形，密被刺状突起。蒴果球形，径8—10毫米，外果皮厚革质，密被刺状突起，无毛，萼片披针形，稍增大，生3—4毫米，宿存。种子卵圆形，黑褐色，平滑，径4—6毫米。果期7月。

产勐腊，生长于海拔650—700米的林下。分布于广东、海南；印度、马来西亚、越南也有。

26. 棒柄花属 Cleidion Bl.

灌木或小乔木。叶互生，羽状脉，有锯齿，具柄，托叶早落。花雌雄同株或异株，无花瓣，无花盘；雄花为腋生穗状花序，细长，不连续，花萼3—4深裂，雄药35—80，花丝分离，着生于凸起的花托上，花药4室；雌花单生于叶腋，萼片3—4，花后增大或不增大，子房2—3室，每室有1胚珠，花柱2—3，分离或基部连合，栓头2深裂。蒴果，具2—3分果瓣。种子球形。

本属约18种，分布全世界热带地区。我国产2种，云南均有。

分 种 检 索 表

1.子房3室，萼片果时增大，叶状，长圆形，长8—20毫米；叶柄长3—30毫米 ……………
…………………………………………………………… **1.棒柄花 C. brevipetiolatum**
1.子房2室，萼片果时不增大，叶柄长2.5—7.5厘米 …………… **2.二室棒柄花 C. spiciflorum**

1.棒柄花（海南植物志） 大树三台、三台花（新平）图156

Cleidion brevipetiolatum Pax et Hoffm.（1914）

灌木或小乔木，高2—4（10）米、叶披针形或倒卵状披针形，薄革质，长7—15厘米，宽5—6厘米，先端渐尖或突渐尖，基部渐狭，浅心形，边缘有小腺齿，侧脉5—9对，下面脉腋有髯毛；叶柄长短变化极大，长3—8（30）毫米。雄花的花序长2—10厘米，被细柔毛，萼片卵圆形，长约2毫米；雌花的花序梗长达7厘米，单花着生于顶端，花梗长15—30毫米，近顶端粗壮肥大，萼片披针形，叶状，长10—20毫米，子房卵状圆形，密被细柔毛，3室，花柱分离，柱头2深裂，蒴果扁球形，径约11毫米，3室，具3个2裂的分果瓣，萼片宿存增大。种子球形，径约8毫米，平滑，具褐色斑纹。花期3—4月，果期10—11月。

产元江、建水、河口、金平、绿春、新平、师宗、马关、富宁、麻栗坡、景洪、勐海、勐腊、澜沧、沧源、孟连、临沧、泸水，生于海拔200—1550米的山地雨林成季节雨林中。分布于贵州、西藏、广东、海南、广西；越南也有。

种子繁殖。

树皮入药，消炎退热，利尿通便，治感冒、肝炎、疟疾、痢疾、月经过多。

2.二室棒柄花（云南种子植物名录）图156

Cleidion spiciflorum（Burm. f.）Merr.（1917）

Acalypha spiciflorum Burm. f.（1786）

小乔木，高达20米。叶薄革质，长圆形或长圆状披针形，长10—20厘米，宽3.5—12厘米，先端渐尖或突渐尖，基部宽楔形，侧脉6—10对，边缘具小腺齿；叶柄长2.5—7.5厘米。雄花序长3—20厘米；雌花单生叶腋，花梗长2—3厘米，近顶端粗壮肥大，子房卵状圆形，无毛，2室，花柱基部连合，柱头深2裂。蒴果扁球形，平滑，径2.5—3.5厘米，具2个2

图156 棒柄花和二室棒柄花

1—4.棒柄花 *Cleidion breoipetiolatum* Pax et Hoffm.

1.雄花枝　2.雄花（放大）　3.雄蕊（放大）　4.雌花（放大）

5.二室棒柄花　*C. spiciflorum*（Burm. f.）Merr. 果枝

裂的分果瓣；果梗长2—5（10）厘米，萼片果时不增大，花柱宿存，种子球形，平滑，径约1厘米。花期3—4月，果期5—6月。

产景洪、勐腊，生长于海拔550—1300米的密林中。分布于印度、越南、缅甸、斯里兰卡、印度尼西亚。

27.血桐属 Macaranga Thou.

乔木或灌木，全植株无星状毛，通常被单毛或树脂质腺点。叶大，互生，盾状或非盾状，掌状脉或羽状脉，具长柄，有托叶。花雌雄异株，无花瓣，无花盘，苞片较大，为腋生的总状花序或圆锥花序；雄花的萼片2—4，雄蕊1—3（20），花丝短，分离或基部合生，花药2—4室，无退化雌蕊；雌花的子房1—5室，每室1胚珠，花柱分离或基部合生。蒴果分裂为1—5个2裂的分果瓣，平滑或具刺毛，有时具腺点。种子球形。

本属约280种以上，分布于东半球热带地区。我国产12种，云南有8种。

分 种 检 索 表

1.子房平滑，无刺毛。
  2.子房2—3室，雄蕊7—12，叶卵形或盾形。
    3.叶卵形，基出脉5，边缘具不规则波状钝齿 ··················· 1.黄背血桐 M.pustulata
    3.叶盾形，掌状脉9，边缘有不明显的疏腺齿 ··················· 2.中平树M. denticulata
  2.子房1室，雄蕊1—3；叶卵形，宽盾状 ··················· 3.野刺桐　M.indica
1.子房被软刺毛，蒴果具长刺毛；叶羽状脉。
  4.叶菱状卵形，雌花为头状花序，花柱2 ··················· 4.团叶子 M. kurzii
  4.叶长椭圆形；雌花为总状花序，花柱2深裂 ··················· 5.草鞋叶 M. henryi

1.黄背血桐（云南种子植物名录）图157

Macaranga pustulata King ex Hook. f.（1887）

乔木，高达20米；全植株近无毛。叶下面、子房密被淡黄色树脂质圆形腺点。叶纸质，卵形，长宽7—19厘米，先端尾状渐尖，基部平截，主脉下具2大腺穴，基出脉5，下部2脉极短，侧脉6—8对，网脉平行而明显，边缘具不规则波状钝齿；叶柄长7—10厘米。雄花的圆锥花序多分枝，腋生，长5—8厘米，花绿黄色，无梗，密集，雄蕊10以上，花丝基部连合，花药4室；雌花的圆锥花序腋生，少花，长5—8厘米，子房2室，部分密被细柔毛。蒴果球形，径约8毫米，分裂为2个2裂的分果瓣。花期10—3月，果期4—6月。

产腾冲、陇川、瑞丽、景东、凤庆、云县、泸水、普洱、绿春、双柏，生长于海拔1400—2500米山坡或沟边疏林下。分布于喜马拉雅山炎热地区的印度等地。

种子繁殖。育苗植树造林。

图157 黄背血桐和木薯

1—3.黄背血桐 *Macaranga pustulata* King ex Hook. f.　1.雄花枝　2.雄花　3.果

4—7.木薯 *Manihot esculenta* Crantz.　4.花枝　5.雌花　6.雄花　7.幼果

2.中平树（海南植物志）图159

Macarnga denticulata（Bl.）Muell.-Arg.（1866）
Mappa denticulata Bl.

小乔木，高达10米。嫩枝、叶、花序密被锈色柔毛。叶厚纸质至革质，卵形，盾状，离基10—15毫米，长12—26厘米，宽8—22厘米，先端短尖或钝，基部圆形或截平，上面无毛，下面密被红色树脂质圆形细腺点，掌状脉9，边缘有不明显的稀疏腺齿；叶柄长5—15厘米。圆锥花序腋生；雄花的花序长6—10厘米，花密集，无花梗，萼片2—3，卵形，雄蕊9—15，花药4室；雌花的花序长4—8厘米，花梗长0—1毫米，花萼杯状，2—3裂，子房2室，花柱2，分离。蒴果球形，长2—3毫米，径约4毫米，近光滑。种子球形。花期4—5月，果期5—6月。

产普洱、景洪、勐腊、勐海、孟连、双江、镇康、景东、河口、元阳、金平、蒙自、屏边、绿春、马关、西畴、麻栗坡，生长于海拔650—1500（1900）米山谷、灌丛中或疏林下；分布于广东、海南、广西，东南亚各地也有。

种子繁殖。

根入药，治黄疸病；木材浅褐色带红，略硬重，可作薪炭材。

3.野刺桐（云南种子植物名录）图158

Macaranga indica Wight（1852）

乔木或灌木，高达25米。嫩枝、叶密被锈色细柔毛，老则脱落。叶纸质，卵形，宽盾状，离基1—4厘米，长12—21厘米，宽10—19厘米，先端突尾状短尖，基部圆形，上面光滑，下面密被极细小紫红色树脂质腺点，掌状脉9—10，侧脉6—9对，脉上被细柔毛，老则脱落，网脉明显平行，全缘；叶柄长7—13厘米。雄花的腋生圆锥花序多分枝，长达10厘米，花极密集，黄绿色，径1毫米，萼片卵形，雄蕊1—3，花药4室，有许多黑色匙状全缘腺体；雌花的总状花序组成的圆锥花序，子房1室，1胚珠、无刺毛。蒴果球形，径3—4毫米，平滑。种子球形，径3毫米，黑褐色，平滑。花期7—8月，果期10—11月。

产河口、屏边、富宁、双江、腾冲、泸水、景东、景洪、勐腊、勐海，生长于海拔800—1800（2100）米的山坡疏林下或密林中。分布于印度、缅甸、斯里兰卡、喜马拉雅山东部地区、安达曼岛。

4.团叶子（云南种子植物名录）图158

Macaranga kurzii（O. Ktze.）Pax et Hoffm.（1914）
Tanarius kurzii O. Ktze.（1891）

灌木或小乔木，高达5米。小枝、叶下面脉上、叶柄、花序密被开展的长柔毛。叶纸质，菱状卵形，长6—13厘米，宽4—8厘米，先端长尾状渐尖，基部圆形或截平，嫩叶上面被短柔毛，老则脱落，下面密被暗红色圆形树脂质腺点，主脉下具2—4大腺点，边缘具不明显的细腺齿；叶柄长3—7厘米。雄花为穗状花序组成的圆锥花序，长5—10厘米，花密集，绿黄色，苞片大，叶状，卵形，先端尾状渐尖，萼片2，卵形，雄蕊10—20，花丝基部连合，花药4室；雌花为头状花序，腋生1—3花，花序梗长5—8厘米，花下有2—3叶状大苞片，卵形，先端尾状长渐尖，子房球形，被长刺毛及树脂质腺点，花柱2，细长。蒴果球形，长5毫米，宽10毫米，密被鲜红色树脂质腺点及长刺毛。种子球形，褐色，平滑，径约3毫米，叶状大苞片宿存。花期12—4月，果期9—10月，

产腾冲、瑞丽、双江、沧源、普洱、勐腊、勐海、蒙自、金平、屏边、绿春、西畴、富宁、麻栗坡，生长于海拔500—1500米的山坡疏林中。分布于广西；缅甸、越南也有。

5.草鞋叶（屏边）图159

Macaranga henryi（Pax et Hoffm.）Rehd.（1936）
Mallotus henryi Pax et Hoffm.（1914）

灌木或小乔木，高达10米；全植株无毛。叶纸质，长椭圆形，长10—15厘米，宽4—8厘米，先端尾状渐尖，基部圆形或宽楔形，上面光滑，下面密被淡黄色树脂质圆形腺点，老则多少脱落，羽状脉，侧脉10—13对，近边缘处互相连接，网脉平行而明显，叶基部主脉下具腺体2—4；叶柄长4—10厘米。雄花的圆锥花序多分枝，着生于小枝近顶端叶腋，花无柄，密集，萼片卵形，长约1毫米，苞片卵形，长约1毫米，雄蕊3—5，花药4室，花丝基部连合；雌花为腋生总状花序，1—2分枝，疏散，子房球形，被长刺毛，2室，密被淡黄色树脂质腺点，花柱2深裂，直伸，较子房长。蒴果球形，分裂为2个2裂的分果瓣，长4—5毫米，径7—8毫米，被长刺毛，种子球形。花期4—6月，果期9—11月。

产普洱、河口、屏边、红河、马关、砚山、西畴、富宁、麻栗坡、昆明（栽培），生于海拔1000—1600（1800）米的疏林下或密林中。分布于贵州、广东、广西。

28.蝴蝶果属 Cleidiocarpon Airy-Shaw

乔木。叶互生，羽状脉，全缘，具柄，叶柄顶端具2腺点，托叶早落。顶生圆锥花序，雌雄同株，同序，无花瓣，无花盘，雄花多数，着生花序上部，雌花极少，着生花序基部；雄花的无梗，萼片4，镊合状排列，雄蕊3—5，花丝分离，花药4室，直裂，花药无突起，有退化雌蕊；雌花具梗，萼片5，花后宿存，子房2室，常1室发育。核果不开裂，具子房柄，花萼宿存增大。

本属1种，分布于东南亚。我国产广西、贵州、云南。

1.蝴蝶果（广西）图155

Cleidiocarpon cavaleriei（Lèvl.）Airy-Shaw（1964）
Baccaurea cavaleriei Lèvl.（1914）

小乔木，高达8—15米。叶革质，椭圆状披针形，长14—21厘米，宽4—6厘米，先端长渐尖，多少呈尾状，基部宽楔形，侧脉8—11对，向上斜生，全缘；叶柄长1—3厘米，两端微粗壮，顶端有2小腺点，有时不明显。顶生穗状圆锥花序，单枝或多分枝呈圆锥状，序

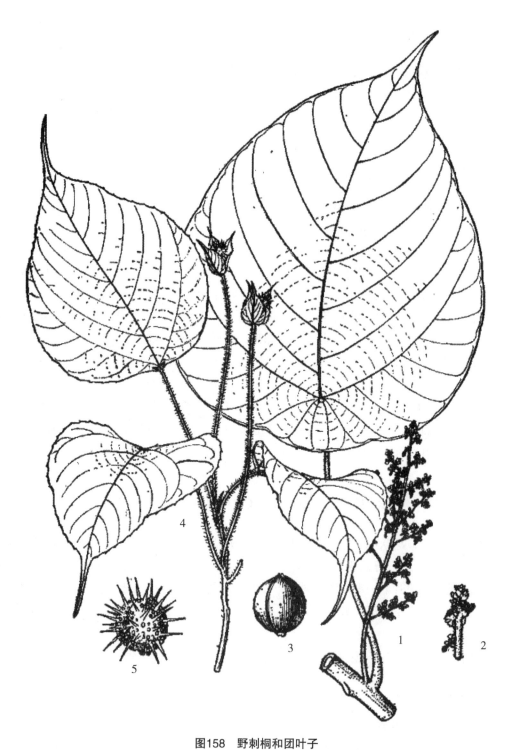

图158 野刺桐和团叶子

1—3.野刺桐 *Macaranga indica* Wight　1.雄花枝　2.部分花序放大　3.果放大

4—5.团叶子 *M. kurzii*（O. Ktze.）Pax et Hoffm.　4.果枝　5.果放大

图159　草鞋叶和中平树

1—2.草鞋叶 *Macaraga henryi*（Pax et Hoffm.）Rehd.　1.果枝　2.果放大

3—4.中平树 *Macaranga denticulata*（Bl.）Muell. –Arg.　3.果枝　4.果放大

轴、花萼、子房密被细柔毛；雄花小，密集，无梗，萼片4，三角形，长约2毫米，花丝纤细，长约5毫米，花药椭圆形，雌花1—3，具梗，萼片5，子房2室。核果球形，密被星状细柔毛，径2—2.5厘米，顶端具1宿存花柱，呈尾状，长约5毫米，萼片线状披针形，宿存，长18毫米以下，果梗粗壮，长1.5—2.5厘米。花果期5—12月。

产富宁、麻栗坡。生长于海拔700米的疏林中。分布于贵州、广西；越南、缅甸也有。

种子繁殖。点播育苗，覆土可达2厘米左右。

散孔材。材身平滑。木材淡黄白。径切面导管线明显，年轮不见。薄壁组织网状。木材纹理直，结构粗，材质轻，可作一般建筑、室内装修、农具等用材。种子可榨油，种仁含油35%，果可食，味如板栗（需经处理）。

29.野桐属 Mallotus Lour.

灌木或乔木；常被星状毛及树脂质细腺点。叶互生或对生。羽状脉或掌状脉，全缘或有齿，有时盾状，叶基常有2腺体，具柄，花雌雄异株，无花瓣，无花盘，穗状花序、总状花序或圆锥花序，顶生或腋生；雄花的花萼3—4裂，雄蕊16以上，花丝分离，花药2室，直裂，无退化雌蕊；雌花的花萼3—5裂，子房3室，稀2—4室，每室有1胚珠，花柱各式，分离或基部连合。蒴果球形，平滑或具疣状突起或软刺毛，分裂为2—3个2裂的分果瓣，中轴宿存，每分果瓣有1种子。

本属约130种，主产亚洲热带地区。我国约产40种，云南有18种，1变种。

分 种 检 索 表

1.叶互生，多少盾状，掌状脉。
  2.蒴果具软刺毛。
    3.蒴果皮刺密集成层。
      4.雌花为圆锥花序或总状花序。
        5.蒴果4裂；雌花为圆锥花序，长10厘米以下 ………… 1.四子野桐 M. tetracocus
        5.蒴果3裂；雌花为顶生长总状花序，长11—60厘米 ……… 2.毛果桐 M. barbatus
      4.雄花为穗状花序，花柱3，分离，向上直伸，长达子房的2倍 ……………………
        ……………………………………………………………………… 3.河口野桐 M. lianus
    3.蒴果皮刺不密集成层。
      6.花序轴粗壮，蒴果具软刺毛及星状细柔毛 ………… 4.尼泊尔野桐 M. nepalensis
      6.花序轴纤细。
        7.蒴果皮刺坚硬粗短；叶菱状卵形；雌花为圆锥花序 …… .5.白背桐 M. paniculatus
        7.蒴果皮刺细长；叶卵形；雌花为穗状花序。
          8.叶下面密被白色细小星状薄柔毛；果序长30—45厘米；种子密被疣突 ……
            ……………………………………………………………………… 6.白背叶 M. apelta
          8.叶背被极稀疏的星状毛或近光滑无毛，长约10厘米；种子平滑 ……………

1.四子野桐（云南种子植物名录）图160

Mallotus tetracoccus（Roxb.）Kurz（1877）

Rottlera tetracocca Roxb.（1832）

小乔木，高达15米。嫩枝、叶下面、花序、果序均密被棕褐色星状绒毛。叶互生，三角状卵形，厚革质，有时微呈盾状，离基3—5毫米，长12—17厘米，宽11—15厘米，先端渐尖，有时3裂，基部截形或圆形，有时微心形，上面无毛，密被细小乳突，基出脉5—7，侧脉7—9对，基部具2—4黑色腺点；叶柄长4—8厘米。雌雄异株，顶生穗状圆锥花序；雄花序长达20厘米，萼片3—4，三角形，雄蕊20以上，开展呈球状；雌花序长10厘米以下，子房4室，花柱4。蒴果球形，灰白色，径约1厘米，密被明显乳突状短鳞片，4裂，花柱宿存。种子卵圆形，三棱，黑褐色，长4—5毫米，具疣状突起。花期5—6月，果期9—10月。

产普洱、景洪、勐海、河口、金平、双江，生长于海拔130—1300米山坡或常绿阔叶林下。分布于印度、缅甸、越南、泰国、斯里兰卡、喜马拉雅由东部地区。

2.毛果桐（云南种子植物名录）图160

Mallotus barbatus Muell.-Arg.（1865）

小乔木，高3—6米。小枝、叶下面、花序、花萼、子房、花柱密被星状柔毛，中夹淡红色树脂质球形腺点。叶盾形，互生，革质，长13—30厘米，宽12—26厘米，先端渐尖或短尖，有时3裂，基部圆形，离基2—4厘米处盾状着生，边缘具短腺齿，上面除脉外无毛，侧脉9—11对，侧脉直达齿尖，基出脉9—11；叶柄长5—25厘米。被长柔毛。雄花为顶生圆锥花序，长11—36厘米3—6花丛生，淡绿色，萼片4—5，卵形，长3—4毫米，雄蕊75—85，开展呈球状；雌花为顶生长总状花序，长11—60厘米，花萼杯状，4—5裂，子房3—5室，花柱3—4，分离，羽毛状，花梗长2—3毫米。果序长20—30厘米，下垂，蒴果球形，径13—19毫米，密被细软刺毛，密集成层，呈绒球状，花柱宿存。种子卵圆形，长约5毫米，具疣突。花期6—10月，果期7—11月。

产蒙自、个旧、河口、屏边、金平、绿春、西畴、富宁、麻栗坡、景洪，生长于海拔

图160 四子野桐和毛果桐

1—4.四子野桐 *Malloius tetracoccus*（Roxb.）Kurz

1.雄花枝　2.雄花　3.果　4.部分叶下面放大

5—7.毛果桐 *M. barbatus* M.-A.　5.果枝　6.雌花　7.部分叶下面（放大）

110—1500米的山坡阳处或疏林中。分布于四川、贵州、广东、广西；印度、缅甸、越南、泰国、马来西亚、印度尼西亚也有。

种仁含油21.8%；茎皮含纤维38.02%；全株入药，清热止泻，根治肺热吐血，叶治癣疾。

3.河口野桐（云南种子植物名录）图161

Malotus lianus Croiz.（1938）

小乔木，高达10米。幼枝、叶下面、叶柄、花序密被棕褐色星状柔毛。叶互生，厚革质，阔卵形，有时微呈盾状，长7—15厘米，宽7—15厘米，先端渐尖或钝，基部圆形，上面无毛，疏被细乳突状腺点，基出脉5—9，侧脉5—7对，全缘；叶柄长3—9厘米。雄花为顶生穗状圆锥花序，长达19厘米，萼片椭圆形，外面密被厚柔毛，雄蕊20以上，花丝长2—3毫米，开展呈球状；雌花为顶生穗状花序，长12厘米以内，花萼钟状，长约5毫米，外面密被厚柔毛，萼片三角形，子房密被短刺毛，花柱3，分离，向上直伸，长达子房的2倍。蒴果球形，密被刺毛状鳞片，鳞片上密被黄色星状柔毛。花期5—6月，果期8—9月。

产河口、金平、屏边，生长于海拔200—920米的常绿阔叶林下或山坡疏林中。分布于广东、广西、福建。

4.尼泊尔野桐（云南种子植物名录）　毛桐子（中国经济植物志）图161

Mallotus nepalensis Muell.-Arg.（1865）

小乔木，高5—8米。幼枝、叶下面、花序密被星状细柔毛，中夹黄色及红色树脂质圆形腺点。叶互生，宽卵形，非盾状，长宽约9—20厘米，先端渐尖，基部截形或浅心形，基出脉3—5，基部2条极短而不明显，侧脉4—5对，上面除脉外无毛；叶柄长5—15厘米。雄花为顶生穗状花序，粗壮，长10—27厘米，多花丛生密集，花雷球形，萼片4，卵形，外面密被厚柔毛，雄蕊约100，开展呈球状；雌花为顶生穗状花序，粗壮，长达25厘米，花梗长0—1毫米，花萼杯状，萼片披针形，外面密被厚柔毛，子房球形，3—4室，密被厚柔毛，花柱3—4，粗壮，分离，向外开展，较子房长。蒴果球形，径10—12毫米，具软刺毛及星状细柔毛，中夹黄色树脂质腺点。种子球形，黑色，径3—4毫米。花期5—6月，果期6—7月。

产安宁、文山、马关、西畴、麻栗坡、蒙自、屏边、金平、绿春、元阳、元江、峨山、勐海、临沧、耿马、腾冲、贡山、福贡、维西，生长于海拔1300—2100（2700）米常绿阔叶林、针阔混交林或山坡灌丛中。分布于贵州、四川。

茎皮纤维可制蜡纸，麻袋；种子可榨油；根入药，治骨折，茎皮治狂犬咬伤。

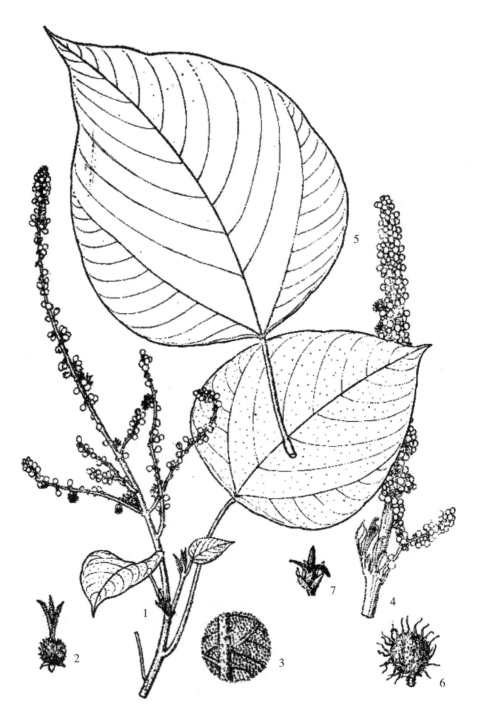

图161 河口野桐和尼泊尔野桐

1—3.河口野桐 *Mallotus lianus* Croizat. 1.雄花枝 2.雌花 3.部分叶下面放大

4—7.尼泊尔野桐 *M.nepalensis* M.-A. 4.雄花枝 5.叶 6.果 7.雄花

5.白背桐（云南种子植物名录） 白楸（中国经济植物志）图162

Mallotus paniculatus（Lam.）Mueli.-Arg.（1865）

Croton paniculatus Lam.（1786）

小乔木或灌木，高达10—20米。小枝、叶下面、花序、果密被灰褐色星状细柔毛。叶互生，纸质，卵形，三角形或菱形，长5—25厘米，宽3—20厘米，先端尾状渐尖，有时3裂，基部宽楔形，上面无毛，基部具2大腺点，基出脉3—5，离基3—5毫米，全缘；叶柄长3—13厘米。顶生圆锥花序，雌雄异株，雄花序长6—26厘米，花梗长1—2毫米，花蕾球形，径约1毫米，萼片3—4，卵形，外面密被星状细柔毛，中夹少数淡黄色树脂质圆形腺点，雄蕊20—60，花丝短，长1—2毫米；雌花序长5—35厘米，侧枝长5—13厘米，花梗长1毫米，萼片卵形，长约1毫米，子房球形，具星状细柔毛和少数粗短棒状刺毛，花柱3，分离，蒴果球形，径5—8毫米，刺毛坚硬粗短，稀疏。种子球形，黑色，径约3毫米。花期9—10月，果期10—11月。

产普洱、景洪、勐腊、勐海、屏边、金平、西畴、富宁、麻栗坡，生长于海拔400—1200（1600）米常绿阔叶林或疏林中。分布于广东、海南、广西、台湾；缅甸、越南、泰国、马来西亚也有。

木材灰白色，轻柔，易腐朽变色，可用为低级纤维工业原料；茎皮纤维可制绳；种子可榨油。

6.白背叶（海南植物志） 酒药子树（植物名实图考）、白叶野桐（中国经济植物志）图162

Mallotus apelta（Lour.）Muell.-Arg.（1865）

Ricinus apelta Lour.（1790）

小乔木或灌木，高2—10米，小枝、叶下面、花序、花萼、子房密被白色尾状薄柔毛。叶互生，纸质，卵形，长4—15厘米，宽4—14厘米，先端渐尖，有时3裂，基部截形或微心形，上面近无毛，下面被毛，中夹少数散生红色树脂质圆形腺点，基出脉3—5，侧脉4—6对，边缘具不明显的腺齿，叶基具2黑色腺点；叶柄长3—13厘米。雄花为顶生圆锥花序，少分枝，长15—30厘米，花蕾球形，径1—2毫米，花萼3—6，雄蕊50—65；雌花为顶生穗状花序，长15厘米以内，花萼浅杯形，萼片三角形，子房球形，3—4室，花柱3，分离，向外开展。果序穗状，长30—45厘米；蒴果刺毛细长，密集，被稀疏星状毛及红色树脂质腺点。种子黑色，球形，径3—5毫米，密被疣突。花期5—8月，果期6—10月。

产河口、富宁，生长于海拔125—500米的山坡灌丛中或疏林下。分布于江南各省（区）；越南也有。

根、叶入药，治白带，尿路感染，慢性肝炎，叶止血，治刀伤；种子含油41.12%茎皮纤维可代黄麻用。

7.薄叶野桐（云南种子植物名录） 泡泡树子（中同经济植物志）

Mallotus tenuifolius Pax（1900）

产普洱，生长于海拔1300—1500米针阔混交林中；分布于四川、广西、广东、湖北、湖南、浙江、安徽、福建；印度也有。

8.滇黔野桐（云南种子植物名录）

Mallotus millettii Lèvl.（1914）

产蒙自、屏边、砚山、西畴、富宁、勐腊、孟连，生长于海拔600—1900米常绿阔叶林中。分布于贵州、广西。

9.小果野桐（云南种子植物名录）图163

Mallotus illudens Crotz.（1938）

攀援灌木或小乔木，高达7米。幼枝、花序被黄褐色星状细柔毛。叶互生，卵形，纸质，长7—12厘米，宽4—7厘米，先端突渐尖或钝，基部圆形，两面密生细小圆形乳突，老叶基本无毛，下面多少具有黄色树脂质圆形细腺点，基出脉3，侧脉4—5对；叶柄长3—5厘米。顶生总状花序，雌雄异株；雄花的花序长5—16厘米，花梗长1—4毫米，花蕾球形，径约2毫米，外面密被锈色细柔毛，萼片卵形，顶端钝圆，雄蕊20以上，花丝长1毫米以下，仅见花药密集呈球形。果序顶生总状，长5—9厘米，果梗长达1厘米，果3室，径约1厘米以下，扁球形，棕黄色，果皮薄革质，平滑，密被球形星状柔毛，花柱3，分离、宿存。果、花期5—8月。

产镇雄、绥江、大关、彝良、临沧，生长于海拔（470）600—1300米的河边疏林中。分布于四川、贵州、广东、广西、福建。

10. 石岩枫（中国经济植物志） 倒挂金钩（植物名实图考）图163

Mallotus repandus（Willd.）Muell.-Arg.（1865）
Croton repandus Willd.（1803）

攀援灌木或小乔木，高2—7米。小枝、花序、花萼、果密被棕黄色星状细柔毛。叶互生，卵状椭圆形，纸质，长2—7厘米，宽1.5—4厘米，两端渐狭或基部圆形，上面密生细小圆形乳突，老叶无毛，幼叶被毛，中夹稀疏的金黄色树脂质圆形腺点，脉腋至少有簇毛，基出脉3，侧脉3—5对；叶柄长1—6厘米。雄花的穗状花序组成具1—5分枝的顶生圆锥花序，长7—17厘米，花序轴纤细，疏散，花梗长0—1毫米，花萼3—4，雄蕊40—75，花丝长1毫米以下，花蕾球形，径约1毫米；雌花的总状花序长3—9厘米。果序总状，长3—5厘米，果梗长5—8毫米。蒴果球形，径10—12毫米，果皮薄革质，平滑，2室，分裂为2个分果瓣。种子黑色，球形，平滑，径约6毫米。花期4—5月，果期7—8月。

产金平、普洱，生长于海拔400—1300米的林下。分布于四川、贵州、广东、海南、广西、台湾、江苏、浙江、福建、湖北、安徽、陕西；印度、斯里兰卡、菲律宾、马来西亚、泰国、澳大利亚也有。

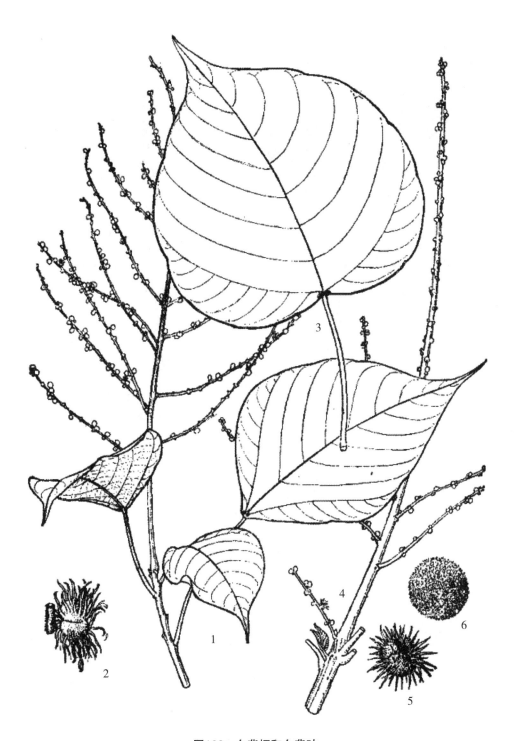

图162 白背桐和白背叶

1—2.白背桐 *Mallotus paniculatus*（Lam.）M.-A. 1.雄花枝 2.果

3—6.白背叶 *M. apelta*（Lour.）M.-A. 3.叶 4.雄花序 5.果 6.部分叶下面放大

图163　小果野桐和石岩枫

1—2.小果野桐 *Mallotus illudens* Croizat　1.雄花枝　2.果

3—4.石岩枫 *M. repandus*（Willd.）M.-A.　3.果枝　4.果

种子含油35.9%。茎皮含纤维40%。根、茎入药，散血解表，治关节痛，跌打损伤。全株有毒，可毒鱼，也可作农药。

11. 粗糠柴（海南植物志） 野荔枝（玉溪）、"锅麦解"（傣语）、菲律宾桐（中国经济植物志）图164

Mallotus philippinensis（Lam.）Muell.-Arg.（1865）

Croton philippinense Lam.（1786）

小乔木，高达8米。小枝、叶下面、花序密被星状细柔毛及散生紫红色圆形树脂质细腺点，叶互生，椭圆形或披针形，长5—23厘米，宽2—9厘米，先端渐尖，基部圆形或宽楔形，上面无毛，基出脉3，侧脉4—11对，基部具2黑色圆腺点，全缘；叶柄长2—7厘米，雄花为穗状圆锥花序，多分枝，长达10厘米，花蕾球形，径约1毫米，外面密被细柔毛，雄蕊15—30；雌花为总状圆锥花序，长达14厘米，有时少分枝，花梗长0—2毫米，子房3室，密被紫红色腺点，花柱2—3，分离，蒴果球形，3瓣裂，径8—10毫米，密被紫红色腺点。种子黑色，平滑，径约5毫米。花、果期5—11月。

产潞江、景洪、文山，生长于海拔1200—1800米的灌丛中或疏林下。分布于四川、贵州、广东、海南、广西、湖南、湖北、福建、台湾；喜马拉雅山东部地区、斯里兰卡、马来西亚、澳大利亚也有。

种子繁殖。高床育苗。播种前温水浸种后播种，播后覆草，出苗后逐步撤去覆草，幼苗注意水肥管理。

木材灰褐色，边材有时明晰，材质略硬重，刨面光滑，易翘裂，为优良的薪炭材。种仁含油34%；茎皮含纤维53.7%；茎内皮入药，能收敛、止泻、止血；果为缓下剂和杀虫剂；果毛有毒，系红色染料。

12. 滇野桐（云南种子植物名录）图164

Mallotus yunnanensis Pax et Hoffm.（1914）

灌木或小乔木，高1—3（7）米，小枝、叶柄、叶下面主脉、花序、花萼微被细柔毛。叶对生，纸质，菱状卵形，长4—7.5厘米，宽2—4厘米，先端突渐尖，基部渐狭，上面无毛，下面脉腋有簇毛，散生金黄色树脂质圆形细腺点，羽状脉，侧脉4—6对，近边缘处互相联结，细网脉明显凸起；叶柄长5—10毫米。雄花为顶生或腋生穗状花序，长1—3厘米，花梗长0—1毫米，萼片卵形，雄蕊35—40；雌花为腋生穗状花序，长1—3厘米，花梗长0—1毫米，子房球形，密被小刺毛，花柱3，基部微连合。蒴果球形，径约8毫米，密被短刺毛，中夹黄色腺点，花柱宿存，种子球形花期4—5月，果期6—8月。

产蒙自、金平、元江、峨山、泸水，生长于海拔300—1500米疏林下。分布于广东、海南、广西。

30. 风轮桐属 Epiprinus Griff.

灌木或小乔木。叶互生，常丛生枝顶，羽状脉，全缘，基部耳状心形，近无柄。花雌雄同株，无花瓣，无花盘，复穗状花序顶生，雄花着生于花序的中上部，极密集，雌花数

图164 滇野桐和粗糠柴

1—2.滇野桐 *Mallotus yunnanensis* Pax et Hoffm. 1.果枝 2.果放大

3—4.粗糠柴 *M. philippinensis*（Lam.）M.-A. 3.雄花枝 4.雌花

朵着生于花序基部；雄花的萼片4，雄蕊4，花丝分离，药2室，直裂，退化雌蕊柱状；雌花的萼片5—6，花后不增大，子房3室，每室1胚珠，花柱3，基部连合，柱头多裂。蒴果球形，分裂为2—3个2裂的分果瓣。

本属约5—6种，分布于印度、越南、马来西亚、泰国。我国产1种，云南也有。

1.风轮桐（海南植物志）图150

Epiprinus silhetianus（Baill.）Croiz.（1942）

Symphyllia silhetianus Baill.（1858）

灌木或小乔木，高3—5（—9）米。嫩枝、幼叶、叶柄、雌花花梗、花萼、子房、果实被星状细柔毛。叶薄革质，倒卵状披针形或匙状披针形，常聚生于小枝顶端呈假轮生状，长8—16厘米，宽2—4厘米，先端渐尖，基部向下渐狭，呈耳状微心形，老叶无毛，侧脉9—15对，全缘；叶柄长0—2毫米；托叶早落。顶生复穗状花序；雄花的花蕾径约1毫米，萼片4，雄蕊4—6，伸出；雌花的萼片5—6，披针形，花后不增大，齿间有2黑色腺体，子房球形，密被绒球状星状毛，花柱3，柱头多裂，蒴果扁球形，径约12毫米，开裂为3个2裂的分果瓣。种子球形，径约8毫米，具黑褐色斑纹。花期3—5月，果期8—9月。

产景洪，生长于海拔500—1100米山谷密林中。分布于广东、海南；印度、越南也有。种子繁殖。

31.滑桃树属 Trewia Linn.

落叶乔木，叶对生，全缘，基出脉3—5，具柄，托叶小，早落，花单性，雌雄异株；无花瓣，无花盘；雄花序总状腋生，细长，疏散，雌花单生或总状花序，少花；雄花1—3，生于苞腋内，萼片3—5，镊合状，雄蕊60—95，花丝分离，花药2室，直裂，无退化雌蕊；雌花的花萼佛焰苞状，顶端具2—4齿，子房2—4室，每室有1胚珠，花柱3，基部微连合。果肉质，核果状，不开裂。种子球形。

本属1种，分布于东南亚各地；我国广东、广西、云南也有。

1.滑桃树（海南植物志）图149

Trewia nudiflora Linn.（1753）

乔木，高5—30米；幼嫩部分密被细柔毛。叶对生，卵形或宽卵形，长10—15厘米，宽8—13厘米，先端钝或短尖，基部心形或截平，上面近无毛，密被乳突起，下面密被细柔毛，基出脉3—5，侧脉4—5对，网脉明显凸起，全缘；叶柄长3—10厘米；托叶2，钻状，长约2毫米，早落。雄花为腋生细长总状花序，长6—18厘米，花梗纤细，长2—5毫米，萼片4—5，椭圆形，花期反折，长约5毫米，花丝长2—3毫米，花药黄色，椭圆形；雌花为单生或3—5花组成短总状花序，腋生，长2—3.5厘米，花萼膜质，佛焰苞状，将子房全部包被，长约4毫米，子房球形，密被白色细柔毛，花柱3，基部微连合，长达15厘米，柱头黄色，向外开展。果肉质，核果状，球形，径约3厘米，不开裂，无毛；果柄长2—4厘米。花期3—4月，果期4—5月。

产河口、景洪、澜沧，生于海拔120—1200米的山谷、密林或疏林中。分布于广东、海南、广西；印度、马来西亚也有。

种子繁殖。核果采集去肉后可随时播种。

叶入药，治疥疮。

32.山麻杆属 Alchornea Sw.

小乔木或灌木。叶互生，单叶，有锯齿，叶基通常有线状腺体或大腺点，叶基3—5脉或为羽状脉；托叶细小，早落。花无花瓣，单性，雌雄同株或异株，腋生或顶生的穗状花序、总状花序或圆锥花序；雄花的萼片细小，2—5深裂，裂片镊合状排列，雄蕊6—8，无退化雌蕊；雌花的萼片3—6，覆瓦状排列，子房2—3室，每室1胚株。蒴果，分裂成2—3个分果瓣，具宿存中轴。

本属约50种，广布全世界热带、亚热带地区，我国产6种，云南有4种。

分 种 检 索 表

1.叶基部无线状腺体；叶长圆状倒卵形或披针形，羽状脉，侧脉7—12对，叶柄长1—3厘米；雄花为顶生圆锥花序 ……………………………………………… 1.三稔蒟 A. rugosa
1.叶基部有2线状腺体；叶菱状卵形或心状阔卵形，基出脉3，叶柄长3—9厘米。
　　2.蒴果粗糙，具乳突状突起；雄花为腋生穗状花序 …………………………………
　　……………………………………………………………… 2.椴叶山麻杆 A. tiliaefolia
　　2.蒴果不粗糙，平滑，密被极细短柔毛。
　　　3.雄花为腋生总状花序，长7—10厘米 ……………… 3.红背山麻杆 A. trewioides
　　　3.雄花为腋生穗状花序，粗短，长1—3厘米 ………………… 4.山麻杆 A. davidii

1.三稔蒟（海南植物志）图135

Alchornea rugosa（Lour.）M.-A.（1865）

Cladodes rugosa Lour.（1790）

灌木或小乔木，高达10米。叶薄纸质，长圆状倒卵形或披针形，长8—23厘米，宽4—8厘米，先端突渐尖，基部楔形，两面近无毛，羽状脉，侧脉7—12对，边缘具腺齿；叶柄短，长1—3厘米。雄花为顶生圆锥花序，长6—23厘米；雌花为总状花序，长7—15厘米，子房被毛，花柱3，反卷。蒴果球形，3瓣裂，长约6毫米，径约10毫米，平滑无突起，种子球形，径约4毫米。果期9—10月。

产于云南南部，分布于广东、海南、广西；印度、缅甸、泰国、马来西亚、印度尼西亚、菲律宾也有。

种子繁殖，育苗时注意保持苗床湿润。

嫩枝叶入药，接骨生肌。

2.椴叶山麻杆（广西植物名录） 小饭包树（河口）

Alchornea tiliaefolia（Benth.）Muell.-Arg.（1865）

Stipellaria tiliifolia Benth.（1854）

产河口、屏边、金平、普洱、景洪、勐海，生长于海拔130—1600米常绿或半常绿季雨林中或疏林下；分布于广东、广西；印度、缅甸、越南、泰国、马来西亚也有。

3.红背山麻杆（海南植物志）

Alchornea trewioides（Benth.）Muell.-Arg.（1865）

Stipellaria trewioides Benth.（1854）

产麻栗坡、富宁、泸水，生长于海拔600—1500米灌丛中或疏林下。分布于广东、广西、台湾、浙江；越南、泰国也有。

4.山麻杆（中国经济植物志）

Alchornea davidii Franch.（1884）

产永善、大关，生长于海拔700—1250米的山坡次生灌丛中。贵州、广西、广东、江西、湖北、河南、陕西、浙江均有。

33.乌桕属 Sapium P. Br.

小乔木或灌木。叶互生，羽状脉，全缘或具齿；叶柄顶端有2腺体；托叶小，花雌雄同株，同序或异序，为顶生或侧生的穗状花序，总状花序，稀圆锥花序；无花瓣及花盘；雄花着生于花序上部，雌花生于基部；雄花的萼片2—3，雄蕊2—3，花丝分离，花药2室，直裂，无退化雌蕊，雌花的萼片3，每1苞片内有雌花1，子房2—3室，每室有胚珠1，花柱2—3，分离或基部合生。蒴果球形，稀浆果状，室背开裂。种子球形，有时有腊质的假种皮，中轴宿存。

本属约120种以上，广布全世界热带地区。我国约产10种，云南有6种。

分 种 检 索 表

1.雌花基数3；蒴果。

  2.叶长宽近相等；穗状花序。

    3.叶菱形或卵形，先端渐尖 ···1.乌桕 S. sebiferum

    3.叶圆形或长圆形，先端浑圆，常微凹 ·······················2.圆叶乌桕 rotundifollum

  2.叶长为宽度的2倍或2倍以上；总状花序 ·······················3.山乌桕 S. S. discolor

1.雌花基数2，圆锥花序；叶卵形；果浆果状 ·······················4.浆果乌桕 S. baccatum

1.乌桕（中国经济植物志）　乌桕木（植物名实图考）图165

Sapium sebiferum（Linn.）Roxb.（1832）

*Croton sebiferu*m Linn.（1753）

小乔木，高达15米。叶纸质，菱形或卵形，长3—7.5厘米，宽3—9厘米，先端渐尖或短尖，基部宽楔形至圆形，侧脉5—10对，两面无毛，全缘；叶柄长2—6厘米，顶端有2黑色圆形腺点。花雌雄同株，同序，顶生穗状花序；雄花淡黄色，10—15丛生于1苞片腋内，雄蕊2，花丝极短；雌花少数生于花序基部，单生，花梗长3—4毫米，子房球形，3室，平滑，花柱基部连合，柱头3，向下卷曲。蒴果球形，绿色，径10—15毫米，外果皮木质至厚革质。种子球形，径6—7毫米，外被白色蜡质。花期5—11月，果期8—11月。

产芒市、景洪、文山、昆明等地，一般栽培区域在海拔1000米以下，昆明地区可达1825米；四川达2400—2800米（会理）；分布我国东南及西南16省（区）；日本、印度、欧洲、美洲、非洲各地也有栽培。

种子繁殖或嫁接繁殖。从母树上采集成熟种子后晾晒收藏。高床育苗。播前用60℃温水浸种24小时，捞起做去蜡处理。条播。覆土厚可达土壤的2—3倍。嫁接苗可选用优良品种的一年生枝条作接穗，切接、腹接均可。大穴造林。乌桕稍喜湿，稍耐短期水湿土壤环境，可作四旁造林绿化树种。

为重要工业油料树种，供制蜡烛、蜡纸、肥皂等。种仁可榨取黄色干性油，称"桕油"，供制油漆、油墨、机械润滑油等；果壳可提碳酸钾，供制钾玻璃；木材坚韧，纹理斜，不翘裂，供家具、车辆、雕刻等用材。花期长，为蜜源植物。根皮及叶入药；叶有毒，可杀虫，鱼塘周围不宜种植。

2.圆叶乌桕（中国树木分类学）　雁来红（中国经济植物志）图165

Sapium rotundifolium Hemsl.（1894）

小乔木或灌木，高达10米；全植株无毛。叶薄革质，圆形，长5.5—10厘米，宽6—12.5厘米，先端浑圆，有时有1小凸尖或微凹，基部圆形或微心形，上面绿色，下面淡绿色。幼叶微带红色，侧脉8—15对，全缘；叶柄长3—7厘米，顶端有圆形腺体1—2。顶生穗状花序；雄花淡绿黄色，雄蕊2，稀1—3。蒴果绿色，球形，径15毫米，分裂为3个2裂的分果瓣，外果皮壳质，内果皮骨质，种子黑色，球形，径约5毫米，被白色蜡质。花期5—6月，果期10—11月。

产文山、砚山、西畴、富宁、麻栗坡，生长于海拔600—1500米石灰岩山疏林中。分布于贵州、广西、广东、四川、湖南、湖北。

营林技术与乌桕略同。

叶、果入药，解毒消肿，杀虫，治蛇伤，疮毒，疥癣；种子油可作润滑油，制皂；也可作石灰岩地区的绿化树种。

3.山乌桕（云南种子植物名录）图166

Sapium discolor（Champ. ex Benth.）Muell.-Arg.（1863）

Stillingia discolor Champ. ex Benth.（1854）

灌木或小乔木，高3—10（25）米；全植株无毛，叶椭圆形或卵形，纸质，长3—10厘米，宽2—5厘米，先端短尖，基部宽楔形，上面绿色，下面粉绿色，侧脉8—12对，全缘；叶柄红色，长2—5厘米，顶端有2圆形孪生的腺体。顶生总状花序；雄花淡黄色，花梗长1—3毫米，基部具关节，易折断，花萼杯状，边缘不规则齿裂，雄蕊2，花药球形，花丝短；雌花的花梗长1—2毫米，子房卵形，绿色，花萼浅杯状，萼片3，三角形，花柱基部合生，柱头2—3，向下卷曲。蒴果球形，绿色，径约10毫米，外果皮壳质，内果皮木质。种子灰黑色，球形，径3—4毫米，薄被蜡质。花期5—6月，果期5—9月。

产河口、屏边、金平、西畴、马关、富宁、麻栗坡、普洱、景洪、勐腊、勐海、沧源、耿马，生长于海拔420—1600米山坡灌丛中或疏林下。分布于广东、海南、广西、贵州、四川、台湾、福建、江西、浙江；泰国、越南、印度、马来西亚也有。

营林技术与乌桕略同。

种子含油20%，为工业用油；根皮、叶入药，有小毒，治跌打痈疮，毒蛇咬伤；叶外敷乳痈肿痛。

4.浆果乌桕（植物分类学报）图166

Sapium baccatum Roxb.（1832）

小乔木，高达30米；全植株光滑无毛。叶卵形或卵状椭圆形，长8—30厘米，宽3—9厘米，两端渐尖或基部圆形，边缘近基部侧脉上有1—2圆形腺点，侧脉8—10对，叶柄长3—8厘米，顶端有或无腺体。顶生圆锥花序长3—12厘米，雌花着生花序轴下部，有时全部为雄花；雄花淡黄色，3—6花丛生苞腋内，花梗长1—2毫米，花萼杯状，边缘不规则齿裂，雄蕊2，花药球形，花丝短，苞片下面有1—2蜂窝状腺体；雌花的花萼杯状，3裂，萼片三角形，子房绿色，花柱合生，柱头2—3裂，向上直伸。果浆果状，球形，径10—13毫米，2室。种子1—2，球形，径约4—5毫米。花、果期5—7月。

产普洱、勐腊、勐海、沧源、金平、绿春、马关，生长于海拔450—1060（1270）米的疏林下，分布于印度、缅甸、越南、马来西亚、印度尼西亚。

营林技术略同乌桕。

木材带黄色，甚易腐朽变色，材质轻柔，易施工，刨面不易光滑，可为箱板，造纸等用材。种子含油43.19%，是良好的工业用油；树干通直，栽培容易，是一种具有一定经济价值的速生树种。

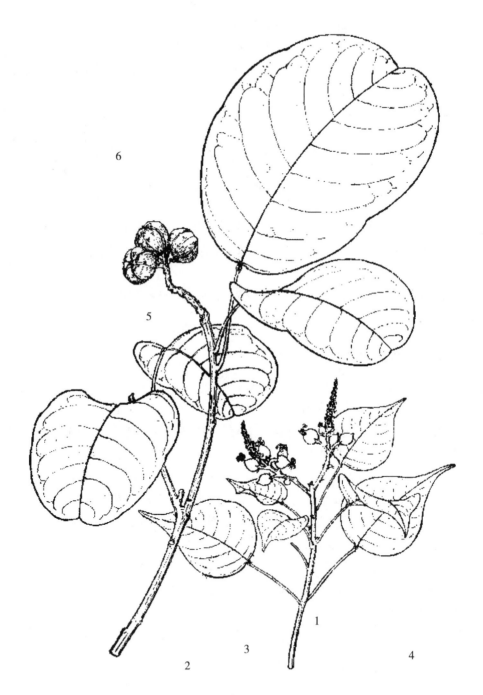

图165 乌桕和圆叶乌桕

1—4.乌桕 sapium sebiferum（L.）Roxb. 1.花枝 2.雌花 3.雄花 4.果

5—6.圆叶乌桕 S. rotundifolium Hemsl. 5.果枝 6.除去果壳的果（示种子着生的位置）

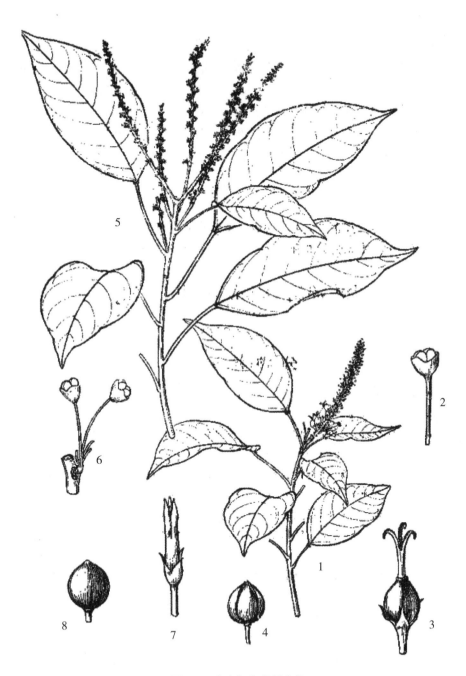

图166　山乌桕和浆果乌桕

1—4.山乌桕 *Sapium discolor*.（Champ. ex Benth.）M.–A.

1.花枝　2.雄花　3.雌花　4.果

5—8.浆果乌桕 *S. baccatum* Roxb.　5.花枝　6.雄花　7.雌花　8.果

136a.虎皮楠科 DAPHNIPHYLLACEAE

乔木或灌木，植株通常无毛。单叶互生，全缘，具柄，常密集着生于小枝近顶端；无托叶。雌雄异株，腋生总状花序；苞片早落；花小，花萼盘状成3—6裂，果期宿存或脱落，无花瓣；雄花的雄蕊6—12，花丝短，花药2室，直裂，有时药隔发达，无退化雌蕊；雌花的子房2室，每室具2倒生胚珠，花柱1—2，短或无，柱头2，外卷或拳卷，常宿存，具5—10退化雄蕊环绕子房或无。核果，具1种子，外果皮肉质，内果皮硬骨质。

本科1属约30种，分布于亚洲热带或亚热带地区。我国有10种，分布于长江以南各省（区）；云南有6种。本志记载5种。

虎皮楠属 Daphniphyllum Bl.

属的特征同科。

分 种 检 索 表

1.花萼不育或果时脱落。
　2.子房为不育雄蕊环绕。
　　3.雌花具不育雄蕊10；叶下面无乳突，侧脉纤细，近于水平伸展而平行，两面清晰 …
　　…………………………………………………………………… 1.交让木 D. macropodum
　　3.雌花具不育雄蕊5，叶下面具细小乳突，侧脉粗壮而疏，弧曲，在上面微凹，下面突
　　起 ……………………………………………………………… 2.西藏虎皮楠 D. himalense
　2.子房无不育雄蕊环绕；叶长圆状椭圆形，长16—26厘米，宽6—9厘米，下面通常无粉，
　　无乳突；果序长10—16厘米 …………………………… 3.长序虎应楠 D. longeracemosum
1.花萼果时明显宿存。
　4.树干后通常绿色，长22—37厘米，宽7—14厘米，果较大，长10—12毫米 ……………
　　……………………………………………………………… 4.大叶虎皮楠 D. yunnanense
　4.叶干后变褐色或黑色，长9—17厘米，宽3—6厘米，基部楔形，侧脉及细脉两面突起
　　……………………………………………………………… 5.脉叶虎皮楠 D. paxianum

1.西藏虎皮楠（中国植物志）图167

Daphniphyllum himalense（Benth.）Muell.-Arg.

Gouphia himalensis Benth,

小乔木，高达12来。叶纸质至薄革质，长圆形或长圆状披针形，长10—21厘米，宽2—7厘米，先端渐尖或急尖，基部宽阔楔形或钝，上面亮绿色，下面灰白色，具细小乳突，侧

脉10—14对，在上面微凹，下面隆起，叶柄长2—5厘米。雄花的花序长约3厘米，花梗长3—4毫米，无花萼，雄蕊8—12；雌花无花萼，子房基部具不育雄蕊5，子房卵形，不具白粉。果椭圆形，长12—14毫米，径7—9毫米，果梗长约1厘米。果序长7—9厘米，花期4—5月，果期9—11月。

产文山、西畴、麻栗坡、屏边、金平、贡山，生长于海拔1200—1500米的常绿阔叶林中。分布于西藏（墨脱）；印度也有。

2.长序虎皮楠（中国植物志） 贯槽树（西畴）图167

Daphniphyllum longeracemosum Rosenth.

乔木，高达20米。小枝粗壮，叶纸质，长圆状椭圆形，长16—26厘米，宽6—9厘米，先端急尖，基部宽楔形至钝，上面亮绿色，下面灰白色，无乳突，无粉或多少被白粉，侧脉10—12对，在下面明显凸起；叶柄粗壮，红色，长3—7厘米。雄花的花序长约4毫米，花梗长约5毫米，无花萼，雄蕊10—16；雌花的花序长6—7厘米，花梗长约5毫米，花萼早落，子房椭圆形，常被白粉，柱头外卷。果紫黑色，未熟时紫红色，椭圆形，长15—20毫米，径约8毫米，有明显疣状突起，无白粉；果序长10—16厘米，直立，向上斜生。花期4—5月，果期8—11月。

产文山、马关、西畴、麻栗坡、蒙自、屏边、绿春、元阳，生长于海拔1000—1800米的常绿阔叶林中，阴湿处，分布于贵州、广西；越南也有。模式标本采于蒙自。

营林技术同交让木。

本种可栽培作观赏植物，叶柄红色，很美，果实紫红色，也很好看。

3.交让木（中国树木分类学）图168

Daphniphyllum macropodum Miq.

灌木或小乔木，高达10米。叶薄革质至革质，长圆形至长圆状倒披针形，长14—25厘米，宽3—7厘米，先端渐尖至短尖，基部狭楔形至宽楔形，上面亮绿色，下面淡绿色，无细小乳突，有时被白粉，侧脉纤细，12—18对，两面清晰，叶柄长3—6厘米。雄花的花序长5—7厘米，无花萼，雄蕊8—10；雄花的花序长4—8厘米，花梗长3—5毫米，无花萼，子房基部具不育雄蕊10，子房卵形，常被白粉，花柱短，柱头2，外卷。果椭圆形，长约10毫米，径5—6毫米，有时被白粉，果梗纤细，长10—15毫米。花期3—5月，果期8—10月。

产盐津，生长于海拔1400米的阔叶林中。分布于四川、贵州、广东、广西、台湾、湖南、湖北、江西、浙江、安徽，日本、朝鲜也有。

种子繁殖。采集果实后去肉洗净阴干收藏，育苗造林，播种前作催芽处理。1年生苗可出圃造林。

散孔材。木材微红灰，年轮可见，导管细，薄壁组织不见；纹理直，结构细，材质中等，可为家具、建筑用材。叶及种子入药，治疮疖肿痛。

4.大叶虎皮楠（中国植物志）图168

Daphniphyllum yunnanense C. C. Huang ex T. L. Ming

灌木或小乔木，高2—7米。叶纸质，极大，长圆状披针形成长圆状倒披针形，长22—37厘米，宽7—14厘米，先端渐尖或突渐尖，基部宽楔形至近圆形，上面亮绿色，下面灰绿色，有时被白粉，具细小乳突，侧15—18对，两面明显，网脉两面微突起；叶柄粗壮，长6—12厘米，两端多少膨大。雄花的花序长约2厘米，花梗长约2毫米，萼片4，卵形，雄蕊9—10；果序长约4厘米，果梗粗壮，长约15毫米；果绿色，倒卵状椭圆形，长10—12毫米，径6—7毫米，具明显疣状突起，柱头2，叉开，果基部渐狭，具4披针形宿存萼片，长约3毫米。花期3—4月，果期10—12月。

产屏边、马关、麻栗坡，生于海拔1100—1500米的次生常绿阔叶林和潮湿处。模式标本采自屏边。

5.脉叶虎皮楠（中国植物志）图169

Daphniphyllum paxianum Rosenth.

灌木或小乔木，高3—8米。叶薄革质或纸质，长圆状披针形或披针形，长9—17厘米，宽3—6厘米，先端渐尖或短渐尖，基部楔形至宽楔形，上面亮绿色，下面淡绿色，无白粉，无乳突，侧脉11—13对，侧脉及网脉两面突起；叶柄长1—3.5厘米。雄花的花序长2—3厘米，花梗长5—7毫米，花萼盘状，雄蕊8—10；雌花的花序长3—5厘米，花梗长5—8毫米，萼片4—5，卵形，明显，子房卵状椭圆形，柱头2，叉开，外卷。果序长4—5厘米，果梗长约1厘米；果绿色，椭圆形，长8—10毫米，径5—6毫米，具疣状突起，基部具明显宿存萼片。花期3—5月，果期8—11月。

产普洱、腾冲、龙陵、临沧、西畴、广南、富宁、河口、金平、元江、芒市，生于海拔475—1500米的山坡或沟谷林中；分布于四川、贵州、广西、广东。模式标本采自普洱。

营林技术与经济用途与交让木略同。

图167　长序虎皮楠和西藏虎皮楠

1—3.长序虎皮楠 *Daphniphyllum longeracemosum* Rosenth　1.果枝　2.幼果　3.果实

4—7.西藏虎皮楠 *D. himalense*（Benth.）Muell.-Arg.

4.果枝　5.叶下面（示乳突体）　6.幼果　7.果实

图168 交让木和大叶虎皮楠

1—5.交让木 *Daphniphyllum macropodum* Miq.

1.果枝 2.雄花 3.幼果 4.果实 5.种子

6—9.大叶虎皮楠 *D. yunnanense* C. C. Huang ex T. L. Ming

6.果枝 7.萼片 8.雄花 9.果实

图169 脉叶虎皮楠和山桐

1—4.脉叶虎皮楠 *Daphniphyllum paxianum* Rosenth.

1.雄花序（部分）　2.雌花序（部分）　3.果枝　4.果

5—6.山桐 *Vernicia montona* Lour.　5.叶　6.果

139a.鼠刺科 ITEACEAE

乔木或灌木。单叶，互生，边缘通常具腺齿或刺齿，具侧脉和近于平行的第三回脉；托叶小，线形，早落，花序顶生或腋生，排成密而长的总状花序或总状圆锥花序，花小，辐射对称，两性或杂性；花萼基部合生，很少分离，萼齿5，镊合状排列或开放，常宿存；花瓣5，镊合状排列，常宿存；雄蕊5，与萼片对生，花丝钻形，花药长圆形或近圆形，内向；子房通常较长，半下位至上位，胚珠少数至多数，通常2列轴生，花柱2，合生，通常最后分离，但有时以头状柱头相连合；花盘环状。果为蒴果，圆锥形或卵圆形，具2槽，室间开裂，具2顶端黏合的裂瓣及多数种子。种子小，纺锤形，被宽松、两端延长的种皮，或有时扁平、长圆形，被光亮、壳质的种皮及隆起的种背；胚大，圆柱形，在稀少的肉质胚乳中间。

本科2属28种。鼠刺属分布于东南亚至东亚及北美大西洋岸，另一属分布于热带非洲东部及非洲南部。我国产1属，分布于西南部至台湾，云南也有。

鼠刺属 Itea Linn.

乔木或灌木，常绿或落叶、叶椭圆形至披针形，边缘常具腺齿，稀全缘；具叶柄；托叶细小，早落，总状花序或总状圆锥花序顶生或腋生，具多数花；苞片通常线形，早落，稀为叶状；花萼小，萼筒杯状，半球形或倒锥形，与子房基部合生，裂片5，三角状披针形，宿存；花瓣5，线形或三角状披针形，镊合状排列，花时直立或反折；雄蕊5，周位，与花瓣互生，花丝钻形，花药卵形，长圆形或近圆形；子房长椭圆形，上位或半下位，具2心皮或偶有3心皮，花柱单生，有纵沟，有时于中部分离，柱头头状，胚珠多数，生于中轴胎座上。蒴果锥形或长椭圆形，先端2裂，通常仅基部合生，具宿存的花萼及花瓣。种子多数，狭纺锤形。

本属约26种，分布于东南亚至中国、日本，1种产北美大西洋岸。我国约17种，长江以南各省（区）广布，多数产华南和云南。云南有7种2变种。本志记载5种2变种。

分 种 检 索 表

1.花序顶生；子房半下位 ······ 1.滇鼠刺 I. yunnanensis
1.花序腋生；子房上位或半下位。
  2.子房半下位。
    3.花期花瓣反曲；叶宽卵形或宽椭圆形，脉腋无簇毛 ······ 2.大叶鼠刺 I. macrophylla
    3.花期花瓣直立；叶长圆形至狭长圆形，脉腋有簇毛 ······ 3.独龙鼠刺 I. kiukiangensis
  2.子房上位。

4.叶片两面无毛；花序通常1—2丛出。

 5.叶倒卵形或长圆状倒卵形，基部楔形，边缘近全缘 ·············· **4.老鼠刺** I. chinensis

 5.叶长圆形，基部圆或钝，边缘具小小而密的锯齿 ···

·· **4a.牛皮桐** I. chinensis var. oblonga

4.叶下面被毛；花序通常2以上丛出。

 6.叶下面被柔毛；花序4—8丛出 ·············· **5.毛鼠刺** I. indochinensis

 6.叶下面仅沿脉被毛至少在侧脉腋内被毛；花序4以下丛出··· ·············

···································· **5a.毛脉鼠刺** I. indochinensis var. pubinervia

1.滇鼠刺（植物分类学报）　烟锅杆树　图170

Itea yunnanensis Franch. 1896.

小乔木或灌木，高达10米。小枝粗糙，无毛。叶片薄革质，卵形或椭圆形，长5—10厘米，宽2.5—5厘米，先端锐尖或短渐尖，基部钝或圆，边缘具刺状而稍向内弯的锯齿，两面无毛，侧脉4—5对；叶柄长0.5—1.5厘米。总状花序顶生，常附弯至下弯，长达20厘米，被微柔毛；花梗长约1.5毫米，花时平展，果时下垂，被微柔毛；萼齿三角形状披针形，长1—1.5毫米，淡黄绿色，被微柔毛；花瓣淡黄绿色，线状披针形，长约2.5毫米，花时直立；雄蕊比花瓣短，花丝线状钻形，淡黄白色，花药长圆形，黄色；子房狭椭圆形，半下位，具2紧贴的心皮，花柱单生，有纵沟，柱头紫黑色。蒴果椭圆状棱形，长0.5—0.6厘米，顶端具喙，2瓣裂。花期4—7月，果期6—11月。

产禄劝、贡山、蒙自等地，生于海拔（800）1400—2700米的林下、林缘、山坡、路旁；广西、四川、贵州及西藏有分布。

树皮含鞣质，可制栲胶。木材可制烟锅杆。

2.大叶鼠刺（中国树木分类学）图171

Itea macrophylla Wall. 1824.

小乔木或灌木，高达10米。小枝无毛，叶宽卵形或宽椭圆形，长10—20厘米，宽5—12厘米，先端渐尖或骤尖，基部圆或钝，边缘具锯齿，两面无毛，侧脉7—10对，上面明显，下面突起，第三回脉细而平行，与细网脉均在下面略突起；叶柄长1—2.5厘米。总状花序腋生，长10—20厘米，（1）2—3（6）成簇腋生，被微柔毛或有时无毛；花梗长2—3毫米，无毛；花萼绿色，无毛，萼齿三角状披针形，长约1.5毫米；花瓣白色，具芳香，瓣片披针形，长3—4毫米，花开放时反折；雄蕊稍短于花瓣，花丝状钻形，花药长卵形，黄色；子房半下位，具2紧贴的心皮。蒴果狭长卵形，长3—8毫米，无毛，顶端具喙，2瓣裂，成熟时平展或下垂；果梗长4—6毫米。花期4—6月，果期6月至翌年3月。

产临沧、景洪、文山等地，生于海拔（500）600—1540米的疏密林下或路边、溪旁。广西、广东、海南有分布；菲律宾、印度尼西亚（爪哇）、越南、缅甸、不丹和印度也有。

图170　滇鼠刺 *Itea yunnanensis* Franch.
1.花枝　2.花外形　3.蒴果

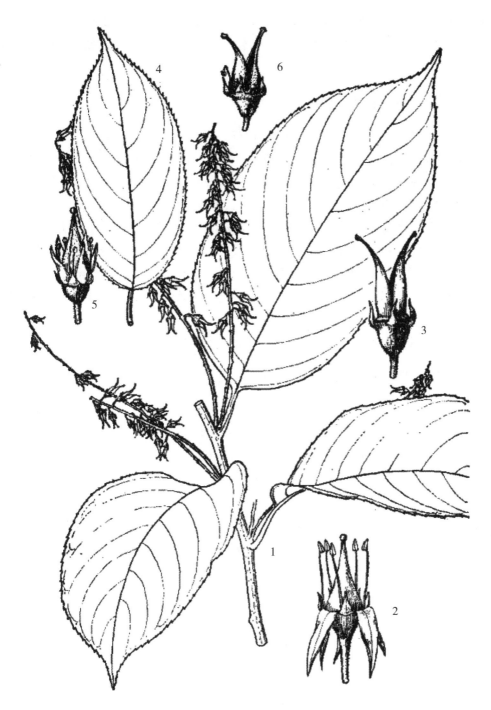

图171 大叶鼠刺和独龙鼠刺

1—3.大叶鼠刺 *Itea macrophylla* Wall. 1.果枝 2.花外形 3.蒴果

4—6.独龙鼠刺 *I. kiukiangensis* C. C. Huang et S. C. Huang 4.叶 5.花外形 6.蒴果

种子繁殖。果实开裂前采集，晾干开裂后收集种子。随采随播，注意松土除草。1年生苗可出圃。

散孔材，管孔小、多，分布较密；实心髓大，生长轮明显；木射线明显，木材纹理直，结构细而均匀，加工性能良好。可作工艺美术、家具、农具等用材。韧皮纤维可制绳索和麻袋。

3.独龙鼠刺（云南植物志）图171

Itea kiukiangensis C. C. Huang et S. C. Huang 1977.

乔木，高达10米。叶片薄革质，长圆形或狭长圆形，长10—13厘米，宽2.8—6.8厘米，先端渐尖，基部钝或宽楔形，边缘具尖而细的硬锯齿，两面无毛，中脉在上面微凹，在下面隆起；侧脉5—8（10）对，上面明显，下面突起，脉腋具簇毛，第三次脉近平行，与细网脉在下面微突起；叶柄长1—1.2厘米，无毛或被微柔毛。总状花序1（3）生于叶腋，长9—17厘米，被微柔毛；花梗长约2—3毫米，被微柔毛；萼齿三角形，长约1毫米，疏被微柔毛；花瓣线伏披针形，长2—3毫米，花时直立，雄蕊略短于花冠，花丝线状钻形，花药近圆形；子房半下位，疏被微柔毛。蒴果黄绿转褐色，椭圆状梭形，长5—6毫米，顶端具喙，2瓣裂；果梗长3—4毫米，下垂，花果期6—9月。

产贡山，生于海拔1700米左右的混交林下；西藏东南部也有。

4.老鼠刺（植物学名词审查本）　鼠刺　图172

Itea chinensis Hook. et Arn. 1833.

小乔木或灌木，高4—10（—15）米；树皮褐色或灰褐色。小枝黄褐色，无毛，稀被微柔毛。叶片薄革质，倒卵形或长圆状倒卵形，长5—15厘米，宽3—6厘米，先端骤尖、渐尖或短尖，基部楔形，边缘近全缘或上部具稀疏不明显的小锯齿，两面无毛，中脉在上面微凹，在下面隆起，侧脉约5对，第三次脉近平行，与网脉在下面微突起；叶柄长1—2厘米。总状花序腋生，长3—6厘米，稀更长，被微柔毛；花梗长3—4毫米，被微柔毛；花萼绿色，萼齿狭披针形，长1—1.5毫米，略被微柔毛；花瓣白色或淡黄色，狭披针形，长2.5—3毫米；雄蕊通常长于花瓣，花丝线状钻形，略被细毛，花药近圆形；子房上位，浅褐色，被白色微柔毛。蒴果近圆锥形，长7—9毫米，绿色转褐色，顶端具喙，2瓣裂，被微柔毛。种子黑褐色、花期4—7月，果期5—11月。

产福贡、腾冲、景东等地，生于海拔1000—2100米的林下或灌丛中，广东、广西有分布；老挝也有。

4a. 牛皮桐　鸡骨柴、银牙莲，矩形叶鼠刺

var. oblonga（Hand.-Mazz.）Y. C.- Wu 1940.

Itca oblonga Hand.-Mazz. 1921，1931.

产盐津，生于海拔1000—2400米的林下或灌丛中。

5.毛鼠刺　马丁丁　图172

Itea indochinensis Merr. 1926.

Itea homalioides H. T. Chang 1953；

Itea chinensis var. *indochinensis*（Merr.）Lecompte 1965.

小乔木或灌木，高达10（—15米）。小枝圆柱形，密被平展的柔毛。叶纸质，宽椭圆形，长（6）15—19厘米，宽（4）7—9厘米，先端短尖，基部圆或钝，边微具锯齿，上面有腺点，下面密生柔毛，沿脉尤密，中脉在上面微凹，在下面隆起，侧脉7—9对，与中脉成50°—60°上升，第三回脉近平行，与网脉在上面不明显，在下面略突起；叶柄长1—1.7厘米，被平展的柔毛。总状花序4—8簇生叶腋，长4—7厘米，被淡色柔毛；花梗长2—3毫米，被平展的柔毛；花萼绿色，萼齿披针形，长1—1.5毫米，被柔毛；花瓣白色或淡黄色，披针形，长2—2.5毫米，花时直立；雄蕊长3—4毫米，花丝线状钻形，基部被毛，花药近圆形；子房上位，被毛，与花瓣近等长。蒴果近圆锥形，绿色转褐色，长7—8毫米，疏被柔毛。花期3—5月，果期5月至翌年3月。

产河口、西畴、麻栗坡，生于海拔（240）500—1400米的林中、林缘或灌木丛中。广西、贵州有分布；越南也有。

5a. 毛脉鼠刺（植物分类学报）　马定盖

var. pubinervia（H. T. Chang）C. Y. Wu 1977.

Itea chinensis Hook et Arn. var. *pubincrvia* H. T. Chang（1953）

产江城、屏边、西畴，生于海拔1000—2000米的林中，广东、广西有分布。

图172　老鼠刺和毛鼠刺

1—3.老鼠刺 *Itea chinensis* Hook. et Arn.　1.花枝　2.花外形　3.果

4—7.毛鼠刺 *I. indochinensis* Merr.　4.果枝　5.花外形　6.蒴果　7.叶下面部分放大

151.金缕梅科 HAMAMELIDACEAE

乔木或灌木。叶互生，稀对生，全缘或有锯齿，或为掌状分裂，具羽状脉或掌状脉；毛被常星状，簇生或鳞片状，托叶线形，或为苞片状，早落，少数无托叶。花排成头状花序，穗状花序或总状花序，两性，或单性同株，稀异株，有时杂性；萼4—5裂；花瓣与萼片同数，或无花瓣，稀无花被；雄蕊4—5数，稀为不定数，花药常2室，直裂或瓣裂；子房半下位或下位，稀上位，2室，上半部常分离，花柱2，有时伸长；中轴胎座，蒴果，常室间及室背裂开为4；外果皮木质或革质，种子1至多数。

本科约28属130种，大多数产东亚，少数见于美洲、非洲及大洋洲。我国产17属约70种。云南有11属约30种。本志记载11属21种，2变种。

分属检索表

1.胚珠及种子多数，花序头状或肉穗状；叶具掌状脉，稀为羽状脉。
　2.花两性，有花瓣。
　　3.肉穗花法有多花，无总状苞片；叶掌状脉，具托叶 ……………1.壳菜果属 Mytllaria
　　3.头状花序有5—6花，有着色的总苞状苞片；叶羽状脉，稀兼有离基三出脉，无托叶
　　　………………………………………………………… 2.红花荷属 Rhodoleia
　2.花单性，稀为两性，通常不具花瓣，或花瓣极不明显。
　　4.雄花或两性花聚成头状花序；托叶长圆形至圆形，革质，相对合生，脱落后留有环状托叶痕；叶全缘 …………………………………… 3.马蹄荷属 Exbucklandia
　　4.雄花聚成短穗状花序；托叶线形，早落；叶有锯齿。
　　　5.叶脱落，掌状3裂，稀5裂；蒴果具宿存花柱和萼齿 ……… 4.枫香树属 Liquidambar
　　　5.叶常绿，椭圆形，具羽状脉；蒴果不具宿存花柱和萼齿 ………… 5.蕈树属 Altingia
1.胚珠及种子单1，花序总状或穗状，叶脉羽状，有时为离基或基出三出脉。
　6.花两性，具花瓣，雄蕊4—5数；子房半下位。
　　7.花瓣4数，线形，在芽内卷曲；叶全缘，常绿 ………………… 6.檵木属 Loropetalum
　　7.花瓣5数，匙形成为鳞片状，不旋卷；叶通常有齿。
　　　8.花瓣显著（稀仅1枚），黄色；具退化雄蕊，柱头不扩大；花序为短或相当长而下垂的穗状或总状花序；叶基生三出脉，在外侧多少分枝，基部以上为羽状脉，通常平行直出，脉端均多少伸出叶缘成小齿，落叶性 …………… 7.蜡瓣花属 Corylopsis
　　　8.花瓣不显著；不具退化雄蕊；柱头扩大；叶长圆形至披针形，羽状脉，全缘或上部具少数硬齿，常绿性 ……………………………………… 8.秀柱花属 Eustigma
　6.花杂性同株，不具花瓣；雄蕊不定数；子房上位。
　　9.下位花；萼筒极短，花后脱落；毛被鳞片状及星状 …………… 9.蚊母树属 Distylium

9.周位花；萼筒壶形，花后增大包住蒴果，毛被鳞片状。

10.花序头状，芽时常为总苞所包住，花单性，雌雄花异序，或同花序而雌花在上，雄花在下；果无柄，在主轴上螺旋状排列，最上面的果非真正顶生；果序具多数成熟果 ·················· **10.水丝梨属 Sycopsis**

10.花序总状或近总状，芽时不为总苞所包住；花杂性，雌雄花及两性花形成混合花序；果多少具柄，在主轴上两侧排列，最上面的果真正顶生；花序常仅1果成熟 ·················· **11.假蚊母树属 DIstyliopsis**

1.壳菜果属 Mytilaria Lecte.

常绿乔木。小枝有明显的节及明显的环状托叶痕。叶革质，互生，具长柄；老树之叶心形或为掌状浅裂；幼树之叶盾形，具掌状脉；芽长锥形，托叶筒状，圆锥形，包住芽，早落。花两性，螺旋状排列于肉穗花序上，萼筒与子房合生，藏于肉质花轴内，萼齿5—6，覆瓦状排列，不等大；花瓣5，肉质，舌状线形；雄蕊10—13，着生于环状萼筒的内缘，花丝粗短无毛，花药4室，基着，内向；子房下位，2室，花柱2，极短，分离，柱头点状；胚珠每室（2）6，着生于子房壁上；花萼、花瓣、雄蕊均早落，仅子房部分埋藏于肉质花序轴中。蒴果椭圆卵形，2瓣裂，每瓣2深裂；外果皮疏松、稍带肉质，内果皮木质。种子椭圆形，具一纵疤痕（种脐）。

本属仅1种，分布于老挝至我国西南，华南南部，云南也有。

1.壳菜果 "朔潘"（苗语）、鹤掌叶（屏边）图173

Mytilaria laosensis Lecte.（1924）

乔木，高达30米。小枝粗壮无毛，叶革质，宽卵状圆形，全缘或掌状3浅裂，长10—13厘米，宽7—10厘米，先端短尖，基部心形；幼树之叶盾形，叶柄长7—10厘米，无毛。花序顶生或腋生，花序轴长约4厘米，花序梗长约2厘米，无毛；花多数，排列紧密，成肉穗状花序；萼裂片长为1.5毫米，被毛；花瓣长0.8—1.0厘米；雄蕊花丝极短，花药藏于药隔内，花柱长2—3毫米。果长1.5—2厘米，外果皮厚，黄褐色。种子长1—1.2厘米，宽5—6厘米，种脐白色。花期6—7月，果期10—11月。

产于屏边、西畴、文山、砚山等地，生于海拔1000—1900米的沟谷常绿阔叶林中。广西、广东有分布；老挝也产。

喜温暖气候及较湿润的土壤，对光照条件要求较高，但幼苗耐阴，天然更新良好。种子繁殖。播前温水浸种。产区可作造林树种。

散孔材，红褐色，心边材区别不明显，有光泽，纹理略交错，结构细，干缩小，稍硬重，易切削，易胶粘，握钉力中等，耐腐，不易虫蛀，可为家具和建筑用材。

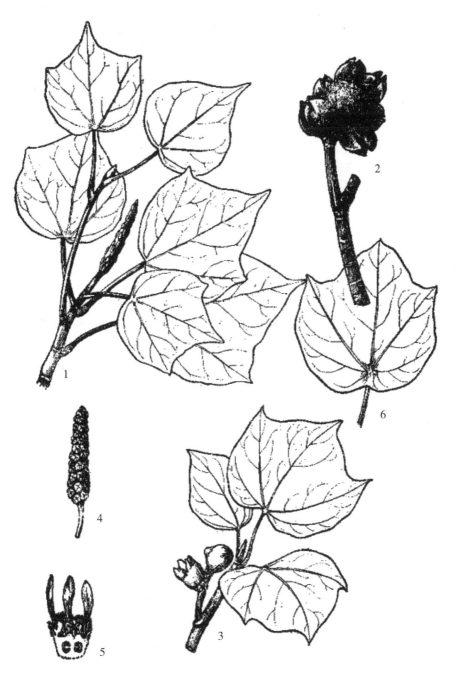

图173 壳菜果 *Mytilaria laosensis* Lecte.

1.幼果枝 2.果序 3.果枝 4.花序 .5.花之纵剖面 6.幼树之叶

2.红花荷属 Rhodoleia Champ. ex Hook. f.

常绿乔木。叶互生，革质，卵形至披针形，全缘，羽状脉，偶见三齿脉，但极不明显，具长柄；托叶不存在。花序头状，腋生，有5—8花，多少排在一个平面上，托以卵圆形而覆瓦状排列的总苞片，具花序梗；花两性；萼筒极短，包围着子房的基部，萼齿不明显；花瓣2—5，排列不整齐，常着生于头状花序的外侧，匙形至倒披针形，基部渐窄成柄，红色，生于头状花序内侧的花瓣已移位或消失，整个花序形如单花；雄蕊4—10，约与花瓣等长或稍短，花丝线形，花药2室，纵裂；子房半下位，2室，或为不完全2室，花柱2，线形，约与雄蕊等长，顶端尖，脱落或宿存，胚珠每室12—18，2列着生于中轴胎座上。蒴果上半部室间及室背裂开为4片，果皮较薄。种子扁平。

本属均9种，彼此相近，变化较大，极不稳定，不易区分，有人视为1种，下分数变种。分布于亚洲热带地区、中国有1种1变种，云南也有。

1.红花荷 （中国高等植物图鉴）图174

Rhodoleia championii Hook. f.（1865）

常绿乔木，高达30米。嫩枝粗壮，无毛。叶厚革质，卵形至椭圆形，长7—15厘米，宽3.5—6.5厘米，先端钝或略尖，基部宽楔形或近圆形，有极不明显的三出脉或几乎无脉，上面深绿色，下面灰白色，或稍有变化，无毛，干后有多数小瘤状突起，侧脉多为6—9对，网脉不明显；叶柄长3—3.5厘米。头状花序长3—4厘米，常弯垂，花序梗长2—3厘米，有鳞状小苞片5—6；总苞片卵圆形至椭圆形，最上部的较大，常有毛或渐落；萼筒短，顶端平截；花瓣匙形。果序具蒴果5。

产于金平、绿春、蒙自、屏边、西畴、文山、麻栗坡等地，生于海拔1000—2500米的地区。华南有分布；马来西亚也有。

喜光，天然更新能力强。对土壤要求不严，常生于酸性土坡地，在干旱瘠薄坡地也能生长。种子繁殖或萌芽更新。

木材红褐色或黄褐色，有光泽，纹理斜或交错，结构细致，干燥时，易翘曲，易加工，耐腐，无病虫害，为优良家具及建筑用材，花玫瑰红色，早春开放，树形美观，可作庭园绿化和行道树种。叶药用，可止血。

1a. 滇西红花荷 （云南植物志） （变种）

var. forrestii（Chun ex Exell）G. S. Fan, nov. comb.
产于维西、贡山、福贡、泸水、腾冲，生于海拔2300—2800米的混交林中。缅甸也产。

3.马蹄荷属 Exbucklandia R. W. Brown

常绿乔木。枝在节处肿大，具环状托叶痕。叶革质，互生，具长柄，宽卵状圆形，全缘或在幼苗及抽条时掌状3裂，掌状脉3—5，托叶2，大而对合，苞片状，革质，早落。花

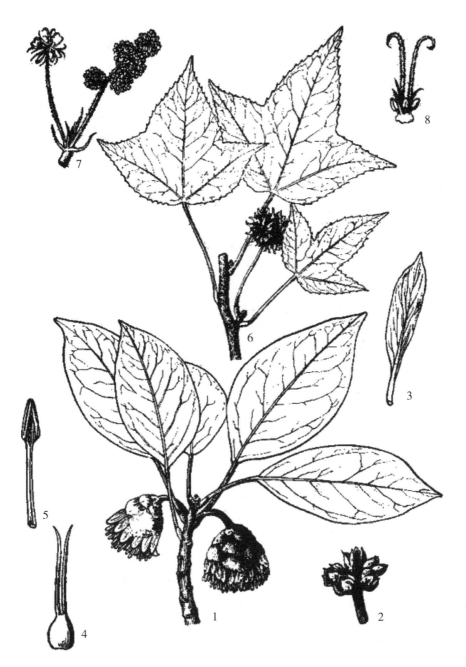

图174　红花荷和枫香

1—5.红花荷 *Rhodoleia Ckampionii* Hook. f.

1.花枝　2.果序　3.花瓣　4.雌蕊　5.雄蕊

6—8.枫香 *Liquidambar formosana* Hance　6.果枝　7.花序　8.雌花

两性或杂性同株，排成头状花序，每花序有7—16花，具花序梗；萼筒与子房合生，萼齿不明显，或呈瘤状突起；花瓣2—5，线形，白色，先端2裂，或无花瓣；雄蕊10—14，花丝线形，花药2室，纵裂，子房半下位，2室，上半部分离，花柱2，稍伸长，柱头尖细；胚珠每室2—6，2列着生于中轴胎座上。果序有蒴果7—16，仅基部藏于花序轴内；蒴果木质，上半部室间及室背裂开为4片，果皮平滑，每室有6种子。

本属4种，产马来西亚，印度尼西亚和中国华南和西南。中国3种。云南2种。

分 种 检 索 表

1. 叶基部心形，稀为圆形；蒴果长7—8毫米，表面平滑 ················· **1. 马蹄荷** E. populnea
1. 叶基部宽楔形；蒴果长10—15毫米，表面有瘤状突起 ········· **2. 大果马蹄荷** E. tonkinensis

1. 马蹄荷　（云南植物志）合掌、合掌木、巴巴叶（屏边）、省雀花、盖阳树（西畴）、箐合木（龙陵）、拍拍木（新平）、小刀树（景布）图175

Exbucklandia populnea（R. Br. ex Griff.）R. W. Brown（1946）

Bucklandia populnea R. Br. ex Wall.（1832）

Symingtonia populnea（R. Br. ex Griff.）van Steen.（1952）

乔木，高达35米，胸径可达60厘米；树皮小块状裂开或纵裂，小枝被柔毛，节膨大，叶革质，宽卵圆形，全缘或幼时掌状3浅裂，长10—17厘米，宽9—13厘米，幼叶常较大，先端尖锐，基部心形，稀圆形，掌状脉5—7，两面均显著，网脉不太明显；叶柄长3—6厘米，圆柱形，无毛；托叶椭圆形或倒卵圆形，长2—3厘米，宽1—2厘米，偏斜，外面略被毛。头状花序单生，或数枚聚成总状花序；花序梗长1—1.5厘米，密被锈色丝状硬毛，花两性或单性；萼齿不明显，常为鳞片状，花瓣长2—3毫米，或缺花瓣；雄蕊长约5毫米，花丝纤细，无毛；子房半下位，被黄褐色柔毛，花柱长3—4毫米，直立。果序径约2厘米，有蒴果8—12，果序梗长1.5—2厘米；蒴果椭圆形，长7—9毫米，宽5—6毫米，上半部2片裂开；果皮表面平滑，种子具窄翅，位于胎座基部的数粒种子正常发育。

产龙陵、景东、新平、屏边、西畴、贡山等地，生于海拔1000—2600米的山地常绿阔叶林中，西藏、贵州、广西有分布；也见于缅甸、泰国及印度。

稍耐阴或较喜光，喜温暖湿润气候，适应性强。天然更新或人工更新，也可进行萌芽更新。

木材浅红褐色至暗红褐色，心边材区别不明显，有光泽，纹理交错，结构细，硬度及强度中等，干缩大，干燥快，易开裂及变形，耐腐，板面不易刨光；为胶合板、家具、雕刻、造纸等用材。树冠浓密，树形美观，可作庭园及造林树种；树皮耐火力强，为优良的防火道造林树种。

图175 马蹄荷和大果马蹄荷

1—5.马蹄荷 *Exbucklandia populnea* R. W. Brown

1.果枝 2.雌花序 3.子房与花盘 4.雄花序 5.两性花纵剖面

6—9.大果马蹄荷 *Exbucklandia tonkinensis*（Lecte.）Van Steen.

6.果枝 7.雄花序 8.果序 9.叶及托叶

2.大果马蹄荷 （云南植物志） "宽幡"（屏边苗语）图175

Exbucklandia tonkinensis（Lecte.）van Steen.（1954）

Bucklandia tonkinensis Lecte.（1924）

Symingtonia tonkinensis（Lecte.）van Steen.（1952）

乔木，高达30米，老枝黑褐色，无毛。叶革质，宽卵圆形或卵形，长8—13厘米，宽5—9厘米，先端渐尖，基部楔形，萌生枝之叶基部盾形，干时红褐色，全缘或有时掌状3浅裂，掌状脉3—5，在两面均明显，网脉略明显；叶柄长3—5厘米，初时有毛，后变无毛；托叶长圆形或狭长圆形，稍偏斜，长2—4厘米，宽8—13毫米，早落。头状花序单生，或数个排成总状花序，有7—9花，花序梗长1—1.5厘米，被褐色绒毛；花两性，稀单性；萼齿鳞片状；无花瓣；雄蕊约13，长约8毫米；子房有黄褐色柔毛，花柱长4—5毫米。果序3—4厘米，有蒴果7—9；蒴果卵圆形，长1—1.5厘米，宽8—10毫米，表面有小瘤状突起。种子6粒，下部2粒具翅，长8—10毫米。

产屏边，生于海拔1700米的常绿阔叶林中。分布于西藏、广西、广东、福建、江西、湖南、贵州，越南也有。

喜温暖湿润气候，在湿润肥沃的常绿阔叶林中生长较快。稍耐阴，天然更新良好。种子繁殖，营养袋育苗。

散孔材，年轮明显，心边材区别不明显，纹理交错，结构细，坚重，干燥后易开裂，为建筑、家具、车辆、枕木等用材。

4.枫香树属 Liquidambar Linn.

落叶乔木。叶互生，有长柄，掌状分裂，具掌状脉，边缘有锯齿；托叶线形，或多或少与叶柄基部连生，早落。花单性，雌雄同株，无花瓣；雄花多数，排成头状或穗状花序，再排成总状花序，每一头状花序有苞片4，无萼片及花瓣，雄蕊多而密集，花丝与花药等长，花药卵形，先端圆而凹入，2室，纵裂；雌花多数，聚生在圆球形头状花序上，有苞片1；萼筒与子房合生，萼裂片针状，宿存，有时缺，退化雄蕊有或无，子房半下位，2室，花柱2，柱头线形，有多数细小乳头状突起，胚珠多数，着生于中轴胎座上。头状果序圆球形，有蒴果多数；蒴果木质，室间裂开为2片，果皮薄，有宿存花柱或萼齿，种子多数，在胎座最下部的数个完全发育，有窄翅，种皮坚硬，胚乳薄，胚直立。

本属5种，分布于美洲和亚洲。我国有2种、云南产1种。

1.枫香树 （南方草木状）枫树、三角枫、鸡爪枫（通称）、洋樟木（广南）图174

Liquidambar formosana Hance（1866）

乔木，高达40米；树皮幼时平滑灰色。小枝被柔毛；芽长卵形、叶宽卵形，掌状3裂，先端尾尖，基部心形，下面被柔毛，后脱落，掌状脉3—5，具腺齿，叶柄长4—11厘米；托叶线形，长1—1.4厘米，有柔毛，早落。全花序在侧生枝上顶生，果时由于基部侧芽增大而看似腋生；雄花短穗状花序聚成总状花序，长5—6厘米，在顶端约7—8个，最下1—2个具长柄；雄蕊多数，花丝不等长；雌花聚成1—2头状花序，在下部，直径1.5厘米，有25—40花，花序梗长3—6厘米，萼齿5，针形，长达8毫米，子房半下位，被柔毛，花柱长达1厘米，顶端卷曲。头状果序圆球形，木质，直径2.5—4厘米；蒴果2瓣裂开，具宿存花柱及刺状萼齿。种子多数，多角形，细小，褐色。

产于麻栗坡、富宁、广南；生于海拔220—1700米的次生疏林中。分布于秦岭、淮河以南，北起河南、江苏，东至台湾，西至西藏、四川，南至海南；越南、老挝、朝鲜也有。

喜光，深根性，抗风，稍耐旱，耐火烧。适应性强，多生于酸性土或中性土上，常为次生林优势树种；在采伐和火烧迹地为先锋树种。村庄附近常有大树。种子萌发力强，可播种育苗。2—3月播种，1年生苗可出圃造林。

木材红褐、浅黄或浅红褐色，心边材区别不明显，纹理交错，结构细，易翘裂，易腐朽，易变色，如保持干燥则耐久。宜作胶合板、包装箱、车辆、室内装修、家具等用材。叶可饲天蚕。树脂作香料、也供药用，可去痰，活血，解毒，止痛。果为镇痛药，可治腰痛、四肢痛等。树皮可提取栲胶。

5. 蕈树属 Altingia Noronha

常绿乔木。叶坚纸质至革质，卵形或长圆形，偶为不规则2—3裂，全缘或具圆腺齿，羽状脉，稀基脉近三出，托叶细小，早落而留下微小痕迹，或与叶柄合生而近于宿存。芽长圆状卵形，具芽鳞多枚。花单性，雌雄同株，无花萼片及花瓣；全花序腋生，由具柄的雌雄花序组成，初为4枚苞片所包被；雄花序常聚成总状，在上部，雄花不具花萼，雄蕊多数，花丝短，且不等长，花药倒卵形，基部着生，2室，侧面开裂；雌花成头状花序单生或聚成总状，在下部；每一花序有雌花6—30，花相互黏合，偶为单花，萼筒与子房合生，萼齿完全消失或为瘤状突起，退化雄蕊存在或缺；子房下位，2室；花柱2，脱落，胚珠多数，着生于中轴胎座上。头状果序近于球形，基部平截；蒴果木质，室间裂开为2片，每片2浅裂，无萼齿，亦无宿存花柱。种子多数，位于胎座基部的发育完全，多角形或略有翅。

本属约12种，除少数广布于热带东南亚外，主要分布于我国华南及西南各省。我国8种。云南4种。

分 种 检 索 表

1.叶卵形，近纸质，基部圆或微心形，侧脉6—8对；叶柄长2—4厘米 …………………………
………………………………………………………………… 1.细青皮 A. excelsa
1.叶长圆形，披针形或倒卵形，革质，基部楔形；叶柄长1—2厘米。
　2.叶长圆状椭圆形；叶柄长1.2—2厘米 ………… 2.蒙自蕈树 A. yunnanensis
　2.叶倒卵状长圆形；叶柄长约1厘米 ……………………… 3.蕈树 A. chinensis

1.细青皮 （云南植物志） 青皮树（屏边）图176

Altingia excelsa Noronha（1790）

乔木，高达40米，胸径可达2米。嫩枝无毛或稍有短柔毛，干后暗褐色，老枝有皮孔。叶薄，干后近纸质，卵形或长卵形，长8—14厘米，宽4—6.5厘米，先端渐尖或尾状渐尖，基部圆形或近于微心形，上面干后暗绿色，下面初时有柔毛，后变秃净，仅在脉腋间有柔毛，侧脉6—8对，在上面明显，下面突起，靠近边缘相结，网脉两面明显，边缘有钝锯齿；叶柄较细，长2—4厘米，略有柔毛；托叶线形，长2—6毫米，早落，雄花头状花序常多个再排成总状花序，雄蕊多数，花丝极短，长约1毫米，无毛；雌花头状花序生于当年生枝顶的叶腋内，常单生，有花14—22；萼筒完全与子房合生，藏于花序轴内，无萼齿，花柱长3—4毫米，被柔毛，花序梗长2—4厘米，花后稍伸长，有短柔毛。头状果序近球形，径1.5—2厘米；蒴果完全藏于果序轴内，无萼齿，不具宿存花柱。种子多数，褐色。

产镇康、腾冲、瑞丽、沧源、西双版纳、红河、金平、河口，生于海拔550—1700米的山地常绿阔叶林中，为上层优势树种，常与常绿栎类、木荷、乌楣、猴欢喜、葱臭木、黄杞、木兰、含笑、杜英等组成山地雨林。分布于西藏墨脱；不丹、印度、缅甸、马来半岛、印度尼西亚也产。

喜温暖湿润气候，不耐瘠薄，天然更新能力较强，在低海拔生长较快。种子繁殖，雨季造林。

木材白色或淡红色，强度及耐久程度较强，用于建筑。树干受伤后会产生一种芳香脂。嫩枝及新条可食。砍伐后的梢材可用于培养香蕈。

2.蒙自蕈树 （云南植物志）图176

Altingia yunnanensis Rehd. et Wils.（1913）

乔木，高达30米，胸径可达4米。嫩枝略有短柔毛，后变秃净，干后灰褐色，老枝有皮孔。叶革质，长圆形，长6—15厘米，宽3.5—6.5厘米，先端急锐尖，基部楔形，稀略钝，上面绿色，干后稍暗，略有光泽，下面无毛，侧脉6—9对，在上面稍突起，下面显著突起，网脉在两面均明显。边缘有明显锯齿，有时下半部近于全缘；叶柄长1—2厘米，无毛；托叶线形，早落，雄花头状花序椭圆形，长约1厘米，常排成圆锥花序，生于枝顶叶腋内，苞片4，卵形，长1.5厘米，雄蕊多数，近于无柄；雌花头状花序单生或排成总状，每头状花序有花16—24，萼齿鳞片状，花柱长4毫米，被褐色短柔毛。头状果序近于球形，径1.5—2.5厘米，果序梗长3—4厘米；蒴果无宿存花柱，顶端稍突出头状果序之外。种子细小，有棱。

产于蒙自、金平、河口、屏边、马关、麻栗坡、文山，生于海拔900—1700米的山地常绿阔叶林中。

种子繁殖。

木材淡红褐色，强度及干缩度较大，切削较难，为建筑及家具等用材。

图176　细青皮和蒙自蕈树

1—3.细青皮 *Altingia excelsa* Noronha　1.花枝　2.果枝　3.叶下面

4—7.蒙自蕈树 *Altingia yunnanensis* Rehd. et Wils.　4.果枝　5.蒴果　6.种子　7.叶下面

3.蕈树 （中国高等植物图鉴）图177

Altingia chinensis（Champ.）Oliver ex Hance（1873）

乔木，高达20米。小枝无毛；芽卵圆形，被柔毛，芽鳞卵形。叶革质，倒卵状长圆形或长圆状椭圆形，长5—12厘米，宽3—5.5厘米，先端锐尖或略钝，基部楔形；上面绿色有光泽，下面浅绿色，侧脉6—8对，在下面突起，网脉两面均明显，边缘有锯齿；叶柄长约1厘米。雄花短穗状花序聚成总状，顶生长达10厘米，花苞4—5，卵形或披针形，长1.5厘米，被褐色柔毛，雄蕊近于无柄，花药卵圆形；雌花头状花序单生，或数枚聚成总状花序，有花15—25，花序梗长2—3厘米，萼筒与子房联合，萼齿鳞片状，子房半下位，花柱长3—4毫米，被柔毛，先端弯曲。果序球形，径1.7—2.8厘米，不具宿存花柱。种子多数，黄褐色，有光泽。

产富宁，生于海拔1000米左右的常绿阔叶林中，常与壳斗科植物混生。分布于贵州、广西、广东、湖南、江西、浙江、福建；越南也有。

较喜光，幼苗稍耐阴，成长后，需光性增强。在林间，林缘及疏林地多幼苗及幼树。种子繁殖。

散孔材，边材红褐或黄褐色，心材红褐色，有光泽，纹理斜或略交错，坚重，结构细，强度中等，干缩大，易翘裂，稍耐腐；可作建筑、船底板、车梁、工具柄及家具等用材。湿材可培养香蕈。木材含挥发油，可蒸制蕈香油。根药用，可治风湿，跌打，瘫痪。

6.檵木属 Loropetalum R. Br.

常绿或半常绿灌木或小乔木。幼枝被星状毛。叶互生，卵形，基部偏斜，被星状毛，具短柄；托叶早落，花4—8朵聚成短穗状花序，或近于头状花序，两性，4数；萼筒倒锥形，被星状毛，萼齿卵形，脱落；花瓣带状，在花芽时卷曲；雄蕊周位着生，花丝极短，花药有4个花粉囊，瓣裂，药隔突出，退化雄蕊鳞片状，与雄蕊互生；子房半下位，2室，花柱2，极短，胚珠每室1，垂生。蒴果木质，被星状毛，2瓣裂开，每瓣2浅裂，果梗极短或缺。种子1，长卵形，黑色有光泽，种脐白色，

本属4种，分布于印度东北部经我国长江以南，山东半岛至日本东部。我国有3种。云南产2种。

分 种 检 索 表

1.叶长不超过6厘米，先端短尖 ┄┄┄┄┄┄┄┄┄┄┄1.檵木L. chinense
1.叶长6—10厘米，先端尾状渐尖 ┄┄┄┄┄┄┄┄2.大叶檵木 L. subcapitatum

1. 檵木（通称） 檵花（图考）图178

Loropetalum chinense（R. Br.）Oliver（1862）

灌木或小乔木。叶革质，卵形，长2—5厘米，宽1.5—2.5厘米，先端锐尖，基部钝，偏斜，上面稍被粗毛，下面密生星状毛，稍带灰色，侧脉约5对，在下而突起，全缘；叶柄

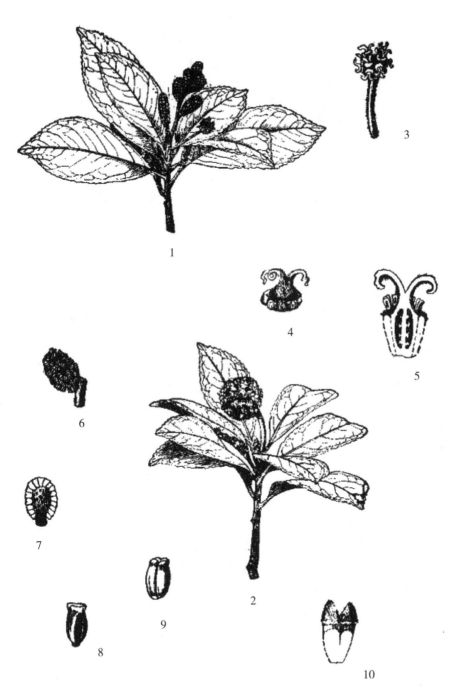

图177 蕈树 *Altingia chinensis*（Champ.）Oliv. ex Hance
1.花枝　2.果枝　3.雌花序　4.雌花序（纵剖面）
5.雌花　6.雄花序　7.雄花序（纵剖面）　8.雄花

图178 檵木和大叶檵木

1—6.檵木 *Loropetalum chinense* Oliv.

1.花枝　2.果枝　3.花瓣　4.雄蕊　5.除去花瓣的花　6.雄蕊侧面

7.大叶檵木 *Loropetalum subcapitatum* Chun ex H. T. Chang 果和叶

长2—5毫米，被星状毛。花3—8簇生于短穗状花序，具短花梗，花序梗长约1厘米，被星状毛；苞片线形，长3毫米；萼筒被毛，萼齿4，卵形，长约2毫米；花瓣4，线形，长1—2厘米，白色；雄蕊4，花丝极短；退化雄蕊4，鳞片状，子房被星状毛，花柱短而直立。蒴果近圆形，长7—8毫米，宽6—7毫米，被褐色星状毛，宿存萼筒长为蒴果的三分之二。种子长卵形，长4—5毫米。

产峨山、易门、弥勒、丘北、广南等地海拔1300米地区，常组成常绿与落叶阔叶次生林。分布于山东东部及长江以南各省；日本、印度也有。

耐干旱瘠薄，在岩石丛中也能生长。种子繁殖。

散孔材，边材黄白或黄褐色，心材浅红褐色，纹理斜或交错，结构甚细，均匀，坚重，干缩大，强度大，难干燥，难加工，握钉力强，易胶粘，耐腐、耐水湿，为船舶骨架、浆柱、舵杆、车轮、车轴、工具柄等优良用材。枝条柔韧可供扎木排之用。全株药用，可止血、活血、消炎、止痛。

2.大叶檵木（云南植物志）图178

Loropetalum subcapitatum Chun ex H. T. Chang（1959）

小乔木，高8米。老枝无毛；芽淡褐色，被毛。叶薄革质，或近纸质，卵状椭圆或长圆状卵形，长6—10厘米，宽3—5厘米，先端渐尖或尾状渐尖，基部钝或圆形，偏斜，上面绿色，干后暗而无光泽，略有疏柔毛，中脉往往有星状毛，下面被星状毛，至少脉上有毛，全缘，稀上部有极疏锯齿，侧脉7—9对，上面明显，下面突起；叶柄长5毫米，被星状毛。花未见。蒴果1—4，聚成短穗状，卵形，长约9毫米，径6.5毫米，下部五分之四与萼筒合生，外被褐色星毛；果序梗长1—1.5厘米，果梗极短。种子椭圆卵形，长6—7毫米，黑色而有光泽，种脐白色。

产普洱、麻栗坡，生于海拔1000—1500米的石灰岩灌丛或河边疏林中。广西有分布。

种子繁殖。

用途与檵木相似。

7. 蜡瓣花属 Corylopsis Sieb. et Zucc.

落叶灌木或小乔木。混合芽有多数总苞状鳞片。叶互生，革质，卵形至倒卵形，不等侧心形或圆形，羽状脉最下面的1对有二次分枝侧脉，边缘有锯齿，齿尖突出，有叶柄；托叶早落。花两性，常先叶开放；总状花序常下垂，总苞状鳞片卵形，苞片及小苞片卵形至长圆形；花序梗基部常有2—3正常叶；萼筒与子房合生或稍分离，萼齿5，卵状三角形，宿存或脱落；花瓣5，匙形或倒卵形，有柄，黄色，周位着生；雄蕊5，花丝线形，花药2室，直裂；退化雄蕊5，先端平截或2裂，与雄蕊互生；子房半下位，少数上位并与萼筒分离，2室，花柱线形；柱头尖锐或稍膨大；胚珠每室1，垂生。蒴果木质，卵形，下半部常与萼筒合生，室间及室背裂开为4片，具宿存花柱。种子长圆形，种皮骨质。

本属约29种，分布于喜马拉雅山脉至日本。我国约23种。云南产9种。

分 种 检 索 表

1.退化雄蕊简单，顶端平截；蒴果木质，长1厘米以上，基部下延成4—6毫米长的柄；种子长约1厘米；叶基脉不多分枝；芽鳞外面密被灰色丝状绒毛 ············ 1.瑞木 C. multiflora

1.退化雄蕊2裂，深裂时形成10枚；蒴果短于1厘米；叶基脉向外侧多分枝；芽鳞外面通常无毛或不为灰色丝状毛。

  2.叶下面有毛，有时颇密；萼筒或子房通常被毛，或其中之一至少在花时被毛，成果时，毛被有时脱落；花序梗及花序轴均密被长毛；花排列颇密。

    3.穗状花序有花20以下，长2—4厘米；叶较小，长3.5—7厘米，宽2—6厘米，侧脉7—8对 ·····························2. 灰岩蜡瓣花 C. calcicola

    3.穗状花序有花20—40，长5—8厘米，果时，长达9厘米；叶较大，长6—12厘米，宽3—7.5厘米，侧脉10—12对 ····················· 3.独龙蜡瓣花 C. trabeculosa

  2.叶下面通常无毛，或仅沿脉疏生长丝毛；花序梗无毛，花序轴无毛或有毛；萼筒和子房无毛；花瓣，雄蕊及花柱长4—6毫米；花瓣窄匙形，瓣肢长大于宽 ·····················
···4.怒江蜡瓣花 C. glaucescens

1.瑞木（中国树木志略）图179

Corylopsia Multiflora Hance（1861）

小乔木。嫩枝被绒毛，老枝无毛，芽被白色绒毛，叶薄革质，倒卵形，倒卵状椭圆形或卵状圆形，长7—15厘米，先端尖或渐尖，基部心形，近对称，上面脉上被柔毛，下面带灰白色，被星状毛，侧脉7—9对，在上面凹下，第一对侧脉近叶基部分支不明显，具锯齿；叶柄长1—1.5厘米；托叶长圆形，长约2厘米，被绒毛。花序长2—4厘米，基部具叶1—5；总苞片卵形，长6—7毫米，小苞片长5毫米，均被毛，萼筒无毛，萼齿卵形；花瓣倒披针形，长4—5毫米；雄蕊长5—7毫米；退化雄蕊不裂；子房无毛，花柱较雄蕊略短。蒴果木质，长于1厘米，无毛。

产西畴、麻栗坡，在海拔1200—1500米的杂木林中常见。分布于贵州、广西、广东、湖南、湖北、福建、台湾。

种子繁殖，育苗造林，亦可插条繁殖。

散孔材，心边材区别不明显，坚重，纹理斜，结构细，干燥易裂；为细木工用材。花黄色可作庭园观赏树。

2.灰岩蜡瓣花（云南植物志）图180

Corylopsis calcicola C. Y. Wu（1977）

小乔木。幼枝疏被长柔毛，后变无毛；芽纺锤形，长0.6—1.0厘米，无毛。叶厚纸质，近圆形至椭圆形，稀倒卵状圆形，先端渐尖或锐尖，基部心形，偏斜，长3.5—7厘米，宽

2—6厘米，下面疏被星状毛，沿中脉或侧脉被长丝毛，侧脉7—8对，基脉7分叉；叶柄长0.5—1.4厘米，无毛或疏生长柔毛。花序下垂，长2—4厘米，有花20以下，总状苞片2—3，卵圆形，长达1.8毫米，外面无毛，内面密被短绒毛；苞片及小苞片依次渐小，两面被短绒毛。花淡黄色；萼筒杯形、被毛，长约2毫米，萼齿圆钝，无毛；花瓣瓣肢扁圆形，宽达4毫米，具爪；雄蕊长约2毫米，不等长；退化雄蕊分裂。果序长2.5—5.5厘米，有果10—15，序梗长约1—2厘米，与序轴均被长毛；蒴果长约6—8毫米，无毛或有毛，宿存萼筒长为果实的三分之二，宿存柱头外弯，种子黑色。

产大关、镇雄、彝良，生于海拔1600—1900米石灰岩疏林中。

种子繁殖。播前温水浸种处理，播后覆草，揭草后搭棚遮阴。压条繁殖或扦插繁殖也可。

3.独龙蜡瓣花（云南植物志）图179

Corylopsis trabeculosa Hu et Cheng（1948）

小乔木或灌木。嫩枝初时有绒毛，后变无毛；芽长卵形，鳞苞外面无毛，内面有长丝毛。叶纸质，卵状椭圆形或长圆形，稀倒卵形，长6—12厘米，宽3—7.5厘米，先端急短尖，基部微心形或平截，上面中脉有毛，下面密生绒毛，侧脉10—12对，在上面下陷，下面突起，边缘上半部有小锯齿，或近全缘；叶柄长1—2厘米。穗状花序生于具1—2叶的侧枝顶端，总苞状苞片4—5，卵形，长1.5—2厘米，外面无毛，内面被长丝毛。果序梗长1.5—2厘米，序轴长5—7厘米，均被褐色丝状绒毛，有蒴果30—33；宿存苞片卵形，长6—7毫米，小苞片长圆状披针形，长3—4毫米，均被毛。蒴果卵形，长宽各为6—7毫米，外面被绒毛或在子房部分脱落，顶端近锐尖，黑色，宿存花柱长约1.5毫米。种子卵形，长3—5毫米，种脐白色。

产贡山独龙江流域海拔1350—1600米的山坡疏林或灌丛中。

种子繁殖，育苗造林，插条繁殖亦可。

4.怒江蜡瓣花（云南植物志）图180

Corylopsis glaucescens Hand.-Mazz.（1925）

灌木或小乔木。小枝无毛；芽长圆形至卵状纺锤形，长0.8—1.0厘米；芽鳞近于膜质，外面无毛，内面被白色丝毛。叶薄革质，椭圆形或倒卵圆形，长5—12厘米，宽4—8厘米，先端锐尖至短渐尖，基部歪心形，上面无毛，下面初被毛，后变无毛或稀被毛，侧脉8—9对，第一对侧脉向外侧分出第二次侧脉6—9，网脉略明显；叶柄长1—2厘米，无毛。总状花序顶生于第一回幼枝或具1—2叶的短枝上，果时长4—5厘米；花序梗长1—2厘米，序轴被簇生长柔毛；萼筒无毛，萼齿先端圆；花瓣椭圆形，长约4毫米；退化雄蕊2深裂；子房无毛，花柱长约3毫米。果长6—7毫米。种子长卵形，长4—5毫米。

产维西、贡山，生于海拔1700—3000米沟谷杂木林及灌丛中。

种子繁殖。幼苗注意遮阴。

图179 瑞木和独龙蜡瓣花

1—5.瑞木 *Corylopsis multiflora* Hance 1.果枝 2.花枝 3.花序 4.花 5.雌蕊

6.独龙蜡瓣花 *Corylopsis trabeculosa* Hu et Cheng 果枝

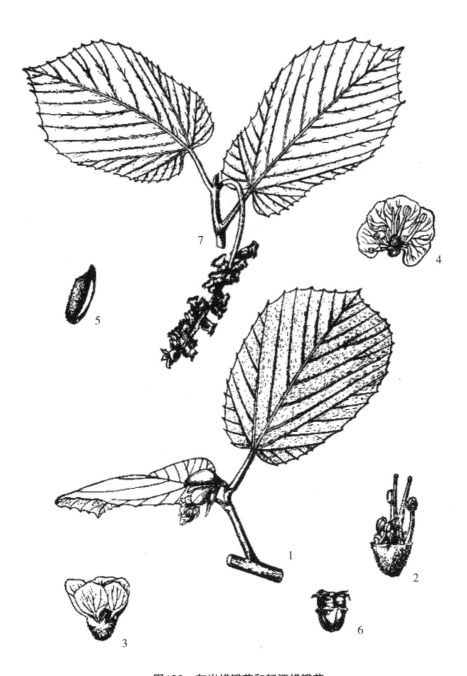

图180 灰岩蜡瓣花和怒江蜡瓣花

1—6.灰岩蜡瓣花 *Corylopsis calcicola* C. Y. Wu

1.花枝 2.去花瓣及萼片的花 3.花 4.展开的花 5.大苞片 6.果

7.怒江蜡瓣花 *Corylopsis glaucescens* Hand.–Mazz. 果枝

8. 秀柱花属 Eustigma Gardn. et Champ.

常绿乔木或灌木，被星状毛。叶革质，互生，长圆形或椭圆形，全缘，或靠近先端有齿突；托叶细小，线形，早落。花小，两性、被簇毛，排成总状花序；每花有苞片1，小苞片2，宽卵形至倒卵形；萼筒陀螺形，与子房合生，萼齿5，镊合状排列；花瓣5，细小，长1毫米，倒心形，具爪，或为鳞片状，基部具2侧生背着的腺状突起；雄蕊5，花丝极短或几无，花药钝，近方形，基部着生，2室，中部以上裂开；子房近下位，2室，每室具胚珠1；花柱2，伸长，柱头膨大，具乳头状小突起。蒴果卵状圆形，几乎完全为萼筒所包，木质，两瓣裂开，每瓣2浅裂，内果皮角质，与外果皮分离。种子长圆形，黑色，有光泽，种脐凹入。

本属4种，分布于越南和我国南部及西南部。我国3种。云南产2种。

分 种 检 索 表

1.小枝皮孔显著，果时，星状毛脱落；成熟叶除下面沿中脉疏被星状毛外，无毛；果梗长达1.5厘米，成熟时宿存萼筒及果梗星状毛脱落殆尽，粗糙而密生白色皮孔…………………………………………………………………………………1.屏边秀柱花 E. lenticellatum
1.小枝皮孔不显，密被星状绒毛，果时不脱落；成熟叶上面沿下陷中脉，下面沿中脉及侧脉星状毛均不脱落；果梗长0.5厘米以下，成熟时宿存萼筒及果梗密被黄锈色星状绒毛，皮孔不显 ………………………………………………………………… 2.星毛秀柱花 E. stellatum

1.屏边秀柱花（云南植物志）图181

Eustigma lenticellatum C. Y. Wu（1977）

乔木。小枝初密被簇生星状毛，后渐无毛，疏生明显的小皮孔。叶纸质，全缘，披针形或长圆状披针形，先端镰状渐尖，基部为近对称的楔形，渐狭成柄，长7—14厘米，宽2.5—4.5厘米，上面无毛，下面除疏生星状毛的中脉外无毛，两面均密被极细瘤突，侧脉约9对，上面不显，下面微隆起，近边缘弧状网结；叶柄长0.6—1.2厘米，具槽、疏生星状毛。花未见。果序近顶生或腋生，总状，长约3—5厘米，密被星状硬毛；蒴果球形，长约1.5厘米，宽约1.2厘米；宿存萼筒长约1厘米，略皱，疏被簇生星状绒近，密生皮孔，顶端具喙，基部渐狭，梗长达1.5厘米。

产屏边，生于海拔1500—2500米的苔藓林中。

种子繁殖。

2.星毛秀柱花（云南植物志）图181

Eustigma stellatum Feng（1977）

乔木。小枝初被毛，后迟迟变无毛，皮孔不明显。叶纸质，全缘，弯长圆状披针形，基部偏斜，长10—17厘米，宽3—5厘米，上而初被星状毛，后变无毛，下面除中脉密被侧脉疏被星状毛外无毛，两面均密生细瘤突，侧脉8—10对，上面中、侧脉平坦或凹下，下

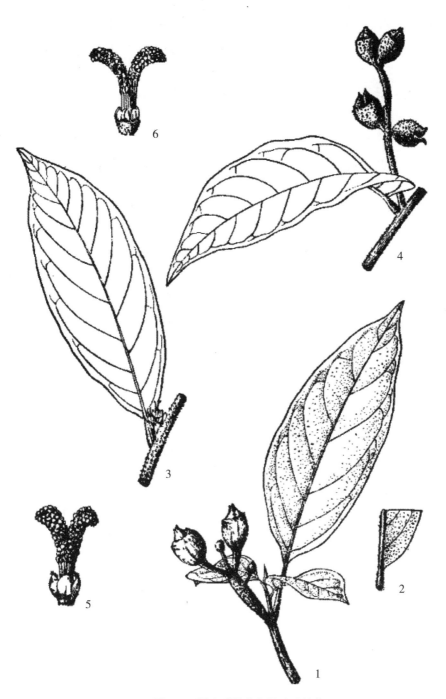

图181　屏边秀柱花和星毛秀柱花

1—2.屏边秀柱花 *Eustigma Lenticellatum* C.Y. Wu　1.果枝　2.叶下面的一部分（示毛被）

3—6.星毛秀柱花 *Eustigma stellatum* Feng

3.花枝　4.果枝　5.花（侧面观）　6.除去花瓣的花（示雄蕊）

而隆起；叶柄长。0.5—1.0厘米，密被星状绒毛。总状花序腋生或顶生，长 3—5厘米，密被星状绒毛，每花下具1苞片及2小苞片，苞片及小苞片合生，外面被毛，脱落；花萼筒钟状，外面密被星状绒毛，萼齿5；花瓣5，倒卵状匙形；雄蕊稍短，不具花丝；花柱2，长约4毫米，顶端扩大。果序长达6厘米，密被星状绒毛，果序梗长约2厘米；蒴果木质，长1.1—1.5厘米，宽0.8—1.0厘米，具短梗，长0.5毫米以下，成熟时宿存萼筒及果梗密被黄锈色星状绒毛，皮孔不显。

产马关、广南，生于海拔1000—1300米石灰岩山坡林中。

种子繁殖。

9. 蚊母树属 Distylium Sieb. et Zucc.

常绿灌木或小乔木。嫩枝有星状绒毛或鳞毛，裸芽。叶革质，互生，具短柄，羽状脉，全缘，偶有小齿；托叶披针形，早落。花单性或杂性；雄花常与两性花同株，排成腋生穗状花序，苞片及小苞片披针形，早落，萼筒极短，花后脱落，萼齿2—6，稀不存在，常不规则排列，或偏于一侧，卵形或披针形，大小不等，无花瓣，雄蕊4—8，花丝线形，长短不一，花药椭圆形，2室，纵裂，药隔突出，不具退化雌蕊，或有相当发达的子房；雌花及两性花的子房上位，2室，有鳞片或星状绒毛，花柱2，柱头尖锐，胚珠每室1。蒴果木质，卵圆形，有星状绒毛，上半部2片裂开，每片2裂，先端尖锐，基部无宿存萼筒。种子1枚，长卵形，角质褐色，有光泽。

本属15种，分布在东亚和东南亚。我国有12种。云南有4种。

分 种 检 索 表

1.叶两面无毛，椭圆状卵形至卵状长圆形；幼枝皮孔不显，被星状鳞片；果长15毫米……
…………………………………………………… 1.大果萍柴 D. myricoides var. macrocarpum
1.叶下面被褐色星状毛，至少中脉附近不脱，卵状披针形至长圆状披针形；幼枝略具皮孔，被褐色星状柔毛；果长12毫米 ………………………… 2.屏边蚊母树 D. pingpienense

1.萍柴

Distylium myricoide Hemsl.（1907）
产浙江、安徽、福建、广东、广西，云南不产。

1a.大果萍柴（云南植物志）图182

var. macrocarpum C. Y. Wu（1977）
乔木，高达20米，胸径达45厘米。小枝幼时密被星状鳞片，皮孔不显。叶革质，幼时两面无毛，椭圆状卵圆形至卵圆状长圆形，先端锐尖至渐尖，基部锐尖至钝，长3—7厘米，宽1.5—3厘米，全缘或近先端具1—3硬尖锯齿，上面中脉下陷，下面隆起，侧脉约5对，上面微下陷或不显，下面极细但隆起；叶柄长5—10毫米，密被呈状绒毛或鳞片。穗状花序腋生，长1—2厘米，序轴疏生星状鳞片；苞片及小苞片多变，长约3毫米，密被锈色星

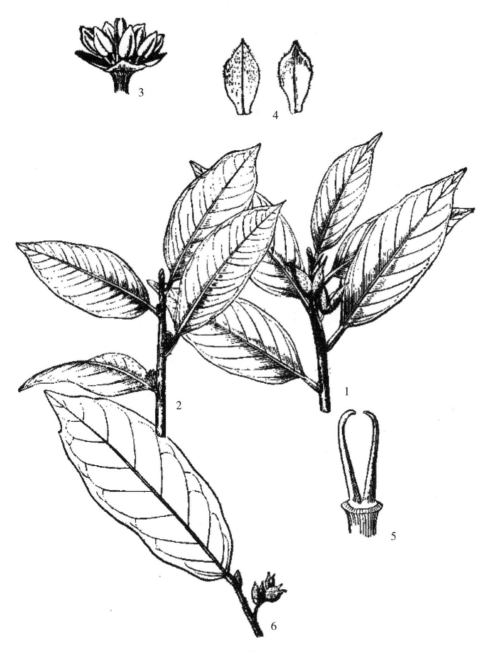

图182 大果萍柴和屏边蚊母树

1—5.大果萍柴 *Distylium myricoides* Hesml. var. *mccrocarpum* C. Y. Wu

1.果枝 2.花枝 3.花 4.萼片 5.雌蕊

6.屏边蚊母树 *Distylium pingpienense*（Hu）Walk. 果枝

状毛或无毛；雄蕊少数，花丝极短，花药椭圆形，长达3毫米；子房长约1.5—2毫米，密被锈色绒毛，花柱长达5毫米，疏被星状毛。蒴果椭圆状卵圆形，长约1.5厘米，密被污黄色星状鳞片或绒毛，开裂时尖端叉开，有长约2毫米的突尖。花期4—5月，果期6—7月。

产于西畴、麻栗坡、广南、富宁，生于海拔700—1500米的石山灌丛或常绿林中。

种子繁殖。

2.屏边蚊母树（云南植物志）图182

Distylium pingpienense（Hu）Walk.（1944）

Sycopsis pingpiensis Hu（1940）

灌木至小乔木，高达3—15米。幼枝纤细，被褐色星状柔毛，老时渐无毛，略具皮孔。叶薄革质，卵状披针形至长圆状披针形，长7—11厘米，宽2.5—3.5厘米，先端尾状渐尖，基部圆形，稍偏斜，下面被褐色星状柔毛，至少中脉附近不脱，侧脉5—8对，上面略下陷，下面隆起，全缘或稀在尾部以下波状至有1—4硬尖齿，叶柄长7—10毫米，被星毛。花未见。总状果序腋生，长2—3厘米，被星状柔毛，有蒴果2—5。蒴果卵状圆形，长1.2厘米，密被黄褐色星状绒毛，宿存花柱张开，长约3毫米，果梗长3—4毫米。

产屏边、富宁，生于海拔1000米左右的石灰岩山地混交林中；贵州、湖北也有。

种子繁殖。

10.水丝梨属 Sycopsis Oliv.

常绿灌木或小乔木。小枝无毛或幼时被星状毛或鳞片。叶互生，革质，具柄，长圆形，披针形或倒披针形，全缘或有小突齿，羽状脉，侧脉弧状网结，稀有离基三出脉及羽状侧脉；托叶细小，披针形，早落。花单性同株，异序或同序，雌花在上，雄花在下；头状花序在芽中为暗褐色、覆瓦状、卵圆形的总苞所包，常具外弯而短的花序梗；雄花萼筒极短，苞片与小苞片不规则，花瓣不存，雄蕊7—10，有些发育不全，生于萼筒边缘，花丝不等长，花药2室，侧向纵裂，药隔突出，退化子房仅有2花柱；雌花的萼筒壶形，被鳞毛或星毛，在上缘着生1—5苞片及小苞片，花瓣不存在，雄蕊缺，子房上位，与萼筒分离，2室，每室具胚珠1，垂生，花柱2，先端尖细，外卷。蒴果木质，多半被星状毛或鳞片，2—4瓣裂开，冠以宿存长花柱，具不规则开裂的宿存萼筒，无梗或具长梗。种子长卵圆形，种皮角质。

本属3种，分布于印度东北部至我国陕南及江南各省。我国有2种；云南全有。

分 种 检 索 表

1.幼枝密被星状鳞片；叶脉常通羽状；雄蕊长18毫米，花丝长15毫米；蒴果长0.8厘米……
……………………………………………………………………1.水丝梨 S. sinensis

1.幼枝密被星状毛；叶常具离基三出脉，雄蕊长11—13毫米；花丝长8—10毫米；蒴果长1.2厘米 ………………………………………………………2.三脉水丝梨 S. triplinervia

1.水丝梨（云南植物志）图183

Sycopsis sinensis Oliv.（1890）

灌木或小乔木，高达20米，胸径达45厘米。树皮褐色或灰色；幼枝被星状鳞片，后渐脱落，疏生小皮孔。叶革质，披针形或椭圆状披针形，稀倒卵形，先端渐尖，基部钝，长5—15厘米，宽2.5—5.5厘米，全缘，边缘反卷，或在中部以上具1—5硬尖齿，上面无毛，下面多少被鳞片，侧脉6—8对，上面微下陷，下面略隆起；叶柄长1—1.5厘米，密被星状鳞片。雄花组成近头状的短穗状花序，具短梗，芽时由宽的、密被红锈色绒毛的、覆瓦状总苞包住，常外弯，多少在上部叶腋中着生，萼筒卵圆形、被硬毛，萼齿小，早落，萼片卵圆形，长约1毫米，外面被锈毛；雄蕊8—10，花丝无毛，长约1.5厘米，花药红色至黄色，长约3毫米，具突尖，退化子房和花柱短于花丝一半；雌花6—14组成与雄花相同的花序，萼筒不规则裂开，子房密被长硬刺毛，柱头2，先端钩状。果序球形，具梗，外弯；蒴果近球形，长约8毫米，密被长硬刺毛，基部三分之一为增大不规则裂开的萼筒所包。

产麻栗坡，生于海拔1600—1800米的混交林中。分布于陕西、四川、贵州、湖北、安徽、浙江、江西、福建、台湾、湖南、广东、广西等地。

种子繁殖。

木材为建筑及家具等用材，也可培育香菇。

2.三脉水丝梨（云南植物志）图183

Sycopsis triplinervia H. T. Chang（1960）

小乔木至乔木。幼枝密被红锈色星状毛，老枝稍被糠状鳞片。叶厚革质，椭圆形，长圆形至倒卵状长圆形，长4—14厘米，宽2—5.5厘米，先端锐尖至短渐尖，基部圆形，三出脉离基部2—3毫米，侧脉2—3对，上面中脉与侧脉被星状毛，下面疏被星状鳞片；叶柄长6—13毫米，密被星状鳞片。短穗状花序似头状，芽时被总苞所包住，顶生及腋生，长为1.5厘米，有花10—12，总苞2—4，卵形，长5—6毫米；雄花或两性花无梗，萼筒壶形，长约1.5毫米，被鳞片，萼齿卵形，雄蕊8—10，花丝长8—10毫米，花药长3毫米，药隔突出；子房被毛，花柱长1.5毫米，稍弯曲、被毛。果序近头状，蒴果长1.2厘米，被星状绒毛及长硬刺毛；宿存萼筒长约2毫米，被鳞片，不规则开裂，宿存花柱长4—5毫米，被星状毛。

产大关、彝良，生于海拔1900—2500米的常绿阔叶林中。四川有分布。

种子繁殖。

11.假蚊母树属 Distyliopsis Endress

常绿灌木或小乔木。幼枝常被鳞片及星状毛。叶互生，革质，椭圆形至披针形，全缘，稀顶部以上有小齿，羽状脉，稀离基三出脉；托叶细小，早落。花杂性，雄花、雌花和两性花在同一花序中混生，至少雌花成穗状或总状花序，在芽中不为总苞所包；雄花的萼筒近球形至卵形或壶形，雄蕊7—10，花丝线形，长短不一，花药基着，纵裂，药隔突出，退化子房具2枚长花柱；雌花或两性花的萼筒近球形或多半壶形，萼片1—5，两性花具雄蕊8，苞片及小苞片1—3（6），萼片及苞片、小苞片均密被鳞片，子房基部与萼筒分离，密被星状分枝的长硬毛，2室，每室有胚珠1，垂生，花柱钻形，有毛或无毛。果序总状，常仅1稀2—3果成熟；蒴果多少具柄，在主轴上两侧排列，最上的果真正顶生，均被疏状长硬毛，2—4裂。

本属约6种，分布于缅甸、老挝、越南、马来半岛、印度尼西亚、菲律宾及伊里安岛；我国产台湾及南岭以南各地。我国有5种，云南3种。

分 种 检 索 表

1.叶长5—10厘米，先端锐尖至短尖，基部通常渐狭成柄 ················· **1.假蚊母** D. dunnii
1.叶长9—13厘米，宽3.5—5.5厘米，先端钝或近锐尖，基部阔楔形或近浑圆 ·················
·· **2.滇假蚊母** D. yunnanensis

1.假蚊母（云南植物志）图184

Distyliopsis dunnii（Hemsl.）Endress（1970）
Sycopsis dunii Hemsl.（1907）

灌木或小乔木。小枝无毛或幼时疏被鳞片。叶革质，卵状长圆形至卵状披针形或卵状椭圆形，基部楔形，渐狭成柄，长5—10厘米，宽2—5厘米，全缘，两面无毛或仅幼时疏被星状鳞片，中脉及6—7对侧脉上面下凹，下面隆起；叶柄长0.3—0.7厘米，膨大，密被鳞片。3—6花形成腋生的短穗状或总状花序，序轴密被鳞片或星状毛，果时长达2.5厘米；苞片在萼筒基部或生于萼筒上，卵圆形；雄花的萼片约6，雄蕊10，花丝长2—5毫米，花药长2毫米，具尖突，退化子房具2短花柱；雌花或两性花的萼筒壶状，长约5毫米，被极密鳞片，苞片少数，顶端有纤毛，不规则着生，萼片1—3，苞片状，子房被密丝状长硬毛，花柱无毛，伸出极长，反卷。蒴果球状卵球，密被锈色丝状长硬毛，宿存萼筒不规则开裂，仅顶端1枚成熟。

产麻栗坡，生于海拔1800—2100米的灌木丛中。分布于台湾、福建、江西、湖南、广东、广西、贵州；缅甸、老挝、马来半岛、印度尼西亚、菲律宾至伊里安岛也有。

种子繁殖。

木材为建筑及家具等用材。

2.滇假蚊母（云梅植物志）图184

Distyliopsis yunnanensis（H. T. Chang）C. Y. Wu（1977）

灌木或小乔木。幼枝密被鳞片，具皮孔。叶革质，长圆形至阔卵形，长9—13厘米，宽3—3.5厘米，先端钝或近锐尖，基部宽楔形或近浑圆，两面无毛，全缘，中脉在上面下陷，下面隆起，侧脉6—7对；叶柄长6—9毫米，密被鳞片。花序腋生，长约2.5厘米，有花1—5，序轴密被鳞片；雌花或两性花苞片1—3，两面被微毛，着生于萼筒基部，萼筒壶状，密被鳞片，顶端有萼片4，微小，早落，雄蕊约8，花柱伸出5—7毫米，被毛，子房长约4毫米，密被长硬毛。果序总状，具3—5果；蒴果无梗或在分枝顶端者具梗，卵形，长1—1.2厘米，密被长硬毛。

产勐海，生于海拔1300米左右的河边疏林中。

种子繁殖。

图183 水丝梨和三脉水丝梨

1—2.水丝梨 *Sycopsis sinensis* Oliv. 1.果枝 2.花枝

3—4.三脉水丝梨 *Sycopsis triplinervia* H. T. Chang

3.花枝 4.雄花解剖（示苞片及小苞片）

图184　假蚊母和滇假蚊母

1—2.假蚊母 *Distyliopsis dunnii* Endr.　1.花枝　2.蒴果

3—4.滇假蚊母 *Distyliopsis yunnanensis*（H. T. Chang）C. Y. Wu　3.花枝　4.果序

155.悬铃木科 PLATANACEAE

落叶乔木。树皮常薄片状脱落；枝叶被枝状及星状绒毛；芽被叶柄扩大的基部覆盖着。单叶，互生，有长柄，掌状分裂，边缘有粗齿；托叶膜质，圆领形星状，早落。花小，单性，雌雄同株异序，花序头状，雌雄同形；雄花无苞片及花萼，雄蕊3—8，花药多数，各托以一微小鳞片，2室、纵裂、近无柄，药隔顶端膨大成盾形；雌花有苞片及萼片，萼片3—8，三角形，花瓣与萼片同数，倒披针形，心皮3—8，离生，近无柄，中间夹有条形苞片，子房1室，花柱细长，先端钩曲，柱头侧生，常突出于头状花序外；胚珠1—2，垂生。聚花果由多数狭长倒锥形小坚果组成，其基部围有长毛。种子1，线形。

本科1属11种，分布于北美至墨西哥、欧洲东南部、东南亚、西亚至印度及越南北部。我国引入栽培3种。本志记载2种。

悬铃木属 Platanus Linn.

属的特征与科同

分 种 检 索 表

1.果序球常为2，径约2.5—3.5厘米；叶3—5裂，中裂片长与宽近相等；托叶长约1—1.5厘米；坚果之间毛不突出 ··· 1.二球悬铃木 P. acerifolia
1.果序球常为3，叶5—7深裂，中裂片长度大于宽度；托叶小于1厘米，坚果之间有突出的绒毛 ·· 2.三球悬铃木 P. orientails

1.二球悬铃木 英国梧桐（中国树木分类学）、悬铃木 图185

Plalanus acerifolia（Ait.）Willd.（1797）

Platanus oricntalis var. *accrifolia* Ait.（1789）

落叶乔木，高达35米，胸径达1米。枝条开展，树冠广阔；树皮灰绿色，不规则大薄片状剥落，内皮淡绿白色，平滑；幼枝及幼叶密被褐色叠生星状毛，成长后近于无毛。叶3—5裂，长宽各9—17厘米，裂片三角状卵形或宽三角形，边缘疏生齿牙，中裂片长宽近于相等；离基或基出掌状脉3，稀5；叶柄长3—10厘米；托叶长约1—1.5厘米。果序头状，通常2，稀1或3，生于一长果序梗上，下垂，并常宿存于树上，经冬不落，径2.5—3.5厘米，表面具刺状宿存花柱，长2—3毫米；小坚果之间无突出的绒毛，或有极短的毛。花期4—5月，果期9—10月。

本种为英国1640年于伦敦由三球悬铃木P. orientalis与一球悬铃木P. occidentalis 培育的杂交种。云南各市，县、区及庭园、厂矿常见栽培。我国黄河、长江中下游也有栽培。

2.三球悬铃木　法国梧桐（中国树木分类学）悬铃木、筱悬木（日本）

Platanus orientalis Linn.（1753）

云南各地常见植于道路两旁。

喜光树种，不耐蔽荫。喜温暖湿润的气候。适于微酸性或中性、深厚、肥沃、排水良好的土壤。萌芽性强，耐修剪，抗风力中等，有较强的抗空气污染能力。易于扦插或种子繁殖，城市绿化宜用大苗。

木材为散孔材，有光泽，结构细致，硬度中等，易干燥，不耐腐朽，适于制作胶合板，刨花板和纤维板的贴面；板材为家具、食品包装箱、玩具和细木工等用材。树枝可用于培养银耳。

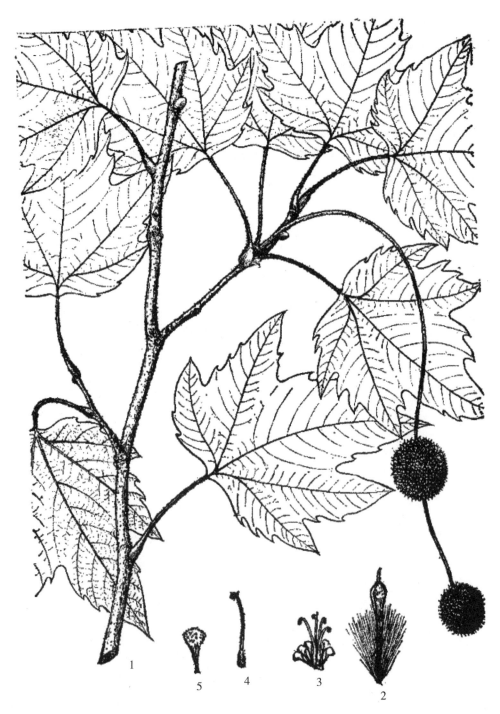

图185 二球悬铃木 *Platanus acerifolia*（Ait）Willd.
1.果枝 2.种子 3.雌花 4.雌蕊 5.花瓣

161.桦木科 BETULACEAE

落叶乔木或灌木。树皮光滑或成片状、薄层状、块状剥裂；芽具柄或无柄，芽鳞2—3或多数，呈覆瓦状排列。单叶互生，下面通常有腺点，叶缘具重锯齿，稀单锯齿，有时浅裂，羽状脉，第三级脉常与侧脉近垂直；具叶柄，托叶分离，早落。花单性，雌雄同株；雄花为葇荑花序，顶生或侧生；苞鳞覆瓦状排列，每苞鳞内有雄花3—6；花被膜质，离生或基部合生，雄蕊2—4，稀仅1，常与花被对生，花丝短，顶端分叉或不分叉，分离或基部联合，药二室，分离或不分离，顶端具毛或无毛；雌花序聚生成球果状或穗状，单生或组成总状或圆锥状，生于枝顶或叶腋；苞鳞覆瓦状排列，每苞鳞（果期发育成果苞）内有2或3花，无花被；子房2心皮2室，每室有倒生胚珠1，花柱2或2裂。果苞木质或革质，呈鳞片状，脱落或宿存，由3或5小苞片在发育过程中愈合而成，顶端3裂或5裂，每苞鳞有2或3小坚果；小坚果扁球形、卵形或长圆形，具或宽或狭的膜质或纸质的翅。种子单生，具膜质种皮。

本科共2属，约有140余种，主要分布在北温带。我国2属均产，约30余种，全国都有分布。云南2属，有14种2变种。

分 属 检 索 表

1.果序呈球果状，果苞木质，宿存，上部5裂，每果苞内具2小坚果；雄蕊4 ·················
·· 1.桤木属 Alnus
1.果序呈穗状，果苞革质，成熟后脱落，上部3裂，每果苞内具3小坚果；雄蕊2
·· 2.桦木属 Betula

1.桤木属 Alnus Mill.

乔木，树皮光滑或成不规则纵裂。芽有柄，具2芽鳞。单叶互生，叶缘具锯齿，羽状脉，三级脉与侧脉常成直角相交，彼此平行或网结；托叶早落。花单性同株；雄花序葇荑状，组成总状，生于枝顶或单生于叶腋；苞鳞覆瓦状排列，每苞鳞内有3花；小苞片4，稀3或5；花被4，常茎部联合，雄蕊通常4，与花被对生，稀1或3，花丝短，顶端不分叉，花药卵形，2室，不分离，顶端无毛或稀具毛；雌花序单生叶腋，或组成总状、圆锥状，生于枝顶；苞鳞覆瓦状排列，每苞鳞内具2花，无花被，子房2室，每室具1倒生胚珠，花柱短，柱头2裂。果序球果状，果苞木质，鳞片状，宿存，由3苞片2小苞片愈合而成，上部5浅裂，每果苞内具2小坚果；小坚果扁球形或长圆形，具膜质或纸质翅。

本属约40余种，分布在亚洲、欧洲、非洲及北美洲，最南沿冈底斯山分布至阿根廷。我国有7种1变种。云南产3种。

分 种 检 索 表

1.果序和雄花序均多数组成圆锥状，顶生（1.桤木组 Sect. 1. Alnus）……………………
……………………………………………………………………… 1.旱冬瓜 A. nepalensis
1.果序和雄花序均单生叶腋（2.单序组Sect. 2.Cremastogyne）
　2.果序梗细长，长5—8厘米，果序下垂，小坚果的翅膜质，宽为果的1/2；叶倒卵形 …
……………………………………………………………… 2.桤木 A. cremastogyne
　2.果序梗粗短，长2—3厘米，通常直立；小坚果的翅纸质，宽不及果的1/3；叶卵形 …
…………………………………………………… 3.水冬瓜 A. ferdinandi-coburgii

1.旱冬瓜（云南）　蒙自桤木（中国树木分类学）、尼泊尔桤木（中国植物志）、冬瓜树（云南）图186

Alnus nepalensis D. Don（1825）

乔木，高达18米；小树树皮光滑绿色，老树树皮黑色粗糙纵裂。枝条无毛，幼枝有时疏被黄柔毛；芽具柄，芽鳞2，光滑。叶纸质，卵形、椭圆形，长10—16厘米，先端渐尖或骤尖，稀钝圆，基部宽楔形，稀近圆形，叶缘具疏齿或全缘，上面翠绿，光滑无毛，下面灰绿，密生腺点，幼时疏被棕色柔毛，沿中脉较密，或多或少宿存，脉腋间具黄色髯毛，侧脉12—16对；叶柄粗状，长1.5—2.5厘米，近无毛。雄花序多数组成圆锥花序，下垂。果序长圆形，长约2厘米，直径8毫米，序梗短，长2—3厘米，由多数组成顶生，直立圆锥状大果序；果苞木质，宿存，长约4毫米，先端圆，具5浅裂。果为小坚果，长圆形，长约2毫米，翅膜质，宽为果的1/2，稀与果等宽。花期9—10月；果期翌年11—12月。

产香格里拉、泸水、丽江、大理、楚雄、昆明、保山、临沧、普洱、德宏、景洪、文山，生于海拔500—3600米的湿润坡地或沟谷台地林中。西藏、四川、贵州均产；尼泊尔、不丹、印度也有。

种子繁殖。果穗采回晒1—2天后摊于通风干燥处阴干，种子脱出后去杂收藏。春季育苗，苗床应细致整平，灌足底水后播种。覆土以不见种子为度。1年生苗可出圃造林。

散孔材。木材浅褐而微红，有光泽，心材边材区别不明显；管孔略小，数量中，分布均匀；木射线数目中等，聚合木射线甚宽。木材纹理直，结构细，材质轻软，干缩小，强度弱至中，不耐腐，可作纺织卷筒、纱管、家具、模型、刷柄、包装箱等用材，树皮含单宁6.82%—13.68%，入药可消炎止血，用于菌痢、腹泻、水肿、肺炎、漆疮等。根寄生固氮细菌，为山间坡地改良土壤的好树种。

2.桤木（四川）图187

Alnus cremastogyne Burk.（1899）

乔木，高达30米。树皮灰色、平滑；枝条灰褐色，无毛，小枝赤褐色，幼时被白色柔毛；芽具柄，芽鳞2。单叶互生，厚纸质，倒卵形或倒卵状长圆形，长6—12厘米，宽3.5—

7厘米，先端骤尖，基部楔形成圆楔形，有时两侧不相等，叶缘具疏锯齿，上面深绿，光滑无毛，下面淡绿，被紫色腺点，脉腋间具髯毛，余无毛，侧脉8—11对；叶柄长1—2厘米，幼时被白色柔毛，后脱落无毛。雄花序单生叶腋，长3—4厘米。果序也单生叶腋，序梗细长，下垂，长5—8厘米，无毛，稀幼时被毛；果苞木质，长4—5毫米，先端具5浅裂。小坚果卵形，长约3毫米，果翅膜质，宽为果的1/2。花期2—3月；果期11—12月。

产绥江、永善等地，昆明可栽培，生于海拔1400—1790米的河边台地和湿润的坡地上。四川，贵州北部、甘肃南部、陕西南部分布较多。

木材松软，可制箱柜等家具，宜作薪炭林树种，亦供行道树和河岸护堤林用。嫩枝叶入药，有清热降温、止水泻等功效，树皮含单宁5%—10%。

3.水冬瓜（云南）　滇桤木（中国森林树木图志）、川滇桤木（中国植物志）图188

Alnus ferdinandi-coburgii Schneid.（1917）

乔木，高约17米。树皮暗灰色，光滑；小枝褐色，幼时被黄褐色短柔毛，后渐脱落无毛；芽具柄，芽鳞2。单叶互生，长卵形或椭圆形，长5—16厘米，宽4—7厘米，先端骤尖或锐尖，稀渐尖，基部楔形或圆形，叶缘具疏锯齿，上面无毛，下面密被紫色或金黄色腺点，沿脉的两侧被黄色柔毛，脉腋间簇生髯毛，侧脉11—15对；叶柄长1—3厘米，疏被黄色短柔毛或仅沟槽内被毛。雄花序单生叶腋；果序也单生于叶腋；序梗粗短，通常直立，长1.5—3厘米，被毛或无毛，果苞木质长3—4毫米，先端5裂。小坚果长约3毫米，果翅厚纸质，宽为果的1/3—1/4。

产昆明、禄劝、宁蒗、鹤庆、腾冲、宾川、邓川、洱源、下关、嵩明、呈贡、安宁、会泽、晋宁、盐津等地，生于海拔1600—2600米的潮湿地带和岸边的杂木林中。四川南部、贵州西北部和湖南也有分布。模式标本采自昆明。

木材供制家具、器皿等，宜作堤岸林薪炭林栽培。

2.桦木属 Betula Linn.

乔木或灌木。树皮光滑或成环状片层剥离，或成块状纵裂，灰色、褐色或黑色；芽无柄，芽鳞多数，呈覆瓦状排列。单叶互生，上面光滑，下面通常具腺点。叶缘具重锯齿，稀单锯齿；托叶分离，早落。花单性，雌雄同株；雄花序2—4，簇生枝顶或侧生，苞鳞覆瓦状排列，每苞鳞内具2小苞片和3花，花被膜质，基部联合，雄蕊通常2，花丝短，顶端分叉，花药2室，药室分离，顶端通常具毛；雌花序单生或2—5组成总状，直立或下垂，苞鳞覆瓦状排列，每苞鳞内有3花，无花被；子房2室，每室有1倒生胚珠，花柱2，线形、分离。果苞鳞片状、革质，通常脱落，由1苞片和2小苞片发育而成，具3裂片，内有3小坚果。小坚果扁形，长约3毫米，具或宽或窄的膜质或纸质翅，顶端具2宿存花柱。种子单生，种皮膜质。

本属约100种，主要分布在北温带，有少数种类延伸至北极区内。我国约27种7变种，云南产11种2变种。

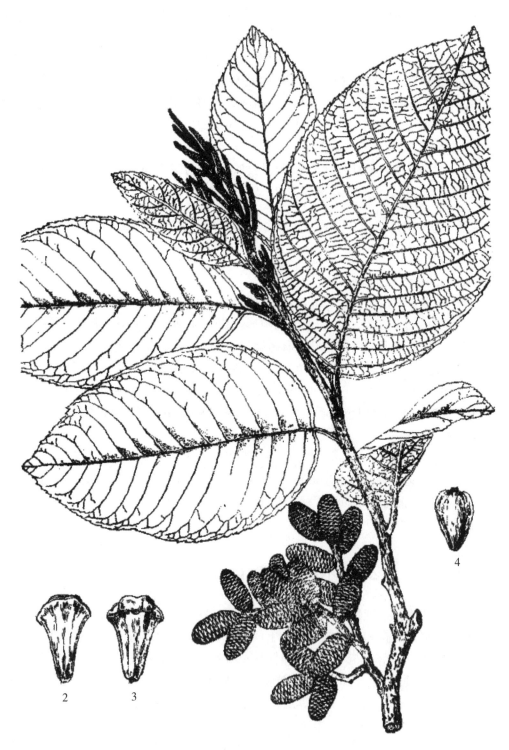

图186　旱冬瓜 *Alnus nepalensis* D. Don
1.果枝　2—3.果苞腹、背面　4.小坚果

图187 桤木 *Alnus cremastogyne* Burk.
1.果枝 2.雄花枝 3.雄花 4—5.果苞背腹面 6.小坚果

图188 水冬瓜 *Alnus ferdinandi-coburgii* Schncid.
1.果序及雄花序枝　2—3.果苞背腹面　4.小坚果

分 种 检 索 表

1.果苞的侧裂片显著发育，小坚果的翅较窄或呈无翅状，几乎全部为果苞所遮盖（1.桦木组 Scct. 1. Betula）

 2.小坚果具明显的膜质翅，与果苞等宽。

　　3.叶呈三角状卵形或三角状菱形 ·················· 1.白桦 B. platyphylla

　　3.叶非上述形状。

　　　4.叶通常呈长卵形或卵状圆形 ·················· 2.糙皮桦 B.utilis

　　　4.叶通常长圆形 ·················· 3.华南桦 B. austro–sinensis

 2.小坚果的翅纸质，很狭窄，近于无。

　　5.果序4组成总状，生于长枝顶 ·················· 4.贡山桦 B. gynoterminalis

　　5.果序单生，通常生于短枝顶。

　　6.叶厚纸质，树皮有芳香味 ·················· 5.香桦 B.insignis

　　6.叶革质，树皮无芳香味。

　　7.小乔木，叶厚革质，侧脉10—12对 ·················· 6.高山桦 B. delavayi

　　7.灌木，叶革质，侧脉14—21对。

　　8.植株通常直立，叶缘具细密刺毛状重锯齿 ·················· 7.矮桦 B. potaninii

　　8.植株通常匍匐状，叶绿具钝圆重锯齿 ·················· 8.岩桦 B. calcicola

1.果苞的侧裂片不发育，小坚果的翅较宽，大部分露出果苞之外[2.西南桦组Sect. 2. Betulaster（spach）Regel]

　9.果序3—5组成总状 ·················· 9.西南桦 B. alnoides

　9.果序2或单生。

　　10.果序通常2 ·················· 10.长穗桦 B. cylindrostachya

　　10.果序通常单生 ·················· 11.亮叶桦 B. luminlfera

1.白桦（东北）　粉桦（东北）、桦皮树（河北）、桦木、桦树（云南）图189

Betula platyphylla Suk.（1911）

乔木，高可达25米。树皮灰白色，成层剥裂；枝条暗灰色或暗褐色，无毛，具皮孔，有或无树脂腺体。叶纸质，三角状卵形、三角状菱形或三角形，稀菱形，长5—8厘米、宽3—6厘米，先端锐尖、渐尖或尾状渐尖，基部截形或宽楔形，叶缘具不规则的重锯齿，有时呈缺刻状的单齿或重齿，上面幼时疏被毛和腺点，成熟后无毛或无腺点，下面无毛，密生腺点，侧脉5—7对；叶柄细瘦，长2—2.5厘米，无毛。果序单生于短枝上部，稀成总状生于长枝顶，圆柱形，常下垂，长2.5—4厘米，直径6—10毫米；序梗细瘦，长1.5—2厘米，被短柔毛，后渐脱落近无毛，有时具树脂腺体；果苞长5—7毫米，外面被短毛，成熟后渐脱落，边缘具短纤毛，基部楔形或宽楔形；中裂片呈三角状卵形，先端渐尖或钝尖，侧裂

图189　白桦 *Betula platyphylla* suk.

1.果枝　2.花枝　3—4.果苞背腹面　5.小坚果

片卵形或近圆形，直立，或斜展至向下弯，如为直立或斜展时，它较中裂片略为短小，如为横展或下弯时，它较中裂片略为宽大。果为小坚果，狭长圆形、长圆形或卵形，长约2.5毫米，宽约1.5毫米，背面被短毛；翅膜质，较果长、与果近等宽或稍宽。花期4—5月，果期6—7月。

产德钦、香格里拉、维西、丽江、兰坪等地，生于海拔2500—3500米的针阔叶混交林中或自成纯林，为次生林的先锋树种。四川、甘肃、青海、宁夏、内蒙古、新疆、陕西、河南、河北、山西等省（区）和东北、华北等地区均有分布；俄罗斯、日本、朝鲜、蒙古也有。

木材供一般建筑和制家具用，树皮可提取桦油及各种脂肪酸，并可入药，用于黄疸病；含单宁7.03%—7.3%，白桦皮也为民间常用编制日用器具的材料。

2.糙皮桦（中国树木分类学）喜马拉雅银桦　图190

Betula utilis D. Don（1825）

乔木，高达20米。树皮红褐色，有光泽，成层剥裂；小枝黄褐色，被树脂腺体和短柔毛，具皮孔，无毛，有时具腺体。叶厚纸质，卵形或长卵形，长5—7厘米，宽3—4.5厘米，先端渐尖或长渐尖，基部圆形或宽楔形，稀微心形，有时两侧不对称，叶缘具不规则的尖锐重锯齿，上面深绿，幼时被长柔毛，后渐脱落无毛，或沿脉宿存，下面浅绿，密生腺点，沿脉被黄白色长毛，稀无毛，脉腋间具髯毛，侧脉10—14对；叶柄长8—15毫米，通常无毛，稀疏被短毛。果序通常单生，稀2—3排成总状，直立或斜伸，呈圆柱状，长3—5厘米，直径1—1.2厘米；序梗长8—15毫米，被树脂腺体，有时疏被短毛；果苞长5—8毫米，外面疏被短柔毛，边缘具短纤毛；中裂片细长，呈披针形，侧裂片近圆形或卵形斜伸，长为中裂片的1/3或1/4。果为小坚果，倒三角形，长2—3毫米，宽1.5—2毫米，上部疏被短柔毛，果翅膜质，与果近等宽或为果1/2。花期5—6月，果期8—9月。

产德钦、香格里拉、维西、丽江、宁蒗、永宁、贡山、泸水等地，生于海拔2100—4000米针阔叶混交林或次生林中。四川、西藏、青海、甘肃、陕西、河南、河北、山西等省（区）有分布；印度、尼泊尔、阿富汗也有。

木材纹理直，结构细，但较脆，供一般建筑及制家具用。树皮可提取栲胶。

2a. 红桦　图190

var. sinensis（Franch.）H. Winkl.（1904）

Betula albo-sinensis Burk.（1899）

以叶呈卵圆形，上面叶脉常下陷，叶缘具不规则的缺刻状粗重齿，与原种区别。

产贡山、德钦、维西、香格里拉、丽江、大理、鹤庆、禄劝、大关、巧家等地，生于海拔2100—3200米的针阔叶混交林中。四川、甘肃、陕西、河南、河北、山西等省均有分布。

种子繁殖。采集成熟果穗，摊于通风干燥室内，待种子稍干即可搓揉，过筛去杂装袋收藏。平床有苗，播前灌足底水，种子用温水催芽。

木材质地坚硬，结构细致，花纹美丽，可作建筑、细工、家具、枕木、胶合板、器具等用材。树皮可提取桦油，含单宁7.21%，嫩芽入药，可治胃病。

3.华南桦（图鉴）图191

Betula austro-sinensis Chun ex P. C. Li（1979）

Betula jinpingensis P. C. Li（1979）

乔木，高达20米。树皮灰褐色或暗褐色，成块状开裂；小枝黄褐色，幼时被淡黄色柔毛，很快脱落无毛，具白色小皮孔。叶厚纸质，长卵形或长圆形，长6—11厘米，宽3—5厘米，先端渐尖至长渐尖，基部圆形或近心形，有时两侧不相等，叶缘具不规则的细密锯齿，上面无毛或幼时疏被毛，下面密生腺点，沿脉被长柔毛，脉腋间有或无髯毛，侧脉12—14对；叶柄粗壮，长1.5—2厘米，被毛或无毛。果序通常单生或2—3排成总状，直立，圆柱状，长约4厘米，直径约1.2厘米，如为总状排列，在下方的果序常较短小，总梗和小序梗均粗短，多少被短柔毛。果苞长约7毫米，外面被短毛，边缘具短纤毛，脱离时常有纤维与果轴相连；中裂片长圆状披针形，先端钝或渐尖，常具一束长纤毛，侧裂片长圆形，长约为中裂片的一半。果为小坚果，椭圆形成长圆状倒卵形，长约3毫米，宽约2毫米，果翅膜质，宽约为果的一半。

产广南、西畴、麻栗坡、屏边、金平、永善、镇雄等地，生于海拔1500—1800米的山坡阔叶林中。四川、贵州、广东、广西、湖南等省均有分布。

4.贡山桦（云南植物研究）图192

Betula gynoterminalis Hsu et C. J. Wang（1983）

树高约7米。枝条暗紫色，无毛，疏生白色皮孔；芽棕色，宽卵形，长约15毫米，宽约12毫米，芽鳞光滑，边缘具纤毛或无毛。叶革质，宽卵形或宽长圆形，长12—13厘米，宽7—8厘米，先端渐尖，基部宽楔形，上面无毛，中侧脉下陷，下面密被黄色绒毛，中侧脉显著隆起，密被黄色长柔毛，叶缘具不规则的单锯齿，侧脉16—18对；叶柄粗短，长约5毫米，被长柔毛。果序4排成总状，总梗极短，无小序梗，生于枝顶，下垂，长5—7厘米，直径约1厘米；果苞长约8毫米，宽约4毫米，内外无毛，中裂片倒披针形，先端钝，边缘具长纤毛，侧裂片条形，直立，长约为中裂的1/2或更短。果为小坚果，光滑，宽卵形或宽倒卵形，长约2毫米，宽约1.5毫米；果翅纸质，极狭窄，宽约为果的1/6—1/5。

产贡山县，生于海拔2600米左右的湿润林地中。

5.香桦（中国树木分类学）图193

Betula insignis Franch.（1899）

乔木，高达15米。树皮光滑，灰黑色，有芳香味；小枝褐色，幼时具黄色柔毛，后紫灰色，具白色小皮孔，脱落无毛，疏具树脂腺体。叶厚纸质，椭圆形或卵状披针形，长9—12厘米，宽4—5厘米，先端渐尖至长渐尖，基部圆形或圆楔形，有时两侧不相等，叶缘具不规则的细尖锯齿，上面深绿，幼时被毛，后渐脱落无毛，下面浅绿，密生腺点，稀无腺点，沿脉密被白色长柔毛，脉腋间疏生髯毛或元，侧脉12—14对；叶柄长8—20毫米，初疏被长柔毛，后脱落无毛。果序单生，长圆形，直立或下垂，长2.5—5厘米，直径1.5—2厘米；序梗极短，有时很不明显；果苞长10—12毫米，外面密生短柔毛，基部楔形，上部具3

图190 糙皮桦和红桦

1—4.糙皮桦 *Betula utilis* D. Don 1.花枝 2—3.果苞背腹面 4.小坚果

5.红桦 *B. utilis* var. *sinensis* (Franch.) H. Winkl. 果枝

图191 华南桦 *Beiula austro-sinensis* Chun ex P. C. Li
1.果枝 2—3.果苞背腹面 4.小坚果

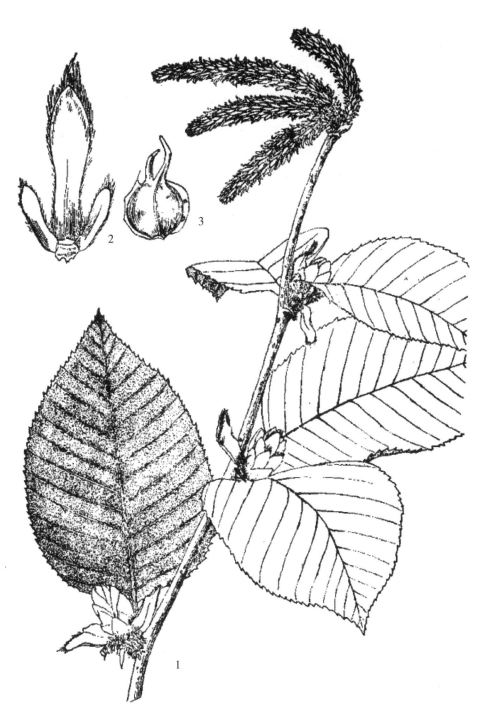

图192　贡山桦 *Betula gynoterminalis* Hsu et C. J. Wang
1.果枝　2.果苞腹面　3.小坚果

披针形裂片，侧裂片直立，长为中裂片的1/2或稍长。果为小坚果，狭长圆形、长约4毫米，宽约1.5毫米，无毛，翅纸质，极窄。果期6—8月。

产镇雄、绥江、永善、宁蒗等县，生于海拔1400—3200米的山坡阔叶杂木林中。四川、贵州、湖南、湖北、陕西等省也有分布。

树皮、叶、芽及木材均含芳香油，为提取香桦油的原料。木材供制器具用。

6.高山桦（中国树木分类学）图194

Betula delavayi Franch.（1899）

小乔木，稀乔木，高达7米。树皮暗灰色，枝条灰褐色，无毛；小枝褐色，幼时密被黄色长柔毛，后渐脱落无毛，或基部宿存，无树脂腺体。叶厚纸质，椭圆形、长圆形或卵形，长3—6厘米，宽1.5—3厘米，先端渐尖或钝尖，基部圆形，叶缘具不规则的细密重锯齿，上面幼时被长柔毛，后渐脱落无毛，下面疏生腺点，沿脉被长柔毛，稀无毛，侧脉10—12对；叶柄长6—10毫米，疏被柔毛或无毛。果序单生，直立或下垂，长圆柱状，长2—3厘米，直径1厘米；序梗长约5毫米，初时被长毛，后渐脱落无毛；果苞长约6毫米，外面无毛或疏被短柔毛，边缘具长纤毛，稀无毛，基部楔形，上部具3裂片；中裂片披针形或长圆形，先端通常具一束长纤毛，侧裂片卵形或长圆形，长为中裂片的1/4—1/2。果为小坚果，倒卵形，长约3毫米，宽约2毫米，上部被短柔毛，翅纸质，极狭窄。花期4月；果期6月。

产贡山、香格里拉、宁蒗、丽江、鹤庆、大理等地，生于海拔2500—4200米的山坡或山谷的灌木林中。西藏东部、四川西部也有分布。

6a. 多脉高山桦（植物分类学报）图194

var. polyneura Hu ex P. C. Li（1979）

叶具侧脉19—21对，果苞外面密被短柔毛与原种区别。

产丽江，生于海拔2600米的杂木林中。

7.矮桦（森林图志）图195

Betula polaninii Batal.（1893）

灌木，有时匍匐状，稀小乔木，高1—5米。树皮灰褐色，小枝细瘦，幼时被柔毛，后渐脱落无毛，有或无树脂腺体。叶革质，卵状披针形，长圆状披针形或椭圆形，长2—4厘米，宽1—2厘米，先端渐尖或锐尖，基部圆形或近楔形，叶缘具细密的刺毛状重锯齿，上面幼时被长柔毛，后渐脱落无毛，下面沿脉被黄白色长柔毛，网脉间被或疏或密的长毛，叶脉在上面明显下陷，下面显著隆起，侧脉16—21对；叶柄长2—5毫米，密被黄色长柔毛。果序单生，直立或下垂，长圆状，长1—2厘米，直径约8毫米，序梗不明显，长约2毫米，密被黄色柔毛；果苞长约4毫米，外面被毛或无毛，边缘通常具纤毛，基部楔形，上部具3裂片；中裂片长圆形，先端钝，常具一束纤毛，有时无毛，侧裂片斜展，几圆形或矩圆形，先端圆或钝，常为中裂片的1/2或近等长。果为小坚果，倒卵形，长约1.5毫米，宽约1毫米，上部密被短毛，果翅纸质，极狭窄。花期5月，果期7月。

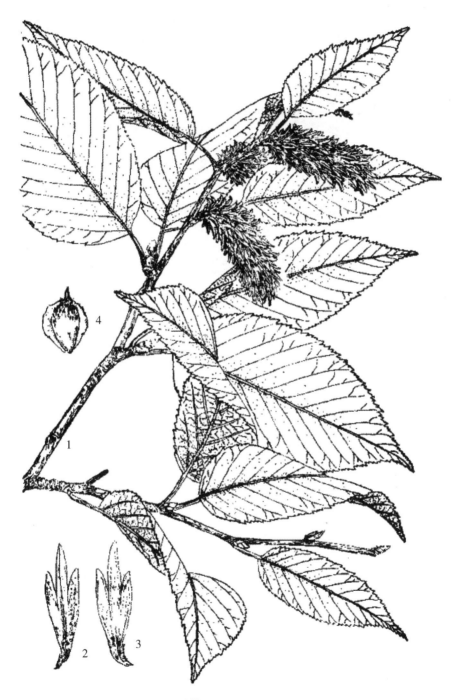

图 193　香桦 *Betula insignis* Francn.
1.果枝　2—3.果苞背腹而　4.小坚果

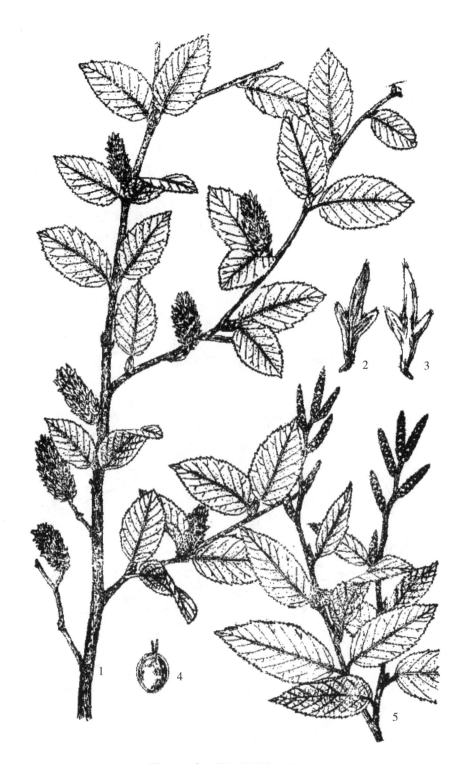

图194 高山桦和多脉高山桦

1—4.高山桦 *Betula delavayi* Franch. 1.果枝 2—3.果苞背腹面 4.小坚果

5.多脉高山桦 *B. delavayi* Franch. var. *polyncura* Hu ex P. C. Li 花枝

图195 矮桦 *Betula potaninii* Batal.
1.果枝 2.雄花枝 3—4.果苞背腹面 5.小坚果

产贡山、丽江等地，生于海拔2900左右的沟谷坡面上或崖壁上；四川西北部、甘肃东南部也有分布。

8.岩桦　图196

Betula calcicola（W. W. Sm.）Hu

灌木，直立或匍匐。树皮灰黑色；小枝灰褐色密被长柔毛，后紫黑色，具白色小皮孔，无毛。叶革成，宽椭圆形、长圆形或近圆形，长2—3厘米，宽1.5—2.5厘米，先端圆或钝，稀渐尖，基部圆形，叶缘具钝圆单锯齿，上面幼时被黄白色长柔毛，后仅沿脉有毛，下面除沿脉被黄色长柔毛外余无毛，疏生腺点或无腺点，叶脉在上面下陷，下面明显隆起，侧脉14—16对；叶柄极短，长约2毫米。果序单生，长圆形，长1.5—2厘米，直径约7毫米；序梗极短，长约2毫米，密被黄色短柔毛；果苞长约3毫米，通常基部被短粗毛，边缘具纤毛；中裂片长圆形，先端钝，外面被长柔毛，成熟后渐脱落，侧裂片卵形，长为中裂片的1/3—1/2。果为小坚果，近圆形，长约2.5毫米，腹面密被短柔毛；果翅纸质，极狭窄。

产香格里拉、丽江等地，生于海拔2000—4200米的冷杉树下及林缘的岩石山坡丛林中；四川西南部也有分布。

9.西南桦（中国树木分类学）　蒙自桦木（云南种子植物名录）、桦桃木（蒙自、双江）、桦树（西畴）、西桦（中国森林树木图志）图197

Betula alnoides Buch.-Ham. ex D. Don（1825）

乔木，高达20米。树皮红棕色，横向剥裂；小枝幼时被柔毛，后渐脱落无毛，通常具树脂腺体，被白色小皮孔。叶厚纸质，长卵形或卵状披针形，长8—12厘米，宽3—5厘米，先端渐尖至尾状渐尖，基部楔形，宽楔形或圆形，稀微心形，叶缘具常内弯的刺毛状的不规则垂锯齿，上面无毛，下面沿脉疏被长柔毛，脉腋间具髯毛，余无毛，密生腺点，侧脉10—13对；叶柄长1.5—3厘米，密被软毛及腺点。果序呈长圆柱形，3—5排成总状，长约7—10厘米，直径4—5毫米，总梗长5—10毫米，小序梗长3—10毫米，均密被黄色柔毛；果苞小，长约3毫米，外面密被短柔毛，边缘具纤毛，基部增厚，呈楔形，上部具3裂片，侧裂片不甚发育，呈耳突状，中裂片披针形或长圆形。果为小坚果，倒卵形，长1.5—2毫米，背面被短柔毛，果翅膜质，大部分露于果苞之外，宽为果的2倍。

产泸水、南涧、保山、龙陵、瑞丽、盈江、凤庆、沧源、镇康、双江、景东、普洱、景洪、勐海、勐腊、石屏、金平、广南、富宁、西畴、屏边等地，生于海拔500—2100米的山坡杂木林中。海南尖蜂岭、广西田林有分布；越南、尼泊尔也有。

木材纹型直、结构细、重量硬度适中，为制板和制家具的良材，树皮可提取栲胶。

10. 长穗桦（中国植物志）图198

Betula cylindrostachya Lindl.（1831）

乔木，高达16米。树皮灰褐色；小枝幼时密被黄色柔毛，后渐脱落无毛；芽鳞除具缘毛外通常无毛。叶薄革质，卵形或长圆形，长7—14厘米，宽4—7厘米，先端渐尖或长渐尖，基部圆形或截形，叶缘具不规则的刺毛状细锯齿，齿尖常略内弯，幼时两面均被长柔毛，后渐脱落无毛，下面沿脉疏被长柔毛，通常具腺点，脉腋间具髯毛，侧脉12—41对；叶柄长8—15毫米，密被黄色柔毛。果序下垂，通常2枚并生，长5—10厘米，直径5—8毫米；单序梗长3—10毫米，总序梗长7—10毫米，有时更长，均密被黄色长柔毛；果苞长约4毫米，宽约2毫米，外面基部疏被长柔毛，边缘具纤毛；中裂片卵形或卵状披针形，先端渐尖，侧裂片小，不甚发育，卵形或三角形，长仅为中裂片的1/3。果为小坚果，卵形或长圆形，长约2毫米，宽约1.5毫米，腹面密被短柔毛，翅膜质，宽为果的2倍。果期9月。

产贡山、泸水、维西、片马等地，生于海拔2500—2800米的沟谷杂木林中或山地阔叶林中。西藏东南部也有分布。

11. 光皮桦（中国树木分类学） 亮叶桦（中国森林树木图志）. 桦树、凤桦（文山、西畴、龙陵）图199

Betula luminifera H. Winkl.（1904）

乔木，高达20米，胸径可达80厘米。树皮坚实，光滑；小枝密被黄色短柔毛，疏生树脂腺体，后紫黑色或红褐色，无毛，具白色小皮孔；芽鳞无毛，边缘具短纤毛，叶厚纸质，长圆形，宽长圆形或狭椭圆形，有时呈卵形，长6—10厘米，宽2.5—6厘米，先端渐尖或骤尖，基部宽楔形、圆形、有时呈截形，叶缘具不规则的刺毛状锯齿，有时呈不规则的缺刻状粗齿，叶上面于幼时密被黄色柔毛，后渐脱落无毛，下面密生树脂腺点，沿脉密被长柔毛，脉腋间有时被髯毛，侧脉12—14对；叶柄长1—2厘米，密被短柔毛及腺点，稀无毛。雄花序2—5排成总状，生于小枝顶或单生于小枝上部叶腋；序梗极短，被短柔毛，无小序梗；苞鳞圆形，外面具树脂体，无毛，边缘具短纤毛。果序圆柱状，通常单生于短枝顶，稀2生于短枝的叶腋，长5—9厘米，直径5—8（10）毫米，序梗长约1.5厘米，密被短柔毛，常具树脂腺体；果苞长2—3毫米，外面疏被短柔毛，边缘具短纤毛，侧裂片小，呈耳状或齿裂，长为中裂片的1/3—1/4，中裂片长圆形，披针形或倒披针形，先端圆或渐尖。果为小坚果，倒卵形，长约2毫米，背面疏被短毛，果翅膜质，宽为果的1—2倍，花期4月；果期6—7月。

产香格里拉、维西、彝良、盐津、大关、镇雄、绥江、威信、禄劝、腾冲、龙陵、景东、元江、普洱、建水和德宏州、西双版纳州、文山州等地，生于海拔500—2500米的阳坡杂木林中。贵州、四川、陕西、甘肃、湖南、湖北、江西、浙江、广东、广西、安徽等省有分布。

木材纹理直，结构细，重硬度适中，强度较大，为制器具良材，树皮、叶、芽可提取芳香油及树脂。

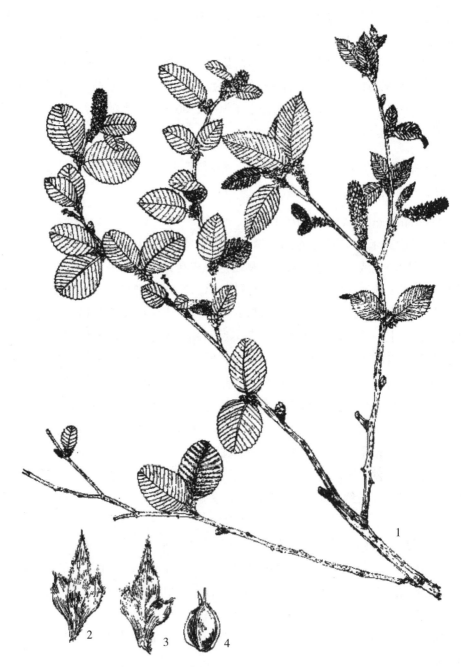

图196　岩桦 *Betula calcicola*（W. W. Sm.）Hu

1.果枝　2—3.果苞背腹面　4.小坚果

图197 西南桦 *Betula alnoides* Bach.-Ham. ex. D. Don

1.果枝 2.雄花枝 3—4.果苞背腹面 5.小坚果 6.苞鳞内的3雄花

7.雄花基部的2小苞片 8.雄蕊 9.3雄花的示意图 10.苞鳞内的3雌花

11.雌花苞鳞背面 12.三朵雌花的示意图

图198 长穗桦 *Betula cylindrostachya* Lindl.
1.果枝 2—3.果苞背腹面 4.小坚果

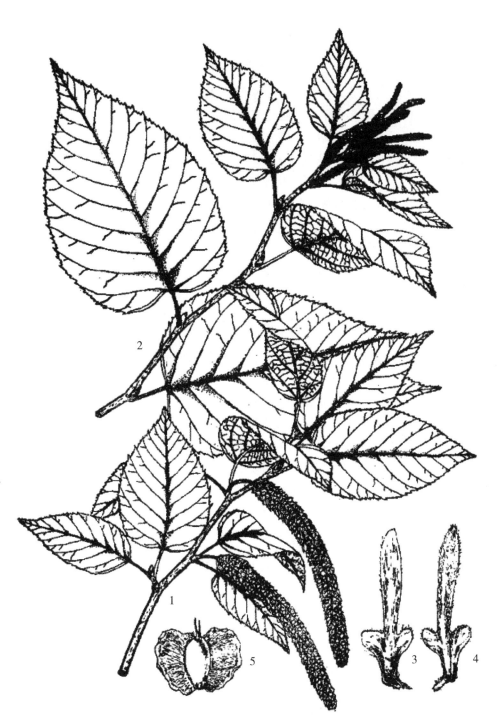

图199　光皮桦 *Betula luminifera* H. Winkl.
1.果枝　2.雄花枝　3—4.果苞背腹面　5.小坚果

162.榛科 CORYLACEAE

落叶灌木或乔木。单叶互生，具叶柄，羽状脉，有锯齿，具托叶。花单性，雌雄同株；雄花序菜荑状，无花被，单生于苞鳞腋间，雄蕊2—14，花丝短，顶端分叉，花药二室，药室分离，顶端常具簇生纤毛；雌花序为短穗状或穗状，苞鳞呈覆瓦状排列，每苞鳞内有2花，花有花被，常与子房贴生，花被顶端具不规则的浅裂；每花基部具1枚3（Corylus 2）裂的苞片（果期发育成各式果苞）；子房下位，不完全2室，每室有2胚珠，其中1胚珠常败育；花柱2，线形，分离。果厚穗状或聚生成短穗状；果苞叶状、囊状、钟状或管状、木质、厚纸质或膜质，顶端通常具裂片（铁木属Ostrya除外），有的种类度化为针刺状，与果同时脱落，果为坚果或小坚果，包藏或不完全包藏于花后增大的果苞内。种子1，胚直立，子叶大，肉质，无胚乳。

本科共4种，约70种，主变分布在亚洲、欧洲、北美洲的温带地区，少数种类延伸至亚热带。我国4属均产，约30余种；云南4属，有22种2变种。

分 属 检 索 表

1.果序聚生呈短穗或成穗状；果苞种状、管状，木质或厚纸质，坚果大部或全部包藏于果苞之内。

  2.果序聚生成短穗状；果苞钟状或管状；坚果 ················· **1.榛属 Corylus**

  2.果序呈穗状；果苞囊状，成熟后自一侧裂开；小坚果 ········· **2.虎榛属 Ostryopsis**

1.果序穗状，果苞或疏或密的覆瓦状排列；果苞叶状、囊状，厚纸质或膜质；种子全部包藏于果苞之内或为内折裂片或耳突部分遮盖。

  3.果苞叶状厚纸质；小坚果仅为内折裂片或耳突部分遮盖 ········· **3.鹅耳榛属 Corpinus**

  3.果苞囊状，膜质；小坚果全部包藏于果苞之内 ··············· **4.铁木属 Ostrya**

1.榛属 Corylus Linn.

灌木或乔木。芽卵圆形，具多数覆瓦状鳞片。单叶，互生，有锯齿或浅裂，叶脉羽状，第三脉与侧脉常垂直；托叶膜质，分离，早落。花单性，雌雄同株；雄花序为菜荑花序，常2—3生于上年生枝的顶端或叶痕腋，下垂，苞鳞覆瓦状排列，每苞鳞内具2与苞鳞贴生的苞片及1雄花；雄花无花被，雄蕊4—8，插生于苞片之上，花丝短，分叉，花药2室，药室分离，顶端生簇毛；雌花序聚生呈短穗状，每苞鳞内具2对生花，均包藏于总苞之内，仅2红色花柱伸出，每花基部具1枚2裂的苞片（果期发育成果苞），具花被，花被与子房贴生，顶端不规则小齿裂，子房下位，2室，每室1胚珠发育，另1胚珠常败育，花柱2裂，柱头钻形。果苞钟状或管状，顶端裂片有的种类硬化成针刺状。坚果近球形，大部或全部为果苞所包，外果皮木质。种子1，子叶肉质。

本属约20种，分布于亚洲、欧洲及北美洲。我国约9种，分布于东北、华北、西北及西南；云南产6种。

分 种 检 索 表

1.果苞2瓣裂，靠合呈钟状，顶端小裂片硬化成针刺，或不硬化呈三角形；果苞包被坚果大部分（1.叶苞组Sect. 1. Corylus）

  2.果苞裂片硬化为分枝的针刺状（1.刺苞亚组Subsect. 1. Acanthochlamys）

    3.分枝针刺的总梗常较枝刺短，针刺细密，遮被果苞；果苞壁几不可见 ……………………………………………………………………… **1.藏刺榛** C. thibetica

    3.分枝针刺的总梗常较枝刺长或近等长，针刺较粗、较疏，或分枝呈鹿角状；果苞壁明显可见。

      4.分枝针刺的总梗近等长，针刺较稀疏；果苞壁明显可见 …………………………………………………………………………… **2.滇刺榛** C. ferox

      4.分枝针刺的总梗长于枝刺，针刺呈鹿角状；果苞壁全部显露 … **3.维西榛** C. wangii

  2.果苞裂片不硬化为针刺，呈三角形或披针形叶状（2.叶苞亚组Subsect 2. Phyllochlamys） …………………………………………… **4.滇榛** C. yunnanensis

1.果苞管状，在坚果的上部缢缩，全部包被坚果（1.管苞组Sect. 2. Siphonochlamys）

  5.果苞在坚果顶端缢缩成不明显的短管，裂片条形，反折 ………………………………………………………………………… **5.喜马拉雅榛** C. jacqumontii

  5.果苞在坚果顶端缢缩成明显的长管，裂片披针形，不反折 ………………………………………………………………………… **6. 华榛** C. chinensis

1.藏刺榛（中国森林树木图志）　山板栗（昭通）、山榛子（东川）、大树榛子（维西）图200

Corylus thibetica Batal.（1893）

小乔木，高约8米。树皮灰褐色，平滑；小枝褐色，无毛，具明显皮孔。叶厚纸质，宽卵形或倒宽卵形，长约15厘米，宽约4厘米，先端渐尖，基部圆或斜心形，叶缘具不规则的重锯齿，上面幼时疏被长柔毛，后脱落无毛，下面沿脉疏被长柔毛，余无毛，侧脉8—14对；叶柄长1.5—2.5厘米，被长毛，近叶片基部有腺体。果3—6聚生，果苞棕色，分枝刺状裂片无毛，或仅基部疏被绒毛，针刺细密，几乎全部遮盖果苞。坚果近球形，长1—1.5厘米，上部被短柔毛。果期10—11月。

产昭通、镇雄、大关、彝良、东川、禄劝、漾濞、维西、鹤庆、丽江等地，生于海拔1500—3000米的山地林中。甘肃、陕西、四川、湖北和贵州有分布。

坚果可食用和榨油，果壳、树皮均含鞣质。

2.滇刺榛（中国森林树木图志）图201

Corylus ferox Wall.（1830）

乔木或小乔木，高达12米。树皮灰黑色成黑色；幼枝褐色，疏被长柔毛，基部较密，有时具或疏或密的刺状腺体。叶厚纸质，长圆形或倒卵状长圆形，稀宽倒卵形，长5—15厘米，宽3—9厘米，先端渐尖，基部近心形或圆形，有时两侧不对称，叶缘具刺毛状重锯齿，上面仅幼时疏被长柔毛，后脱落无毛，下面沿脉密被淡黄色长柔毛，脉腋间稀具髯毛，侧脉8—14对；叶柄长1—3.5厘米，被或疏或密的长柔毛，稀无毛。雄花序1—5，排列成总状；苞鳞外面密被长柔毛，花药紫红色。果通常3—6聚生，稀单生；果苞钟状，外面密被绒毛，偶有刺状腺毛，上部分枝裂片成针刺状，针刺粗短，总梗较长，果苞明显可见。坚果球形，长1—1.5厘米，顶端被短柔毛。果期10月。

产维西、德钦、贡山、泸水、香格里拉、丽江、剑川、片马、镇雄、永善和禄劝等地，生于海拔2000—3200米的杂木林中。西藏、四川有分布；尼泊尔、印度也有。

种子可食和榨油，含油最约20%，油味很香，为干性油，是一种不变色的染料，也可制肥皂、蜡烛、化妆品等。

3.维西榛（中国植物志）图202

Corylus wangii Hu（1937）

小乔木，高约7米。幼枝褐色，被长柔毛及刺状腺体。叶厚纸质，长圆形或卵状长圆形，稀宽椭圆形，长5—10厘米，宽3—6.5厘米，先端渐尖或骤尖，基部心形或斜心形，叶缘具不规则的锐锯齿，两面疏被毛成无毛。下面沿脉被长柔毛，侧脉8—10对；叶柄长1—2厘米，密被长柔毛及刺状腺体。果4—8聚生，序梗长约1厘米，密被长柔毛；果苞钟状，木质，显露，背面具多数条肋和针刺状腺体，疏被短柔毛或无毛，上部裂片深裂，条形，密被黄色短柔毛及刺状腺体，分枝呈鹿角状的针刺。坚果卵圆形，两侧稍扁，无毛，长约1.3厘米。果期11月。

产维西等地，生于海拔3000—3400米的山间林地。

4.滇榛（中国森林树木图志）图203

Corylus yunnanensis A. Camus（1928）

灌木或小乔木，高1—7米。树皮暗灰色。小枝褐色，密被黄色柔毛和被或疏或密的刺状腺体。叶厚纸质，近圆形或宽倒卵形，长5—10厘米，宽4—8厘米，先端骤尖或短尾状，基部心形，叶缘具不规则的细锯齿，上面疏被短柔毛，幼时具刺状腺体，下面密被绒毛，幼时沿主脉下部生刺状腺体，侧脉5—7对；叶柄长7—12毫米，密被绒毛，幼时密生刺状腺体。雄花序2—3排列成总状，下垂；苞鳞三角形，外面密被短柔毛。果单生或2—3聚生成极短的穗状；果苞厚纸质钟状，通常与果等长或稍长，外面密被黄色绒毛和刺状腺体，上部浅裂，裂片三角形，边缘疏具数齿。坚果球形，长1.5—2厘米，密被绒毛。花期2—3月，果期9月。

图200 藏刺榛 *Corylus thibetica* Batal.
1.果枝 2.雄花枝 3.雄花 4.雄蕊 5—6.坚果

图201 滇刺榛 *Corylus ferox* Wall.

1.果枝　2—3.坚果

图202 维西榛 *Corylus wangii* Hu

1.果枝 2—3.坚果

图203　滇榛 *Corylus yunnanensis* A. Camus

1.果枝　2.雄花枝　3—4.坚果

产昆明、嵩明、安宁、大姚、楚雄、武定、元谋、富民、路南、师宗、文山、禄劝、巧家、彝良、镇雄、丽江、寻甸、香格里拉、维西、洱源、鹤庆、漾濞、大理、永平、腾冲等地，生于海拔1700—3700米的山坡灌丛中；四川、贵州有分布。

果可食和榨油，含油量约20%，果苞及树皮含鞣质。萌发力强，宜作为滇中地区的薪炭树种。

5.喜马拉雅榛　图204

Corylus jacquemontii Decne.（1844）

小乔木，高约7米。树皮灰黄色；幼枝紫黑色，密被长柔毛及刺状腺体，老枝具浅色皮孔，无毛。叶厚纸质，宽卵形成宽长圆形，长9—15厘米，宽7—13厘米，先端钝圆或骤尖，基部斜心形，两侧耳常相交或重叠，叶缘具不规则的齿牙状锯齿，幼时两面疏被长柔毛，下面较密，后脱落，仅沿脉被或疏或密的短柔毛，侧脉8—10对，基部的一对常向外具3枝脉；叶柄长1—2厘米，密被短柔毛及刺状腺体。果3—5聚生，序梗长1.5—2厘米，被短柔毛及刺状腺体；果苞厚纸质，在果的顶端缢缩，形成不明显的短管，裂片深裂，条形，全缘，反折，长约2厘米，宽约2毫米。坚果球形，长约1.5厘米。

产维西等地，生于海拔2300—2800米的湿润山谷林中。喜马拉雅地区也有。

6.华榛（中国森林树木图志）　山白果　图205

Corylus chinensis Franch.（1899）

乔木，高可达20米。树皮灰褐色，纵裂；幼枝褐色，密被长柔毛及刺状腺体，稀无毛无腺体，通常基部具淡黄色长毛。叶厚纸质，宽椭圆形或宽卵形，长8—15厘米，宽6—10厘米，先端聚尖至短尾状，基部心形，两侧显著不对称，叶缘具不规则的钝锯齿，上面无毛，下面沿脉疏被淡黄色柔毛，有时具刺状腺体，侧脉7—10对；叶柄长2—2.5厘米，密被淡黄色长柔毛及刺状腺体。雄花序常2—8排列成总状，长2—5厘米；苞鳞三角形，钝尖，顶端具1易脱落的刺状腺体。果2—6（10）聚生或短穗状，长3—5厘米，直径约1.5厘米；果苞管状，于果之上部缢缩，较果长2倍，外面具纵肋，疏被柔毛及刺状脉体，稀无毛无腺体，上部裂片3—5，深裂，呈镰状条形，通常裂片顶端又分叉成数小裂片。坚果球形，长1—1.5厘米，无毛。果期10月。

产丽江、香格里拉、德钦、维西、鹤庆、大理、镇雄、嵩明等地，生于海拔2000—3400米的湿润山坡林中，四川也有。

木材坚硬，为建筑及家具用材。种子可食，含蛋白质等营养成分，含油量较高。油可食用，可作肥皂和化妆品的原料。果苞树皮均含鞣质。

2.虎榛属 Ostryopsis Decne.

落叶短灌木。芽具多数芽鳞。单叶互生，卵形，具柄，叶脉羽状，第三级脉与侧脉近垂直，彼此近平行，叶缘具不规则的缺刻状锯齿。花单性，雌雄同株，雄花序为柔荑花序，生自上一年枝上，顶生或侧生，无梗；苞鳞覆瓦状排列，每苞鳞内具1花，无小苞片，无花被，雄蕊4—8，插生在苞鳞的基部，花丝短，顶端分叉，花药2室，药室分离，纵裂，顶端具毛；雌花序排成穗状，直立或斜伸，苞鳞成对着生在花轴上，每苞鳞内有2花，花的基部具1枚3裂的苞片（果期发育成包被小坚果的果苞），有花被，花被膜质，与子房贴生，子房下位2室，每室具1倒生胚珠，花柱2裂。果苞囊状，厚纸质，常顶端3裂，成熟时自一侧裂开。小坚果，稍扁，完全包藏于果苞之内，外果皮木质。种子1。

本属共2种，产我国；云南产1种。

1.滇虎榛（中国高等植物图鉴）图206

Ostryopsis nobilis Balf. f. et W. W. Sm（1914）

多枝小灌木，高1—4米。枝条灰褐色，幼枝褐色，密被灰色绒毛间有长柔毛，老枝无毛，具不明显的皮孔。叶革质，卵形或宽卵形，稀圆形，长3—7厘米，宽2—5厘米，先端骤尖成小尖头，基部圆形或近心形，叶缘具不规则的缺刻状硬锯齿，上面深绿色，幼时被白色长柔毛，后渐脱落无毛，下面淡绿色，被稠密的淡黄色绒毛，侧脉6—8对，上面明显凹陷，下面隆起；叶柄长2—5毫米，密被绒毛。雄花序下垂，单生或2并生于小枝的叶腋，长1—2厘米；苞鳞三角形，密被灰白色绒毛。果序1.5—2厘米，生于小枝顶端，果苞密集成穗状，序梗长约1.5厘米及序轴均密被灰白色绒毛；果苞囊状，长约1厘米，下部紧包坚果，上部渐狭，顶端常具2浅裂，外面密被灰白色柔毛，成熟后自一侧开裂。小坚果，长约4毫米，直径约3毫米，紫色、具数肋，被灰色柔毛。果期6—7月。

产维西、香格里拉、德钦、丽江等地，生于海拔1500—3000米的河谷岩坡，常成丛生长。枝叶密集，根系盘结，有保持水土之效。种子含油，可食或制肥皂用。

3.鹅耳枥属 Carpinus Linn.

乔木或小乔木，稀灌木。树皮光滑；芽具多数覆瓦状鳞片。单叶互生，具叶柄；叶缘通常具不规则的重锯齿，稀单齿，叶脉羽状，第三级脉与侧脉近垂直；托叶早落，稀不落。花单性，雌雄同株；雄花序为荑黄花序；苞鳞覆瓦状排列，每苞内具1花，无小苞片，无花被，具3—12（13）雄蕊，插生在苞鳞的基部，花丝短，顶端分叉，花药2室，药室分离，顶端簇生纤毛；雌花序穗状，生于上部枝顶或短枝顶，单生，直立或下垂，苞鳞覆瓦状排列，每苞鳞内具2花；每花基部具1枚3裂的苞片（早期发育成果苞），有花被，花被与子房贴生，顶端具不规则的浅裂，子房下位，具不完全2室，每室具2胚珠，1胚珠败育，花柱2。果苞叶状，三裂、二裂或内侧基部微内折。小坚果着生于果苞基部，卵圆形，具数肋，顶端有宿存花被。种子1，子叶肉质。

本属约40余种，分布于北温带，有少数种类延伸至北亚热带。我国约25种；云南有14种，2变种。

分 种 检 索 表

1. 雄花苞鳞具梗；果苞厚纸质，中脉偏于内缘一侧，两侧不相等，排列疏松（1.鹅耳枥组 Sect. 1. Carpinus）

  2.果苞内外侧基部均具裂片，或外缘基部为特别发达的齿状裂片（1.三裂鹅耳枥亚组

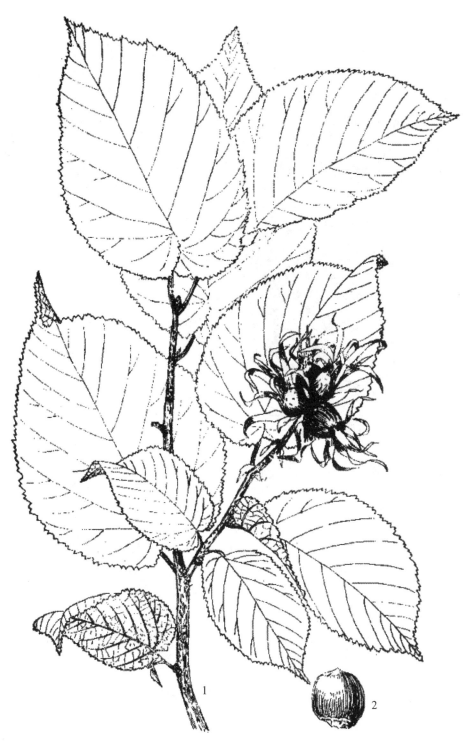

图204　喜马拉雅榛 *Corylus jacquemontii* Decne
1.果枝　2.坚果

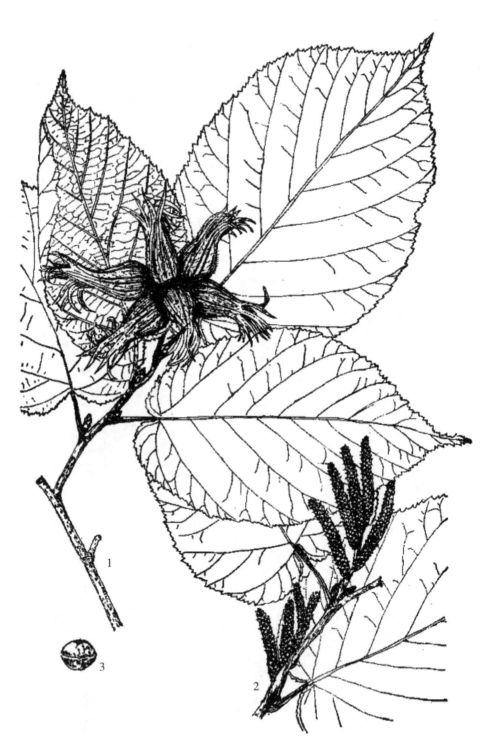

图205 华榛 *Corylus chinensis* Franch.

1.果枝 2.雄花枝 3.坚果

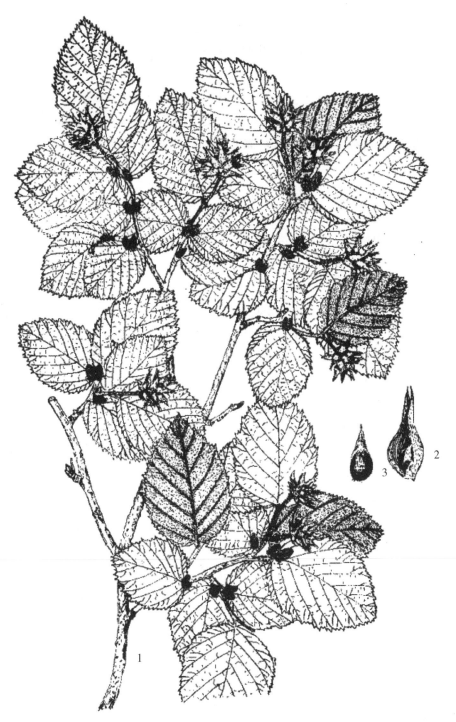

图206 滇虎榛 *Ostryopsis nobilis* Balf. f. et W. W. Sm.
1.具雄花和果的枝 2.具果苞的果 3.小坚果

Subsect. 1. Betulae）

3.叶柄长约6毫米，稀9毫米，密被短柔毛；叶长椭圆形，基部宽楔形，先端渐尖成短尾状 ·· 1.短尾鹅耳枥 C. iondoniana

3.叶柄长15—25毫米，通常无毛；叶卵状长圆形，基部圆形或圆楔形，先端渐尖成尾状。

    4.叶缘具不规则的重锯齿 ···························· 2.雷公鹅耳枥C. viminea

    4.叶缘具明显的刺毛状重锯齿 ········ 2a.贡山鹅耳枥 C. viminea var. chiukiangensis

2.果苞外侧基部无裂片，仅内侧基部具裂片或耳突或微内折（2.云南鹅耳枥亚组 Subsect. 2. monbeigiana）

    5.叶缘具不规则的重锯齿，稀单锯齿。

      6.果苞内侧基部具裂片。

        7.果苞中裂片披针形，长达3厘米 ·············· 3.贵州鹅耳枥C. kweichowensis

        7.果苞中裂片半卵形，长约1.5厘米·············· 4.麻栗坡鹅耳枥C. marlipoensis

      6.果苞内侧基部具耳突或微内折。

        8.幼枝、叶柄、序梗和序轴均密被黄色短柔毛 ······ 5.滇鹅耳枥 C. monbeigiana

        8.幼枝、叶柄、序梗和序轴无毛或被疏毛。

          9.序梗无毛；小坚果三角形 ···················· 6.宽苞鹅耳枥C. tsaiana

          9.序梗有毛；小坚果卵形。

            10.果苞长卵形，内缘全缘 ·············· 7.屏边鹅耳枥 C. pingpienensis

            10.果苞宽半卵形或长圆形。

              11.果苞宽半卵形，内缘有时具2—3齿 ········ 8.滇粤鹅耳枥 C. chuniana

              11.果苞长圆形，内缘直。

                12.叶片长3—5厘米，叶缘具单锯齿，或间有重锯齿，托叶不落 ······ ··9.小鹅耳枥 C. parva

                12.叶长5—8厘米，叶缘具规则的粗重锯齿；托叶早落。

                  13.叶狭长圆形，或长圆状披针形，稀卵形 ···· ······································ 10.云贵鹅耳枥 C. pubescens

                  13.叶卵形、椭圆状卵形，稀狭长圆形 ············· ··············· 10a.中华鹅耳枥 C. pubescens var. seemeniana

    5.叶缘具刺毛状重锯齿或单齿；果苞内外侧基部均无裂片（3.多脉鹅耳枥亚组 Subsect. 3. Polyneurae）

      14.叶卵形或长卵形，叶缘具不规则的刺毛状重锯齿 ···11.昌化鹅耳枥 C. tschonoskii

      14.叶椭圆状披针形或卵状披针形，叶缘具刺毛状单齿，稀间有刺毛状重锯齿。

        15.叶长5—8厘米，宽2.5—4厘米，侧脉15—20对 ·····12.多脉鹅耳枥 C. polyneura

        15.叶长2—5厘米，宽1.5—2厘米，侧脉14—17对 ····· 13.岩生鹅耳枥C. rupestris

1.雄花苞鳞无梗；果苞薄纸质，中脉位于中央，两侧几相等，排列紧密（Ⅱ.千金榆组 Sect.
　2. Distegocarpus）果序长20—40厘米，稀达50厘米 …………… **14.长穗鹅耳枥 C. fangiana**

1.短尾鹅耳枥（中国高等植物图鉴） 岷江鹅耳枥（中国树木分类学）
图207

Carpinus londoniana H. Winkl.（1904）

乔木，高达13米。树皮灰紫色；枝条棕色，密生白色皮孔，幼时被毛，后脱落无毛。
叶厚纸质，长椭圆形或椭圆形，长8—10厘米，宽2.5—3厘米，先端尾状渐尖，基部楔形或
钝，稀圆形或微心形，叶缘具不规则的重锯齿，侧脉11—13对，上面深绿，无毛，下面浅
绿，沿脉疏被长柔毛或无毛，脉腋间具髯毛，余无毛；叶柄长4—7厘米，密被短柔毛。雄
花序生于叶腋，雌花序生于枝顶。果序长7—10厘米，直径2.5—3厘米，序梗纤细，长3—5
厘米及序轴疏被长柔毛或无毛；果苞长2—2.5厘米，背部沿中肋被短柔毛，内外侧基部均具
明显的裂片或齿状裂片，内侧基部裂片卵形，长3—4毫米，外侧基部裂片稍短而宽，中裂
片内侧全缘，直或微弯，外侧边缘疏具不明显的波状齿或全缘。小坚果，宽卵状圆形，长
3—4毫米，具数肋，被树脂腺体和透明的树脂分泌物，无毛。花期3—4月，果期8—9月。

产景洪、勐海、孟连、普洱、景东、景谷、新平、峨山、腾冲、盈江、麻栗坡等地，
生于海拔300—1500米的湿润山坡或山谷的杂木林中。四川、贵州、湖南、广西、广东、福
建、江西、浙江、安徽等省均有；越南、老挝、泰国、缅甸也有。

2.雷公鹅耳枥（中国森林树木图志） 雷公枥（中国树木分类学）图208

Carpinus viminea Wall.（1831）

乔木，高可达20米。树皮深灰色；枝条棕灰色，无毛，密生白色皮孔。叶厚纸质，椭
圆形，长圆形或卵形，长6—8厘米，宽2.5—3厘米，先端尾状渐尖，基部圆形或宽楔形，间
有微心形，有时两侧略不对称，叶缘具不规则的重锯齿，除下面沿脉被长毛外，余无毛，
侧脉12—14对；叶柄通常无毛，稀被疏柔毛，长15—20（30）毫米。果序长5—10厘米，直
径2—2.5厘米，下垂；序梗序轴通常无毛；果苞长1.5—2厘米，内外侧基部均具裂片，外面
沿脉被长柔毛，内面沿脉疏被短柔毛；中裂片披针形，长1—1.5厘米，内侧全缘，稀具疏细
齿，直或微作镰形弯曲，外侧边缘疏具粗齿或具不明显的波状齿，内侧基部裂片卵形，长
约3毫米，外侧基部裂片与之近相等，或较小而呈齿状裂片。小坚果长约3毫米，无毛，无
树脂腺体，有时顶部疏被短柔毛和树脂腺体，具数细肋。果期8月。

产丽江、德钦、维西、盐津、镇雄、景东、临沧、麻栗坡等地，生于海拔2100—2800
米的山坡杂木林中。西藏、四川、贵州、湖南、湖北、广东、广西、浙江、江西、福建、
江苏、安徽等省有分布；尼泊尔、印度和中南半岛北部也有。

2a. 贡山鹅耳枥（植物分类学报）

var. chiukiangensis Hu（1964）

产贡山，生于海拔2000米的河谷林中。西藏东南部也有分布。

3.贵州鹅耳枥（中国树木分类学）　黔鹅耳枥（中国森林树木图志）图209

Carpinus kweichowensis Hu（1932）

乔木，高达10米。树皮灰白色；小枝密被黄柔毛，具不明显的小皮孔。叶厚纸质，长卵形，长圆形或椭圆形，长8—13厘米，宽4—6厘米，先端渐尖或锐尖，基部近圆形或微心形，幼时上面疏被长柔毛，沿中脉较密，后渐脱落无毛，下面沿脉密被长柔毛，脉腋具细密的髯毛，侧脉12—14对；叶柄长10—15毫米，密被黄色长柔毛。果序长10—15厘米，直径约5厘米；序梗长约2厘米；序轴常之字形弯曲，均密被黄色长柔毛；果苞大，长3—4厘米，外侧基部无裂片，内侧基部具长约3毫米的宽卵形小裂片，中裂片长圆形，长2.5—3.5厘米，宽8—10毫米，顶端骤尖，内侧边缘全缘，外侧边缘下部具疏锯齿，外面沿脉具长柔毛，小坚果宽卵状圆形，长约6毫米，密被白色短柔毛，顶端具长柔毛，无树脂腺体，具数细肋。果期9—10月。

产文山州、西双版纳州及景东，生于海拔1100—1500米常绿阔叶混交林中。

4.麻栗坡鹅耳枥（中国森林树木图志）图210

Carpinus marlipoensis Hu（1948）

乔木，高达10米。树皮灰褐色，粗糙；小枝细瘦，圆柱形，疏被长柔毛，后脱落无毛，具细小皮孔。叶厚纸质，卵形或卵状披针形，长4—8厘米，宽2—3.5厘米，先端急尖或渐尖，基部圆形或微心形，边缘具不规则重锯齿，稀上部为单齿，上面深绿，无毛，下面淡绿，沿中脉与侧脉被长软毛，中侧脉在叶上面微隆起，在叶下面显著隆起，侧脉8—12对；叶柄长5—10毫米，被长软毛。果序长6—10厘米，序梗与序轴均被长软毛；果苞半卵形，长约2厘米宽约1厘米，内侧基部具裂片，中裂片顶端急尖，外缘具粗锯齿，内缘直，全缘，内面无毛，外面基部和沿脉被长软毛。小坚果，卵圆形，具数条粗肋，顶端具长毛和宿存花被，中下部被短柔毛及稠密的树脂状腺体。

产麻栗坡、西畴等地，生于海拔1400—1700米的石灰岩山地阔叶混交林中。

5.滇鹅耳枥（中国高等植物图鉴）图211

Carpinus monbeigiana Hand.-Mazz.（1924）

乔木，高达16米。树皮灰色；小枝紫灰色，幼时密被黄色柔毛，后渐脱落。叶薄革质，长圆状披针形、卵状披针形，稀椭圆形，长5—8厘米，宽2.5—3厘米，先端渐尖或长渐尖，稀尾状渐尖，基部圆形，微心形或钝楔形，叶缘具重锯齿，有时齿尖呈刺毛状，上面沿中脉被柔毛，其余无毛，下面幼时被柔毛，沿脉尤密，后渐脱落，仅沿脉被长柔毛，腋间有或无髯毛，侧脉13—15对；叶柄长约1厘米，密被黄色柔毛。果序长5—8厘米，直径约2厘米；序梗长1.5—2厘米，密被黄色柔毛；果苞半卵形，长10—15毫米，外面密被黄色长

图207 短尾鹅耳枥 *Carpinus londoniana* H. Winkl.
1.果枝 2.雄花 3.雌花 4.小坚果 5—6.果苞背腹面

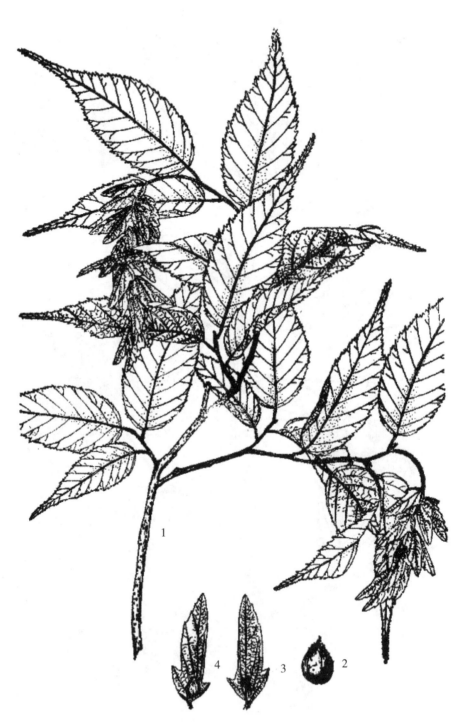

图208 雷公鹅耳枥 *Carpinus viminea* Wall.

1.果枝 2.小坚果 3—4.果苞背腹面

图209　贵州鹅耳枥 *Carpinus kweichowensis* Hu
1.果枝　2—3.果苞背腹面　4.小坚果

图210　麻栗坡鹅耳枥 *Carpinus marlipoensis* Hu

1.果枝　2—5.各形果苞背腹面　6.小坚果

粗毛，外侧基部无裂片，内侧基部具耳突，稀边缘微内折；中裂片长8—12毫米，外侧边缘具细齿，内侧边缘全缘，顶端钝尖。小坚果，宽卵圆形，长约3毫米，疏被短柔毛，顶端密被长柔毛，密生橙黄色或褐色树脂腺体，稀疏生腺体。花期2—3月，果期7—8月。

产德钦、贡山、维西、泸水、丽江、兰坪、永胜、昭通、禄劝、昆明，生于海拔1700—2800米的石灰岩山地杂木林中。

6.宽苞鹅耳枥（中国植物志） 大扫把栗（屏边）、扫把栗（文由）图212

Carpinus tsaiana Hu（1948）

乔木，高达25米。树皮灰色；小枝紫红色，光滑。叶厚纸质，长卵形或矩圆形，长7—10（14）厘米，宽3.5—4.5（6）厘米，先端渐尖，基部心形或斜心形，叶缘具不规则重锯齿，除下面沿脉疏被柔毛或脉腋间疏生髯毛外，余无毛侧脉14—15对；叶柄长1—1.5厘米，无毛。果序长10—15厘米，直径约4厘米，序梗长约3厘米，无毛，序轴疏被长柔毛；果苞大，宽半卵形，长25—30毫米，外侧基部无裂片，内侧基部具内折耳突；中裂片半宽卵形，长20—25毫米，宽15—18毫米，顶端锐尖或渐尖，外侧边缘具疏细齿，内侧边缘全缘，直或微波形，外面沿脉疏被长柔毛，余无毛。小坚果，三角状卵形或卵圆形，略扁，有时具三棱，长5—6毫米，被短柔毛及橙黄色树脂腺体，具明显的数肋。果期7月。

产屏边、西畴等地，生于海拔1200—1500米的石灰岩山地杂木林中；贵州也有。

7.屏边鹅耳枥（中国森林树木图志）图213

Carpinus pingpienensis Hu（1948）

乔木，高达8米。幼枝圆柱状，暗紫色，具小皮孔，密被长柔毛，后脱落无毛，叶厚纸质，卵形，长5—8厘米，宽3—5厘米，先端急尖至渐尖，基部心形，边缘具略为规则的重锯齿，上面沿中脉疏被长柔毛或无毛，下面中侧脉被长柔毛，侧脉14—16对，在叶上面微隆起，叶下面显著隆起；叶柄长5—6毫米，被短柔毛或无毛。果序长6—9厘米；序梗及序轴被柔毛；果苞长半卵形，长15—20厘米，顶端渐尖，内外侧均无裂片、中裂片，外缘具疏锯齿，内侧全缘，直伸，外面沿脉密被长柔毛，内面沿脉被短柔毛。小坚果卵状圆形，具数肋，被短柔毛，顶端具宿存花被。果期9—10月。

产屏边、富宁等地，生于海拔1500米左右的石灰岩山地阔叶杂木林中。

8.滇粤鹅耳枥（中国树木分类学） 粤北鹅耳枥（中国植物志）图214

Carpinus chuniana Hu（1932）

乔木，高达10米。树皮灰黑色；枝条灰褐色，小枝幼时被长柔毛，后渐脱落无毛。叶厚纸质，卵形或卵状长圆形，长4.5—7厘米，宽3—4厘米，先端渐尖，基部通常心形，有时两侧不对称，叶缘具不规则重锯齿，幼时上面沿中脉疏被长柔毛，侧脉12—14对；叶柄长7—12毫米，密被长柔毛或疏被短柔毛。果序长5—8厘米，直径约2.5厘米；序梗长15—20毫米及序轴均密被短柔毛和长粗毛；果苞宽半卵形，长约2.5厘米，宽约1厘米，外面沿脉被长柔毛，内面沿脉疏被短柔毛，外侧基部无裂片，内侧基部具内折的耳突；中裂片外侧边缘具不规则的粗锯齿，内侧边缘直，全缘或疏具2—3小齿，顶端锐尖，苞梗具长粗毛。小坚果，棕色，宽卵形，长约3毫米，被短柔毛，顶部疏被长柔毛，有树脂腺体，具数肋。果期8—9月。

产马关，生于海拔1600米左右的石灰岩山地杂木林中。广东、湖南、贵州、湖北也有分布。

9.小鹅耳枥（植物分类学报）　岩刷子（西畴）、扫把栗（广南）图215

Carpinus parva Hu（1964）

乔木，高达8米。当年生小枝略带紫色，被黄色柔毛。托叶不落，条形，长约7毫米。叶厚纸质，卵形或卵状长圆形，长（2）3—5厘米，宽1.5—2厘米，先端渐尖，基部近圆形或微心形，边缘具不规则的单锯齿，或具重锯齿，齿尖钝，上面无毛，下面仅沿脉被长柔毛，余无毛，侧脉9—12对，中侧脉在上面下陷，下面隆起；叶柄被长柔毛，长约4毫米。果序长约4厘米。序梗序袖均被黄色柔毛；果苞半卵形或长圆形，长15—17毫米，顶端钝，除外面沿脉被柔毛外余无毛，外侧基部无裂片，内侧基部具小折耳或微内折；中裂片外侧边缘具疏锯齿成为波状小齿，内侧边缘直。小坚果卵形或近圆形，长约4毫米，被短柔毛，具数肋。花期2月；果期5月。

产广南、西畴等地，生于海拔1600米左右的石灰岩山地杂木林中。广西、贵州也有。

10. 云贵鹅耳枥（植物分类学报）　毛鹅耳枥（中国树木分类学）、岩刷子（富宁）图216

Carpinus pubescens Burk.（1899）

乔木或小乔木，高达17米。树皮棕灰色；枝条暗紫色，被白色小皮孔，幼时被绒毛，后渐脱落无毛。叶厚纸质，狭窄，长椭圆形、长圆状披针形或卵状披针形，长5—8厘米，宽2.5—3厘米，先端渐尖或长渐尖，基部钝楔形或圆形，有时微心形或稍不对称，叶缘具规则的齿牙状重锯齿成单齿，通常上下无毛，稀下面沿脉疏被柔毛，脉腋间有簇生髯毛，侧脉12—14对；叶柄长8—12毫米，被细柔毛或无毛。果序长5—7厘米，直径1.5—2.5厘米，序梗长2—3厘米，及序轴疏被柔毛至几无毛；果苞长圆形或长半卵形，1—2厘米，外面沿脉疏被柔毛，内面无毛，外侧基部无裂片，内侧基部具耳突，稀微内折；中裂片外侧边缘具细齿，内侧边缘全缘，直，顶端渐尖或钝。小坚果，棕色，卵圆形，长约3毫米，被绒毛，顶端被柔毛，疏生树脂腺体，具数肋。果期9月。

产屏边、西畴、广南、砚山、弥勒、马关、镇雄、昭通等地，生于海拔450—2000米的山谷或山坡的石灰岩地区阔叶林中。贵州、四川南部、陕西均有分布；越南的北部也有。

10a. 中华鹅耳枥（湖北植物志）　西门鹅耳枥（植物分类学报）图216

var. seemeniana（Diels）Hu（1964）

Carpinus seemeniana Dieis（1900）

叶通常卵形，稀卵状披针形或长圆形，叶缘具细密重锯齿，稀具较规则的粗重锯齿。与正种区别。

图211　滇鹅耳枥 *Carpinus monbeigiana* Hand.-Mazz.
1.果枝　2—3.果苞背腹面　4.小坚果

图212 宽苞鹅耳枥 *Carpinus tsaiana* Hu
1.果枝 2—3.果苞背腹面 4.小坚果

图213　屏边鹅耳枥 *Carpinus pingpienensis* Hu
1.果枝　2—3.果苞背腹面　4.小坚果

图214 滇粤鹅耳枥 *Carpinus chuniana* Hu
1.果枝 2—3.果苞背腹面 4.小坚果

图215 小鹅耳枥 *Carpinus parva* Hu
1.果枝 2—3.果苞背腹面 4.小坚果

图216 云贵鹅耳枥和中华鹅耳枥

1—3.云贵鹅耳枥 *Carpinus pubescens* Burk. 1.果枝 2.果苞腹面 3.小坚果

4—6.中华鹅耳枥 *Carpinus pubescens* var. *seemeniana*（Diels）Hu

4.果枝 5.果苞腹面 6.小坚果

产西畴、富宁、麻栗坡等地，生于海拔1500—2000米的石灰岩山地杂木林中；贵州、四川、湖北等省也有分布。

11. 昌化鹅耳枥　昌化枥（中国树木分类学）图217

Carpinus tschonoskii Maxim.（1882）

乔木，高达10米。树皮暗灰色。小枝暗褐色，幼时疏被长柔毛，后渐脱落无毛。叶厚纸质，椭圆形、长圆形、卵状披针形，稀倒卵形或卵形，长5—9厘米，宽2—4厘米，先端渐尖至短尾状，基部圆形或圆楔形，叶缘具不整齐而细密的刺毛状重锯齿，幼时两面被长柔毛，以后逐渐脱落，除下面沿脉被长柔毛、腋间疏具髯毛外，余无毛，稀叶上面宿存长柔毛，侧脉12—16对；叶柄长约1厘米，被柔毛，稀无毛。果序长5—7厘米，直径2—3厘米；序梗长2—3厘米，及序轴均被柔毛，稀序梗无毛；果苞长1.6—2厘米，宽约7毫米，外侧基部无裂片，内侧基部边缘微内折，较少具耳突；中裂片披针形，顶端尖锐，外侧边缘具锐锯齿，内侧边缘直，全缘，微作镰状弯曲。小坚果，卵圆形，长约4毫米，顶端具长柔毛或无毛，稀具树脂腺体，具数肋。

产沾益、文山、泸水（片马）等地，生于海拔1400—2400米的石灰岩山林中。安徽、浙江、江西、河南、湖北、四川、贵州均有；朝鲜、日本也有分布。

12. 多脉鹅耳枥（中国森林树木图志）　角枥木（中国树木分类学）图218

Carpinus polyneura Franch.（1899）

乔木，高达13米。树皮灰黑色；小枝细瘦，暗紫色，幼时被白色长柔毛，后脱落无毛。叶厚纸质，卵形，卵状披针形或狭长圆形，长4—7厘米，宽1.5—2厘米，先端渐尖或尾状渐尖，基部钝楔形或近圆形，叶缘具整齐的刺毛状单齿或两齿间具1小齿，上面深绿，幼肘被长柔毛，沿脉被短柔毛，后脱落或宿存，下面浅绿，密被白色或锈色平伏柔毛，或仅沿脉被长柔毛或短柔毛，余无毛，脉腋通常具簇生髯毛，侧脉15—20对；叶柄长5—10毫米，通常无毛。果序长3—5厘米，直径约1厘米，序梗长1—2厘米，及序轴均被柔毛；果苞半卵形或半卵状披针形，长8—15毫米，宽4—6毫米，两面沿脉被柔毛，外面较密，外侧基部无裂片，内侧基部边缘微内折，中裂片外侧边缘具不规则粗锯齿，内侧边缘直，全缘。小坚果，卵圆形，长2—3毫米，被绒毛，顶端被长柔毛，具细肋，棕色，无树脂腺体。

产禄劝、昭通、西畴、富宁等地，生于海拔900—2000米的石灰岩阔叶林或疏林中。陕西、四川、贵州、湖南、湖北、广东、福建、江西、浙江等省都有分布。

13. 岩生鹅耳枥（中国高等植物图鉴）　岩刷子（西畴、广南）图219

Carpinus rupestris A. Camus（1929）

灌木或小乔木，高2—4米。枝条紫灰色，小枝密被灰色或棕色长柔毛，后渐脱落至无毛。叶薄革质，披针形或长圆状披针形，长3—4.5厘米，宽1.5—2厘米，先端渐尖，基部圆形或宽楔形，叶缘具刺毛状单锯齿或间有细重齿，下部近全缘，上面中侧脉明显凹陷，沿中脉疏被柔毛，余无毛，下面密被灰白色或棕色柔毛或仅沿脉被长柔毛，中侧脉显著隆起，侧脉14—16对；叶柄长1—3毫米，密被灰白色或棕色长柔毛。果序长2—3厘米，直径约1厘米，序梗序轴均密被长柔毛；果苞宽半卵形，长约1厘米，宽约4毫米，外侧基部无裂片，内侧基部边缘微内折，中裂片外侧边缘具粗锯齿，内侧边缘全缘，直，两面疏被短柔毛，外面沿脉被长柔毛，顶端渐尖或圆。小坚果，卵状圆形，长约3毫米，密被长柔毛，具数肋。果期10月。

产广南、砚山、西畴等地，生于海拔1600米左右的石灰岩山地灌丛中。贵州也有。

14. 长穗鹅耳枥（中国高等植物图鉴）　川黔千金榆（中国树木分类学）、方氏鹅耳枥（中国森林树木图志）图220

Carpinus fangiana Hu（1929）

乔木，高可达20米。树皮棕灰色；小枝深紫色，无毛，具白色小皮孔；芽棕色，长卵形，芽鳞多数，覆瓦状排列，具缘毛或无毛。叶厚纸质，椭圆形或长卵形，长8—20厘米，稀达27厘米，先端渐尖或尾状渐尖，基部心形、圆形或宽楔形，两侧有时不对称，叶缘具不规则的刺毛状锯齿，幼时两面被白色长柔毛，后脱落无毛，下面沿脉被长柔毛，侧脉23—25对；叶柄长1—1.5厘米，无毛。雄花序生于上年生枝的叶痕间，苞鳞无柄；雌花序生于当年生枝的顶端。果序长17—36厘米，稀达50厘米，直径2.5—3厘米；序梗长3—5厘米，及序轴通常被短柔毛；果苞纸质，椭圆形，中脉位于中央，两侧近相等，呈紧密的覆瓦状排列，长18—25毫米，宽10—15毫米，外侧基部无裂片，内侧基部具内折的耳突，部分遮盖坚果，中裂片外侧内折，内外侧边沿上部均具疏细齿，顶端锐尖，具5条基出脉，网脉显著，两面沿脉疏被短柔毛，外面基部密被刺刚毛。小坚果，长圆形，长约3毫米，上部被短柔毛，具数细肋。花期4月；果期7—8月。

产镇雄、彝良、大关等地，生于海拔1800—2100米的山坡林中。四川、贵州和广西也有。

4. 铁木属 Ostrya Scop.

乔木或小乔木。树皮粗糙，呈鳞状剥落；芽较长，芽鳞多数覆瓦状排列。叶具柄，叶脉羽状，第三级脉与侧脉近垂直，叶缘具不规则的重锯齿；托叶早落。花单性，雌雄同株；雄花序菜荑花序状，着生于上年生枝的顶端，冬季裸露；苞鳞覆瓦状排列，每苞鳞内具1花；无花被，雄蕊3—14，着生在被毛的花托上，花丝顶端分叉，花药2室，药室分离，顶端具毛；雌花序穗状，直立；每苞鳞内具2花，每花基部具1枚3裂的苞片（果期发育成囊状的果苞），具花被；花被与子房贴生，子房2室，每室具2倒生胚珠，1胚珠败育，花柱2。果序穗状；果苞囊状，膜质，具网纹，被毛。小坚果，卵状圆形，具数肋，顶端被毛，完全包藏于囊状果苞之内，具1种子。

本属约6种，分布于北温带及中美洲。我国有3种；云南1种。

图217　昌化鹅耳枥 *Carpinus tschonoskii* Maxim.
1.果枝　2—3.果苞背腹面　4.小坚果

图218 多脉鹅耳枥 *Carpinus polyneura* Franch.

1.果枝　2—3.果苞背腹面　4.小坚果

图219　岩生鹅耳枥 *Carpinus rupestris* A. Camus
1.果枝　2—3.果苞背腹面　4.小竖果

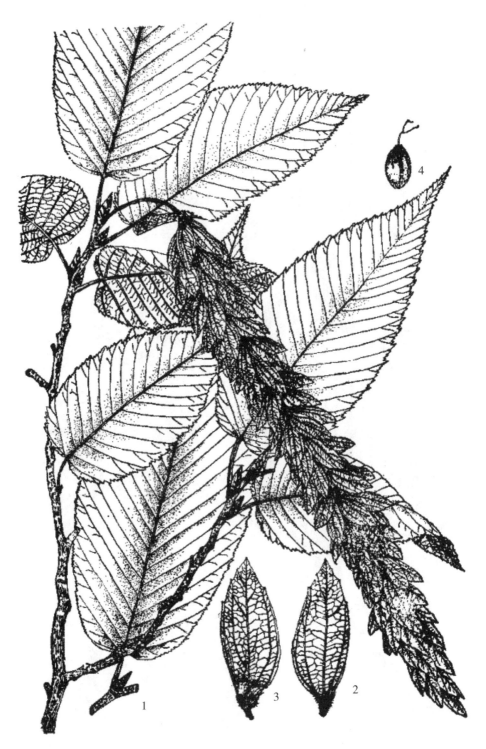

图220　长穗鹅耳枥 *Carpinus fangiana* Hu

1.果枝及叶　2—3.果苞背腹面　4.小坚果

1.多脉铁木（中国森林树木图志）图221

Ostrya multinervis Rehd.（1938）

乔木或小乔木，高可达16米。枝条幼时被或疏或密的软毛，具条棱，后无毛，疏具皮孔；芽长圆状卵形，长约5毫米，芽鳞多数，覆瓦状排列，卵状圆形，顶端钝，背部具细肋，无毛。叶厚纸质，长卵形或卵状披针形，长5—10厘米，宽2.5—3厘米先端渐尖至尾状渐尖，基部宽楔形或近圆形，叶缘具不规则细锯齿，两面被或疏或密的短柔毛，叶脉在上面微下陷，沿脉密被短柔毛，在下面隆起，密被黄色绒毛，脉腋间有时具细髯毛，侧脉18—20对；叶柄长5—10毫米，密被黄色绒毛。雄花序单生或2—4并生于小枝顶端；苞鳞卵状圆形，顶端骤尖呈刺毛状，外面具条肋，边缘密生细纤毛。果序穗状，直立或斜伸；果苞在序轴上排列紧密，椭圆形，或长圆状卵形，膜质，膨胀，长约1.5厘米，宽约7毫米，顶端具短尖，被短柔毛，基部具长硬毛，脉平行，网纹显著。小坚果，长卵形，长约6—7毫米，直径约3毫米，无毛，具不明显的条肋。果期8—9月。

产禄劝、丽江，生于2600米左右的湿润疏林中。湖北、湖南、四川及贵州也有分布。

木材质地致密，有光泽，柔韧适度，可作乐器、家具用材。

图221　多脉铁木 *Ostrya multinervis* Rehd.
1.果枝　2.雄花枝　3.果苞腹面　4.小坚果

163.壳斗科 FAGACEAE

常绿或落叶，乔木或灌木。芽鳞覆瓦状排列。单叶，互生，稀轮生，羽状脉；具叶柄；托叶早落。花单性，雌雄同株，单被花，形小，花被4—7裂；雄花多为荑黄花序，稀头状花序，雄蕊常与花被裂片同数或为其倍数，花丝细长，花药2室，纵裂，退化雌蕊细小或缺；雌花1—3（7）或更多生于总苞内，单独组成花序或与雄花同序而着生于雄花序基部，子房下位，2—6室，每室2胚珠，花柱与子房室同数，总苞在果实成熟时木质化形成壳斗。壳斗被鳞形、线形、针刺形或瘤状苞片，每壳斗具1—3（7）或更多坚果。坚果顶端具宿存的花柱或增大的柱座，基部或大部具粗糙的果脐，每坚果具1种子。种子无胚乳，子叶肉质，平坦、波状或皱褶。

本科8属，900多种，分布于温带、亚热带和热带。我国7属，300多种，分布几乎遍及全国。云南7属179种。本志记载7属165种，6变种。

分 属 检 索 表

1.雄花序为下垂的头状花序；每总苞内具雌花2；壳斗常4裂；坚果卵状三角形，子叶出土；
  落叶 ···1.水青冈属 Fagus
1.雄花序为直立或下垂的荑黄花序；坚果不为卵状三角形（稀为三棱形）；子叶不出土。
  2.雄花序直立。
    3.落叶；枝无顶芽；子房6室 ·····························2.栗属 Castanea
    3.常绿；枝有顶芽；子房3室。
      4.壳斗被刺形、短刺形或鳞形苞片，内常有坚果1—3，全包坚果，稀为杯状或碗状而
        仅包坚果的下部；叶常二列互生 ·················3.栲属 Castanopsis
      4.壳斗被鳞片状苞片，稀针刺状，内有坚果1，常为杯状或碗状而仅包坚果一部分，
        稀全包；叶不为二列互生 ·····················4.石栎属 Lithocarpus
  2.雄花序下垂。
    5.壳斗开裂，内有坚果1—7（12）；坚果三棱形，棱边具窄翅 ······················
      ···5.三棱栎属 Trigonobalanus
    5.壳斗不裂，内有坚果1；坚果不为三棱形，无翅。
      6.壳斗苞片组成同心环带；叶常绿 ···············6.青冈属 Cyclobalanopsis
      6.壳斗苞片覆瓦状排列，紧密或张开；常绿或落叶 ··········7.栎属 Quercus

1.水青冈属 Fagus Linn.

落叶乔木，树皮平滑或粗糙。叶互生，边缘具锯齿或波状；托叶膜质，线形，早落。花先叶开放，雄花排成具梗、下垂的头状花序，近序梗顶部有膜质线形或被针形苞片2—

5，花被钟状，4—7裂，雄蕊6—12，有退化雌蕊；雌花2（稀1或3）生于总苞内，总苞具柄，着生于叶腋，雌花花被5—6裂，子房3室，每室具2顶生胚珠，花柱3，基部合生。壳斗常4裂，被短针刺形、窄匙形、线形或瘤状苞片，每壳斗内常具2坚果。坚果卵状三角形，有三棱脊。子叶折扇状，出土。

本属约11种，分布于北半球温带及亚热带高山地区。我国6种。云南2种，分布于东南部及东北部，常生于海拔800—2600米阴坡或湿润山谷中，为组成常绿落叶阔叶混交林的上层树种之一。

分 种 检 索 表

1.叶全缘或波状，侧脉在近叶缘处弯拱网结；壳斗长1.2—1.8厘米，被窄匙形、线形或针刺形苞片 ·· 1.米心水青冈 F. engleriana
1.叶缘具锯齿，侧脉直达齿端；壳斗长1.8—3厘米，被钻形苞片 ·······················
··· 2.水青冈 F. longipetiolata

1.米心水青冈　米心树（中国经济植物志）图222

Fagus engleriana Seem.（1900）

乔木，高达23米；分枝低。芽长约1.5厘米。叶菱形或卵状披针形，长5—9厘米，宽2—4.5厘米，先端渐尖或短渐尖，基部圆形或宽楔形，边缘具波状圆齿，稀近全缘或具疏小锯齿，下面幼时被绢状长柔毛，沿叶脉较密，老时几无毛，侧脉10—13对，近叶缘处弯拱网结；叶柄长4—22毫米。壳斗长1.2—1.8厘米，裂片较薄，苞片稀疏，在基部的为窄匙形，有时顶端二裂，具脉，绿色，叶状，较上部的线形，顶部的针刺形，通常有分枝；序梗长2.5—7厘米，下垂；每壳斗有2坚果，稀3。坚果棱脊顶端有细小、三角形突起的翼状体。花期4月，果期8月。

产永善，生于海拔1200—2500米的山地森林中。分布于陕西秦岭以南、安徽、河南、湖北、湖南、四川、贵州。

木材淡红褐色至淡褐色，纹理直或斜，结构中、均匀，木材重，硬度中，收缩性大，强度中；可作家具、车辆、造船、枕木等用材。

2.水青冈　山毛榉、长柄山毛榉　图222

Fagus longipetiolata Seem.（1897）

Fagus brevipetiolata Hu（1951）

F. longipetiolata Seem. f. yunnanica Y. T. Chang（1966）

乔木，高达25米。树干直，分枝高；树皮粗糙。芽长达2厘米。叶薄革质，卵形或卵状披针形，长6—15厘米，先端渐尖或短渐尖，基部宽楔形或近圆形。略偏斜，边缘具疏锯齿，下面幼时被近平伏短绒毛，老时仅沿脉被毛或几无毛，中脉在上面凸起，侧脉9—14对，直达齿端；叶柄长1—2.5厘米，小树及萌枝的叶柄较短，无毛。壳斗长1.8—3厘米，密被褐色绒毛，苞片钻形，长4—7毫米，下弯或呈"S"形。序梗长2—7厘米，弯斜或下垂，无毛。坚果棱脊顶端有细小翼状突出体，被毛。花期4—5月，果期8—9月。

图222　米心水青冈和水青冈

1—5.米心水青冈 *Fagus engleriana* Seem　1.果枝　2.雄花枝　3.雄花　4.雄蕊　5.坚果

6—9.水青冈 *Fagus longipetiolata* Seem　6.果枝　7.雄花　8.雄花　9.坚果

产威信、镇雄、广南、文山、西畴、富宁、屏边、麻栗坡、金平，生于海拔800—2600米阴坡。分布于陕西、安徽、浙江、江西、福建、湖北、湖南、广东、广西、四川、贵州。

木材淡红褐色至红褐色，有光泽，无特殊气味，纹理直或斜，结构中、均匀，重而硬，收缩性大，强度中；为家具、农具、造船、胶合板、坑木、枕木等用材。种子含油量40%—45%，供食用或榨油制油漆。

2.栗属 Castanea Mill.

落叶乔木或灌木。小枝无顶芽，芽卵形，芽鳞3—4。叶互生，边缘有锯齿，侧脉直达齿端。花雌雄同株，雌雄花序均直立、腋生，雌花常着生于雄花序基部或雌雄花异序；雄花被6裂，雄蕊10—20，有退化雌蕊；雌花被6裂，每总苞内具1—3（7）花，子房6室。壳斗密被针刺形苞片，每壳斗内具1—3（7）坚果，子叶不出土。

本属12种，分布于北半球温带及亚热带。我国4种。云南产3种。

分 种 检 索 表

1.每壳斗具坚果2—3（7），坚果径大于高或几相等；叶下面被短柔毛或腺鳞；雌雄花同序。
　2.叶下面被灰白或灰黄色短柔毛；坚果径1.5—3厘米 …………… **1.板栗 C. mollissima**
　2.叶下面被腺鳞；坚果径1.5厘米以下……………………………… **2.茅栗 C.seguinii**
1.每壳斗具坚果1，坚果高大于径；叶无毛，先端尾尖，叶柄细长；雌雄花不同序 ………
………………………………………………………………………… **3.锥栗 C. henryi**

1.板栗 栗、魁栗 图223

Castanea mollissima Blume（1850）

C. bungcana Blume（1850）

Castanopsis yunnanensis（Franch.）Levl.（1916）

乔木，高达15米，胸径达1米。树皮深灰色，不规则深纵裂。叶长椭圆形至长椭圆状披针形，长9—18厘米，宽4—7厘米，先端渐尖或短尖，基部圆形或宽楔形，边缘有锯齿，齿端具芒状尖头，下面被灰白成灰黄色短柔毛，侧脉10—18对；叶柄长0.5—2厘米，有细绒毛或近无毛。花雌雄同序，花序长9—20厘米，被绒毛；雄花着生于花序中、上部，每簇具花3—5；雌花常生于花序基部，2—3（5）花生于总苞内，花柱下部被毛。壳斗连刺直径4—6.5厘米，密被紧贴星状柔毛，刺密生；每壳斗有2—3个坚果。坚果直径1.5—3厘米，暗褐色，顶端被绒毛。花期4—6月，果期9—10月。

云南大部分地区栽培，常栽培在海拔800—2500米的丘陵、山地，最高达2800米（维西）。全国除黑龙江、青海、新疆以外，均有栽培；越南北部也有。

喜光树种。对土壤要求不甚严格，适微酸性土壤，以pH4.6—7.5为宜，在pH7.5以上的钙质土和盐碱性土上生长不良或不能生长；土层深厚、湿润而排水良好、含有机质多的沙质或沙岩，花岗岩风化的砾质壤土，生长发育最为有利。种子或嫁接繁殖。种子繁殖可直播，也可育苗移植。直播方法是待栗果自然掉落、完全成熟时，挑选充实、饱满、整齐、无碰伤和无病虫害者作种用；春季（播种前种子须沙藏）或秋季将种子直接播在定植穴内，每穴3粒，彼此间隔10—20厘米，以便选留好苗。嫁接用实生苗和同属的茅栗作砧木，选择无病虫害的健壮的发育枝、粗壮的结果枝、二年生枝作接穗，于春季砧木树液开始流动或展叶后进行。

木材心边材区别略明显，边材浅褐或浅灰褐色，心材浅栗褐或浅红褐色，纹理直，结构中至粗，不均匀，抗腐耐湿，干爆易裂，易遭虫蛀；可为枕木、矿柱、车辆、建筑、造船、家具等用材。树皮、嫩枝、壳斗均含鞣质，可提制栲胶。花、果壳、壳斗、树皮及根均可入药，消肿解毒。果为著名干果，营养丰富，种仁含蛋白质5.7%—10.7%，脂肪2%—7.4%，糖及淀粉62%—70.1%，粗纤维2.9%。

2.茅栗　野栗子、毛栗、毛板栗　图223

Castanea seguinii Dode（1908）

灌木或小乔木。幼枝被短柔毛；芽卵形，长2—3毫米。叶长椭圆形或倒卵状长椭圆形，先端渐尖或短渐尖，基部楔形、圆形或近心形，边缘有锯齿，上面无毛，下面被腺鳞，幼时沿叶脉疏被单毛，侧脉12—17对，直达齿端；叶柄长6—10毫米，有短毛。雌雄花同序，雌花生于花序基部。壳斗近球形，连刺直径3—5厘米，每壳斗常具3坚果，有时可达5—7。坚果扁球形，径1—1.5厘米。花期5月，果期9—10月。

产彝良、镇雄、曲靖、罗平，常生于海拔1700—1900米的灌木林中。分布于陕西、江苏、安徽、浙江、江西、福建、河南、湖北、湖南、广东、广西、四川、贵州。

木材纹理直，结构中至粗、不均匀，可制家具及作薪炭材。树皮可提取栲胶。种仁含淀粉60%—70%，味甘美，供食用或酿酒。又为嫁接板栗的砧木。

3.锥栗　珍珠栗　图224

Castanea henryi（Skan）Rehd.et Wils.（1917）

Castanopsis henryi Skan（1899）

乔木，高达30米，胸径达1米。幼枝无毛；芽卵形，长约4毫米。叶披针形或卵状披针形，长12—18（23）厘米，宽3—7厘米，先端尾尖或长渐尖，基部宽楔形或近圆形，常一侧偏斜，边缘有芒状锯齿，两面无毛，侧脉13—16对；叶柄长1—1.5厘米，无毛。雌雄花异序，雌花序生于上部叶腋。壳斗近球形，连刺直径2.5—3.5厘米，每壳斗具1坚果。坚果卵形，径1.5—2厘米，具尖头，被黄棕色绒毛。花期5—7月，果期9—10月。

产盐津，生于海拔1100米向阳、土质疏松的山地阔叶林中。分布于陕西、江苏、安徽、浙江、江西、福建、河南、湖北、湖南、广东、广西、四川、贵州。

木材为枕木、建筑、造船、家具用材。果供食用及制栗粉、罐头食品。壳斗及树皮含鞣质，可提制栲胶。根皮入药洗丹毒。花可治痢疾。

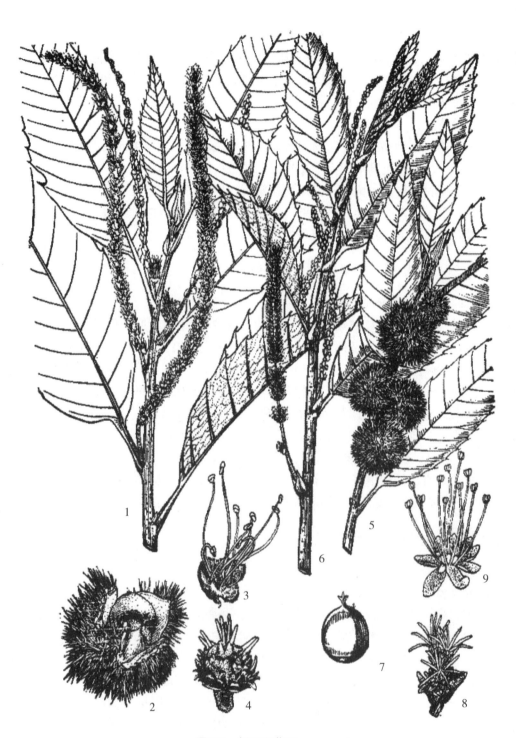

图223 板栗和茅栗

1—4.板栗 Castanea mollissima Blume 1.花枝 2.壳斗 3.雄花 4.雌花

5—9.茅栗 Castanea sequinii Dode 5.果枝 6.花枝 7.坚果 8.雌花 9.雄花

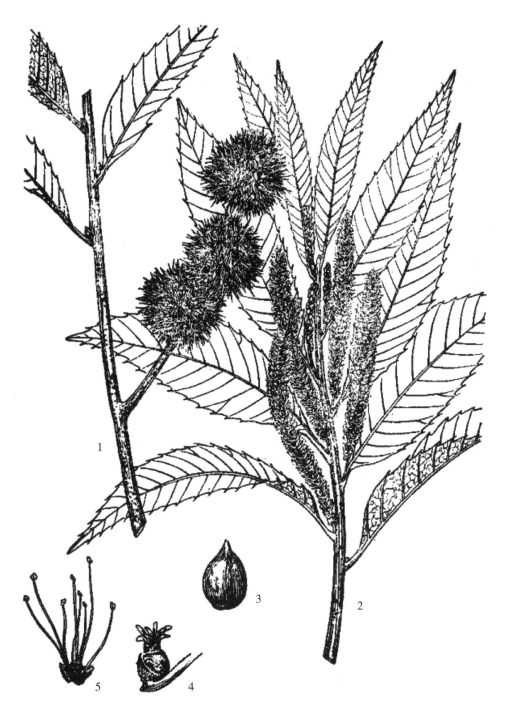

图224　锥栗 *Castanea henryi*（Skan）Rehd. et Wils.

1.果枝　2.花枝　3.坚果　4.雌花　5.雄花

3. 栲属 Castanopsis Spach

常绿乔木。顶芽卵形至椭圆形。叶互生，边缘有锯齿或全缘。花单性同株，花序直立；雄花花被5—7裂，雄蕊10—12（15），退化雌蕊细小，密被柔毛；雌花单生或2—7聚生于总苞内，单独组成花序，稀与雄花同序而着生于花序基部，花被5—7裂，子房3室，花柱3。壳斗球形、卵形、椭圆形，稀杯状，开裂，稀不开裂，全包坚果，稀包坚果一部分，壳斗外壁密生或疏生刺状、鳞片状或针头形苞片，每壳斗内具坚果1—3（7）个。坚果仅基部或至中部与壳斗内壁连生，稀连生至上部，果脐圆。子叶平凸，稀有皱褶，发芽时不出土。

本属约120种，分布于亚洲热带和亚热带地区。我国约60种，主产于长江以南。云南产近40种，许多种是亚热带常绿阔叶林、季雨林的主要组成树种。

分 种 检 索 表

1.壳斗外壁具各种类型的刺（稀为鳞片状或针头形突起），全包坚果；果实二年成熟，壳斗与坚果一起脱落；叶在枝上通常排成二列。
 2.每总苞内具雌花3（7）；每壳斗内具成熟坚果（1）3，少数多于3。
 3.壳斗连刺直径在3厘米以上。
 4.枝叶无毛和鳞秕。
 5.叶全缘。
 6.壳斗的刺为纤细、长短均匀的针刺状，粗约0.5毫米；果脐占坚果面积的1/3以上；叶两面颜色不同，下面褐色 ·················· 1.龙陵栲 C. rockii
 6.壳斗的刺粗壮，长短不一，基部合生成刺轴，有时连生成刺环，上部呈鹿角状分枝；果脐与基部等大；叶宽椭圆形至长椭圆形，两面颜色一致 ··············
 ·······················2.鹿角栲 C. lamontii
 5.叶缘上半部有锯齿。
 7.叶长12—30厘米，宽4—7厘米，基部两侧对称或稍不对称，干后带褐色，壳斗连刺直径4—6厘米，刺长短不一 ··············2.鹿角栲 C. lamontii
 7.叶长6—10（14）厘米，宽2—4厘米，基部两侧明显不对称，干后两面亮绿色；壳斗连刺直径3—4厘米，刺长短较均匀 ·········· 3.元江栲 C. orthacantha
 4.枝叶被毛或鳞秕。
 8.小枝无毛；叶下面被银灰色、黄棕色或红褐色鳞秕；壳斗的刺粗短，基部连生成刺环 ·················· 4.峨眉栲 C. platyacantha
 8.幼枝密被绒毛，一年生枝被绒毛；叶下面被灰棕色柔毛；壳斗的刺为针刺状，仅近基部合生成刺轴 ··················5.棕毛栲 C. poilanei

3.壳斗连刺直径在3厘米以下。

  9.一年生枝、叶柄及叶下面被较密的灰黄色柔毛（二年生枝毛渐脱落）；叶长椭圆形或卵状长椭圆形；壳斗刺从中部以下合生成宽扁刺轴，疏生 ………………………………………………………………………………………… 8.瓦山栲 C. ceratacantha

  9.一年生枝、叶柄无毛或被微柔毛，叶下面被鳞秕。

    10.枝叶无毛；壳斗不规则瓣裂，直径2—2.5厘米；坚果圆锥形，直径1—1.2厘米 ………………………………………………………… 7.罗浮栲 C. fabri

    10.幼枝无毛或被稀疏柔毛；壳斗深裂为4瓣，直径1—1.5厘米；坚果小，三角状或近卵形、一侧扁，直径0.5—1厘米 ………………………… 8.腾冲栲 C. wattii

2.每总苞内具雌花1；每壳斗内具坚果1（稀达5）。

  11.壳斗连刺直径在4厘米以上，刺密生，几乎全部遮盖壳斗壁。

    12.小枝无毛，叶下面被红棕色或银灰色鳞秕；壳斗连刺直径5—8厘米，刺黑褐色 …………………………………………………………………… 9.钩栲 C. tibetana

    12.小枝、叶柄、叶下面密被灰黄色至黄棕色绒毛；壳斗连刺直径4—5厘米。

      13.叶通常全缘；果脐占坚果面积1/2 …………………… 10.湄公栲 C. mekongensis

      13.叶缘有芒状齿（即侧脉直达齿端）；果脐与坚果基部等大或稍大，但不达1/2 …………………………………………………………………… 11.印度栲 C. indica

  11.壳斗连刺直径在4厘米以下，刺密生或疏生。

    14.壳斗连刺直径1.5—4厘米，壳斗刺为针刺状。

      15.叶下面被短毛、鳞秕或蜡质层。

        16.叶下面被短毛或易抹落的厚鳞秕层。

          17.壳斗刺密生，全部或几乎全部遮盖壳斗壁，成熟时4瓣开裂；幼枝密被短柔毛；叶下面被红棕色、黄棕色或银灰色鳞秕或短柔毛 ……………………………………………………………………………… 12.刺栲 C. hystrix

          17.壳斗刺疏生，成熟时不规则开裂；叶下面被红褐色或黄棕色鳞秕或短毛。

            18.叶椭圆形、长椭圆形或倒卵状椭圆形，长为宽的1.5—3倍。

              19.幼枝被稀疏短毛，二年生枝无毛；壳斗连刺直径2.5—4厘米，刺在基部合生并连成多个不规则刺环 …………………… 13.越南栲 C. boisii

              19.幼枝密被短柔毛，二年生枝被较疏的毛；壳斗连刺直径2—2.5厘米，刺合生至中部或上部，均匀散生 … 14.屏边栲 C. ouonbiensis

            18.叶宽披针形或长披针形，长为宽的3—5倍。

              20.叶宽披针形，长8—13厘米，宽2.5—4厘米；壳斗刺尖锐，长0.6—1.5厘米 …………………………………………………… 15.栲树 C. fargersii

              20.叶长披针形，长10—20厘米，宽2—4厘米；壳斗刺不尖锐，长5毫米以下 ……………………………… 16.红毛栲 C. rufotomentosa

        16.叶下面被紧贴的蜡质层，或嫩叶被鳞秕，成长叶的鳞秕紧贴或几乎全部脱落。

21.叶边缘中部以上具齿。

    22.壳斗连刺直径2厘米以下，刺长3—6毫米；叶硬革质，倒卵形或椭圆状卵形，长5—13厘米，宽3.5—9厘米 …………………… 17.高山栲 C. delavayi

    22.壳斗连刺直径2—3厘米，刺长5—13毫米。

        23.叶硬纸质，披针形或椭圆状披针形；壳斗近球形，刺长5—13毫米，基部合生成刺轴 ………………………… 18.湖北栲 C. hupehensis

        23.叶革质。

            24.叶窄椭圆形，若为披针形或卵状披针形，则叶边缘无齿；壳斗刺均匀散生，外壁及刺被灰色毛 ………… 19.南宁栲 C. amabilis

            24.叶长卵形或椭圆状披针形；壳斗刺较密，几乎完全遮盖壳斗外壁，或较疏，排成4—5环 ………… 20.东南栲 C. jucunda

21.叶全缘或有少数稀疏的细齿，稀先端具少数裂齿。

    25.壳斗刺疏生。

        26.叶椭圆形或长椭圆形，边缘先端具少数裂齿；壳斗刺排成多个刺环，近果序轴一段无刺 ………………… 13.越南栲 C. boisii

        26.叶披针形、卵状披针形，全缘；壳斗刺均匀散生，外壁及刺被灰色毛 ………………………………… 19.南宁栲 C. amabilis

    25.壳斗刺密生。

        27.叶宽1.5—2.5厘米，基部楔形；壳斗近球形，连刺直径1.5—2.5厘米，刺较细；坚果卵形，果脐比坚果基部稍小 ……………………
            ………………………………… 21.矩叶栲 C. oblonga

        27.叶宽2.5—5厘米，基部宽楔形；壳斗扁球形，连刺直径3—4厘米，刺粗壮，三角状；坚果宽卵形或球形，果脐与坚果基部等大或比坚果基部稍大 …………… 22.疏齿栲 C. remotidenticulata

15.叶下面无毛和鳞秕等附属物（银叶栲叶背被白粉）。

    28.叶全缘。

    29.果脐占坚果面积的1/2以上。

        30.叶革质，下面银灰色；坚果近球形，果脐占坚果面积的2/3—4/5 ………
            ………………………………… 23.银叶栲 C. argyrophylla

        30.叶硬纸质，下面绿色；坚果宽卵形，果脐占坚果面积的1/2—2/3 ………
            ………………………………… 24.薄叶栲 C. tcheponensis

    29.果脐与坚果基部等大或小于坚果基部。

        31.叶长20—40厘米，宽8—14厘米，叶柄长1.5—2.5厘米 …………………
            ………………………………… 25.大叶栲 C. megaphylla

        31.叶长不超过20厘米，宽不超过5厘米。

            32.叶卵状披针形或披针形，上面绿色，下面淡褐色，壳斗外壁及刺被灰棕色短毛，刺基部较粗；坚果宽圆锥形，高与径近相等 ……………

······ **26.思茅栲** C.ferox

32.叶椭圆形或椭圆状披针形，两面同色；壳斗外壁及刺无毛或几乎无毛，刺纤细，基部与顶端等粗；坚果圆锥形，高略大于径 ···········

······ **27.细刺栲** C. tonkinensis

28.叶边缘中部以上具齿。

33.叶长7—12厘米，中脉在叶上面凸起；两面同色；壳斗刺中部以下合生成刺轴 ······ **28.桂林栲** C. chinensis

33.叶长13—18厘米，中脉在叶上面明显凹下，上面绿色，下面淡黄褐色；壳斗刺不合生 ······ **29.密刺栲** C. densispinosa

14.壳斗连刺直径在1.5厘米以下，壳斗有短刺或仅有鳞片状或针头形突起。

34.壳斗有短刺。

35.叶全缘，两面同为亮绿色，椭圆状或卵状披针形，先端尾尖 ···········

······ **30.小果栲** C. fleuryi

35.叶缘上半部有锯齿或全缘，下面被淡褐色、银灰色蜡层，先端短尖或渐尖 ······ **31.短刺栲** C.echidnocarpa

34.壳斗仅有鳞片状或针头形突起；叶纸质或薄革质，卵形至卵状披针形，全缘或中部以上具锯齿 ······ **32.小红栲** C. carlesii

1.壳斗外壁无刺，具鳞片，包坚果一部分或全部；果实当年成熟，坚果脱落后壳斗常宿存于果序轴上；叶在枝上螺旋状排列。

36.壳斗包着坚果的全部（偶有仅包1/2—2/3），成熟时上部常破裂；小枝无毛，叶下面被灰黄色鳞秕 ······ **33.薰蒴栲** C. fissa

36.壳斗杯状，包着坚果的1/2—2/3；叶下面被鳞秕或短柔毛。

37.小枝无毛，叶下面被淡褐色鳞秕；坚果较小，直径1厘米以下；壳斗无柄······

······ **34.杯状栲** C. calathiformis

37.小枝、叶下面被短柔毛或红褐色鳞秕；坚果较大，直径约1.4—1.8厘米；壳斗具柄 ······ **35.毛叶杯状栲** C. cerebrina

1.龙陵栲（云南植物志） 龙陵锥（中国高等植物图鉴补编）图225

Castanopsis rockii A. Camus（1929）

Castanopsis lunglingensis Hu（1948）

C. chevalieri auct. non Hick. et A. Camus Hu（1940）

乔木，高达27米，胸径达1.8米。枝叶无毛。叶椭圆形或窄长椭圆形，长10—20厘米，宽4—7厘米，先端突尖或渐尖，基部宽楔形，一侧偏斜，全缘，上面绿色，下面褐色，中脉在上面凸起，侧脉8—16对，网脉明显；叶柄长1—1.5厘米。每总苞具雌花3。果序长10—22厘米，无毛。壳斗近球形，连刺直径4—7厘米，瓣裂，壳斗壁厚2—3毫米，刺长0.5—1.3厘米，近基部合生成刺轴，疏生，壳斗外壁可见，壳斗外壁及刺疏被短毛或无毛，每壳斗内有坚果2—3。坚果宽卵形，高2—2.5厘米，径1.2—1.8厘米，被黄棕色绒毛，果脐占坚果

图225 龙陵栲 *Castanopsis rockii* A. Camus
1.叶枝 2.壳斗 3.壳斗及坚果 4.坚果

面积的1/3或更多。果期翌年8—10月。

产盈江、龙陵、保山、沧源、双江、澜沧、绿春、金平，生于海拔1200—2100米的森林中。泰国、老挝也有分布，模式标本采自腾冲与龙陵之间。

2.鹿角栲（云南植物志） 红勾栲（中国高等植物图鉴）、鹿角锥（中国高等植物图鉴补编）图226

Castanopsis lamontii Hance（1875）

Castanopsis robustispina Hu（1948）

C. pachyrhachis auct. non Hick. et A. Camus：Hu（1940）

乔木，高达25米，胸径达1米。芽大而略扁；枝叶无毛。叶厚革质，宽椭圆形至长椭圆形，长12—30厘米，宽4—7厘米，先端渐尖或突尖，基部宽楔形至近圆形，两侧对称或稍不对称，全缘或上半部疏生锯齿，两面同色，侧脉12—14对，网脉明显；叶柄长1.5—3厘米。每总苞具雌花3。果序长10—15厘米，无毛。壳斗近球形，连刺直径4—6厘米，壳斗壁厚3—6毫米，刺粗壮，长短不一，长可达1.5厘米，上部呈鹿角状分枝，下部合生成刺轴，排列成连续或间断的刺环，壳斗外壁可见，壳斗外壁及刺无毛或疏被短毛，每壳斗内有坚果3。坚果三角状宽卵形，径1.5—2.5厘米，密被棕色绒毛、果脐与坚果基部等大。花期4—5月，果期翌年9—11月。

产金平、屏边、河口、西畴、马关，生于海拔1200—1900（2500）米山地，在西畴常见孤立大树。分布于江西、福建、湖南、广东、广西。

木材为环孔材，纹理直或略斜，结构细至中、不均匀，重量及硬度中等；可为建筑、家具等用材。果可生食。树皮含单宁13.26%，可提取栲胶。

3.元江栲（云南植物志） 毛果栲（中国高等植物图鉴）、元江锥（中国高等植物图鉴补编）图226

Castanopsis orthacantha Franch.（1899）

Castanopsis concolor Rehd. et Wils.（1917）

C. mianningensis Hu（1951）C. yenshanensis Hu（1951）

乔木，高达20米，胸径达60厘米。枝叶无毛。叶卵形或卵状披针形，长6—14厘米，宽2—4厘米，先端尾尖或渐尖，基部圆形或宽楔形，两侧不对称，边缘中部以上具锐齿，两面同为亮绿色，侧脉10—12对；叶柄长1厘米，每总苞具雌花3。果序长6—15厘米，无毛，密生白色皮孔。壳斗近球形，连刺直径3—4厘米，稀3厘米以下，瓣裂，壳斗壁厚1.7—3毫米，刺长4—10毫米，基部合生成刺环，或呈鸡冠状，壳斗外壁及刺均无毛，每壳斗内有3坚果，坚果圆锥形，一侧扁平，径1—1.5厘米，密被毛，果脐与坚果基部近等大。花期4—5月，果期翌年9—11月。

产云南大部分地区，尤以滇中地区最为普遍，常生于海拔800—3000米的阳坡松栎林、阴坡沟谷阔叶林中。四川南部有分布。模式标本采自鹤庆县。

木材供枕木、器具等用，为滇中高原重要用材树种。树皮及壳斗含单宁，可提取栲胶。种仁可食或酿酒。

4.峨眉栲　丝栗、扁刺栲、白石栗、猴栗（图鉴）、扁刺锥（补编一）图227

Castanopsis platyacantha Rebd. et Wils.（1917）

乔木，高达25米，胸径达80厘米。枝叶无毛。叶革质，卵状椭圆形、卵形或宽椭圆形，长8—18厘米，宽3—7厘米，先端尾尖或短尖，基部近圆形或宽楔形，略偏斜，边缘中部以上有疏锯齿，下面密被红褐、黄棕或银灰色鳞秕，侧脉9—12对，网脉不明显；叶柄长0.8—1.5厘米。每总苞具雌花3。果序长6—14厘米，无毛。壳斗近球形或宽卵形，连刺直径3—4.5厘米，稀3厘米以下，瓣裂，壳斗壁厚2—3毫米，刺长4—8毫米，基部连生成刺环，壳斗外壁及刺被灰色短毛，刺顶端无毛，每壳斗有3坚果，坚果圆锥形，径1.2—2厘米，密生棕色绒毛，果脐比坚果基部稍大，花期5—6月，果期翌年10—11月。

产绥江、永善、盐津、大关、彝良、威信、镇雄，常生于海拔1400—2100米的阔叶混交林中。分布于四川、贵州、广西。

5.棕毛栲（云南植物志）　棕毛锥（中国高等植物图鉴补编）图228

Castanopsis poilanei Hick. et A. Camus（1921）

乔木，高达15米，胸径达50厘米。1年生枝被绒毛，2年生枝毛较疏。叶卵状椭圆形或长椭圆状披针形，长13—25（30）厘米，宽4—7厘米，先端渐尖，基部楔形或宽楔形，两侧对称，全缘，下面被灰棕色柔毛，中脉在上面微凸起，侧脉12—17对，近平行，网脉明显；叶柄长1.3—2.5厘米，被毛。每总苞具雌花3。果序长15—25厘米。壳斗球形，连刺直径4—5厘米，刺长1—1.5厘米，密生，近基部合生成刺轴，壳斗外壁及刺被黄棕色短毛，内壁被灰褐色或棕色长绒毛，每壳斗具3坚果。坚果宽圆锥形，被毛，径1—1.5厘米。花期5—6月，果期翌年9—10月。

产屏边、河口，生于海拔130—500米的山谷，溪边湿润森林中。越南北部也有分布。

6.瓦山栲（中国树木分类学）　长刺锥栗、瓦山锥（中国高等植物图鉴补编）图229

Castanopsis ceratacantha Rehd. et Wils.（1917）

Castanopsis ceratacantha Rehd. et Wils. var. *semiserrata* Hick. et A. Camus（1929）

C. lantsangensis Hu（1948）

乔木，高达25米，胸径达1米。1年生枝密被柔毛，2年生枝被疏毛或几乎无毛。叶长椭圆形、卵状或倒卵状长椭圆形，长9—18厘米，宽2.5—5.5厘米，先端渐尖或尾尖，基部宽楔形，一侧偏斜，全缘或中部以上有1—5对钝锯齿，下面幼时密被柔毛，老时被毛或黄棕色、银灰色鳞秕，中脉在上面凹陷，侧脉10—14对；叶柄长0.5—1.2厘米，密被毛。花序轴密被毛；每总苞具雌花3。果序长10—20厘米。壳斗近球形或宽椭圆形，连刺直径2—3厘米，刺长0.4—1厘米，中部以下合生成刺轴，疏生，壳斗外壁可见，壳斗外壁及刺被短毛，每壳斗有3（7）坚果。坚果圆锥形或一侧扁平，径0.9—1.4厘米，被绒毛，果脐比坚果基部稍小。花期4—5月，果期翌年10—11月。

产腾冲、盈江、瑞丽、景东、镇康、西盟、普洱、澜沧、勐海、景洪、元江、绿春、元阳、文山、马关、西畴、富宁，生于海拔800—2600米的常绿阔叶林中。分布于湖北、广西、四川、贵州、西藏；老挝也有分布。

7.罗浮栲（中国高等植物图鉴） 罗浮锥（中国高等植物图鉴补编）图230

Castanopsis fabri Hance（1884）

乔木，高达25米，胸径达50厘米。树皮灰褐色，粗糙，不裂；枝叶无毛。叶卵状披针形或窄长椭圆形，长8—18厘米，宽3—5厘米，先端长渐尖或尾尖，基部楔形或近圆形，略偏斜，全缘或中部以上有1—5对疏锯齿，下面无毛或幼时沿中脉疏被柔毛，老时被红棕、黄棕或黄灰色鳞秕，中脉在上面凹下，侧脉10—14对，叶柄长1—2厘米。每总苞具雌花3。果序长8—20厘米，无毛。壳斗近球形，连刺直径2—2.5厘米，瓣裂，刺长0.5—1厘米，中部以下合生成刺轴，壳斗外壁及刺被短毛，每壳斗有1—3坚果。坚果圆锥形，一侧扁平，径1—1.2厘米，无毛，果脐与坚果基部近等大。花期4—5月，果期翌年9—11月。

产屏边、金平、河口、文山、西畴、麻栗坡、富宁，生于海拔800—2000米的湿润山地森林中。分布于安徽、浙江、江西、福建、湖南、广东、广西、贵州；越南、老挝也有。

木材纹理直，结构粗、不均匀，重量中等，质软，不耐腐；可为建筑、家具和制胶合板等用材。

8.腾冲栲 图230

Castanopsis wattii（King）A. Camus（1929）

Castanopsis tribuloides A. DC var. *wattii* King（1888）

乔木，高达20米，胸径达40厘米。树皮灰褐色；幼枝无毛或被稀疏柔毛。叶革质，卵状披针形或披针形，长10—15（20）厘米，宽3—5厘米，先端渐尖，基部楔形，稍下延至柄，边缘上部具齿，稀全缘，下面被银灰色或黄棕色鳞秕，中脉在上面凹下，侧脉11—14对；叶柄长1厘米，无毛或基部具少量柔毛。每总苞具雌花3。果序长6—10厘米，果序轴径5—6毫米，无毛。壳斗卵形，连刺直径1—1.5厘米，4瓣裂，刺长5—7毫米，基部合生成刺轴，壳斗外壁及刺被毛，内壁被短绒毛，每壳斗具3坚果。坚果近卵形或三角状，一侧扁，无毛，果脐与坚果基部等大。花期4—5月，果期翌年10—11月。

产腾冲、盈江、龙陵，生于海拔1350—1600米的阔叶林中。印度东北部、印度也有分布。

9.钩栲（中国高等植物图鉴） 钩锥（中国高等植物图鉴补编）图231

Castanopsis tibetana Hance（1875）

乔木，高达30米，胸径达1.5米。树皮浅纵裂。枝叶无毛，皮孔微凸起。叶革质，椭圆形或长椭圆形，长15—25厘米，宽5—10厘米，先端渐尖或突尖，基部圆形或宽楔形，两

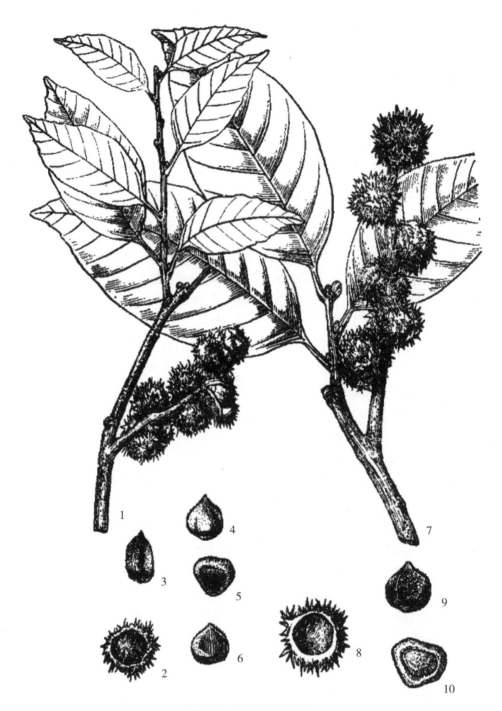

图226　元江栲和鹿角栲

1—6.元江栲 *Castanopsis orthacantha* Franch　1.果枝　2.壳斗横切面　3—6.坚果

7—10.鹿角栲 *Castanopsis lamontii* Hance　7.果枝　8.壳斗横切面　9—10.坚果

图227 峨眉栲 *Castanopsis platyacantha* Rehd. et Wils.
1.果枝 2.雄花 3.雌花 4.壳斗横切面 5.壳斗刺

图228 棕毛栲 *Castanopsis poilanei* Hick. et A. Camus
1.果枝 2.壳斗及坚果 3—5.坚果

图229 瓦山栲 *Castanopsis ceratacantha* Rehd. et Wils.

1.果枝 2.花枝 3.坚果

图230 罗浮栲和腾冲栲

1—3.罗浮栲 *Castanopsis fabri* Hance 1.果枝 2.坚果 3.壳斗刺

4—7.腾冲栲 *Castanopsis wattii*（King）A. Camus

4.叶片 5.果序 6.壳斗及坚果 7.坚果

侧不对称或近对称，边缘中部以上具锯齿，下面被红褐、红棕或根灰色鳞秕，侧脉13—18对；叶柄长1.5—3厘米。花序轴无毛，每总苞内有1雄花。果序长10—20厘米，无毛。壳斗球形，连刺直径5—8厘米，4瓣裂，壳斗壁厚3—4毫米，刺长1.5—2.5厘米，基部合生成刺轴，密生，几乎全部遮盖壳斗外壁，每壳斗内具1坚果，坚果宽圆锥形，高1.5—1.8厘米，径2—2.8厘米，被毛，果脐与坚果基部等大。花期4—5月，果期翌年9—10月。

产广南、富宁，生于海拔800—1650米的山坡疏林中。分布于安徽、浙江、江西、福建、湖北、湖南、广东、广西、四川东部、贵州。

木材为环孔材，心、边材区别明显，纹理直或斜，结构细至中、不均匀，重量及硬度中等；可为建筑、车船、家具等用材。种仁可食或酿酒。树皮和壳斗可提取栲胶。

10. 湄公栲（云南植物志）"麦格龙"（傣语）、湄公锥（中国高等植物图鉴补编）、澜沧栲（中国树木志）图232

Castanopsis mekongensis A. Camus（1938）

Castanopsis fohaiensis Hu（1940）

C. wangii Hu（1940）

乔木，高达25米，胸径达80厘米，1年生枝被毛。叶革质，长椭圆形或卵状披针形，长10—25厘米，宽3—7厘米，先端渐尖，基部宽楔形或近圆形，全缘，叶下面密被灰黄或黄棕色绒毛，侧脉11—16对；叶柄长1—1.8厘米，被绒毛。每总苞具雌花1。果序长达15厘米。壳斗球形，连刺直径4—5厘米，4瓣裂，壳斗壁厚2—3毫米，刺长约1厘米，基部合生成刺轴，密生，每壳斗具1坚果。坚果宽卵形，高1.3—1.6厘米，径1.5—2厘米，被毛，果脐占坚果面积的一半。花期3—4月，果期翌年8—10月。

产澜沧、勐海、景洪、勐腊，生于海拔600—1800米山地常绿阔叶林中。越南、老挝也有分布。

树皮和壳斗可提取栲胶。

11. 印度栲（中国高等植物图鉴） 印度锥（中国高等植物图鉴补编）、黄楣栲（中国树木志）图233

Castanopsis indica（Roxb.）A. DC.（1863）

Castanea indica Roxb.（1832）

Castanopsis macrostachya Hu（1961）

C. clarkei auct. non King：Hsu et Jen（1975），（1979）

乔木，高达30米，胸径达90厘米。树皮灰褐色，纵裂。幼枝被毛，2年生枝近无毛。叶长椭圆形或卵状椭圆形，长8—26（35）厘米，宽4—10（14）厘米，先端尖，基部近圆形或宽楔形，边缘具粗锯齿，下面被短绒毛，侧脉15—20对，直达齿端；叶柄长1—2厘米，被毛。花序轴被短绒毛；每总苞具雌花1。果序长10—25厘米。壳斗球形，连刺直径4—5厘米，瓣裂，壳斗壁厚约2毫米，刺长1—1.5厘米，基部合生成刺轴，密生，每壳斗内具坚果1。坚果卵形或圆锥形，径0.8—1.4厘米，果脐与坚果基部等大或稍大于坚果基部。花期10—12月，果期翌年9—11月。

产盈江、镇康、耿马、沧源、勐海、景洪、勐腊、金平、屏边、河口、麻栗坡、富宁，生于海拔450—1400米的疏林中。分布于台湾、广东、海南、广西、西藏；越南、老挝、泰国、缅甸、印度、不丹、尼泊尔、孟加拉国也有分布。

散孔材或半环孔材，纹理直或略斜，结构粗，略均匀，重量及硬度中等；适作建筑、车辆、家具用材。种仁可食或酿酒。树皮及壳斗可提取栲胶。

12. 刺栲（中国高等植物图鉴）图234

Castanopsis hystrix A. DC.（1863）

乔木，高达30米，胸径达1米，树皮暗褐色，薄块状脱落；幼枝密被短柔毛，2年生枝几无毛，有稀疏皮孔。叶卵形、卵状披针形或卵状椭圆形，长5—12厘米，宽2—3厘米，先端渐尖，基部宽楔形或近圆形，全缘或上部疏生锯齿，下面被黄棕色、红棕色或银灰色鳞秕或短柔毛，中脉在上面凹下，侧脉10—14对；叶柄长0.5—1厘米，幼时被毛。花序轴被毛；每总苞内有雌花1。果序长达15厘米。壳斗球形，连刺直径2.5—4厘米，4瓣裂，壳斗壁厚约2毫米，刺长6—13毫米，基部合生成刺轴，密生，每壳斗内具1坚果。坚果宽圆锥形，高1—1.5厘米，径0.8—1.5厘米，无毛，果脐与坚果基部等大或稍大。花期4—6月，果期翌年9—11月。

产腾冲、盈江、龙陵、临沧、双江、景东、景谷、普洱、普洱、澜沧、孟连、勐海、景洪、勐腊、蒙自、金平、屏边、砚山、马关、麻栗坡、西畴、富宁，生于海拔600—1600米山地常绿阔叶林中，有时组成纯林，南部的老树有板根。分布于福建、湖南、广东、广西、贵州、西藏；越南、老挝、缅甸、印度、不丹、尼泊尔也有。

喜温暖气候，不耐低温，适生于年平均温度在18—24℃的地区，以20—22℃的地区最常见。喜湿润，不耐干旱，多生于年降雨量1000—2000毫米的地区，而以1300毫米以上的地区较普遍，生长于酸性红壤、黄壤、砖红壤性土，不生长于石灰岩地区。在土层深厚、疏松、肥沃、湿润的立地条件，生长良好；在土房浅薄、贫瘠的石砾土或山脊，生长矮小；在低洼积水地则不能生长。为较耐阴树种，幼年耐阴性强。颇速生，萌生力强。种子繁殖，也可萌芽更新。利用其萌生力强，且生长比实生树快的特点，适时抚育，每树桩选留1—2壮条，十多年后便可成材。

边材淡红色，心材红褐色，半环孔材，纹理稍斜，结构细至中、不均匀，为建筑、造船、车辆、家具、农具、工具等用材。种仁可食或酿酒。树皮及壳斗含单宁，可提取栲胶。

13. 越南栲（云南植物志）　南锥（中国高等植物图鉴补编）图235

Castanopsis boisii Hick. et A. Camus（1921）

Castanopsis anamensis auct. non Hick. ct A. Camus：Hsu et Jen（1975），（1979）

乔木，高达12米。幼枝被稀疏短毛，二年生枝无毛。叶革质，椭圆形或长椭圆形，长13—18厘米，宽4.5—7厘米，先端钝，基部宽楔形，稍不对称，全缘或上部具少数裂齿，上面绿色，下面稍带灰绿色，被短毛或紧贴蜡层，侧脉12—15对；叶柄长1—1.5厘米，无毛或被短疏毛。每总苞具雌花1。果序长15—20厘米，轴径3—4毫米。壳斗球形，连刺直径2.5—4厘米，刺长0.5—1.2厘米，基部合生成刺轴，并连成多个不规则刺环，疏生，每壳斗内具坚果1。坚果卵形，径1—1.5厘米，被毛，果脐与坚果基部近等大。

产西畴、富宁，常生于海拔700—1300米的山地阔叶林中。分布于广东、海南、广西；越南也有。

14. 屏边栲　屏边锥（中国高等植物图鉴补编）图236

Castanopsis ouonbiensis Hick. et A. Camus（1921）

乔木，高达25米，胸径达70厘米，幼枝密被淡棕色或暗灰黄色短柔毛，老枝具白色皮孔。叶革质，椭圆形或倒卵状椭圆形，长9—14（18）厘米，宽3—6厘米，先端微凸，基部近圆形或宽楔形，常偏斜，全缘，下面密被红棕或暗灰棕色粉末状鳞秕，渐脱落，中脉在上面凹下，侧脉10—17对；叶柄长1.5—3.5厘米，被短毛，稀无毛。花序轴密被短毛；每总苞具雌花1。果序长8—16厘米，无毛或被短毛。壳斗球形，连刺直径2—2.5厘米，刺长0.7—1.2厘米，合生至中部，疏生，壳斗外壁可见，壳斗外壁及刺被锈褐色鳞秕，每壳斗具1坚果。坚果卵形，高0.8—1.2厘米，径6—10毫米，无毛，果脐与坚果基部等大。果期翌年10—12月。

产麻栗坡、屏边，生于海拔1100—1600米的山地阔叶林中。越南北部也有分布。

15. 栲树（云南植物志）　栲（中国高等植物图鉴补编）图237

Castanopsis fargesii Franch.（1899）

Pasania ischnostachya Hu（1951）

乔木，高达30米，胸径达80厘米。树皮灰白色，浅纵裂；幼枝被粉状鳞秕，叶宽披针形或卵状披针形，长8—13厘米，宽2.5—4厘米，先端渐尖，基部宽楔形或近圆形，不对称，全缘或中部以上具1—3对钝锯齿，下面密被红棕或红黄色粉末状鳞秕，中脉在上面凹下，侧脉12—15对；叶柄长0.5—2厘米，被粉末状鳞秕。花序轴被红棕色鳞秕；每总苞具1雌花。果序长达18厘米。壳斗球形，连刺直径1.5—3厘米，瓣裂，壳斗壁厚约1毫米，刺长0.6—1.5厘米，基部合生成刺轴，疏生，壳斗外壁及刺被淡锈褐色鳞秕或灰色短毛，每壳斗具1坚果。坚果圆锥形，高1—1.5厘米，径0.8—1.2厘米，无毛，果脐与坚果基部等大或稍小。花期4—5月，果期翌年9—11月。

产绥江、屏边、金平、河口、广南、文山、西畴、麻栗坡、富宁，生于海拔600—2100米山地阔叶林中。分布于安徽、浙江、江西、福建、台湾、湖北、湖南、广东、广西、四川、贵州。

木材纹理直，结构粗、不均匀，质软，强度中等，为家具、建筑、枕木等用材；树干可作培养香菇的材料。树皮及壳斗可提取栲胶。种仁可食或酿酒，制豆腐。

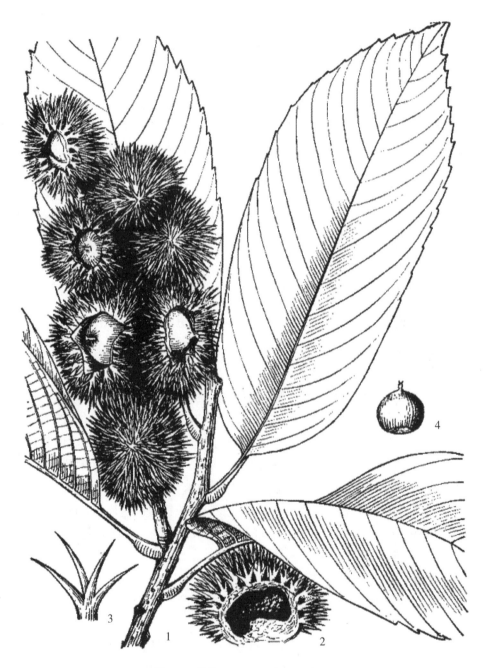

图231　钩栲 *Castanopsis tibetana* Hance

1.果枝　2.壳斗（纵切面）　3.壳斗刺　4.坚果

图232 湄公栲 *Castanopsis mekongensis* A. Camus

1.果枝　2.花枝　3—4.叶片　5.雌花　6.壳斗及坚果　7.壳斗刺

图233 印度栲 *Castanopsis indica*（Roxb.）A. DC.

1.果枝 2.坚果 3.部分叶（下面） 4.壳斗刺

图234 刺栲 *Castanopsis hystrix* A. DC.
1.果枝 2.叶（下面一部分） 3—4.壳斗刺 5.坚果

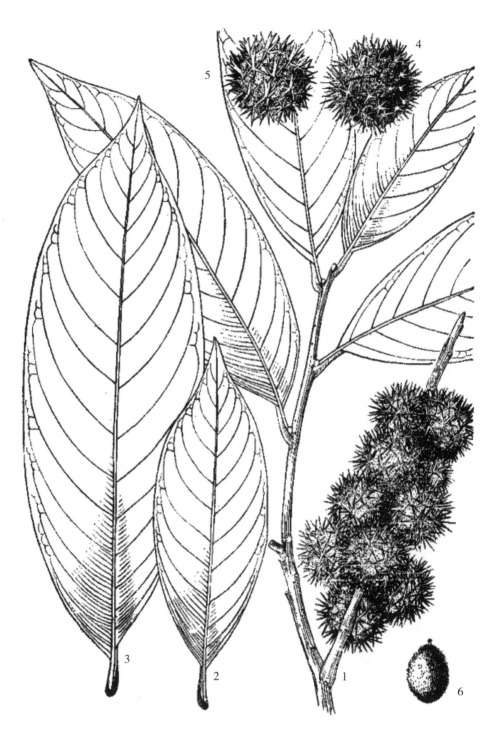

图235 越南栲 *Castanopsis boisii* Hick. et A. Camus
1.果枝 2—3.叶片 4—5.壳斗 6.坚果

图236　屏边栲 *Castanopsis ouonbiensis* Hick. et A. Camus
1.果枝　2.壳斗　3.壳斗及坚果　4.坚果

图237　栲树和红毛栲

1—3.栲树 *Castanopsis fargesii* Franch.　1.果枝　2.花枝　3.坚果

4—5.红毛栲　*Castanopsis rufotomentosa* Hu　4.叶枝　5.果枝　6.坚果

16. 红毛栲（云南植物志） 红壳锥（中国高等植物图鉴补编）图237

Castanopsis rufotomentosa Hu（1948）

乔木，高达25米，胸径达50厘米，1年生枝被红棕色粉末状鳞秕，2年生枝鳞秕较少。叶革质，长披针形或窄长椭圆形，长10—20厘米，宽2—4厘米，先端渐尖，基部楔形或近圆形，全缘，下面密被红棕色粉末状鳞秕，中脉及侧脉在上面均凹下，侧脉14—20对；叶柄长3—6毫米，被鳞秕。花序轴被鳞秕；每总苞具1雌花。果序长约10厘米，壳斗球形，连刺直径1.5—2厘米，壳斗壁厚约1毫米，刺长2—5毫米，分离或基部合生成刺轴，疏生，壳斗外壁及刺密被红棕色粉末状鳞秕，每壳斗具1坚果，坚果近球形，顶端尖，径约1厘米，无毛，果脐小于坚果基部。果期翌年11—12月。

产西畴，生于海拔1300—1660米山地常绿阔叶林中。模式标本采自西畴。

17. 高山栲（云南植物志） 白珠栎（景东）、高山锥（中国高等植物图鉴补编）图238

Castanopsis delavayi Franch.（1899）

Castanopsis tsaii Hu（1948）

乔木，高达25米，胸径达60厘米。树皮暗灰色或灰褐色，纵裂。枝叶无毛。叶硬革质，倒卵形、椭圆状卵形或倒卵状椭圆形，长5—13厘米，宽3.5—9厘米，先端钝或短尖，基部宽楔形或近圆形，中部以上疏生锯齿或波状齿，下面幼时被黄棕色鳞秕，老时被银灰色或灰白色紧贴的蜡层，中脉在上面微凸起，侧脉6—10对；叶柄长0.7—1.5厘米。雄花序轴被鳞秕；每总苞具雌花1。果序长10—15厘米。壳斗宽卵形或近球形，连刺直径1.5—2厘米，2瓣裂，刺长3—6毫米，基部合生成刺轴，并排成连续的4—6环，疏生，壳斗外壁可见，每壳斗具1坚果。坚果宽卵形，径0.8—1.5厘米，顶端被毛，果脐小于坚果基部。花期4—5月，果期翌年9—11月。

产云南大部分地区，为本属中在云南分布最广的种，滇中常生于海拔1600—2200米地带，与云南松、云南油杉、滇青冈、黄毛青冈混交；滇南900—1600米，滇西北可达海拔3200米（香格里拉）。分布于广西、四川、贵州。模式标本采自鹤庆。

木材黄褐或浅栗褐色，心边材区别不明显，边材常感染变色菌，纹理直或略斜，结构中至粗、略均匀，重而硬，强度大，为建筑、车辆、农具、薪炭等用材。种仁可食或酿酒。树皮及壳斗可提取栲胶。

18. 湖北栲 湖北锥（中国高等植物图鉴补编）图239

Castanopsis hupehensis C. S. Chao（1963）

乔木，高达15米，胸径约30厘米。枝叶无毛。叶纸质至硬纸质，披针形或椭圆状披针形，长3—10厘米，宽1.5—3厘米，先端渐尖，基部楔形，一侧偏斜，边缘1/3以上具尖锯齿，下面被灰色或淡褐色紧贴蜡层，中脉在上面凹下，侧脉7—13对；叶柄长5—10毫米。每总苞具雌花1。果序长5—13厘米。壳斗近球形，连刺直径2—2.4厘米，刺长5—13毫米，基部合生成刺轴，疏生，壳斗外壁可见，壳斗外壁及刺被灰色柔毛，每壳斗具1坚果。坚果被淡黄色毛。花期5—6月，果期翌年9—11月。

产广南、西畴，生于海拔1500—1720米山地森林中。分布于湖北、湖南、贵州。

19. 南宁栲（林业科学） 南宁锥（中国高等植物图鉴补编）图240

Castanopsis amabilis Cheng et C.S. Chao（1963）

Castanopsis amabilis Cheng et C. S. Chao var. *brevispina* Cheng et C. S. Chao（1963）

乔木，高达20米。枝叶无毛，枝具明显皮孔。叶革质，窄椭圆形、卵状披针形或披针形，长6—12厘米，宽2—3.5厘米，先端渐尖或尾尖，基部楔形或宽楔形，全缘，稀近先端疏生3—4对锯齿，下面被灰色紧贴蜡层，中脉在上面凹下或平，侧脉12—15 对；叶柄长0.8—1.5厘米。每总苞具雌花1。果序长达15厘米，无毛。壳斗近球形，连刺直径2—2.5厘米，刺长6—8毫米，稀为2毫米，基部合生成刺轴，疏生，壳斗外壁及刺被灰色绒毛，每壳斗具1坚果。坚果宽卵形。

产屏边、富宁，生于海拔700—800米山地。分布于广西、贵州。

20. 东南栲（云南植物志） 秀丽锥（中国高等植物图鉴补编）图241

Castanopsis jucunda Hance（1884）

乔木，高达25米，胸径达80厘米。树皮深纵裂。枝叶无毛。叶革质，长卵形、卵状椭圆形或椭圆状披针形，长7—18厘米，宽3—6厘米，先端渐尖或短尖，基部圆形或宽楔形，中部以上有锯齿或波状钝齿，下面幼时被红棕色易脱落的鳞秕，老时银灰色，中脉在上面凹下，侧脉8—11对，直达齿端；叶柄长1—2厘米。雄花序轴被红棕色鳞秕；每总苞具雌花1。果序长10—18厘米，无毛也无鳞秕。壳斗球形，连刺直径2—3厘米，刺长6—10毫米，密生，壳斗外壁及刺被淡棕色鳞秕或灰色毛，每壳斗具1坚果。坚果圆锥形，径1—1.4厘米，果脐小于坚果基部。花期4—5月，果期翌年9—10月。

产富宁，生于海拔500—900米山地疏林中。分布于安徽、浙江、江西、福建、湖北、湖南、广西、贵州。

木材纹理直，干后易裂，为家具和农具等用材，种仁可食和酿酒。

21. 矩叶栲 图242

Castanopsis oblonga Hsu et Jen（1975）

与疏齿栲近似，但叶宽1.5—2.5厘米，基部楔形。壳斗近球形，连刺直径1.5—2.5厘米，刺较细。坚果卵形，果脐比坚果基部稍小。

产元江，生于海拔1950—2050米森林中。模式标本采自元江。

22. 疏齿栲（云南植物志） 细齿栲（中国树木志）图242

Castanopsis remotidenticulata Hu（1951）

乔木，高达25米，胸径达60厘米。枝叶无毛，枝有皮孔。叶革质，长卵形或卵状椭圆形，长5—12厘米，宽2.5—5厘米，先端渐尖或急尖，基部宽楔形或近圆形，不对称，边缘上部有疏细锯齿，稀全缘，下面被灰白色蜡层，侧脉8—12对；叶柄长约1厘米。每总苞具

图238 高山栲 *Castanopsis delavayi* Franch.
1.果枝　2.叶上面　3.叶下面　4.坚果

图239 湖北栲 *Castanopsis hupehensis* C. S. Chao
1.果枝　2.叶下面

图240　南宁栲 *Castanopsis amabilis* Cheng et C. S. Chao
1.果枝　2.壳斗及坚果　3.壳斗　4.坚果

图241 东南栲 *Castanopsis jucunda* Hance
1.果枝 2.花枝 3.雄花 4.壳斗刺

雌花1。果序长5—10厘米，壳斗扁球形，连刺直径3—4厘米，壳斗壁厚3—4毫米，刺长5—8毫米，中部以下合生成刺轴，且常连生成刺环，疏生，壳斗外壁幼时被灰色毛，熟时无毛，每壳斗具1坚果。坚果宽卵形，径1.5—2厘米，疏被毛，果脐与坚果基部等大或比坚果基部稍大。花期5—6月，果期翌年9—10月。

产新平、元江、绿春、文山、马关、金平，生于海拔1740—2280米山地森林中，为常绿阔叶林或针阔混交林上层林木。越南也有分布。模式标本采自文山。

23. 银叶栲（云南植物志） "曼登""曼敦"（傣语）、锥栗（思茅）、银叶锥（中国高等植物图鉴补编）图243

Castanopsis argyrophylla King（1888）

乔木，高达25米，胸径达60厘米。小枝密生白色皮孔，枝叶无毛。叶革质，卵形、椭圆形或长椭圆形，长9—20厘米，宽3.5—6厘米，先端渐尖，基部楔形或宽楔形，全缘，下面银灰色或灰色，中脉在上面凸起，侧脉8—11对，二次侧脉明显；叶柄长1—2.5厘米。雄花序多穗排成圆锥状，雌花序常为复穗状花序，花序轴被短毛；每总苞内具雌花1，稀达5。果序长达25厘米。壳斗球形，连刺直径3—4厘米，壳斗壁厚1—1.5毫米，刺长2—6毫米，分离和基部合生成刺轴，排列成数条不规则和间断的环带，疏生，壳斗外壁可见，壳斗外壁及刺无毛，每壳斗常具1坚果，稀达5。坚果近球形或扁球形，径1.5—1.8厘米，密被平伏绒毛，果脐占坚果面积的2/3—4/5。花期5—6月，果期翌年10—12月。

产双江、景谷、墨江、普洱、孟连、澜沧、勐海、景洪、金平，生于海拔750—1900米山地森林中。越南、老挝、缅甸、泰国也有分布。

24. 薄叶栲（云南植物志） 薄叶锥（中国高等植物图鉴补编）图244

Castanopsis tcheponensis Hick. et A. Camus（1928）

乔木，高达25米，胸径达60厘米。枝叶无毛，枝有淡褐色皮孔。叶硬纸质，卵状披针形、卵状椭圆形或椭圆形，长9—16厘米，宽3—5厘米，先端渐尖，基部楔形，全缘，两面同为绿色，中脉在上面凸起，侧脉10—13对；叶柄长0.8—1.2厘米。花序轴无毛；每总苞内具雌花1。果序长8—12厘米，无毛。壳斗近球形，连刺直径2.5—3厘米，壳斗壁厚约1毫米，刺长0.7—1.1厘米，基部合生成刺轴或分离，疏生，壳斗外壁无毛、无鳞秕，每壳斗有1坚果。坚果宽卵形，径1.3—1.5厘米，无毛，果脐占坚果面积1/2—2/3。花期4—5月，果期翌年10—11月。

产景洪、勐海，生于海拔950—1100米的山地森林中。越南、老挝、缅甸也有分布。

25. 大叶栲（云南植物志） 大叶锥（中国高等植物图鉴补编）图245

Castanopsis megaphylla Hu（1940）

乔木，高达20米，胸径达60厘米。叶革质，宽椭圆形至长椭圆形，长20—40厘米，宽8—14厘米，先端钝或短尖，基部近圆形或宽楔形，全缘，下面幼时被星状毛，老时毛渐脱落，中脉在上面微凹下或平，侧脉18—20对；叶柄长1.5—2.5厘米。雄花序轴被灰黄色绒毛；雌花序轴无毛，每总苞具雌花1。果序长10—20厘米。壳斗球形，连刺直径3—3.5厘米，刺长0.7—1.5厘米，基部合生成刺轴，疏生，每壳斗具1坚果。坚果宽卵形，高约2厘米，径1.4—4.8厘米，被短绒毛，果脐小于坚果基部。花期5—6月，果期翌年9—11月。

产屏边，生于海拔800—1400米阳坡疏林中。模式标本采自屏边。

26. 思茅栲（中国高等植物图鉴） 思茅锥（中国高等植物图鉴补编）图246

Castanopsis ferox（Roxb.）Spach（1842）
Quercus ferox Roxb.（1832）

乔木，高达20米，胸径达60厘米。枝叶无毛，小枝密生白色皮孔。叶革质，卵状披针形或披针形，长8—17厘米，宽2—5厘米，先端渐尖或长渐尖，基部宽楔形，一侧偏斜，全缘，上面绿色，下面干后淡褐色或灰棕色，侧脉9—11对；叶柄长0.8—1.2厘米。花序袖被灰黄色短柔毛。果序长约10厘米，轴散生淡灰黄色皮孔。壳斗球形，连刺直径1.5—2.5厘米，刺长0.7—1.2厘米，基部合生成刺轴，疏生，壳斗外壁及刺被灰棕色短毛，每壳斗具1坚果，偶有2。坚果宽圆锥形，高0.8—1.2厘米，径0.6—1.2厘米，无毛，果脐与竖果基部等大。花期9—10月，果期翌年9—11月。

产腾冲、盈江、芒市、沧源、普洱、景洪，生于海拔450—2020米山地森林中。老挝、缅甸、印度、孟加拉国也有分布。

27. 细刺栲（云南植物志） 公孙锥（中国高等植物图鉴补编）图247

Castanopsis tonkinensis Seem.（1897）

乔木，高达20米，胸径达40厘米。枝叶无毛。叶薄革质，椭圆形或椭圆状披针形，长6—13厘米，宽3—4.5厘米，先端渐尖，尾部宽楔形，不对称、全缘，两面同为绿色，中脉在上面凹下，侧脉9—13对；叶柄长0.8—1.5厘米。果序长5—15厘米，序轴具明显皮孔。壳斗球形，连刺直径2—3厘米，瓣裂，壳斗壁厚约1毫米，刺长0.5—1.2厘米，纤细，基部合生成刺轴，壳斗外壁及刺无毛或几乎无毛，每壳斗具1坚果。坚果圆锥形，径0.9—1.2厘米，高略大于径，疏被毛，果脐小于坚果基部，花期5—6月，果期翌年9—10月。

产西畴、河口，生于海拔1250—1350米的山地森林中。分布于广东、广西；越南也有。

28. 桂林栲（中国高等植物图鉴） 锥（中国高植物图鉴补编）图248

Castanopsis chinensis Hance（1868）

乔木，高达20米，胸径达50厘米。树皮纵裂。枝叶无毛。叶卵状披针形，长7—12厘米，宽2—4厘米，先端渐尖，基部宽楔形或楔形，边缘中部以上有锯齿，两面同色，中脉在上面凸起，侧脉10—12对；叶柄长1—2厘米。花序轴无毛；每总苞具雌花1。果序长7—14厘米。壳斗球形，连刺直径2—4厘米，瓣裂，壳斗壁厚1—1.5毫米，刺长0.8—1.3厘米，中部以下合生成刺轴，较密，几乎遮盖壳斗外壁，壳斗外壁及刺幼时被灰色毛，成熟时近无毛，每壳斗具1坚果。坚果卵形，径1—1.3厘米，无毛，果脐与坚果基部等大。花期5—6

图242 矩叶栲或疏齿栲

1—2.矩叶栲 *Castanopsis oblonga* Hsu et Jen 1.果枝 2.壳斗刺

3—5.疏齿栲 *Castanopsis remotidenticulata* Hu 3.叶枝 4.壳斗 5.坚果

图243 银叶栲 *Castanopsis argyrophylla* King
1.果枝　2.壳斗刺　3.坚果　4.壳斗

图244 短刺栲和薄叶栲

1—2. 短刺栲 *Castanopsis echidnocarpa* A. DC. 1.果枝 2.坚果

3—5. 薄叶栲 *Castanopsis tcheponensis* Hick. et A. Camus 3.叶片 4.壳斗 5.坚果

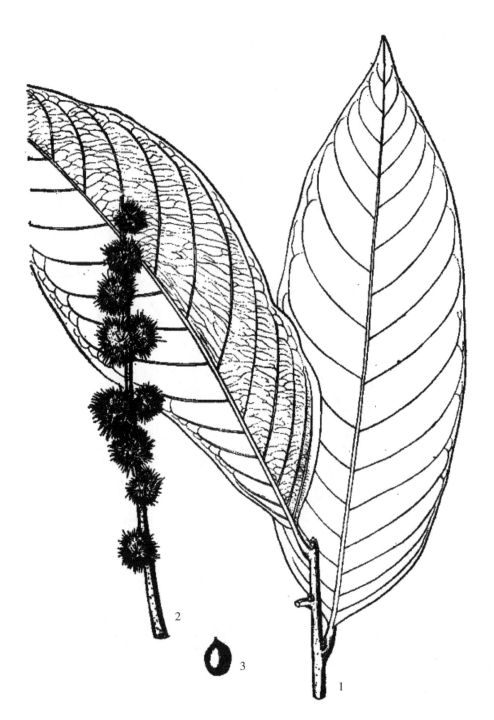

图245 大叶栲 *Castanopsis megaphylla* Hu
1.叶枝 2.果序 3.坚果

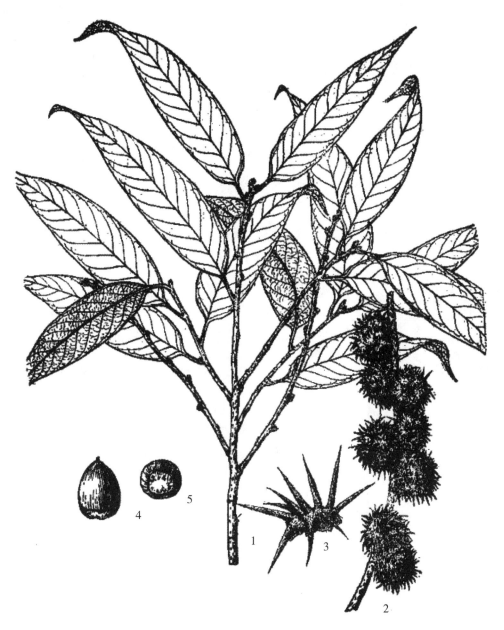

图246 思茅栲 *Castanopsis ferox*（Roxb.）Spach
1.雌花枝　2.果序　3.壳斗刺（放大）　4—5.坚果

图247 细刺栲 *Castanopsis tonkinensis* Seem.
1.果枝 2.壳斗 3.壳斗纵切面 4.坚果

月，果期翌年9—10月。

产砚山、富宁，生于海拔1200米的山坡、山谷森林中。分布于广东、广西、贵州；越南也有。

29. 密刺栲（植物分类学报） 密刺锥（中国高等植物图鉴补编）图248

Castanopsis densispinosa Hsu et Jen（1975）

与桂林栲近似，区别在于叶较大，长13—18厘米，宽3.5—6厘米，上面绿色，下面淡黄褐色，中脉在上面明显凹下。壳斗刺不合生，甚密。坚果被棕色疏毛，顶端有不明显4或5棱，果期翌年12月。

产金平，生于海拔1700米山地森林中，模式标本采自金平。

30. 小果栲（中国高等植物图鉴） 小果锥（中国高等植物图鉴补编）图249

Castanopsis fleuryi Hick. et A. Camus（1921）

Castanopsis microcarpa Hu（1948）

乔木，高达20米，胸径达50厘米。枝叶无毛，枝具灰黄色皮孔。叶革质，卵状披针形或椭圆状披针形，长8—15厘米，宽3—6厘米，先端尾尖，基部楔形或近圆形，常偏斜，全缘，两面同为亮绿色，侧脉10—12对；叶柄长1—1.5厘米。花序轴被灰色短毛，雄花序多穗排成圆锥状；每总苞具雌花1。果序长8—15厘米。壳斗宽卵形，连刺直径1—1.4厘米，瓣裂，刺长1—4毫米，基部合生成刺轴，排成连续或间断的3—4环，疏生，壳斗外壁可见，壳斗外壁及刺被毛，每壳斗具1坚果。坚果宽圆锥形，高1—1.2厘米，径0.8—1.2厘米，无毛，顶端喙尖，果脐与坚果基部近等大。花期4—6月，果期翌年10—11月。

产凤庆、景东、镇康、临沧、耿马、双江、沧源、景谷、普洱、澜沧、孟连、勐海、景洪、勐腊、新平、元江、绿春，生于海拔580—2400米的常绿阔叶林中。在景东无量山阳坡分布极普遍，组成以小果栲为主，并伴有乌饭、野杨梅、截头石栎、元江栲、红楣、马缨花、银木荷和西南木荷等树种的林分，有时也与普洱松组成群落。老挝有分布。

31. 短刺栲（云南植物志） 短刺锥（中国高等植物图鉴补编）图244

Castanopsis echidnocarpa A. DC.（1863）

C. echidnocarpa A. DC. var. *semimuda* Cheng et C. S. Chao（1963）

乔木，高达20米，胸径达80厘米。枝叶无毛，小枝散生皮孔。叶卵形、卵状披针形或卵状椭圆形，长7—12厘米，宽2—4厘米，先端短尖或渐尖，基部楔形或近圆形，一侧偏斜，中部以上具锯齿或全缘，下面被淡褐色、银灰色蜡层，中脉在上面微凹下，侧脉8—13对；叶柄长1—1.5厘米。每总苞具雌花1。果序长10—18厘米，序轴散生皮孔。壳斗球形，连刺直径1.2—1.5厘米，稀达2厘米，刺长1—3（5）毫米，有时呈瘤状，刺基部有时合生且排成刺环，壳斗外壁及刺被灰色短毛，每壳斗具1坚果。坚果宽卵形，顶端略狭尖，径0.7—1厘米，无毛，果脐与坚果基部等大。花期4—5月，果期翌年8—10月。

产福贡、泸水、漾濞、腾冲、梁河、盈江、龙陵、芒市、景东、临沧、双江、耿马、沧源、景谷、普洱、西盟、澜沧、勐海、景洪、勐腊、绿春、金平、屏边、河口、文山、麻栗坡，生于海拔450—2300（2500）米的常绿阔叶林中。分布于西藏；越南、老挝、缅甸、泰国、印度、尼泊尔、不丹、孟加拉国也有分布。

32. 小红栲（中国高等植物图鉴）图250

Castanopsis carlesii（Hemsl.）Hay.（1917）

Quercus carlesii Hemsl.（1899）

乔木，高达20米，胸径达60厘米。树皮灰色，不裂至浅纵裂。枝叶无毛。叶纸质或薄革质，卵形至卵状披针形，长5—11厘米，宽2—4.5厘米，先端尾尖或渐尖，基部宽楔形或近圆形，全缘或中部以上具锯齿，下面幼时被易脱落的红棕色或黄棕色鳞秕，老时苍灰色或黄灰色，中脉在上面微凹下，侧脉9—12对；叶柄长6—10毫米。花序轴无毛，雄花序圆锥状或穗状；每总苞内具雌花1。果序长5—10厘米。壳斗球形或椭圆形，有鳞片状或针头形突起，稀有极短之刺，连刺直径0.9—1.4厘米，瓣裂，壳斗外壁和突起、短刺均被灰色短毛，每壳斗内具1坚果。坚果圆锥形，径0.8—1.2厘米，无毛，果脐稍小于坚果基部。花期4—6月，果期翌年9—11月。

产砚山、西畴、富宁，生于海拔1100—1300米的山地森林中。分布于江苏、安徽、浙江、江西、福建、台湾、湖南、广东、广西。

木材浅红褐色或栗褐色，环孔材，纹理直，结构粗、不均匀，轻而软，干后易裂；可制家具、农具或作薪炭材。树皮可提取栲胶。种仁可食。

33. 薰菇栲（中国高等植物图鉴）　裂壳锥（中国高等植物图鉴补编）图251

Castanopsis fissa（Champ.）Rehd. et Wils.（1917）

Qucrcus fissa Champ.（1854）

Castanopsis fisseides Chun et Huang（1965）

乔木，高达20米，胸径达50厘米。树皮灰褐色。幼枝粗壮，被红褐色鳞秕。叶倒卵状披针形或倒卵状长椭圆形，长15—25厘米，宽5—9厘米，先端短渐尖，基部楔形，边缘有纯锯齿或波状齿，下面被灰黄或灰白色鳞秕，幼叶下面中脉两侧疏被柔毛，侧脉15—20对；叶柄长1—2.5厘米。每总苞内具雌花1，偶有1—3。果序长7—15厘米，壳斗球形或椭圆形，全包坚果，偶有仅包1/2—2/3，高1.5—2.2厘米，径1.2—2厘米；幼嫩时被红褐色粉末状鳞秕，成熟时上部常破裂；鳞片三角形，基部连生成4—6同心环，每壳斗具1坚果，坚果宽卵形或圆锥形，径1.1—1.8厘米，顶端有细绒毛，果脐小于坚果基部，径4—6毫米。花期4—5月，果期当年10—11月。

产绿春、屏边、河口、西畴、马关、麻栗坡、富宁，生于海拔700—1900米的山地、沟谷，为常绿阔叶次生林的先锋树种。分布于江西、福建、湖南、广东、广西、贵州；越南、老挝也有。

木材白色，纹理直，结构粗、不均匀，轻而软，不耐腐，可为建筑、家具、门窗、板材等用。枯木可培养食用菌类。树皮、壳斗可提取栲胶。坚果熟时可吃。

图248 密刺栲和桂林栲

1. 密刺栲 *Castanopsis densispinosa* Hsu et Jen 果枝

2—7. 桂林栲 *Castanopsis chinensis* Hance 2—3.叶片 4.果序 5.坚果 6—7.壳斗刺

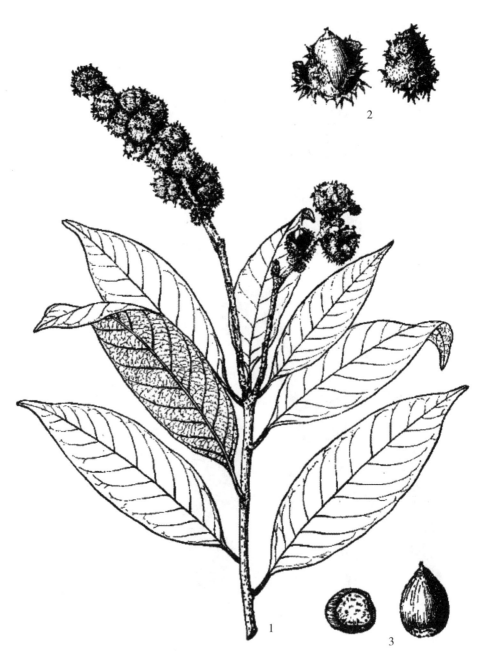

图249 小果栲 *Castanopsis fleuryi* Hick. et A. Camus
1.果枝　2.壳斗及坚果　3.坚果

图250 小红栲 *Castanopsis carlesii*（Hemsl.）Hay.
1.果枝　2.壳斗及坚果　3.坚果

图251 薰蕹栲 *Castanopsis fissa*（Champ.）Rehd. et Wils.
1.果枝 2.壳斗及坚果 3—4.坚果 5.叶下面（放大）

34. 杯状栲（云南植物志） 枪丝锥（中国高等植物图鉴补编）图252

Castanopsis calathiformis（Skan）Rehd. et Wils.（1917）

Quercus calathiformis Skan（1899）

Lithocarpus calathiformis（Skan）A. Camus（1932）

乔木，高达20米，胸径达50厘米。枝叶无毛。叶倒卵状长椭圆形或长椭圆形，长10—20（25）厘米，宽4—8厘米，先端短尖，基部渐窄或楔形，边缘具锯齿，有时波状，下面幼时被红褐色鳞秕，老时灰棕色或淡褐色，侧脉15—18对；叶柄长1.5—2.5厘米，雄花序多穗排成圆锥状；雌花序穗状，每总苞内有雌花1，偶有1—3。果序长10—16厘米。壳斗杯状，无柄，包坚果1/2，高0.6—1.5厘米，被三角形鳞片，鳞片覆瓦状排列或呈不明显环状排列，每壳斗具1坚果。坚果卵形或长卵形，顶端渐尖，径0.7—1.0厘米，果脐小于坚果基部，径3—6毫米。花期3—5月，果期当年10—12月。

产瑞丽、龙陵、芒市、镇康、临沧、耿马、双江、沧源、景东、景谷、普洱、澜沧、孟连、勐海、景洪、勐腊、新平、元江、元阳、绿春、蒙自、屏边、金平、河口、砚山、文山、马关、西畴、麻栗坡、富宁，生于海拔600—2400（2750）米的次生阔叶林中。越南、老挝、缅甸、泰国有分布。模式标本采自蒙自。

木材轻软，不耐腐，可作一般建筑、家具用材或作薪炭材。坚果可作饲料，树皮可提取栲胶。

35. 毛叶杯状栲 毛叶杯锥（中国高等植物图鉴补编）图253

Castanopsis cerebrina（Hick. et A. Camus）Barnett（1944）

Pasania cerebrina Hick. et A. Camus（1921）

Lithocarpus cerebrinus（Hick. et A. Camus）A. Camus（1932）

乔木，高达20米。小枝被淡褐色短柔毛。叶长椭圆形，长10—20（25）厘米，宽5—8厘米，先端渐尖，基部楔形，边缘有疏浅锯齿或波状齿，下面被淡褐色短柔毛或红褐色鳞秕，侧脉14—18对；叶柄长约2厘米。雄花序圆锥状，轴密被淡褐色柔毛；每总苞内具雌花1。壳斗杯状，有短柄，包坚果1/2，高1.4—2.2厘米，径1.5—2厘米，被三角形鳞片，鳞片排列成5—6环，每壳斗具1坚果。坚果长椭圆形，高约2.5厘米，径1.4—1.8厘米，果脐小于坚果基部。花期4—5月，果期10—12月。

产屏边、河口，生于海拔240—980米的湿润阔叶林中。越南北部有分布。

4. 石栎属 Lithocarpus Bl.

常绿乔木。枝有顶芽，常具棱。单叶，螺旋状互生，全缘，稀有锯齿，下面被鳞秕，被毛或无毛。花序为直立荑黄花序，腋生或顶生，雌雄同株，或雌花生于雄花序下方；雄花3至数花簇生于花序轴上，花被4—6，雄蕊10—12，有时有退化雌蕊；雌花单1或3—5（稀7）散生于花序轴上，花被片4—6，花柱与子房室同数，有时有不孕雄蕊，通常每簇只1花或2花发育成果，稀3花均发育结果。成熟壳斗具1坚果，稀2—5，壳斗呈球形、杯形、

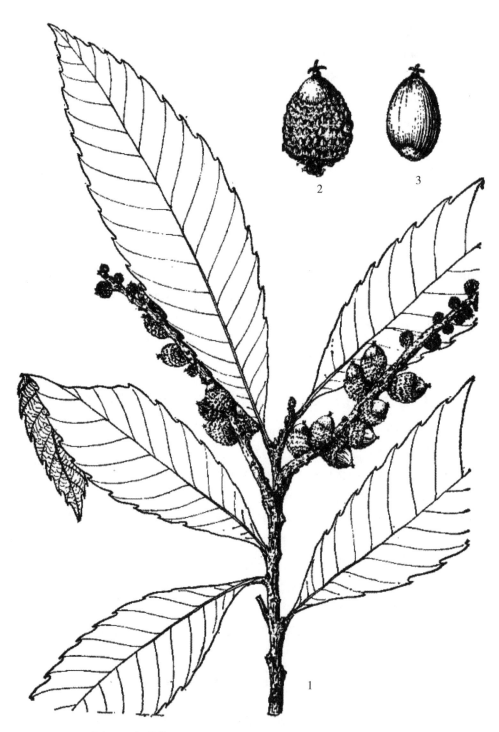

图252 杯状栲 *Castanopsis calathiformis*（Skan）Rehd. et Wils.
1.果枝 2.壳斗及坚果 3.坚果

图253 毛叶杯栲 *Castanopsis cerebrina* (Hick. et A. Camus) Barnett
1.花果枝 2.叶下面（放大） 3.壳斗及坚果 4、6.坚果

碟形，全部包着坚果或仅包于底部，壳斗外壁小苞片鳞形，刺形或愈合成明显或不明显的连续或不连续的环纹；坚果顶端具明显或不明显的柱座，坚果大部分或一部分与壳斗壁黏合，果脐凸起或中央凸起而边缘凹陷或完全凹陷。种子萌发时子叶伸出土面。

本属约300种，主要分布在亚洲南部及东南部，少数分布至美洲。我国约110种，产秦岭及大别山以南各省（区）。云南有60多种，全省大部分地区都有分布。

分 种 检 索 表

1.坚果果脐凸起或中央凸起上缘周围凹陷。
　2.果脐凸起。
　　3.壳斗全包或几乎全包坚果，至少包着坚果1/2以上。
　　　4.壳斗外壁具明显或不甚明显的同心环纹。
　　　　5.壳斗外壁由发育的壳斗壁与不发育的壳斗壁愈合而成，各壳斗间界限不易分开
　　　　………………………………………………………………… 1.猴面石栎 L. balansae
　　　　5.壳斗外壁发育壳斗与不发育壳斗界限明显。
　　　　　6.柱座偏斜，壳斗外壁有较明显的同心环 …………… 2.绿春石栎 L. luchunensis
　　　　　6.柱座不偏斜。
　　　　　7.壳斗直径3—4厘米，有明显3—4条同心环，壳斗壁厚5—10毫米；叶上面侧脉平坦或微凸起 ……………………………………………………… 3.隐果石栎 L. eremiticus
　　　　　7.壳斗直径2—2.5厘米，有不规则不甚明显的肋状环纹；叶上面侧脉凹陷 ………
　　　　　………………………………………………………………… 4.老挝石栎 L. laoticus
　　　4.壳斗外壁无明显同心环纹或肋状环纹，有覆瓦状排列的三角形小苞片或刺状小苞片。
　　　　8.壳斗外壁为木质粗刺，刺长0.6—1厘米，刺具棱，基部粗 ……………………
　　　　………………………………………………………………… 5.木果石栎 L. xylocarpus
　　　　8.壳斗外壁无刺状小苞片。
　　　　　9.果脐超过果面积的2/3。
　　　　　　10.叶缘有锯齿；果壁坚硬，厚3毫米以上。
　　　　　　　11.叶侧脉15—28对，叶下面密被星状毛 ………… 6.密脉石栎 L. fordianus
　　　　　　　11.叶侧脉9—15对，稀较多，叶下面无毛或仅中脉或嫩叶有疏毛…… 7.烟斗石栎 L. corneus
　　　　　　10.叶全缘。
　　　　　　　12.叶下面无毛及鳞秕，干后两面同色。
　　　　　　　　13.壳斗直径3厘米以上，壳斗壁厚3—8毫米，壳斗顶端平截……
　　　　　　　　………………………………………………………… 8.大斗石栎 L. grandicupulus
　　　　　　　13.壳斗直径3厘米以下，壁厚3毫米以下。
　　　　　　　　14.坚果无毛或仅柱座周围有细绒毛。

15.坚果无毛；壳斗近球形 ·················· **9.棱果石栎** L. triqueter

15.坚果仅柱座周围有绒毛或无毛；壳斗碗形或陀螺形 ··············

·················· **10.包果石栎** L. cleistocarpus

14.坚果未与壳斗壁愈合部分被细绒毛；壳斗陀螺形或倒圆锥形，先端平截，壳斗顶部小苞片为细小三角形其余愈合成不完全连接的环带或不等边四边形 ·················· **11.截头石栎** L. truncatus

12.叶下面被红棕色糠秕状鳞秕，干后红褐色；壳斗陀螺形，三角形小苞片或整个壳斗上均明显；幼枝被毛 ·············· **12.平头石栎** L. tabularis

9.果脐占果面积1/2上下。

16.坚果被毛，至少柱座周围有细伏毛。

17.一年生枝被毛。

18.坚果柱座周围被短伏毛；壳斗包着坚果大部分。

19.叶宽通常在4厘米以下，干后黄褐色 ·········· **13.滇石栎** L. dealbatus

19.叶宽4—8厘米，干后灰褐色 ·········· **14.白穗石栎** L. leucostachyus

18.坚果被褐色短绒毛。

20.壳斗碗形，包坚果1/2；叶宽4—6厘米 ·········· **15.杯斗滇石栎** L. mannii

20.壳斗陀螺形，包坚果2/3；叶宽1.5—3厘米 ··· **16.屏边石栎** L. laetus

17.一年生枝无毛。

21.叶下面被褐色鳞秕，干后棕色至红褐色 ··· **17.香菌石栎** L. lycoperdon

21.叶下面不被褐色鳞秕，被灰白色或灰黄色蜡质或鳞秕。

22.坚果被毛；壳斗球形，顶端常突收缩成乳头状突起 ··················

·················· **18.乳状石栎** L. craibianus

22.坚果仅柱座周围有细绒毛；壳斗深碗形，顶端不呈乳头状突起 ···

·················· **10.包果石栎** L. cleistocarpus

16.坚果无毛。

23.一年生枝、嫩叶、叶柄密被黄褐色绒毛 ······ **13.滇石栎** L. dealbatus

23.一年生枝无毛。

24.壳斗球形，全包坚果；坚果球形，微具纵棱 ··················

·················· **9.棱果石栎** L. triqueter

24.壳斗深碗形或上宽下窄的陀螺形，包着坚果的1/2—3/4。

25.叶上面侧脉凹陷，下面被褐色或粉白色鳞秕。

26.叶长10—20厘米或更长，长椭圆形 ··················

·················· **19.厚叶石栎** L. pachyphyllus

26.叶长4—8厘米，椭圆形或倒卵形 ··················

·················· **20.倒卵叶石栎** L. pachyphylloides

25.叶上面侧脉不凹陷。

　　27.侧脉在近叶缘处常有小分枝 ·················· 21.多变石栎 L. variolosus

　　27.侧脉在近叶缘处隐没 ·················· 10.包石栎 L. cleistocarpus

3.壳斗包着坚果底部，至少在1/2以下。

　　28.坚果直径在2.5厘米以上；壳斗小苞片呈鸡爪状。

　　　　29.雌花常单生 ·················· 22. 鱼篮石栎 L. cyrtocarpus

　　　　29.雌花常3花簇生 ·················· 23.厚鳞石栎 L. pachylepis

　　28.坚果直径2.5厘米以下；壳斗小苞片为三角形鳞片状。

　　　　30.坚果被毛；叶上面侧脉不凹陷 ·················· 15.杯斗滇石栎 L. mannii

　　　　30.竖果无毛；叶上面侧脉凹陷 ·················· 19.厚叶石栎 L. pachyphyllus

2.果脐凸起，上缘周围凹陷。

　　31.侧脉15—28对，叶下面密被星状毛 ·················· 6.密脉石栎 L. fordianus

　　31.侧脉9—15对，叶下面无毛或仅中脉或嫩叶有疏毛 ············· 7.烟斗石栎 L. corneus

1.坚果果脐凹陷或果脐周围凹陷而中央呈锅底状凸起。

　　32.果脐周围凹陷中央呈锅底状凸起。

　　　　33.雌花常单生；叶缘有锯齿；果径2.5厘米以上 ·············22.鱼篮石栎 L. cyrtocarpus

　　　　33.雌花3花一簇。

　　　　　　34.坚果直径4—5厘米，果密被灰棕色脱落性绒毛；叶缘有锯齿 ·················
　　　　　　·················· 23.厚鳞石栎 L. pachylepis

　　　　　　34.坚果直径3厘米以下。

　　　　　　　　35.一年生枝初被灰棕色短绒毛，叶宽3—5厘米，叶下面有银灰色蜡质鳞秕 ······
　　　　　　　　·················35.短穗华南石栎 L. fenestratus var. brachycarpus

　　　　　　　　35.一年生枝无毛，叶宽6—15厘米，两面同色 ···········24.粗穗石栎 L. grandifolius

　　32.果脐凹陷。

　　　　36.雌花单生。

　　　　　　37.壳斗无柄。

　　　　　　　　38.壳斗几乎全包坚果，小苞片钻形，弯钩状；坚果直径1.8—2.8厘米 ·················
　　　　　　　　·················· 25.刺斗石栎 L. echinotholus

　　　　　　　　38.壳斗包坚果1/2以下；小苞片鸡爪形或三角形；坚果直径3厘米以上。

　　　　　　　　　　39.壳斗小苞片呈向下弯曲的短鸡爪状 ·················22.鱼篮石栎 L. cyrtocarpus

　　　　　　　　　　39.壳斗小苞片三角形，紧贴壳斗壁，稀壳斗下部小苞片略呈圆锥状突起 ······
　　　　　　　　　　·················26.假鱼篮石栎 L. gymnocarpus

　　　　　　37.壳斗基部具柄。

　　　　　　　　40.壳斗外壁及柄均具线状环纹；坚果密被黄色短绒毛 ·················
　　　　　　　　·················· 27.单果石栎 L. pseudoreinwardtii

40.壳斗外壁不具线状环纹或环纹不明显或环纹上仍可见三角形小苞片，坚果
无毛。

41.坚果扁球形；壳斗小苞片细小三角形 …… 28.长柄石栎 L. longipedicellatus

41.坚果宽卵形，高、径近相等；壳斗小苞片明显 …29.柄斗石栎 L. pakhaensis

36.雌花3—5一簇。

42.壳斗具柄。

43.壳斗具5—9环纹 ………………………………… 30.白毛石栎 L. magneinii

43.壳斗不具环纹。

44.壳斗全包坚果 …………………………… 31.球果石栎 L. sphaerocarpus

44.壳斗包坚果基部 ………………………… 32.小果石栎 L. microspermus

42.壳斗不具柄。

45.壳斗包坚果大部分至少包1/2以上。

46.壳斗包坚果2/3以上。

47.叶上面密被褐色柔毛；小枝、叶下面均被密毛 ……………………………
……………… 33.毛枝石栎 L. rhabdostachyus subsp. dakhaensis

47.叶上面无毛；小枝、叶下面无毛或微有毛。

48.叶两面同色或近于同色，或下面被灰白色鳞秕。

49.壳斗几乎全包坚果 ……………… 34.华南石栎 L. fenestratus

49.壳斗包坚果3/4—4/5 ……………………………………………
……………35.短穗华南石栎 L. fenestratus var. brachycarpus

48.叶两面不同色，下面干后苍灰色或灰白色。

50.壳斗壶形，全包坚果 ……………… 36.壶斗石栎 L. echinophorus

50.壳斗球形或扁球形，包坚果3/4 ……………………………………
……………… 37.金平石栎 L. echinophorus var. bidoupensis

46.壳斗包坚果1/2左右。

51.坚果被绒毛 ………………………… 38.勐海石栎 L. fohaiensis

51.坚果无毛。

52.小枝、叶柄被毛，叶下面被棕色鳞秕及星状毛 ……………………
……………… 39.墨毛石栎 L. petelotii

52.小枝、叶柄无毛。

53.叶下面被灰白色鳞秕，叶长5—13厘米，宽1.5—4厘米 ………………
……………… 40.光叶石栎 L. mairei

53.叶下面无鳞秕，叶长15—40厘米，宽6—15厘米 …………………
……………24.粗穗石栎 L. grandifolius

45.壳斗包坚果底部，不超过1/2。

54.坚果被毛或在柱座周围有毛。

55.坚果被毛；叶较宽。

56.幼枝、叶下面、叶柄被绒毛，叶下面有白粉，上面侧脉凸起 …………………
……………………………………………………… 41.越南石栎 L. annamensis

56.枝、叶无毛，叶下面无白粉，上面侧脉不明显 ……………………………
…………………………………………………… 38.勐海石栎 L. fohaiensis

55.坚果在柱座周围有毛，叶窄长，长为宽的5—7倍 ………… 42.窄叶石栎 L. confinis

54.坚果无毛。

57.壳斗小苞片钻形，向下弯钩，坚果圆锥形，高4—5厘米，径2.2—2.6厘米 …………
……………………………………………………… 43.长果石栎 L. arecus

57.壳斗小苞片鳞片状。

58.叶柄、叶下面被毛，至少幼时被毛。

59.叶下面被星状毛及粉状鳞秕 ……………………… 39.星毛石栎 L. petelotii

59.叶下面被单毛或仅幼叶被毛。

60.壳斗小苞片三角形；叶革质 ……………… 44.临沧石栎 L. mianningensis

60.壳斗小苞片宽卵状三角形；叶纸质成薄革质 ……… 45.犁耙石栎 L. silvicolarus

58.叶下面无毛或毛早落。

61.叶缘上部有少数锯齿。

62.叶下面被糠秕状蜡质鳞秕，干后灰褐色；坚果径约1.5—3.7厘米 …………
……………………………………………………… 45.犁耙石栎 L. silvicolarus

62.叶两面同色，坚果径1.6—2.5厘米 ……………… 46.东南石栎 L. harlandii

61.叶全缘。

63.叶中部以上最宽。

64.叶两面同色，下面无鳞秕。

65.壳斗小苞片宽扁三角形，叶上面侧脉通常不凹陷，或有时凹陷，叶基常为
耳垂形 ………………………………………24.粗穗石栎 L. grandifolius

65.壳斗小苞片三角形。

66.叶宽6—13厘米，上面侧脉明显下凹 …… 47.大叶石栎 L. megalophyllus

66.叶形变化大，宽不超过5厘米，上面侧脉不凹陷 … 48.硬斗石栎 L. hancei

64.叶两面不同色，下面被鳞秕。

67.叶纸质，上面中脉明显凸起 ……………… 49.多穗石栎 L. polystachyus

67.叶革质，上面中脉平坦或凹下。

68.壳斗近平展 ………………………………… 50.两广石栎 L. synbaianos

68.壳斗浅碗形 ………………………………… 46.东南石栎 L. harlandii

63.叶最宽处在中部以下，有时在近中部。

69.叶两面同色。

  70.果常被白粉 ·· 46.东南石栎 L. harlandii

  70.果不被白粉。

    71.壳斗小苞片明显，三角形 ··················· 51.景东石栎 L. Jingdongensis

    71.壳斗下部的小苞片常愈合而不明显 ············· 48.硬斗石栎L. hancei

69.叶两面不同色。

  72.叶长为宽的5—7倍 ····························· 42.窄叶石栎 L. confinis

  72.叶长为宽的2—4倍。

    73.坚果常有白粉。

      74.叶上面中脉平坦或下凹；小枝、叶柄有蜡质层 ···50.两广石栎 L. synbalanos

      74.叶上面中脉明显凸起；枝、叶柄无蜡质层 ······ 49.多穗石栎 L. polystachyus

    73.果无白粉。

      75.叶革质；壳斗浅碗形。

        76.果径2—2.8厘米；叶上面侧脉平凸，叶柄长2—3.5厘米 ·····················

           ··· 52.美苞石栎 L. calolepis

        76.果径1.5—1.8厘米；叶上面侧脉不明显，叶柄长0.8—1.5厘米 ··············

           ··· 40.光叶石栎 L. mairei

      75.叶纸质；壳斗平盘形 ····················· 53.粉背石栎 L. hypoglaucus

1.猴面石栎（云南植物志）　猴面柯（中国高等植物图鉴补编）图254

Lithocarpus balansae（Drake）A. Camus（1932）

Ouercus balansae Drake（1890）

Pasania balansae（Drake）Hick. et A. Camus（1921）

乔木，高达30米，胸径达60厘米。一年生枝灰褐色，无毛。叶纸质至薄革质，长椭圆形或椭圆状披针形，长（13）15—25厘米，宽4—8厘米，萌发枝的叶长达40厘米，宽达12厘米，先端短突尖或短尾尖，基部楔形，全缘，上面亮绿色，下面灰绿色，无毛，上面中脉、侧脉微凸起，侧脉10—12对，二次侧脉明显；叶柄长1.5—2.5厘米，无毛。花序长9—15厘米，雌花通常3花一簇，花柱长1.5—2毫米。果序长达15厘米，果序轴无毛，散生白色皮孔。壳斗全包坚果，由不发育的壳斗壁与发育的壳斗壁愈合而成，各壳斗间界限不明显，壳斗球形、卵形或不规则扁长椭圆形，长径3—10厘米，短径3—5厘米，高约5厘米，干后黄灰色或褐色，无毛，壁厚0.5—1厘米，外壁具不规则肋状环纹，顶端有3凹陷的小圆孔。壳斗内有坚果1—3，近球形，高径约3.5厘米，绝大部分与壳斗内壁黏合，无毛。花期4月，果期8—10月。

产金平、屏边，生于海拔400—1300米山地湿润森林中。越南也产。

木材心、边材区别不明显，易受白蚁蛀蚀，不甚耐腐。

2.绿春石栎（云南植物志）图254

Lithocarpus luchunensis Y. C. Hsu et H. W. Jen（1976）

乔木，高达30米。一年生小枝灰绿色，无毛。叶革质，长椭圆形，长15—20厘米，宽4.5—6.5厘米，先端尾尖，基部宽楔形，全缘，两面同色，无毛，上面侧脉下凹，9—11对；叶柄长1—1.8厘米，无毛。雌花3—5一簇，每簇1—2发育。果序长10厘米左右，常2—3个果序生于枝顶，果序轴径约6毫米，无毛。壳斗近球形，不对称，径2—2.5厘米，全包坚果，外壁平滑，有较明显的同心环，壳斗壁厚3—6毫米（幼嫩壳斗壁厚1—2毫米）。坚果近球形，径1.5—2.2厘米，柱座偏斜，除顶部极小面积外全与壳斗壁黏合，无毛。

产金平、绿春、屏边等地，生于海拔2000—2400米阔叶林中，为乔木层的主要树种。模式标本采自绿春。

3.隐果石栎（云南植物志）　隐果柯（中国高等植物图鉴补编）图255

Lithocarpus eremiticus Chun et Huang（1976）

乔木，高达20米。一年生枝有棱，无毛。叶革质，长椭圆形至长倒卵形，长10—23厘米，宽4—8厘米，先端长渐尖，基部楔形，全缘，无毛，上面侧脉平坦或微凸起，10—14对，二次侧脉明显；叶柄长1.5—2厘米，无毛。雄花序着生于叶腋，长5—9厘米，花被及花序轴被绒毛；雌花每3花一簇。果序长约9厘米，轴径4—5毫米，无毛。壳斗全包坚果或顶端微露出，倒卵形或陀螺形，径约3—4厘米，有明显的3—4同心环，无毛，壁厚5—10毫米。坚果近球形，径约1厘米，位于壳斗上部，柱座不偏斜，除坚果顶部约5毫米外全与壳斗壁黏合，无毛。

产绿春、金平、屏边，生于海拔660—1500米湿润沟谷森林中。模式标本采自金平。

4.老挝石栎（云南植物志）　老挝柯（中国高等植物图鉴补编）图255

Lithocarpus laoticus（Hick. et A. Camus）A. Camus（1932）

Pasania laotica Hick. et A. Camus（1921）

乔木，高达20米，胸径达40厘米。一年生枝圆筒形，无毛，密被灰白色皮孔。叶薄革质，宽椭圆形或长椭圆形，长10—20厘米，宽3—6厘米，先端长渐尖或短渐尖，基部楔形至近圆形，全缘，无毛，两面同色，干后下面略带灰色，上面中脉微凸起，侧脉凹陷，9—12对，二次侧脉明显；叶柄长1.5—2厘米，无毛。雄花序多个聚生于枝顶部，花序轴被粉状细短毛；雌花每3花一簇。果序长8—12厘米，轴径4—6毫米，无毛。壳斗近球彩，全包坚果，高、径2—2.5厘米，顶端圆形或近于平坦，壳斗壁厚约1.5毫米，有不规则不甚明显的肋状环纹。坚果近球形，径约2厘米，除顶端极小面积外其余与壳斗壁黏合，果壁厚约1毫米。花期3—4月，果期9—10月。

产绿春、金平，生于海拔1500—2400米山地杂木林中，较普遍。老挝、越南也有。

5.木果石栎（云南植物志）　木壳柯（中国高等植物图鉴补编）图256

Lithocarpus xylocarpus（Kurz）Markg.（1924）

Quercus xylocarpa Kurz（1875）

乔木，高达30米，胸径达90厘米。一年生枝具明显棱，被棕黄色绒毛，二年生枝无毛。叶薄革质，卵状披针形或窄长椭圆形，或有时为倒披针形，长8—15厘米，宽2—5厘米，先端长渐尖或尾尖，通常歪斜，基部楔形，全缘，下面灰绿色，干后黄灰至银灰色，被蜡质鳞秕，上面侧脉凹陷，11—14对，二次侧脉明显或不明显，中脉常被细短毛，嫩叶下面沿中脉常被柔毛；叶柄长1厘米，被绒毛。雄花序常单个腋生，长5—10厘米，或雌雄同序；雌花每3花一簇。壳斗近球形，连刺直径3—4.5厘米，全包坚果，被短毛，壳斗外壁小苞片呈木质粗刺，刺长0.6—1厘米，基部粗，先端尖而钩弯，刺具棱。坚果长圆形或近球形，径1.3—1.8厘米，高1.3—2厘米，顶端平坦或有尖，大部分与壳斗壁黏合，无毛。花期5—6月，果期9—10月。

产镇康、凤庆、景东、澜沧、金平等地，生于海拔1200—2500米半湿润性杂木林中，在新平至景东、楚雄一带是季风常绿阔叶林或半湿润常绿阔叶林的优势树种，伴生树种有木荷、舟柄茶、木莲、含笑和润楠等，在哀牢山徐家坝可分布到海拔2700米。越南、缅甸、印度也有。

6.密脉石栎（云南植物志）　密脉柯（中国高等植物图鉴）图257

Lithocarpus fordianus（Hemsl.）Chun（1927）

Quercus fordiana Hemsl.（1899）

Pasania fordiana（Hemsl.）Hick. et A. Camus（1930）

乔木，高达20米，胸径达30厘米。一年生枝常为圆筒形，被灰黄色绒毛。叶长椭圆形、倒卵状长椭圆形、椭圆状披针形或倒披针形，长10—25厘米，宽3—7厘米，先端突急尖或尾状，基部楔形至近圆形，叶缘中部以上有锯齿，稀全缘，两面同色，上面中脉、侧脉均凹陷，被稀疏短柔毛，侧脉15—28对，二次侧脉明显，下面被星状柔毛；叶柄长1—3厘米，被短柔毛。花序长约10厘米，轴纤细，被毛，通常雌雄同序，雌花每3花生于花序轴基部。果序短，长2—4厘米，轴被棕色绒毛。壳斗深碗状，包坚果1/2—3/4，高2—3厘米，径2.5—3.5厘米，小苞片呈脊状凸起。坚果半球形或略扁的陀螺形，径2.5—3.5（5.5）厘米，坚果2/3—3/4与壳斗壁黏合，顶端圆，稀近平坦，被黄灰色细伏毛，果脐凸起，果壁坚硬，厚4—10毫米。花期5月或7—9月，果期次年7—9月。

产双江、蒙自、金平、沧源、西双版纳等地，生于海拔700—1500米山地森林中，较湿润的密林中较常见。贵州有分布；越南也产。

种仁煮热可食用。

7.烟斗石栎（云南植物志） 烟斗柯（中国高等植物图鉴）图257

Lithocarpus corneus（Lour.）Rehd.（1917）

Quercus cornea Lour.（1790）

乔木，高达15米，胸径达25厘米。树皮灰褐色，浅纵裂；一年生枝圆筒形或略具棱，初被短绒毛，后渐脱落。叶纸质，卵状椭圆形，长椭圆形至倒卵状披针形，大小差异很大，长4—20厘米，宽1.5—5厘米，先端渐尖至急尖，基部楔形，常偏斜，稀近圆形，叶缘具疏锯齿，有时波状或全缘；两面同色，无毛或中脉或脉腋有短毛，或嫩叶下面脉上被稀疏星状毛，上面中脉、侧脉凹陷，侧脉9—15对，二次侧脉明显；叶柄长0.5—2厘米，幼时被毛。花常雌雄同序，雌花生于花序轴的下部，3—5一簇，稀单花散生，常1花结果。壳斗陀螺形或半球形，包着坚果1/2—4/5，通常顶部最宽，高2—4厘米，径2.5—5厘米；小苞片三角形或近菱形，中间肋状增厚，贴伏，被微柔毛。坚果陀螺形或半球形，径2—3厘米，高1.5—2.4厘米，顶部圆或平坦，有微柔毛，除顶部外全与壳斗壁黏合，果壁角质或硬木质，厚达3毫米。花期5—6月，果期10—12月。

产富宁、丘北等地，生于海拔600—1000米山地阔叶林中，常见于干燥次生林中。台湾、福建、湖南、广东、广西、贵州有分布；越南、老挝也产。

木材淡黄色或灰白色，略坚重，不耐腐；种仁炒熟可食。

8.大斗石栎（云南植物研究）图258

Lithocarpus grandicupulus Hsu，P. X. Ho et Q. Z. Don（1983）

乔木，高达20米。一年生枝粗壮，具沟槽，灰褐色，无毛，有多数褐色长椭圆形皮孔。叶革质，叶长方状椭圆形或长方状倒卵形，长15—21厘米，宽6.5—10厘米，先端长渐尖，基部宽楔形，全缘，无毛，干后两面同色，上面中脉、侧脉平坦，侧脉9—10对，近叶缘处向上弯曲，二次侧脉明显；叶柄长2.5厘米。雄花序总状分枝，花序轴被薄毛；雌花3花一簇。果序长约12厘米。壳斗钟形、倒圆锥形，径约3.5厘米，高4厘米，顶端平截，被短绒毛；小苞片长三角形，壳斗中、下部的小苞片与壳斗壁愈合，略呈不整齐的环纹；壳斗壁厚3—8毫米。坚果长方状椭圆形，高约2.7厘米，径约2.4厘米，顶端平，无毛，除顶部外全部与壳外壁黏合。花期4—5月，果期次年9—10月。

产盈江。模式标本采自盈江。

9.棱果石栎 棱果柯（中国高等植物图鉴补编）图259

Lithocarpus triqueter（Hick. et A. Camus）A. Camus（1932）

Pasania triqueter Hick. et A. Camus（1921）

乔木。一年生枝明显具棱，无毛。叶革质，窄长椭圆形或倒披针状长椭圆形，长15—25厘米，宽5—7厘米，先端短渐尖，基部楔形，沿叶柄下延，全缘，无毛，干后下面带淡灰色，上面中脉凹陷或平坦，侧脉约10—12对；叶柄长1—2厘米，基部膨大，无毛。雄花序多个排成圆锥花序状，长达20厘米，轴被褐色绒毛；雌花序长8—10厘米，雌花3花一簇。壳斗近球形，径2—2.5厘米，全包坚果或包着坚果4/5以上，顶部边缘最薄，紧贴坚果；小苞片三角形，覆瓦状排列，干后苍灰色或灰白色，密被蜡质鳞秕，无毛。坚果近球

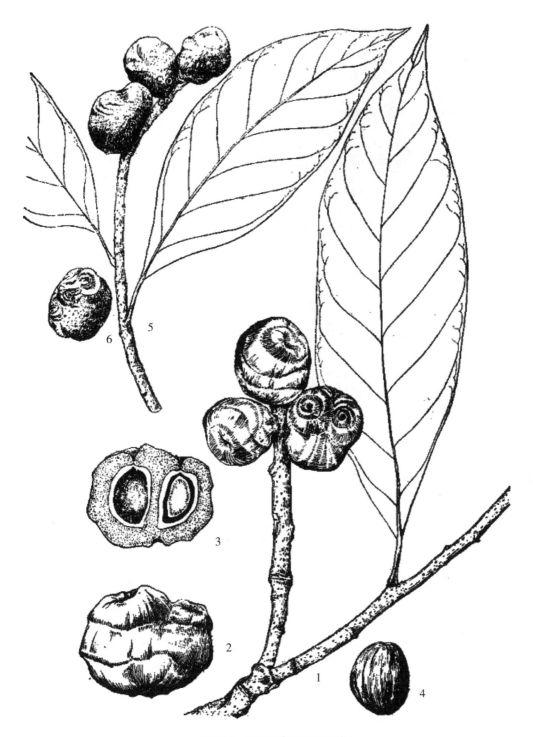

图254 猴面石栎和绿春石栎

1—4. 猴面石栎 *Lithocarpus balansae*（Drake）A. Camus

1.果枝　2.壳斗　3.壳斗纵剖面　4.坚果

5—6. 绿春石栎　L. *luchunensis* Hsu et Jen　5.果枝　6.壳斗

图255　隐果石栎和老挝石栎

1—2. 隐果石栎 *Lithocarpus eremiticus* Chun et Huang　1.果枝　2.壳斗纵剖面

3—4.老挝石栎 L. laoticus（Hick. et A. Camus）A. Camus　3.果枝　4.坚果

图256 木果石栎和乳状石栎

1—2.木果石栎 *Lithocarpus xylocarpus*（Kurz）Markg. 1.果枝 2.坚果

3—5.乳状石栎 *L. cratibianus* Barn. 3.叶片 4.果序 5.坚果

图257 密脉石栎和烟斗石栎

1—4.密脉石栎 *Lithocarpus fordianus*（Hemsl.）Chun

1.果枝 2.壳斗及坚果 3.坚果 4.叶背面

5—7.烟斗石栎 *L. corneus*（Lour.）Rehd. 5.叶片 6.壳斗及坚果 7.坚果

图258 大斗石栎 *Lithocarpus grandicupulus* Hsu，P. S. Ho et Q. Z. Don
1.花枝 2.果枝 3.壳斗 4.坚果

形，基部略窄，具不甚明显的钝角三棱，高2—2.4厘米，径1.8—2厘米，顶端柱座周围通常凹陷，无毛，1/2—2/3与壳斗壁黏合，果脐凸起。花期5—6月，果期次年8—10月。

产河口、金平，生于海拔600—1200米常绿阔叶林中。越南有分布。

10. 包果石栎　包果柯（中国高等植物图鉴补编）图259

Lithocarpus cleistocarpus（Seem.）Rehd. et wils.（1917）

Quercus cleistocarpus Seem.（1897）

Lithocarpus cleistocarpus var. *omcicnsis* Fang（1945）

乔木，高达20米。一年生枝具棱，无毛，有灰黄色蜡质鳞秕。叶革质，卵状椭圆形至倒卵状椭圆形，或长椭圆形，长9—20厘米，宽3—8厘米，萌发枝的叶长达35厘米，宽达12厘米，先端短渐尖，基部楔形，全缘，无毛，两面同色，干后下面有时略带苍灰色，侧脉8—10对，在近叶缘处隐没；叶柄长1—1.5厘米，无毛。雄花序单生或多个排成圆锥花序状；雌花序顶部常有少数雄花，花序轴有时蜡质鳞秕，雌花每3花一簇，稀5花一簇。壳斗碗形或陀螺形，全包坚果或包着坚果1/2以上，高1—2.5厘米，径1.5—3厘米；小苞片密生，三角形，伏帖，密被灰色绒毛。坚果扁球形，高1.5—2厘米，径2—2.5厘米，顶部圆弧形，柱座周围有细绒毛，1/2—2/3与壳斗壁黏合，果脐呈不规则锅形凸起。花期5—6月，果期次年8—10月。

产永善、大关、彝良、镇雄等地，常生于海拔1500—2600米山顶山脊阔叶林中，较耐寒，喜湿润环境，同生植物有水青冈等。四川、贵州有分布。

木材坚重，不甚耐腐，气干容量0.666。

11. 截头石栎（云南植物志）　截果柯（中国高等植物图鉴补编）图260

Lithocarpus truncatus（King）Rehd.（1919）

Qucrcus truncata King（1888）

乔木，高达30米。树皮褐色；一年生枝具棱，无毛。叶革质，长椭圆形或卵状披针形，长10—20厘米，宽3.5—7厘米，萌发枝的叶长达30厘米，宽9厘米，先端长渐尖，基部楔形或宽楔形，沿叶柄下延，全缘，无毛，下面苍灰色或淡灰色，侧脉9—13对；叶柄长1—2厘米，无毛。雄花序单生或多个排成圆锥花序状，长5—12厘米；雌花序长达18厘米，花序轴被淡黄色短细毛，雌花每3—5花一簇。果序长16—25厘米，轴径达12毫米，有凸起褐色皮孔。壳斗为顶部平截的倒圆锥形或陀螺形，下部窄，高1.5—2.5厘米，径1.4—2厘米，几乎全包坚果或包着大部分，仅坚果顶部露出，壳斗顶部的小苞片细小三角形，覆瓦状排列，贴伏，中下部的小苞片常愈合成不完全连接的环带或为扩大的三角形或不等边的四边形。坚果长圆形或近球形，顶部平坦或圆形，径1.3—1.8厘米，约2/3与壳斗壁黏合，不黏合部分被灰黄色细伏毛。花期8—10月，果期次年9—11月。

产双江、凤庆、临沧、镇沅、景东、西双版纳、屏边、金平、麻栗坡等地，生于海拔800—2000米常绿阔叶林中，在景东无量山有截果石栎群落，同生植物有银叶栲、印度栲等，生于干燥的地方，多呈灌木状。广东、广西、西藏有分布；印度、缅甸、老挝、越南也有。

12. 平头石栎（云南植物志）　平头柯（中国高等植物图鉴补编）图260

Lithocarpus tabularis Hsu et Jen（1976）

乔木，高达25米。一年生枝具棱，幼时被毛。叶革质，长椭圆形，长10—30厘米，宽2.5—6厘米，先端渐尖或尾尖，基部楔形，全缘，下面被红褐色粉末状鳞秕，成长叶的鳞秕脱落，干后呈红褐色，嫩叶下面干后有油润光泽，上面中脉凹陷，侧脉平坦，14—17对，二次侧脉明显；叶柄长1—3厘米，干后黑褐色，无毛。雄花序单1腋生，长8—12厘米；雌花3花一簇，花柱长2—3毫米。壳斗倒圆锥形，全包坚果，顶部平坦且最宽，径达3厘米，高2.5—3厘米；小苞片三角形在整个壳斗上均明显。坚果近球形，高、径1.5—2厘米，果脐占果面积的2/3以上，未与壳斗壁愈合部分被淡黄色绒毛。

产屏边，生于海拔1500米湿润山箐密林中，尚普遍。模式标本采自屏边。

13. 滇石栎（云南植物志）　白皮柯（中国高等植物图鉴）图261

Lithocarpus dealbatus（DC.）Rehd.（1919）

Pasania yenshanensis Hu（1951）

乔木，高达20米，胸径达80厘米。树皮暗灰褐色；一年生枝具明显棱，密被灰白色或灰黄色绒毛。叶近革质，卵形，卵状椭圆形或长披针形，长5—14厘米，宽2—3.5（4）厘米，先端短成长渐尖，稀钝头，基部楔形，全缘，嫩叶密被灰白色或灰黄色绒毛，成长叶上面中脉上被稀疏短毛或近无毛，下面有时毛脱落，密被苍灰至灰白色蜡质鳞秕，干后黄褐色，上面中脉微凸起，侧脉9—12对，微凹陷；叶柄长8—20毫米，被黄色柔毛。雄花序圆锥状，长5—12厘米；雌花序长可达20厘米，或雌花生于雄花序下部，雌花3—5一簇。果序长4—10厘米。壳斗碗形，包坚果大部分，径1—1.5厘米，高8—15毫米，被黄色毡毛；小苞片三角形，下部的贴生于壳斗，上部的分离，长1—3毫米。坚果近球形或扁球形，径1—1.3厘米，1/2或1/3与壳斗壁黏合，顶端圆或中央凹陷，有短柱座，柱座周围有短伏毛或无毛，果脐呈锅底状凸起。花期8—10月，果期次年9—11月。

产丽江、香格里拉、宁蒗、西畴、麻栗坡等地，在滇中主要生于海拔1500—2500米处，为优势种，同生植物有元江栲，高山栲、滇青冈等；也常与云南松、滇油杉组成混交林；在西畴1400—1500米处与罗浮栲、杯状栲组成群落。贵州、四川有分布；越南、老挝、泰国、印度也有。

木材黄棕色或淡黄色，颇坚硬，耐腐，为桩木、地板、木制机械等用材；种子含淀粉66.8%。

14. 白穗石栎（云南植物志）图262

Lithocarpus leucostachyus A. Camus（1934）

L. dealbatus subsp. leucostachyus A. Camus（1948）

Pasania leucostachya（A. Camus）Hu（1940）

乔木。一年生枝具棱，初被灰褐色短绒毛，后渐脱落。叶薄革质，长椭圆形，倒卵

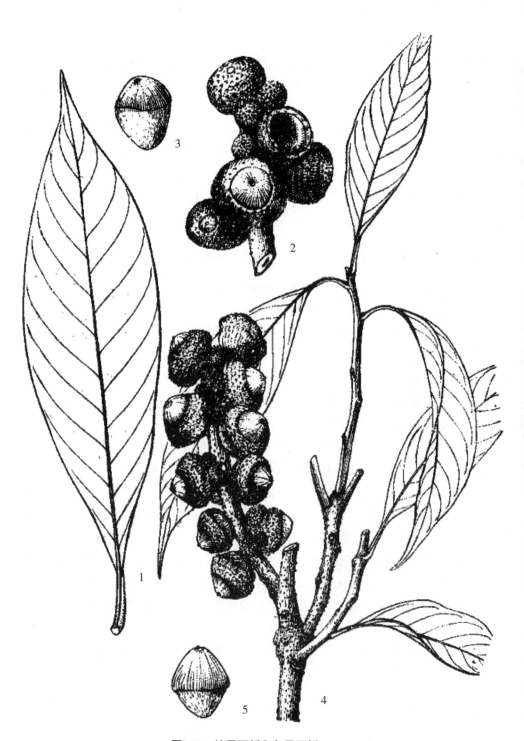

图259 棱果石栎和包果石栎

1—3.棱果石栎 *Lithocarpus triqueter*（Hick. et A. camus）A. Camus

1.叶片　2.果序　3.坚果

4—5.包果石栎 *L. cleistocarpus*（Seem.）A. Camus　4.果枝　5.坚果

图260　截头石栎和平头石栎

1—2. 截头石栎 *Lithocarpus truncatus*（King）Rehd.　1.果枝　2.坚果

3—4. 平头石栎 *L. tabularis* Hsu et Jen　3.果枝　4.坚果

图261 滇石栎和杯斗滇石栎

1—2.滇石栎 *Lithocarpus dealbatus*（DC.）Rehd. 1.果枝 2.坚果

3—4.杯斗滇石栎 *L. mannii*（A. Camus）Huang et Y. T. Chang 3.果枝 4.坚果

状长椭圆形或椭圆状披针形，常呈镰弯形，长（10）14—24厘米，宽4—8厘米，先端渐尖，基部楔形，全缘，上面无毛，下面至少脉上被疏毛稀脱净，上面干后灰褐色，下面灰白色，被蜡质层，上面中脉凸起，侧脉11—14对，不甚明显；叶柄长1—2厘米，被黄褐色绒毛。雄花序单生或簇生于枝顶，长达15厘米，花序轴径1.5毫米，被褐色绒毛（不为鳞秕）；雌花3花一簇。果序长11—19厘米，轴径4—6毫米，被短柔毛及灰白色蜡层。壳斗全包坚果或包着大部分，倒卵形，高1.7厘米，径1.5厘米，被灰白色短柔毛；壳斗中、下部的小苞片宽三角形，与壳斗壁愈合，中部以上的小苞片长三角形，长约2毫米，先端与壳斗壁分离并钩弯呈鸡爪状，背部有脊，被灰白色绒毛；壳斗内壁除顶端有白色短绒毛外其余无毛。坚果球形戒扁球形，高、径约1.3厘米，顶端圆形或微凹，仅柱座周围有白色柔毛，其余无毛，1/3与壳斗壁黏合，果脐凸起。

产新平、永德，生于海拔900—2000米疏林中。越南有分布。

15. 杯斗滇石栎（云南植物志）　白粉毛柯（中国高等植物图鉴补编）图281

Lithocarpus mannii（A. Camus）Huang et Y. T. Chang（1982）

L. dcalbatus subsp. mannii（King）A. Camus（1948）

小乔木，高6米。一年生枝纤细，微有纵棱，疏被灰白色绒毛；二年生枝具大小不等的灰白色皮孔。叶长椭圆形，长卵形或倒卵状披针形。长9—14厘米，稀达17厘米，宽4—6厘米，先端突尖或圆钝，基部楔形或偏斜，无毛或下面沿中脉有短绒毛，干后上面灰绿色，下面粉白色，上面侧脉平坦，9—11（15）对；叶柄长1—1.5厘米，被苍灰色绒毛。雄花序长13厘米，密被灰白色毛；雌花每3花一簇。果序长12厘米。壳斗碗形，径1—1.5厘米，高5—7毫米，包着坚果1/2；小苞片三角形，紧密覆瓦状排列，被灰褐色绒毛。坚果宽卵形，径约1.2厘米，被褐色短绒毛，果脐与坚果基部几乎同大，稍凸起，平滑。

产耿马，生于海拔1300米阔叶林中。越南有分布。

16. 屏边石栎（云南植物志）　屏边柯（中国高等植物图鉴补编）图263

Lithocarpus laetus Chun et Huang（1976）

乔木，高达30米。一年生枝被棕色短绒毛。叶近革质，长卵形或长椭圆状披针形，长6—11厘米，宽1.5—3厘米，先端渐尖或尾尖，基部楔形或偏斜，全缘，下面密被棕色绒毛，上面侧脉不明显，10—16对，带红褐色，二次侧脉不明显；叶柄长0.6—1厘米，密被棕色绒毛。雌花3花一簇。果序长约6厘米，径约4毫米。壳斗碗形或陀螺形，径2—2.5厘米，高1—1.2厘米，包着坚果约2/3，最宽处在中部以上，口部近于平截，边缘增厚，壳斗壁厚2—3毫米；小苞片三角形，生于壳斗顶端的较明显，覆瓦状排列，密被棕色绒毛。坚果圆锥形，高1.8—2厘米，径1.6—1.8厘米，全部被棕色绒毛，果脐凸起，约占果面积1/3。果期10月。

产屏边，生于海拔1700米山地湿润密林中。模式标本采自屏边。

图262　白穗石栎 *Lithocarpus leucostochyus* A. Camus
1.花、果枝　2.坚果

图263　屏边石栎和香菌石栎

1—3.屏边石栎 *Lithocarpus laetus* Chun et Huang　1.果枝　2—3.坚果

4—6.香菌石栎 *L. lycoperdon*（Skan）A.Camus　4.枝叶　5.果序　6.坚果

17. 香菌石栎（中国树木志） 香菌柯（中国高等植物图鉴补编）图263

Lithocarpus lycoperdon（Skan）A. Camus（1932）

Quercus lycoperdon Skan（1899）

Pasania lycoperdon（Skan）Schott.（1912）

乔木，高达30米，胸径达60厘米。一年生枝具棱，无毛。叶革质，长卵形至卵状椭圆形，长7—18厘米，宽3—6厘米，先端渐尖或短突尖，基部楔形，偏斜，全缘，无毛，上面干后棕色至红褐色，下面被黄白色粉末状鳞秕或蜡质鳞秕，上面侧脉不明显，8—11对；叶柄长1.5—2.5厘米，无毛，雄花序多个排成圆锥花序状，长约10厘米，轴径2毫米，密被苍色绒毛；雌花序2—3个聚生于枝顶，长5—10厘米，雌花每3花一簇。壳斗球形或陀螺形，包着坚果2/3以上，高2—2.5厘米，径2—3厘米，被褐色绒毛；小苞片三角形或不规则四边形，贴伏于壳斗壁，覆瓦状排列或下部的连生成不连接环带。坚果扁球形，径2厘米，高1.5厘米，下部1/3—1/2与壳斗壁黏合，不黏合部分被苍灰色短毛。花期5—6月，果期10—11月。

产金平、绿春、蒙自、屏边，生于海拔1200—2000米山地杂木林中。模式标本采于蒙自。

18. 乳状石栎 白穗柯（中国高等植物图鉴补编）图256

Lithocarpus craibianus Barn.（1938）

乔木，高达20米，胸径达60厘米，树皮暗黑褐色。一年生枝具棱，无毛，被灰黄色或灰白色蜡质、糠秕状鳞秕。叶薄革质，椭圆形或卵状椭圆形，长6—15厘米，宽3—6厘米，萌发枝的叶长可达20厘米，宽8厘米，先端长渐尖或短突尖，基部楔形或宽楔形，全缘，无毛，干后有光泽，下面灰绿色，干后灰白色或带苍灰色，上面侧脉不明显；8—12对，下面侧脉褐色，二次侧脉明显；叶柄长1—2厘米，无毛。雄花序单1腋生，稀由多个排成圆锥花序状，长达20厘米，其下部着生少数雌花，花序轴被灰黄色或灰白色蜡质鳞秕；雌花3—5一簇。壳斗全包或几乎全包坚果，圆球形，顶端常突然收缩成乳头状突起，径1.2—2厘米；小苞片长三角形，长2毫米，背部无脊，在整个壳斗上呈均匀地覆瓦状排列，贴伏，有时壳斗顶端边缘向外面反卷；壳斗内壁密被黄白色丝状毛。坚果球形或扁球形，径1—1.8厘米，顶端常被毛，基部约1/3与壳斗壁黏合，果脐凸起。花期7—8月，果期9—10月。

产滇中及滇西南，生于海拔900—2700米山地杂木林中，在嵩明海拔2100—2500米的石灰岩地区与元江栲、灰背栎组成常绿阔叶林，在禄劝乌蒙山区生于半湿润常绿阔叶林上方。四川西南部有分布；老挝、泰国北部也有。

19. 厚叶石栎（云南植物志） 厚叶柯（中国高等植物图鉴补编）图264

Lithocarpus pachyphyllus（Kurz）Rehd.（1919）

Quercus pachyphylla Kurz（1875）

Lithocarpus woon-youngii Hu（1951）

乔木，高达25米，胸径达50厘米。树皮灰褐色，浅纵裂。一年生枝有棱，无毛。叶薄革质或纸质，椭圆形、长椭圆形或倒卵状长椭圆形，长10—20厘米，宽3.5—6厘米，萌生枝的叶长达30厘米，宽9厘米，先端渐尖或尾状尖，基部宽楔形，沿叶柄下延，全缘，上面侧脉凹陷，7—10对，近叶缘处急向上弯，叶下面灰绿色，干后带苍灰色，无毛，下面有褐色鳞秕；叶柄长1—2.5厘米，无毛或微有毛。雄花序单1或多个生于枝上部；雌花序通常单生于叶腋，长8—15厘米，花序轴无毛，雌花3或5一簇。壳斗碗形，包着坚果1/3—1/2，大小差异较大，高5—20毫米，径16—30毫米；小苞片三角形，覆瓦状排列，贴生于壳斗壁或壳斗顶端的小苞片离生。坚果圆锥形或宽卵形，高约1.5厘米，直径约1.7厘米，无毛，中部以下或底部与壳斗壁黏合，果脐凸起而周围边缘凹陷。花期5—6月，果期次年8—9月。

产怒江上游，生于海拔2400—3200米山地阔叶林、针阔叶混交林中。西藏有分布；印度、缅甸、尼泊尔也有。

木材坚实，干燥过程中不扭曲，也不开裂，用作楼板或天花板等建筑材料。

20. 倒卵叶石栎（云南植物研究）图265

Lithocarpus pachyphylloides Hsu, B. S. Sun et H. J. Qian（1983）

乔木，高达10米。一年生枝具棱，无毛，有灰白色鳞秕。叶革质，椭圆形至倒卵形，长4—8厘米，宽2.5—4厘米，先端圆钝，基部楔形，沿叶柄下延，全缘，边缘微向下面反卷，无毛，上面绿色，下面有粉白色鳞秕，上面中脉凸起，侧脉凹陷，6—8对；叶柄长2—5毫米，无毛。花序生于枝顶，长达8厘米，被棕色毛，雌花3—5一簇。果序长2—5厘米，果密集。壳斗浅碗形，包着坚果的2/5，径1.2—1.8厘米，高约1厘米，外壁被红棕色毛，内壁被白色丝状毛；壳斗中、下部的小苞片三角形，长约1毫米。壳斗上部的小苞片长三角形，长不及1毫米。坚果倒卵形或扁圆锥形，高1—1.7厘米，径1—1.5厘米，顶端圆或微凹，无毛，柱座长1毫米，果脐凸起，约为果的1/4—1/3。

产新平、景东哀牢山一带，生于海拔2600—3000米山顶，为优势种，与杜鹃花属、乌饭属和白珠树属组成群落，群落高不超过10米，一般为5—7米，树干弯曲，分枝多，萌芽力强。模式标本采自景东哀牢山。

21. 多变石栎（云南植物志）　麻子壳柯（中国高等植物图鉴补编）图266

Lithocarpus variolosus（Fr.）Chun（1928）

Quercus variolosa Fr.（1899）

L. chiencbuanensis Hu（1951）

乔木，高达15米。一年生枝幼时被褐色绒毛，后渐脱落。叶革质，长卵形至卵状披针形，长6—15厘米，宽3—5厘米，萌生枝的叶长达20厘米，宽7厘米，先端渐尖或尾尖，基部楔形至宽楔形，全缘，无毛，嫩叶下面棕红色或黄棕色，成长叶灰绿色，干后黄灰色或灰棕色，被紧密的糠秕状鳞秕，侧脉8—12对，在近叶缘处常有小分枝，二次侧脉不明显，叶柄长1—2厘米，无毛，雄花序单生或多个排成圆锥花序状，长5—10厘米；雌花序多个聚生于枝顶部，长4—6厘米，偶有长达15厘米，雌花每3花一簇。壳斗碗状或陀螺状，高6—18毫米，径1.5—2.5厘米，包着坚果1/2—4/5；小苞片三角形贴伏，覆瓦状排列或成肋状并连生成不连接的数个圆环，壳斗顶端的小苞片为三角形鳞片状。坚果近球形，直径1.3—1.8厘米，顶端圆形，无毛，约1/3—1/2与壳斗壁愈合，果脐凸起。花期5—7月，果期次年8—11月。

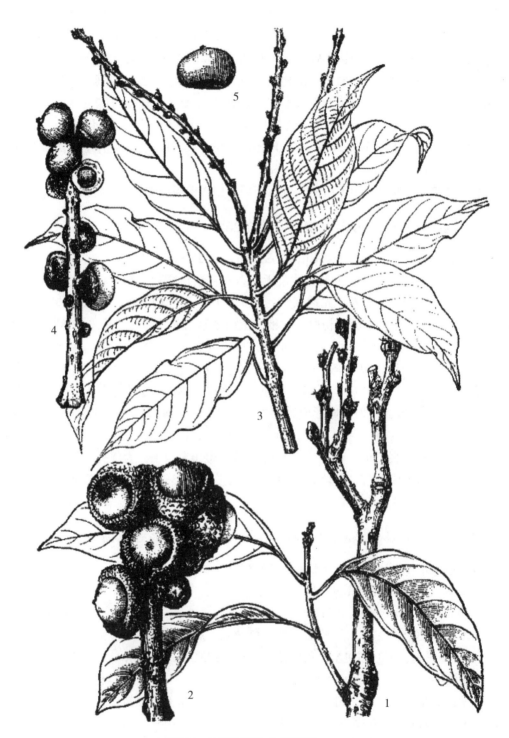

图264　厚叶石栎和多穗石栎

1—2.厚叶石栎 *Lithocarpus pachyphyllus*（Kurz）Rehd.　1.花枝　2.果序

3—5.多穗石栎 *L. polystachyus*（DC.）Rehd.　3.花枝　4.果序　5.坚果

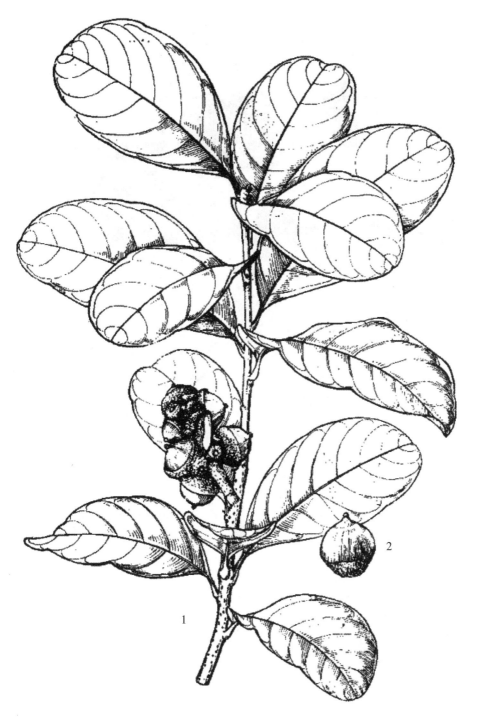

图265　倒卵叶石栎 *Lithocarpus pachyphylloides* Hsu，B. S. Sun et H. J. Qian
1.果枝　2.坚果

图266 多变石栎和柄斗石栎

1—2.多变石栎 *Lithocarpus variolosus*（Fr.）Chun 1.果枝 2.坚果

3—6.柄斗石栎 *L. pakhaensis* A. Camus 3.叶 4.果序 5.坚果侧面 6.坚果底部

产龙陵、镇康、凤庆、云龙、大理、下关、丽江、华坪、宁蒗、禄劝、寻甸、东川等地,生于海拔1900—3000米的山地,在滇东北地区的海拔2500—2900米处有单优种林;在滇西的苍山一带常与元江栲混生,也常与云南松、铁杉或其他栎树组成混交林。四川也有分布。

22. 鱼篮石柝(中国树木志) 鱼篮柯(中国高等植物图鉴补编)图267

Lithocarpus cyrtocarpus(Drake)A. Camus(1932)

Quercus cyrtocarpa Drake(1890)

乔木,高达18米,胸径达40厘米。树皮灰白色,纵裂。一年生枝圆筒形,通常被黄褐色短柔毛。叶纸质,卵形、卵状椭圆形或长椭圆形,长5—10厘米,宽2—4厘米,叶缘有浅锯齿,上面无毛,下面中脉被细柔毛及早落的星状毛,上面中脉、侧脉平坦,侧脉9—16对,下面二次侧脉明显;叶柄长1—2厘米,被绒毛。雄花序单个腋生,花序轴纤细,被短柔毛;雌花序长2—5厘米,雌花单花散生稀3花一簇。壳斗浅碟形,近平展,径3—4.5厘米,包着坚果底部,被褐色短毛;小苞片长三角形,增粗增厚呈鸡爪状,先端向下钩弯。坚果扁球形,高1.5—2.2厘米,径4—5厘米,顶部中央凹陷,被脱落性灰黄色短伏毛,果脐中央凸起,四周边缘凹陷。花期4月或9—10月,果期次年10—12月。

产屏边,生于海拔1700米山坡或山谷常绿阔叶林中。广东、广西有分布;越南北部也有。

23. 厚鳞石柝(云南植物志) 厚鳞柯(中国高等植物图鉴补编)图267

Lithocarpus pachylepis A. Camus(L935)

Quercus wangii Hu et Cheng(1951)

乔木,高达30米,胸径达40厘米。一年生枝圆筒形,密被灰棕色绒毛。叶薄革质,倒卵状披针形或长椭圆形,长10—20(35)厘米,宽3—9(11)厘米,先端渐尖或钝,基部宽楔形,边缘有锯齿,两面同色,上面中脉凹陷,沿中脉有绒毛,下面有灰色粗毛,沿脉最密,侧脉12—27对,直达齿端,下面二次侧脉明显,叶干后苍绿或暗墨绿色;叶柄长1.5—2.5厘米,密被灰棕色绒毛。雄花序单生或多个排成圆锥花序状;雌花序长3—5厘米,花序轴密被毛,雌花每3花一簇,稀单花散生。壳斗盘形,包坚果1/2以下,高1.5—3厘米,径4—7厘米;小苞片宽卵状三角形,长3—5毫米,中间肋状增厚,密被灰棕色绒毛。坚果扁球形,径3—6厘米,高1.5—3厘米,约1/2与壳斗壁黏合,未黏合部分密被脱落性的灰棕色绒毛,果脐中央部分凸起而四周边缘明显凹陷,且有窝穴状小孔,果壁厚,木质或角质。花期4—6月,果期次年9—10月。

产金平、屏边等地,生于海拔1300—2100米山地湿润森林中。越南有分布。

果可食。

24. 粗穗石柝(云南植物志) 耳叶柯(中国高等植物图鉴补编)图268

Lithocarpus grandifolius(Don)Biswas(1969)

Quercus grandifolia Don(1824)

L. elegans(Bl.)Sacpadmo(1970)

乔木，高达25米。一年生枝粗壮，具棱，无毛。叶革质或近革质，长椭圆形、长椭圆状披针形或倒卵状椭圆形，长15—40厘米，宽6—15厘米，先端短突尖，或钝尖，基部楔形、圆形或耳垂状，全缘，两面同色，无毛，侧脉10—20对，二次侧脉明显；叶柄长5—30毫米，无毛。雄花序通常单个腋生，或3至数个排成圆锥花序状，花序轴初时被灰黄色短细毛，开花后毛渐脱落；雌花序长达24厘米，常成对生于枝顶部，雌花3或5花一簇。果序长10—15厘米稀长达20厘米，轴径8—12毫米。壳斗盘形，离6—12毫米，径20—30毫米，包着坚果约1/3，上部边缘稍薄，向下增厚；小苞片宽卵形或近于斜四边形，中央略呈肋状凸起，覆瓦状排列成略连生成圆环。坚果扁球形或圆锥形，高1.5—2.2厘米，径2—2.8厘米，顶端近于平坦或中央微凹陷，或顶部圆而有短突尖，无毛，果脐中央部分凸起而四周边缘深凹陷，果脐直径几乎与坚果底部等大。花期4—5月，果期次年9—10月。

产泸水、腾冲、龙陵、盈江、景东、临沧、普洱、西双版纳、屏边、河口等地，生于海拔600—2000米山地阔叶林中，较湿润地多见。湖南、四川、贵州有分布；泰国、缅甸、印度也有。

25. 刺斗石栎（云南植物志） 刺斗柯（中国高等植物图鉴补编）图269

Lithocarpus echinotholus（Hu）Chun et Huang（1976）

Pasania echinothola Hu（1940）

Lithocarpus echinocupula A. Camus（1949）

乔木，高达20米，胸径达40厘米。一年生枝具棱，无毛，被暗灰黄色蜡质鳞秕。叶纸质至薄革质，椭圆形或宽披针形，长15—25（30）厘米，宽3—7厘米，先端长渐尖或突急尖，基部楔形或近圆形，全缘，无毛，干后茶褐色，下面被蜡质鳞秕，上面中脉微凸起，侧脉不明显，侧脉12对，下面二次侧脉明显，叶柄长1—1.5厘米，无毛。雌花序长10—15厘米，花序轴纤细，被疏短毛，雄花单花散生于花序轴上，花柱通常4，稀2或3或5。壳斗全包坚果或顶部露出小部分，扁球形，高1—2厘米，径2—3厘米；小苞片钻形，长2—5毫米，常呈弯钩状，壳斗及小苞片密被黄棕色绒毛。坚果扁球形，高1.2—1.5厘米，径1.8—2.8厘米，顶部平圆，柱座长约1毫米，密被黄棕色略呈丝光质短伏毛，果脐凹陷，深1—2毫米，径约1.5厘米。花期3月，果期9月。

产镇康、临沧、金平、屏边、河口、蒙自、马关等地，生于海拔200—2600米常绿阔叶林中，在镇康大雪山，临沧高黎贡山海拔2000—2600米，气候湿润的阳坡山脊占优势，伴生植物有红花木莲，厚鳞石栎等，在金平分水老岭海拔2200—2400米东南坡经常雨雾迷蒙处刺斗石栎生长良好。越南有分布。

26. 假鱼篮石栎（中国树木志） 假鱼篮柯（中国高等植物图鉴补编）图270

Lithocarpus gymnocarpus A. Camus（1934）

乔木，高18米，胸径25厘米。树皮灰褐色。一年生枝较细，密被黄褐色绒毛，二年生枝无毛，有淡黄色小皮孔。叶纸质，椭圆形、长卵形至披针形，长5—13（15）厘米，宽2—4厘米，先端渐尖，基部近圆形，全缘，稀在近顶部边缘有2—3浅锯齿，幼叶被毛，不

图267　鱼篮石栎和厚鳞石栎

1—2.鱼篮石栎 *Lithocarpus cyrtocarpus*（Drake）A. Camus　1.果枝　2.坚果底部

3—4.厚鳞石栎 *L. pachylepis* A. Camus　3.叶　4.壳斗及坚果

图268 粗穗石栎和美苞石栎

1—2.粗穗石栎 Lithocarpus grandifolius（Don）Biswas 1.果枝 2.坚果

3—4.美苞石栎 *L. calolepis* Hsu et Jen 3.枝叶 4.果序

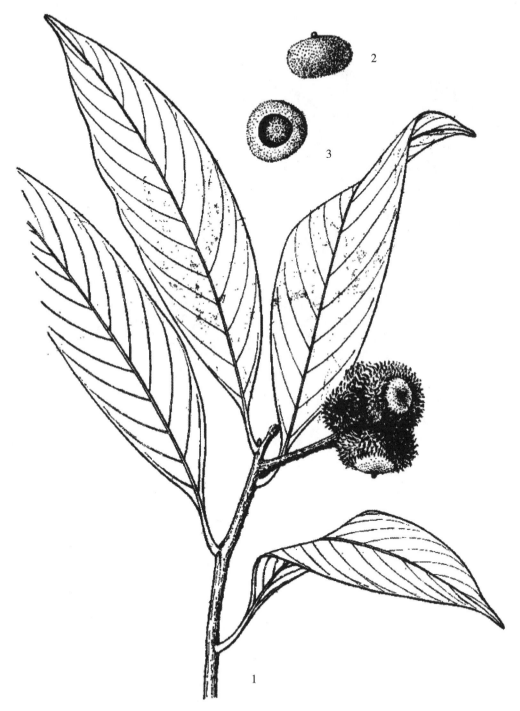

图269　刺斗石栎 *Lithocarpus echinotholus*（Hu）Chun et Huang
1.果枝　2.果侧面观　3.坚果底部

图270　假鱼篮石栎 *Lithocarpus gymnocarpus* A. Camus
1.花枝　2.果及壳斗　3.壳斗　4.坚果

久即脱落，上面中脉凹陷，侧脉7—12对；叶柄长1—2厘米，初被毛，渐脱落。雄花序纤细，长约5厘米，花序轴被毛；雌花序长3厘米，雌花单生。壳斗盘形，包坚果1/3以下，径3厘米，高不及1厘米；小苞片宽卵形，紧贴壳斗壁，有时呈短圆锥状突起，被黄色绒毛。坚果扁球形，径2.5—3厘米，高1.5—2厘米，被毛，顶端圆或微凹，果脐凹陷，径2—2.5厘米。花期3—4月，果期9—10月。

产屏边，生于海拔800—1400米山地杂木林中。广东、广西有分布；越南北部也有。

27. 单果石栎　单果柯（中国高等植物图鉴补编）图271

Lithocarpus pseudoreinwardtii A. Camus（1949）

乔木，高达20米，胸径达70厘米。一年生枝具棱；无毛。叶纸质，卵形或卵状椭圆形，长7—15厘米，宽3—5厘米，先端短突尖或短尾尖，基部楔形，常歪斜，全缘，无毛，下面被蜡质鳞秕，干后带灰色或灰白色，上面侧脉不明显，侧脉7—9对，下面二次侧脉明显，细密；叶柄长5—10毫米，无毛。雄花序长10—15厘米，雌花序腋生，长10—18厘米，花序轴有稀疏柔毛，雌花单生，具柄，柄长3—4毫米。果序长15厘米，被短绒毛及明显皮孔。壳斗碗形，具长柄，包坚果2/3以上，高1—1.2厘米（不连柄），径1—2厘米，柄长5毫米；小苞片合生成6—8线状环纹，壳斗柄也有2—3圆环，密被苍黄色绒毛。坚果扁球形，高1—1.5厘米，径1.5—1.8厘米，密被苍黄色绒毛，顶端圆，柱座凸起，果脐内陷，深1毫米，径8毫米。花期2—3月，果期次年2—3月。

产西双版纳，生于海拔1200米山谷密林中。越南、老挝有分布。

28. 长柄石栎（云南植物志）　长柄柯（中国高等植物图鉴补编）图272

Lithocarpus longipedicellatus（Hick. et A. Camus）A. Camus（1932）

Pasania longipedicellata Hick. et A. Camus（1928）

乔木，高达20米，胸径达50厘米。一年生枝具棱，无毛。叶厚纸质，椭圆形、卵形或长椭圆形，长8—17厘米，宽3—6厘米，先端突尖或尾尖，基部楔形，全缘，叶上面绿色，叶下面灰绿色，有灰白色鳞秕，无毛，上面侧脉不明显，10—14对，干后褐色；叶柄长1—1.5厘米，无毛。雄花序长达14厘米，多个排成圆锥花序状；雌花序单生，长10—12厘米，轴径3毫米，被灰白色粉状细毛，雌花单花散生，初时无柄，以后逐渐伸长成柄。壳斗碟形或盘形，包着坚果基部，高1.5—5毫米，径1.2—1.8厘米；小苞片细小，三角形，紧贴或连生成多个不明显环纹。坚果扁球形，高1—1.5厘米，径1.5—2厘米，顶端短突尖，无毛，常被白色粉霜，果脐凹陷，深1—1.5毫米。花期10月至次年1月，果期次年9—10月。

产文山、富宁等地，生于海拔400—1200米山地常绿阔叶林中。广东、广西有分布。

心材、边材界限明显，木材纹理交错，难加工，干燥后不易变形，耐腐，为建筑、桥梁、车船等用材。

29. 柄斗石栎（云南植物志）　屏金柯（中国高等植物图鉴补编）图266

Lithocarpus pakhaensis A. Camus（1949）

乔木，高达20米。一年生枝纤细，无毛。叶皮纸质，长椭圆形或卵状椭圆形，长7—10厘米，宽2.5—4厘米，先端渐尖或尾尖，基部楔形，全缘，两面无毛，上面侧脉不明显，8—12对，褐色，二次侧脉不明显；叶柄长1厘米，纤细，无毛。雌花单生。果序长约7厘米。壳斗盘形，有显著柄，包坚果基部，径约1.8厘米；小苞片三角形，稀疏，无毛，排成5—6不甚明显的同心环。坚果宽卵形，高约2厘米，无毛，果脐内陷，深1—2毫米，径约▌厘米。

产屏边，生于海拔1400米湿润森林中。越南也有。

30. 白毛石栎（云南植物志）图272

Lithocarpus magneinii（Hick. et A. Camus）A. Camus（1932）

Pasania magneinii Hick. et A. Camus（1921）

乔木，高达30米。一年生枝有短绒毛或无毛。叶纸质，卵形、长卵形或长椭圆形，长9—13（18）厘米，宽2.5—5（7）厘米，先端突尖至尾尖，基部楔形，全缘，上面绿色，下面灰绿色，被蜡质鳞秕，侧脉8—12对，二次侧脉明显；叶柄长0.6—1.5厘米，无毛。雄花序长10—15厘米，雌花序长8厘米，花序轴被褐色毛，雌花3花一簇，具长约3毫米的柄，通常一花结果。壳斗包着坚果2/3，高1.2—1.8厘米，径2.5—3厘米，有5—9条环纹。坚果宽卵形，高径约1.5厘米，密被白色短毛，顶端圆形，果脐凹陷，深约1毫米。花期2—3月，果期10月。

产金平、屏边，生于海拔1200米左右的山谷湿润森林中。越南、老挝有分布。

31. 球果石栎（云南植物志）　球果柯（中国高等植物图鉴补编）图273

Lithocarpus sphaerocarpus（Hick. et A. Camus）A. Camus（1932）

Pasania sphaerocarpa Hick. et A. Camus（1923）

乔木，高达20米。一年生枝具棱，无毛。叶厚革质，长椭圆形至倒卵状椭圆形，长10—20厘米，宽4—7厘米，先端渐尖戒短突尖，基部楔形，全缘，无毛，下面粉白色，被糠秕状鳞秕，上面侧脉不明显，12—16对，带褐色，二次侧脉明显，紧密且平行；叶柄长1.5—2厘米，无毛。雄花序数个排成圆锥花序状或单个腋生；雌花序长10—20厘米，或生于雄花序下部，雌花2—3一簇，基部具短柄，花序轴被短柔毛，壳斗近球形或略扁，具短柄，全包坚果，径1.5—2厘米，壳斗甚薄，干后质脆，无毛，被鳞秕；小苞片细小，线形，不甚明显。坚果球形或宽卵形，高、径1—1.6厘米，密被棕色细绒毛，果脐内陷，深不及1毫米，花期12月—1月，果期次年9—10月。

产屏边，生于海拔1300—1400米湿润密林中。广西有分布；越南也有。

32. 小果石栎（云南植物志）　小果柯（中国高等植物图鉴补编）图273

Lithocarpus microspermus A. Camus（1934）

Pasania mtcrosperma（A. Camus）Hu（1940）

乔木，高达15米。一年生枝具棱，无毛。叶薄革质，长椭圆形或卵状椭圆形，长15—

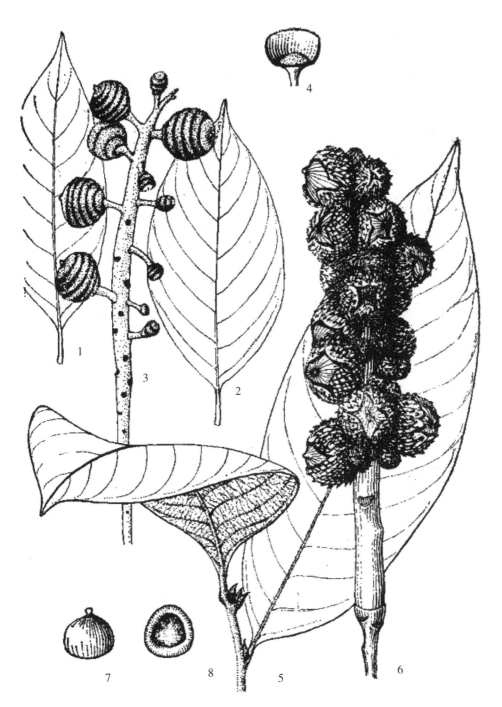

图271 单果石栎和毛枝石栎

1—4.单果石栎 *Lithocarpus pseudoreinwardtii* A. Camus 1—2.叶 3.果序 4.部分壳斗

5—8.毛枝石栎 *L. rhabdostachyus* A. Camus subsp. *dakhaensis* A. Camus

5.枝叶 6.果序 7.坚果侧面 8.坚果底部

图272　长柄石栎和白毛石栎

1—3.长柄石栎 *Lithocarpus longipedicellatus*（Hick. et A. Camus）A. Camus

1.果枝　2.坚果侧面　3.坚果底部

4—6.白毛石栎 *L. magneinii*（Hick. et A. Camus）A. Camus　4.叶　5.果序　6.坚果

28厘米，宽4—6（8）厘米，先端渐尖或尾尖，基部楔形，全缘，无毛，两面几乎同色，下面有灰褐色鳞秕，侧脉15—20对，二次侧脉明显；叶柄长8—10毫米，几乎无毛。雄花序单生，也有的排成圆锥花序状，长10—13厘米，花序轴被短绒毛；雌花序较短，或雌花生于雄花序下部，花序轴有鳞秕，雌花3花一簇，稀5花。果序长10—20厘米，果序轴径3—5毫米，被鳞秕。壳斗浅碗形，包坚果基部，径8—10毫米，高约3毫米，具2—3毫米长的柄；小苞片三角形，几乎与壳斗壁愈合或仅顶端分离。坚果扁球形或宽卵状圆锥形，径7—15毫米，高6—15毫米，密被灰黄色绒毛，果脐内陷，深1—2毫米，径3—5毫米。

产金平、屏边、西畴、麻栗坡、文山、西双版纳、河口，生于海拔300—1900米疏林中；在无量山海拔1300—1900米广泛分布，常成单层林或与截果石栎、红锥等混生，在滇南、滇东南、滇西南分布海拔较低，在普洱附近常生于海拔1300—1500米地区。越南有分布。

33. 毛枝石栎（云南植物志）图271

Lithocarpus rhabdostachyus A. Camus subsp. dakhaensis A. Camus（1945）

乔木，为达20米。一年生枝具棱，密被黄褐色长城毛。叶革质，长椭圆形或倒卵状长椭圆形，长12—25厘米，宽5—8厘米稀达12厘米，先端短突尖，基部楔形，沿叶柄下延，全缘，上面绿色，下面灰绿色，上面中脉及下面被黄褐色短绒毛，上面中脉、侧脉平坦或微凹陷，侧脉13—16对，近叶缘处向上弯曲，下面二次侧脉明显；叶柄长1—1.5厘米，密被黄褐色绒毛。雄花序圆锥状，花序轴被密毛，雌花3花一簇。果序长15厘米，果序轴径1厘米。壳斗包坚果大部分或全包，径2.5—3.5厘米，高1.3—1.5厘米；小苞片三角形，紧贴壳斗壁或稍开展，顶端呈钩状内弯。坚果扁球形，顶端平坦，无毛，果脐内陷，深1—1.5毫米，径1.2—1.5厘米。花期10—12月，果期次年10—12月。

产河口、屏边等地，生于海拔800—1200米湿润沟谷森林中。福建、江西、湖南、广东、广西有分布；越南、老挝也有。

34. 华南石栎（云南植物志）　泥椎柯（中国高等植物图鉴）图274

Lithocarpus fenestratus（Roxb.）Rehd.（1919）

Quercus fenestrata Roxb.（1832）

Pasania fenestrata Oerst.（1866）……P. yui Hu（1951）

乔木，高达25米。一年生枝具棱，幼时被黄色细绒毛，后渐脱落。叶薄革质，长椭圆形或卵状披针形，长9—18厘米，宽2.5—4.5厘米，顶端渐尖，基部楔形或宽楔形，全缘，两面近同色，无毛或下面中脉初时有长毛，上面侧脉凹陷13—16对；叶柄长1—1.5厘米，初被疏毛。雄花序排成圆锥花序状，长6—12厘米，花序轴密被黄棕色绒毛，雌花序长5—20厘米，常成对生于枝顶，雌花每3花一簇。果序长10—20厘米，果密集。壳斗全包坚果或包着大部分，球形或扁球形，径1.5—2.5厘米，高1.2—1.8厘米，壳斗壁薄，干后栗褐色，质脆；小苞片三角形，贴生于壳斗壁或顶部斜生略呈弯钩状，无毛。坚果扁球形至球形，径1.3—1.8厘米，高1—1.5厘米，无毛，果脐凹陷，径约1厘米。花期8—10月，果期次年9—10月。

产澜沧、景东、景谷、腾冲、普洱、西双版纳、屏边、河口、西畴、文山等地，常生于700—2500米湿润沟谷森林中，有时与栲属、青冈属及石栎属其他树种组成栎林；福建、湖南、广东、广西有分布。越南、老挝也有。

心材和边材无区别，木材色较淡，材质较轻松，不甚耐腐。

35. 短穗华南石栎　短柄石栎（云南植物志）短穗泥柯（中国高等植物图鉴补编）图274

Lithocarpus fenesitratus（Roxb.）Rehd.var. brachycarpus A. Camus（1943）

乔木，高达30米。小枝初被灰棕色短绒毛，后渐脱落。叶长椭圆状披针形，长8—18厘米，宽3—5厘米，先端渐尖，基部楔形，全缘，无毛，下面银灰色，被较厚的蜡质鳞秕，侧脉12—15对；叶柄长1—1.5厘米，初被短绒毛以后脱落。果序长10—18厘米，果序轴径7—8毫米。雌花3花一簇只1花发育成果。壳斗包着坚果3/4—4/5，扁球形，径2—3厘米，高1.2—1.5厘米；小苞片细小，三角形，除顶端分离外其余与壳斗壁愈合；壳斗内壁无毛或几无毛。坚果扁球形，径1.5—2.8厘米，无毛，顶端平凸，果脐周围下凹，中间部分凸起。

产河口、屏边、金平、麻栗坡、西畴等地，生于海拔2000米左右常绿阔叶林中。越南有分布。

36. 壶斗石栎（云南植物志）　壶壳柯（中国高等植物图鉴补编）图275

Lithocarpus echinophorus（Hick. et A. Camus）A. Camus（1931）
Pasania echinophora Hick. et A. Camus（1928）

乔木，高12米。一年生枝具棱，无毛。叶薄革质，宽披针形，长9—16厘米，宽2.5—3厘米，先端渐尖，基部宽楔形，全缘，无毛，干后上面褐色，下面灰白色，上面中脉路凸起，侧脉平坦，12—16对，干后下面中脉带褐色；叶柄长1—2厘米，无毛。花序长达23厘米，雌花每3花一簇。果序长10—16厘米，果序轴径8—10毫米，发育的壳斗壶形，高、径2—2.5厘米，被灰褐色绒毛或无毛，壳斗顶部边缘内卷，遮盖坚果；小苞片线形或窄三角形，长2—3毫米，略伸展或弯曲。坚果扁球形或不规整宽卵形，径约1.5厘米，栗褐色，除花柱周围被灰白色绒毛外皆无毛；果脐内陷，径约1.2厘米。

产元江、景东等地，生于海拔1900—2600米疏林中；在无量山与元江栲、截果石栎组成混交林，伴生植物有红花木莲、木荷等。广西有分布；越南也有。

37. 金平石栎（云南植物志）图275

Lithocarpus echinophorus A. Camus var. bidoupensis A. Camus（1948）

乔木。一年生枝有绒毛及鳞秕。叶薄革质，披针形，长8—10厘米，宽2—2.5厘米，顶端渐尖，基部楔形，全缘，无毛，上面中脉凸起，侧脉凹陷，12—14对，下面灰绿色；叶柄长1—2厘米，无毛。花序长7—10厘米，密被黄褐色绒毛，雌花3花一簇，只1花发育。壳斗包着坚果约3/4，扁球形或碗形，径1.5—2.5厘米；小苞片线形或线状披针形，向上弯曲。

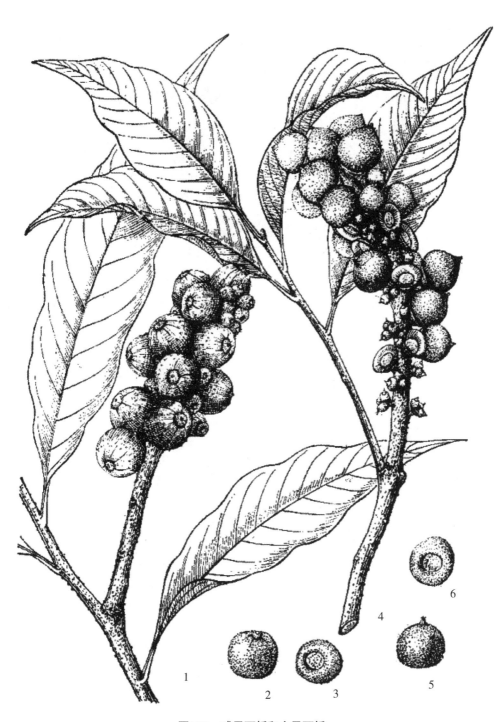

图273　球果石栎和小果石栎

1—3.球果石栎 *Lithocarpus sphaerocarpus*（Hick.et A. Camus）A. Camus

1.果枝　2.坚果侧面　3.坚果底部

4—6.小果石栎 *L. microspermug* A. Camus　4.果枝　5.坚果侧面　6.坚果底部

图274　华南石栎和短穗华南石栎

1—8.华南石栎 *Lithocarpus fenestratus*（Roxb.）Rehd.

1.果枝　2.坚果底部　3.坚果侧面

4.短穗华南石栎 *L. fenestratus* var. *brachycarpus* A. Camus 果枝

图275　壶斗石栎和金平石栎

1—2.壶斗石栎 *Lithocarpus echinophorus*（Hick. et A. Camus）A. Camus

1.果枝　2.壳斗及坚果

3—6.金平石栎 *L. echinophorus* var. *bidoupensis* A. Camus

3.枝叶　4.果序　5.坚果侧面　6.坚果底部

坚果扁球形或宽卵形，径1.5—2厘米，无毛；果脐内陷，径5—6毫米。

产金平分水老岭，生于海拔2000米常绿阔叶林中。越南有分布。

38. 勐海石栎（云南植物志）　勐海柯（中国高等植物图鉴补编）图276

Lithocarpus fohaiensis（Hu）A. Camus（1948）

Pasania fohaiensis Hu（1940）

P. cheliensis Hu（1940）

乔木，高达25米，一年生枝明显具棱，无毛。叶革质，窄长椭圆形、披针形或倒披针形，长10—25厘米，宽3—6厘米，先端短渐尖或短尖，基部楔形或宽楔形，全缘，两面同色，无毛，上面侧脉不明显，8—16对，下面二次侧脉明显；叶柄长1—2.5厘米，无毛。雄花序单一或多个排成圆锥花序状，长10—13厘米，花序轴密被黄色柔毛；雌花序长达25厘米，其上部常着生少数雄花，花序轴粗壮，密被灰白色短细毛，雌花3或有时5花一簇。壳斗碗形，包着坚果1/3—1/2，高8—14毫米，径1.5—2.4毫米，上部边缘稍薄，向下增厚，木质；小苞片宽卵状三角形或不规则四边形，紧贴，有时近于连生成环状。坚果宽卵形或扁球形，高1.2—2厘米，径1.5—2.5厘米，被灰白色绒毛，顶端渐尖或近于平坦；果脐内陷，深1.5—2毫米，径约1.2厘米。花期3—5月，果期8—9月。

产沧源、临沧、耿马、西双版纳等地，生于海拔600—1350米山地疏林中。

39. 星毛石栎　沙坝石栎（云南植物志）星毛柯（中国高等植物图鉴补编）图277

Lithocarpus petelotii A. Camus（1935）

乔木，高达28米，胸径达50厘米。一年生枝具棱，被黄灰色短毛。叶革质，椭圆形或卵状椭圆形，长8—15厘米，宽3—6厘米，先端渐尖，基部近圆形或宽楔形，有时两侧略不对称，全缘，上面中脉，侧脉均凹陷，侧脉8—13对，上面无毛，下面二次侧脉明显，密被棕色至褐红色可抹落的粉末状鳞秕及星状短毛，沿中脉被疏单毛；叶柄长2—4厘米，常被毛。雄花序由多个短穗状花序排成圆锥花序状，长11厘米，花序轴密被褐色绒毛；雌花序长5—20厘米，雌花每3花一簇。果序长达18厘米，轴径5—10毫米，被疏毛。壳斗浅碗状或浅盆状，包坚果1/2，径1.5—2.5厘米，高6—8毫米，密被黄褐色绒毛；小苞片三角形，紧贴，覆瓦状排列，背部略增厚。坚果宽卵状圆锥形，高、径2—3厘米，无毛，顶端圆形或渐尖，果脐深内陷，深2—3毫米，径约1厘米。花期5—6月，果期次年9—10月。

产金平、屏边、河口等地，生于海拔1000—1800米山地湿润森林中。广东、广西、贵州有分布。越南也有。

40. 光叶石栎（云南植物志）　光叶柯（中国高等植物图鉴补编）图278

Lithocarpus mairei（Schottky）Rehd.（1919）

Pasania mairei Schottky（1912）

乔木，高达20米，有时呈灌木状。一年生枝具棱，无毛。叶硬革质，椭圆形、长卵形至披针形，长5—13厘米，宽1.5—4厘米，先端长渐尖或尾尖，基部楔形，全缘，边缘微向外反卷，上面深绿色，下面密被灰白色蜡质鳞秕，干后下面常带棕灰或黄灰色，上面侧脉不明显，下面侧脉凸起，10—13对，二次侧脉甚纤细；叶柄长8—15毫米，基部增粗，无毛。雄花序常单生于叶腋，长6—8厘米；雌花序常集生于枝顶，长5—8厘米，花序轴无毛，被糠秕状蜡质鳞秕，雌花每3花一簇。果序长8—10厘米。壳斗浅碗形，包坚果一半左右，高4—8毫米，径7—16毫米；小苞片三角形，细小，紧贴，有时位于壳斗下部的小苞片连生成1—2圆环；外壁无毛，内壁被灰白色丝状伏毛。坚果球形或扁球形，高1—1.5厘米，径1.1—1.8厘米，无毛，顶端圆，果脐凹陷，深约1毫米，径6—8毫米。花期4—6月，果期次年9—10月。

产昆明、玉溪、新平、祥云、大理、维西、峨山等地，生于海拔1200—2500米较干燥的杂木林中。因多次樵采常呈灌木状，常与滇青冈、元江栲混生，也生于松栎混交林中。

41. 越南石栎（云南植物志）图279

Lithocarpus annamensis Hick. et A. Camus（1921）

Pasania tomentosinux Hu（1951）

乔木，高达10米。一年生枝具棱，幼时被细绒毛。叶皮纸质，长椭圆形至长椭圆状披针形，长8.5—14厘米，宽2.5—4.5厘米，先端渐尖或尾尖，基部楔形，全缘，上面暗绿色，微被毛，中脉及侧脉微凸起，侧脉11—14对，二次侧脉明显，下面有白粉及柔毛；叶柄长0.5—1.5厘米，有疏毛或脱落。花序5—8条集生于枝顶，长10—15厘米，雌雄同序或各自单独成花序，花序轴被短绒毛，雌花3花一簇。果序长约11厘米，轴径1.2厘米，被疏毛及凸起的褐色皮孔。壳斗盘形或浅碗形，包着坚果1/4或底部，径1.5—1.8厘米，高3—5毫米，壁薄；小苞片与壳斗壁愈合略可看出小苞片先端的残迹，被黄色毡毛，坚果扁球形，径1.8—2.4厘米，高约2厘米，顶端有尖，密被黄褐色绒毛，果脐内陷，径约1.1厘米。

产西畴，生于海拔1500—1700米沟边、山坡杂木林中。越南、老挝有分布。

42. 窄叶石栎（云南植物志）　窄叶柯（中国高等植物图鉴补编）图280

Lithocarpus confinis Huang（1976）

乔木或小乔木，高达16米。一年生枝多少具棱，无毛。叶薄革质，椭圆状披针形或窄长椭圆形，长5—16厘米，宽1.2—3.5厘米，先端短渐尖或短钝尖，基部楔形或宽楔形，沿叶柄下延，全缘，边缘略向下卷，无毛，两面几乎同色，干后上面暗灰绿色，下面略带粉白色，上面中脉中央呈细沟状凹陷，侧脉短而密且纤细，近乎平行，约15—24对，两面都不明显，二次侧脉纤细而不明显；叶柄长4—15毫米，基部显著增粗，无毛。雄花序单生或多个排成圆锥花序状，长8—12厘米；雌花序单生成2—6个聚生于枝顶，花序轴被短柔毛，雌花每3花一簇。果序长5—12厘米。壳斗浅碟形，包着坚果底部，径1—1.2厘米，高1—4毫米；小苞片三角形，紧贴壳斗壁。坚果扁球形或近球形，径1.4—2.2厘米，高1—1.2厘米，顶端近于平坦或微凹，稀略尖，无毛或顶端有短绒毛，常被薄粉霜；果脐凹陷，深1—1.5毫米，径7毫米。花期6—8月，果期次年9—11月。

图276 勐海石栎 *Lithocarpus fohaiensis*（Hu）A. Camus

1.果枝　2.坚果

图277 墨毛石栎 *Lithocarpus petelotii* A. Camus
1.果枝 2.坚果侧面 3.坚果底部

图278 光叶石栎 *Lithocarpus mairei*（Schottky）Rehd.
1.果枝 2.花枝 3.壳斗 4.坚果

图279　越南石栎 *Lithocarpus annamensis* Hick. et A. Camus
1.花果枝　2.壳斗及坚果　3.坚果

图280　窄叶石栎 *Lithocarpus confinis* Huang
1.果枝　2.花枝　3.壳斗　4.坚果

产大理、楚雄、禄劝、寻甸、嵩明、东川、文山、屏边、麻栗坡、西畴、富宁、广南等地，生于海拔1100—2500米稍干燥的次生林中，在嵩明阿子营海拔2280—2500米处；伴生植物有云南泡花树、黄毛青冈等，也常呈灌木状。贵州西部有分布。

43. 长果石栎 槟榔柯（中国高等植物图鉴补编）图281

Lithocarpus arecus（Hick. et A. Camus）A. Camus（1932）

Pasania areca Hick. et A. Camus（1921）

P. longinux Hu（1951）

乔木，高达20米，胸径达25厘米。一年生枝细瘦，有棱，灰白色，无毛。叶纸质，长椭圆形、卵状披针形至倒卵状披针形，长13—25厘米，宽3—5.5厘米，先端渐尖，基部楔形、沿叶柄下延，叶上部有稀疏锯齿或全缘，两面均为绿色，除下面中脉及脉腋有毛外余均无毛，上面中脉微凸起或平坦，侧脉12—13对，二次侧脉明显；叶柄长5—15毫米，有细绒毛。雄花序单个腋生，花序轴甚纤细；雌花序长5—10厘米，雌花每3花一簇。壳斗盘形至碟形，包坚果基部，径1.5—2.5厘米，高3—6毫米；小苞片钻形向下弯钩。坚果圆锥形，高4—5厘米，径2.2—2.6厘米，无毛，顶端尖，略呈三棱形，果脐内陷，深2—3毫米。花期10月，果期次年10—11月。

产麻栗坡，生于海拔1200—1500米杂木林中。

44. 临沧石栎（云南植物志） 缅宁柯（中国高等植物图鉴补编）图281

Lithocarpus mianningensis Hu（1951）

乔木，一年生枝具棱，被灰黄色绒毛，后渐脱落。叶革质，长椭圆形或倒卵状长椭圆形，长8—19厘米，宽3.5—6厘米，先端骤尖或尾尖，基部楔形，全缘，边缘微向下面反卷，上面侧脉微凹陷，12—14对，二次侧脉明显，下面有疏短毛至少中脉有毛，干后苍灰色；叶柄长1—2厘米，被疏短毛。雌花序长10—15厘米，花序轴径4—5毫米，被褐色绒毛，雌花3花一簇。果序长约10厘米，轴径13毫米，无毛，表皮常开裂。壳斗盘形或浅盆形，包坚果基部约1/6，径2—2.5厘米，高6—8毫米，被褐色短绒毛；小苞片三角形，长3毫米，先端长尖，背部微有脊；壳斗内壁几乎无毛。坚果短柱形，径略大于高，径2.2—2.8厘米，高2—2.5厘米，无毛，顶端微凹而有小尖头；果脐凹陷，深1—2毫米，径约1厘米。花期6月，果期次年8—10月。

产临沧、龙陵，生于海拔1100—2500米山地杂木林中。

45. 犁耙石栎（云南植物志） 犁耙柯（中国高等植物图鉴补编）图282

Lithocarpus silvicolarus（Hance）Chun（1928）

Quercus silvicolarum Hance（1884）

Pasania silvicolarum（Hance）Schott.（1912）

乔木，高18米，胸径30厘米。树皮灰褐色，略平滑。一年生枝具棱，被苍黄色绒毛或近无毛。叶薄革质或皮纸质，长椭圆形，倒卵状长椭圆形或卵状披针形，长10—20厘米，宽3.5—7厘米，先端突急尖或长渐尖，基部楔形，沿叶柄下延，全缘或近端有少数浅波状齿，嫩叶下面沿中脉两侧有稀疏短毛，下面灰绿色，干后暗灰褐色，被糠秕状蜡质鳞秕，侧脉10—13对，二次侧脉纤细而明显；叶柄长1—2厘米，被绒毛或无毛。雄花序排成圆锥花序状，有时单个腋生，长达18厘米，花序轴被黄褐色绒毛；雌花序长8—20厘米，轴径2—3毫米，被毛，雌花3花一簇。壳斗盆状至浅碟状，未成熟前包着坚果大部分，成熟时包着坚果1/3以下，稀包至1/2；小苞片宽卵状三角形，紧贴壳斗壁，有时近愈合。坚果扁球形，高1.2—2厘米，径1.5—3.7厘米，无毛，顶端圆稀近于平坦；果脐内陷，深1—2.5毫米或更深，径1—1.5厘米。花期3—5月，果期8—10月。

产蒙自、河口、金平、麻栗坡等地，生于海拔400—1000米湿润密林中。广东、广西有分布；越南、老挝也有。

木材坚硬，宜作建筑用材；种子含淀粉55%以上，可酿酒或作饲料。

46. 东南石栎（云南植物志） 绵柯（中国高等植物图鉴补编）图283

Lithocarpus harlandii（Hance）Rehd.（1919）

Quercus harlandii Hance（1842）

乔木，高达18米，胸径达50厘米。树皮灰褐色或灰白色，不开裂。一年生枝具棱，无毛。叶厚纸度，宽椭圆形、长椭圆形至长椭圆状披针形，长8—18厘米，宽2—4厘米，先端长渐尖或短尾状，基部楔形，宽楔形或圆形，全缘或近顶部有少数波浪状浅锯齿，两面同色，无毛，上面中脉平坦或微凸起，但中央细沟状凹陷，侧脉13—18对；叶柄长1—3厘米，无毛。雄花序呈圆锥花序状，花序分枝几乎与主轴成直角，花序轴密被灰黄色短绒毛；雌花序长6—20厘米，雌花3花一簇。果序长5—7厘米，轴密生淡褐色皮孔。壳斗碗状或浅碟状，包坚果基部或1/3以下，径1.5—2.4厘米，高5—8毫米，上部边缘稍薄，向下增厚；覆瓦状排列。坚果椭圆形，宽圆锥形至扁球形，高1.5—3厘米，径1.6—2.5厘米，无毛，常有淡薄的白色粉霜，顶端圆或短突尖，果脐深凹陷，深1.5—4毫米。花期5—6月，果期次年8—10月。

产景谷、西畴、屏边、麻栗坡等地，生于海拔350—1800米山地杂木林中，为丘陵常绿阔叶林主要树种之一。长江以南各省（区）也有分布。

47. 大叶石栎（云南植物志） 大叶柯（中国高等植物图鉴）图284

Lithocarpus megalophyllus Rehd. et Wils.（1917）

L. pleiocarpa A. Camus（1935）

乔木，高达25米。一年生枝具棱，无毛，皮孔明显。叶革质，倒卵形、倒卵状椭圆形，中部以上最宽，长14—30厘米，宽6—13厘米，先端短突尖，基部楔形，沿叶柄下延，有时两侧略不对称，全缘，两面同色，无毛，上面侧脉明显凹陷，侧脉11—14对，二次侧脉明显；叶柄长2—6厘米，基部粗3.6毫米，无毛。雄花序呈圆锥花序状，长达30厘米，花序轴被疏柔毛；雌花序较短，长7—20厘米，常生于枝顶部，花序轴径3—4毫米，密被褐色绒毛，雌花3花一簇。壳斗浅碟状或浅碗状，包坚果基部，高4—10毫米，径1—3厘米，上部边缘稍薄，向

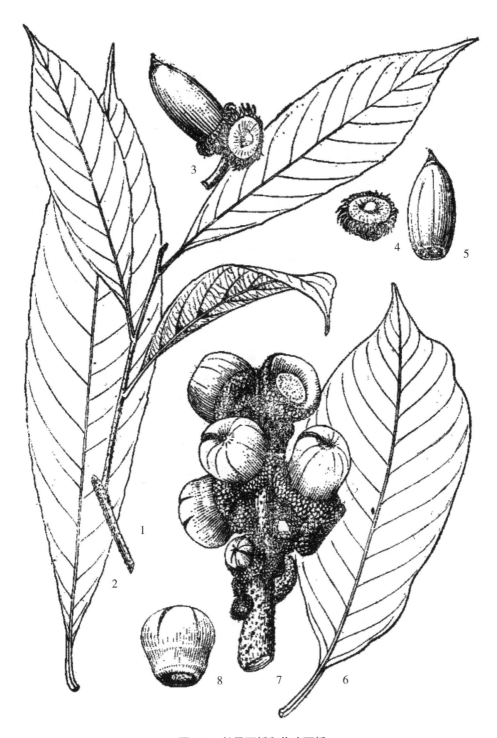

图281　长果石栎和临沧石栎

1—5. 长果石栎 *Lithocarpus arecus*（Hick. et A. Camus）A. Camus

1—2.枝叶　3.壳斗及坚果　4.壳斗　5.坚果

6—8.临沧石栎 *L. mianningensis* Hu　6.叶　7.果序　8.坚果

图282　犁耙石栎 *Lithocarpus silvicolarus*（Hance）Chun
1.果枝　2.壳斗　3—4.坚果

图283　东南石栎 *Lithocarpus harlandii*（Hance）Rehd.
1.果枝　2.坚果　3.壳斗

下增厚；小苞片长三角形，背部呈脊状凸起，覆瓦状排列，紧贴壳斗壁。坚果有三种类型，一为高大于径的圆锥形，高2.4—2.8厘米，径2—2.5厘米，顶部锥尖；二为宽圆锥形，高2.3—2.6厘米，径2.5—3厘米，顶部圆而先端尖；三为扁球形，高1.5—1.8厘米，径2.8—3.2厘米，顶部平坦或中央凹陷，果脐深凹陷，深达4毫米。花期5—6月，果期次年8—9月。

产金平、西畴、麻栗坡等地，生于海拔900—2200米山地杂木林中，常与青冈、栲类组成常绿栎林。四川、广西有分布；越南北部也有。

48. 硬斗石栎（云南植物志） 硬壳柯（中国高等植物图鉴补编）图285

Lithocarpus hancei（Benth.）Rehd.（1919）

Quercus hancei Benth.（1861）

Pasania viridis Schott. pasania hancci（Benth.）Koidz.（1916）

乔木，高20米，胸径达70厘米。树皮暗褐色，不规则浅纵裂。一年生枝无毛。叶革质，椭圆形、长椭圆形、倒卵状椭圆形或卵状披针形，形状、大小变异很大，长7—14厘米，宽2—4.5厘米，先端渐尖至长尾尖，基部宽楔形或楔形，沿叶柄下延，全缘，两面同色。上面中脉凸起，侧脉平坦，12—18对，二次侧脉致密，无毛；叶柄长0.5—3厘米，无毛。雄花序呈圆锥花序状，稀单个腋生，长3—10厘米，花序轴被黄色短毛，雌花序成对或多个聚生于枝顶，长约8厘米，雌花每3花一簇，稀单生。壳斗浅碟形或深碟形，包坚果基部，高3—7毫米，径1—2厘米，壳斗下部增厚，木质；小苞片三角形，紧贴壳斗壁，常连生成连接或不连接的圆环。坚果卵形、椭圆形、扁球形或近球形，高1.2—1.8厘米，径0.6—2.5厘米，无毛，果脐深凹陷，深1—2.5毫米。花期4—6月，果期10—12月。

产腾冲、页山、双江、临沧、耿马、景东、元江、金平、西畴、富宁、广南等地，生于海拔1000—2600米杂木林中，多种生境均能生长；在高黎贡山海拔2100—2600米生长良好，占据乔木上层，同生植物有青冈、多变石栎等；在金平分水老岭海拔1700米处与栎子青冈、亮叶含笑等组成混交林，常生于气候温凉湿润的阴坡和半阴坡。浙江、江西、湖南、广东、广西、贵州、四川、台湾均有分布。

心材与边材界限分明，材质略坚重、致密，干后易开裂。

49. 多穗石栎（云南植物志） 多穗柯（中国高等植物图鉴）图264

Lithocarpus polystachyus（Wall.）Rehd.（1919）

Qucrcus polystachya wall.（1828）

Pasania polystachya（Wall.）Oerst.（1873）

Lithocarpus litseifolius（Hance）Chun（1928）

乔木，高达20米，胸径达50厘米。树皮暗黑褐色。一年生枝具棱，无毛，被灰白色鳞秕。叶纸质，长椭圆形或倒卵状长椭圆形或卵状披针形，长8—20厘米，宽3—8厘米，先端长渐尖或突急尖或尾尖，基部楔形至宽楔形，叶基下延，全缘，上面中脉明显凸起，侧脉平坦，10—12对，无毛，下面被灰白色鳞秕，干后带苍灰色，中脉及侧脉通常带棕色；叶柄长1.5—2.5厘米，无毛。雄花序排成圆锥花序状，或单一，腋生，长约10厘米，花序轴被柔毛；雌花序常2—3枚聚生于枝顶，长10—20厘米，花序轴被鳞秕，雌花每3花稀5花一簇。果序长可达28厘米，果密集。壳斗浅碟形，有时平展，包坚果基部，径8—14毫米，底部增厚。坚果宽圆锥形，扁球形或球形，高8—15毫米，径1.2—1.8厘米，无毛，常被白色粉霜，果脐凹陷，深1—1.5毫米。花期5—9月，果次年同期成熟。

产景东、新平、顺宁、腾冲、峨山、普洱、文山、西畴、富宁、瑞丽、马关等地，生于海拔1000—2700米山地疏林中；在景东无量山海拔2000—2500米处和银木荷、截果石栎等组成常绿阔叶林。长江以南各省（区）均有分布；越南、泰国、缅甸、印度也有。

50. 两广石栎（云南植物志）　合斗柯（中国高等植物图鉴补编）图286

Lithocarpus synbalanos（Schottky）Chun（1928）

Quercus synbalanos Hance（1884）

Pasania synbalanos（Hance）Schott.（1912）

小乔木或灌木状，高8—15米。一年生枝具棱，无毛，被白色鳞秕。叶薄革质，长椭圆形，卵状椭圆形或倒卵状椭圆形，长5—12厘米，宽2—6厘米，先端突急尖或短渐尖，基部楔形稀近圆形，全缘，无毛，下面略带粉白色，被蜡质鳞秕，上面中脉平坦或凹陷，侧脉6—9对，二次侧脉不明显；叶柄长1—2.5厘米，无毛。雄花序通常单个腋生，长4—7厘米，花序轴被灰黄色绒毛；雌花序长达20厘米，花序轴近无毛，雌花3—5花一簇。壳斗碟形，近平展，包坚果基部，径7—8（13）毫米，高2—4毫米，下部增厚；小苞片三角形，细小，紧贴于壳斗壁，常仅见紫褐色尖头。坚果宽卵形或圆锥状宽卵形，高1.2—1.8厘米，径1—1.5厘米，无毛，有时被白色粉霜，顶端尖，果脐凹陷，深1—1.5毫米。

产西畴，生于海拔1200—1800米森林或灌丛中。福建、台湾、湖南、广东、广西、贵州、四川有分布。

51. 景东石栎（云南植物研究）图287

Lithocarpus jingdongensis Hsu et H. J. Qian（1983）

乔木，高达30米。一年生枝具棱，无毛；二年生枝具灰色小皮孔。叶革质，长卵形、长椭圆形或椭圆状披针形，长6—10厘米，宽2.5—4厘米，先端长渐尖，基部楔形，沿叶柄下延，全缘，无毛，上面中脉凸起，侧脉纤细，约13—16对，二次侧脉明显；叶柄长1—1.5厘米，无毛。雌花序生于枝顶，长约6厘米，微有灰色绒毛，雌花3花一簇。果序长4—6厘米，果少数。壳斗浅碗形，包着坚果基部，径1.5厘米左右，高6—8毫米；小苞片三角形，显著，排列紧密，被褐色短毛。坚果宽卵形，高、径约1.5厘米，无毛，顶端圆形，果脐凹陷，深1—2毫米。果期7月。

产景东，生于海拔2500米山地森林中。模式标本采自景东徐家坝。

52. 美苞石栎（云南植物志）　美鳞柯（中国高等植物图鉴补编）图268

Lithocarpus calolepis Hsu et Jen（1976）

乔木，高达20米，树皮灰褐色。一年生枝具棱，无毛；二年生枝密生灰白色皮孔。叶革质，卵状披针形至长椭圆状披针形，长10—16厘米，宽2.5—5厘米，先端长渐尖或尾尖，

图284 大叶石栎 *Lithocarpus megalophyllus* Rehd. et Wils.
1.枝叶 2.果序 3.坚果及壳斗

图285 硬斗石栎 *Lithocarpus hancei* (Benth.) Rehd.
1.果枝 2.幼果枝 3.具壳斗的坚果 4.壳斗

图286 两广石栎 *Lithocarpus synbalanos*（Schottky）Chun

1.果枝 2—3.坚果

图287　景东石栎 *Lithocarpus jingdongensis* Hsu et H. J. Qian
1.果枝　2.坚果　3.壳斗

基部近圆形或楔形，略偏斜，全缘，上面绿色，下面灰绿色，无毛，上面中脉凹陷，侧脉平坦或微凸起，12—15对；叶柄长2—3.5厘米，无毛。雌花每3花一簇，花序轴被灰色绒毛，果序长10—18厘米，果序轴径0.8—1厘米，无毛，密生灰白色皮孔。壳斗浅碗形，包坚果基部，径1.8—2.5厘米，高3—5毫米；小苞片宽三角形，大小均匀，排列整齐，甚为美观，被短绒毛。坚果扁球形，径2—2.8厘米，无毛，顶端圆形或微凹，干后有纵裂缝，果脐内陷，径1—1.5厘米。

产西畴，生于海拔1400—1600米石灰岩山地。模式标本采自西畴。

53. 粉背石栎（云南植物志） 粉背柯（中国高等植物图鉴补编）图288

Lithocarpus hypoglaucus（Hu）Huang（1976）

Pasania hypoglauca Hu（1940）

乔木，高达20米。一年生枝具棱，无毛。叶纸质或成长叶近革质，长椭圆形、长卵形、倒卵状长椭圆形至卵状披针形，长6—17厘米，宽2—6厘米，先端渐尖至短渐尖，基部楔形或近圆形，沿叶柄下延，全缘，两面不同色，成长叶下面苍灰色，干后黄灰色，被蜡质鳞秕，上面侧脉微凸起，8—15对，二次侧脉不甚明显；叶柄长0.7—1.5米，无毛。雄花序单生或排成圆锥花序状，长8—10厘米，花序轴有柔毛，雌花序长7—12厘米，花序轴被灰黄色蜡质鳞秕，雌花每3花一簇。壳斗平盘形，包坚果基部，高1.5—5毫米，径1—2厘米；小苞片三角形，甚细小，紧贴壳斗壁。坚果扁球形（有时顶端微凹）或长卵形，径1—2.2厘米，高1—1.8厘米，无毛，干后常具细纵裂纹，果脐凹陷，深0.5—1.5毫米。花期7—10月，果期次年9—10月。

产丽江、洱源、邓川、华坪、永仁、宾川、贡山等地，生于海拔1600—2600米杂木林中，常由于多次樵采呈灌木状，在山谷湿润地方为常绿阔叶林的优势树种。四川有分布。

5. 三棱栎属 Trigonobalanus Forman

常绿乔木。单叶互生或三叶轮生，具托叶。花单性同株，雄花柔荑花序生于嫩枝下部，雌花穗状花序或近于总状分枝生于嫩枝上部；如雌雄同序，则雄花序生于雌花序的上部；雄花常3花簇生，花被6，雄蕊6；雌花1—3（7）或更多达27生于3—5裂的总苞内，花被6，退化雄蕊6，子房3室，每室有2胚珠。壳斗3—5裂，内有1—3（7）最多达27坚果，坚果三棱形，具窄翅，当年成熟。

本属有三种，一种分布云南南部、泰国北部，另一种分布马来西亚及印度尼西亚，第三种分布南美洲的哥伦比亚。

1. 三棱栎 图289

Trigonobalanus doichangensis（A. Camus）Forman（1964）

Quercus doichangensis A. Camus（1933）

乔木。幼枝被锈色柔毛，皮孔白色。叶革质，长椭圆形或倒卵状长椭圆形，长8—13

图288 粉背石栎 *Lithocarpus hypoglaucus*（Hu）Huang
1.果枝 2.坚果 3.壳斗

图289　三棱栎 *Trigonobalanus doichangensis*（A. Camus）Forman
1.果枝　2.雄花序　3.雄花　4—5.雄蕊（正反面）
6.壳斗和坚果　7.壳斗　8.坚果基部

厘米，宽3—6厘米，先端钝尖，基部楔形，下延至叶柄，全缘，中脉在下面隆起，侧脉8—11对，幼时两面被锈色绒毛，老叶上面无毛；叶柄长0.5—1.2厘米；托叶三角形，长约1毫米，早落。雄花序生于嫩枝基部或雌花序的上部，为曲折的柔荑花序，长5—8厘米；雌花序单生叶腋，长约10厘米，壳斗不端正，边缘有3—4裂口，内有坚果1—3，壳斗内面被锈色绒毛，坚果长椭圆状三角形。花期3、4月，果期9—11月。

产澜沧、孟连、西盟海拔1000—1450米的常绿阔叶林中。本树种因木材较好，群众喜用，在交通方便之处，不见大树。现定为国家二级保护树种，应加强宣传保护。

6. 青冈属 Cyclobalanopsis Oerst.

常绿乔木。树皮通常光滑，稀深裂，芽鳞多数，覆瓦状排列。叶全缘或有锯齿，螺旋状互生。花单性，雌雄同株，雄花序为下垂柔荑花序，单花散生或数花簇生于花序轴，花被常5—6深裂，雄蕊与花被裂片同数，有时较少，花丝细长，花药2室，退化雌蕊细小；雌花单生或穗状，单生于总苞内，花被裂片5—6，有时有细小的退化雄蕊，子房3室，每室有2胚珠，花柱与子房室同数。壳斗（总苞）在果实成熟后呈杯状、碟状、钟形包着坚果，稀全包，壳斗上的小苞片轮状排列愈合成同心环带，环带全缘或边缘具裂齿，每壳斗内有1坚果。坚果的顶端有突起的柱座，底部圆形的疤痕为果脐，不孕胚珠宿存在种子的近顶部。种子具肉质子叶，富含淀粉。

本属约有150种，主要分布在亚洲热带及亚热带。我国约75种及变种，分布秦岭以南及淮河流域以南各省（区）。云南约有40种及变种，为组成常绿阔叶林的主要树种之一。

分 种 检 索 表

1.坚果扁球形或宽卵形，径大于高或径与高近相等。
  2.坚果直径2—5厘米或更大。
    3.壳斗包着坚果2/3—3/4或更多至全包。
      4.壳斗环带呈宽薄片状张开；叶长16—39厘米，侧脉18—36对，在叶面常凹陷 …… ………………………………………… 1.薄片青冈 C. lamellosa
      4.壳斗环带不呈薄片状张开；叶长8—25厘米，叶上面侧脉常不凹陷。
        5.壳斗杯形或碗形，包着坚果大部分，坚果顶部外露。
          6.壳斗与坚果几等高，杯形，壁厚1.5—2毫米；叶卵状披针形或长椭圆形，顶端渐尖 ………………………………… 2.厚缘青冈 C. thorelii
          6.壳斗比坚果低，碗形，壁厚1毫米；叶倒卵状椭圆形，先端尾尖 ……………… ……………………………………… 3.薄斗青冈 C. tenuicupula
        5.壳斗扁球形，几乎全包着坚果；叶厚革质，长椭圆形至卵状椭圆形，先端短渐尖 ……………………………………4.西畴青冈 C. sichourensis
    3.壳斗包着坚果1/2或1/2以下。
      7.坚果直径3.5—6厘米，果壁厚4毫米；叶倒卵形或倒卵状披针形，长15—27厘米，侧脉18—22对 ……………………………………… 6.大果青冈 C. rex

7.坚果直径3厘米以下，果壁厚很少达3毫米，叶长椭圆形。

  8.坚果扁球形，顶端平圆。

    9.侧脉9—14对，小枝、叶下面均被绒毛。

      10.老叶下面毛脱落；壳斗壁厚2—3毫米，包着坚果常在1/3以下 ······················· **6.毛叶青冈** C. kerrii

      10.老叶下面绒毛不脱落；壳斗壁厚约2毫米，包着坚果1/3—1/2 ······················· **7.毛枝青冈** C. helferiana

    9.侧脉15—20对，小枝、叶下面均无绒毛 ····················· **8.扁果青冈** C. chapensis

  8.坚果扁圆锥形，顶端不平坦，渐尖或突尖。

    11.壳斗较薄，基部呈锅形；叶宽3—4厘米，长9—12厘米；叶缘有锯齿 ······················· **9.盈江青冈** C. yingjiangensis

    11.壳斗较厚，基部平坦；叶宽5—7厘米，长15—20厘米，叶缘中部以上有疏浅锯齿 ······················· **10.毛斗青冈** C. chrysocalyx

2.坚果直径在2厘米以下。

  12.叶全缘或上部微波状。

    13.叶下面无毛，叶长椭圆状披针形或倒披针形，长11—17厘米；壳斗外被深黄色绒毛，包着坚果1/2—2/3 ····················· **11.法斗青冈** C. camusae

    13.叶下面密被褐色或灰褐色绒毛，叶倒卵形，长4—10厘米；壳斗外被薄毛，包着坚果1/3—1/2 ····················· **12.岭南青冈** C. championii

  12.叶缘有锯齿，至少上半部有锯齿。

    14.叶缘有细尖锯齿。

      15.壳斗包着坚果3/4；叶薄革质，长10—17厘米 ······················· **13.越南青冈** C. austro–cochinchinensis

      15.壳斗包着坚果1/2或更少；叶革质，长9—12厘米 ······················· **14.龙迈青冈** C. lungmaiensis

    14.叶缘有粗钝锯齿。

      16.老叶下面绒毛不脱落。

        17.叶倒卵形，长4—10厘米；壳斗直径1—1.5厘米 ······················· **12.岭南青冈** C. championii

        17.叶长椭圆形，长12—15厘米；壳斗直径1.5—2.2厘米 ······················· **7.毛枝青冈** C. helferiana

      16.老叶下面绒毛脱落，叶长椭圆形，长12—15厘米；壳斗直径约2厘米 ······················· **6.毛叶青冈** C. kerrii

1.坚果卵形、长卵形、椭圆形或长椭圆形，高大于径。

  18.坚果长卵形、长椭圆形。

    19.坚果高不及径的1.5倍。

      20.坚果直径在1.5厘米以上。

        21.叶革质，小枝有绒毛。

22.小枝、壳斗皆被暗棕色绒毛；坚果当年成熟 ……………………
……………………………… 15.睦边青冈 C. pachyloma var. mubianensis

22.小枝、壳斗、叶下面皆被灰黄色绒毛；坚果二年成熟 ……………………
……………………………… 16.黄毛青冈 C. delavayi

21.叶薄革质或纸质；小枝无毛。

23.叶卵状椭圆形，全缘；坚果直径约1.5厘米 ……………………
……………………………… 17.薄叶青冈 C. kontumensis

23.叶椭圆状披针形，叶上部有疏浅波状齿；坚果直径约0.9厘米 ……………
……………………………… 18.黑果青冈 C. chevalieri

20.坚果直径在1.5厘米以下。

24.叶全缘或近全缘。

25.叶下面无毛，至少老叶下面无毛。

26.叶宽6—12厘米，长椭圆形或倒卵状长椭圆形；壳斗环带不愈合 ……………
……………………………… 19.大叶青冈 C. jenseniana

26.叶宽4—5厘米；壳斗环带愈合。

27.中脉在叶上面凹陷。

28.叶基楔形，叶下面绿色，侧脉不显著 ……… 18.黑果青冈 C. chevalieri

28.叶基圆形或宽楔形，叶下面淡褐色，侧脉显著 ……………
……………………………… 20.毛脉青冈 C. tomentosinervis

27.中脉在叶上面凸起，叶下面粉白色 ……… 21.窄叶青冈 C. augustinii

25.叶下面被褐色绒毛，沿脉较密，叶卵状长椭圆形，先端尾尖 ……………
……………………………20.毛脉青冈 C. tomentosinervis

24.叶缘有明显锯齿。

29.叶下面被绒毛或星状毛，叶长椭圆形或卵状椭圆形，中部以上有锯齿；坚果第二年成熟；壳斗包着坚果1/2 ……………………… 16.黄毛青冈 C. delavayi

29.叶下面被单毛或老叶无毛。

30.叶下面被平伏单毛，叶倒卵状椭圆形或长椭圆形，中部或中部以上最宽，叶缘具疏粗锯齿；壳斗的环带全缘或有细缺刻 ………………22.青冈 C. glauca

30.叶下面被弯曲黄褐色绒毛，后渐脱落；壳斗环带6—8，近全缘 ……………
……………………………… 23.滇青冈 C. glaucoides

19.坚果高为径的1.5倍以上。

31.壳斗壁厚2—6毫米，被绒毛；叶缘常有不明显的锯齿。

32.坚果直径在2厘米以上，壳斗包坚果1/2以上。

33.老叶下面被灰黄色绒毛，叶缘上部有锯齿，叶长椭圆形或长椭圆状披针形，长12—20厘米 ……………………… 24.广西青冈 C. kouangsiensis

33.老叶下面无毛，全缘，叶长圆形或卵状长椭圆形，长14—27厘米 ……………
……………………………… 25.饭甑青冈 C. fleuryi

32.坚果直径2厘米以下；小枝被暗棕色毛，不脱落；叶革质，壳斗包着坚果1/3—1/2

　　　　　　　……………………………… 15.睦边青冈 C. pachyioma var. mubianensis

　31.壳斗壁厚不及2毫米，不被绒毛；叶全缘。

　　34.叶宽约5厘米，侧脉疏，9—12对；果径约2.2厘米，壳斗包着坚果约1/3 …………

　　　　　　　…………………………… 26.无齿青冈 C. semiserratoides

　　34.叶宽约10厘米，侧脉密，18—24对；果径约0.8厘米，壳斗包着坚果约1/2 ………

　　　　　　　……………………………… 27.屏边青冈 C. pinbianensis

18.坚果卵形或椭圆形。

　35.叶长为宽的3倍以上。

　　36.叶下面被毛。

　　　37.叶下面被星状毛。

　　　　38.侧脉10—14对，叶长椭圆形；坚果第二年成熟 ……………………………

　　　　　　　…………………………… 16.黄毛青冈 C. delavayi

　　　　38.侧脉16—24对，叶长椭圆状披针形；坚果当年成熟 …………………

　　　　　　　………………………………28.毛曼青冈 C. gambleana

　　　37.叶下面被单毛，老叶有时无毛。

　　　　39.侧脉14—24对。

　　　　　40.叶长椭圆形至长椭圆状披针形，宽3—8厘米，长13—22厘米 …………

　　　　　　　……………………………… 29.曼青冈 C. oxyodon

　　　　　40.叶长方状披针形或卵状长披针形，宽3—4厘米，长9—15厘米 …………

　　　　　　　………………………… 30.长叶青冈 C. longifolia

　　　　39.侧脉10—14对。

　　　　　41.小枝，皮孔均为黄褐色，叶下面被黄色单毛 ……………………………

　　　　　　　………………………31.黄枝青冈 C. fulviseriaca

　　　　　41.小枝不为黄褐色；叶长椭圆形，椭圆状披针形，宽3.5—5厘米，叶下面沿

　　　　　　　脉被灰棕色贴伏的单毛，侧脉间被平贴灰白色单毛 …………………

　　　　　　　……………………………… 32.环青冈 C. annulata

　　36.叶下面无毛。

　　　42.壳斗环带不愈合，果序长不超过3厘米；叶下面粉白色，干后暗灰色 …………

　　　　　　　………………………… 33.小叶青冈 C. myrsinaefolia

　　　42.壳斗环带愈合，果序长3厘米以上，叶下面略带粉白色 …………………

　　　　　　　…………………………… 21.窄叶青冈 C. augustinii

35.叶长不及宽的3倍。

　43.叶缘具尖锐锯齿。

　　44.叶下面密生星状毛，坚果第二年成熟。

　　　45.叶下面被灰白色星状毛，叶先端渐尖 ………………… 34.滇西青冈 C. lobbii

　　　45.叶下面被黄色星状毛，叶先端尾尖 ………… 16.黄毛青冈 C. delavayi

　　44.叶下面被单毛或无毛，坚果当年成熟。

46.壳斗壁厚不及1毫米。

  47.壳斗环带全缘。

    48.叶下面被平伏单毛 ···22.青冈 C. glauca

    48.叶下面被弯曲绒毛 ·······························23.滇青冈 C. glaucoides

  47.壳斗环带具裂齿。

    49.壳斗直径1—1.8厘米，环带5—9 ······················

    ·····················35.滇南青冈 C. austro-glauca

    49.壳斗直径约1.2毫米，环带5···············36.五环青冈 C.pentacycla

46.壳斗壁厚约1.5毫米，环带具裂齿；叶背灰白色 ·····················

·····················37.独龙青冈 C. kiukiangensis

43.叶缘具疏浅钝锯齿或近全缘。

  50.叶下面几无毛。

    51.壳斗环带全缘；叶干后不带褐色。

      52.叶倒卵状椭圆形，基部楔形；壳斗有柄，无毛 ·····················

      ·····················18.黑果青冈 C. chevalieri

      52.叶长椭圆形，基部窄圆形；壳斗无柄，被薄毛 ·····················

      ·····················38.金平青冈 C. jinpinensis

    51.壳斗环带具裂齿；叶干后带褐色，叶长椭圆形，基部宽楔形，先端长尾尖

    ·····················39.长尾青冈 C. stewardiana var. longicaudata

  50.叶下面密生绒毛，老叶下面有时无毛，叶窄椭圆形或椭圆形，宽1.5—3厘米，

    叶下面灰绿色，被黄褐色单毛 ·····················40.思茅青冈 C. xanthotricha

1.薄片青冈 （云南植物志） 薄片栎（中国高等植物图鉴）图290

Cyclobalanopsis lamellosa（Smith）Oerst.（1866）

C. nigrinervis Hu（1951）C. fengii Hu et Cheng（1951）

  大乔木，高达40米，胸径达1米以上。幼枝有黄褐色绒毛，老时无毛，叶革质，卵状长椭圆形，长16—30（39）厘米，宽6—8（10）厘米，先端渐尖或尾尖，基部楔形至近圆形，叶缘有锯齿或近1/3以下全缘，中脉及侧脉在上面凹陷，在下面显著凸起，侧脉18—25（33）对，下面支脉明显，上面绿色，无毛，下面有灰白色粉或苍黄色短星状毛，有时脱净；叶柄长2—4厘米，上面有沟槽。果序长3—4厘米，通常着生1—3果。壳斗扁球形或半球形，包着坚果2/3—4/5，有时全包，径达5厘米，高达3厘米，被灰黄色绒毛；小苞片合生成7—10薄片状同心环带，环带边缘近全缘，成熟时有裂齿。坚果扁球形，径3—4厘米，高2—3厘米，被绒毛，后渐脱落，顶端平缓或突尖，果脐大，平坦或微凸起。花期4—5月，果期11—12月。

  产金平、贡山、永仁，生于海拔1300—2500米杂木林中。西藏、广西有分布；印度、尼泊尔、缅甸均有。

  薄片青冈是在湿热条件较好的环境下生长的一种大型叶青冈，树体高大，材质良好，可作建筑、车辆及农具等用材。

2.厚缘青冈 （云南植物志）图291

Cyclobalanopsis thorelii（Hick. et A. Camus）Hu（1940）

Quercus hsiensuii Chun et Ko（1958）

乔木，高达30米。小枝有纵沟槽，幼时密被黄棕色星状毛，后渐脱落，有灰色细小皮孔。冬芽近球形，径约3毫米，芽鳞多数，深褐色，无毛。叶薄革质，卵状披针形或长椭圆形，长12—17厘米，宽4—7厘米，先端突尖或尾尖，基部宽楔形或近圆形，叶缘有刺状锯齿，近基部全缘，中脉在上面突起，侧脉13—16对，近叶缘处分枝，下面支脉明显，幼叶两面被黄棕色绒毛，后渐脱落，上面亮绿色，下面淡褐色；叶柄长1—2厘米，初被毛，后渐无毛。雄花序3—4簇生，长4—6厘米，密被黄棕色绒毛，花柱3裂。壳斗碗形至杯形，包着坚果大部分，口部高出坚果约3毫米，壁厚，内外壁均被黄棕色绒毛，口径约3厘米，高1.5—2厘米；小苞片合生成8—9条同心环带，顶端向内卷，环带近全缘。坚果扁球形，径2.5—3厘米，高1—1.5厘米，密被黄色绒毛，顶端有凹坑，果脐平坦，径约2厘米。花期4月，果期9—10月。

产西双版纳，生于海拔1000—1100米沟谷森林中。广西有分布；老挝也有。

3.薄斗青冈 图292

Cyclobalanopsis tenuicupula Hsu et Jen（1979）

乔木，高达30米，胸径达70厘米。小枝灰白色，无毛，微有纵槽，密生灰白色皮孔。叶纸质，长椭圆形或倒卵状椭圆形，长10—25厘米，宽5—10厘米，先端短尾尖，基部宽楔形，叶缘先端具少数浅钝锯齿或全缘，中脉在上面凹陷，侧脉9—12对，下面侧脉显著平行，上面亮绿色，下面略带灰色，无毛；叶柄长2—4厘米，无毛，干后黑色。雄花序长约6厘米，微被灰色毛；雌花序长2—6厘米，有花3—5，发育果实1—3。壳斗碗形，包着坚果2/3，径2—4厘米，高1.5厘米，壁厚约1毫米；小苞片合生成6—7条同心环带，环带边缘有波状浅齿。坚果扁球形，径2.5—3厘米，高2—2.5厘米，顶端平，柱座微凸起，果脐平坦，径2—2.5厘米。花期4月，果期9月。

产金平翁当。

本种形态较为特别，幼树之叶有锯齿，酷似云叶树（Euptelea）之叶。

4.西畴青冈 （云南植物志）图291

Cyclobalanopsis sichourensis Hu（1951）

乔木，高达20米。小枝有微毛和凸起的淡棕色圆形皮孔，叶厚革质，长椭圆形至卵状椭圆形，长12—20厘米，宽5—8厘米，先端短骤凸，基部圆形或宽楔形，叶缘先端有疏锯齿，中脉在上面凹陷，侧脉15—18对，下面支脉明显，上面亮绿色，下面粉白色，有疏毛；叶柄长2.5—3.5厘米，初被棕色绒毛。壳斗扁球形，几乎全包坚果，径3.5—5厘米，高约2.5厘米，壁薄，内壁被黄色丝状毛，外壁被黄色绒毛；小苞片合生成9—10条同心环带，环带边缘缺刻状。坚果扁球形，径3—4厘米，高约2厘米，有黄色绒毛，顶端凹陷，中央有小尖头，果脐凸起，与坚果直径几乎相等。

产西畴、富宁等地，生于海拔850—1500米常绿阔叶林中。

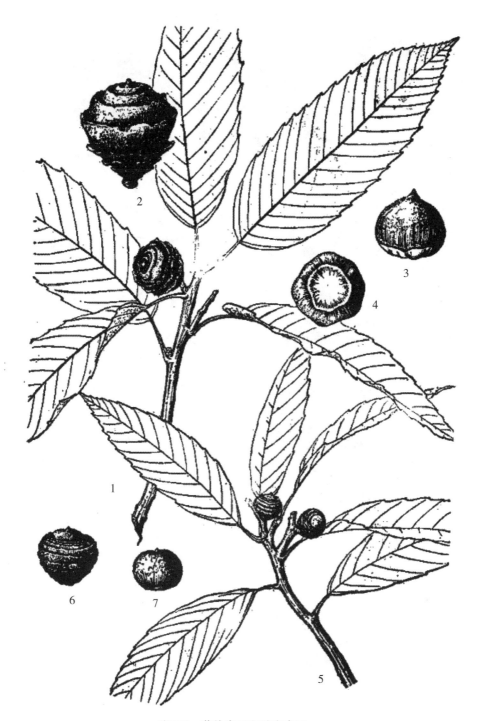

图290 薄片青冈和越南青冈

1—4.薄片青冈 *Cyclobalanopsis lamellosa*（Smith）Ocrst.

1.果枝 2.壳斗及坚果 3—4.坚果

5—7.越南青冈 *C. austro—cochinchinensis*（H. et A. C.）Hjelmq.

5.果枝 6.壳斗及坚果 7.坚果

图291 西畴青冈和厚缘青冈

1—3.西畴青冈 *Cyclobalanopsis sichourensis* Hu 1.果枝 2—3.坚果

4—7.厚缘青冈 *C. thorelii*（Hick. et A. Camus）Hu 4—5.叶 6.幼果 7.果序

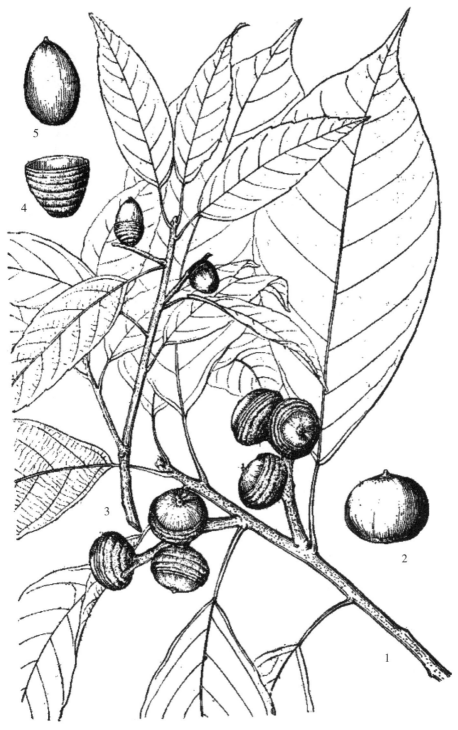

图292 薄斗青冈和小叶青冈

1—2.薄斗青冈 *Cyclobalanopsis tenuicupula* Hsu et Jen 1.果枝 2.坚果

3—5.小叶青冈 *C. myrsinifolia*（Blume）Oerst. 3.果枝 4.壳斗 5.坚果

5.大果青冈　（云南植物志）大果槠（中国高等植物图鉴）图293

Cyclobalanopsis rex（Hemsl.）Schott.（1912）

乔木，高达30米。幼枝被黄色绒毛，后渐无毛。叶常聚生于枝顶，倒卵形至倒卵状披针形，长15—20（27）厘米，宽（4）6—9厘米，先端短渐尖或急尖，基部楔形，叶缘近顶部有疏浅锯齿，中脉、侧脉在上面凹陷或平坦，在下面凸起，侧脉18—22对，下面支脉明显，幼时两面密被褐色绒毛，老时无毛；叶柄长2—3厘米，有褐色绒毛。壳斗浅盘形，包着坚果1/2或2/3，径3.5—5（6）厘米，高1.5—1.8厘米，壁厚达4毫米，内外壁均被黄褐色长绒毛；小苞片合生成7—8条同心环带，环带全缘或波状，下部几乎环与壳斗壁分离。坚果二年成熟，扁球形，径3.5—5厘米，幼时有灰黄色绒毛，老时仅顶端与下部有毛，顶端圆或凹陷，果脐内凹，径2—2.5厘米。花期4—5月，果期10—11月。

产西双版纳和景谷等处，生于海拔1100—1800米沟谷密林中。印度、缅甸、老挝有分布。

6.毛叶青冈　（云南植物志）平脉槠（海南植物志）图294

Cyclobalanopsis kerrii（Craib）Hu（1940）
Quercus kerrii Craib（1911）

乔木，高达20米。小枝密生黄褐色绒毛，后渐无毛或被薄毛。叶长椭圆状披针形、长椭圆形或长倒披针形，长9—18（24）厘米，宽4—7（9）厘米，先端圆钝或短钝尖，基部圆形或宽楔形，边缘1/3以上有钝锯齿，中脉在上面平坦或微凸起，侧脉10—14对，下面支脉明显，幼时两面密被黄褐色绒毛，老时仅下面被易脱落之星状绒毛或无毛；叶柄长1—2厘米，被绒毛，雄花序多个簇生于近枝顶，长5—8厘米；雌花序单生，长2—5厘米，稀达7厘米。壳斗盘形，深浅不一，包着坚果基部或达1/3，径2.5—3.8厘米，高5—8毫米，被灰色或灰黄色柔毛；小苞片合生成7—11条同心环带，环带边缘有细锯齿或全缘。坚果扁球形，径2—2.8厘米，高7—12毫米，顶端中央凹陷或平坦，柱座凸起，被绢质灰色短柔毛，果脐微凸起，径1—2厘米。花期3—5月，果期10—11月。

产普洱、西双版纳、文山等地，生于海拔160—1800米山地疏林中。广东、广西、贵州有分布；越南、泰国也有分布。

7.毛枝青冈　图295

Cyclobalanopsis helferiana（A. DC.）Oerst.（1866）

乔木，高达20米。幼枝密被黄色绒毛，三年生枝近无毛。叶长椭圆形、卵状或椭圆状披针形，长12—15（20）厘米，宽4—8厘米，先端渐尖或圆钝，基部宽楔形或圆形，叶缘中部以上有圆钝锯齿，幼时两面密被黄色绒毛，老时上面仅中脉基部被黄色绒毛，下面仍密被灰黄色绒毛，侧脉9—14对；叶柄长1—2厘米，有黄色绒毛。壳斗盘形，包着坚果1/3—1/2，径1.8—2.5厘米，高5—10毫米；小苞片合生成8—10条同心环带，环带边缘细齿状或近全缘，内外壁均被黄色绒毛。坚果扁球形，直径1.5—2.2厘米，高1—1.6厘米，被灰色柔毛，顶端略凹陷。花期3—4月，果期10—11月。

产澜沧、孟连、景洪、勐海等地，生于海拔900—2000米。广东、广西、贵州有分布；印度、缅甸、泰国、老挝、越南也有分布。

本种与毛叶青冈 Cyclobalanopsis kerrii（Craib）Hu 很接近，其不同处，老叶下面密被绒毛，坚果较小，壳斗较薄，包着坚果的部分较多。

8.扁果青冈　（云南植物志）图296

Cyclobalanopsis chapensis（Hick. et A. Camus）Hsu et Jen（1976）C. koumeii Hu（1951）

乔木，高达20米，小枝有沟槽及长圆形淡褐色皮孔，无毛或幼时有柔毛。叶革质，长椭圆形或长椭圆状披针形，长9—20厘米，宽2—4厘米，先端渐尖，基部宽楔形或近圆形，边缘1/3以上有细锯齿，中脉、侧脉在上面均微凸起，在下面显著凸起，侧脉15—20对，下面支脉明显，老叶两面无毛，叶柄长1—2厘米，无毛。壳斗盘形，包着坚果基部，径3—3.5厘米，高5—10毫米，壁厚3—5毫米，内壁被黄色丝状毛；小苞片合生成6—9条同心环带，环带边缘齿牙状，被稀疏绒毛。坚果扁球形，径2.5—2.7厘米，高2—2.2厘米，顶端圆，基部平截，无毛或基部有疏毛，果脐平或微凹，径约1.5厘米。

产西畴、屏边、麻栗坡，生于海拔1300—2000米的沟谷湿润常绿阔叶林中。越南有分布。

9.盈江青冈　图297

Cyclobalanopsis yingjiangensis Hsu et Q. Z. Dong（1983）

乔木，高达20米。小枝纤细，干时黑紫色，稍具沟槽，近无毛，皮孔灰色明显。叶卵状披针形，长9—12厘米，宽3—4厘米，先端渐尖，基部圆形或宽楔形或偏斜，叶缘有明显锯齿，侧脉9—11对，叶上面淡绿色，下面粉绿色，被易脱落的疏生星状毛；叶柄纤细，长1—1.5厘米。果单生。壳斗锅底状盘形，径约3厘米，壁厚约2毫米。坚果卵状圆锥形，直径3厘米，高2厘米。

产盈江，生于海拔2500米的山地。

10.毛斗青冈　（云南植物志）图295

Cylobalanopsis chrysocalyx（Hick. et A. Camus）Hjelmq.（1968）

常绿乔木，高达25米。小枝有沟槽，无毛或幼时有柔毛。叶薄革质，长椭圆形或长椭圆状披针形，长15—20厘米，宽5—7厘米，先端渐尖，基部楔形，叶缘中部以上有疏锯齿，中脉、侧脉在叶上面微凸起，在下面显著凸起，侧脉8—12对，两面均为绿色，无毛；叶柄长2—2.5厘米，无毛。壳斗盘形，径约3厘米，高约8毫米，内壁被棕色丝状毛；小苞片合生成6—8条同心环带，环带边缘有裂齿，被棕色绒毛，坚果宽卵形，径约3.5厘米，高2.5厘米，顶端呈圆锥形，有宿存花柱，被绒毛，果脐平坦，径约1.5厘米，果期10月。

产绿春牛孔附近及屏边大围山，生于海拔1200米沟谷杂木林中。越南、老挝、柬埔寨均有分布。

11.法斗青冈 图293

Cyclobalanopsis camusae（Hick. et A. Camus）Hsu et Jen，comb. nov. C. faadoouensis Hu（1951）

乔木，高达15米。小枝初被棕色绒毛，后有疏毛。叶革质，椭圆状披针形、倒披针形，长11—17厘米，宽3—5厘米，先端渐尖或短尾尖，基部楔形或不对称，全缘，稀先端有2—3小锯齿，中脉在叶上面凸起，侧脉不显著，约8—12对，下面中脉、侧脉均明显凸起，支脉较明显，两面绿色，无毛；叶柄长2—3厘米，无毛，果序长2厘米。壳斗碗形，包着坚果1/2—2/3，径2—2.5厘米，高0.8厘米，壁厚约3毫米，内壁被黄棕色绒毛；小苞片合生成5—7条同心环带，环带全缘，坚果近球形，高、径约1.7厘米，顶端有宿存花柱，被黄色丝状薄毛，果脐凸起，径约1厘米。

产西畴县法斗，生于海拔1400—2000米山地密林中。

12.岭南青冈 岭南椆（南海植物志）图298

Cyclobalanopsis championii（Benth.）Ocrst.（1866）

乔木，高达20米，胸径达1米。树皮暗灰色，薄片状开裂。小枝密被灰褐色星状绒毛。叶厚革质，聚生于近枝顶端，倒卵形、有时为长椭圆形，长4—10厘米，宽1.5—45厘米，先端短钝尖，稀微凹，基部楔形，全缘，稀近顶端有数对波状浅齿，边缘反卷，中脉、侧脉在叶上面凹陷，侧脉6—10对，上面深绿色，无毛，下面密生星状绒毛，星状毛有15以上分叉，中央呈一鳞片状，覆以黄色粉状物，毛初为黄色，后变为灰白色；叶柄长0.8—1.5厘米，密被褐色绒毛。雄花序长4—8厘米，全体被褐色绒毛；雌花序长达4厘米，有花3—10，被褐色短绒毛，坚果当年成熟，壳斗碗形，包着坚果1/3—1/2，径1—1.3（2）厘米，高0.4—1厘米，内壁密被苍黄色绒毛，外壁被褐色或灰褐色短绒毛；小苞片合生成4—7条同心环带，环带通常全缘，有时下部1—2环的边缘有波状裂齿。坚果宽卵形至长椭圆形，径1—1.5（1.8）厘米，高1.5—2厘米，两端钝圆，幼时有毛，老时无毛，果脐平，为坚果底部的2/3。花期12月至第二年3月，果期11—12月。

产富宁县，生于海拔100—1700米山地森林中。福建、台湾、广东、广西有分布。

本种是我国南部分布较广的一种青冈，东起台湾南部恒春，经福建南部、广东、广西至云南东南部的富宁县。以广东、广西分布较多较广。在云南富宁县的龙迈海拔1100米处，有二株孤立的岭南青冈，直径达50厘米，树高约15米，附近有高草丛，看来是山地雨林破坏后的残迹，是岭南青冈分布的西缘。

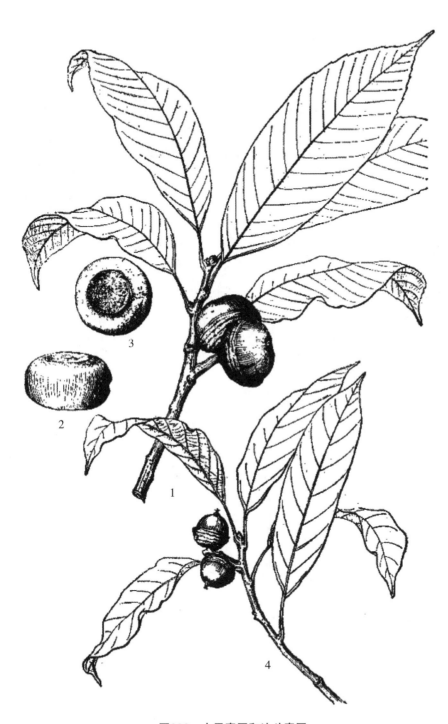

图293 大果青冈和法斗青冈

1—3.大果青冈 *Cyclobalanopsis rex*（Hemsl.）Schott. 1.果枝 2—3.坚果

4.法斗青冈 *C. camusoe*（Hick. et A. Camus）Hsu et Jen 果枝

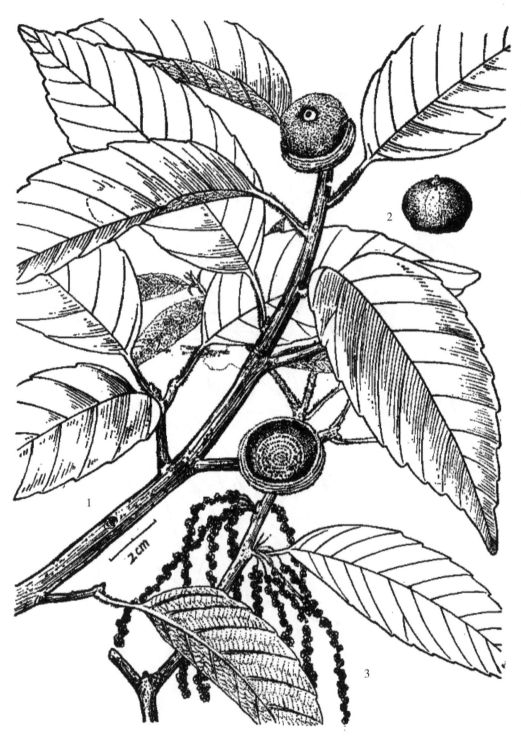

图294　毛叶青冈 *Cyclobalanopsis kerrii*（Craib）Hu
1.果枝　2.坚果　3.雄花枝

图295　毛枝青冈和毛斗青冈

1—2.毛枝青冈 *Cyclobalanopsis helferiana*（A. DC.）Oerst.　1.果枝　2.坚果

3—5.毛斗青冈 *C. chrysocalyx*（H. et A. Camus）Hjelmq.

3.叶　4.壳斗及坚果　5.果脐

图296　扁果青冈和龙迈青冈

1—3.扁果青冈 *Cyclobalanopsis chapensis*（Hick. et A. Camus）Hsu et jen

1.果枝　2.壳斗及坚果　3.坚果

4—5.龙迈青冈 *C. lungmaiensis* Hu　4.果枝　5.壳斗及坚果

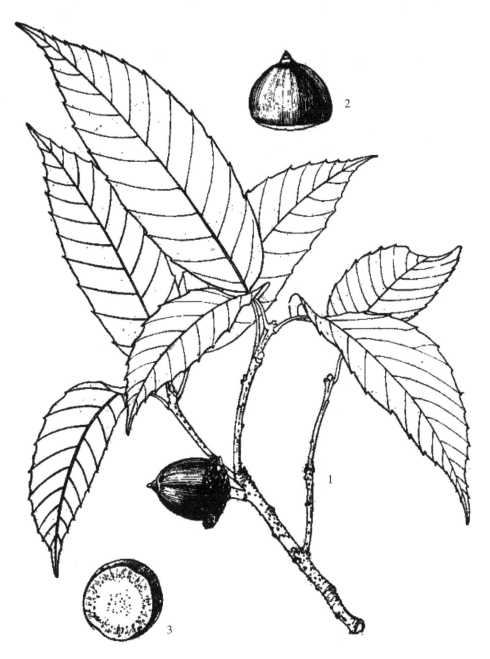

图297 盈江青冈 *Cyclobalanopsis yingjiangensis* Hsu et Q. Z. Dong
1.果枝　2.坚果（放大）　3.坚果底面观

图298 岭南青冈 *Cyclobalanopsis championii*（Benth.）Oerst.

1.果枝　2.坚果　3.雄花枝

13.越南青冈　（云南植物志）图290

Cyclobalanopsis austro-cochinchinensis（Hick.et A.Camus）Hjelmq.（1968）

乔木，高达15米。小枝初被淡棕色星状毛，后渐脱落，有淡褐色长圆形皮孔；冬芽近球形，径约2毫米，红褐色，有疏毛。叶薄革质，长椭圆状披针形，长10—17厘米，宽3—5厘米，先端渐尖或短突尖，基部楔形，边缘1/3以上有疏浅锯齿，两面同为绿色，幼时有柔毛，后渐脱落，侧脉12—17对，在上面微凸起，支脉明显；叶柄长1—2厘米，初被星状毛，后渐脱落。壳斗杯形，包着坚果大部分，仅顶端外露，径1.5—1.8厘米，高1.3—1.5厘米，内外壁均被黄棕色短绒毛；小苞片合生成8—10条同心环带，环带边缘有裂齿。坚果扁球形，直径1.3—1.8厘米，高1.1—1.4厘米，有纵棱，被黄棕色绒毛，顶端圆，有宿存的短花柱，果脐平，径约1.2厘米，几乎与坚果基部等大。

产景洪、孟连，生于海拔760—930米山谷、河旁疏林中。越南有分布。

14.龙迈青冈　（云南植物志）图296

Cyclobalanopsis lungmaiensis Hu（1951）

乔木，高达30米，胸径达80厘米，树皮灰棕色，平滑；小枝有明显沟槽，无毛。叶薄革质，长椭圆形或倒卵状椭圆形，长9.5—11.5厘米，宽3—4厘米，先端尾尖或渐尖，基部楔形或近圆形，边缘除下部外有芒状锯齿，中脉在上面凹陷，在下面凸起，侧脉13—14对，支脉明显，上面绿色，无毛，下面淡绿色，被单毛或无毛；叶柄长2—2.5厘米，上面有沟槽，无毛。雌花序长2.5厘米，花序轴细瘦，有细绒毛，花柱2—3，开展或向外反卷。壳斗碗形，径约1.5厘米，高约1厘米，包着坚果1/3—1/2；小苞片合生成7—9条同心环带，除基部1—2环具缺刻外，其余近全缘或浅波状齿，被细绒毛。坚果宽卵形至扁球形，高、径约1.5—1.8厘米，有时高略大于径，顶端平或微凹，被短绒毛，果脐平圆，花期3—4月，果期10月。

产富宁县龙迈，生于海拔1100—1300米的石山上。

15.睦边青冈　图299

Cyclobalanopsis pachyloma（Seem.）Schott，var. mubianensis Hsu et Jen（1976）

乔木，高达15米。小枝密被暗棕色绒毛。叶革质，椭圆状披针形或长椭圆形，长8—13厘米，宽2—3.5厘米，先端渐尖或突尖，基部楔形，叶缘近先端有数对浅锯齿或全缘，中脉、侧脉在上面微凹陷，在下面凸起，侧脉7—9对，幼时两面密被暗棕色绒毛，老时上面亮绿色，下面苍灰色，无毛；叶柄长1—1.5厘米，初被灰棕色绒毛，后渐脱落。雄花序3—5个聚生于新枝基部，全体被暗棕色绒毛。壳斗碗形，包着坚果1/3—1/2，径1.2—1.5厘米，高1厘米，壁薄，幼时被棕色绒毛，老时只有薄毛；小苞片合生成6—8条同心环带，环带边缘有明显裂齿。坚果椭圆形或倒卵状椭圆形，径1.3—1.8厘米，高1.6—2.4厘米，无毛，顶端有宿存短花柱，果脐平坦，径约6毫米。

产金平，生于海拔1000米左右的山地。广西睦边有分布。

本种与毛果青冈Cyclobalanopsis pachyloma（Seem.）Schott.不同处是小枝毛暗棕色，不脱落，叶厚革质，暗褐色，壳斗较浅，环带具裂齿，毛少；坚果椭圆形，高不及2.4厘米，无毛。

16.黄毛青冈（云南植物志）　黄椆（中国高等植物图鉴）、黄栎　图300

Cyclobalanopsis delavayi（Franch.）Schott.（1912）

乔木，高达20米，胸径达1米。小枝密被黄褐色绒毛。叶革质，长椭圆形或卵状长椭圆形，长8—14厘米，宽2—2.5厘米，先端渐尖或短渐尖，基部宽楔形或近圆形，叶缘中部以上有锯齿，中脉在上面凹陷，在下面凸起，侧脉10—14对，叶上面无毛，下面密被黄色星状绒毛；叶柄长1—2.5厘米，密被灰黄色绒毛。雄花序长2—4厘米，被黄色绒毛；雌花序腋生，长约4厘米，着生2—3花，被黄色绒毛，花柱3—5裂，壳斗浅碗形，包着坚果约1/2，径1—1.5（1.9）厘米，高5—8（10）毫米，内壁被黄色绒毛；小苞片合生成6—7条同心环带，环带边缘具浅齿，密被黄色绒毛。坚果二年成熟，椭圆形或卵形，径1.5厘米，高1.8厘米，初被绒毛，后渐脱落，果脐凸起，径6—8毫米，花期4—5月，果期第二年9—10月。

产昆明、玉溪、楚雄、大理、丽江、迪庆、文山、红河等地，生于海拔700—3000米林中。广西、四川、贵州有分布。云贵高原为本种分布的中心。

木材红褐色，木质坚硬，耐腐，为桩柱、桥梁、地板、农具柄、水车轴等用材。树皮含单宁10.34%，纯度60.04%；干种仁含淀粉57.26%，单糖2.17%，蛋白质1.7%，脂肪1.87%，维生素5.89%，灰分3.40%。

17.薄叶青冈（云南植物志）图301

Cyclobalanopsis kontumensis（A. Camus）Hsu et Jen（1976）

乔木，高达50米，胸径达60厘米。小枝纤细，有沟槽，无毛。叶纸质，卵状椭圆形或长椭圆形，长10—14厘米，宽3.5—4.5厘米，先端尾尖，基部楔形，全缘，中脉在上面凹陷，侧脉不明显，约9—10对，上面绿色，下面灰绿色，无毛，壳斗钟形或倒圆锥形，包着坚果1/2以下，径约2厘米，高约1.5厘米，壁厚1—2毫米，内壁被灰黄色丝状毛，小苞片合生成8—9条同心环带，环带全缘，被灰色柔毛。坚果椭圆形，径约1.5厘米，高约2厘米，无毛，果脐凸起，径约8毫米。

产广南，生于海拔1700米阴湿森林中，越南有分布。

18.黑果青冈（云南植物志）图301

Cyclobalanopsis chevalieri（Hick. et A. Camus）Hsu et Jen，comb. nov.
C. nigrinux Hu（1951）

乔木，高达20米，胸径达50厘米。树皮灰褐色，平滑或微纵裂，小枝纤细有沟槽，二年生枝有灰白色蜡层；冬芽近球形，高、径约2毫米，芽鳞多数，无毛。叶薄革质，椭圆形，倒卵状椭圆形至披针形，长6—11厘米，宽2—4厘米，先端尾尖，基部楔形，全缘或顶端有疏浅波状齿，中脉在上面凹陷，侧脉纤细，10—11对，两面均为绿色，无毛或嫩时有

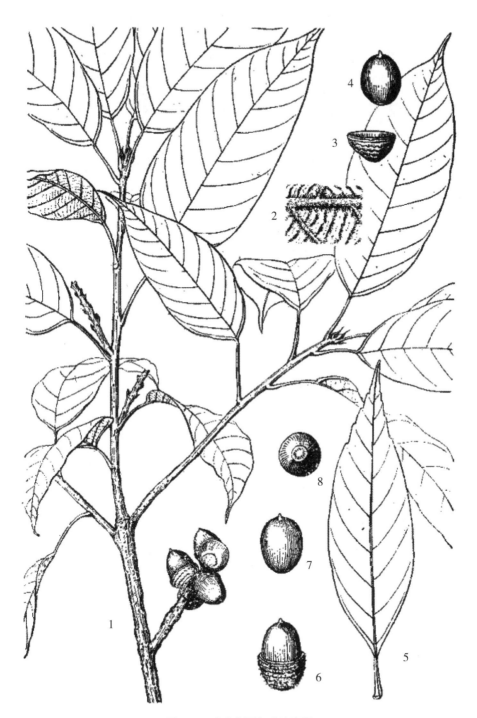

图299　毛脉青冈和睦边青冈

1—4.毛脉青冈 *Cyclobalanopsis tomentosinervis* Hsu et Jen

1.果枝　2.叶下面（部分）　3.壳斗　4.坚果

5—8.睦边青冈 *C. pachyloma*（Seem.）Schott. var. *mubianensis* Hsu et Jen

5.叶　6.壳斗及坚果　7—8.坚果

图300　黄毛青冈 *Cyclobalanopsis delavayi*（Franch.）Schott.
1.果枝　2.坚果　3.雄花枝

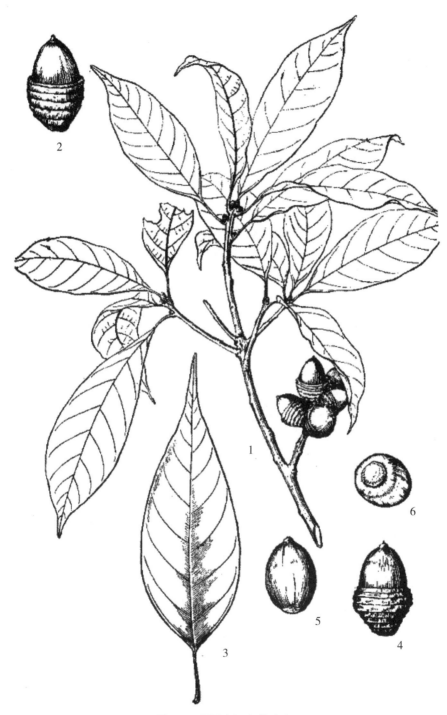

图301　黑果青冈和薄叶青冈

1—2.黑果青冈 *Cyclobalanopsis chevlieri*（Hick. et A. Camus）Hsu et Jen
1.果枝　2.壳斗及坚果

3—6.薄叶青冈 C. *kontumensis*（A. Camus）Hsu et Jen　3.叶　4.壳斗及坚果　5—6.坚果

微毛；叶柄长0.5—0.8（1.2）厘米。果序长2—4厘米，着生2—5果。壳斗杯形，有短柄，包着坚果1/3—1/2，径0.8—1.8厘米，高0.5—1.2厘米；小苞片合生成5—7条同心环带，环带与壳斗壁愈合，无毛。坚果第二年成熟，黄褐色，卵形或长椭圆形，径7—8（12）毫米，高1—1.5（2）厘米，无毛，果脐平，径约5毫米。

产西畴，生于海拔600—1500米常绿阔叶混交林中。广东、广西有分布。

本种标本初次采自云南西畴法斗。坚果是由树下拾来的，颜色变黑了，因此称为黑果青冈。其实，成熟坚果新鲜时是黄褐色的。

19.大叶青冈　　大叶稠（中国高等植物图鉴）图302

Cyclobalanopsis jenseniana（Hand.-Mazz.）Cheng et Hong（1976）
Lithocarpus dunnii Metcalf（1931）

乔木，高达30米，胸径达80厘米。树皮灰褐色，粗糙。小枝有沟槽，无毛，密生淡褐色皮孔。叶薄革质，长椭圆形或倒卵状长椭圆形，长12—20（30）厘米，宽6—8（12）厘米，先端尾尖或渐尖，基部宽楔形或近圆形，全缘，无毛，中脉在上面凹陷，在下面凸起，侧脉12—17对，近叶缘处向上弯曲；叶柄长3—4厘米，上面有沟槽，无毛。雄花序密集，长5—8厘米，花序轴及花被有疏毛；雌花序长3—5（9）厘米，花序轴有淡褐色长圆形皮孔，花柱4—5裂。壳斗杯形，包着坚果1/3—1/2，径1.3—1.5厘米，高0.8—1厘米，无毛；小苞片合生成6—9条同心环带，环带边缘有裂齿。坚果长卵形或倒卵形，径1.3—1.5厘米，高1.7—2.2厘米，无毛。花期4—6月，果期第二年10—11月。

产金平、屏边、麻栗坡，生于海拔1300—1600米林中。浙江、江西、福建、湖北、湖南、广东、广西及贵州有分布。

20.毛脉青冈　　（云南植物志）图299

Cyclobalanopsis tomentosinervis Hsu et Jen（1976）

乔木，高达20米。小枝有沟槽，初被柔毛，后渐脱落。叶卵状椭圆形或长椭圆形，长7—15厘米，宽3—5厘米，先端尾尖，基部宽楔形或近圆形，全缘或顶端有不明显浅齿，中脉在上面凹陷，侧脉11—15对，下面支脉明显，叶上面亮绿色，无毛，下面被淡褐色绒毛，沿叶脉更密；叶柄长2—3.5厘米，上面有沟槽。雌花序长5—7厘米，花序轴被柔毛。壳斗碗形，包着坚果约1/3，径1.3—1.5厘米，高约8毫米，壁薄，厚不及1毫米，内壁有灰黄色丝质毛，外壁被柔毛；小苞片合生成6—7条同心环带，环带边缘有三角形裂齿，上部两环全缘。坚果二年成熟，卵状椭圆形，径1.3—1.5厘米，高1.5—1.7厘米，无毛，顶端有短花柱，果脐凸起，径5—8毫米。果期12月。

产金平、景东，生于海拔2300米阔叶林中。贵州东南部有分布。模式标本采自金平。

本种与大叶青冈 Cyclobalanopsis jenseniana（Hand.-Mazz.）Cheng et Hong 靠近，其不同处是叶较小、革质，长7—15厘米，嫩叶下面被褐色绒毛，尤其沿叶脉更显著。但老叶有的光滑无毛。

21. 窄叶青冈　（云南植物志）扫把橱（中国高等植物图鉴）图303

Cyclobalanopsis augustinii（Skan）Schott.（1912）

Quercus augustinii Skan var. *angustifolia* A. Camus（1933）；

Pasania chiwui Hu（1951）

乔木，高达10米。小枝有沟槽，无毛。叶卵状披针形至长椭圆状披针形，长6—12厘米，宽2—4厘米，先端长渐尖，基部楔形，常偏斜，全缘或上部有明显锯齿，小树之叶大部分有明显锯齿，边缘略向外反卷，叶下面略带粉白色，无毛，中脉在上面凸起，侧脉10—15对，不整齐也不甚明显，常不达锯齿尖端；叶柄长0.5—2厘米，无毛。雄花序长3—6厘米，花序轴有棕色疏毛；雌花序生于新枝叶腋，长3—4厘米，有花5—10。壳斗杯形，包着坚果约1/2，直径1—1.3厘米，高6—10毫米，内壁有灰褐色丝状毛，外壁无毛或微有柔毛；小苞片合生成5—7条同心环带，下部环带之小苞片开展，上部的紧贴或愈合，环带全缘或有钝齿。坚果卵形至长卵形，直径0.8—1.2厘米，高1—1.7厘米，无毛，顶端圆或近平截，有宿存花柱，果脐微凸起，径约6毫米。果期第二年10月。

产昆明、楚雄、大理、保山、腾冲、蒙自、文山，生于海拔1200—1700米混交林中。广西、贵州有分布；越南也有。

22.青冈　青冈栎（中国树木分类学）、铁橱（中国高等植物图鉴）图304

Cyclobalanopsis glauca（Thunb.）Oerst.（1866）

Quercus longipes Hu（1951）

乔木，高达20米，胸径可达1米。小枝无毛。叶革质，倒卵状椭圆形或长椭圆形，长6—13厘米，宽2—5.5厘米，先端渐尖或短尾状，基部圆形或宽楔形，叶缘中部以上有疏锯齿，侧脉9—13对，下面支脉明显，上面无毛，下面有整齐平伏白色单毛，老时渐脱落，带有白色鳞秕；叶柄长1—3厘米，果序长1.5—3厘米，着生2—3果。壳斗碗形，包着坚果1/3—1/2，直径0.9—1.4厘米，高0.6—0.8厘米，被薄毛；小苞片合生成5—8条同心环带，环带全缘或有细缺刻，排列紧密。坚果卵形或椭圆形，直径0.9—1.4厘米，高1—1.6厘米，无毛或被薄毛，果脐凸起。花期4—5月，果期10月。

产昆明、楚雄、大理、保山、文山等地区。在我国分布很广，北自陕西、甘肃南部、河南南部，东自江苏、福建、台湾，南至广东、广西，西至西藏的东南部。生于海拔60—2600米山坡或沟谷，组成常绿阔叶林或常绿阔叶与落叶阔叶混交林。本种是本属在我国分布最广的树种。朝鲜、日本、印度有分布。

木材坚韧，可为桩柱、车船、工具柄等用材；种子含淀粉60%—70%，可作饲料、酿酒；树皮含鞣质16%，壳斗含鞣质10%—15%，可提制栲胶。

23.滇青冈　（云南植物志）滇橱（中国高等植物图鉴）图305

Cyclobalanopsis glaucoides Schott.（1912）

Quercus schottkyana Rehd. et Wils.（1917）

乔木，高达20米。小枝灰绿色，幼时有绒毛，后渐无毛。叶革质，长椭圆形或倒卵状

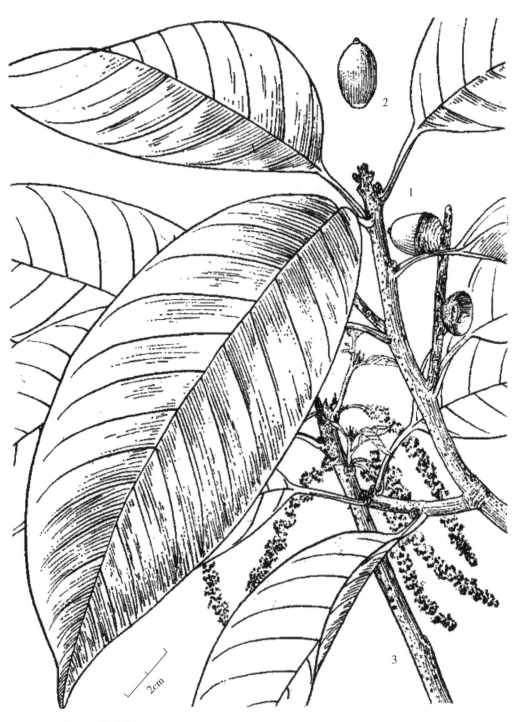

图302　大叶青冈 *Cyclobalanopsis jenseniana*（Hand. -Mazz.）Cheng et Hong
1.果枝　2.坚果　3.雄花枝

图303　窄叶青冈 *Cyclobalanopsis augustinii*（Skan）Schott.
1.果枝　2.坚果　3.雄花枝

图304 青冈 *Cyclobalanopsis glauca*（Thunb）Oerst.
1.果枝　2.坚果（放大）　3.雄花枝

图305 滇青冈 *Cyclobalanopsis glaucoides* Schott.
1.果枝 2.坚果 3.雄花枝

披针形，长5—12厘米，宽2—5厘米，先端渐尖或尾尖，基部楔形或近圆形，叶缘1/3以上有锯齿，中脉在上面凹陷，在下面显著凸起，侧脉8—12对，下面支脉明显，上面绿色，下面灰绿色，幼时被弯曲黄褐色绒毛，后渐脱落；叶柄长0.5—2厘米。雄花序长4—8厘米，花序轴被绒毛；雌花序长1.5—2厘米，花柱3，柱头圆形。壳斗碗形，包着坚果1/3—1/2，径0.8—1.2厘米，高6—8毫米，外壁被灰黄色绒毛；小苞片合生成6—8条同心环带，环带近全缘。坚果椭圆形至卵形，径0.7—1厘米，高1—1.4厘米，初时被柔毛，后渐脱落，果脐凸起，径5—6毫米。花期5月，果期10月。

产昆明、禄丰、永仁、维西、普洱、蒙自，生于海拔1500—2500米。目前以滇青冈为优势树种的林区已不多见，仅见于中山陡坡或石灰岩山区；昆明西山滇青冈林内伴生植物有云南桢楠、云南油杉、大果冬青、珊瑚冬青等。四川、贵州有分布。

据《云南经济植物》记载：其种仁含淀粉55.71%，鞣质15.75%，蛋白质4.5%，脂肪3.3%，纤维素1.31%。

24.广西青冈（云南植物志）图306

Cyclobalanopsis kouangsiensis（A. Camus）Hsu et Jen（1976）

乔木，高达15米。小枝有沟槽，密被黄褐色短绒毛。叶革质，长椭圆形或长椭圆状披针形，长12—20厘米，宽3.5—5.5厘米，先端渐尖，基部楔形，常偏斜，叶缘上部有锯齿，中脉，侧脉在上面近平坦，在下面显著凸起，侧脉10—14对，叶下面密被灰黄色绒毛；叶柄长1.5—3厘米，密被黄色绒毛。雌花序长1.5厘米，花序轴被棕色绒毛。壳斗钟形，包着坚果1/2以上，径约3.5厘米，高约2.5厘米，被长绒毛，小苞片合生成8—9条同心环带，环带边缘呈齿牙状。坚果柱状长椭圆形，径约2.5厘米，高约5厘米，被绒毛，果脐微凸起，径约1.5厘米。

产屏边大围山，生于海拔200—2000米湿润常绿阔叶林中。广东、广西等省（自治区）有分布。

25.饭甑青冈　饭甑椆（海南植物志）图307

Cyclobalanopsis fleuryi（Hick. et A. Camus）Chun（1976）

C. austro—yunnanensis Hu（1951）

乔木，高达25米。树皮灰白色，平滑，小枝粗壮，幼时被棕色长绒毛，后渐无毛，密生皮孔。叶长椭圆形或卵状长椭圆形，长14—27厘米，宽5—9厘米，先端急尖和短渐尖，基部楔形，全缘或顶端有波状浅齿，幼时密被黄棕色绒毛，老时无毛，下面粉白色，中脉在上面微凸起，侧脉10—12对；叶柄长2—6厘米，幼时被黄棕色绒毛。雄花序长2—6厘米，全体被褐色绒毛；雌花序长2.5—3.5厘米，生于小枝上部叶腋，着生4—5花，花序轴粗壮，密被黄色绒毛，花住5—8，柱头略2裂。果序轴短，比小枝粗状。壳斗钟形或近圆筒形，包着坚果约2/3，口径2.5—4厘米，高3—4厘米；壁厚达6毫米，内外壁被黄棕色毡状长绒毛；小苞片合生成10—13条同心环带，环带近全缘。坚果柱状长椭圆形，直径2—3厘米，高3—4.5厘米，密被黄棕色绒毛，柱座长5—8毫米，果脐凸起，径约12毫米。花期3—4月，果期10—12月。

产金平、西畴，生于海拔500—1500米的山地密林中。福建、江西、广东、广西、贵州有分布；越南也有分布。

26.无齿青冈 （云南植物志）图308

Cyclobalanopsis semiserratoides Hsu et Jen（1976）

乔木，高达10米。小枝幼时有绒毛，后渐无毛。叶薄纸质，长椭圆形或倒卵状披针形，长13—25厘米，宽3—7厘米，先端渐尖或钝尖，基部楔形，全缘，中脉、侧脉在上面微凸起或平坦，在下面显著凸起，侧脉9—12对，近叶缘处向上弯曲，两面无毛；叶柄长1—2厘米，无毛，壳斗碗形，包着坚果2/3—1/2，径2.5厘米，高1.2厘米，壁薄，内壁被灰棕色绒毛，外壁被棕色短绒毛；小苞片合生成6—9条同心环带，环带边缘有波状裂齿。坚果长椭圆形，直径2.2厘米，高3.5—4厘米，顶端圆形，有短花柱，被疏毛，果脐凸起，径1.5厘米。

产屏边，生于海拔410米河谷湿润森林中。

本种与半齿青冈Cyclobalanopsis semisrrata（Roxb.）Oerst靠近，其不同处，叶全缘，幼叶无毛。

27.屏边青冈 （云南植物志）图309

Cyclobalanopsis pinbianensis Hsu et Jen（1976）

乔木，高达35米，胸径达1米。小枝无毛。叶革质，长椭圆形，长17—25厘米，宽5—13厘米，先端渐尖，基部楔形，全缘，侧脉18—24对，下面支脉明显且平行，无毛；叶柄长3—5厘米，无毛。果序长5—10厘米。壳斗杯形，包着坚果约1/3，径1.2厘米，高1厘米，壁薄，微被灰棕色短绒毛；小苞片合生成8—9条同心环带，除顶端2—3环全缘外，其余有小裂齿。坚果卵状圆锥形，直径约8毫米，高2厘米，顶端尖削，被灰黄色短绒毛，果脐平坦，径约3毫米。果期10月。

产屏边，生于海拔1400—1700米湿润的常绿阔叶密林中。

本种与大叶青冈 Cyclobalanopsis jenseniana（Hand.-Mazz.）Cheng et Hong 靠近，其不同处，侧脉多到18—25对，支脉明显且平行，坚果较窄长。

28.毛曼青冈 （云南植物志）图310

Cyclobalanopsis gambleana（A. Camus）Hsu et Jen（1976）

乔木，高达20米。幼枝被绒毛，后渐脱落，密生褐色凸起皮孔。叶长椭圆形或椭圆状披针形，长12—20厘米，宽4—6厘米，先端渐尖，基部圆或宽楔形，叶缘有锯齿，中脉在上面凹陷，在下面凸起，侧脉16—24对，老叶下面密被灰黄色星状绒毛；叶柄长3—4厘米，被灰白色星状绒毛。雌花序长1厘米，生于新枝上部叶腋，全体被绒毛。壳斗杯形，包着坚果1/2，径1.5—1.8厘米，高约1厘米，内壁被灰黄色丝状毛；小苞片合生成5—7条同心环带，环带边缘有齿状缺刻，被灰黄色绒毛。坚果卵形至椭圆形，直径约1.5厘米，高约2厘米，初被毛，后渐脱落，果脐微凸起，径约8毫米，花期4—5月，果期10—11月。

产云龙、腾冲、维西、麻栗坡，生于海拔1100—3000米杂木林中。分布湖北、四川、贵州和西藏等省（自治区）。

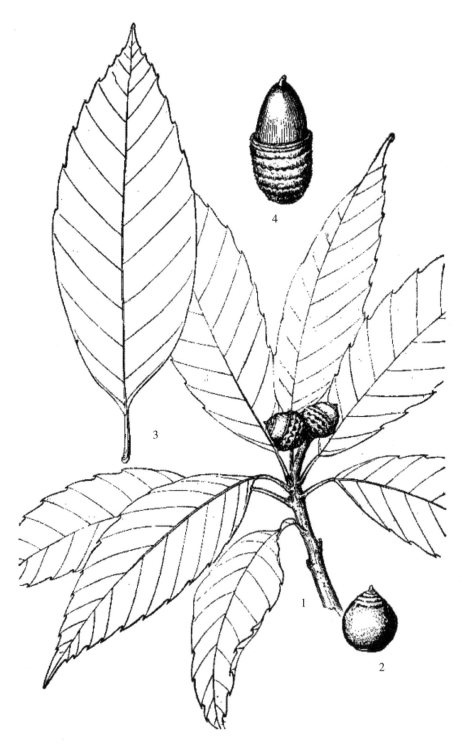

图306　滇南青冈和广西青冈

1—2.滇南青冈 *Cyclobalanopsis austro-glauca* V. T. Chang　1.果枝　2.坚果

3—4.广西青冈 C. *kouangsiensis*（A. Camus）Hsu et Jen　3.叶　4.壳斗及坚果

图307 饭甑青冈 *Cyclobolanopsis fleuryi*（Hick. et A. Camus）Chun
1.果枝 2.坚果 3.雄花枝

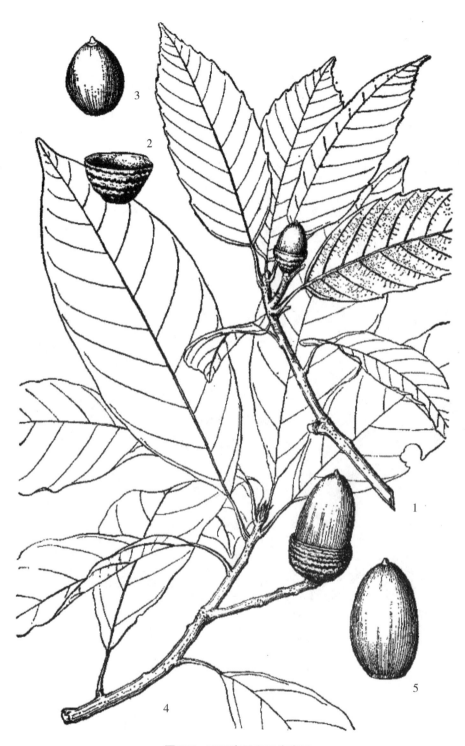

图308 五环青冈和无齿青冈

1—3.五环青冈 *Cyclobalanopsis pentacycla*（Y. T. Chang）Y T. Chang

1.果枝 2.壳斗 3.坚果

4—5.无齿青冈 C. *semiserratoides* Hsu et Jen 4.果枝 5.坚果

图309 屏边青冈和思茅青冈

1—3.屏边青冈 *Cyclobalanopsis pinbianensis* Hsu et Jen 1.果枝 2.壳斗 3.坚果

4—6.思茅青冈 C. *xanthotricha* (A. Camus) Hsu et Jen 4.果枝 5.壳斗 6.坚果

图310 毛曼青冈和曼青冈

1—2.毛曼青冈 *Cyclobalanopsis gambleana*（A.Camus）Hsu et Jen

1.果枝 2.叶下面一部分

3—4.曼青冈 *C. oxyodon*（Miq.）Oerst. 3.果枝 4.叶下面一部分

29.曼青冈（云南植物志）　曼稠（中国高等植物图鉴）图310

Cyclobalanopsis oxyodon（Miq.）Oerst.（1866）

乔木，高达20米。幼枝被绒毛，不久脱落。叶长椭圆形至长椭圆状披针形，长13—22厘米，宽3—8厘米，先端渐尖或尾尖，基部圆或宽楔形，常略偏斜，叶缘有锯齿，中脉在上面凹陷，在下面显著凸起，侧脉16—24对，上面绿色，下面被灰白色或黄白色粉及平伏单毛，老叶有时毛脱净；叶柄长2.5—4厘米，雄花序长6—10厘米，有疏毛；雌花序长2—5厘米。壳斗杯形，包着坚果1/2以上，径1.5—2厘米，被灰褐色绒毛；小苞片合生成6—8条同心环带，环带边缘粗齿状。坚果卵形至近球形，径1.4—1.7厘米，高1.6—2.2厘米，无毛，或顶端微有毛，果脐微凸起，径约8毫米，花期5—6月，果期9—10月。

产维西、贡山、大关，生于海拔700—2800米的山坡、山谷杂木林中。分布于陕西、浙江、江西、湖北、湖南、广东、广西、四川、贵州、西藏等省（自治区）；印度、缅甸也有。

本种树木并不高大，但甚为常见，在江南海拔1100米以下的温暖地区，常与其他栎类组成常绿阔叶混交林，在1100米以上的山顶或阳坡与其他常绿栎类及枫香、华榛、黄檗、香槐等组成常绿阔叶与落叶阔叶混交林。

30.长叶青冈　图311

Cyclobalanopsis longifolia Hsu et Q. Z. Dong（1983）.

乔木，高达20米。小枝紫褐色。叶长方状披针形或卵状长披针形，长9—15厘米，宽3—4厘米，先端长渐尖，基部宽楔形，叶缘具尖细锯齿，侧脉14—17对，直达齿端，酷似麻栎之叶，上面绿色，干后褐色，下面粉白色，被白色短柔毛；叶柄长2.5—4厘米。果单生于小枝上部叶腋。壳斗碗形，包着坚果约1/2，径1.5厘米，高约0.7厘米；小苞片合生成6—7条同心环带，环带边缘有圆形裂齿，被灰色柔毛。坚果宽卵形，高、径约1.2厘米。

产盈江盏西。

本种与褐叶青冈 Cyclobalanopsis stewardiana（A. Camus）Hsu et Jen 相似处为叶干后变褐色，其不同处是叶形酷似麻栎Quercus acutissima Carruth侧脉多达17对。

31.黄枝青冈　图312

Cyclobalanopsis fulviseriaca Hsu et D. M. Wang（1983）.

乔木，高达10米。一年生小枝黄褐色，略具沟槽，二年生枝灰黄色，具黄褐色突起小皮孔。叶长方状披针形，长6.5—10厘米，宽2—3厘米，先端渐尖或弯曲的长尾状尖，基部圆形或略偏斜，叶缘有锯齿，齿端有黄色多少内弯的尖头，顶部的锯齿小而密，侧脉10—12对，中脉在上面凹陷，叶上面绿色，无毛，下面粉绿色，被黄色紧贴的小粗伏毛；叶柄长1.5—2.5厘米。雌花序生于小枝顶部叶腋，长约1厘米，具雌花2—3，常有1花发育成果实。坚果当年成熟。壳斗碗形，径约1.2厘米，高约7毫米，小苞片组成7条环带，上部的全缘，下部的边缘略具波状锯齿。坚果卵状椭圆形，高、径约1.2厘米，果脐平坦，径约3毫米。

产西畴县法斗石灰岩山。

本种与青冈 *Cyclobalanopsis glauca*（Thunb.) Oerst.相似，其不同处，小枝、皮孔均为黄褐色，叶长方状披针形，叶下面、壳斗均被黄色单毛。

32.环青冈　图313

Cyclobalanopsis annulata Oerst.（1866）

Quercus glauca ssp. annulata Smith（1934）

乔木，高达15米。小枝灰褐色有纵沟槽及突起皮孔，二年生枝近圆形，深灰色。叶长椭圆形，椭圆状披针形或卵状披针形，长9—13厘米，宽3.5—5厘米，先端渐尖或尾尖，基部宽楔形或近圆形，侧脉10—14对，常达锯齿尖端，叶缘锯齿细尖成芒状，上面光滑，中脉、侧脉在上面略凹陷，下面灰白色，支脉凸起，沿叶脉被灰棕色贴伏的单毛，在侧脉间有平贴灰白色单毛。坚果当年成熟。果序长1—2厘米，生于小枝近顶端，着生3—5果。壳斗浅碗形，径1.2—1.5厘米，高6—8毫米；小苞片合生成7—9条同心环带，环带全缘，密被灰棕色短柔毛。坚果卵状圆形，直径1.1—1.4厘米，高1.2—1.5厘米，被灰色薄毛，柱头3—4，常分离，柱座基部带有4条环纹，果脐凸出，径6—7毫米。花期3—4月，果期10—11月。

产马关，在石灰岩山地常长成小乔木。西藏、四川有分布；印度、尼泊尔、越南也有。

33.小叶青冈（云南植物志）　青栲（中国树木分类学）、青椆（中国高等植物图鉴）图292

Cyclobalanopsis myrsinaefolia（Blume）Oerst.（1873）

Quercus myrsinaefolia Blume（1850）

乔木，高达20米，胸径达1米。小枝无毛，被凸起淡褐色长圆形皮孔。叶卵状披针形或椭圆状披针形，长6—11厘米，宽1.8—4厘米，先端长渐尖或短尾状，基部楔形或近圆形，叶缘中部以上有细锯齿，侧脉9—14对，常不达叶缘，下面支脉不明显，上面绿色，下面粉白色，干后为暗灰色，无毛；叶柄长1—2.5厘米，无毛。雄花序长4—6厘米；雌花序长1.5—3厘米。壳斗杯形，包着坚果1/3—1/2，径1—1.5厘米，高5—8毫米，壁薄而脆，内壁无毛，外壁被灰白色细柔毛；小苞片合生成6—9条同心环带，环带全缘。坚果卵形或椭圆形，直径1—1.5厘米，高1.4—2.5厘米，无毛，顶端圆，柱座明显，有5—6条环纹，果脐平坦，径约6毫米。花期6月，果期10月。

产丽江、普洱等地，生于海拔200—2500米山谷，阴坡杂木林中。本种分布区很广，北自陕西、河南南部，东自福建、台湾，南至广东、广西，西南至四川、贵州等省；越南、老挝、日本也有分布。

木材坚硬，不易开裂，富弹性，能受压，为枕木、车轴等良好材料。

图311 长叶青冈 *Cyclobalanopsis longifolia* Hsu et Q.Z.Dong
1.果枝 2.壳斗及坚果 3.壳斗 4.坚果

图312 黄枝青冈 *Cyclobalanopsis fulviseriaca* Hsu et D. M. Wang
1.果枝 2.壳斗（放大） 3.坚果（放大）

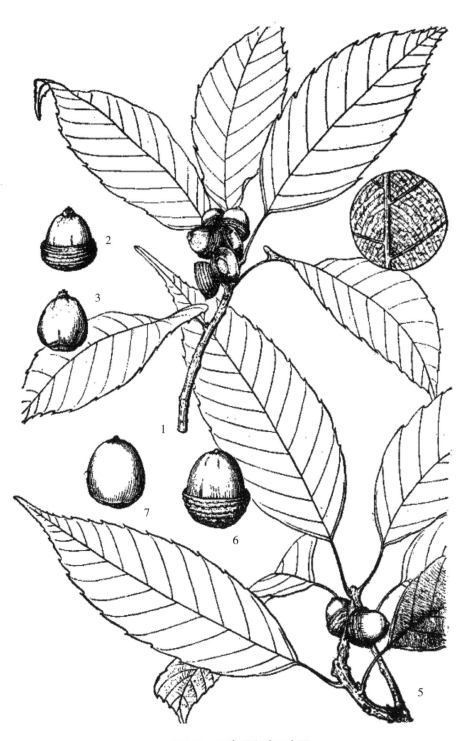

图313 环青冈和滇西青冈

1—4.环青冈 *Cyclobalanopsis annulata* Oerst.

1.果枝 2.壳斗及坚果 3.坚果 4.叶下面一部分（放大）

5—7.滇西青冈 *C. lobbii*（Etting）Hsu et Jen 5.果枝 6.壳斗及坚果 7.坚果

34.滇西青冈　图313

Cyclobalanopsis lobbii（Etting）Hsu et Jen（1979）

乔木，高达15米。小枝无毛，有淡褐色皮孔。叶薄革质，长椭圆形稀倒卵状长椭圆形，长7—13厘米，宽3—5厘米，先端渐尖，基部窄圆或窄楔形，叶缘有尖锐锯齿，侧脉13—16对，在上面平坦或微凸起，下面显著凸起，叶上面无毛，下面被灰白色星状毛；叶柄长1.5—2厘米，无毛。壳斗碗形，包着坚果1/3—1/2，径约1.5厘米，高8毫米；小苞片合生成6—8条同心环带，环带边缘有裂齿，被灰白色绒毛。坚果宽卵形，直径1.2厘米，高1.5厘米，无毛，顶端平，果脐微凸起。

产腾冲，生于海拔2800—3300米山地松栎林中。

35.滇南青冈（云南植物志）图306

Cyclobalanopsis austro-glauca Y. T. Chang（1979）

乔木，高达10米。小枝无毛，被大小不等的长圆形或圆形淡褐色皮孔。叶长椭圆形或卵状披针形，长10—14厘米，宽3.5—4.5厘米，先端长渐尖，基部楔形或略偏斜，叶缘上部具芒状内弯锯齿，侧脉10—12对，下面灰白色，支脉明显，被平伏长单毛；叶柄长1.5—2.5厘米，上面有沟槽，无毛。果序长4—5厘米，着生2—3果。壳斗碗形，包着坚果1/2，径1—1.8厘米，高约8毫米，壁薄，被苍黄色薄绒毛；小苞片合生成7条同心环带，除上部1—2环全缘外均有裂齿。坚果宽卵形，高、径2—2.2厘米，顶端渐尖呈圆锥状，柱座明显，有4—5环纹，除柱座被苍黄色绒毛外均无毛，果脐平坦，径约1厘米。

产西畴，生于海拔850—1500米山地森林中。

本种与青冈Cyclobalanopsis glauca（Thunb.）Ocrst.靠近，其不同处，叶下面支脉明显，壳斗较大，具粗裂齿。

36.五环青冈（云南植物志）　五环橱　图308

Cyclobalanopsis pentacycla（Y. T. Chang）Y. T. Chang（1976）

乔木，高达15米。小枝粗壮，灰褐色，无毛，具散生灰色瘤状皮孔。叶革质，卵状椭圆形，长10—14厘米，宽4—6厘米，先端急尖或短渐尖，基部近圆形，略偏斜，叶缘具细锯齿，侧脉13—15对，上面亮绿色，无毛，下面被灰白色鳞秕或贴伏单毛；叶柄长1.5—2厘米，具沟槽，无毛。壳斗倒圆锥形，包着坚果1/3—1/2，径1.2厘米，高约6毫米，内壁被伏贴绢毛，外壁被灰白色绒毛；小苞片合生成5条同心环带，稀4条，环带边缘有裂齿。坚果卵状椭圆形，直径1.2厘米，高约1.7厘米，栗褐色，光亮，果脐凸起，径约7毫米。

产麻栗坡，生于海拔1400—1500米杂木林中。

37.独龙青冈（云南植物志）图314

Cyclobalanopsis kiukiangensis Y. T. Chang（1976）

乔木，高达20米。小枝粗壮，密被淡褐色凸起皮孔。叶长椭圆形，长10—16厘米，宽

3.5—6厘米，先端尾尖，基部圆或宽楔形，叶缘中部以上有芒状内弯锯齿，中脉、侧脉在上面均凹陷，在下面凸起，侧脉10—13对，叶下面灰白色，被稀疏单毛；叶柄长1.5—2.5厘米，无毛。壳斗倒圆锥形或碗形，包着坚果约1/2，高1.2—1.5厘米，径1.8—2.2厘米，壁厚1.5毫米，内壁被灰白色丝状毛，外壁被褐色绒毛；小苞片合生成7—9条同心环带，下部环带边缘有裂齿，排列不紧密。坚果球形或卵形，直径1.4—1.7厘米，高1.5—1.7厘米，柱座明显，有3条环纹，果脐凸起，径约8毫米。

产贡山，生于海拔1300米的杂木林中。模式标本采自独龙江。

本种与青冈 Cyclobalanopsis glauca（Thunb.）Oerst.靠近，其不同处，小枝粗状，密被淡褐色皮孔，叶较大，长达16厘米，锯齿尖锐向内弯。壳斗较大，直径达2.2 厘米，壁厚约2毫米。

38.金平青冈（云南植物志）图314

Cyclobalanopsis jinpinensis Hsu et Jen（1976）

乔木，小枝无毛或幼时被短柔毛。叶长椭圆形，长7—11厘米，宽3—4.5厘米，先端渐尖，基部窄圆形，侧脉12—14对，叶下面被灰棕色单毛，沿中脉较密；叶柄长1—1.5厘米，无毛。壳斗单生，无柄，碗形，包着坚果约1/2，径约1.8厘米，高1.5厘米，顶部密被苍黄色绒毛，中、下部毛较疏；小苞片合生合成9—11条同心环带，除最下一环有裂齿外，其余均全缘。坚果卵形，直径约1.5厘米，高约1.8厘米，无毛。

产金平，模式标本采自金平分水老岭。

39.褐叶青冈　黔椆（中国高等植物图鉴）

Cyclobalanopsis stewardiana（A. Camus）Hsu et Jen（1979）

产浙江、江西、湖北、湖南、广东、广西、四川、贵州等省（自治区）；云南不产。

39a.长尾青冈　图315

var. longicaudata Hsu，Mao et W. Z. Li（1983）

本变种与种不同处在于叶先端尾尖，尖头长1—2厘米，上部锯齿向内弯。果实少而较大。

模式标本采自双江大浪坝海拔2250米处。

40.思茅青冈　黄毛青冈（中国高等植物图鉴补编）图309

Cyclobclanopsis xanthotricha（A. Camus）Hsu et Jen. comb. nov.

C. fuhsingensis（Y. T. Chang）Y. T. Chang（1979）

乔木，高达8米。小枝纤细，黑紫色，具细槽，二年生枝散生白色小皮孔。叶薄革质，窄椭圆形或椭圆形，长5—8厘米，宽1.5—3厘米，先端渐尖，基部楔形，叶缘中部以上疏生小锯齿，中脉在上面微凹陷，侧脉8—10对，纤细，上面绿色，下面灰绿色，被单毛或中脉基部为褐色绢毛；叶柄长5—10毫米，被微柔毛。果序长2—5厘米。壳斗倒圆锥形，包着坚

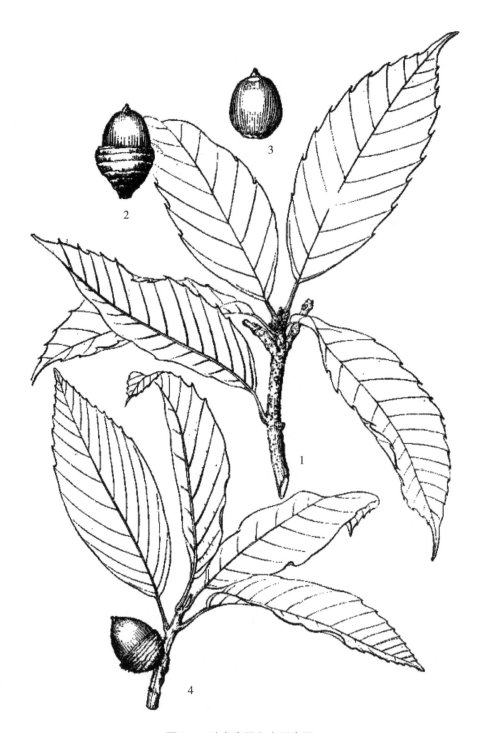

图314 独龙青冈和金平青冈

1—3.独龙青冈 *Cyclobalanopsis kiukiangensis* Y. T. Chang

1.枝叶 2.壳斗及坚果 3.坚果

4.金平青冈 C. *jinpinensis* Hsu et Jen 果枝

图315 长尾青冈 *Cyclobalanopsis stevardiana* var.
longicaudata Hsu，Mao et W. Z. Li
1.果枝　2.壳斗及坚果　3.坚果　4.壳斗

果2/5，径6—10毫米，高4—6毫米，壁薄，被微柔毛；小苞片合生成5—6条同心环带，环带边缘有小裂齿或近全缘。坚果卵形至椭圆形，直径0.7—1厘米，高0.9—1.3厘米，柱座凸起，被微柔毛，果脐凸起，径4—6毫米。

产普洱、澜沧一带，生于海拔800—1300米山地杂木林中。

本种与滇青冈*Cyclobalanopsis glaucoides* Schott.靠近，其不同处，果、叶均小，侧脉纤细，分布于滇青冈的南缘。

7. 栎属 Quercus Linn.

常绿、半常绿或落叶乔木，稀为灌木。树皮深纵裂或片状剥裂。冬芽具数片芽鳞，覆瓦状排列。叶互生，叶缘有粗细不等的锯齿，少有深裂或全缘。花单性，雌雄同株，雄花序为下垂的葇荑花序，单花散生或数花簇生于花序轴，花被杯形，4—7裂，稀更多，雄蕊与花被裂片同数，有时较少，花丝细长，花药2室，退化雌蕊细小；雌花单生、簇生或排成穗状，单生于总苞内，花被深裂，裂片5—6，有时具细小的退化雄蕊，子房3室，每室有2胚珠，花柱与子房室同数，柱头侧生带状，下延或顶生头状。壳斗（总苞）在果成熟后呈杯状、碗状、碟状或钟形，其外面的小苞片鳞片状、线状或锥形，覆瓦状排列，紧贴、开展或反曲。每壳斗内有坚果1，坚果当年或第二年成熟，坚果顶部有凸起的柱座，底部有圆形的果脐，不孕胚珠常在种子的基部。

本属约300种，广布于亚、非、欧、美四洲；我国约60余种，南北各地均有分布。其中常绿栎类分布在秦岭及淮河以南，尤以西南高山，几乎为常绿高山栎类的分布中心；落叶栎类在我国分布北界达黑龙江，南达海南岛，几乎分布全国。云南有32种及4变种。本属常绿类为辐射孔材，落叶类为环孔材。多为组成森林的重要树种。

分 种 检 索 表

1. 落叶。
  2. 叶缘有芒状锯齿，叶长椭圆状披针形；壳斗小苞片钻形或线形，向外反卷；坚果二年成熟。
    3. 老叶下面无毛或有极少毛；树皮木栓层不发达 ·····················**1. 麻栎 Q. acutissima**
    3. 老叶下面被灰白色星状毛；树皮木栓层发达····················· **2. 栓皮栎 Q. variabilis**
  2. 叶缘具尖锐、圆钝或波状锯齿，叶倒卵形；坚果当年成熟。
    4. 壳斗小苞片窄披针形，长3—10毫米，张开或微向外反卷，老叶下面密被灰黄色星状绒毛。
      5. 壳斗小苞片长约1厘米，向外反卷；叶缘有4—10对波状裂片或粗齿，侧脉4—10对
      ··· **3. 柞栎 Q. dentata**
      5. 壳斗小苞片长约0.5厘米，直立或开张；缘有8—10对粗大锯齿，侧脉8—13对······
      ··· **4. 云南柞栎 Q. yunnanensis**
    4. 壳斗小苞片鳞片状，长3毫米以下，排列紧密。

6.老叶下面被毛。

　7.小枝密生或疏生柔毛。

　　8.侧脉12对以下，一年生枝密被绒毛。

　　　9.小枝被黄色绒毛，叶缘具粗锐锯齿，叶下面密被黄色星状毛，支脉不明显 …
　　　　……………………………………………… 5.毛叶槲栎 Q. malacotricha

　　　9.小枝密生灰色至褐色绒毛，叶缘具波状锯齿，叶下面支脉明显 ………………
　　　　………………………………………………………… 6.白栎 Q. fabri

　　8.侧脉12—18对，一年生枝疏被绒毛 ……………… 7.大叶栎 Q. grlffithii

　7.小枝无毛或几乎无毛。

　　10.叶缘锯齿圆钝　…………………………………… 8.槲栎 Q. aliena

　　10.叶缘锯齿尖锐　………………………9.锐齿槲栎 Q. aliena var. acuteserrata

6.老叶下面通常无毛或极少有毛。

　11.叶缘具腺状锯齿，叶先端渐尖或急尖，叶长7—17厘米 ……… 10.枹栎 Q. serrata

　11.叶缘具波状锯齿，叶先端圆钝或微钝，叶长10—25厘米 ……… 8.槲栎 Q. aliena

1.常绿或半常绿。

　12.中脉呈"Z"字形弯曲，小树之叶有刺状锯齿，老树之叶常全缘，叶先端圆钝或有短尖
　　头；常绿。

　13.叶下面有毛。

　　14.叶下面被棕色绒毛或粉状物。

　　　15.叶下面密被多层星状绒毛，遮盖侧脉；坚果第二年成熟 ………………………
　　　　………………………………………………… 11.黄背栎 Q. pannosa

　　　15.叶下面被密生或疏生绒毛，但不遮盖侧脉；坚果当年成熟。

　　　16.壳斗小苞片线状披针形，长5—8毫米，顶端向外反曲 …………………………
　　　　………………………………………………… 12.长苞高山栎 Q. fimbriata

　　　16.壳斗小苞片鳞片状或短披针形，长不及4毫米，不向外卷。

　　　　17.壳斗帽斗形，壁厚约2毫米 ……………… 13.帽斗栎 Q. guyavaefolia

　　　　17.壳斗钟形或碟形，壁厚约1毫米。

　　　　18.果序长不及3厘米 ……………… 14.川滇高山栎 Q. aquifolioides

　　　　18.果序长6—16厘米 ……………… 15.长穗高山栎 Q. longispica

　　14.叶下面被灰色绒毛。

　　　19.壳斗小苞片线状披针形，长5—8毫米，向外反卷 …………………………
　　　　………………………………………………… 12.长苞高山栎 Q. fimbriata

　　　19.壳斗小苞片鳞片状，排列紧密。

　　　　20.叶下面密被灰黄色绒毛，老叶下面之毛不脱落，叶长3—6毫米 …………
　　　　………………………………………………… 16.灰背栎 Q. senescens

　　　　20.叶下面疏生柱状星状毛，老叶有时无毛，叶长2—3.5厘米…………
　　　　………………………………………………… 17.矮高山栎 Q. monimotricha

　13.叶下面无毛或几无毛或仅中脉基部一段密被短毛。

21.叶平坦，上面中、侧脉不下陷，全缘或有少数裂齿。

  22.叶下面中脉基部一段两侧密被灰色短星状毛 ……… 18.毛脉高山栎 Q. rehderiana

  22.叶下面无毛，但嫩叶下面有稀疏细小棕色粉末状鳞秕 ……………………………

        …………………………………… 19.光叶高山栎 Q. pseudosemecarpifolia

21.叶皱褶不平，上面侧脉常凹陷，叶缘常有刺状锯齿或全缘。

  23.坚果第二年成熟，叶下面中脉基部有一段密生灰黄色绒毛 ……………………

        …………………………………………………… 20.刺叶高山栎 Q. spinosa

  23.坚果当年成熟，叶下面中脉基部有稀疏毛或无毛 ………… 21.川西栎 Q. gilliana

12.中脉自基部至顶端成直线延伸，叶缘有锯齿，老树之叶有时全缘，叶先端渐尖或突

  尖，常绿或半常绿。

  24.老叶下面被毛。

    25.壳斗小苞片钻形或线状披针形，长3—10毫米，弯曲或反卷；坚果当年或第二年成

      熟。

      26.叶倒匙形或长倒卵形；坚果二年成熟，苞片反卷 ………………………………

      …………………………………………………… 22.匙叶栎 Q. dolicholepis

      26.叶卵状长椭圆形；坚果当年成熟，苞片弯曲 …………… 23.易武栎 Q. iwuensis

    25.壳斗小苞片鳞片状，排列紧密；坚果当年成熟。

      27.叶下面被棕色或黄褐色星状绒毛，叶长椭圆形，长9—15厘米，上面中、侧脉

        下陷 …………………………………………… 24.贡山栎 Q. kongshanensis

      27.叶下面被灰白色或灰黄色绒毛。

        28.叶长5—12厘米。

          29.叶倒卵形或椭圆形，叶缘具腺状锯齿；壳斗直径1—1.4厘米……………

          ………………………………………………… 25.锥连栎 Q. franchetii

          29.叶椭圆形或长椭圆形，壳斗直径1.5厘米以上 …… 26.澜沧栎 Q. kingiana

        28.叶长2—6厘米，椭圆状披针形或长倒卵形 ………… 27.岩栎 Q. acrodonta

  24.老叶下面无毛。

    30.叶长达6厘米以上。

      31.叶宽6—11厘米，具疏锯齿或全缘；壳斗壁厚约2毫米 …………………………

      …………………………………………………… 28.麻栗坡栎 Q. marlipoensis

      31.叶宽3—4.5厘米；壳斗壁较薄，厚约1毫米。

        32.叶柄长1—2.5厘米。

          33.叶革质，长椭圆形或卵状披针形，边缘有锯齿或全缘 ……………………

          ………………………………………………… 29.巴东栎 Q. engleriana

          33.叶薄革质，卵状披针形，边缘具刚毛状锯齿 ……… 30.富宁栎 Q. setulosa

        32.叶柄长1厘米以下。

          34.壳斗杯形，包坚果1/2—2/3 ………………… 31.乌冈栎 Q. phillyraeoides

          34.壳斗深杯形或壶形，包坚果3/4 …………… 32.铁橡栎 Q. cocciferoides

30.叶长在6厘米以下。

  35.叶柄显著，长1—2厘米，叶先端渐尖 ················· **30.富宁栎 Q. sotulosa**

  35.叶柄不显著，长0.5厘米以下。

    36.叶下面中脉基部疏被毛，椭圆形，先端钝头或短渐尖，叶缘无腺齿 ··············

··· **31.乌冈栎 Q. phillyraeoides**

    36.叶下面中脉无毛，叶卵形、椭圆状披针形至倒卵形，叶缘有腺状小锯齿 ········

·· **33.炭栎 Q. utilis**

1.麻栎（中国树木分类学）　栎、橡碗树、青冈　图316

Quercus acutissima Carruth.（1861）

Q. lunglingensis Hu（1951）

落叶乔木，高达30米，胸径达1米。树皮木栓层不发达。幼枝有黄色柔毛，后渐脱落。叶长椭圆状披针形，长8—19厘米，宽3—6厘米，先端长渐尖，基部圆形或宽楔形，边缘有芒状锯齿，侧脉13—18对，直达齿端，幼时有柔毛，老时无毛或有极少毛；叶柄长1—3（5）厘米，幼时被柔毛，后渐脱落。雄花序通常数个聚生于新枝下部叶腋，长6—12厘米，被柔毛，花被通常5裂，雄蕊4，稀较多；雌花序生于新枝叶腋，有雌花1—3，花柱3。壳斗杯形，包着坚果约1/2，连小苞片直径2—4厘米，高约1.5厘米，小苞片钻形或扁条形，向外反卷，被灰白色绒毛。坚果卵形或椭圆形，径1.5—2厘米，高1.7—2.2厘米，顶端圆形，果脐凸起。花期3—4月，果期第二年9—10月。

本种在云南除高海拔寒温带和热带雨林地区以外，几乎全省范围都有分布，常生于海拔800—2300米的山地阳坡，有时成小片纯林或散生于松林中。辽宁、河北、山西、陕西、甘肃以南，南至两广，东自福建，西至四川均产；印度、不丹、尼泊尔、缅甸、日本、朝鲜也有。

木材材质坚重，耐腐，为枕木、桥梁、地板及家具用材；壳斗含单宁20%，种子含淀粉约50%。种子可酿酒，作饲料和提取工业用淀粉；树皮和壳斗可提取栲胶，叶可饲养柞蚕，作动物饲料；朽木可培养香菇、木耳。

2.栓皮栎（中国树木分类学）　软木栎　图317

Quercus variabilis Blume（1850）

落叶乔木，高达30米，胸径达1米。树皮木栓层发达。小枝灰棕色，无毛。叶卵状披针形或长椭圆形，长8—15（20）厘米，宽2—6（8）厘米，先端渐尖，基部圆形或宽楔形，边缘具芒状锯齿，老叶下面密被灰白色星状绒毛，侧脉13—18对，直达齿端；叶柄长1—3（5）厘米，无毛。雄花序长达14厘米，花序轴被黄褐色绒毛，花被2—4裂，雄蕊通常5；雌花生于新枝叶腋，花柱3。壳斗杯状，包着坚果约2/3，连小苞片直径2.5—4厘米，高约1.5厘米，反曲，有短毛。坚果近球形或宽卵形，高、径约1.5厘米，顶端圆，果脐凸起。花期3—4月，果期第二年9—10月。

本种在云南的分布区与麻栎基本相似。广布于辽宁、陕西、山西、甘肃和南部各省（区）直至台湾；朝鲜、日本也产。

3.柞栎（中国高等植物图鉴） 槲栎（中国树木分类学）、波罗栎 图318

Quercus dentata Thunb.（1784）

落叶乔木，高达25米。小枝粗壮有沟槽，密被灰黄色星状绒毛。叶倒卵形或长倒卵形，长10—30厘米，宽6—20厘米，先端短钝头，基部耳形，有时楔形，叶缘每边有4—10波状裂片或粗齿，幼时上面疏生柔毛，下面密生星状绒毛，老叶下面被毛，侧脉4—10对；托叶腺状披针形，长1.5厘米；叶柄长2—5毫米，密被棕色绒毛。雄花序生于新枝叶腋，长约5厘米，花序轴密被浅黄色绒毛；雌花序生于新枝上部叶腋，长1—3厘米。壳斗杯形，包着坚果1/2—2/3，连小苞片直径可达4—5厘米，高0.8—2厘米；小苞片革质，窄披针形，长约1厘米，张开或反卷，红棕色，外侧被褐色丝状毛，内侧无毛。坚果卵形至宽卵形，直径1.2—1.5厘米，高1.5—2.3厘米，无毛，柱座高约3毫米。花期4—5月，果期9—10月。

产滇西北、滇中、滇东南，生于海拔1200—2700米阳坡或松林中。我国北起黑龙江、西南至四川、贵州、广西北部；蒙古、日本也有分布。

木材为枕木、桩柱、门窗、地板及农具等用材；树皮、种子入药作收敛剂，幼叶可饲养柞蚕，老叶可作动物饲料。

4.云南柞栎（云南植物志） 锐齿波罗栎 图319

Quercus yunnanensis Franch.（1899）

Q. dentata Thunb. var. *oxyloba* Franch.（1899）

Q. dentatoides Liou（1936）

Q. yuii liou（1936）

落叶乔木，高达20米。小枝有沟槽，密披黄棕色星状绒毛。叶倒卵形或宽倒卵形，长12—25厘米，宽6—20厘米，先端短渐尖，基部楔形，边缘具8—10对粗大锯齿，齿端或圆或尖，幼叶两面密被黄色星状绒毛，侧脉8—13对；叶柄长约5毫米，密被黄棕色绒毛。雄花序生于新枝下部叶腋，长3—4厘米，花序轴及花被均被黄色绒毛；雌花序生于新枝顶端，长2—4厘米，通常有发育雌花1—3。壳斗钟形，包着坚果1/2—2/3，直径约2.5厘米，高1.5—1.8厘米，小苞片窄披针形，革质，长约0.5厘米，灰黄色或棕黄色，直立或张开，背面被灰色丝状毛。坚果卵形，直径1.2—1.5厘米，高1.5—2厘米，柱座长3毫米。花期3—4月，果期9—10月。

产滇中及滇西北，生于海拔1000—2400米的松栎中。湖北西部、两广北部、四川、贵州均有分布。

木材坚重，纹理直但结构较粗。

Quercus yunnanensis Franch.和 *Q. dentata* Thunb. var. *oxyloba* Franch.二者模式标本的总苞长短是有差别的，从多数标本来看，变异差别是有规律的，是连续的，故将二者并为一种。二者是在同一篇文章中发表的，但*Quercus yunnanensis* Franch.在前，故采用前者的名称。

5.毛叶槲栎　图320

Quercus malacotricha A. Camus（1933）

落叶乔木，高达15米。小枝密被黄棕色绒毛。叶倒卵状长椭圆形或倒卵形，长9—15厘米，宽3.5—8厘米，先端渐尖、基部窄圆形，边缘具粗锐锯齿，侧脉10—12对，下面支脉不明显，密被黄色星状毛；叶柄甚短或近无柄，密被黄色绒毛。壳斗杯形，包着坚果约1/2，径约8毫米，高约5毫米，小苞片长卵形，长1—2.5毫米，宽1毫米，排列紧密，被疏毛。

产嵩明、镇雄、永善、香格里拉，常分布在海拔1500—2500米的阳坡。四川、贵州有分布。

6. 白栎（中国树木分类学）　小白栎（云南植物志）图321

Quercus fabri Hance（1869）

落叶乔木或灌木，高达20米。小枝密生灰色至灰褐色绒毛。叶倒卵形至椭圆状倒卵形，长7—15厘米，宽3—8厘米，先端钝或短渐尖，基部楔形或窄圆形，边缘具波状锯齿或粗钝锯齿，幼时被灰黄色星状毛，侧脉8—12对，下面支脉明显；叶柄长3—5毫米，被棕黄色绒毛。花序轴被绒毛，雄花序长6—9厘米，雌花序长1—4厘米，生2—4花。壳斗杯形，包着坚果约1/3，直径0.8—1.1厘米，高4—8毫米，小苞片卵状披针形，排列紧密，在口缘处伸出。坚果长椭圆形或卵状长椭圆形，直径0.7—1.2厘米，高1.7—2厘米，无毛，果脐凸起。花期4月，果期10月。

产镇雄，生于海拔1200米处。为淮河、秦岭以南的广布种。

木材性质、用途同柞栎。带皮树干可培养香菇，植株上附生虫瘿入药，主治疳积、疝气和火眼等症。

7. 大叶栎（中国高等植物图鉴）图322

Quercus griffithii Hook. et Thoms（1863—64）

落叶乔木，高达25米。小枝初被灰黄色疏毛或绒毛，后渐脱落。叶倒卵形至倒卵状椭圆形，长10—20（30）厘米，宽4—10厘米，先端短尖或渐尖，基部圆形或窄楔形，边缘具粗锯齿，下面密生灰褐色星状毛，有时脱落，沿中脉被长单毛，侧脉12—18对，直达齿端，下面支脉明显；叶柄长0.5—1厘米，被灰褐色长绒毛。壳斗杯形，包着坚果1/3—1/2，直径1.2—1.5厘米，高0.8—1.2厘米；小苞片长卵状三角形，紧密覆瓦状排列，被灰褐色柔毛。坚果椭圆形或卵状椭圆形，直径0.8—1.2厘米，高1.5—2厘米，果脐微凸起，直径约6毫米。

产昆明、丽江、兰坪、泸水、维西、贡山、普洱、蒙自、西双版纳，生于海拔1300—2800米的松栎林中。四川、贵州、西藏有分布；印度、斯里兰卡、缅甸也产。

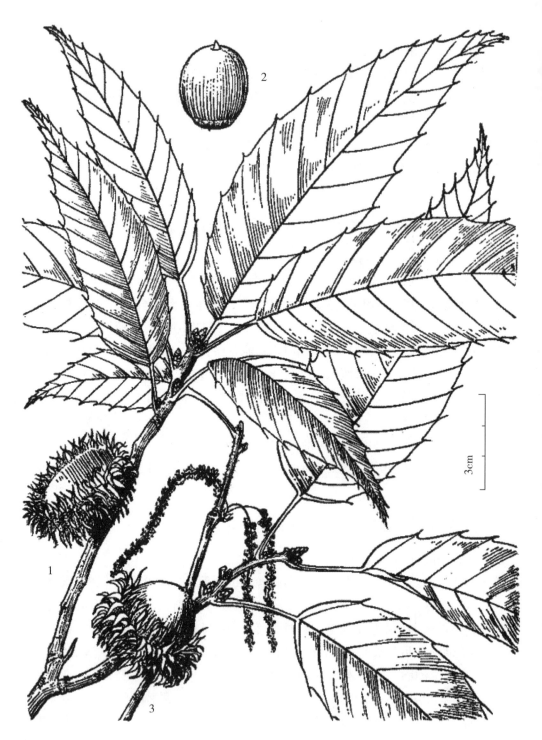

图316 麻栎 *Ouercus acutissima* Carr.
1.果枝 2.坚果 3.雄花枝

2cm

图317　栓成栎 *Quercus variabilis* Blume
1.果枝　2.坚果　3.雄花枝

图318 柞栎 *Quercus dentata* Thunb.
1.果枝 2.部分壳斗 3.坚果 4.雄花枝

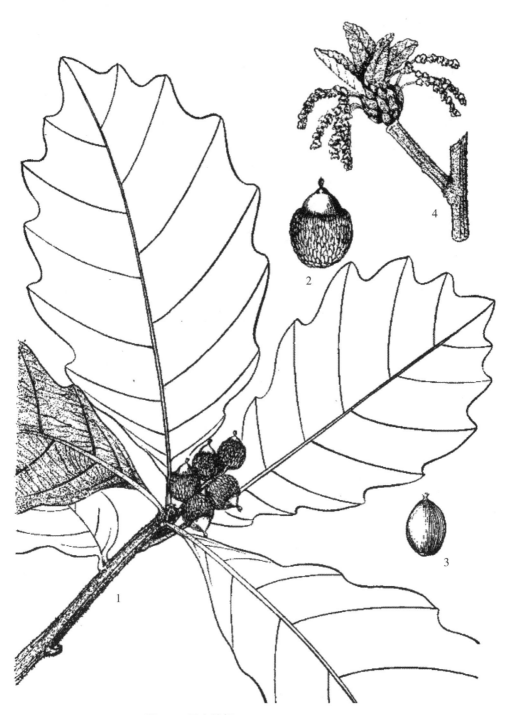

图319　云南柞栎 *Quercus yunnanensis* Franch.
1.果枝　2.壳斗及坚果　3.坚果　4.雄花枝

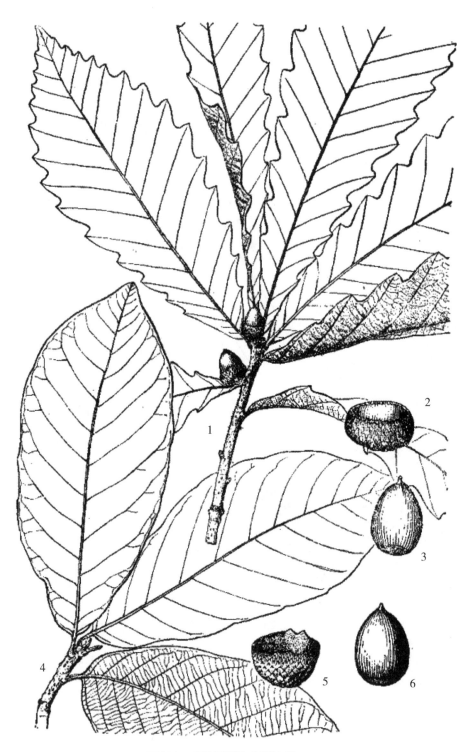

图320 毛叶槲栎和麻栗坡栎

1—3.毛叶槲栎 *Quercus malacotricha* A. Camus　1.果枝　2.壳斗　3.坚果

4—6.麻栗坡栎 *Quercus marlipoensis* Hu et Cheng　4.枝叶　5.壳斗　6.坚果

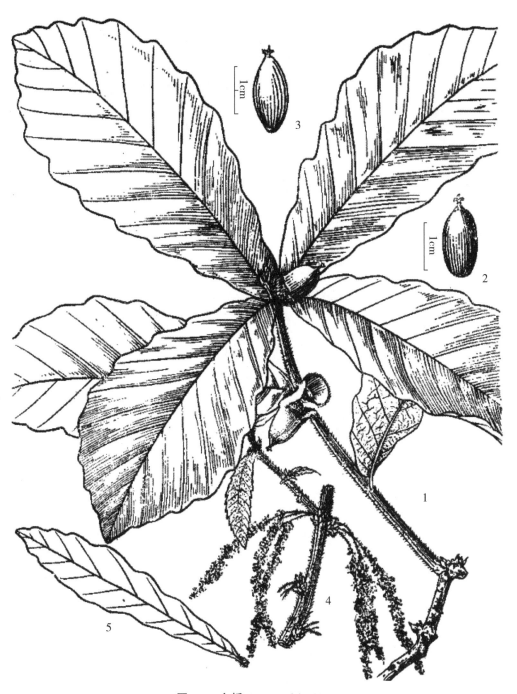

图321 白栎 *Quercus fabri* Hance

1.果枝　2—3.坚果　4.雄花枝　5.叶形变异

图322 大叶栎 *Quercus griffithii* Hook. f. et Thoms.
1.果枝　2.叶下面　3.不同的锯齿　4.坚果

8.槲栎（中国树木分类学） 细皮青冈 图323

Quercus aliena Blume（1850）

落叶乔木，高达20米。小枝粗壮，无毛，具圆形淡褐色皮孔。叶长椭圆状倒卵形至倒卵形，长10—20（30）厘米，宽5—14（16）厘米，先端微钝或短渐尖，基部楔形或圆形，边缘具波状钝齿，下面密被灰白色细绒毛，侧脉10—15对，在上面不下陷；叶柄长1—3厘米，无毛。壳斗杯形，包着坚果约1/2，直径1.2—2厘米，高1—1.5厘米，小苞片卵状披针形，排列紧密，被灰白色短柔毛。坚果椭圆形至卵形，直径1.3—1.8厘米，高1.7—2.5厘米，果脐微凸起。花期4月，果期10月。

产昆明、寻甸、嵩明、大理、景东、西畴、蒙自，常分布于海拔1900—2600米阳坡松林中，有时又与其他阔叶树混生。陕西、江苏、安徽、浙江、江西、福建、河南、湖北、湖南、广东、广西、四川、贵州有分布。

木材坚硬，耐腐，纹理致密，可为建筑、枕木、家具及薪炭等用材。

9.锐齿槲栎（中国高等植物图鉴）图324

Quercus aliena Blume var. acuteserrata Maxim.（1886）

落叶乔木，高达30米。小枝具沟槽，无毛。叶倒卵状长椭圆形或倒卵形，长9—20（25）厘米，宽5—9（15）厘米，先端渐尖，基部楔形或近圆形，边缘具粗大锯齿，齿端尖锐，内弯，下面密生灰白色平伏细绒毛，侧脉10—16对；叶柄长1—3厘米，无毛。雄花序生于新枝基部，长10—20厘米；雌花序生于新枝叶腋，长2—7厘米，花序轴被绒毛。壳斗杯形，包着坚果约1/3，径1—1.5厘米，高0.6—1厘米，小苞片卵状披针形，排列紧密，被薄柔毛。坚果长卵形至卵形，径1—1.4厘米，高1.5—2厘米，顶端有疏毛，果脐微凸起。花期3—4月，果期10—11月。

产蒙自、昆明、禄劝及滇中以北地区，常分布于海拔800—3000米的阳坡；分布于辽宁、山西、甘肃以南，至长江流域各省，西南到四川、贵州。

本变种与种不同处，其叶缘具向内弯的兴锐锯齿，叶下面之绒毛一般较厚，但有时仅被稀疏的薄毛，叶形变异较大，大小不一，但是由于性状不甚稳定，也不好再分，是否存在交杂现象，尚待研究。

10.枹栎（中国高等植物图鉴）枹树 图325

Quercus serrata Thunb.（1784）

Q. glandulifera Blume（1850）

落叶乔木，高达25米。幼枝被柔毛，不久即脱落；冬芽长卵形，长5—7毫米，芽鳞多数，棕色，无毛或有极少毛。叶薄革质，倒披针形至长倒卵形，长7—17厘米，宽3—9厘米，先端渐尖或急尖，基部楔形或圆形，边缘有腺状锯齿，幼时被伏贴单毛，老时仅下面被伏贴灰白色单毛或无毛，侧脉7—12对；叶柄长1—3厘米，无毛。雄花序长8—12厘米，花序轴被白毛，雄蕊8；雌花序长1.5—3厘米。壳斗杯形，包着坚果1/4—1/3，直径1—1.2厘米，高5—8毫米；小苞片长三角形，边缘具柔毛。坚果卵形至椭圆形，径0.8—1.2厘米，高1.7—2厘米，果脐平坦。花期3—4月，果期9—10月。

产镇雄，生于海拔1600—1900米山地。辽宁南部、山西、陕西、甘肃、山东以南至福建、台湾、广东、广西、四川、贵州等省（自治区）均有分布；日本、朝鲜也有。

木材坚硬，宜作车辆、建筑用材；种子可取淀粉、酿酒或作饲料；壳斗可提取栲胶，叶可饲蚕。

11.黄背栎（中国高等植物图鉴）图326

Quercus pannosa Hand. -Mazz.（1929）

常绿灌木或小乔木，高达15米。小枝被污褐色绒毛，后渐无毛。叶长卵形，倒卵形或椭圆形，长2—6厘米，宽1.5—4厘米，先端圆钝或有短尖，基部圆形或浅心形，全缘或有刺状锯齿，幼叶两面被毛，老叶下面密生多层棕色星状毛及黄粉状物，侧脉5—6对；叶柄长1—4毫米，被毛。壳斗浅杯形，包着坚果1/3—1/2，直径1—2厘米，高0.6—1厘米，内壁被棕色绒毛；小苞片窄卵形，长约1毫米，覆瓦状排列，顶端与壳斗壁分裂，被棕色绒毛。坚果卵形至近球形，直径1—1.5厘米，高1.5—2厘米，顶端微有毛或无毛，果脐微凸起。花期6—7月，果期第二年9—10月。

产大姚、鹤庆、洱源、宾川、丽江、大理、漾濞、香格里拉等地；四川也有分布，为西南高山地区组成硬叶常绿阔叶林的主要树种之一。

12.长苞高山栎（云南植物志）图327

Quercus fimbriata Chun et Huang（1976）

常绿乔木，高达10米，小枝密被灰褐色绒毛，二年生小枝有显著皮孔。叶椭圆形或长倒卵形，长3—6厘米，宽1.5—3.5厘米，先端圆钝，基部圆形或宽楔形，全缘，上面沿中脉被绒毛，下面被灰褐色绒毛。中脉上段呈"Z"字形弯曲，侧脉6—8对，在上面下陷；叶柄长约5毫米，被灰褐色绒毛。果序长约2厘米，果序轴被灰褐色绒毛。壳斗杯形，包着坚果约1/2，连小苞片直径约2厘米，高5—8毫米；小苞片腺状披针形，长5—8毫米，顶端反曲，被灰黄色绒毛。坚果近球形，高、径约1.2厘米，顶端被棕色短毛。花期7月，果期11月。

产宁蒗2800米处；四川西部有分布。

本种是介于川滇高山栎和匙叶栎之间的一个种，叶形似川滇高山栎，但下面被灰褐色毛；壳斗小苞片似匙叶栎。

13. 帽斗栎（云南植物志）图328

Quereus guyavaefolia Level.（1913）

Q. pileata Hu et Cheng（1951）

常绿灌木或小乔木，高达15米。小枝密被红棕色绒毛。叶长圆形、长椭圆形或倒卵形，长3—9厘米，宽2—5厘米，先端圆钝，基部圆形，全缘或有锐锯齿，上面沿中脉有毛，下面被棕色海绵状毛及白色星状毛，侧脉7—12对；叶柄长2—7毫米，被棕色绒毛。雄花序长约6厘米，花序轴及花被被绒毛。壳斗帽斗形，壁厚约2毫米，内壁被灰黄色厚绒

图323　槲栎 *Quercus aliena* Bl.
1.果枝　2.坚果　3.雄花枝

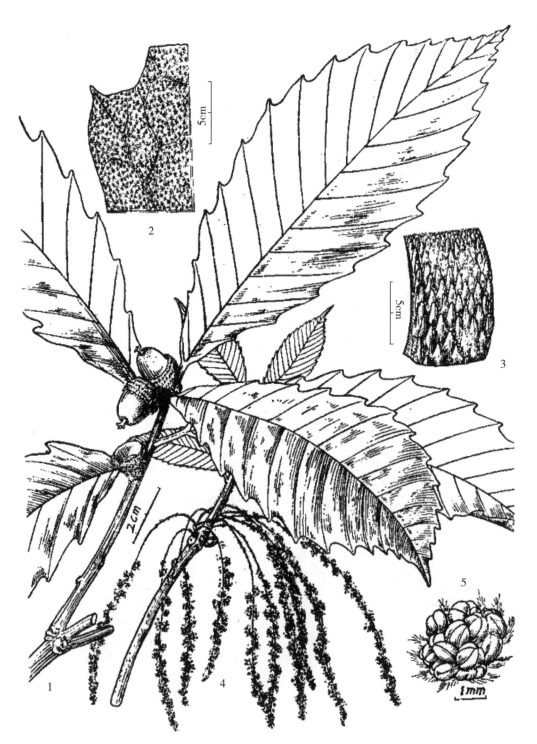

图324　锐齿槲栎 *Quercus aliena* var. *acuteserrata* Maxim.
1.果枝　2.叶下面　3.壳斗小苞片　4.雄花枝　5.雄花

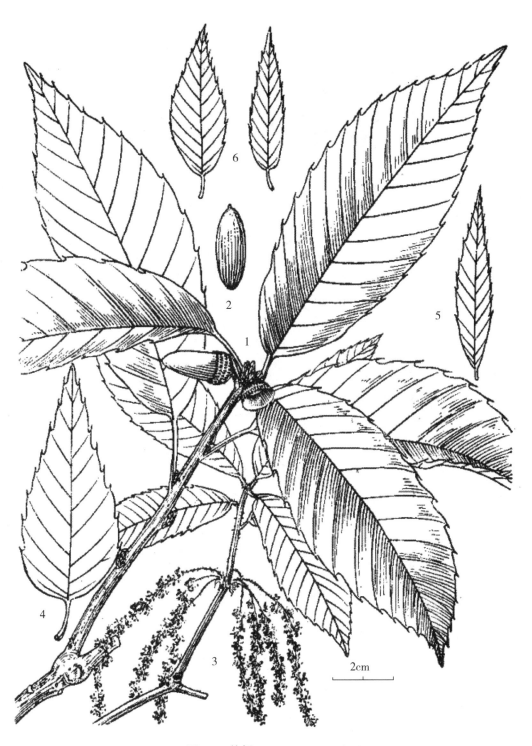

图325 枹栎 *Quercus serrata* Thunb.
1.果枝　2.坚果　3.雄花枝　4—6.各种叶形

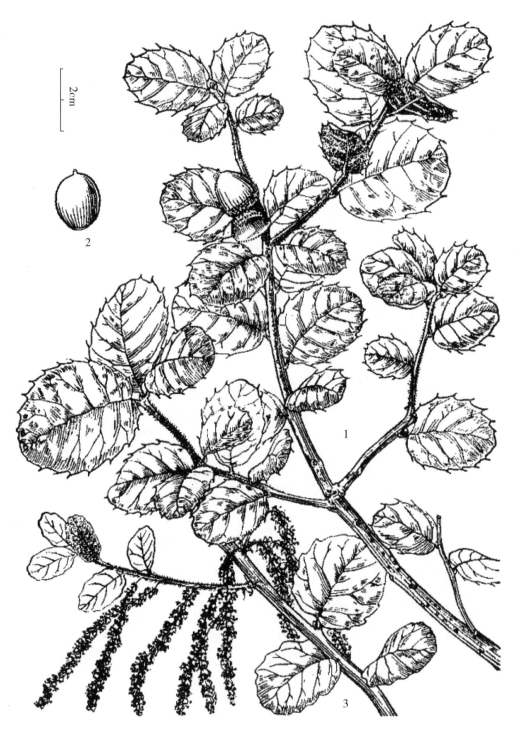

2cm

图326 黄背栎 *Quercus pannosa* Hand. -Mazz.

1.果枝　2.坚果　3.雄花枝

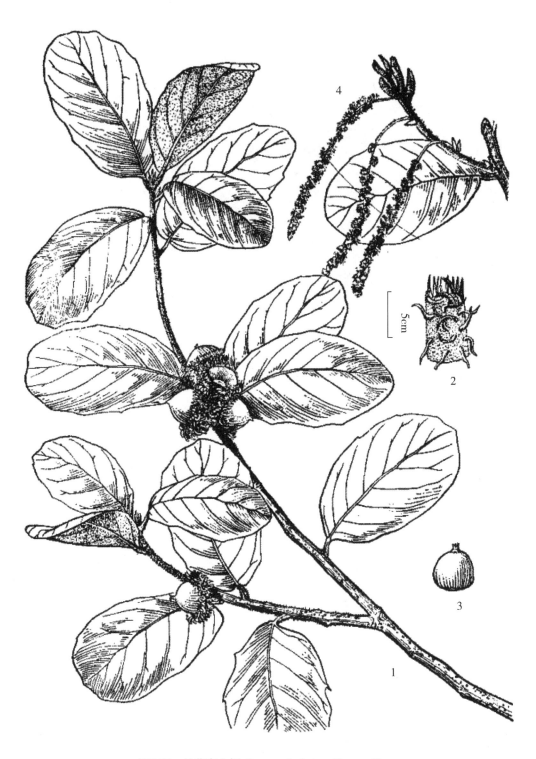

图327 长苞高山栎 *Quercus fimbriata* Chun et Huang
1.果枝 2.小苞片 3.坚果 4.雄花枝

图328　帽斗栎 *Quercus guyavaefolia* Level.
1.果枝　2.坚果　3.雄花枝

毛，直径2—3厘米，高0.6—1厘米，边缘反卷；小苞片披针形，长约2毫米，被灰棕色绒毛，顶端钝头，红棕色，无毛。坚果卵形或近球形，高、径1.5—1.8厘米，无毛，顶端圆，果脐微凸起。花期5—6月，果期10—11月。

产大理、宾川、洱源、丽江、香格里拉、宁蒗、德钦等地，生于海拔2500—4000米山地或云杉、冷杉林下。四川也有分布，为西南高山硬叶常绿阔叶林主要组成树种之一，常生于立地条件较好的山谷或山腹地带。

14.川滇高山栎　图329

Quercus aquifolioides Rehd. et Wils.（1917）

常绿乔木，高达20米，生于干旱阳坡或山顶时常呈灌木状。幼枝被黄色星状绒毛。叶椭圆形或倒卵形，长2.5—7厘米，宽1.5—3.5厘米，老树之叶先端圆形，基部圆形或浅心形，全缘，幼树之叶有刺状锯齿，幼叶被棕黄色柔毛，尤以下面中脉上显著，老时下面有棕黄色薄毛或粉状鳞秕，中脉上部呈"Z"字形弯曲，侧脉6—8对；叶柄长2—5毫米，有时几无柄。雄花序长5—9厘米，花序轴及花被均疏被柔毛；雌花序长0.5—2.5厘米，有花1—4，壳斗浅杯形，包着坚果基部，直径0.9—1.2厘米，高5—6毫米，内壁密生绒毛，外壁被灰色短柔毛；小苞片卵状长椭圆形至披针形，钝头，顶端常与壳斗壁分离。坚果卵形或长卵形，直径1—1.5厘米，高1.2—2厘米，无毛。花期5—6月，果期9—10月。

产丽江、香格里拉、维西等地，生于海拔2300—3200米地区。四川有分布。本种为西南高山地区硬叶常绿栎林的主要树种，数量多，分布广。

15. 长穗高山栎（云南植物志）图330

Quercus longispica（Hand.-Mazz.）A. Camus（1934）
Q. semecarpifolia Smith. var. *longispica* Hand.-Mazz.（1929）

常绿乔木或灌木，高达20米。幼枝被黄棕色绒毛，后渐脱落。叶椭圆形或长椭圆形，长4—8（11）厘米，宽2—5厘米，先端圆钝，基部圆形或浅心形，全缘或有刺状锯齿，幼时两面被棕色绒毛，老时仅下面被棕黄色星状毛或粉质鳞秕，中脉上部呈"Z"字形弯曲，侧脉4—8对；叶柄长3—5毫米，被毛。雄花序长8—11厘米，花序轴及花均被星状绒毛；雌花序长3.5—16厘米。果序长6—16厘米，果序轴被棕色绒毛。壳斗杯形，包着坚果1/2以下，直径1—1.5厘米，高0.5—0.7厘米；小苞片线状披针形，长约1.5毫米，密被灰白色柔毛，顶端钝，棕色，无毛。坚果卵形，径1—1.2厘米，无毛。花期5—6月，果期10—11月。

产昆明、大姚、宾川、鹤庆、丽江、香格里拉等地，生于海拔2500—3000米处；四川有分布，为组成西南高山硬叶常绿栎林的树种之一，星散分布。

16.灰背栎（中国高等植物图鉴）灰背高山栎　图331

Quercus senescens Hand.-Mazz.（1929）

常绿乔木或灌木，高达15米。幼枝密生灰黄色星状绒毛，后渐脱落，但老时仍多少残存灰褐色绒毛。叶长圆形或倒卵状椭圆形，长3—8厘米，宽1.2—4.5厘米，先端圆钝，基部

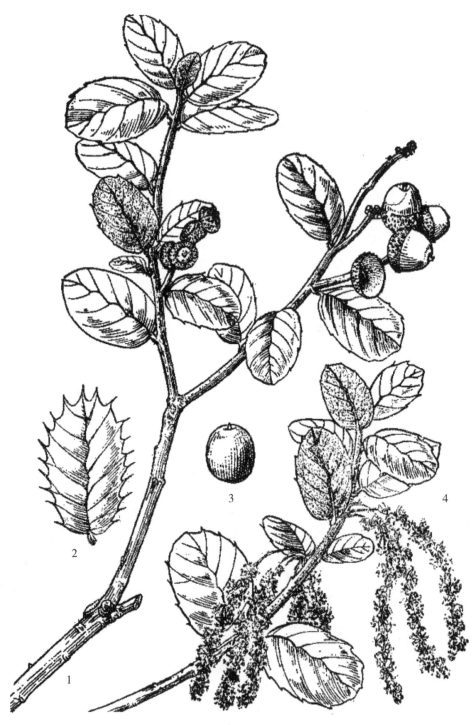

图 329　川滇高山栎 *Quercus aquifolioides* Rehd. et Wils.
1.果枝　2.幼树叶　3.坚果　4.雄花枝

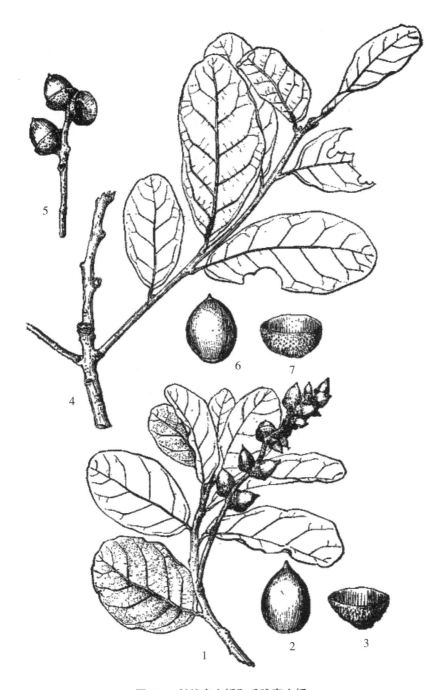

图330　长穗高山栎和毛脉高山栎

1—3.长穗高山栎 *Quercus longispica* A. Camus　1.果枝　2.坚果　3.壳斗

4—7.毛脉高山栎 *Quercus rehderiana* Hand.-Mazz.　4.枝叶　5.果序　6.坚果　7.壳斗

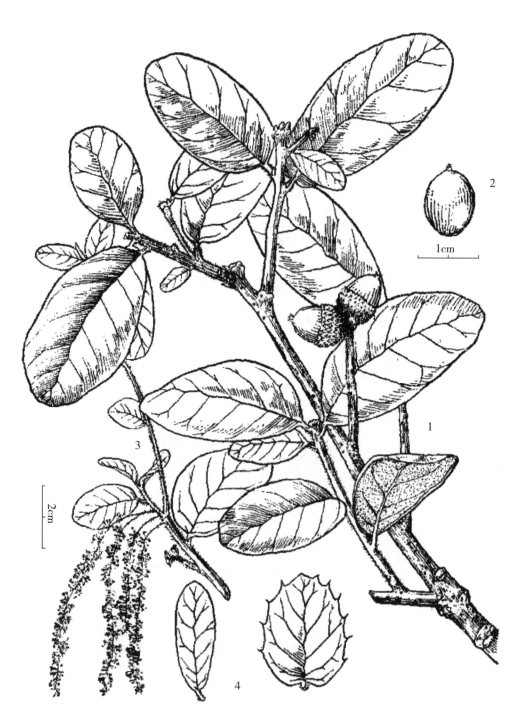

图331 灰背栎 *Quercus senescens* Hand.-Mazz.

1.果枝　2.坚果　3.雄花枝　4.不同形状的叶

圆形或浅心形，全缘或刺状锯齿，幼时两面密生灰黄色星状绒毛，老时仅下面密生灰黄色绒毛。壳斗杯形，包着坚果约1/2，直径0.7—1.5厘米，高5—8毫米；小苞片长三角形，长约1毫米，覆瓦状紧密排列，有灰色绒毛。坚果卵形，直径0.8—1.1厘米，高1.2—1.8厘米，无毛，果脐凸起。花期4—5月，果期9—10月。

产昆明、会泽、巧家、师宗、丽江、永宁、维西、贡山、香格里拉等地，生于海拔2000—3100米干旱山坡立地或松林中。四川、贵州也有分布，为组成西南高山硬叶栎林的树种之一。

16a.木里栎（变种）

var. muliensis（Hu）Hsu et Jen nov. comb.

Q. muliensis Hu（1951）.

产宁蒗；四川木里也有。

17. 矮高山栎（云南植物志） 矮山栎（中国高等植物图鉴）图332

Quercus monimotricha Hand.-Mazz.（1929）

Q. spinosa David. var. *monimotricha* Hand. -Mazz.（1925）

常绿灌木，高0.5—2米。小枝近轮生，被褐色簇生绒毛。叶椭圆形或倒卵形，长2—3.5厘米，宽1.2—3厘米，先端圆钝具短刺或短尖，基部圆形或浅心形，边缘有长刺状锯齿，有时全缘，幼时密被灰黄色柱状绒毛，老时上面沿中脉有疏绒毛，下面有污褐色簇生绒毛，有时脱净，侧脉4—7对；叶柄长约3毫米、密被毛，雄花序长3—4厘米，萼片4—9裂，雄蕊与花萼裂片同数，花序轴及萼片被绒毛。壳斗浅杯形，包着坚果基部，直径约1厘米，高3—4毫米；小苞片卵状披针形，长约1毫米，在口缘处伸出，被灰褐色柔毛。坚果卵形，直径0.8—1厘米，高1—1.3厘米，无毛或顶端有微毛，果脐凸起。花期6—7月，果期第二年9月。

产鹤庆、兰坪、丽江、维西、香格里拉、会泽等地海拔2300—2400米阳坡或山脊地带，成高达1米左右的灌丛。四川有分布；缅甸也产。

18. 光叶高山栎（云南植物志） 光叶山栎（中国高等植物图鉴）图333

Quercus pseudosemecarpifolia A. Camus（1938）

Q. semecarpifolia Smith var. *glabra* Francb.（1899）

常绿小乔木或灌木，高达12米。小枝无毛或幼时被疏毛。叶平坦，椭圆形、长倒卵形或长圆形，长3—7（13）厘米，宽2—4（6）厘米，先端圆钝，基部圆形，全缘或有几个锐齿，幼时有星状毛，老时无毛，中脉中上部呈"Z"字形弯曲，侧脉6—8对，在上面平坦，近叶缘处分叉；叶柄长2—4（7）毫米。壳斗浅杯形，包着坚果1/3—1/2，直径0.6—1.2厘米，高4—6毫米；小苞片三角状卵形，除顶端外被灰黄色柔毛。坚果当年成熟，卵形，直径0.7—1.2厘米，高约1.2厘米，无毛或顶端微有毛，果脐凸起。花期5—6月，果期10—11月。

产禄劝、丽江、香格里拉等地，生于海拔1500—3100米。四川、西藏也有分布，为西南高山硬叶常绿栎林组成树种之一。

19.毛脉高山栎　光叶高山栎（云南植物志）图330

Quercus rehderiana Hand.-Mazz.（1925）

在上述的光叶高山栎及本种毛脉高山栎，二者形态特征极为相似。但其叶下面确有两种类型，前者叶下面基本是光滑的，本种叶下面中脉基部有一段密生灰黄色短星状毛。图鉴补编（1：126，1982）提出将本种与光叶高山栎区别开来，在树种识别上有一定的现实意义，故予分开。

产宾川、云龙、鹤庆、丽江等地，生于海拔1500—3000米；四川、贵州也有分布。

20.刺叶高山栎　（云南植物志）铁橡树（中国树木分类学）图334

Quercus spinosa David. ex Franch.（1884）

Q. semecarpifolia Smith var. Schott.（1912）

Q. taiyunensis Ling（1947）

常绿乔木或灌木，高达15米。幼枝被黄色星状毛，后渐无毛。叶面皱褶不平，倒卵形至椭圆形，长2.5—7厘米，宽1.5—4厘米，先端圆钝，基部圆形或心形，边缘有刺状锯齿或全缘，幼叶两面疏生星状绒毛，中脉、侧脉在上面凹陷，下面中脉基部有一段密生灰黄色绒毛；叶柄长2—3毫米。雄花序长4—6厘米，花序轴被疏毛；雌花序长1—3厘米。壳斗杯形，包着坚果1/4—1/3，直径1—1.5厘米，高6—9毫米；小苞片三角形，长1—1.5毫米，排列紧密。坚果卵形至椭圆形，直径1—1.3厘米，高1.6—2厘米。花期5—6月，果期9—10月。

产香格里拉、宁蒗、镇雄等地，生于海拔1000—3000米山地森林中。四川、陕西、甘肃、湖北、江西、福建、台湾均有分布。

21.川西栎　（中国高等植物图鉴）野青冈（中国树木分类学）图335

Quercus gilliana Rehd. et Wils.（1917）

常绿小乔木或灌木，高达10米。小枝幼时被褐色柔毛，后渐无毛。叶椭圆形或倒卵形，长3—6厘米，宽1.5—4厘米，先端圆钝，基部圆形或浅心形，全缘或有刺状锯齿，叶面平坦或微有皱褶，幼时被毛，老时仅下面沿中脉基部疏生柔毛或全无毛，侧脉5—7对；托叶钻形，宿存；叶柄长1—3毫米。雄花序5—8厘米，花序轴及花被被灰棕色绒毛。壳斗杯形，包着坚果1/3—1/2，直径0.6—1.2厘米，高4—6毫米；小苞片三角状卵形，除顶端外被灰黄色柔毛。坚果当年成熟，卵形，直径0.7—1.2厘米，高约1.2厘米，无毛或顶端微有毛，果脐凸起，花期5—6月，果期9—10月。

产昆明、会泽、巧家、师宗、丽江、永宁、维西、贡山、香格里拉等地，生于海拔2000—3100米的干旱山坡及松林中。四川、甘肃、西藏有分布。

22.匙叶栎　（中国高等植物图鉴）　青檀（中国树木分类学）图336

Quercus dolicholepis A. Camus（1954）

Q. spathulata Seem.（1897）

常绿乔木，高达16米。幼枝被灰黄色星状柔毛，后渐脱落。叶革质，倒匙形或长倒卵

图332　矮高山栎 *Quercus monimotricha* Hand.-Mazz.
1.果枝　2.坚果　3.雄花枝

图333 光叶高山栎 *Quercus pseudosemecar pi folia* A. Camus
1.果枝 2.坚果 3.雄花枝

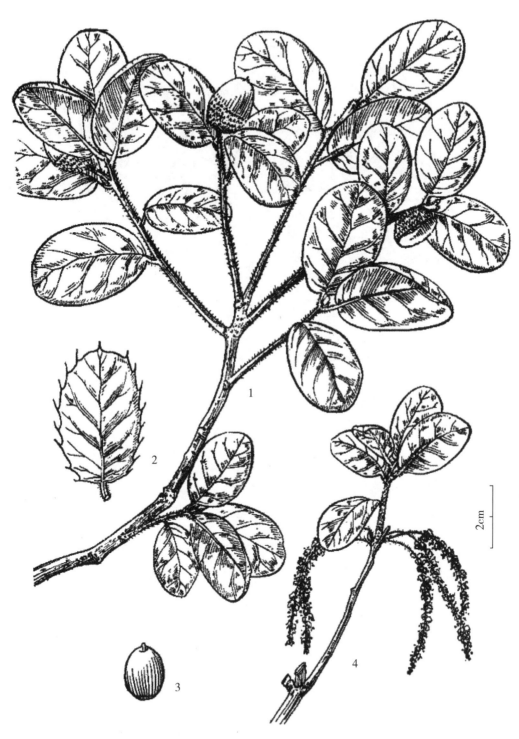

图334 刺叶高山栎 *Quercus spinosa* David
1.果枝 2.不同的叶形 3.坚果 4.雄花枝

图335　川西栎 *Quercus gilliana* Rehd. et Wils.
1.果枝　2.坚果　3.雄花枝

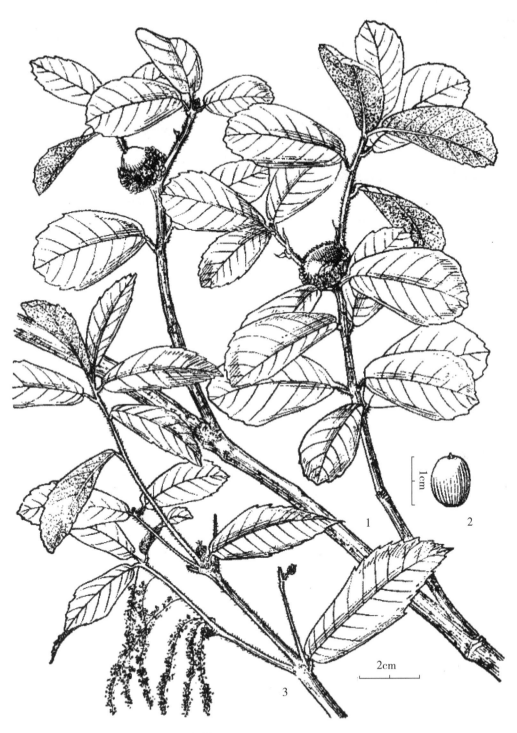

图336 匙叶栎 *Quercus dolicholepis* A. Camus
1.果枝 2.坚果 3.雄花枝

形，长2—8厘米，宽1.5—4厘米，先端圆形或钝尖，基部宽楔形，圆形以至心形，边缘上都有锯齿或全缘，幼时有灰黄色星状毛，老时下面有星状毛或脱落，侧脉7—8对；叶柄长4—5毫米，有绒毛。雄花序长3—8厘米，花序轴被苍黄色绒毛。壳斗杯形，包着坚果2/3—3/4，连小苞片直径约2厘米，高约1厘米；小苞片线状披针形，长约5毫米，赭褐色，被灰白色柔毛，向外反曲。坚果第二年成熟，卵形至近球形，直径1.3—1.5厘米，高1.2—1.7厘米，顶部有绒毛，果脐微凸起，花期3—5月，果期第二年10月。

产丽江、香格里拉一带，生于海拔2400米左右。山西、陕西、甘肃、河南、湖北、四川、贵州均有分布。

木材坚硬，耐久，可制车辆及家具；种子含淀粉；树皮、壳斗含单宁。

本属有两个相同的种名，即 *Quercus spathulata* Watelet.（1866）及 *Quercus spalhulata* Seem.（1897），不符合植物命名法规，因此改用 *Quercus dolicholepis* A. Camus（1954）

22a. 丽江栎

var. eliiptica Hsu et Jen，nov. Comb.

Q. spatulata Seem. var. *elliptica* Hsu et Jen（1976）

产丽江、宾川，生山坡林中。

23. 易武栎（云南植物志）图337

Quercus iwuensis Huang（1976）

常绿乔木，高达10米。小枝纤细，有明显圆形皮孔。叶卵状椭圆形或长卵形，长4—5.5厘米，宽1.8—2.5厘米，先端短钝头，基部近圆形，常不对称，边缘1/3以上有疏浅锯齿，下面密被灰白色星状毛，侧脉10—13对；叶柄长5—10毫米，密被星状绒毛。果序长约5毫米，通常着生1—2坚果。壳斗钟形或壶形，包着坚果约3/4，直径1.5—1.8厘米，高1.2—1.5厘米；小苞片钻形，长约3毫米，向外反曲或微开展，被灰黄色绒毛，坚果扁宽卵形，直径约1.5厘米，高约1.2厘米，顶端平圆，除近轴座被细绒毛外皆无毛。

产勐腊的易武，生于海拔1000米左右的石灰岩山地。

本种与铁橡栎 *Quercus cocciferoides* Hand.-Mazz. 靠近，其不同处为老叶下面密被灰白色星状绒毛，壳斗较大；小苞片钻形，长4毫米且反曲。

24.贡山栎（云南植物志）图338

Quercus kongshanensis Hsu et Jen（1976）

常绿乔木，高达10米。小枝被灰棕色绒毛，后渐脱落。叶长椭圆形，长9—15厘米，宽3.8—8.5厘米，顶端渐尖，基部近圆形，全缘或顶部有疏锯齿，叶缘显著反卷，上面皱褶不平，下面密被棕色或黄褐色星状毛，上面中、侧脉均凹陷，在下面显著凸起，侧脉12—16对；叶柄长1—1.5厘米。果序长5—7厘米，花序轴密被绒毛。壳斗半球形，包着坚果1/4—1/3，直径1—1.5厘米，高约3毫米，被灰棕色短绒毛；小苞片卵形或三角状卵形，长不及1毫米，坚果卵形，直径0.8—1厘米，无毛。

产贡山、麻栗坡等地，生于海拔2400—3000米山地。

本种与巴东栎 *Quercus engleriana* Seem.靠近，其不同处为叶长椭圆形，边缘向下反卷，下面密被黄褐色不脱落的绒毛。

25. 锥连栎（中国高等植物图鉴）图339

Qucrcus franchetii Skan（1899）

常绿乔木，高达15米。小枝被灰黄色细绒毛。叶倒卵形或椭圆形，长5—12厘米，宽2.5—6厘米，先端渐尖或钝尖，基部楔形或圆形，边缘中部以上有锯齿，齿端有腺点，幼时两面密生灰白色或灰黄色绒毛，侧脉8—12对，直达齿端；叶柄长1—2厘米，密生灰黄色细绒毛。雄花序生于新枝基部，长4—5厘米，花序轴被灰黄色绒毛；雌花序长1—2厘米，有花5—6。果序长1—2厘米，序轴密被灰黄色绒毛。壳斗杯形，包着坚果约1/2，直径1—1.4厘米，高0.7—1.2厘米，有时盘形，高约4毫米；小苞片三角形、长约2毫米，背面有瘤状突起，被灰色绒毛。坚果长圆形或近球形，顶部平截，下陷，直径0.9—1.3厘米，高1.1—1.3厘米，外露部分有灰色细绒毛，果脐凸起。花期2—3月，果期9月。

产昆明、楚雄、大姚、永胜、宾川、大理、新平、蒙自、开远，生于海拔1000—2600米的山地或松林中。四川有分布；泰国也有。

26. 澜沧栎　薄叶高山栎（云南植物志）图338

Quercus kingiana Craib（1911）

常绿乔木，高达12米。小枝密被灰黄色星状毛，二年生小枝无毛或有疏毛，叶长椭圆形，长7—11厘米，宽3—5厘米，先端短渐尖或突尖，基部近圆形或偏斜，边缘上部有疏齿，下面密被灰黄色星状毛，侧脉8—12对，在上面不明显，在下面凸起，支脉亦明显；叶柄长1—1.5厘米，密被黄色绒毛。壳斗钟形包着坚果1/2以上，壁厚约2毫米，直径约2厘米，高约1.5厘米；小苞片三角状卵形，排列紧密。坚果椭圆形，直径约1.5厘米，高约2厘米，顶端圆，果脐凸起。

产澜沧，生于海拔800—1600米的山坡或森林中。缅甸、泰国有分布。

27. 岩栎（秦岭植物志）图340

Quercus acrodonta Seem.（1879）

Q. parvifolia Hand.-Mazz.（1925）

Q. handcliana A. Camus（1933）

常绿乔木，高达15米，胸径达30厘米。小枝密被灰黄色短星状绒毛。叶椭圆形、椭圆状披针形或长倒卵形，长2—6厘米，宽1—2.5厘米，先端短渐尖，基部圆形或近心形，叶缘中部以上疏生刺状锯齿，下面密被灰黄色星状绒毛，侧脉7—11对，在两面均不显著；叶柄长3—5毫米，密被灰黄色绒毛。雄花序长2—4厘米，花序轴纤细，被疏毛，花被近无毛；雌花序生于枝顶叶腋，生2—3花，花序轴被黄色绒毛。壳斗杯形，包着坚果约1/2，直径1—1.5厘米，高5—8毫米；小苞片椭圆形，长约1.5毫米，覆瓦状排列紧密，被灰白色绒毛，顶端红色，无毛。坚果长椭圆形，直径5—8毫米，高8—10毫米，顶部被灰黄色绒毛，有宿存花柱，果脐微凸起，直径约2毫米。花期5月，果期10月。

产丽江、贡山、德钦、开远、砚山、广南，生于海拔1100—2700米的山坡或石灰岩山地。陕西、甘肃、河南、湖北、四川、贵州有分布。

本种分布于暖温带与亚热带之间的过渡地区，其伴生树种既有常绿阔叶树又有落叶阔叶树，通常在分布区的北部落叶树的比例较大，南部则常绿树的比例较大。因分布范围较广，生长环境不同，叶片有大有小。小叶栎 *Quercus parvifolia* Hand.-Mazz. 与韩氏栎 *Quercus handeliana* A. Camus就是这样产生的。

28. 麻栗坡栎　大叶高山栎（云南植物志）图320

Quercus marlipoensis Hu et Cheng（1951）

常绿乔木，高达18米。小枝粗状，直径约4毫米，初被黄色绒毛，后渐脱落，皮孔淡棕色，长圆形凸起；冬芽大，长卵形，长达1厘米，径约6毫米，芽鳞多数，背部被黄棕色绒毛，边缘深棕色，无毛。叶革质，长椭圆形至倒卵状长椭圆形，长15—22厘米，宽6—11厘米，先端短渐尖，基部圆形，边缘具疏锯齿或全缘，微向外反卷，下面沿叶脉有星状绒毛，中脉在上面凹陷，在下面显著凸起，侧脉16—20对，在近边缘处分叉，下面支脉明显；叶柄粗壮，长1.5—3厘米，被细绒毛。壳斗杯形，直径约1.4厘米，高约8毫米，壁厚约2毫米，内壁被灰棕色绒毛；小苞片卵形，顶端紫红色，除顶端外被紫红色绒毛，覆瓦状排列紧密。

产麻栗坡，生于常绿阔叶混交林中。

29.巴东栎（中国高等植物图鉴）　小叶青冈　图341

Quercus engleriana Seem.（1897）

Q. obscura Seem.（1897）

Q. sutchunensis Franch.（1899）

Q. dolichostyla A. Camus（1934）

半常绿乔木，高达15米，幼枝被灰黄色绒毛，后渐无毛。叶椭圆形、卵形、卵状披针形，长6—16厘米，宽2.5—5.5厘米，先端渐尖，基部圆形或宽楔形，稀为浅心形，边缘中部以上有锯齿，有时全缘，幼时两面密生棕黄色短绒毛，后渐无毛或仅下面脉腋有簇生毛，中脉、侧脉在上面平坦，有时凹陷，在下面凸起，侧脉10—13对；托叶线形，长约1厘米，背部被黄色绒毛；叶柄长1—2厘米，幼时被毛，后渐光滑。雄花序生于新枝基部，长约7厘米，花序轴被绒毛，雄蕊4—6；雌花生于新枝上端叶腋，长1—3厘米。壳斗半球形，包着坚果1/3—1/2，直径0.8—1.2厘米，高4—7毫米；小苞片卵状披针形，长约1毫米，被灰褐色柔毛，顶端紫红色，无毛。坚果长卵形，直径0.6—1厘米，高1—2厘米。无毛，柱座长2—3毫米，果脐凸起，直径3—5毫米。花期6月，果期11月。

产镇雄、威信、贡山，生于海拔1400—2400米山地森林中。陕西、河南、江西、浙江、湖南、广西、四川、贵州、西藏均有分布；印度也产。

图337 铁橡栎和易武栎

1—3.铁橡栎 *Quercus cocciferoides* Hand.–Mazz. 1.果枝 2.不同形状的坚果 3.雄花枝

4—5.易武栎 *Quercus iwuensis* Huang. 4.壳斗及坚果 5.部分叶下面

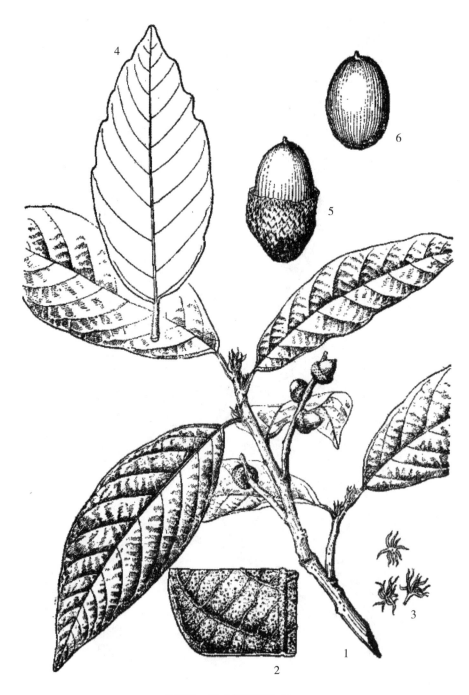

图338　贡山栎和澜沧栎

1—3.贡山栎　*Quercus kongshanensis* Hsu et Jen　1.果枝　2.部分叶下面　3.星状毛放大

4—6.澜沧栎　*Quercus kingiana* Craib　4.叶片　5.壳斗及坚果　6.坚果

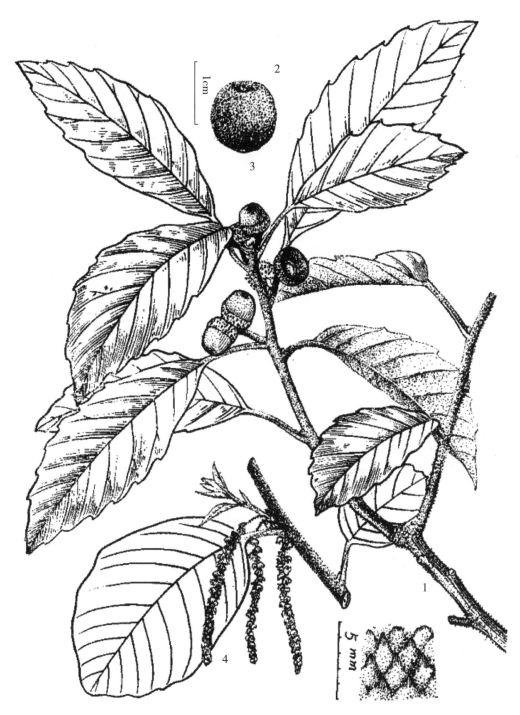

图339　锥连栎 *Quercus franchetii* Skan
1.果枝　2.壳斗小苞片放大　3.坚果放大　4.雄花枝

2cm

1cm

图340 岩栎 *Quercus acrodonta* Seem.
1.果枝 2.坚果 3.雄花枝

图341　巴东栎 *Quercus engleriana* Seem.
1.果枝　2.坚果　3.雄花枝

本种分布较广，它们的习性和形态都有很大变异，小树冬季不落叶，大树在春季有一段落叶期。因此，许多开花时采的标本，枝条上均无老叶。还有小树之叶长圆形，有明显锯齿，老树之叶卵状披针形，全缘。

木材坚重，为桩木、农具、滑轮等用材。

30.富宁栎（植物分类学报） 芒齿山栎（高等植物图鉴补编）图342

Quercus setulosa Hick. et A. Camus（1923）

Q. sinii Chun（1947）

常绿乔木，高达20米。树皮深灰色，片状剥裂。小枝无毛。叶长卵形至卵状披针形，长4.5—11厘米，宽1.5—4.5厘米，先端长渐尖，基部圆形或宽楔形，边缘具刚毛状锯齿，两面无毛或下面中脉及脉腋有苍黄色星状毛，上面亮绿色，下面淡绿色，侧脉9—12对，在上面不明显，在下面凸起；叶柄长1—2厘米。雄花序长1.5—4厘米，花柱长，柱头3裂。壳斗杯形，包着坚果1/4—1/3；小苞片卵形，被灰白色绒毛，坚果长椭圆形，直径约9毫米，高1.6—2厘米，光滑或顶端被灰白色绒毛，柱座短，果脐微凸起，直径约3毫米。花期4—5月，果期10月。

产富宁龙迈，生于海拔1300米的山地。广东、广西、贵州有分布；越南、泰国也有。

31.乌冈栎（中国树木分类学）图343

Qucrcus phillyraeoides A. Gray（1859）

Q. fokienensis Nakai（1924）

Q. singuliflora A. Camus（1935）

Q. lichuanensis Cheng（1950）

Q. fooningensis Hu et Cheng（1951）

Q. myricifolia Hu（1951）

常绿灌木或小乔木，高达10米，小枝纤细，灰褐色，幼时有短绒毛，后渐无毛。叶倒卵形和窄椭圆形，长2—6（8）厘米，宽1.5—3厘米，先端钝头或短渐尖，基部圆形或近心形，边缘中部以上具疏锯齿，两面同为绿色，老时两面无毛或下面中脉有疏柔毛。侧林8—13对；叶柄长3—5毫米，被疏柔毛。雄花序长2.5—4厘米，纤细，花序轴被黄褐色绒毛；雌花序长1—4厘米，花柱长1.5毫米，柱头2—5裂。壳斗杯形，包着坚果1/2—2/3，直径1—1.2厘米，高6—8毫米；小苞片三角形，长约1毫米，覆瓦状排列紧密，除顶端外被灰白色柔毛，果脐平坦或微凸起，直径3—4毫米，花期3—4月，果期9—10月。

产富宁，生于海拔1100—1700米的阳坡、山脊或岩石山地，北自陕西、河南，南至广东、广西，东自浙江、福建，西至四川、贵州，共计13个省（区）均有分布；日本也有。

本种因生长的环境不同，有灌木状和乔木两种类型。生长在山顶、山脊或人为干扰较频繁的地方成灌木状，叶短小，长2—5厘米。生长在条件较好的地方，如贵州的梵净山，湖南的莽山，湖北的利川则长成乔木，叶长5—8厘米，果实也较大。

种子含淀粉50%；木材坚硬，可制作各种器具。

32.铁橡栎（中国高等植物图鉴）图337

Quercus cocciferoides Hand.-Mazz.（1925）

半常绿乔木（春季2—3月有一段落叶期）高达15米。幼枝有绒毛，后渐无毛。叶长椭圆形或卵状长椭圆形，长3—8厘米，宽1.5—3厘米，先端渐尖或短渐尖，基部圆形或楔形，常偏斜，边缘中部以上有锯齿，幼时有毛，后渐脱落，侧脉6—8对，两面支脉均明显；叶柄长5—8毫米，有绒毛。雄花序长2—3厘米，花序轴被苍黄色短绒毛；雌花序长约2.5厘米，着生4—5花。壳斗杯形或壶形，包着坚果约3/4，直径1—1.5厘米；高1—1.2厘米；小苞片三角形，长约1毫米，不紧贴壳斗壁；被星状毛。坚果近球形，直径约1厘米，高1—1.2厘米，顶端短尖，有绒毛，果脐微凸起，直径2—3毫米。花期4—6月，果期9—11月。

产宾川、大理、丽江、香格里拉及路南，生于海拔1000—2500米的干旱河谷地带。四川有分布。

32a.大理栎（变种）（云南植物志）

var. taliensis（A. Camus）Hsu et Jen（1976）

Q. taliensis A. Camus（1932）

产大理、宾川、元谋、鹤庆、丽江、香格里拉，生于海拔1200—2600米的河谷地带。四川有分布。

33.炭栎（云南植物志）图344

Quercus utilis Hu et Cheng（1951）

常绿乔木，高达10米，树皮灰白色。小枝有沟槽，幼时被稀疏星状毛，老枝无毛。叶革质，卵形、椭圆状披针形至倒卵形，长2.5—5.5厘米，先端短钝尖，基部楔形，边缘有腺状小锯齿，幼时两面微有细绒毛，老时几乎无毛，两面中脉均凸起，侧脉9—11对，伸入齿端；叶柄长约5毫米。壳斗碗形，包着坚果1/3，直径7毫米；小苞片卵形，长约1毫米，紧密覆瓦状排列，密被黄色绒毛。坚果卵状长椭圆形，直径约7毫米，高约10毫米，顶端渐尖，有丝状毛，果期9—10月。

产西畴，生于海拔1000—1500米的山坡或石灰岩山地。贵州及广西有分布。

木材坚硬，为制杵与薪炭用材。

图342 富宁栎 *Quercus setulosa* Hick. et A. Camus

1.果枝　2.坚果　3.雄花枝

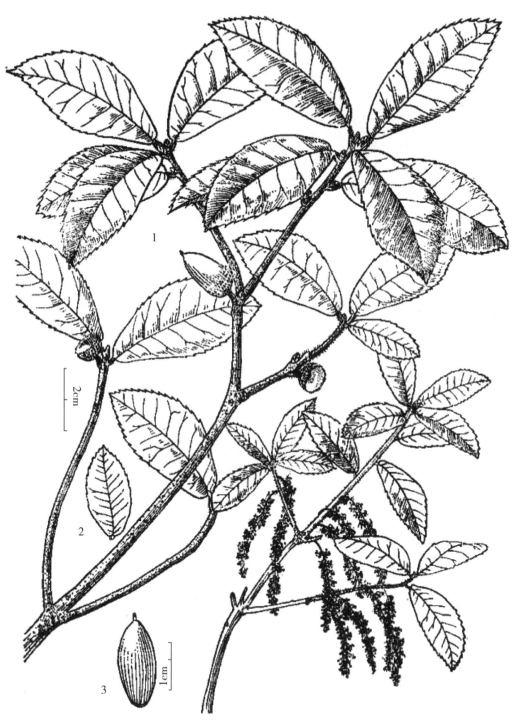

图343 乌冈栎 *Quercus phillyraeoides* A. Gray
1.果枝 2.不同形状的叶 3.坚果 4.雄花枝

图344 炭栎 *Quercus utilis* Hu et Cheng
1.果枝 2.不同形状的叶 3.坚果

165.榆科 ULMACEAE

乔木或灌木。芽具鳞片，稀裸露，顶芽通常早死，在枝端萎缩成小距状突起，其下的腋芽代替顶芽。叶常绿或落叶，单叶互生，稀对生，边缘有锯齿或全缘，基部偏斜或对称，羽状脉或三出脉；具柄；托叶常为膜质，侧生或柄内生，分离或连合，早落。单被花两性、单性或杂性，雌雄异株或同株，成腋生聚伞花序或成簇状或单生于叶腋，着生于当年生或二年生的小枝上；花被浅裂或深裂，裂片4—8，覆瓦状（稀镊合状）排列，宿存或脱落，雄蕊着生于花被的基部，常与花被裂片同数而对生，花丝明显，花药2室，纵裂，外向或内向；雌蕊由2心皮合生而成，花柱2条裂，子房上位，通常1室，无柄或有柄，具1悬垂或侧生胚珠。果为翅果、核果或小坚果具翅，或近肉质而具小瘤状突起，顶端常有宿存的花柱；胚直立，弯曲或内卷，胚乳少量或缺；子叶扁平，折叠或弯曲。

本科约有16属，230余种，广布于全世界热带及温带地区。我国有8属，50余种，还有3个引进栽培种。本志记载6属21种，3变种。

分 属 检 索 表

1.叶羽状脉（基部1对侧脉不粗大），翅果或核果。
  2.果为翅果 ··· 1.榆属Ulmus
  2.果为核果。
    3.叶缘有锯齿，侧脉直达边缘 ································· 2.榉属Zelkova
    3.叶全缘或上部有锯齿，侧脉在边缘内弯曲相连 ·············· 3.白颜树属Gironniera
1.叶基出3脉（基部1对侧脉较粗大）稀基出5脉，仅羽叶山黄麻Trema levigata为羽状脉；核果。
  4.侧脉直达边缘 ·· 4.糙叶树属Aphananthe
  4.侧脉在边缘内弯曲相连。
    5.果直径1.5—4毫米，果梗长1.5—5毫米 ··················· 5.山黄麻属 Trema
    5.果直径5—15毫米，果梗长10—40毫米 ·················· 6.朴属Celtis

1.榆属 Ulmus Linn.

乔木或灌木，落叶或常绿。叶2列，边缘具单锯齿或重锯齿，稀为全缘，叶脉羽状；叶柄短；托叶线形或卵形，早落。花两性，通常早春先叶开放或于冬季开于当年生枝的叶腋；花序聚伞状、总状或簇状。花被钟状，4—9裂；雄蕊与花被裂片同数；子房1室，无柄或具柄，扁平，花柱2。翅果，扁平，圆形或卵形，顶端通常有缺刻，基部有宿存花被。种子1，位于翅果中部、中上部或上部。

本属约有30余种，产北温带。我国有21种4变种。云南约有6种，2变种。

分 种 检 索 表

1.叶冬季常绿。

 2.花冬季（稀秋季）开放，簇生聚伞花序常生于当年生枝的叶腋，花无明显的子房柄；果梗长5—9毫米，翅果小，长1.2—2.3厘米 ················· **1.越南榆** U. lanceaefolia

 2.花春季（稀冬季）开放，簇生聚伞花序生于当年或二年生枝的叶腋，子房柄3—6毫米；果梗长约15毫米，翅果大，长1.6—3.2厘米 ················· **2.常绿榆** U. tonkinensis

1.叶冬季脱落（昆明榆在局部地区因气温关系叶可宿存到第二年春季）。

 3.种子位于翅果的中部或近中部，上端不接近缺口。

  4.翅果两面及边缘有毛。叶下面沿脉有毛或脉腋有簇毛 ··· **3.昆明榆** U. kunmingensis

  4.翅果除顶端缺口柱头面被毛外，余无毛。

   5.叶长5—18厘米，宽3—8.5厘米，先端窄渐尖、骤突尖或尾状；芽鳞边缘无毛或有疏毛；翅果成熟时果核部分呈褐色或淡黄褐色，果翅为淡黄白色，稀同色。

    6.叶下面无毛或脉腋有簇毛，叶柄无毛或近无毛 ······ **4.尖山榆** U. bergmanniana

    6.叶下面密被弯曲柔毛，叶柄通常密生短毛 ·· **4a.西蜀榆** U. bergmanniana var. lasiophylla

   5.叶长2—8厘米，宽1—3.3厘米，顶端渐尖或骤尖；芽鳞边缘具白色长柔毛；翅果成熟时，果核部分与果翅同色 ················· **5.榆树** U. pumila

 3.种子位于翅果的上部、中上部成中部，上端接近缺口。

  7.叶下面无毛或有疏毛，或脉上有毛，或脉腋有簇毛，侧脉10—18对；翅果圆形或近圆形，长8—15毫米 ················· **6.毛枝榆** U. androssowii var. virgata

  7.叶下面密被柔毛，侧脉24—35对；翅果倒三角状倒卵形、长圆状倒卵形或倒卵形，长1.5—3.5厘米 ················· **7.多脉榆** U. castaneifolia

1.越南榆（中国高等植物图鉴补编）图345

Ulums tonkinensis Gagnep.（1928）

常绿小乔木。树皮灰褐色而带微红，裂成不规则鳞片状脱落。小枝幼时密被短柔毛。叶卵状披针形、椭圆状披针形或卵形，长3—11厘米，宽1—3厘米，上面有光泽，下面无毛，边缘具单锯齿，基部两侧或一侧全缘或有浅齿。花冬季（稀秋季）开放，3—7朵簇生于当年生枝叶腋或排成簇状聚伞花序，花被上部杯状，下部管状，花被片裂至花被的中下部，宿存。翅果近圆形、宽长圆形或倒卵状圆形，长1.2—2.3厘米，无毛，果梗长4—9毫米。种子位于翅果的中上部，上端接近缺口。

产麻栗坡、西畴，生于海拔1150—1700米的山坡、山谷及石灰岩山地阔叶林中。广西有栽培；分布于广东、海南；越南谅山也有。

营林技术、材性及经济用途与榆树略同。

2.常绿榆（中国高等植物图鉴）图345

Ulmus lanceaefolia Roxb. ex Wall.（1831）

常绿乔木。小枝密被短柔毛。叶革质，披针形或长圆状披针形，长（2）5—11厘米，边缘具单锯齿，侧脉7—16对，上面沿中脉有短毛，下面近叶柄处有毛；叶柄多少被毛。花春季开放。常3—8簇生叶腋，稀1—2生于小枝近顶端的叶腋；花被片裂至中部；花梗细长，下部有疏毛。翅果两侧不对称，长1.6—3.2厘米，无毛。种子位于翅果的近上部，靠近缺口。花期2月，果期4月。

产建水、怒江、普洱、西双版纳，生于海拔600—1500米林中。

本种近越南榆U. tonkinensis Gagnep.区别在于花是春季开放；花梗与果梗均密生短毛；翅果明显偏斜，多为倒卵状或长圆状倒卵形，基部具长约3—6毫米子房柄。

营林技术、木材性质、经济用途与榆树略同。

3.昆明榆（植物分类学报）图346

Ulmus kunmingensis Cheng（1963）

Ulmus changii Cheng var. *kunmingensis*（Cheng）Cheng et L. K. Fu（1979）

落叶乔木。一年生枝褐色或红褐色。叶椭圆形倒卵状或卵状披针形，长5—14厘米，侧脉12—24对，上面多少粗糙，常无毛，下面脉腋处有簇毛，边缘具单锯齿；叶柄长3—9毫米，被毛。花常自混合芽抽出，散生于新枝基部或近基部的苞腋（稀叶腋）内。翅果长1.5—2.5厘米，两面有疏毛，边缘具缘毛。种子位于翅果的中部，有短柄，被毛。花期2月，果期7月。

产昆明、富民、玉溪，生于海拔1800—2100米的山地林中。四川、贵州及广西有分布。

造林技术参照榆树。

材质坚实耐用，可作建筑及家具等用材。树皮纤维可制绳索和造纸原料。

4.兴山榆（中国树木分类学）图346

Ulmus bergmanniana Schneid.（1912）

落叶乔木，高达25米；树皮暗灰色，浅裂成鳞片状剥落。小枝灰褐色，无毛。叶近革质，倒卵状长圆形或椭圆形，长7—12厘米，宽2.5—5厘米，先端具锐尖头，基部偏斜，宽楔形或近圆形，边缘具重锯齿，上面亮绿色，有绢毛，后变光滑，侧脉14—23对，下面无毛；叶柄长2—7毫米。花先叶开放，5—9簇生于二年生枝的叶腋，或呈短总状，花梗长约5毫米。翅果倒卵形，长1.3—1.8厘米，宽1.3—1.5厘米，顶端浅凹或近圆形，基部楔形，两面近无毛。种子位于翅果的中部，具柄。花期春季，果期春末夏初。

产维西、香格里拉，生于海拔2600—3000米的山坡上。陕西、甘肃、湖北、湖南、四川、江西、浙江均有分布。

造林技术参照榆树。

材质坚硬，棕褐色，多用于制造车轴或农具。树皮纤维含黏性，可作糊料及造纸、造棉的原料。果可食，种子可榨油。

4a.西蜀榆（中国高等植物图鉴）（变种）图347

var. lasiophylla Schneid. in Sarg.（1916）

Ulmus lasiophylla（Schseid.）Cheng（1958）

与正种的区别在叶基部通常较窄，下面密被弯曲长柔毛；果梗通常比花被筒长。花期1—2月，果期4—5月。

产漾濞、维西、香格里拉、德钦，生于海拔2700—3300米的山坡。陕西、甘肃、湖北、广西、四川、西藏均有分布。

5.榆树　榆（尔雅）棉榔树（文山）、树粘榔（曲靖）图348

Ulmus pumila Linn.（1753）

乔木，高达15米；树皮暗灰色，粗糙、纵裂。小枝被柔毛，有短柔毛或近无毛。叶倒卵形、椭圆形至椭圆状披针形，长2—7厘米，宽1.5—2.5厘米，先端锐尖或渐尖，基部圆形或楔形，边缘具单锯齿，上面暗绿色，无毛，下面无毛或初时被短柔毛；叶柄长2—8毫米，被毛。花早春开放，簇生，具短梗；花被片4—5；雄蕊4—5，花药紫色，伸出花被片之外，子房扁平，花柱2。翅果倒卵形或近圆形，长1—1.5厘米，光滑。种子位于中部。花期2—3月，果期5—6月。

产昆明、剑川、腾冲、瑞丽，生于海拔1800—2000米。长江流域南北各省（区）均有栽培。

种子繁殖。当果实由绿色变为黄白色时采集，置于通风处阴干后清除杂质收藏或随采随播。播前灌水。覆土0.5—1厘米，覆后镇压。苗高5—6厘米时可间苗，每亩留苗3万株左右。四旁植树用2—3年生大苗，上山造林可用一年生苗。

散孔材，早材管孔较大。心边材区别明显，边材黄褐色，心材暗红褐色，有光泽。木射线细至中。木材纹理斜，结构中而不均匀，质硬重，强度大。可作房建、家具、车船、文体用具等用材。树皮含纤维16.14%，拉力强，可代麻制绳索、麻袋或人造纤维；又含黏性，可作造纸糊料；果、树皮和叶可入药，有安神、利尿之功效，主治神经衰弱、失眠及肌体浮肿等症。叶制农药，可防治棉虫。嫩叶和果可和面粉蒸食。种子含油18.1%；供食用和制皂。

6.毛枝榆　毛榆、榆叶椴（河南）图347

Ulmus androssowii Litw. var. virgata（Pl.）Grudz.（1971）

落叶（稀为半常绿）乔木。树皮纵裂；小枝密被柔毛；冬芽卵圆形，芽鳞被毛。叶卵形或椭圆形，稀为菱形或倒卵形，长3—8厘米，宽2—3.5厘米，先端渐尖，上面幼时有硬毛，脱落后留有毛迹，微粗糙，下面多少有毛或无毛，脉腋有簇毛，边缘具重锯齿。翅果

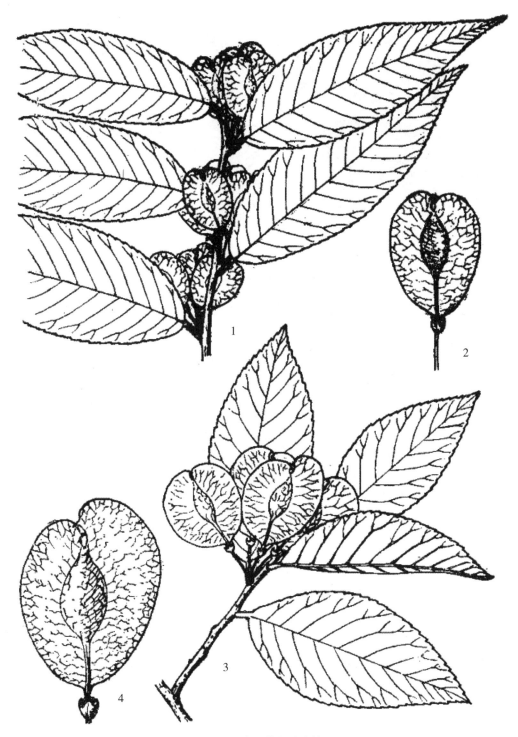

图345 常绿榆和越南榆

1—2.常绿榆 *Ulmus lanceaefolia* Roxb. 1.果枝 2.果放大

3—4.越南榆 *Ulmus tonkinensis* Gagnep. 3.果枝 4.果放大

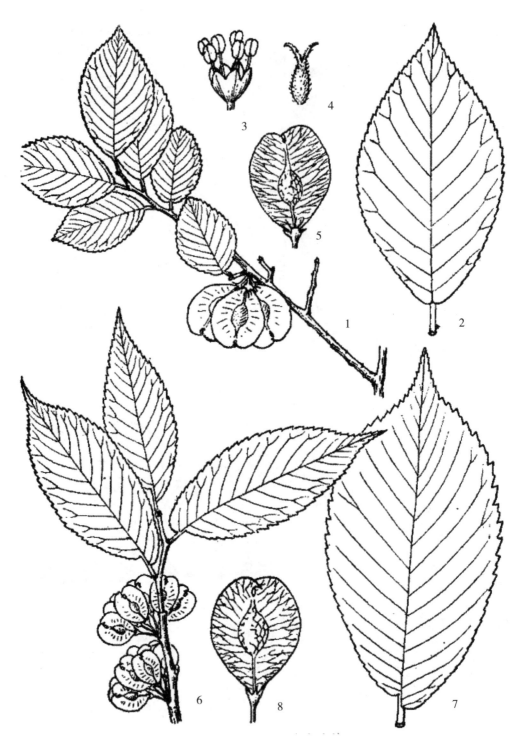

图346　昆明榆和兴山榆

1—5.昆明榆 *Ulmus kunmingensis* Cheng

1.果枝　2.叶（放大）　3.雄花（放大）　4.子房及花柱　5.果形（放大）

6—8.兴山榆 *Ulmus bergmanniana* Schneid.　6.果枝　7.叶（放大）　8.果（放大）

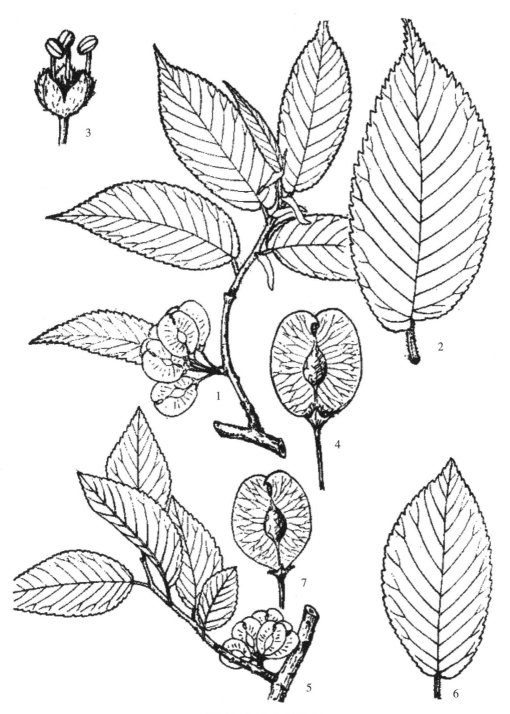

图347 西蜀榆和毛枝榆

1—4.西蜀榆 *Ulmus bergmanniana* var. *lasiophylla* Schneid.

1.果枝 2.叶（放大） 3.雄花（放大） 4.果（放大）

5—7.毛枝榆 *Ulmus androssowii* Litw. var *virgata*（Pl.）Grudz.

5.果枝 6.叶（放大） 7.果（放大）

圆形或近圆形，或倒卵状圆形，长8—15毫米，宽6—12毫米，无毛，果翅淡绿色，中间部分淡红色、红色或淡紫色，果梗较花被短，被毛。种子位于翅果的中部。花期春季，果期5—6月。

产昆明、大姚、丽江、维西、永胜，生于海拔1900—2500米的坡地、山谷阔叶林中。四川、西藏有分布，尼泊尔、印度均有分布。

营林技术、材性及经济用途与榆树略同。

7.多脉榆（中国高等植物图鉴）图348

Ulmus castaneifolia Hemsl.（1894）

Ulmus multinervis Cheng（1958）

落叶乔木。叶质较厚，长圆状椭圆形至长圆形，长9—15厘米，基部偏斜，上面近无毛，下面密被白色柔毛，侧脉26—30对，边缘为重锯齿；叶柄长6—10毫米，被毛。花多数簇生于二年生枝的叶腋。翅果长圆状倒卵形或椭圆状倒卵形，长2—3.3厘米，仅中部及下半部中脉与顶端凹缺内缘生短毛。种子位于翅果上部，接近缺口。花期2—3月，果期4—5月。

产广南，生于海拔1550米山坡阔叶林中。浙江、湖北、湖南、广东、广西、江西、福建、四川、贵州均有分布。

营林技术、材性及经济用途与榆树略同。

2.榉属 Zelkova Spach.

落叶乔木或灌木。冬芽卵形，具多数鳞片。单叶互生，有短柄，边缘具单锯齿，羽状脉，侧脉直达齿端。花单性同株，先叶开放；雄花簇生于当年生枝下部叶腋；花被片4—5，雄蕊4—5，花药背着；雌花或两性花单生或数花着生于当年生枝的上部叶腋，花被片4—5；子房无柄，1室，有1下垂胚珠，花柱2，偏生，内面呈乳头状。坚果，具短柄。种子无胚乳，胚弯曲，有宽的子叶。

本属约有6种，产亚洲西部和东部。我国有4种，产东北、西北、西南和台湾。云南约有2种。

1.榉树（中国高等植物图鉴）　大叶榉（高等植物图鉴）、毛脉榉（云南种子植物名录）图349

Zelkova schneideriana Hand.-Mazz.（1929）

落叶乔木。当年生枝密生柔毛。叶长椭圆状卵形，长2—10厘米，边缘具单锯齿，侧脉7—15对，上面粗糙，具脱落性硬毛，下面密被柔毛；叶柄长1—4毫米。花单性，稀杂性，雌雄同株，雄花簇生于新枝下部的叶腋，雌花1—3生于新枝上部的叶腋；花被片4—5（6），宿存，花柱2，歪生。坚果上部斜歪，直径2.5—4毫米。果期6月。

产大姚、易门、砚山，生于海拔1700—1900米的灌丛中；陕西、广西、广东、江西、

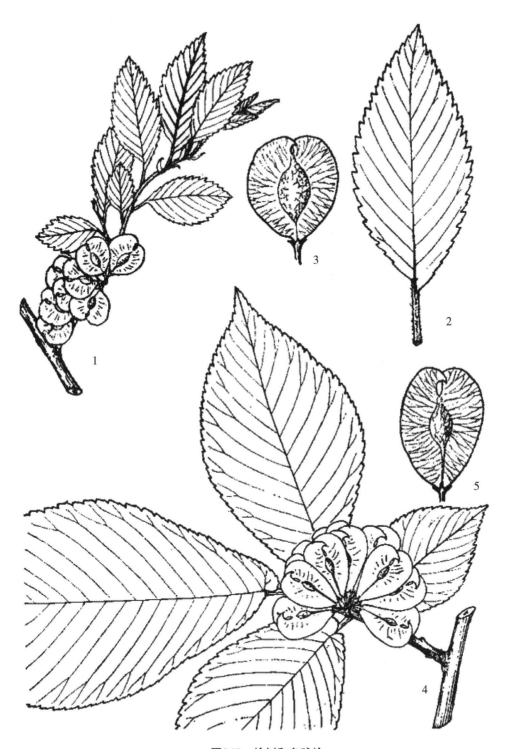

图348　榆树和多脉榆

1—3.榆树 *Ulmus pumila* Linn.　1.果枝　2.叶（放大）　3.果（放大）

4—5.多脉榆 *Ulmus castaneifolia* Hemsl.　4.果枝　5.果（放大）

图349　榉树 *Zelkova schneideriana* Hand.-Mazz.
1.果枝　2.小坚果（背腹面）

贵州有分布。

种子繁殖。果实由青转黄褐时可采种，去杂阴干后可及时播种，或沙藏或袋藏。播前温水浸种2天，捞去浮粒后用沉粒播种。苗高10厘米时常出现顶部分权现象，应及时修整。当年苗高达50—80厘米可出圃造林。

散孔材。心材小，赭色，边材微红淡棕。年轮线明显，射线淡红。纹理直，结构粗，材质重。纤维和管孔相间成层，适用于车辆、机身、运动器械及木桶，也是优良的室内装修材，高级家具装修和桥梁等建筑的工业用材。

3.白颜树属 Gironniera Gaud.

常绿乔木或灌木。叶革质，互生，脉羽状，全缘或先端有小锯齿；托叶大，早落。花小，单性，异株，腋生聚伞花序或分枝总状花序，或雌花单生。雄花萼片4—5，覆瓦状，顶端钝，无花瓣；雄蕊4—5，在芽内直立，退化雌蕊有茸毛。雌花萼片狭长而先端尖；子房1室，无柄；花柱二岐分枝，具1倒垂胚珠。果为稍压扁的核果，具二肋，内果皮坚硬，胚捲旋状。

本属约30余种，产印度、马来西亚。我国约有3种，产华南和西南地区。云南有2种。

分 种 检 索 表

1.小枝具粗长毛；叶长10—18厘米；果序为分枝总状花序，核果长8—10毫米，果梗长
　 1—6毫米 ·· 1.白颜树 G. subaoqualis
1.小枝无毛，叶长5—10厘米；核果长12—14毫米，果梗长6—10毫米 ·······················
　 ··· 2.云南白颜树 G. yunnanensis

1.白颜树（中国高等植物图鉴）图350

Gironniera subaequalis Planch.（1848）

常绿大乔木，高达25米，胸径达60厘米。树皮厚约1厘米，灰褐色，韧皮部黄褐色，有臭味。小枝具托叶痕及粗长毛。叶革质，椭圆形或长圆形，长10—18厘米，宽5—8厘米，近全缘或具不显钝齿，侧脉约10对，显著，上面无毛，下面仅在叶脉上疏生平伏毛；叶柄长5—15毫米，被脱落性长毛。核果卵形，稍扁疏被长刚毛，熟时橘红色，长8—10毫米，花柱与花被片宿存，果梗长1—6毫米，被毛。花期5—6月，果期11月。

产景洪、勐海、河口，生于海拔120—1300米热带山地常绿阔叶林中。广东、广西有分布；越南、缅甸、印度、印度尼西亚也有。

种子繁殖，育苗造林。

散孔材，管孔中，数少，分布均匀。外皮薄，黄棕，平滑，内皮淡棕黄。木材灰黄。径切面导管线明显，年轮线不明显，射线灰，线状、片状与导管线相交，弦切面导管线明

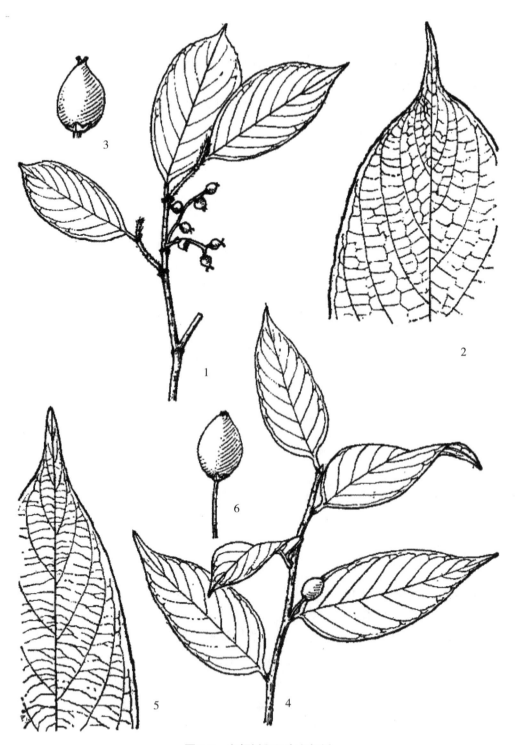

图350 白颜树和云南白颜树

1—3.白颜树 *Gironniera subaequalis* Planch. 1.果枝 2.叶（放大） 3.果实

4—6.云南白颜树 *Gironniera yunnanensis* Hu 4.果枝 5.叶（放大） 6.果实

显。纹理直，结构粗，材质轻软，干缩中，强度大，边材易生蓝变色。可作房建、家具、电杆等用材。作牛铃、木鼓音响甚好。

2.云南白颜树　图350

Gironniera yunnanensis Hu（1940）

乔木，高达12米。小枝棕红色，无毛或近无毛，具皮孔。叶厚纸质，长椭圆状披针形或长圆状椭圆形，长5—10厘米，宽3.5—8厘米，先端短渐尖，基部圆形或宽楔形，全缘，上面深绿色，有光泽，下面苍绿色，沿中脉疏生短柔毛，侧脉9—14对，小脉横出，网脉显著；叶柄长约1厘米。核果单生，椭圆形，长12—14毫米，直径1.2厘米，熟时红褐色，光滑无毛，花柱与花被片宿存，果梗长6—10毫米。果期9月。

产镇康、景洪、勐海、勐养，生于海拔840—2700米山坡、林中。广东有分布。

种子繁殖。随采随播或育苗造林均可。

散孔材，管孔略小，数少，大小一致，分布均匀。生长轮不明显。边材浅黄褐色，心材栗褐微紫，心边材区别明显。端面有草绿色油污状斑痕。木射线数目中，略细至中。带状薄壁组织较多，明显。木材纹理斜，结构细面均匀，材质坚实硬重，干缩及强度大。可供房屋建筑、装修、家具等用材。

4.糙叶树属　Aphananthe Planch.

落叶乔木或灌木。叶互生，2列，有锯齿，基出脉3，侧脉直达叶缘；有柄；有托叶。雌雄同株，雄花密集为稠密的伞房花序，生于新枝基部，5基数；雌花单生在新枝上部叶腋，子房1室，胚珠1，花柱2。核果卵形或球形。

本属约有4种，产亚洲东部及大洋洲。我国有1种，1变种，产长江以南地区，云南均有。

1.糙叶树（中国高等植物图鉴）图351

Aphananthe aspera（Thunb.）Planch.（1873）

落叶乔木，高达25米。小枝褐色，有皮孔，被糙毛。叶纸质，卵形至狭卵形，长5—15厘米，宽2—6厘米，先端长渐尖，基部圆楔形，微不对称，边缘有锐锯齿，上面被糙毛，下面被短伏毛，基出脉3，侧脉多对，在下面突起；叶柄长5—10毫米。花小，花被片线状长圆形，背部有毛；雄蕊5枚。核果卵状球形，被短伏毛，成熟时黑色，直径7—10毫米；果梗长7—15毫米。花期5月，果期5—6月。

产富宁，生于海拔900米。分布于长江以南；日本也有。

种子繁殖。采集成熟果实后阴干去杂收藏于通风干燥处。育苗造林，播前浸种2—3天。

散孔材，管孔数最少，分布均匀。木材黄褐色，心边材区别不明显。木射线少。木材纹理直，结构细而均匀，材质干缩中，较硬重。可供家具、建筑、纺织、工农具柄等用材。茎皮纤维可作造纸原料。

图351　糙叶树和羽叶山黄麻

1—4.糙叶树 *Aphananthe aspera*（Thunb.）Planch.

1.花枝　2.叶（示毛被）　3.雄花　4.果实

5—8.羽叶山黄麻 *Trema laeoigata* Hand.-Mazz.

5.花枝　6.雄花　7.叶（示毛被）　8.果实

1a.柔毛糙叶树（变种）

var. pubescens C.J. Chen（1979）

产镇康、孟连、屏边、河口、西双版纳，生于海拔350—1320米林中。浙江、广西、江西、台湾有分布。

5.山黄麻属 Trema Lour.

常绿灌木或乔木。单叶，互生，基出脉3，有锯齿及短柄。雌雄同株或异株，花小，集成密生聚伞花序，4基数，偶有5基数；花被片镊合状；雄蕊直立，子房1室，花柱1，柱头2裂。果为小坚果，花被片及花柱宿存。

本属约有40种，产热带及亚热带地区。我国有5种，1变种，产华东、华南和西南地区。云南约有4种。

分 种 检 索 表

1.叶为羽状脉；花被在果时脱落 ………………………………………… 1.羽叶山黄麻T. levigata
1.叶为明显的基出三脉；花被在果时宿存。
　2.叶较大，长7—22厘米，宽（1）3—9厘米；果较大，直径3—5毫米 ………………………
　………………………………………………………………………… 2.山黄麻 T. orientalis
　2.叶较小，长3—5（7）厘米，宽0.8—1.4（2）厘米；果较小，直径2—2.5毫米………………
　…………………………………………………………………… 3.狭叶山黄麻T. angustifolia

1.羽叶山黄麻（中国高等植物图鉴补编）　光叶山黄麻（云南种子植物名录）图351　Trema laevigata Hand.–Mazz.（1929）

灌木或乔木，高3—10米。当年枝红褐色，密被白色伏毛，老枝灰色，无毛。叶纸质，卵状披针形或披针形，长1.6—12厘米，宽6—25毫米，先端渐尖或长渐尖，基部略偏斜，浅心形，边缘有细锯齿，上面深绿色，无毛，有时稍粗糙，下面淡绿色，侧脉4—7对，先端稍弯曲；叶柄长3—8毫米，被白色伏毛。聚伞花序腋生；花单性，雌雄同株；花被片5，雄蕊与花被片同数；子房无毛，柱头2，多少被毛。小核果近圆形或卵形，长1.5—2毫米，无毛，果梗长1.5—3毫米，被毛。花期4—5月，果期7—10月。

产昆明、禄劝、元谋、丽江、香格里拉、云县、凤庆、双柏、永宁、蒙自，生于海拔1000—3800米的草地或林中。湖北、四川、贵州均有分布。

种子繁殖，可育苗造林。

茎皮纤维可作人造棉和造纸原料；树皮可治水肿并用于接骨。又因生长繁殖快，萌发力强，可作荒山造林的先锋树种。

2.山黄麻（中国高等植物图鉴）银毛叶、山黄麻（植物各类学报）、麻蚊树、短命树（云南）、麻布树（台湾）图352

Trema orientalis（Linn.）Blume（1856）

Trema nitida C. J. Chen（1979）

小乔木，高4—6米。当年枝密被白色柔毛。叶卵形、卵状披针形或披针形，长6—18厘米，先端长渐尖，基部心形或近截形，常稍偏斜，基部三出脉显著，下部的一对达叶的中上部，侧脉5—7对，边缘有小锯齿，上面有短硬毛而且粗糙，下面密被银灰色或微带淡黄色柔毛。聚伞花序常成对腋生；花单性，雌雄同株，花被片5枚；雄蕊与花被片同数；子房无毛，柱头2，无柄，被毛。小核果卵形，长约3毫米，果梗长2—5毫米，花期3—4月，果期6—9月。

产芒市、双江、西畴、屏边、麻栗坡、景洪、蒙自、河口，生于海拔100—2200米的石灰岩山坡疏林或空旷山坡。湖南、广西、广东、福建、四川、贵州、台湾有分布；日本、印度、印度尼西亚和澳大利亚也有分布。

种子繁殖，育苗造林。

树皮含鞣质，可提栲胶；茎皮纤维素达93.45%，可作人造棉、绳索、造纸原料；种子榨油，可制皂和润滑油；根、叶药用，味涩性平，有收敛止血、散瘀、消肿之功效。

3.狭叶山黄麻（中国高等植物图鉴）麻柳树（云南）图352

Trema angustifolia（Planch.）Blume（1856）

Sponia angustifolia Planch.（1848）

灌木或小乔木，高约5米。当年枝红褐色，密被短硬毛，后渐脱落。叶卵状披针形或披针形，长2—13厘米，先端渐尖，基部圆形，近对称或微斜，三出脉，侧脉3—4对，边缘具整齐小锯齿，上面粗糙，密被乳头状突起，下面密被浅灰色柔毛；叶柄长3—8毫米，被短毛。花单性，雌雄异株，成腋生聚伞花序；花被片5，与雄蕊同数；子房无毛，柱头2，被毛。核果近球形或卵球形，长2.5—3毫米，果梗被柔毛。

产金屏、普洱、西双版纳，生于海拔760—1600米的山谷、路旁。广东、广西、江西有分布；越南、马来西亚、印度尼西亚均有分布。

种子繁殖，育苗造林。

树皮含纤维素27.26%，可作造纸和人造棉的原料。根、叶清凉、止血、止痛。

6.朴属 Celtis Linn.

落叶稀常绿乔木或灌木。树皮光滑或有时有木栓质的瘤状突起。冬芽小。叶互生，有柄，边缘有锯齿或全缘，基部不对称，具3—5基生脉，侧脉在边缘内弯曲。花两性或单性同株，雄花簇生于枝的下部，雌花单生于上部的叶腋；花被片4—6，离生或基部结合，覆瓦状排列；雄蕊与花被片同数，对生；子房无柄，1室，有倒垂的胚珠1，花柱2裂，外弯。

图352 狭叶山黄麻和山黄麻

1—3.狭叶山黄麻 *Trema angustifolia*（Planch.）Blume

1.果枝　2.子房及花柱　3.果实

4—6.山黄麻 *Trema orientalis*（Linn.）Blume　4.果枝　5.下部叶　6.果实

核果，外果皮肉质，内果皮坚硬，平滑或具皱纹；胚弯曲，具宽展折叠的子叶。

本属约有70余种，产北温带和热带地区。我国有10余种，产东北、华北、西北、华东、华中、华南和西南地区。云南约有8种。

分种检索表

1.顶生叶的托叶宿存至翌年；芽为裸芽，顶芽不早死 ························· **1.油朴 C. wightii**
1.托叶全部早落；芽有芽鳞，顶芽早死，在枝端萎缩成一小距状残迹，其下的腋芽替代而成顶芽。

  2.冬芽的内部芽鳞密被较长的柔毛。

    3.果3—6生于总梗上，成为小型的聚伞圆锥花序，成熟果的顶端有宿存的花柱基，木材有奇臭 ························· **2.假玉桂 C. cinnamomea**

    3.果1—2（少有3）生于总梗上，成熟果的顶端无宿存的花柱基；木材无奇臭。

      4.果较小，直径约5毫米，幼时被柔毛，总梗常短缩，很似2枚果梗双生于叶腋，总梗和果梗共长1—2厘米 ························· **3.紫弹朴 C. biondii**

      4.果较大，长15—17毫米，幼时无毛，单生于叶腋，果梗长（1）1.5—3.5厘米，粗壮 ························· **4.西川朴 C. vandervoetiana**

  2.冬芽的内部芽鳞无毛或仅被疏毛。

    5.成熟果黄色、橙黄色、黄褐色或红色；果梗较粗壮，短于或长于邻近的叶柄 ························· **5.四蕊朴 C. tetrandra**

    5.成熟果为蓝黑色至黑色；果梗长于邻近的叶柄2—3倍。

      6.果较大，直径10—13毫米，果梗长25—40毫米；叶边缘具整齐锯齿 ························· **6.樱果朴 C. cerasifera**

      6.果较小，直径6—8毫米，果梗长10—25毫米；叶边绿常在中部以上具不规则浅齿或一侧近全缘。

        7.果核表面有浅网孔状凹陷；叶常为卵形、卵状椭圆形或呈菱形，基部偏斜，一侧楔形，一侧近圆形 ························· **7.昆明朴 C. kunmingensis**

        7.果核表面平滑；叶狭卵形、长圆形、卵状椭圆形至卵形，基部微偏斜至不偏斜，宽楔形至近圆形 ························· **8.黑弹朴 C. bungeana**

1.油朴（中国高等植物图鉴）图353

Celtis wightii Planch.（1873）

常绿乔木，高达28米，直径达35厘米。树皮灰褐色。小枝棕黄色，具有瘤状皮孔。叶革质，长圆形，长12—16厘米，宽6—8厘米，先端突尖，基部楔形，略不对称，上面无毛，具乳突状小突起，下面不显著，基出脉3，上面凹陷，下面突起，侧脉多对，近边缘网结，细脉近横出；叶柄长1—2厘米。花序伞房状，长4—5厘米，无毛。核果椭圆形，长约1.5厘米，直径1.2厘米，干时棕褐色。果期10月。

产西双版纳地区，生于海拔680米的沟谷湿润密林中。印尼、老挝、越南有分布。

2.假玉桂（中国高等植物图鉴补编）图353

Celtis cinnamomea Lindl. ex Planch.（1848）

常绿乔木。小枝初时被有金褐色短毛，后渐脱落，且具有散生条形皮孔。幼叶被散生、金褐色短毛，沿脉尤密；老叶革质，卵状椭圆形至卵状长圆形，长5—12厘米，宽2.5—6厘米，先端渐尖至短尾尖，基部宽楔形至近圆形，略不对称，基部一对侧脉伸长，其他侧脉不显著，近全缘或中上部具浅钝齿；叶柄长3—6毫米。核果通常3—6生于总梗上，成小型聚伞圆锥果序，果易脱落，宽卵形，长8—9毫米，顶端残留有花柱基部而成短喙状，成熟时黄色、橙红色至红色。种子椭圆状球形，长约6毫米，乳白色，具4条明显的肋，表面为网孔状凹陷。花期1月，果期3月。

产景洪、西畴、富宁、麻栗坡，生于海拔500—1400米路旁、林缘。广东、广西、福建、贵州、西藏均产；印度、斯里兰卡、缅甸、越南、马来西亚、印度尼西亚也有分布。

3.紫弹树（黄山观察记）糯米树、粗壳榔（四川）图354

Celtis biondii Pamp.（1910）

乔木，高达14米。树皮灰色，不开裂。幼枝具淡褐色茸毛，后渐脱落。叶宽卵圆形至椭圆形卵状，长3—6厘米，宽2—4厘米，先端渐尖，基部偏斜，宽楔形或近圆形，边缘中部以上有钝锯齿，稀全缘，上面暗黄绿色，幼时常被柔毛，脉腋尤密，老时脱落，下面苍白色，无毛或沿主脉有毛；叶柄长约5毫米，有毛。核果1—3簇生，球形，直径5—7毫米，橙黄色；果梗比叶柄长。种子具凹孔或有棱脊。花期2月，果期4月。

产昆明、罗平、禄劝、开远、金屏、西畴、砚山、广南、富宁、麻栗坡，生于海拔1000—1600米的山坡疏林中。我国长江流域南北各省（区）均有分布。

营林技术、材性与四蕊朴略同。

枝条纤维质量较次，但可作造纸、人造棉的原料。种子可榨油，含油量40%，可制皂。全株可药用，味甘性寒，有清热解毒、祛痰、利尿之功效，治疮毒溃烂、乳痈肿毒、腰骨酸疼、麻疹等。

4.西川朴（中国高等植物图鉴）图354

Celtis vandervoetiana Schneid. in Sarg.（1916）

落叶乔木，高达10米。树皮白色；当年枝无毛，灰黑色带有褐色斑点。叶革质，卵状椭圆形或卵形，长7—15厘米，宽4—8厘米，先端长渐尖，基部微偏斜，边缘2/3以上有锯齿，两面无毛，侧脉3—4对，在下面隆起，小脉显著，近横出，脉腋有疏毛，余无毛；叶柄长8—25毫米，无毛。核果单生，卵状椭圆形，长1—1.6厘米，橙黄色，无毛，果梗长1.7—4厘米，无毛。果核有凹陷网纹。果期8月。

产金屏、丽江，生于海拔1000—2000米山坡疏林中。浙江、湖北、湖南、广东、广西、江西、福建、四川、贵州均有分布。

营林技术、材性与四蕊朴略同。

茎皮纤维可作制绳、造纸的原料。种子可榨油，作制皂和润滑油用。

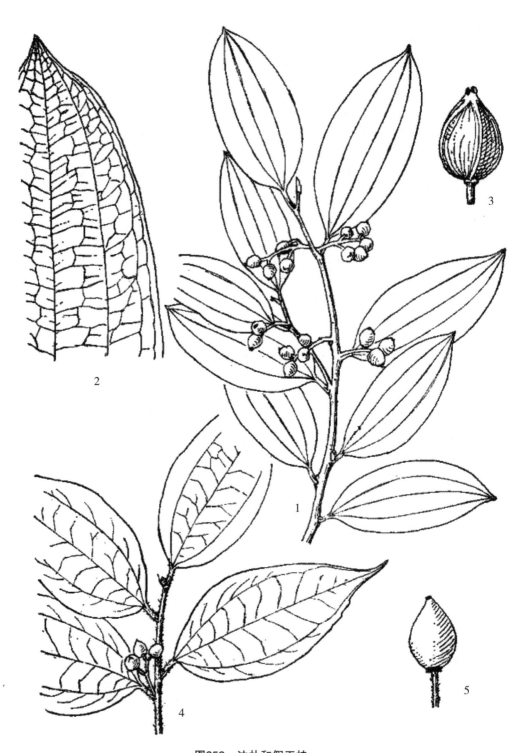

图353 油朴和假玉桂

1—3.油朴 *Celtis wightii* Planch. 1.果枝 2.叶（放大示叶脉） 3.核果

4—5.假玉桂 *Celtis cinnamomea* Lindl. ex Planch. 4.果枝 5.核果

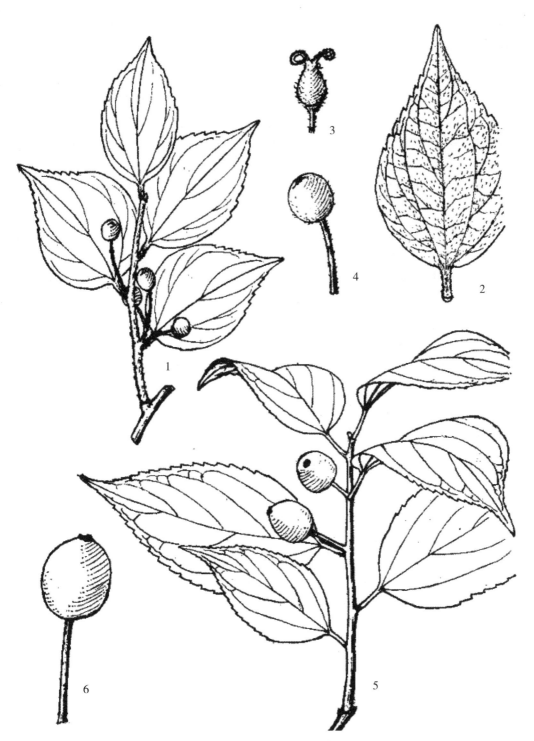

图354 紫弹树和西川朴

1—4.紫弹树 *Celtis biondii* Pamp. 1.果枝 2.幼叶示毛被 3.子房与花柱 4.核果

5—6.西川朴 *Celtis vandervoeliana* Schneid. 5.果枝 6.核果

5.四蕊朴（中国高等植物图鉴补编）　滇朴（云南种子植物名录）、沙糖蒿（文山）图355

Celtis tetrandra Roxb.（1832）

乔木。小枝初时密被黄褐色短柔毛，后渐脱落；冬芽芽鳞无毛。叶通常卵状椭圆形，长5—12厘米，宽3—5.5厘米，基部多偏斜，先端渐尖至尾状渐尖，边缘具钝齿或全缘，幼时，下面密生黄褐色短柔毛，老时脱落。花被片4；雄蕊与花被片同数；子房椭圆形，花柱2裂，外折。果梗常2—3（少有单生）生于叶腋，其中1枚果梗（实为总梗），常有2果（偶有多至4果），其余的具1果，无毛或被短柔毛，长7—17毫米；果成熟后黄色至橙黄色，近球形，直径约8毫米。种子近球形，直径约5毫米，具4肋，表面有网状凹陷。花期12月至翌年1月，果期3—4月。

产昆明、会泽、弥勒、大理、宾川、禄劝、丽江、鹤庆、西双版纳、红河、河口，生于海拔120—2700米的沟谷林中或山坡灌丛中。广西、四川、西藏均产；尼泊尔、不丹、缅甸、越南也有分布。

种子繁殖。采集成熟果实去杂阴干后收藏。播前浸种3—4天。条播。一年生苗可上山造林。

环孔材，早材管孔中至略大，晚材管孔小。木材浅黄色，心边材区别不明显。生长轮明显。木射线少。木材纹理略斜，结构略细而不均匀，干缩及强度小至中，不耐腐。可供建筑、车船、砧板、鞋楦、家具等用。茎皮纤维素含量高达50.7%，可供制绳索、编织麻袋及造纸等用。种子可榨油，作制皂和润滑油。

6.樱果朴　（中国高等植物图鉴补编）大黑果朴（云南种子植物名录）图355

Celtis cerasifera Schncid.（1916）

落叶乔木，高达12米。树皮粗糙。小枝淡褐色，无毛，冬芽芽鳞无毛。叶卵形至卵状椭圆形，长5—12厘米，宽2.5—6厘米，基部近圆形，稍偏斜，先端长渐尖至短尾尖，边缘具整齐锯齿，上面无毛或仅下面脉腋间有少量柔毛，侧脉3—4对，网脉显著；叶柄长5—10（15）毫米。核果通常单生，稀2—3生于极短的总梗上，果梗纤细，长2.5—4厘米；果近球形，直径10—13毫米，成熟时为蓝黑色。种子近球形，直径约9毫米，具4肋，表面有浅网状凹陷，果桃9月。

产嵩明、沾益、维西、丽江、砚山、屏边、麻栗坡、腾冲，生于海拔1200—2400米的常绿阔叶或沟谷杂木林中。陕西、浙江、湖南、湖北、广西、江西、四川、贵州以及西藏东南部均有分布。

营林技术、材性及经济用途与四蕊朴略同。

7.昆明朴　图356

Celtis kunmingensis Cheng et Hong（1967）

落叶乔木，高约10米。小枝棕褐色，无毛。叶常为卵形，卵状椭圆形，长4—11厘米，宽3—6厘米，先端急尖或近尾尖，基部偏斜，一侧近圆形，一侧楔形，边缘具明显或不明显锯齿，无毛或仅下面基部脉腋有毛；叶柄长6—16毫米。花被片4—5，离生，基部有簇毛；雄蕊与花被片同数；子房椭圆形，花柱2裂，外折。果通常单生，近球形，直径约8毫米，熟时蓝黑色，果梗长15—22毫米。种子具4肋，表面有浅网孔状凹陷。花期2—3，果期8月。

产昆明、嵩明、易门、双柏、凤庆、永仁，生于海拔1600—2500米杂木林中。

营林技术、材性及经济用途与四蕊朴略同。

8.黑弹朴（陕西）　小叶朴（云南种子植物名录）图356

Celtis bungeana Bl.（1856）

乔木，高达15米。树皮淡灰色，平滑。小枝褐色，无毛，有光泽。叶卵形或卵状披针形，长3—8厘米，宽2—4厘米，先端渐尖，基部偏斜或近圆形，边缘中部以上有锯齿，偶有全缘，上面深绿色，无毛，背面淡绿色，无毛，或仅幼时疏生柔毛；叶柄长5—10毫米；无毛；托叶线形，早落。核果近球形，直径7—8毫米，成熟时紫黑色，果梗细弱，长10—25毫米。种子球形，平滑，稀有不明显网纹。花期4月，果期9月。

产昆明、会泽、永宁、楚雄、大姚、弥勒、下关、广南、大理、丽江、永胜、剑川、维西，生于海拔1500—2600米的山坡或平原。辽宁、河北、河南、山东、陕西、甘肃以及长江流域各省均有分布。

营林技术、材性与四蕊朴路同。

枝条韧皮纤维坚韧，可代麻用，或为纸浆及人造棉的原料。入药，治支气管哮喘及慢性支气管炎。

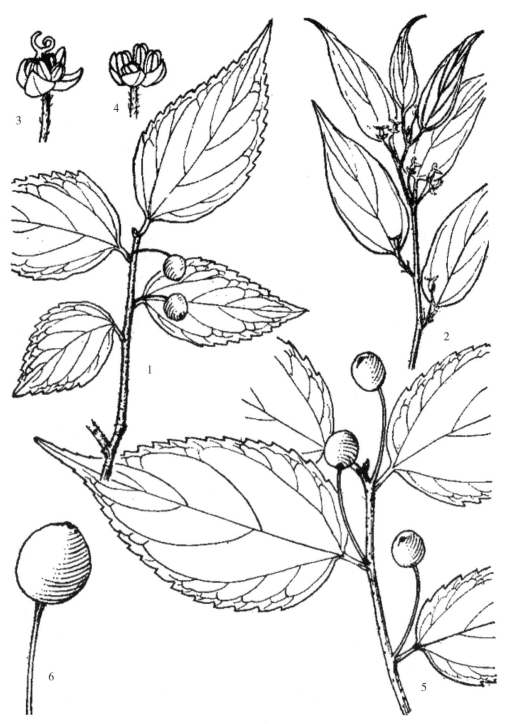

图355 四蕊朴和樱果朴

1—4.四蕊朴 *Celtis tetrandra* Roxb. 1.果枝 2.花枝 3.两性花 4.雄花

5—6.樱果朴 *Celtis cerasifera* Schneid. 5.果枝 6.核果

图356　昆明朴和黑弹朴

1—5.昆明朴 *Celtis kunmingensis* Cheng et Hong
1.果枝　2.花枝　3.雄花　4.两性花　5.核果
6—7.黑弹朴 *Celtis bungeana* Bl.　6.果枝　7.核果

171.冬青科 AQUIFOLIACEAE

常绿或落叶，乔木或灌木。单叶互生，稀对生；具叶柄或无柄；托叶早落或很小；叶痕通常明显。花小，辐射对称，单性，稀两性或杂性，雌雄异株，呈腋生或腋外生的聚伞花序、伞形花序或簇生，稀单生；花萼4—6（8）裂，裂片宿存；花瓣4—6（8），分离或基部连合；雄蕊与花瓣同数，并与花瓣互生，花丝粗而短，花药2室，内向（在雌花中形成假雄蕊，有时花瓣状），纵裂；无花盘；子房上位，2至多室，每室有胚珠1—2，几无花柱，柱头头状或盘状或4—5浅裂；胚珠倒生或悬垂，稀直生（雄花中有退化雌蕊）。果为核果，果皮通常肉质，具4分核，稀1或更多，分核通常为三棱状椭圆形。种子具丰富的胚乳，胚小。

本科2属400—500种，分布于热带及温带地区，主产中南美洲。我国有1属约120种，主产华东、华南及西南等地区。云南有1属82种24变种2变型。本志记载1属70种，5变种，2变型。

冬青属 Ilex Linn.

常绿或落叶乔木或灌木，单叶互生，有锯齿、刺齿或全缘。花雌雄异株，有时杂性；花序腋生，聚伞花序、假伞形花序或簇生，稀单生；花通常4—5数，稀6—7数，花萼深裂，宿存；花瓣通常基部连合，稀完全分离；雄蕊互生于花瓣基部；子房球形，稀椭圆形，成熟时红色或黑紫色，柱头盘形、头形、脐形或鸡冠形。有分核1—8，分核背部具棱沟或有棱无沟或无棱沟或具纹孔，内果皮革质、木质或石质。

本属种数及分布见科。

分 组 检 索 表

1.落叶乔木或灌木，小枝常具长枝和短枝，当年枝上皮孔明显；叶膜质、纸质，稀薄革质，边缘通常具锯齿，稀全缘；雄花序单生（Ⅰ.薄叶冬青亚属Subg. Prinos）。

  2.果成熟后红色，分核平滑，内果皮革质，稀木质。

    3.小枝具短枝；柱头头形或鸡冠状，花柱明显；分核6—13，具棱，内果皮木质 …………………………………………………………… 1.假落叶冬青组Sect. Pseudoprinos

    3.小枝不具短枝；柱头盘形，无花柱；分核4—8，无棱，内果皮革质 …………………………………………………………………… 2.小果冬青组 Sect. Micrococca

  2.果成熟后黑色；分核多皱，具棱和沟，内果皮石质 …… 3.似落叶冬青组 Sect. Prinoides

1.常绿乔木或灌木，全部为长枝，当年枝无皮孔；叶革质至厚革质，稀纸质；花序单生或簇生（Ⅱ.冬青亚属Suhg. Euilex Lces.）。

4.雌花序单生叶腋。

  5.雄花序单生于当年枝叶腋；分核背部具单沟或3棱2沟 ························
    ·· **4.单序冬青组 Sect. Lioptinus**

  5.雄花序簇生于二年枝叶腋，稀单生当年枝叶腋；分核光滑或具棱而无沟或微粗糙 ···
    ··· **5.矮冬青组 Sect. Paltoria**

4.雌花序和雄花序皆簇生于二年枝或老枝叶腋，内果皮革质、木质或硬。

  6.雌花序分枝为单花；果具分核4，稀更少，内果皮木质或硬 ·····················
    ······································ **6.刺齿冬青组 Sect. Aquifolium**

  6.雌花序分枝为聚伞花序、伞形花序或单花。

    7.簇生花序为三歧复聚伞花序或假伞形花序所组成，每分枝有花10或更多；叶长
      10—20厘米，宽4—7厘米 ········· **7.厚叶冬青组Sect. Lauroilex**

    7.簇生花序每分枝有花1—3，稀为5花；叶长度不足10厘米，宽3.5厘米 ··········
      ······························· **8.假刺齿冬青组 Sect. Pseudoaquifolium**

1.假 落 叶 冬 青 组

Section Ⅰ. Pseudoprinos S. Y. Hu

  小乔木或灌木。小枝具长枝和短枝，皮孔明显。叶薄纸质至纸质，具锯齿。花序簇生或单生，花6—16数，柱头头形或鸡冠形。分核6—13，具棱。

分 变 型 检 索 表

1.叶无毛 ··································· **1.薄叶冬青 I. fragilis**
1.叶被柔毛 ····························· **1a.毛薄叶冬青 I. fragilis f. kingii**

2.小 果 冬 青 组

Section Ⅱ. Micrococca（Loes.）S. Y. Hu

  高大乔木。当年分枝皮孔显著。叶膜质至纸质，具锯齿。花序为三歧聚伞花序或假伞形花序。分核4—8，内果皮革质。

分 种 检 索 表

1.花序为复三歧聚伞花序，二级轴较果梗长，叶侧脉6—10对；果径约3毫米 ················
    ························ **2a.毛梗细果冬青 I. micrococca f. pilosa**

1.花序为假伞形花序，二级轴一般缺，当出现时较果柄短；叶具侧脉11—20对；果径4—5毫米 ·································· **3.多脉冬青 I. polyneura**

3.似 落 叶 冬 青 组

Section Ⅲ. Prinoides（DC.）Gray

落叶乔木或灌木。叶膜质至纸质或近革质。果成熟后黑色，分核4—9，具皱纹、棱沟或具2沟3棱，内果皮硬。

分 种 检 索 表

1.不育子房圆形，中央微凹；果直径10—14毫米，分核7—9；柱头无毛 ……………………
……………………………………………………………………… 4.大果冬青 I. macrocarpa

1.不育子房圆锥形，先端喙状，果直径15—20毫米，分核6—7；柱头被毛 ……………………
………………………………………………………………………5.沙坝冬青 I. chapaensis

4.单 序 冬 青 组

Section Ⅳ. Lioprinus（Loes.）S. Y. Hu
常绿乔木或灌木。花序单生于二年枝叶腋。

分 种 检 索 表

1.花序聚伞形；叶具锯齿、圆齿，稀为全缘；果核背部具单沟（1.聚伞冬青系Series
　1.Chineneses）。

　2.叶全缘或为波状的疏浅锯齿，薄革质或纸质；分核背部具1宽沟，断面呈"U"形。

　　3.分枝被黄色柔毛；花序梗和花梗被柔毛；叶椭圆形，长8—12厘米，宽2.5—4厘米，
　　　下面中脉上密被黄色绒毛 ………………………… 6.红河冬青 I. manneiensis

　　3.分枝无毛；花序梗和花梗无毛。

　　　4.叶全缘，长圆状椭圆形，稀长圆形或椭圆形，长10—16厘米，宽4—6厘米，上面中
　　　　脉被微柔毛 …………………………………………7.楠叶冬青 I. machilifolia

　　　4.叶具波状疏浅锯齿，椭圆形至倒卵状椭圆形，长15—18厘米，宽5—7厘米，上面中
　　　　脉无毛 ……………………………………8.假楠叶冬青I. pseudomachilifolia

　2.叶具圆齿、锯齿或圆齿状锯齿，革质或近革质（I. xylosmaefolia为纸质）；分核背部具1
　　深沟或无棱沟。

　　5.分枝被毛。

　　　6.叶缘具细锯齿或近全缘；花梗被毛。

　　　　7.灌木；叶长圆状披针形，长9—12厘米，宽3—4厘米，下面近无毛；柱头头形 …
　　　　…………………………………………………… 9.瑞丽冬青 I. shweliensis

　　　　7.乔木；叶椭圆形至卵状长圆形，长14—20厘米，宽5.5—8厘米，下面被卷曲毛；
　　　　　柱头盘形 ……………………………………………10.阔叶冬青 I. latifrons

　　　6.叶缘为疏离圆齿状锯齿或疏锯齿。

　　　　8.叶缘为疏离圆齿状锯齿。

　　　　　9.叶革质，卵形至卵状椭圆形，长2—7厘米，宽1.5—3.5厘米，两面中脉上被锈

色柔毛；花梗被长柔毛 ························· 11.锈毛冬青 I. ferruginea

 9.叶纸质，椭圆状披针形至长圆状披针形，长7—9厘米，宽2—3.2厘米，上面中
  脉被黄色短绒毛；花梗被黄色紧贴短绒毛 ········ 12.柞叶冬青 I. xylosmaefolia

 8.叶缘为疏锯齿，椭圆形，长9—11厘米，宽4—5厘米，上面中脉被细微柔毛；花
  梗被微柔毛；柱头薄盘形；核背具1深沟，断面呈"V"形··············
  ···················· 13.密花冬青 I. congesta

5.分枝无毛，叶革质，边缘具圆齿状锯齿，稀全缘、具锯齿或圆齿；柱头厚盘形。

 10.分核背部光滑，无棱沟；叶缘具圆齿状锯齿，有时全缘；顶芽大。

  11.顶芽长8—12毫米；叶椭圆形，长12—16厘米，宽4—6厘米；花梗较叶柄为短。

   12.叶下面中脉上密被黄色绒毛 ············· 14.黑果冬青 I. atrata

   12.叶下面中脉上无毛 ············· 14a.无毛黑果冬青 I. atrata var. glabra

  11.顶芽长5—6毫米；叶卵形、椭圆形至披针形，长5—10厘米，宽2.5—4厘米；花
   梗较叶柄长 ·················· 15.香冬青 I. suaveolens

 10.分核背部具宽而深的单沟；叶缘具圆齿，稀具锯齿，顶芽小。

  13.花序梗及花梗无毛 ·················· 16.冬青 I. purpurea

  13.花序梗及花梗被微柔毛 ·········· 16a.有毛冬青 I. purpurea var. pubigera

1.花序通常为伞形，稀聚伞形；叶全缘；果核背部具3棱2沟（2.伞形冬青系 Series 2. Umbelliformes）。

 14.分核光滑或具3浅棱而无沟。

  15.分枝、叶下面及中脉上无毛 ············· 17.高冬青 I. excelsa

  15.分枝、叶下面及中脉上被微柔毛 ········ 17a.毛背高冬青 I. excelsa var. hypotricha

 14.分核具3棱2沟，稀具2棱1沟。

  16.雄花序为聚伞花序状，花梗长3—13毫米；果椭圆形或近球形，分核4—6（7）；
   花萼裂片边缘啮蚀状。

   17.花梗无毛；果径6—8毫米，柱头盘形 ············· 18.铁冬青 I. rotunda

   17.花梗被微柔毛；果径约5毫米，柱头头形或厚盘形 ··············
   ···················· 18a.微果铁冬青 I. rotunda var. microcarpa

  16.雄花序为伞形；花梗长10—20毫米；果凹陷球形，分核6—10；花萼裂片边缘具缘
   毛。

   18.分枝疏被微柔毛；花序梗和花梗密被短柔毛；果径约4毫米 ··············
   ···················· 19.伞花冬青 I. godajam

   18.分枝光滑无毛；花序梗和花梗疏被微柔毛；果径约6毫米 ··············
   ···················· 20.多核冬青 I. umbellulata

5.矮 冬 青 组

Section Ⅴ. Paltoria（Ruiz & Pavon）Maxim.

灌木。叶革质或近革质，具锯齿或圆齿，稀全缘，下面有腺点或无。花序簇生叶腋，雌花序通常单花，稀3花。果具分核4，稀5—6，光滑，稀背部具皱纹或有棱无沟，内果皮革质。

分 种 检 索 表

1.叶具点；分核4，宽约4毫米，具棱，通常棱具雕纹（1.点叶冬青系Series 1.Srigmatophorae）。

  2.果单生；顶芽发育，小；叶缘为圆齿状锯齿，叶卵状椭圆形、卵形、卵状长圆形，两面无毛；分核背部具棱纹；柱头厚盘形 ……………… 21.四川冬青 I. szechuanensis

  2.果通常3，呈聚伞状；顶芽不发育或缺；叶缘浅锯齿，叶椭圆形、长圆形，稀卵状椭圆形，幼时两面密被微柔毛；分核背部具3棱而无沟；柱头头形 …………………………

    …………………………………………………………………… 22.三花冬青 I. triflora

1.叶不具点；分核4或5—6，宽约3毫米，无棱或具1棱（2.小叶冬青系 Series 2.Cassinoides）叶小，长2—3.5厘米，宽1—2厘米；幼枝密被长柔毛 ……… 23.云南冬青 I. yunnanensis

6.刺 齿 冬 青 组

Section Ⅵ. Aquifolium Gray

常绿乔木或灌木。花序簇生于二年以上的老枝叶腋。果具分核4，通常小，背部具棱和沟或多皱或具纹孔。

分 种 检 索 表

1.叶具刺或全缘，先端具1刺。

  2.果具分核4，石质，具皱纹和纹孔（1.枸骨系Series 1. Aquifolioides）叶厚革质，呈长圆状四方形，每侧具1—3硬刺，长3—8厘米，宽2—4厘米 ………………24.枸骨 I. cornuta

  2.果具分核2，木质，具掌状棱（2.刺齿枸骨系Series 2. Dipyrenae）。

    3.乔木；叶长4—10厘米，常全缘，叶柄长4—6毫米 ………… 25.双核枸骨 I. dipyrena

    3.灌木或小乔木；叶长2—4（6）厘米，叶柄长不超过3毫米。

      4.叶披针形、卵状披针形至卵形，先端渐尖，基部圆形或心形，边缘具2—3对或不对称的刺齿；果倒卵状球形，径3—5毫米……………………26.长叶枸骨 I. georgei

      4.叶椭圆形、卵状椭圆形或菱形，稀卵形，先端渐尖、短渐尖至急尖或三角形急尖，基部楔形或钝。

        5.叶缘每侧具4—6刺齿；分核及果梗被毛 ………………27. 纤齿枸骨 I. ciliospinosa

    5.叶缘每侧具3—4强壮锐刺，分核及果梗无毛或近无毛 ······················
·· **28.刺叶冬青 I. bioritsensis**
1.叶全缘，具锯齿或圆齿，不具刺。
  6.分核具不整齐的皱纹和纹孔；果径8—12毫米；柱头脐状，稀盘形（3.齿叶冬青系 Series
    3.Denticulatae）。
    7.叶大，通常长在10厘米以上，长圆形、长圆状椭圆形至椭圆形；分枝十分粗壮。
      8.叶长不超过20厘米，两面无毛，侧脉12—15对；雄花花萼盘形或壳斗形。
        9.分枝、花梗被细小微柔毛，花序簇生或为假总状花序，序轴长不足1厘米；雄花
          花萼盘形，雄蕊比花瓣短 ······················ **29.扣树 I. kaushue**
        9.分枝、花梗完全无毛，花序为假伞形花序，几无梗；雄花花萼壳斗形，雄蕊与花
          瓣等长 ································ **30.宽叶冬青 I. latifolia**
      8.叶长（20）30—36厘米，宽8—13厘米，下面被极密而短的微毡毛和稀疏短柔毛；
        雄花花萼杯形 ······························· **31.巨叶冬青 I. perlata**
    7.叶小，长不超过10厘米，倒卵状长圆形，长圆状倒披针形、卵状椭圆形；分枝较细。
      10.果卵状球形，密被微柔毛；柱头盘形；顶芽密被微柔毛；叶倒卵状长圆形至长圆
        状披针形，侧脉9—10对 ················ **32.毛果冬青 I. trichocarpa**
      10.果球形，光滑无毛；柱头脐形，凹陷；顶芽无毛；叶卵状椭圆形至椭圆状长圆
        形，侧脉6—9对 ····················· **33.细齿冬青 I. denticulata**
  6.分核具掌状棱和沟，果径4—6毫米；柱头盘形、头形，稀脐状。
    11.叶纸质或近革质，干后黑色，侧脉在上面下陷；果梗长4—7毫米（4.凹脉冬青系
    Series 4. Hookrianae）。
      12.分枝不具疣或稍具疣状突起；叶长7—25厘米。
        13.分枝灰色，十分粗壮；叶痕凸起；叶革质至厚革质；顶芽长1—2厘米。
          14.顶芽无毛，芽鳞边缘具细锯齿；花序簇生，果径约6毫米；叶长椭圆形、倒披
            针状长圆形或长圆形 ············· **34.贡山冬青 I. hookeri**
          14.顶芽被微柔毛，芽鳞具缘毛；花序为假圆锥状或假总状；果径4—4.5毫米；
            叶形不同前者。
            15.叶卵形至卵状长圆形，稀倒卵形，长7—9厘米，宽4—5.5厘米，侧脉17—
              18对 ······························· **35.毛核冬青 I. liana**
            15.叶椭圆形、倒卵状椭圆形至倒披针形，长13—20厘米，宽3—6.2厘米，侧
              脉12—14对 ······· **36.红果锡金冬青 I. sikkimensis var. coccinea**
        13.分枝褐色或变黑色，不十分粗壮；叶痕平或微凸；叶近革质或纸质；顶芽长1厘
          米以下。
          16.分枝光滑无毛；花序簇生，雄花序几乎无梗；果梗无毛 ··················
            ··**37.康定冬青 I. franchetiana**
          16.分枝被黑色硬毛，稀无毛；花序为假圆锥状，雄花序具花梗；果梗被细微柔

毛 ···38.黑毛冬青 I. melanotricha

12.分枝具小疣；叶长1—5厘米，稀达8厘米。

  17.叶倒披针状椭圆形、椭圆状披针形，长椭圆形至线状披针形，长4—5厘米，宽
1.2—2.5厘米 ···39.陷脉冬青 I. delavayi

  17.叶宽椭圆形、宽倒卵形至宽倒卵状椭圆形，长不超过2厘米，长0.7—1.4厘米，宽
0.6—1厘米···40.小圆叶冬青 I. nothofagifolia

11.叶厚革质、革质，稀近革质，侧脉在上面不陷或平；果梗长2—4毫米（5.波缘冬青
系Series 5. Repandae）。

  18.小枝被微柔毛或短柔毛；顶芽被毛。

    19.叶长圆形、长圆状椭圆形，披针形至椭圆形。

      20.叶革质；柱头厚盘形。

        21.叶长5—9厘米，宽2—3厘米；果椭圆形，长5—6毫米，径4—5毫米 ······
···41.突脉冬青 I. subrugosa

        21.叶长3—6厘米，宽1.3—2厘米；果球形，径约4毫米 ······················
···42.凤庆冬青 I. fengqingensis

      20.叶纸质或薄革质；柱头薄盘形或盘形或脐形。

        22.叶先端突然收缩渐尖，叶柄长10豪米以上 ······························
···43.纸叶冬青 I. chartophylla

        22.叶先端长渐尖至镰状渐尖，叶柄长不超过10毫米。

          23.叶全缘或具不明显的小圆齿；雄花序簇生，雄蕊较花瓣稍长，不育子房
顶端成小喙状 ·····································44.灰叶冬青 I. tephrophylla

          23.叶缘为浅波状齿；雄花序假圆锥状，雄蕊较花瓣短，不育子房顶端钝
··45.云中冬青 I. nubicola

    19.叶卵形、倒卵形、卵状椭圆形至卵状披针形，边缘具圆齿状锯齿 ··············
···46.珊瑚冬青 I. corallina

  18.小枝无毛；顶芽无毛。

    24.乔木。

      25.老枝具明显的皮孔。

        26.叶上面具铜色光泽，果无小疣，果梗长1—2毫米，无毛 ··················
···47.铜光冬青 I. cupreonitens

        26.叶上面不具铜色光泽；果具小疣，果梗长5—7毫米，被微柔毛 ············
···48.峨边冬青 I. chieniana

      25.老枝无皮孔。

        27.叶厚革质；雄花序假圆锥状或簇生。

          28.分枝较粗壮；果梗被毛；柱头脐状盘形；叶先端渐尖至长渐尖 ··············
···49.微香冬青 I. subodorata

28.分枝较纤细；果梗无毛；柱头盘形；叶先端尾尖至长渐尖 …………………
……………………………………… 50.厚叶冬青 I. intermedia var. fangii
27.叶纸质或革质；雄花序簇生。
　29.果椭圆形，长9毫米，径约6毫米 ……………… 5. 细脉冬青 I. venosa
　29.果球形或近球形，径4—6毫米。
　　30.小枝无毛，顶芽芽鳞无缘毛。
　　　31.叶柄长8毫米以上。
　　　　32.柱头薄盘形至脐形；叶柄长10—12毫米。
　　　　　33.叶先端长渐尖至尾尖，基部楔形至钝，边缘具锯齿；果径7毫米
　　　　　…………………………………………… 52.假香冬青 I. wattii
　　　　　33.叶先端突然尾尖，基部圆形或钝，边缘具浅圆齿状锯齿；果径
　　　　　5—7毫米 …………………………53.榕叶冬青 I. ficoidea
　　　　32.柱头厚盘形；叶柄长8—10毫米，叶先端尾状渐尖，边缘具极浅细
　　　　　锯齿；果径4—6毫米 …………… 54.麻栗坡冬青 I. marlipoensis
　　　31.叶柄长不过8毫米。
　　　　34.柱头小盘形；叶仅生于一年生枝上，叶长7—11厘米，宽2.5—4厘
　　　　　米；雄花直径10毫米 …………… 55.景东冬青 I. gingtunensis
　　　　34.柱头大厚盘形；叶生于二年生枝上，叶长4—8毫米，宽2—3毫
　　　　　米；雄花直径4—5毫米 ………… 56.广南冬青 I. kwangnanensis
　　30.小枝被微柔毛，顶芽芽鳞具缘毛；叶先端镰状长渐尖，基部楔形；果
　　　径6毫米，柱头薄盘形 ………………………… 57.弯尾冬青 I. cyrtura
24.小乔木或灌木。
　35.叶厚革质，下面不具点，叶柄长5—9毫米，纤细，绿色；花序梗不膨大，雄
　　花雄蕊与花瓣等长 ………………………… 58.台湾冬青 I. formosana
　35.叶革质，下面具点，叶柄长12—15毫米，粗壮，紫色至黑紫色；花序梗十分
　　膨大，雄花雄蕊比花瓣短 ………… 59.点叶冬青 I. punctatilimba

7.厚 叶 冬 青 组

Section Ⅶ. Lauroilex S. Y. Hu
常绿乔木；分枝无毛。叶厚革质，全缘；花序簇生或假圆锥状。果小，球形，直径约4
毫米；分核5—7，背部具3棱无沟，内果皮革质 ……………… 60.微脉冬青 I. venulosa

8.假刺齿冬青组

Section Ⅷ. Pseudoaquifolium S. Y. Hu

乔木或灌木。叶全缘，稀具圆齿状锯齿。花序簇生，花6—8数，稀4数。果核具棱，有沟或无沟，内果皮革质，稀木质。

分 种 检 索 表

1.内果皮木质，分核背部具3棱2沟，棱和内果皮黏合；小枝纤细，具棱（1.纤枝冬青系 Series 1. Prinifoliae）···61.海南冬青 I. hainanensis

1.内果皮革质，分核光滑或具棱而无沟，棱与内果皮容易分离；小枝圆柱形。

  2.果梗长8—20毫米，长于果直径，果簇生或为假总状。

    3.果径5—8毫米，稀4毫米；柱头圆柱状或头状，花柱常较明显（2.全缘冬青系 Series 2. Sidroxyloidea）。

      4.小乔木或灌木；柱头柱状、分核背部具4—5棱而无沟；叶披针形至倒披针形，长3—5.5厘米 ·····························62.河滩冬青 I. metabaptista

      4.常绿乔木；柱头乳头状；分核背部具3棱2沟。

        5.叶先端渐尖至长渐尖，侧脉10—14对；果径4—5毫米 ········ 63.华冬青 I. sinica

        5.叶先端短渐尖；侧脉9—10对；果径5—6.5毫米··········· 64.乳头冬青 I. mamillata

    3.果径3—4毫米；柱头薄盘形，无花柱。

      6.叶全缘，先端通常尾尖；分核4，稀5（3.长尾冬青系 Series 3.Longecaudatae）。

        7.叶长圆状椭圆形至椭圆形或卵状长圆形，下面具点，先端尾尖长10—20毫米 ···65.长尾冬青 I. longecaudata

        7.叶卵形、椭圆形至倒卵状椭圆形，下面无点，先端突然尾尖或尾状渐尖，尖长6—15毫米 ·····························66.江南冬青 I. wilsonii

      6.叶缘具锯齿，细圆齿或近全缘，分核6—7（4.小果冬青系 Series 4.Microdontae）。

        8.叶生于二年生枝上，叶柄长5—12毫米；雌花序为假圆锥状；分核5—7，背部具掌纹或无棱沟；叶革质，全缘或仅在上部具圆齿或锯齿 ···67.滇西冬青 I. forrestii

        8.叶仅生于一年生枝上，叶柄长10—22毫米；雌花序簇生；分核4，背部具4—5棱，无沟；叶纸质至薄革质，边缘具锯齿 ················· 68.茎花冬青 I. cauliflora

  2.果梗长1—3毫米，短于果直径，果常成对（5.微缺冬青系 Series 5.Hanceanae）。

    9.叶薄革质，长1.5—2.8厘米，宽1—1.5厘米，中脉在顶端呈三角状尖突，两侧各具1（2）个小齿 ·····························69.双齿冬青 I. bidens

    9.叶厚革质，长1.2—1.8厘米，宽0.6—1.2厘米，中脉在顶端不呈尖突，两侧无小齿 ···70.矮黄杨冬青 I. chamaebuxus

1.薄叶冬青　绿皮子（禄劝）图357

Ilex fragilis Hook. f.（1875）

落叶小乔木或大灌木，高3—5米。枝栗褐色，有长枝和短枝，皮孔白色，显著；顶芽卵形，芽鳞具缘毛。叶互生于长枝上，簇生于短枝顶端，膜质或纸质，两面无光泽，无毛，椭圆形至卵形，先端渐尖，基部圆形或钝，沿叶柄下延，边缘有锯齿，长6.8—8厘米，宽2.5—4.5厘米，侧脉8—9对；叶柄长5—15毫米，无毛；托叶小。雄花呈聚伞花序，1至数花或单花生于叶腋，基部具鳞片，花梗长3—5毫米，无毛，花黄绿色，6—8数，花萼小盘形；深裂，具缘毛，花瓣长圆形，长2—2.5毫米，基部连合，稍具缘毛，雄蕊为花瓣长的1/2，不育子房垫状，中央凹陷；雌花单花生于叶腋，花6—16基数，花梗长2—3毫米，花萼小盘形，深裂，具缘毛，花瓣与雄花同，退化雄蕊为花瓣长的1/3，花药心形，子房垫状，花柱明显，长1.5毫米，柱头头形或扩大呈鸡冠形。果梗长5毫米，果近球形，直径5—6毫米；宿存花萼平展，柱头头状或鸡冠状，具分核6—13；分核椭圆形，具纵棱。花期5—6月，果期8—9月。

产大姚、禄劝、景东等地，生于海拔2200—3000米的山谷疏林或灌丛中。分布于西藏南部；印度、不丹及印度东北部也产。

营林技术、材性及经济用途与多核冬青略同。

1a.毛薄叶冬青（变型）

F. kingii Loes.（1901）

产贡山、大关、彝良、维西、泸水（片马）、禄劝、屏边、文山等地，生于海拔（1500）2100—3000米的混交林或杂木林中。分布于贵州、四川、西藏；印度、缅甸也有。

2.细果冬青

Ilex micrococca Maxim.（1881）
云南不产。

2a.毛梗细果冬青（变型）　绿樱桃（屏边）、臭化秆、小红果（文山）、猪肚木（僮语）图357　3—4

F. pilosa S. Y. Hu（1949）

落叶乔木，高10—20米。小枝红褐色或褐色，无毛或有时被微柔毛，具纵条纹，有白色皮孔。叶纸质，卵状椭圆形或卵形，长7—18厘米，宽3—6厘米，先端渐尖，基部圆形或钝，常歪斜，边缘近全缘或具芒状锯齿，上面深绿色，沿中脉疏被微柔毛，余无毛，下面淡绿色，被微柔毛，侧脉6—10对，两面明显；叶柄长1—3厘米，被微柔毛。复聚伞花序腋生，具2—3次分枝，花序轴长6—12毫米，花序梗及花梗短，均被短柔毛，雄花绿白

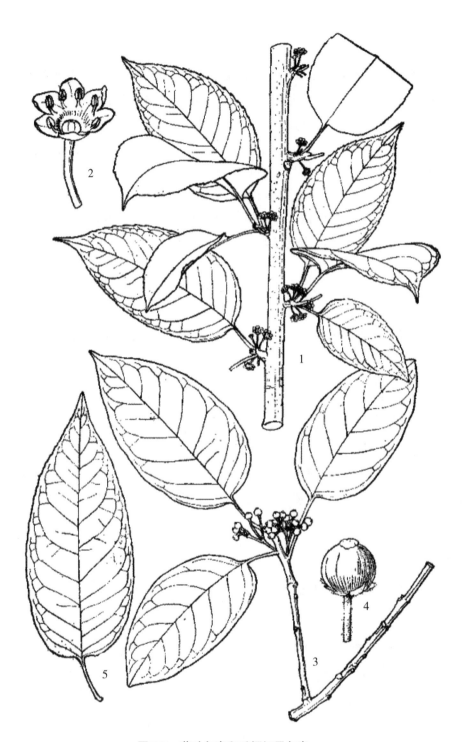

图357　薄叶冬青和毛梗细果冬青

1—2.薄叶冬青 *Ilex fragilis* Hook. f.　1.花枝　2.花外形

3—4.毛梗细果冬青 *Ilex micrococca* Maxim，f. pilosa S. Y. Hu　3.果枝　4.果

色，5或6数；花萼盘形，直径约2毫米，裂片卵形或阔卵形，外面被微柔毛及缘毛，花瓣长圆形，长1.5毫米，基部连合，雄蕊与花瓣等长，花药卵状长圆形，不育子房近球形，顶端呈喙状，6浅裂；雌花淡绿色，6—8数，花萼深裂，裂片阔卵形，具缘毛，花瓣长圆形，长约1毫米，基部连合，不育雄蕊为花瓣长的1/2，花药箭形，子房卵状球形，柱头盘形，花柱短。果球形，直径约3毫米，柱头厚盘形，凸起，有分核6—8；分核椭圆形，背部稍具单沟。花期5月，果期10月。

产砚山、富宁、金平、屏边、西畴、麻栗坡、马关、澜沧、西双版纳，生于海拔（800）1300—1900米的阔叶林或混交林中。分布于四川、湖北、贵州、广西及广东；越南北方也有分布。

树皮入药，煎服有止痛之效。

3.多脉冬青　青皮树（昆明）图358

Ilex polyneura（Hand.-Mazz.）S. Y. Hu（1949）

乔木，高达20米。分枝黑褐色或浅褐色，无毛，有棱，二年枝具皮孔；叶痕凸起，呈半圆形；顶芽卵形，小，芽鳞具缘毛。叶纸质至坚纸质，两面无光泽，长圆状椭圆形至卵状椭圆形，长8—15厘米，宽3.5—6.5厘米，先端渐尖至尾状渐尖，基部圆形，侧脉11—20对，两面明显；叶柄纤细，长1.5—3厘米。假伞形花序腋生，花序轴长5—10毫米，扁，花梗长2.5—4毫米，基部具小苞片；雄花的花萼小，6—7深裂，裂片三角形；花瓣卵形，6—7，长约2毫米，基部连合，雄蕊与花瓣等长或稍短，花药长圆形，不育子房卵形，顶端凸起；雌花的花萼同雄花，花瓣长圆形，不育雄蕊短，花药箭头形，子房卵状球形。果球形，直径4—5毫米，柱头盘形，稍凸，有分核6—7；分核背部具1细沟。花期5—6月，果期10—11月。

产贡山、维西、泸水、会泽、漾濞、禄劝、寻甸、嵩明、富民、昆明、腾冲、龙陵、芒市、景东、双柏、峨山、镇康、新平、耿马、元江、西畴、文山、沧源、绿春、普洱及西双版纳等地，生于海拔1250—2600米林中或灌丛中。分布于四川及贵州等省。模式标本采自贡山。

营林技术、材性及经济用途与江南冬青略同。

4.大果冬青　臭樟树（晋宁）、青刺香（师宗）图358

Ilex macrocarpa Oliv.（1888）

落叶乔木，高达10米，具长枝和短枝。分枝褐色，具皮孔。叶在长枝上互生，在短枝上集中于顶端，纸质，卵形、卵状椭圆形，稀长圆状椭圆形，长5—15厘米，宽3—6.5厘米，先端短渐尖至渐尖，基部圆形或钝，边缘具锯齿，侧脉8—10对；叶柄长9—12毫米。雄花呈假聚伞状花序或单生于叶腋，花序梗长2—4毫米，花梗长3—7毫米，花5—6数，花萼裂片卵形，有缘毛，花瓣倒卵状长圆形，长3毫米，基部连合，雄蕊与花瓣等长，花药卵状长圆形，不育子房圆形，中央微凹；雌花单生叶腋，花梗长6—14毫米，花7—9数，花萼浅裂，裂片卵状三角形，花瓣长4—5毫米，基部连合，不育雄蕊为花瓣长的1/3，花药箭形，子房圆锥状球形，柱头柱状。果圆球状，径10—14毫米，柱头短柱状，浅裂，有分核

7—8；分核两侧扁，背部具棱和沟，侧面有网状棱沟。花期4—5月，果期6—7月。

产盐津、昭通、沾益、嵩明、富民、昆明、师宗、晋宁、弥勒等地，生于海拔500—2400米山坡或山谷林中。分布于陕西、安徽、四川、湖南、湖北、贵州、广西和广东等省（自治区）。

5.沙坝冬青　图359

Ilex chapaensis Merr.（1940）

落叶乔木，高10—12米。枝栗褐色，有明显的皮孔和棱。叶在长枝上互生，在短枝上簇生于顶端，坚纸质至薄革质，卵状椭圆形或椭圆形，长（5）7—13厘米，宽3—6.5厘米，先端渐尖至短渐尖，基部圆形或钝，边缘具浅圆齿，侧脉8—10对；叶柄长1.5—3厘米。雄花呈假簇生，分枝有1—5花，花序梗长1—3毫米，花梗长2—4毫米，均被微柔毛，花6—8数，花萼被微柔毛，深裂，花瓣倒卵状长圆形，长4—5毫米，基部合生，具缘毛，雄蕊与花瓣等长，花药卵状长圆形，长2毫米，不育子房圆锥形，顶端喙状；雌花单生于短枝顶端鳞片内或叶腋，花梗长6—10毫米，疏被短柔毛，花6—7数，花萼与雄花的相似，花瓣长4毫米，不育雄蕊为花瓣长的2/3，花药箭头形，子房卵状球形，花柱明显，被微柔毛，柱头头形。果球形，直径1.5—2厘米，干时有纵槽，花柱长2毫米，被毛，有分核6—7；分核长圆形，背部有2深沟和3棱，侧面有1—2棱沟。花期4月，果期10月。

产富宁、西畴、麻栗坡、马关等地，生于海拔（500）1300—2000米的混交林中。分布于广西、广东；越南也有。

6. 红河冬青　图359

Ilex manneiensis S. Y. Hu（1949）

小乔木或灌木，高5—8米。分枝粗壮，深褐色，有棱；叶痕极凸，呈三角形，有皮孔。叶薄革质，椭圆形，长8—12厘米，宽2.5—4厘米，先端渐尖，基部圆形至楔形，全缘，中脉上被毛，侧脉15—17对，近平行；叶柄长15—20毫米，被毛。雄花的聚伞花序腋生，有3花，稀4—5花，花序梗长5—12毫米，扁，花梗长2—4毫米，均被毛，花4—6数，花萼深裂，花瓣长圆状卵形，长3毫米，疏具缘毛，雄蕊为花瓣长的3/4，花药长圆形，不育子房卵状球形，花柱明显；雌花为聚伞花序，有3花，花序梗长10—12毫米，极扁，花梗长2—3毫米，均被毛，花4—6数，花萼和花瓣与雄花的相同，不育花药箭头状卵形，子房圆锥状球形，花柱明显，柱头4浅裂。果球形，直径6—8毫米，黑褐色，柱头盘形，有分核5—6；分核背部呈"U"形线沟。花期5—6月，果期10月。

产禄劝、景东、蒙自、文山及马关等地，生于海拔2400—2700米的常绿阔叶林或疏林中。模式标本采自红河州。

7.楠叶冬青　图360

Ilex machilifolia H. W. Li ex Y. R. Li（1984）

乔木，高10—20米。分枝粗壮，褐黄色，叶痕半圆形，凸起；顶芽卵形。叶仅生于当年枝上；叶坚纸质至薄革质，长圆状椭圆形，稀长圆形或椭圆形，长10—16厘米，宽4—6厘米，先端渐尖，基部宽楔形至楔形，中脉在上面被微柔毛，侧脉15—18对，两面明显；叶柄长1.5—2厘米，粗壮。果序聚伞形；果序梗长5—9毫米，极扁，果梗长约3毫米，均无毛；果球形，直径约1厘米，成熟后红色，宿存萼平展，4—6深裂，裂片圆形，边缘膜质，具缘毛，柱头盘形；分核5，背部具1深沟，横断面呈"U"形。果期11—12月。

产广南、麻栗坡等地，生于海拔1700—2000米常绿阔叶林或混交林中。模式标本采自麻栗坡。

8.假楠叶冬青　图360

Ilex pseudomachilifolia C. Y. Wu ex Y. R. Li（1984）

乔木，高10米，全株无毛，枝紫黑色，有光泽；叶痕明显凸起，呈半圆形。叶纸质，椭圆形至倒卵状椭圆形，长15—18厘米，宽5—7厘米，先端渐尖，基部宽楔形至圆钝，边缘具波状疏浅锯齿，侧脉18—20对，两面明显；叶柄长1.8—2厘米，上端两侧叶基下延呈狭翅状。幼果序为具分枝的复聚伞花序，腋生于当年枝上，果序梗长7—12毫米，扁；果梗长3—7毫米；幼果卵状球形，宿存花萼5—6浅裂，裂片具缘毛，柱头头形。

产屏边，生于海拔1500米林中。模式标本采自屏边。

9.瑞丽冬青

Ilex shweliensis Comber（1933）

产瑞丽，生于海拔2000米河谷密林中。模式标本采自瑞丽。

10.阔叶冬青　图361

Ilex latifrons Chun（1934）

常绿乔木，高4—10米。分枝粗壮，圆柱形，密被锈黄色或污黄色长柔毛；叶痕半圆形，稍凸；顶芽圆锥形，密被污黄色柔毛。叶革质至近革质，椭圆形至卵状长椭圆形，长（11）14—20厘米，宽（4）5.5—8厘米，先端渐尖，基部圆形至近圆形，边缘具浅的小锯齿至近全缘，上面疏被柔毛或无毛，下面被卷曲柔毛或变无毛，侧脉11—12对，被柔毛；叶柄粗壮，长10—13毫米，密被长柔毛。雄花呈聚伞花序或复聚伞花序，1—3回分枝，生于一年生枝叶腋，花序梗长1.5—2.8厘米，疏被卷曲细长柔毛，二级花梗不等长，较花梗长，花梗长1—2毫米，均被短柔毛，花紫红色4数，花萼裂片卵形，疏被柔毛，花瓣长圆形，长约1.5毫米，先端圆，基部连合，雄蕊长1毫米，花药椭圆形，不育子房圆锥形，小；果序聚伞状，多分枝，腋生于一年生枝上，果序梗长1厘米，果梗长5—7毫米，均被毛；果

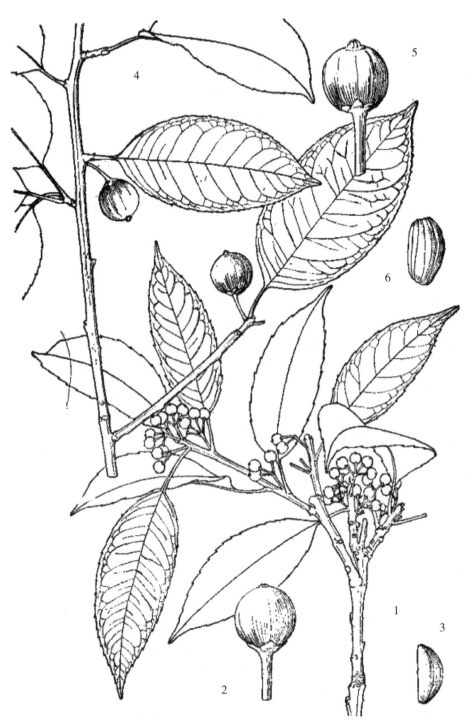

图358 多脉冬青和大果冬青

1—3.多脉冬青 *Ilex polyneura*（Hand.-Mazz）S. Y. Hu　1.果枝　2.果外形　3.分核

4—6.大果冬青 *Ilex macrocarpa* Oliv.　4.果枝　5果　6.分核

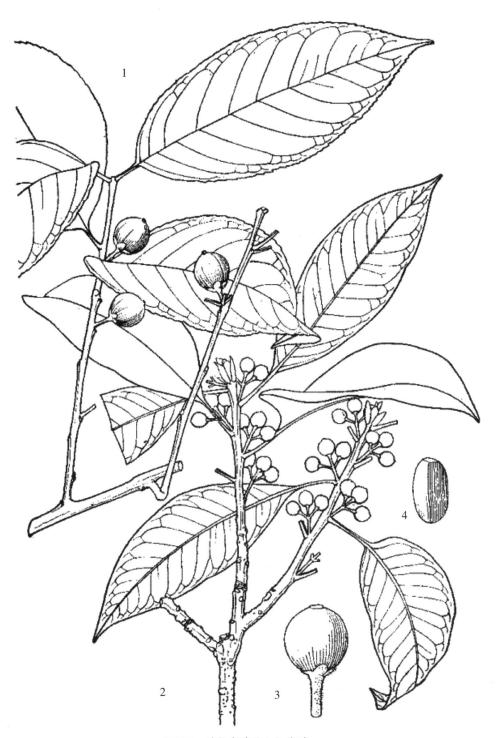

图359 沙坝冬青和红河冬青

1.沙坝冬青 *Ilex chapaensis* Merr. 果枝

2—4. 红河冬青 *Ilex manneiensis* S. Y. Hu 2.果枝 3.果外形 4.分核

图360 楠叶冬青和假楠叶冬青

1—4.楠叶冬青 *Ilex machilifolia* H. W. Li ex Y.R.Li

1.果枝 2.果 3.分核（正面观） 4.分核（侧面观）

5—6.假楠叶冬青 *Ilex pseudomachilifolia* C. Y. Wu ex Y.R.Li 5.果枝 6.果

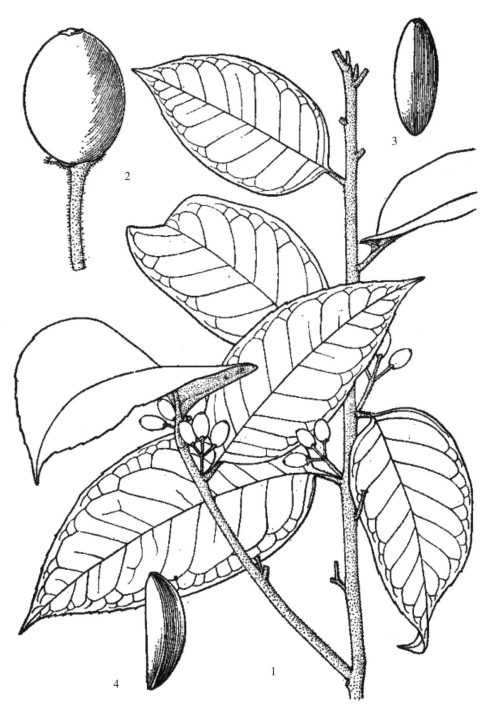

图361 阔叶冬青 *Ilex latifrons* Chun

1.果枝　2.果　3.分核（正面观）　4.分核（侧面观）

椭圆状球形，长9—11毫米，宽6—8毫米，有棱沟，萼裂片卵形，被毛，柱头平盘形；分核4，椭圆形，背部有1深沟。花期6月，果期8—10月。

产西畴、屏边、马关、麻栗坡及河口等地，生于海拔1200—1800米常绿阔叶林或混交林中。分布于广西和广东。

11.锈毛冬青 图362

Ilex ferruginea Hand.-Mazz.（1933）

灌木或乔木，高3—10米。幼枝被毛，具细棱。叶革质，卵形至卵状椭圆形。长2—7厘米，宽1.5—3.5厘米，先端渐尖至短渐尖，基部圆形，稀浅心形，边缘具圆齿状锯齿，中脉两面被锈色毛，侧脉8—10对，上面被毛；叶柄短，长2—4毫米，被锈色毛。雄花呈聚伞花序或伞形花序，有1—6花，腋生于当年生枝上，花序梗长3—5毫米，花梗长1—3毫米，花5—7数，花萼近钟形，被毛，深裂，花瓣卵状长圆形，啮蚀状，基部连合，雄蕊与花瓣近等长，花药长圆形，不育子房顶端呈短的小喙。果序单1，具果1—3，腋生于当年生枝上，果梗长6—10毫米，被长柔毛；果近球形，直径5—7毫米，干后有棱，花萼盘形，深裂，被长柔毛，柱头头形；分核4—6，背部具单沟。花期4—6月，果期9—10月。

产东川、西畴、屏边、麻栗坡等地，生于海拔1300—1900米山坡密林中。分布于贵州。模式标本采自东川。

12.柞叶冬青 图362

Ilex xylosmaefolia C. Y. Wu ex Y. R. Li（1984）

小乔木，高4—6米。枝灰色，当年生枝纤细，密被紧贴黄色短绒毛。叶生于当年生枝上，稀生于二年生枝上，坚纸质，椭圆状披针形或长圆状椭圆形，长7—9厘米，宽2—3.2厘米，先端渐尖或长渐尖，基部圆形，边缘为疏圆齿状锯齿，中脉在上面被毛，侧脉8—9对，两面凸起；叶柄长3—5毫米，密被紧贴黄色短柔毛。聚伞花序生于叶腋，花序梗、花梗均被紧贴黄色短柔毛；雄花花序有6花以上，花小，4数，花萼深裂，深裂，裂片三角形，外面被黄色短绒毛，花瓣长圆形，雄蕊与花瓣近等长，花药大，长圆形，不育子房球形；雌花花序有3—4花，花4数；花萼、花瓣同雄花，不育雄蕊较花瓣短，花药箭头形，子房球形。花期5—6月。

产富宁，生于海拔1000米林中。模式标本采自富宁。

13.密花冬青 图363

Ilex congesta H. W. Li ex Y. R. Li（1984）

小乔木，高5米。当年生枝黑褐色，疏被柔毛；二年生枝褐灰色，叶痕和皮孔明显。叶生于当年枝先端，近革质，椭圆形，长9—11厘米，宽4—5厘米，先端渐尖，基部近圆形，边缘具疏锯齿，侧脉9—10对；叶柄粗壮，长6—10毫米，被黄色短柔毛。果序聚伞状，有3果，腋生，果序梗长5—6毫米，扁，被微柔毛，果梗长约5毫米，被微柔毛；果球形，红

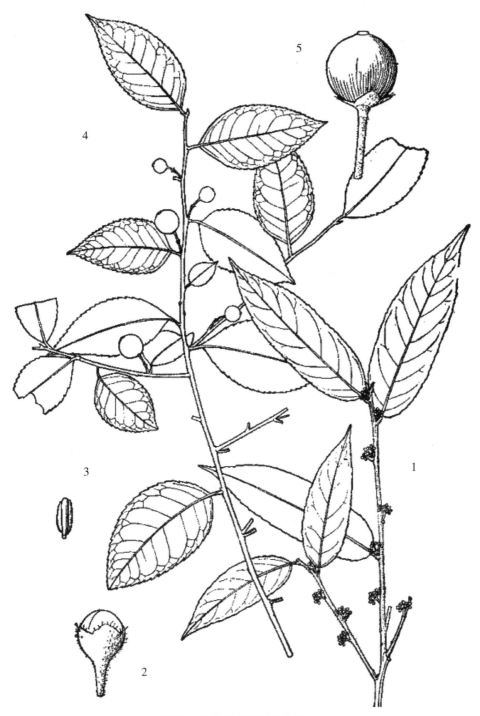

图362 柞叶冬青和锈毛冬青

1—3.柞叶冬青 *Ilex xylosmaefolia* C. Y. Wu ex Y. R. Li

1. 花枝 2.花外形 3.雄蕊

4—5.锈毛冬青 *Ilex ferruginea* Hand.–Mazz. 4.果枝 5.果外形

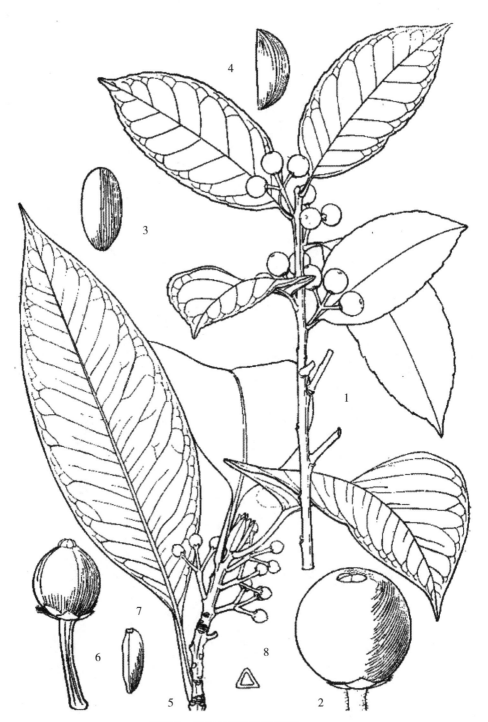

图363 黑果冬青和密花冬青

1—4.黑果冬青 *Ilex atrata* W. W. Smith

1.果枝　2.果　3.分核（正面观）　4.分核（侧面观）

5—8.密花冬青 *Ilex congesta* H. W. Li ex Y. R. Li

5.果枝　6.果　7.分核　8.分核横断面

色，直径约1厘米，宿存萼浅6裂，具缘毛，柱头薄盘形；分核4，背部具1宽沟，其余光滑，断面呈"V"形。果期11月。

产龙陵，生于海拔1500米山地林中。模式标本采自龙陵云龙山伏龙寺。

14.黑果冬青　图363

Ilex atrata W. W. Smith（1917）

常绿乔木，高6—10米。分枝粗壮，黑褐色，具棱沟，具皮孔；叶痕凸起，呈半圆形；顶芽大，芽鳞卵状椭圆形，长8—12毫米，宽5—6厘米，脊微隆起，边缘具长而密的缘毛。叶坚纸质或革质。椭圆形。长12—16厘米，宽4—6厘米，先端渐尖，基部圆形或宽楔形，边缘具锯齿或圆齿状锯齿，稀近全缘，中脉在下面凸起，密被黄色绒毛，侧脉14—18对；叶柄长15—30毫米，粗壮，无毛。聚伞花序腋生当年枝上，花序梗长3—5毫米，顶端增粗，扁，花梗长5—8毫米，皆无毛。果球形，直径6—7毫米，宿存花萼4—5毫米，5—6裂，裂片三角状卵形，具缘毛，柱头厚盘形，5—6浅裂；分核5，无沟，断面呈三角形。果期6—7月。

产泸水、片马、腾冲，生于海拔2500米的常绿阔叶林中。分布于缅甸北部。模式标本采自腾冲。

14a.无毛黑果冬青　（变种）

var. glabra C. Y. Wu ex Y. R. Li（1984）
产龙陵，生于海拔2900米的林中。模式标本采自龙陵。

15.香冬青　图364

Ilex suaveolens（Lévl.）Loes.（1914）

常绿乔木，高（4）8—10米；完全无毛。分枝粗壮，黑褐或灰色；顶芽大，芽鳞卵状椭圆形，长5—6毫米。叶革质，橄榄色或深褐色，卵形、椭圆形至披针形，长5—10厘米，宽2.5—4厘米，先端渐尖，基部圆钝或宽楔形，边缘圆齿状锯齿或有时全缘，侧脉11—14对；叶柄长1—2厘米，扁，两侧叶基下延成窄翅。近伞形花序，稀聚伞花序，腋生，花序梗长15—25毫米，纤细，花梗长3—8毫米，无毛；雄花白色，花萼4—5裂，被缘毛，花瓣4—5，卵状长圆形，长3毫米，开后反折，基部连合，雄蕊较花瓣短，花药卵状球形或长圆形，不育子房球形，直径1.5毫米，雌花萼与花瓣同雄花，不育雄蕊很短，花药心形，子房卵状球形或球形，直径2毫米，柱头厚盘形，4—5浅裂。果为梨形，红色，柱头乳头状或厚盘形；分核4—5，断面呈三棱形，长4—5毫米，光滑，无沟。花期5月，果期8—11月。

产金平、西畴、麻栗坡，生于海拔1600—2000米的山地混交林中；分布于四川、贵州、湖北、湖南、江西、浙江、广西、广东、福建等省（自治区）。

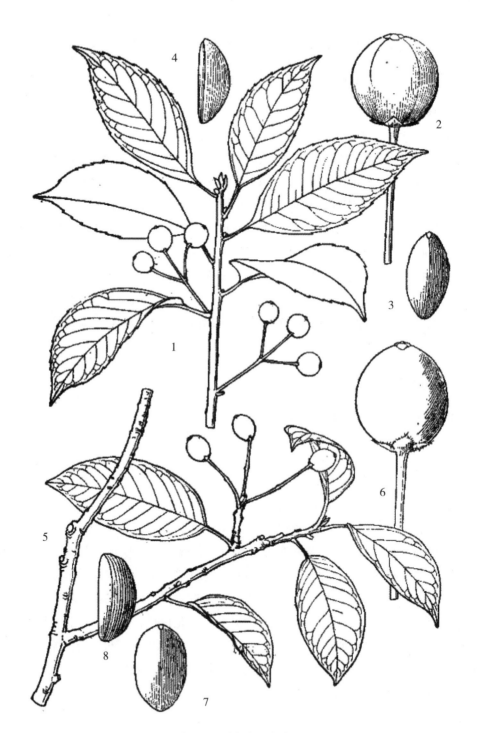

图364　香冬青和冬青

1—4.香冬青 *Ilex suaveolens*（Lévl.）Loes.

1.果枝　2.果　3.分核（正面观）　4.分核（侧面观）

5—8.冬青 *Ilex purpurea* Hassk.

5.果枝　6.果　7.分核（正面观）　8.分核（侧面观）

16.冬青　图364

Ilex purpurea Hassk.（1844）

常绿大乔木，完全无毛，高约13米。树皮暗灰色；分枝淡绿色，圆柱形；叶痕呈新月形或窄三角形，凸起。叶薄革质，深褐色，椭圆形或披针形，稀卵形，长5—11厘米，宽2—4厘米，先端渐尖，基部钝或楔形，边缘具圆齿，稀锯齿，上面有光泽，侧脉6—9对；叶柄长8—10毫米。复聚伞花序腋生于当年生枝上；雄花花序具3—4回分枝，序轴长7—14毫米，二级轴长2—5毫米，花梗长约2毫米，每分枝具7—24花，花淡紫色或紫红色，4—5数，花萼近钟形，裂片阔三角形，花瓣卵形，长2.5毫米，反折，雄蕊长1.5毫米，花药椭圆形，不育子房圆锥形，小；雄花花序具1—2回分枝，有3—7花，花序轴长3—10毫米，扁，二级轴发育不好。花梗长6—10毫米，花萼和花瓣同雄花，不育雄蕊1.5毫米，花药心形，子房卵状球形，柱头厚盘形，4浅裂。果深红色，椭圆形，长10—12毫米，直径6—8毫米；分核4—5，背部平滑，凹形，断面呈三棱形。花期4—6月，果期7—12月。

产云南（?）。分布于四川、贵州、广西、广东、福建等省（自治区）。

本种是常见的观赏树种；树皮及种子供药用，为强壮剂，并具有较强的抑菌和杀菌作用；树皮也可提栲胶；木材为细工原料；嫩叶可作蔬菜食用。

16a.黄毛冬青（变种）

var. pubigera C. Y. Wu ex Y. R. Li

产文山，生于海拔2000米的林中。模式标本采自文山。

17.高冬青　图365

Ilex excelsa（Wall.）Hook. f.（1875）

常绿乔木，高达10米。分枝粗壮，具皱纹和棱，灰色，有明显凸起叶痕。叶纸质至近革质，椭圆形至卵状椭圆形，长6—10厘米，宽2—4（5）厘米，先端渐尖，基部楔形至钝，全缘，中脉在上面下陷，侧脉7—8对，明显；叶柄长10—20毫米，纤细，无毛。聚伞花序或假伞形花序，有3花以上，花4—6数。雄花花序腋生于当年生枝上，花序梗长4—8毫米，被长柔毛，花梗长2—3毫米，被微柔毛，花萼深裂，花瓣长圆形，基部连合，雄蕊与花瓣等长或稍长，花药长圆形，不育子房具小喙；雌花花序梗长5—12毫米，花梗长3—4毫米，均被细小微柔毛，花萼5—6裂，花瓣阔卵形，不育雄蕊长为花瓣长的1/2，花药箭头形，子房卵状球形，柱头盘形。果卵状椭圆形，直径5毫米，柱头厚盘形；分核4—6，断面呈三角形，光滑或略有棱，无沟。花期4—5月，果期10月。

产腾冲、龙陵、临沧等地，生于海拔1800—1850米的山坡林中。分布于广西；喜马拉雅地区及尼泊尔、不丹、印度东北部也有分布。

17a.毛背高冬青（变种）

var. hypotricha（Loes.）S. Y. Hu（1949）

产玉溪、屏边、西畴、景洪，生于海拔760—1200米河谷疏林中。印度、孟加拉国有分布。

18.铁冬青　图365

Ilex rotunda Thunb.（1784）

常绿大乔木，高达20米，胸径可达1米；全株无毛。分枝具棱，光滑。叶薄革质或坚纸质，橄榄色或褐色，卵形、倒卵形或椭圆形，长4—10厘米，宽2—4厘米，先端短渐尖，基部楔形或钝，全缘，侧脉6—9对，在下面明显；叶柄长10—20毫米。聚伞花序有4—6（13）花，腋生；雄花序花序梗长3—10毫米，花梗长4—5毫米，基部具小苞片2或无，花4数，萼盘形，浅裂，花瓣长圆形，长约2.5毫米，宽1.5毫米，雄蕊较花瓣长，花药椭圆形，不育子房小，顶端具小喙；雌花序花序梗长9—13毫米，花梗长4—8毫米，花白色，5—7数，萼近盘形，浅裂，花瓣倒卵状长圆形，长2毫米，宽1.5毫米，基部连台，不育雄蕊较花瓣短，花丝基部较膨大，花药近球形。子房近球形。果椭圆形，长6—8毫米，柱头厚盘形；分核5—7，披针形，断面呈三棱形，背部具3棱2沟。花期6—7月，果期11—12月。

产西双版纳、砚山及屏边，生于海拔780—1300米混交林或疏林中。分布于长江流域以南各省（区）；朝鲜、日本（包括琉球群岛）及越南也有。

叶和树皮入药，有清热利湿、消肿止痛之效；树皮又可提取栲胶。

18a.微果铁冬青（变种）

var. microcarpa（Liodl. ex Paxt.）S. Y. Hu（1949）

产禄劝、盈江、双江、砚山、西畴、蒙自、屏边及马关等地，生于海拔800—1600（3000）米的常绿阔叶林、混交林或疏林中。分布于湖南、江苏、江西、贵州、广西、广东、福建及台湾。

19.伞花冬青　米碎木（中国高等植物图鉴）图366

Ilex godajam（Colebr.）Wall.（1839）

常绿灌木或乔木，高5—12米。当年生枝黄褐色，被微柔毛，老枝上具凸起的叶痕。叶坚纸质，卵状椭圆形至椭圆形，长6—14厘米，宽4—6.5厘米，先端骤然渐尖，基部钝或圆形，全缘或有时波状，侧脉8—10对；叶柄较细，长8—15毫米。近伞形花序，花序梗长10—18毫米，花梗长2—4毫米，均被短柔毛；雄花序有6花以上，花4—5数，花萼裂片啮蚀状，被短柔毛，花瓣长圆形，基部连合，雄蕊较花瓣稍长，花药卵状球形，不育子房顶端具小喙；雌花序有3—13花，花萼4—6深裂，被微柔毛，花瓣长椭圆形。果近球形，直径约4毫米，柱头厚盘形至头形；分核6—10，背部具3棱2沟。花期4月，果期8月。

产富宁、普洱、西双版纳，生于海拔300—1000米干燥疏林或次生林中；分布于广西、广东。印度及越南也有。

图365 铁冬青和高冬青

1—3.铁冬青 *Ilex rotunda* Thunb. 1.果枝 2.果 3.分核
4—6.高冬青 *Ilex excelsa*（Wall.）Hook. f. 4.果枝 5.果 6.分核

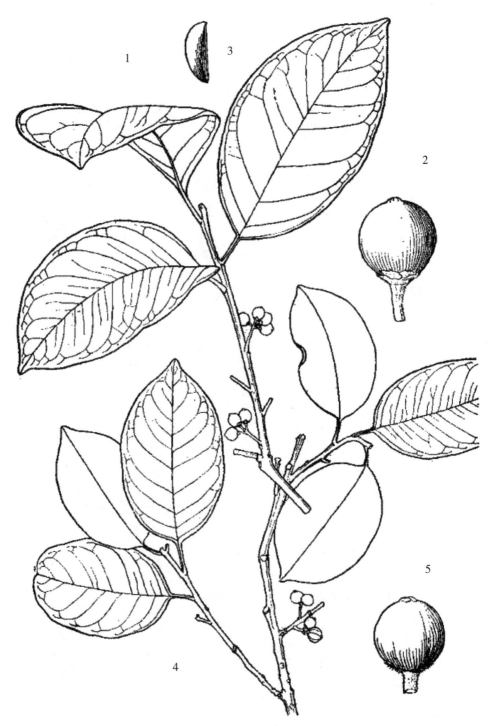

图366 多核冬青和伞花冬青

1—3.多核冬青 *Ilex umbellulata* (Wall.) Loes. 1.果枝 2.果外形 3.分核
4—5.伞花冬青 *Ilex godajam* (Colebr.) Wall. 4.果枝 5.果外形

20.多核冬青　图366

Ilex umbellulata（Wall.）Loes.（1901）

常绿乔木，高7—18米。枝灰色，粗糙，有凸起的叶痕，当年生枝褐色，有棱。叶坚纸质，椭圆形或卵状椭圆形，长8—15厘米，宽3.5—7厘米，先端突尖，基部钝或圆形，稀宽楔形，全缘，两面无毛，侧脉10—12对；叶柄长10—18毫米。近伞形花序腋生于当年生枝上，分枝发达者则形成圆锥花序；花白色，4—5数；雄花序有多花，花序梗长（10）15—30毫米，花梗长3—5毫米，皆被微柔毛，基部具很多小苞片，花萼深裂，花瓣卵状长圆形，长2毫米，基部连合，雄蕊较花瓣稍长，花药卵形，不育子房圆锥形，顶端具小喙；雌花序有多花，花序梗长10—20毫米，花梗长2—3毫米，皆被微柔毛，基部有小苞片，花萼和花瓣同雄花，不育雄蕊较花瓣短，花药箭头形，子房卵状球形，具棱，花柱明显，4—5裂。果球形，直径6—7毫米，柱头厚盘形，放射状分裂；分核6—10，背部具2—3棱和1—2沟。花期4月，果期9—10月。

产瑞丽、耿马、沧源、普洱、澜沧、孟连、勐海、景洪、勐腊等地，生于海拔510—1650米的山谷或山坡密林或疏林中。缅甸和印度也有。模式标本采自普洱。

种子繁殖。种子去肉后洗净阴干保存，播种前温水催芽。苗床应保持阴凉湿润。

散孔材。管孔小，数量多，分布不均；心边材无区别，生长轮略明显；木材浅黄褐色，纹理直，结构细而均匀，材质强度中等，干缩不大；可作房屋建筑、家具、包装箱、筷子、工具柄、雕刻等用材。

21.四川冬青（中国高等植物图鉴）　枝桃树（元江）、小万年青（镇雄）图367

Ilex szechwanensis Loes.（1901）

常绿灌木或小乔木，高3—10米。小枝近四棱形，多少被微柔毛。叶革质或近革质，橄榄色，下面具不透明的点，卵状椭圆形、卵形、卵状长圆形至椭圆形，长3.5—9厘米，宽2—4.5厘米，先端渐尖、短渐尖至急尖，基部楔形至钝，边缘为圆齿状锯齿，侧脉6—7对；叶柄长3—8毫米。雄花成聚伞花序，稀或簇生于叶腋，有1—7花，花序梗长4—12毫米，具苞片，花梗长2—3毫米。具小苞片，花白色，花萼4—7深裂，裂片边缘啮蚀状，花瓣4—5，卵形至近圆形，基部连合，雄蕊与花瓣同数，比花瓣短，花药卵形，不育子房近球形；雌花序单生叶腋，花梗长8—10毫米，具苞片，花白色，4数，花萼裂片边缘啮蚀状，花瓣卵形，基部连合，不育雄蕊很小，子房卵状球形，直径1.5毫米，柱头盘形，果球形，直径7—10毫米；分核5，卵形，光滑或具不明显的细棱。花期5—6月，果期8—9月。

产彝良、镇雄、龙陵、凤庆、景东、广南、元江、文山、麻栗坡、马关、普洱及西双版纳等地，生于海拔1100—2500米的山坡杂木林、阔叶林或混交林中；分布于湖北、四川、湖南、贵州、广西及广东。

22.三花冬青　图367

Ilex triflora Blume（1826）

常绿乔木，小乔木，稀灌木，高3—10米。分枝近四棱形，密被微柔毛；叶痕近半圆形；顶芽不完全发育或缺。叶薄革质或近革质，橄榄色或带褐色，两面无光泽，幼叶被毛，后变无毛，下面具点，椭圆形、长圆形或卵状椭圆形，稀卵形，长3—10厘米，宽1.8—4厘米，先端渐尖至急尖，基部圆形或钝，边缘具浅锯齿，侧脉7—11对；叶柄长3—4毫米。聚伞花序腋生；雄花序分枝有1—3花，花序梗长2毫米，花梗长2—3毫米，均被微柔毛，花白色或粉红色，4数，花萼深裂，裂片近圆形，花瓣阔卵形，先端圆形，基部连合，雄蕊较花瓣稍短，花药椭圆形，不育子房塔形，顶端喙状；雄花序分枝具单花，花梗长6—18毫米，被毛，花粉红色，4数，花萼和花瓣同雄花，不育雄蕊长为花瓣的1/3，花药心状箭形，子房卵状球形，直径1.5毫米，柱头头形。果近球形，直径7毫米，萼平展，柱头厚盘形；分核4，卵状椭圆形，背部具条纹3，无沟。花期5—6月，果期9—10月。

产盐津、镇雄、福贡、西双版纳、屏边、富宁、西畴及麻栗坡，生于海拔700—1500米阔叶林、混交林或灌丛中。分布于贵州、广西、广东、江西及福建；印度、越南、马来西亚及印度尼西亚也有。

23.云南冬青 图368

Ilex yunnanensis Franch.（1889）

小乔木或灌木，高3—12米。分枝灰褐色，被污黄色柔毛；顶芽密被长柔毛。叶革质至薄革质，褐色，卵形、卵状披针形至椭圆形，长2—4.5厘米，宽1—2.5厘米，先端急尖，具小尖头，基部圆形至钝，边缘具圆齿状锯齿，齿尖具芒状小尖头，幼时被长柔毛，后变无毛，中脉在上面凸起，密被长柔毛，侧脉在两面不明显；叶柄长2—7厘米，被柔毛。雄花呈聚伞花序，腋生于当年生枝上，有3花，花序梗长3—14毫米，花梗长2—4毫米，无毛，花白色，高海拔地区为红色，4数，萼小，花瓣卵形，钝，长2毫米，基部连合，雄蕊短，花药卵状球形，不育子房圆锥形；雌花单生，极少2—3花呈聚伞形，花梗长3—14毫米，花萼和花瓣同雄花，不育雄蕊短，花药箭头形，子房球形，有明显4细沟，柱头厚盘形。果梗长5—15毫米，果直径5—7毫米，柱头厚盘形；分核4，长圆状卵形，无棱沟，光滑。

产德钦、香格里拉、维西、福贡、丽江、兰坪、洱源、漾濞、大理及腾冲，生于海拔1800—3300米山坡或河谷杂木林或常绿林至灌丛中。分布于西藏、四川、贵州。模式标本采自洱源。

24.枸骨 猫儿刺、八角刺 图368

Ilex cornuta Lindl. et Paxt.（1850）

常绿小乔木和灌木，高3—4米。树皮灰白色，平滑。小枝具棱，绿色，光滑，有毛或无毛，叶厚革质，橄榄色，长圆状四方形，稀卵形，长3—8厘米，宽2—4厘米，先端急尖至短渐尖，并具硬刺尖头，基部截形或宽楔形，全缘，每侧具1—3硬刺，侧脉5—6对，上面不明显，下面明显，网脉两面明显；叶柄长4—8毫米。花序簇生于二年生枝叶腋，宿存鳞片近圆形，花4数；雄花花梗长5—6毫米，无毛，花直径5—7毫米，稍被微柔毛，花瓣长圆形，长3—4毫米，宽1.5毫米，反折，基部连合，雄蕊与花瓣等长或稍长，花药卵状长圆形，不育子房近球形，顶端钝；雌花花梗长8—9毫米，无毛，果期延长至13—14毫米，花

图367 三花冬青和四川冬青

1—2. 三花冬青 *Ilex triflora* Blume　1.果枝　2.果

3—5.四川冬青 *Ilex szechwanensis* Loes.　3.果枝　4.果　5.分核

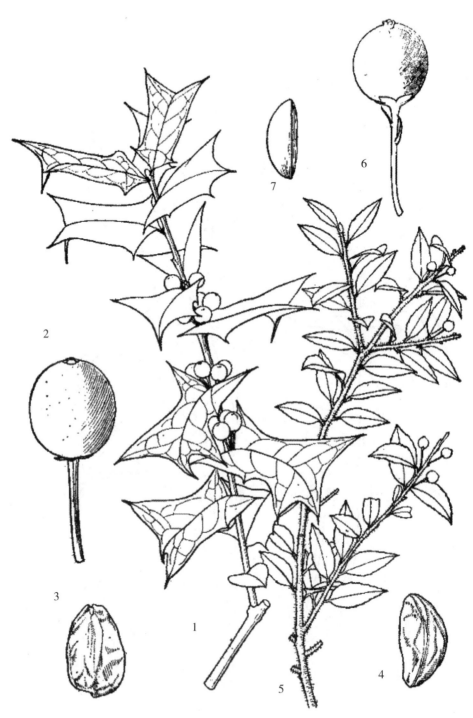

图368　枸骨和云南冬青

1—4.枸骨 *Ilex cornuta* Lindl. et Paxt.

1.果枝　2.果　3.分核（正面观）　4.分核（侧面观）

5—7.云南冬青 *Ilex yunnanensis* Franch.　5.果枝　6.果　7.分核

萼同雄花，花瓣长圆状卵形，长3.5毫米，稍具缘毛，不育雄蕊长2毫米，花药卵状箭头形，子房长圆状卵形，长3—4毫米，宽2毫米，柱头盘形。果球形，直径8—10毫米；分核4，倒卵形至椭圆形，有皱纹状纹孔，背部具1纵沟。

昆明有栽培，分布于安徽、江苏、湖北、湖南、江西、浙江、福建、广东（广州有栽培）；朝鲜也有。

树皮、枝、叶均供药用，有滋补强壮之功效；种子油可制肥皂；树皮可提栲胶；木材坚韧，用于制作小工具。

25.双核枸骨　图369

Ilex dipyrena Wall.（1820）

常绿乔木，高达7—22米。分枝粗大，灰黄色，光滑或有纵向小裂缝；叶痕半圆形，不凸起；顶芽圆锥形，被柔毛。叶厚革质，橄榄色至深黄色，椭圆形、卵状椭圆形至椭圆状长圆形，稀卵形，长4—10厘米，宽2—4厘米，先端短渐尖至渐尖，具锐尖刺头，基部圆钝或宽楔形，全缘或有刺尖锯齿，侧脉6—9对；上面下陷，下面凸起；叶柄长4—6毫米，被微柔毛。聚伞花序腋生；雄花花梗长2—3毫米，花黄绿色，2—4数，萼深裂，裂片三角形，花瓣卵形，长3毫米，有缘毛，基部连合，雄蕊较花瓣长，花药长圆状卵形，不育子房卵状球形，顶端钝或截平；雌花花梗长1—3毫米，花萼和花瓣同雄花，不育雄蕊较花瓣短，花药卵形，子房卵状球形，柱头盘形。果红色，球形，直径6—10毫米；分核1—4，通常2，为长圆状椭圆形或近圆形，顶端钝圆，背面凸，有掌状棱沟，两侧具棱沟。花期5—6月，果期10—12月。

产德钦、香格里拉、贡山、福贡、维西、丽江、鹤庆、大姚、凤庆及景东，生于海拔2100—3100米山地阔叶林中。分布于西藏和四川；尼泊尔、印度、不丹、缅甸也有。

26.长叶枸骨　图369

Ilex georgei Comber（1933）

常绿小乔木或灌木，高3—8米。分枝灰黄色，较粗状，具棱，密被微柔毛；顶芽被微柔毛。叶厚革质，橄榄色，披针形、卵状披针形至卵形，长2—4.5厘米，宽0.7—1.5厘米，先端渐尖，具1长3毫米尖刺，基部圆形或心形，边缘厚，反卷，近全缘或每侧具2—3刺齿，侧脉在上面不明显；叶柄长1—2毫米，被毛或无毛。聚伞花序腋生；雄花序有1—3花，单花花梗长2—3毫米，3花花梗长约1毫米，均疏被细小微柔毛，花萼4裂，裂片卵圆形，花瓣长2毫米，稍有缘毛，基部连合，雄蕊比花瓣长，花药长圆形，不育子房近球形，顶端钝。果红色，倒卵状球形，直径3—5毫米，萼具缘毛，柱头盘形，中央凹；分核1—2，倒卵状长圆形，背部具掌状棱和浅沟。花期4—5月，果期7—8月。

产禄劝、昆明、保山、腾冲及临沧等地，生于海拔1650—2900米的疏林或灌丛中。分布于四川西部。模式标本采自腾冲。

27.纤齿枸骨　图370

Ilex ciliospinosa Loes.（1911）

常绿小乔木或灌木，高7米。分枝灰白色至淡褐色，被柔毛；叶痕宽三角形。叶革质，橄榄色，椭圆形或卵状椭圆形，长2.5—4.5厘米，宽1—1.5厘米，先端短渐尖至急尖，具刺尖，基部圆形，每侧有齿4—6，齿尖具刺，上面光亮，中脉上被柔毛，侧脉4—7对；叶柄长2—3毫米，被柔毛。聚伞花序腋生于当年生枝上，有2—5花，花梗长2—2.5毫米，花4数；雄花花萼深裂，裂片具缘毛，花瓣卵形，长3毫米，宽2毫米，基部连合，雄蕊比花瓣长，花药长圆形，不育子房卵状球形，径1毫米；雌花花冠同雄花，不育雄蕊与花瓣近等长，花药箭头形，子房长圆形，径2毫米，先端截形，柱头盘形。果单1或2，椭圆形，长7—8毫米，宽5—6毫米；分核1—3，通常2，具掌状棱和沟。花期5月，果期8—9月。

产大关、蒙自，生于海拔1500—1950米的杂木林中。分布于四川。

28.刺叶冬青　耗子刺（彝良）图370

Ilex bioritsensis Hayata（1911）

常绿小乔木或灌木，高3—10米。枝灰色，无皮孔，被微柔毛。叶革质，橄榄色至赭石色，卵形至菱状四边形，长2.5—6厘米，宽1.5—3.5厘米，先端渐尖，具1刺尖头，边缘波状，每侧具3—4齿，稀2或5齿，齿具硬刺尖头，侧脉4—6对；叶柄长约3毫米，被微柔毛。花簇生于叶腋，花梗长2毫米，基部有宿存鳞片，花2—4数；雄花花萼直径3毫米，裂片三角形，花瓣阔椭圆形，长3毫米，基部连合，雄蕊较花瓣长，花药长圆形，不育子房球形；雌花花冠离瓣，不育雄蕊为花瓣长的1/2，花药卵形，子房长圆状卵形，长2—3毫米，柱头盘形。果椭圆形，长8—10毫米；分核2，长5—6毫米，宽4—5毫米，背稍凸，两面均具掌状棱和浅沟。花期5月，果期8月。

产香格里拉、大关、彝良、巧家、丽江、永宁等地，生于海拔1800米的杂木林中。分布于四川、贵州及台湾。

29.扣树　图371

Ilex kaushue S. Y. Hu（1949）

乔木，高8米。分枝粗壮，褐色，被细小微柔毛，具棱沟；顶芽大，圆锥形，被微柔毛，芽鳞边缘具细锯齿。叶革质至厚革质，橄榄色，长圆形至长圆状椭圆形，长13—16厘米，宽5—6厘米，先端急尖至短渐尖，基部近圆形或钝，边缘有粗锯齿，侧脉12—13对，两面显著；叶柄长1.2—2.5厘米，粗壮，上面槽内被毛。花序聚伞状或假总状，腋生，花序轴长不到1厘米；雄花呈聚伞花序，花序梗长约1毫米，花梗长1.5毫米，被微柔毛，花4数，花萼深裂，裂片宽卵形，花瓣长椭圆形，长2毫米，宽1.5毫米，基部连合，雄蕊短于花瓣，花丝极短，花药椭圆形，不育子房卵状球形，顶端突起。

产麻栗坡，生于海拔1000—1200米的混交林中。分布于广东、海南。

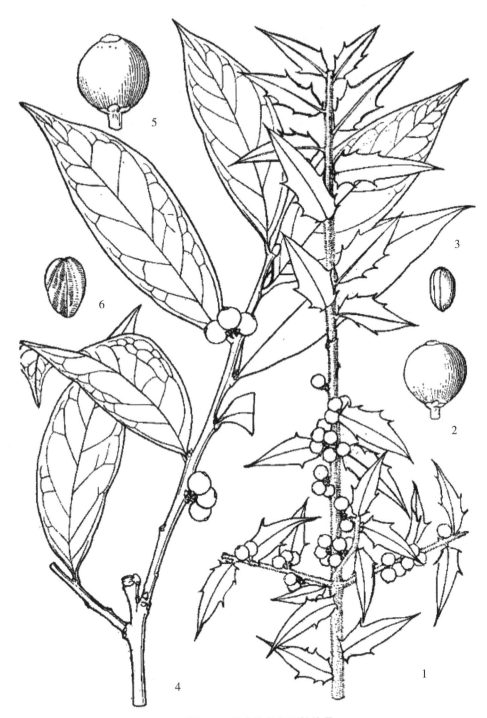

图369 长叶枸骨和双核枸骨

1—3.长叶枸骨 *Ilex georgei* Comber. 1.果枝 2.果 3.分核

4—6.双核枸骨 *Ilex dipyrena* Wall. 4.果枝 5.果 6.分核

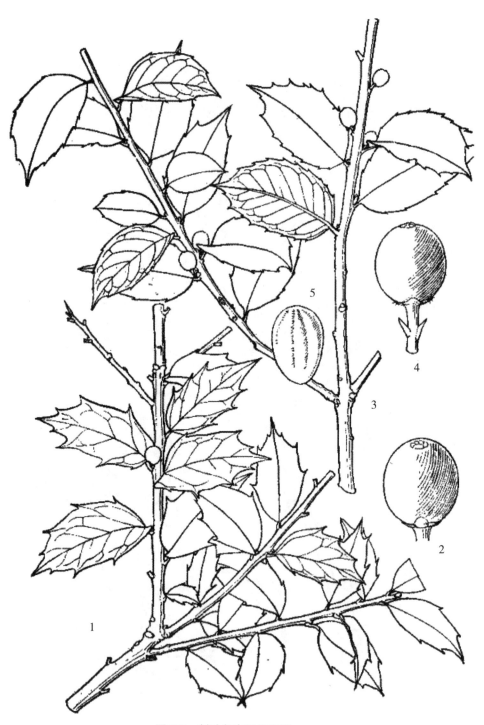

图370　刺叶冬青纤齿枸骨

1—2.刺叶冬青 *Ilex bioritsensis* Hayata　1.果枝　2.果

3—5.纤齿枸骨 *Ilex ciliospinosa* Loes.　3.果枝　4.果　5.分核（正面观）

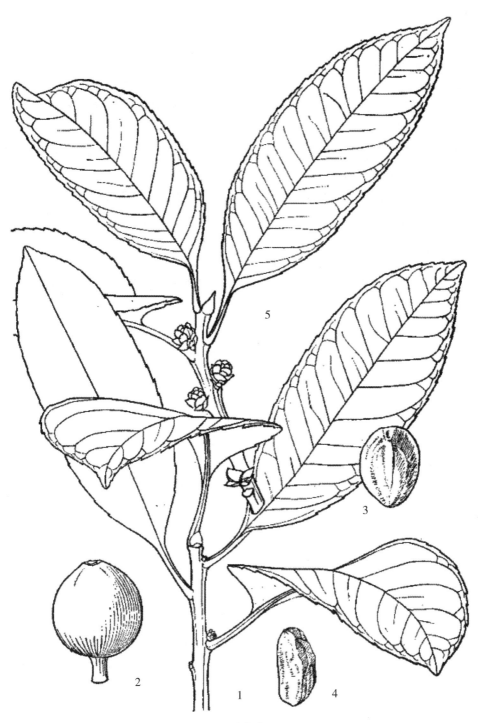

图371 宽叶冬青和扣树

1—4.宽叶冬青 *Ilex latifolia* Thunb. 1.叶枝 2.果 3.分核（正面观） 4.分核（侧面观）

5.扣树 *Ilex kaushue* S. Y. Hu花枝（未成熟）

30.宽叶冬青　图371

Ilex latifolia Thunb.（1784）

常绿大乔木，高达20米，完全无毛。分枝粗大，褐色，明显具棱；叶痕凸起，宽三角形至半圆形，叶厚革质，橄榄色，上面光亮，长圆形至长圆状椭圆形，长8—17厘米，宽4.5—7.5厘米，先端钝或短渐尖，基部圆钝，边缘有锯齿，齿尖黑色，侧脉12—15对；叶柄长15—20厘米，上面有槽，下面呈三角形脊。聚伞状假伞形花序腋生，几无梗；雄花花序分枝具3—9花，花序梗长2毫米，花梗长6—8毫米，花4数，萼近壳斗形，直径约3.5毫米，浅裂，花瓣卵状长圆形，长3.5毫米，宽2.5毫米，基部连合，雄蕊与花瓣等长，花药卵状长圆形，长为花丝的2倍，不育子房近球形；雌花花序每分枝具1—3花，花序梗长约2毫米，花梗长5—8毫米，花萼盘形，直径约3毫米，花瓣卵形，长3毫米，宽2毫米，不育雄蕊很短，花药很小，子房卵状球形，直径2毫米，柱头盘形。果卵状球形，径约7毫米，柱头薄盘形；分核4，长圆状椭圆形，具不规则棱沟交织成的皱纹和窝穴，背部具3棱。花期4—5月，果期8—9月。

产西畴、麻栗坡等地，生于海拔1000—1500米的山坡密林中。分布于安徽、江苏、浙江、江西、福建、广西和广东等省（自治区）；日本也有。

31.巨叶冬青　图372

Ilex perlata C. Chen et S. C. Huang ex Y. R. Li（1984）

常绿乔木或灌木。枝粗状，黑紫色或深褐色，圆柱形，有凸起的圆形叶痕；顶芽圆锥形，稍被微柔毛。叶宽大，革质，橄榄色至褐橄榄色，椭圆形至长圆形，长（20）30—36厘米，宽（8）9—13厘米，先端渐尖至镰状渐尖，基部纯至楔形，边缘反卷，具疏离锯齿，齿尖向内，上面具光泽，无毛，下面密被短毡毛和疏短柔毛，并具密的细小腺点，侧脉15—20对，两面明显；叶柄长1.8—2.5厘米，粗壮，无毛，深褐色至黑紫色，近四棱形。聚伞状圆锥花序或呈簇生，生于1—2年生枝叶腋，每分枝具1—3花，花序轴及花梗被微柔毛，花紫红色，4数；雄花单花花梗长5—6毫米，3花花梗长2—3毫米，花萼杯形，径3毫米，外面被毛，浅裂，花瓣倒卵状长圆形，长4毫米，宽2.5毫米，基部几乎完全分离，雄蕊长2.5毫米，花药椭圆形，长近2毫米，不育子房圆锥形；雌花分枝具单花，花梗长5—6毫米，粗壮，被毛，花萼长2.5毫米，宽3毫米，被毛；浅裂，花瓣倒卵状长圆形，长5—5.5毫米，宽3毫米，基部近完全分离，不育雄蕊长为花瓣之半，花药箭头形，子房椭圆状球形，长3.5毫米，柱头盘形。果近球形，径8—9毫米，柱头薄盘形；分核4，椭圆形，长6毫米，背部具皱纹和穴，稍有细棱，侧面有窝。花期4—5月至9—12月，果期5—6月。

产河口，生于海拔120—750米的潮湿密林中。模式标本采自河口。

32.毛果冬青　图372

Ilex trichocarpa H. W. Li ex Y. R. Li

小乔木，高4米。幼枝绿褐色，具棱槽，被微柔毛；顶芽圆锥形，密被微柔毛。叶厚革质，倒卵状长圆形至长圆状披针形，长8—10厘米，宽2—3.5厘米，先端渐尖，基部楔形，边缘具疏锯齿，齿尖内弯，侧脉9—10对，两面明显；叶柄长5—10毫米，粗壮，被微柔毛，两侧由叶基下延成窄翅。果卵状球形，长10毫米，直径8毫米，密被微柔毛，柱头盘形；分核4，长6毫米，有不规则的浅窝。果期11月。

产西畴，生于灌丛中。模式标本采自西畴。

33.细齿冬青　图373

Ilex denticulata Wall.（1830）

常绿乔木，高12米。枝褐色或灰色，具棱；叶痕三角形，不凸起；顶芽狭圆锥形。叶革质，橄榄色或灰橄榄色，卵状椭圆形或椭圆状长圆形，稀倒卵状长圆形，长5—10厘米，宽2.5—4厘米，先端钝或短渐尖，基部宽楔形，边缘具不整齐锯齿，齿尖黑色；叶柄长10—13毫米。雄花呈假圆锥花序腋生于二年生枝上，花序轴长4—14毫米，每分枝具1—3花，3花时为聚伞花序，花梗长2—3毫米，单花花梗长约5毫米，花4数，花萼直径2.5毫米，浅裂，花瓣长圆形，反折，长3毫米，宽1.5毫米，基部连合，雄蕊与花瓣近等长，花药卵状球形，不育子房近球形，先端微凹；雌花呈假圆锥花序或成簇生，花序轴长5—10毫米，分枝具单花。果球形，直径6—7毫米，光滑，花萼开展，柱头近脐形，凹陷，4浅裂；分核4，长圆形至椭圆形，长4—5毫米，宽3毫米，背部具不整齐的3棱和2沟，侧面有窝穴。果期7月。

产勐海，生于2000米的混交林中。印度有分布。

34.贡山冬青　图373

Ilex hookeri King（1886）

常绿乔木，高达18米。全株无毛；分枝粗壮，灰色，具棱槽；叶痕三角状椭圆形，极显著；顶芽大，椭圆状圆锥形，长1—1.5厘米，芽鳞边缘具锯齿。叶平展，革质至厚革质，灰橄榄色或褐橄榄色，长椭圆形、倒披针状长圆形至长圆形。长8—14厘米，宽2.7—4.5厘米，先端急尖或短渐尖，基部钝或圆形，边缘具锯齿，齿尖黑色，侧脉12—17对，上面下陷，下面凸起；叶柄长1.2—3厘米，粗壮。花序簇生或呈聚伞花序生于二年生枝叶腋；雄花花序每分枝有1—3花，单花时花梗长5毫米，3花时呈聚伞花序，序梗长约1毫米，花梗长3—4毫米，花4数，白绿色，花萼深裂，裂片深裂，花瓣长圆状卵形，长2.5毫米，宽2毫米，基部连合，雄蕊较花瓣短，花药椭圆形，不育子房近球形，顶端钝；雌花花序每分枝具单花，花梗长6—8毫米，花萼与花瓣同雄花，不育雄蕊长为花瓣的1/2，花药箭头形，子房卵状球形，柱头盘形，微裂。果近球形（未成熟），直径约6毫米，萼开展，柱头盘形；分核4，背部和腹部具掌状棱和深沟。花期5月，果期10—11月。

产贡山和腾冲，生于海拔2500—3000米的山坡阔叶林中。分布于印度、缅甸。

35.毛核冬青　图374

Ilex liana S. Y. Hu（1951）

常绿乔木，高10—13米。分枝粗壮，具棱槽，有瘤状突起；皮孔椭圆形，凸起；叶痕近圆形，凸起；顶芽很大，长卵状球形，长达2厘米，宽1.2厘米，密被微柔毛。叶革质，橄榄色，卵状长圆形或卵形，稀倒卵形，长7—9厘米，宽4—5.5厘米，先端急尖，基部近圆形，边缘具小圆齿状锯齿，侧脉17—18对，两面凸起；叶柄长1.5—2厘米。聚伞状假圆锥花序，腋生于二年生枝上，分枝具1—3花，花序轴长1厘米，花梗长5—6毫米。果小，红色，球形，直径4毫米，花萼盘形，4裂，柱头盘形，4浅裂；分核4，椭圆形，长2.5毫米，宽1.5毫米，被微柔毛，背部具掌状棱和沟，侧面有皱纹和不明显的棱沟。果期10—11月。

产景东，生于海拔2080米的混交林中。模式标本采自景东。

36.锡金冬青

Ilex sikkimensis Kurz（1875）
产西藏。分布于印度。云南不产。

36a.红果锡金冬青　图374

var. coccinea Comber（1875）
乔木，高10—17米。分枝粗状，具明显棱槽；皮孔卵状椭圆形，膨大；顶芽大，卵形，芽鳞长15—25毫米，宽7—12毫米，被密而短的微柔毛，边缘干膜质。叶椭圆形至倒卵状椭圆形或倒披针形，长13—20厘米，宽3—6厘米，先端急尖或短渐尖，基部圆形或钝，边缘反卷，有小而密的锯齿，侧脉12—14对，两面明显；叶柄上面具槽，两侧由叶基下延成窄翅。花序簇生叶腋，结果时呈假圆锥状或假总状，多为二歧式；雄花花序分枝有花3—7朵，花4数，萼片卵状椭圆形，具缘毛，雄蕊较花瓣稍短，花药卵状球形或椭圆形，比花丝长，不育子房小，中央凹陷；雌花花序分枝有1—3花，花4数，花萼直径2毫米，裂片三角形，花瓣卵形或广椭圆形，长2毫米，基部连合，不育雄蕊的花药很小，子房球形。果球形，直径4—5毫米，鲜红色，柱头薄盘形，浅裂；分核4，不明显的三棱形，背部凸起，具皱和沟，被毛。花期6—7月，果期10—11月。

产贡山、腾冲、瑞丽等地，生于海拔2200—3000米山坡阔叶林中。模式标本采自腾冲。

37.康定冬青　黑皮紫条（镇雄）图375

Ilex franchetiana Loes.（1911）
常绿小乔木或灌木，高5—8（20）米，全株无毛。枝褐色，具棱；顶芽圆锥形，腋芽近球形。叶近革质，橄榄色，长圆状披针形直倒披针形，稀椭圆形，长7—12.5厘米，宽1.7—4厘米，先端渐尖至急尖，基部楔形至钝，边缘反卷，具细锯齿，侧脉8—15对，两面明显，网脉在上面不显；叶柄长1.5—2厘米。聚伞花序或单花，簇生于当年生枝叶腋，花4数；雄花花序分枝具3花，花序梗长1毫米，花梗长2—5毫米，花萼盘形，直径2毫米，深裂，花瓣长圆形，长2毫米，基部连合，雄蕊较花瓣稍短，花药长圆形，不育子房圆锥形，顶端钝；雌花花簇生，花梗长3—4毫米，中部具小苞片，花萼同雄花，花瓣卵形，长约2毫米，近分离或完全分离，不育雄蕊较花瓣短，花药近心形，子房近卵状球形，径约2毫米，

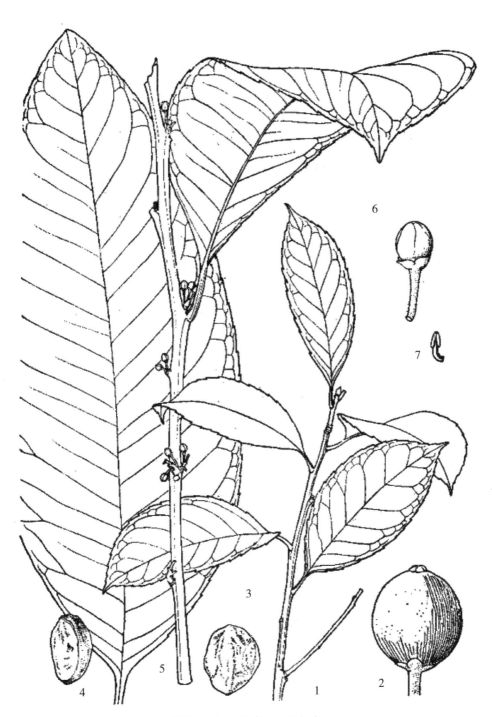

图372 毛果冬青和巨叶冬青

1—3.毛果冬青 Ilex trichocarpa H. W. Li ex Y. R. Li

1.叶枝　2.果　3.分核（正面观）

4—7.巨叶冬青 Ilex perlata C. Chen et S. C. Huang ex Y. R. Li

4.分核（侧面观）　5.花枝及叶片　6.花蕾　7.雄蕊

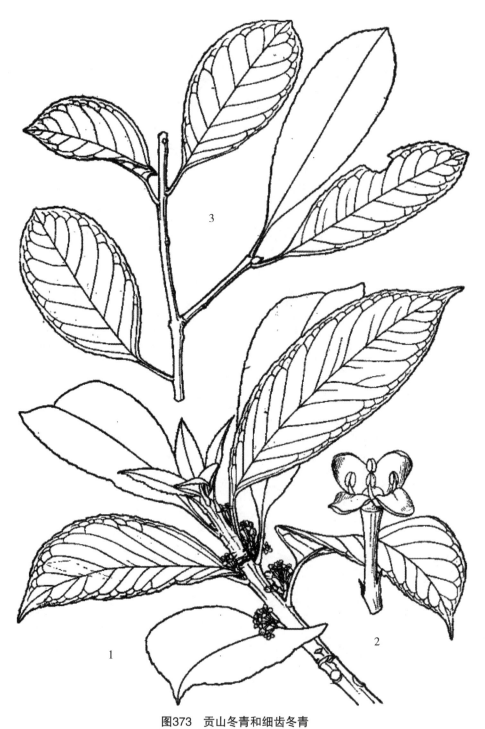

图373 贡山冬青和细齿冬青

1—2.贡山冬青 *Ilex hookeri* King 1.花枝 2.花

3.细齿冬青 *Ilex denticulata* Wall. 叶枝

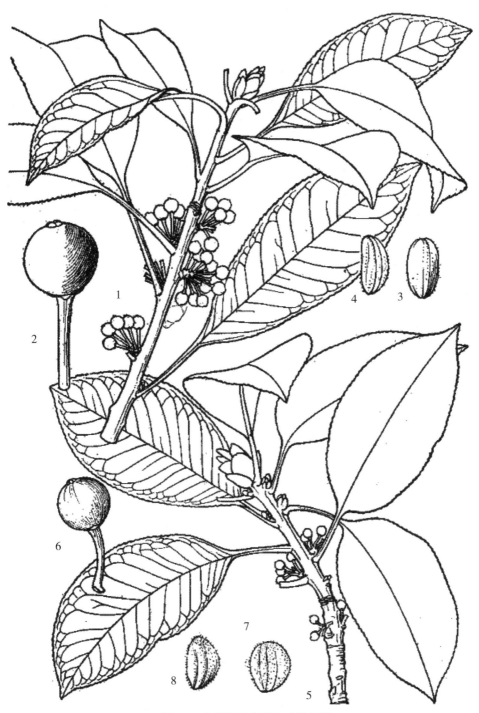

图374　红果锡金冬青和毛核冬青

1—4.红果锡金冬青 *Ilex sikkimensis* Kurz var. *coccinea* Comber

1.果枝　2.果　3.分核（正面观）　4.分核（侧面观）

5—8.毛核冬青 *Ilex liana* S. Y.Hu　5.果枝　6.果　7.分核（正面观）　8.分核（侧面观）

顶端截形，柱头盘形。果梗长4—5毫米，果球形，直径6—7毫米，花萼平展呈四角形，柱头薄盘形；分核4，长圆状三棱形，长5—6毫米，背部具掌状棱和沟，两侧也具棱和沟。花期5—6月，果期8—9月。

产永善、大关、彝良、镇雄、昭通和大理等地，生于海拔1850—2300（2850）米的山地杂木林中。分布于四川、湖北及西藏；缅甸北部也有。

38.黑毛冬青　图375

Ilex melanotricha Merr.（1950）

常绿乔木，高达10米。分枝较粗壮，褐色至深褐色，被黑色硬毛，稀无毛；叶痕三角状半月形，顶芽圆锥形。叶近革质，橄榄色至褐色，倒披针形至长圆状椭圆形，长7—14厘米，宽2.5—4厘米，先端渐尖，基部楔形至宽楔形，两侧下延至叶柄，侧脉10—14对；叶柄长10—15毫米。聚伞状假圆锥花序，生于二年生枝叶腋，花序轴粗短；雄花花序分枝有花1—4，花序梗长2—3毫米，花梗长3—4毫米，花黄绿色，花萼4—6深裂，裂片圆形，具缘毛，花瓣4，倒卵状长圆形，先端钝，具疏缘毛，雄蕊比花瓣短，花药卵状三角形，不育子房近球形，顶端圆，稍4裂；雌花花序分枝有花3—5，花序梗长2毫米，花梗长3—5毫米，均被微柔毛，花4数，花萼深裂，裂片卵形；花瓣倒卵状长圆形，长3.5毫米，分离，不育雄蕊较花瓣短，花药为花丝长的1/2，子房球形，顶端截平，4浅裂。果球形，红色，直径5—7毫米，果柄长5—7毫米，被细微柔毛，萼平展，柱头盘形，微4裂；分核4，长椭圆形，长3.5—5毫米，宽2.5—3毫米，背部和两侧皆具掌状棱和沟。花期5—6月，果期8—10月。

产贡山、维西和丽江，生于海拔（2300）2700—3200米山地沟谷混交林或杂木林中。分布于西藏；缅甸北部也有。

39.陷脉冬青　图376

Ilex delavayi Franch.（1898）

常绿乔木或灌木，高8—9米；全株无毛。分枝较粗壮，灰色，有棱槽，幼枝上具小疣点；叶痕卵状三角形，平凸；顶芽圆锥形，芽鳞边缘有锯齿。叶革质，橄榄色或褐橄榄色，倒披针状椭圆形至椭圆状披针形，长2.5—7厘米，宽1.2—2.8厘米，先端钝或急尖，基部楔形，边缘反卷，有圆齿状锯齿，侧脉6—7对，各级脉均在上面下陷，下面凸起；叶柄纤细，长5—15毫米。单花簇生或呈聚伞花序生于二年生枝叶腋，花4数；雄花花序分枝具1—3花，花序梗长约1毫米，花梗长1—3毫米，花萼盘形，深裂，直径2毫米，花瓣倒卵形，长2.5毫米，基部连合，雄蕊较花瓣短，花药卵形，不育子房球形，顶端圆；雌花花序簇生，有花2—5，花梗长2—4毫米，花萼和花瓣同雄花，不育雄蕊为花瓣长的1/2，花药心形，子房球形，直径1.5毫米，顶端截平，柱头盘形。果球形，直径5毫米，萼四边形，柱头厚盘形；分核4，长圆形，背部具掌状棱和沟，侧面具皱状棱沟。花期5—6月，果期7—8月。

图375 黑毛冬青和康定冬青

1—2.黑毛冬青 *Ilex melanotricha* Merr. 1.果枝 2.果

3—6.康定冬青 *Ilex franchetiana* Loes. 3.果枝 4.果 5.分核（背面观） 6.分核（正面观）

图376 小圆叶冬青和陷脉冬青

1—4.小圆叶冬青 *Ilex nothofagifolia* Ward.

1.果枝 2.果 3.分核（正面观） 4.分核（背面观）

5—6.陷脉冬青 *Ilex delavayi* Franch. 5.花枝 6.花外形

产贡山、维西、丽江、宾川和大理，生于海拔2800—3600米山地杂木林或灌木丛中。分布于四川。模式标本采自大理。

40.小圆叶冬青　图376

Ilex nothofagifolia Ward.（1927）

常绿乔木，全株无毛，高3—6米。分枝灰色或棕色，具槽和棱，1—2年生幼枝上密生棕色木栓质小瘤，老枝上较稀；顶芽圆锥形，长1—2毫米，紫红色或绿色。叶纸质，橄榄色至褐橄榄色，宽倒卵形、宽倒卵状椭圆形至宽椭圆形，长7—14毫米，宽6—10毫米，先端钝圆或突然骤尖，基部钝，侧脉3—4对，在上面下陷；叶柄长3—5毫米，紫红色或绿色。聚伞花序假簇生或单花簇生于二年生枝叶腋；雄花花梗长4毫米，花萼盘形，4深裂，裂片圆形，花瓣卵形，长2毫米，基部连合，雄蕊稍短于花瓣，花药卵状球形，不育子房球形。果柄长3毫米，果球形，宿存萼开展，柱头明显凸起，微头形；分核4，宽椭圆形，背部凸，具3—4条不明显的棱，侧面光滑。花期8—9月，果期11月。

产贡山独龙江，生于海拔2000—3000米山坡林中。分布于西藏；印度及缅甸也有。

41.突脉冬青　图377

Ilex subrugosa Loes.（1911）

常绿乔木，高达10米。小枝具棱，被短微柔毛；顶芽疏被微柔毛。叶革质，橄榄色，长圆状椭圆形或披针形，长5—10厘米，宽2—3厘米，先端渐尖至尾状渐尖，基部钝或宽楔形，边缘具锯齿，齿尖内向，黑色，侧脉5—8对，两面凸起；叶柄长4—10毫米，上面被柔毛。单花簇生或呈聚伞状假圆锥花序，腋生，花序轴有毛或无毛，花4数；雄花花序每分枝有花1—3，花梗长2—3毫米，花萼盘形，直径2毫米，深裂，被毛，花冠直径6—7毫米，花瓣长圆形，长3毫米，基部连合，雄蕊较花瓣稍长，花药卵状椭圆形，不育子房卵状球形，顶端钝；雌花仅单花，花梗长4—6毫米，被微柔毛，花萼盘形，裂片卵状三角形，花瓣分离，倒卵形，长3毫米，不育雄蕊较花瓣短，花药箭头形，子房卵状球形，径约2毫米，花柱明显，柱头厚盘形至头形。果卵状球形，长5—6毫米，直径4—5毫米，柱头厚盘形，4浅裂，萼呈四边形；分核4，倒卵形，长3.5毫米，背部具掌状棱沟。花期5—6月；果期7—8月。

产维西，生于海拔2000—2300米的沟边杂木林中。分布于四川。

42.凤庆冬青　图377

Ilex fengqingensis C. Y. Wu ex Y. R. Li（1984）

乔木，高5—7米。分枝褐色，圆柱形，当年生枝具棱槽，密被微柔毛；叶痕半圆形，凸起；顶芽小，圆锥形，密被微柔毛。叶生于当年生枝上；叶革质，橄榄色，长圆状椭圆形，长3—6厘米，宽1.3—2厘米，先端钝至短渐尖，基部宽楔形至钝，边缘具波状不明显的疏浅锯齿，侧脉6—7对，两面凸起；叶柄长5—8毫米，密被微柔毛。雌花单花簇生叶腋，花梗长1—2毫米，被毛，花4数，花萼深裂，裂片圆形，被微柔毛，花瓣倒卵状长圆形，被微柔毛，不育雄蕊与花瓣等长或稍长，花药卵状箭头形，子房球形，顶端凸。果柄长1—3

毫米，被毛，果球形，具4棱和4浅沟，直径4毫米，宿存萼平展，柱头厚盘形，浅4裂；分核4，椭圆形，长2.5毫米，宽2毫米，背部具掌状棱，无沟，侧面稍具浅棱沟。果期7—10月。

产龙陵、凤庆及临沧，生于海拔2700—2800米的林中。模式标本采自凤庆。

43.纸叶冬青　图378

Ilex chartacifolia C. Y. Wu ex Y. R. Li（1984）

乔木，高达10米。分枝褐色，粗壮，具棱槽，一年生枝被微柔毛，二年生枝上具皮孔；叶痕凸起，三角形；顶芽圆锥形，被微柔毛。叶坚纸质至薄革质，褐橄榄色，宽椭圆形至长圆形，长8—10厘米，宽3—5厘米，先端突渐尖，基部钝，边缘具极浅的细圆锯齿，侧脉7—8对；在下面极显著；叶柄长1—1.5厘米，被微柔毛。果序为假总状，生于二年生枝叶脉，果序轴长10—12毫米，较粗壮，被微柔毛，分枝具单果，果梗长约5毫米，被微柔毛；果球形，直径6毫米，宿存萼四边形，深4裂，被毛，柱头薄盘形，浅4裂；分核4，椭圆形，长4.5毫米，宽3.5毫米，背部和侧面具掌状棱沟。果期10月。

产漾濞，生于密林中。模式标本采自漾濞。

44.灰叶冬青　图378

Ilex tephrophylla（Loes.）S. Y. Hu（1950）

常绿乔木，高8—10米。分枝灰色，近圆柱形，有棱沟，无皮孔；顶芽圆锥形，疏被微柔毛。叶近革质或坚纸质，橄榄色，长圆状椭圆形至长圆状披针形，长9—11厘米，宽2.5—3.5厘米，先端尾状渐尖，有时镰状，基部钝或圆形，边缘近全缘或具不明显的小圆齿，侧脉7—9对，明显；叶柄长5—10毫米，无毛。雄花呈聚伞花序簇生叶腋，每分枝具3花，花梗长2—3毫米，被微柔毛，花4数，花萼深裂，裂片三角形，花瓣倒卵状长圆形，基部连合，雄蕊较花瓣稍长，花药卵状球形，不育子房近球形，顶端突然急尖。果序假总状或簇生，果序轴长3—6毫米，果梗长1—4毫米，被微柔毛；果球形，直径5—6毫米，外果皮薄，宿存萼四边形，柱头脐形；分核4，肯部具掌纹和沟。花期2月，果期10月。

产富宁、西畴、麻栗坡、普洱、景洪和勐海，生于760—1700米河谷阴湿的常绿阔叶林中。分布于广西。模式标本采自普洱。

45.云中冬青　图379

Ilex nubicola C. Y. Wu ex Y. R. Li（1984）

乔木。分枝褐灰色，粗壮，具棱，幼枝被微柔毛；叶痕凸起；顶芽圆锥形，被微柔毛。叶纸质，长圆形或宽披针形至狭椭圆形，长7—9厘米，宽2—3.2厘米，先端渐尖至长渐尖，基部宽楔形，边缘具浅波状齿，两面中脉上被细小微柔毛或变无毛，侧脉9—10对，在下面显著；叶柄长8—10毫米，上面窄槽内被微柔毛。雄花呈聚伞状假圆锥花序，腋生于一年生枝上，花序轴长3—6毫米，每分枝具3—5花，花序梗长1—2毫米，花梗长2—3.5毫

图377 凤庆冬青和突脉冬青

1—4.凤庆冬青 *Ilex fengqingensis* C. Y. Wu ex Y. R. Li

1.果枝 2.果 3.分核（正面观） 4.分核（背面观）

5—6.突脉冬青 *Ilex subrugosa* Loes. 5.果枝 6.果

图378 灰叶冬青和纸叶冬青

1—3.灰叶冬青 *Ilex tephrophylla* (Loes.) S.Y. Hu. 1.果枝 2.果 3.分核

4—6.纸叶冬青 *Ilex chartccifolia* C. Y. Wu ex Y. R. Li 4.果枝 5.果 6.分核

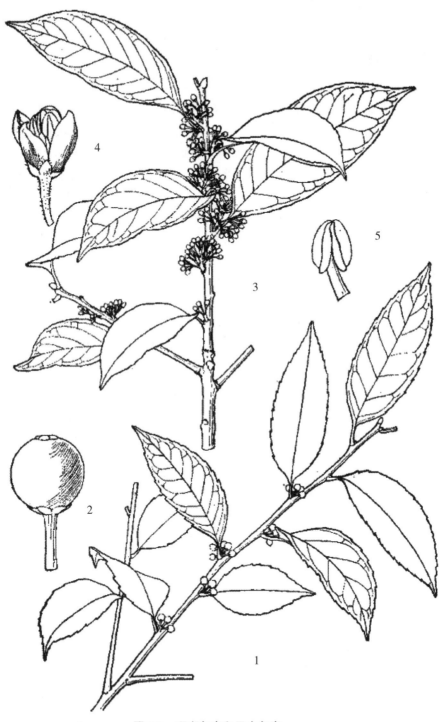

图379 珊瑚冬青和云中冬青

1—2.珊瑚冬青*Ilex corcllina* Franch. 1.果枝 2.果

3—5.云中冬青*Ilex nubicola* C. Y. Wu ex Y. R.Li 3.雄花枝 4.雄花 5.雄蕊

米，皆被微柔毛，花4数，萼深裂，裂片半圆形，具缘毛，花瓣长圆形，长3毫米，宽2毫米，基部连合，雄蕊较花瓣稍短，花药椭圆形，不育子房卵状球形，顶端钝，柱头盘形。

产金平，生于海拔2500米左右的林中。模式标本采自金平。

46.珊瑚冬青　图379

Ilex corallina Franch（1886）

常绿乔木或灌木，高达10米。分枝褐色，具棱，有毛或无毛；皮孔小，圆形；顶芽小。叶革质，橄榄色或褐橄榄色至肉桂色，卵形、卵状椭圆形至卵状披针形，长5—10厘米，宽1.5—3.5厘米，先端急尖或短渐尖，基部圆形或钝，边缘具圆齿状锯齿，稀尖锯齿，侧脉7—9对，两面凸起；叶柄长4—10毫米，干后赤褐色。聚伞花序腋生；花4数；雄花花序每分枝具1—3花；花梗长1毫米，花萼盘形，裂片三角形，先端钝，花瓣长圆形，长3毫米，宽1.5毫米，基部连合，雄蕊比花瓣短，花药长圆形，长1毫米，不育子房卵状球形，顶端圆形；雌花花序每分枝具单花，花梗长1—2毫米，基部具2枚小苞片，萼裂片圆形，具缘毛，花瓣卵形，长2毫米，不育雄蕊长0.6毫米，花药心形，子房卵状球形，柱头薄盘形。果小，近球形，紫红色，直径3—4毫米，宿存萼平展，柱头薄盘形；分核4，椭圆状三棱形，背部具皱纹并有不明显的棱和沟。花期5—6月，果期9—10月。

产香格里拉、维西、鲁甸、丽江、泸水、鹤庆、宾川、漾濞、禄劝、沾益、富民，生于海拔1200—2400米的山坡杂木林或灌丛中。分布于湖北、四川及贵州。

47.铜光冬青　图380

Ilex cupreonitens C. Y. Wu ex Y. R. Li（1984）

常绿乔木，高5—6米；全株无毛。分枝黄褐色，老枝上具明显的皮孔，幼枝具棱；叶痕椭圆状三角形，微凸；顶芽圆锥形。叶革质，橄榄色，上面有铜色光泽，长圆状椭圆形，长6.5—12厘米，宽2.5—4厘米，先端长渐尖，基部钝或近圆形，边缘具浅锯齿，齿尖黑色，侧脉8—10对，两面凸起，网脉在两面显著；叶柄长10—12毫米，上面有窄而深的槽。花中簇生。果球形，直径5毫米，干后具棱，果柄长1—2毫米，宿存萼4裂，裂片近圆形，柱头厚盘形；分核4，椭圆形，长4毫米，宽3毫米，背部具棱和沟，侧面棱沟不明显。果期8月。

产文山，生于海拔1800—2200米混交林中。模式标本采自文山。

48.峨边冬青　图380

Ilex chieniana S. Y. Hu

常绿乔木，高达10米。分枝栗褐色至灰褐色，无毛，老枝具皮孔，幼枝具棱；叶痕三角状半圆形，稍凸；顶芽圆锥形，无毛。叶革质或厚革质，褐橄榄色，长圆状椭圆形或卵状椭圆形，长5.5—9厘米，宽2.5—3.5厘米，先端渐尖，基部钝或宽楔形，边缘具明显的锯齿，齿尖黑色，侧脉8—10对，两面凸起，网脉不显；叶柄长7—12毫米，上面窄槽内被细微柔毛。雄花呈聚伞花序簇生叶腋，每分枝有1—3花，花序梗和花梗短，被微柔毛，花4数，花萼裂片三角形，具缘毛，花瓣长圆状椭圆形，长约3毫米，宽约1.5毫米，基部连合，雄蕊和花瓣近等长，花药椭圆形，不育子房近球形。果序为假总状，果梗长5—7毫米，被微柔毛；果球形，直径5—6毫米，具小疣点，宿存萼平展，柱头厚盘形或头形；分核4，近圆形，长约3毫米，宽约2.5毫米，背部具掌状棱和沟，两侧有皱纹。花期5—6月，果期7—8月。

产永仁、寻甸等地，生于海拔2500—3000米密林中。分布于四川。

49.微香冬青　图381

Ilex subodorata S. Y. Hu（1950）

常绿乔木或大灌木，高6—12米。分枝粗壮，褐色或紫褐色，无毛，具棱；顶芽圆锥形。叶厚革质，干后褐色或灰绿色，两面无毛，椭圆状披针形或椭圆状倒披针形，长9—11厘米，宽3—4厘米，先端渐尖至长渐尖，基部宽楔形，边缘有锯齿，侧脉7—9对，上面不显，下面明显；叶柄长8—12毫米。雄花呈聚伞花序簇生叶腋，每分枝具3花，花序梗长0.5—2毫米，花梗长3—4毫米，花4数，花萼盘形，裂片三角形或圆形，具稀疏缘毛，花瓣长圆形，基部连合，雄蕊与花瓣等长或稍短，花药长圆状卵形，不育子房近卵状球形，顶端钝。果序假圆锥状，果序轴短粗，果柄长约5毫米，被微柔毛；果球形，直径约5毫米，宿存萼具缘毛，柱头脐状盘形；分核4，近三角状圆形，长3毫米，宽2.5毫米，顶端钝，背部具掌状棱和沟，侧面具皱纹。花期7月，果成熟11月。

产镇雄、腾冲，生于海拔1680米的河边杂木林中。模式标本采自腾冲。

50.厚叶冬青　图381

Ilex intermedia Loes. ex Diels var. fangii（Rchd.）S，Y. Hu（1950）

常绿乔木，高8米。分枝褐色，具棱沟；顶芽圆锥形，无毛。叶厚革质，橄榄色，椭圆形至宽披针形，长8—13厘米，宽2.5—7厘米，先端尾状渐尖或长渐尖，基部钝或楔形，边缘反卷，有锯齿，侧脉8—10对，两面凸起，网脉两面不显；叶柄长8—10毫米。花序生于二年生枝叶腋，花序轴较粗壮；雄花呈聚伞状假圆锥花序，每分枝有花1—3，花序梗长1—2毫米，花梗长2—3毫米，花萼深裂，裂片卵状三角形，花瓣长圆形，长3毫米，基部连合，雄蕊长3毫米，花药卵状球形，不育子房近球形，顶端钝或微下陷；雌花呈假总状花序或假圆锥花序，每分枝具单花，稀3花，花梗长3—4毫米，被小微柔毛或无毛，花萼盘形，4裂，花瓣卵状长圆形，长约2.5毫米，不育雄蕊长约2毫米，花药卵状箭形，子房近球形，柱头盘形。果柄长4—5毫米；分核4，卵状三棱形，背部及两侧具掌状或网状棱和沟。花期4—5月；果期6—8月。

产永善、景东等地，生于海拔1900—2200米的杂木林中。分布于四川、湖北、贵州。

51.细脉冬青　图382

Ilex venosa C. Y. Wu ex Y. R. Li（1984）

乔木，高5米。分枝褐色至灰黄色，具棱，具皮孔，无毛；叶痕三角形，凸起；顶芽小，圆锥形。叶片纸质至厚纸质，橄榄色，无毛，长圆状椭圆形至宽披针形，长7—12厘米，宽2.5—4.5厘米，先端长渐尖，基部钝，边缘具疏浅锯齿，侧脉8—9对，连同网脉在两

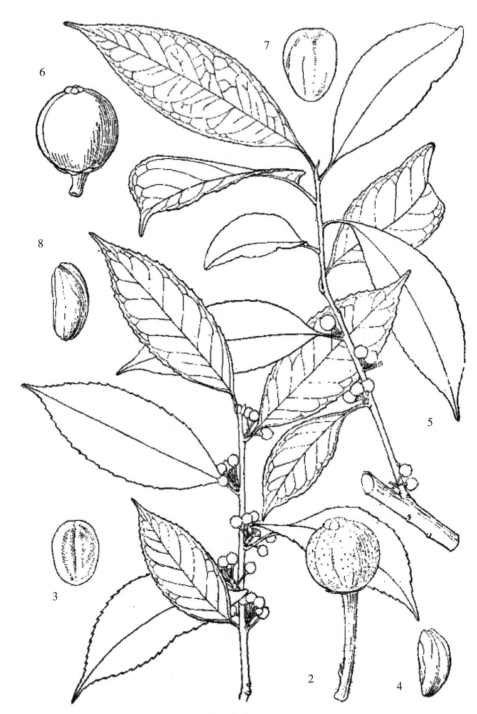

图380　峨边冬青和铜光冬青

1—4.峨边冬青 *Ilex chieniana* S. Y. Hu

1.果枝　2.果　3.分核（正面观）　4.分核（背面观）

5—8.铜光冬青 *Ilex cupreonitens* C. Y. Wu ex Y.R. Li

5.果枝　6.果　7.分核（正面观）　8.分核（背面观）

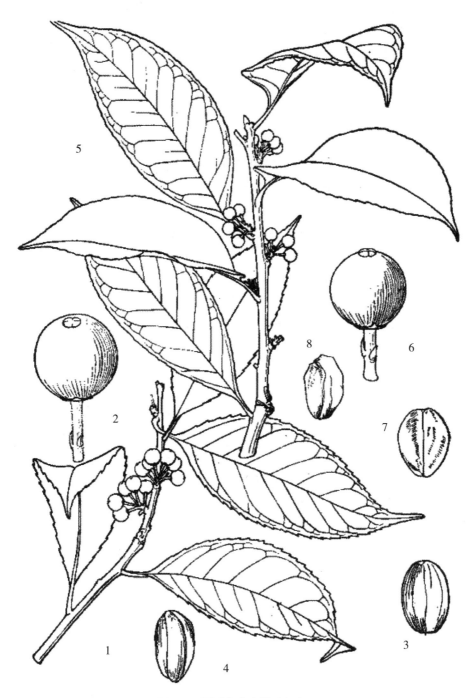

图381 厚叶冬青和微香冬青

1—4.厚叶冬青 *Ilex intermedia* Loes. ex Diels var. *fangii*（Rehd.）S. Y. Hu

1.果枝　2.果　3.分核（正面观）　4.分核（侧面观）

5—8.微香冬青 *Ilex subodorata* S.Y.Hu

5.果枝　6.果　7.分核（正面观）　8.分核（侧面观）

面显著；叶柄长8—10毫米，无毛。果序为假总状，果序轴极短；果梗长1—2毫米。果椭圆形，长约9毫米，直径6毫米，宿存萼平展，柱头扁平，呈薄盘形，脐状；分核4，背部具掌状棱和沟，侧面具棱沟。果期10月。

产新平，生于海拔2100米山谷谷坡阳处。模式标本采自新平。

52.假香冬青　图382

Ilex wattii Loes.（1901）

乔木，高8米，分枝褐色或黄棕色，有棱，三年生枝上有皮孔；顶芽圆锥形，叶纸质至薄革质，橄榄色，长圆形、椭圆状长圆形至椭圆形，长8—11.5厘米，宽2.5—4厘米，先端长渐尖至尾状渐尖，基部钝或楔形，边缘有锯齿，侧脉10—11对，两面凸起，网脉两面显著；叶柄长10—12毫米。聚伞花序或单花簇生于当年生枝叶腋；花4数；雄花花序每分枝具1—3花；花序梗极短至无，花梗长1—2毫米，花萼深裂，裂片卵状三角形，具缘毛，花瓣长圆状倒卵形，基部连合，不育子房近球形，顶端凹陷。果序簇生，果梗长2—3毫米；果近球形，直径约7毫米，宿存萼近圆形，平展，柱头平盘形或脐形；分核4，倒卵状长圆形，长4毫米，宽3毫米，背部具5棱和沟，侧面具棱沟。果期10月。

产临沧、腾冲，生于海拔2500—2600米林中。印度东北部有分布。模式标本采自腾冲。

53.榕叶冬青　图383

Ilex ficoidea Hemsl.（1886）

常绿乔木，高达8—12米；全株无毛。分枝具棱，褐色或深褐色；叶痕半圆形，不凸；顶芽圆锥形。叶革质，橄榄色或灰绿色，长圆状椭圆形，椭圆形至卵状或倒卵状椭圆形，长5.5—9厘米，宽2.5—3.7厘米，先端突然尾状渐尖，基部圆形或钝，边缘具浅圆齿状锯齿，齿尖黑色，侧脉7—9对，上面稍明显，下面显著，网脉上面不明显，下面明显；叶柄长10—12毫米，较纤细。聚伞花序或单花簇生于叶腋；花4数；雄花花序每分枝有1—3花，花序梗长1—2毫米，花梗长1—3毫米，花萼盘形，裂片三角形，花瓣卵状长圆形，长约3毫米，宽约2毫米，基部连合，雄蕊稍长于花瓣，花药长圆状卵形，不育子房很小，圆锥状卵形；雌花花序每分枝具单花，花梗长2—3毫米，花萼深裂，裂片三角形，龙骨状突起，花瓣卵形，长2.5毫米，具缘毛，不育雄蕊与花瓣近等长，花药卵形，子房卵状球形，柱头盘形。果球形，直径5—7毫米，柱头薄盘形；分核4，椭圆形，背部具掌状棱沟。花期3—4月，果期10—11月。

产西畴、麻栗坡，生于海拔1000—1500米的常绿阔叶林中。分布于湖北、湖南、浙江、广西、广东、福建及台湾；琉球群岛也有。

54.麻栗坡冬青　图383

Ilex marlipoensis H. W. Li ex Y. R. Li（1984）

常绿乔木，稀灌木，高5—15米；全株无毛。分枝褐色至黑褐色，具棱沟；顶芽圆锥形，叶薄革质至革质，长圆状椭圆形，长8—13厘米，宽3.5—4.5厘米，先端尾状渐尖，基部圆形或钝，边缘具很浅的细锯齿，侧脉8—10对，两面凸起，网脉稀疏，仅在下面显著；叶柄长8—10毫米。聚伞花序簇生于1—2年生枝叶腋。果梗长2—4毫米，未熟果近球形，长5—6毫米，宽3.5—5毫米，宿存花萼平展，直径约2毫米，深4裂，裂片卵状三角形，柱头厚盘形；分核4，背部与两侧具掌状棱和沟。花期1—2月，果期5—6月。

产麻栗坡，生于海拔1350米的河边常绿阔叶林中。模式标本采自麻栗坡。

55.景东冬青　图384

Ilex gintungensis H. W. Li ex Y. R. Li（1984）

乔木或灌木，高4—10米；全株无毛。分枝纤细，灰黄色，具棱，顶芽圆锥形。叶仅生于一年生枝上，厚革质或薄革质，橄榄色，长圆状椭圆形至倒卵状椭圆形，长7—11厘米，宽2.5—4厘米，先端长渐尖至尾状渐尖，基部钝或圆形，边缘有浅细锯齿，侧脉7—10对，上面稍明显，下面显著，网脉在下面显著；叶柄长5—8毫米，纤细。聚伞花序或单花簇生于叶腋；花4数；雄花花序轴极短，每分枝有花1—3，花梗长2—3毫米，花萼深裂，萼裂片卵状三角形，花瓣长圆形，长4毫米，宽2.5毫米，先端圆，有疏缘毛，基部连合，雄蕊长5—7毫米，花药卵形，不育子房小，近球形，顶端圆。果梗长4—5毫米，果（未熟）球形，直径约6毫米，宿存萼平展，柱头盘形；分核4，背部和侧面具掌状棱和沟。花期3—4月，果期5月以后。

产凤庆、景东，生于海拔1800—2450米的常绿阔叶林中。模式标本采自景东。

56.广南冬青　图384

Ilex guangnanensis Tseng et Y. R，Li ex Y. R. Li（1984）

乔木，高达15米；全株无毛。分枝褐黄色，具棱；叶痕三角状半圆形，凸起；顶芽圆锥形，芽鳞具缘毛。叶薄革质至革质，橄榄色，长圆形至长圆状椭圆形，稀椭圆状倒披针形，长4—8厘米，宽1.3—3厘米，先端尾状渐尖至镰状，基部钝圆至宽楔形，边缘具不明显的浅锯齿；侧脉很细，7—9对，两面不明显；叶柄长5—8毫米，纤细。花簇生于叶腋，花4数；雄花花梗极短，花萼深裂，裂片三角形，花瓣长圆形，长约2毫米，宽1毫米，基部连合，雄蕊较花瓣短，花药宽椭圆形，不育子房卵状球形，顶端凹陷；雌花花较雄花稍大，萼片三角状阔卵形；花瓣长3毫米，宽1.5毫米，不育雄蕊较花瓣短，花药卵形，子房卵状球形，直径2毫米，柱头凸起。果球形，直径约6毫米，柱头厚盘形；分核4，椭圆形，长4.5毫米，宽2.5毫米，背部凸起，具不明显的掌状棱沟，侧面光滑或有棱。

产广南，生于海拔1550米的林中。模式标本采自广南。

57.弯尾冬青　图385

Ilex cyrtura Merr.（1941）

常绿乔木，高达12米。分枝通常褐色，具棱沟，无皮孔；顶芽圆锥形，芽鳞具缘毛。叶生于二年生枝上，叶近革质，带褐色或带灰橄榄色，两面无光泽，椭圆形、长圆形或倒

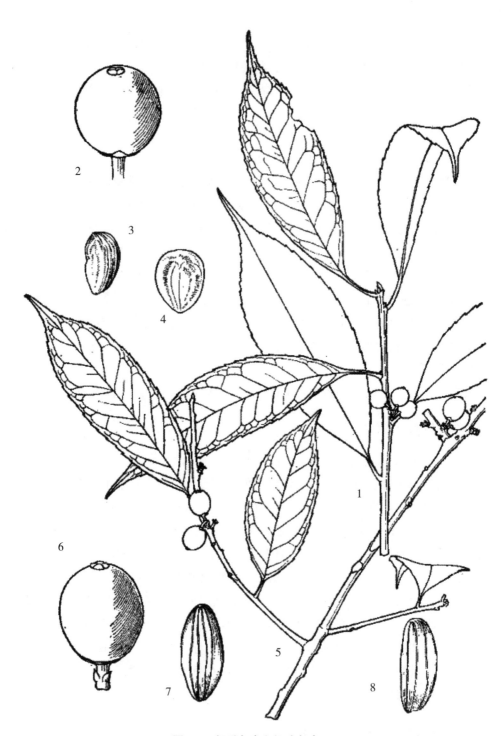

图382 假香冬青和细脉冬青

1—4.假香冬青 *Ilex wattii* Loes. 1.果枝 2.果 3.分核（侧面观） 4.分核（正面观）

5—8.细脉冬青 *Ilex venosa* C. Y. Wu ex Y. R. Li

5.果枝 6.果 7.分核（正面观） 8.分核（侧面观）

图383　麻栗坡冬青和榕叶冬青

1—2.麻栗坡冬青 *Ilex marlipoensis* H. W. Li ex Y. R. Li　1.花枝　2.未开放的花蕾

3—4.榕叶冬青 *Ilex ficoidea* Hemsl.　3.果枝　4.果

图384 景东冬青和广南冬青

1—3.景东冬青 *Ilex gintungensis* H. W. Li ex Y. R. Li　1.果枝　2.果　3.分核

4—7.广南冬青 *Ilex guangnanensis* Tseng et Y. R. Li ex Y. R. Li

4.果枝　5.果　6.分核（正面观）　7.分核（侧面观）

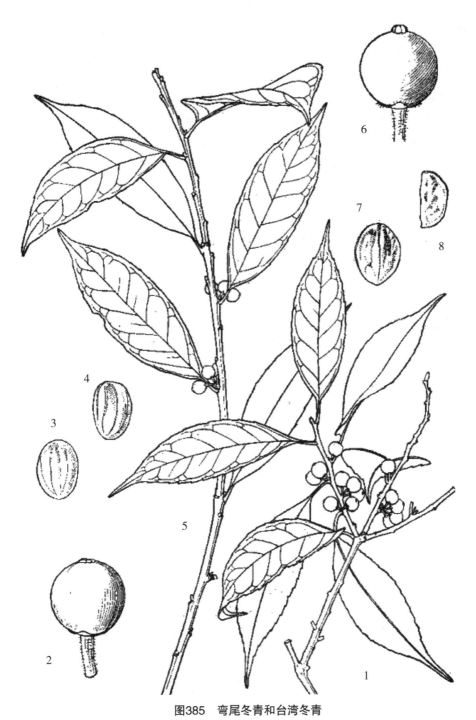

图385　弯尾冬青和台湾冬青

1—4.弯尾冬青 *Ilex cyrtura* Merr.　1.果枝　2.果　3.分核（正面观）　4.分核（侧面观）

5—8.台湾冬青 *Ilex formosana* Maxim.　5.果枝　6.果　7.分核（正面观）　8.分核（侧面观）

卵状椭圆形，长6—10厘米，宽2—3.5厘米，先端镰状长渐尖，基部钝或楔形，边缘具浅锯齿，侧脉7—8对，上面不明显，下面显著，叶柄长6—10毫米，具窄槽，被毛或无毛。花序簇生于一年生枝叶腋，个体分枝具单花，被微柔毛；花4数；雄花花梗长1毫米，花萼小盘形，4深裂，裂片三角形，花瓣长圆形，长3毫米，基部稍连合；雌花花梗长4毫米，花萼同雄花，花瓣卵状长圆形，长2毫米，宽1.5毫米，基部稍连合；雌花花梗长4毫米，花萼同雄花，花瓣卵状圆形，长2毫米，宽1.5毫米，基部稍连合，退化雄蕊与花瓣等长，花药箭头形，子房卵状球形，柱头盘形，凸起。果球形，直径4—6毫米，宿存萼平展，四边形，柱头薄盘形；分核4，宽椭圆形，长3—3.5毫米，宽2—3毫米，背部具掌状棱，几无沟。花期5—6月，果期7—11月。

产贡山，生于1200—1700米阔叶林中；分布于贵州、广西。缅甸北部也有。

58.台湾冬青　图385

Ilex formosana Maxim.

常绿小乔木或灌木，高达8—12米。小枝灰色，具棱，有光泽；顶芽狭圆锥形。叶厚革质，干后灰橄榄色，两面无光泽，椭圆形至长圆状披针形，稀倒披针形，长6—10厘米，宽2—3.5厘米，先端渐尖至尾尖，基部楔形，稀钝，边缘具小而浅的圆齿状锯齿或波状，侧脉6—8对，连同网脉在下面十分显著；叶柄长5—9毫米。花序簇生，极稀假总状，腋生；花4数；雄花由多数3花分枝组成聚伞花序，成簇，花序梗长1毫米，花梗2—3毫米，皆被微柔毛，花萼小盘形，直径2毫米，裂片三角形，被微柔毛，花瓣长3毫米，宽1.5毫米，先端具缘毛，雄蕊与花瓣等长，花药卵形，不育子房球形，小；雌花花序分枝具单花，花萼与雄花同，花瓣卵形，长2.5毫米，具缘毛，不育雄蕊长不足1毫米，花药卵形，子房卵状球形，直径1.5毫米，柱头厚盘形至头形。果近球形，直径4毫米，柱头头形；分核4，长圆形或近圆形，背部具掌状棱沟，侧面有皱纹。花期3—4月，果期5—6月。

产广南、屏边等地，生于海拔1550—1700米密林中。分布于四川、湖北、安徽、贵州、湖南、江西、福建、广西、广东及台湾；菲律宾也有。

59.点叶冬青　图386

Ilex punctatilimba C. Y. Wu ex Y. R. Li（1984）

常绿小乔木或灌木，高3—5米；树皮黑色或黑褐色。分枝粗壮，紫黑色，有棱，光滑；叶痕半圆形突起；皮孔缺乏；顶芽圆锥形。叶革质，干后绿褐色或橄榄色，两面无光泽，下面具腺点，无毛，长圆状披针形，长8—10厘米，宽2.5—3厘米，先端渐尖，基部近圆形或钝，边缘具不明显的锯齿，侧脉10—14对，网脉稀疏；叶柄长1.2—1.5厘米，粗壮，紫红色或紫黑色。雄花花序呈假圆锥状，腋生，花序轴十分膨大，无毛，长2—3毫米，花梗长2—3毫米，稍被微柔毛，花黄绿色，4数，花萼裂片三角状卵形，具缘毛，花瓣椭圆形，长2毫米，宽1.5毫米，具缘毛，基部连合，雄蕊长约1.5毫米，不育子房近球形。果未成熟。

产贡山、腾冲、景东，生于海拔2400—3000米河谷或山坡阔叶林中。

60.微脉冬青　图386

Ilex venulosa Hook.f.（1875）

常绿乔木，高达17米，完全无毛。分枝褐色至黑褐色，圆柱形，有细棱，二年枝上皮孔明显，呈椭圆形，白色；叶痕半圆形，凸起；顶芽卵球形，无毛。叶厚革质、橄榄色，两面无光泽，长圆状椭圆形至椭圆形，稀卵状椭圆形，长9—18厘米，宽3—6.5厘米，先端尾状渐尖，基部圆形或钝，全缘，侧脉15—20对，两面凸起，网脉两面显著，叶柄长1.5—2.5厘米，上面仅先端具窄槽。花序为三歧假伞形或聚伞花序组成的假圆锥花序，簇生；雄花花序轴极短至几无，二级花梗长7—10毫米，稍扁，具细槽，三级花梗长1—3毫米，花梗长1—2毫米，花5—6数，花萼小盘形，深裂，裂片宽卵状三角形，有缘毛，花瓣倒卵状长圆形，长2.5毫米，宽1.5毫米，基部连合，雄蕊较花瓣稍短，花药卵状椭圆形，不育子房近球形，顶端凸；雌花花序轴及花梗同雄花序，花萼同雄花，花瓣长圆形，基部连合，不育雄蕊很短，花药心状箭头形，子房卵状球形，柱头头形，显著。果红色，圆球形，直径3—4毫米，柱头厚盘形，中央凹；分核5—6（7），小，椭圆形，背部具不明显的3棱。

产腾冲、梁河、盈江、芒市、景东、临沧及耿马等地，生于海拔1800—2400米常绿阔叶林或混交林中。分布于缅甸及印度。

种子繁殖，果实成熟后采集堆放，待软化后揉烂去肉，洗净阴干后层积沙藏，注意保持一定湿度。一年生苗可出圃造林。

散孔材。木材黄白色，心边材区别不明显，有光泽；木材纹理直，结构细，材质强度中，干缩性中。可作玩具、文具、器皿、筷子、雕刻、家具、房建等用材。

61.海南冬青　图387

Ilex hainanensis Merr.（1934）

常绿乔木，高达8米。分枝灰褐色至黑褐色，具棱和皱纹，当年枝呈四棱形，被毛，无皮孔；叶痕半圆形凸起，顶芽小，被毛。叶纸质至薄革质，橄榄色至褐橄榄色，椭圆形至卵状椭圆形，长5—9厘米，宽2.3—3.5厘米，先端骤然渐尖，基部钝，边缘全缘或先端具1—2齿，侧脉约10对，下面显著；叶柄长5—8毫米，上面具细槽，被微柔毛。花序为聚伞花序或假伞形花序组成的假圆锥花序或成簇，腋生；花淡紫红色，5—6数；雄花花梗长1—2毫米，花萼盘形，深裂，裂片卵状三角形，被毛，花瓣卵形，长约2毫米，雄蕊较花瓣短，不育子房卵形；雌花花梗长1—3毫米，花萼深裂，裂片近圆形，稍被毛，花瓣卵状长圆形，长约2.5毫米，不育雄蕊长为花瓣长之半，花药椭圆状箭头形，子房卵球形，直径1.5毫米，顶端凸起，柱头头形。果实近球状椭圆形，长4毫米，宽3毫米，干后具纵沟，柱头头形或厚盘形，分核5—6，椭圆形，两端尖，背部粗糙，具1沟，侧面光滑。花期4—5月，果期7—8月。

产金平、河口等地，生于海拔500—900米疏林中，分布于广西、广东、海南。

种子繁殖或插条繁殖，圃地注意遮阴。

图386 点叶冬青和微脉冬青

1—3.点叶冬青 *Ilex punctatilimba* C. Y. Wu ex Y. R. Li

1.花枝　2.雄花　3.幼果

4—7. 微脉冬青 *Ilex venulosa* Hook. f.

4.果枝　5.果　6.分核（背面观）　7.分核（侧面观）

图387　海南冬青和河滩冬青

1—2.海南冬青 *Ilex hainanensis* Merr.　1.花枝　2.花蕾

3—5.河滩冬青 *Ilex metabaptista* Loes. ex Diels　3.果枝　4.果　5.分核

散孔材。木材微红灰，年轮可见；导管细管径与射线宽度近似至略大；薄壁组织不见；纹理直，结构细，材质中等，可为家具、房屋、装修、雕刻、器具、玩具等用材。

62.河滩冬青　图387

Ilex metabaptista Loes.ex Diels（1900）

小乔木或灌木，高4米。分枝灰褐色或深灰色，被短柔毛，具棱、粗糙，皮孔不明显；叶痕半圆形，十分凸起；顶芽披针状圆锥形，密被短柔毛。叶薄革质，橄榄色至褐橄榄色，披针形至倒披针形，长3—5.5厘米，宽0.8—1.5厘米，先端圆钝至急尖，基部楔形至急尖，边缘近全缘，反卷，近基部被毛，侧脉6—8对，下面明显，网脉不明显，叶柄长3—5毫米，被柔毛。雄花3花组成聚伞花序，簇生于叶腋，花梗长3—6毫米，密被毛，花白色，5—6数，花萼杯形，直径约3毫米，深裂，裂片三角状卵形，钝，被柔毛，花瓣长圆状卵形，长2毫米，雄蕊较花瓣短，花药长圆形，不育子房小，具沟，顶端急尖；雌花单花或2—3花成簇或聚伞状，5—6数，花梗长3—4毫米，被短柔毛，花萼杯形，裂片三角形，被毛，花瓣长圆形，长2毫米，不育雄蕊较花瓣短，花药箭头形，子房卵形，柱头头形，被短柔毛。果卵状椭圆形，长5—6毫米，宽4—5毫米，宿存萼盘形，直径4毫米，被毛，柱头头形；分核5—8，椭圆形，两端尖，背部具4—5棱，无沟或沟不明显，内果皮革质。花期5—6月；果期7—9月。

产彝良，生于海拔450米河边林中。分布于四川、湖北、贵州及广西。

63.华冬青　图388

Ilex sinica（Loes.）S. Y. Hu（1950）

常绿乔木，高达13米。分枝灰色，幼枝具棱，被毛，无皮孔；叶痕半圆形，凸起；顶芽圆锥形，密被微柔毛。叶薄革质至革质，青橄榄色至橄榄色，下面疏被微柔毛，长圆形至长圆状椭圆形，长5—11厘米，宽2.3—4厘米，先端渐尖至长渐尖，基部钝，侧脉10—14对，两面不明显；叶柄长5—10毫米，被微柔毛。雄花花序分枝具3花，花梗长3—4毫米，花4—6数，花萼杯形，被微柔毛，裂片三角形，花瓣长圆形，基部连合，雄蕊与花瓣等长或稍长，花药卵状长圆形，不育子房卵状球形，顶端喙状；雌花花梗长约5毫米，被微柔毛，花白色，6数，稀7—9数，花萼裂片三角形，被毛，花瓣长圆形，长2.5毫米，宽约1.5毫米，基部连合，不育雄蕊比花瓣短，花药箭头形，子房近球形，直径约2毫米，花柱极短，柱头为十分凸起的柱状头形。果球形，直径4—5毫米，花柱长约1毫米，柱头乳头状；分核6，椭圆形，两端钝，长3.5毫米，宽1.5毫米，背部具3棱和2沟，侧面无棱沟。花期3—4月，果期9—10月。

产西畴、蒙自、普洱、景洪及勐海，生于海拔1100—1700米林中。分布于广西。模式标本采自普洱。

64.乳头冬青　图388

Ilex mamillata C. Y. Wu ex Y. R. Li（1984）

乔木，高达12米。分枝灰白色，幼枝棱，其余粗糙，无皮孔；叶痕半圆形，十分凸起；顶芽被微柔毛。叶革质，橄榄色，上面有光泽，长圆状椭圆形，稀椭圆形或披针状椭圆形，长4—8厘米，宽1.5—3.5厘米，先端急尖至短渐尖，基部钝至宽楔形，全缘或先端具少而不明显的锯齿，侧脉9—10对，两面稍明显，网脉不明显；叶柄长5—8毫米，上面具窄槽。花序未见。果序簇生叶腋，有果1—4；果梗长3—8毫米，被微柔毛，果近球形，直径5—6.5毫米，宿存萼6深裂，裂片宽三角形，急尖或钝，具缘毛，柱头乳头状，十分凸起；分核6，椭圆形，长3—4毫米，宽1.5—2毫米，背部具3棱2沟，侧面具细棱。果期10月。

产漾濞、富民、广南、砚山及文山等地，生于海拔1200—2200米山坡、溪边林中。模式标本采自砚山。

65.长尾冬青　图389

Ilex longecaudata Comber（1933）

常绿乔木，高达9米。分枝灰色至灰褐色，较纤细，幼枝具棱，稍被毛；皮孔缺或不明显；叶痕半圆形，凸形；顶芽小，被微柔毛，芽鳞具缘毛。叶革质，橄榄色，上面有光泽或无，下面具褐色点，卵状长椭圆形或长圆状椭圆形，长5—8厘米，宽1.5—2.5厘米，先端狭长尾尖，尖长8—20毫米，有时镰状，基部钝或近圆形，全缘或在上部具稀疏而不明显的小锯齿，侧脉7—10对，上面稍明显或两面不明显；叶柄长5—8毫米，纤细。雄花单花或3花呈聚伞花序组成的假圆锥花序，腋生，花序梗长4毫米，花梗长约2毫米，花4—5数，花萼盘形，直径约2.5毫米，深裂，裂片具缘毛，花瓣倒卵形，基部连合，雄蕊稍短于花瓣，花药卵状长圆形，不育子房近球形，顶端截形，具4沟；雌花呈簇生或假总状花序，腋生，花梗长2—3毫米，被微柔毛，花4—5数，稀6数，花萼裂片三角形，急尖，花瓣卵形，长约2毫米，不育雄蕊稍比花瓣短，花药卵形，子房近球形，直径约2毫米，柱头厚盘形，凸起。果球形，直径3—4毫米，柱头厚盘形；分核5，椭圆形，长2.5毫米，背部具浅3棱，无沟。花期6月，果期9—10月。

产福贡、龙陵、凤庆、临沧、耿马、文山及屏边等地，生于海拔1400—1800米林中。

66.江南冬青　图389

Ilex wilsonii Loes.（1908）

常绿乔木，高达10米。分枝灰色至灰褐色，近圆形，当年生幼枝棕黄色，具浅棱沟；皮孔缺，叶痕半圆形，凸起；顶芽小，尖圆锥形。叶厚革质，橄榄色至褐橄榄色，两面无光泽，卵形至椭圆形或倒卵状椭圆形，长4—7.5厘米，宽1.5—3.5厘米，先端突然尾尖或尾状渐尖，渐尖长6—15毫米，尖钝，基部钝至近圆形，侧脉7—8对，两面不明显；叶柄长4—8毫米，无毛。雄花呈聚伞状或稀为伞形花序，簇生于二年生枝叶腋，花序梗长3—8毫米，花梗长1—2毫米，花4数，花萼盘形，直径2毫米，裂片卵状三角形，花瓣卵形，长2毫米，基部连合，雄蕊稍短于花瓣，花药椭圆形，不育子房近球形，顶端凸起；雌花簇生叶腋，花梗长3—7毫米，花4数，花萼和花瓣同雄花，不育雄蕊长为花瓣的1/2，花药心形，子房近球形，直径1.5毫米，柱头厚盘形。果小，球形，直径4毫米，柱头盘形；分核4，椭圆形，长3毫米，背部具3棱，稀4—5棱，无沟。花期5月，果期9—10月。

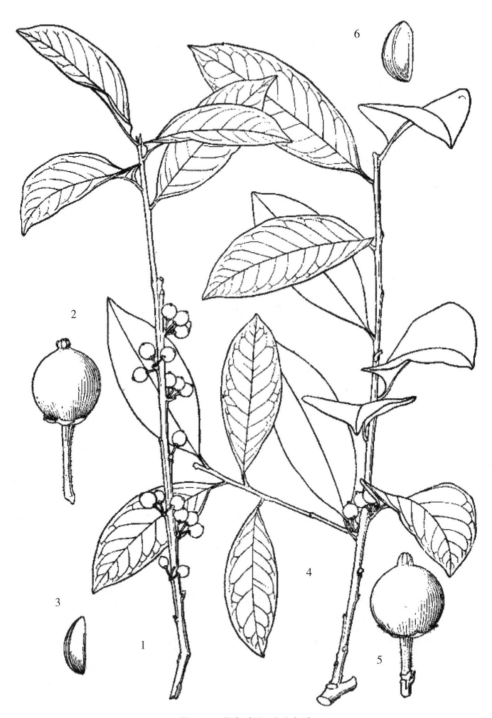

图388　华冬青和乳头冬青

1—3.华冬青 *Ilex sinica*（Loes.）S. Y. Hu　1.果枝　2.果　3.分核

4—6.乳头冬青 *Ilex mamillata* C. Y. Wu ex Y. R. Li　4.果枝　5.果　6.分核

图389　长尾冬青和江南冬青

1—2.长尾冬青 *Ilex longecaudata* Comber　1.果枝　2.果

3—5.江南冬青 *Ilex wilsonii* Loes.　3.果枝　4.果　5.分核

产彝良、镇雄等地，生于海拔1800—1900米的林中。分布于安徽、江苏、四川、湖北、贵州、湖南、江西、浙江、福建、广西、广东及台湾。

种子繁殖为主，也可插条繁殖。成熟果实堆腐去肉后洗净阴干，播前消毒并催芽。插条可用直播法，苗床适当遮阴。

散孔材。实心髓，卵圆形；生长轮明显；木材浅黄，略带绿色，有光泽；木材纹理直，结构细且均匀；强度、重量、硬度中等，边材易变色；可作各种车工制品、玩具、雕刻、家具等用材。

67.滇西冬青　图390

Ilex forrestii Comber（1933）

常绿小乔木或灌木，高7米。分枝灰色，具棱和条纹，皮孔不明显，叶痕三角形，十分凸起；顶芽小，圆锥形，稍被毛。叶片革质，褐橄榄色或橄榄色，上面有光泽，长圆状倒披针形、椭圆形至倒卵状椭圆形，长5—12厘米，宽2—4.5厘米，先端渐尖至长渐尖，基部圆形或钝，稀楔形，边缘下部1/2—1/3全缘，其余具圆齿或锯齿，侧脉10—12对，上面不明显，下面明显；叶柄长5—12毫米。雄花呈聚伞状假圆锥花序，腋生于二年生枝上；花序轴粗壮，被微柔毛；花梗长2毫米，稍被毛，花4—5数，花萼深裂，裂片阔三角形，花瓣卵状长圆形，基部连合，雄蕊较花瓣短，花药长圆形，不育子房小，顶端钝；雌花呈聚伞状假圆锥花序或假圆锥花序，花序轴较粗壮；花梗长1—3毫米，皆被毛，花萼深裂，裂片卵状宽三角形，稍被毛，花瓣卵状长圆形，长2毫米，基部连合，不育雄蕊较花瓣短，花药卵状箭头形，子房近球形，柱头凸起。果球形，直径3—5毫米，宿存萼平展，柱头厚盘形至近头形；分核5—7粒，椭圆形，长2毫米，背部无棱沟或具掌纹。花期6—7月，果期10—11月。

产德钦、香格里拉、贡山、维西、福贡、丽江、漾濞等地，生于海拔1800—3000米阔叶林中。模式标本采自贡山。

68.茎花冬青　图390

Ilex cauliflora H. W. Li ex Y. R. Li（1984）

常绿灌木，高达5米。分枝粗壮，1—2年生枝黑褐色，具棱，三年生枝呈灰色；皮孔大而显著，圆形；叶痕半圆形，凸起；顶芽细长圆锥形。叶薄革质至纸质，干后褐色至褐橄榄色，无光泽，椭圆形至长圆状椭圆形，长6—9.5厘米，宽2.5—4厘米，先端突然渐尖至长渐尖，基部钝或近圆形，边缘具尖锯齿，侧脉约8对，两面显著；叶柄长1—2厘米，粗壮。果序簇生于二年枝叶腋腋内，有果5—10，果序轴长1毫米，十分粗壮；果柄长3—4毫米，果近球形，直径约3毫米，宿存萼平盘形，深4裂；裂片三角状半圆形，柱头厚盘形至头形；分核4，椭圆形，背部具3—4棱，无沟。果期2—3月。

产麻栗坡，生于海拔2000—2600米灌木林中。模式标本采自麻栗坡。

69.双齿冬青　图391

Ilex bidens C. Y. Wu ex Y. R. Li（1984）

乔木，高达15米。分枝灰色，近圆柱形，幼枝具棱，密被微柔毛，无皮孔；叶痕半圆形，十分凸起；顶芽小，圆锥形，被毛。叶革质，橄榄色或灰绿色，倒卵形，长1.5—3厘米，宽1—1.5厘米，先端内凹，两侧各具1—2小齿，基部钝，全缘，中脉在上面凸起，密被微柔毛，在顶端延伸呈三角形小尖头，侧脉约5对，不明显；叶柄长2—4毫米，被毛。花序簇生于一年生叶腋，有花1—3；花梗四棱形，长2—3.5毫米，花极小，花萼5裂，裂片三角形，被毛。

产金平，生于海拔2450米林中。模式标本采自金平。

70.短黄杨冬青　图391

Ilex chamaebuxus C. Y. Wu ex Y. R. Li（1984）

小乔木，高3米。分枝灰褐色，具棱沟，密被毛，无皮孔；叶痕半圆形凸起；顶芽小，圆锥形，被毛。叶厚革质，褐橄榄色，下面褐色，两面无光泽，倒卵形，长12—18毫米，宽6—12毫米，先端心形，基部钝至阔楔形，全缘，侧脉两面不明显。雄花呈聚伞花序簇生或单独至二歧式生于二年生枝叶腋；花梗长0.5—1.5毫米，被微柔毛，花白色，4数，花萼深裂，裂片阔卵形，被毛，花瓣椭圆形，长2毫米，雄蕊较花瓣短，花药椭圆形，不育子房球形，顶端平，柱头薄盘形。花期5月。

产西畴、麻栗坡，生于海拔1100米林中。

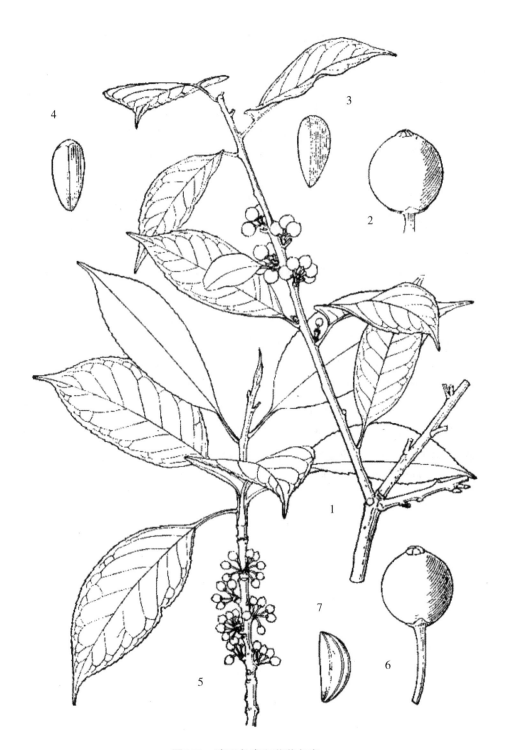

图390　滇西冬青和茎花冬青

1—4.滇西冬青 *Ilex forrestii* Comber　1.果枝　2.果　3.分核（侧面观）　4.分核（正面观）

5—7.茎花冬青 *Ilex cauliflora* H. W. Li ex Y. R. Li　5.果枝　6.果　7.分核

图391 双齿冬青和矮黄杨冬青

1—2.双齿冬青 *Ilex bidens* C. Y. Wu ex Y. R. Li 1.果枝 2.花蕾

3—4.矮黄杨冬青 *Ilex chamaebuxus* C. Y. Wu ex Y. R. Li 3.花枝 4.花

179.茶茱萸科 ICACINACEAE

乔木、灌木或藤本，有些种类具卷须或白色乳汁。单叶互生，稀对生，通常全缘，稀分裂或有细齿，大多羽状脉，少有掌状脉；托叶无。花两性或有时退化成单性而雌雄异株，极稀杂性或杂性异株，辐射对称，通常具短柄或无柄，排列成穗状、总状、圆锥或聚伞花序，花序腋生、顶生或稀对叶生；苞片小或无；花萼小，通常5—4裂，裂片覆瓦状排列，稀镊合状排列，有时合成杯状，常宿存，但不增大；花瓣（3）4—5，极稀无花瓣，分离或合生，镊合状排列，稀覆瓦状排列，先端大多内折；雄蕊与花瓣同数互生，花药2室，通常内向，花丝上端常有毛，分离；子房上位，3（2）心皮合生，1室，稀3—5室，花柱通常不发育，或2—3合生，柱头2—3裂，或合生成头状至盾状，胚珠2，稀1，或每室2，倒生，悬垂，种脊背生，珠孔向上；花盘通常不发育，稀杯状或分裂，更稀在一侧成鳞片状。果核果状，有时为翅果，1室，1种子，稀2种子。种子悬垂，种皮薄，绝无假种皮，珠柄常在珠孔上面增厚，种脐背着，多半有胚乳，稀无，胚通常小，多少直立。

本科约58属400种，广布于热带地区，以南半球较多。我国产13属25种，分布于西南部和南部各省。云南有10属16种。本志记载6属9种。

分属检索表

1.花单性或杂性异株。
  2.大乔木，嫩枝，幼叶下面及花序被锈色星状鳞秕；花丝比花药短 ……… 1.肖榄属Platea
  2.小乔木或灌木，枝、叶及花序不具上述特征；花丝比花药长2倍以上。
    3.花排成腋生、顶生或对叶生的2—3歧聚伞花序；核果顶部常有宿存柱头；花萼合成杯状，花丝与花冠管分离，常被髯毛 ……………………………2.粗丝木属 Gomphandra
    3.花排成腋生穗状或总状花序；核果顶部不具宿存柱头；花萼至少上部3/4分离，花丝贴生于花冠管上，无毛 …………………………………3.琼榄属 Gonocaryum
1.花两性。
  4.花柱偏生，子房一侧肿大；果基部具盘状附属物；叶干后通常黑色 ……………………
  ……………………………………………………………… 4.柴龙树属 Apodytes
  4.花柱不偏生，子房非一侧肿大；果不具附属物。
    5.花序腋生，花瓣匙形，下部分开，外面被微柔毛，内面无毛，药隔突出，花盘与子房合生；果大而中果皮薄，核骨质；叶边缘微波状，软骨质 …………………………
    ……………………………………………………… 5.假海桐属 Pittosporopsis
    5.花序顶生，稀同时腋生，常极臭，花瓣条形，下部黏合，两面被毛，药隔不突出，花盘叶状，5裂，内面被毛；果小而中果皮肉质，核薄；叶全缘 …………………………
    ………………………………………………… 6.假柴龙树属 Nothapodytes

1.肖榄属 Platea Bl.

大乔木。嫩枝、幼叶下面及花序被锈色星状鳞秕或单毛。叶全缘，革质，具平行羽状脉。花小，杂性或雌雄异株，雄花组成腋生、间断的穗状花序，或组成圆锥花序；雌花组成腋生的短总状花序；萼片5，分离或基部稍连合、覆瓦状排列；花瓣5，基部合成极短的管，先端分离，裂片镊合状排列，在雌花中极早落或无；雄蕊5，着生于花冠基部，与花冠裂中互生，花丝比花药短，花药外向；子房（在雄花中退化或无）球形至圆柱形，被毛，柱头阔盘状，1室，具2悬垂胚珠，核果圆柱状，外果皮蓝黑色，薄。内果皮木质，具网状肋。种子1枚，具丰富的胚乳及微小的胚。

本属约5种，分布自印度向东南亚、马来西亚、印度尼西亚，东达菲律宾。我国产2种，分布于广东、广西。云南产1种。

1.阔叶肖榄　蒜头树（屏边）、木棍树（广西）、海南肖榄（海南）　图392

Platea latifolia Blumea 1826.

Sideroxylon gamblei C. B. Clarke（1882）

Platea parviflora（non K. et V.）Dahl，（1952）

大乔木，高达25米。树皮灰褐色；小枝、芽、幼叶下面及花序密被锈色星状鳞秕，老时渐疏。叶椭圆形或长圆形，长10—19厘米，宽4—9厘米，先端渐尖，基部圆或钝，上面深绿色，下面淡绿，薄革质至革质，中脉在上面微凹，下面与侧脉均隆起，侧脉6—14对，在边缘汇合，网脉细；叶柄长2—3.5厘米，花雌雄异株；雄花排列成大型圆锥花序，腋生，长4—10厘米，密被锈色星状鳞秕和绒毛，苞片卵形，长约1毫米，被锈色绒毛，萼片卵形，长约0.5—0.8毫米，密被锈色星状鳞秕，具缘毛，花瓣卵状椭圆形，长1.5—1.8毫米，先端内弯，绿色，无毛，花丝极短，白色，花药长圆形，长约0.8毫米，黄色，退化子房圆锥状；雌花排列成腋生的短总状花序，花序长1—2厘米，和苞片、萼片及子房密被锈色星状鳞秕和绒毛，每花具1苞片，苞片披针形，长0.4—0.7厘米，花梗粗，长0.3—0.4厘米，萼片长约0.3厘米，5齿，裂齿三角形，外面密被锈色星状毛，里面无毛，边缘具缘毛，子房圆柱形，密被棕色星状毛，柱头盘状，3圆裂。果序长1.5—3厘米，被锈色星状鳞秕；核果椭圆状卵形，长3—4厘米，直径1.5—2厘米，幼时被星状鳞秕，老时逐渐脱落，顶端为盘状柱头，具增大的宿存萼。种子1，子叶披针形，胚乳丰富。花期2—4月，果期6—11月。

产屏边，生于海拔900—1300米的沟谷密林中。广东、广西有分布；印度、孟加拉国、泰国、老挝、越南、马来半岛、印度尼西亚和菲律宾也有。

种子繁殖。宜随采随播。

散孔材。导管具复穿孔底壁，胞壁通常薄壁；木纤维长具方面显著的重纹孔。木材材质轻软，纹理直，结构细，可供一般生活、农具用材。

图392 阔叶肖榄 *Platea latifolia* Blume.
1.雄花枝　2.雄花　3.雌花枝部分　4.雌花　5.果

2. 粗丝木属 Gomphandra Wall. ex Lindl.

乔木或灌木。单叶互生，全缘，具柄，托叶无。雌雄异株，花小，排列成腋生、顶生或对叶生的2—3歧聚伞花序，雄花序多花，雌花序少花，苞片小；花萼合生成杯状，4—5裂；花瓣4—5，合生成短管，镊合状排列；雌花雄蕊4—5，下位着生，花丝肉质而阔，长为花药的2—3倍，具棒状髯毛，很少无毛，与花冠管分离，顶部内侧稍凹陷，花药内向开裂，花盘垫状，与子房或退化子房融合；雌花雄蕊不发育或无花粉，子房圆柱状至倒卵形，1室，2胚珠，柱头头状至盘状，有时2—3裂，常无花盘。果为核果，顶部常有宿存的柱头，具1种子。种子下垂，胚乳肉质。

本属约33种，分布自我国南部、西南部至印度、马来西亚、菲律宾、伊里安岛至澳大利亚东北部，我国产2种。云南均有。

分 种 检 索 表

1. 叶长圆形至倒卵状长圆形，长11—28厘米，宽3—13厘米，基部近圆形，下面密被短柔毛；花序梗、果梗密被黄色长柔毛 ······························· **1. 毛粗丝木 G. mollis**
1. 叶狭披针形、长椭圆形至阔椭圆形，长6—15厘米，宽2—6厘米，基部楔形，两面无毛；花序梗、果梗略被短柔毛 ································· **2. 粗丝木 G. tetrandra**

1. 毛粗丝木　图393

Gomphandra mollis Merr.（1942）

Gomphandra tonkinensis Gagn.1947

Stemonurus mollis（Merr.）Howard ex Dahl（1952）

灌木或小乔木，高2—7米。小枝圆柱形，被短柔毛。叶纸质或幼时近膜质，长圆形至倒卵状长圆形，长11—28厘米，宽3—13厘米，先端渐尖至突渐尖，基部近圆形，上面无毛或幼时疏被及沿中脉密被黄色短柔毛，干时为深黑色或黑橄榄色，具光泽，下面密被淡黄色短柔毛，侧脉8—10对，上面通常明显，下面隆起，上升，至边缘不明显或通常弧曲，网脉稀疏；叶柄长1（3）厘米，密被黄色短柔毛。聚伞花序与叶对生，长4—5厘米，密被黄色短柔毛，花序梗长1—3厘米，具轮生状的4分枝，多花在分枝末端排成聚伞状头状花序；雄花白色，5数，长约5毫米，花梗极短或近无，花萼杯状，短，长约0.5毫米，截形或微5裂，边缘具短纤毛，萼片卵形或卵状披针形，长1—1.5毫米，渐尖并向内弯曲，雄蕊长约4毫米，花丝扁平，上部宽约1毫米，向下渐狭，上部具无色透明的髯毛，长1—1.5毫米，顶端棒状，花药椭圆形，长0.7—1毫米，子房不发育，圆锥状，长约1毫米，无毛。核果椭圆形，长约1.5厘米，径约0.7厘米，果梗密被黄色长柔色。花期3—6月，果期4—7月。

产河口、屏边、麻栗坡，生于海拔150—1100米的疏、密林及山地季雨林中。越南北部有分布。

营林技术、材性及经济用途与粗丝木略同。

图393　粗丝木和毛粗丝木

1—3.粗丝木 *Gomphandra tetrandra*（Wall.）Sleum.　1.雄花枝　2.果枝　3.花展开
4.毛粗丝木 *G. mollis* Merr. 果枝

2.粗丝木　海南粗丝木（海南），毛蕊木（中国树木分类学）图393

Gomphandra tetrandra（Wall.）Sleum. 1940.

Lasianthera tetrandra Wall.（1824）

灌木或小乔木，高2—10米。树皮灰色；嫩枝绿色，密被或疏被淡黄色短柔毛，叶纸质，幼时膜质，狭披针形、长椭圆形或阔椭圆形，长6—15厘米，宽2—6厘米，先端渐尖或尾尖，基部楔形，两面无毛或幼时下面被淡黄色短柔毛，表面深绿色，下面稍淡，均具光泽，中脉在下面明显隆起，侧脉6—8对，上面明显，下面稍隆起，斜上升，在边缘互相网结，网脉不明显；叶柄长0.5—1.5厘米，略被短柔毛，聚伞花序与叶对生，有时腋生，长2—4厘米，密被黄白色短柔毛，具花序梗，花梗长0.2—0.5厘米，雄花黄白色或绿白色，5数，长约5毫米，花萼短，长不到0.5毫米，5浅裂，花冠钟形，长3—4毫米，裂片近三角形，先端急渐尖，内向弯曲；雄蕊稍长于花冠，长3.5—4.5毫米，花丝肉质，宽扁，宽约1毫米，上部具白色微透明的棒状髯毛，花药卵形，长约0.5毫米，黄白色，子房不发育，小，长约0.5（1）毫米，雌花黄白色，长约5毫米，花萼微5裂，长不到0.5毫米；花冠钟形，长约0.5毫米，裂片长三角形，边缘内卷，先端内弯，雄蕊不发育，较花冠略短，花丝扁，宽约1毫米，两端较窄，上部具白色微透明的短棒状髯毛，子房圆柱形，无毛或有时被毛，柱头少，5裂稍下延于子房上。核果椭圆形，长（1.2）2—2.5厘米，径（0.5）0.7—1.2厘米，由青转黄，成熟时白色，浆果状，干后有明显的纵棱，果梗略被短柔毛。花果期全年。

产文山、红河、普洱、普洱、西双版纳、临沧，生于海拔500—2200米的疏、密林下及路边灌丛。广东、广西、贵州有分布；印度、斯里兰卡、缅甸、泰国、柬埔寨、越南也有。

种子繁殖。果实成熟后采集并洗净果肉晾干。随采随播为好。1年生苗可出圃。

散孔材。管孔略小，数量中而分布均匀。木材灰褐色，心边材不明显，生长轮明显；木材纹理直，结构细，材质略硬重，干缩性中。可作建房、家具、农具、工具柄等用材。

3.琼榄属 Gonocaryum Miq.

灌木或小乔木，单叶互生，叶革质，全缘，两面无毛，具叶柄。花杂性异株或两性，组成1或数个腋生、密集、间断的短穗状花序或总状花序；花萼至少上部3/4分离，裂片5—6，覆瓦状排列；花冠管状，5裂片，镊合状排列；雄蕊5（在雌花中萎缩），花丝比花药长3—5倍，无毛，贴生于花冠管上，且与花冠裂片互生，花药卵状长椭圆形，内向，背着；子房（在雄花中退化不育）圆锥状，1室，具2悬垂胚珠，花柱短钻形或圆柱形，柱头厚，盾形。核果椭圆形，顶端近截平，外果皮厚，栓皮状海绵质，内果皮薄，木质。种子下垂，胚乳革质，多裂。

本属约9种，分布于东南亚热带地区，其中有1种分布在我国台湾，1种分布在海南和云南。

1.琼榄 黄蒂、金蒂（海南）、黄柄木 图394

Gonocaryum lobbianum（Miers.）Kurz 1870.

Platea lobbiana Miers. 1852

Gonocaryum maclurei Merr.（1922）

灌木或小乔木，高1.5—8（10）米，树皮灰色，小枝无毛，淡榄绿色至淡灰褐色。叶革质，长椭圆形至阔椭圆形，长9—20（25）厘米，宽4—10（14）厘米，先端骤然渐尖，基部宽楔形或近圆形，一侧偏斜，上面深绿色，具光泽，下面绿色，两面无毛，中脉在上面明显且略凹，在下面隆起，侧脉5—6（9）对，网脉细，不明显；叶柄粗壮，长1—2厘米。花杂性异株，雄花排列成腋生、密集、间断的短穗状花序，雌花和两性花少数，于短花序梗上排列成总状花序。雄花具长7—8毫米的花梗，萼片5，阔椭圆形，长约2毫米，仅近基部连合，裂片镊合状排列，具缘毛；花冠白色，管状，长约6毫米，稍肉质，无毛，裂片5，三角形，边缘内弯；雄蕊5，着生于花冠管上，花丝长3—4毫米，花药卵形，长约1.5毫米，子房退化，长约2.5毫米，被短柔毛，花盘环状；雌花较小，萼片5，卵形，长约2.5毫米，镊合状排列；花冠管状，长约6毫米，5裂，裂片三角形；花丝长约4毫米，退化花药长约0.5毫米，子房阔卵形，无毛，花柱被毛，柱头小，3裂，花盘环状。核果椭圆形至长椭圆形，长3—4.5（6）厘米，径1.8—2.5厘米，由绿色转紫黑色，干时有纵肋，顶端具短喙。花期1—4月，果期3—10月。

产金平，生于海拔450米左右的山谷密林中。海南有分布；缅甸、泰国、老挝、越南、柬埔寨、马来半岛及印度尼西亚也有。

种子繁殖，宜随采随播。

散孔材。导管兼具单及复穿孔底壁；单列射线一般少数，由直立细胞组成；木纤维重纹，孔缘较小。木材纹理较直，结构细，材质及强度中等，可作文具及工具等用材。种子油可供制皂及润滑油。

4.柴龙树属 Apodytes E. Meyer ex Arn.

乔木或灌木。单叶互生，全缘，无毛，羽状脉，干后通常黑色；具柄。花两性，小，组成顶生或腋生的圆锥花序或稀圆锥式聚伞花序；花萼小，杯状，5齿裂；花瓣5，分离或基部稍合生，镊合状排列，通常无毛，雄蕊5，着生于花瓣基部，并与花瓣互生，花丝略扩大，花药箭形，纵裂，背着；子房1室，一侧肿胀，花柱偏生，略卷曲，柱头小而斜，胚珠2，悬垂。核果卵形或椭圆形，偏斜，果皮脆壳质，种子1，悬垂，胚小，生于肉质胚乳的顶部，子叶狭窄。

本属约14种，分布于热带、亚热带非洲和热带亚洲，我国有1种，产海南、广西和云南。

图394 琼榄和柴龙树

1—2.琼榄 *Gonocaryum lobbianum*（Merr.）Kurz. 1.果枝 2.雄花展开

3—6.柴龙树 *Apodyles dimidiata* E. Meyer ex Arn. 3.花枝 4.果枝 5.子房 6.果

1.柴龙树　图394

Apodytes dimidiata E. Meyer ex Arn. 1840.

Apodytes cambodiaha Pierre 1892

A. yunnanensis Hu 1940.

乔木或灌木，高达20米。树皮灰白色，平滑。小枝灰褐色，具皮孔，嫩时密被黄色微柔毛。叶椭圆形或长椭圆形，长6—15厘米，宽3—7.5厘米，先端急尖或短渐尖，基部楔形，上面黄绿色，微亮，下面淡，干后黑色或黑褐色，两面无毛或下面沿中脉稍被毛，侧脉5—8对，下面稍明显，网脉细；叶柄长1—2.5厘米，疏被微柔毛，嫩时较密。圆锥花序顶生，密被黄色微柔毛；花两性，花梗短，长不到1毫米，密被黄色微柔毛；花萼杯状，黄绿色，长约0.5毫米，5齿裂，外面疏被微柔毛；花瓣5，黄绿色，长圆形，长约4毫米，宽约1毫米；雄蕊5，花丝紫绿色，长约1.5毫米，花药黄绿色，长约1.5毫米，药室基部张开，上部着生于花丝上；子房长约1.5毫米，密被黄色短柔毛，花柱偏生，长约2.5毫米，无毛，柱头小。核果长圆形，长约1厘米，宽约0.7厘米，幼时青色，熟时红色至黑红色，有明显的横皱，基部具一盘状附属物，其一侧为宿存花柱。种子1枚。花果期全年。

产西双版纳及双江，生于海拔470—1540（1900）米的各种疏、密林中。海南、广西有分布；非洲南部、安哥拉及热带、亚热带东北非洲至斯里兰卡、印度、热带东南亚也有。

种子繁殖。宜随采随播。

本种具有褐灰色，硬而十分坚韧的木材，非洲称"白梨木"，易于施工，宜作旋制品。

5.假海桐属　Pittosporopsis　Craib

灌木至小乔木。叶互生，纸质，长椭圆状倒披针形或长椭圆形，边缘微波状，软骨质，两面近无毛。花较大，两性，排列成少花的腋生聚伞花序；花梗短，具节；小苞片3—4；花萼5裂，宿存，果时增大；花瓣5。匙形，顶部内向镊合状排列，下部分开，外面被微柔毛；雄蕊5，与花瓣互生，并微黏合于花瓣基部，花丝扁平，向上突然收缩，花药长椭圆形，基部2圆裂，背着，药隔突出，成锐尖头；花盘与子房合生；子房椭圆形，1室，有2悬垂胚珠，花柱初时劲直，后膝曲，宿存。核果较大，近圆形，稍偏斜，中果皮薄，核近骨质，胚乳肉质，嚼烂状，子叶宽大，扁平。

本属1种，分布于缅甸、泰国、老挝、越南至我国云南南部和东南部。

1.假海桐　图395

Pittosporopsis kerrii Craib 1911.

Stemonurus yunnanensis Hu 1940.

灌木或小乔木，高（1）4—7（17）米。树皮红褐色；小枝近圆柱形，褐绿色，无毛，具稀疏的皮孔；嫩时绿色，略被微柔毛。叶片长椭圆状倒披针形至长椭圆形，长12—22厘米，宽4—8.5厘米，先端渐尖或钝，基部渐狭，上面深绿色，下面浅绿色，具光泽，两面无毛或下面沿中脉稍被毛，侧脉5—7对，弧曲上升，在远离边缘处会合，中脉和侧脉在上

图395 假海桐 *Pittosporopsis kerrii* Craib.

1.花枝　2.花　3.子房　4.花瓣　5.幼果枝（部分）

面微凹，下面隆起，网脉稀疏且明显；叶柄长1.5—2.5厘米，上面具一槽，近无毛。花序长3—4.5厘米，被微柔毛；总花序梗长1.5—2.5厘米，分枝长0.4—0.8厘米；花梗被黄褐色微柔毛，具3—4鳞片状小苞片；花芽绿色，长圆形；花萼长约2毫米，5深裂，裂片三角形，长和宽约1毫米，外面疏被金黄色微柔毛；花瓣匙形，长5—7毫米，宽1.5—2毫米，黄绿转白色，具香味；雄蕊与花瓣几等长，花丝扁，宽约1毫米，花药白色，丁字着生，长约1—1.5毫米，药隔伸出；花盘不超过1毫米；子房圆锥形，长1.5—2毫米，花柱棒状，长3—4毫米。核果近圆形至长圆形，稍扁，长2.5—3.5厘米，径约2—2.5厘米，生时白绿色，可食，干时褐色，具2棱，1棱偏向突出，基部有宿存增大的萼片，外果皮极薄，中果皮薄，网脉多而突出，内果皮稍厚，近骨质。种子具淡褐色、极薄的种皮。花期10月至翌年5月，果期2—10月。

产沧源、西双版纳、红河、金平，生于海拔350—1600米的山溪密林中。缅甸、泰国、老挝、越南有分布。

种子繁殖，宜随采随播。

散孔材，管孔甚小，木射线异型，有宽、窄两种。木材黄褐色，心边材不明显；木材纹理较直，结构细而均匀，材质中等，强度中；干缩性一般，加工性能好，不耐腐。可作文具、玩具、车旋制品等用材。种子可食，也可药用。

6. 假柴龙树属 Nothapodytes Bl.

乔木或灌木。小枝通常具棱。叶互生，稀上部叶近对生，全缘，羽状脉；叶柄具沟槽。聚伞花序或伞房花序顶生，稀同时腋生；花常有特别难闻的臭气，两性或杂性；花梗在萼下具关节，无苞片；花萼小，杯状或钟状，浅5齿裂，宿存；花瓣5，厚，条形镊合状排列，外面被糙伏毛，里面被长柔毛，先端反折，通常无毛；雄蕊5，通常分离，花丝丝状，肉质，通常扁平，稀基部加厚，花药卵形，纵裂，内向，背着，背面基部的垫状附属物多少与花丝贴生，药隔长约为花药之半；花盘叶状，环形，内面被毛，具5—10圆裂或齿缺；子房1室，被硬毛或稀无毛，胚珠2，倒生，自近室顶下垂，花柱丝状至短圆锥形，柱头头状，截形，稀2裂或凹入。核果小，椭圆形或卵圆形，长圆状倒卵形，浆果状，中果皮肉质，内果皮薄，核薄。种子1，胚乳丰富，子叶薄而叶状几乎与种子等长，胚根直出。

本属7种，分布于印度南部及东北部、斯里兰卡、缅甸、泰国、柬埔寨、越南、马来西亚、印度尼西亚和菲律宾、日本。我国产6种，分布于台湾、湖北、湖南、广东、广西、甘肃、四川、贵州和云南。云南产3种。

分 种 检 索 表

1.叶两面无毛，坚纸质，长10—21厘米，中脉和侧脉在下面隆起；核果椭圆形 ……………
………………………………………………………………1.厚叶假柴龙树 N.collina
1.叶两面有毛，纸质。
　2.叶两面近无毛或被极稀疏的短硬伏毛，长6—13厘米，中脉和侧脉在两面均平坦，沿脉
　　毛较密；核果卵圆形 ……………………………………… 2.薄叶假柴龙树 N.obscura

2.叶下面密被长柔毛及短硬伏毛 ························ **3.毛假柴龙树 N. tomentosa**

1.厚叶假柴龙树　图396

Nothapodytes collina C. Y. Wu ex H. Chuang 1977.

乔木或小乔木，高4—12米。小枝具棱，无毛或顶端略被毛。叶互生，干时变黑，椭圆形，长10—21厘米，宽4—8厘米，先端渐尖，基部宽楔形，两侧不对称，坚纸质，两面无毛，侧脉6—9对，与中脉在下面隆起，上面则先端微凸基部微凹，网脉细而易见；叶柄长1.5—3厘米，无毛或幼时上面略被柔毛；叶腋的芽密被白色硬毛。聚伞花序顶生，长约3.5厘米，被硬毛，核果椭圆形，长约1.5厘米，宽约1厘米，幼时绿色，熟时黑色，基部具宿存萼。种子1，长约1厘米，宽约0.7厘米，子叶大、心形，长约0.7厘米，明显具5脉。

产西双版纳，生于海拔680米左右的沟谷林中。

2.薄叶假柴龙树　图396

Nothapodytes obscura C. Y. Wu ex H. Chuang 1977.

Nothapodytes dimorpha C. Y. Wu 1957，non（Craib）Sleum.

小乔木或灌木，高1.8—10米。小枝具纵棱及皮孔，略被短硬伏毛，后渐无毛。叶互生，椭圆形，长6—13厘米，宽2.5—6厘米，先端渐尖，基部宽楔形，两侧不对称，纸质，两面几乎无毛或被极稀疏的短硬伏毛，中脉及侧脉在两面均平坦，被较密的短硬伏毛，侧脉6—7对，网脉不明显；叶柄长1—3厘米，被短硬伏毛。聚伞花序顶生，长3—3.5厘米，被短硬伏毛；花两性，淡黄色，花梗粗壮，长1—2毫米；花萼长约1毫米，5齿，外面被短硬伏毛及缘毛，里面无毛；花瓣5，条形，长约4—5毫米，宽约1毫米，外面密被短糙伏毛，里面除先端和基部外被长柔毛，开花期先端反折；雄蕊长约2.5（4）毫米，花丝线形，膜质，扁平，花药长圆形，长不到1毫米；花盘高约0.5毫米，薄，肉质，具10褶皱，无毛；子房圆球形，长约1毫米，疏被短硬伏毛，极稀无毛，花柱长1.5毫米，柱头头状。核果卵形，长约1.6厘米，径约1.2厘米，黑色，顶端平截，基部具宿萼。种子1，长约1厘米，宽约0.8厘米，子叶心形，长0.5厘米，幼根直出。

产金平、西畴、麻栗坡、富宁，生于海拔1400—1800米的沟谷混交林中。

种子繁殖。采成熟果实去肉洗净阴干收藏。育苗造林。

散孔材。导管仅具单穿孔底壁，木薄壁组织类型呈环孔式，木纤维长度中等。木材纹理直，结构细材质中，可作一般玩具、农具等用材。

3.毛假柴龙树

Nothapodytes tomentosa C. Y. Wu 1977.

产大姚、禄劝、易门、路南、通海。

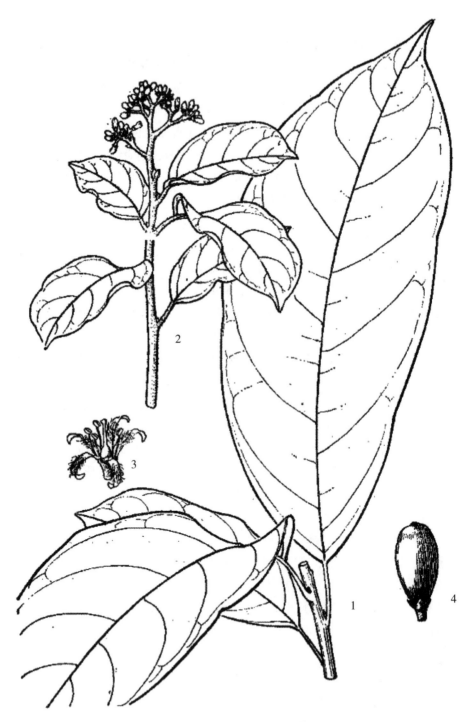

图396 厚叶假柴龙树和薄叶假柴龙树

1.厚叶假柴龙树 *Nothapodyles collina* C. Y. Wu ex H. Chuang 营养枝

2—4.薄叶假柴龙树 *N. obscura* C. Y. Wu ex H. Chuang　2.花蕾枝　3.花　4.果

182.铁青树科 OLACACEAE

常绿或落叶乔木，灌木（有时攀援状）或藤本。单叶互生，稀对生，全缘，羽状脉，无托叶。花小，通常两性，稀单性，辐射对称，排成腋生的聚伞花序，总状花序或穗状花序，稀伞形花序和圆锥花序；花萼筒小，杯状，上端截平或3—6裂齿，结果时萼筒增大包围果实，或不增大；花瓣3—6片，分离或各种连合，镊合状排列；花盘环状，雄蕊离生，稀合生成单体雄蕊，与花瓣同数并与其对生，或与花瓣不等数，为瓣数的2或3倍，花药2室，有时部分雄蕊退化而无花药，子房上位或半下位，1—5室，花柱1，柱头2—5裂或不裂，胚珠1—5，每室具倒生胚珠1。核果或坚果，胚乳丰富，胚直立。

约25属，265种，广布世界热带地区，南美洲与亚洲热带地区最多，非洲热带地区次之，再次为大洋洲，少数种延伸分布到亚洲的亚热带地区，非洲南部地区及北部和地中海地区，中美洲地区以及北美洲南部地区。我国产4属7种1变种，分布秦岭以南各省（区）。云南产2属3种1交种。本志全部记载。

分 属 检 索 表

1.小乔木或灌木；雄蕊4—6；果实成熟时为增大的花萼筒所包围 ………………………………………………………………… 1.青皮木属 Schoepfia
1.乔木；雄蕊8枚；果实成熟时花萼筒不增大，亦不包围果实 ………… 2.马兰木属 Malania

1.青皮木属 Schoepfia Schreber

小乔木或灌木。单叶互生，羽状脉，叶具柄。聚伞花序腋生，稀单生；副萼小，杯状，2—3裂，花萼筒与子房贴生，上端截平或有极小的裂齿，结果时增大；花冠管状或钟状，4—6裂；雄蕊与花冠裂片同数，着生于花冠管上，并与花冠裂片对生，花药小，2室，纵裂；子房半下位，果埋于肉质隆起的花盘中，下部3室，顶部1室，花柱圆柱状，柱头头状，3裂，胚珠3，自特立中央胎座顶端向下悬垂。核果，成熟时，全部被增大的花萼筒所包围，果顶部有花萼和花冠的残迹。种子1。胚细小位于肉质胚乳的顶端。

约15种，分布于热带、亚热带地区。我国3种，分布南方各省（区）。云南2种，1变种，产东南部、南部、西南部。

分 种 检 索 表

1.叶革质或薄革质，常绿性；花有短梗排成总状式的聚伞花序；果近球形，直径约8—9毫米 ………………………………………………… 1.香羊脆骨 S. fragrans
1.叶纸质，落叶性，花无梗排成穗状式的聚伞花序；果椭圆形或长圆形，长1—1.2厘米 … ………………………………………………… 2.羊脆骨 S. jasminodora

1.香羊脆骨　香美木　图397

Schoepfia fragrans Wall.（1824）

常绿小乔木，高达10米。树皮灰黄色；干时小枝黑褐色，老枝灰褐色。叶近革质，长椭圆形、长卵形、椭圆形或长圆形，长6—9（11）厘米，宽3.5—5厘米，先端渐尖，常斜歪，基部通常楔形，稀近圆形，侧脉每边3—8条，两面明显；叶柄长4—7毫米。排成总状花序式的聚伞花序，长2—3.5厘米，通常6—10花；花冠白色或淡黄色，筒状，长6—8毫米，宽2.5—3毫米，芳香，先端4—5裂，不反卷，内面近花药处生一束丝状体；柱头通常不伸出花冠外。核果近球形，熟时黄色，直径7—9（12）毫米。花期9—10月，果期10月至翌年1月。

产勐腊、景洪、普洱、盈江、临沧、凤庆、双江，生于海拔350—2100米的密林、疏林或灌丛及林缘等地。印度、尼泊尔、孟加拉国、缅甸、泰国、越南、老挝、印度尼西亚均有分布。

种子繁殖。随采随播，或种子采收后砂藏，早春育苗，翌年可出圃造林。

木材软脆。易折断。树形中等，分枝低，枝叶茂，四季常青，花芳香浓郁，适于园林栽培，丛植、群植均可。

2.羊脆骨　青皮木　图398

Schoepfia jasminodora S. et Z.（1846）

落叶小乔木，高达14米。树皮灰褐色；小枝嫩时红色，老枝灰褐色，叶干时栗褐色。花叶同放，叶纸质，全缘无毛，卵形或卵状披针形，长3.5—7（10）厘米，宽2—5厘米，先端渐尖或近尾尖，基部圆形，稀微凹或宽楔形。上面绿色，下面淡绿色，干时上面黑色，下面淡黄褐色，侧脉4—5对，略呈红色；叶柄长2—3毫米，红色。花无梗。（2）3—9排成2—6厘米的穗状花序式的聚伞花序；花萼杯状贴生于子房，宿存；花冠钟形，白色或淡黄色芳香，长5—7毫米，宽3—4毫米，顶端4—5裂，外卷，内面近花药处存一束丝状体；雄蕊与花冠裂片同数，无退化雄蕊；子房半下位，柱头3裂，常伸出花冠外。核果椭圆形，长约1—1.2厘米，直径5—8毫米，熟时紫黑色。花期3—5月，果期4—8月。

分布于大理、巍山、宾川、晋宁、安宁、武定、绥江，生于海拔1600—2500米阔叶林中。陕西西南部以南，四川、贵州、湖北、河南、湖南、广东、广西、江苏、安徽、江西、浙江、福建均有分布。日本也产。

种子繁殖。采种后湿砂埋藏，置于通风干燥处，翌年早春播种育苗。

木材软脆、易折。树冠浑圆，绿叶葱茏，开花时节，芳香扑鼻，宜配置于庭园、建筑物周围。

2a.麻栗坡青皮木　大果青皮木　图399

var. malipoensis Y. R. Ling（1981）

本变种与羊脆骨的区别在于叶厚纸质，椭圆形或卵状椭圆形，下面叶脉凸起；果大长圆形，或卵状椭圆形，长1.6—2厘米，直径1.3—1.5厘米。

产麻栗坡海拔1800米亚热带常绿阔叶林中。广西十万大山也有分布。

2. 马兰木属 Malania Chun et Lee.

乔木。叶互生，全缘，薄革质。伞形花序腋生，单生或2—3集生在短枝上端或小枝顶，花小，花梗丝状；萼小，4深裂；花瓣4，下位，镊合状排列，先端内折，内侧下部有棉毛；雄蕊为花瓣的两倍；花丝丝状；花药线状，直立，纵向开裂；子房上位，下部2室，近顶端1室；花柱不分枝，柱头近头状，微2裂；胚珠每室1，线状，悬垂。核果扁球形，果肉质，核木质。种子1，球形或扁球形，胚乳丰富。

单种属，分布于广西、云南。云南东部有分布。

蒜头果　山桐果、马兰后、猴子果　图400

Malania oleifera Chun et Lee.（1980）

常绿乔木。树干挺直，高达20米；胸径达40厘米，有樟树气味；树皮灰褐色，小枝圆柱形，暗褐色，有不整齐的纵向浅裂或条纹，疏生皮孔。芽裸露，初生时有灰棕色绒毛。叶互生，革质，长圆形或长圆状披针形，长7—15厘米，宽2.5—4厘米，嫩叶两面均被棕色的粉状微柔毛，尤以下面较密，长成叶上面深绿色，有光泽，下面粉绿色，先端钝、短尖、短渐尖至渐尖，基部近圆形或钝，有时略偏斜，边缘微下卷，中脉在上面下陷，在下面明显突起，侧脉4—5对，上面不明显，下面明显，在近叶缘处连接向上弯拱；叶柄长1—1.5厘米，基部有关节。伞形花序腋生，单生或2—3个集生短枝上端或生于小枝枝梢，花序梗纤细，长1.8—2.3厘米；花小；花萼4深裂，裂片三角状卵形，长约1毫米，先端短尖；花瓣4，绿色，离生，镊合状排列，宽卵形，长约3毫米，外面微被毛，内面下部有棉毛，先端短尖，雄蕊8，其中4和花萼裂片对生，4和花瓣对生；花丝纤细，丝状；花药长圆形，2室，纵裂；子房上位，长圆锥形，2室，每室1胚珠，悬垂；花柱粗短，柱头微2裂。核果扁球形，直径3—3.5厘米，中果皮肉质，内果皮坚硬，木质，厚约1毫米。种子1，球形，直径约1.8厘米。花期5月，果期10—11月。

产富宁、广南一带；广西有分布。

喜石灰岩湿润肥沃土壤，常生长在海拔300—1200米石灰石山地阔叶混交林中。

种子繁殖。宜随采随播，出苗率高，也可用湿沙贮藏至翌年早春播种育苗，幼苗耐阴，播种后须搭棚避荫，经常保持苗床湿润。一二年生苗即可定植。为滇东南石灰山地区优良造林树种。

半环孔材，木材淡黄红色，木射线细而不见，10倍放大镜下大小近似，相距1—4毫米。薄壁组织不见，或呈网状。材质中等，纹理直，结构细，木材可供家具、建筑等用。种子富含油脂，种子出仁率73%，种仁含油量达64.5%；种子油为不干性油，可制皂和机械润滑油的原料，也可食用；油饼可作肥料。为滇东南地区重要木本油料树种。其他气候、生境类似的地区也可试种。

图397　香羊脆骨 *Schoepfia fragrans* Wall.
1.花枝　2.果序枝　3.花冠展开示雄蕊、子房　4.果

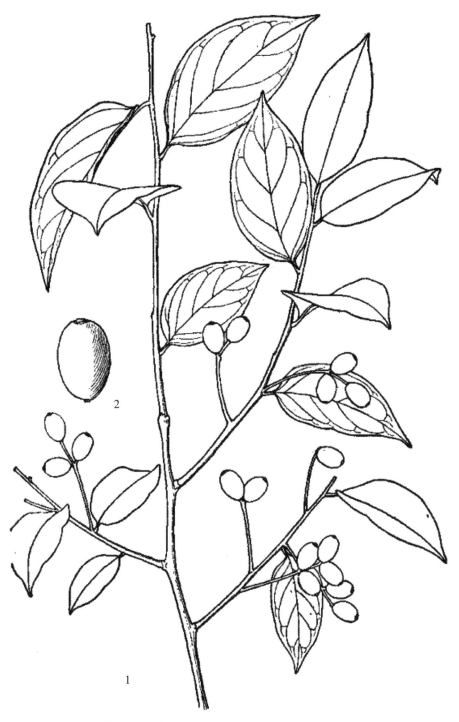

图398　青皮木 *Schoepfia jasminodora* Sieb. et Zucc.
1.果枝　2.果放大

图399　麻栗坡青皮木 *Schoepfia jasminodora* Sieb.
et Zucc. var. *malipoensis* Y. R. Ling
1.果枝　2.叶下面（示叶脉）

图400 蒜头果 *Malania oleifera* Chun et S. Lee.
1.花枝　2.花外形　3.花瓣　4.雄蕊　5.雌蕊　6.果

183.山柚子科 OPILIACEAE

乔木，灌木或木质藤本。无托叶；单叶，互生，全缘。花小，两性或单性，辐射对称，排成腋生的圆锥花序，穗状花序或总状花序。萼4—5裂，极小或消失；花瓣4—5，分离或合生；雄蕊4—5，与花瓣对生，分离或与花瓣基部合生，花药2室，纵裂；花盘深裂或分离为离生的腺体，但不与子房结合；子房上位或半藏于花盘内，1室，有胚珠1。果为核果，通常肉质。种子有丰富的胚乳及稍小的胚。

本科8属60余种，主产于亚洲和非洲热带，大洋洲东北部及美洲热带也有少量分布。我国产4属5种。云南产3属3种。本志记载2属2种。

分 属 检 索 表

1.灌木或小乔木；排成腋生的总状花序，每苞片通常具3花，苞片脱落 ⋯⋯⋯⋯⋯⋯⋯⋯ ⋯⋯⋯⋯⋯⋯⋯⋯⋯⋯⋯⋯⋯⋯⋯⋯⋯⋯⋯⋯⋯⋯⋯⋯⋯⋯⋯⋯ 1.鳞尾木属 Urobotrya

1.攀援状小乔木；排成腋生密集的穗状花序，每苞片通常具1花，苞片宿存 ⋯⋯⋯⋯⋯⋯ ⋯⋯⋯⋯⋯⋯⋯⋯⋯⋯⋯⋯⋯⋯⋯⋯⋯⋯⋯⋯⋯⋯⋯⋯⋯⋯⋯⋯ 2.山柑属 Cansjera

1.鳞尾木属 Urobotrya Stape

灌木或小乔木。幼枝有毛或微被绒毛。单叶互生，薄革质，叶被毛或中脉多毛。花两性排成腋生的总状花序，花序轴细长，有毛或微被绒毛；每苞片通常具3花，苞片宽阔，绿色，透明，边缘有纤毛，厚，覆瓦状排列，脱落或部分宿存；花有梗，花被片分离，长卵形、急尖；雄蕊伸出花被之外；花盘环状，肉质；子房圆锥状至圆筒状。核果椭圆状，中果皮肉质，薄。

本属7种，分布于泰国、缅甸、老挝、越南、马来西亚。中国分布于广西、云南。云南产1种。

1.鳞尾木 山芥兰 图401

Urobotrya latisquema（Gagn.）Hiepko（1972）

Lepionura latisquema Gagn.（1910）

常绿小乔木，高达7米，胸径达35厘米。小枝绿色，老枝黄褐色，粗糙无毛。单叶互生，革质，全缘，两面无毛，长形、椭圆形或卵状披针形，长7—13厘米，宽2.5—5厘米，先端短渐尖，基部楔形略下延，稍不对称，中脉两面凸起，侧脉7—9对，不显，两面无毛，密布小疣点，叶柄长3—5毫米。总状花序多生于老枝上或主干上，少有生于新枝叶腋，长达20厘米，广展；苞片大，长7—8毫米；花两性，小，无花瓣；萼片4；雄蕊4，与萼片对生；子房1室，柱头4裂。核果长圆形，长约2厘米，直径约1厘米。花期4—5月，果期9月。

产河口、金平、勐腊、富宁等地，生于海拔1000米以下的常绿阔叶林内；广西有分布。越南也产。

种子繁殖。随采随播或混沙贮藏至翌年早春播种。

花及花序幼嫩时当地群众作蔬菜，味鲜美可口，为山区不可多得的野菜。

2.山柑藤属 Cansjera Juss.

攀援状小乔木。花小，两性，具短柄，组成腋生，密集的穗状花序，花被4—5裂，脱落，花萼微小，不显著，花冠辐射对称，合生成筒状，顶端4—5裂，裂片镊合状排列；雄蕊4—5，花丝细柔，无毛，离生或基部与花冠贴生，花药微小，长椭圆形；花盘分裂为4—5腺体，腺体与雄蕊互生，卵形或三角形，肉质；子房上位，1室，有直立胚珠1，柱头头状4裂。果为核果。种子1；胚小，位于肉质胚乳的上部。

本属5种，分布亚洲热带地区和大洋洲。我国产1种，分布于华南和西南地区。云南也有。

1.山柑藤　图402

Cansjera rheedii Gmelin（1791）

攀援小乔木，高达6米；有时具皮刺。幼枝密被短绒毛。叶近纸质，卵形或长椭圆状披针形，长4—10厘米，宽2—5厘米，先端长渐尖，基部圆形或有时宽楔形，侧脉5—6对，斜举，两面微凸起，叶柄长2—4毫米，被短绒毛。穗状花序，1—3聚生于叶腋，长1—2.5厘米，着生多数密集的小花，连同苞片及花被均被锈黄色短柔毛；苞片细小，卵形；花两性，黄绿色，无梗；花冠壶状钟形，长2—3毫米，顶端4—5裂，裂片短，卵状三角形，雄蕊4—5，着生于花冠筒的下部、花药稍伸出筒外；花盘分离为4—5鳞片，直立，卵状三角形，急尖；子房上位，1室。核果卵形或椭圆形，长1.2—1.8毫米，径约1厘米，成熟时鲜红色，内果皮脆，壳质。

产蒙自、屏边，生于海拔1400米以下的常绿阔叶林中。广东、广西有分布；印度、中南半岛、印度尼西亚、菲律宾至澳大利亚均产。

种子繁殖。种子采集后，湿沙贮藏，翌年早春播种，或随采随播。

图401 鳞尾木 *Urobotrya latisquema*（Gagn）Hiepko
1.枝叶 2.果序

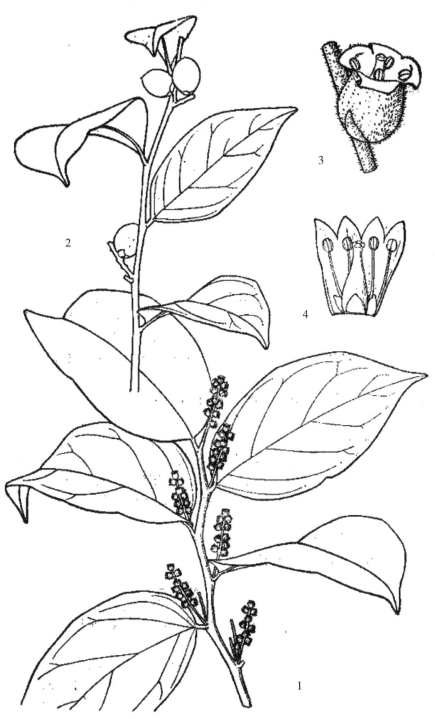

图402 山柑藤 *Cansjera rheedii* Gmelin
1.花枝 2.果枝 3.花外形 4.花盘展开

191.胡颓子科 ELAEAGNACEAE

常绿或落叶灌木或乔木。有刺或无刺，全部被银白色或黄褐色眉状鳞片或星状柔毛。单叶，通常互生，偶有对生，全缘；无托叶。花两性、杂性或单性异株，单生或数花组成伞形状总状花序；花萼圆筒形，顶端4裂，稀2裂，在花蕾时镊合状排列；无花瓣；雄蕊着生萼筒喉部或上部，与萼裂片同数或为其倍数，花药内向，2室，纵裂；子房上位，1室，含1胚珠，花柱单一，柱头棒状或侧生。果为坚果，为增厚的萼管包围，呈核果状。种子坚硬并有木质化的外壳，无胚乳，胚直立，具2肉质子叶。

本科有3属，约80余种，主要产于欧洲、亚洲、北美洲的温带及热带地区。我国有2属，约60余种，产长江南北各省（区）；云南有2属，20余种。本志记载2属，16种。

分 属 检 索 表

1.花两性或杂性，萼筒长于子房，顶端4裂，雄蕊4，与萼裂片互生 ·· 1.胡颓子属 Elaeagnus

1.花单性，雌雄异株，萼筒短，顶端2裂，雄蕊4，2枚与萼裂片互生，2枚对生 ·· 2.沙棘属 Hippophae

1.胡颓子属 Elaeagnus Linn.

常绿或落叶灌木或小乔木。通常具刺，稀无刺。叶互生；具短柄。花两性，稀杂性，单生或2—7组成腋生的伞形状总状花序；通常具花梗；花萼筒状，顶端4裂，基部紧包围子房；雄蕊4，着生于萼筒喉部，花丝极短，不外露，花药长圆形或椭圆形，内向，2室，纵裂；花柱单一，柱头棒状或侧生。坚果，为增大的肉质化萼管所包围，呈核果状。种子椭圆形，具肋纹。

本属约有80种，产欧洲南部、亚洲及北美洲。我国约有55种，全国各地均产，尤以长江以南地区为最多。云南有20余种。

分 种 检 索 表

1.花通常春夏季开放，果实夏秋季成熟；叶质地较薄，常为纸质或膜质，多为半常绿的直立灌木或乔木。

　2.叶下面无毛，侧脉在上面不凹陷；萼筒常为漏斗状，果实卵圆形，长5—7毫米 ·· 1.牛奶子 E. umbellata

　2.叶下面多少被有星状绒毛或柔毛，侧脉在上面凹陷。

　　3.幼枝和花均被星状绒毛；萼筒钟形，长4.5—5毫米 ·· 2.景东羊奶子 E. jingdonensis

　　3.幼枝和花光滑无毛；萼筒杯状钟形，长3—3.5毫米 ……… 3.小花羊奶子 E. micrantha
1.花通常秋冬季开放，果实在春夏季成熟；叶通常质地较厚，革质或纸质；常绿灌木。
　　4.花大形，萼筒钟形或钟状漏斗形，长7—10毫米，喉部宽4.5—7毫米，花柱无毛。
　　　5.花丝长于花药。
　　　　6.直立灌木；花白色，花梗长2—5毫米，花丝长约3毫米，花柱长于雄蕊 …………
　　　　…………………………………………………………… 4.大花胡颓子 E. macrantha
　　　　6.攀援灌木，花淡白色，花梗长4—6毫米，花丝长约2毫米，花柱短于雄蕊 ………
　　　　………………………………………………………… 5.钟花胡颓子 E. griffithii
　　　5.花丝短于花药或近等长。
　　　　7.花丝长0.5毫米，花淡白色，花萼裂片长2—4毫米；直立灌木……………………
　　　　……………………………………………………… 6.潞西胡颓子 E. luxiensis
　　　　7.花丝长达1.6毫米，花淡褐色或淡黄色，花萼裂片长5—7毫米；攀援状灌木………
　　　　………………………………………………………… 7.鸡柏紫藤 E. loureirii
　　4.花较小，萼筒圆筒形、漏斗形、四角形、钟形或杯状，长2—8毫米，喉部宽2—4毫米，
　　　花柱常被星状柔毛，稀无毛。
　　　8.萼筒较短，明显呈四角形或杯状，花萼裂片基部急骤收缩，与萼筒等长或稍长。
　　　　9.花无梗或极短，长不过1毫米，花序比叶柄短，萼裂片长为萼筒的1/2 ……………
　　　　…………………………………………………………… 8.密花胡颓子 E. conferta
　　　　9.花具梗，花序长于叶柄，花萼裂片与萼筒等长或略长。
　　　　　10.花白色，萼筒显著四角形；叶宽椭圆形，厚革质，上面网脉显著；攀援状灌木
　　　　　…………………………………………………… 9.角花胡颓子 E. gonyanthes
　　　　　10.花淡黄褐色，萼筒杯状钟形，具4肋；叶椭圆形，上面网脉不显著；直立灌木
　　　　　…………………………………………………… 10.越南胡颓子 E. tonkinensis
　　　8.萼筒不为四角形或杯状，微具4肋，萼裂片基部不收缩或略微收缩，较萼筒短。
　　　　11.花柱无毛，花褐色，萼筒长7—9毫米，裂片长4—5毫米，内面具星状短柔毛 …
　　　　………………………………………………………… 11.攀援胡颓子 E. sarmentosa
　　　　11.花柱具星状柔毛。
　　　　　12.萼筒钟形或漏斗形，长4—5毫米，花白色或淡白色。
　　　　　　13.幼枝具淡白色或淡黄色鳞片，果实密被银白色鳞片，长约11毫米 …………
　　　　　　…………………………………………………… 12.白花胡颓子 E. pallidiflora
　　　　　　13.幼枝被棕红色鳞片；果实被锈褐色鳞片，长约7毫米 ………………………
　　　　　　…………………………………………………… 13.文山胡颓子 E. wenshanensis
　　　　　12.萼筒圆筒形或筒状漏斗形，长5—11毫米。
　　　　　　14.花黄褐色，萼筒漏斗形；叶椭圆形，侧脉5—6对，在下面显著 …………
　　　　　　…………………………………………………… 14.毛柱胡颓子 E. pilostyla
　　　　　　14.花淡白色，萼筒圆筒形；叶宽椭圆形至椭圆状披针形，侧脉8—12对，在下面
　　　　　　　不显著 ………………………………………… 15.披针叶胡颓子 E. lanceolata

1.牛奶子（中国植物志）图403

Elaeagnus umbellata Thunb.（1784）

直立灌木，高达4米。具刺，长1—4厘米。幼枝密被银白色或有时全被深褐色或锈色鳞片，老枝鳞片脱落，灰栗色。叶纸质或膜质，椭圆形至卵状椭圆形或倒卵状披针形，长3—8厘米，宽1—3厘米，先端钝或渐尖，基部圆至楔形，全缘，上面幼时具白色星状短柔毛或鳞片，老时脱落，下面密被银白色和少许散生褐色鳞片，侧脉5—7对，两面显著；叶柄淡白色，长5—7毫米。花较叶先开放，黄白色，芳香，密被银白色盾形鳞片，单生或2—7簇生；花白色，长3—6毫米，萼筒为筒状漏斗形，长5—7毫米，裂片卵状三角形，长2—4毫米，内面疏生柔毛，花丝长约为花药之半；花柱直立，疏生白色星状柔毛和鳞片，长6.5毫米，柱头侧生。果实近球形或卵圆形，长5—7毫米，红色，被银白色或褐色鳞片，果梗粗壮，长4—10毫米，花期3—4月，果期6—7月。

产昆明、嵩明、禄劝、昭通、大关、漾濞、剑川、维西、片马、丽江、德钦、香格里拉、贡山，生于海拔1600—2870米的沟边、荒坡灌丛中。我国长江南北大部分省（区）均有分布；日本、朝鲜、印度、尼泊尔、不丹、阿富汗等也有分布。

种子或扦插繁殖。种子熟后洗净阴干即可播种。播后覆草，出苗后揭草并搭设荫棚。扦插可用1年生枝条作插穗，插后遮阴保持土壤湿润。

果实、根均可入药，果可鲜食，也可加工果制品或制酒。常庭园栽培。

2. 景东羊奶子（中国植物志）图403

Elaeagnus jingdonensis C. Y. Chang（1980）

直立灌木，高达3米，无刺。幼枝被白色鳞片和褐色绒毛，老枝鳞片和绒毛脱落，深栗色，有纵条纹。叶宽圆形或宽卵状椭圆形，长6—9厘米，宽3—4厘米，先端渐尖，基部圆形，全缘，上面初时被星状柔毛，后逐渐脱落，下面被银白色鳞片和淡黄色星状短绒毛，侧脉6—7对；叶柄长6—8毫米，被深褐色鳞片和绒毛。花白色，1—3花着生于叶腋短枝上，萼筒圆筒形，长4.5—5毫米，裂片卵状三角形，内面散生白色星状柔毛；雄蕊4，花丝长2毫米，花药长圆形，长1.5毫米。果实椭圆形，长2—2.5厘米，直径约1.3厘米，密被褐色鳞片和淡白色星状柔毛，果梗长8—10毫米，下弯，被鳞片和星状柔毛。花期4月，果期5月。

产景东，生于海拔2250米的灌木丛中。

3. 小花羊奶子（中国植物志）图404

Elaeagnus micrantha C. Y. Chang（1980）

直立灌木，高达3米，无刺。幼枝被黄色鳞片，老枝鳞片脱落，深栗色或灰栗色。叶纸质，椭圆形或倒披针形，长5—8厘米，宽2—3厘米，先端渐尖，基部圆形，全缘，上面初时被褐色星状柔毛和少数鳞片，老时逐渐脱落变无毛，下面被灰白色鳞片和散生星状柔毛，侧脉4—6对；叶柄长7—10毫米。花小，淡褐色，密被褐色和白色鳞片，3—6花呈伞形状总状花序，着生于叶腋短枝上；花梗长3—5毫米；萼筒杯状钟形，长3—3.5毫米，裂片卵状三角形，长达2.5毫米，内面密被黄褐色星状柔毛；雄蕊4，近无花丝，花药长圆形，紫色，长约1.3毫米；花柱无毛，柱头微曲。花期10月。

产嵩明、德钦，生于海拔2200—2400米的山地灌木丛中。

4.大花胡颓子（中国植物志）图404

Elaeagnus macrantha Rehd. in Sarg.（1915）

直立灌木，常绿，高达3米。幼枝密被褐色鳞片，老枝脱落，深栗色或棕黑色。叶坚纸质，椭圆形或椭圆状长圆形，长9—12厘米，宽4—5厘米，先端钝尖或渐尖，基部圆形或楔形，上面初时被鳞片，后渐脱落，下面淡白色，被银白色和褐色鳞片，沿中脉和侧脉密生棕褐色鳞片，侧脉6—7对；叶柄栗褐色，长7—10毫米。花白色，被银白色鳞片，2—5花组成短总状花序，着生于短枝上，间有单生；花梗银白色，长2—5毫米；萼筒宽钟形，微具4肋，长8—9毫米，裂片宽三角形或卵状三角形，长5—7毫米，先端渐尖，内面疏生白色星状毛，雄蕊4，花丝直立，长达3毫米，花药长圆形，长1.6毫米；花柱直立，无毛，超过雄蕊，柱头细小，顶端略尖。花期12月至翌年2月。

产西双版纳地区，生于海拔1400—1500米的山坡疏林中。

种子繁殖。播前温水浸种催芽。宜随采随播。

5. 钟花胡颓子（中国植物志）图405

Elaeagnus griffithii Serv.（1908）

灌木，攀援状，高达4米。小枝密被锈色鳞片。叶薄纸质，椭圆形或宽椭圆形，长8—12厘米，宽3.5—6厘米，先端渐尖或钝尖，基部近圆形，上面初时被褐色鳞片，后逐渐脱落，上面鳞片初时褐色，后变灰绿色，有光泽，侧脉6—8对；叶柄锈色，长9—14毫米。花淡白色，外面被银白色或少数褐色鳞片，单生或2—3花簇生于叶腋短枝上，花梗纤细，长3—5毫米，萼筒宽钟形，长约7毫米，喉部宽5—6毫米，裂片卵状三角形，长5—6毫米，内面密生星状柔毛，雄蕊4，花丝基部膨大，长约2毫米，较花药长，花药长圆形，长1.8毫米；花柱无毛，顶端微曲。果实长椭圆形，长约1.5毫米，被锈色鳞片，果梗长约12毫米。花期11月至翌年2月，果期4—5月。

产镇康、西畴、麻栗坡，生于海拔1300—1600米的山坡灌丛中。孟加拉国有分布。

种子或扦插繁殖。

6.潞西胡颓子（中国植物志）图405

Elaeagnus luxiensis C. Y. Chang（1980）

常绿灌木，高达3米；无刺。幼枝密被紫红色或锈色鳞片，老枝鳞片脱落，棕栗色，有光泽。叶薄革质，椭圆形或卵状椭圆形，长6—11厘米，宽3—4.5厘米，先端渐尖，基部圆形，上面幼时被褐色鳞片，老时脱落，下面密被灰色贴生细鳞片，侧脉5—8对；叶柄锈褐色；长8—10毫米。花淡黄白色，外面密被白色和散生黄褐色鳞片，常2—5花簇生于叶腋极短的小枝上；花梗长4—6毫米；萼筒宽钟形，长8—9毫米，喉部宽6毫米，裂片宽三角形或宽卵状三角形，长约4毫米，内面有褐色鳞片和白色柔毛；雄蕊4，花丝长不及0.6毫米，花

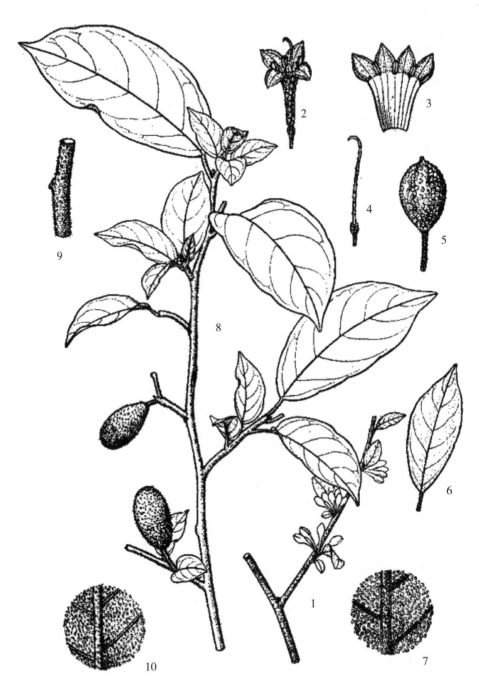

图403 牛奶子和景东羊奶子

1—7.牛奶子 *Elaeagnus umbellata* Thung.

1.花枝　2.花形　3.花萼展开　4.雌蕊　5.果实　6.叶形　7.叶背面部分放大（示鳞片）

8—10.景东羊奶子 *E. jingdonensis* C. Y. Chang

8.果枝　9.幼枝放大（示毛被及鳞片）　10.叶下面部分放大（示毛被及鳞片）

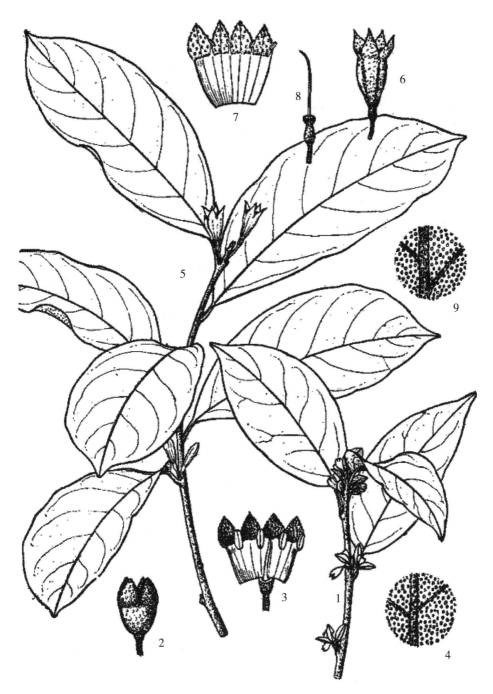

图404 小花羊奶子和大花胡颓子

1—4.小花羊奶子 *Elaeagnus micrantha* C. Y. Chang

1.花枝 2.花形 3.花萼展开 4.叶背面部分放大（示毛被及鳞片）

5—9.大花胡颓子 *E. macrantha* Rehd.

5.花枝 6.花形 7.花萼展开 8.雌蕊 9.叶背面部分放大（示毛被及鳞片）

图405 钟花胡颓子和潞西胡颓子

1—4.钟花胡颓子 *Elaeagnus griffithii* Serv.

1.果枝 2.果实 3.花萼展开 4.叶下面部分放大（示鳞片）

5—7.潞西胡颓子 *E. luxiensis* C. Y. Chang

5.花枝 6.花萼展开 7.叶下面部分放大（示鳞片）

药椭圆形，长约1.8毫米；花柱无毛，较雄蕊长。果实短椭圆形，长约15毫米，直径约7毫米，密被褐色鳞片，果梗长10—12毫米。花期12月至翌年2月，果期4—5月。

产龙陵、芒市，生于海拔1700—1800米的杂木林中。

7.鸡柏紫藤（中国高等植物图鉴）

Elaeagnus lourreirii Champ.（1853）

产新平、双柏、景东、元江、普洱、广南，生于海拔1500—2300米的阴坡灌丛中。

8.密花胡颓子（中国植物志）

Elaeagnus conferta Roxb.（1820）

产保山、盈江、芒市、凤庆、景洪、普洱、勐腊、河口、文山，生于海拔120—1900米的林中。广西有分布；印度尼西亚、印度、尼泊尔也有。

9. 角花胡脸子（广州植物志）

Elaeagnus gonyanthes Benth.（1853）

产屏边、河口、马关、西畴、麻栗坡，生于海拔500—1500米的山谷、草坡。

全株入药，果有生津止渴、消炎止泻之功效；叶有止喘、镇咳的功效。

10. 越南胡颓子（中国植物志）图406

Elaeagnus tonkinensis Serv.（1908）

常绿直立灌木，高达3米；有刺或无刺。幼枝密被锈色鳞片，老枝鳞片脱落，棕黑色。叶纸质，椭圆形或长椭圆形，长3—4.5厘米，宽1.5—2.5厘米，先端钝尖，基部圆形或近楔形，上面初时被淡白色鳞片，后逐渐脱落，下面密被黄白色和散生褐色鳞片，侧脉4—5对；叶柄细弱，长约6毫米。花淡黄褐色，外被褐色和淡黄色鳞片，2—5花簇生于短枝上，花梗淡黄色，长2—3毫米；萼筒小，杯状钟形，具4肋纹，长约4毫米，裂片宽三角形或宽卵形，长约3毫米，先端急尖，微内弯，内面微被星状柔毛；雄蕊4，花丝极短，花药椭圆形，长1.8毫米；花柱弯曲，短于雄蕊，近无毛。果实长椭圆形，长约1.2厘米，被锈色鳞片，微具8肋，果梗纤细，长5—9毫米，下垂。花期11月，果期翌年3—4月。

产大姚、龙陵、腾冲，生于海拔2400—2600米的阳坡栎林中。

11.攀援胡颓子（中国植物志）

Elaeagnus sarmentosa Rchd.（1915）

产景洪、勐海、屏边、蒙自、马关、文山、西畴、麻栗坡，生于海拔1150—2000米的山坡阔叶林中。

12.白花胡颓子（中国植物志）图406

Elaeagnus pallidiflora C. Y. Chang（1980）

常绿直立灌木，高达3米；具刺，灰色，长达2厘米以上。幼枝密被淡白色或淡黄色鳞片，老枝鳞片脱落，灰色或黑褐色。叶革质，椭圆形或长椭圆形，长3—6厘米，宽2—3厘米，先端圆钝，基部圆形或宽楔形，上面初时被鳞片，后逐渐脱落.下面密生细小银白色和散生褐色鳞片，侧脉5—6对，叶柄灰褐色，长6—8毫米。花白色，被银白色鳞片，单生或2—5组成短的伞形总状花序；萼筒钟形，长约4毫米，具4肋纹，裂片宽卵形，长2毫米，先端钝尖，内面疏生白色星状柔毛；雄蕊4，花丝极短，花药长椭圆形，长2毫米；花柱略弯曲，短于雄蕊，被毛和少数鳞片。果实椭圆形或长圆形，长约11毫米，成熟时红色，密被银白色鳞片，果梗银白色，长约7毫米。花期2—3月，果期5—6月。

产双柏、永宁、德钦，生于海拔2000—2400米的山坡疏林中。

13.文山胡颓子（中国植物志）图407

Elaeagnus wenshanensis C. Y. Chang（1981）

常绿灌木，通常无刺。幼枝密被棕红色鳞片，老枝鳞片脱落，黑褐色。叶革质或近革质，长椭圆形，长3—11厘米，宽2—4.5厘米，先端钝尖或短渐尖，基部圆形或钝形，边缘微反卷，上面初时被鳞片，后逐渐脱落，下面灰白色，密被细小银白色和散生少数褐色鳞片，侧脉4—7对，两面显著；叶柄褐色，长5—7毫米。花淡白色，密被银白色和散生少数褐色鳞片，单生或2—5簇生于叶腋短枝上呈伞形总状花序；萼筒成短钟形，长4—5毫米，裂片卵状三角形，长1.5—2.5毫米，先端急尖，内面疏生鳞毛和星状柔毛；雄蕊4，花丝极短，花药椭圆形，长约1毫米；花柱弯曲，被白色星状柔毛，长于雄蕊。果实椭圆形，长约7—10毫米，密被褐色鳞片。花期9—10月，果期翌年2—4月。

产文山、砚山、西畴、蒙自，生于海拔1000—1800米的路边、林缘；四川东南部有分布。

14.毛柱胡颓子（四川植物志）图407

Elaeagnus pilostyla C. Y. Chang（1981）

常绿直立灌木，高达3米；无刺。幼枝密被褐色鳞片，老枝鳞片脱落，灰褐色或灰黑色。叶革质或近革质，长椭圆形，长4—7厘米，宽2—3厘米，先端钝尖或渐尖，基部楔形或钝形，边缘微反卷，上面初时被褐色鳞片，后逐渐脱落，下面灰褐色，被细小白色和褐色鳞片，有光泽，侧脉5—6对，上面不显，下面突起；叶柄长7—12毫米，棕褐色。花黄褐色，密被鳞片，常7—9花簇生于叶腋极短的小枝上呈伞形状短总状花序；花梗长4—7毫米；萼筒漏斗形，长6—7毫米，裂片三角形，长约2毫米；雄蕊4，花丝长为花药之半，花药长圆形，长约1.2毫米，花柱直立，被白色星状细毛，长于雄蕊，柱头长约2毫米。花期9—10月。

产双柏、景东、石屏、凤庆、文山、广南，生于海拔1600—2700米的山坡林中。四川有分布。

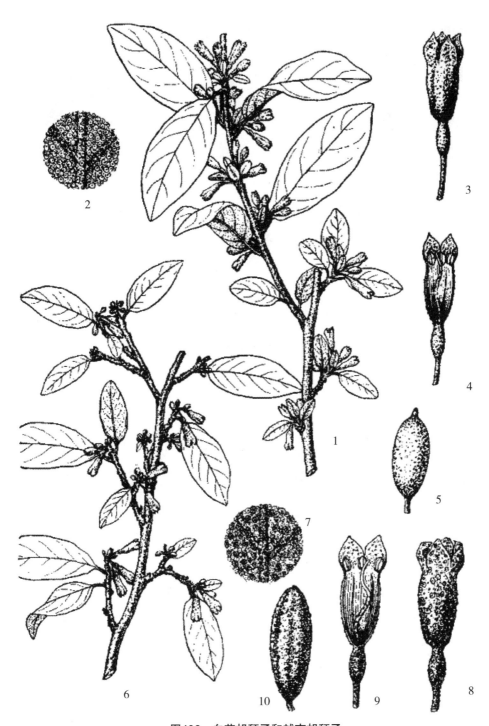

图406 白花胡颓子和越南胡颓子

1—5.白花胡颓子 Elaeagnus pallidiflora C. Y. Chang

1.花枝 2.叶下面 3.花 4.花纵剖 5.果实

6—10.越南胡颓子 Elaeagnus tonkinensis Serv.

6.花枝 7.叶下面 8.花 9.花纵剖 10.果实

图407　文山胡颓子和毛柱胡颓子

1—4.文山胡颓子 *Elaeagnus wenshanensis* C. Y. Chang

1.果枝　2.花　3.花纵剖　4.叶背面

5—8.毛柱胡颓子 *Elaeagnus pilostyla* C. Y. Chang

5.花枝　6.花　7.花纵剖　8.叶背面

15. 披针叶胡颓子（中国高等植物图鉴）图408

Elaeagnus lanceolata Warb.（1900）

常绿灌木，高达4米；无刺或在老枝上具短而粗的刺。幼枝密被银白色和淡黄褐色鳞片，老枝鳞片脱落，灰黑色。叶革质，披针形或椭圆状披针形至长椭圆形，长6—14厘米，宽2—5厘米，先端钝尖或短渐尖，基部圆形成宽楔形，边缘反卷，上面初时被褐色鳞片，后渐脱落，有光泽，下面密被银白色鳞片和鳞毛，散生少数褐色鳞片，侧脉8—12对，上面显著，下面不显；叶柄长5—7毫米，黄褐色。花淡黄白色，下垂，密被银白色和散生褐色鳞片，通常3—5花簇生于叶腋小枝上呈伞形状总状花序；花梗纤细，锈色，长3—5毫米；萼筒圆筒形，长5—6毫米，裂片三角形，长约3毫米，先端渐尖，内面疏生星状柔毛；雄蕊4，花丝极短，花药椭圆形，长约1.5毫米；花柱直立，疏生少数星状毛，柱头长2—3毫米。果实椭圆形，长1.2—1.5厘米，红黄色，密被褐色或银白色鳞片，果梗长3—6毫米。花期8—10月，果期11月至翌年2—3月。

产景东、漾濞、维西、龙陵、德钦、富宁，生于海拔1400—2300米的干燥山坡和灌丛中。甘肃、陕西、湖北、湖南、广西、广东、四川、贵州均有分布。

2. 沙棘属 Hippophae Linn.

落叶直立灌木或小乔木；具刺。幼枝密被鳞片和星状绒毛，老枝灰黑色。单叶，互生、对生或三叶轮生，线形或线状披针形，两面均具鳞片或星状柔毛，后渐脱落，上面近无毛，无侧脉或不显著；叶柄极短。花单性，雌雄异株；雌株花序轴变成小枝或棘刺，雄株花序轴花后脱落；雄花先开放，无梗，花萼2裂，雄蕊4，2枚与花萼裂片互生，2枚对生，花丝短，花药长圆形；雌花单生叶腋，具短梗，花萼囊状，顶端2齿裂，子房上位，具1心皮，1室，1胚珠，花柱短，微伸出花外。坚果，为肉质化萼管所包围，成核果状。种子1，骨质。

本属有4种和几个亚种，产于亚洲和欧洲的温带地区。我国有4种，5个亚种，产北部、西部、西南部。云南有1亚种。

1.沙棘 图408

Hippophae rhamnoides Linn.（1753）
本种云南不产。

1a.云南沙棘

subsp. yunnanensis Rousi（1971）

落叶灌木或小乔木，高4—5米；具刺。幼枝密被银白色和褐色鳞片，有时还被星状柔毛，老枝棕黑色，粗糙。叶互生，纸质，线状披针形，长2.5—4厘米，宽约7毫米，先端钝尖，基部近圆形，上面绿色，被银白色鳞片，下面灰褐色，具大而密的锈色鳞片，叶柄极短。果实圆球形，直径5—7毫米，橙黄色或橘红色，果梗长1—2毫米。种子宽椭圆形至卵形，稍扁，长3—4毫米。花期4月，果期8—9月。

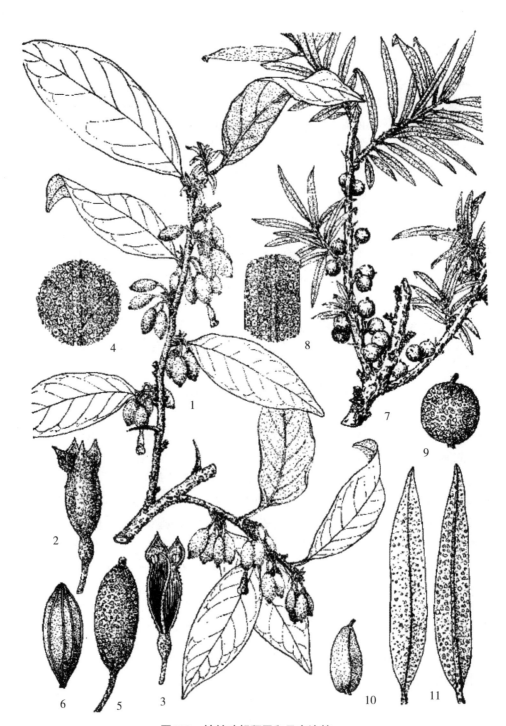

图408 披针叶胡颓子和云南沙棘

1—6.披针叶胡颓子 *Elaeagnus lanceolata* Warb.

1.果枝 2.花 3.花纵剖 4.叶下面 5.果 6.种子

7—11.云南沙棘 *Hippophae rhamnoides* Linn. subsp. yunnanensis Rousi

7.果枝 8.叶下面 9.果实 10.种子 11.叶形

产香格里拉、德钦，生于海拔3100—3300米的灌丛中。四川、西藏有分布。

种子繁殖。种子浸泡后混沙催芽。

果实含有丰富的维生素A、C和P以及有机酸和糖类，可鲜食也可制作各种饮料及果制品。入药可治胃溃疡、消化不良、皮下出血、月经不调等。

198a.七叶树科 HIPPOCASTANACEAE

落叶乔木或灌木，稀常绿。冬芽大，顶生或腋生，有或无树脂。掌状复叶，对生，叶柄与小叶近等长或稍长，有时稍短，无托叶；小叶3—9，有柄或无柄。聚伞圆锥花序顶生，有多数蝎尾状或二歧式的小聚伞花序；花杂性，雄花常与两性花同株，不整齐或近于整齐；萼片4—5，下部合生或完全离生，整齐或不整齐，镊合状或覆瓦状排列；花瓣4—5，与萼片互生，大小不等，基部爪状；雄蕊5—9，着生于花盘内部，不等长；花盘全部发育成环状或仅部分发育，不裂或微裂；子房上位，卵形或长圆形，3室，每室有2胚珠，花柱1，柱头小，常扁平。蒴果1—3室，平滑或有刺。种子球形，种脐大，灰白色，无胚乳。

本科有2属，约30余种，产亚洲、欧洲和美洲。我国有1属。约10余种。云南有1属，约6种。

七叶树属 Aesculus Linn.

乔木，稀灌木。冬芽具鳞片，通常有树脂。叶为掌状复叶，有长柄，通常具5—7，稀3或9小叶，小叶长圆形，倒卵形或披针形，边缘有锯齿；小叶柄长达2.5厘米或近无柄。顶生聚伞圆锥花序，由多数蝎尾状聚伞小花序组成；花杂性，雄花与两性花同株，不整齐，萼钟形或管状，先端4—5裂，裂片大小不等，镊合状排列；花瓣4—5，不等大，倒卵形，倒披针形或匙形，基部爪状；雄蕊5—8，通常7，着生于花盘内部；子房上位，无柄，3室，每室有2胚珠，花柱细长，柱头扁圆形。蒴果平滑，稀有刺，1—3室，成熟时室背开裂，通常仅1种子，发育良好时，有2或3种子。种子近球形，种脐大，无胚乳。

本属约有30种，产亚洲、欧洲和美洲。我国约有10余种。云南约有6种1变种。

分 种 检 索 表

1.叶下面密被绒毛，小叶柄长15—25毫米 ················· 1.天师栗 A. wilsonii
1.叶下面无毛或沿脉有疏柔毛，小叶柄长3—15毫米。
  2.每一掌状复叶中的小叶大小悬殊，中间小叶大于两侧小叶2倍以上。
    3.小叶长圆披针形，侧脉23—25对；聚伞圆锥花序基部的蝎尾状小花序长约4.5厘米···
    ················· 2.长柄七叶树 A. khasyana
    3.小叶倒卵状长椭圆形，侧脉28—30对；聚伞圆锥花序基部的蝎尾状小花序长约6厘米
    ················· 3.大叶七叶树 A. megaphylla
  2.每一掌状复叶中的小叶大小相近，或中间小叶大于两侧小叶2倍以下。

4.聚伞圆锥花序基部的蝎尾状小花序长5—7厘米；小叶椭圆形或长椭圆形，侧脉17—24
　　对 ·· 4.云南七叶树 A. wangii

4.聚伞圆锥花序基部的蝎尾状小花序长2—3厘米。

　5.小叶狭披针形，侧脉22—28对；聚伞圆锥花序上的小花序间距约7毫米 ············
　　　·· 5.多脉七叶树 A. polyneura

　5.小叶长椭圆形，侧脉20—22对；聚伞圆锥花序上的小花序间距1.5—2厘米 ·········
　　　··· 6.澜沧七叶树 A. lantsangensis

1.天师栗（益都方物记拾遗）图410

Aesculus wilsonii Rehd.（1913）

　　乔木，高达20米。小枝初被长柔毛，后渐脱落，有白色皮孔。掌状复叶，叶柄长10—
16厘米，幼时微有短柔毛，老时无毛；小叶5—7，稀9，近等大，长圆倒卵形或长圆披针
形，长10—25厘米，宽4—8厘米，先端锐尖或短尾尖，基部宽楔形或近圆形，边缘有密锯
齿，上面深绿色，无毛或主脉基部有毛，下面淡绿色，有绒毛或长柔毛，侧脉20—25对；
小叶柄长1—2.5厘米，微有短柔毛。花序直立，圆筒形，连同序梗长约30厘米，微被柔毛，
基部的小花序长4—5（6）厘米，具5—10花；花白色，芳香，杂性，雄花多生于花序的上
部，两性花多生于花序的下部；萼管状，长6—7毫米，外面微有短柔毛，先端5浅裂，大小
不等；花瓣4，外面有绒毛，内面无毛，前面的2片匙状长圆形，基部爪状，旁边的2片长圆
倒卵形，基部楔形；雄蕊7，伸出花外，长短不等，最长者达3厘米，花丝扁，无毛；子房
卵形，有黄色绒毛，3室，每室有2胚珠，花柱下部有长柔毛。蒴果倒卵形，长3—4厘米，
顶端具短尖头，成熟时3裂，具1—2种子。种子近球形，径2.5—3.5厘米，种脐近圆形，约
占种子的1/3。花期4—5月，果期9—10月。

　　产绥江、彝良、大关等地，生于海拔1400—2100米的杂木林中或溪旁。江西、河南、
湖北、湖南、广东、四川、贵州均有。

　　造林、营林技术、木材性质和经济用途略同长柄七叶树。

2.长柄七叶树（中国植物志）图409

Aesculus khasyana（Voigt）C. R. Das et Majundar（1962）

Pavia khasyana Voigt（1845）

Aesculus assamica Griff.（1854）

A. co-riaceifolia Feng（1960）

　　乔木，高达10余米。小枝无毛，有稀疏的淡黄色皮孔。掌状复叶，叶柄长18—30厘
米，无毛；小叶6—9，近革质，长圆披针形，大小不等，中间的长20—25（45）厘米，宽
6—12厘米，两侧的长12—20厘米，宽3—6厘米，长度常为中间小叶的1/2，先端锐尖，基部
宽楔形，边缘有紧贴的钝尖细锯齿，两面无毛，侧脉23—25对；小叶柄长5—15毫米，紫色
或淡紫色。花序长圆筒形，连同序梗长40—45厘米，被淡黄色微柔毛，基部的小花序长约
4.5厘米，具5—6花；花白色，有紫褐色斑块，杂性，萼管状，长7—8毫米，外面有淡黄色

微柔毛，先端5裂，裂片三角形，大小不等；花瓣4，前面2片匙状，长1.4厘米，基部爪状，旁边的2片长圆倒卵形，长1.6厘米，基部楔形；雄蕊5—7，长短不等，长2—2.5厘米，花丝纤细，花药长圆形；子房长圆倒卵形或长卵形，有短柔毛，花柱细长。柱头粗大。蒴果倒卵形或近椭圆形，顶端有偏斜尖头。花期2—5月，果期6—10月。

产孟连，生于海拔600米上下的阔叶林中。越南、泰国、缅甸、不丹、印度、孟加拉国均有分布。

长柄七叶树为中性树种，但幼时耐阴，喜温暖湿润气候，因落叶对寒冷气候有一定抵抗能力。

种子易丧失发芽力，如去果皮干藏，不到1月即丧失发芽力，故宜随采随种，如要保存可带果皮在低温下砂藏。种子千粒重14000—17800克，每千克56—72粒。播时要种脐向下，覆土4厘米，镇压后覆革。冬季须防寒，1年生苗可出圃。

散孔材，管孔较小，数量中等，分布较均匀。木材浅黄白微红，心边材区别不明显，有光泽。木材纹理直，结构细而均匀，强度中等。可作绘图版、美术工艺品、房建、包装、玩具、家具等用材。种子含淀粉，可供工业用，也可榨油。带果皮种子供药用，有理气、安神、杀虫等功效。树姿壮丽，为优良的观赏树种。

3.大叶七叶树（四川大学学报自然科学版）图409

Aesculus megaphylla Hu et Fang（1960）

乔木，高达15米。小枝粗壮，无毛，有椭圆形黄色皮孔。掌状复叶，叶柄长约18厘米，近无毛；小叶7—9，薄纸质，倒卵形或长圆倒卵形，稀长圆椭圆形，大小不等，中间的长25—35厘米，宽15—18厘米，两边的长12—20厘米，宽5—10厘米，但有时长度为中间小叶的2/3，先端锐尖，基部楔形，边缘有圆齿状密锯齿，两面无毛，侧脉28—30对；小叶柄长5—15毫米。花序粗大，圆筒形，连同序梗长约40厘米，有淡黄色微柔毛，基部的小花序长约6厘米，具5—6花。花淡黄色，有紫色斑块；萼管状，长约7毫米，外面被淡黄色微柔毛，先端5裂，裂片钝尖形或宽三角形；花瓣4，前面2片匙形，长约1.6厘米，旁边2片长圆倒卵形，长1.8厘米；雄蕊7，长短不等，长2.8—3.2厘米；花丝无毛，花药长圆状椭圆形；子房长圆形或倒卵形，有毛，花柱下部有毛，上部近无毛。蒴果长圆状卵形，顶端有短尖头。花期4（9）月，果期9—11月。

产新平、绿春、西畴、广南等地，生于海拔1000—1300米的杂木林中。模式标本采自西畴。

造林、营林技术、木材性质和经济用途略同长柄七叶树。

4.云南七叶树（四川大学学报自然科学版）图410

Aesculua wangii Hu（1960）

乔木，高达20米。树皮黄褐色，片状脱落；小枝无毛，有多数淡黄色皮孔。掌状复叶；叶柄长8—18厘米，无毛；小叶5—7，纸质，椭圆形或长圆椭圆形，稀倒披针形，长12—18厘米，宽5—6厘米，先端锐尖，基部钝或宽楔形，边缘有密锯齿，上面深绿色，无毛，下面淡绿色，幼时沿脉有稀疏短柔毛，后无毛，侧脉17—24对，小叶柄长3—7毫米，幼时有柔毛及腺体，后无毛。花序圆筒形，连同序梗长25—40厘米，被粉屑状微柔毛，基部的小花序长4—7厘米，具4—9花；花杂性，同株；萼管状，长6—8毫米，外面有短绒毛，先端5裂，裂片不等大，三角形或三角状卵形；花瓣4，前面的2片匙状长圆形，长1.4—1.6厘米，旁边的2片长圆倒卵形，长1.5—1.8厘米，雄蕊5—6，有时7，长短不等，长1.8—3厘米，花丝无毛，花药长圆形；子房长圆状卵形或倒卵形，有绒毛。蒴果近球形，稀倒卵形，长4.5—6厘米，径6—7.5厘米，顶端有短尖头。种子近球形，径约6厘米，种脐大，约占种子的1/2。花期4—5月，果期9—10月。

产金平、富宁、西畴、麻栗坡等地，生于海拔900—1700米的沟谷或山坡疏林中。模式标本采自金平。

造林、营树技术、木材性质和经济用途略同于长柄七叶树。

5.多脉七叶树（四川大学学报自然科学版）图411

Aesculus polyneura Hu et Fang（1960）

乔木，高达20米。树皮灰褐色，平滑；小枝近无毛，有椭圆形淡黄褐色皮孔。掌状复叶，叶柄长12—14厘米，无毛；小叶5—7，纸质，狭倒卵形或狭披针形，长14—21厘米，宽3—4厘米，先端渐尖，基部渐狭，边缘有细锯齿，上面深绿色，无毛，下面淡绿色，沿脉有稀疏微柔毛，侧脉22—28对；小叶柄纤细，长5—7毫米，无毛。花序圆筒形，连同序梗长达30厘米，有淡黄色微柔毛，基部的小花序长2—3厘米，具4—5花；花白色；萼管状，长约6毫米，外面有淡灰色细绒毛，先端5裂，裂片不等大，三角形或三角状卵形；花瓣4，外面有淡灰色细毛，内面无毛，前面2片匙状长圆形，长约1.6厘米，基部爪状，旁边的2片长圆倒卵形，长约1.8厘米，基部楔形；雄蕊5—6，长短不等，长22—25毫米，花丝无毛，花药长圆形；子房卵形，花柱无毛，柱头细小。花期5月。

产屏边，生于海拔1700米的湿润密林中。模式标本采自屏边。

造林、营林技术、木材性质和经济用途略同长柄七叶树。

6.澜沧七叶树（四川大学学报自然科学版）图411

Aesculus lantsangensis Hu et Fang（1960）

乔木，高约10米。树皮灰褐色；小枝圆柱形或近顶端微有棱角，幼时有微柔毛，后无毛，有淡黄色皮孔。掌状复叶，叶柄长15—18厘米，有微柔毛；小叶7，纸质，长圆椭圆形或长圆倒披针形，长14—20厘米，宽4—7厘米，先端突尖，有尾状尖头，基部楔形，边缘有小圆齿，两面无毛或幼时下面脉上有疏毛，侧脉20—22对；小叶柄长5—7毫米，无毛。花序窄圆筒形，连同序梗长达40厘米，密被淡黄色微柔毛，基部的小花序长2—2.5厘米，具5—7花。花白色，有黄褐色斑块；萼钟形或管状钟形，长约5毫米，外面有灰色微柔毛，先端5裂，裂片不等大，钝尖三角形；花瓣4，不等大，外面有灰色微柔毛，内面无毛，边缘有纤毛，前面2片匙状长圆形，长约2.2厘米，旁边的2片长圆倒卵形，长约1.6厘米；雄蕊7，花丝无毛，花药长圆状椭圆形；花盘微裂。花期5月。

产澜沧、沧源等地，生于海拔750—1500米的阔叶林中。模式标本采自澜沧。

造林、营林技术、木材性质和经济用途同长柄七叶树。

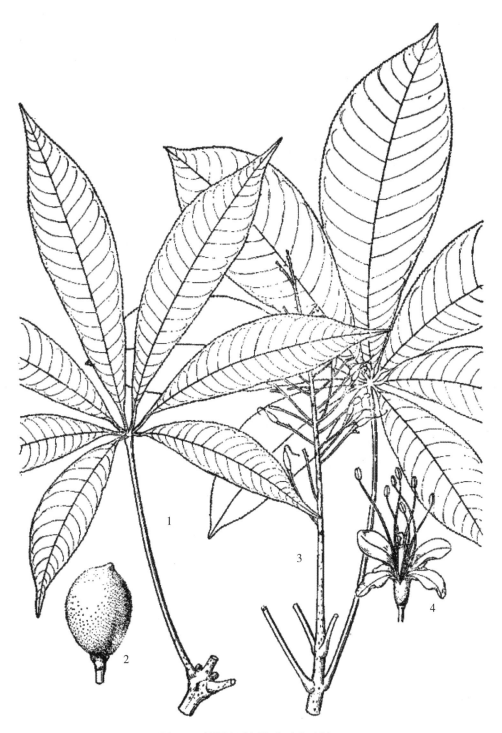

图409 长柄七叶树和大叶七叶树

1—2.长柄七叶树 *Aesculus khasyana*（Voigt）C. R. Das et Majundar　1.枝叶　2.果实

3—4.大叶七叶树 *Aesculus megaphylla* Hu et Fang　3.幼果枝　4.花

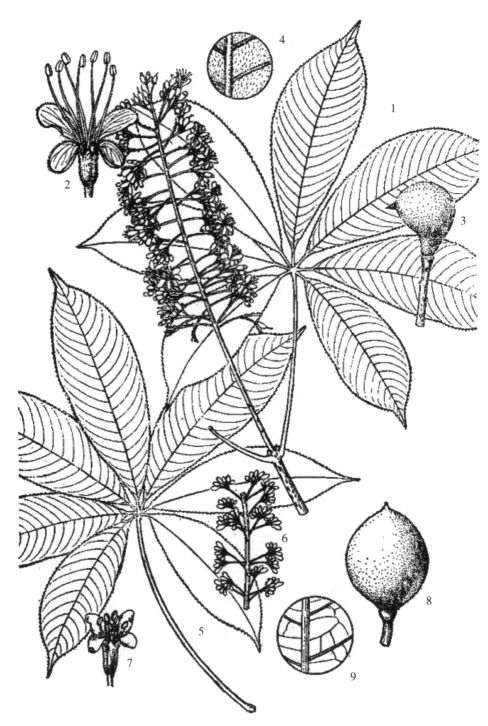

图410　天师栗和云南七叶树

1—4.天师栗 *Aesculus wilsonii* Rehd.　1.花枝　2.雄花　3.幼果　4.叶下面部分放大

5—9.云南七叶树 *Aesculus wangii* Hu

5.叶　6.部分花序　7.两性花　8.果实　9.叶下面部分放大

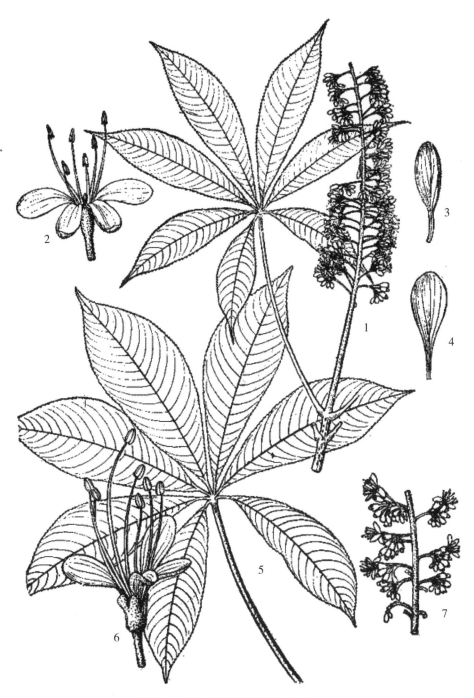

图411 多脉七叶树和澜沧七叶树

1—4.多脉七叶树 Aesculus polyneura Hu et Fang

1.花枝　2.雄花　3.前面的花瓣　4.旁边的花瓣

5—7.澜沧七叶树 *Aesculus lantsangensis* Hu et Fang　5.叶　6.雄花　7.部分花序

198b.伯乐树科 BRETSCHNEIDERACEAE

乔木。奇数羽状复叶，互生，小叶对生或下部的互生状，全缘，无托叶。总状花序顶生；花两性，微不整齐；萼钟形，5浅裂；花瓣5，分离，覆瓦状排列，不等大，着生于萼的上部；雄蕊8，略短于花瓣，着生于萼的下部；子房上位，3—5室，每室有2胚珠，花柱稍长于雄蕊，柱头头状。蒴果木质，3—5瓣裂。

本科仅1属1种，产越南和我国。云南也有。

伯乐树属 Bretschneidera Hemsl.

属的特征同科。

1.伯乐树（中国树木分类学）图412

Bretschneidera sinensis Hemsl.（1901）

B. yunshanensis Chun et How（1958）

落叶乔木，高达20米。树皮灰白色，平滑；小枝褐色，幼时有稀疏短柔毛，后无毛，有灰白色皮孔。奇数羽状复叶，连同叶柄长25—45厘米；小叶7—15，纸质或近革质，椭圆披针形或长圆形，有时菱状长圆形，长6—20厘米，宽3—9厘米，先端渐尖，基部常偏斜不对称，钝圆或楔形，全缘，上面绿色，无毛，下面灰白色，无毛或有毛。总状花序顶生，连同序梗长20—40厘米，被红褐色短柔毛，花粉红色，直径4—5厘米；萼钟形，长1.2—1.9厘米，先端5浅裂，有锈色短柔毛；花瓣5，不等大，匙形或倒卵形，长1.5—2厘米，有红色条纹，两面无毛，边缘有细缘毛；雄蕊8，花丝有微柔毛，花药背着；子房卵形，连同花柱有长柔毛。蒴果椭圆形或倒卵状球形，长3—5.5厘米，径2—3.5厘米，被红褐色短柔毛，通常3瓣裂。种子长圆形，长约12毫米，腹面稍扁。花期4月，果期10月。

产元江、普洱、金平、屏边、西畴、富宁、麻栗坡等地，生于海拔1000—1600米的山坡疏林或沟谷密林中。江西、福建、湖北、湖南、广东、广西、四川、贵州均产；越南也有。模式标本采自普洱。

伯乐树为国家二级珍稀保护植物，在全光照下可正常生长发育，对环境要求不严。种子繁殖或根插育苗均可。蒴果开裂前采集成熟果实，晾晒数日后摊于室内，待果实开裂种子脱落后将种子藏于通风干燥处。宜消毒后播种，注意保持苗床湿润。1年生苗即可出圃。根插育苗繁殖，效果较好。

树形优美，枝叶茂密，花色艳丽，宜于庭园观赏和作行道树种。

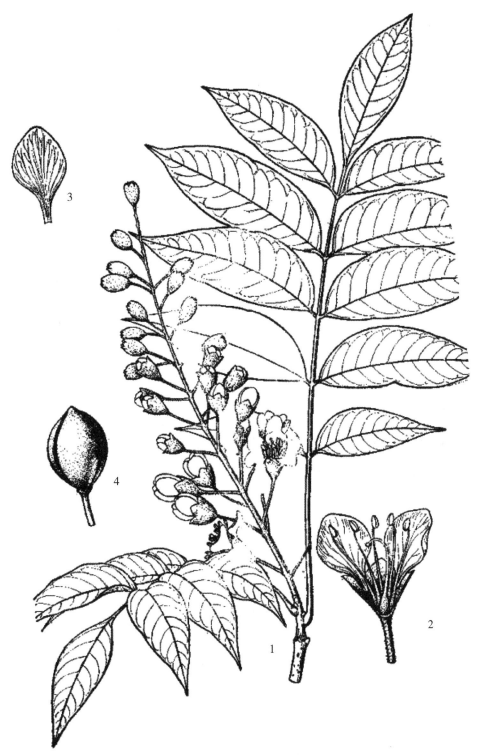

图412 伯乐树 *Bretschneidera sinensis* Hemsl.
1.花枝 2.花、剖开示雌雄蕊 3.花瓣 4.蒴果

209.山茱萸科 CORNACEAE

常绿或落叶，乔木或灌木，稀草本。单叶互生或对生，稀近于轮生，羽状脉，边缘全缘或有锯齿；无或有托叶。花两性或单性，如为单性则雌雄异株，圆锥、聚伞，伞形或头状花序，有或无苞片；花萼管状，与子房合生，裂片3—5；花瓣3—5，镊合状或覆瓦状排列；雄蕊与花瓣同数而互生；花柱短或稍长，柱头头状、盘状或截形，有时2—3（5）裂；子房下位，1—4（5）室，每室具下垂倒生胚珠。核果或浆果状核果，具1—4（5）种子。胚小，胚乳丰富。

本科14属，约120种，分布于北温带至亚热带。我国7届，约70种。云南6属，约42种4变种。本志记载5属21种2变种。

分 属 检 索 表

1.子房1室，花瓣开花前先端内折。
  2.花两性 ·· 1.单室茱萸属 Mastixia
  2. 花单性 ·· 2.桃叶珊瑚属 Aucuba
2.子房2室，花瓣开花前不内折。
  3.花序无总苞 ··· 3.梾木属 Cornus
  3.花序有总苞。
    4.头状花序，总苞大，白色，呈花瓣状 ········· 4.四照花属 Dendrobenthamia
    4.伞形花序，总苞小，黄绿色，呈鳞片状 ········· 5.山茱萸属 Macrocarpium

1.单室茱萸属 Mastixia Bl.

乔木。叶互生、对生或交互对生，全缘，叶柄具沟，无托叶。聚伞圆锥花序顶生，常具苞片或小苞片，苞片有时叶状。花两性，绿色至黄色；花萼裂片4—5（7），宿存；花瓣4—5（6），先端内折；雄蕊4—5，有时6或8，在芽内直立，花丝钻形、扁平，着生于花盘外侧，花药心形，背着，药隔细长，超过花药；子房1室，花盘肉质，宿存，花柱粗壮，有纵棱，柱头点状，有时2深裂。果核果状，卵形，顶部有宿存花萼及花盘，熟时紫黑色至蓝色。种子外种皮膜质，胚小，胚乳丰富。

本属27种，分布于东南亚，产雨林及常绿阔叶林中。我国4种，产云南、广东、广西。云南2种。

1.云南单室茱萸　图413

Mastixia chinensis Merr.（1937）

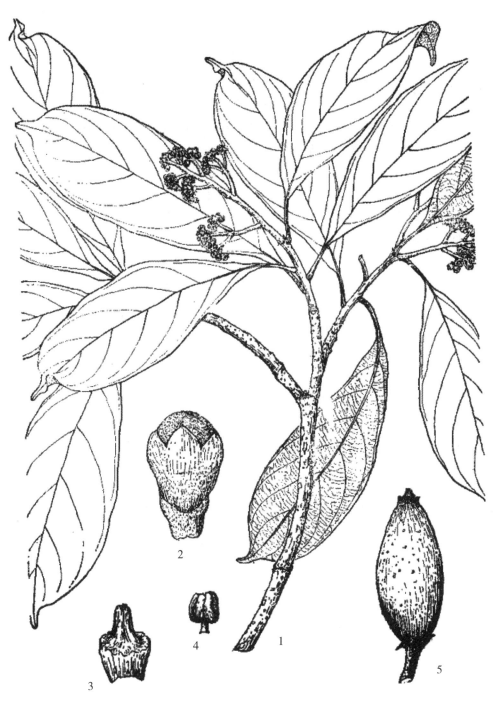

图413　云南单室茱萸 *Mastixia chinensis* Merr.
1.花枝　2.花蕾　3.雌蕊　4.雄蕊　5.果

Mastixia pentandra subsp. chinensis（Merr.）Matthew.（1976）

常绿乔木，高20米。小枝粗壮，无毛或微被毛。单叶互生，椭圆形至椭圆状倒披针形，长8—20厘米，宽4—8厘米，革质，近无毛，先端渐尖，基部渐狭，侧脉6—8对，连同网脉下面明显，花序长可达8厘米，近无毛或密被明显的贴生绵毛，3—4级分枝，第一级分枝互生，苞片三角状，长不到3毫米，萼片5，三角状卵形，外面密被绵毛，花瓣5，外面密被绵毛；雄蕊5；与花瓣互生，花盘肉质，花柱具条棱，柱头点状。果长圆形，长2—2.5厘米，径1厘米。

产景洪、勐腊、普洱、景东、蒙自、西畴、屏边等地的雨林及常绿阔叶林中。印度东北部、不丹、缅甸、泰国、越南、马来西亚等地有分布。

种子繁殖。采集成熟果实放在箩筐中搓去果肉，用水洗净种子捞出阴干。随采随播，如需贮藏，可混沙堆藏，播时先用温水浸种1天，苗床可宽1米、长10米，播后床面覆土厚2厘米左右并轻压。苗床覆草，出苗揭去。夏日荫棚遮萌。一年生苗可供造林。

木材可作纤维板、胶合板用。

2.桃叶珊瑚属 Aucuba Thunb.

乔木或灌木。小枝对生，圆柱状，绿色；冬芽顶生，圆锥状。叶革质或纸质，对生，有时具白色或黄色斑点，干后常呈暗褐色，边缘常具齿，稀全缘；叶柄粗壮。花单性，雌雄异株，常由1—3序组成顶生的圆锥花序，雄花序长于雌花序，花4数，花瓣镊合状排列，先端具短尖头或长尖尾，花下常具关节及1—2小苞片；雄花的花丝粗壮，花药2室，稀愈合为1室，背着，有时药室向上，似"丁"字形，花盘肉质，垫状或环状，略呈4棱；雌花的萼管近于圆筒形或卵形，萼片4，三角形或微圆，花柱粗短，柱头头状，微2裂或4裂，直立或偏斜，子房下位，1室，具一倒生悬垂胚珠。核果顶端有宿存萼齿、花柱和柱头；具1种子。种子长圆形，种皮白色，膜质。

本属约14种，分布于日本、中国、不丹、印度、缅甸、越南。我国约14种，云南8种。

分 种 检 索 表

1.果上有瘤状突起；花药分离；叶侧脉在上面平或突起 ················
·························· 1.峨眉桃叶珊瑚 A. omeiensis
2.果上无瘤状突起；花药在上部愈合；叶侧脉在上面凹下 ··········
························ 2.枇杷叶桃叶珊瑚 A. eriobotryaefolia

1.峨眉桃叶珊瑚（中国高等植物图鉴）图414

Aucuba omeiensis Fang（1947）

A. chinensis Benth. subsp. omeiensis（Fang）Fang et Soong（1980）

常绿乔木，稀灌木状，高达12米。树皮灰色或灰绿色。小枝幼时被短柔毛，后无毛或仅先端被微柔毛，皮孔椭圆形。叶厚革质，长圆形、卵状长圆形，稀倒卵长圆形，长14—

23（30）厘米，宽5—9（12）厘米，先端锐尖或钝尖，基部宽楔形或楔形，边缘微反卷，下部1/3全缘，上部常具5—7对粗锯齿，萌生枝之叶有时呈重锯齿或齿牙状锯齿，稀近于全缘，上面深绿，下面淡绿，中脉在上面微下凹，下面突起，侧脉8—10对，未达叶缘即网连；叶柄长2—5厘米，无毛。圆锥花序顶生，具总苞；雄花序长5—10厘米，花序梗被短柔毛，花幼时黄绿色，后为黄色，萼檐齿状，无毛或被疏毛，花瓣卵形或长圆形，长3—4.5毫米，宽2—3毫米，先端具短尖头，外面被疏毛或无毛，雄蕊生于花盘外侧，花丝钻形，长3—4毫米，花药黄色，2室，花盘垫状，微4裂，花梗长3—5毫米，被柔毛，花下小苞片不久即脱落；雌花序长约5厘米，花序梗被短柔毛；雌花黄绿色或黄色，萼檐成波状，花瓣卵形或长圆形，长3毫米，宽1.5毫米，先端具短尖头，子房圆柱状，长3毫米，具疣状小突起，花柱短，柱头歪斜，花盘垫状，微裂。幼果绿色，成熟后红色，长圆形，长1.5厘米，径1厘米，具疣状突起，花柱及柱头宿存。花期1—4月，果期7—11月。

产绥江、大关。四川有分布。

种子繁殖或扦插繁殖。营林技术参照枇杷叶桃叶珊瑚。

本材可作小径材，叶可作饲料，茎、叶可治烫伤。

2.枇杷叶桃叶珊瑚　图414

Aucuba eriobotryaefolia F. T. Wang（1949）

Aucuba chinensis Benth. f. subintegra Li（1944）

常绿乔木，高达11米。枝粗壮。叶厚革质，长圆形、长圆状椭圆形或倒卵形，长10—20厘米，宽4—8厘米，先端钝圆或突短尖，尖头长5—7毫米，基部楔形或宽楔形，边缘近全缘或基部1/3以上有粗锯齿，上面深绿，有光泽，下面淡绿，疏被毛，侧脉8—9对，在上面凹下，下面突起；叶柄长1.5—2厘米。花序圆锥状，有关节，具苞片及小苞片，花序梗密生黄褐色短粗伏毛；雄花序梗长7—8厘米，花黄色或绿色，萼檐4齿裂，萼筒密被毛，花瓣长圆形，长4—5毫米，先端具短尖头，尖头短于0.5毫米，雄蕊花丝长3.5毫米，花药上部靠合。果序圆锥状，长10—12厘米；幼果绿色，熟时红色，长卵形，长1.2厘米，宽0.6厘米，被毛。

花期1—4月，果期10月至翌年5月。

产芒市、瑞丽、景东、玉溪、富民、宾川，生于海拔1500—2700米的常绿阔叶林中。

种子繁殖或扦插育苗。果实成熟时采种，搓去果肉后洗净阴干。随采随播或春播。注意遮阴及保持苗床湿润。扦插育苗时宜在雨季进行。采半木质化的枝条，剪成15厘米长，上平下斜，株行距5厘米×15厘米。插后盖以塑料薄膜，其上再搭荫棚遮阴。经常保持苗床湿润，早晚通气，一月左右发根，留床一年可出圃。桃叶珊瑚为耐阴树种，须经常保持环境阴湿，冬季适时注意防寒。

叶作饲料，茎、叶可药用治烫伤；同属的东瀛珊瑚果实对艾氏腹水癌细胞有抑制作用。果红如珊瑚，鲜艳可爱，为观赏树种。

图414 枇杷叶桃叶珊瑚和峨眉桃叶珊瑚

1—3.枇杷叶桃叶珊瑚 *Aucuba eriobotryaefolia* F. T. Wang　1.雄花枝　2.雄花　3.雄蕊

4—5.峨眉桃叶珊瑚 *Aucuba omeiensis* Fang　4.果枝　5.果实

3. 梾木属 Cornus Linn

落叶或常绿乔木或灌木。冬芽顶生及腋生，卵形或狭卵形。叶对生，稀互生，全缘，通常下面有平贴的短柔毛。伞房状或圆锥状聚伞花序顶生，无花瓣状的总苞片；花萼小，顶端4裂；花瓣镊合状排列；雄蕊4，着生于花盘外侧；花盘垫状，子房2室，柱头头状或盘状。核果有2种子。

本属约42种，多分布于北温带、北亚热带。我国约28种，产于南北各省、区，西南地区种类较多。云南有15种及3变种。

分 种 检 索 表

1. 叶互生，果核顶端有孔穴 ·························· 1. 灯台树 C. controversa
1. 叶对生，果核顶端无孔穴。
  2. 花柱圆柱形。
    3. 叶革质，长圆形，柱头点状；核果椭圆形 ············· 2. 长圆叶梾木 C. oblonga
    3. 叶纸质，不为长圆形；柱头头状或盘状；核果球形。
      4. 叶下面有贴生短柔毛。
        5. 花萼裂片长于花盘；叶下面灰白色，脉腋多少有簇生毛；老枝紫红色 ·········
        ·················· 3. 红椋子 C. hemsleyi
        5. 花萼裂片与花盘近等长；叶下面灰绿色，脉腋无簇生毛；老枝紫褐色 ·········
        ·················· 4. 凉生梾木 C. alsophila
      4. 叶下面多少被卷曲毛。
        6. 花序密被黄褐色卷曲柔毛；叶下面脉上被淡黄色长柔毛 ·················
        ·················· 5. 康定梾木 C. schindleri
        6. 花序被黄褐色短柔毛；叶下面脉上密被淡白色长柔毛及卷曲毛 ·············
        ·················· 6. 灰叶梾木 C. popiophylla
2. 花柱棍棒状。
  7. 侧脉5—8对，叶长9—16厘米，宽卵形或卵状长圆形，稀近圆形 ·············
  ·················· 7. 梾木 C. macrophylla
  7. 侧脉2—5对。
    8. 乔木；侧脉4（5）对，叶长椭圆形或椭圆形；花萼裂片与花盘近等长 ·········
    ·················· 8. 毛梾 C. walteri
    8. 灌木；侧脉3（稀2或4）对，叶椭圆状披针形、披针形、稀长圆形；花萼裂片长于花盘 ·················· 9. 小梾木 C. paucinervis

1. 灯台树（中国高等植物图鉴）　瑞木（经济植物手册）、六角树（四川）图415

Cornus controversa Hemsl. ex Prain（1909）

Bothrocaryum controversum（Hemsl.）pojark.（1950）

Swida controversa（Hemsl.）Sojak（1960）

落叶乔木，高6—15米，稀达20米。树皮暗灰色或带黄灰色，平滑；枝开展，当年生枝紫红绿色，疏被短柔毛，二年生枝淡绿色，有半月形的叶痕和圆形皮孔；冬芽圆锥形，无毛。叶互生，纸质，宽卵形或宽椭圆状卵形，长6—13厘米、宽3.5—9厘米，顶端突然渐尖，基部宽楔形或圆形，全缘，上面黄绿色，无毛，下面淡灰绿色，密被淡白色平贴的短柔毛，中脉在上面微凹陷，下面凸起，侧脉6—7对，弓形上伸，在上面明显，下面凸起；叶柄长2—6.5厘米，紫红绿色，无毛，上面有浅沟。伞房状聚伞花序，直径7—13厘米，略被平贴短柔毛。花序梗淡黄绿色，长1.5—3厘米，疏被浅褐色平帖短柔毛；花小，白色，直径8毫米；花萼裂片三角形，长于花盘，外面具短柔毛；花瓣4，长圆披针形，顶端钝尖，外面疏被平贴短柔毛；雄蕊稍伸出花外，长4—5毫米，花丝线形，无毛，花药椭圆形，2室，长约1.8毫米；花盘无毛；花柱圆柱形，长2—3毫米，无毛，柱头头状，花托椭圆形，长1.5毫米，淡绿色，密被灰白色贴生短柔毛；花梗长3—6毫米，稀被贴生短柔毛。核果球形，直径6—7毫米，紫红色至蓝黑色。果核顶端有一近方形小孔。花期5—6月，果期7—8月。

产屏边、维西、富宁、丽江、云龙、腾冲等地，生于海拔500—2800米的混交林或常绿阔叶林中。辽宁、河北、山西、山东、浙江、福建、广东、广西、四川、贵州有分布；日本及朝鲜也有。

造林技术可参阅毛梾。

木材供建筑、雕刻及器具用。种子油可制皂或作润滑剂。叶药用可消肿。树形美观，可作行道树。

2. 长圆叶梾木（中国高等植物图鉴） 矩圆叶梾木（云南种子植物名录）、粉帕树（嵩明）图416

Cornus oblonga Wall.（1820）

Swida oblonga（Wall.）Sojak（1960）

Yinchenia oblonga（Wall）Z. Y. Chun（1984）

常绿灌木或小乔木，高达10米。树皮灰褐色，平滑；小枝略具棱角，当年生枝灰绿色或黑灰色，被淡黄褐色短柔毛，二年生枝逐渐无毛，有稀疏皮孔及半月形叶痕；冬芽圆锥形，长约4毫米，被柔毛。叶对生，革质，长圆形或长圆椭圆形，先端渐尖或尾状，基部楔形，边缘微反卷，长6—13厘米，宽1.6—4厘米，上面深绿色，无毛，下面粉白色，疏被淡灰色的平贴短柔毛，中脉在上面显著，下面凸起，侧脉4—5对，在上面微凹陷，下面隆起；叶柄长6—19毫米，上面平坦或有浅沟，被灰色或黄灰色短柔毛。伞房状聚伞花序，连同花序梗长5—6.5厘米，直径6—8厘米，被平贴短柔毛；花白色，直径8毫米；花萼裂片三角状卵形，外面疏被平贴短柔毛，花瓣4，长圆形，带紫黄色；花药2室，丁字形着生；花盘微浅裂，无毛，高约0.4—0.5毫米；花托倒圆锥形，长1.1毫米，直径1毫米，疏被短柔毛，花柱圆柱形，近无毛，长2.6—2.8毫米，柱头近头形。核果椭圆形或近球形，长7毫米，直径4—6毫米，黑色。花期10月，果期次年5—6月。

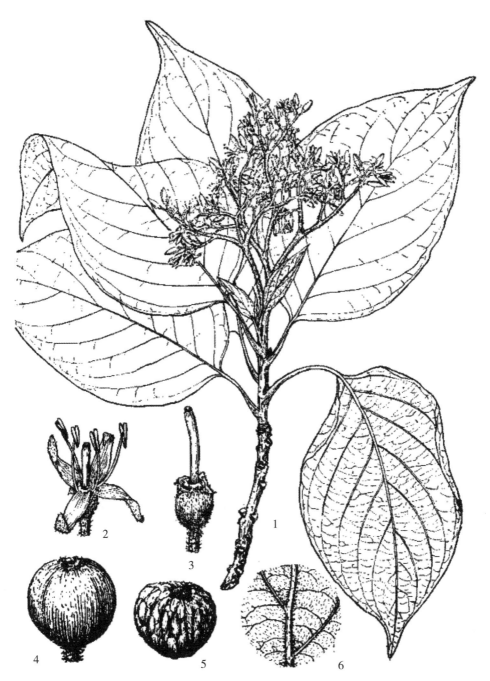

图415 灯台树 *Cornus controversa* Hemsl.
1.花枝 2.花 3.雌蕊 4.果 5.果核 6.叶下面

图416 长圆叶梾木和毛叶梾木

1—6.长圆叶梾木 *Cornus oblonga* Wall.
1.花枝 2.花 3.雌蕊 4.雄蕊 5.花瓣 6.叶下面
7—9.毛叶梾木 *Cornus oblonga* var. *griffithii* Clarke 7.果枝 8.果 9.叶下面

产云南各地，生于海拔1000—3400米林中。湖北、四川、贵州、西藏有分布；尼泊尔、印度、巴基斯坦也有。

2a.毛叶梾木（变种）（四川植物志） 细毛矩圆叶梾木（云南种子植物名录）图416

Cornus oblonga Wall. var. griffithii Clarke（1879）

C. oblonga Wall. f. pilosula Li（1944）

本变种与原变种的区别在于叶下面密生长柔毛。

产鹤庆、丽江、漾濞、维西、泸西、屏边、广南、弥勒、路南、香格里拉，生于海拔1000—2400米林中。湖北、贵州、四川等省有分布；不丹和印度也有。

2b.无毛长圆叶梾木（变种）（四川大学学报）

Cornus oblonga Wall. var. glabrescens Fang et W. K. Hu（1980）

产德钦、禄劝、嵩明、易门等地，生于海拔1500—3400米疏林或灌丛中。

3. 红椋子（经济植物手册） 红凉子（中国树木分类学）图417

Cornus hemsleyi Schneid. et Wanger.（1909）

Swida hemsleyi（Schneid. et Wanger.）Sojak（1960）

灌木，高达6米。幼枝略呈四棱形，带红色，被贴生绢毛，老枝紫红色至褐色，无毛，有微凸的黄褐色皮孔；冬芽狭圆锥形，长0.3—0.8厘米，被贴生白色短柔毛。叶对生，纸质，卵状椭圆形，长4.5—9.3厘米，宽1.8—4.8厘米，顶端渐尖或短渐尖，稀突尖，基部圆形，稀宽楔形，边缘微波状，上面深绿色，被贴生短柔毛，下面灰绿色，密被灰色贴生短柔毛及细小的白色乳头状突起，中脉在上面凹下，下面凸起，侧脉6—7对，弓形内弯，在上面凹下，下面凸起，脉腋多少具有淡黄褐色或灰色丛毛；叶柄长0.7—1.8厘米，淡红色，上面有浅沟，幼时散生灰色长柔毛及淡褐色贴生短柔毛。伞房状聚伞花序，直径5—8厘米，被浅褐色短柔毛；花白色，花萼裂片披针状三角形至尖三角形，长于花盘，外面有短柔毛；花瓣4，长圆状舌形，长2.5—4毫米，外面有贴生短柔毛；雄蕊长4—6.5毫米，伸出花外，花丝线形，无毛，花药卵状长圆形，浅蓝色至灰白色，2室，丁字形着生；花盘无毛或略有小柔毛；花柱圆柱形，长1.8—3毫米，疏被贴生小柔毛，柱头盘状扁头形，花托倒卵形，长0.8—1.2毫米，密被紧贴灰色间有浅褐色短柔毛；花梗长1—5毫米，有浅褐色短柔毛。核果近球形，黑色，直径4毫米。花期6月，果期9月。

产镇雄等地。山西、河南、陕西、甘肃、青海、湖北、贵州、四川及西藏有分布。

造林技术参阅毛梾。

种子榨油，供工业用。

4. 凉生梾木 云南四照花（中国树木分类学）图417

Cornus alsophila W. W. Sm.（1917）

Swida alsophila（W. W. Sm.）Holub（1967）

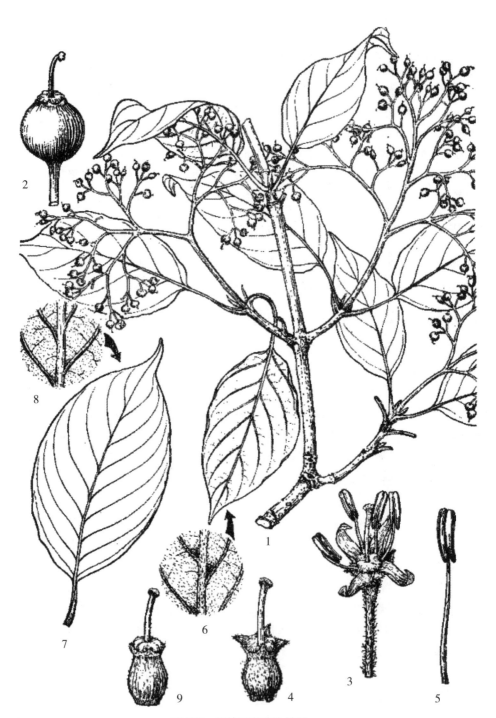

图417 红椋子和凉生椋子

1—6.红椋子 *Cornus hemsleyi* Schneid et Wanger.

1.果枝 2.果 3.花 4.雌蕊 5.雄蕊 6.叶下面部分放大（示毛）

7—9.凉生椋木 *Cornus alsophila* W. W. Sm.

7.叶片 8.叶下面部分放大（示毛） 9.雌蕊

落叶灌木或小乔木，高达8米。树皮淡绿色至褐色，平滑；小枝对生，圆柱形，幼时绿色，很快呈红色，二年生枝红褐色，有稀少圆形微凸的皮孔；冬芽狭圆锥形，长6—10毫米，密被灰白及浅褐色平贴短柔毛。叶对生，纸质，椭圆形至卵状椭圆形或宽卵形，长5—13厘米，宽3—6.2厘米，先端渐尖或短渐尖，基部圆形至宽楔形，稀浅心形，全缘，上面绿色，散生白色短柔毛，下面灰绿色，密被乳头状小突起和稀疏白色平贴短柔毛，中脉在上面微凹陷，下面凸起，侧脉5—7（8）对，弓形内弯，上面微凹陷，下面稍凸起，脉腋有时有长柔毛；叶柄长1.2—2.8厘米，上面有浅沟，红色，无毛成近于无毛。伞房状聚伞花序，分枝少，初时有毛，后无毛或近无毛；花萼裂片线状披针形，略与花盘等长，稀长于或短于花盘，外面被短柔毛；花瓣4，白色至淡黄色，长圆披针形，长4—5毫米；雄蕊与花瓣等长或稍微伸出花外，花丝线形，无毛，长4—4.2毫米，花药线状长圆形，蓝灰色，2室，丁字形着生；花盘无毛，边缘波状；花柱圆柱形，通常长2.8—3毫米，略具浅沟纹，近无毛，柱头头状，常2浅裂，花托倒卵形或近球形，直径约1毫米，疏被灰白色贴生短柔毛；花梗长0.5—5.5毫米，疏被黄褐色短柔毛。核果球形，直径4—5毫米，紫红色至黑色，有光泽，疏被贴生短柔毛。花期6—7月，果期8—9月。

产丽江、鹤庆、香格里拉，生于海拔2400米杂木林中；陕西、甘肃、青海、四川及西藏有分布。

造林技术参阅毛梾。

种子油可制肥皂；树皮及叶含单宁，可提炼栲胶。

5.康定梾木（中国高等植物图鉴）图418

Cornus schindleri Wanger.（1907）

Swida schindleri（Wanger.）Sojak（1960）

灌木或小乔木，高达6.5米。幼枝略有棱角，密被淡黄褐色微曲疏柔毛，老枝紫红色，无毛，有稀疏的白色圆形皮孔；冬芽圆锥形或长圆锥形，被浅褐色疏柔毛，长2—9毫米。叶对生，纸质至亚革质，卵状椭圆形，长5—13厘米，宽2.5—5厘米，顶端突然渐尖，基部圆形，边缘近浅波状，上面深绿色，散生微曲疏柔毛，下面灰色，被卷曲疏柔毛，沿脉密生浅黄色长柔毛，中脉在上面凹陷，下面凸起，侧脉6—8对，弓形内弯，达于叶缘，在上面凹陷，下面明显；叶柄长1—1.5厘米，上面有浅沟，密被浅黄褐色微曲疏柔毛。伞房状聚伞花序，密被黄褐色微曲柔毛；花白色，直径6毫米，花萼裂片，三角形或披针形，短于或长于花盘，长约0.2—0.5毫米，外面被短柔毛；花瓣4，长圆形或长圆披针形，长3.2—4毫米，先端尖或渐尖，外面被灰白色贴生短柔毛；雄蕊与花瓣等长，花丝无毛，花药黄色，线状长圆形，长1.1—1.5毫米；花盘无毛；花柱圆柱状，被贴生疏柔毛，长2.6—3毫米，柱头盘状，略有浅裂；花托倒卵形，长1.1毫米，直径1毫米，密被浅褐色及灰色微曲疏柔毛；花梗长1—4.8毫米，被灰白色的疏柔毛。花期4月，果期9月。

产维西、德钦等地，生于海拔2300—3300米河边及杂木林中。四川有分布。

造林技术参照毛梾。

6.灰叶梾木　黑椋子（中国高等植物图鉴）、黑凉子（中国树木分类学）、白叶椋子（云南种子植物名录）、灯台子（楚雄）图418

Cornus poliophylla Schneid. et Wanger.（1910）

Swida poliophylla（Schneid. et Wanger.）Sojak（1960）

灌木或小乔木，通常高达8米。树皮浅褐色；幼枝紫红绿色，微有棱角，密被短柔毛，老枝蔗红色，无毛，散生淡黄褐色皮孔；冬芽长圆锥形，紫色，密被淡黄褐色及灰色短柔毛，长4—11毫米。叶对生，纸质，卵状椭圆形，长6—11.5（13）厘米，宽2—7厘米，先端突尖或渐尖，基部近圆形，稀宽楔形，边缘全缘或波状微反卷，上面深绿色，疏被小卷毛，下面灰绿色，密被细小的乳头状凸起及卷曲毛，尤以脉上为多，中脉在上面微凹陷，下面凸起，侧脉通常7—8对，稀6或9对，弓形内弯，在上面微凹下，下面凸起；叶柄长1—2.5厘米，红色，被淡黄褐色疏柔毛，上面有浅沟。伞房状聚伞花序，长2.5—4.5厘米，宽4—9厘米，疏被黄褐色短柔毛；花序梗长3.5—5.5厘米，疏被短柔毛；花白色，直径7—8毫米，花萼裂片披针形，长于花盘，长约0.4—0.5毫米，外面被疏柔毛；花瓣4，舌状长圆形至卵状披针形，长3.2—3.5毫米，外面被贴生疏柔毛；雄蕊伸出花外，长4.2—5毫米，花丝无毛，花药长圆形，2室，浅蓝色至灰色；花盘无毛，花柱长2.1—3毫米，白色，被贴生疏柔毛，柱头盘状，有时略有浅裂，花托倒卵形，长1.4毫米，被浅褐色或灰白色疏柔毛；花梗长1—6毫米，密被浅褐色疏柔毛。核果球形，直径5—6毫米，黑色，微被贴生短柔毛。花期6月，果期10月。

产楚雄、维西、大关、镇雄、巧家，生于海拔1800—3000米灌丛及混交林中。陕西、甘肃、河南、湖北、四川及西藏有分布。

造林技术参照毛梾。

7.梾木（中国高等植物图鉴）　椋子木（救荒本草）图419

Cornus macrophylla Wall.（1820）

Swida macrophylla（Wall.）Sojak（1960）

乔木，高达15米。树皮灰绿色或灰褐色至灰黑色，幼枝粗壮，有棱角，灰绿色，微被灰色贴生短柔毛，不久变为无毛而呈灰褐色，老枝圆柱形，散生灰白色椭圆形皮孔及近于半环状叶痕；冬芽狭长圆锥形至尖圆锥形，长4—10毫米，密被淡黄褐色或杂有灰色短柔毛。叶对生，纸质，宽卵形或卵状长圆形，稀近于椭圆形，长9—16厘米，宽3.5—8.8厘米，先端锐尖或短渐尖，基部圆形，稀宽楔形，有时稍不对称，边缘微具波状小齿，上面深绿色，幼时疏生平贴小柔毛，后近无毛，下面灰绿色，密被或疏被灰白色贴生短柔毛，沿脉有浅褐色平贴短柔毛，中脉在上面明显，下面凸起，侧脉6—8对，弓形内弯，在上面明显，下面稍凸；叶柄长1.5—3厘米，黄绿色或紫褐色，幼时疏生灰色小柔毛，不久变为无毛，上面有浅沟，基部稍宽，略呈鞘状。伞房状聚伞花序，长5.5—6.5厘米，疏被短柔毛；花序梗长2.5—4厘米；花白色、有香气，直径8—10毫米；花萼裂片宽三角形，稍长于花盘，外面疏被灰色短柔毛；花瓣4，舌状长圆形或卵状长圆形，长3—5毫米，外面有贴生短柔毛；雄蕊与花瓣等长或稍长于花瓣，花丝线形，无毛，花药倒卵状长圆形或线状长圆

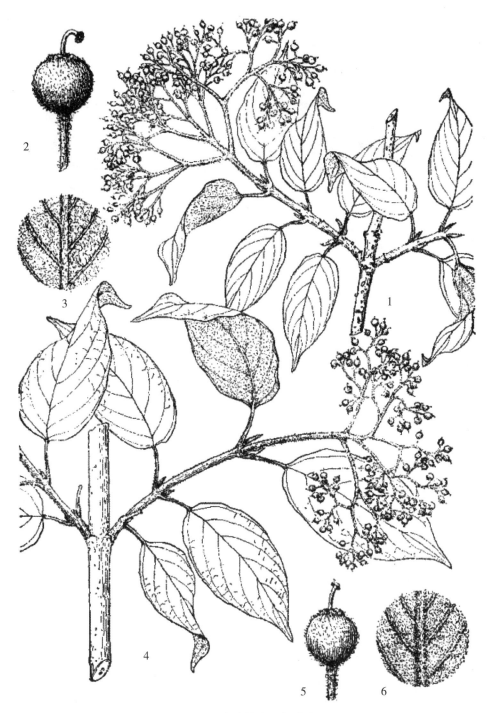

图418 康定梾木和灰叶梾木

1—3.康定梾木 *Cornus schindleri* Wanger. 1.果枝 2.果 3.叶下面（示毛）

4—6.灰叶梾木 *Cornus poliophylla* Schneid et Wanger 4.果枝 5.果 6.叶下面（示毛）

图419 楝木 *Cornus macrophylla* Wall.
1.果枝 2.果 3.花 4.叶背面

形，长1.3—2毫米；花盘无毛；花柱棍棒状，长2—4毫米，被小柔毛，柱头扁平，略有浅裂，花托倒卵形或倒圆锥形，直径约1.2毫米，密被灰白色平贴短柔毛；花梗长0.3—4（5）毫米，疏被淡灰褐色短柔毛。核果近球形，直径4.5—6毫米，成熟时黑色，近无毛。花期6—7月，果期8—9月。

产丽江、贡山、宁蒗、蒙自，生于海拔2800—3600米沟边杂木林中。山西、河南、陕西、甘肃、山东、长江流域以南各省（区）均有分布；印度、尼泊尔、巴基斯坦也有。

造林技术可参照毛梾。

8.毛梾（中国树木分类学） 小六谷（云南种子植物名录）图420

Cornus walteri Wanger.（1908）

C. yunnanensis Li（1944）

C. henryi Hemsl. et Wanger.（1910）

Swida walteri（Wanger.）Sojak（1960）

落叶乔木，高达15米。树皮裂成块状，黑褐色；幼枝绿色，略有棱角，密被贴生灰白色疏柔毛，老时秃净；冬芽扁圆锥形，长约1.5毫米，被灰白色短柔毛。叶对生，纸质，椭圆形至长圆椭圆形或阔卵形，长4—12（15.5）厘米，宽1.7—5.3（8）厘米，先端渐尖，基部楔形，有时稍不对称，上面深绿色，疏被贴生短柔毛，下面淡绿色，密被灰白色贴生短柔毛，中脉在上面明显，下面凸起，侧脉4（5）对，弓形内弯，上面微明显，下面凸起；叶柄长0.8—3.5厘米，幼时被短柔毛，后无毛。伞房状聚伞花序，被短柔毛；花序梗长1.2—2厘米；花白色，有香味，直径9.5毫米；花萼裂片、三角形，与花盆近等长，外面被淡黄白色疏柔毛；花瓣披针形，长4.5—5毫米，外面有贴生疏柔毛，雄蕊长4.8—5毫米，无毛，花丝微扁，花药淡黄色，长圆状卵形，2室，"丁"字形着生；花盘明显，垫状或腺体状；花柱棍棒状，长3.5毫米，有贴生疏柔毛，柱头头状；花托倒卵形，长1.2—1.5毫米，密被贴生灰白色柔毛；花梗长0.8—2.7毫米，有稀疏短柔毛。核果球形，直径6—7（8）毫米，黑色，近无毛。花期5月，果期9月。

产丽江、维西、德钦、香格里拉等地，生于海拔1700—3300米沟边林中。辽宁、山西、山东、河南、陕西、甘肃、江苏、浙江、安徽、江西、湖北、湖南、福建、广东、广西、贵州及四川均有分布。

耐干旱、瘠薄，适应性强，可在分布区及适宜地区推广。种子繁殖。果皮呈黑色时采收选树势壮、生长快、结实丰富的成年树采种，阴干于通风良好处，经常翻动，待果皮皱缩时除去果肉取出种子，沙藏。苗圃育苗时用条播，深度可达3厘米，播前灌足底水，播后镇压，幼苗期应注意灌水、除草、追肥。真叶长出后可间苗，第2次间苗应隔半个月。苗距10厘米左右。1年生苗高可达40厘米，2年生苗高60厘米，此时可出圃造林。株行距4米×6米。6—8年后开始结果，盛果期丰产树每株产果量可达200千克。树龄可达300年。

木材坚硬，纹理细密、美观，可作家具、车辆、农具等用材。果实含油率为27%—38%，土法榨油的出油率在25%以上，可作食用油及高级润滑油用，油渣可作饲料及肥料；叶及树皮可提栲胶；根系发达，萌芽力强，可作"四旁"绿化及水土保持树种。

图420　小梾木和毛梾

1—6.小梾木 *Cornus paucinervis* Hance

1.花枝　2.花　3.雌蕊　4.雄蕊　5.花瓣　6.叶下面（示毛）

7—9.毛梾 *Cornus walteri* Wanger.　7.果枝　8.果　9.叶下面（示毛）

9.小梾木（中国树木分类学）水椋子、乌金草（曲靖），穿鱼条（玉溪）图 420

Cornus paucinervis Hance（1881）

Swida paucinervis（Hance）Sojak（1960）

落叶灌木，高达4米。树皮光滑，灰褐色；当年生枝对生，绿色或带紫红色，有4棱，被灰色短柔毛，二年生枝带褐色，无毛；冬芽圆锥形至狭长圆形，长2.5—8毫米，疏被短柔毛。叶对生，纸质，椭圆状披针形、披针形，稀长圆状卵形，长4—7厘米，稀达10厘米，宽1—2.3厘米，先端钝尖或渐尖，基部楔形，全缘，上面深绿色，散生平贴短柔毛，下面淡绿色，疏被短柔毛或近无毛，中脉在上面凹下，下面微凸起，侧脉常为3对，稀2或4对，在上面微凹陷，下面稍凸起；叶柄黄绿色，长5—8毫米，被短柔毛，上面有浅沟。伞房状聚伞花序，被短柔毛，长2—2.5厘米，花序梗长1.5—4厘米，略有棱角；花白色至淡黄白色，直径9—16毫米；花萼裂片披针状三角形至尖三角形，长于花盘，淡绿色，外面被紫贴短柔毛；花瓣狭卵形至披针形，长约6毫米，外面被贴生小柔毛；雄蕊长5毫米，花丝无毛，花药淡黄白色，长圆状卵形，长2.4毫米；花盘略浅裂，淡黄白色；花柱棍棒状，长3.5毫米，淡黄白色，近无毛，柱头截形，略有3—4小突起；花托倒卵圆形，长2毫米，密被灰白色短柔毛；花梗长2—9毫米，被灰色间有少数褐色短柔毛。核果球形，直径5毫米，成熟时黑色。花期6—7月，果期10—11月。

产昆明、安宁、师宗、罗平、楚雄、盐津、彝良、绥江等地，海拔350—2500米河边滩地石灰岩山地及湿润灌丛中。甘肃、陕西、江苏、湖北、湖南、福建、广西、贵州、四川均有分布，广东引种栽培。

果实可榨油，供工业用，叶可治烫伤及烧伤。

4.四照花属 Dendrobenthamia Hutch.

乔木或灌木。冬芽小，顶生及腋生。叶对生。头状花序由多花组成，下面有4白色大苞片，宿存，花两性。花萼管状，顶端4裂；花瓣4，雄蕊4，与花瓣等长或较短；花盘环状或垫状；子房2室。果实核果状，卵形或椭圆形，藏于花托发育而愈合的球形果序中；果序成熟时红色或黄色。

本属约20种，产喜马拉雅至东亚。我国均有（产19种，引进栽培1种），产西南、东南至东部；云南约有7种2变种。

分 种 检 索 表

1.叶常绿。

  2.成熟叶下面无毛或近无毛。

    3.果序梗细瘦，径1—1.5毫米，果序红色，叶亚革质，倒卵状长圆形或长圆形 ………

      1.东京四照花 D.tonkinensis

    3.果序梗粗壮，径2.5—3毫米，果序黄色或黄红色；叶革质，倒卵形，稀长椭圆形 …

2.大型四照花 D. gigantea

2.成熟叶下面被毛。

4.毛褐色。

5.老叶下面可见褐色毛被残痕，脉腋无毛 ……………… 3.香港四照花 D. hongkongensis

5.老叶下面仅脉腋被褐色髯毛 …………………………… 4.黑毛四照花 D. melanotricha

4.毛白色。

6.叶下面脉腋无孔穴，叶先端具尾尖 ……………………… 5.尖叶四照花 D. angustata

6.叶下面脉腋具孔穴，叶先端突尖，有时为短尾尖 ………… 6.头状四照花 D. capitata

1.叶脱落。

7.侧脉3—5对，叶卵形或卵状椭圆形，脉腋具黄色绢毛 ……………………………………
……………………………………………………… 7.四照花 D. japonica var. chinensis

7.侧脉6—7对，叶长椭圆形或卵状椭圆形脉腋无毛 ……… 8.多脉四照花 D. multinervosa

1.东京四照花（植物分类学报）图421

Dedrobenthamia tonkinensis Fang（1953）

Cornus tonkinensis Tard.-blot.（1968）

常绿小乔木或灌木，高达15米。树皮深灰色；当年生枝绿色或带紫色，多年生枝灰色，有多数皮孔；冬芽狭圆锥形，长3.5—5毫米，疏被灰白色短伏毛。叶近革质，长椭圆形或长圆倒卵形，长4.5—11（13）厘米，宽1.7—5.3（6）厘米，顶端渐尖或突尖，基部宽楔形或楔形，上面深绿色，下面淡绿色，两面近无毛，中脉在上面显著，下面凸起，侧脉3（4）对，弓形内弯，在上面有时微凹陷，下面凸起；叶柄长0.7—1厘米，上面有浅沟，幼时微被细伏毛，后近无毛。花序由40—50花聚集而成，直径约0.8厘米；苞片宽椭圆形至宽卵形，长1.6至1.8厘米，宽1.3—1.5厘米，先端突尖或短渐尖，两面均略有淡白色细伏毛；花萼裂片线波状，内面无毛，外面近无毛；花冠基部管状，长约0.7毫米，上部4裂，裂片倒卵状椭圆形，长约1.5毫米，宽0.8毫米，无毛；雄蕊短于花冠裂片，花丝贴生于花冠管上，花药广椭圆形，2室；花盘环形，波状，高约0.6毫米；花柱长约0.4毫米，柱头截形，略有白色短柔毛；花序梗细圆柱形，略有棱纹，上部疏生白色短伏毛，下部无毛。果序球形，直径1.5—2厘米，成熟时红色；果序梗长4—7.5厘米。花期6月，果期12月。

产广南、屏边、文山、西畴、金平、麻栗坡，生于海拔1200—2300米常绿阔叶林中。四川、贵州、广西有分布；越南也有。

造林技术见头状四照花。

木材供建筑；果甜可食。

2.大型四照花（植物分类学报） 大鸡嗉子、山荔枝（云南种子植物名录） 图422

Dendrobenthamia gigantea（Hand.-Mazz.）Fang（1953）

Benthamidia hongkongensis var. *gigantea*（Hand.-Mazz.）Hara（1948）

常绿小乔木，高达5米。树皮灰褐色；小枝圆柱形，幼时紫色或紫绿色，近无毛，老时灰绿色至灰色；冬芽尖圆锥形，长2.5—2.8毫米，密被淡黄白色细伏毛。叶革质至厚革质，倒卵形，稀广椭圆形，全缘，上面鲜绿色，有光泽，下面淡绿色，嫩时两面有白色贴生短柔毛，老后无毛，中脉在上面显著，下面凸起，侧脉通常4对，弓形内弯，脉腋无毛或有时具少数粗毛；叶柄圆柱形，长1—1.5厘米，初被贴生短柔毛，后无毛。花序由60余花聚集而成，直径1.3—1.6厘米；苞片倒卵形或近圆形，长约4厘米，宽约3—4.2厘米，先端尖，两面近无毛；花萼裂片微波状或截平，外面被白色细伏毛，内面无毛；花瓣卵状披针形，长约4.2毫米，花药黄色，椭圆形，长1.2毫米；花盘垫状，4浅裂；花柱长约1.5毫米，微被白色细伏毛，柱头小；花序梗圆柱形，长2—9.5厘米，无毛。球形果序直径2.4厘米，成熟时黄红色，近于无毛；果序梗长8—9厘米，无毛。花期4—5月，果期7月。

产盐津。四川、贵州、湖南有分布。

造林技术见头状四照花。

果可食；木材可制玩具。

3.香港四照花（植物分类学报）图423

Dendrobenthamia hongkongensis（Hemsl.）Hutch（1942）

Cynoxylon hongkongensis（Hemsl.）Nakai（1939）

Benthamidia hongkongensis（Hemsl.）Hara（1948）

常绿乔木，高达15米，稀达25米。树皮平滑，深灰色或黑褐色；幼枝绿色，疏被褐色贴生短柔毛，老枝淡灰色或褐色，无毛，有多数皮孔；冬芽小，圆锥形，被褐色细毛。叶薄革质至厚革质，椭圆形至长圆状椭圆形，稀倒卵状椭圆形，长6.2—13厘米，宽3—6.3厘米，先端短渐尖形或短尾状，基部宽楔形或钝尖形，上面深绿色，有光泽，下面淡绿色，嫩时两面有褐色短柔毛，老时近无毛，仅下面有褐色毛被残痕，中脉在上面明显，下面凸起，侧脉（3）4对，弓形内弯，在上面不明显或微凹陷，下面凸起，有时小脉在两面微凸；叶柄长0.8—1.2厘米，上面有浅沟，嫩时被有褐色短柔毛，老后无毛。花序由50—70花组成，直径1厘米，有香气；苞片广椭圆形至倒卵状广椭圆形，长2.8—4厘米，宽1.7—3.5厘米，先端钝圆形有突尖，基部狭窄，两面近无毛；花萼裂片截平，外面基部有褐色毛，内面近边缘处被褐色细毛；花瓣淡黄色，长圆状椭圆形，长2.2—2.4毫米，宽1—1.2毫米，先端钝尖，基部渐狭；花丝长1.9—2.1毫米，花药深褐色，椭圆形；花盘环状，2浅裂。花柱长约1毫米，微被细毛，柱头小，淡绿色。球形果序直径2.5厘米，被白色细毛，成熟时黄色或红色；果序梗长4—10厘米，近无毛。花期5—6月，果期11—12月。

产文山、屏边、麻栗坡。浙江、江西、湖南、福建、广东、广西、贵州等省（自治区）有分布。

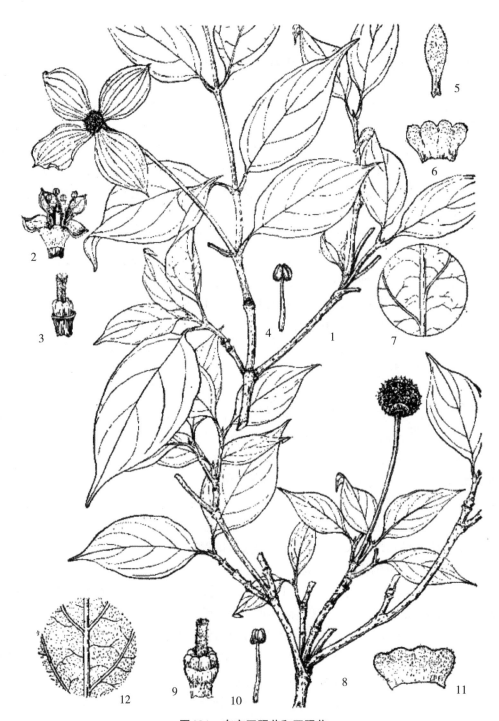

图421　东京四照花和四照花

1—7.东京四照花 *Dendrobenthamia tonkinensis* Fang.

1.花枝　2.花　3.雌蕊　4.雄蕊　5.花瓣　6.花萼　7.叶下面

8—12.四照花 *Dendrobenthamia japonica*（A. P. DC.）Fang var. *chinensis*

（Osborn）Fang　8.果枝　9.雌蕊　10.雄蕊　11.花萼　12.叶下面

图422 大型四照花和山茱萸

1.大型四照花 *Dendrobenthamia gigantea*（Hand.–Mazz.）Fang 果枝

2—6.山茱萸 *Macrocarpium officinale*（Sieb. et Zucc.）Nakai

2.果枝　3.花瓣　4.花　5.花萼及雌蕊　6.花枝

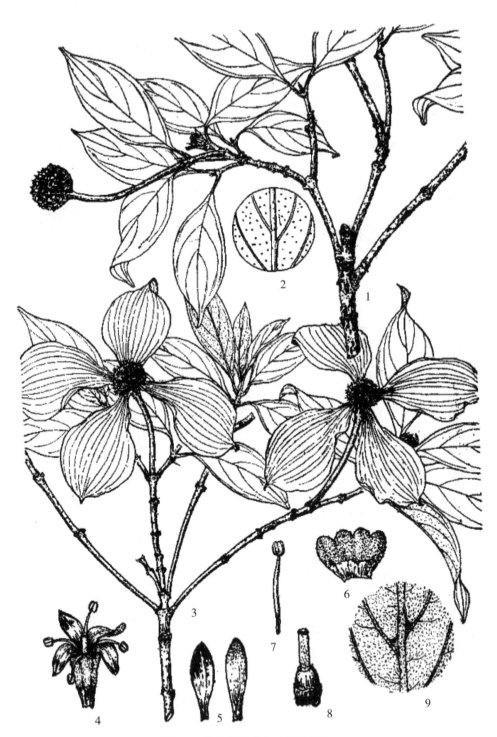

图423 香港四照花和头状四照花

1—2.香港四照花 *Dendrobenthamia hongkongensis*（Hemsl.）Hutcb. 1.果枝 2.叶下面

3—9.头状四照花 *Dendrobenthamia capitata*（Wall.）Hutch.

3.花枝 4.花 5.花瓣 6.花萼 7.雄蕊 8.雌蕊 9.叶下面

造林技术见头状四照花。

木材可供建筑材料；果甜可食，可酿酒。

4. 黑毛四照花（四川植物志） 光叶四照花（植物分类学报）、黑毛鸡嗉子（云南种子植物名录）图424

Dendrobenthamia melanotricha（Pojark.）Fang（1953）

Cynoxylon melanotricum Pojark（1950）

常绿灌木或小乔木，高达12米。树皮黑褐色或深灰色，平滑；枝条稠密；纤细，圆柱形，幼时绿色，微被毛，老时灰褐色，无毛；冬芽小，圆锥形，被细毛。叶亚革质，椭圆形或长椭圆形，长6—10厘米，宽2.7—5厘米，先端短渐尖，有时具尖尾，长1—1.5厘米，基部钝圆形或宽楔形，上面深绿色，有光泽，下面淡绿色，嫩时两面微被短柔毛，后无毛，仅下面脉腋有簇生淡褐色髯毛，中脉在上面显著，下面凸起，侧脉3（4）对，上面不明显或微凹下，下面微隆起；叶柄长0.6—1.3厘米，带紫红绿色，上面有浅沟，无毛。花序由40余花聚集而成，直径1厘米；苞片宽椭圆形或广倒卵状扁圆形，长2—4厘米，宽1—3.5厘米，先端突尖，基部狭窄，无毛，初为黄绿色，后变乳白色；花萼裂片浅波状，两面被细毛，花丝长约3毫米，花药椭圆形，长约0.8毫米；花盘环状，4浅裂；花柱长1.5毫米，略有纵棱，密被丝状毛。果序扁球形，直径1.5—2.4厘米，成熟时紫红色；果序梗长（1.5）4—6（8）厘米，幼时被粗毛，后渐稀疏或无毛。花期5—6月，果期10—11月。

产绥江、威信、广南、麻栗坡、西畴、绿春，生于海拔85—1450米的阔叶林中。广西、四川、贵州有分布。

造林技术见头状四照花。

果可食；种子可榨油；花治牙痛、喉蛾、乳痈及月经不调等症。木材坚韧，是制作农具和工具柄的良好用材。

5. 尖叶四照花（植物分类学报）图424

Dendrobenthamia angustata（Chun）Fang（1953）

Cornus kousa var. *angustata* Chun（1943）（1972）

常绿乔木或灌木，高达12米。树皮灰色或灰褐色，平滑；幼枝绿色，被灰白色细伏毛，老枝灰褐色，近无毛；冬芽小，圆锥形，密被白色细毛，叶革质，长圆椭圆形，稀卵状椭圆形或披针形，长7—9（12）厘米，宽2.5—4.2（5）厘米，先端渐尖，具尾尖头，基部楔形或宽楔形，稀钝圆形，上面深绿色，嫩时被白色细伏毛，老时无毛，下面淡灰绿色，密被白色贴生短柔毛，中脉在上面明显，下面稍凸起，侧脉通常3—4对，在上面不明显，下面微显著，有时脉腋有簇生的白色细柔毛；叶柄长8—12毫米，嫩时被细毛，后近无毛，上面有浅沟。花序由55—80（95）花聚集而成，直径8毫米；苞片长卵形至倒卵形，长2.5—5厘米，宽0.9—2.2厘米，先端渐尖或微突尖，基部狭窄，初为淡黄色，后变为白色，下面被有较密的白色细伏毛；花序梗长5.5—8厘米，密被白色细伏毛；花萼裂片浅波状或截平，外面有白色细伏毛，内面上半部密被白色短柔毛；花瓣卵状圆形，长2.8毫米，宽1.5毫米，先端渐尖，基部渐狭，外面有白色细伏毛；雄蕊较花瓣短，花丝长1.5

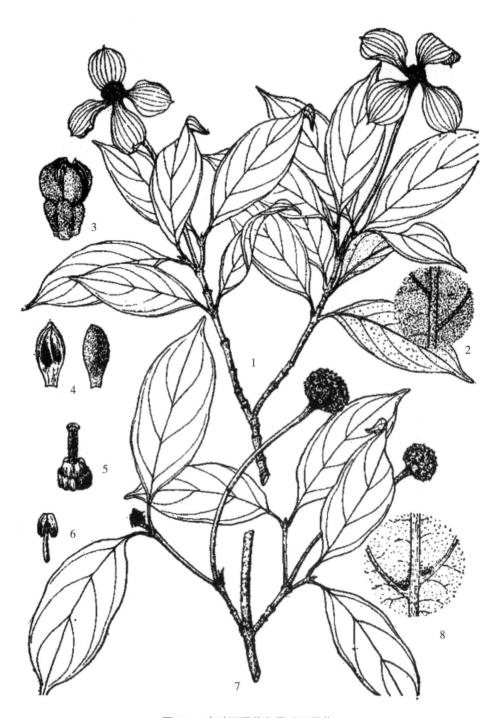

图424 尖叶四照花和黑毛四照花

1—6.尖叶四照花 *Dendrobenthamia angustata*（Chun）Fang

1.花枝　2.叶背面　3.花蕾　4.花瓣　5.雌蕊　6.雄蕊

7—8.黑毛四照花 *Dendrobenthamia melanotricha*（Pojark.）Fang　7.果枝　8.叶下面

毫米，花药椭圆形，长约1毫米；花盘环状，4浅裂；花柱长约1毫米，密被白色丝状毛。球形果序，成熟时红色，直径2.5厘米，被白色细毛；果序梗长6—10.5厘米，微被毛。花期6—7月，果期10—11月。

产大关、盐津等地。陕西、甘肃、浙江、安徽、江西、湖北、湖南、福建、广东、广西、贵州、四川有分布。

造林技术见头状四照花。

果可食。

6. 头状四照花（植物分类学报） 鸡嗉子（云南种子植物名录）、野荔枝（丽江）、"四子卡那"（纳西族语）图423

Dendrobenthamia capitata（Wall）Hutch.（1942）

Benthamia capitata（Wall）Nakai（1909）

Cynoxylon yunnanensis Pojak（1950）

常绿乔木，稀灌木，高达15米，稀达20米；幼枝灰绿色，有贴生白色细伏毛，老枝灰褐色，有疏毛；冬芽小，圆锥形，密被白色细毛。叶革质，长圆椭圆形或长圆披针形，长5.5—11厘米，宽2—3.4（4）厘米，先端突尖，有时具短尖尾，基部楔形或宽楔形，上面亮绿，被白色细伏毛，下面灰绿，有白色稠密的短柔毛，中脉在上面微凹下，下面稍隆起，侧脉4（5）对，向上弯曲，在上面稍凹陷，下面突起，脉腋通常有凹穴，无毛，稀有毛；叶柄长1—1.4厘米，密被白色细伏毛，花序100余花聚集而成，直径1.2厘米；苞片倒卵形至宽倒卵形，稀近圆形，长3.5—6.2厘米，宽1.5—5厘米，先端突尖，基部窄狭，两面均有细伏毛；花萼裂片圆齿状，外面密被白色细毛及少数褐色毛，内面有白色细毛；花丝长约3毫米，花药椭圆形，长约0.8毫米，花盘环状，4浅裂；花柱长1.5毫米，略具纵棱，密被白色丝状毛。果序扁球形，直径1.5—2.4厘米，成熟时紫红色；果序梗长（1.5）4—6（8）厘米，幼时被粗毛，后渐稀疏或无毛。花期5—6月，果期9—10月。

产云南各地，生于海拔1000—3700米森林中。四川、贵州、西藏、浙江、湖北、湖南、广西有分布；巴基斯坦、印度也有。

种子繁殖。果实成熟后采摘，捣烂后洗出种子，阴干收藏于通风干燥处，高床育苗。播前温水浸种24小时，条播后覆细土，播后镇压并用草覆盖床面。幼苗出土后揭去覆草。苗期注意除草防病，夏日搭荫棚遮阴。1年生苗可出圃造林。宜造混交林。

树皮及叶供药用，有消肿、镇痛之功效，可治乳痈、牙痛、疝气、咳嗽、恶寒等症；果可食；枝叶可提单宁。

7. 东瀛四照花

Dendrobenthamia japonica（A. P. DC.）Fang（1953）

Cornus japonica DC.（1830）

云南不产。

7a.四照花（变种）（古今图书集成草本典）图421

Dendrobenthamia japonica（A. P. DC.）Fang var. chinensis（Osborn）Fang（1953）

Cornus kousa Harms ex Diels（1900）

C. kousa Hars ex Diels var. *chinensis* Osborn（1922）

落叶小乔木。小枝纤细，微被灰白色细伏毛。叶纸质或厚纸质，卵形或卵状椭圆形，长5.5—12厘米，宽3.5—7厘米，顶端渐尖，具尾尖，基部宽楔形或圆形，边缘多全缘，上面绿色，疏被白色细伏毛，下面粉绿色，除脉腋簇生黄色或白色髯毛外，其余部分有贴生的白色短柔毛，中脉在上面显著，下面凸起，侧脉4—5对，在下面稍隆起；叶柄长5—10毫米，被白色细伏毛，上面有浅沟。花序球形，由40—50花聚成；总苞片卵形或卵状披针形，先端渐尖，两面近无毛；花序梗纤细，被白色细伏毛；花萼波状或齿状，外面被白色细伏毛，内面除微被白色短柔毛外尚有一圈褐色毛；花盘垫状；花柱密被白色粗毛。球形果序，成熟时红色，微被白色细毛，果序梗纤细，长5.5—6.5厘米，近无毛。

产大关、盐津、彝良。四川、贵州、内蒙古、山西、河南、陕西、甘肃、江苏、浙江、安徽、江西、湖北、湖南、福建、台湾均有分布。

造林技术参照头状四照花。

果可食，可酿酒。木材可制家具及玩具。

8.多脉四照花　巴蜀四照花（植物分类学报）图425

Dendrobenthamia multinervosa（Pojark.）Fang（1953）

Cynoxylon multinervosa Pojark（1950）

落叶小乔木或灌木，高达8米。树皮黑褐色；幼枝绿色或紫绿色，微被白色细伏毛，老枝灰紫色或灰褐色，无毛，有淡白色椭圆形皮孔；冬芽狭圆锥形，长3毫米，疏被白色细伏毛。叶纸质，长椭圆形或卵状椭圆形，长6—13厘米，宽3—6厘米，先部渐尖，基部宽楔形，有时下延，不对称，边缘全缘或有不明显的波状齿，上面深绿色，疏被白色细伏毛，下面淡绿色，被较密白色贴生短柔毛，中脉在上面微凹陷，下面明显凸起，侧脉6对，稀5或7对，弓形内弯，在上面微显著，下面凸起；叶柄长8—18毫米，疏被白色细伏毛，上面有浅沟。花序由27—45花聚集而成，直径1厘米，苞片宽卵形或椭圆形，长3—4.5厘米，宽1.8—2.8厘米，先端渐尖或骤尖，基部骤狭，黄白色或白色，上面疏被细伏毛；花萼裂片状或波状，外面被有白色和褐色细毛，内面被黄褐色细毛；花瓣长圆形，长2.5毫米，宽1毫米，外面有白色细伏毛；雄蕊伸出花外，花丝长1.8毫米，花药椭圆形，黑色，长约0.9毫米；花盘垫状，高约0.5毫米；花柱长1.3毫米，下半部被有白色粗毛，柱头截形。球形果序成熟时红色，直径1.2—1.6厘米；果序梗长7.2—10厘米，近无毛。花期5—6月，果期10—11月。

产彝良、永善、盐津等地，生于海拔1600—2300米杂木林中。四川有分布。

造林技术见头状四照花。

木材可作玩具。

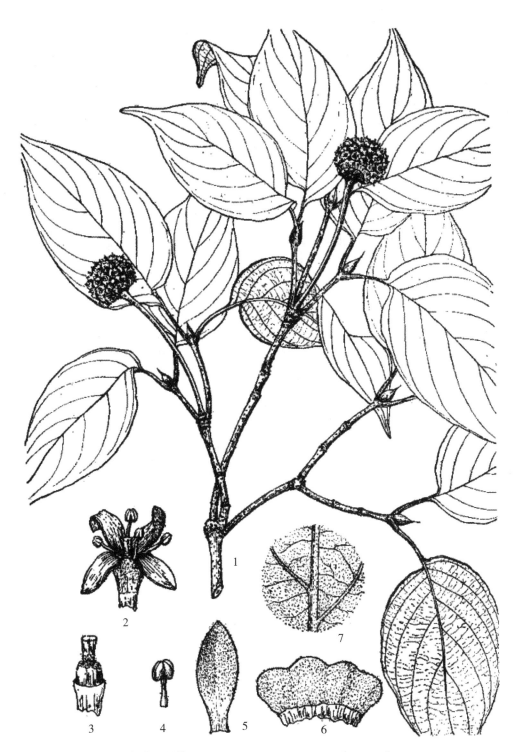

图425　多脉四照花 *Dendrobenthamia multinervosa*（Pojark.）Fang
1.果枝　2.花　3.雌蕊　4.雄蕊　5.花瓣　6.花萼　7.叶下面

5. 山茱萸属 Macrocarpium（Spach）Nakai

落叶乔木或灌木。枝通常对生。叶纸质，对生，叶柄绿色。花序伞形，有花序梗；苞片4，鳞片状，革质或纸质，排为2轮，外轮较大，内轮稍小，花后脱落；花两性，花萼狭钟形，顶端4裂，花瓣4，镊合状排列；雄蕊4，花盘垫状，明显；子房下位，2室，每室1胚珠，花柱短，圆柱形，柱头截形，核果长椭圆形。

本属约4种，分布于欧洲中部及南部、亚洲东部及北美东部。我国2种，分布于黄河流域及长江流域部分地区。云南1种，引种1种。

分 种 检 索 表

1.叶下面脉腋密生灰色丛毛；花序梗长，长可达1.2厘米，顶端宿存毛明显……………
…………………………………………………………… 1.川鄂山茱萸 M. chinense
1.叶下面脉腋密生淡褐色丛毛；花序梗短，长约2毫米，顶端宿存毛不明显 ……………
…………………………………………………………… 2.山茱萸 M. officinale

1.川鄂山茱萸（中国高等植物图鉴）对节子、大山胡椒（维西）、枣皮（药名）图426

Macrocarpium chinense（Wanger.）Hutch.（1942）

Cornus chinense Wanger.（1908）

落叶乔木，高达8米。树皮黑褐色；枝幼时带紫色，密被灰色贴生短柔毛，老时褐色，无毛。冬芽顶生及腋生，密被黄褐色短柔毛。叶卵状披针形至长圆椭圆形，长6—11厘米、宽2.8—5.8厘米，先端渐尖，基部楔形或近于圆形，全缘，上面绿色，近无毛，下面淡绿色，微被灰白色贴生短柔毛，脉腋有明显的灰色丛毛，中脉在上面明显，下面凸起，侧脉5—6对，弓形内弯；叶柄细长1—1.5（2.5）厘米，上面有浅沟，嫩时微被贴生短柔毛，后近无毛。花序生于叶痕腋，苞片纸质至革质，宽卵形或椭圆形，长6.5—7毫米，宽4至6.5毫米，两面被贴生短柔毛，花序梗紫褐色，长0.5—1.2厘米，微被贴生短柔毛，花先叶开放，有香味；花萼裂片三角状披针形，长0.7毫米；花瓣披针形，黄色、长4毫米；雄蕊与花瓣互生，长1.6毫米，花丝短，紫色，无毛，花药近球形，2室；花盘明显，花托钟形，长约1毫米，外面被灰色短柔毛，花柱长1—1.4毫米，无毛；花梗长8—9毫米，被淡黄色长毛。核果长椭圆形，长6—8（10）毫米，径3.4—4毫米，紫褐色至黑色，果梗顶端有宿存毛。花期4月，果期9月。

产大姚、富民、东川、维西、丽江、兰坪、镇雄、贡山，生于海拔1500—3200米的常绿阔叶林中。河南、湖北、陕西、甘南、广东、贵州、四川有分布。

造林技术见山茱萸。

可代"萸肉"作中药用。

2.山茱萸（神农本草径）图422

Macrocarpium officinale（Sieb. et Zucc.）Nakai（1909）

Cornus officinalis sieb. et Zucc.（1910）

落叶乔木或灌木，高达10米。小枝细圆柱形，无毛或稀被贴生短柔毛。叶卵状披针形或卵状椭圆形，长5.5—10厘米，宽2.5—4.5厘米，先端渐尖，基部宽楔形或近圆形，全缘，上面绿色，下面淡绿色，稀被白色贴生短柔毛，脉腋密生淡褐色丛毛，中脉在上面明显，下面凸起，侧脉6—7对；叶柄长0.5—1.2厘米，稍被贴生疏柔毛。花序先叶开放，苞片卵形，长约8毫米，微带紫色，两面略被短柔毛，开花后脱落；花序梗长约2毫米，微被灰色短柔毛；花萼裂片宽三角形；花瓣舌状披针形，长3.3毫米，黄色，向外反卷；雄蕊与花瓣互生，长1.8毫米，花丝钻形，花药椭圆形，2室；花托密被疏柔毛。核果长椭圆形，长1.2—1.7厘米，宽5—7毫米，红色至紫红色。花期3—4月，果期9—10月。

云南引种栽培。产山西、山东、河南、陕西、甘肃、浙江、安徽、江西、湖南等省，江苏、四川有栽培；朝鲜、日本有分布。

种子繁殖。采收成熟果实后去肉洗净种子，阴干收藏。宜高床育苗，条播。播前温水浸种2天，播后覆土稍镇压，覆草应消毒。适时松土除草，水肥管理要及时。营养袋育苗成活率较高。造林地应选肥沃深厚之处，穴宜挖大，株行距可用5米×5米的距离。造林前施入适量基肥。

果为中药"萸肉"，味酸涩，性微温，为收敛性强壮药，有补肝肾、止汗功效；可作园林绿化树种。

图426 川鄂山茱萸 *Macrocarpium chinense* (Wanger.) Hutch.
1.果枝　2.果　3.花序　4.花　5.雌蕊　6.雄蕊

209a.鞘柄木科 TORICELLIACEAE

落叶灌木或小乔木。枝略粗壮，有明显叶痕；髓部宽，疏松，白色。叶互生，通常5裂，稀不裂，掌状脉5—7（9），边缘全缘或有锯齿，基部鞘状。总状圆锥花序顶生，下垂；花小，单性，雌雄异株；花梗短，有小苞片，雄花有花瓣，花盘扁平，无退化子房或仅在花盘上有1—3圆锥状突起；雌花无花瓣及雄蕊，花盘不显著，子房每室有1下垂胚珠。核果小，紫色或黑色，有宿存花萼和花柱。种子线形、弯曲，胚细小有胚乳。

本科1属2种1变种。分布于我国西南部至印度北部。云南1种1变种。

鞘柄木属 Toricellia DC.

属特征同科。

分 种 检 索 表

1.叶不裂，边缘粗锯齿具芒尖 ·· 1.鞘柄木 T. tiliifolia
1.叶5—7裂，边缘牙齿状，不具芒尖 ··········2.粗齿角叶鞘柄木 T. angulata var. intermedia

1.鞘柄木（中国高等植物图鉴） 椴叶烂泥树（云南种子植物名录）、叨里木（昆明）、大葫芦叶（思茅）图427

Toricellia tiliifolia（Wall.）DC.（1830）

小乔木，高达12米。树皮灰黑色；小枝无毛。叶纸质，宽卵状圆形或近圆形，长10—17厘米，宽8—20厘米，先端锐尖，基部平截或浅心形，边缘粗锯齿具芒尖，掌状脉在上面不显著，在下面凸起，有时被短柔毛，网脉明显，脉腋有时有簇毛；叶柄长5—9厘米，被毛。雄花序长15—30厘米；花萼筒状，裂片5，齿状；花瓣5，白色，长椭圆形，长3毫米，先端渐尖而内弯；雄蕊5，与花瓣互生，花丝短，长1毫米，花药长圆形，2室，花盘垫状；退化花柱3，花梗长5毫米、被短柔毛，近基部有2披针形小苞片；雌花序长可达30厘米，花序轴被短柔毛，花较稀疏；花萼钟形，3—5裂，裂片披针形，子房下位，卵状，3—4室，长2—3毫米，被短柔毛，花柱3—4，长2—2.5毫米，与子房近等长，被短柔毛，柱头棒状，微曲，下延。果无毛，卵圆形，长5—6毫米，直径约4毫米。花期11—4月，果期5—6月。

产景东、镇康、普洱、沧源、普洱等地。生于海拔1500—2600米路边、村旁。尼泊尔、印度、不丹有分布。

造林技术参阅粗齿角叶鞘柄木。

茎皮、叶入药，可接骨消肿、散瘀，治风湿跌打。

2.粗齿角叶鞘柄木（变种）（中国树木图志）　有齿鞘柄木（四川植物志）、烂泥树、叨里木、大接骨丹（云南种子植物名录）图428

Toricellia angulata Oliv. var. intermedia（Harms.）Hu（1932）

灌木或小乔木，高达8米。老枝黄灰色，有长椭圆形皮孔及半环形叶痕。叶膜质或纸质，宽卵形成近圆形，长6—15厘米，宽5.5—15.5厘米，5—7裂，裂片之间有时有丛毛，边缘有牙齿状锯齿，下面有疏毛，掌状脉5—7，达叶边缘，两面凸起，下面脉腋有时有丛毛；叶柄长2.5—8厘米，无毛。雄花序长5—30厘米，密被短柔毛，花萼倒圆锥形，裂片5，齿状；花瓣5，长圆披针形，长1.8毫米，先端钩状内弯，雄蕊5，与花瓣互生，花丝短，无毛，花药长圆形，2室，花盘垫状，退化花柱3，花梗长2毫米，有疏生短柔毛，近基部有2披针形小苞片；雌花序可达35厘米，花较稀疏；花萼钟形，无毛，裂片5，披针形，长短不整齐，先端疏生纤毛；子房倒卵形，与花萼管合生，3室，花柱3，长1.2毫米，柱头微曲，下延；花梗有小苞片3，大小不等，长约1—2.5毫米。果实核果状，卵形，直径约4毫米。花期4月，果期6月。

产安宁、武定、屏边、丽江、广南、富宁、普洱、彝良、罗平，生于海拔520—1980米处。陕西、甘肃、湖北、湖南、广西、贵州、四川有分布。

种子繁殖或扦插繁殖。采成熟种子晾晒1—3天后收藏于通风干燥处供春播用，也可随采随播。扦插育苗选健壮母树上的1—2年生木质化枝条，带2—4芽剪成插穗。雨季扦插较好。

图427 鞘柄木 *Toricellia tiliifolia*（Wall.）DC.
1.果枝 2.果 3.种子

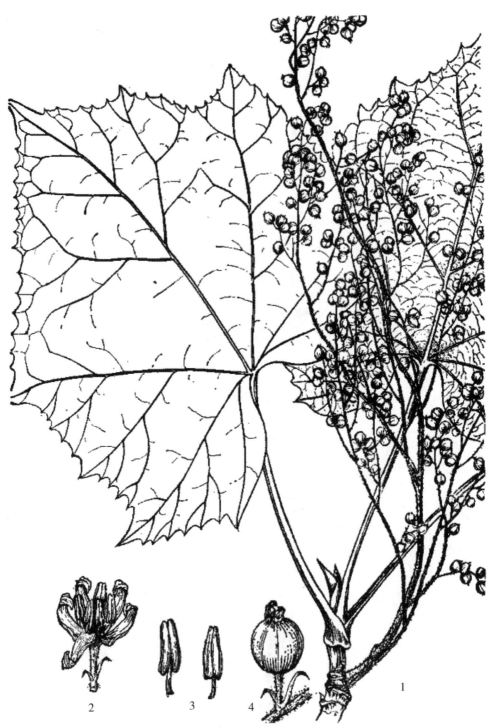

图428　粗齿角叶鞘柄木 *Toricellia angulata*
Oliv. var. *intermedia*（Harms.）Hu
1.果枝　2.雄花　3.雄蕊　4.果

211.紫树科 NYSSACEAE

　　落叶乔木。单叶互生，羽状脉，全缘或有齿，无托叶。花单性或杂性，异株或同株，雄花为头状、总状或伞形花序，雌花及两性花单生或头状花序。萼齿5；雄蕊5—10，常排成2轮，花丝长，花药小，花盘垫状；子房下位1—2室，每室具1顶生悬垂倒生胚珠。核果或翅果状瘦果。种子1，具胚乳。

　　本科约2属14种，分布于东亚和北美东部。我国约2属7种，产长江流域以南各省（区）。云南有2属5种。本志全部记载。

分 属 检 索 表

1.花杂性异株；花柱单生，钻形；核果 ··· 1.紫树属 Nyssa
1.花杂性同株，异序；花柱2—3裂；翅果状瘦果 ·················· 2.喜树属 Camptotheca

1.紫树属 Nyssa Gronov. ex Linn.

　　乔木。叶全缘，稀有疏齿，具柄。花单性或杂性异株；雄花有梗或无，由多花组成具总序的伞形或短总状或头状花序，萼缘5浅裂，花瓣5，覆瓦状排列，雄蕊5—10，突出于花冠之外，排成2轮；雌花及两性花具序梗，组成头状花序，稀单生，无梗或稀有短梗，萼小5裂，花瓣通常5—8，稀更少，雄蕊与花瓣同数互生；子房下位1—2室，花柱1，钻形或反卷。核果常数枚簇生，长圆形，顶端有宿存花萼及花盘，外果皮肉质，内果皮骨质或木质，具1种子。

　　本属约13种，分布于东亚和北美东部。我国约6种，云南有4种。

分 种 检 索 表

1.雄花具长梗，伞形或短总状花序；叶无明显的细乳突。
　2.当年生枝无毛；果熟时蓝黑色 ······························· 1.蓝果树 N. Sinensis
　2.当年生枝密被污黄色微绒毛；果暗红色 ·················· 2.滇西紫树 N. Shweliensis
1.雄花无柄或具短梗，头状花序；叶上面至少沿中肋及侧脉密被细小乳突。
　3.雄花具短梗；叶下面、幼枝、果序梗密被污黄锈色绒毛，果序梗圆柱形 ··············
　　·· 3.毛叶紫树 N. yunnanensis
　3.雄花无梗。叶近无毛或叶下面沿脉被微柔毛，幼枝及果序梗无毛。果序梗粗壮扁平
　　·· 4.华南紫树 N. javanica

1.蓝果树（浙、黔通称） 紫树（江苏宜兴）图429

Nyssa sinensis Oliv.（1891）

落叶乔木，高可达30米，胸径1米。树皮粗糙，薄片状脱落；小枝无毛，具明显皮孔；芽鳞先端微被毛。叶厚纸质，长圆状卵形或椭圆形，长12—15厘米，宽4—6（8）厘米，全缘，上面无毛，下面稀沿中脉疏或密被长丝状伏毛或脉腋有腺窝或簇毛；叶柄长1.5—2（4.5）厘米，微被短柔毛或无毛。花雌雄异株，花序为腋生伞形或短总状花序，雄花序梗长于叶柄，有花6—10，雌花序梗短于叶柄，有花3—5，成果时梗长3—5厘米，雄花梗长3—5毫米，雌花梗长1—2毫米，均疏被硬伏毛；花萼5裂；花瓣5，狭长圆形，早落，雄蕊5—10，着生于肉质花盘周围；雌花及两性花花瓣鳞片状，长1.5毫米，花柱细长2.5—3毫米，不分枝，柱头反卷，子房无毛或基部有毛。核果椭圆形或长圆状倒卵形，长12—15毫米，径约7毫米，熟时蓝黑色，干时紫褐色至暗褐色，密被乳突，核具棱槽。花期4—5月，果期5—6月。

产威信、河口、文山、麻栗坡等地，常混生于海拔1480—1900米的中山湿性常绿阔叶林中。湖北、贵州、广东、广西均有分布。

喜光，喜温凉湿润生境，在深厚湿润的酸性土壤上生长良好。种子繁殖。9—10月采种，摊放阴干后砂藏。幼苗需要遮阴，注意保持土壤湿润。如有象鼻虫为害叶部，可用杀虫液喷杀。

木材灰白色带浅黄褐色，中心部分（髓心周围很小的范围内）呈浅紫褐色，纹理斜或交错，结构甚细，材质较硬重。可作枕木、建筑、箱盒、胶合板及纸浆用材。秋叶红艳可栽培作现赏及行道树。

2.滇西紫树（云南植物志）图429

Nyssa shweliensis（W. W. Sm.）Airy-Shaw.（1969）

乔木高达15米。当年生枝密被污黄色微绒毛，老枝有纵纹，略具皮孔，芽鳞密被绒毛。叶柄长2—4厘米，密被污黄色微绒毛，叶片长8—14厘米，宽（3）5.5—8厘米，卵状圆形或卵状披针形，稀披针形（幼叶），上面有时疏被短毛，沿中脉被毛，下面沿中脉及侧脉密被微绒毛，中脉上更长，侧脉7—9对。花序短总状，雄花多达20，雌花约5以上，花序梗花时短于叶柄，果时略长于叶柄，密被微绒毛，花梗长5—6毫米，纤细，小苞片线形，早落，均密被微绒毛；雄花萼片5，花瓣长圆形，两面无毛，长1.5毫米，早落，雄蕊约10，花丝纤细，长约2.5毫米，无毛，花盘肥厚、垫状。幼果无毛，花柱顶端反卷。核果卵状球形，暗红色，长13毫米，宽6—7毫米，顶端平截，冠以萼片及花盘，外果皮厚肉质，内果皮木质。种子1。花期4月，果期8—9月。

产腾冲、景东。海拔1680—1850米的河边杂木林中。模式标本采自腾冲。

营林技术参照蓝果树。

3. 毛叶紫树（云南植物志）图430

Nyssa yunnanensis W. C. Yin（1977）

落叶乔木，高可达30米，胸径达80厘米。树皮平滑，有细纵裂纹；幼枝密被污黄锈色绒毛，老时不脱，变褐色，疏生灰白色圆形皮孔。叶坚纸质，宽椭圆形至宽卵状长圆形，长10—20厘米，宽5—9厘米，全缘，上面微亮，深绿转暗紫色（干时），沿中脉及侧脉密被细乳突，下面黄绿色，主脉及侧脉隆起，密被污黄锈色绒毛，侧脉10—12对；叶柄长2—3.5厘米，密被绒毛。花单性，雄花具短柄，长约2毫米，密被绒毛，由多花组成腋生球形径1厘米的头状伞形花序，序梗短于叶柄；小苞片卵状圆形，密被绒毛。萼片卵形，5裂，外面密被绒毛，花瓣5，长圆形；雄蕊8—10，较长于花瓣，花丝纤细，钻形，花盘垫状。5—7核果组成腋生头状果序，果序梗长1.5—2.5厘米，密被绒毛，果熟时红色，椭圆形，长13毫米，宽8毫米，顶端及基部密被绒毛，疏生皮孔，小苞片3，宿存，宽圆形，盘状，外面密被绒毛，紧接果下，残存花柱极短。花期3—4月，果熟5月以后。

产景洪、勐海、澜沧等地，生于海拔540—1250米的茂密森林中。模式标本采自普文（花模式）、勐罕曼卡（果模式）。

喜湿喜肥，生长中庸。种子繁殖。随采随播可提高发芽率。高床育苗，适当遮阴。

木材红色，心边材无明显区别，无特殊气味，纹理直，结构细致，收缩变形小，不易翘裂，但不甚耐腐，是比较优良的家具和室内装修用材。

4.华南紫树 "洒堡"（贡山独龙语）图430

Nyssa javanica（Bl.）wanger（1910）

乔木，高可达20米。小枝具纵纹，疏生皮孔。叶薄革质，卵状长圆形至卵状披针形或长圆状倒卵形，长10—15厘米，宽3.5—5厘米，全缘，上面亮绿色，下面淡绿色，老叶两面近无毛或仅下面沿脉被微柔毛，密被乳头状突起，沿中脉尤显，侧脉6—8对，网脉仅下面显著；叶柄长1.5—2.5（3.5）厘米，密生乳突。雄花无梗，20花以上组成腋生头状花序，径0.8—1.2厘米，花序梗扁，长1—2厘米，稀至4.5厘米，并有1个分枝，萼片5，圆形，缘具纤毛，花瓣5，倒卵形，被微毛，雄蕊10，2轮，内轮5枚较短，花丝线形，花盘垫状，微裂；雌花序花较少，花序梗扁，长约2厘米，花无梗，子房微被短伏柔毛，顶端具环形无毛花盘，花柱短不裂。核果椭圆形至倒卵形，顶端具宿存花萼及花盘，径约1厘米，紫红色转红黑色，丛生于果序梗顶端，小苞片3，宿存，紧接果下。种子扁，无显著脊纹。花期4—5月，果期10—11月。

产西畴、金平、景东、耿马、贡山等地，生于海拔800—2100米林中湿润处。广东、广西有分布；印度、缅甸、越南、印度尼西亚也产。

营林技术参照毛叶紫树。

木材心边材区别不明显，纹理略斜，结构细而均匀，材质强度中庸、干缩小。可作房建、胶合板、车厢、玩具、雕刻、包装用材。果可食。

2.喜树属 Camptotheca Decne.

落叶乔木，单叶互生，全缘。花无梗，杂性同株，雌花或两性花序头状，顶生，雄花序头状腋生，均具长梗；萼杯状，顶端5浅裂；花瓣5，卵形，镊合状排列；雄蕊10，排成2轮，外轮5枚较长，花丝锥形，长于花瓣；花盘杯状；子房下位，1室，有1悬垂倒生胚珠；

图429 蓝果树和滇西紫树

1—2.蓝果树 *Nyssa sinensis* Oliv. 1.果枝 2.雄花

3—6.滇西紫树 *Nyssa shweliensis*（W. W. Sm.）Airy-Shaw.

3.叶形 4.雄花序 5.幼果 6.叶下面部分放大（示毛被）

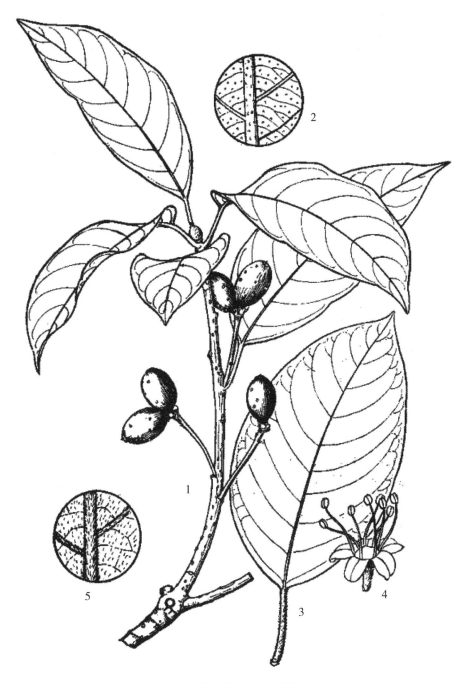

图430 华南紫树和毛叶紫树

1—2.华南紫树 *Nyssa javanica*（Bl.）Wanger 1.果枝 2.叶背部分放大

3—5.毛叶紫树 *Nyssa yunnanensis* W.C.Yin 3.叶形 4.花外形 5.叶背部分放大

花柱顶端2—3裂。瘦果翅果状，组成头状果序，狭长圆形，微扁，顶端平截，具宿存花盘及花柱基部，外果皮木栓质，内果皮薄。种子线形，外种皮薄。

本属1种，产我国长江以南各省（区）。云南也有。

1.喜树（南京） 旱莲（植物名实图考），水漠子树（建水、石屏），滑杆子树（景东）图431

Camptotheca acuminata Decne.（1873）

落叶乔木，高可达40米，胸径约1米，树皮灰色，呈不规则纵裂；小枝幼时绿色，初被灰褐色绒毛，老则光滑，皮孔稀疏。单叶互生，椭圆状卵形或椭圆形，长10—20厘米，宽5—10厘米，全缘至微波状，上面亮绿色，下面较淡，疏生短柔毛，脉上较密，侧脉10—14对；叶柄长（1.5）2—3厘米，被微毛，叶柄、叶下中脉幼时淡红色。球形头状花序，径1.5—2厘米，雌花序顶生，雄花序腋生，序梗长4—6厘米；苞片3，内外被毛，萼5裂，具缘毛，花瓣5，淡绿色，外面密被短柔毛；雄蕊10，2轮，外轮较长，花丝纤细无毛；花盘微裂；子房仅在雌花中发育，花柱无毛，尖端2（3）裂，裂片卷曲。果序头状，翅果状瘦果长1.5—3厘米，顶端有宿存花柱，干后黄褐色，有光泽，近长方形，具1种子。花期5—7月，果期7—10月。

产景洪、普洱、景东、镇沅、漾濞、新平、富宁、广南、弥渡、南华等县，垂直分布390—2100米，但以1300—1800米生长良好。分布于台湾、福建、江西、湖南、湖北、四川、贵州、广东、广西、河南、安徽，江苏有栽培。

喜光，喜温暖湿润，不耐严寒干燥气候。种子繁殖。种子采集后晒干收藏。温水催芽或层积催芽。苗床育苗。注意防治根腐病、黑斑病和刺蛾。

木材浅黄褐色，心边材界限不明显，无特殊气味，结构细密均匀，材质轻软，花纹美观干燥快，但易开裂反翘，不抗腐，可作一般建筑、家具、箱盒及包装用材，也可作造纸、火柴杆等原料。果实可榨油，出油率16%，供工业用。根皮、树皮及果实含喜树碱，可作抗癌药，对白血病、胃癌、直肠癌等有一定治疗作用。树形美观，生长迅速，为"四旁"绿化的优良树种，云南省种植极为广泛。

图431 喜树 *Camptotheca acuminata* Decne.
1.花枝 2.果序 3.果

214.桤叶树科 CLETHRACEAE

灌木或乔木。单叶互生；有叶柄，无托叶。花两性，稀单性，辐射对称，常成顶生稀腋生的总状花序或圆锥状花序，有时为伞状复总状花序；花梗基部有苞片，苞片早落或宿存，萼深5裂；萼片覆瓦状排列，宿存；花瓣5，分离，极稀基部有些黏合或连合（我国不产），覆瓦状排列与萼片互生，通常倒卵状长圆形，先端往往有微缺或为啮蚀状或为流苏状，有时具缘毛，花后脱落；雄蕊10，排成2轮，外轮与花瓣对生，内轮与萼片对生，花丝无毛或具长柔毛或具长硬毛，离生，下位，有时基部与花瓣黏合，蕾中反折，开放时伸直，花药2室，于中部背着，在花蕾时外向，花开放时内向，成熟时裂缝状顶孔开裂；无花盘；子房上位，被毛，3室，每室有多数倒生胚珠，着生于中轴胎座上，花柱单一，有毛或无毛，顶端3裂或不裂，具1或3点状柱头。蒴果近球形，有宿存的花萼和花柱，室背开裂。种子多数，有一层透明的种皮，无翅（或有翅我国不产），胚圆柱形，胚乳肉质，富含油分。

本科仅1属，约100余种分布于亚洲、非洲、美洲各热带和亚热带地区。我国约15种，产中部、西南部及东南部，云南有4种4变种。本志全部记载。

桤叶树属 Clethra Gronov. ex Linn.

属特征同科。

分 种 检 索 表

1.当年生枝、花序轴及花梗均被灰色单伏毛；花瓣内面有髯毛 ································ 1.单毛桤叶树 C. bodinieri
1.当年生枝、花序轴及花梗均被锈色星状绒毛或簇状毛；花瓣内面无毛或被稀疏柔毛。
  2.总状花序单生或间有分枝。
    3.叶下面被星状柔毛或仅沿脉有长伏毛；花大，花瓣长8—10毫米，外面光滑或仅基部疏被乳突，雄蕊内藏 ················ 2.云南桤叶树 C. delavayi
    3.叶下面仅脉腋有髯毛；花较小、花瓣长5—6毫米，外面密被乳突，雄蕊伸出 ········ 3.单穗桤叶树 C. monostachya
  2.圆锥状或伞形复总状花序。
    4.叶仅于下面脉上疏生长柔毛；雄蕊伸出，子房密被分节长硬毛 ················ 4.华南桤叶树 C. fabri
    4.叶下面密生灰白色星状绒毛；雄蕊内藏，子房被微硬毛 ······5.白背桤叶树 C. petelotii

1.单毛桤叶树（云南植物志）　单毛山柳（中国高等植物图鉴）图432

Clethra bodinieri Levl.（1912）

常绿灌木或小乔木，高达6米。当年生枝疏或密生灰色单伏毛或近无毛。叶革质，披针形或椭圆形，稀为倒卵状长圆形，长5—12厘米，宽1—3厘米，先端尾状渐尖，基部楔形至楔尖，老叶两面无毛或仅下面沿中脉疏被柔毛，脉腋有髯毛，边缘除下半部外具细锯齿，侧脉8—10对，在下面突起；叶柄长5—12毫米。总状花序顶生，稀在基部有1—2分枝，序轴和花梗均密被灰色单伏毛；花梗细，长5—8毫米，萼片5，长2.5—3毫米；花瓣白色或淡红色长4—6毫米，内面密被绢状髯毛，两侧具缘毛；雄蕊与花瓣等长或稍长，花药倒箭形，长2.5毫米，花丝密被锈色微硬毛；花柱单一，无毛，稀基部具疏柔毛，柱头1。蒴果直径约4毫米，密被硬毛，上部之毛较长，宿存花柱长8—10毫米，果梗长达12毫米。花期6—7月，果期8—9月。

产屏边大围山，生于海拔230—1670米。贵州、广西、广东、福建等省（自治区）有分布。

2.云南桤叶树（云南植物志）　滇西山柳（中国高等植物图鉴）图433

Clethra delavayi Franch.

落叶灌木或乔木，高达15米。当年生枝密被簇生锈色糙硬毛和伏贴的星状绒毛。叶硬纸质，倒卵状长圆形或长椭圆形，稀为倒卵形，长7—23厘米，宽3.5—9厘米，先端渐尖或短尖，基部楔形，老叶上面疏被短硬毛或近于无毛，下面密被或疏被白色星状柔毛，或仅沿脉有长伏毛，边缘具锐尖锯齿，侧脉20—21对；叶柄长10—20毫米。总状花序，长17—27厘米，序轴和花梗均密被星状绒毛和簇生锈色微硬毛，有时杂有单硬毛；花梗长6—12毫米，萼片长5—6毫米；花瓣白色，长8—10毫米，宽4—5毫米，两侧中部具缘毛；雄蕊稍短于花瓣，花丝疏被长硬毛；花柱无毛或中部以下疏被柔毛，柱头3深裂。蒴果下弯，直径4—6毫米，疏被长硬毛，宿存花柱长6—7毫米，果梗长14—20毫米。花期7—8月，果期9—10月。

产大理、鹤庆、维西、香格里拉等地，生于海拔2400—3500米的山地林缘及林中。印度、缅甸、不丹、越南也有。模式标本采自洱源。

种子繁殖。蒴果开裂前采集果实，晾晒至开裂后取出种子，袋藏于通风干燥处。种子不宜久藏。播前温水浸种并消毒。苗床应细致整地，播后覆草，种子出土时分次揭去改搭荫棚。苗期注意除草防病，定时浇水。

木材可作梁柱、家具等用材；花序大而美丽可观赏。

2a.毛叶云南桤叶树（变种）（云南植物志）

var. lanata S. Y. Hu（1960）

产泸水，生于海拔3200—4000米的林中。模式标本采自泸水。

2b. 大花云南桤叶树（变种）（云南植物志）

var. yuiana（S. Y. Hu）C. Y. Wu et L. C. Hu（1976）

C. yuiana S. Y. Hu（1960）

产大理、昌宁、腾冲、景东、耿马、文山等地，生于海拔2450—3250米的林中。

3. 单穗桤叶树（云南植物志）　单穗山柳（中国高等植物图鉴）

Clethra monostachya Rebd. et Wils.（1913）

产四川西部及西南部，云南不产。

3a. 细星毛桤叶树（变种）（云南植物志）图434

var. minutistellata（C. Y. Wu）C. Y. Wu et L. C. Hu（1979）

C. minutistellata C. Y. Wu（1965）

落叶小乔木或灌木，高达8米。当年生枝密被簇生星状绒毛。叶椭圆形，长2.5—11.5厘米，宽0.7—4.5厘米，先端渐尖，基部楔形，老叶上面无毛，下面沿脉疏被长伏毛，有时为簇生星状毛，侧脉的腋内具髯毛，边缘具硬尖锯齿，侧脉10—17对；叶柄长6—14毫米，被毛。总状花序单生，间有基部分枝，长15—20厘米，序轴与花梗均密被锈色簇生星状绒毛；花梗长3—5毫米；萼片长约2.5毫米；花瓣长3.5—4.5毫米，外面密被乳突，有时两侧近基部疏生缘毛；雄蕊略长于花瓣，花丝疏被长柔毛；花柱密被长硬毛，柱头3浅裂。蒴果密被星状绒毛，直径3.5—4毫米，果梗长达11毫米。花期7—8月，果期9—10月。

产镇雄，生于海拔1800—2000米的密林中。四川有分布。

3b. 披针桤叶树（变种）（云南植物志）

var. lancilimba（C. Y. Wu）C. Y. Wu et L. C. Hu（1979）

C. lancilimba C. Y. Wu（1965）

产景东、文山，生于海拔1800—2850米的混交林中。

4. 华南桤叶树（云南植物志）　山柳（中国高等植物图鉴）图435

Clethra fabri Hance（1883）

半常绿灌木，高达12米。当年生枝疏被星状柔毛，很快变为无毛。叶近革质，椭圆形或长圆形，有时披针形，稀倒卵状椭圆形，长6—14（17）厘米，宽2—5（7）厘米，先端渐尖或近于短尖，基部稍钝至楔形，老叶两面无毛，有时仅下面脉上疏被长柔毛，边缘上部疏生细锯齿，下部全缘，侧脉8—12（17），叶柄长6—13毫米。总状花序有2—7分枝，圆锥状或近于伞形状，序轴和花梗均密被锈色簇生长硬毛；花梗长1.5—3毫米；萼片卵状长圆形，长2.5—3毫米；花瓣长4毫米；雄蕊略长于花瓣，花丝无毛，花药倒卵形；子房密被锈色分节长硬毛，花柱无毛，有时基部有长硬毛，柱头乳头状，极短3裂。蒴果疏被分节长硬毛。直径2.5—3毫米，果梗达4—6毫米。花期7—8月，果期9—12月。

产金平、屏边、河口、文山、马关、西畴、富宁，生于海拔300—2000米的山地密林或疏林中。广东、贵州、广西有分布，越南也有。

5.白背桤叶树（云南植物志）图436

Clethra petelotii P. Dop et Y. Trochain（1932）

常绿灌木或乔木，高达10米。当年生枝密被紧贴的细星状绒毛。叶近革质，椭圆状长圆形或椭圆形，有时倒卵状长圆形，长8—18厘米，宽3.5—6厘米，先端突渐尖或渐尖，基部楔形，上面无毛，下面密被灰白色伏贴的星状绒毛，边缘具腺锯齿，或锯齿消失仅存腺尖头，或全缘，侧脉6—12对，叶柄长10—15毫米。总状花序顶生，有3—5分枝，近于圆锥状或指状排列，序轴与花梗均密被紧贴小星状绒毛及簇生锈色微硬毛；萼长2.5毫米；花瓣长3.5—4毫米；雄蕊略短于花瓣，花丝无毛，花药倒心形；子房密被绢状锈色微硬毛，花柱无毛，顶端三裂。蒴果直径2—3毫米，宿存花柱达4毫米。花期4—8月，果期9—10月。

产屏边大围山，生于海拔840—1160米的疏林中。越南北部有分布。

图432　单毛桤叶树 *Clethra bodinieri* Levl.

1.花枝　2.花　3.花纵剖面　4.花瓣

图433 云南桤叶树 *Clethra delavayi* Franch.

1.花枝 2.叶背一部分（放大示毛） 3.花 4.花纵剖面 5.花轴部分

图434 细星毛桤叶树 *Clethra monostachya* Rehd. et Wils. var. *minutistellata*（C. Y. Wu）C. Y. Wu et L. C. Ha
1.果枝　2.花　3.叶背一部分

图435 华南桤叶树 *Clethra fabri* Hance
1.花及幼果枝 2.花 3.花瓣腹面 4.果

图436 白背桤叶树 *Clethra petelotii* P. Don et Y. Trochain

1.花枝 2.叶背一部分 3.花梗一部分 4.花 5.花瓣腹面 6.果

221.柿树科 EBENACEAE

乔木或灌木。单叶互生，稀对生，全缘；无托叶。花通常单性异株或为杂性，基数3或更多；雄花具不发育子房，雌花具退化雄蕊或无；萼3—6裂，常在果时增大，花冠裂片3—7，旋转状、覆瓦状或镊合状排列；雄蕊常为花冠裂片的2—4倍，很少与之同数而互生，下位或着生于花冠管基部，花丝分离或两枚连生成对，花药2室，内向纵裂；子房上位，2—16室，每室有胚珠1—2，悬垂于子房顶端的内角上，花柱2—8，分离或基部合生。浆果多为肉质。种子有薄种皮；胚长约为胚乳的一半；子叶叶状。

本科3属约500余种，主要分布在热带亚热带地区，印度尼西亚尤多。我国1属，产西南至东南部。

柿属 Diospyros Linn.

乔木或灌木。无顶芽，芽鳞少数。叶互生，稀对生，中脉常上面凹陷，下面凸出；叶柄一般腹平背凸。花单性异株，很少杂性，聚伞花序腋生于当年生枝条上或较少侧生于老枝上，有时单生，4—5基数；萼通常深裂，顶端有时平截，雌花的萼常较雄花的大，结果时常增大，花冠浅裂或深裂；雄花有雄蕊4至多数，通常16，子房不发育；雌花有退化雄蕊1—16或无，子房2—16室，花柱2—8，分离或基部合生，通常顶端2裂，胚珠每室1。浆果肉质，基部通常有增大的宿存萼。种子通常两侧压扁。

本属约400余种，产热带地区，个别种延至温带。我国有58种，7变种；云南有22种3变种。本志记载16种，3变种。

分 种 检 索 表

1.果为聚伞状或伞房状稀1—2着生于新枝上。
　2.叶下面密生透明下陷的腺点；果梗粗短，与果萼均密被锈色绒毛 ……………………
　………………………………………………………… 1.点叶柿 D. punctilimba
　2.叶下面不具腺点。
　　3.叶两面网脉凸出；果密被糙伏黄绒毛 ………………… 2.美脉柿 D. caloneura
　　3.叶两面网脉不显或仅下面显著；果无毛 ………… 3.黑皮柿 D. nigrocortex
1.果单生。
　4.果明显具梗，梗长0.5—4厘米。
　　5.果梗长1.5—4厘米。
　　　6.叶披针形，长椭圆形、倒披针形或菱状卵形，长3.5—9厘米，宽1.8—3.5厘米……
　　　………………………………………………………… 4.长柄柿 D. cathayensis
　　　6.叶长圆形至长圆状椭圆形或长圆状披针形。

7.叶长圆状披针形，长12.8—18厘米，宽3.5—5.5厘米，网脉两面凸出；果萼5—6
裂，裂片等大 ·· 5.六花柿 D. hexamera

7.叶长圆形至长圆状椭圆形，长6—16厘米，网脉在叶上面不显；果萼4裂，裂片不
等大 ·· 6.异萼柿 D. anisocalyx

5.果梗长0.5—1.5厘米。

8.叶网脉两面凸出；果顶部和基部密被平伏黄绒毛。

9.枝条密被污黄色微柔毛；果梗长1.2厘米·················· 7.网脉柿 D. reticulinervis

9.枝条近无毛；果梗长5—8毫米 ·····························
·················· 7a.无毛网脉柿 D. reticulinervis var. glabrescens

8.叶网脉上面不显；果无毛。

10.果球形，径0.6—1.5厘米 ······························ 8.傣柿 D. kerrii

10.果卵球或扁球形，径2.5—7厘米。

11.小枝及叶被疏毛或变无毛 ···················· 9.柿 D. kaki

11.小枝及叶密被褐色柔毛 ············ 9a.野柿 D. kaki var. sylvestris

4.果近无梗或梗短于0.5厘米。

12.小枝及叶完全无毛；叶纸质，椭圆形至长圆形，长5—14厘米，宽3—5.5厘米；果球
形，径2.5厘米，熟时红色 ············ 10.西畴君迁子 D. sichourensis

12.小枝及叶多少被毛或密被毛。

13.小枝及叶多少被毛。

14.叶纸质。

15.叶长6厘米以上，长圆形至椭圆状长圆形。

16.果径1.5厘米，成熟时蓝黑色；叶幼时被毛，很快脱落趋于无毛 ·········
···································· 11.君迁子 D. lotus

16.果径2.5厘米，成熟时黄色；叶下面沿中脉及侧脉密生小柔毛 ·············
···································· 12.景京君迁子 D. kintungensls

15.叶长2.5—5厘米，宽1.5—2.2厘米，两面除沿中脉被毛外，余被泡状突起；果
长圆形，长1.2厘米，径1厘米·················· 13.云南柿 D. yunnanensis

14.叶革质。

17.果倒卵形，长1.5厘米，径1厘米，果萼裂片三角形，先端锐尖反折 ·········
···································· 14.单籽柿 D. unisemina

17.果近球形，径1.5—2厘米，果萼裂片先端钝几不反折·····················
···································· 15.罗浮柿 D. morrisiana

13.小枝及叶密被柔毛。

18.叶椭圆形至长圆形，长5.5—12厘米，宽3—5厘米；果熟时蓝黑色 ·············
···································· 11a.多毛君迁子 D. lotus var. mollissima

18.叶椭圆形、卵形式卵状披针形，长1.5—6厘米，宽1—3.3厘米；果熟时不为蓝黑
色 ·································· 16.毛叶柿 D. mollifolia

1.点叶柿　野柿（元阳）图437

Diospyros punctilimba C. Y. Wu（1965）

乔木，高达10米。幼枝褐色具棱，密被锈色短柔毛，老枝具圆形锈色皮孔，无毛。叶革质，椭圆形，长5—13厘米，宽2.5—5.5厘米，先端渐尖，基部宽楔形至圆形，上面绿色，无毛，下面较淡，密生透明下陷的腺点，侧脉通常10—20对以上，网脉两面明显；叶柄长3—5毫米，无毛。果序具1—2果，着生于当年生枝条上，果梗粗状，长4毫米，密被棕色绒毛，苞片细小，卵状三角形，两面密被棕色绒毛。果球形，径约2厘米，初时密被锈色绒毛，后渐脱落近于无毛，宿存果萼盘状，厚木质，4裂，裂片内外密被锈色绒毛。果期5月。

产元江、元阳，生于海拔380—1100米地带。模式标本采自元江。

营林技术、树性与柿略同。

2.美脉柿　图438

Diospyros caloneura C. Y. Wu（1965）

小乔木，高达5米。顶芽细小，具锈色伏毛；一年生枝条红褐色，皮孔圆形，小而明显，具细条纹。叶革质，椭圆形至长圆形，长5—14.5厘米，宽2—5厘米，先端渐尖，基部宽截形至近圆形，两面无毛，侧脉6—10对，与网脉两面凸起；叶柄长0.5—0.8厘米，无毛。雄花3朵组成聚伞花序，序梗长2—3毫米，与花梗密被锈色伏毛，花梗长1—3毫米，苞片早落，花萼长3毫米，4深裂，外面密被锈色伏毛，里面无毛，萼片狭三角形，长2毫米，花冠芽时卵珠形，花时坛状，花冠筒长约6毫米，外面密被污黄色微柔毛，裂片卵圆状三角形，长宽均约3毫米，反折，两面密被灰色微柔毛，雄蕊16，排成2列，着生花冠管基部，花丝丝状，长约1.2毫米，花药近线形，长约2.5毫米，退化子房顶端密被污黄色伏毛；雌花聚伞花序3花，序梗长约1厘米，花梗长约1厘米，与花序梗疏被锈色伏毛，苞片早落，花萼长约1厘米，果时增大，两面疏被锈色伏毛，4深裂，裂片狭三角形，长约8毫米，脉纹两面凸出，花冠筒坛状，比花萼稍短，外面密被灰色微柔毛，裂片卵圆状三角形、反折，退化雄蕊16，排成2列，花丝扁平，花药线形，子房球形，密被污黄色糙伏毛，花柱4，基部合生，无毛。幼果球形，密被糙伏黄绒毛。花期3—4月，果期4月以后。

产景东，生于海拔1800—1870米的林下或路边草坡。模式标本采自景东无量山。

3.黑皮柿　图439

Diospyros nigrocortex C. Y. Wu（1965）

小乔木至乔木，高达20米。枝条纤细，幼枝先端略被锈色微柔毛，下部渐无毛，略具条纹，老枝黑褐色，具条纹。叶薄革质，椭圆至长圆形，长7—13厘米，宽3.5—5.3厘米，先端钝渐尖，基部楔形，上面黄绿色，下面色淡，两面无毛，边缘略向外卷，侧脉纤细，5—10（15）对，两面明显凸出；叶柄长0.5—1厘米，无毛。雄花2—4—8朵组成腋生的聚伞花序，序梗极短或近于无，与花梗被锈色微柔毛，花梗极短，长约1.5毫米，花萼管状，长5—8毫米，中部稍膨大，具4短尖齿，无毛，花冠管状，无毛，芽时狭圆锥形，花时管长

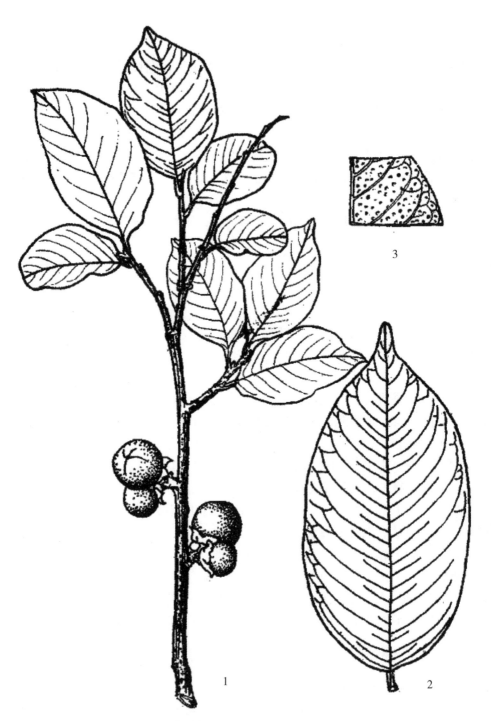

图437 点叶柿 *Diospyros punctilimba* C. Y. Wu
1.果枝　2.叶片　3.叶下面一部分

图438 美脉柿 *Diospyros caloneura* C. Y. Wu
1.雌花枝 2.雄花枝 3.雌花纵剖 4.雄花纵剖

图439 黑皮柿 *Diospyros nigrocortex* C. Y. Wu
1.雄花枝　2.雄花　3.雄花纵剖　4.果　5.雄蕊

8—14毫米，裂片长7—12毫米，雄蕊12—16，排成2列，着生花冠管基部，花丝扁平无毛；雌花常1—2朵生叶腋，序梗与花梗极短，被锈色微柔毛，花萼杯状，高0.5厘米，外面近无毛，内面被锈色鳞秕，4—5浅裂，裂片略反卷，花蕾塔形，裂片4，退化雄蕊8，子房无毛，花柱4—5，基部合生，花盘边缘流苏状。果扁圆形，径2—3.5厘米，具光泽，果萼盘状，4—5裂，裂片向外反折成波状褶。种子压扁，卵状圆形，长1厘米，宽0.7厘米，种皮黄褐色。花期4—6月，果期7—10月。

产勐腊、景洪、金平、河口，生于海拔220—1800米的沟谷林内或山坡灌丛中。模式标本采自勐腊。

营林技术材性与柿略同。

4.长柄柿　图440

Diospyros cathayensis A. N. Steward（1954）

小乔木，高达7米。小枝纤细，被黄色短柔毛，老枝近无毛，有时顶芽或侧芽变成刺。叶近革质，披针形，倒披针形，长椭圆形或近菱状卵形，长3.5—9厘米，宽1.8—3.5厘米，先端渐尖或钝，基部楔形，上面绿色，除沿中脉被短柔毛外，余部具乳头状凸起，下面稍淡，几乎无毛，侧脉3—7对，与中脉均两面凸出，网脉上面明显；叶柄长3—5毫米，初时密被黄色柔毛，后渐变稀。雄花通常3朵组成聚伞花序，稀单生，序梗长0.5—1.2厘米，与花梗密被黄色柔毛，花梗长0.5—1.2厘米（单生者长达1厘米），花萼4深裂，裂片三角形，长2毫米，外面密被、里面疏被柔毛，花冠管坛状，长约6毫米，外面密被，里面疏被白色绒毛，裂片卵状三角形，长宽约1.5毫米，反折，两面密被灰黄色微柔毛，雄蕊16，排成2列，着生花冠管基部，花丝丝状，长约1.5毫米，内列者较短，被柔毛，花药近线形，长约3毫米，顶端具小芒尖，无毛，退化子房顶端密被黄色柔毛；雌花通常单生。果球形，径约1.5—2.0厘米，疏被黄色伏毛，果梗长1.2—2（4）厘米，果萼4深裂，裂片卵形，长8—10毫米，宽4—6毫米，反折，两面疏被短柔毛。花期5—6月，果期7月。

产永善，生于海拔1600米的山坡、河谷。湖北、湖南、四川、贵州、广东有分布。

5.六花柿　图441

Diospyros hexamera C. Y. Wu（1965）

乔木，高达20米。枝具细条纹，密被污黄色微柔毛。叶革质，长圆状披针形，长12—18厘米，宽3.5—5.5厘米，先端变锐尖，基部楔形，边缘内卷，上面无毛，下面沿中脉疏被微柔毛，侧脉6—8对，与细网脉两面突出；叶柄密被微柔毛，腹凹背凸。果序单一，着生枝条下部；果梗长1.5厘米，密被污黄色微柔毛，中部以下具苞片痕；浆果球形，径约2.5厘米，顶端具小尖头，密被锈色伏绒毛；宿存果萼5—6裂，叶状，内包，网脉突出。果期12月。

产河口，生于海拔240米密林中。

5.异萼柿　图442

Diospyros anisocalyx C. Y. Wu（1965）

小乔木至乔木，高达8米，幼枝纤细，密被污黄色微柔毛。叶薄革质，长圆形至长圆状椭圆形，长6—16厘米，宽2.3—6厘米，先端渐尖或锐尖，基部宽楔形至近圆形，上面幼时沿中脉及侧脉密被污黄色微柔毛，老时无毛，下面幼时密被毛，老时仅沿脉被毛，侧脉7—12对，网脉两面明显；叶柄近圆柱形，长0.6—1.2厘米，密被微柔毛。雄花3—7朵组成聚伞花序，着生幼枝基部，序梗长0.3—1.2厘米，与花梗均密被污黄色微柔毛，花梗长2—3毫米。雄花蕾长0.6厘米，卵状球形，花萼长1.5毫米，径5毫米，外被疏柔毛，内无毛，4深裂，裂片狭三角形，稍不等大，花冠4裂，外污黄色微柔毛，内红褐色无毛，裂片三角形，长约1.5毫米，雄蕊16，排成2列，生于花冠管近基部，花丝长0.5—1毫米，内列较短，基部无毛，顶端具短柔毛，花药长2毫米，卵状圆形，药隔先端具小芒尖，无毛，退化子房密被污黄色糙伏毛；雌花单生，梗长1.8厘米，萼4深裂，径3—4.5厘米，裂片卵圆形，不等大，2裂片较大，长1—2厘米，宽1—1.2厘米，外面被污黄色疏柔毛，内面几乎无毛。未成熟果被糙伏毛。花期4—5月，果期7—8月。

产富宁，生于海拔500—1000米的密林或石灰岩灌丛中。模式标本采自富宁。

7.网脉柿

Diospyros reticulinervis C. Y. Wu（1965）

小乔木，高约6米。幼枝密被微柔毛，老枝疏被毛，具椭圆形皮孔。叶革质，椭圆形至长圆形，长9—13.5厘米，宽3.5—4.5厘米，先端渐尖，基部圆形，上面绿色，光亮，沿中脉和侧脉被毛，下面无毛，侧脉7—9对，与网脉均两面突出；叶柄长约8毫米，被毛。果单生，圆球形，径约2.5厘米，褐色，基部及顶端密被平伏黄绒毛，果萼具污黄色微柔毛，萼片狭三角形，长0.8厘米，反折，果梗长约1.2厘米，圆柱形，先端增大而稍弯，密被毛，近顶部具一大苞痕。果期11月。

产砚山，生于海拔1100米的山谷密林中。模式标本采自砚山。

7a.无毛网脉柿　图443

D. reticulinervis var. glabrescens C. Y. Wu（1965）

产盈江、麻栗坡、文山、广南、富宁。模式标本采自文山老君山。

8.傣柿　图444

Diospyros kerrii Craib（1911）

乔木，高达9米。幼枝密被平伏锈色硬毛，老枝近于无毛。叶坚纸质，披针形至长圆状披针形，长4—10.5厘米，宽2—4厘米，先端渐尖，基部楔形或近圆形，上面灰绿色，无毛，下面黄绿色，沿脉被锈色平伏硬毛，侧脉约8对，在边缘内弯曲，两面均微凸出，成熟

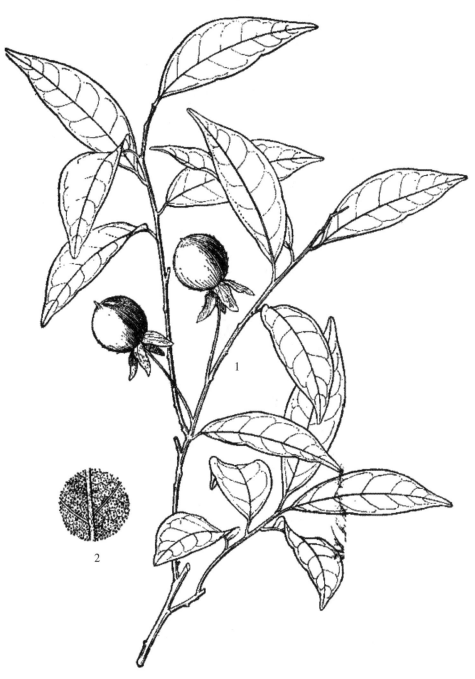

图440　长柄柿 *Diospyros cathayensis* A. N. Steward
1.果枝　2.叶上面之一部分放大

图441　六花柿 *Diospyros hexamera* C. Y. Wu
1.果枝及叶背面　2.果放大

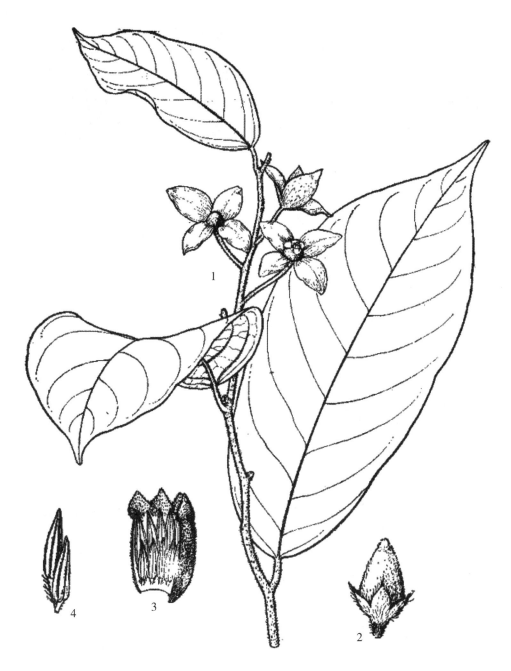

图442 异萼柿 *Diospyros anisocalyx* C. Y. Wu
1.雌花枝 2.雄花蕾 3.花冠剖开（示雄蕊着生情况） 4.雄蕊

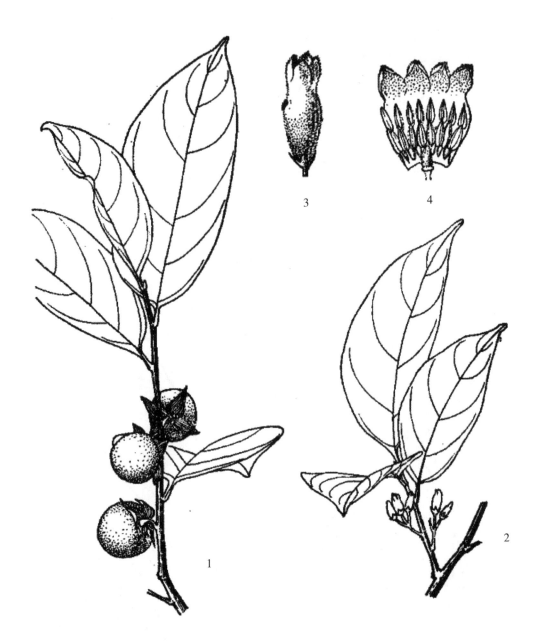

图443　无毛网脉柿 *Diospyros reticulinervis* var. *glabrescens* C. Y. Wu

1.果枝　2.雄花枝　3.雄花　4.雄花（纵剖）

时则不明显；叶柄长约5毫米，被锈色平伏硬毛。果期11月。

产景洪、德宏，生于海拔900—1350米的灌丛中。泰国有分布。

9.柿　柿花（各地、滇南本草）图445

Diospyros kaki Thunb.（1780）

落叶乔木，高10米以上；树冠开张，树皮暗灰色，裂纹深，呈方块状。叶长圆形、倒卵形或宽椭圆形，长6—18厘米，宽4.5—8厘米，上面暗绿色，中脉被疏毛，后脱落，质地厚，有光泽。花杂性同株，单生或聚生于当年生枝叶腋；花冠钟形，黄白色，萼大宿存，花萼与花冠均4裂；子房通常8室；雄花有雄蕊16，两性花有雄蕊8—16，雌花仅具退化雄蕊。果扁圆形、卵形或方形，常具四道沟纹或缢痕，径约3.8—8厘米，成熟时果皮橙色、红色、鲜黄色或黑色，果萼直径3—4厘米。种子8—10或无。花期4—6月，果期7—11月。

全省普遍栽培。原产我国，分布广泛，有多种栽培品种；现世界广植。

本种耐寒、喜光、喜湿，根系强大，抗旱性和适应性强，对土壤要求不严格，最适于钙质土，也适于中性或微酸性土壤，并能耐轻微盐碱土。嫁接繁殖。定植成活后要进行整形、修枝、施肥、灌水等一系列精细管理，并因地制宜进行病虫害防治，以促进植株生长繁茂，稳产高产。

木材纹理直，结构细，坚重，韧性强，不翘不裂，耐腐，可作农具、家具和雕刻等用材。果营养价值较高，鲜柿含糖量15%—16.5%，蛋白质0.3%—0.5%，维生素C0.007%—0.011%。除鲜食外，也可加工柿饼、柿糕、柿面和酿酒、制糖等，并有降压、解酒、治胃病等医疗作用。

9a.野柿　毛柿花（景东）、野柿花（易武、双柏）

var. sylvestris Makino（1908）

全省分布，生于海拔220—2300米的山地密林、山坡疏林或路边。

10.西畴君迁子　图447

Diospyros sichourensis. C. Y. Wu（1965）

乔木，高达10米。幼枝具细条纹，无毛，老枝具长圆形锈色皮孔。叶纸质，椭圆形至长圆形，长5—14厘米，宽3—5.5厘米，先端渐尖，基部截形，上面橄榄绿色，下面较淡带白粉，两面无毛，侧脉5—8对，两面稍明显，网脉两面不显；叶柄长0.5—1.5厘米，无毛。雄聚伞花序3花，腋生，序梗长3毫米，与花梗密被锈色细伏毛，花梗长1毫米；雄花花萼高2.5毫米，径4毫米，两面密被锈色细伏毛，4裂，裂片三角形，花冠芽时圆锥形，两面近无毛，裂片4，宽三角形，边缘具小纤毛，雄蕊14—16，排成2列，着生花冠筒基部，花药披针形，长约2.5毫米，宽0.7毫米，顶端尖，药隔上具污黄色伏毛，花丝短，扁平，长0.5—1毫米，子房退化。果球形，径约2.5厘米，熟时红色，果梗极短或近无，果萼盘状，径达2厘米，两面密被锈色伏毛，4裂，裂片宽三角形，长6—10毫米，平展或稍反折。花期5月，果期8月。

产西畴、屏边，生于海拔1000—1700米密林或疏林中。贵州有分布。模式标本采自西畴法斗。

营林技术、材性及经济用途与君迁子略同。

11.君迁子　黑枣（蒙自）、软枣　图446

Diospyros lotus Linn.（1753）

乔木，高达15米；树皮光滑不开裂。幼枝灰绿色，有短柔毛，老枝无毛，皮孔明显。叶纸质，椭圆形至长圆形，长5.5—12厘米，宽3—5厘米，先端短渐尖，基部宽楔形至截形，幼时两面被柔毛，后脱落变无毛。雄花通常3组成下弯的聚伞花序，雌花单生叶腋，下弯，花萼钟状或盘状，花冠坛状，均4裂，裂片常反折，雄蕊16，排成2列，着生花冠筒基部，花丝扁平，花药披针形；子房球形，8室，花柱4裂至基部，基部有白色柔毛。果球形，径1—1.5厘米，熟时为蓝黑色，外面有白蜡层，果萼反折，果梗粗短。花期4—5月，果期8—10月。

全省大部分地区均产，生于山坡、山谷或路边，也有栽培。辽宁、河北、山东、山西、湖南、四川、贵州、西藏均有分布。

适应性强，抗寒、抗旱、抗瘠薄能力均大于柿树。

木材耐磨损，极适宜作旋器轴，制文具、家具等。果鲜食或酿酒制醋；果和叶可制维生素C，供食品和药用，种仁含油量20%—25%，可制肥皂；植株是嫁接柿树的优良砧木。

11a.多毛君迁子

D. lotus var. mollissima C. Y. Wu（1965）

产永仁、禄劝等地，生于海拔2300—2500米的山坡或溪旁灌丛中。四川、陕西有分布。模式标本采自禄劝乌蒙山。

营林技术、材性及经济用途与君迁子略同。

12.景东君迁子　图447

Diospyros kintungensis C. Y. Wu（1965）

乔木，高4米；树皮灰黑色。芽卵珠形，明显，具白色或锈色疏柔毛。幼枝圆柱形，黄褐色，具细条纹，老枝具长圆形皮孔。叶近膜质，长圆状椭圆形，长13.5—17厘米，宽5.5—7厘米，先端渐尖，基部楔形至近圆形，侧脉5—7对，网脉不明显；叶柄长1—1.3厘米。果球形，径约2.5厘米，成熟时黄色，果萼盘状，径约2厘米，内外面被锈色伏毛，4裂，裂片长约0.4厘米，平展，果梗近无毛，果期10月。

产景东，生于海拔1900米的山坡干燥处。模式标本采自景东无量山。

营林技术、材性及经济用途与君迁子略同。

13.云南柿 图448

Diospyros yunnanensis Rehd. et Wils.（1916）

乔木，高达10米。幼枝密被锈色贴伏毛，老枝无毛，具细条纹，皮孔明显，密集。叶纸质，卵形至卵状披针形，长2.5—6厘米，先端渐尖，基部宽楔形或圆形，上面绿色，下面较淡，两面仅沿中脉被柔毛，有明显泡状凸起，侧脉4—6对，上面不显；叶柄长2—4毫米，被锈色柔毛。雄花1—3组成聚伞花序，序梗长1.5毫米，与花梗被锈色柔毛，花梗长2—3毫米，花萼钟状，高3毫米，外面被贴伏毛，内面近无毛，4深裂，裂片卵状披针形，长2毫米，花冠坛状，高2.5毫米，外面沿中肋被贴伏毛，内面无毛，4裂，裂片短圆形，雄蕊16，着生花冠基部，花丝扁平，疏被柔毛，花药长圆形，顶端具芒尖。果单生叶腋，近球形，径0.8—1.2毫米，无毛，果梗粗短，长约1.5毫米，被短柔毛，果萼钟状，径6—7毫米，外面疏被短柔毛，裂片微反折。花期4—5月，果期6—9月。

产普洱及西双版纳，生于海拔1000—1500米的沟谷及山坡密林中或路边。模式标本采自普洱。

种子繁殖，宜随采随播。

74.单籽柿 图449

Diospyros unisemina C. Y. Wu（1965）

乔木，高4—12米。幼枝暗褐色，被污黄色微柔毛或变无毛，皮孔明显，老枝无毛，皮孔疣状。叶薄革质，椭圆形至长圆形，长4.5—9厘米，宽2—3.5厘米，先端渐尖，基部楔形，上面绿色，沿中脉被微柔毛，下面较淡，侧脉4—6对，上面稍凹陷或不显，下面明显；叶柄长5—6毫米，背面近无毛，腹面被污黄色微柔毛。果单生，倒卵珠形，高约1.5厘米，径约1厘米，顶端有宿存的花柱，花柱四裂，被锈色伏毛；果萼浅杯状，径约8毫米，外面疏被柔毛或变无毛，里面密被污黄色伏毛，4裂，裂片三角形，长约3毫米，先端锐尖反折；果梗粗短，长3—4毫米，被污黄色伏毛。种子通常1（稀2—3），褐色，椭圆状三棱形，扁平，具细皱纹。果期9—12月。

产西畴、麻栗坡，生于海拔1000—1700米的密林或山坡次生林中。模式标本采自西畴法斗。

15.罗浮柿 图450

Diospyros morrisiana Hance（1852）

灌木或小乔木，高达10米。幼枝浅褐色，老枝具细条纹，皮孔明显，棕色。叶薄革质，椭圆形至长圆形，长4.5—10厘米，宽2.5—3.5厘米，先端短渐尖，基部楔形，下延至叶柄，边缘略向背卷，侧脉4—6对，网脉不显；叶柄长约1厘米，顶端有很窄的翅，腹面被短柔毛。雄花通常3朵组成聚伞花序，序梗极短，与花梗密被褐色绒毛，花梗长1.5毫米，花萼钟形，4裂，裂片三角形，两面被绒毛，花冠管长约4毫米，无毛，裂片4，卵形，雄蕊16—22，着生花冠管基部，花丝扁平，长约1毫米，无毛，花药长圆形，顶端具小芒尖，药隔上被伏毛；雌花通常单生叶腋，花梗短，长约1.5毫米，密被锈色绒毛，萼浅杯状，被绒毛，4裂，裂片三角形，长约3毫米，花冠外面无毛，内面被淡黄色绒毛，裂片4，卵形，顶端急尖，退化雄蕊6，子房球形，无毛，花柱4，合生至中部，被绒毛。果近球形，直径1.5—2厘米，果萼盘状，径约9毫米，果梗极短。种子2—6，褐色，扁平。花期5—6月，果期10—12月。

产马关、西畴、富宁、金平、屏边，生于海拔650—1600米的密林或山坡次生林中。分布于浙江、台湾、广东、广西、贵州；中南半岛也有。

茎皮、叶、果实均入药；未成熟果可提制柿漆。

16.毛叶柿　图451

Diospyros mollifolia Rehd. et Wils.（1915）

小乔木，高达8米。枝条纤细，幼时极密被锈色尘状短绒毛，老枝褐色，近于无毛，皮孔明显。叶纸质，椭圆形、圆形或卵状披针形，长1.5—6厘米，宽1—2.3厘米，上部渐尖或急尖，顶端钝，具小芒尖，基部楔形或圆形，幼时两面密被锈色尘状绒毛，老时上面毛被逐渐脱落，仅沿中脉被毛，余部为泡状凸起，下面毛被不变。雄花通常3朵组成腋生聚伞花序，序梗极短，与花梗密被锈色绒毛，花梗长1—2毫米，花萼4—5深裂，裂片卵状披针形，长2—2.5毫米，外面密被内面疏被锈色绒毛，花冠坛状，长6—7毫米，沿肋被贴伏柔毛，4—5裂，裂片宽三角形，雄蕊16，着生花冠管基部，花丝丝状，花药披针形，药隔有柔毛；雌花单生叶腋，梗极短，长约1毫米，密被锈色绒毛，花萼长约5毫米，外面密被锈色绒毛，内面中部以上被短柔毛，4—5深裂，长3.5毫米，花冠坛状，长5—7毫米，外面沿肋被黄色贴伏毛，内面无毛，4裂，裂片反折，退化雄蕊4，子房扁球形，被毛，花柱4，基部合生。果卵状球形，径0.5—1厘米，幼时密被锈色绒毛，果萼4—5深裂，裂片微反折，果梗极短，密被锈色柔毛。花期4—5月，果期6—12月。

产滇中、滇东南、滇西北及滇东北，生于海拔600—2200米的林内或山坡灌丛或路边。四川有分布。

叶治小儿消化不良、慢性腹泻、疮疖、烧烫伤。

图444　傣柿 *Diospyros kerrii* Craib
1.果枝　2.叶背之一部分　3.果之形态

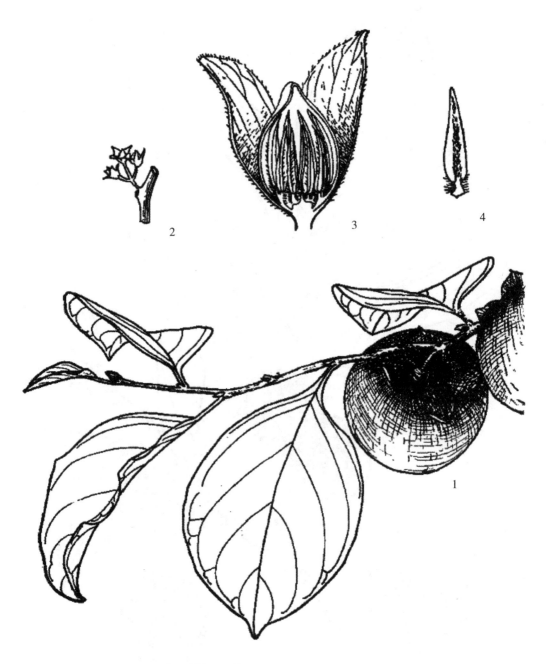

图445 柿 *Diospyros kaki* Thunb.
1.果枝　2.雄花枝　3.雄花纵剖　4.雄蕊

图446 君迁子 *Diospyros lotus* Linn.
1.果枝 2.雄花枝 3.雄花（纵剖） 4.雄蕊

图447 景东君迁子和西畴君迁子

1—2.景东君迁子*Diospyros kintungensis* C. Y. Wu 1.果枝 2.叶下面之一部分

3—4.西畴君迁子 *Diospyros sichourensis* C. Y. Wu 3.果枝 4.叶下面之一部分

图448 云南柿 *Diospyros yunnanensis* Rehd. et Wils.
1.果枝 2.叶之一部分 3.花纵剖面

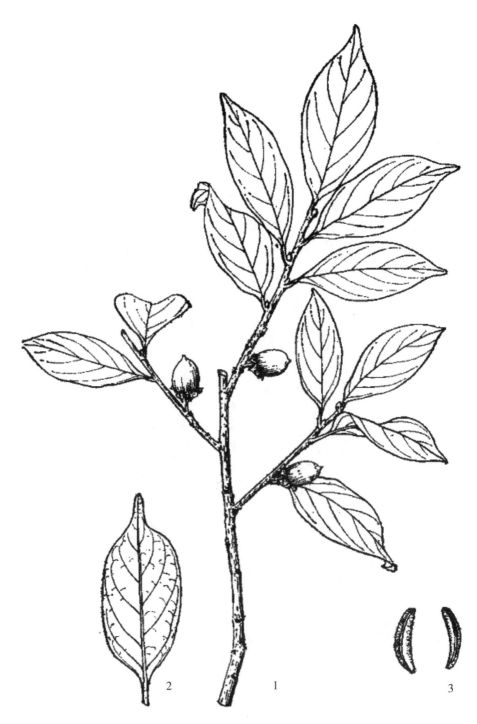

图449 单籽柿 *Diospyros unisemina* C. Y. Wu
1.果枝 2.叶片 3.种子

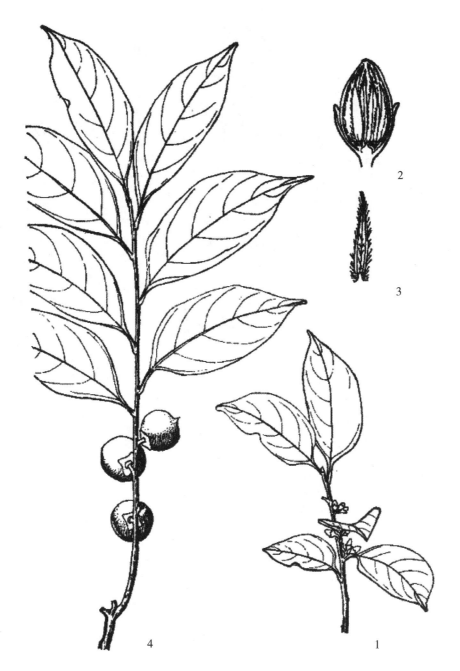

图450 罗浮柿 *Diospyros morrisiana* Hance
1.花枝 2.花纵剖面 3.雄蕊 4.果枝

图451 毛叶柿 *Diospyros mollifolia* Rehd. et Wils.
1.果枝 2.叶背、腹面之一部分 3.小枝一段

222.山榄科 SAPOTACEAE

乔木或灌木，通常具白色或黄色乳汁，幼嫩部分常被褐色或锈色毛。单叶，互生或近对生，革质或近革质，全缘，羽状脉，托叶通常早落，有时缺。花两性，辐射对称，具小苞片，单生、数花成簇或组成聚伞花序，稀总状或圆锥花序，着生于叶腋或无叶的老枝、老茎上；花被2—3轮，花萼4—12裂，裂片覆瓦状排列，2轮或螺旋形1轮，基部连合；花冠合瓣，具短管，裂片覆瓦状，与萼片同数或稀为其2倍，通常全缘，有时其侧面或背面具撕裂状或裂片状附属物；雄蕊着生于花冠管上或花冠裂片上，与花冠裂片对生，或多数而排成2—3轮，但通常仅内轮发育，其他退化或有时消失，退化的雄蕊常与雄蕊互生，花药2室，纵裂，通常外向，稀侧向；子房上位，1—14（国产种通常4或5，稀6）室，心皮合生，中轴胎座，每室有倒生上转或下转（肉实树属）胚珠1，着生于胎座基部，珠被1层，珠孔向下，花柱单生，柱头通常不明显，稀明显而分裂。果为浆果，稀核果状（肉实树属）。种子少数或单一，通常具油质胚乳或缺，种皮硬而脆，具光泽，疤痕各式，侧生和基生，胚大，有叶状的子叶和小的胚根。

本科约35—75属（属的界限至今尚有不同意见）800余种，主要分布在东半球和美洲热带地区，我国有13属（含栽培的3属）约22种，云南有10属，约15种，3变种。本志均予以记载。

分 属 检 索 表

1.萼片4、6或8，两轮排列。
  2.萼片4或8，能育雄蕊在8以上。
    3.萼片4，能育雄蕊16或更多，无退化雄蕊 …………………………… 1.紫荆木属 Madhuca
    3.萼片8，能育雄蕊8，具退化雄蕊 ………………………… 2.牛油树属 Butyrospermum
  2.萼片6，能育雄蕊6 ……………………………………………… 3.人心果属 Manilkara
1.萼片5，1轮排列。
  4.花冠裂片具附属物，果有纵肋 …………………………………… 4.梭子果属 Eberhardtia
  4.花冠裂片无附属物，果平滑无纵肋。
    5.花丝基部两侧各有1束长毛或有1条刚毛，退化雄蕊顶端芒状，植株通常有刺………
    …………………………………………………………… 5.荷苞果属 Xantolis
    5.花丝基部无毛，退化雄蕊顶端不成芒状，植株无刺。
      6.种子疤痕侧生。
        7.退化雄蕊花丝状，果成熟时近球形，直径在5厘米以上 …………………
        …………………………………………………………… 6.蛋黄果属 Lucuma
        7.退化雄蕊线形或钻形，花瓣状，果成熟时卵状球形，直径在5厘米以下。
          8.花单生或成簇着生于无叶的老枝上；果长2.5—4.5厘米 …………………

··· 7.龙果属 Pouteria

　　8.花成总状或圆锥花序，着生叶腋，果长在2.5厘米以下·····························

·· 8.假水石梓属Planchonella

6.种子疤痕基生。

　　9.叶互生，无托叶；子房5室；果为浆果状，皮厚；种子疤痕长圆形或线形 ·············

··· 9.铁榄属 Sinosideroxylon

　　10.叶对生或近对生，具托叶；子房1—2室；果为核果状，皮薄；种子疤痕圆形 ········

··· 10.肉实树属 Sarcosperma

1. 紫荆木属 Madhuca J. F. Gmel.

　　乔木。叶通常聚生枝条顶端；托叶早落。花单生或数朵聚生叶腋；花萼裂片4，排成互生的2轮，花冠裂片（6）8—14，近螺旋状排列，花冠管喉部常具粗毛环；雄蕊为花冠裂片的2倍或更多，1—3轮排列，着生于花冠喉部，与花冠裂片互生，花丝通常短或缺，花药基着，有芒或附属物，退化雄蕊不存在；子房4—12室，每室有胚珠1，花柱钻形，通常延长而稍尖，宿存，柱头不显。浆果通常具增大宿存的花萼。种子1—5，种皮坚而脆，有光泽，疤痕侧生，长圆形或线形，胚乳不存在或极少，子叶肥厚。

　　本属约85种，主要产马来半岛和加里曼丹岛；分布自印度、斯里兰卡经中南半岛，我国西南部至印度尼西亚、菲律宾，东南至伊里安岛等地。我国有3种，云南产1种。

　　1.滇木花生（云南植物志）　　出奶木（屏边）图452

Madhuca pasquieri（Dubard）Lam（1925）

　　大乔木，高达30米，胸径达60厘米。嫩枝被锈色绒毛，后渐无毛。托叶早落，叶革质，倒卵形或倒卵状长圆形，长6—16厘米，宽2—6厘米，先端钝或宽渐尖，基部宽楔形，两面无毛，上面通常有光泽，边缘外卷，中脉在两面均隆起，侧脉13—22（26）对，不很明显，斜生，第三次小脉和网脉不明显；叶柄长1.5—3.5厘米，被短柔毛。花萼裂片4，稀5，卵形，长3—5毫米，两面上部被毛；花冠长5—7.5毫米，无毛，裂片6—11，淡黄色，长圆形，花冠筒长1.5毫米，内外无毛，雄蕊12—22，花丝钻形，长约1毫米，花药卵形，长1.5—2.5毫米；子房卵球形，6—8室，外面被短柔毛，花柱长8—10毫米。果椭圆形或球形，长2.5—3厘米，基部有宿存萼，顶端有宿存、花后延长的花柱，果皮肥厚。种子1—5，椭圆形，长约2.2厘米，宽约1.5厘米，疤痕长圆形，无胚乳，子叶扁平、油质。花期7—9月，果期1—3月。

　　产屏边、麻栗坡和景洪，生于海拔1100—1300米的山地杂林中。分布于广西；越南北部也有。

　　种子繁殖。果实成熟后去肉洗净阴干，宜随采随播。

　　木材坚硬，结构致密，是具有工业前途的热带优质硬材。种仁含油量达49.97%，可作食用油。

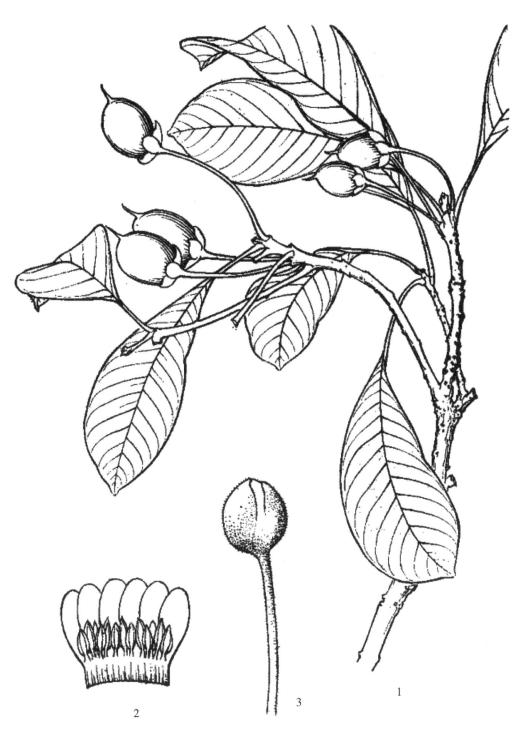

图452 滇木花生 *Madhuca pasquieri* (Dubard) Lam
1.果枝 2.花冠展开 3.花蕾

2.牛油树属 Butyrospermum Kotschy

小乔木。枝条粗壮。叶革质；托叶早落，侧脉多而密，近平行。花数朵或成簇着生叶腋，花萼裂片8，两轮排列，宿存；花冠裂片8，椭圆形，边缘有齿裂；雄蕊与花冠裂片同数而对生，花药"丁"字形，外向，着生于花冠裂片和退化雄蕊之间，花冠管的喉部；退化雄蕊8，花瓣状，与花冠裂片互生；子房8室，每室有胚球1，花柱圆柱状，柱头头状。浆果，有种子1。种子卵珠形，疤痕侧生，中部微具凹槽，胚乳少，子叶厚，胚轴萌发时极伸长。

本属仅1种，广布于热带非洲，我国云南引种栽培。

1.牛油树（元江）图453

Butyrospermum parkii Kotschy（1865）

乔木，高4—6米；树皮厚，灰褐色，不规则开裂；树冠开展，枝条粗壮，叶痕明显凹陷。叶互生，通常聚生枝条顶端，革质，长圆形或长圆状披针形，长14—18厘米，宽4—5.5厘米，先端浑圆，有时微缺，基部圆，微下延呈凸尖，两面无毛，下面灰褐色，中脉在上面微下陷，下面凸起，脉侧36—40对，近平行，先端分叉而网结，网脉不明显；叶柄长7—9厘米，无毛。花3—5着生叶腋，花长约1.4厘米；花梗长1.8—2.5厘米，密被黄褐色短绒毛；花萼裂片卵状披针形，长约8毫米，宽3—4毫米，外面密被黄褐色短绒毛；花冠裂片白色；椭圆形，先端渐尖，边缘具不规则的齿，基部有毛，长约1厘米，宽约4—5毫米；退化雄蕊花瓣状，基部有毛，与花瓣裂片互生，雄蕊着生于两者之间，花冠管的喉部，长约6毫米，花药长圆状披针形；花冠管长约5毫米；子房扁圆形，径约7毫米，外面密被黄褐色绒毛，花柱长约8毫米，无毛，柱头头状。果球形，顶端具宿存花柱，基部具宿存花萼，成熟时直径3—4厘米，外面光滑，果梗长3—4厘米。种子1，卵状球形，种皮深褐色具光泽，长约3厘米，径约2.3厘米，疤痕倒卵形，中部有1条微凹的槽。花期5—6月，果期8—10月。

原产非洲热带内陆地区，20世纪60年代初自西非引入云南试种成功，现于元江已有一定面积的栽培。

木材坚硬，光泽较好，适宜于家具和建筑用材。种子含油量45%—55%，除主要供食用油料外，还可制高级香皂、化装和药用油膏等，果可生食或制果酱、果酒，白色胶乳可制糖果胶母或电气绝缘材料。

3.人心果属 Manilkara Adans.

乔木或灌木。叶革质或近革质；托叶早落，侧脉甚密。花数朵或成簇腋生，花萼6裂，2轮排列，花冠裂片6，每裂片背部有2枚等大花瓣状的附属体，雄蕊6，基着药，着生于花冠裂片基部或花冠管的喉部，退化雄蕊6，与花瓣裂片互生，卵形，顶端渐尖或钻形，不规则的齿裂、流苏状或分裂，有时鳞片状；子房6—14室，每室有胚珠1。浆果有种子1—6。

图453 牛油树 *Butyrospermum parkii* Kotschy

1.果枝 2.花冠展开 3.部分花冠 4.雄蕊放大 5.花放大

6.子房放大纵切面 7.种子 8.子房横剖面

种子两侧压扁，疤痕侧生而长，种皮脆壳质，胚乳少，子叶薄，叶状。

本属约70种，分布全世界热带地区。我国有2种，云南栽培1种。

1.人心果（中国经济植物）图454

Manilkara zapota（Linn.）Van Royen（1953）

Achras zapota Linn.（1753）

乔木，高8—12米。枝褐色，具明显的叶痕。叶革质，长圆形或卵状长圆形，长6—14厘米，宽2.5—4厘米，先端急尖、钝或稀微缺，基部楔形，全缘或有时成波状，两面无毛，具光泽，中脉在上面近平坦，下面凸起，侧脉近平行，20余对，离叶缘弯拱网结，网脉细密，仅在下面稍明显；叶柄长约2厘米。花腋生，长约1厘米，花梗长2—3厘米，被黄褐色短绒毛；花萼裂片卵形，长约6毫米，外面被锈色短绒毛；花冠白色，裂片卵形，长约6毫米，宽约3毫米，顶端有不规则的齿缺，花冠管短，长仅2毫米；雄蕊着生于花冠管的喉部，花药狭卵形，长约2毫米；退化雄蕊花瓣状，长约4毫米，宽约为花冠裂片之半；子房圆锥形，密被黄褐色绒毛，花柱粗壮，柱头不显。浆果椭圆状球形、卵形或球形，成熟时棕褐色，直径4—8厘米，果梗长2—3厘米。种子4—5，卵状椭圆形，微扁，棕黑色，长约2厘米，疤痕长条状线形，花期4—5月，果期8—9月。

原产热带美洲，全世界热带地区均有栽培；我国广东和云南南部也引种栽培，多年来都正常开花结实。

喜温热湿润气候，适生于砂质壤土。种子繁殖须随采随播，优良品种用插条、嫁接繁殖。造林后注意水肥管理。

热带著名果树，果实味香甜可口，树干流出的乳汁是制口香糖的原料，值得大力推广种植。

4.梭子果属 Eberhardtia Lecte.

乔木。幼枝通常密被锈色绒毛；托叶早落，留有极明显的托叶痕。叶近革质或坚纸质，下面通常密被红褐色或锈色绒毛。花簇生叶腋，花萼裂片（2）4—5（6），覆瓦状排列，花冠裂片5，线形，粗厚，每裂片外面具两个发育成膜质状的附属物；雄蕊5，与花瓣裂片对生，花丝下部加宽，退化雄蕊5，与花冠裂片互生，肥厚，长于雄蕊，其末端有一个未发育的花药，呈箭头形，边缘具不规则的锯齿；子房5室，每室有胚珠1，花柱短，柱头不明显。果核果状，有棱，先端具宿存花柱遗迹形成的突尖，基部具宿存花萼。种子5，室背开裂，疤痕长圆形，具油质胚乳。

本属约3种，分布于越南、老挝和我国南部。我国有2种，云南均产。

分 种 检 索 表

1.叶下面、小枝、叶柄密被锈色绒毛；果梗长约1厘米，果长2.5—3厘米；种子疤痕从腹面延伸至一端；花萼裂片里面被毛 ·················· **1.锈毛梭子果 E. aurata**

1.叶下面密被金红色平伏的丝状绒毛，小枝，叶柄略被毛；果梗长约1.5厘米，果长约4—4.5厘米，种子疤痕在腹面；花萼裂片里面无毛 ························· **2.梭子果 E. tonkinensis**

1.锈毛梭子果　（云南植物志）　血胶树（中国经济植物志）图455

Eberhardtia aurata（Pierre ex Dubard）Lecte.（1920）

乔木，高达20米；树干端直，树皮暗灰褐色。嫩枝被锈色绒毛。叶近革质，长圆形或倒卵状长圆形，长12—24厘米，宽4.5—9.5厘米，先端渐尖或急尖，基部宽楔形或近圆形，上面无毛，下面密被锈色绒毛，边缘外卷，侧脉16—23对，在下面明显隆起，近平行，先端弧形，第三次小脉近平行，不甚明显；叶柄长2—3.5厘米，密被锈色绒毛。花簇生叶腋，具香气，花梗长约2毫米，被锈色绒毛，花萼裂片2—3（4）镊合状或覆瓦状排列，具短管，每裂片常深裂为2裂片，宽卵形，长5—7毫米，外面被锈色绒毛，内面被灰白色绒毛，花冠乳白色，无毛，裂片5，线形，先端向内反折，长2—3毫米，两侧为膜质、花瓣状的附属物，长4—5毫米；雄蕊5，花丝肥厚，三角形，长约1毫米，花药卵形，长约1毫米，退化雄蕊5，花丝钻形，长约3毫米，先端有一未发育的花药，较薄，箭头状，边缘撕裂状；子房被灰白色绒毛。果核果状，近球形，外面被锈色绒毛，长2.5—3厘米，果梗长约1厘米。种子3—5，扁平，栗褐色，具光泽，长2—2.3厘米，宽1—1.5厘米，疤痕长圆形，从腹面延伸至种子的一端，内种皮坚脆，具光泽，胚乳薄，子叶椭圆形，长5毫米，胚根向下。花期3月，果期9—12月。

产西畴、麻栗坡，生于海拔1190—1350米的山坡常绿阔叶林、混交林或沟谷杂木林中。广东、广西有分布；越南北部也有。

营林技术略同梭子果。

木材通直，结构紧密，材质坚韧，是极好的建筑用材。种子含油量55.7%，出油率25%—30%；油作食用或制皂。

2.梭子果（马关、金平）图455

Eberhardtia tonkinensis Lecte.（1920）

乔木，高达25米；树干通直，树皮暗褐色。小枝圆柱形，浅褐色，有不甚明显的小纵条痕，嫩枝微被金红色平伏的丝状绒毛，后渐无毛。叶近革质，椭圆形、长圆形或倒卵形，长15—30厘米，宽7—12厘米，先端渐尖或急尖，基部楔形，上面在幼叶时具有光泽的绒毛，老时无毛，下面被金红色平伏的丝状绒毛，具光泽，边缘外卷，中脉在上面基部平而先端稍隆起，下面明显凸起，侧脉16—25对，仅在下面隆起，第三次小脉及网脉在两面均明显；叶柄粗壮，长2—4厘米，微被白色短绒毛或无毛，基部有托叶2，三角形，长约1厘米，具毛，常早落。花簇生叶腋，花梗长约4毫米，被锈色绒毛，花萼裂片（2）4（5），覆瓦状或镊合状排列，长圆形，长约6毫米，宽约2毫米，外面被锈色绒毛，内面无毛；花冠白色，无毛，花冠管圆筒形，长3—3.5毫米，裂片5，每裂片分三部分，中间线形，肥厚，先端内弯，长2—2.5毫米，为花瓣，两侧为花瓣的附属物，花瓣状，膜质，长3.5—4毫米；退化雄蕊5，肥厚，钻形，下部加宽，顶端有一未发育的花药，较薄，箭

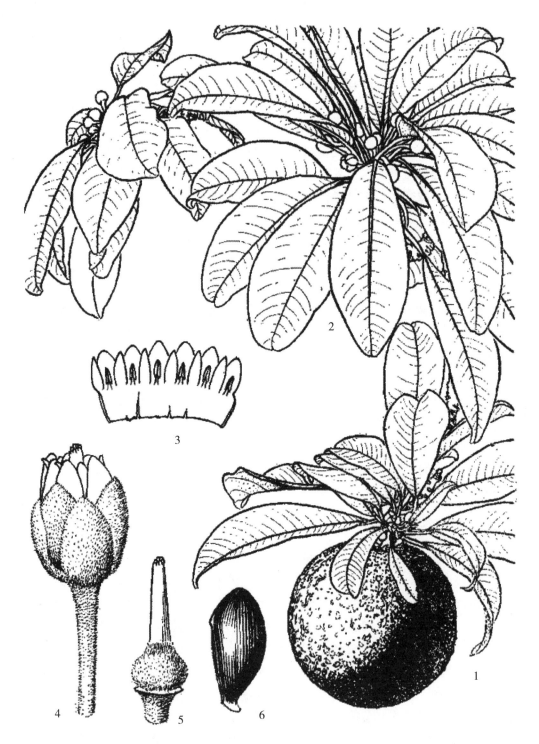

图454 人心果 *Manilkara zapota*（Linn.）Van Royen
1.果枝 2.花枝 3.花冠展开 4.花放大 5.雌蕊放大 6.种子

图455　梭子果和锈毛梭子果

1—2.梭子果 *Eberhardtia tonkinensis* Lecte.　1.果枝　2.花冠展开

3—6.锈毛梭子果 *Eberhardtia aurata*（Pierre ex Dubard）Lecte.

3.叶片　4.叶背部分放大　5.果实　6.种子

头形，雄蕊5，花丝肥厚，基部加宽，钻形，花药卵形，基部心状，外向背室开裂；子房5室，外面无毛，花柱长1.5—2毫米，柱头不显。果球形至卵状球形，长4—4.5厘米，先端尖头渐狭，被锈色绒毛，5个裂瓣室背开裂，果梗长1.2—1.5厘米。种子扁平，栗褐色，有光泽，长3.5—4厘米，宽2—2.3厘米，疤痕在腹面，长圆形。花期4—5月，果期8—11月。

产金平、蒙自、屏边、马关和麻栗坡，生于海拔360—1800米的山坡或沟谷的杂木林中。越南北部和老挝有分布。

种子繁殖。圃地须湿润。宜随采随播。播后加强水肥管理及病虫害防治。

经济用途与锈毛梭子果相同。

5.荷苞果属 Xantolis Raf.

乔木或灌木，通常有刺。叶互生；无托叶。花单生或数朵簇生叶腋，5基数；花萼裂片通常披针形，具短管，宿存；花冠裂片长圆形或长圆状披针形，约为花冠管长的2倍；雄蕊通常着生于花冠裂片基部，花丝基部每侧各具1束毛，稀为1条刚毛，花药箭形，基着，外向或稍侧向开裂，药隔延长，退化雄蕊花瓣状，顶端通常具长芒，边缘具流苏状缘毛，很少齿状或全缘；子房5室，稀4室，无花盘，花柱长而伸出。核果状。种子1—2，椭圆形，侧面扁，种皮坚脆，具光泽，疤痕卵形或线形，为种子长的2/3或小而圆形，基生，胚乳丰富，子叶叶状。

本属约14种，分布于印度南部、亚洲东南部、菲律宾岛。我国有4种，云南产3种2变种。

分 种 检 索 表

1.花萼内面有毛，子房被白色或锈色毛；叶柄长在8毫米以上；花梗长6—10毫米，毛被不为白色或无毛。

  2.侧脉15—17对；子房、果均被锈色毛；花梗被毛 ………… **1.狭萼荷苞果** X. stenosepala

  2.侧脉9—13对；子房被白色绢毛，果被淡黄色绒毛；花梗无毛 ……………………………

……………………………………………………………… **2.具嘴荷苞果** X. boniana var. rostrata

1.花萼内面无毛，子房被灰黄色绒毛；叶柄长5—8毫米；花梗长3—4毫米，被白色绢毛 …

…………………………………………………………………… **3.瑞丽荷苞果** X. shweliensis

1.狭萼荷苞果（云南植物志）　鸡心果（勐腊）、"满伴"（傣族语）图456

Xantolis stenosepala（Hu）Van Royen（1957）

乔木，高达20米，胸径达20厘米；树皮灰褐色。小枝具棱，被黄褐色或灰色绒毛，或几无毛。叶革质，披针形或长圆状披针形，长（5）7—15（18）厘米，宽2.5—6厘米，先端渐尖，基部宽楔形，被灰色短柔毛或几无毛，上面有光泽，中脉在下面凸起，侧脉15—17对；叶柄长8—18厘米，被灰色绒毛或近无毛。花单生或数朵簇生叶腋，花梗长6—10毫米，被灰色绢毛；萼片披针形或卵状披针形，长4—6毫米，宽1.5—3毫米，外面被灰色绢毛；花瓣披针形，长达6.5毫米，宽约2毫米；雄蕊长3—5毫米，花丝钻形，短于花药，花药箭形，内向开裂，长约2.5毫米，退化雄蕊披针形，长约4毫米，先端渐尖而成芒状，边缘密被绒毛；子房外面具花盘，卵状球形，密被锈色绒毛，5室，每室有1基生的胚珠，花柱长12毫米，基部被长柔毛。果棕黑色，长圆状卵形，长约3—3.5厘米，径1.7—2.2（3）厘米，被锈色绢毛或短柔毛，果皮坚硬。种子1—2，种皮褐色，具光泽，长约2.5厘米，宽约1.3厘米，疤痕狭长圆形。花期3—4月，果期9—10月。

产勐腊、勐海，生于海拔1100—1700米的山坡密林或疏林中，村寨附近偶见。

种子繁殖。苗床应适当遮阴。半年至1年生苗可出圃造林。

1a.短柱荷苞果

var. brevistylis C. Y. Wu（1977）

产景洪、勐腊，生于海拔700—1150米的沟谷密林中。

2.具嘴荷苞果（云南植物志）

Xantolis boniana（Dubard）Van Royen

var. *rostrata*（Merr.）Van Royen（1957）

产临沧，生于海拔2000—2400米的沟谷杂木林中。海南有分布。

其原种*X. boniana*（Dubard）Van Royen（1957）产越南北部和我国海南，云南仅有上述变种。

3.瑞丽荷苞果（云南植物志）图456

Xantolis shweliensis（W. W. Smith）Van Royen（1957）

灌木，高达2米。小枝圆柱形，灰色，具纵条纹，被白色绒毛或几无毛。叶纸质，椭圆状披针形或椭圆形，长5—10厘米，宽1.3—2.5厘米，先端钝或渐尖，基部楔形，渐狭至叶柄，两面无毛，上面具光泽，中脉两面凸起，侧脉9—12对，弧形斜生，近边缘处分叉网结，两面明显，第三次脉横生，有时成波状，网结，两面明显；叶柄长5—8毫米，幼时被白色绢毛。萼片卵形或三角形，钝或半锐尖，长3—4毫米，外面被褐色绒毛，内面无毛；花冠淡黄色，长7.5—9毫米，裂片卵状披针形，长5—6毫米，先端钝或锐尖，基部边缘流苏状撕裂；雄蕊长4—5毫米，花丝丝状，长约1.5—3毫米，花药顶端锐尖，外向开裂，退化雄蕊披针形，长3—4毫米，顶端锐尖；子房圆锥状，5室，被灰黄色绒毛，花柱钻形，柱头不显。果卵状球形，长约3厘米。花期3月，果期9—11月。

产瑞丽的中山沟谷的杂木林中。

6.蛋黄果属 Lucuma Molina

乔木或灌木。叶互生，有时聚生于枝条顶端；托叶早落。花单生或成对着生叶腋；花萼基部合生，裂片5，1轮排列，外面通常被毛；花冠钟形，裂片6，全缘，覆瓦状排列，花

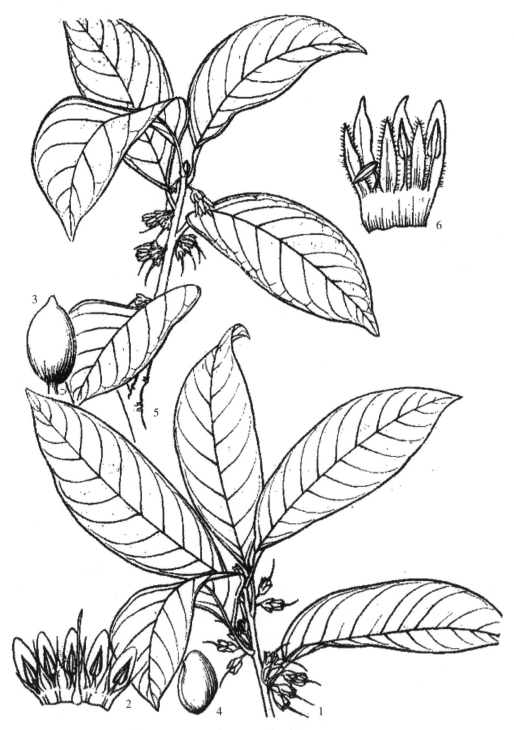

图456　狭萼荷苞果和瑞丽荷苞果

1—4.狭萼荷苞果 *Xantolis stenosepala*（Hu）Van Royen

1.花枝　2.花冠展开　3.果实　4.种子

5—6.瑞丽荷苞果 *X.shwliensis*（W.W.Smith）Van Royen　5.花枝　6.花冠展开

冠管圆筒形，几与裂片等长；雄蕊6，与花冠裂片对生，花丝下半部贴生于花冠管，花药箭头状卵形，基着，侧向开裂，退化雄蕊6，线形，肥厚，与花瓣裂片互生，短于雄蕊；子房5室稀3或4室，每室有胚珠1，外面通常被毛，花柱无毛，花后伸长，柱头明显，微有裂。浆果的果皮薄。种子1—2，两端或1端具喙，疤痕卵状椭圆形，微凹，种皮坚脆，几乎无胚乳，子叶肥厚。

本属约150种，分布于马来西亚、大洋洲及美洲热带。我国有2种，云南栽培1种。

1.蛋黄果（新拟）图457

Lucuma rivicoa Gaertn. f.（1805）

L. nervosa A. DC.（1844）

乔木，高达8米；树皮灰褐色，分枝细长。叶多聚生于枝条顶端，互生，近革质，长圆状披针形或倒披针形，长（12）15—22厘米，最宽部3.5—6.5厘米，先端渐尖，基部渐狭，下延，两面无毛，中脉在上面微下陷，下面凸起，侧脉14—18对，斜生，至边缘处弯拱连结，网脉细而不显；叶柄长1.5—2.5厘米。花成对着生叶腋，长约1厘米，花梗长1.5—1.8厘米，被黄褐色短绒毛；花萼裂片宽卵形，长约5毫米，宽6毫米，外面密被黄褐色短绒毛；花冠淡黄色，裂片长圆形，长约6毫米，宽2毫米，外面被灰白色柔毛；雄蕊着生于花冠管，长约4毫米，花药长圆形，与花冠裂片对生，退化雄蕊线形，长约4毫米，与雄蕊互生，花冠管长约2.5毫米；子房圆锥形，长约5毫米，外面密被棕褐色绒毛，花柱无毛，花后伸长约5毫米，柱头微盾形，5—6裂。浆果卵状球形或球形，成熟时深黄色，长6—7.5厘米，径约4.5厘米，外面密被锈色短绒毛，渐脱落，果梗长1.8—2厘米。种子通常1，稀2，长球形或卵珠形，两端微尖，种皮棕褐色，有光泽，疤痕卵状披针形，微凹陷。花期7—8月，果期10—12月。

原产南美洲（巴西）、马来西亚、斯里兰卡，大洋洲及美洲热带广泛栽培。我国广东、云南久经栽培，生长良好，正常结实。

种子繁殖或嫁接繁殖。11月至翌年2月选成熟果实洗净果肉，选质量好的种子播种。嫁接可用贴接法进行。

果肉质，酷似蛋黄，味香甜，供食用；是热带著名的果树，值得大力推广种植。

7. 龙果属 Pouteria Aubl.

乔木成灌木。叶互生或稀近对生；无托叶。花簇生叶腋，有时具小苞片2—4；花萼裂片5稀4或6，基部合生，外面被绒毛；花冠管状或钟状，裂片5，稀4或多至8；雄蕊与花冠裂片同数，着生于花冠喉部之上或之下，退化雄蕊5或少于5，稀无退化雄蕊或多至8，披针形或钻形，有时鳞片状或花瓣状，着生于花冠喉部；子房5室，稀6室，有时为杯状花盘所围绕，多少密生长柔毛。浆果的果皮薄或厚，有时干后变坚硬。种子1—5，疤痕狭长圆形或宽卵形，占种子表面之半或几完全覆盖，无胚乳或胚乳膜状，子叶厚，稀叶状。

本属约150种，分布亚洲热带。我国有2种，云南产1种。

1.龙果（西双版纳） "埋布伞""郭嘛伞"（傣族语）图458

Pouteria grandifolia（Wall.）Pierre（1890）

乔木，高达35米；树皮灰白色，小枝圆柱形。叶互生，薄革质，两面无毛，长圆状倒卵形，长（10）17—30厘米，宽（4）6—10厘米，先端钝或渐尖，基部楔形，中脉在上面明显，下面凸起，侧脉6—12对，第三回脉横走；叶柄长1.5—4厘米。花3—10簇生于叶腋或无叶的腋部，白色；花梗长2—3毫米，被淡黄色绒毛；萼5裂，裂片圆形或宽卵形，长2.5—3毫米，外面被淡黄色绒毛，在内面的裂片边缘流苏状；花冠长2.5—4.5毫米；雄蕊长1—1.5毫米，着生于花冠喉部，花丝细，花药卵状心形，长约0.5毫米，基着，退化雄蕊着生于花冠喉部，线形，长约1毫米；子房圆锥形，被黄褐色长柔毛，花盘密被锈褐色长柔毛，花柱短，圆筒形，柱头不明显。果球形或长圆状球形，长4.5—6厘米，径4—5厘米，成熟时绿黄色，顶端浑圆，具脐，无毛，果皮肉质。种子2—5，梭形，侧向压扁，种皮棕褐色，具光泽，疤痕长圆形。花期4—6月，果期8—11月。

产西双版纳，生于海拔500—1180米的山地密林中，为热带雨林2—3层中常见的乔木树种。印度东北部（阿萨姆）、缅甸北部和泰国都有分布。

种子繁殖。成熟果实去肉洗净阴干后即可播种。苗床注意遮荫。1年生苗可出圃造林。

枝下高长，是较好的建筑用材。果味甜可食。

8.假水石梓属 Planchonella Pierre

乔木或灌木。叶互生、近对生或对生，有时密集于枝条顶端或与花生于短枝上；托叶早落或缺。花单生、数朵簇生于叶腋或簇生于腋生短枝上，稀形成总状圆锥花序，通常具苞片，花5数，稀4或6数，两性，稀单性；花萼裂片螺状、覆瓦状排列，萼管短；花冠裂片两面无毛，稀外面有毛；雄蕊着生于花冠管喉部，与花瓣对生，花药外向至内向，纵裂，药隔暗色，退化雄蕊花瓣状，与花冠裂片互生；花盘杯状或环状，有时缺；子房5室，稀4或6室，胚珠上转，多着生于子房室上半部。浆果，有时干燥后成木质。种子1—6（云南种为1）扁椭圆形，疤痕狭长线形（云南种为卵形或圆形）侧生（云南种为基生至侧基生），胚乳丰富，子叶薄，叶状，胚根向下。

本属约100种，产亚洲南部，马来西亚至澳大利亚、密克罗尼西亚、夏威夷岛及新西兰；少数种到南美。我国有4种，云南产2种。

分 种 检 索 表

1.花序伞形，序梗短，仅0.2—0.6厘米；叶倒披针形 ·· 1.滇假水石梓 P. yunnanensis

1.花序总状，序梗长1—3厘米，叶卵形或卵状披针形 ···································· 2.假水石梓 P. pedunculata

图457 蛋黄果 *Lucuma rivicoa* Gaertn. f.
1.果枝 2.花冠展开 3.花放大 4.雄蕊放大 5.种子背腹面

图458 龙果 *Pouteria grandifolia*（Wall.）Pierre
1.果枝 2.果实纵剖面 3.部分花枝 4.花蕾 5.雌蕊

1.滇假水石梓（云南植物志）图459

Planchonella yunnanensis C. Y. Wu ex Wu et Li（1965）

乔木，高5—15米。枝条圆柱形，具纵条纹，皮孔小而密集，成小疣状。叶互生，革质，倒披针形，长9—20厘米，宽2—5厘米，先端渐尖，基部狭长，两面无毛，上面有光泽，侧脉16—18对，中脉和侧脉两面明显，在下面隆起；叶柄长1—1.5厘米。花序腋生，圆锥花序常呈伞形，多花（12—20）密集，序梗短，长0.2—0.6厘米，被锈色微柔毛，皮孔疣状，密集；花梗长约0.5厘米，被锈色微柔毛，基部有微小长三角形苞片；花萼裂片卵状三角形，覆瓦状排列，外面被锈色微柔毛，内面无毛，花冠长约5毫米，裂片卵状圆形，长约3毫米；雄蕊与花瓣对生，花丝长于花药，退化雄蕊花瓣状，边缘有流苏，与雄蕊互生；子房无毛，花柱花后伸长，柱头不显。浆果卵状球形，长达2.4厘米，无毛。种子1，长圆状球形，长达2厘米，疤痕基生，圆形，花期3月，果期11—12月。

产西畴、砚山、广南、富宁等地，生于海拔1000—1550米的密林中或水塘边。

2.假水石梓（云南热带亚热带区系研究报告）图459

Planchonella pedunculata（Hemsl.）Lam et Kerpel（1939）

乔木，高（5）9—12米。小枝圆柱形，被锈色柔毛，幼枝疏被、老枝密被皮孔。叶互生，革质，卵形或卵状披针形，长（5）7—9（15）厘米，宽3—4厘米，先端渐尖，基部楔形，两面无毛，上面有光泽，侧脉8—12对，在下面隆起；叶柄长0.7—1.5厘米。花1—3簇生于花序梗上，成为总状花序，腋生，序梗长1—3厘米，具棱，被锈色微柔毛；花梗长2—4毫米，被锈色微柔毛，基部具长三角形小苞片；花萼钟形，覆瓦状，裂片三角形或近卵形，长2—3毫米，外面被锈色微柔毛；花冠长4—5毫米，裂片卵状长圆形，雄蕊与花冠裂片对生，长约2毫米，花丝线形，花药长卵状心形或箭头状，长约1毫米，退化雄蕊花瓣状，边缘条裂，披针形，长约2毫米，与花瓣互生；子房近长圆状球形，无毛，4或5室，花柱钻形，长2—3毫米。果卵状球形，花柱宿存。种子1，椭圆形，两侧压扁，褐色，具光泽，疤痕狭卵形。花期4—5月，果期7月。

产富宁、文山，生于海拔1000—1100米的石灰岩小山密林中。广东、广西、湖南有分布。越南中部至南部有分布。

种子繁殖。去肉保存的种子不耐久藏。育苗时适当遮阴并加强管理。

9.铁榄属 Sinosideroxylon（Engl.）Aubr.

乔木，稀灌木。叶互生，革质，羽状脉疏离；无托叶。花小，簇生于叶腋，无梗或有梗，花萼裂片5，稀6，覆瓦状排列成不明显的2轮，花冠裂片5，稀6，花蕾时覆瓦状排列，具短管；雄蕊与花瓣同数，着生于花冠管喉部与花瓣等长而对生，花丝或长或短，先端向外反折，花药卵状球形或狭卵形，外向，稀侧向开裂，退化雄蕊5，稀6，线形，鳞片状或近花瓣状，全缘或具锯齿，着生于花冠裂片基部，与花瓣互生，等长；子房5室，稀2—4

室，每室胚珠1，花柱或长或短，柱头小，稀具浅裂。浆果球形或卵状球形，果皮通常厚，有时肉质。成熟种子1，有时2—5，种皮坚脆，具光泽，疤痕基生，有时侧基生，胚乳肉质，胚垂直，子叶扁平，叶状或肉质，胚根短。

本属约4种，分布于我国南部和越南北部。我国有3种和1变种，云南仅1种。

革叶铁榄　图460

Sinosideroxylon wightianum（Hook. et Arn.）Aubr.（1963）

乔木，稀灌木，高达7米。嫩枝、幼叶被锈色绒毛，后渐无毛。叶椭圆形至披针形或倒披针形，长（5）7—10（17）厘米，宽（1.5）2.5—3.7（4.5）厘米，先端锐尖或钝，基部狭楔形，下延，两面无毛，中脉在下面隆起，侧脉12—17对，弧形，至边缘相连结，网脉明显；叶柄长0.7—1.5（2）厘米。花2—5簇生叶腋或老枝上，与叶同时开放，或叶长成后开放，有香气；花梗纤细，长4—10毫米，被绒毛；花萼裂片披针形或卵形，外面被毛，内面无毛，长2—2.5（4）毫米，宽1.5—2.5毫米，花冠长4—6毫米，裂片近圆形，花冠管长2.5毫米；雄蕊的花丝长于花瓣，花药卵形，长1.5—2毫米，外向，退化雄蕊狭三角形，长2.5—3毫米，近花瓣状；子房5室，基部被锈色硬毛，逐渐延长为无毛的花柱。果椭圆形。花期4—5月，果期6—8月。

产西畴、富宁，生于海拔500—1500米的石灰岩小山灌丛或山坡上混交林中。贵州、广东、广西有分布；越南北部也有。

种子繁殖。果实成熟后去肉洗净阴干即可播种。

10. 肉实树属 Sarcosperma Hook. f.

乔木或灌木。叶对生或近对生，稀互生或近轮生，羽状脉，脉腋内常具小窝孔（腺槽）；叶柄近顶部有时具1对叶耳（附属体）；托叶小而早落。花辐射对称，排成腋生总状花序或圆锥花序，苞片小，三角形；花萼裂片5，双盖覆瓦状排列；花冠近宽钟状，5裂，花蕾时覆瓦状，花管冠短；雄蕊5，着生于花冠上，与花冠裂片对生，花药近球形，基着，花丝极短，退化雄蕊5，着生于花冠管喉部，与花冠裂片互生；子房1或2室，每室有基生胚珠1，花柱粗短，柱头头状，微有裂。核果，外果皮质薄，通常有种子1，稀2。种皮薄，脆壳质，疤痕基生，圆形，胚乳不存在，子叶厚。

本属约10种，分布于印度、中南半岛和马来半岛。我国有4种，云南产3种和1变种。

分 种 检 索 表

1.叶柄上端不具叶耳，叶下面无毛。
　2.侧脉腋内多具小窝孔；花序长达18.5厘米，被短柔毛，花萼被绒毛 ……………………
　…………………………………………………………… 1. 肉实树 S. arboreum
　2.侧脉腋内无小窝孔或极少；花序长3.2—6.8厘米，无毛 ……… 2.小叶肉实树 S. griffithii
1.叶柄上端具叶耳，叶下面有绒毛，渐脱落 …………………… 3.绒毛肉实树 S. kachinense

图459 滇假水石梓和假水石梓

1—4.滇假水石梓 *Planchonella yunnanensis* C. Y. Wu ex Wu et Li

1.花枝 2.花冠（展开） 3.果实 4.种子

5.假水石梓 *P. pedunculata*（Hemsl）Lam et Kerpel 花枝

图460 革叶铁榄 *Sinosideroxylon wightianum*（Hook. et Arn.）Aubr.
1.花枝 2.花萼 3.花冠展开

1.肉实树（云南植物志）图461

Sarcosperma arboreum Hook. f.（1876）

乔木，高达28米，胸径40—50厘米；树皮暗褐色。嫩枝被绒毛。托叶钻形，长3—4毫米，早落。叶互生，长圆形至椭圆形，长10—18（35）厘米，宽4—8（13）厘米，先端渐尖或钝尖，基部楔形或钝，两面无毛，下面侧脉腋内具明显的小窝孔，侧脉（7）8—11（13）对，与中脉在下面隆起，第三次脉平行，两面均明显；叶柄长1—2（3）厘米。圆锥花序或稀为总状花序，长达18.5厘米，被短柔毛，花单生或2—5簇生于花序上，成熟时为红色；花梗长不过1厘米；萼片外面被绒毛，内面无毛，边缘膜质，长2—3毫米；花冠长约5毫米，花瓣长圆形，两面无毛；花药卵形，长约1毫米，花丝不明显，退化雄蕊狭三角形或钻形，基部加宽，长约0.5—1毫米；子房高约1.5毫米，花柱长约1毫米。果长圆形，长1.5—2.5厘米，径约1厘米。

产文山、芒市、丽江、楚雄等地，生于海拔500—2500米的平坝或山坡的杂木林中；贵州、广西有分布；印度东北部、缅甸、泰国也有。

种子繁殖，营养袋育苗。种子不耐久藏应及时播种。苗期管理应注意适当遮阴并经常保持苗床湿润。

散孔材。外皮薄，棕色，近平滑。心材小，淡红黄，边材淡黄红。年轮不明显。导管细至略细，管径大于射线宽度3—5倍，木材浅红褐色，纹理直，结构细，略轻软，抗腐性不强，可为板材及建筑等用材。

2.小叶肉实树（云南植物志）图462

Sarcosperma griffithii Hook. f.（1876）

乔木，高达7.5米，胸径约25厘米。叶革质，互生或近对生，长圆状披针形，长（5.5）8—14（20）厘米，宽（1.5）2—4（5.5）厘米，先端渐尖，基部楔形，两面近于无毛，中脉两面隆起，侧脉6—8（9）对，两面平坦，下面侧脉腋内无或有稀少小窝孔；叶柄长（0.4）1—1.3厘米。圆锥花序或稀为总状花序，长3.2—6.8厘米，无毛；花小，单生或2—3簇生于花轴上；花梗长2—3毫米，被褐色绒毛；萼片卵圆形，外面被褐绒毛，内面无毛，长约2毫米；花冠长约4毫米，花瓣近圆形，下部连合成管；雄蕊贴生于花冠管喉部，花丝长约1毫米，花药小，卵形，退化雄蕊钻形或披针状线形，基部加宽，长约2毫米；子房卵状球形，通常2室，稀1或3室，花柱短，长仅0.5毫米。

产勐腊、景洪，生于海拔1900米上坡混交林中，印度东北部有分布。

营林技术、材性及经济用途与肉实树略向。

3.绒毛肉实树（云南植物志）图463

Sarcosperma kachinense（King et Prain）Exell（1931）

乔木或小乔木，高（3）6—15米。嫩枝被锈色绒毛。托叶2，钻形，长4—7毫米，被锈色绒毛，或早或迟脱落。叶近对生，长圆形或有时椭圆形、倒卵状长圆形，长10—26厘米，宽4—9厘米，先端渐尖，基部楔形或有时钝至圆形，上面无毛，或有时疏被长柔毛，沿中脉较密，下面密被黄褐色或锈色柔毛，以后渐脱至无毛，侧脉6—11对，和中脉在下面隆起，第三次脉互相平行，在下面微隆起，上面有明显痕迹；叶柄长1—1.5厘米，密被黄褐色或锈色绒毛，顶部具2钻形叶耳，长2—3毫米，被锈色绒毛。总状花序腋生，花单生或组成圆锥花序，长4—8厘米，稀达17厘米，密被黄褐色或锈色绒毛；花2—4（6）簇生于花轴的节上，花梗长3—5毫米；萼片外面被毛，内面无毛，长2—3毫米；花瓣长3.5—5毫米，长圆形，两面无毛；雄蕊5，与花瓣对生，花药长卵状球形，长约1毫米，侧向开裂，花丝极短，着生于花冠喉部，退化雄蕊钻状三角形至狭三角形，与花瓣互生，长约1毫米；子房高1—2毫米，2室，花柱长约1毫米，柱头2浅裂，胚珠1。果长圆形，长2—2.2厘米，直径约1厘米，成熟时红色，干后为暗褐色，具宿存花萼。种子1。

产富宁、西畴、麻栗坡、河口、蒙自、勐腊、景洪等地，生于海拔120—1500米的山坡杂木林或低丘沟谷密林中。广西、广东有分布；缅甸、泰国、越南北部也有。

3a.光序肉实树

var. simondii（Gagnep.）Lam. ex Lam. et Van Royen（1952）

产蒙自、勐腊，生于海拔780—950米的沟谷密林中。越南北部有分布。

图461 肉实树 *Sarcosperma arboreum* Hook. f.

1.花枝　2.果枝（一部分）　3.叶背（放大，示脉腋腺孔）　4.果实（放大）

图462 小叶肉实树 *Sarcosperma griffithii* Hook. f.
1.花枝 2.花冠展开（放大） 3.花萼（放大）

图463 绒毛肉实树 Sarcosperma kachinense（King et Prain）Exell
1.花枝 2.托叶和叶耳（放大） 3.花萼（放大） 4.叶背（放大，示毛被）

224.安息香科 STYRACACEAE

乔木或灌木，常被细小星状毛或糠秕状鳞片。单叶，互生，全缘或具齿，羽状脉，具柄，无托叶。花两性，顶生或腋生，聚伞花序、总状花序或圆锥花序，稀单花或成对腋生；苞片及小苞片早落或缺；花萼杯状、钟状、倒圆锥状或管状，多少与子房贴生，4—5齿，齿小或近全缘；花冠4—5裂，裂片覆瓦状或镊合状排列；雄蕊10—16，1轮，花丝基部多少合生呈管状，贴生于花冠管基部，花药2室，纵向直裂；子房上位，半下位或下位，3—5室或基部3—5室，上部1室，胚珠每室1至多数，中轴胎座，花柱丝状，柱头头状或3浅裂。核果不开裂或干时不规则开裂，或3—5瓣裂，萼宿存，顶端具残存的短花柱。种子无翅或具翅。

本科约12属，180余种，分布于亚洲及中、南美洲。我国有9属，60余种，产长江以南各省。云南有7属，35种。本志记载7属19种。

分 属 检 索 表

1.冬芽具鳞片，先花后叶。
  2.花单生或成对腋生；果倒卵形，坚硬，木栓质 ………… 1.鸦头梨属 Melliodendron
  2.花数朵排成短总状花序；果长圆柱形，外面具明显或不明显的5—10纵棱 …………
    ………………………………………………… 2.木瓜红属 Rehderodendron
1.冬芽不具鳞片，先叶后花。
  3.果成熟时室背开裂，种子具翅。
    4.花较大，超过1厘米，花丝基部合生呈管状，药隔不伸出，柱头头状；果狭长圆形，超过1厘米，成熟时5瓣裂，果梗具关节 ……………… 3.赤杨叶属 Alniphyllum
    4.花较小，花丝分离，药隔伸出，顶端2—3齿，柱头3裂；果小，卵形，成熟时3瓣裂，果梗无关节，明显弯曲 ………………………… 4.山茉莉属 Huodendron
  3.果成熟后不开裂或不规则3瓣裂，种子无翅。
    5.子房上位，下部3室，上部1室；果下部为宿萼包被，二者分离 ……5.野茉莉属 Styrax
    5.子房高度半下位或下位，3—5室；果皮与花萼贴生。
      6.圆锥花序；花瓣5，分离或基部合生，雄蕊10，近等长；果具狭翅或棱，被长柔毛或短绒毛 ………………………………………… 6.白辛树属 Pterostyrax
      6.短总状花序；花冠5深裂，雄蕊10—16枚，与花冠管贴生；核果长圆形，不具翅或棱，无毛 …………………………………………7.茉莉果属 Parastyrax

1. 鸦头梨属 Melliodendron Hand.-Mazz.

落叶乔木，先花后叶。单叶互生，具小腺齿，无托叶。冬芽具鳞片。花单生或成对腋生，花萼管状，花冠钟状，5裂，雄蕊10，花丝短，下部合生成管，花药内向纵裂，子房2/3下位，不完全5室，每室有4个胚珠。果大，倒卵形，木质坚硬，成熟后不开裂，果时花萼增大，包被果的2/3以上，仅顶端残留环状萼檐痕迹，表面具数条纵棱。种子长圆形。

我国特有属，1种，分布华南至西南。

1. 鸦头梨（中国高等植物图鉴） 白花树（西畴）图464

Melliodendron xylocarpum Hand.-Mazz.（1922）

小乔木，高5—15米。叶纸质，倒卵状披针形或椭圆形，长10—18厘米，宽4—9厘米；先端渐尖或急尖，基部宽楔形或近圆形，上面绿色，下面淡绿色，两面近无毛或仅沿脉被稀疏白色星状细柔毛，侧脉9—10对，网脉细密，在下面明显，边缘疏生小腺齿，下面微向内卷；叶柄粗壮，长6—10毫米，被稀疏星状毛。花梗、花萼、花冠两面密被灰色星状细绒毛；花白色，花梗粗壮，长8—20毫米，萼管长3—4毫米，花冠管长约2.5毫米，花冠裂片长圆形；花丝长约20毫米，下半部合生成管状，管内面上部被白色长柔毛，花药椭圆形；子房无毛，花柱丝状，长约6毫米，无毛。核果倒卵形，长3—5厘米，径1.5—3厘米，果形大小变化较大，果时花萼增大，外面密被灰白色星状微绒毛或近光滑无毛。种子长圆形，长约2.4厘米。果期9—12月。

产西畴、麻栗坡，生于海拔1200—1550米的混交林中。分布于四川、广西、贵州、广东、湖南、江西、福建；越南也有。

种子繁殖。果实成熟时采种，晾干后装袋收藏于通风干燥处。春季播种，播前须经种子处理，种子萌动后即可播种。

木材色浅，轻软易加工，可为火柴杆、胶合板、包装等用材。花白色，可作观赏树种。

2. 木瓜红属 Rehderodendron Hu

落叶乔木。叶互生；无托叶，具柄。短总状花序，花5基数，花梗具关节，花萼小，倒圆锥形，萼齿小，花冠阔钟形，5裂，基部合生成短管；雄蕊10，花丝丝状，基部合生成短管，花药椭圆形，内向纵裂；子房高度半下位，中轴胎座，胚珠每室4，花柱丝状。果单生，圆柱形，下垂，不开裂，顶端残留环状萼檐及短花柱，外面具明显或不明显的5—10纵棱。种子细长，胚乳肉质。

本属约10种，产越南及我国东南至西南部。云南约有6种。

分 种 检 索 表

1. 叶两面被毛；果密被黄褐色星状细柔毛，具明显的10棱 ··························
·· 1. 贵州木瓜红 R. kweichowense

1.叶上面无毛，或仅中脉被稀疏柔毛；果无毛。

  2.叶上面仅中脉被稀疏柔毛，下面被稀疏的星状柔毛；果较小而狭，长4—5厘米，径15—20毫米，具不明显的5棱 ·················· **2.小果木瓜红 R. microcarpum**

  2.叶上面无毛，下面仅中脉被稀疏的星状毛；果大，长圆柱形，长5—8厘米，径3—4厘米，具明显的10棱 ·················· **3.木瓜红 R. macrocarpum**

1.贵州木瓜红（中国树木分类学） 毛果木瓜红（中国高等植物图鉴）图465

Rehderodendron kweichowense Hu（1931）

小乔木，高5—25米。芽、幼枝、叶两面、花序、花萼、果均密被黄褐色星状细绒毛。叶纸质至厚纸质，宽椭圆形或宽椭圆状长圆形，长13—20厘米，宽4—11厘米，先端渐尖或突尖，基部宽楔形至近圆形，侧脉10—15对，侧脉及网脉在下面明显，全缘或具细齿；叶柄粗壮，长约1厘米，被绒毛。短总状花序腋生，长达7厘米；花黄白色，径约15毫米，花梗长3—5毫米，被绒毛，花萼倒圆锥形，长约3毫米，明显具棱，萼齿三角形，花冠管长约1毫米，花冠裂片倒卵状披针形，长约10毫米，宽5—7毫米，两面密被极细柔毛；雄蕊5长5短，花丝丝状，扁平，长7—10毫米，无毛，花药椭圆形；子房卵形，花柱丝状，长约14毫米，均无毛，柱头点状，不裂。果圆柱形，木质，具明显的10棱，顶端具短的喙状突起，被毛。花期3—4月，果期8—12月。

产蒙自、屏边、文山、马关、西畴、麻栗坡，生长于海拔1250—2000米的常绿阔叶林中。分布于贵州、广西；越南也有。

造林、营林技术、木材性质、经济价值等略同木瓜红。

2. 小果木瓜红（云南植物志）图466

Rehderodendron microcarpum K. M. Feng（1980）

小乔木，高达10米。幼枝、幼叶被星状微绒毛，老则近无毛。叶纸质，长圆形，长11—14厘米，宽4—6厘米，先端急尖，基部阔楔形至近圆形，上面仅沿脉被稀疏柔毛或无毛，下面被稀疏的星状柔毛，侧脉8—10对，侧脉及细网脉在两面均较明显，近全缘或具极稀疏的腺齿；叶柄粗壮，长约1厘米。果较小而狭，长圆柱形，长4—5厘米，径15—20毫米，外果皮平滑无毛，具不明显的5棱，两端渐尖，顶端残存短花柱及环状萼檐。果期8—9月。

产贡山，生长于海拔1400米的疏林中。模式标本采自贡山。

造林、营林技术、木材性质、经济价值略同于木瓜红。

3.木瓜红（中国高等植物图鉴） 野草果（文山）图466

Rehderodendron macrocarpum Hu（1932）

乔木，高10—20米。小枝及芽红褐色，近无毛。叶纸质，卵状椭圆形或长圆形，长6—15厘米，宽3—6厘米，先端突短尖或急尖，基部宽楔形或近圆形，上面无毛，下面沿脉被稀疏星状毛或近无毛，侧脉7—9对，细网脉在下面明显，边缘具不明显的小腺齿；叶柄细长，长5—15毫米。短总状花序腋生，长3—4厘米，少花，花梗长3—10毫米，苞片线状披

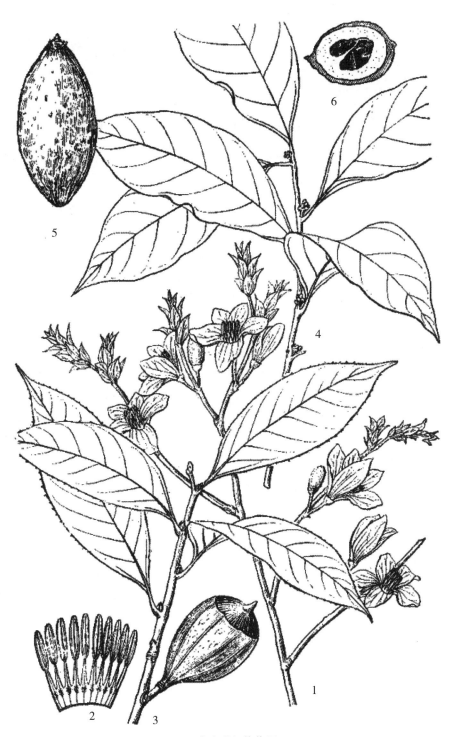

图464 鸦头梨和茉莉果

1—3.鸦头梨 *Melliodendron xylocarpum* Hand.-Mazz. 1.花枝 2.雄蕊 3.果枝

4—6.茉莉果 *Parastyrax lacei*（W. W. Smith）W. W. Smith

4.花枝 5.果（放大） 6.果（横切面）

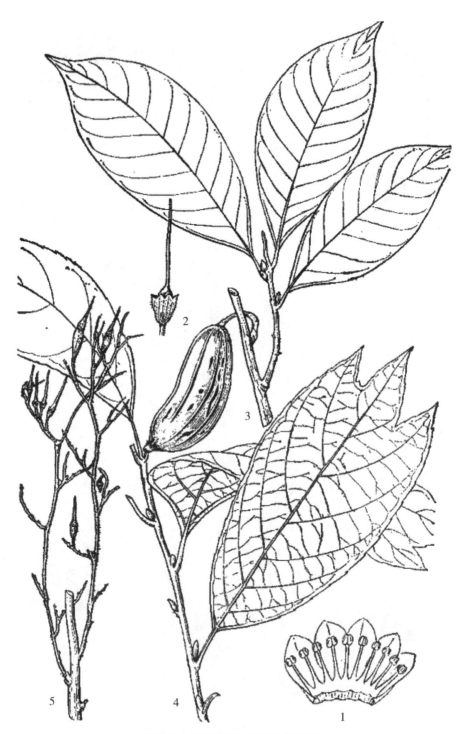

图465 贵州木瓜红和裂叶白辛树

1—3.贵州木瓜红 *Rehderodendron kweichoawense* Hu

1.花冠及雄蕊 2.萼片及雌蕊 3.果枝

4—5.裂叶白辛树 *Pterostyrax leveillei*（Fedde）Chun 4.小枝 5.果枝

图466 木瓜红和小果木瓜红

1—3.木瓜红 *Rehderodendron macrocarpum* Hu 1.花枝 2.花冠及雄蕊 3.果

4—7.小果木瓜红 *R. microcarpum* K. M. Feng

4.小枝 5.叶背毛被放大 6.果 7.果横切面

针形，长约2毫米；花白色，花萼筒状，萼齿三角形，花序、花梗、花萼均密被灰色星状微绒毛；花冠管长约2毫米，花冠裂片长圆形，长约13毫米，宽5—6毫米；雄蕊伸出，花丝丝状，长9—11毫米；子房卵形，花柱线形，长约16毫米，均无毛。果圆柱形，长5—8厘米，径3—4厘米，顶端残留环状萼檐，外果皮无毛，具明显的10棱，果梗粗状，长约2厘米。果期8—10月。

产金平、文山、彝良、永善，生长于海拔1900—2200米的常绿落叶混交林中。分布于广西、四川、贵州；越南也有。

木瓜红多用种子繁殖，但育苗中因种子休眠期长发芽率低而使育苗困难。用机械方法去掉周围的骨质纤维层，可促进发芽，使发芽率提高。加强苗圃管理，1年生苗高达60厘米，即可出圃。

散孔材，管孔略小，分布不均匀；心边材区别不明显，有光泽。生长轮略明显，木射线中至多。干燥容易，不变形，不开裂，不耐腐，木材轻软，可为火柴杆、胶合板、家具、室内装修、铅笔杆、文具等用材。

3. 赤杨叶属 Alniphyllum Matsum.

落叶乔木或灌木。叶互生，具细锯齿，具柄。总状花序或圆锥花序；花萼钟状，萼齿5，花冠5深裂；雄蕊10，5长5短，花丝基部合生呈短管；子房卵形，上位，5室，每室有胚珠6—7，花柱丝状，柱头头状。果长圆形，成熟后5瓣裂，果梗具关节。种子小而多，两端具膜质翅。

本属约3种，分布于中南半岛至我国长江以南各地。我国产3种。云南约有2种，2变种。

分 种 检 索 表

1.花序较短小，长2.5—6厘米；花较小，长不超过12毫米；雄蕊管和花丝无毛；果较小，长8—9毫米 ·················· 1.牛角树 A. eberhardtii
1.花序较长，长8—15厘米；花较大，长15—20毫米；雄蕊管和花丝里面被疏柔毛；果较大，长15—20毫米 ·················· 2.赤杨叶 A. fortunei

1.牛角树（屏边） 白花树、豆渣树（屏边）、"小姊永"（苗语）、"依果红"（瑶语）图467

Alniphyllum eberhardtii Guillaumin（1924）

落叶乔木，高达20米。嫩枝、花序密被灰棕色星状微绒毛，老枝无毛。叶纸质至薄革质，长圆形或椭圆状长圆形，长10—18厘米，宽3—8厘米，先端渐尖，基部宽楔形，上面幼时被稀疏的星状细柔毛，后变无毛，下面灰白色，密被星状微绒毛，侧脉11—15对，至近边缘处互相连结，边缘具细锯齿；叶柄长10—15毫米，密被灰棕色星状微绒毛。腋生总状花序或圆锥花序，长2.5—6厘米；花白色，苞片和小苞片早落，花梗长1—2毫米；花萼钟状，长约2毫米，萼齿三角形，长约2毫米，均密被棕色星状细绒毛，花冠管长约2毫米，花瓣长圆形，长10—12毫米，宽约4毫米，两面被灰色细柔毛，花冠裂片外面具一条纵裂的中肋状的棕色绒毛带；雄蕊管长约8毫米，无毛，花丝长2—5毫米，无毛，压扁，花药椭圆形；子房卵形，密被灰色星状毛，花柱线形，长约12毫米，无毛，柱头头状。蒴果圆柱形，两端尖，长8—9毫米，径3—5毫米，褐红色，被稀疏星状毛或近无毛，花萼宿存。种子小，两端具棕色膜质翅，长3—4毫米，果梗具关节。花期3—4月，果期5—7月。

产屏边、西畴、马关、富宁、麻栗坡，生长于海拔1000—1800米的常绿阔叶疏林或密林中。分布于广西；越南、泰国也有。

造林、营林、材性、用途略同赤杨叶。

2.赤杨叶（中国高等植物图鉴）　"姊永"（苗语）、白花树（麻栗坡）、牛油树（屏边）、"依果白"（瑶语）图467

Alniphyllum fortunei（Hemsl.）Perkins（1907）
Halesia fortunei Hemsl.

乔木高达25米。花序、花梗疏生灰色星状毛；花萼、花冠裂片内外两面均密被灰色星状细绒毛。叶纸质，倒卵形、卵形或椭圆形，长8—18厘米，宽4—10厘米，先端渐尖或急尖，基部圆形或宽楔形，上面幼时被星状毛，后变无毛，下面无毛或被极稀的星状毛，侧脉8—11对，边缘具疏锯齿；叶柄长约1厘米，被星状毛。腋生总状花序或圆锥花序，多花，长8—15厘米；花白色，花梗长5—10毫米；花萼钟状，长2—3毫米，萼齿披针形，长约3毫米，花冠管长约3毫米，花冠裂片长圆形，长15—20毫米；雄蕊管长约12毫米，花丝长4—5毫米，压扁，两面均被疏柔毛，花药椭圆形；子房球形，被灰色星状细绒毛，花柱线形，长约17毫米，柱头头状。蒴果大，圆柱形，红褐色或绿色，长15—20毫米，成熟后5裂。种子多数，两端具棕色膜质翅，连翅长6—9毫米。花期3—4月，果期5—8月。

产景洪、景东、金平、屏边、文山、富宁、麻栗坡，生长于海拔（600）1020—2100米的常绿阔叶林下或疏林中。分布于贵州、广东、广西、福建、台湾、江西、浙江、湖北。

种子繁殖，果实开裂前采集，晾晒数日后取出种子，去杂、干藏。播前温水浸种一天，捞出后晾干即可播种。注意苗圃管理。1年生苗即可出圃。

木材轻软，散孔材；色浅，易加工，易干燥；心边材无区别。可作火柴杆、胶合板、镜框、绘图板、木尺、包装、家具等用材。

4.山茉莉属 Huodendron Rehd.

乔木或灌木；树皮光滑而薄，常片状脱落。小枝纤细。叶互生，具柄；无托叶。顶生或腋生伞房花序或圆锥花序；花小，花萼杯状，萼齿5，萼筒与子房贴生，花瓣5，起初基部连合，后分离，开花时反卷；雄蕊10，花丝分离，药隔伸长，顶端2—3齿；子房半下位，中轴胎座，3室，胚珠多数，花柱丝状，柱头3裂。蒴果小，卵形，成熟后3瓣裂，果梗无关节，明显弯曲。种子小，多数。

本属约5种，分布于越南、缅甸及泰国。我国有4种，云南产3种。

分 种 检 索 表

1.花序无毛；叶两面无毛 ……………………………………………… 1.西藏山茉莉 H. tibeticum

1.花序、花萼、花冠、子房、花柱及果均密被星状微绒毛 ……………………………………………

………………………………………………………………… 2.双齿山茉莉 H. biaristatum

1.西藏山茉莉（中国树木分类学） "谷衣"（贡山）图468

Huodendron tibeticum（Anth.）Rehd.（1935）

Styrax tibeticum Anth.（1927）

乔木，高8—20米，树皮紫色、棕红色或黄棕色，光滑，薄片状脱落。叶纸质，椭圆状卵形或长圆状披针形，长6—13厘米，宽2.5—5厘米，先端长渐尖或突尖，基部楔形或宽楔形，两面无毛或有时下面脉腋具簇毛，侧脉5—7对，全缘；叶柄纤细，长5—10毫米。顶生或腋生伞房状圆锥花序，纤细，长4—8厘米，无毛，花梗长3—5毫米；花萼杯状，长约2毫米，萼齿三角形；花冠裂片长圆形，长5—7毫米，宽1—2毫米，开花时反卷；雄蕊长4—5毫米，花丝扁，着生于花冠管基部，药隔伸长，先端3齿，中齿较短；子房球形，花柱下半部合生，上半部3裂，长约8毫米。蒴果球形，长约3毫米，无毛，3瓣裂开。种子多数。果期7—11月。

产泸水、贡山，生长于海拔1300—2800米的林中。分布于西藏。

造林、营林技术、木材构造、木材加工性质及利用略同双齿山茉莉。

2.双齿山茉莉（中国高等植物图鉴） 细叶树（西畴）图468

Huodendron biaristatum（W. W. Smith）Rehd.（1935）

Styrax biaristatum W. W. Smith（1920）

乔木，高5—25米。小枝纤细；花序、花萼、花冠、子房、花柱密被极细星状微绒毛。叶坚纸质或薄革质，长圆形或倒卵状长圆形，长8—23厘米，宽2.5—7厘米，先端渐尖，基部楔形，两面无毛或仅上面中脉有时被星状毛，下面脉腋有时被簇毛，侧脉5—9对，近边缘处内弯而互相连结，网脉细密，下面明显，全缘或稀具小锯齿；叶柄纤细，长7—15毫米。圆锥花序顶生或腋生，多花，长3—10厘米，无苞片；花白色，芳香，花梗长约5毫米，花萼杯状，萼筒长约2毫米，萼齿三角形，花瓣狭长圆形，长6—9毫米，宽约2毫米，开花时反卷；雄蕊与花瓣等长，花丝分离，压扁，药隔伸长，顶端2—3齿；子房球形，花柱长6—7毫米，柱头头状，微3裂。蒴果卵形，长4—5毫米，径3—4毫米，被灰色微绒毛。种子细小，长1—1.2毫米。花期4—5月，果期6—12月。

产瑞丽、江城、蒙自、金平、屏边、西畴、富宁，生于海拔600—1900米的林内或灌丛中，分布于贵州、广西；越南、缅甸也有。

种子繁殖，待果实变为黄褐色后及时采集，晾晒数日，果实开裂后取出种子，去杂收藏。播前温水浸种。如用稀高锰酸钾液消毒，须用水冲洗后才可播种。加强苗圃管理，一

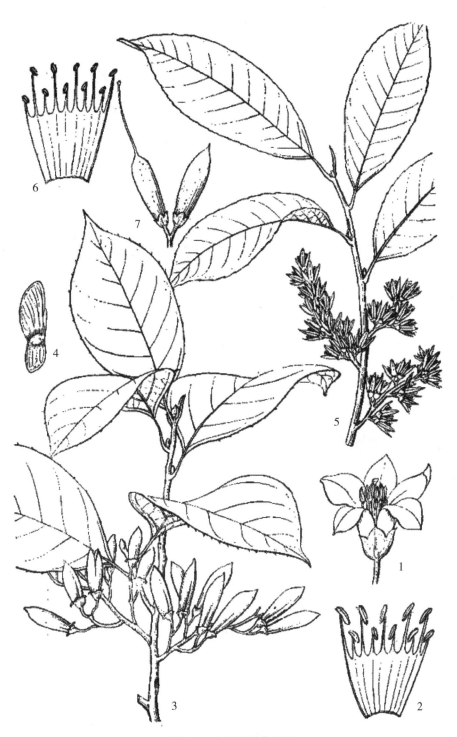

图467 赤杨叶和牛角树

1—4.赤杨叶 *Alniphyllum fortunei*（Hemsl.）Perkins
1.花（放大） 2.雄蕊（放大） 3.果枝 4.种子（放大）
5—7.牛角树 *A. eberhordtii* Guillaumin 5.果枝 6.雄蕊（放大） 7.果（放大）

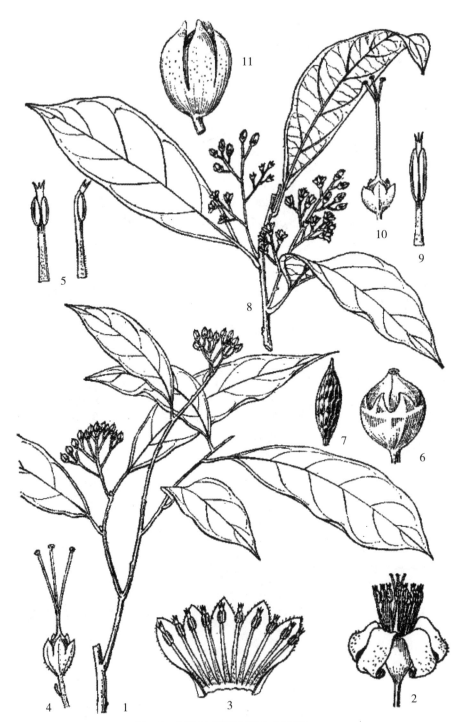

图468　西藏山茉莉和双齿山茉莉

1—7.西藏山茉莉 *Huodendron tibeticum*（Aath.）Rehd.

1.花枝　2.花　3.花冠及雄蕊　4.雌蕊　5.雄蕊　6.果　7.种子

8—11.双齿山茉莉 *H. biaristatum*（W. W. Smith）Rehd.

8.花枝　9.雄蕊　10.雌蕊　11.果

年生苗即可上山造林。

散孔材，管孔数多，大小略一致。心边材区别不明显，光泽弱，木材红褐色。生长轮颇明显，轮间界以深色带，每厘米10轮以上。木射线多至甚多，径切面上有射线斑纹。导管横切面为圆形及卵圆形。木材结构甚细，均匀，重而硬；切削不难，切面光滑，车旋性能好；胶黏颇易，油漆后光亮性颇佳，握钉力甚强。可作车辆、车工、房屋建筑、家具、农具等用材。

5.野茉莉属 Styrax Linn.

乔木或灌木。单叶，互生，叶背多少被星状毛或糠秕状鳞片，全缘或具齿，具柄。聚伞花序、总状花序或圆锥花序，顶生或腋生，稀单花或成对腋生，苞片早落，花萼杯状或钟状，具明显或不明显的5齿，花冠5（6—7）裂，基部连合成短管；雄蕊10（8—13），基部连合成短管，贴生干花冠管基部；子房上位，下部3室，上部1室，每室具胚珠2至多数，花柱丝状，柱头头状或3浅裂。核果不开裂或不规则开裂，基部为萼管所包被，外果皮常被星状毛。种子球形或卵形。

本属约100种，分布于热带亚热带地区。我国有30余种，分布于长江以南各地；云南有16种，3变种。

分 种 检 索 表

1.叶下面密被星状绒毛或糠秕状鳞片。
　2.叶下面、花序、花萼密被糠秕状鳞片；花冠裂片镊合状排列 …………………………………………………………… 1.银叶野茉莉 S. argentifolia
　2.叶下面密被星状绒毛，花冠裂片覆瓦状。
　　3.叶革质或纸质，较小；花序总状或圆锥状，较大，长8—13厘米，多花；种子表面密被细绒毛及疣状突起 …………… 2.白花树 S. tonkinensis
　　3.叶纸质，花序通常为短总状，少花；种子无毛，叶柄短，长1—3毫米。
　　　4.萼齿三角形，长1—1.5毫米；叶边缘具疏锯齿 ………… 3.楚雄野茉莉 S. limprichtii
　　　4.萼齿极大，钻状线形，长1.5—3毫米；叶边缘具锐尖齿 …………………………………………………………… 4.皱叶野茉莉 S. rugosa
1.叶下面无毛或被稀疏星状毛，但不为绒毛。
　5.花梗比花长很多，长达25毫米；花梗、花萼被星状毛 …… 5.大花野茉莉 S. grandiflora
　5.花梗远短于花。
　　6.花冠裂片镊合状排列，花1—4丛生叶腋或呈短总状花序着生于小侧枝顶端；叶长圆形，渐尖，两面近无毛或被极稀疏的星状毛 …………6.嘉赐叶野茉莉 S. casearifolius
　　6.花冠裂片覆瓦状排列。

7.花序圆锥状，8—20花，长8—15厘米，叶柄长7—15毫米 ········ **7.老鸹铃 S. hemsleyana**

7.花单生叶腋或2—3花呈短总状花序；叶柄长2—5毫米 ················· **8.粉花野茉莉 S. rosea**

1.银叶野茉莉（云南植物志）图469

Styrax argentifolia H. L. Li（1943）

小乔木，高5—15米。嫩枝、叶背、叶柄、花序、花萼、花冠外面、果密被灰白色糠秕状鳞片。叶坚纸质，长圆形，长8—17厘米，宽2.5—5厘米，先端突尾状渐尖或长渐尖，基部宽楔形至近圆形，上面绿色，无毛，下面灰白色，侧脉6—9对，细网脉在下面明显，平行，全缘；叶柄长约1厘米，上面明显具槽。总状花序腋生或顶生，长1—2厘米，苞片早落；花白色，花萼小，杯状，长约2毫米，顶端具不明显5齿；花冠管长约3毫米，花冠裂片披针形，镊合状排列，长约10毫米，外面被星状毛及鳞片；雄蕊内藏，花丝基部连合，上部分离，花药长圆形；子房卵形，被糠秕状鳞片，花柱丝状，长约13毫米，光滑无毛，柱头头状。果绿色，圆卵形，长约25毫米，径约18毫米，宿萼极小，径约4毫米。花期4—5月，果期9—10月

产屏边，生长于海拔1370—1700米的常绿阔叶林中。分布于广西。

造林、营林技术、木材性质及经济用途略同于白花树。

2.白花树（中国高等植物图鉴）图470

Styrax tonkinensis（Pierre）Craib ex Hartwichk（1913）

Anthostyrax tonkinensis Pierre

小乔木，高4—12米。小枝暗褐色，密被极细星状绒毛，后变无毛。叶纸质，卵形或长圆状卵形，长6—12（18）厘米，宽2—9厘米，先端长渐尖，基部宽楔形或近圆形，上面绿色，无毛或脉上被疏毛，下面灰绿色，密被灰白色星状细绒毛，侧脉5—7对，侧脉及细网脉在两面均清晰，网脉平行，全缘或上部具疏齿。总状花序或圆锥花序，不分枝或多分枝，顶生或腋生，多花，长6—18厘米；花序、花梗、花萼、花冠外面、子房、果均密被灰白色星状极细微绒毛；花白色，花梗长2—4毫米，花萼钟状，长约6毫米，萼齿三角形，长约1毫米，花冠管长约5毫米，花冠裂片卵状披针形，长10—12毫米，宽5—6毫米；雄蕊10，花丝分离部分长约4毫米，压扁，被毛，花药长椭圆形；子房卵形，花柱丝状，长10—12毫米，无毛，柱头头状。果卵形，长10—12毫米，径约7毫米。种子深棕色，密被细绒毛。花期4—5月，果期8—10月。

产双江、景东、普洱、勐海、勐腊、沧源、河口、金平、屏边、建水、绿春、砚山、西畴、富宁、麻栗坡，生长于海拔220—2400米的常绿阔叶林中或林缘。分布于贵州、广西、广东、湖南；越南也有。

种子繁殖，宜随采随播或春季育苗。种子需采自生长健壮的母树。层积催芽，条播，播后覆土应消毒。雨季造林以营养袋苗为好。

木材心边材不明显，有光泽。管孔少至略少，中等大小，分布欠均匀，通常呈径列。木射线中至多，径切面上射线斑纹不明显。木材纹理直，结构细；木材轻至中，硬度中，干缩小，强度中。切削易，油漆后光亮性差，易胶黏，握钉力弱。可为家具、文具、农

图469 银叶野茉莉和大花野茉莉

1—2.银叶野茉莉 *Styrax argentifolia* H. L.Li 1.花枝 2.果

3—6.大花野茉莉 *S. grandiflora* Griff. 3.花枝 4.花 5.花萼毛被放大 6.种子

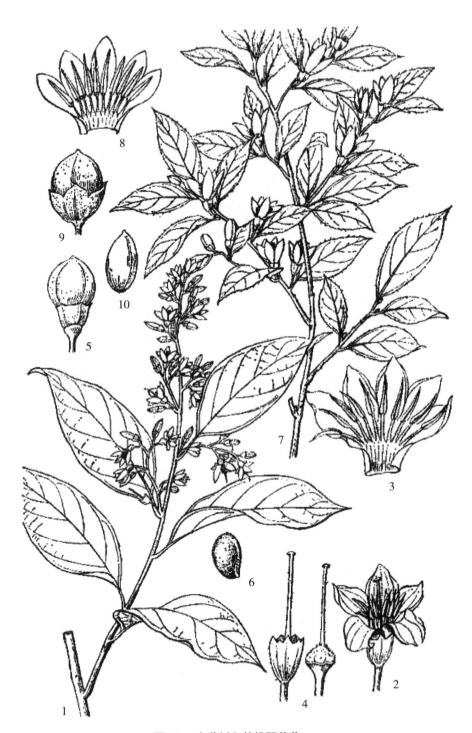

图470 白花树和楚雄野茉莉

1—6.白花树 *Styrax tonkinensis*（Pierre）Craib ex Hartwichk

1.花枝 2.花 3.花冠及雄蕊 4.子房及花柱 5.果 6.种子

7—10.楚雄野茉莉 *S. limprichtii* Lingelsh. et Broza

7.花枝 8.花冠及雄蕊 9.果 10.种子

具、建筑等用材。树皮割伤后，流出树脂，叫"安息香"，为中西医使用的一种药物，有祛痰、行气、防腐、消炎之效。

3.楚雄野茉莉（中国高等植物图鉴）图470

Styrax limprichtii Lingelsh. et. Broza（1914）

小乔木或灌木，高1—2.5米。幼枝、花序、花萼被棕褐色极细绒毛。叶纸质，倒卵形至椭圆形，大小形状变化极大，长2—10厘米，宽1—6厘米，先端渐尖至钝，基部宽楔形至近圆形，上面绿色，无毛或脉上被稀疏星状细柔毛，下面灰白色，密被极细绒毛，有时毛被厚，侧脉4—6对，细网脉平行，全缘或上部具细小腺齿；叶柄长1—3毫米，被毛。总状花序2—5花，着生于小侧枝顶端，长2—4厘米，或单花着生于小侧枝叶腋；花白色，花萼钟状，长宽4—5毫米，萼齿小，三角形；花冠管长约4毫米，花冠裂片长圆形，覆瓦状排列，长11—13毫米，宽3—5毫米，外而密被灰白色极细绒毛，内面无毛；雄蕊内藏，花丝分离部分长约6毫米，花药椭圆形；子房球形，密被灰白色细绒毛，具明显纵棱，花柱丝状，长约2厘米，下半部密被星状细柔毛。果球形，径10—15毫米，顶端具残存短花柱，基部具杯状宿存萼，果外面被灰黄色极细星状绒毛，成熟时3瓣裂。种子淡棕色无毛，具4条纵纹。

产楚雄、洱源、大姚、祥云、宾川、大理、鹤庆、永胜、牟定、下关，生长于海拔1500—2400米的林中。分布于四川。

4.皱叶野茉莉（中国高等植物图鉴）图471

Styrax rugosa Kurz（1871）

灌木或小乔木，高1—5米。幼枝、叶下面、花序、花萼密被灰棕色星状细绒毛。叶厚纸质，长圆形或卵状长圆形，长4—11厘米，宽1—5厘米，先端渐尖或短渐尖，基部阔楔形至近圆形，下面密被稀疏星状细柔毛，侧脉5—7对，侧脉和细网脉明显下凹，边缘具明显疏齿；叶柄长2—3毫米，被毛。短总状花序，3—5花着生于小侧枝顶端，或1—3花着生于小侧枝叶腋，苞片线状披针形，长约5毫米，宿存，花序长3—5厘米；花白色，花梗长2—4毫米，粗壮，花萼钟状，长5—6毫米；萼齿极明显，5齿，大小不等，钻状披针形，长约3毫米，两面均密被灰色绒毛；花冠管长约6毫米，花冠裂片长圆形，长约11毫米，宽约5毫米，两面被灰色绒毛；雄蕊内藏，花丝分离部分长约5毫米，花丝基部连合部分内面密被细柔毛，花药椭圆形；子房卵形，密被灰白色细绒毛，花柱丝状，长约15毫米，无毛或近基部被毛。果球形，径8—9毫米，顶端残存短花柱，下半部全部为宿存萼所包被，萼齿明显；苞片及小苞片宿存，果外面密被灰白色细绒毛。种子卵形，长约8毫米，暗棕褐色，无毛，具明显的3条纵棱及3条纵槽。花期4—5月，果期7—9月。

产勐海、景东；生长于海拔1150—1540米的混交林中。分布于印度、缅甸。

造林、营林技术、木材性质及经济用途略同于白花树。

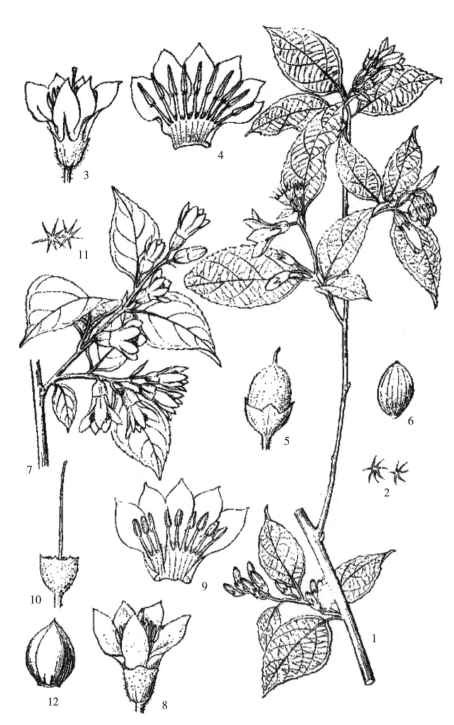

图471　皱叶野茉莉和粉花野茉莉

1—6.皱叶野茉莉 *Styrax rugosa* Kurz

1.花枝　2.叶面毛被放大　3.花　4.花冠及雄蕊　5.果　6.种子

7—12.粉花野茉莉 *S. rosea* Dunn

7.花枝　8.花　9.花冠及雄蕊　10.花萼及雌蕊　11.花萼毛被放大　12.种子

5.大花野茉莉（中国高等植物图鉴）图469

Styrax grandiflora Griff.（1854）

落叶小乔木，高达12米。嫩枝、嫩叶被稀疏的星状毛，后变无毛。叶纸质，椭圆形至卵形，稀长圆形或倒卵形，长4—12厘米，宽2.5—5厘米，先端突尖或渐尖，基部楔形，两面脉上被稀疏星状毛或无毛，侧脉5—6对，全缘或上部具不明显的小腺齿；叶柄长5—8毫米，被星状毛。花白色，芳香，单花腋生或短总状花序着生于小侧枝顶端，长达9厘米；花梗特长，长达25毫米；花序、花柄、花萼、花冠外面、花丝基部、子房密被灰白色星状细绒毛；花萼钟状，长宽约5—6毫米，边缘具不整齐的小齿，花冠管长约5毫米，花冠裂片覆瓦状排列，卵状长圆形，长约15毫米，宽6—8毫米；雄蕊10，花丝分离部分长约6毫米，花药长圆形，黄色；子房卵形，花柱丝状，长约15毫米，无毛。果卵形，长约15毫米，径约10毫米，基部为宿萼包被。种子棕褐色，具纵棱和槽，及不规则疣状突起。花期4—5月，果期9—10月。

产陇川、龙陵、双江、耿马、金平、屏边、文山、富宁、广南、麻栗坡、昆明，生长于海拔700—2850米的林中。分布于贵州、广东、广西、西藏；缅甸也有。

造林、营林技术、木材性质及经济用途略同于白花树。

6.嘉赐叶野茉莉（云南植物志）图472

Styrax casearifolius Craib（1920）

小乔木，高达10米。嫩枝被灰白色星状细绒毛，后变无毛。叶坚纸质，长圆形或卵状长圆形，长6—12厘米，宽2.5—5厘米，先端渐尖，基部宽楔形，两面近无毛或被稀疏的星状毛，侧脉6—8对，细网脉在两面均明显，边缘具小腺齿；叶柄长约5毫米，被星状毛或无毛。花白色，1—4丛生叶腋或呈短总状花序着生于小侧枝的顶端，长1—2（4）厘米；花序、花梗、花萼、花冠外面、子房、果均密被灰白色星状细绒毛；花萼杯状，长宽约3—4毫米，具5小齿；花冠管长约4毫米，花冠裂片镊合状排列，长圆状披针形，长7—9毫米，宽2—3毫米，里面无毛；雄蕊10，花丝分离部分长约4毫米，丝状，压扁，花药黄色，长椭圆形；子房卵形，花柱伸出，无毛，柱头头状。核果卵形，长12—15毫米，径约8毫米。

产西双版纳、瑞丽，生长于海拔540—1700米的灌丛中或林下。分布于泰国。

造林、营林技术、木材性质及经济用途略同于白花树。

7.老鸹铃（中国高等植物图鉴）图472

Styrax hemsleyana Diels（1901）

小乔木或灌木，高2—10米。叶纸质，叶形变化较大，通常倒卵状椭圆形或斜卵形，长7—13厘米，宽4—10厘米，先端急尖或突短渐尖，基部楔形至近圆形，两面无毛或下面仅脉上被稀疏星状毛，侧脉5—8对，细网脉平行，边缘具细腺齿；叶柄长7—15毫米，被稀疏星状毛。花白色，总状花序或圆锥花序着生于小侧枝的顶端，8—20花，长8—15厘米；花序、花梗、花萼、花冠外面密被灰黄色星状细绒毛；花梗极短，长2—5毫米，花萼钟状，

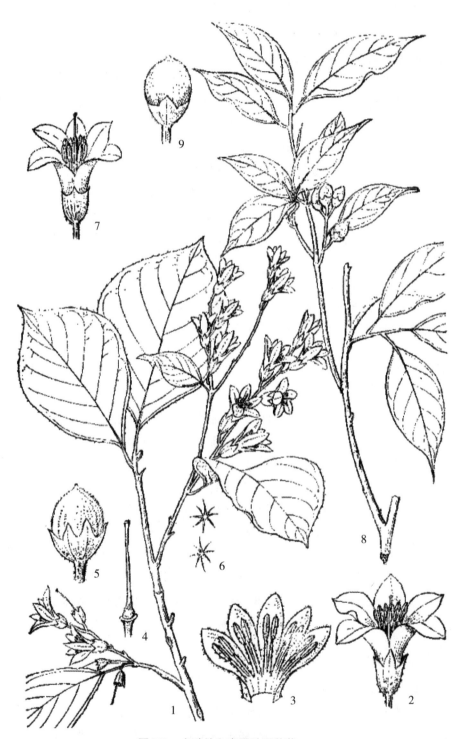

图472　老鸹铃和嘉赐叶野茉莉

1—6.老鸹铃 *Styrax hemsleyana* Diels

1.花枝　2.花　3.花冠及雄蕊　4.子房　5.果　6.萼片毛被放大

7—9.嘉赐叶野茉莉*S.casearifolius* Craib　7.花　8.果枝　9.果

长5—6毫米，径约4毫米，萼齿显著，长1—2毫米，花冠管长4—5毫米，花冠裂片长圆形，覆瓦状排列，长10—16毫米，宽5—6毫米；雄蕊10，花丝分离部分长约6毫米，花药椭圆形；子房卵形，花柱丝状，无毛。核果卵形，径约1厘米左右。种子深棕色，平滑无毛。花期5—6月，果期7—9月。

产永善、绥江、盐津、彝良，生长于海拔1700米的沟谷中。分布于四川、湖北、河南、陕西。

造林、营林技术、木材性质及经济用途略同于白花树。

8.粉花野茉莉（中国高等植物图鉴）图471

Styrax rosea Dunn（1911）

灌木或小乔木，高2—6米。幼枝多少被星状毛。叶纸质，长圆形或长圆披针形，长5—10厘米，宽2—6厘米，先端尖或突渐尖，基部楔形、宽楔形或近圆形，两面近无毛或仅脉上被稀疏单毛，有时下面脉腋被髯毛，侧脉5—7对，侧脉及细网脉明显，全缘或具细腺齿；叶柄长2—5毫米。花白色，单花腋生或2—3花着生于小侧枝顶端，苞片早落；花梗、花萼、花冠外面、子房、果密被灰白色星状细绒毛；花梗长2—5毫米，花萼杯状，长6—8毫米，径约5毫米，有时间有棕色大星状毛，萼齿小而不明显；花大，花冠管长约5毫米，花冠裂片长圆形，长12—18毫米，覆瓦状排列；雄蕊内藏，花丝分离部分长约6—10毫米，压扁，下半部被白色柔毛，花药椭圆形；子房卵形，花柱丝状，长20—22毫米，基部被白色柔毛。果球形，径11—14毫米，顶端具残存的短花柱，基部被宿存萼包被。种子褐色，平滑无毛。花期4—5月，果期8—9月。

产绥江、大关、彝良、永善、盐津、镇雄、贡山，生长于海拔1800—2300米的灌丛中。分布于四川、贵州。

造林、营林技术、木材性质及经济用途略同于白花树。

6. 白辛树属 Pterostyrax Sieb. et Zucc.

落叶乔木或灌木。冬芽具鳞片2枚。单叶互生，边缘具细腺齿，具柄。圆锥花序顶生或腋生；花芳香，多数密集，花萼钟状，5齿，花瓣5，分离或基部合生，着生于萼管喉部；雄蕊10，花丝分离，或基部合生成短管或近分离，近等长，花药椭圆形，内向纵裂；子房下位，3—5室，胚珠多数，花柱丝状，柱头头状或不明显3裂。核果长圆柱形，干燥，不开裂，具5翅或棱，外果皮密被小绒毛或长柔毛。

本属约4种，分布于缅甸、日本。我国产3种，云南有2种。

分 种 检 索 表

1.叶先端通常8裂，下面灰白色 ……………………………………… 1.裂叶白辛树 P. leveillei

1.叶先端不裂，下面淡绿色 …………………………………………… 2.白辛树 P. psilophylla

1.裂叶白辛树（中国树木分类学）图465

Pterostyrax leveillei（Fedde）Chun（1932）

Styrax leveillei Fedde

乔木，高5—12米。叶纸质，卵形、倒卵形或椭圆形，长6—11厘米，宽3—6厘米，先端通常3裂，裂片渐尖，基部宽楔形或近圆形，上面绿色，近无毛，下面灰白色，密被星状细绒毛，侧脉6—11对，近边缘处内弯，边缘疏被细踪腺齿；叶柄长1—2厘米，被星状毛。花序、花梗、花萼、花冠、子房、花柱密被灰白色星状细绒毛；圆锥花序腋生，花淡粉红色，花梗长1—2毫米，花萼倒圆锥状，长约2毫米，具5棱，萼齿三角形，极短小，花瓣长圆形，长4—5毫米，宽约2毫米，两面被毛；雄蕊10，基部连合成短管，花丝分离部分长约3毫米，压扁，花药长圆形；子房半下位，花柱丝状，下部增粗。果狭圆柱形，长15—25毫米，两端渐尖，外面密被灰色长柔毛，花柱宿存，下部具5棱。

产彝良，生长于海拔1800米的疏林中。分布于贵州、广西。

造林、营林技术、木材性质、经济用途略同于白辛树。

2.白辛树（云南植物志）图473

Pterostyrax psilophyllo Diels ex Perkins（1907）

乔木，高5—10米。叶纸质，宽椭圆形，倒卵状椭圆形或长圆形，长8—16厘米，宽4—8厘米，先端突渐尖，基部楔形或近圆形，上面绿色，无毛，下面淡绿色，密被灰白色细绒毛，侧脉8—11对，边缘具稀疏细腺齿；叶炳长1—2厘米，被星状毛。花序、花萼、花瓣、子房、花柱密被灰白色细小星状毛；圆锥花序顶生或腋生，长8—13厘米，多花，花常排列于一侧；花白色，芳香，无柄或具短柄，花萼倒圆锥形，长约2毫米，具5棱，萼齿三角形，花瓣长圆形，长约7毫米，分离或基部合生，两面被毛；雄蕊长约7毫米，花丝基部连合成短管，压扁，花药卵形；子房半下位，花柱长约8毫米，花柱下半部增粗。核果长圆柱形，两端渐尖，长20—25毫米，具5棱，外面密被灰白色长柔毛。花期4—6月，果期7—10月。

产镇雄、彝良，生长于海拔1800米的沟边林中。分布于四川、贵州、湖北、陕西。

种子繁殖。采集成熟果实晾晒数日后藏于通风干燥处。育苗造林，播前用温水浸种，1年生苗可上山造林。宜选土层深厚肥沃处营造混交林。

散孔材至半环孔材，管孔略小，大小略一致，分布不均匀。心边材区别不显，木材浅红褐色，有光泽。生长轮明显，宽度略均匀，轮间界以深色带，纹理直，结构甚细，均匀，甚轻，甚软，干缩及强度小。不耐腐，干燥快，切面光滑；油漆后光亮性中等；胶黏容易；握钉力弱。可作箱、盆、模型、纸浆、包装、木履、游艇等用材。适于庭园栽培观赏。

7.茉莉果属 Parastyrax W. W. Smith

乔木。叶互生，全缘或具小锯齿；具柄。短总状花序分枝或不分枝，花萼杯状，全缘

图473　白梓树 *Pterostyrax psilophyllus* Diels ex Perkins
1.果枝　2.花（放大）　3.花冠展开

或具不明显短齿，花冠5深裂，裂片覆瓦状排列，雄蕊10—16，花丝下部连合成管状，花药长圆形，内向纵裂；子房高度半下位，3室，胚珠多数，花柱线形，柱头头状。核果长圆形，不具翅或棱，无毛，顶端残存环状萼檐。

本属约2种，分布于缅甸及我国，云南2种均产。

1.茉莉果（中国高等植物图鉴）图464

Parastyrax lacei（W. W. Smith）W. W. Smith（1920）

Styrax lacei W. W. Smith

乔木，小枝近无毛。叶薄革质，长圆形或椭圆状长圆形，长12—16厘米，宽5—7厘米，先端短渐尖或急尖，基部楔形，上面无毛，下面被稀疏灰色星状细柔毛，侧脉5—8对，近边缘处内弯，细网脉在下面明显，近全缘；叶柄长10—15毫米。花序、花萼、花冠、子房密被灰白色星状细绒毛；短总状花序腋生或顶生，花萼杯状，长约1毫米，花冠管极短，花冠裂片披针形，长约5毫米，内面无毛；雄蕊10，长约6毫米，花丝下部合生成管状，着生于花冠管基部；子房倒卵形，花柱下部被毛。核果长圆形，长约3.5厘米，径约1.5厘米，顶端具残存环状萼檐，基部渐尖，外果皮无毛，具明显的白色皮孔。果期9—12月。

产盈江、瑞丽，生长于海拔1000—1300米地区。分布于缅甸。

种子繁殖，采成熟果实后摊平堆放在阴湿处，除去肉质部分洗净阴干后沙藏。播前混沙催芽，条播，盖土3—4厘米，稍加镇压，盖后覆草，待出苗后分次揭去。幼苗应加强水肥管理。可作混交林选用树种。

木材斜纹理，结构细，硬度中，可作家具、房屋、车辆、车工、农具等用材。

229.木犀科 OLEACEAE

乔木、灌木或木质藤本。叶对生，稀互生或轮生，单叶、三出复叶或羽状复叶；无托叶。花辐射对称，两性或少有单性，雌雄异株或杂性异株，通常组成聚伞状圆锥花序，顶生或腋生，有时簇生，罕单生。花萼4（15）裂，或顶部近平截；花冠通常4裂，少有6—12裂，花蕾时裂片呈覆瓦状或镊合状排列，有时花冠深裂至基部，裂片近离生，稀无花冠，花冠管长或短或缺；雄蕊通常2，稀3—5，花药2室，室背互相靠着；子房上位，2室，每室通常有胚珠2，罕1或4—8；花柱单生，柱头头状或2裂。果为核果、浆果、翅果及蒴果。种子具胚乳或无胚乳。

本科29属，约600种，广布温带、亚热带及热带地区。我国有11属，近200种，南北各省（区）均有分布。云南有10属90种。本志记载6属40种。

分 属 检 索 表

1.叶为奇数羽状复叶；果为翅果，翅在果实顶端伸长 ……………………1.白蜡树属 Fraxinus
1.叶为单叶；果为核果或浆果。
　2.果为核果；花序腋生。
　　3.花冠裂片在芽中呈覆瓦状排列，花簇生或聚伞状短圆锥花序或伞房花序 ……………
　　…………………………………………………………… 2.木犀属 Osmanthus
　　3.花冠裂片在芽中呈镊台状排列，花序为聚伞状圆锥花序。
　　　4.花瓣分离或仅基部合生。
　　　　5.花小，花瓣4，条形或长圆形，分离或两两在基部合生 …… 3.李榄属 Linociera
　　　　5.花大，花瓣4—6，长条形或条状匙形，极长，仅在基部合生 ………………
　　　　…………………………………………………… 4.流苏树属 Chionanthus
　　　4.花冠联合，有短的或长的冠筒，花冠裂片4 ………………… 5.木犀榄 Olea
　2.果为浆果；花序顶生 ………………………………………… 6.女贞属 Ligustrum

1.白蜡树属 Fraxinus Linn.

乔木，稀灌木。奇数羽状复叶，对生，小叶边缘通常具齿，稀全缘。花小，单性或杂性，雌雄异株，组成圆锥花序、总状花序，有时近簇生，花序自芽或侧芽生出，苞片常脱落。花萼小，4裂或缺；花冠通常2—4深裂，有时缺，花蕾时内向镊合状排列；雄蕊2，着生花冠裂片某部或近下部，花丝极短或稀长，花药近外向开裂；子房2室，每室有胚珠2。果为翅果，翅在果实顶端伸长，具种子1。种子扁平，长圆形，种皮薄，胚乳肉质，子叶扁平，胚根短，向上。

本属约70种，主要分布于北温带地区，特别在东亚、北美及地中海地区。我国有22种，广布各地。云南有13种2变种。

分 种 检 索 表

1.小叶边缘全缘。
  2.叶轴及小叶均无毛 ……………………………………………… 1.光蜡树 F. griffithii
  2.叶轴及小叶均被毛。
    3.小叶上面几无毛，下面仅沿脉被毛。
      4.小叶5—11对，椭圆形或长卵形，先端圆而凹头 ………………………
      …………………………………………… 2.黄连叶白蜡树 F. retusifoliolata
      4.小叶3—6对，卵状披针形，上面亮绿色，下面沿中脉密被锈色绒毛 ………
      ………………………………………………… 3.锈毛白蜡树 F. ferruginea
    3.小叶两面被锈色软绒毛，以下面最密 ……………… 4.白枪杆 F. malacophylla
1.小叶边缘具齿。
  5.花有花瓣。
    6.小叶通常2—4对，无毛或仅沿中脉疏被柔毛。
      7.侧生小叶柄短，长1—2毫米，密被锈色绒毛；果实光滑 ………………
      ………………………………………………… 5.香白蜡树 F. suaveolens
      7.侧生小叶柄较长，长5—22毫米，无毛。
        8.侧生小叶柄长1—2.2厘米；翅果密被红褐色的糠秕状腺鳞 …………
        ………………………………………………… 6.多花白蜡树 F. floribunda
        8.侧生小叶柄纤细，长0.5—1厘米；翅果光滑 ……… 7.苦枥木 F. retusa
    6.小叶通常3，稀5枚，下面密被锈色绒毛 ……………… 8.三叶白蜡树 F. trifoliolata
  5.花无花瓣。
    9.小枝无毛；叶轴仅节上被毛或无毛。
      10.叶轴节上密被锈色绒毛；侧生小叶近无柄 ………… 9.锡金白蜡树 F. sikkimensis
      10.叶轴节上疏被柔毛或无毛；侧生小叶具短柄。
        11.小叶通常7枚，椭圆形或椭圆状卵形，边缘具浅锯齿或波状浅齿 …………
        …………………………………………………… 10.白蜡树 F. chinensis
        11.小叶通常5枚，稀7，宽卵形或倒卵形，边缘具粗圆锯齿 …………………
        ………………………………………………… 11.大叶白蜡树 F. rhynchophylla
    9.小枝，叶轴密被黄色柔毛 …………………………… 12.钝翅象蜡树 F. inopinata

1.光蜡树　图474

Fraxinus griffithii C. B. Clarke（1882）

乔木，高达15米。小枝圆柱形，具皮孔，幼时被微柔毛，后变无毛。复叶长12—20厘米，叶轴无毛，叶柄长3—7厘米，光滑，基部具关节，关节紫红色；小叶5—7，革质，长圆形至披针形，有时椭圆形或卵形，长3—10厘米，宽1.2—4厘米，先端渐尖，尖头圆，基部楔形至宽楔形或近圆形，全缘，上面绿色，光亮，下面绿白色，初时沿脉被疏柔毛，后变无毛；中脉上面凹陷，下面凸出，侧脉7—9对，两面凸起或下面不甚明显；小叶柄长6—15毫米，无毛。花小，由聚伞花序组成圆锥花序，顶生，长10—20厘米，被柔毛；花萼杯状，萼齿不明显，有毛或无毛；花冠白色，深裂，裂片4，长圆形，长约4毫米，先端近圆形，基部成对分离；雄蕊2，与花瓣等长。翅果长圆形或披针状匙形，长2—3厘米，宽4—5毫米，顶端钝或微凹。花期6—8月，果期9—10月。

产禄劝、宣威等地，生于海拔1900—2000米的山坡疏林中。西藏东南部、湖北、湖南、台湾、广东、广西有分布；日本、菲律宾、印度尼西亚也有。

营林技术、材性及经济用途与白蜡树略同。

2.黄连叶白蜡树　图474

Fraxinus retusifoliola Feng ex P. Y. Bai（1983）

乔木，高达7米。小枝红褐色，略为四棱形，密被锈色绒毛。叶长9—15.5厘米，叶轴密被黄色绒毛；小叶11—23，近革质，椭圆形或长卵形，长2.5—4厘米，宽1.5—2厘米，先端圆，微凹，基部宽楔形，不对称，上面深绿色，近无毛，下面黄绿色，沿中脉及侧脉密被黄色绒毛（有时侧脉上的毛被脱落），全缘，侧脉6—8对，与中脉上面凹陷，下面凸出，侧生小叶近无柄。圆锥花序顶生和腋生，长5—9厘米，序轴及花梗被黄色柔毛；花梗长1.5—2毫米。花萼钟状，无毛，长约1毫米，顶端浅裂或近平截；花冠白色，裂片4，长椭圆形，长约3毫米，宽1毫米，先端钝，向内卷曲微呈钩状；雄蕊2，着生花冠裂片近基部，花丝短，无毛；花药长圆形，长2毫米。柱头2浅裂。果长条形，长2—2.5厘米，宽4—5毫米，光滑。花期6—7月，果期9—11月。

产禄劝，生于海拔1900—2000米的石灰岩山地疏林或沟边。

营林技术、材性及经济用途与白蜡树略同。

3.锈毛白蜡树　图475

Fraxinus ferruginea Lingelsh.（1907）

乔木，高达10米。小枝浅褐色，稍压扁，呈不明显的四棱形，无毛，皮孔明显。复叶长10—15厘米，叶轴密被锈色绒毛，叶柄长3—4厘米，中部以上密被锈色绒毛，中部以下毛被逐渐脱落至无毛；小叶7—13，纸质，卵状披针形，长2.5—6.5厘米，宽1.5—2.5厘米，先端渐尖，尖头圆，基部楔形，常不对称，全缘，上面深绿色，光亮，除沿中脉被疏柔毛外，其余无毛，下面淡绿色，只沿中脉密被锈色绒毛；中脉上面凹陷，下面凸出，侧脉3—4对，两面微凸出；顶生小叶柄长7—8毫米，侧生小叶柄长1.5—2.5毫米，均密被锈色绒毛。果序聚伞圆锥状，顶生，密集，长5—9厘米，序轴及果梗均密被锈色绒毛。果匙形，长2.5—3厘米，宽4—5毫米，先端圆或微凹，被锈色绒毛，基部有宿存果萼，萼钟状平截，无毛。果期6月。

产普洱、勐腊，生于海拔1450—1700米的山谷密林。

种子繁殖。育苗植树造林。

树皮入药，性凉味苦涩，有收敛、消炎之效，主治顽固性腹泻。

4.白枪杆　图475

Fraxinus malacophylla Hemsl.（1889）

乔木，高达10米。幼枝压扁，密被锈色绒毛，老枝褐色，近圆柱形，微被柔毛或几无毛，皮孔明显，复叶长6—20厘米，叶轴密被锈色绒毛；小叶5—11，革质，长圆形、长圆状披针形、披针形或倒披针形，长4—12厘米，宽2—3.5厘米，先端急尖或钝，基部楔形，歪斜，两面被锈色软绒毛，以下面最密，边缘微波状，侧脉8—14对，与中脉上面凹陷，下面凸出；叶柄近无，聚伞圆锥花序顶生及腋生，长8—13厘米，花序轴及花梗均密被锈色绒毛；花梗长1—2毫米。苞片宿存，线形，长约1毫米，基部被柔毛，浅裂，裂片近三角形或平截，花冠白色，裂片4，长圆形，长约3毫米，宽1.2毫米，先端狭尖，边缘向内弯，雄蕊2，花丝长约1.5毫米，无毛，花药椭圆形，长1.5毫米，先端圆，果匙形，长3—4厘米，宽5—7毫米，顶端钝或微凹，与宿存萼均被柔毛、花期5—6月，果期8—11月。

产蒙自、元江、新平、文山、西畴、广南等地，多生于海拔500—2000米石灰岩山地杂木林中。广西有分布。

营林技术与白蜡树略同。

木材可供农具、家具及工具柄。根皮、树皮或须根入药，有消炎、利尿、通便、消食、健胃、除寒止痛之功效。

5.香白蜡树　图476

Fraxinus suaveolens W. W. Smith（1920）

乔木，高达22米。小枝粗壮，近四棱形，红褐色，皮孔密集明显，节多少膨大。复叶长15—22厘米、叶轴被短柔毛或近无毛；叶柄长6—9厘米，近无毛，小叶5—9，革质，卵状披针形、披针形或倒披针形，长6—12厘米，宽2.5—5厘米，先端渐尖，基部宽楔形或近圆形，常歪斜，边缘具浅锯齿，上面深绿色，无毛，下面色稍浅，近无毛或仅沿中脉被微柔毛；侧脉10—12对，与中脉上面凹陷，下面凸起；侧生小叶柄长1—2毫米，密被锈色绒毛，顶生小叶柄长5—18毫米，近基部密被锈色绒毛。聚伞状圆锥花序腋生，长7—9厘米，无毛。花梗纤细，长约1.5—3毫米，无毛。花萼钟状，无毛，长约1毫米，裂片近三角形或为平截；花冠白色或白黄色，裂片4，长椭圆形，长约3毫米，宽1毫米，先端圆。翅果条状匙形，长2—2.5厘米，宽3—4毫米，顶端圆或微凹，基部有宿存萼，花期4—6月，果期8—11月。

产丽江、香格里拉、德钦、维西、贡山、腾冲、泸水等地，生于海拔2200—3300米的山坡杂木林或石灰岩山地常绿阔叶林中。四川西部、西藏东南部均有分布；克什米尔地区、尼泊尔、不丹也有分布。

营林技术、材性及经济用途与白蜡树略同。

图474 光蜡树和黄连叶白蜡树

1—2.光蜡树 *Fraxinus griffithii* C. B. Clarke　1.果枝　2.花

3—4.黄连叶白蜡树 *Fraxinus retusifoliolata* Feng ex P. Y. Bai　3.果枝　4.叶

图475 锈毛白蜡树和白枪杆

1.锈毛白蜡树 *Fraxinus ferruginea* Lingelsh. 果枝

2—3.白枪杆 *Fraxinus malacophylla* Hemsl. 2.果枝 3.花

6.多花白蜡树 图476

Fraxinus floribunda Wall.（1820）

乔木，高达24米。幼枝压扁，灰褐色，无毛，皮孔明显，复叶长15—24厘米，叶轴无毛或于节上被微柔毛；小叶5—7，近革质，卵状长圆形、长圆形或倒卵状长圆形，长6—15厘米，常不对称，边缘具内弯的硬锯齿，上面绿色，下面稍淡，两面无毛；侧脉8—12对，与中脉上面凹陷，下面凸出；侧生小叶具柄，柄长1—2.2厘米，无毛、聚伞状圆锥花序顶生和腋生，长6—10厘米，序轴无毛，花密集；花梗纤细，长1—2毫米；花萼钟状，长约1毫米，4浅裂，裂片三角形，花冠白色，裂片4，长圆形，长2毫米，宽1毫米，先端圆；花丝长约1.5毫米，无毛，花药长圆形，顶端尖。果条状匙形，长2—2.5厘米，宽4毫米，顶端微凹，密被极易脱落的红褐色糠秕状腺鳞。

产景洪、勐腊、勐海、江城、河口、瑞丽等地，生于海拔900—1200米的沟谷密林或山坡疏林中。西藏东南部有分布；克什米尔地区、喜马拉雅山区及印度东北部、缅甸、泰国、越南均产。

营林技术、材性及经济用途与白蜡树略同。

7.苦枥木 图477

Fraxinus retusa Champ.（1852）

乔木，高5—8米。小枝灰褐色，稍压扁，无毛。叶长10—17厘米，叶轴无毛；叶柄长3—6厘米；小叶3—7，近革质，卵形至卵状披针形或长椭圆形，长5—10厘米，宽2—4厘米，先端渐尖，基部近圆形或狭窄，两面无毛，边缘具疏浅锯齿，稀近全缘，中脉上面凹陷，下面凸出，侧脉8—12对，与网脉均两面凸出；侧生小叶柄纤细，长5—10毫米，顶生小叶柄长1—1.5厘米，均无毛。圆锥花序顶生和腋生，宽散，长6—10厘米，无毛；花萼杯状，长约1毫米，顶端有4钝齿或近平截；花冠白色，裂片4，条状长圆形，长3毫米，先端钝；雄蕊2，较花冠长。果条形，长2.5—3厘米，宽4—5毫米，顶端钝或微凹。花期3—6月，果期8—10月。

产西畴、富宁等地，生于海拔600—1000米山地混交林中。广东、广西、福建、台湾、浙江、湖南、湖北、四川有分布。

营林技术、材性及经济用途与白蜡树略同。

8.三叶白蜡树 图477

Fraxinus trifoliolata W. W. Smith（1916）

灌木，高达6米。小枝粗壮，灰褐色，无毛。小叶通常为3，稀5；叶柄长5—7厘米，疏被微柔毛或近无毛；小叶革质，卵状长圆形，稀倒卵形，长5—13厘米，宽2.5—5.5厘米，先端急尖，基部宽楔形，边缘具疏锯齿，上面仅沿中脉疏被短柔毛或变无毛，下面密被锈色绒毛；侧脉8—12对，与中脉上面凹陷，下面凸出；侧生小叶柄长6—10毫米，顶生小叶柄长2厘米，均被锈色绒毛。花密集，微芳香，组成顶生的聚伞圆锥花序，无毛，长8—10厘米；花梗纤细，长1—2毫米；苞片早落；花萼钟状，长约1毫米，裂片4，三角形；花冠白色，4裂，裂片线形，长5—6毫米，宽0.5—1毫米，先端渐尖；花丝纤细，长约2.5毫米，花药长圆形，长约2毫米，先端急尖。果匙形，光滑，长2.5—3厘米，宽3.5—5毫米，顶端圆。花期5—6月，果期9—11月。

产丽江、永胜、大姚、武定、禄劝、峨山，生于海拔1500—2700米干燥山坡或河谷杂木林中。

营林技术及经济用途与白蜡树略同。

9.锡金白蜡树　图478

Fraxinus sikkimensis（Lingelsh.）Hand.-Mazz.（1936）

乔木，高达10米，小枝粗壮，扁平，褐色，无毛，有明显的白色皮孔，节膨大，复叶长12—25厘米，叶轴节上密被锈色绒毛，小叶5—7，革质，长圆形或长圆状披针形，长7—18厘米，宽2.5—4.5厘米，先端渐尖，基部楔形至宽楔形，边缘具疏锯齿，上面绿色，无毛，下面黄绿色，除沿中脉（尤其是中部以下）被锈色绒毛外，其余无毛；中脉上面凹陷，下面凸出，侧脉11—18对，上面平坦或微凹陷，下面凸出；侧生小叶几乎无柄或具极短柄，密被锈色绒毛，后渐脱落变稀。圆锥花序顶生和侧生，长15—30厘米，无毛，花稀疏；花萼钟状，长1毫米，具4—5浅齿；花冠无，果条形，长2—3（3.5）厘米，宽3毫米，顶端微凹或钝，花期6月，果期9月。

产丽江、维西等地，生于海拔2200—2800米。分布于西藏东南部；印度也有。

营林技术、材性及经济用途与白蜡树略同。

10.白蜡树　图479

Fraxinus chinensis Roxb.（1820）

乔木，高达15米。小枝圆柱形，灰褐色，无毛。复叶长12—28厘米，叶轴节上疏被微柔毛；小叶5—9，以7枚为多见，革质，椭圆形或椭圆状卵形，长3—10厘米，宽1.2—4.5厘米，先端渐尖，基部楔形，边缘有锯齿或波状浅齿，上面黄绿色，无毛，下面白绿色，沿中脉及侧脉被短柔毛，有时仅在中脉的中部以下被毛，中脉上面凹陷，下面凸出，网脉两面明显凸出；侧生小叶几无柄或具极短柄，圆锥花序顶生和侧生，疏松，长7—12厘米，无毛。花萼管状钟形，无毛，长1.5毫米，不规则裂开，裂片极短；无花冠。果倒披针形，长3—4厘米，宽4—6毫米，顶端圆或微凹，花期5—6月，果期7—10月。

产昆明、江川、西畴、广南、永善、镇雄等地，生于海拔1200—2000米山坡杂木林或石灰岩山地林缘，我国东北、黄河流域、长江流域、福建、广东、广西有分布；越南、朝鲜也有。

扦插育苗或种子繁殖。生产上以扦插育苗为主。常用"高枝压条"。种子繁殖时可随采随播或春播，播前温水浸种24小时播种量每亩3—4斤。造林地以温度湿度较高的低山、丘陵、平坝、地边、田埂等地为好。

木材坚硬有弹力，可供制车辆、农具、家具及铁器柄等。枝叶可放养白蜡虫，因其枝柔韧，可编物器，叶煎水可治皮炎及皮肤过敏症。

图476 香白蜡树和多花白蜡树

1—2.香白蜡树 Fraxinns suaveolens W. W. Smith　1.果枝　2.花

3—4.多花白蜡树 Fraxinus flribunda Wall.　3.花枝　4.果

图477 苦枥木和三叶白蜡树

1—2.苦枥木 *Fraxinus retusa* Champ. 1.果枝 2.果

3.三叶白蜡树 *Fraxinus trifoliolata* W. W. Smith 果枝

图478　钝翅象蜡树和锡金白蜡树

1—2.钝翅象蜡树 Fraxinus inopinata Lingelsh.　1.果枝　2.果

3—4.锡金白蜡树 Fraxinus sikkimensis（Lingelsh.）Hand.-Mazz.　3.果枝　4.果

11.大叶白蜡树　图479

Fraxinus rhynchophylla Hance（1869）

乔木，高达10米。幼枝近四棱形，灰褐色，无毛。复叶长8—15厘米，叶轴腹面有沟槽，疏被短柔毛或近无毛，节上被红锈色绒毛；小叶通常5，稀7，宽卵形、倒卵形或椭圆形，长5—12厘米，宽4—8厘米，先端骤然尾状渐尖，基部宽楔形，边缘有疏圆齿，上面深绿色，无毛，下面绿白色，沿中脉及侧脉基部有白色柔毛；中脉上面平坦或微凹陷，下面凸起，侧脉6—8对，上面平坦，下面凸起；侧生小叶具柄，柄长3—5毫米，基部被红锈色绒毛。圆锥花序侧生和顶生，疏散，长5—10厘米；花萼钟状，长约1毫米，不规则裂开，无花瓣；雄蕊2，花丝纤细，长约2毫米，花药长圆形，与花丝长度相等，顶端渐尖。果长椭圆形，长2.5—3厘米，宽5—6毫米，顶端圆或微凹。

产江川区，生于海拔1900—2100米石灰岩山地阔叶林中。黄河流域、长江流域及东北地区均产；越南、朝鲜也有。

营林技术与白蜡树略同。

木材可作农具、家具等。叶煎水可治皮炎、皮肤过敏症。又为行道、护堤树种；可放养白蜡虫。

12.钝翅象蜡树　图478

Fraxinus inopinata Lingelsh.（1914）

乔木，高达20米。小枝灰褐色，被微柔毛。复叶长15—28厘米，叶轴密被黄色柔毛；小叶7—11，近革质，长椭圆形，顶生小叶有时呈倒披针形，长6—12厘米，宽2—4厘米，基部圆形或楔形，边缘具钝锯齿，上面深绿色，无毛，下面灰绿色，沿中脉（尤其是基部）及侧脉基部密被黄色柔毛，其余密布白色乳突；侧脉12—17对，近于平行，与中脉上面凹陷，下面突出；侧生小叶几乎无柄或具极短柄，顶生小叶柄长1.5—2厘米，均密被黄色绒毛。圆锥花序侧生，先叶抽出，长约15厘米，被黄色柔毛；花萼钟状，长1.5毫米，不规则裂开，微被柔毛，花冠无。果长椭圆形，扁平，无毛，长5—6厘米，宽9—12毫米，顶端钝或微凹，基部有宿存萼。花期5月，果期7—8月。

产丽江、维西、贡山、永胜、宁蒗，生于海拔2100—2900米沟谷杂木林中。四川西南部有分布。

本种与湖北西部及四川西部产的象蜡树（Fraxinus platypoda Oliver）相近，但后者小枝、叶轴、花序无毛，翅果狭椭圆形，顶端急尖，可以区别。曾有人将两种归并。

营林技术、材性及经济用途略同于白蜡树。

2.木犀属　Osmanthus Lour.

常绿乔木或灌木。单叶，对生，具柄，边全缘或具齿，羽状脉。花两性或单性，雌雄异株或雄花、两性花异株，簇生叶腋内或组成腋生或顶生的聚伞花序、伞房花序，有时成总状花序或圆锥花序式排列，总花梗短或无；花萼杯状，短，4裂；花冠钟形成管状钟形，

图479　白蜡树和大叶白蜡树

1—2.白蜡树 *Fraxinus chinensis* Roxb.　1.果枝　2.花

3—4.大叶白蜡树 *Fraxinus rhynchopylla* Hance　3.果枝　4.果

浅裂或深裂至近基部，裂片4，长于或短于花冠管，稀有时成对分离，花蕾时呈覆瓦状排列；雄蕊2，稀3—4，花丝短，花药近外向开裂；子房2室，退化的常为钻状或近球状，花柱长于或短于子房，柱头头状或浅2裂，胚珠每室2，下垂。核果，内果皮坚硬或骨质。种子通常1，种皮薄，胚乳肉质，子叶扁平，胚根短，向上。

　　本属40多种，分布于东亚至东南亚和美洲。我国约产27种，分布于长江以南各省（区）。云南有10种及1变型。

分 种 检 索 表

1.花簇生叶腋及枝顶。
　2.花冠深裂，冠管长不超过2.5毫米。
　　3.叶先端尾状渐尖，边全缘，不具齿 ……………………… 1.尾叶桂花 O. caudatifolius
　　3.叶先端不为尾状渐尖，边缘全缘及具齿。
　　　4.叶边缘全缘和具刺齿，齿长1—3毫米；网脉明显 …………………………………
　　　…………………………………………………………… 2.云南桂花 O. yunnanensis
　　　4.叶边缘全缘和具细或疏锯齿，齿长不超过0.5毫米；网脉不显。
　　　　5.叶通常宽披针形或披针形，上面有细而密的泡状隆起 …………………………
　　　　…………………………………………………………… 3.桂花 O. fragrans
　　　　5.叶椭圆形，稀倒披针形，上面不具泡状隆起 …………………………………
　　　　…………………………………………………………… 4.蒙自桂花 O. henryi
　2.花冠浅裂，冠管长6—11毫米 ……………………………… 5.香花木犀 O. suavis
1.花组成聚伞花序、伞房花序及圆锥花序。
　6.聚伞花序，雄蕊通常2 ……………………………………… 6.牛矢果 O. matsumuranus
　6.伞房花序或圆锥花序，雄蕊3—4，稀2。
　　7.伞房花序，无毛，雄蕊通常3，稀2 ……………………… 7.平顶桂花 O. corymbosus
　　7.圆锥花序，被毛，雄蕊通常4 ……………………………… 8.多脉桂花 O. polyneura

1.尾叶桂花　图480

Osmanthus caudatifolius P.Y. Bai et J. H. Pang（1983）

　　乔木，高达10米。小枝圆柱形，灰白色，无毛，叶革质，椭圆状披针形，长9—11.5厘米，宽2.5—3厘米，先端尾状渐尖，基部楔形，上面深绿色，无毛或仅沿中脉被毛，下面浅绿色无毛，中脉上面平坦，下面凸出，侧脉多数，近于平行，两面明显凸出；叶柄长7—10毫米，无毛。花簇生叶腋，芳香，花梗长4—6毫米，无毛；苞片宽卵形，长2.5毫米，先端急尖；花萼长1毫米，4裂，裂片啮蚀状；花冠白色，冠管长1.5—2毫米，裂片4，卵形，长1.5毫米；雄蕊2，着生花冠管中部，花丝长1毫米，花药长圆形，长约1毫米，顶端有1小突尖；子房卵形，长1.5毫米，花柱长2毫米，柱头头状。花期11月。

　　产腾冲，生于海拔1600—1800米的箐沟边。

图480 尾叶桂花和平顶桂花

1—2.尾叶桂花 Osmanthus caudatifolius P. Y. Bai et J. H. Pang 1.花枝 2.花

3—4.平顶桂花 Osmanthus corymbosus H. W. Li ex P. Y. Bai 3.花枝 4.花

2.云南桂花　图482

Osmanthus yunnanensis（Franch.）P. S. Green（1958）

常绿灌木或小乔木，高达12米。小枝稍压扁，灰黄色，无毛，叶厚革质，通常披针形至椭圆状披针形，有时为狭披针形、狭卵形或椭圆形，长5—15厘米，宽2—6厘米，先端渐尖，基部宽楔形至近圆形，上面绿色，下面色淡，两面无毛，边全缘或具刺齿，齿长1—3毫米；侧脉10—12对，与中脉及网脉两面均凸出，下面尤甚；叶柄粗壮，长4—15毫米，无毛。花簇生叶腋，微芳香，每叶腋内有花芽2—3，每花芽有花5—7；花梗长5—15毫米，无毛；苞片宽卵形，长2—4毫米，先端钝或短锐尖，具白色缘毛；花萼长约1毫米，裂片4，边缘啮蚀状；花冠白色或乳黄色，冠管长1—1.5毫米，裂片4，椭圆形，长3—5毫米，宽2—3毫米，反卷，先端急尖；雄蕊2，着生花冠管顶部，花丝长1.5—2.5毫米，花药近宽三角形，长2—2.5毫米，顶端有1小突尖；花柱长1.5—2毫米，柱头头状，子房球形，无毛。果椭圆形，长1—1.5厘米，径6—8毫米，成熟时深紫色，花期4—7月，果期7—10月。

产宾川、丽江、鹤庆、香格里拉、贡山、大关、镇雄、彝良、禄劝、寻甸、嵩明、昆明等地，生于海拔1700—3000米山坡密林或疏林中。四川有分布。

3.桂花　图481

Osmanthus fragrans（Thunb.）Lour.（1790）

常绿灌木或小乔木，最高可达10米。小枝圆柱形，灰褐色，无毛。叶革质，椭圆形或椭圆状披针形，长4—10厘米，宽2—4厘米，先端渐尖或急尖，基部楔形，上面深绿色，光亮，无毛，有细而密的泡状隆起，下面色淡，无毛，边全缘或上半部疏生细锯齿；侧脉6—10对，与中脉上面凹陷，下面凸起；叶柄长1—1.5厘米，无毛。花极芳香，白色或白黄色，簇生；花梗纤细，长3—12毫米，无毛；苞片卵形，长3—4毫米，先端急尖；花萼盘状，长约1毫米，裂片4，边缘啮蚀状；花冠蜡质，管长1—1.5毫米，裂片4，椭圆形，长2—3毫米，先端圆；雄蕊2，着生花冠管近顶部，花丝长约0.5毫米，花药长圆形，长约1毫米，顶端有1小尖突；子房卵形，长1.5毫米，花柱粗短，长约0.5毫米，柱头2浅裂。果椭圆形，长1—1.5厘米，径8—10毫米。花期8—9月。

原产我国西南地区。云南省及我国南方各地多有栽培。印度、巴基斯坦、尼泊尔、缅甸也有。

喜光、好温暖、不耐寒，喜通风良好的环境；宜湿润肥沃而排水良好的砂质壤土。

种子育苗、扦插、高枝压条及嫁接等繁殖方法均可。扦插繁殖可用一年生枝切成5—10厘米长的插穗。高枝压条从母本树选适当粗枝从其下侧切开，深达半径，将枝条向反面压弯，将裂开的部分放进盛土瓦罐，或用塑料薄膜代替瓦罐。注意保持土壤湿润。发根后将其切离母树进行繁殖。嫁接时用女贞或小叶女贞作砧木。

栽培品种有丹桂、银桂、四季桂等。

花可提芳香油，制桂花浸膏，可配制高级香料，用于各种香脂、香皂及食品中；花还可熏茶和制桂花糖、桂花糕及桂花酒，亦可入药，有散寒破结、化痰生津、明目之功效。

果可榨油。

4.蒙自桂花　图482

Osmanthus henryi P. S. Green（1958）

灌木或小乔木，高达7米。小枝圆柱形，灰白色，被微柔毛或近无毛。叶革质，椭圆形或倒披针形，长5—10厘米，宽2—3.2厘米，先端长渐尖，基部狭楔形，两面无毛，边全缘微背卷或具疏尖刺齿，齿长约0.5毫米；中脉上面平坦，下面凸出，侧脉6—8对，两面微凸，网脉不显；叶柄长5—10毫米，无毛或被微柔毛。花簇生叶腋及枝顶，花梗长3—5毫米，无毛；花萼长1毫米，裂片4，三角形，不等大，边缘具齿；花冠白色，冠管长约1毫米，裂片4，卵形，长约2毫米；雄蕊2，着生花冠管中部，花丝长1毫米，花药长圆形，长1.5毫米，顶端有1小尖突；子房卵形，长1.5—2毫米，花柱长1.5毫米，柱头头状，2浅裂。花期9—10月。

产蒙自、富宁、腾冲、大姚、昆明、寻甸等地，生于海拔750—2800米山地密林或疏林中。

5.香花木犀　图481

Osmanthus suavis King ex C. B. Clarke（1882）

常绿灌木或小乔木，高达8米，小枝圆柱形，幼时密被灰黄色短柔毛，老时变无毛。叶革质，披针形，稀长卵形，长3—5厘米，宽1.5—2.2厘米，先端急尖至渐尖，基部楔形，边缘有浅圆齿或浅锯齿，上面深绿色，无毛或幼时沿中脉被短柔毛，下面淡绿色，无毛；侧脉5—8对，与中脉两面凸出，网脉不显；叶柄长3—8毫米，被微柔毛。花3—7簇生叶腋及枝顶，芳香；花梗长5—11毫米，微被短柔毛或无毛；苞片通常早落；花萼钟状，长2.5—3.5毫米，裂片4，长椭圆状披针形，不等大，边缘具齿和缘毛，花冠白色，浅裂，冠管长6—9毫米，裂片4，舌形，长3—5毫米，先端圆；雄蕊2，着生花冠管上部，花丝长约0.5毫米，花药长椭圆形，长约2毫米，顶端有1小尖突；花柱长约1.5毫米，柱头头状，2浅裂，子房卵状球形，径约1毫米，无毛。果卵形，长8—9毫米，径5—6毫米，成熟时黑色。花期3—5月，果期6—10月。

产凤庆、腾冲、大理、景东、禄劝、富民。生于海拔2400—3100米的山坡灌丛及高山杜鹃灌丛中。分布于西藏东南部高山；印度、不丹、尼泊尔、缅甸也有。

6.牛矢果　图183

Osmanthus matsumuranus Hayata（1911）

常绿灌木或乔木，高达12米，胸径达18厘米。小枝圆柱形，灰褐色，无毛，叶厚纸质，椭圆形、倒披针形或倒卵状披针形，长7—14厘米，宽2.5—5厘米，先端短尾状渐尖或急尖而钝头，基部狭楔形，渐狭延至叶柄，两面无毛，下面密生小腺点，边全缘或微波状有时上半部有疏齿；中脉上面凹陷，下面凸出，侧脉10—15对，上面平坦或微凹入，网脉不显；叶柄长1.3—2厘米，基部膨大。聚伞花序腋生，长1.5—3厘米；花序梗长约5毫米，

图481 香花木犀和桂花

1—2.香花木犀 *Osmanthus suavis* King ex C. B. Clarke 1.果枝 2.花

3—4.桂花 *Osmanthus fragrans*（Thunb.）Lour. 3.花枝 4.花

图482 云南桂花和蒙自桂花

1—2.云南桂花 *Osmanthus yunnanensis*（Franch.）P. S. Green　1.花枝　2.花

3—4.蒙自桂花 *Osmanthus henryi* P. S. Green　3.花枝　4.花

图483　牛矢果和多脉桂花

1—2.牛矢果 *Osmanthus matsumuranus* Hayata　1.花枝　2.花

3—4.多脉桂花 *Osmanthus polyneura* P. Y. Bai　3.花枝　4.花

被柔毛或变无毛；苞片对生，卵状椭圆形，长1.5—2毫米，先端钝尖，被柔毛或变无毛。花白色，芳香，花梗长1—2毫米，被柔毛或无毛；花萼长约1.5毫米，被柔毛或无毛，裂片卵状三角形或近圆形，不等大，与萼管等长或稍短，先端钝，具短缘毛，雄花花冠长3—4毫米，裂片长卵形或宽椭圆形，具缘毛，花丝长约10毫米，花药长0.5—0.6毫米，退化子房半球形，长0.5毫米；雄花花冠长2.5—4毫米，裂片宽椭圆形，长1.5—2毫米，退化雄蕊的花丝长0.5毫米，花药长0.6毫米，子房卵状球形，长1.5毫米，花柱长约2.5毫米，柱头头状，2浅裂。果实椭圆形，有时稍弯曲，长1.5—1.7厘米，径8—10毫米，成熟时蓝黑色，表面有6—8条棱。花期5—7月，果期8—12月。

产勐海、沧源等地，生于海拔750—1600米的沟谷密林或山坡疏林中。分布于广西、广东、台湾；印度、越南也有。

7. 平顶桂花　图480

Osmanthus corymbosus H. W. Li ex P. Y. Bai（1983）

乔木，高达18米，胸径可达30厘米。小枝黑褐色，幼时稍压扁，无毛，具皱。叶革质，椭圆形或椭圆状披针形，稀倒卵状披针形，长9—18厘米，宽4—6厘米，先端急尖，基部楔形，上面深绿色，下面稍淡，两面无毛，边缘通常全缘，稀中部以上有疏齿，侧脉8—10对，与中脉上面凹陷，下面突出；叶柄长1.2—2厘米，无毛。花单性，组成伞房花序，腋生，长1—2厘米，无毛；花梗长3—4毫米。苞片卵状三角形，长3—4毫米，先端急尖，边缘膜质，具短缘毛；花萼钟状，长1.5毫米，有5—8齿，齿长约0.5毫米，具缘毛；花冠绿白色，冠管长2—2.5毫米，裂片4，长圆形，长2.5毫米，先端圆，外反；雄蕊通常3，稀2—4，着生花冠管近基部，花丝长2—3.5毫米，伸出花冠外约1毫米，在冠管内的与之贴生，花药长圆形，长1.5毫米，顶端有一圆形突起；退化子房扁球形，长约1.2毫米，无毛。果长圆形，长2.5—3厘米，径1.5—2厘米，成熟时紫黑色。花期4—5月，果期7—11月。

产屏边、绿春、文山、西畴、广南、腾冲、盈江等地，生于海拔1300—2000米的山地常绿阔叶林或河谷疏林中。

种子出油率达20.4%，可供工业用油。

8. 多脉桂花　图483

Osmanthus polyneura P. Y. Bai（1983）

灌木或小乔木，高达8米。小枝圆柱形，幼时稍压扁，灰褐色，无毛，皮孔明显。叶革质，椭圆形或狭椭圆形，长4.5—8厘米，宽1.7—3厘米，先端渐尖，基部宽楔形或楔形，上面亮绿色，下面黄绿色，两面无毛；中脉上面凹陷，下面凸起，侧脉多数，近平行，与中脉近垂直，于叶缘处弧形连结，上面明显突起，下面不显；叶柄长5—8毫米，无毛。聚伞花序腋生及顶生，长1—2厘米，被柔毛；苞片线状披针形，长3.5毫米，被短柔毛；花萼宽钟状，长1.5毫米，被短柔毛，裂片4，宽三角形至卵形，长1毫米，具缘毛；花冠淡黄色，冠管长约0.7毫米，裂片4，长卵形，长1.5毫米，宽1毫米，具缘毛；雄蕊4，着生花冠管基部，花丝纤细，长0.5毫米，花药长椭圆形，长1.5毫米，顶端有1小尖突；子房球形，径0.5

毫米，光滑，花柱短，长约0.5毫米，柱头狭三角形，浅2裂。果长卵形，长1—1.2厘米，径6—8毫米，成熟时紫黑色，表面有黄色斑点。花期3—5月，果期6—9月。

产文山、勐腊等地，生于海拔1000—1500米的石灰岩山地疏林或岩缝中。

3. 李榄属 Linociera Swerty ex Schreber

乔木或灌木。单叶对生，全缘。圆锥花序腋生，稀顶生，有时为总状花序或聚伞花序。花小，两性；花萼4齿裂或片裂，花冠常深裂至基部，裂片4，有时成对分离或基部合生成短管，花蕾时内向镊合状排列；雄蕊2，着生花冠裂片的基部，花丝短，花药椭圆形或长圆状披针形；子房2室，每室有下垂的胚珠2，花柱短，柱头不明显2裂或全缘。核果椭圆形，稀近球形，内果皮骨质或硬壳质。种子通常单生，有肉质的胚乳或无胚乳，胚根向上。

本属约80—100种，分布于全世界热带和亚热带地区。我国有近10种，多分布于云南、广东南部；广西、台湾和西藏东南部有少数种类。云南有4种。

分 种 检 索 表

1.花长7毫米，花药先端有1—2个小凸头；侧脉于叶的两面明显凸出 ……………………………
  1.长花李榄L. longiflora
1.花长不超过4毫米，花药先端无小凸头；侧脉仅于叶下面凸出。
  2.叶倒卵状披针形，长12—29厘米，宽4—9厘米；子房微被长柔毛 ……………………………
  2.滇南李榄 L. insignis
  2.叶椭圆形，稀倒卵状长圆形或倒卵形，长7—21厘米，宽3—8厘米；子房无毛 ………
  3.黑皮李榄 L. ramiflora

1.长花李榄 长花插柚紫 图484

Linociera longiflora Li（1944）

乔木，高达10米。枝条圆柱形，黄褐色，无毛，有密集皮孔，幼时稍压扁，淡褐色，被微柔毛或近无毛。叶长椭圆形或椭圆状卵形，长10—17厘米，宽4.5—6.5厘米，先端渐尖，基部渐狭至叶柄，上面绿色，下面稍淡，两面无毛；中脉上面凹陷，下面凸出，侧脉8—10对，两面凸起，下面尤为明显，网脉明显；叶柄长2.5—4厘米，无毛，基部具关节。圆锥花序腋生，长4—9厘米，无毛；苞片披针形，长1—4毫米；花两性，花梗长1毫米；花萼长1.5毫米，裂片4，卵形，长1毫米，先端钝；花冠裂片4，披针形，长6毫米，宽1—1.5毫米，基部成对合生，先端钝，内摺；花丝短，长0.5毫米，花药椭圆形，长约2毫米，顶端有1—2小凸头；子房卵形，无毛，花柱短，柱头头状。果序圆锥状，腋生，长6—10厘米；果梗长8—12毫米，与果序梗均无毛；果实长圆形，长1.5—2厘米，径7—10毫米，先端钝。花期6—7月，果期8—10月。

产龙陵、镇康、西畴，生于海拔1100—1700米的密林内。

营林技术、材性及经济用途与黑皮李榄略同。

2.滇南李榄　滇南插柚紫　图485

Linociera insignis C. B. Clarke（1882）

Linociera henryi Li（1944）

常绿乔木，高达20米。小枝黄褐色，稍压扁成棱，皮孔明显，幼时被灰色柔毛。叶近革质，倒卵状披针形，长12—29厘米，宽4—9厘米，先端短渐尖，基部渐狭，上面深绿色，下面稍淡，两面无毛；侧脉8—12对，与中脉上面平坦，下面凸出；叶柄长2.5—4厘米，无毛。圆锥花序腋生，长5—12厘米，被灰色柔毛；苞片线形，长约4毫米，被灰色柔毛。花萼4深裂，裂片卵形，长约1毫米，先端近短尖，外面被灰色柔毛，里面几乎无毛；花冠白色，裂片4，长椭圆形，长3—4毫米，两面无毛，边内卷；雄蕊2，花丝短，扁平，长不及1毫米；子房长圆形，微被柔毛，花柱长1—1.5毫米，柱头头状，2浅裂。果椭圆形，长3—8厘米，径2—4厘米，成熟时紫黑色。花期5—6月，果期10月至翌年4月。

产麻栗坡、金平及西双版纳州，生于海拔800—1400米的沟谷密林及山坡疏林中。缅甸、苏门答腊有分布。

营林技术、材性及经济用途略同于黑皮李榄。

3.黑皮李榄　黑皮插柚紫　图484

Linociera ramiflora（Roxb.）Wall.（1829）

乔木，高达15米。小枝稍压扁，灰色，无毛，老枝圆柱形，浅褐色。叶近革质，互生，椭圆形，稀倒卵状长圆形或倒卵形，长7—21厘米，宽3—8厘米，先端钝或短渐尖，基部楔形或渐狭，上面亮绿色，无毛，密生乳突状小点，下面色淡，无毛，边全缘稍向背卷；羽状脉，中脉上面凹陷，下面凸出，侧脉9—15对，两面凸出或在上面平坦，细脉不显；叶柄长2.5—3.5厘米，无毛。圆锥花序腋生，疏散，长3—11厘米，无毛；苞片线形，长1.5—2毫米，无毛；花梗长1—1.5毫米；花萼4裂，裂片卵形，长约0.5毫米，先端钝或急尖；花冠白色或淡黄色，裂片4，椭圆形，长2—2.5毫米，宽1.5—2毫米，先端圆形，边缘内折；花丝短，花药椭圆形，长约1毫米；子房卵状，无毛。果椭圆形，长约1厘米，径5毫米。花期1—3月，果期5—7月。

产麻栗坡、西双版纳州及耿马，生于海拔500—1100米的密林或疏林中湿润处。分布于台湾、海南、广西、西藏；中南半岛、印度、菲律宾、澳大利亚也有。

种子繁殖。果实采集后去肉洗净阴干或随采随播。

木材淡黄棕色带红，材质硬而重，耐腐，可作农具。树皮含单宁10%—15%，可提取栲胶。

4.流苏树属 Chionanthus Linn.

落叶灌木或乔木。单叶，对生，全缘或有小锯齿。疏散圆锥花序；花两性或单性，雌

图484 长花李榄和黑皮李榄

1—2.长花李榄 *Linociera longiflora* Li 1.花枝 2.花

3—4.黑皮李榄 *Linociera ramiflora*（Roxb.）Wall. 3.果枝 4.花蕾

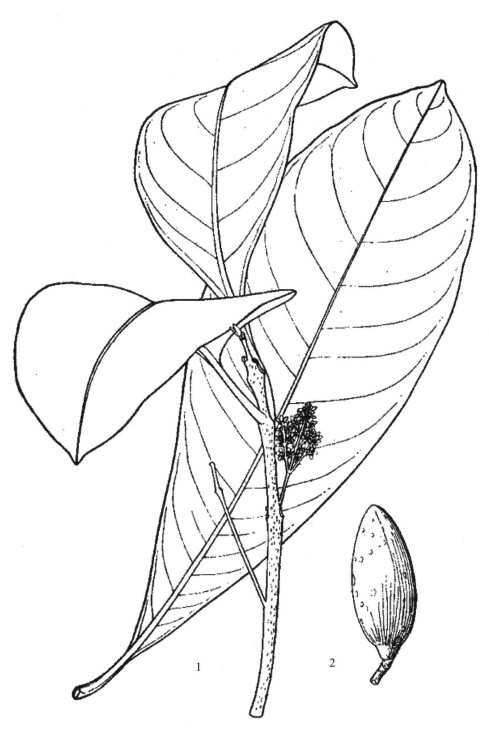

图485 滇南李榄 *Linoctera insignis* C. B. Clarke
1.花枝及叶 2.果

雄异株，花萼4裂，花冠4—6深裂，裂片长条形或条状匙形，长，仅在基部合生；雄蕊2，稀3—4，藏于冠管内；稀伸出，花丝近无；子房上位，2室，每室有胚珠2，花柱极短，柱头2裂。果为一核果，有种子1颗。

本属2种，1种产北美，1种产我国西南、东南至北部；朝鲜、日本也有。

1.流苏树　图486

Chionanthus retusus Lindl. et Paxt.（1852）

落叶灌木或乔木，最高可达20米。小枝近圆柱形，幼时有沟槽，近无毛。叶革质，椭圆形、卵形或倒卵形，长3—9厘米，宽2—4.5厘米，先端钝，凹陷，有时锐尖，基部楔形至宽楔形或圆形，边通常全缘，有时在同一枝上出现有小锯齿，上面深绿色，沿中脉密被（尤其基部），其余疏被黄色柔毛或近无毛；中脉上面凹陷，下面突出，侧脉4—6对，与网脉两面均凸出；叶柄长1—1.5厘米，密被黄色柔毛。聚伞状圆锥花序顶生，疏散，长5—12厘米，无毛；花单性，雌雄异株，花梗长8—10毫米；花萼杯状，4深裂，裂片披针形，长1—1.5毫米，无毛；花冠白色，4深裂，裂片条状披针形，长10—20毫米，花冠管长2—3毫米；雄蕊2，藏于冠管内或稍伸出，花药狭三角形，药隔顶端突出。果椭圆形，长10—15毫米，径8—10毫米，成熟时黑色。花期4—5月，果期6—7月。

产昆明、禄劝、大姚、丽江、维西、香格里拉、德钦、砚山、麻栗坡、蒙自、腾冲等地，生于海拔1000—2800米的山坡或河边。甘肃、陕西、山西、河北、广东、福建、台湾均产，我国东北各地常有栽培；朝鲜、日本也有。

种子繁殖。

木材可制器具；嫩叶代茶叶，故有茶叶树之称；种子含油达31.33%，可供食用及制皂。

5.木犀榄属 Olea Linn.

乔木或灌木。单叶对生，具柄，边全缘或具齿。圆锥花序腋生或顶生，有时为总状花序或伞形花序。花小，两性或单性，雌雄异株或杂性异株；萼短，4齿裂或近平截；花冠合瓣，冠管短，裂片4，较冠管短或长或相等，花蕾时内向镊合状排列；雄蕊2，着生花冠管上，花丝短，花药近圆形或椭圆形、卵形；子房2室，每室有胚珠2，花柱短，柱头头状或浅2裂或不明显。核果椭圆形、长圆形、卵形或球形，内果皮骨质或硬壳质，通常有种子1颗。种子下垂，胚乳肉质，胚根向上。

本属20—40种，分布于地中海、北非、马斯卡林群岛、东亚至印度马来、澳大利亚东部、新西兰、玻利尼西亚。我国约14种，其中除油橄榄系引种栽培外，其余多分布于云南和广东南部；广西、湖南、贵州、四川等省（自治区）较少见。云南有9种，1变种。

分 种 检 索 表

1.花冠深裂，裂片长于花冠管；叶全缘。

图486 流苏树 *Chionanthus retusus* Lindl. et Paxt.
1.花枝 2.果

2.叶披针形，下面密被粃鳞。

  3.叶下面密被银灰色粃鳞 ································· 1.油橄榄 O. europaea

  3.叶下面密被锈色粃鳞 ·······························2.尖叶木犀榄 O. ferruginea

2.叶宽卵形、菱状椭圆形，下面脉腋内有凹陷腺体 ··········· 3.腺叶木犀榄 O. glandulifera

1.花冠浅裂，裂片短于花冠管；叶全缘或具齿。

  4.小枝、叶柄、花序和花萼密被柔毛；花红色 ·················4.红花木犀榄 O. rosea

  4.小枝、叶柄、花序及花萼微被柔毛或无毛。

    5.花梗纤细，长6—10毫米，叶先端尾状渐尖，尖头长达2厘米 ·············

    ··5.疏花木犀榄 O. laxiflora

    5.花梗长不超过5毫米；叶先端非尾状渐尖。

      6.叶宽椭圆形或倒卵状椭圆形，边全缘 ··············· 6.短柄木犀榄 O. brevipes

      6.叶倒披针形或椭圆形、披针形或椭圆状披针形，边全缘或具齿。

        7.叶倒披针形或椭圆形，花大，长3.5—4毫米 ···························

        ·· 7.云南木犀榄 O. yunnanensis

        7.叶披针形或椭圆状披针形；花较小，长1.5—2.5毫米 ·····················

        ·· 8.异株木犀榄 O. dioica

1.油橄榄　图487

Olea europaea L.（1852）

常绿小乔木，高达6.5米。小枝四角形，被银灰色粃鳞。叶对生，近革质，披针形或椭圆形，长3—6厘米，宽7—15毫米，先端稍钝，有小凸尖，基部渐狭成楔尖，上面深绿色，微被银灰色粃鳞，下面灰绿色，被极密的银灰色粃鳞，边全缘，背卷；中脉两面凸出，侧脉不甚明显；叶柄长3—5毫米，被银灰色粃鳞。圆锥花序腋生，长2—6厘米，序轴四角形，被银灰色粃鳞。花两性，黄白色，芳香；花萼钟状，长1.5毫米，4裂，裂片卵形，长2.5—3毫米，宽1.5毫米；雄蕊2，花丝短，长约0.5毫米，花药椭圆形；子房近球形，无毛，花柱短，长约0.5毫米，柱头头状，顶端2浅裂。果椭圆形至近球形，长2—2.5厘米或更长，成熟时紫黑色。花期4—5月，果期6—10月。

原产地中海区域。欧洲南部及美国南部广为栽培。我国多引种栽培于长江以南各省（区）。

种子、扦插或嫁接均可繁殖，扦插较为方便。插穗需用刺激素处理。嫁接则用尖叶木犀榄的苗作砧木。

果实榨油。油以不饱和脂肪酸为主（占80%以上），易被人体吸收，油中富含人体所必需的芒果酸和维生素A、D、E、K。在医药上及工业上有广泛用途，还可配制烧伤软膏或用原油治疗烫伤，有较好效果。

2.尖叶木犀榄　图487

Olea ferruginea Royle（1835）

Olea cuspidata Wall.（1828）nom nud.

小乔木，高达12米。小枝略四方形，无毛。叶对生，革质，狭披针形至长椭圆形，长3.5—8厘米，宽1—1.5厘米，先端凸尖，基部渐窄或狭尖，上面深绿色，光亮，无毛，下面黄褐色，密被锈色秕鳞。圆锥花序腋生，长2—3厘米，微被锈色秕鳞；花两性，淡黄色，花梗短，长度不超过1毫米；花萼小，钟状，长约1毫米，4裂，裂片极短，宽三角形或截形，无毛；花冠长2.5毫米，4裂，裂片椭圆形，长约2毫米，宽1.5毫米；雄蕊2，花丝极短，花药椭圆形，长约1.5毫米；子房近球形，无毛。果实椭圆形或近球形，长7—8毫米，径5—6毫米，成熟时暗褐色。花期6—7月，果期9—10月。

产蒙自、建水、元江、兰坪、云龙，生于海拔600—2800米的村内或山坡灌丛。四川西部有分布；印度、爪哇也有。

种子繁殖。采集成熟果实去肉洗净阴干，装袋贮藏。温水浸种24小时后条播，播后覆土、覆草、浇水，经常保持土壤湿润，1年生苗定植。

木材坚硬，可作农具柄。作嫁接油橄榄的砧木，能使油橄榄提早开花结实。

3.腺叶木犀榄　图488

Olea glandulifera Wall. ex G. Don（1837）

小乔木，高达10米。小枝稍压扁，灰白色，无毛，节扁平膨大，皮孔明显突起。叶近革质，宽卵形、菱状椭圆形，长8—16厘米，宽3—6厘米，先端渐尖，基部宽楔形，边全缘，稍背卷，上面暗绿色，无毛，下面浅绿色，疏被银灰色秕鳞，脉腋内有一凹陷且具睫毛的腺体；中脉上面凹陷，下面凸出，侧脉11—14对，两面微突；叶柄长1.5—2厘米，被银灰色秕鳞（幼时更为明显）。果序圆锥状，腋生和顶生，长5—8厘米，无毛；果梗长5—7毫米，稍膨大；果萼浅盘状，直径约3毫米，不等4裂，外卷；里卵状球形，长1—1.4厘米，径6—8毫米，成熟时紫黑色。果期7—10月。

产景东、凤庆、镇康、易武，生于海拔1200—2400米的沟边林内或山坡次生林中。印度南部山坡、尼泊尔、巴基斯坦、克什米尔地区有分布。

营林技术略同于尖叶木犀榄。

心材红灰色，材质致密硬重，耐腐，抗虫性强，用于车旋及细木工。

4.红花木犀榄　图489

Olea rosea Craib.（1911）

灌木或小乔木，高2—4米。小枝圆柱形，黄褐色，幼时密被黄褐色柔毛。叶厚纸质，长椭圆形、卵状椭圆形或披针形，长6—14厘米，宽2—6厘米，先端渐尖或尾状渐尖，基部楔形或宽楔形，上面绿色，近无毛，下面稍淡，幼时沿中脉及侧脉密被灰黄色柔毛，后变无毛，边全缘或具不规则疏锯齿，侧脉6—12对，与中脉上面凹陷，下面凸出，近叶缘处弧

图487 油橄榄和尖叶木犀榄

1—2.油橄榄 *Olea europaea* L. 1.花枝 2.果

3—4.尖叶木犀榄 *Olea ferruginea* Royle 3.花枝 4.果

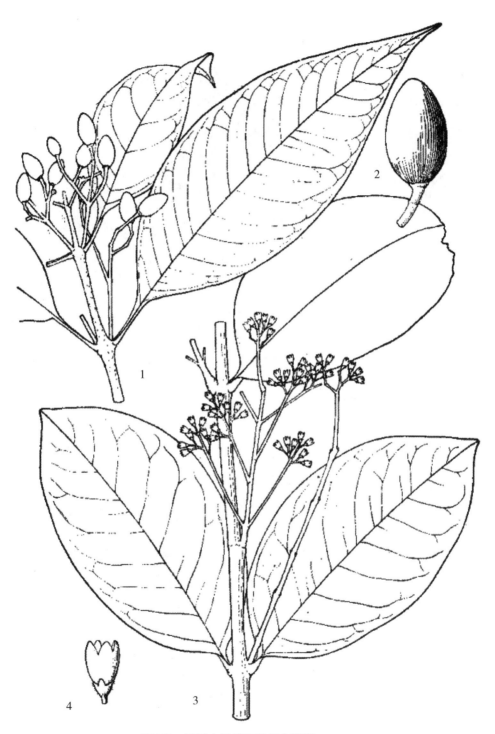

图488 腺叶木犀榄和短柄木犀榄

1—2.腺叶木犀榄 *Olea glandulifere* Wall. ex G. Don 1.果枝 2.果

3—4.短柄木犀榄 *Olea brevipes* Chia 3.花枝 4.花

图489 疏花木犀榄和红花木犀榄

1—2.疏花木犀榄 Olea laxiflora Li 1.花枝 2.花

3—4.红花木犀榄 Olea roseo Craib. 3.花枝 4.花

形连结；叶柄长5—10毫米，初时密被柔毛，后变无毛。圆锥花序顶生和腋生，被灰黄色柔毛，花杂性异株，雄花序通常较两性花序长，花梗长2毫米，被柔毛或变无毛；花萼长约1毫米，被柔毛，4裂，裂片卵状三角形，长约0.5毫米；花冠红色，长约1.5毫米，裂片4，近圆形，长0.5毫米，先端圆，边内折；雄蕊2，花丝扁平，短，长约0.3毫米，花药近圆形，长1毫米；两性花较大，花冠长3—4毫米；子房长圆形，无毛，柱头短，2裂。果椭圆形，长1—1.2厘米，径5—6毫米，成熟时黑褐色。花期3—4月，果期5—11月。

产普洱、勐腊、景洪等地，生于海拔850—1600米的沟谷密林及山坡疏林中。中印半岛有分布。

种子繁殖或扦插育苗均可。

散孔材。木材纹理直，结构细，坚重，可供细木工用材。枝叶繁茂，圆锥花序顶生或腋生，花冠红色，有观赏价值。

5.疏花木犀榄　图489

Olea laxiflora Li（1944）

灌木或小乔木，高达8米。小枝圆柱形，灰黄色，无毛。叶近革质，长椭圆状卵形，长8—15厘米，宽3—5厘米，先端长尾状渐尖，尖头长达2厘米，基部楔形，上面橄榄绿色，下面稍浅，两面无毛，全缘；中脉上面凹陷，下面凸起，侧脉8—12对，上面平坦，下面微凸起，近叶缘处弧形连结，小脉不显；叶柄长1—1.5厘米，无毛。圆锥花序（雄花）腋生，无毛，稀疏，长6—12厘米；花梗纤细，长5—10毫米，花萼长1—1.5毫米，4裂，裂片卵形，先端渐尖，边缘具缘毛；花冠白色，长2.5—4毫米，裂片4，三角形，长1—1.5毫米，先端圆，边向内折；雄蕊2，着生花冠管近基部，花丝长约0.5毫米，无毛，花药长椭圆形，长0.7毫米，顶端有一小尖突。花期9—11月。

产贡山（独龙江），生于海拔1600—2200米的山地混交林或河谷疏林中。

营林技术、材性及经济用途略同于红花犀榄。

6.短柄木犀榄　图488

Olea brevipes Chia（1955）

小乔木，高达5米。枝圆柱形，灰黄色，幼时稍压扁，被短柔毛。叶近革质，长椭圆形或倒卵状椭圆形，长8—15厘米，宽3—5厘米，先端钝，具短尖，基部楔形或宽楔形，两面同色，无毛，边通常全缘，稀具浅锯齿，中脉上面平坦，下面凸出，侧脉8—9对，纤细，上面稍凹入，下面平坦，小脉不显；叶柄短，长约5毫米，无毛。圆锥花序（雄花）腋生，长4.5—9厘米，被微柔毛，分枝少，细长，花少数；花梗短，长0.5—2毫米；花萼小，长约1毫米，4裂，裂片卵状三角形，先端短尖，被小缘毛；花冠长2.5—3毫米，裂片4，近圆形，长0.8—1毫米。花期4月。

产建水，生于海拔1400—2000米的林内或山坡。

种子繁殖。育苗植树造林。

可作园林栽培观赏树种。

7.云南木犀榄　图490

Olea yunnanensis Hand.-Mazz.（1936）

灌木或小乔木，高达10米。小枝圆柱形，灰黄色，无毛，幼时稍扁，褐色，被微柔毛。叶革质，倒披针形或椭圆形，长3—12厘米，宽1.5—5厘米，先端短渐尖或急尖，稀钝，基部渐狭或狭形，上面深绿色，下面浅绿，两面无毛，边全缘或具不规则的浅齿，稀背卷，中脉上面凹陷，下面凸起，侧脉8—10对，上面不明显，下面微凸出；叶柄长5—10毫米，无毛。圆锥花序，有时成总状花序或伞形花序式，腋生，长1.5—5.5厘米，稍疏散，被微柔毛或变无毛，杂性异株；花梗长1—4毫米，无毛；花萼长1—1.3毫米，被微柔毛，裂片4，宽三角形或阔卵形，长约0.6毫米，先端短尖或钝；花冠白色或淡黄色，长2.5—4毫米，裂片4；宽三角形，长约为花冠的1/3，先端钝或圆形；雄蕊2，着生花冠管近基部，花丝短，长0.5毫米，花药椭圆形，长约1毫米，子房圆锥形，顶部渐狭形成锥尖的短花柱，柱头蝶形。果椭圆形或长椭圆形，长7—11毫米，径3—6毫米，顶端有1短尖头。花期4—7月，果期7—11月。

产云南中部、西部、西南及东南部，生于海拔1000—2100米的山坡疏林或石灰岩山地。四川也有分布。

种子繁殖。育苗植树造林或直播造林均可。

种子可榨油，供食用或工业用油。可作园林观赏树种。

8.异株木犀榄　图490

Olea dioica Roxb.（1814）

乔木或灌木，高达12米。小枝圆柱形，灰白色，稍粗糙，无毛，幼时稍压扁，被微柔毛。叶幼时薄纸质，老时革质，披针形或椭圆状披针形，长6—15厘米，宽2—4.5厘米，先端渐尖，稀钝尖，基部楔形，上面深绿色，下面浅绿，两面无毛，边全缘或具不规则疏锯齿，微背卷，中脉上面凹入，下面凸起，侧脉10—12对，上面凹入，下面微凸或有时不显；叶柄长5—10毫米，被微柔毛或变无毛；花杂性异株；圆锥花序腋生，被微柔毛或变无毛；雄花序长3—10厘米，两性花序较短，长2—4厘米；花萼长0.5—0.8毫米，裂片4，卵状三角形，具短缘毛或变无毛。花冠白色或淡黄色，长2—2.5毫米，裂片4，近圆形，长为花冠管的1/3；雄蕊2，着生花冠管近基部，花丝极短，花药椭圆形，长0.5—1毫米；子房椭圆形，顶端急尖。果椭圆形，长1—1.2厘米，径5—8毫米。花期7—11月，果期12月至翌年2月。

产西双版纳州、普洱地区及腾冲、瑞丽，生于海拔500—1900米的山地或沟谷密林或疏林中。分布于广东、广西；印度、缅甸、越南也有。

种子繁殖。育苗植树造林。

本种木材黄褐色，有光泽，纹理直，结构细，质略硬重，但干燥的状况不良，仅可作装饰用材。

图490　云南木犀榄和异株木犀榄

1—2.云南木犀榄 *Olea yunnanensis* Hand.-Mazz.　1.果枝　2.花

3—4.异株木犀榄 *Olea dioica* Roxb.　3.花枝　4.果

6. 女贞属 Ligustrum Linn.

　　灌木或乔木。单叶，对生，全缘。聚伞花序，通常排成圆锥花序，花两性；花萼钟状或杯状，不规则齿裂或4齿裂或近平截；花冠白色，近漏斗状，冠管与花萼等长或长过花萼3倍，裂片4，花蕾时内向镊合状排列；雄蕊2，着生于花冠管近裂片处，花丝与花冠裂片等长或短，花药长圆形，稀有近圆形；子房球形，2室，每室有胚珠2，胚珠下垂，倒生，花柱丝状，柱头稍肥厚，近2裂。果为浆果，内果皮膜质或纸质，稀有近核果状，背室开裂。种子1—4，种皮薄，胚乳肉质，子叶扁平，卵形，胚根短，向上。

　　本属约40—50种，分布于欧洲至伊朗北部、亚洲东部、印度，马来西亚至新几内亚和澳大利亚（昆士兰）。我国30余种，分布于南部及西南部。云南有12种，4变种。

分 种 检 索 表

1.果成熟时不开裂。
　2.花冠管与花萼等长或稍长，与花冠裂片近等长或稍短。
　　3.花序（或果序）轴及叶无毛。
　　　4.叶革质，卵形或椭圆状卵形，侧脉5—7对 ···················· 1.女贞 L. lucidum
　　　4.叶纸质，椭圆状披针形至披针形，侧脉8—15对，密集 ·························
　　　　···························· 2.长叶女贞 L. compactum
　　3.花序（或果序）轴被毛。
　　　5.果球形。
　　　　6.叶两面无毛或有时沿中脉被短柔毛；花近无梗 ·········· 3.散生女贞 L. confusum
　　　　6.叶上面沿中脉被短柔毛，下面沿中脉密被柔毛。
　　　　　7.花萼及花梗被短柔毛；叶较小，长2—6厘米，宽1.5—2.5厘米 ··············
　　　　　　···························· 4.小叶女贞 L. sinense
　　　　　7.花萼及花梗无毛；叶较大，长7—12厘米，宽3—4.5厘米，叶上面因脉十分凹
　　　　　　陷而呈皱纹 ···························· 5.皱叶女贞L. rugulosum
　　　5.果长圆柱形；叶几乎无毛 ···························· 6.粗壮女贞 L. robustum
　2.花冠管比花萼长2—3倍 ···························· 7.紫茎女贞 L. purpurasces
1.果成熟时室背开裂 ···························· 8.常绿假丁香 L. sempervirens

1.女贞　　图491

Ligustrum lucidum Aiton（1810）

　　常绿乔木，高4—8米，最高达15米。小枝圆柱形，无毛，皮孔明显。叶革质，卵形、宽卵形、椭圆形或卵状披针形，长6—15厘米，宽3—7厘米，先端急尖或短渐尖，基部宽楔形至圆形，上面深绿色，光亮，下面白绿色，两面无毛，中脉上面凹陷，下面凸出，侧脉6—8对，两面均微凸出；叶柄长1.5—2厘米，无毛。圆锥花序顶生，长10—20厘米，无毛；花白色，芳香，近无柄；花萼钟状，光滑，长约1毫米，顶端近于平截；花冠管与萼近等长或稍长，裂片4，椭圆形，长度与冠管近相等，外翻，花丝与花冠裂片等长，花药椭圆

形。果长圆形，微弯曲，长6—8毫米，径3—4毫米，成熟时蓝黑色。花期6—8月，果期9—11月。

云南省大部分地区有分布或栽培，生于海拔130—3000米的混交林内或林缘；长江流域及其以南各省（区）和甘肃南部均有分布。

种子繁殖。种子成熟时随采随播或沙藏至翌年春播。鲜果需摊晒2—3天后装入箩筐搓擦，清水淘洗除去果皮。播种量每亩20—30千克。播前温水浸种24小时。条播，播后覆土镇压。一年生苗出圃。

木材作细工用材。种子及叶含丁香素、苦杏仁酶、转化酶，性平，无毒，入药可治肝肾阴亏。叶还可治口腔炎，树皮研末调茶油，可治火烫伤及痛肿；根或茎基部泡酒，治风湿。常栽培作绿篱和放养白蜡虫。

2. 长叶女贞　图491

Ligustrum compactum (Wall.) Hook. f. et Thoms. (1874)

灌木或小乔木，高3—5米，最高可达10米。小枝圆柱形，幼时被短柔毛，老时变无毛，皮孔明显，叶纸质，椭圆状披针形至披针形，长5—14厘米，宽2.5—4厘米，先端渐尖或急尖，稀钝，基部宽楔形或近圆形，上面深绿色，下面稍淡，两面无毛；中脉上面凹陷，下面凸出，侧脉8—15对，两面微凸出；叶柄长1—1.5厘米，无毛。圆锥花序顶生，无毛；花近无梗；花萼钟状，光滑，长1.2毫米，顶端近平截，花冠管与萼等长或略长，裂片4，椭圆形，与花冠管等长或稍长，外翻；花丝长约1毫米，无毛，花药椭圆形；花柱长约1.2毫米，无毛，柱头棒状，2浅裂，子房球形，径约1毫米。果椭圆形，长7—10毫米，径4—5毫米，成熟时蓝黑色。花期5—6月，果期7—10月。

产滇中、滇西至西北、滇东北等地，生于海拔1600—3000米的林内、林缘或山坡灌丛中。湖北西部、贵州、四川、西藏东南部均有；喜马拉雅山区也有分布。

营林技术、材性及经济用途略同于女贞。

3. 散生女贞　图492

Ligustrum confusum Decne. (1879)

小乔木，高达10米。小枝圆柱形，幼时被短柔毛，老时变无毛。叶近革质，椭圆形或长卵形，长3.5—9厘米，宽2—3厘米，先端急尖或渐尖，基部楔形至宽楔形，两面无毛或有时沿中脉被短柔毛，中脉上面凹陷，下面凸出，侧脉4—6对，两面微凸；叶柄长4—6毫米，通常无毛，有时上面被短柔毛。圆锥花序长4—8厘米，被微柔毛；花白色，近无梗；花萼钟状，无毛，长约1.3毫米，顶端近于平截，花冠管长1.5—2毫米，裂片4，椭圆形，与花冠管近等长；花丝长1.5—2毫米，花药椭圆形，长约1.2毫米；子房球形，无毛，径约0.8毫米，花柱长1.5毫米，柱头头状。果近球形，径5—6毫米。花期3—5月，果期6—10月。

产蒙自、屏边、西畴、麻栗坡、勐腊、龙陵、盈江、凤仪、镇康、景东、福贡、楚雄、玉溪，生于海拔980—2600米的混交林或灌丛中。分布于西藏东南部；不丹、尼泊尔、印度东北部、缅甸、泰国、越南北部也有。

营林技术、材性及经济用途略同于女贞。

4.小叶女贞   图492

Ligustrum sinense Lour.（1790）

灌木或小乔木，高达4米，最高可达7米。小枝圆柱形，幼时密被淡黄色短柔毛，老时近无毛。叶薄革质，卵形、椭圆形或卵状披针形，长2—6厘米，宽1.5—2.5厘米，先端锐尖或钝，基部宽楔形或近圆形，幼时两面被短柔毛，老时上面几乎无毛或沿中脉被短柔毛，下面沿中脉密被柔毛，其余疏被毛或近无毛，侧脉5—8对，与中脉上面凹陷，下面凸出，网脉不显；叶柄长2—5毫米，被浅黄色柔毛。圆锥花序通常由当年生枝条的叶腋及小枝顶生出，长4—8厘米，序轴密被淡黄色柔毛；花白色，微芳香，花梗长1—3毫米，被柔毛；花萼钟状，被短柔毛，长约1毫米，有不等4齿或近平截；花冠管长1—1.5毫米，裂片4，长圆形，长约2毫米，先端圆，外翻；花丝与花冠裂片等长，花药长圆形，长约1毫米，花柱长1毫米，柱头头状。果球形，直径3—4毫米。花期5—6月，果期7—9月。

云南大部分地区有分布，生于山地疏林或路旁、沟边。长江以南各省（区）有分布。本种有3个变种。

果实可酿酒；种子榨油供制皂；茎皮纤维可制人造棉。

5.皱叶女贞   图493

Ligustrum rugulosum W. W. Smith（1917）

灌木或小乔木，高达7米。小枝圆柱形，幼时密被浅黄色长柔毛，老时脱落至无毛。叶纸质，卵状椭圆形或椭圆形，长7—12厘米，宽3—4.5厘米，先端急尖、渐尖或略钝，基部宽楔形至近圆形，上面暗绿色，沿中脉密被短柔毛，其余疏被短柔毛或近无毛，下面黄绿色，沿中脉密被黄色长柔毛，其余疏被毛，侧脉6—10对，与中脉及网脉上面十分凹陷而呈皱纹，下面明显凸出，近叶缘处弧形连结。圆锥花序顶生，长10—14厘米，密被淡黄色柔毛；花梗短，长不超过1毫米；花萼杯状，无毛，长约1毫米，有钝齿或近平截；花冠白色，冠管与萼等长或稍短，裂片4，椭圆形，长2.5毫米，宽1.5毫米，先端钝；花丝长2.5毫米，无毛，花药长圆形，长1.5毫米；花柱长1.5毫米，柱头头状，近2裂。果球形，直径2—3毫米。花期4—5月，果期6—9月。

产蒙自、金平、屏边、河口、西畴、麻栗坡、元阳、绿春、普洱、勐海、勐腊、沧源，生于海拔320—1700米的山坡或沟边常绿阔叶林及路边灌丛中。

营林技术、材性及经济用途略同于女贞。

6.粗壮女贞   图493

Ligustrum robustum Bl.（1850）

灌木成小乔木，高达5米。小枝圆柱形，无毛，有密集的白色皮孔。叶近革质，卵状椭圆形或近圆形，长4—10厘米，宽2—4厘米，先端渐尖，稀骤尖，基部宽楔形至近圆形，两面无毛，侧脉4—6对，与中脉上面凹陷，下面突出，有时上面不甚明显；叶柄长3—7毫米，无毛。圆锥花序顶生，圆柱状，长6—11厘米，序轴被短柔毛，花近无梗或具极短梗；花萼杯状，长约1.5毫米，无毛，裂片4，不等大；花冠白色，冠管与萼近等长，裂片4，长

图491 女贞和长叶女贞

1—2.女贞 *Ligustrum lucidum Aiton* 1.果枝 2.花蕾

3—4.长叶女贞 *Ligustrum compactum*（Wall.）Hook. f. et Thoms. 3.果枝 4.果

图492 散生女贞和小蜡

1—2.散生女贞 *Ligustrum confusum* Decne. 1.果枝 2.花

3—4.小蜡 *Ligustrum sinense* Lour. 3.果枝 4.果

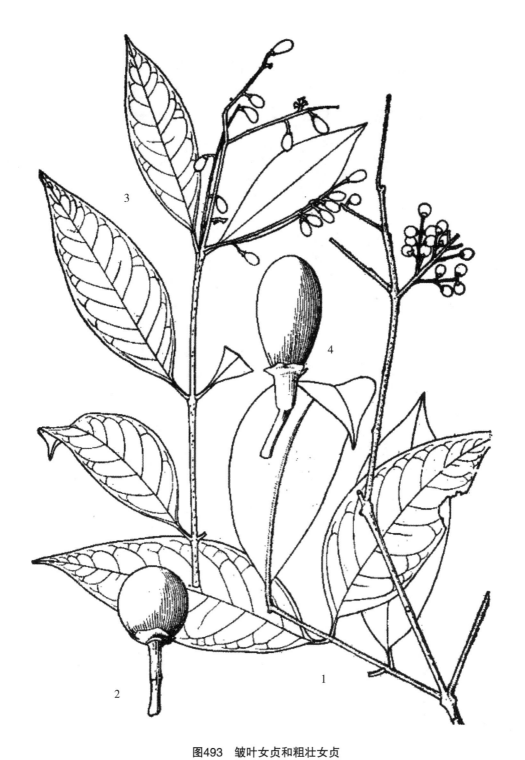

图493　皱叶女贞和粗壮女贞

1—2.皱叶女贞 *Ligustrum rugulosum* W. W. Smith　1.果枝　2.果

3—4.粗壮女贞 *Ligustrum robustum* Bl.　3.果枝　4.果

图494 紫茎女贞和常绿假丁香

1—2.紫茎女贞 *Ligustrum purpurascens* Y. C. Yang 1.果枝 2.花

3—4.常绿假丁香 *Ligustrum sempervirens*（Franch.）Lingelsh. 3.花枝 4.果

圆形，与冠管近等长或稍长，外翻，花丝长约1.5毫米，花药长圆形，长约1毫米。果长圆柱形，长7—12毫米，径4—6毫米，基部弯曲。花期5—6月，果期7—10月。

产砚山、西畴、广南、蒙自，生于海拔1000—1800米的石灰岩山地灌丛中。分布于四川、广西；印度、缅甸也有。

营林技术、材性及经济用途略同于女贞。

7.紫茎女贞　图494

Ligustrum purpurascens Y. C. Yang（1939）

灌木，高达7米。小枝纤细，紫红色，近无毛，有密集的白色皮孔。叶纸质，椭圆状披针形或披针形，稀卵形，长5—9厘米，宽2—3.5厘米，先端长渐尖，基部宽楔形或近圆形，上面深绿色，光亮，沿中脉被微柔毛，其余无毛或全部无毛，下面黄绿色，无毛，中脉上面深陷，下面凸出并呈红色，侧脉5—7对，上面微凹陷，下面凸出，叶柄长3—6毫米，疏被柔毛或近无毛。圆锥花序顶生，金字塔形，长8—14厘米，序轴紫红色，疏被柔毛，密集白色皮孔；苞片披针状卵形，长0.5—1.5毫米，具缘毛；花梗极短，长不及1毫米；花萼杯状，长约1毫米，近无毛，顶端平截或具齿；花冠白色，冠管长3.5—4毫米，裂片4，卵形，长2.5毫米，先端钝，微向内卷；雄蕊2，着生花冠口部，花丝长1.5—2毫米，花药长圆形，长2.5毫米，花柱长3毫米，柱头2裂；子房扁球形，光滑，直径0.8毫米。果卵状长圆形，长5—8毫米，弯曲。花期5—7月，果期8—10月。

产大关、镇雄，生于海拔1000—1500米的山坡次生林或沟边阔叶林中。四川有分布。
营林技术、材性及经济用途与女贞略同。

8.常绿假丁香　图494

Ltgustrum sempervirens（Francb.）Lingelsh.（1920）

常绿灌木或小乔木，高达5米。幼枝具棱，紫红色，被微柔毛，老枝圆柱形，灰褐色，无毛，散生皮孔。叶革质，卵形、近圆形或宽椭圆形，长1.5—6厘米，宽1—3.5厘米，先端急尖或近圆形，基部宽楔形至近圆形，边反卷，上面暗绿色，光亮，除沿中脉被微柔毛外，其余无毛，下面绿黄色，无毛，中脉上面凹陷，下面突出，侧脉不显或4—6对，于两面微凸；叶柄粗壮，长3—5毫米，腹面有沟槽，背面被微柔毛或全部无毛。圆锥花序顶生，圆柱状，花密集，序轴具棱，被微柔毛或无毛；苞片披针形，长2—3毫米，具缘毛；花梗长0—1.5毫米；花萼钟状，无毛，长1—1.5毫米，顶端不等齿裂；花冠白色，冠管长2—3毫米，裂片4，卵形，长1.5毫米，微反折；花丝短，长0.5毫米，花药长圆形，长1.5—2毫米；花柱长1毫米，柱头稍肥厚，近2裂。果椭圆形，长6—8毫米，径5—6毫米，成熟时室背开裂。花期6—7月，果期8—11月。

产禄劝、宾川、剑川、丽江、鹤庆，生于海拔1900—2500米的山坡、河边或石灰岩灌丛中。四川有分布。

营林技术、材性及用途与女贞略同。

230.夹竹桃科 APOCYNACEAE

乔木或灌木，藤本或多年生草本。茎、叶具乳汁或水液，无刺或少数有刺。单叶对生或轮生，极少数互生，全缘，少数有细齿；羽状脉，少数三出脉，通常无托叶，或托叶退化成腺体，少数为假托叶。花两性，单生或多花组成聚伞花序，花序顶生或腋生；花萼裂片5，少数4，基部合生，筒状或钟状，裂片通常为双盖覆瓦状排列，内面基部通常有腺体；合瓣花冠，高脚碟状、漏斗状、坛状、钟状、盆状，少数辐状，裂片5，少数4，覆瓦状排列，基部边缘向左或向右覆盖，少数为镊合状排列，花冠筒喉部通常有副花冠或鳞片状的附属体；雄蕊5，着生于花冠筒内壁上，顶端内藏或伸出，花丝离生，花药长圆形或箭头状，分离或互相黏合并黏生于柱头上，药室2，内藏有颗粒状花粉，花盘环状、杯状或舌状，少数无花盘；子房上位，少数半下位，1至2室，或由2离生心皮组成，花柱1，柱头通常环状、头状或棍棒状，顶端通常2裂，每心皮有胚珠1至多数，着生于子房腹缝线的侧膜胎座上。浆果、核果、蒴果和蓇葖果。种子无毛或一端被毛，少数两端被毛或仅有膜翅。

本科约250属2000余种，分布于全世界热带、亚热带地区，少数分布在温带地区。我国产47属175种，33变种，主要分布于江南及台湾等沿海岛屿，少数在西北及东北。云南产35属100种。本志记载乔木和部分灌木共13属25种。

分 属 检 索 表

1.有刺灌木；萼片和花冠裂片4—5 ·· 1.假虎刺属 Carissa
1.无刺植物；萼片和花冠裂片5。
  2.直立乔木或灌木。
    3.假托叶针状或三角形，基部扩大而合生 ···················· 2.狗牙花属 Ervatamia
    3.假托叶不存在。
      4.叶互生。
        5.枝条稍带肉质；叶长圆状椭圆形或长圆状披针形；蓇葖果，种子有膜翅 ·········
        ··· 3.鸡蛋花属 Plumeria
        5.枝条木质，叶线形；核果，种子无翅 ···················· 4.黄花夹竹桃属 Thevetia
      4.叶对生或轮生。
        6.核果；种子无毛。
          7.花冠裂片向右覆盖 ·· 5.蕊木属 Kopsia
          7.花冠裂片向左覆盖 ·· 6.萝芙木属 Rauvolfia
        6.蓇葖果；种子有毛。
          8.种子两端有毛。
            9.子房上位；心皮和蓇葖果均离生 ·············· 7.鸡骨常山属 Alstonia

9.子房半下位；心皮和蓇葖果均合生 ························· **8.盆架树属 Winchia**

8.种子仅顶端有毛。

10.花有副花冠。

11.植株含水液；侧脉密生而平行；花冠裂片向右覆盖 ·············· **9.夹竹桃属 Nerium**

11.植株含乳汁；侧脉疏离，弯曲上升；花冠裂片向左覆盖 ·····················
·································· **10.倒吊笔属 Wrightia**

10.花无副花冠。

12.花药长圆状披针形，基部圆形，顶端内藏；无花盘 ······· **11.止泻木属 Holarrhena**

12.花药箭头状，基部耳形，顶端伸出花冠筒之外；有花盘 ·····················
·································· **12.倒缨木属 Paravallaris**

2.枝顶部蔓延的乔木或灌木；蓇葖果；花无花盘；花冠裂片端部延长成一长尾带而下垂 ···
································· **13.羊角拗属 Strophanthus**

1.假虎刺属 Carissa Linn.

有刺直立灌木。叶对生，革质，羽状脉。聚伞花序顶生或腋生；花萼5深裂，内面基部具有离生小腺体或无腺体；花冠高脚蝶状，花冠筒圆筒状，通常在雄蕊着生处膨大，喉部无副花冠，花冠裂片5，向右覆盖，少数向左覆盖（云南不产）；雄蕊5，分离，着生于花冠筒内壁上，内藏，花药披针形，顶端常锐尖，有时花药隔先端有尖头，基部无耳；子房上位，2室，每室有胚珠1至多数，花柱伸长，圆柱形，柱头膨大成长圆柱形或纺锤形，顶端2裂。浆果，球状或椭圆状，2室，有时1室不育。种子通常2，盾状，着生于隔膜上，胚乳肉质，子叶卵圆形，胚根在下。

本属约36种，分布于全世界热带和亚热带地区。我国西南、华南和台湾产4种，云南有2种。

分 种 检 索 表

1.植株较高大，通常高3米，有时达5米；叶长2—5.5厘米，宽0.5—3厘米；花萼裂片披针形，外面被柔毛，花冠裂片无毛 ·········· **1.假虎刺 C. spinarum**

1.植株常矮小，高在1米以下；叶长0.6—1.5厘米，宽3—5毫米；花萼裂片卵状圆形，仅被缘毛，花冠裂片有缘毛 ·········· **2.云南假虎刺 C. yunnanensis**

1.假虎刺（中国高等植物图鉴）图495

Carissa spinarum Linn.（1771）

常绿灌木，高约3米，有时达5米，茎、枝有坚硬的长刺，刺单条呈细长的圆锥形，或分2叉，通常长于叶片；幼枝绿色，被柔毛。叶对生，革质，绿色，卵状圆形至椭圆形，长2—5.5厘米，宽1.2—2.5厘米，先端短渐尖或急尖，基部楔形或圆形，上面中脉隆起，侧脉

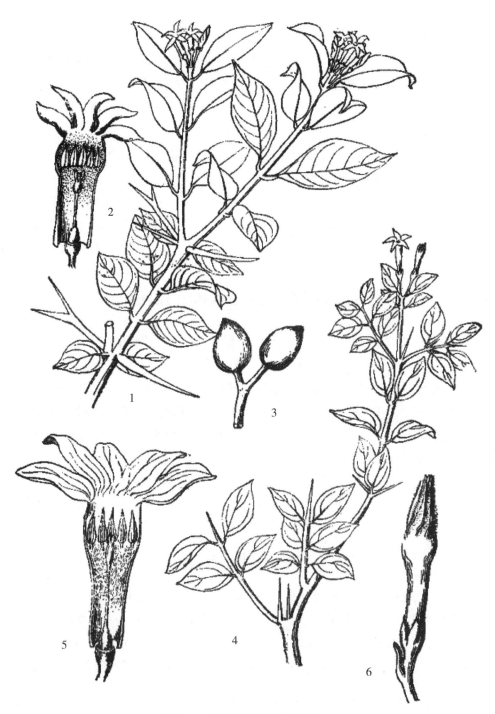

图495 假虎刺和云南假虎刺

1—3.假虎刺 *Carissa spinarium* Linn.

1.花枝 2.花冠展开（示雄蕊和雌蕊着生位置） 3.浆果

4—6.云南假虎刺 *C. yunnanensis* Tsiang et P. T. Li

4.花枝 5.花冠展开（示雄蕊和雌蕊着生位置） 6.花蕾

扁平；叶柄长2—3毫米。3—7花组成聚伞花序；花白色，长1.5厘米；萼片披针形，长2.5毫米，宽1毫米，外被柔毛，内面无腺体；花冠高脚碟状，花冠筒长1厘米，内面被柔毛，裂片5，向右覆盖，长7毫米，宽1.5毫米，无缘毛；雄蕊着生于花冠筒上部；花柱细长，柱头增粗呈短圆柱形，顶端2裂，有毛。浆果卵形，椭圆形，长5—8毫米，粗4—6毫米，成熟时紫黑色，内有种子2枚。种子盾状具皱纹，长约5毫米。花期3—5月，果期10—12月。

产开远、建水、蒙自、峨山、元江、禄丰等地，生于海拔1600米以下的河谷、山坡灌木丛中。贵州、四川有分布；印度、斯里兰卡、缅甸也有。

种子繁殖或插条繁殖。

常栽培于园圃四周作绿篱，以防牲畜毁坏农作物。

2.云南假虎刺　图495

Carissa yunnanensis Tsiang et P. T. Li（1973）

产鹤庆，生于山地灌木丛中。

2. 狗牙花属 Ervatamia（A. DC.）Stapf

直立灌木或小乔木。叶腋内假托叶针状或半圆形，扁平，基部扩大而合生。叶对生，卵状圆形至长圆形，羽状脉。聚伞花序腋生，二至三出，少数退化为单花。花萼5深裂，裂片双盖覆瓦状排列，内面基部腺体存在或否；花冠白色，裂片向左覆盖；雄蕊5，着生于花冠筒内壁上；花丝短；花药长圆形，基部圆，腹部与柱头分离；无花盘；子房上位，由2心皮组成，每心皮有胚珠多数；花柱合生，柱头头状，顶端通常2裂。蓇葖果叉开，外果皮薄革质。种子有假种皮，无毛。

本属约120种，分布于亚洲热带和亚热带地区。我国产15种，3变种，产于西南、华南及台湾。云南产8种，3变种。

分 种 检 索 表

1.花蕾上部卵状或纺锤状，顶部尖。
　2.雄蕊着生于花冠筒中部，花药伸达花冠筒喉部，花冠裂片长圆形 ……………………
　……………………………………………… 1.海南狗牙花 Ervatamia hainanensis
　2.雄蕊着生于花冠筒近基部；花药伸达花冠筒中部 ……………………………………
　………………………………………………………2.扇形狗牙花 E. flabelliformis
1.花蕾上部近球状，先端圆。
　3.花冠筒中部膨大；雄蕊着生于花冠筒近中部；假托叶基部合生 ……………………
　……………………………………………………………… 3.中国狗牙花 E. chinensis
　3.花冠筒喉部膨大；雄蕊着生于近花冠筒喉部；假托叶卵形。
　　4.花序纤细；花冠无毛，花冠筒直径仅1毫米，子房无毛 ……………………………
　　………………………………………………………………4.纤花狗牙花 E. tenuiflora

4.花序粗壮，花冠裂片外面被柔毛，花冠筒直径5毫米，子房被长硬毛 ……………
………………………………………………………5.云南狗牙花 E. yunnanensis

1.海南狗牙花

Ervatamia hainanensis Tsaing（1963）

产蒙自，生于海拔100—900米的山地林下或灌丛中。广西、广东、海南有分布。

根入药，降压功能胜于萝芙木，并用于风湿骨痛、跌打瘀肿，乳痈、疖肿、毒蛇咬伤等。

2.扇形狗牙花（分类学报）

Ervatamia flabelliformis Tsiang（1963）

产镇康、耿马至勐腊，生于海拔1000—1600米的山地灌丛中。广西有分布。

3.中国狗牙花（分类学报）

Ervatamia chinensis（Merr.）Tsiang（1963）

产勐腊、屏边，生于山地林下。广西有分布。

4.纤花狗牙花（分类学报）

Ervatamia tenuiflora Tsiang（1963）

产屏边，生长于海拔1000—1500米的常绿阔叶林中。广西有分布。

5. 云南狗牙花（分类学报）图496

Ervatamia yunnanensis Tsiang（1963）

乔木或灌木，高达8米。假托叶卵形，长约2毫米，基部合生。叶纸质，倒卵状椭圆形或椭圆形，长13—25厘米，宽5—8.5厘米，先端短渐尖，基部楔形，侧脉8—12对；叶柄长5—10毫米。聚伞花序伸长或为假伞房花序，二至三歧，具20—35花；花序梗长9—14.5厘米，花蕾上部呈球形；花萼内面具少数腺体，萼片长2毫米，有缘毛；花冠白色，外被微柔毛，冠筒长2厘米，喉部膨大，裂片长圆状镰形，长10毫米，宽5毫米，边缘波状，有缘毛；雄蕊着生于花冠筒上部；子房、花柱和柱头具有长硬毛，柱头2裂。蓇葖果双生，平展或90°—200°叉开，圆柱形，或长纺锤形，长3—5厘米，粗5—15毫米，先端具短喙，基部有短梗。种子长圆形，长1.5厘米，宽5毫米。花期5—6月，果期7—12月。

产西双版纳、普洱、金平、屏边，生于海拔1000—1700米的常绿阔叶林内。广西有分布。

种子繁殖或扦插繁殖。种子宜随采随播。

3. 鸡蛋花属 Plumeria Linn.

小乔木。枝条粗壮，近肉质，有乳汁，叶互生，具长柄，羽状脉。聚伞花序顶生，2—

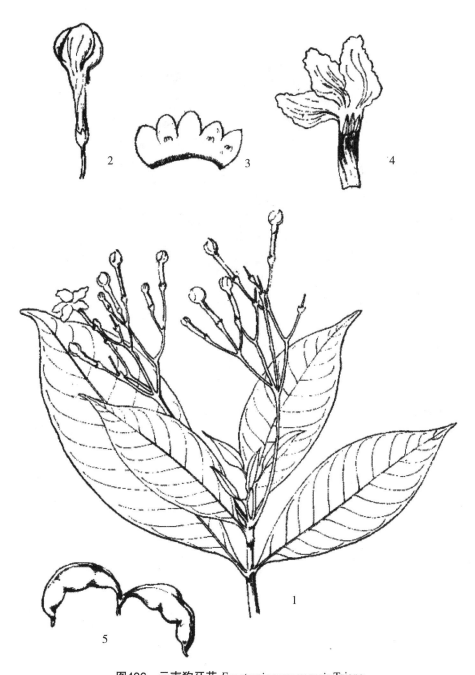

图496 云南狗牙花 *Ervatamia yunnanensis* Tsiang

1.花枝 2.花蕾 3.花萼展开示腺体 4.花冠一部分（示雄蕊着生位置） 5.果实

图497 鸡蛋花 *Plumeria rubra* Linn. cv. Acutifolia

1.花序 2.叶枝 3.花冠展开（示雄蕊着生位置） 4.蓇葖果 5.种子

3次分歧，多花。花萼小，5裂，裂片双盖覆瓦状排列，内面无腺体；花冠漏斗状，红色，或白色黄心，花冠筒圆筒形，喉部无副花冠，裂片5，向左覆盖；雄蕊5，着生于花冠筒基部，花丝短，花药长圆形，内藏，基部圆，与柱头分离；子房半下位，由2离生心皮组成，花柱短，柱头长圆形，顶端浅2裂，每心皮有胚珠多数，着生于子房腹缝线的胎座上。蓇葖双生，通常广叉，狭圆锥形。种子倒生，长圆形，扁平，顶端具膜翅。

本属约7种，原产热带美洲，亚洲热带和亚热带地区广为引种。我国引种1种和1栽培变种；云南也栽培。

1.鸡蛋花（栽培种）图497

Plumeria rubra Linn. cv. Acutifolia（1974）

小乔木，高5米；有丰富乳汁。幼枝粗壮，无毛。叶厚纸质，长圆状倒披针形，长20—40厘米，宽7—11厘米，侧脉30—40对，几乎平行，未达叶缘面网结；叶柄长4.5—7厘米，上面沟槽基部具腺体。顶生聚伞花序长16—25厘米，无毛，总花梗肉质，绿色，长11—18厘米；小花梗淡红色，长2—2.7厘米；萼片小，卵状圆形，不张开；花冠外面白色，内面黄色，裂片左侧有淡红色斑纹；花冠筒长1—1.2厘米，外面无毛，内面密被柔毛，裂片宽倒卵形，长3—4厘米，宽2—2.5厘米；雄蕊长约3毫米；心皮无毛。蓇葖果双生，圆筒状，长约11厘米，径1.5厘米，无毛。种子斜长圆形，扁平，长2.1厘米，宽1厘米，顶端有长达2厘米的膜翅。花期5—10月。

各地公园栽培；广东、广西、福建、台湾都有引种。

用插条或压条繁殖，极易成活。

花大美丽，是一种较好的观赏植物。花入药，有治湿热下痢、解毒、润肺的功能。

4.黄花夹竹桃属 Thevetia Linn.

灌木或小乔木；有乳汁。叶互生，羽状脉。聚伞花序顶生或腋生；花大，花萼5深裂，裂片三角状披针形，内面基部有腺体；花冠漏斗状，花冠筒短，花喉部有5被毛的副花冠裂片；花冠裂片5；雄蕊5，着生于花冠筒的喉部，花药卵圆状，基部圆，腹部与柱头分离；无花盘；子房上位，2室，2深裂，每室有胚珠2，花柱伸长，柱头圆头状或陀螺状，顶端2裂。核果坚硬，内果皮木质，2室，每室有种子2。种子无毛。

本属约15种，产于热带非洲；现广植于世界热带及亚热带地区。云南栽培1种。

1.黄花夹竹桃（广州）　铁菱角（蒙自）、"树都拉"（傣族语）、杨柳树（元谋）图498

Thevetia peruviana（Pers.）K. Schum（1895）

Cerbera peruviana Pers.（1805）

常绿小乔木，高达5米，全株无毛；树皮棕褐色，皮孔明显，枝条柔软，小枝下垂，有乳汁。叶近革质，线形至线状披针形，长10—15厘米，宽5—12毫米，两端尖，叶上面亮绿色，边缘稍卷，侧脉不明显；叶无柄。顶生聚伞花序长5—9厘米；总花梗长2—4厘米；萼

图498　黄花夹竹桃 *Thcvetia peruviana*（Pers.）K. Schum.

1.花枝　2.果

片三角形，长5—9毫米，宽1.5—3毫米，绿色；花冠黄色，漏斗状，花冠筒长2—2.5厘米，裂片5，倒卵形，长4厘米，宽2厘米；副花冠着生于花冠筒喉部，分裂为5鳞片状裂片，被毛，雄蕊花丝丝状，花药卵形，子房无毛。核果三角状球形，直径2.5—4厘米，内果皮木质。种子长圆形，坚硬。花期5—12月，果翌年成熟。

栽培于德宏、西双版纳、元江、元谋、蒙自、开远、文山，适于海拔1500米以下的干热环境，但在海拔1965米的下关也生长良好。广西、广东、福建、台湾等省（自治区）有栽培；原产热带非洲。

果仁含多种强心甙，制成片剂和针剂强心灵（黄夹甙），为一种良好的强心药，用于心力衰弱、左心衰竭、心动过速和心房纤颤。乳汁、花、根及茎皮均含强心甙，用于强心，但有大毒，注意慎用。种子含油44.8%，可制肥皂。也是一种良好的观赏树种。

5. 蕊木属 Kopsia Bl.

乔木或灌木；有乳汁。叶对生，羽状脉。聚伞花序顶生，花多数；花序梗和花梗通常具苞片；花萼裂片5，双盖覆瓦状排列，内面基部无腺体；花冠白色或红色，高脚碟状，花冠筒细长，裂片5，向右覆盖；雄蕊5，着生于花冠筒中部以上；花药长圆状披针形或卵状圆形，顶端不伸出花冠喉外，基部圆，花丝短；花盘为2舌状物，与心皮互生；子房上位，由2离生心皮组成，每心皮有胚珠多数；花柱细长；柱头增厚。核果双生，倒卵形或长圆纺锤形，内有种子1—2。种子长圆形。

本属约30种，分布于亚洲热带，从印度至菲律宾和印度尼西亚。我国有4种，产广东、广西和云南。云南有1种。

1. 云南蕊木 梅桂、"马蒙加锁"（傣族语）图499

Kopsia officinalis Tsiang et P. T.Li（1973）

乔木，高10米以上；树皮灰褐色。幼枝略有微毛，老枝无毛。叶腋间或叶腋内有线状钻形的腺体。叶坚纸质，椭圆状长圆形或椭圆形，长12—24厘米，宽3.5—6厘米，先端短渐尖，基部楔形，侧脉约20对；叶柄粗壮，长1—1.5厘米。聚伞花序排成复总状，花多数，花序梗长14厘米，粗壮，被微毛；小花梗长3—4毫米，苞片和小苞片卵状长圆形，长5—7毫米，宽2毫米；萼片卵状长圆形，长4毫米，宽2毫米，有缘毛，内面无腺体；花冠白色，花冠筒圆筒形，上部稍膨大，内面具长柔毛；裂片披针形，长1.9厘米，宽5毫米；雄蕊生花冠筒喉部，花盘舌状体披针形，比心皮长；每心皮有胚珠2，倒生，花柱长2.5厘米，柱头增粗为短柱状。核果2，长圆纺锤形，长3.5厘米，粗2厘米。种子长2.2厘米，宽1.2厘米。花期4—9月，果期9—12月。

产西双版纳，生长于海拔500—800米的疏林或溪畔。

种子繁殖，去果肉洗净阴干后播种。

树皮、果实和叶入药；树皮主治水肿；果实和叶有消炎止痛、舒筋活络的功能，可用于咽喉炎、扁桃腺炎、风湿骨痛、四肢麻木。

图499 云南蕊木 *Kopsia officinalis* Tsiang et P. T. Li.
1.花枝 2.花冠展开（示雄蕊着生位置） 3.花萼展开 4.雌蕊和花盘 5.核果

6. 萝芙木属 Rauvolfia Linn.

灌木或乔木。叶腋内及叶腋间有腺体。叶对生，轮生，羽状脉。聚伞花序伞房状或伞形，二至三歧，顶生或腋生；花萼钟状，5裂，裂片双盖覆瓦状排列，内面无腺体；花冠高脚碟状、钟状或坛状，花冠筒中部或喉部膨大，内面通常被柔毛，裂片5，向左覆盖；雄蕊5，着生于花冠筒中部或喉部，花丝短，花药长圆形；花盘环状或杯状，顶端全缘或5浅裂；子房上位，心皮2，分离或合生，花柱1，丝状，柱头棒头状或头状，每心皮有胚珠1—2。核果2，合生或离生，具1种子。

本属约135种，分布于美洲、非洲、亚洲及大洋洲各岛屿，我国产12种。云南有6种。

1.萝芙木 "麻木端"（傣族语）、三叉叶、矮青木、马蹄根、羊尿根 图500

Rauvolfia verticillata（Lour.）Baill.（1888）

Dissclena verticillata Lour.（1790）

灌木，高2—3米；无毛，茎皮灰白色。幼枝绿色，老枝有皮孔。叶膜质，3—4轮生，稀对生，椭圆形，长圆形，或披针形，长2.5—6厘米，宽1.3—3厘米，先端渐尖，基部楔形；侧脉6—15对，弧曲上升；叶柄长1厘米。顶生聚伞花序集成伞形；花序梗长2—6厘米。花小，白色；萼片三角形；花冠筒长10—18毫米，中部膨大；裂片近圆形，长3.5毫米；花药长1.3毫米；花盘环状，高达子房一半；子房心皮离生，花柱1，细长，柱头棍棒状，基部有环状的膜。核果2，离生，卵状圆形或近圆筒状纺锤形，长约1厘米，径5毫米，成熟后紫黑色。种子表面有皱纹。花期2—10月。

产景东、景洪、勐海、勐腊、西畴、砚山、富宁等地，生长于海拔1200米以下的溪边、林缘、山坡灌丛或阴湿林下。广西、贵州、广东、台湾有分布；越南也有。

种子繁殖，最好随采随种。播前先进行催芽。挖坑深18—20厘米，铺砂3厘米许，铺放种子与砂混合物约9厘米厚，上盖3—5厘米厚的细砂，并盖稻草，经常保持湿润。种子萌发后取出，进行条播，行距10—15厘米，间距1.5—2厘米，覆土1.5厘米厚。苗高12—15厘米时进行定植。

根入药，有小毒，有镇静、降压、活血止痛、清热解毒的功能；用于高血压、头痛、眩晕、失眠、高热不退；外用于跌打损伤、毒蛇咬伤。

7. 鸡骨常山属 Alstonia R. Br.

乔木或灌木；有乳汁。枝轮生。叶通常3—4（8）轮生，少数对生，侧脉多数，密生近平行。花白色、黄色或红色，多花组成顶生或近顶生的伞房花序式的聚伞花序；花萼短，裂片5，双盖覆瓦状排列，内面无腺体；花冠高脚碟状，花冠筒中部以上膨大；喉部无副花冠，被柔毛或近无毛，花冠裂片5，向左覆盖；雄蕊5；内藏，花药长圆形；花盘分裂为2舌状体，并与心皮互生；子房有心皮2，离生，每心皮有胚珠多数，花柱1，丝状，柱头棒

图500 萝芙木 *Rauvolfia verticillata*（Lour.）Baill.
1.花枝 2.花冠展开（示雄蕊着生位置） 3.雌蕊

状，顶部2裂，蓇葖果双生，叉开或平行。种子扁平，两端或一端有长毛。

本属约50种，分布于非洲、亚洲热带和大洋洲。我国有6种，产台湾、广东、广西、贵州和云南。云南产4种。

分 种 检 索 表

1.乔木；花盘环状，子房密被茸毛；叶长7—28厘米，宽2—11厘米 ·····················
···1.糖胶树 Alstonia scholaris
1.灌木；花盘分裂为2舌状体，子房无毛；叶长6—18.5厘米，宽1.3—4.8厘米··········
···2.鸡骨常山 A. yunnanensis

1.糖胶树　"卖别丁"（傣族语）、面条树、灯台木、细口袋花、理肺散、大矮陀陀、大树将军　图501

Alstonia scholaris（Linn.）R. Br.（1811）
Echites scholaris Linn.（1767）

乔木，高约10米，胸径约30厘米，枝轮生。叶3—8轮生，倒卵状长圆形，倒披针形或匙形，稀椭圆形或长圆形，长7—28厘米，宽2—11厘米，先端圆形、钝或微凹，少数急尖或渐尖，基部楔形，侧脉25—50对，几乎平行，至叶缘连结。花序顶生，聚伞花序数枚束生，多花，被柔毛；花白色，萼片卵形，二面被短柔毛；花冠筒长6—10毫米，中部以上膨大，内面被柔毛，裂片长圆形，长圆状卵形，长2—4毫米，宽2—3毫米；雄蕊生于冠筒的膨大处；花盘杯状；子房密被柔毛。果双生，圆柱形，长20—57厘米，粗2—5毫米。种子棕红色，长圆形，两端具长1.5—2厘米的长毛。花期6—11月。

产西双版纳、蒙自、河口、西畴、麻栗坡、砚山、富宁，生长于海拔160—1000米的山地疏林、沟边；台湾、广东、广西有栽培。分布于印度、斯里兰卡、缅甸、泰国、柬埔寨、越南、菲律宾、马来西亚、印度尼西亚至澳大利亚。

种子繁殖。育苗植树造林或直播造林均可。

茎、叶的白色乳汁可作橡胶及口香糖原料。根、树皮、叶均含吲哚类生物碱，有毒，入药有消炎止痛，化痰止咳的功效；用于支气管炎、百日咳、胃病、腹泻、疟疾；外用治跌打损伤。

2.鸡骨常山　三台高、野辣子、四角枫、永固生、红花岩托

Alstonia yunnanensis Diels（1912）

产贡山、泸水、镇康、普洱、大理、澄江、昆明、嵩明、禄劝等地，生于海拔1100—2400米的山坡或沟谷地灌丛中。

8.盆架树属　Winchia A. DC.

常绿乔木；有乳汁。枝轮生。叶对生或轮生，侧脉密集，几乎平行。聚伞花序顶生，多花；花萼5裂，裂片双盖覆瓦状排列，内面基部无腺体；花冠高脚碟状，花冠筒圆筒状，

中部膨大，内面喉部被柔毛，花冠裂片5，向左覆盖；雄蕊5，着生于花冠筒中部，花丝贴生，花药披针形，内藏；无花盘；子房上位，心皮2，合生，每心皮有胚珠多数，花柱丝状，柱头根棒状，顶部2裂。蓇葖果双个合生，种子两头有毛。

本属约2种，分布于亚洲热带。我国有1种，产海南和云南。

1.盆架树　野橡胶、马灯盆　图502

Winchia calophylla A. DC.（1844）

常绿乔木，高达30米，胸径达1.2米；树皮淡黄色至灰黄色，有纵裂条纹，内皮黄白色；乳汁有浓烈的腥甜味。叶3—4轮生，稀对生，薄革质，长圆状椭圆形，长7—20厘米，宽2.5—4.5厘米，先端尾状渐尖或急尖，基部楔形或钝，叶上面亮绿色，下面浅绿色，稍带灰白色，无毛，侧脉20—50对，横出；叶柄长1—2厘米。花序长约4厘米，花序梗长1.5—3厘米；萼片卵圆形，长达1.5毫米；花冠白色，花冠筒长5—6毫米，外面被微毛，内被长柔毛，裂片宽椭圆形，长3—5毫米，宽约2.5毫米，被毛，花药长1—1.5毫米；心皮合生，无毛，花柱长约3毫米。蓇葖果并生，线状圆柱形，长达35厘米，径达1.2厘米。种子长椭圆形，长约1厘米，径约4毫米，两端具棕黄色长毛。花期4—7月。

产景洪、勐海，生于海拔650—1400米的常绿阔叶林、沟谷热带雨林中。海南有分布；印度、缅甸至印度尼西亚也有。

种子繁殖或扦插育苗。种子宜随采随播，苗床应适当遮阴。

木材浅黄色，纹理通直，结构细致，质软而轻，适于作文具、小家具、箱板、床板、木屐等用材。树形美观，可作四旁绿化及观赏树种。

9. 夹竹桃属 Nerium Linn.

直立灌木；含水液。叶轮生，稀对生，羽状脉，密生而平行，叶下面干后有洼点。伞状聚伞花序顶生；花萼5裂，裂片双盖覆瓦状排列，内面基部有腺点；花冠漏斗状，红色，栽培的有白色或黄色，喉部具有副花冠，副花冠5裂，裂片上缘撕裂状，花冠裂片5，向右覆盖，或重瓣；雄蕊5，着生于花冠筒中部以上，花丝短，花药箭头状，基部耳状，中部贴生于柱头上，药隔伸长成丝状并被有长柔毛；无花盘；子房上位，心皮2，离生，花柱丝状或中上部加粗，柱头近球状，基部具膜质环，顶部有尖头，每心皮胚珠多数。蓇葖双生，长圆柱形。种子长圆形，种皮被短柔毛，顶端具白色绢毛。

本属约4种，分布于地中海沿岸至亚洲热带。我国栽培2种。云南栽培1种。

1.夹竹桃（李卫竹谱）　白羊桃（楚雄）图503

Nerium indicum Mill.（1786）

常绿灌木，高达5米。枝条灰绿色，含水液。叶3—4轮生，枝下部的对生，狭披针形，长11—15厘米，宽2—2.5厘米，侧脉达120对，密生而平行，极纤细，直达叶缘；叶柄长5—8毫米。聚伞花序具数花，花序梗长约3厘米，被微毛；花梗长达1厘米；苞片披针形；萼片

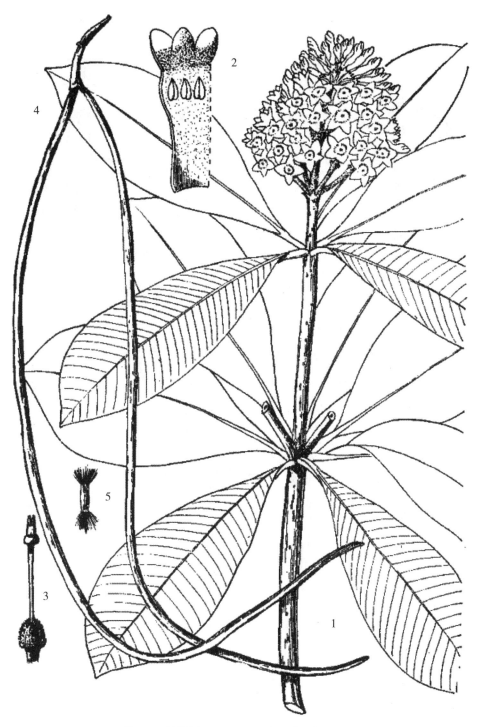

图501 糖胶树 *Alstonia scholaris*（L.）R. Br.

1.花枝 2.花冠展开（示雄蕊着生位置） 3.雌蕊 4.蓇葖果 5.种子

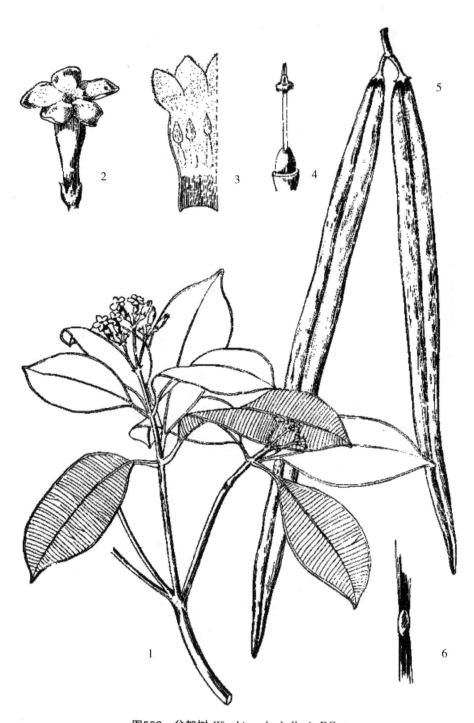

图502 盆架树 *Winchia calophylla* A. DC.

1.花枝　2.花　3.花冠展开（示雄蕊着生位置）　4.雌蕊　5.蓇葖果　6.种子

图503 夹竹桃 *Nerium indicum* Mill.
1.花枝　2.花冠展开（示副花蕊和雄蕊着生位置）　3.蓇葖果

披针形，长3—4厘米，宽约2毫米，红色；花冠深红色或粉红色，栽培的有白色或黄色的；花冠5裂，漏斗状，长和直径约3厘米，花冠筒长1.6—2厘米，内面被长柔毛，花冠裂片倒卵状，长1.5厘米，宽1厘米，先端圆形，重瓣花的花冠裂片15—18，排成3轮，内轮漏斗状，外两轮辐状，分裂至基部或每2—3片基部合生；副花冠生花冠筒喉部，并伸出喉部之外，每裂片顶端撕裂；雄蕊着生于花冠筒中部以上，花丝被长柔毛，花药顶端渐尖，药隔延长呈丝状，被柔毛，子房被柔毛；花柱丝状，柱头近球形，顶端急尖。蓇葖果圆柱状，两头渐狭，长10—23厘米，直径6—10毫米，双生，平行。种子长圆形，种皮被锈色短柔毛，顶端种毛长约1厘米。花期四季。

栽培于云南各地。全国各省（区）均有栽培。原产伊朗、印度、尼泊尔。

扦插、压条繁殖。春季或雨季剪取枝条长15—20厘米，每20根扎成一捆，浸入20℃清水中，入水1/3处，勤换水，待入水部分枝条发白，顶端开始发黏时，取出插于苗床中。也可在水中浸30—40天，生根后取出插于砂床中，注意遮阴。压条繁殖于雨季进行，切破干皮，将枝条压入土中，经60天可生根分离。

茎皮纤维可供纺织，种子油可作润滑剂；叶和茎皮可提强心甙，供药用，但有剧毒，需慎用。花期长，叶常绿，为较好的观赏植物。

10. 倒吊笔属 Wrightia R. Br.

乔木或灌木；有乳汁。叶对生，腋内有腺体。聚伞花序顶生或近顶生；花萼5深裂，裂片双盖覆瓦状排列，内面基部有鳞片状腺体；花冠高脚碟状或近高脚碟状，漏斗状或近漏斗状，辐状或近辐状，花冠筒圆筒状至钟状，喉部紧缩或膨胀，花冠裂片5，向左覆盖；副花冠舌状、流苏状、齿状或杯状，顶部全缘或近全缘，浅裂至深裂；雄蕊5，着生于花冠筒内壁中部至喉部，有时近基部，花药箭头状，基部有耳，内藏或伸出花冠筒外，腹部粘贴在柱头上；无花盘；心皮2，离生或近贴生，每心皮有胚珠多数，花柱上部膨大，柱头头状，顶端全缘或2裂。蓇葖果2，离生或贴生。种子长纺锤形，倒生，顶端有种毛，胚直立。

本属约30种，分布于全世界热带，从东非经亚洲至澳大利亚的东北部。我国产6种。云南有5种。

分 种 检 索 表

1.叶下面密被柔毛或绒毛。
  2.叶下面密被柔毛；花冠裂片无颗粒状凸起 ……………………… 1.倒吊笔 W. pubescens
  2.叶下面密被绒毛；花冠裂片有颗粒状凸起 ………………………………………………………
  …………………………………………………………………… 2.胭木 W. tomentosa
1.叶下面无毛或仅叶脉上被微毛。
  3.花红色，副花冠杯状；果的两个心皮贴生 ……………… 3.云南倒吊笔 W. coccinea
  3.花白色或淡黄色，副花冠流苏状或舌状；果的两个心皮离生。

4.副花冠由25—35鳞片组成，呈流苏状 ·· **4.蓝树** W. laevis

4.副花冠由10鳞片组成，呈舌状 ·· **5.个溥** W. sikkimensis

1.倒吊笔　图504

Wrightia pubescens R. Br.（1810）

乔木，高达20米，胸径达60厘米；树皮黄灰色，浅裂。枝圆柱形，小枝被黄色柔毛，老时毛渐脱落，密生皮孔。叶对生，坚纸质，长圆状披针形或卵状长圆形，长2.5—15厘米，宽2—6.5厘米，大小变化很大，通常每小枝有叶3—6对，先端短渐尖，基部急尖至钝，上面暗绿色，被微柔毛。下面灰绿色，密被柔毛，侧脉约10对，下面隆起，网脉纤细；叶柄长1厘米，被柔毛、聚伞花序长约5厘米，被柔毛，有6—8花；花梗长约1厘米；萼管长7毫米，微被柔毛，裂片三角形；花冠白色或带粉红色，冠管长5毫米，裂片长圆形，长15毫米，宽7毫米；副花冠为10鳞片所组成，其中5枚狭披针形，生于花冠裂片上，与花冠裂片对生，长8毫米，先端通常具3小齿，其余5枚线形，先端2深裂，与花冠裂片互生，长6毫米；雄蕊外露，被毛，花柱丝状，柱头卵形。蓇葖果2心皮贴生，线状圆柱形，长15—30厘米，粗1—2厘米，灰褐色。种子长纺锤形，黄褐色，种毛长达3.5厘米。花期4—8月。

产耿马、勐海、勐腊，生于海拔500—1000（1500）米的热带雨林和稀树林中。广东、广西、贵州有分布；印度、泰国、越南、柬埔寨、马来西亚、菲律宾、印度尼西亚至澳大利亚也有。

种子繁殖或扦插育苗。育苗应随采随播。

木材纹理通直，结构细致，材质稍软而轻，加工容易，干燥后不开裂、不变形，适于作精巧的上等家具、天花板、门板、高级轻箱板、铅笔杆、图章、雕刻用材。韧皮纤维可作人造棉、造纸原料。根和树皮入药，有祛风活络、散结化痰的功能，用于颈淋巴结核、黄胆性肝炎。

2.胭木　毛倒吊笔（云南种子植物名录）图504

Wrightia tomentosa Roem. et Schult.（1819）

Nerium tomentosum Roxb.（1814）

乔木，高达15米。小枝苍白色至褐色，被短柔毛，有皮孔。叶椭圆形，宽卵圆形至宽倒卵形，长6—18厘米，宽3.5—8.5厘米，先端急尖至尾状短尖，基部宽楔形，上面被短柔毛至无毛，下面被绒毛或密被柔毛，侧脉10—15对；叶柄长3—10毫米，密被短柔毛。聚伞花序顶生，被短柔毛，花序梗长0.5—2厘米；花梗长1—1.5厘米；萼片阔卵形，长约3毫米，两面被短柔毛，内面基部有卵圆形的腺体；花冠淡黄色至粉红色或深红色，辐状至近辐状，花冠筒长3—7毫米，无毛，花冠裂片5，卵圆形或倒卵形，先端钝或圆形，具乳突；副花冠由10鳞片组成，鳞片短于花药，先端具齿，无毛；雄蕊5，生花冠筒喉部，花药外露；心皮贴生，长1.5毫米，无毛，花柱丝状，柱头头状，蓇葖果2，贴生，长圆柱形，两头稍狭，长14—21厘米，直径3—4厘米，密生白色斑点。种子线状纺锤形，长2厘米，顶部种毛长3.5厘米，花期5—10月，果期8—3月。

图504 倒吊笔和胭木

1—5.倒吊笔 *Wrightia pubescens* R. Br. 1.花枝 2.花 3.雌蕊和花萼 4.蓇葖果 5.种子

6—7.胭木 *W. tomentosa*（Roxb.）Roem. et Schult. 6.花 7.蓇葖果

产勐腊、景洪、勐海、澄江，生于海拔200—1500米的山地沟谷林中。分布于广西、贵州；印度、缅甸、泰国、马来西亚也有。

营林技术、材性及经济用途与倒吊笔略同。

3.云南倒吊笔　图505

Wrightia coccinea（Roxb.）Sims（1826）

Nerium coccineum Roxb.（1820）

乔木，高约8米；树皮和枝条灰白色至褐色，无毛，具皮孔。叶膜质，椭圆形至卵圆形，长5—10厘米，宽3.5—7.5厘米，先端尾状渐尖，基部急尖至钝，两面无毛，或下面脉上具微毛，侧脉8—14对；叶柄长5毫米，被微柔毛。花单生，或数朵组成聚伞花序顶生；花序梗和花梗长3—5毫米，被微柔毛，苞片叶状，无毛；萼片宽卵形，长5—9毫米，仅边缘有缘毛，内面基部有腺体；花冠红色，高脚碟状，无毛，裂片倒卵形，先端钝，密生乳突；副花管杯状，顶端浅裂，基部合生，短于花药，长5毫米；雄蕊着生于花冠筒近喉部，花药外露，长1厘米，背面被柔毛，花丝短，仅外面被柔毛；心皮贴生，长2毫米，无毛，花柱丝状，柱头头状。蓇葖果2，粘生，圆柱状，长14—20厘米，无毛，具白色斑点。种子线形，长2厘米，顶端种毛长3.5厘米。花期1—5月，果期6—12月。

产西双版纳，生于海拔300—1800米的密林中。印度、孟加拉国、缅甸有分布。

营林技术、材性及经济用途与倒吊笔路同。

4.蓝树（海南）图506

Wrightia laevis Hook. f.（1882）

乔木，高8—20米；有乳汁，树皮深灰色。小枝棕褐色，有皮孔，叶薄纸质，长圆状披针形至椭圆形，稀卵形，长7—18厘米，宽2.5—8厘米，先端渐尖至尾状渐尖，基部楔形，侧脉5—9对，干后呈缝纫机轧孔状的皱纹；叶柄长5—7毫米。聚伞花序顶生，长6厘米，花序梗长1厘米，被微柔毛至无毛；花梗长1—1.5厘米，被微柔毛至无毛；萼片卵形，长1毫米，先端钝或圆，内面基部有卵形的腺体；花冠白色，漏斗状，花冠筒长1.5—3毫米，花冠裂片椭圆状长圆形，长5.5—13.5毫米，宽3—4毫米，有乳头状凸起，副花冠由25—35鳞片组成，呈流苏状，顶端条状，基部合生，被微柔毛，雄蕊着生于花冠筒顶端，花药长5毫米，被微柔毛；心皮离生，无毛，花柱丝状，柱头头状，蓇葖果2，离生，圆柱状，长20—35厘米，粗7毫米，有斑点。种子线状披针形，长1.5—2厘米，顶端种毛长2—4厘米。花期4—8月，果期7月至翌年3月。

产西双版纳、富宁，生长于山坡林内。分布于广东、广西、贵州；印度、缅甸、泰国、越南、马来西亚、菲律宾、印度尼西亚、澳大利亚也有。

营林技术、材性及经济用途与倒吊笔略同。

根、叶入药，用于跌打、刀伤止血。叶可作蓝色染料。

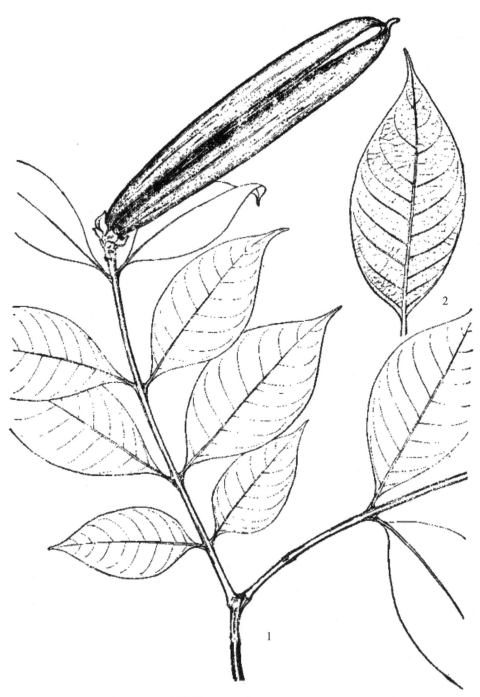

图505 云南倒吊笔 *Wrightia coccinea* (Roxb.) Sims
1.果枝 2.叶下面

图506 蓝树和个溥

1—5.蓝树 *Wrightia laevis* Hook. f.　1.花枝　2.花　3.雌蕊　4.蓇葖果　5.种子

6—10.个溥 *W. sikkimensis* Gamble

6.叶片　7.花　8.花萼展开（示腺体）　9.花冠展开（示副花冠）　10.雄蕊

5.个溥（广西）图506

Wrightia sikkimensis Gamble（1908）

乔木，高达10米；有乳汁。小枝灰褐色，被微柔毛至无毛。叶椭圆形至长圆形，稀倒卵形，长6—17厘米，宽3—6厘米，先端渐尖具长尾，基部楔形，叶上面被疏微柔毛，老渐无毛，下面脉上被微柔毛，侧脉9—15对；叶柄长5毫米，被柔毛。聚伞花序顶生，被微柔毛，花序梗长1—3厘米；花梗长1厘米，苞片线状卵圆形；萼片卵状三角形，比花冠筒长，长3毫米，外面被微柔毛，内面有卵形腺体；花冠淡黄色，花冠筒长2—2.5毫米，裂片长圆形至长倒卵形，长12—14毫米，宽5毫米，有乳头状凸起；副花冠由10鳞片组成，无毛，2型，着生于花冠裂片基部的鳞片长6毫米，全缘或近全缘，着生于花冠筒上部并与花冠裂片互生，小，长仅2.5毫米，先端2裂；雄蕊生花冠筒顶部，花药被微柔毛；心皮离生，长1.5毫米，无毛，花柱丝状，柱头头状，蓇葖果，双生，离生，圆柱状，长20—35厘米，直径4—7厘米，有斑点，种子线形，长1.5—2厘米，淡黄色，顶端种毛长3—4厘米。花期4—6月，果期6—12月。

产西畴、富宁，生于海拔500—1500米的疏林中。广西、贵州有分布；印度也有。

营林技术、材性及经济价值与倒吊笔略同。

11. 止泻木属 Holarrhena R. Br.

乔木或灌木；有乳汁。叶对生，羽状脉。聚伞花序伞房状，顶生或腋生，多花；花萼小，5裂，内面基部有腺体；花冠高脚碟状，花冠筒圆筒形，在雄蕊着生处稍膨大，花冠筒喉部紧缩，花冠裂片5，长圆形，向右覆盖，无副花冠；雄蕊5，着生于花冠筒近基部，花丝短，花药内藏，与柱头分离；无花盘；子房由2离生心皮组成，花柱丝状，短，柱头顶端全缘或2裂，每心皮有胚珠多数，着生于子房腹缝线的胎座上。蓇葖双生，圆柱状伸长。种子线状长圆形，顶端具有白色绢质种毛；子叶扁平，胚根在上。

本属约20种，分布于非洲和亚洲热带地域。我国（云南、广东、海南、台湾）有1种。

1.止泻木（海南）图507

Holarrhena antidysenterica Wall. ex A. DC.（1844）

乔木，高约10米，胸径20厘米；树皮浅灰色。枝条灰绿色，有皮孔，被短柔毛。叶膜质，宽卵形、近圆形或椭圆形，长10—24厘米，宽4—11.5厘米，两面被短柔毛，下面更密，老渐无毛，侧脉12—15对；叶柄长约5毫米，被短柔毛。花序顶生和腋生，长5—6厘米，被短柔毛，具多花；萼片长圆状披针形，长2毫米，宽1毫米，外面被短柔毛；花冠白色，两面被短柔毛，喉部最密，花冠筒细长，长1—1.5厘米，粗1.5—2毫米，基部膨大，裂片长圆形，长15—17毫米，宽5—6毫米；花丝基部被短柔毛；心皮无毛，柱头长圆形，伸达花丝基部，顶部浅2裂。蓇葖果双生，长圆柱形，长20—43厘米，直径5—8毫米，无毛，有白色斑点。种子线状长圆形，顶端种毛长5厘米。花期4—7月，果期6—12月。

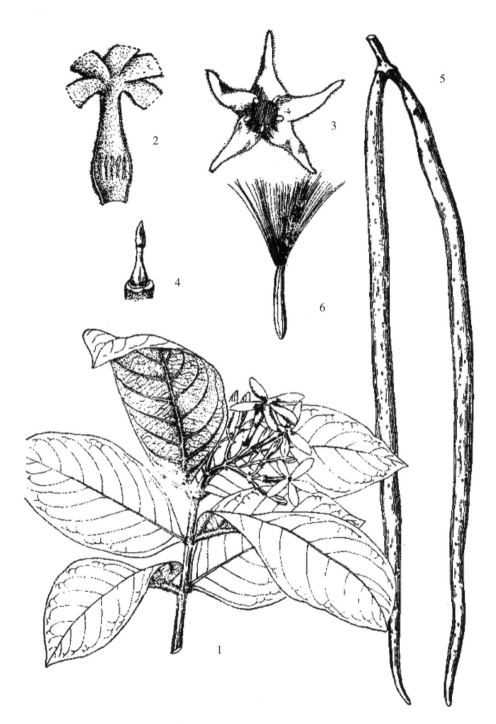

图507　止泻木 *Holarrhena antidysenterica* Wall. ex A. DC.

1.花枝　2.花冠展开（示雄蕊着生位置）　3.花萼展开（示腺体）　4.蓇葖果　5.种子

产耿马、景洪、勐海、勐腊、金平等地，生于海拔500—1000米的山地或沟谷林内。分布于印度、缅甸、泰国、老挝、柬埔寨和马来西亚。

种子繁殖。育苗植树造林。

木材可制梳及模型。树皮入药，有止泻、退热的功能；用于痢疾、高热。

12. 倒缨木属 Paravallaris Pierre ex Hua

灌木或小乔木。叶对生，具羽状脉。聚伞花序伞房状。腋生，花序梗短；花萼5裂，内面基部有腺体；花白色，高脚碟状；花冠筒管状，喉部稍膨大，裂片5，向右覆盖；雄蕊5，着生于花冠喉部，花丝短，花药包围着柱头并粘在柱头上面，长圆形，全部超出花冠喉部，先端渐尖或锐尖，基部矮合；花盘5裂，环绕子房；子房由2离生心皮组成，花柱线形，柱头卵形，每心皮胚珠多数。蓇葖果广叉开。种子倒生，椭圆形具长喙，种毛沿种子的长喙轮生。向上。

本属约3种，分布于我国华南至中南半岛。云南产2种。

分 种 检 索 表

1.除花外，全株无毛 ………………………………………………… 1.倒缨木 P. macrophylla
1.叶下面、叶柄、果梗均被短柔毛 ………………………………2.毛叶倒缨木 P. yunnanensis

1.倒缨木　图508

Paravallaris macrophylla Pierre ex Hua（1904）

小乔木，高约6米；除花外全株无毛。幼枝扁平。叶长圆形或椭圆形，长15—35厘米，宽9—12厘米，先端渐尖或骤狭成尾状，基部楔形，侧脉13—19对；叶柄长7—14毫米。聚伞花序腋生，约10花，花序梗长达1.5厘米；花梗长达2.5厘米，花时下垂；小苞片卵圆形，萼片卵圆形，长3毫米，宽2—2.5毫米，边缘有缘毛，内面基部有腺体；花冠白色，花冠筒基部扩大，内面上部被长柔毛，花冠裂片长圆形，长达1.4厘米，广展，两面被微毛；雄蕊花丝极短；子房无毛，长达2.5毫米，花柱长1厘米，柱头卵形，锐尖，每心皮胚珠6排，每排约7。蓇葖果叉开如人字，长达18厘米，径达9毫米。种子扁平，长18毫米，宽2.5—3毫米，顶端具长喙，种毛长约1厘米。花期5—9月，果期11月至翌年4月。

产澄江、河口，生于海拔1650米以下的山坡疏林中。分布于越南、柬埔寨、老挝。

种子繁殖，宜随采随播。

花冠白色，花序下垂，在热区可用于庭园观赏。

2.毛叶倒缨木　图508

Paravallaris yunnanensis Tsiang et P. T. Li

小乔木，高5米，枝条暗灰色，有瘤状凸起，小枝稍扁，褐色，无毛。叶纸质，长椭圆形，长圆形，长11—25厘米，宽4—8厘米，先端急尖具长达1.3厘米的尾尖，上面深绿色，

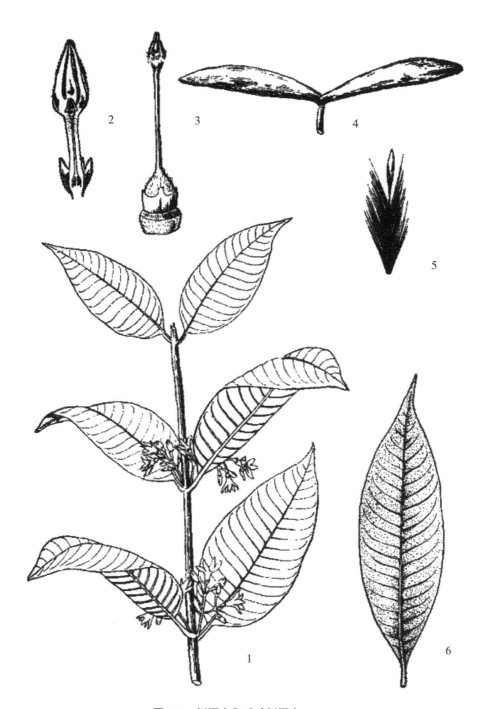

图508 倒缨木和毛叶倒缨木

1—5.倒缨木 *Paravallaris macrophylla* Pierre ex Hua

1.花枝 2.花纵切面 3.雌蕊及花盘 4.菁葵果 5.种子

6.毛叶倒缨木 *P. yunnanensis* Tsiang et P.T. Li 叶片下面（示有毛）

无毛，下面淡绿色，被短柔毛，侧脉17—21对，弯拱上升；叶柄长1厘米，被短柔毛，基部稍粗大，有槽。蓇葖果叉生，线状长圆形，长12—15厘米，径约8毫米，绿色，有纵条纹，无毛，果梗长3厘米，被短柔毛。种子狭长圆形，长2—2.5厘米，径2.5—3毫米，基部急尖，顶端具长喙，喙长4厘米，沿喙密生白黄色绢质种毛，种毛长达5厘米。果期4月。

产西双版纳，生于海拔650米的山地密林中。

繁殖方法、用途与倒缨木略同。

13. 羊角拗属 Strophanthus DC.

小乔木或灌木；枝的顶部蔓延。叶对生，羽状脉。聚伞花序顶生；花较大；花萼5深裂，裂片双盖覆瓦状排列，花萼内面基部有5或更多的腺体；花冠漏斗状，花冠筒下部管状，上部钟状，花冠裂片5，向右覆盖，裂片先端延长成一长尾带状，向外弯垂，少数种类裂片不延长，冠檐喉部的副花冠为10离生舌状鳞片，鳞片先端渐尖或截形，少数微凹；雄蕊6，内藏，花药粘生于柱头上，药隔顶端丝状；无花盘，子房由2离生心皮组成，每心皮有胚珠多数，花柱丝状，柱头棒状，全缘或2裂。蓇葖叉生，长圆形，木质。种子扁平，顶端具细长的喙，沿喙围生白色绢质种毛。

本属约60种，分布非洲热带和亚洲热带。我国产6种。云南有4种，其中2种系栽培。

分 种 检 索 表

1.植株除花外无毛；花冠裂片连同延长的尾带长仅10厘米 ························ ··· 1.羊角拗 S. divaricatus
1.植株被黄色粗硬毛；花冠裂片连同延长的尾带长达18厘米 ·················· ··· 2.箭毒羊角拗 S. hispidus

1.羊角拗（广东）图509

Strophanthus divaricatus（Lour.）Hook. et Arn.（1836）

Pergularia divaricata Lour.（1790）

灌木，高2—3米；全株无毛。小枝有皮孔、叶纸质，长圆椭圆形，长3—10厘米，宽1.5—5厘米，先端短渐尖，基部楔形，侧脉约6对；叶柄长约5毫米。花序无毛，通常具3花，花序梗长5—15毫米；花梗长5—10毫米；苞片和小苞片线状披针形，长5—10毫米；萼片披针形，长8—9毫米，绿色、黄绿色；花冠黄色，漏斗状，花冠筒长1.2—1.5厘米，下部管状，上部钟状，内面被短柔毛；花冠裂片外弯，下部卵状披针形，先端伸长为长达10厘米的尾带；裂片内面基部和花冠喉部有紫红色斑纹；副花冠黄白色，伸出喉部，基部两两合生，先端截平或微凹，长3毫米，宽1毫米；花丝被短柔毛，药隔渐尖成一尾状；心皮无毛，花柱圆柱状，柱头顶端浅2裂。蓇葖果木质，长圆锥形，长10—15厘米，径2—3.5厘米，基部粗大，绿色，干后变黑色，有纵条纹。种子纺锤形，长1.5—2厘米，径3—5

毫米,上部喙状,喙长2厘米,喙上轮生白色绢质种毛,种毛长达3厘米。花期3—7月,果期6月至翌年2月。

产景洪一带,生于海拔1200米左右的疏林中。分布于贵州、广西、广东、福建;越南、老挝也有。

种子繁殖。育苗植树造林。

种子和叶有剧毒,全株各部含强心甙,入药有强心、消肿、止痒、杀虫之功能,用于风湿疼痛、小儿麻痹后遗症、皮癣、腱鞘炎。

2.箭毒羊角拗　图509

Strophanthus hispidus DC.(1802)

西双版纳栽培。原产非洲南部。广西、广东也有栽培。

植株有大毒,尤以种子和乳汁为剧烈。种子可作箭毒药;入药用作强心剂及滤尿剂。

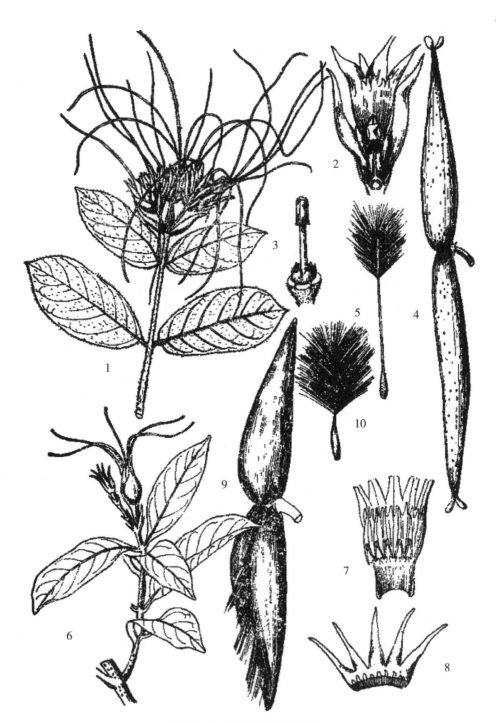

图509　箭毒羊角拗和羊角拗

1—5.箭毒羊角拗 *Strophanthus hispidus* DC.

1.花枝　2.花的纵切面（示花冠、雄蕊及雌蕊）　3.雌蕊　4.蓇葖果　5.种子

6—10.羊角拗 *S. divaricatus*（Lour.）Hook. et Arn.

6.花枝　7.花冠筒展开（示副花冠及雄蕊着生位置）　8.花萼展开（示腺体）　9.蓇葖果　10.种子

257.紫葳科 BIGNONIACEAE

乔木、灌木、稀藤本或草本，常有老茎生花及卷须或气生根现象。叶对生，稀互生，单叶或1—3回羽状复叶；无托叶。花两性，顶生或腋生的单歧总状花序或两歧聚伞状圆锥花序，具苞片及小苞片；花萼钟形、管状或佛焰苞状，全缘或2—5裂，花冠钟状、漏斗状或管状，5裂；雄蕊2—4，2强，着生于花冠管上，花药2室；子房上位，常2室具中轴胎座，有时1室而有多数直立倒生胚珠着生于2裂侧膜胎座上，花柱丝状，柱头2裂。蒴果2裂，室间开裂或室背开裂，细长圆柱形或阔椭圆形扁平，常下垂，稀肉质不裂。种子多数，扁平，常具膜质翅或束毛，无胚乳。

本科约120属，650种，广泛分布于热带、亚热带，少数至温带，但欧洲及新西兰不产。我国有14属，约60余种。云南产13属，36种以上。本志记载10属，13种，1变种，1变型。

分 属 检 索 表

1.蒴果室间开裂。

  2.2—3回羽状复叶。

    3.聚伞状大圆锥花序，花白色，花萼很小，花冠管极细长；蒴果线形，细长 ………… 1.老鸦烟筒花属 Millingtonia

    3.总状花序，花紫红色，花萼大；蒴果长披针形，巨大 ………… 2.千张纸属 Oroxylum

  2.单叶。

    4.花萼肉质，雄蕊及花柱内藏 ………… 3.泡桐属 Paulownia

    4.花萼纸质，雄蕊及花柱明显伸出花冠管外 ………… 4.岩梧桐属 Wightia

1.蒴果室背开裂。

  5.单叶，完全雄蕊2；种子两端有束毛 ………… 5.梓属 Catalpa

  5.羽状复叶；完全雄蕊4；种子具透明膜质翅。

    6.花萼钟形。

      7.2—3回羽状复叶，叶轴具狭翅；隔膜膜质，极薄；种子扁圆形，厚而无翅……… 6.翅叶木属 Pauldopia

      7.1—2回羽状复叶，叶轴完全无翅。

        8.隔膜圆柱形，种子完全陷入隔膜中，种子脱离后有下陷的穴 ………… 7.羽叶楸属 Stereospermum

        8.隔膜扁圆柱形，种子微陷入隔膜中 ………… 8.菜豆树属 Radermachera

    6.花萼佛焰苞状，沿一边开裂。

9.奇数1回羽状复叶；顶生总状花序，不着生于老干上；蒴果长柱形，扁平 ………
………………………………………………… **9.猫尾树属 Dolichandrono**

9.3数2回羽状复叶；短总状花序着生于老干上；蒴果线形，细长 …………………
……………………………………………… **10.火烧花属 Mayodendron**

1.老鸦烟筒花属 Millingtonia L. f.

乔木。叶对生，2—3回羽状复叶，小叶卵形，全缘。顶生聚伞状大圆锥花序；花白色，花萼小，杯状，顶端近平截，花冠管极细长，花冠裂片5，微呈二唇形，镊合状排列；雄蕊4，2强，花丝短，丝状，着生于花冠管近顶端；花盘环状杯形；子房卵形，花柱细长，柱头舌状扁平，2裂。蒴果细长，线形。种子多列，极细小，扁平具翅。

单种属，产我国云南。分布于越南、老挝、泰国、缅甸、印度、马来西亚、印度尼西亚、斯里兰卡，其他热带地区也多栽培供观赏。

1.老鸦烟筒花（澜沧） 烟筒花（中国高等植物图鉴）图510

Millingtonia hortensis L. f.（1781）

乔木，高达20米。2—3回羽状复叶，长达30厘米，小叶卵形，纸质，长5—7厘米，宽2—4厘米，顶端长渐尖，基部阔楔形至圆形，偏斜，两面近光滑无毛，侧脉4—5对，全缘；小叶柄长达1厘米，侧生小叶有时近无柄。顶生大圆锥花序，径达25厘米；花萼小，杯状，长宽约3毫米，顶端近平截，5小齿；花冠白色，芳香，花蕾时呈一有椭圆球形，花冠管极细长，长3—5.5厘米，径2—3毫米，花冠裂片5，卵状披针形，长约15毫米，内面边缘密被极细柔毛；雄蕊4，微伸出花冠管外；子房卵形，花柱细长，微伸出花冠管外。蒴果细长，线形，花期10—12月。

产景洪、勐腊、澜沧、双江，生长于海拔500—1200米平坝地区村寨附近。分布于东南亚热带地区。

种子繁殖。采已成熟尚未开裂的果实，置于干燥通风处，待果实开裂种子脱出后，除去杂质，风干1—3天后装入袋中悬于通风处，或随采随播，播后覆盖筛过的腐殖土，以不见种子为宜，苗床适当遮萌。用营养袋育苗，能提高造林成活率。

树皮、叶入药，驱虫解毒，止咳祛痰，治皮肤过敏；叶外用煎水洗。花大芳香，可作园林观赏及行道树种。

2.千张纸属 Oroxylum Vent.

小乔木，很少分枝。叶对生，2—3回羽状复叶，巨大，着生于茎的近顶端，小叶卵形，全缘。顶生总状花序，直立；花大，紫红色，花萼大，紫色肉质，阔钟状，顶端近平截，花冠阔钟状微二唇形，5裂，裂片圆形，边缘波状；雄蕊5，微2强，着生于花冠管中部，花丝细长，扁平，花药2室，"个"字形着生；花盘宽，垫状；子房2室，花柱丝状，

图510　老鸦烟筒花和千张纸

1—3.老鸦烟筒花 *Millingtonia hortensis* L. f.

1.花枝（部分放大）　2.花蕾（放大）　3.雄蕊（放大）

4—7.千张纸 *Oroxylum indicum*（L.）Vent.　4—5.叶枝　6.果（缩小）　7.种子

柱头舌状扁平。蒴果长披针形，巨大，木质，扁平，长达1米，2瓣裂，隔膜木质扁平。种子多列，扁圆形，周围具白色透明膜质翅。

单种属，产我国西南部至南部，分布于越南、老挝、泰国、缅甸、印度、斯里兰卡、马来西亚。

1.千张纸（植物名实图考）　木蝴蝶（本草纲目拾遗）、兜铃（滇南本草）图510

Oroxylum indicum（L.）Vent.（1808）

Bignonia indica L.（1753）

小乔木，高达10米。2—3回羽状复叶，长60—120厘米，小叶卵形，长5—12厘米，宽3—10厘米，先端短尖，基部近圆形，偏斜，两面近光滑无毛，侧脉5—6对，网脉在叶下面明显，全缘；小叶柄短。顶生总状花序，花大，紫红色，花萼钟状，肉质紫色，长约4厘米，径约3厘米，顶端平截；花冠管肉质，钟形，5裂，长9厘米；雄蕊5，着生于花冠管中部，花丝扁平，长4厘米，花药长圆形；子房卵形，花柱丝状，长7厘米，柱头扁平，舌状，蒴果黑绿色，长披针形，扁平，木质，长60—100厘米，宽5—8厘米，厚约1厘米，2瓣裂。种子扁圆形，周围具白色透明膜质翅，连翅长约6—7厘米，宽3.5—4厘米。花期6—9月，果期8—11月。

产西双版纳、新平、凤庆、河口、西畴，生长于海拔100—1420（1800）米的干热河谷地区、阳坡、疏林或灌丛中。分布于四川、贵州、广东、广西、台湾、福建；东南亚各地也有。

种子育苗。果实开裂前采种，采后置于室内，果实开裂后收集种子，去翅晾干收藏。高床育苗。温水浸种催芽，千张纸喜温热，耐干瘠薄环境，但在热区肥沃、湿润环境中生长更好。

散孔材，管孔略小至中；心边材无区别，木材有光泽，灰黄褐色，生长轮明显；木材纹理直或斜，结构中，材质轻软，强度弱；可为火柴杆、盒、家具、包装箱等用材。种子入药，消炎镇痛，治肺热咳嗽、百日咳、肝气痛、心气痛、神经性胃痛，补肾，治腰膝痛。

3.泡桐属 Paulownia Sieb. et Zucc.

乔木。单叶，对生，叶下面脉腋间具腺体及盘菌状腺体，全缘或顶端3裂；具长叶柄。顶生聚伞状圆锥花序；花萼钟形，肉质，5裂，花冠漏斗状钟形，裂片5，卵状圆形，开展，近等大；雄蕊4，2强，内藏，着生于花冠管近基部；子房上位，2室，胚珠极多。蒴果木质或革质，卵状圆形，顶端尖，2瓣裂。种子极多，细小，有白色透明膜质翅。

本属约8—13种，全产我国。朝鲜产1种。日本仅有栽培种。云南产3种，1变种。

分 种 检 索 表

1.花萼外面密被星状厚棉毛。

  2.叶长9—14厘米，宽8—12厘米，下面密被星状厚茸毛；花淡红白色至紫罗兰色，花冠内面无深紫色斑点 ……………………………………………1.小花泡桐 P. tomentosa var. lanata

  2.叶长18—29厘米，宽18—22厘米；花紫色 ……………… 2.粘毛泡桐 P. kawakamii

1.花萼仅边缘具棉毛，花淡红白色至紫褐色，花冠内面具明显的深紫色斑点 ………………

………………………………………………………………… 3.泡桐 P. fortunei

1.小花泡桐（云南屏边）　泡桐（镇雄）、桐子树（文山）图511

Paulownia tomentosa（Thunb.）Steud. var. lanata（Dode）Schneid.（1911）

Paulownia imperialis var. *lanata* Dode（1908）

小乔木，高达17米。叶卵形，薄革质，全缘或有时顶端3浅裂，长9—14厘米，宽8—12厘米，先端渐尖，基部截形至微心形，上面幼时被星状绒毛，老则光滑无毛，下面密被星状绒毛，侧脉7—8对，在下面明显，细网脉则被星状厚绒毛覆盖；叶柄长4—10厘米。顶生狭聚伞花序；花淡红白色至紫罗兰色，花冠管长4.5—5.5厘米，径约3厘米，花冠裂片半圆形，长约2厘米，花冠内面无深紫色斑点，外面有时具稀疏的星状细柔毛；花萼钟状，长宽约15毫米，萼齿三角形，长约7毫米，外面全部密被污黄色厚棉毛；雄蕊及花柱内藏，花丝丝状细长，长约25毫米，光滑无毛，花药卵圆形；子房卵状圆形，花柱细长，长约3厘米，均光滑无毛，蒴果卵状圆形，长35—45毫米，径约20毫米，顶端尖，花萼宿存，果皮厚革质、种子细小，极多，具白色透明膜质翅。花期2—8月，果期9—12月。

产昭通、镇雄、屏边、景东、峨山、新平、文山、砚山、西畴、麻栗坡，生长于海拔1000—2120米山坡、阳处、疏林中。分布于四川、贵州、广东、湖北、浙江。

造林与营林技术和材性略同泡桐。

木材、树皮、叶、花均入药；树皮止血，花冠美丽，可供园林观赏。

2.粘毛泡桐（云南植物志）　台湾泡桐（中国植物志）图511

Paulownia kawakamii Ito（1912）

灌木或小乔木，高达10米、叶大，薄纸质，全缘或顶端3—5浅裂，长18—29厘米，宽18—22厘米，顶端短渐尖，基部深心形，上面被稀疏细柔毛，柔毛钻状扁平透明，下面密被极细柔毛，基部脉腋具少数淡褐色盘菌状腺体，侧脉8—9对，基出脉5—7；叶柄长10—12厘米，有时被长柔毛（粘毛）。顶生狭聚伞花序，具多花，每一小花序1—6花；花紫色，花萼外面全部密被污黄色星状厚绒毛，萼齿三角形，反折。花期1—4月。

产西畴，生长于海拔1260米草坡、疏林下。分布于台湾、广东、广西、贵州。

造林、营林技术、材性与经济用途和泡桐略同。

3.泡桐（本草纲目） **岗桐**（植物名实图考） **紫花树**（云南中草药选）图512

Paulownia fortunei（Seem.）Hemsl.（1890）

Campsis fortunei Seem.（1867）

小乔木，高达15米；叶薄革质，长卵状圆形，长15—22厘米，宽9—15厘米，先端长渐尖，基部圆形至心形，上面幼时被毛，老则光滑无毛，下面密被极细小的薄星状柔毛，侧脉7—8对，网脉在下面明显而突起，全缘；叶柄长5—16厘米。顶生狭聚伞花序，多花，花白褐色、淡红白色至紫褐色，花冠钟状漏斗形，外面密被稀疏星状细柔毛，花冠管长5—6厘米，径约4厘米，内面具明显的深紫色斑点，花冠裂片长卵状圆形，长约3厘米；花萼钟状，厚革质，长约25毫米，径约15毫米，仅萼齿边缘密被污黄色棉毛；雄蕊及花柱内藏，花丝丝状，细长，长约3厘米，光滑无毛，花药卵状圆形，个字着生；子房卵状圆形，花柱丝状，细长，长约4厘米，均光滑无毛。蒴果绿黄色，长椭圆形，幼时密被污黄色极细星状柔毛，老则多少脱落，长达7.5厘米，径约3厘米，顶端尖，花萼宿存。种子细小，极多，具白色透明膜质翅。花期4—12月，果期5—8月。

产元江、河口、屏边、蒙自、砚山、文山、广南、富宁，生长于海拔100—1600（2200）米的阳坡、疏林中。分布于台湾、河南、山东至江南各省（区）；越南也有栽培。

喜光树种。对土壤肥力、土层厚度和疏松程度反应敏感，对气温的适应范围很大，能耐38℃以上高温及-15℃以上低温，怕水淹。埋根、播种、埋干、留根等均可繁殖，生产上多用埋根法。泡桐种子千粒重仅0.2—0.4克，每千克有种子250万—500万粒。播种育苗时用高床育苗。覆土以不见种子为度，生长旺盛期应适时施肥灌水。常见病为丛枝病及炭疽病，常见虫害为蟋蟀、地老虎、金龟子等，应注意防治。

环孔材，早材管孔大，连续排列成明显早材带，晚材管孔数少至甚少，分散排列。生长轮明显，心边材无区别，髓心大，中空，木材灰红褐色或浅红褐色。木材纹理直，结构粗，材质轻而软，强度弱，不翘不裂，较耐腐，木材共鸣性能好。可作航空机模、飞机机翼填料、乐器、救生衣、冷藏箱、室内装修、家具等用材。树皮、叶及花均可药用；治风湿，外用治热毒疥疮，树皮治骨折、止痛、风湿潮热、肢体困痛、关节炎、浮肿等症。

4.岩梧桐属 Wightia Wall.

小乔木。叶对生，单叶，全缘，下面脉腋密生4—20个腺穴；具柄。顶生聚伞状圆锥花序，多花，花紫红色或淡红色；花萼钟形，3—5裂，花冠二唇形，冠管微弯，上唇2裂，直，下唇3裂，开展，裂片卵状圆形，花冠内面基部有毛环；雄蕊4，2强，着生于花冠管近基部，花药2室直裂，"个"字形着生；子房上位，2室，胚珠极多，花柱细长，柱头棒状，不裂，雄蕊及花柱明显伸出花冠管外。蒴果卵状圆形，室间开裂，与胎座轴（隔膜）分离。种子极多，细小，周围具白色膜质透明翅。

本属约3种，我国产2种，云南均产。分布于越南、缅甸、印度尼西亚。

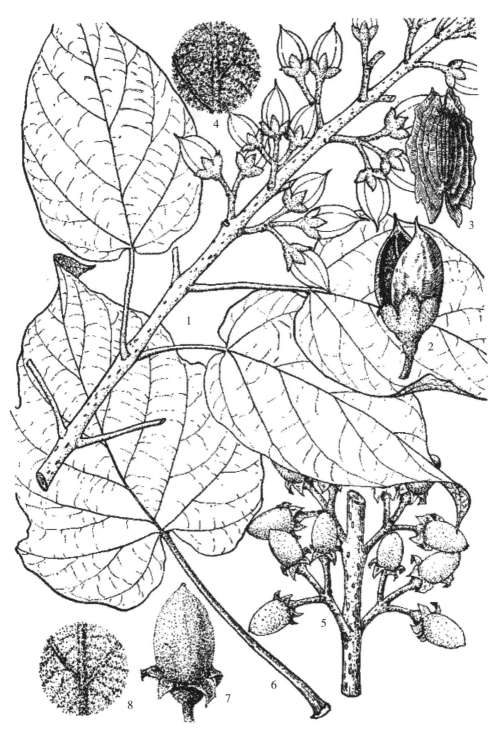

图511　小花泡桐和粘毛泡桐

1—3.小花泡桐 *Paulownia tomentosa* var. *lanata*（Dode）Schneid.

1.果枝　2.叶背的毛　3.种子

4—7.粘毛泡桐 *Paulownia kawakamii* Ito　4.叶　5.幼嫩枝　6.果　7.果萼上的毛

图512　泡桐和岩梧桐

1—5.泡桐 *Paulownia fortunei*（Seem.）Hemsl.

1.叶枝　2.花枝　3.花（放大）　4.萼齿上的毛　5.果

6—7.岩梧桐 *Wightia speciosissima*（D. Don）Merr.　6.花序（部分）　7.叶片

1.岩梧桐（保山）　美丽桐（中国高等植物图鉴）图512

Wightia speciosissima（D. Don）Merr.（1938）

Gmelina speciosissima D. Don（1825）

小乔木，高达20米，树皮灰黑色。叶阔椭圆形，革质，长15—23厘米，宽8—14厘米，顶端短渐尖，基部圆形至阔楔形，上面光滑无毛，下面密被稀疏星状细柔毛或近光滑无毛，侧脉5—7对，上面微凹，下面网脉明显，全缘；叶柄粗壮，长2—3厘米。顶生聚伞状圆锥花序，长8—20厘米，密被极细锈色柔毛；花芳香，紫红色或粉红色，外面密被极细锈色柔毛，长3—3.5厘米；花萼钟状，长宽约6毫米，3—5裂，花冠管微弯，花冠裂片卵状圆形；雄蕊4，花丝丝状，长3—4厘米，光滑无毛，花药椭圆形，红色；子房卵状圆形，红色，花柱丝状，长约35毫米，光滑无毛。蒴果茶褐色，长4—5厘米，经约15毫米，顶端尖，果皮革质。隔膜细圆柱形，木栓质。种子线状披针形，细小，周围具白色透明膜质翅，长约1厘米；花萼宿存。花期10—12月，果期4—5月。

产临沧、沧源、昌宁、云县、景东、屏边、贡山、龙陵、保山、永平、云龙、双江、勐海，生长于海拔1250—2500米的山坡、疏林中，分布于越南、缅甸、印度、尼泊尔、不丹、印度尼西亚。

种子繁殖。采成熟后开裂前的果实晾晒至种子脱出去杂收藏。高床育苗，播前温水浸种，覆土以不见种子为度。管理如常。

根入药，治跌打骨折、风湿关节炎、四肢麻木、胃痛、月经不调、宫寒不孕、体虚。又由于花冠颜色鲜艳美丽，极芳香，可栽培作庭园观赏树及行道树。

5.梓属 Catalpa v. Wolf

乔木或灌木。单叶对生或3叶轮生，基部3—5脉，叶背脉腋通常具紫黑色腺点；具叶柄。顶生聚伞状圆锥花序或伞房花序；花萼二唇形或不规则2裂；花冠管钟形，花冠裂片5，二唇形，上唇2裂，下唇3裂，不等大，边缘波状；完全雄蕊2，内藏，退化雄蕊3，短小；子房2室，胚珠多数，花柱较雄蕊微长，柱头2裂。蒴果长圆柱形，果皮革质，2裂。种子多数，2—4列，扁平，两端有束毛。

本属约11种，分布于北美洲，大、小安的列斯群岛及亚洲东部。我国有7种。云南产3种，1变型。

分 种 检 索 表

1.花黄白色，花冠喉部内面具2黄色条纹及紫色斑点；叶阔卵圆形，顶端常3裂，上下两面粗糙 ··· 1.梓 C. ovata
1.花淡红色至淡紫色；叶及花序均光滑无毛 ····················· 2.滇楸 C. fargesii f. duclouxii

1.梓（植物名实图考）　楸、黄花楸　图513

Catalpa ovata G. Don（1837）

小乔木，高达13米，叶宽卵形，长宽近相等，长达20厘米左右，先端常3裂，基部心

图513 梓树和滇楸

1—4.梓树 *Catalpa ovata* G. Don 1.叶 2.花枝 3.花（部分） 4.雄蕊

5—6.滇楸 *Catalpa fargesii* f. duclouxii（Dode）Gilmour 5.花枝 6.种子

形，叶上下两面微被毛或近无毛，粗糙，侧脉5—6对，基部掌状脉5—7，全缘；叶柄长6—18厘米。顶生圆锥花序；花白黄色，具条纹及紫色斑点，长约2.5厘米，径约2厘米。蒴果圆柱形，细长下垂，长约30厘米左右。花期4—6月，果期8—11月。

云南各地常栽培。分布于东北、华北、陕西、甘肃、湖南、湖北、安徽、江苏、四川、贵州。台湾有栽培；日本也有栽培。

木材白色稍软，适为家具、乐器。古以为"木莫良于梓"。嫩叶可食，也可作猪饲料。果、叶、根内白皮入药，有显著利尿作用。

2.滇楸（变型）（中国树木分类学）　紫楸、楸木、紫花楸（中国高等植物图鉴）图513

Catalpa fargesii Bureau f. duclouxii（Dode）Gilmour（1936）

Catalpa duclouxii Dode（1907）

乔木，高达25米。叶、花序均光滑无毛。叶卵形，厚纸质，长13—20厘米，宽10—13厘米，先端渐尖，基部圆形至微心形，侧脉4—5对，基部3出脉，全缘；叶柄长3—10厘米。顶生伞房花序，7—15花；萼齿2，卵圆形，花冠淡红色或淡紫色，子房卵形，花柱线状细长，长约25毫米，柱头2裂；小花柄长2—3厘米。蒴果圆柱形，细长下垂，长达80厘米，果皮革质，2裂。种子线形细长，两端具丝状束毛，连束毛长5—6厘米。花期3—5月，果期6—11月。

产腾冲、丽江、邓川、剑川、鹤庆、维西、德钦、龙陵、武定，生长于海拔1700—2800米村庄附近。分布于四川、贵州、湖北。

种子繁殖或插条育苗。果皮变褐时采种，晒后捆成束，吊于通风干燥处，待播时脱粒。播前温水浸种高锰酸钾消毒，播后覆盖过筛细土。插条育苗可在春、秋季进行，用1年生健壮枝条作插穗。春夏造林均可，以夏季截干造林为宜。

环孔材，边材浅灰褐色，心材深灰褐色或褐色，生长轮明显。木材纹理直，结构略粗，材质轻软，易干燥，无翘曲和开裂，材性稳定，耐腐性强，花纹美丽。可作高级家具、室内装修、胶合板、军工、船舶等用材。根、叶、花入药，治耳底痛、风湿病、咳嗽。也可作园林观赏和行道树种。

6.翅叶木属 Pauldopia Van Steenis

灌木或小乔木。叶对生，2—3回羽状复叶，叶轴具狭翅，小叶无柄，叶上面具细白鳞片状毛及突起，背面密生小凹槽，且疏生盘菌状腺体。顶生圆锥花序，多花，有时密集花序轴顶端，下垂；花萼钟形，顶端平截，近全缘，稀具小齿；花冠管圆柱形，污黄色，基部收缩，花冠裂片半圆形，红褐色，5裂；雄蕊4，2强，内藏，着生于花冠管近基部，花丝丝状，花药"个"字形着生；花柱丝状，柱头扁平，舌状。蒴果长圆柱形，顶端渐尖，果皮薄革质，隔膜膜质，极薄。种子扁圆形，厚而无翅。

单种属。产我国云南。分布于越南、老挝、缅甸、印度、斯里兰卡。

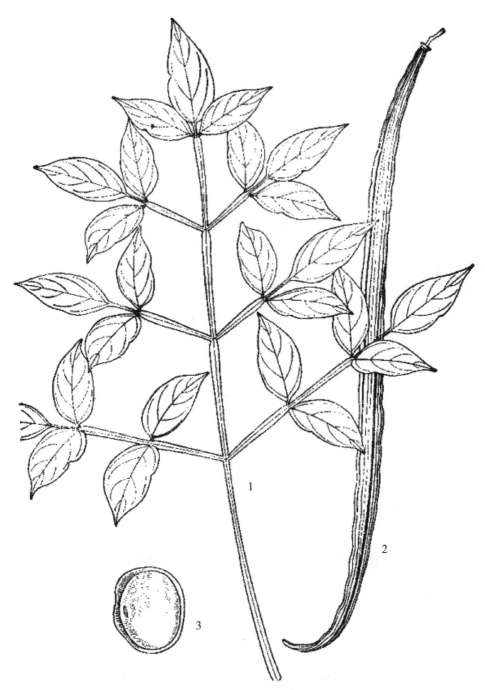

图514 翅叶木 *Pauldopia ghorta*（Buch.—Ham.ex G. Don）van Steenis
1.复叶 2.果 3.种子

1.翅叶木（云南植物志） 细口袋花、紫红豆（西双版纳）、金丝岩拓（耿马）图514

Pauldopia ghorta（Buch.—Ham. ex G. Don）van Steenis（1969）

Bignonia ghorta Buch.—Ham. ex G. Don（1838）

灌木或小乔木，高达6米，树皮黄色。2—3回羽状复叶，叶轴具翅，长达38厘米；小叶卵状披针形，长3—7.5厘米，宽1.5—2.5厘米，先端长渐尖，基部楔形，全缘；无柄。顶生聚伞状圆锥花序，下垂，花序长15—20厘米，径达10厘米左右，小花柄长1—2厘米；花冠管污黄色，长3—4厘米，花冠裂片半圆形，开展，长约15毫米，红褐色；雄蕊及花柱均不伸出花冠管外，花丝丝状，长2—2.5厘米，光滑无毛；花柱丝状，长约3厘米，光滑无毛；花萼钟状，长约1.5厘米，径1厘米以下，微有5齿。蒴果长圆柱形，幼嫩时紫色，长达23厘米，径约1厘米，顶端长渐尖，花萼宿存。种子扇圆形，径约6毫米。花期5—6月，果期12月。

产普洱、勐海、耿马、蒙自、金平，生长于海拔1350—1750米的山坡密林边。分布于越南、老挝、缅甸、斯里兰卡、印度。

种子育苗或埋根育黄。技术措施可参照滇楸。

羽状复叶，叶轴具翅，花冠红褐色，美丽，适于热带、亚热带地区庭园栽培观赏。

7.羽叶楸属 Stereospermum Cham

小乔木。叶对生，1—2回羽状复叶，小叶全缘，具柄。顶生聚伞状圆锥花序；花萼钟形或杯状，5齿，有时不等大，花冠管短小，一侧肿胀，花冠裂片二唇形，开展，近等大，边缘皱波状，5裂，完全雄蕊4，2强，内藏，花丝丝状，花药"个"字形着生；花盘垫状；子房无柄，胚珠多数，1至多列。蒴果圆柱形，细长，室背开裂，隔膜圆柱形木栓质。种子1—2列，两端具白色透明膜质翅，完全陷入隔膜中，脱离后有下陷的穴。

本属约24种，分布于亚洲和非洲热带；我国产3种，1变种。云南产3种。

1.羽叶楸（中国高等植物图鉴） 钝刀木（西双版纳）图515

Stereospermum personatum（Hassk.）Chatterjee（1948）

Dipterosperma personatum Hassk.（1842）

小乔木，高达15米。一回羽状复叶，长达45厘米；小叶7—11，长椭圆形，长8—15厘米，宽2.5—6厘米，先端长渐尖，基部阔楔形至近圆形，两面近光滑无毛，侧脉9—11对，全缘；侧生小叶柄长约1厘米，顶生小叶柄长达2厘米。顶生聚伞状圆锥花序，长约25厘米，径约20厘米，多花，花小；花萼紫色，钟状，长宽约5毫米；花冠黄白色，钟状，微弯曲，长约2厘米，花冠裂片卵形，5裂，花冠的一侧，内外均被疏长柔毛；花丝丝状，长约1厘米，光滑无毛，花药卵状圆形；花柱丝状，长约1厘米。光滑无毛，柱头2裂，雄蕊及花柱均内藏。蒴果长方柱形，绿褐色，有明显4棱，弯，长30—70厘米，径约1厘米，果皮厚，木质。种子卵圆形，两端具白色膜质翅，连翅长约28毫米，宽约5毫米。花期5—7月，果期9—11月。

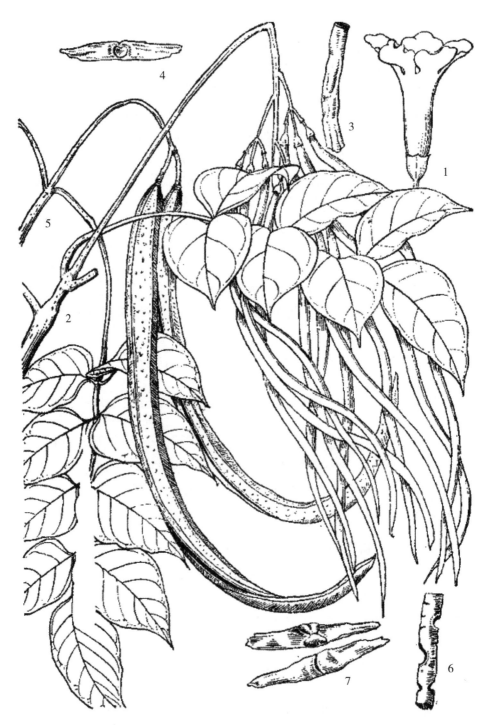

图515 小萼菜豆树和羽叶楸

1—4.小萼菜豆树 *Radermachera microcalyx* C. Y. Wu et W. C. Yin
1.花（放大） 2.果枝 3.隔膜 4.种子

5—7.羽叶楸 *Stereospermum personatum*（Hassk.）Chatterjee 5.果枝 6.隔膜 7.种子

产西双版纳、普洱、临沧、镇康、双江、耿马、瑞丽、屏边、金平、河口、富宁、双柏，生长于海拔150—1500（—1800）米的干热河谷中，疏林下；分布于广西、贵州。越南、柬埔寨、泰国、马来西亚、印度尼西亚、斯里兰卡也有。

种子繁殖。宜蒴果开裂前采回，晾晒后置于通风干燥处，播前取出种子育苗，宜高床，注意水肥管理。

散孔材，管孔略少，分布不均匀；木材黄褐色至灰褐色，心边材无区别。木材纹理直或斜，结构略粗、均匀，材质硬重，强度大，干缩中，木工性能优良，径面花纹美丽，耐腐。可为家具、室内装修、建筑、车辆、船舶、桥梁等用材。

8. 菜豆树属 Radermachera Zoll. et Mor.

乔木；叶对生，1—3回羽状复叶，全缘，具柄。顶生聚伞状圆锥花序，花白色或黄色；花萼钟形，顶端平截或有短齿5，花冠漏斗状钟形，花冠裂片5，微呈二唇形；完全雄蕊4（—5），微2强，有时第5枚退化，雄蕊及花柱内藏；花盘杯状；子房圆柱形，胚珠极多，花柱细长，柱头舌状扁平。蒴果圆柱形，细长，果2瓣裂，隔膜扁圆柱形，木柱质，种子微凹入隔膜中。种子两端具白色透明膜质翅。

本质约40—50种，产亚洲热带。我国有7种。云南4种。

分 种 检 索 表

1.回羽状复叶，小叶卵状长椭圆形至卵形，长11—26厘米，宽4—6厘米；花淡黄色，花萼很小，钟形，长宽均3—5毫米 ……………………………… 1.小萼菜豆树 R. microcalyx
1.二回羽状复叶。
　2.完全雄蕊5；小叶椭圆状披针形至卵状披针形，长10—20厘米，宽3—7厘米；上面密生小凹槽，花橙黄色 ……………………………… 2.豇豆树 R. pentandra
　2.完全雄蕊4；小叶卵形，长4—9厘米，宽2—5厘米，上面密生小白腺点；花白至淡黄色 ……………………………… 3.滇菜豆树 R. yunnanensis

1.小萼菜豆树（云南植物志）图515

Radermachera microcalyx C. Y. Wu et W. C. Yin（1979）

乔木，高达20米。1回羽状复叶，小叶5—7枚，长40—56厘米，小叶卵状长椭圆形或卵形，长11—26厘米，宽4—6厘米，先端短尖，基部阔楔形至近圆形，偏斜，两面均光滑无毛，上面有小凹槽，下面近底脉的腋中散生少数黑色凹陷的腺体，侧脉7—10对，网脉在叶下面明显，全缘；侧生小叶柄长1—2厘米，顶生小叶柄长2—5.5厘米。顶生聚伞状圆锥花序，花淡黄色；花萼很小，钟状，长宽均3—5毫米，萼齿细小，顶端近平截，花冠钟状漏斗形，花冠管长约2.5厘米，径约5毫米，花冠裂片卵形，开展，长约1厘米；子房圆柱形，花柱丝状，长约2厘米，光滑无毛，柱头舌状扁平，2裂。蒴果圆柱形，绿色，细长下垂，长20—28厘米，径约6毫米，果皮薄革质，隔膜细圆柱形，木栓质，径约2—3毫米，种子着生处微凹；花萼宿存。种子细小，极多，长椭圆形，扁平，连翅长约1厘米。花期1—3月，果期4—12月。

产普洱、西双版纳、金平，生长于海拔310—1570米的山谷疏林中。

2.豇豆树（西畴）图516

Radermachera pentandra Hemsl.（1902）

乔木，高达20米。2回羽状复叶，小叶多达23，长约45厘米；小叶椭圆状披针形或卵状披针形，长10—20厘米，宽3—7厘米，先端长渐尖，基部楔形，偏斜，两面均光滑无毛，上面密生小凹槽，下面近基部密生许多凹陷黑色腺点，侧脉8—9对，近边缘处内弯而互相连结，全缘；侧生小叶柄长0—1厘米，顶生小叶柄长3—6厘米。顶生聚伞状圆锥花序，花大；花萼钟状，长约25毫米，径约2厘米，萼齿卵形，长约1厘米，微呈二唇形，花冠橙黄色，粗短，长约5厘米，径约25毫米，花冠裂片卵圆形，开展；完全雄蕊5，着生于花冠管中部，花丝短，长约1厘米，花药长椭圆形，"个"字形着生，雄蕊下有一毛环；子房圆柱形，花柱丝状，长约4厘米，柱头2裂。蒴果圆柱形，细长下垂，长达100厘米，径约8毫米，具2棱，果皮薄革质，绿黑色，隔膜细，圆柱形，微扁，径约3毫米。种子卵圆形，扁平，连翅长约12毫米，宽约3毫米。花期1—3月，果期10—12月。

产蒙自、屏边、西畴、麻栗坡，生长于海拔1000—1650米的山谷、常绿阔叶林下、沟边。模式标本采于蒙自。

营林技术同羽叶楸。

散孔材，管孔略少，大小略一致，分布不均匀，无心边材区别。木材纹理直，结构细而均匀，重而硬，强度大，可为建筑、桥梁、农具、雕刻等用材。树皮入药。

3.滇菜豆树（云南植物志）　蛇尾树（景东）、豇豆树（麻栗坡）图516

Radermachera yunnanensis C. Y. Wu et W. C. Yin（1979）

小乔木，高达16米，树皮灰黑色。2—3回羽状复叶，长达70厘米；小叶卵形，长4—9厘米，宽2—5厘米，先端尾状长渐尖，基部楔形，微偏斜，上面密生小白腺点，下面密被极小凹穴，小叶基部常在一侧散生少数圆形腺点，侧脉5—7对，全缘；侧生小叶柄长0—5毫米，顶生小叶柄长10—25毫米。顶生聚伞状圆锥花序；花白色或淡黄色，长7.5—9厘米，萼管长3厘米，径不足1厘米，萼齿长三角形，长约12毫米；雄蕊4，雄蕊及花柱内藏。蒴果长圆柱形，绿色，成熟时灰黑色，木质，长50厘米左右，径10—12毫米，密被白色细小皮孔。种子椭圆形，扁平，连翅长约17毫米，宽3—4毫米。花期4—5月，果期8—10月。

产泸水、景东、凤庆、临沧、屏边、西畴、麻栗坡，生长于海拔（1000）1300—2200米的山坡阳处、疏林中。模式标本采自泸水。

根、叶、果入药，治高热、胃痛、跌打损伤、骨折、痈疖，叶或果外敷，治毒蛇咬伤。

图516 滇菜豆树和豇豆树

1—3.滇菜豆树 *Radermachera yunnanensis* C. Y. Wu et W. C. Yin

1.叶枝　2.花（放大）　3.果

4—5.豇豆树 *Radermachera pentandra* Hemsl.　4.花（部分）　5.果枝

9. 猫尾树属 Dolichandrone（Fenzl）Seem.

乔木。叶对生，奇数一回羽状复叶。花大，黄色或黄白色，顶生总状花序；花萼芽时封闭，开花时开裂呈佛焰苞状，花冠管短，钟形，裂片5，近相等；雄蕊4，2强。蒴果长柱形，扁平，隔膜木质，扁平，中间有一中肋凸起。种子长椭圆形，扁平，每室2列，种子两端具白色透明膜质翅。

本属约12种，分布于非洲和亚洲热带。我国有2种，2变种，云南均产。

1. 猫尾树（云南植物志） 猫尾（海南）图517

Dolichandrone cauda-felina（Hance）Benth. et Hook. f.（1876）

Spathodea cauda-felina Hance（1872）

乔木。奇数一回羽状复叶，长达30厘米左右，叶轴及小叶两面幼嫩时密被平伏细柔毛，老时近光滑无毛；小叶15，长椭圆形，纸质，长16—21厘米，宽6—8厘米，先端长渐尖，基部阔楔形至近圆形，有时偏斜，侧脉8—9对，在叶上面干时微凹，全缘，下面边缘微向内卷；小叶柄极短。顶生总状花序；花大，黄色，径达10—15厘米，管基径达1.5—2厘米。蒴果长柱形，扁平，长达50厘米，宽达4厘米，厚约1厘米，密被灰黄色长柔毛，似猫尾状。种子长椭圆形，扁平，连翅长5.5—6.5厘米。花期9—12月，果期4—6月。

产河口、金平，生长于海拔200米的阳坡、疏林中。分布于海南、广西。

喜温热、春光、耐干旱瘠薄，但在空气湿度较大、土壤肥沃湿润处生长更好。种子繁殖，随采随播，高床育苗。

木材纹理通直，结构细致，稍硬而轻，加工容易，干燥后少开裂，不变形，略能耐腐，剖而平滑具光泽，材色浅淡，适于作家具、建筑用材。

10. 火烧花属 Mayodendron Kurz

乔木。叶对生，3数二回羽状复叶，小叶全缘。短总状花序着生于老干上，花橙黄色；花萼佛焰苞状，花冠管状长圆柱形，裂片5，极短，半圆形，反折，花冠管基部收缩；雄蕊4，两两成对，近等长，着生于花冠管近基部，花丝丝状，花药"个"字形着生；花盘环状；子房长圆柱形，2室，花柱丝状，柱头2裂，舌状扁平，花药及柱头微露出花冠管外。蒴果细长，长线形。种子在胎座每边2列，极多，细小，卵圆形，扁平，两端具白色透明膜质翅。

单种属；分布于越南、老挝、缅甸。我国产于云南、广东、广西、台湾。

1. 火烧花（云南植物志）图517

Mayodendron igneum（Kurz）Kurz（1875）

Spathodea igncum Kurz

小乔木，高达15米，嫩枝被长椭圆形皮孔；短总状花序着生于老干上。3数2回羽状复叶，长达60厘米；小叶卵圆形或卵状披针形，纸质，长8—12厘米，宽2.5—4厘米，先端长渐尖，基部阔楔形，偏斜，两面近光滑无毛，侧脉5—6对，全缘；侧生小叶柄长约5毫米，顶生小叶柄长达3厘米。总状花序5—13花，花序梗长约2.5厘米，花梗长5—10毫米；花萼佛焰苞状，长约10毫米，径约7毫米，花梗及花萼密被极细小柔毛，花冠橙黄色或金黄色，花冠管长约6厘米，径约1.5—1.8厘米，花冠裂片半圆形，长约5毫米；雄蕊4，花丝细长，长约4.5厘米，基部密被细柔毛，花药椭圆形；子房圆柱形，花柱细长，长约6厘米，柱头2裂。蒴果长线形，长达45厘米，径约7毫米，2瓣裂，花萼宿存，隔膜细圆柱形，木栓质。种子卵状圆形，连翅长约13毫米。花期3—4月，果期4—5月。

产普洱、西双版纳、景东、屏边、富宁、元江、双柏，生长于海拔700—1520米比较湿润的河谷低地。分布于广东、广西、台湾；越南、老挝、缅甸也有。

喜温热湿润环境。

种子育苗或埋根育苗均可。种子育苗时可高床条播或营养袋育苗，播后覆盖过筛细土。一年生苗可出圃造林。

木材材质好，结构细致，材质坚重，木材黄褐色，略带灰黄色，心边材无明显区别，为建筑、室内装修、家具等用材。花大美丽，似火炬，可作园林观赏树种。

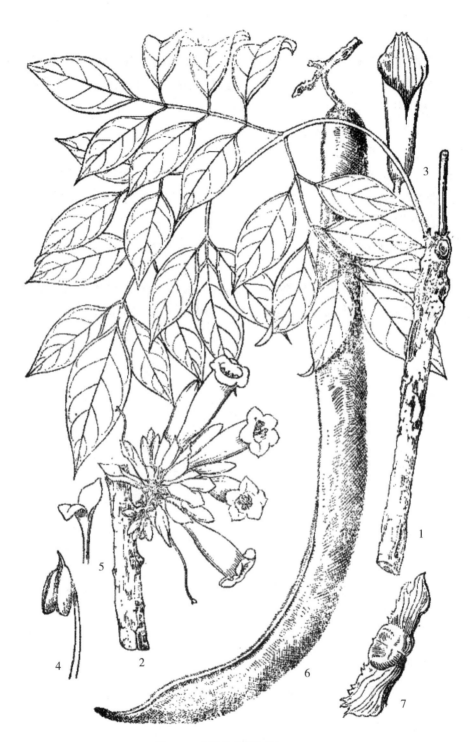

图517 火烧花和猫尾树

1—5.火烧花 *Mayodendron igneun*（Kurz）Kurz

1.叶枝 2.花序 3.花萼 4.雄蕊 5.柱头

6—7.猫尾树 *Dolichandrone cauda-felina*（Hance）Benth. et Hook. f. 6.果 7.种子

263.马鞭草科 VERBENACEAE

灌木或乔木，有时为藤本，稀为草本；茎干有时具刺。叶通常对生，稀轮生，偶有互生，单叶3小叶及掌状复叶，全缘或分裂；无托叶。花序为总状或聚伞状，前者常成穗状或头状，有时有着色的苞片或总苞，后者常组成伞房状或圆锥状花序，常为二歧分枝，有蝎尾状倾向。花通常为两性，不整齐；花萼杯状、管状或钟状，偶有漏斗状，4—5裂或平截形，下位，宿存，有时花后增大或有颜色，花冠管圆柱形，整齐或为二唇形，后裂片通常在外，前裂片通常在内，或向上部扩展，通常4—5裂；雄蕊4，2强，稀近等长，偶有退化成2，着生于花冠管上，花丝分离，与花冠裂片互生，线形，花药内向，2室，纵裂；花盘在子房下面，肉质；子房上位，2—4（5）室，或有假隔膜而成4—8（10）室，每室有2胚珠，或因有假隔膜而每室有1胚珠，胚珠倒生而成基生，半倒生而成侧生，或直立，顶生而悬垂，珠孔向下，花柱顶生，不裂或为2浅裂（稀4—5裂），2裂片不等大。果通常为核果，稀为蒴果，具薄而干燥或肉质多汁的外果皮，内果皮通常质地较硬，通常1—4室，每室有种子1—2。种子无胚乳，胚直立；子叶厚而扁平，稀折皱，胚根短，通常下位。

本科约有75属，3000余种，主要分布于热带或亚热带地区，少数延至温带地区。我国有19属，100余种，主要产长江以南各省（区）。云南有17属，104种。本志记载8属，51种，2变种。

分 属 检 索 表

1.聚伞花序圆锥状；果通常为肉质核果。
  2.花冠规则，雄蕊4—6，等长。
    3.花序腋生（稀顶生）；花3—4数，萼不增大；核果具2—4核；多为灌木，叶多具齿。
      4.萼具4齿，花冠4裂，等大，雄蕊伸出花冠很长，子房2室，每室有2胚珠；单叶，被星状毛或短柔毛，通常具齿 ·························· **1.紫珠属 Callicarpa**
      4.萼具3齿，二唇形，花冠4—5裂，近相等，雄蕊稍伸出花冠之外，子房2室，每室有1胚珠；单叶，稀与3小叶的复叶混生，无毛，全缘 ·········· **2.假紫珠属 Tsoongia**
    3.花序为顶生宽阔的圆锥花序；花小而密集，仅有少数花结实，5—6数，萼在果时增大，膜质，包住核果，核4室，中间有一空穴；乔木，叶大而全缘 ····················
············ **3.柚木属 Tectona**
  2.花冠多少成二唇形，显著或不显著的5浅裂；雄蕊2强。
    5.果为单一的2—4室的核果。
      6.萼无大腺体。
        7.单叶；萼平截，二唇形或波状3—5齿，花冠4裂，微不等大 ····················
············ **4.豆腐柴属 Premna**

7.掌状复叶（一变种例外），萼具5齿，花冠5裂，多少为二唇形 ……………
…………………………………………………………… 5.牡荆属 Vitex

6.萼与叶基部通常具有大腺体，花长达2.5厘米或更大；单叶，全缘…………
……………………………………………………… 6.石梓属 Gmelina

5.果为4浅裂或深裂的由4小坚果组成的核果；乔木、灌木或藤本 …………
………………………………………………… 7.赪桐属 Clerodendrum

1.聚伞花序头状至圆锥状，稀有1—3花，果通常干燥，二室开裂，有时细小，花近规则，裂
片4—8；雄蕊2，近无柄 ………………………………… 8.夜花属 Nyctanthes

1. 紫珠属 Callicarpa Linn.

灌水或小乔木。小枝圆柱形或近四棱形，无毛或有毛。单叶对生，稀为3叶轮生，边缘具齿或全缘，通常被毛并具有黄色或红色腺点；具柄；无托叶。花序为二歧聚伞状，腋生；苞片小，线形，稀为叶状；花小，辐射对称，四基数，稀为五基数，花萼杯状或钟状，萼齿长尖形或钝三角状或不显著；花冠管状，紫红色或白色，4裂；雄蕊着生于花冠管基部，花丝纤细，伸出花冠之外或近等长，花药基着，纵裂或顶孔开裂；子房上位，2室，每室有2胚珠，花柱纤细，略长于雄蕊，柱头浅2裂。果为肉质核果，球形，具宿萼，外果皮薄，中果皮肉质，内果皮骨质，形成4分核，分核背部隆起，两侧扁平，含1种子。种子细小，长圆形，种皮膜质，无内胚乳。

本属约有200余种，广产于热带、亚热带的亚洲利大洋洲，少数种类可分布到亚洲、北美的部分温带地区。我国有40余种，主产长江以南地区，以东南部为最多。

分 种 检 索 表

1.叶全缘，乔木，高6米以上。
　　5.小枝、叶下面、叶柄和花序密被灰黄色树枝状绒毛，花序梗四棱形，与叶柄等长 ……
　　……………………………………………………… 1.乔木紫珠 C.arborea
　　5.小枝、叶柄和花序密被灰黄色羽状绵毛，叶下面被灰褐色星状毛，花序梗圆柱形，长为
　　叶柄的2倍 …………………………………………… 2.绵毛紫珠 C. erioclona
1.叶缘有细锯齿，灌木，高在5米以下。
　　2.花序梗长为叶柄的2倍。
　　　　3.叶下面和花序密被灰白色树枝状长绒毛，叶长椭圆形，长14—24厘米 …………
　　　　………………………………………………… 3.大叶紫珠 C. macrophylla
　　　　3.叶下面具细小黄色腺点，叶卵状长圆形，长7—15厘米 …… 4.杜虹花 C. formosana
　　2.花序梗与叶柄等长或为叶柄长之半。
　　　　4.花序梗几乎与叶柄等长；叶卵形或椭圆形，叶下面具暗红色腺点及灰黄色星状毛 …
　　　　……………………………………………………… 5.紫珠 C. bodiniari
　　　　4.花序梗仅为叶柄长之半；叶长圆形，叶下面具黄色腺点及灰黄色星状毛 ……………

1.乔木紫珠（云南植物志）　白叶子树、豆豉树（云南）图518

Callicarpa arborea Roxb.（1814）

乔木，高约8米。小枝四棱形，密被灰黄色树枝状绒毛。叶薄革质，椭圆形或长圆形，长15—35厘米，宽7—15厘米，先端渐尖，基部宽楔形，全缘，极少具疏钝齿，幼叶上面被灰黄色糠秕状星状毛，后渐变无毛或仅沿脉有毛，下面密被灰黄色星状毛，侧脉8—10对；叶柄粗壮，长4—7厘米，被灰黄色星状绒毛。聚伞花序粗大，直径达10厘米，被柔毛，花序梗与叶柄等长或稍长，粗壮，四棱形。花小，紫色或浅紫色；苞片线形；花萼钟状，长约1.5毫米，具不显著4齿，外面被灰白色星状绒毛；花冠长约3毫米。外而微被绒毛；边缘具小睫毛；雄蕊长约7毫米，伸出花冠之外，花药长1毫米，沿药隔生有黄色腺点；子房球形，被白色绒毛，花柱长约8毫米。果成熟时紫褐色，直径约2毫米，无毛。种子橙黄色。花期5—7月，果期8—10月。

产新平、保山、金平、屏边、蒙自、河口、勐海、普洱、临沧、景洪、富宁、麻栗坡、腾冲、泸水、芒市、景东，生于海拔153—1800米山坡阳处次生林中。广西、西藏有分布；尼泊尔、印度、孟加拉国、缅甸、泰国、越南、柬埔寨、印度尼西亚也有。

营林技术、材性与绵毛紫珠略同。

根、叶药用，可治消化道出血、妇女崩漏等；研粉外敷外伤出血。

2.绵毛紫珠（云南植物志）图519

Callicarpa erioclona Schau.（1847）

乔木，高12—18米。小枝四棱形，密被淡绿褐色羽状绵毛。叶薄革质，长圆形或倒卵状椭圆形，长12—27厘米，宽7—14厘米，先端短渐尖或锐尖，基部宽楔形，全缘，上面无毛或仅沿中脉被灰色羽状绵毛，下面被星状绒毛，两面密生棕红色细腺点，叶柄粗状，长1.5—3厘米，密被灰色羽状绵毛。聚伞花序多分枝，排成半球形的伞房花序式，密被短星状毛及羽状绵毛；花序梗粗壮，长4—5厘米；花小，花梗长约3毫米，花萼杯状，长约1毫米，外被灰色星状绒毛和棕红色腺点，萼齿不明显；花冠紫色，长约3毫米；雄蕊伸出花冠之外，长为花冠之2倍，花药纵裂。果熟时紫红色，直径约2毫米，微被星状毛和紫红色腺点。花期5—7月，果期8—12月。

产勐腊，生于海拔530—560米的江边疏林和沟谷密林中。越南、柬埔寨、泰国、菲律宾、印度尼西亚有分布。

种子繁殖。果实成熟后采集，去肉后洗净阴干或随采随播，宜高床育苗。

散孔材。木材浅褐色微带黄色，心边材无区别；木材纹理直，结构中，质轻软。可作一般农具及民用建筑用材。

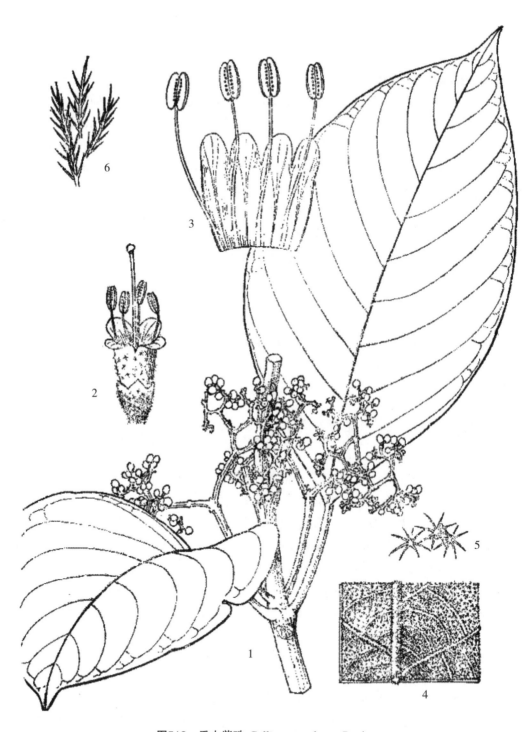

图518 乔木紫珠 *Callicarpa arborea* Roxb.

1.果枝　2.花（放大）　3.花冠展开　4.叶下面（部分放大）

5.叶背星状毛　6.小枝、叶柄、花序树枝状毛（放大）

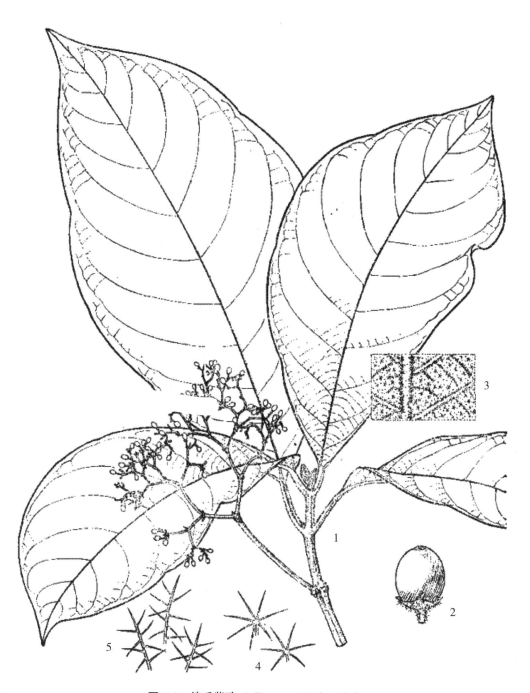

图519 绵毛紫珠 *Callicarpa erioclona* Schau.
1.果枝 2.果（放大） 3.叶下面（部分放大） 4.叶背星状毛（放大）
5.小枝、叶柄、花序的树枝状毛（放大）

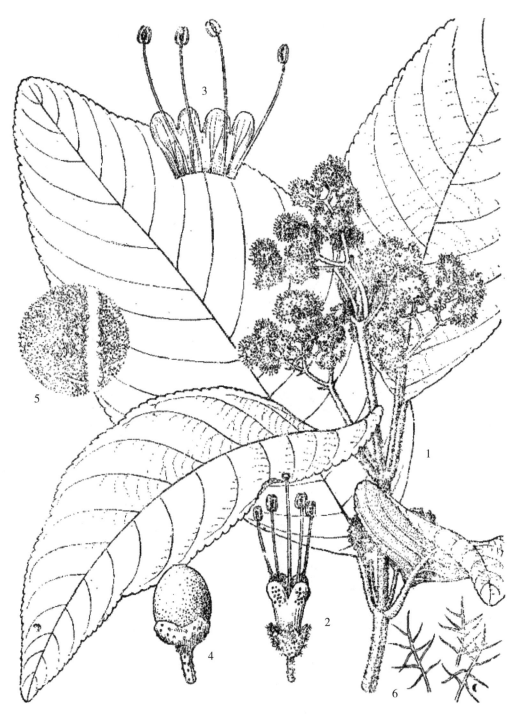

图520 大叶紫珠 *Callicarpa macrophylla* Vahl

1.花枝 2.花（放大） 3.花冠展开 4.果（放大）

5.叶面放大部分（示毛被和腺点） 6.叶、枝、叶柄的树枝状毛（放大）

5.大叶紫珠（云南植物志）　羊耳朵树、豆丝叶、山蜂蜜、止血草、白骨风 图520

Callicarpa macrophylla Vahl（1794）

灌木或小乔木，高约3—5米。小枝近四棱形，密被灰白色树枝状绒毛。叶椭圆形或椭圆状长圆形，长14—25厘米，宽6—8厘米。先端渐尖，基部宽楔形至钝圆，边缘具细圆齿，上面被微柔毛，老时粗糙，下面密被灰白色树枝状长绒毛，两面具黄色腺点；叶柄粗壮，长1—1.4厘米，密被灰白色树枝状长绒毛。聚伞花序大形，宽约5—8厘米，密被树枝状绒毛；花序梗粗壮，长约2—2.5厘米；花萼杯状，萼齿钝三角形；花冠紫色，略被柔毛和黄色腺点；雄蕊长4—5毫米，花药卵形，药隔具黄色腺点，纵裂。果直径约2毫米。花期4—7月，果期8—11月。

产建水、元江、勐腊、勐海、耿马、盈江、云龙、富宁、文山、麻栗坡、河口、金屏、蒙自，生于海拔100—2000米的疏林或灌丛下。广东、广西、贵州有分布；马来西亚、印度尼西亚也产。

营林技术与绵毛紫珠略同。

根、叶药用，味苦辛，性平，有止血、散瘀、消炎的功效。

4.杜虹花　止血草

Callicarpa formosana Rolfe（1882）

产广南、富宁，生于海拔1000—1600米的石灰山林缘。浙江、江苏、江西、广西、广东均有分布。

根、叶入药，有止血镇痛、散瘀之效。

5.紫珠　珍珠枫

Callicarpa bodinieri Levl.（1911）

产富民、镇雄、易武、普洱、双江、西双版纳、西畴等地，生于海拔550—2300米的疏林及灌丛中。安徽、浙江、湖北、湖南、江西、福建、广东、四川、贵州均有分布。

全株及根叶入药，有收敛止血之效。

6.长叶紫珠

Callicarpa longifolia Lam.（1783）

产景洪、勐腊、屏边、河口、西畴、麻栗坡，生于海拔120—1400米的疏林和沟谷；广东、广西有分布，马来西亚、菲律宾也有。

2.假紫珠属 Tsoongia Merr.

直立灌木。单叶或有时为3小叶，生于同枝上，全缘，下面疏生腺点并沿叶脉密被锈色绒毛。花小，黄色，组成稀疏、少花的腋生聚伞花序，序轴密被锈色绒毛，序梗较叶柄短；花萼钟状，近二唇形，外而密被腺点；花冠管长，圆筒形，近顶部微扩大，4—5裂，上唇2浅裂，下唇3裂，裂片通常为卵形；雄蕊4，2强或近等长，着生花冠管中部以下，花丝略伸出；子房2室，每室有1胚珠，花柱伸长，柱头2裂。核果近卵形，具1个2—4室的核，下面承以增大成杯状的宿萼。

本属仅1种，产广西、广东、云南。越南北部也有分布。

1.假紫珠（云南植物志）　钟君木（中国高等植物图鉴）图521

Tsoongia axillariflora Merr.（1923，1927）

直立灌木，高3—8米。枝条圆柱形，微带紫色，幼时密被锈色微绒毛，后渐无毛。单叶，偶有3小叶，薄纸质，椭圆形、卵形或长圆状卵形，长6—13厘米，宽3—6厘米，先端渐尖或尾状渐尖，基部圆钝或近楔形，上面橄榄绿色至暗绿色，干时略带红色，无毛或仅沿中脉被毛，下面淡绿色，沿脉被毛；叶柄长2—5厘米，被柔毛。聚伞花序着生于短梗上，长达2厘米，花少；花萼长1—2毫米，成二唇形，一唇为卵形，全缘，另一唇具2牙齿状锯齿，齿端锐尖；花冠管长约9毫米，具有粒状腺点，具4—5相等大的裂片，裂片宽卵形，长约2毫米；雄蕊4，近等长，花丝略伸出花冠外，花药长1毫米。核果倒卵形，长约5毫米，熟时由黄转黑褐色，干时发亮，外果皮皱缩，下面承以杯形增大的宿萼。花期5—7月，果期8—12月。

产屏边，生于海拔850—1000米的湿润密林中。广东、广西有分布；越南也有。

3. 柚木属 Tectona Linn. f.

大乔木。枝密被灰色星状毛。单叶、对生或轮生，全缘，具柄。聚伞花序组成顶生圆锥花序；苞片小。花萼钟状，5—6齿裂，在果时扩大为卵形或壶形，包住果实；花冠小，白色或蓝紫色，管短，裂片5—6，近等大，反折；雄蕊与花冠裂片同数，等长，着生于花冠管的基部，伸出；花柱线形，顶端2裂，子房为完全的4室，由2室的心皮组成，每室1胚珠。核果为宿存增大的花萼包住，外果皮薄而有些肉质，内果皮厚骨质，4室，中间有一空穴。种子长圆形。

本属有3种，产印度、缅甸及马来半岛。我国云南、广西、广东引种栽培1种。

1.柚木　图521

Tectona grandis Linn. f.（1781）

落叶大乔木，高达40米。小枝四棱形，被星状绒毛。叶对生，厚纸质或革质，卵状椭圆形或倒心形，长15—30（60）厘米，宽8—22（27）厘米，全缘，上面粗糙，仅沿脉有微毛，下面密被灰褐色至黄褐色星状绒毛，叶柄粗壮，长达4厘米。圆锥花序长达40厘米以上，直径达35厘米以上；花白色，多数，仅少数结实，萼钟状，长3—4毫米，被白色星状绒毛，裂片较萼管短；花冠白色，长不及6毫米，喉部无毛，裂片5—6，长约1毫米，先端圆形，被毛及腺点；雄蕊微伸出。核果球形，长宽各约12—18毫米、被膜质，密生网纹、无毛的宿萼包住。花期6—8月，果期9—12月。

图521　柚木和假紫珠

1—4.柚木 *Tectona grandis* Linn. f.

1.果序枝　2.叶下面放大（示毛被）　3.花萼　4.枝条（放大示四棱形）

5—8.假紫珠 *Tsoongia axillariflora* Merr.

5.果枝　6.花萼　7.果（放大）　8.叶下面（放大示毛被）

原产印度、中南半岛和印度尼西亚的热带季雨林中。景洪、勐海、勐腊、瑞丽、盈江、芒市，海拔在480—860米均有引种栽培；广东、广西、台湾有栽培。

种子繁殖。种子于播种前摊晒于水泥地上，至下午在地表温度最高时收起浸入凉水中过夜，反复浸晒一星期即可播种。苗圃宜选气温较高的沙壤土。注意苗期管理，一年生苗即可出圃。在滇南20年生胸径达30厘米。

环孔材至半环孔材。边材黄褐色略带红色，心材浅褐色或褐色，心边材区别明显，有光泽；生长轮明显；木射线数少而细；木材坚硬，纹理直，重量中，抗虫、拒腐，加工性能良好，花纹美而，为世界著名的商品材之一，是高级家具、装修、船舶，建筑、机模、木雕、乐器等用材。花、种子入药，有利尿之功效。

4.豆腐柴属 Premna Linn.

乔木或灌木，有时攀援，稀为亚灌木。单叶对生，全缘或有锯齿，无托叶。聚伞花序稀疏，组成圆锥花序、伞房花序或密集成总状、穗状、头状。花小，红色、粉红色、白色、黄色或蓝色；花萼小，钟状，顶端平截或2裂，或微波状、微二唇形；雄蕊4，微呈2强，位于花冠喉部或基部，比花冠短或较长，花药卵形或多少呈球形，2室，纵裂；子房为完全或不完全的4室，每室含有1倒生而侧面着生或在室顶部着生的胚珠，由2个2室的心皮组成，花柱线形，柱头2裂。核果球形，卵状圆形或长圆形，具多汁而通常较薄的外果皮和坚硬的不分裂的内果皮，4室，或由于不发育而为2—3室，中央有1空腔。种子长圆形，种皮薄，无胚乳；子叶扁平；胚根在下。

本属约有200余种，主产亚洲及非洲热带地区，少数种类产于亚热带地区。我国有40多种，主要产在长江以南各省（区），以西南地区为最多。

分 种 检 索 表

1.花萼为明显的二唇形。
　2.花萼二唇形，上下唇全缘。
　　3.聚伞花序组成间断穗状花序或总状花序。
　　　4.花序形成间断穗状或总状，花喉部有密或较疏的长柔毛。
　　　　5.叶基部近圆形至宽楔形，两面疏被平伏毛，花序总状 ……………………………
　　　　……………………………………………… **1.总序豆腐柴 P. racemosa**
　　　　5.叶基部近楔形，下延成短柄，两面被稀疏具节微绒毛；花序穗状 ………………
　　　　……………………………………………… **2.间序豆腐柴 P. interrupta**
　　　4.花序形成穗状并再分枝成圆锥状花序，花小，无柄、喉部仅有疏毛 ……………
　　　　……………………………………………… **3.苞序豆腐柴 P. bracteata**
　　3.聚伞花序组成复伞房花序；萼二唇形，上唇有3小突起，下唇微缺 ……………
　　　　……………………………………………… **4.平滑豆腐柴 P. laevigata**
　2.花萼二唇形，一唇2齿，一唇全缘；圆锥花序长而疏散 …… **5.滇桂豆腐柴 P. confinis**
1.花萼不为二唇形。

6.花萼5齿或5裂。

　7.花序疏散，不密集。

　　8.圆锥花序顶生。

　　　9.花白色，具紫色斑点；花萼长约1毫米 ················· 6.尖叶豆腐柴 P. chevalieri

　　　9.花黄色，花萼长约2毫米 ······························ 7.狐臭柴 P. puberula

　　8.伞房状聚伞花序。

　　　10.子房具腺体或毛；花丝伸出花冠外。

　　　　11.叶下面、叶柄密被白色或淡黄色蜷曲柔毛或绒毛。

　　　　　12.伞房花序长宽均在10厘米以上；花萼顶端平截至不明显5齿；花冠长3.5毫米 ······························ 8.思茅豆腐柴 P. szemaoensis

　　　　　12.伞房花序长宽均在4—8厘米之间；花萼5齿；花冠长6毫米 ··· 9.大叶豆腐柴 P. latifolia

　　　　11.叶下面、叶柄被黄色短柔毛，花萼5齿；花冠长4—5毫米 ··· 10.淡黄豆腐柴 P. flavescens

　　　10.子房无毛，不具腺体；花丝不伸出花冠外。

　　　　13.叶纸质；幼枝、叶柄、叶下面密被黄色平展长柔毛 ··· 11.黄毛豆腐柴 P. fulva

　　　　13.叶硬纸质；幼枝被毡状微柔毛，早落；叶柄、叶下面被短柔毛或近无毛。

　　　　　14.圆锥状聚伞花序小，常下垂；叶大多全缘；当年幼枝被污黄色毡状毛 ··· 12.石山豆腐柴 P. crassa

　　　　　14.圆锥状聚伞花序大，直立；叶大部具深锯齿；当年幼枝被微柔毛 ··· 13.大坪子豆腐柴 P. tapintzeana

　7.花密集，常成头状。

　　15.果萼裂片略短于果或近等长。

　　　16.叶卵状披针形，长3—5厘米，宽1.5—2.5厘米，先端钝渐尖或渐尖，基部圆形；花萼裂片狭三角形或近线形，深裂至中部以下 ··· 14.云南豆腐柴 P. yunnanensis

　　　16.叶卵形或宽卵形至心形，先端钝尖或渐尖至长渐尖，基部心形，偶有近圆形。

　　　　17.叶长2.5—4.5（5）厘米，宽（1.5）2—（4）厘米，下面密被宿存的紫红色小腺点，沿脉被极短的糙伏毛；叶柄纤细，长0.5—1.5（2）厘米 ··· 15.腺点豆腐柴 P. glandulosa

　　　　17.叶长5—8.5厘米，宽2.5—7厘米，两面具黄色腺点，沿脉疏生柔毛，叶柄粗壮，长2.5—5厘米 ································ 16.麻叶豆腐柴 P. urticifolia

　　15.果萼裂片长于果1/3—1/2，被有显著的橘红色腺点；花冠深红色 ··· 7.玫花豆腐柴 P. punicea

6.花萼4裂或4齿。

　18.叶椭圆形至近圆形，长10—20厘米，宽5—14厘米，先端渐尖或突短渐尖，两面被柔毛 ······························ 18.勐海豆腐柴 P. fohaiensis

18.叶卵形至卵状披针形或近椭圆形，长10—15厘米，宽5—9厘米，先端尾状渐尖，两面无毛 ·················· **19.腾冲豆腐柴 P. scoriarum**

1.总序豆腐柴（云南植物志）图522

Premna racemosa Wall. ex Schau（1829）

灌木，有时为攀援状，高5—6米。当年枝、叶柄、序轴、叶脉均被锈色平展硬毛，小枝渐变无毛，具显著叶痕。叶近革成、卵形、卵圆形至菱状椭圆形，长6—10厘米，宽3—6厘米，先端短渐尖或急尖，基部近圆形或宽楔形，两面疏被平伏小硬毛，沿脉稍密，全缘或有不明显深锯齿；叶柄长8—10毫米。聚伞花序组成一顶生间断总状花序；花具短梗；花萼二唇形，裂片全缘，疏生小硬毛；花冠白色，4裂，裂片近相等，疏生腺点，喉部密被黄白色毛；雄蕊长约2毫米，伸出花冠之外；子房无毛，柱头2裂。核果小，狭倒卵形，长约4毫米，具1种子。花期5月，果期8—9月。

产景东、蒙自、屏边、西畴、麻栗坡、文山、贡山，生于海拔1400—2900米的杂木林中。尼泊尔、印度、孟加拉国、缅甸有分布。

2.间序豆腐柴（云南植物志）图522

Premna interrupta Wall. ex Schau（1829）

灌木，攀援状，高3—9米。小枝稍扁，后成圆柱形，疏生皮孔、叶倒卵形、椭圆状卵形或近圆形，长8—11厘米，宽4—9厘米，先端短渐尖，基部近楔形，下延成短柄，全缘，初时，两面被稀疏具节绒毛，后渐脱落，在上面仅沿脉有毛；叶柄长5—6毫米。团伞花序稀疏，有短梗，形成间断的顶生或腋生的穗状花序，序轴被黄色微柔毛，成果时脱落；花萼长约2.5毫米，呈二唇形，上唇微缺，下唇全缘，无毛，边缘具纤毛；花冠白色，长约4毫米，4裂，裂片近相等，喉部具稀疏白色长柔毛；雄蕊伸出花冠，花丝黄色无毛；子房无毛，花柱伸出，略长于花丝，柱头2裂。核果倒卵形，长约2—3毫米，干时暗褐色，有细小白腺点，有1种子，宿萼杯形，外面有细瘤。花期5月，果期6月以后。

产元阳、漾濞、凤庆、贡山，生长在海拔1700—2600米的树林中。西藏有分布；印度、越南也有。

3.苞序豆腐柴（云南植物志）图523

Premna bracteata Wall. ex C. B. Clarke（1829）

乔木，高达13米。幼枝和花序轴密被污黄色至灰色绒毛，小枝略扁，渐变无毛，疏生圆形或线形皮孔。叶近革质，倒卵形或椭圆形，长13—17厘米，宽5—8厘米，先端短渐尖，基部楔形，近全缘，上面无毛，干时红褐色，下面淡黄褐色，疏生柔毛；叶柄长1.5—2厘米，腹面具沟。团伞花序无梗，形成间断的穗状花序，再由3—4对形成顶生圆锥花序；花小，白色，有香味，无梗；花萼长1.5毫米，呈二唇形，裂片相等，密被黄白色绒毛；花冠4裂，裂片相等，喉部仅有疏毛；雄蕊伸出花冠，花丝无毛；子房有毛。核果球形，直径约1.5毫米，有疏毛。花期5月，果期7月。

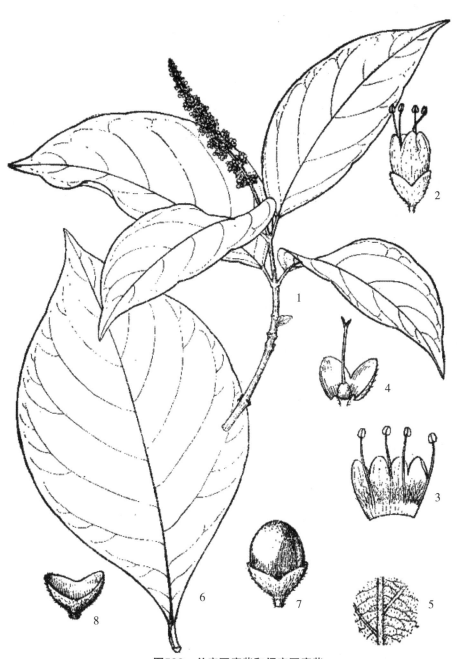

图522　总序豆腐柴和间序豆腐柴

1—5.总序豆腐柴 *Premna racemosa* Wall. ex Schan

1.花枝　2.花外形　3.花冠展开　4.花萼展开及雌蕊　5.叶下面部分放大示毛被

6—8.间序豆腐柴 *Premna interrupta* Wall. ex Schau

6.叶形　7.核果（放大）　8.花萼（放大）

产普洱、普洱、镇康，生于海拔600—1300米的林中。印度、孟加拉国有分布。

4. 平滑豆腐柴（云南植物志）图523

Premna laevigata C. Y. Wu（1977）

灌木，高达3米。小枝圆柱状，紫褐色，疏生细小黄色皮孔，老枝为黄褐色。叶革质，卵状长圆形或长椭圆形，长7—14厘米，宽3—7厘米，先端短尾状渐尖或突然短渐尖，基部深心形或近圆形，叶边缘中部以上具小锯齿，两面无毛；叶柄长达3厘米，无毛。聚伞状圆锥花序顶生，长3—8厘米，花序轴密被黄色微硬毛及糠枇状腺点，花序梗长1—1.5厘米；花萼二唇形，长3—3.5毫米，裂片全缘，上唇具不显著3小突起，下唇微缺；花冠二唇形，长5—6毫米，上唇全缘，较大，下唇较上唇小，3裂，喉部密被黄白色长柔毛；雄蕊短于花冠；花丝无毛；子房球形，无毛，花柱长4毫米，柱头2深裂。核果倒卵圆形，长约6毫米，顶有小尖突，宿萼盘状至杯形，高约1毫米，被瘤点。

产勐腊，生于海拔500—550米的次生林中。

5. 滇桂豆腐柴（云南植物志）图524

Premna confinis Pei et S. L. Chen（1977）

小乔木，高约6米。小枝圆柱形，密被糠枇状并具线形皮孔。叶革质，长圆形或披针形，稀椭圆形，长9—16厘米，宽3.5—8厘米，先端急尖至短渐尖，基部楔形，全缘或波状，表面暗褐色，无毛，下面较淡，密被暗黄色腺点；叶柄长2—4厘米，无毛，被腺点。圆锥花序长而疏散，顶生，长约20厘米；花序较短，长1—3.5厘米；花梗长达6毫米；花萼长约4毫米，呈二唇形，一唇2齿，另一唇全缘，顶端微有缺刻，外面密被腺点，无毛；花冠白色至淡黄色，呈二唇形，上唇全缘，顶端微凹，下唇3裂，冠缘具睫毛，管内喉部密被柔毛；雄蕊4，2强，花丝无毛，略伸出，花药"个"字着生，纵裂；子房倒卵形，顶部无毛具腺点，花柱长7毫米。花期4月。

产富宁、金平，生于海拔600米的杂木林中。广西有分布。

6. 尖叶豆腐柴（云南植物志）图524

Premna chevalieri P. Dop（1923）

乔木或小乔木，高达5米。小枝圆柱形，暗褐色，具条纹，幼时被微柔毛，老时变无毛。叶卵形或椭圆状卵形，长5—9厘米，宽3—4厘米，先端渐尖或尾尖，基部楔形或圆形，不对称，全缘或在基部有不明显锯齿，上面无毛，下面被稀疏微柔毛；叶柄纤细，长2.5—3厘米，被毛。顶生圆锥花序疏散，被微柔毛，三歧或二歧分枝，长达25厘米。花萼长约1毫米，略微呈二唇，裂片圆形，有腺点；花冠二唇形，白色具紫色斑点，长约5毫米，外面被腺点和短柔毛，上唇圆形，全缘，下唇3浅裂，喉管被毛；雄蕊4，2强，着生花管中部，花药"个"字着生，2室，球形，纵裂；子房无毛，具腺点，花柱长约5毫米，具稀疏腺点，柱头2浅裂。核果黑色，直径约5毫米，果萼增大。花期6—7月，果期10月。

产屏边、西畴、麻栗坡，生于海拔800—1100米的山坡、路旁疏林中。广东、广西有分布；越南北部、老挝也有。

7. 狐臭柴（云南植物志）图525

Premna puberula Pamp.（1910）

灌木或小乔木，高达3.5米。幼枝疏被微柔毛；老时渐无毛。叶纸质或坚纸质，卵形、长圆形或心形，长4—7（10）厘米，宽2—3.5（6）厘米，顶端渐尖或尾尖，基部圆形至心形，全缘，稀在先端有波状深齿或深裂，上面绿色，干时带褐色，疏被微刺状毛，下面稍淡，除沿叶脉被柔毛外，余皆无毛或被极稀疏微刺状毛；叶柄纤细，长1—2厘米，无毛。聚伞圆锥花序顶生，疏散，长4—7厘米，花萼杯状，长1.5—2.5毫米，疏被刺状毛与腺点，5浅裂，裂片等大，三角形，边缘有纤毛；花冠淡黄色，有紫色或褐色条斑，长6—8毫米，二唇形，上唇圆形，顶端微缺，下唇3裂，中间裂片较大，圆形，喉部具腺点；雄蕊2强，着生花管中部以下，伸出冠外，花丝无毛；子房球形，长1.5毫米，无毛，顶部被白色腺点，花柱长约6毫米，短于雄蕊，无毛，柱头2浅裂。核果紫色转黑色，倒卵形，长约2.5—3毫米，果萼长约为果的1/3。花期6月，果期8月。

产镇雄，生于海拔700—1800米的山坡或路边灌丛中。陕西南部、湖北、湖南、四川、贵州有分布。

根、叶入药，治月经不调。清湿热、解毒。叶可制凉粉食用。

8. 思茅豆腐柴（云南植物志）　接骨树、类梧桐、蚂蚁鼓堆树、绿泽兰（云南）图525

Premna szemaoensis P'ei（1932）

乔木，高3—10米。幼枝密被黄色蜷曲柔毛，老枝近无毛。叶坚纸质，卵形或宽卵形，长8—16厘米，宽4—9厘米，先端渐尖，基部楔形或近圆形，全缘或偶有不整齐的锯齿，上面除脉外，疏被蜷曲柔毛，下面密被蜷曲绒毛；叶柄长达7厘米。聚伞花序顶生，长约10厘米，疏散，密被蜷曲毛；花小，近无梗；花萼长约1.5毫米，顶端平截至不明显齿裂，被柔毛；花冠白色；4裂，外面被柔毛，内面无毛，花冠管长2.5毫米，喉部具长柔毛；雄蕊伸出，花丝基部被毛；子房球形，近无毛，花柱无毛，柱头2裂。核果近球形，直径约5毫米，紫黑色，近无毛。花期5—6月，果期9—10月。

产龙陵、双江、澜沧、普洱、勐海、景洪、金平、个旧，生于海拔500—1500米的干燥疏林中。

种子繁殖。果实去肉后洗净沙藏或随采随播。

根皮与茎皮入药，具有止血、镇痛、消炎之效。治外伤出血、跌打、骨折及风湿骨痛。

9. 大叶豆腐柴（云南植物志）图526

Premna latifolia Roxb.（1814）

灌木或小乔木。小枝暗褐色，被黄色短柔毛，老枝近无毛。叶纸质，圆形或卵状圆

图523 苞序豆腐柴和平滑豆腐柴

1—6.苞序豆腐柴 *Premna bracteata* Wall. ex C. B. Clarke

1.花枝 2.花外形 3.花冠展开 4.花萼 5.雄蕊 6.叶下面部分放大示毛被

7—9.平滑豆腐柴 *Premna laevigata* C. Y. Wu 7.果枝 8.果（放大） 9.花萼

图524 尖叶豆腐柴和滇桂豆腐柴

1—6.尖叶豆腐柴 *Premna chevalieri* P. Dop

1.果枝 2.花蕾 3.花冠展开 4.萼及雌蕊 5.果（放大） 6.部分枝条（放大）

7—10.滇桂豆腐柴 *Premna confinis* P'ei

7.花枝 8.花（放大） 9.花萼（放大） 10.叶下面部分（放大示腺点）

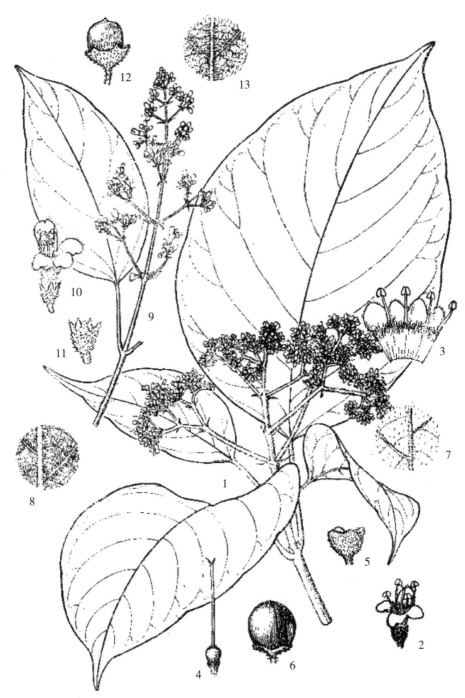

图525 思茅豆腐柴和狐臭柴

1—8.思茅豆腐柴 *Premna szemaoensis* P'ei

1.花枝　2.花外形　3.花冠展开　4.雌蕊　5.花萼　6.果（放大）

7.叶上面部分（放大）　8.叶下面部分（放大）

9—14.狐臭柴 *Premna puberula* Pamp.

9.花枝　10.花外形　11.花萼（放大）　12.果（放大）　13.叶下面部分（放大）

形，长7—14厘米，宽5—10厘米，先端急尖或渐尖，基部圆形至心形，全缘，干时上面常变成暗褐色，疏被柔毛，下面密被柔毛；叶柄长1—2厘米。伞房花序顶生或腋生，长4—6厘米，密生短柔毛；花小，污黄色；萼钟状，5齿，外面被细糙伏毛；花冠长约6毫米，微呈二唇形，上唇3深裂，下唇2浅裂，外被微柔毛，喉部密被长柔毛，雄蕊2强；子房球形，顶端具腺点，柱头2裂。核果小，熟时黑色，多汁，无毛。花期4月，果期6—7月。

产普洱、景洪、勐海，生于海拔570—1250米的常绿阔叶林中，印度、越南、柬埔寨、印度尼西亚、菲律宾有分布。

材质坚硬而洁白，可为多种用材。叶气味强烈，可作调料。

10.淡黄豆腐柴（云南植物志）图526

Premna flavescens Buch.-Ham.（1829）

灌木或小乔木，高达5米。幼枝淡褐色；密被黄色柔毛，皮孔显著，老枝灰褐色至暗黄白色，具条纹。叶坚纸质，卵形至卵圆形，长7—14（16）厘米，宽4—5（7）厘米，先端短渐尖至尾状渐尖，基部圆形或心形，全缘，上面绿色，干时常带黄色，沿脉疏生小刺状毛，老时渐落，下面稍淡，密被柔毛，叶柄长1—3厘米，纤细，被黄色柔毛。伞房状聚伞花序顶生或腋生，通常长5—7厘米，密被黄色柔毛；花萼外面密被灰白色微柔毛；花冠绿白色，长4—5毫米，外面被微柔毛，喉部被微柔毛；雄蕊4，2强，花药纵裂；子房倒卵形，顶部被毛而无腺体；花柱长约6毫米，与雄蕊皆伸出花冠之外，柱头2裂。核果球形，直径约3—4毫米，干时黑色，宿萼杯状，宽达5毫米。花果期6—8月。

产金平、河口、勐腊、勐海，生于海拔120—1300米的石灰岩灌丛中。广东、海南有分布；印度、马来西亚、越南、印度尼西亚也有。

11.黄毛豆腐柴（云南植物志）图527

Premna fulva Craib（1911）

灌木或小乔木，高3—5米。幼枝密被黄色平展长柔毛，后渐脱落。叶纸质，卵状圆形、长圆状卵形或长圆状倒卵形、卵状披针形、椭圆形或近圆形，长4—15厘米，宽3—9厘米，先端渐尖、锐尖，偶有近圆形或倒心形，基部宽楔形、近圆形，偶有近心形，偏斜，全缘或通常具不整齐圆锯齿，稀皱波状，上面被稀疏的稍硬黄毛，下面密被柔毛。聚伞花序伞房状。顶生，长2.5—6厘米，宽4—9厘米；花萼5裂，裂片近相等，外被微短柔毛；花冠长约6毫米，喉部被长柔毛；裂片4，呈二唇形，上唇长圆形，顶端内凹，下唇3圆裂；雄蕊4，不伸出花冠外，花丝长达2.5毫米，无毛，花药干时褐色；子房球形，顶部被少数毛，花柱长4毫米，柱头2裂。核果卵形至球形，直径3—5毫米，熟时黑色，宿萼杯状，径约2—4毫米。花期4月，果期5—7月。

产普洱、景洪、西双版纳、金平、河口、富宁，生于海拔320—1200米的阴处常绿阔叶林或路边疏林中。贵州、广西有分布；泰国、老挝、越南也有。

12.石山豆腐柴　黄树皮（西畴）图527

Premna crassa Hand.-Mazz.（1921）

粗壮灌木，高达5米。幼枝、叶柄、花序均被污黄色毡状微硬毛，后渐脱落。叶坚纸质，卵圆形至椭圆形，长5—11厘米，宽4—8厘米，先端突然收缩成短钝尖头，基部圆形至近心形，常偏斜，全缘或在中部以上具宽牙齿，干时，上面暗晦，带褐色，下面较淡，两面被毛；具柄。圆锥状伞房花序顶生。花白色；花萼钟状，长2—3毫米，5裂，裂片卵状三角形，近相等，外面微被粗伏毛；花冠5裂，外面疏被粗伏毛，喉部被长柔毛；雄蕊4，着生花冠管中部，花药褐色，纵裂；子房球形，无毛，花柱短，长仅2毫米，柱头2裂。果球形至倒卵状圆形，直径2—4毫米，熟时黑色，暗晦，果萼杯状，被短粗伏毛。花期5月，果期10月。

产元阳、红河、文山、砚山、西畴、富宁，生于海拔400—1800米的石灰山地杂木林中。广西、贵州有分布。

全株治风湿，叶用以拔脓。

13.大坪子豆腐柴（云南植物志）图528

Premna tapintzeana P. Dop（1923）

灌木，高达4米。幼枝被微柔毛，老枝渐变光滑。叶坚纸质，心形、卵状圆形至近圆形，长7—15厘米，宽4—10厘米，先端钝或渐尖，基部圆形或心形，边缘具浅锯齿或近全缘，干时上面茶绿色，下面带黄色，两面均被伏柔毛；叶柄长1—5厘米。伞房花序顶生，长3—4厘米，宽6—8厘米，被柔毛。花绿白色，长约6毫米，具柄。花萼长约3毫米，5裂，裂齿等大，端钝，外被柔毛；花冠管狭，轮萼稍短，喉部具长柔毛；雄蕊着生花冠喉部，不伸出花冠外；子房无毛，花柱较花冠略短，柱头2裂。核果倒卵形，暗紫色转黑色。

产楚雄、大姚、鹤庆、宾川、大理、漾濞、龙陵，生于海拔1700—2400米杂木林中。

14.云南豆腐柴

Premna yunnanensis W. W. Smith（1916）

产丽江、香格里拉、凤庆，生于海拔1700—2200米的金沙江及澜沧江干热河谷杂草丛中。四川木里有分布。

15.腺点豆腐柴

Premna glandulosa Hand.-Mazz.（1921）

产大姚、盐丰、楚雄，生于海拔1500—1900米处。

16.麻叶豆腐柴

Premna urticifolia Rehd.（1917）

产普洱地区，生于海拔1600米的林中。

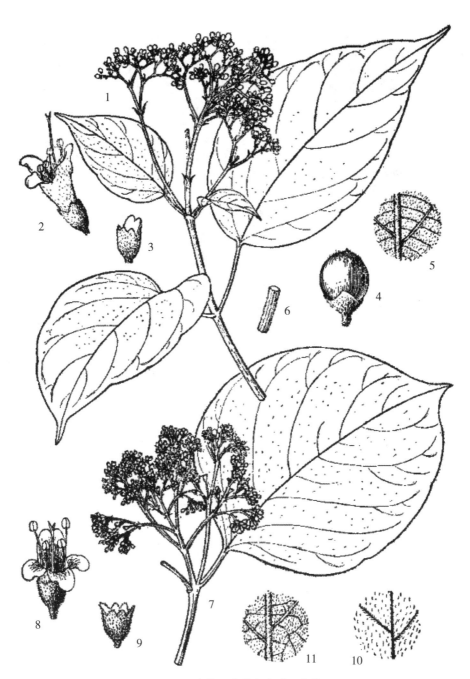

图526　淡黄豆腐柴和大叶豆腐柴

1—6.淡黄豆腐柴 *Premna flavescens* Buch.-Ham.

1.果枝　2.花外形　3.花萼　4.果实　5.部分叶下面（放大）　6.部分叶柄（放大）

7—11.大叶豆腐柴 *Premna latifolia* Roxb.

7.花枝　8.花外形　9.花萼　10.部分叶面（放大）　11.部分叶下面（放大）

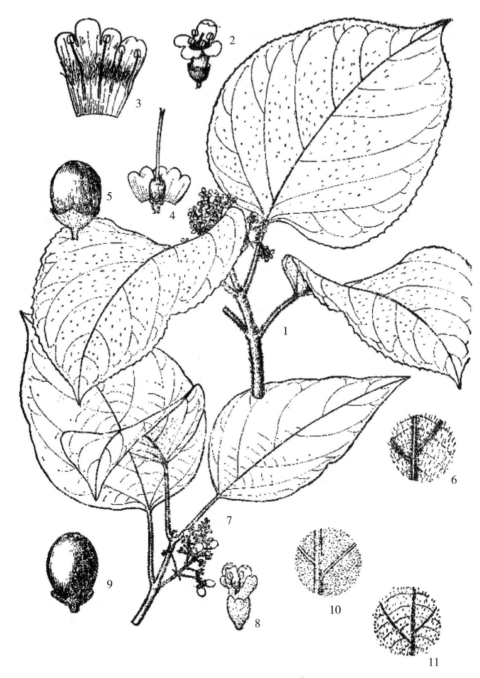

图527 黄毛豆腐柴和石山豆腐柴

1—6.黄毛豆腐柴 *Premna fulva* Craib

1.花枝　2.花外形　3.花冠展开　4.花萼展开示雌蕊　5.果（放大）　6.叶下面部分（放大）

7—11.石山豆腐柴 *Premna crassa* Hand.–Mazz.

7.果枝　8.花外形　9.果（放大）　10.叶上面部分（放大）　11.叶下面部分（放大）

17. 玫花豆腐柴（云南植物志）

Premna punicea C. Y. Wu（1977）

产鹤庆，生于海拔1600米的路旁灌丛中。

18. 勐海豆腐柴（云南植物志）图528

Premna fohaiensis P'ei et S. L. Chen（1977）

乔木，高达9米，胸径可达36厘米。小枝、花序梗均密被锈色绒毛，后渐变无毛，疏生皮孔，老枝粗壮，叶痕显著。叶厚纸质，椭圆形至近圆形，长10—20厘米，宽5—14厘米，先端渐尖或短渐尖，基部圆形至微心形，全缘，干时上面红褐色，密被伏刺毛，下面茶褐色，幼时密被灰色长毛和绒毛，老则渐稀，成伏毛状，但沿中脉和侧脉仍然较密；叶柄粗壮，长2—4.5厘米。伞房状聚伞花序顶生，疏散，长10—13厘米；花小，黄绿色；花萼钟状，长1.5毫米，顶端4深裂，密被长柔毛；花冠二唇形，上唇边缘有纤毛，下唇3裂；雄蕊及花柱伸出很长，花丝有微毛，柱头2裂。核果小，长圆状倒卵形，长2—2.5毫米，微有腺点，宿萼盘状。花期5月，果期6月以后。

产勐海、瑞丽，生于海拔1300—1500米的杂木林中。

19. 腾冲豆腐柴（云南植物志）图529

Premna scoriarum W. W. Smith（1920）

乔木，高达20米，胸径约28厘米。当年小枝粗壮，圆柱形，具线形皮孔。叶坚纸质，卵状圆形、卵状披针形或近椭圆形，长10—15（21）厘米，宽5—9（10）厘米，先端渐尖，基部略圆形，全缘或有时微波状，两面无毛，上面深绿色，干时带黑色，光亮，下面稍淡；叶柄长1.5—3.5厘米。伞房状聚伞花序顶生，疏散，长8—10厘米；花序梗长约3厘米，扁平，疏生柔毛。花极小，花萼钟形，长约1毫米，外面疏被柔毛，顶端4裂，裂片卵状圆形，等长；花冠淡黄绿色或淡绿白色，长约2毫米，裂片长圆形，喉部被毛；雄蕊4。幼果暗绿色，长圆状倒卵形，长2.5—3（4）毫米，宿萼近盘状，花期5月，果期6月以后。

产腾冲、瑞丽，生于海拔1300—1600米的沼地密林中。

种子繁殖。育苗植树造林，宜随采随播。

散孔材。木材灰褐色微带黄色，无心边材区别；管孔较小，分布不均，散生；木射线中，略细，木材纹理直，结构中，材质轻而软，强度弱，易干燥，不开裂，不耐腐，可作一般生产、生活用材。

5. 牡荆属 Vitex Linn.

乔木或灌木。小枝四棱形，极少为圆柱形，微被锈黄色柔毛、灰白色粉状微柔毛，或者渐变无毛。叶对生，掌状复叶，小叶3—7，通常全缘，有时具粗齿；常具柄。聚伞花序或为聚伞花序组成的圆锥花序，或者由轮伞花序组成穗状或总状花序，稀为头状花序，顶生或腋生；苞片小，长于花萼，早落。花为淡蓝、淡红、淡黄或白色；花萼钟状，稀为管

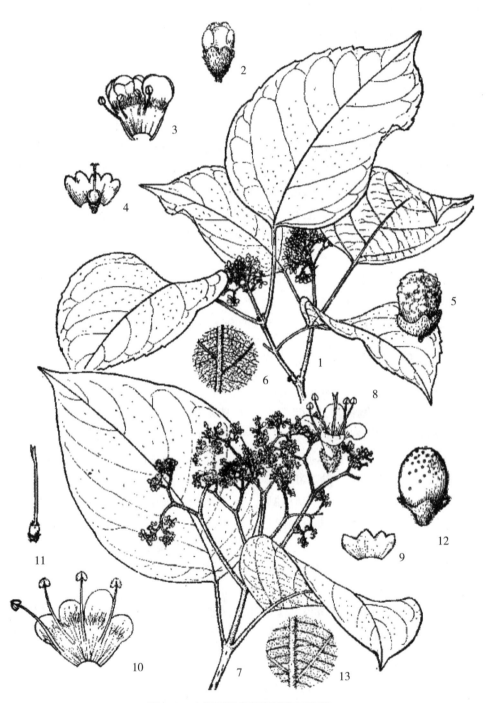

图528　大坪子豆腐柴和勐海豆腐柴

1—6.大坪子豆腐柴 *Premna tapintzeana* P. Dop

1.花枝　2.花外形　3.花冠展开　4.花萼展开示雌蕊　5.果（放大）　6.叶下面部分（放大）

7—13.勐海豆腐柴 *Premna fohaiensis* Pei et S. L. Chen

7.花枝　8.花　9.花萼开展　10.花瓣示雄蕊　11.雌蕊　12.果实　13.叶下面

状，顶端平截、波状或具5小齿或略呈二唇形，外面被柔毛或微柔毛及腺点；花冠小，稍长于萼，外面被柔毛或微柔毛及腺点，冠檐斜二唇形，上唇2等裂，下唇3裂，中裂片较大；雄蕊4，2强或近等长，内藏或伸出冠外，花丝在基部常有柔毛，药室叉开；子房近球形或微卵形，无毛或在顶部有微柔毛及腺点，2—4室，每室有胚珠1，花柱丝状，柱头2裂。核果球形、卵形至倒卵形，中果皮肉质，内果皮为骨质的核，4室或仅3—1室发育；宿萼多少增大，杯形或盘状。种子倒卵形、长圆形或近球形，无胚乳，子叶肉质，胚根下位。

本属约有250余种，产世界热带地区，少数种类产温带地区。我国有20余种，大多产长江以南各省（区）；云南有10种，2变种，3变型。

分 种 检 索 表

1.聚伞花序组成轮伞花序式，顶生或生于叶腋；核果为扩大的宿萼所包被，萼齿锐尖；叶较大，掌状3—5小叶，小叶长圆状披针形，全缘或仅于上部具2—3齿 ……………………… ………………………………………………………… **1.黄荆** V. negundo
1.聚伞花序单独腋生或组成顶生或腋生的圆锥花序。
　2.聚伞花序组成腋生圆锥花序。
　　3.聚伞花序长8—15厘米。
　　　4.小叶通常5，少有3—4，披针形至长圆形，下面被柔毛及腺点；花淡红色 ……… ………………………………………………… **2.长叶荆**V. lanceifolia
　　　4.小叶3，宽披针形至长圆形，两面无毛；花白色 ……… **3.长序荆** V. peduncularis
　　3.聚伞花序长不超过5厘米，2—3次分枝；叶大形，3小叶，中间小叶长6厘米以上 … ………………………………………………………**4.黄毛荆**V. vestita
　2.聚伞花序组成顶生圆锥花序。
　　5.成熟核果近球形，直径最多不超过6毫米，宿萼长为果的1/2，一侧撕裂；花萼外面被灰白色绒毛；叶为3小叶，在上部退化为单叶 ………………… **5.三叶蔓荆** V. trifolia
　　5.成熟核果倒卵形或近球形，直径在6毫米以上，宿萼长不及果实的1/2；花萼外面被微柔毛或锈色柔毛。
　　　6.小枝、花序及叶均密被锈黄色硬毛；核果干后褐黄色，光亮 ……………………… ………………………………………………… **6.灰布荆** V. canoscens
　　　6.小枝、花序被微柔毛；核果干后黑色，皱缩，不光亮 ……………………… ………………………………… **7.微毛布荆** V. quinata var. puberula

1.黄荆（云南植物志）黄荆条、五指风、铁扫把、绿黄金条（云南）图529

Vitex negundo Linn.（1753）

直立灌木，高达3米。小枝被灰白色粉状短柔毛。掌状复叶，具3—5小叶，长3—15厘米；叶柄长2—6厘米；小叶长圆状披针形至披针形，先端渐尖，基部楔形，全缘或仅上部具2—3粗齿，上面绿色，下面密被灰白色绒毛；无柄或仅长约1厘米。聚伞花序成对组成穗状花序，穗状花序单生或分枝，顶生或腋生，花小，淡紫色；萼齿5，锐尖，外面被灰白色绒毛；花冠长约为花萼的2倍，外面被柔毛；内面在花管上被毛；雄蕊伸出，花丝无毛；子房近无毛。核果褐色，近球形，直径约2毫米。花期5月，果期11月。

产安宁、禄劝、元阳、元谋、蒙自、河口、富宁、龙棱、鹤庆、丽江、香格里拉，生于海拔100—2300米的路边灌丛和次生林中。分布于长江以南，北达秦岭、淮河；非洲热带、马尔加什、叙利亚、巴基斯坦、印度、斯里兰卡、太平洋西部群岛也产。

营林技术与微毛布荆略同。

花期较长，可作蜜源植物，也是很好的水土保持植物。根、叶、种子皆可入药，具有祛痰止咳、消炎镇痛之效。枝条可编箩筐；花叶还可提取芳香油。

2.长叶荆（云南植物志）图530

Vitex lanceifolia S. C. Huang（1977）

灌木至小乔木，高达13米；树皮灰褐色，平滑，多斜纵裂，小枝四棱形，密被黄色短柔毛及黄色腺点。掌状复叶，具5小叶，长7—18厘米；叶柄长4—12厘米；小叶披针形、卵状披针形至长圆形，先端渐尖至尾状渐尖，基部楔形或圆形，有时不对称，全缘，上面被糙伏毛及黄色腺点，下面被柔毛及黄色腺点，小叶柄长2—15毫米。圆锥花序由聚伞花序组成，2—3着生于叶腋；萼具5齿，长约3毫米，外被柔毛及腺点，内面无毛；花冠粉红色，微呈二唇形，内外均被柔毛；雄蕊略伸出花冠之外，下部被柔毛；子房无毛；顶端具腺点，花柱与花冠等长。核果绿色，球形，直径约1厘米，宿萼膨大，盘状，直径约1厘米，边缘微缺。花期5月，果期10月

产双柏、龙陵、澜沧、勐海、普洱、双江、腾冲等地，生于海拔1300—2400米的河边、路边疏林中。西藏有分布。

营林技术、材性及经济用途与微毛布荆略同。

3.长序荆（云南植物志）图530

Vitex peduncularis Wall. ex Schau（1847）

乔木，高达15米。小枝被白色微柔毛，老渐脱落。掌状复叶，具3小叶，长7—12厘米；叶柄长3—7厘米，被微柔毛，小叶宽披针形至长圆形，先端渐尖，基部渐窄成叶柄，两面无毛，下面密被黄色腺点，全缘，微内卷，具纤毛，小叶柄长5—10毫米。圆锥花序腋生，长达17厘米，由小聚伞花序组成；花萼短，长1.8毫米。萼齿浅波状，外面微被柔毛及腺点，内面无毛；花冠白色，呈二唇形，上唇短，圆形，下唇斜向，外面被微柔毛；雄蕊短，内藏，花丝无毛；子房具腺点。核果球形，直径约7毫米，黑色，干时有纵棱，顶端有小尖头；宿萼膨大，碟形，外面有腺点，边缘成不规则波状浅裂。花期4月，果期8月。

产西双版纳，生于海拔560—1070米的疏林中。孟加拉国、印度、缅甸、泰国、老挝、越南、柬埔寨均有分布。

图529 腾冲豆腐柴和黄荆

1—5.腾冲豆腐柴 *Premna scoriarum* W. W. Smith

1.果枝 2.叶下面部分放大 3.花萼 4.核果（放大） 5.果序梗上的毛被

6—13.黄荆 *Vitex negundo* Lina. 6.花枝 7.花外形 8.花冠展开

9.雌蕊 10.花萼 11.核果（除去萼） 12.叶下面部分（放大） 13.花序梗及茎上毛被

图530　长叶荆和长序荆

1—7.长叶荆 Vitex lanceifolia S. C. Huang

1.花枝　2.花外形　3.花冠展开　4.花萼　5.子房　6.核果　7.叶下面部分（放大）

8—11.长序荆 Vitex peduncularis Wall. ex Schau

8.花枝　9.花外形　10.核果　11.叶下面部分（放大）

果可食，叶可作蔬菜，入药治眼病。

4.黄毛荆（云南植物志）图531

Vitex vestita Wall. ex Schau（1829）

灌木或小乔木，高达8米。小枝四棱形，密被灰黄色至红褐色柔毛。掌状复叶，具3小叶，长3—10厘米；叶柄长2—6厘米，被长硬毛；小叶椭圆形至椭圆状长圆形，先端骤尖或渐尖，基部楔形或圆形，全缘，偶有在上部具疏而浅的锯齿，下面被散生粗硬毛和小突起，下面密被棉毛状长柔毛及黄色腺点，小叶柄长1—10毫米，被硬毛。聚伞花序2—3歧分枝，密被长柔毛；花萼顶端平截或稍呈2唇形，外面密被柔毛及腺点，成果时扩大如碟状，裂片短而尖；花冠黄白色，花冠管细长，圆柱形，长9—12毫米，外面被微柔毛及腺点，内面在花丝着生处有长柔毛；雄蕊内藏；子房顶端密被腺点，花柱无毛。核果长圆形，长6—9毫米，直径约4—8毫米。花期4—6月，果期9月。

产双江、芒市、景东、普洱、景洪、勐海、勐遮、屏边、马关，生于海拔580—1400米的干燥灌丛中。印度、缅甸、泰国、马来西亚、印度尼西亚有分布。

4.三叶蔓荆（云南植物志）　白背杨、水稔子、蔓荆子、芒金子树（潞西）图531

Vitex trifolia Linn.（1753）

直立灌木，高达5米，具香味。小枝四棱形，被灰白色平贴柔毛。掌状复叶，小叶通常3；叶柄长0.8—2.8厘米，具沟槽；小叶倒卵形，长圆形或披针形，先端钝或微尖，基部楔形，全缘，上面绿色，干时转黑色，无毛或被微伏柔毛，下面密被灰白色毡状绒毛。圆锥花序顶生，由小伞形花序组成，长5—15厘米，直径达5厘米，全部被灰白色毡状绒毛；花萼钟形，长约3毫米，顶端近平截，裂齿极小，花冠蓝紫色，长8—10毫米，喉部具髯毛；雄蕊伸出冠外，花丝基部被柔毛；子房与花柱均无毛。核果近球形，红色，干时转黑，具腺点，长5—6.5毫米，宿萼约为果长的1/2，密被灰白色毡状绒毛，常在一侧撕裂。花期4—6月，果期8—11月。

产双江、芒市、盈江、芒市、景东、普洱、勐腊、景洪、金平、耿马，生于海拔300—1600米的湿润疏林中或路边村寨附近；广东、广西、福建、台湾均产；印度、马来西亚也有。

果实入药，可疏散风热；叶消肿止痛、治刀伤，兽医用治牛、猪风热感冒、目昏赤肿、破伤风等。

6.灰布荆（云南植物志）　毛椿、薄姜木（河口）图532

Vitex canescens Kurz（1873）

乔木，高8—20米；树皮黑褐色。小枝密被灰黄色柔毛。掌状复叶，长6—15厘米；叶柄长7—10厘米；小叶3（5）枚，卵形、椭圆形至披针形，先端骤尖或渐尖，基部圆形或楔形，侧生小叶基部不对称，全缘，上面被灰黄色短柔毛，下面密被灰黄色柔毛及黄色腺

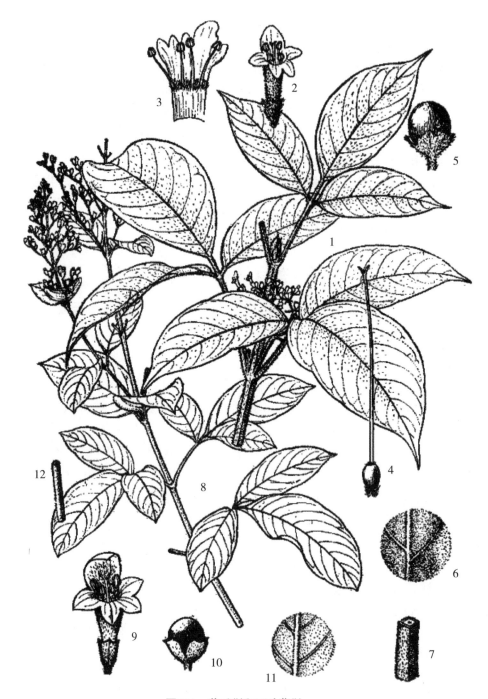

图531　黄毛荆和三叶蔓荆

1—7.黄毛荆 *Vitex vestita* Wall. ex Schau

1.花枝　2.花（放大）　3.花冠展开　4.雌蕊　5.核果　6.叶下面部分（放大）　7.枝条部分（放大）

8—12.三叶蔓荆 *Vitex trifolia* Linn.

8.花枝　9.花（放大）　10.核果（放大）　11.叶下面部分（放大）　12.枝条部分（放大）

图532　微毛布荆和灰布荆

1—6.微毛布荆 Vitex quinata（Lour.）Williams var. *puberula*（Lam）Moldenke
1.花枝　2.花外形　3.花冠展开　4.雌蕊　5.核果（放大）　6.叶下面部分（放大）

7—9.灰布荆 Vitex canescens Kurz　7.叶形　8.果序　9.核果（放大）

点；小叶柄长5—20毫米，被灰黄色柔毛。圆锥花序顶生，由轮生的聚伞花序组成；花小，白色至淡黄色，花萼5裂，裂齿较小，外面密被灰色绒毛及黄色腺点；花冠5裂，外面密被柔毛及腺点；雄蕊4，花丝基部有长柔毛，伸出花冠之外；子房顶端具腺点。核果长圆状倒卵形，成熟后紫色，光亮，直径约6毫米；宿萼杯状，有细纵纹。花果期4—9月。

产双江、蒙自、金平、河口，生于海拔200—1100米的常绿疏林中。分布于广西、广东、贵州；印度、缅甸、泰国、老挝、越南、马来西亚也有。

7.微毛布荆（变种）（云南植物志）图532

Vitex quinata (Lour.) Williams var. puberula (Lam) Moldenke (1968)

乔木，高达30米。小枝微呈四棱形，灰褐色，密被微柔毛。掌状复叶，长15—20厘米；叶柄长4—12厘米；小叶通常5，偶有3，长圆形至椭圆形，先端尖尾状，基部圆形或楔形，侧生小叶基部偏斜，上面微带黑色，近无毛，具有钟乳状突起，下面带黄色，沿中脉被微柔毛并密被黄色发亮的腺点，全缘，小叶柄长1—4.5厘米。圆锥花序顶生，疏散，长15—20厘米，被灰色微柔毛。花萼钟状，5裂，裂齿三角状，外面被微柔毛；花冠白色，长约6毫米，外面被微柔毛及腺点；雄蕊4，花丝基部有毛，伸出花冠外，子房具腺点，花柱近无毛。核果倒卵状圆形，直径约6—7（10）毫米，成熟时黑色，宿萼扩大为盘状，为果长的1/4，边缘成不规则的浅圆裂，花期4月，果期8月。

产景洪、临沧、镇康、芒市、西畴、麻栗坡，生于海拔650—2000米的混交林中。分布于贵州、西藏；泰国、菲律宾等地也产。

种子繁殖，12月采集果实，擦去果皮洗净阴干即可播种。注意苗期管理，半年可出圃。

散孔材。木材浅黄褐色或浅褐色，无心边材区别，有光泽。管孔数少，大小中等，分布不均，散生或径列；木材纹理直，结构细，略均匀，重量和硬度中等，干缩小，易干燥，不开裂，耐腐。可作房建、家具、胶合板、机模、包装箱等用材。根及树干髓部入药，用于止咳、定喘、镇静退热等。

6.石梓属 Gmelina Linn.

乔木或高大灌木；全株无毛或仅花具绒毛。枝无刺或有腋生刺。单叶、对生、全缘，偶有浅裂，基部常有大腺体。聚伞花序组成顶生圆锥花序，稀单花腋生。花大形，蓝色、紫色或黄色，幼时常被绒毛；萼钟状，5齿裂或平截，常具腺体，膨大，宿存；花冠管基部狭，上部膨大，多少呈2唇形，上唇2浅裂或全缘，下唇3浅裂，中裂片较大；雄蕊4，2强，着生花冠喉部，通常内藏，有时微伸出，花药卵形，叉开，纵裂；子房（2）4室，每室有1（2）悬垂或高侧生的胚珠，花柱纤细，不等的2裂或柱头锥状。核果，外果皮多汁，内果皮骨质，具有1个4室或退化成2室、有2—4种子的核。

本属约有35种，主要产热带亚洲至澳大利亚。我国有7种，产华南、西南地区。云南有3种。

分 种 检 索 表

1.萼具5齿，萼齿为尖三角形，无腺体；子房无毛；果长不超过2.5厘米 ………………
……………………………………………………………1.**滇石梓** G. arborea
1.萼顶端截形，被微柔毛及纵列黑腺体；子房被毛；果长2.5—4厘米 ………………
……………………………………………………2.**越南石梓** G. lecomtei

1.滇石梓（云南植物志）图533

Gmelina arborea Roxb.（1814）

落叶乔木，高达15米，胸径30—50厘米；树皮灰色，平滑，小枝幼时被毛，扁而略具棱，老枝渐圆，均疏生皮孔，叶痕显著，叶宽卵形，长9—22厘米，宽10—18厘米，先端尾状渐尖，基部常为浅心形，全缘，偶有浅裂，上面中脉基部两侧具2显著腺体，基生脉三出，侧脉3—5对；叶柄长5—11（14）厘米。圆锥花序顶生，序梗长15—30厘米；花大形，长达4厘米，外面黄色，密被锈色绒毛，内面紫色；花萼针状，长3—7毫米，5裂，裂片尖三角状，无腺体；花冠呈2唇形，上唇全缘或2浅裂，下唇3裂，中裂片极大；雄蕊与花柱伸出花冠；子房无毛，核果椭圆形或倒卵状椭圆形，平滑，长16—20毫米，成熟时黄色，干后黑色，核4室，常具1种子。花期3—4月，常先叶开放，果期5—6月。

产普洱、西双版纳，生于海拔460—1300米的干燥疏林中；分布于海南；印度、孟加拉国、斯里兰卡、缅甸、泰国、老挝、越南也有。

种子繁殖或扦插育苗。种子浸晒交替5—7天或湿沙催芽后即可播种，点播。苗高10厘米分床，半年至1年生苗可造林。扦插繁殖容易，用1至2年生枝条作插穗，成活率可达90%以上。人工林病虫为害较严重，主要为石梓金花甲为害，应在幼虫2—3龄期喷药，或用天敌防治。

木材色泽、纹理与柚木相似，耐腐性能超过柚木，值得在季雨林地区推广种植，花大、美丽而清香，可作庭园观赏植物。傣族用作糕点食物的染料和香料。

2.越南石梓（云南植物志）葫芦树、梧桐（屏边）图533

Gmelina lecomtei P. Dop（1914）

乔木，高8—15米，小枝扁，具棱，密被灰黄色微绒毛，后渐变无毛，疏生圆形皮孔。叶卵形，长8—21厘米，宽6—14（18）厘米，先端钝或圆，或具突尖，基部宽楔形至近圆形，全缘，上面亮绿色，近无毛或仅沿脉有毛，基部中脉两侧有一簇腺体，有时沿中脉及基出脉向上或在脉腋中也有较小腺体，下面密被黄褐色至灰褐色绵毛，毛脱落后显出灰色细小腺体；叶柄长1.5—7厘米，有沟槽，密被绒毛。顶生圆锥花序长达20厘米，密被黄色绒毛。花萼钟状，顶端平截，具不明显5尖齿，密被微柔毛并有多行不规则的纵列黑色腺体；花冠淡黄带紫色，长3—8厘米，外面密被微柔毛和腺点，裂片近相等；雄蕊微伸出，花丝厚而扁平，着生花冠中部；花柱较雄蕊稍长，疏生头状腺体。果大形，长2—4厘米，长倒卵形，成熟时黄色，密被灰黄色微绒毛。花期6—7月，果期7—9月。

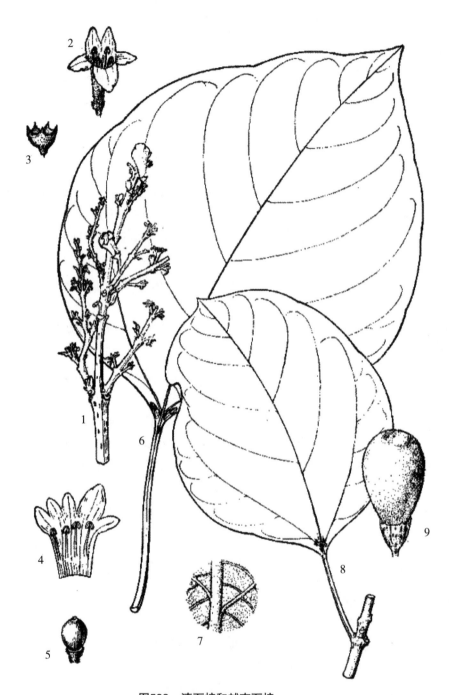

图533 滇石梓和越南石梓

1—7.滇石梓 *Gmelina arborea* Roxb.

1.花序 2.花外形 3.花萼 4.花冠展开 5.子房 6.叶形 7.叶下面部分（放大）

8—9.越南石梓 *Gmelina lecomtei* P. Dop 8.叶枝 9.果实

产河口、屏边，生于海拔160—1020米的湿润疏林中。越南北部和老挝有分布。

营林技术、材性及经济用途与滇石梓略同。

7. 赪桐属 Clerodendrum Linn.

灌木或乔木，少有藤本和草本。单叶，对生，偶有3—4轮生，全缘，有齿或浅裂。聚伞花序排成顶生或腋生的总状、圆锥状、伞房状或紧密的头状花序；具苞片，有时早落。花萼钟状或漏斗状，5齿或5裂，宿存，常于花后增大而且有颜色；花冠高脚碟状或漏斗状，花冠管长于花萼，很少与花萼等长，冠檐开展，5裂，近相等或后两片较短，多少偏斜；雄蕊4，花药卵形或长卵形，具平行的2药室；子房为不完全的4室，每室有1下垂或侧生胚珠；花柱伸出冠外，短2裂。核果近球形，外果皮肉质，通常有4沟，分裂为4小坚果。种子长圆形。

本属约400余种，产热带和亚热带地区。我国有30余种，全国各地均产，以西南地区为多。云南有25种，4变种。

分 种 检 索 表

1.聚伞花序腋生，花疏，仅有3花，花冠管超出花萼约2厘米；叶长圆形 ……………………
　　1.西垂茉莉 C. griffithianum
1.聚伞花序顶生或生于枝顶叶腋，排成总状、圆锥状或伞房状，有时密集近头状。
　　2.花序排列为疏散或紧密的总状、圆锥状，直立或俯垂；叶为长圆形、卵形或披针形；植株各部分无毛或微被短柔毛，通常无腺体。
　　　3.花序直立，3—5次二歧分枝，花较小，花萼长3—4毫米，花冠管长约1厘米；叶长圆形或椭圆形，全缘 …………………………………………… **2.大青 C. cyrtophyllum**
　　　3.花序多少下垂，1次二歧分枝。
　　　　4.花序轴长20厘米以上，花较大形，花冠裂片长1—1.5厘米。
　　　　　5.叶披针形或长圆状披针形，叶柄长约1厘米；小枝及序轴锐四棱形，有翅 ……
　　　　　　3.垂茉莉 C. wallichii
　　　　　5.叶椭圆形或长圆形，叶柄长2—5.5厘米；小枝及序轴微四棱形，翅不显著 ……
　　　　　　4.长叶臭茉莉 C. longilimbrum
　　　　4.花序轴长15厘米以下，直立；花较小；花冠裂片长0.6—0.8厘米；小枝无毛 ……
　　　　　5.南垂茉莉 C. henryi
　　2.花序排列成紧密的伞房状、圆锥状或近头状，直立；叶心形、宽卵形，偶有卵形；植株各部分常密被柔毛和各式腺点。
　　　6.花序为紧密的伞房状或近头状。
　　　　7.花序为伞房状；苞片为披针形或卵状披针形；花萼被疣状或盘状腺体。
　　　　　8.花冠管明显伸出花萼；植株近无毛或被柔毛。
　　　　　　9.花萼长3—6毫米；小枝及叶近无毛或微被柔毛；苞片早落。

10.花序单生于枝顶；花红色至玫瑰红色，宿存花萼包住果1/2以上；叶长8—19厘米 ·· 6.臭牡丹C. bungei

10.花序4—6或更多生于枝顶，花白色；宿存花萼如碟状托于核果底部；叶长15—32厘米 ·································· 7.腺茉莉 C. colebrookianum

9.花萼长约1厘米，花冠管长约2.3厘米；小枝及叶疏被短柔毛；苞片迟落或宿存 ··· 8.尖齿臭茉莉 C. lindieyi

8.花冠管内藏于花萼；植株密被黄褐色绒毛 ·············· 9.滇常山 C. yunnanensis

7.花序密集近头状；苞片卵形；花萼或苞片上无疣状或盘状腺体，有时具珠状腺体。

11.花序单生于叶腋，偶有生于枝顶叶腋而成假顶生；叶卵形，少有为宽卵形；毛被常为褐色短绒毛或短柔毛。

12.叶两面被柔毛和珠状小腺体；成果时苞片宿存 ·································· 10.苞花臭牡丹 C. bracteatum

12.叶两面近无毛，不具腺体；成果时苞片脱落 ············ 11.长柄臭牡丹 C. peii

11.花序2—5生于枝顶；叶心形，少为宽卵形；毛被为灰白色平展长柔毛 ·································· 12.灰毛臭牡丹 C. canescens

6.花序排列成疏散的圆锥状。

13.花序1—2次二歧分枝；花较少；花萼长1.3—1.5厘米，通常被珠状小腺点或缺，花冠管长1.5—3.5厘米，裂片长0.6—1厘米。

14.植株近无毛；叶两面不被腺点；花梗纤细，长0.7—2厘米；花丝长过花瓣·································· 13a.光叶海州常山 C. trichotomum var. fargesii

14.植株密被黄褐色微绒毛；叶两面被小腺点；花梗长不过5毫米，花丝短于花瓣 ·································· 14.短蕊茉莉 C. brachystemon

13.花序2—6次二歧分枝，多花；花萼长3—9毫米；花冠管长不过1厘米，裂片长3.5—7毫米。

15.花萼长3—4毫米，被短柔毛和疣状腺点，萼齿尖细，钻状；花冠被短柔毛；乔木；叶下面密被绒毛 ·················· 15.满大青 C. mandarinorum

15.花萼长7—9毫米，密被盾状腺体和绢毛；裂片卵形，花冠密被绢状毛；灌木；叶下面密被绢状毛 ·················· 16.长毛臭牡丹 C. villosum

1.西垂茉莉（云南植物志）图534

Clerodendrum griffithianum C. B. Clarke（1885）

直立灌木。小枝被黏性短柔毛。叶长圆形，长9—15厘米，宽2.5—5厘米，先端渐尖或尾状渐尖，基部楔形或圆形，边缘具齿或为不明显的波状或全缘，上面无毛或有时疏生短柔毛，下面沿叶脉多少有平展短柔毛；叶柄长1—3厘米，被黏性短柔毛。聚伞花序腋生或生于小枝顶端形成有叶的圆锥花序，每个聚伞花序通常有3花；花序梗及花梗被黏性短柔毛。花萼钟状，深红色，被短柔毛，5裂，裂片卵状披针形，长约1厘米；花冠白色，花管长约3厘米，裂片长圆形，长不及1厘米，外面密被小腺体；雄蕊及花柱伸出花冠外。核果球形，直径8—12毫米，成熟时黑色，宿存花萼膨大，长于果，裂片三角形，鲜红色。花期11月，果期翌年4—6月。

产勐腊、景洪、陇川、芒市、瑞丽、盈江等地，生于海拔800—1700米的山坡或山谷密林中。印度及缅甸有分布。

花艳而美丽，可作庭园观赏植物。

2.大青（图考）路边青、石蚌跌打　图534

Clerodendrum cyrtophyllum Turcz.（1863）

灌木或小乔木，高达10米。小枝略呈圆形，其上部为四棱形，初时有微柔毛，后渐脱落。叶长圆形或椭圆形，偶有长圆状披针形，长9—18厘米，宽4—8厘米，先端渐尖，基部圆形或阔楔形，全缘，两面无毛；叶柄长1—3（8）厘米，无毛。聚伞花序顶生或生于上部叶腋，3—5次二歧分枝，组成直立的大而疏散的圆锥花序，多花，花序梗及花序轴被短柔毛。花萼钟状，长3—4毫米，5裂，裂片长三角形，外面被短柔毛；花冠白色，花管纤细，长约10毫米，裂片长圆形，长约4毫米；雄蕊及花柱伸出花冠外。核果球形，直径约5毫米，棕黑色；宿萼增大，短于果或与果等长，紫红色。花期6—11月，果期9—11月。

产勐腊、景洪、河口、马关、砚山、西畴等地，生于海拔130—1300米的草坡、路旁灌丛边或次生常绿阔叶林内。安徽、浙江、江西、福建、广东、广西、台湾、贵州均有分布；越南、老挝、柬埔寨也有。

根、叶入药，有清热解毒、利尿、凉血之功效，主治腮腺炎、喉炎、扁桃腺炎、丹毒、偏头痛等。

3.垂茉莉

Clerodendrum wallichii Merr.（1932）

产陇川、瑞丽，生于海拔1000—1200米的山坡疏林中。印度、孟加拉国、缅甸、越南均产。

4.长叶臭茉莉

Clerodendrum longilimbum P'ei（1932）

产云龙、普洱、景洪、临沧、沧源、耿马、金平、屏边等地，生于海拔400—2400米的山坡沟谷密林中。

5.南垂荣莉　滇桂臭荣莉

Clerodendrum henryi P'ei（1932）

产墨江、普洱、景洪、勐腊等地，生于海拔680—1200米的沟谷密林湿润处；广西百色、西藏墨脱也有分布。

图534 西垂茉莉和大青

1—4.西垂茉莉 *Clerodendrum griffithianum* C. B. Clarke

1.花枝　2.花外形　3.果（放大）　4.叶下面部分（放大示毛被）

5—8.大青 *Clerodendrum cyrtophyllum* Turcz

5.花枝　6.花外形　7.果（放大）　8.叶下面部分（放大）

6.臭牡丹　紫牡丹、臭芙蓉

Clerodendrum bungei Steud.（1840）

产昆明、昭通、禄丰、盐津、大理、漾濞、腾冲、维西、丽江、香格里拉、屏边、文山、砚山、麻栗坡等处，生于海拔520—2600米的山坡杂木林缘。陕西、湖北、广西、江西、四川、贵州均有分布；越南北部也有。

全株均可入药，有祛风活血、消肿解毒、补虚之效，花可治头晕、疔疮、疝气。

7.腺茉莉

Clerodendrum colebrookianum Walp.（1845）

产贡山、福贡、双柏、盈江、腾冲、龙陵、凤庆、新平、云县、景东、耿马、双江、澜沧、普洱、勐腊、蒙自、河口、西畴、屏边、富宁，生于海拔280—2100米的山坡疏林、灌丛中。尼泊尔、印度、孟加拉国、缅甸、泰国、老挝、印度尼西亚等地均有分布。

8.尖齿臭茉莉　臭黄根

Clerodendrum lindleyi Decne ex Planch

产贡山、德钦、麻栗坡、西畴、广南等地，生于海拔1200—2800米的沟谷杂木林中。浙江、湖南、江西、广西、广东、四川、贵州均有分布。

9.滇常山

Clerodendrum yunnanense Hu ex Hand.-Mazz.（1924）

产昆明、富民、峨山、大理、漾濞、大姚、禄丰、双柏、丽江、镇康、文山等处，生于海拔1900—3200米的山坡疏林中或山谷灌丛。四川的木里有分布。

根皮、枝皮、叶煎水内服有祛风活血、消肿降压之功效。叶煮水外用可熏洗治疗痔疮、脱肛。

10.苞花臭牡丹

Clerodendrum bracteatum Wall.（1829）

产贡山独龙江沿岸，生于海拔1500—1900米的山坡阔叶林中。印度、不丹、孟加拉国和印度北部有分布。

11.长柄臭牡丹

Clerodendrum peii Moldenke（1942）

产元江、金平、绿春、屏边，生于海拔1400—2100米的沟谷或山坡疏林中。

12.灰毛臭茉莉

Clerodendrum canescens Wall.（1929）

产马关、富宁，生于海拔700—800米的山坡灌丛及常绿阔叶林缘。浙江、福建、台湾、江西、广东、广西、贵州均有分布；越南也有。

13.光叶海州常山

Clerodendrum trichotomum var. fargesii（Dode）Rehd.（1916）

产嵩明、禄劝、彝良、大关、盐津、镇雄、漾濞、腾冲、剑川、蒙自、屏边、西畴，生于海拔900—2400米的山坡杂木林中。陕西、河南、湖北、四川、贵州有分布。

14.短蕊茉莉

Clerodendrum brachystemon C. Y. Wu et R. C. Fang（1977）

产西双版纳，生于海拔760—930米的山谷疏林湿润处。西藏墨脱有分布。

15. 满大青（云南植物志）　小花泡桐、牡丹树　图535

Clerodendrum mandarinorum Diels（1900）

C. tsaii H. L. Li（1944）

乔木，高4—10米，有时可达20米。小枝略呈四棱形，密被黄褐色绒毛。叶卵形，有时为心形，长10—27厘米，宽7—19厘米，先端渐尖，基部楔形，截形或心形，全缘，上面被柔毛，下面密被灰白色或黄褐色绒毛，有时稀疏，在基部脉腋有若干腺体；叶柄长4—7（9）厘米，被褐黄色毛。聚伞花序组成伞房状，生于枝顶，疏散；花序梗及花梗均密被黄褐色绒毛。花萼钟状，长3—4毫米，密被短柔毛和少数疣状腺体，萼齿纤细，钻状，长1.5—2.5毫米；花冠白色，偶有淡紫色，有香气，外被短柔毛，花管纤细，长7—10毫米，裂片长圆形，长约3.5毫米；雄蕊及花柱伸出冠外。核果近球形，幼时绿色，成熟后蓝黑色，干后果皮皱成网状，宿萼增大，红色，包于果的一半以上。

产镇雄、金平、河口、屏边、广南、砚山、文山、西畴、麻栗坡，生于海拔900—2800米的箐沟、溪旁林中湿处。广东、广西、江西、四川、贵州均有分布。

16.长毛臭牡丹（云南植物志）图536

Clerodendrum villosum Bl.（1826）

灌木，高2—4（8）米。小枝四棱形，密被黄褐色绢状毛。叶心形或宽卵形，长11—21厘米，宽7—16厘米，先端渐尖，基部心形或截形，全缘，上面密被柔毛，下面密被黄褐色或灰白色绢状毛，沿脉尤密；叶柄长3—14厘米，密被稀毛。聚伞花序组成顶生而疏散的圆锥花序，长15—25厘米；花序梗、花序轴、花梗均密被黄褐色绢状毛。花萼钟状，长7—9毫米，密被绢状毛及盾状腺体，5深裂，裂片卵形，长4—6毫米；花冠白色或淡黄色，外面密被绢状毛，内面无毛，花管与花萼近等长或稍长，裂片倒卵状长圆形，长约7毫米，雄蕊及花柱伸出冠外。核果球形，成熟后黑色，直径8—10毫米，光亮，包于宿萼之内。花期1—3月，果期4—5月。

产景洪、勐腊，生于海拔540—900米的山坡，溪旁密林中或稀疏灌丛中。印度、缅甸、泰国、老挝、越南、菲律宾及印度尼西亚有分布。

图535 满大青 *Clerodendrum mandarinorum* Diels
1.花枝　2.花外形　3.花冠展开　4.雌蕊　5.果放大
6.叶上面部分放大（示毛被）　7.叶下面部分放大（示毛被）

8. 夜花属 Nyctanthes Linn.

小乔木或直立灌木。小枝四棱形，粗糙。单叶，对生，卵圆形。花3—7组成头状花序，有4总苞状苞片，再排成顶生及腋生的三歧聚伞花序。花萼卵状管形，顶端近平截或有齿裂，成果后裂开或脱落；花冠高脚碟状，花冠管圆柱形，黄色，裂片4—8，白色，极香；雄蕊2，近无柄，着生花冠管近顶部；子房2室，每室有1倒生直立的胚珠，花柱微2裂。蒴果球形，腹部扁平，成熟时开裂成2个近盘状的分果瓣。种子直立，球形，扁平，种皮薄，胚乳缺，子叶扁平，胚根下位。

本属有2种，产印度、泰国、印度尼西亚、缅甸、老挝、柬埔寨、越南北部。亚洲热带地区常见栽培，云南南部、西南部引种栽培1种。

1. 夜花（云南植物志）图536

Nyctanthes arbor-tristis Linn.（1753）

小乔木或直立灌木，高达10米。小枝锐四棱形，密被极细刺毛。单叶，对生，卵形，长4—11厘米，宽2—6厘米，先端渐尖，基部微心形、圆形至楔形，全缘，偶有1—2粗尖齿，上面初时被细伏刺毛，老渐脱落，留有白色瘤状突起而使叶面粗糙，下面疏被短刺毛；叶柄长5—10毫米，具槽，被短刺毛。头状花序组成具叶的圆锥状三歧聚伞花序，每头状花序下面具4枚总苞片，倒卵形，顶端钝，外面被稀疏伏刺毛。花萼淡红色，管状，顶端近平截，外面被稀疏刺伏毛；花冠白色，中心黄色，花管淡黄色，高脚碟状，直径达2.5厘米，裂片4—8，先端倒心形，雄蕊2，内藏于管顶，花药椭圆形，长为宽的2倍；花柱内藏，顶端具2短尖柱头。蒴果熟时红色，倒心形或倒卵形，顶端平截，具尖头，长约1.5—2厘米，两侧具翅，分成2个扁平不裂的分果瓣，下承以宿存而增大，不规则开裂的果萼。花期6月，果期花后至翌年3月。

栽培于耿马、西双版纳地区的村寨及缅寺内，海拔500—580米。印度中部有野生。

种子繁殖。蒴果开裂前采集果实，摊晒至开裂时收集种子晾晒数日后收藏或随采随播。

本种花极香，是很好的庭园观赏植物。果实可榨油。

图536 夜花和长毛臭牡丹

1—7.夜花 *Nyctanthes arbor－tristis* Linn.

1.花枝 2.花外形 3.花冠展开 4.花萼 5.雌蕊 6.果（放大） 7.叶下面部分（放大）

8—12.长毛臭牡丹 *Clerodendrum villosum* Bl.

8.花枝 9.花外形 10.果实 11.部分叶下面 12.部分叶上面

中 文 名 索 引

（按笔画顺序排列）

四　画

七　画

十一画

十二画

十三画

拉 丁 名 索 引